国家出版基金项目
NATIONAL PUBLICATION FOUNDATION

纳米科学与技术

自旋电子学导论

上　卷

韩秀峰 等　编著

科学出版社
北　京

内 容 简 介

本书由工作在自旋电子学研究领域里的国内外50余位学者撰写而成。全书分两卷、共28章，各章均由该领域富有研究经验的知名专家负责，较全面地介绍和论述了目前自旋电子学研究领域中的各个重要研究方向及其进展，并重点关注自旋电子学的关键材料探索、物理效应研究及其原理型器件的设计开发和实际应用。

本书适合物理(特别是自旋电子学)及相关领域的大学本科高年级学生、研究生、教师、工程师和科研工作者等参考阅读。

图书在版编目(CIP)数据

自旋电子学导论·上卷/韩秀峰等编著.—北京：科学出版社，2014.8
(纳米科学与技术/白春礼主编)
ISBN 978-7-03-041824-1

Ⅰ.自… Ⅱ.韩… Ⅲ.自旋-电子学-研究 Ⅳ.TN01

中国版本图书馆CIP数据核字(2014)第206441号

丛书策划：杨 震/责任编辑：顾英利 崔慧娴 焦惠丛/责任校对：胡小洁
责任印制：吴兆东 /封面设计：陈 敬

科学出版社出版
北京东黄城根北街16号
邮政编码：100717
http://www.sciencep.com
北京中石油彩色印刷有限责任公司印刷
科学出版社发行 各地新华书店经销
*
2014年8月第 一 版 开本：720×1000 1/16
2025年2月第八次印刷 印张：38 1/4 插页：8
字数：930 000

定价：180.00元

(如有印装质量问题，我社负责调换)

《纳米科学与技术》丛书编委会

《纳米科学与技术》丛书序

在新兴前沿领域的快速发展过程中，及时整理、归纳、出版前沿科学的系统性专著，一直是发达国家在国家层面上推动科学与技术发展的重要手段，是一个国家保持科学技术的领先权和引领作用的重要策略之一。

科学技术的发展和应用，离不开知识的传播：我们从事科学研究，得到了“数据”(论文)，这只是“信息”。将相关的大量信息进行整理、分析，使之形成体系并付诸实践，才变成“知识”。信息和知识如果不能交流，就没有用处，所以需要“传播”(出版)，这样才能被更多的人“应用”，被更有效地应用，被更准确地应用，知识才能产生更大的社会效益，国家才能在越来越高的水平上发展。所以，数据→信息→知识→传播→应用→效益→发展，这是科学技术推动社会发展的基本流程。其中，知识的传播，无疑具有桥梁的作用。

整个20世纪，我国在及时地编辑、归纳、出版各个领域的科学技术前沿的系列专著方面，已经大大地落后于科技发达国家，其中的原因有许多，我认为更主要的是缘于科学文化的习惯不同：中国科学家不习惯去花时间整理和梳理自己所从事的研究领域的知识，将其变成具有系统性的知识结构。所以，很多学科领域的第一本原创性“教科书”，大都来自欧美国家。当然，真正优秀的著作不仅需要花费时间和精力，更重要的是要有自己的学术思想以及对这个学科领域充分把握和高度概括的学术能力。

纳米科技已经成为21世纪前沿科学技术的代表领域之一，其对经济和社会发展所产生的潜在影响，已经成为全球关注的焦点。国际纯粹与应用化学联合会(IUPAC)会刊在2006年12月评论：“现在的发达国家如果不发展纳米科技，今后必将沦为第三世界发展中国家。”因此，世界各国，尤其是科技强国，都将发展纳米科技作为国家战略。

兴起于20世纪后期的纳米科技，给我国提供了与科技发达国家同步发展的良好机遇。目前，各国政府都在加大力度出版纳米科技领域的教材、专著以及科普读物。在我国，纳米科技领域尚没有一套能够系统、科学地展现纳米科学技术各个方面前沿进展的系统性专著。因此，国家纳米科学中心与科学出版社共同发起并组织出版《纳米科学与技术》，力求体现本领域出版读物的科学性、准确性和系统性，全面科学地阐述纳米科学技术前沿、基础和应用。本套丛书的出版以高质量、科学性、准确性、系统性、实用性为目标，将涵盖纳米科学技术的所有领域，全面介绍国内外纳米科学技术发展的前沿知识；并长期组织专家撰写、编辑出版下去，为我国纳米科技各个相关基础学科和技术领域的科技工作者和研究生、本科生等，提供一套重要的参考资料。

这是我们努力实践“科学发展观”思想的一次创新，也是一件利国利民、对国家科学技术发展具有重要意义的大事。感谢科学出版社给我们提供的这个平台，这不仅有助于我国在科研一线工作的高水平科学家逐渐增强归纳、整理和传播知识的主动性(这也是科学研究回馈和服务社会的重要内涵之一)，而且有助于培养我国各个领域的人士对前沿科学技术发展的敏感性和兴趣爱好，从而为提高全民科学素养作出贡献。

我谨代表《纳米科学与技术》编委会，感谢为此付出辛勤劳动的作者、编委会委员和出版社的同仁们。

同时希望您，尊贵的读者，如获此书，开卷有益！

白春礼

中国科学院院长

国家纳米科技指导协调委员会首席科学家

2011 年 3 月于北京

现代磁学的黄金时期

三十年前的1984年，当我还是霍普金斯大学一个年轻教授的时候，一位著名的物理大师X教授(这里隐去他的姓名)来到霍普金斯大学讲学。其间我们偶遇，X教授问我："你现在在哪一个领域里做研究?"我答道："磁学。"他说："磁学已经死了!"他又问："你还做什么其他研究?"我答道："超导。"他惊叫道："超导也死了!"不言而喻，当时那种惊人而令人沮丧的场景至今还记忆犹新。然而，出乎所有人的预料，很快在1986年发现了高温铜氧化物超导体，1988年发现了巨磁电阻(GMR)效应。这两大事件显著改变了凝聚态物理的进程及其技术景观，并分别于1987年和2007年获得了诺贝尔物理学奖。事实证明X教授是大错特错了，而我们在过去的25年时间里已经进入了现代磁学的黄金时期。

这里，让我从1986年开始，大致按照时间先后的顺序提及一些重要的进展：

层间耦合；

纳米多层膜和颗粒膜中的巨磁电阻(GMR)效应；

交换偏置；

电流垂直平面(CPP)的巨磁电阻(GMR)效应；

自旋阀GMR传感器；

铁磁性纳米线；

基于 AlO_x 势垒的磁性隧道结(MTJ)；

庞磁电阻(CMR)效应；

用于测量自旋极化率的安德列耶夫(Andreev)反射谱；

自旋转移力矩(STT)效应及其磁翻转和微波振荡；

Landau-Lifshitz-Gilbert(LLG)微磁学模拟；

具有100%自旋极化率的半金属，如 CrO_2；

磁随机存取存储器(MRAM)；

多铁性材料；

纳米环和纳米环磁性隧道结；

稀磁半导体；

有机自旋电子学；

具有巨大隧穿磁电阻效应的MgO势垒磁性隧道结；

自旋霍尔效应(SHE)；

逆自旋霍尔效应(ISHE)；

磁畴壁运动；

纯自旋流现象；
横向自旋阀；
自旋泵浦；
石墨烯自旋电子学；
自旋塞贝克效应；
Rashba 效应；
自旋轨道耦合作用及其磁翻转；
Skyrmion 材料；
电压调控的磁翻转；
拓扑绝缘体；等等。

每一年几乎都不平凡，总有一些新鲜有趣的发现引人关注，并且上述这些专题内容基本上都被涵盖在这部书中。

人们常说微电子学使现代技术得以实现，但这只说对了一半儿。应该更确切地讲，微电子学和高密度数据存储(HDDS)是现代技术发展的两个主要驱动力。它们共同使得过去只能由专业研究机构所拥有的房屋尺度大小的计算机，变成了现在人人可以拥有的笔记本电脑和真正便携式的各种掌上电脑(PDA)。自从 1947 年以来，每单位集成电路所含晶体管的数量按摩尔定律稳定增长，如今已超过了 10^{10}/IC。同样引人注目的是，1955 年磁记录开始应用以来，高密度数据存储(HDDS)技术的记录密度持续增长至今天，也远高于摩尔定律的预测、超越了 10^{12} bit/in^2。

非常有趣的是，一些怀疑论者曾在这个发展过程中给出过若干悲观的预言。当巨磁电阻(GMR)效应被发现后，一些人认为，由于需要非常大的磁场，GMR 效应无法应用；但随后自旋阀式 GMR 器件巧妙地避免了这个困境。当采用超导量子干涉仪(SQUID)探测系统第一次观测到具有非常小电阻的电流垂直膜面(CPP)的 GMR 效应后，一些悲观者又宣称 CPP-GMR 效应永远不会被应用。但今天，三维尺度均为几十纳米的 CPP-MR 磁读头被广泛地使用在硬盘驱动器(HDD)之中。在 20 世纪 90 年代，有一个最高磁记录密度不可能超过 40Gb/in^2 的著名终极预言。该预言仅盛传了几年之后就被无情地悄然打破。今天，磁记录密度已经超过上述预言极限值的 30 倍，并且仍在继续攀升。公正地说，该预言并没有真正预见到现代磁学中一系列的发现对高密度数据存储(HDDS)的推进所起到的作用；不过，主动做出预言与占卜有一点相似，它们均具有一定的风险。

这本书由自旋电子学领域里的众多前沿专家共同编写，收录了上述现代磁学黄金时期那些令人兴奋的、方兴未艾的持续研究进展。我个人也熟知这本书里的许多作者，并且受益于与他们之中几位作者的合作研究。这部书的唯一缺憾是它采用中文撰写，这会让那些非汉语科学家们无法分享它的丰富内容。

钱嘉陵
约翰 · 霍普金斯大学物理与天文学系

Golden Era of Modern Magnetism

Thirty years ago in 1984 when I was a young professor at The Johns Hopkins University, a prominent physicist, Professor X (who shall remain nameless) came to Hopkins to give a colloquium. During a brief encounter, Professor X asked me, "What area of research do you do?" I answered, "Magnetism." He said, "Magnetism is *dead*! What else do you do?" I answered, "Superconductivity." He exclaimed, "Superconductivity is also *dead*!" That poignant, not to mention discouraging, exchange was certainly memorable. However, unbeknownst to anyone then, prominent or otherwise, high T_C cuprate superconductors would soon be discovered in 1986, and giant magnetoresistance (GMR) in 1988. Both events, garnered the Nobel Prize in Physics in 1987 and 2007 respectively, have altered the course of condensed matter physics and indeed the technological landscape. Notwithstanding the fact that Professor X was *dead* wrong, we have been in the midst of the Golden Era of Modern Magnetism for the last 25 years.

Let me mention just some of the advances since 1986, roughly in chronological order:

interlayer coupling,
GMR in multilayers and granular solids,
exchange bias,
current perpendicular to plane (CPP)-GMR,
spin-valve GMR sensors,
ferromagnetic nanowires,
AlO_x-based magnetic tunnel junction (MTJ),
colossal magnetoresistance (CMR) materials,
Andreev reflection spectroscopy for measuring spin polarization (P),
spin-transfer torque (STT) switching and microwave oscillation,
Landau-Lifshitz-Gilbert (LLG) micromagnetic simulation,
half-metals with 100% spin polarization, such as CrO_2,
magnetic random access memories (MRAM),
multiferroic materials,

nanorings and nanoring MTJs,
dilute magnetic semiconductors,
organic spintronics,
MgO-MTJs with huge tunnel magnetoresistance (TMR),
spin Hall effect (SHE),
inverse spin Hall effect (ISHE),
domain wall motion,
pure spin current phenomena,
lateral spin valves,
spin pumping,
graphene spintronics,
spin Seebeck effect,
Rashba effect,
spin-orbit switching,
Skyrmion materials,
voltage-controlled switching,
topological insulators.

There has hardly been a dull year. There is always something new and interesting to learn. Not coincidentally, many of these subjects are covered in this book.

It has often been said that microelectronics has enabled modern technology. This is only partly correct. More accurately, the two main drivers for modern technology are microelectronics and high-density data storage (HDDS). Together, they transformed room-sized main computers, which only major institutions could possess, to lab-top computers, which everyone owns, and personal digital assistant (PDA) devices, which one literally carries. Since 1947, the number of transistors per integrated circuit (IC) has been steadily increasing following closely the Moore's law to over 10^{10}/IC today. Equally impressive, since the launch of magnetic recording in 1955, the HDDS recording density has been increasing more than that of the Moore's law to over 10^{12} bit/in^2 today.

It is rather amusing that some skeptics have expressed pessimistic predictions along the way. When GMR was discovered, some opined that GMR would not be useful because of the very large magnetic field required. The spin-valve GMR devices nicely circumvented that predicament. When the CPP-GMR effect was first observed using a SQUID-based detection system due to the minuscule electrical resistance, some skeptics proclaimed that CPP-GMR would never be useful. Today, CPP-MR heads with all three dimensions of only a few tens of nm are in most hard drives. During the 1990's, there was a famous doomsday prediction of the ultimate magnetic recording density limit of 40 Gbits/in^2 that could never be surpassed. That prediction enjoyed a few years of fame until it was broken unceremoniously and without fanfare. Today, the recording density is more than 30 times that predicted limit and still climbing. To be fair, that prediction did not foresee the discoveries in modern magnetism that has been instrumental in advancing HDDS. On the other hand, unsolicited predictions and fortune telling are risky businesses.

This book, authored by many leading experts in the field, captures the exciting developments of the Golden Era of Modern Magnetism, which continues undiminished and unabated. I personally know many of the authors, and I have benefited from the collaborations with a few of them. The only drawback of this book is that it is written in Chinese. All non-Chinese scientists would be deprived of its rich content.

C. L. Chien
Department of Physics and Astronomy
The Johns Hopkins University

目　　录

上　　卷

下　　卷

第 1 章　磁性纳米多层膜巨磁电阻效应及其器件

颜世申　田玉峰

1.1　背景简介

随着科学技术的进步，人们已经充分认识到电子对材料磁性、电导、热电等物理特性的重要影响。早在 1838 年，为了解释原子的化学性质，理论上首次引入了一个不可分割的物理量：电子电荷。然而直到 1897 年电子才被证实为一种粒子[1]。随后，Pauli 首次提出了电子自旋的概念，但直到 1928 年才由 Dirac 在其相对论量子力学(relativistic quantum mechanics)中成功地解释了电子为什么会具有一种特别的磁矩或角动量，即自旋。每个电子自旋在任意方向都有两个分量，每个自旋分量的大小分别为$\pm\hbar/2$($\hbar$ 为约化 Planck 常量)。当固体中所有的未配对电子自旋指向同一个方向时，就形成我们熟知的铁磁体；通常外电场作用下的电流中，电子自旋的指向是无规的，因而形成电流的电子自旋没有宏观磁性。自此人们认识到电子不仅带有质量和基本电荷，还带有内禀自旋。但是到此为止，在实际应用中电子的电荷和自旋特性都是作为独立的自由度来处理的。例如，在传统电子器件中，通过电场控制电子，实现了很多新颖的功能，但也仅利用了电子的电荷属性；在传统磁记录器件中，通过控制铁磁体的磁化强度(电子自旋的宏观体现)实现记录与存储功能。直到科学家在磁性多层膜体系中发现巨磁电阻(giant magnetoresistance，GMR)效应[2,3]，人们才意识到电子的电荷和自旋间有强的耦合作用，因为在 GMR 效应中可以通过磁场作用于电子的自旋来影响电荷的输运行为(电阻)。从此以后，研究铁磁性材料或者铁磁性人工结构中电子自旋对电子电荷输运的影响规律成为物理学研究的热点，因为充分利用电子的自旋属性有望得到具有高运算速度、低功耗、非易失性等优良特性的新型自旋电子器件。这也最终导致自旋电子学的诞生[4,5]，其核心是研究如何有效地、精确地操纵电子自旋这个自由度，以实现高密度信息的存储、传输和处理。

1857 年，Thomson(Kelvin 勋爵)[6]在研究 Fe 和 Ni 在外加磁场下的电输运行为时首先发现了磁电阻效应，这比实验上发现电子还要早 40 年。所谓磁电阻效应，是指电阻率 ρ 在外加磁场 H 下所产生的电阻变化；若电阻增大通常定义为正磁电阻效应，则电阻减小定义为负磁电阻效应。普通的非磁金属(如 Ag、Au、Cu 等)的磁电阻效应只有 1%～2%。几乎所有的金属、合金或者半导体都存在不同程度的磁电阻效应，这是因为电子在外磁场中运动会受到洛伦兹力的作用，从而使运动路径发生偏转或者做回旋运动，产生额外的散射截面，导致电阻增大[7]。我们现在知道 Kelvin 发现的磁电阻效应是各向异性磁电阻(anisotropic magnetoresistance，AMR)，AMR 通常只有百分之几的量级，且取决于电流与磁场的相对取向。AMR 的物理基础是自旋-轨道耦合导致的散射截面不同，而后面要详细讨论的 GMR 效应的机理不同于前者，其物理本质反映了电子的输运性质与电子自旋的取向有关，称为自旋相关导电。如果能在输运过程中同时利用电子电荷和电子自旋这两个自由度，则有可能将信息的传输、处理与存储在固体内部有机地结合在一起，这也成为科学家梦寐以求的奋斗目标。如图 1.1(a)所示，铁磁材料的磁性来自电子间量子交换相互作用引起的自旋劈裂能带结构(spin-split band structure)。能带的劈裂使得费米面处自旋向上和自旋向下的电子态密度不同，从而不同自旋方向具有不同的电导率。自旋相关的散射最早由 Mott[8] 提出，用来解释铁磁金属在居里温度附近反常的电阻行为，其核心基础是双电流模型(two current model)。双电流模型是一个唯象理论，其基本思想是将传导电子的输运分为两个独立的、相互并联的自旋向上和自旋向下的通路。不同自旋电子具有不同的分布函数和弛豫时间，各自独立地承载电流。该模型忽略了不同自旋通路间的自旋反转散射(spin flip scattering)效应，即假设传导电子沿膜面方向运动时，虽然受到铁磁材料的散射(主要是 s-d 散射)，但仍能保持其运动方向在膜面内；在从某一铁磁层向相邻铁磁层运动时，即使受到散射也不发生自旋反转，仍能保持其固有的自旋取向。由于铁磁材料的能带是自旋劈裂的，传导电子

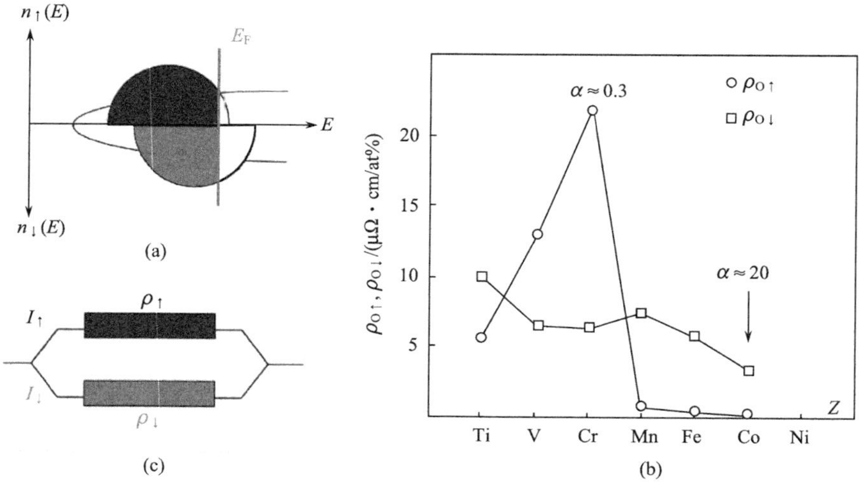

图 1.1　自旋电子学的基础。(a)铁磁金属能带结构示意图；(b)1%不同元素掺杂的金属镍中自旋向上和自旋向下导电通道对总电阻的贡献；(c)双电流模型示意图[10]

有可能会填充到未满壳层的 d 电子态，电子的平均自由程变得很小，会导致强的散射效应和高的电阻率。同时，未满壳层的 d 电子态的分布决定了材料的铁磁性，因此，电子输运与铁磁性之间有了直接的关联。随后，Fert 和 Campbell 对含有杂质的铁磁金属的电导进行了大量而系统的研究，并证实不同自旋通路对电导的贡献可以差别很大，确认了铁磁金属中自旋相关散射的双通道导电机理。如图 1.1(c)所示，自旋向下 $\rho_{o\downarrow}$ 和自旋向上 $\rho_{o\uparrow}$ 电阻率的比值 $\alpha = \rho_{o\downarrow}/\rho_{o\uparrow}$，对于 Co 其值可以高达 20，而对于 Cr 和 V 则不到 1[9,10]。双电流模型为 GMR 效应的发现奠定了坚实的物理基础，也成为自旋电子学的基石。

1.2　巨磁电阻效应的发现、理论及其应用

20 世纪末，美国科学家在总结 100 年来在凝聚态领域对人类进步有重大意义的成果时，将各向异性磁电阻效应列为重大基础研究成果，而将巨磁电阻效应列为重大应用领域成果，充分肯定了磁电阻效应对人类社会进步的重大影响。从 1988 年发现 GMR 开始到现在的短短 20 多年里，磁电阻效应的基础研究和应用开发在世界范围内掀起了研究热潮，不仅新的物理现象、新材料不断被发现，而且基于 GMR 效应的传感器和硬盘读出头也很快进入市场，成为基础研究的重大发现迅速转化为实用产品的典范。本节我们将首先较详细地介绍 GMR 效应的发现和典型实验结果，然后介绍 GMR 效应理论研究的相关进展，最后探讨 GMR 效应的应用前景。

1.2.1　巨磁电阻效应的发现和典型实验结果

迅速发展的薄膜纳米制备技术，如磁控溅射、蒸发、分子束外延(molecular beam epitaxy，MBE)等为巨磁电阻等新物理现象的发现提供了物质技术基础，纳米制备技术使得我们可以在纳米尺度上精确控制铁磁金属薄膜的生长。1988 年，巨磁电阻最早是在具有反铁磁耦合的纳米 Fe/Cr/Fe 三层膜和多层膜中发现的[2,3]。在 1986 年，Grünberg 等[11]首先在 Fe/Cr/Fe 三层膜中发现两层 Fe 通过中间的 Cr 层发生间接的反铁磁交换耦合。1988 年，Grünberg 进一步发现 Fe(12nm)/Cr(1nm)/Fe(12nm)的三层膜中室温磁电阻高达 1.5%，且远大于 25nm Fe 单层膜的各向异性磁电阻，如图 1.2 所示。与此同时，法国 Fert 教授的研究组独立地发现 MBE 生长的 Fe/Cr 多层超晶格样品低温磁电阻高达 50%，即使在室温下仍高达 17%，并将其命名为巨磁电阻，如图 1.3 所示。由于反铁磁耦合的存在，零场下 Fe/Cr 超晶格样品相邻铁磁层的磁矩会自发地反平行排列，当外加磁场使铁磁层磁矩平行排列时，根据双电流通道模型可以解释电阻随磁场的巨大变化。Grünberg 和 Fert 不仅分别独立地发现了 GMR 效应，而且都

将它归因于新的自旋相关的物理现象，更认识到GMR的重大应用前景。GMR的第一个专利由Grünberg在1988年获得[12]。因为发现GMR效应，Grünberg和Fert共同获得了2007年的诺贝尔物理学奖。

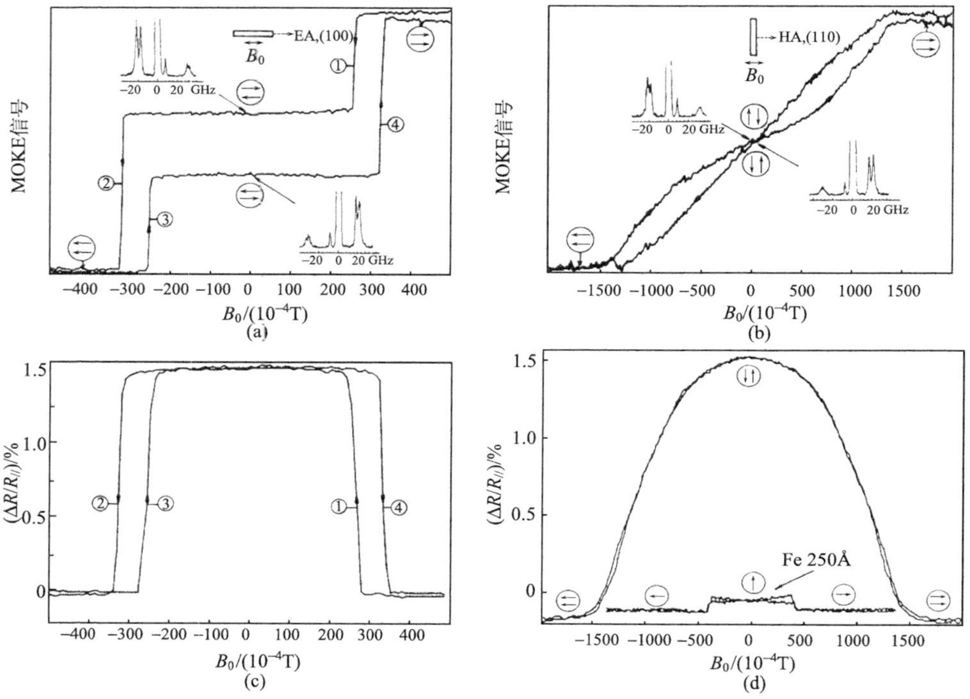

图 1.2　Fe/Cr/Fe三层膜中的GMR效应。左(右)侧数据测量过程中磁场平行于样品易磁化轴(难磁化轴)。(a)和(b)是用磁光克尔效应(magneto-optic Kerr effect)测量的磁化曲线；(c)和(d)是电流平行于膜面时的磁电阻；(d)中同时给出了25nm Fe单层膜参考样品的AMR[3]

GMR效应研究的另一个里程碑式的实验结果是发现多层膜中铁磁层之间的交换耦合强度会随着中间非磁性金属层厚度呈现周期性的振荡。以传导电子为媒介，磁性离子之间间接的、振荡的RKKY交换相互作用最早是在20世纪50年代根据金属合金中的磁特性提出的[13-15]。1986年，Majkrzak等在稀土金属Gd-Y超晶格中观测到了RKKY型交换耦合作用[16]。而在过渡金属多层膜中最重要的是Parkin等的发现。Parkin等在Fe/Cr、Co/Cr、Co/Ru等过渡金属多层膜中都发现了交换耦合强度在幅值上呈现阻尼振荡效应[17-20]。如图1.4，这种振荡可存在于室温。Parkin等的系列研究表明层间交换耦合的振荡是比较普遍的现象，振荡周期为1～2nm，明显大于自由电子RKKY交换作用的振荡周期。Jin等用

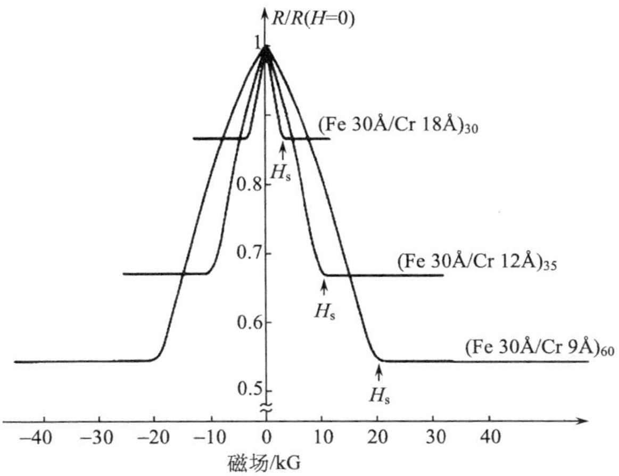

图 1.3　Fe/Cr 超晶格中的巨磁电阻效应。测量温度为 4.2K，测量过程中电流和磁场均平行于样品[110]方向[2]（$1G=10^{-4}T$）

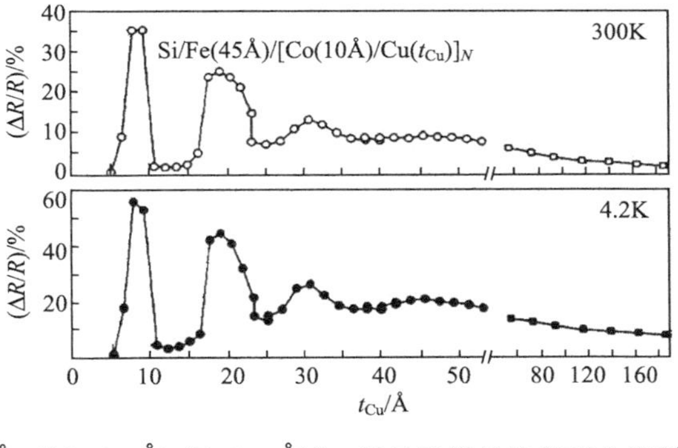

图 1.4　Si/Fe(45Å)/[Co(10Å)/Cu(t_{Cu}Å)]$_N$ 超晶格样品饱和磁电阻随中间 Cu 层的厚度变化规律。当 Cu 的厚度小于 55Å 时 $N=16$，而当 Cu 的厚度大于 55Å 时 $N=8$[18]

核磁共振(nuclear magnetic resonance)系统研究了具有 GMR 效应的 Fe/Cu 多层膜，给出了 Cu 层中传导电子自旋极化的直接实验证据[21]。这些研究结果在国内引发了大量的针对磁电阻和层间耦合强度在不同体系中的振荡行为的实验和理论研究，如 Co-Nb/Pd[22]、Fe/Ag[23]、Fe/Pd[24]、Fe/Mo[25] 以及(Co-Ag)/Ag[26]。在所有体系中，Co/Cu 体系获得了更为广泛的关注。这是因为 Co 和 Cu 的晶格匹配较好，可以降低界面位错等缺陷浓度，从而降低非本征的自旋无关的散射过程，进而增强自旋相关的效应。例如，Parkin 等报道在 Co/Cu 多层膜中室温 GMR 比值可以高达 65%[27]。Unguris 等发展制备了非磁性层厚度连续变化的铁磁体/非磁体/铁磁体三层膜，并用自旋分辨扫描电子显微镜直接观察到层间耦合随非磁性层厚度变化阻尼振荡导致的铁磁层中平行与反平行磁畴交替出现的现象[28]。复旦大学金晓峰研究组进一步发展了这种“尖劈”型薄膜制备技术，制备出晶格常数和合金成分都连续变化的多层膜，为高质量实验的进行提供了良好的平台[29]。值得指出的是，Unguris 等的工作中首次观察到了除长周期振荡外还存在短周期振荡，为验证层间耦合理论的正确性提供了重要实验证据。如图 1.5(a)所示，极化分析扫描电子显微镜图谱黑(白)色区域分别对应 M_y 的 $-y$(y)方向分量，铁磁耦合始于很薄的 Cr 层，当厚度增大时转变为反铁磁耦合，并以这种方式形成开始的 6 个振荡周期，其振荡周期波长为 1.4～1.7nm，等于 10～12 个 Cr 原子层。对比生长在不同温度衬底上的样品可以看到，在高温下生长的 Cr 层结晶更好，从而使 Fe 层间的耦合从长程振荡变成只有 2 个原子层(0.288nm)的短周期振荡。图 1.5(b)为依据高能电子衍射图分析出的 Cr 层厚度变化与 M_y 的对应关系。用点激光测量微区 Kerr 环与 Cr 层厚度的关系及磁耦合强度，并根据磁耦合能 $E=-J_1\cos\theta-J_2\cos^2\theta$ 定义耦合常数 J_1 和 J_2，发现其大小和符号均呈周期性变化，并且分为长周期(约 1.8nm)和短周期(约 0.3nm)两类。

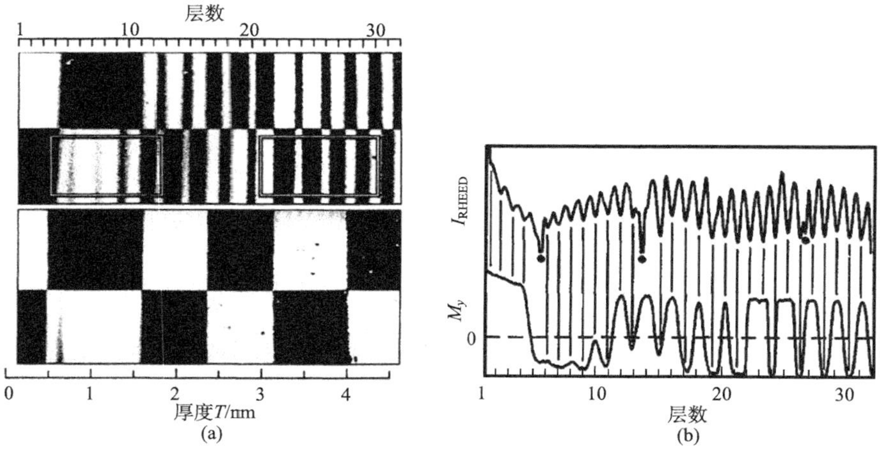

图 1.5 (a)Fe/Cr/Fe 三明治楔形膜在高温(上部)以及室温(下部)下的生长，在极化分析扫描电子显微镜谱(scanning electron microscopy with polarization analysis)中 M_y 呈现明显不同的磁耦合态。上、下两部分所示区域分别为 300μm×280μm 和 350μm×290μm；(b)M_y 的正负变化与相同区域高能电子衍射图案强度振荡的对应关系。·代表标志性缺陷，以便进行比较[28]

尽管最先发现 GMR 效应是在反铁磁耦合的磁性多层膜中，但是反铁磁耦合和多层膜结构都不是发现 GMR 效应的必要条件。发现 GMR 效应需要具备两方面的要求：①自旋极化的电流在两个铁磁性区域间运输的过程中能保持其自身的自旋方向，散射主要取决于局域磁矩的方向；②两个局域磁矩的相对方向在外加磁场的作用下能发生显著的变化。从应用的角度讲，铁磁层间反铁磁耦合的存在反而是不利因素，因为强的反铁磁耦合会导致高的饱和场 H_s，必然导致低的磁场灵敏度 $S=(\Delta R/R)/H_s$（<0.002%/Oe，1Oe=79.5775A/m），甚至低于各向异性铁磁体，如坡莫合金（$S\approx0.3\%$/Oe）。原则上层间交换耦合振荡效应为提高磁场灵敏度提供了新途径，因为层间交换耦合能 ε_{ex} 可以表示成 $\varepsilon_{ex}=-J_1M_a\cdot M_b$，其中 M_a、M_b 分别为相邻铁磁层的磁化强度，通过调节非磁性层厚度可以使耦合常数 J_1 趋于零[30]。可惜实验上 J_1 的降低同时导致 GMR 减小和剩磁增大，无法达到实际应用所需要的磁场灵敏度。所以，人们开始寻找新型 GMR 材料体系，并陆续发现了几类非耦合型的 GMR 体系，其中最有实际应用价值的是磁自旋阀（spin valve）体系。

Dupas 等首先在没有反铁磁耦合但是磁性层矫顽力不同的 Au/Co 体系中发现了显著的 GMR 效应[31]，该实验中 Co 层矫顽力的不同主要是通过改变 Co 层厚度实现的。另外，也可以通过选择不同的铁磁材料，如坡莫合金矫顽力 H_c 远小于 Co 的 H_c，这样低 H_c 的磁层会先反转，从而实现两铁磁层磁矩的平行和反平行排列。这类简单非耦合的 GMR 体系并不满足实际应用的需求，原因主要有两方面：其一，矫顽力是非本征量，易受到多种因素（缺陷、温度等）的影响，难以控制；其二，磁滞效应对 GMR 的大小特别是对灵敏度提高的副作用明显。

Dieny 等在 1991 年成功发现在应用上更为重要的 GMR 效应——自旋阀（spin valve）[32]，由于它具有低的饱和场和高的灵敏度，是 GMR 走向产业化的关键步骤。在实验中，两个铁磁 FeNi 层被中间较厚的非磁性 Cu 层分隔开，致使两铁磁层之间退耦合。在底层铁磁层引入了 FeMn 反铁磁钉扎，使其磁化方向难以反转（通常需要几百 Oe 磁场）；未钉扎的自由层在很小的磁场（通常几个 Oe）就可以反转，因此自旋阀的磁化曲线通常会呈现为两条分离的磁滞回线，如图 1.6 所示。自旋阀兼具耦合型多层膜 GMR 的高磁电阻比值和软磁坡莫合金弱磁场高灵敏度的优点，在几个 Oe 的磁场下，即可获得百分之几的磁电阻变化，其磁场灵敏度比耦合型多层膜 GMR 体系要

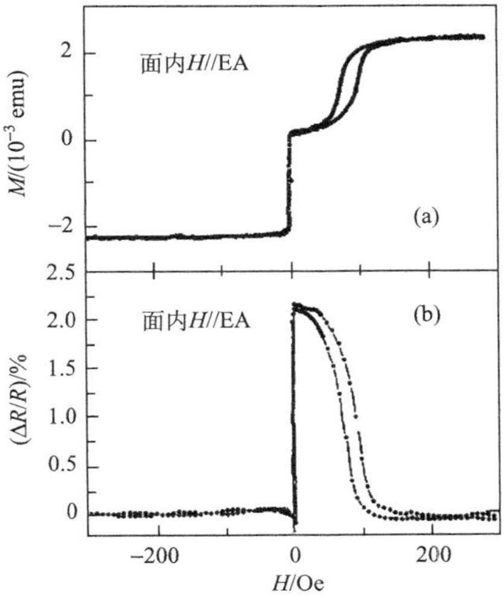

图 1.6　Si/(150Å NiFe)/(26Å Cu)/(150Å NiFe)/(100Å FeMn)/(20Å Ag)自旋阀的磁滞回线(a)和磁电阻曲线(b)[32]

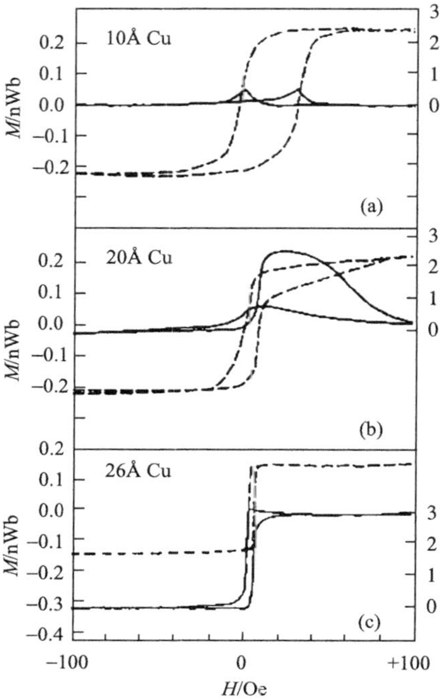

图 1.7　NiFe/Cu/NiFe/FeMn 自旋阀磁滞回线(虚线)和磁电阻(实线)随非磁性层 Cu 厚度的变化规律[33]。(a)Cu 厚 10Å；(b)Cu 厚 20Å；(c)Cu 厚 26Å

高好几个数量级，而且 Dieny 等在实验上还系统研究了非磁性层厚度对自旋阀磁电阻的影响。如图 1.7 所示，当 Cu 厚度较小(=1nm)时，由于针孔效应或者界面粗糙性诱发的静磁耦合效应的存在，两铁磁层呈强耦合状态，两 NiFe 磁性层同时反转；当 Cu 较厚(2nm)时，两铁磁层耦合变弱，磁滞回线开始分离，且升、降场磁化反转不再对称；当 Cu 更厚(2.6nm)时，两铁磁层退耦合，磁滞回线被分开 150Oe 以上，仅没有钉扎的自由层磁矩发生反转。更多自旋阀中 GMR 效应的研究进展，读者可以参考另外的综述文献[33]。

在制备自旋阀过程中，反铁磁钉扎材料的选择是一个至关重要的问题，它需要同时具有高的奈尔温度(Néel temperature，T_N)、阻塞温度(blocking temperature，T_b)、强的交换各向异性和良好的稳定性。T_N 是反铁磁层最重要的特性，在 T_N 以上反铁磁性、诱发的交换各向异性以及对铁磁层的钉扎作用都将消失。CoO(T_N=293K)和 NiO(T_N=523K)具有较高的奈尔温度，是常用的反铁磁层材料。Mao 等[34]的研究发现 NiMn 比 IrMn、FeMn 以及 NiO 更适合作反铁磁钉扎材料。Fujikata 等采用了 NiO/CoO 双层膜作为反铁磁层可以调整体系矫顽力以及磁电阻曲线在零场附近的滞后现象[35]。此外，除了 MnPtPd，FeIrRh，CrAl 等反铁磁材料外，人工制造的反铁磁材料(如 Co/Cu/Co 三层膜，使 Cu 厚度对应反铁磁振荡耦合的第一个峰位)也被广泛研究，以便进一步提高器件的性能。值得指出的是，自旋阀的概念建立在交换各向异性效应的基础之上，该效应最早在 CoO 颗粒中被发现，其中反铁磁 CoO 表面层通过直接交换作用与内部 Co 发生交换耦合[36]。将 Co/CoO 在外加磁场中从高温降至低温，磁化曲线会沿外加磁场的反方向发生移动而偏离原点，并且顺、逆时针转矩曲线有明显磁滞效应，这种效应称为交换偏置(exchange bias)效应。交换偏置效应普遍存在于具有铁磁-反铁磁钉扎耦合的体系中，而且关于交换偏置效应的机理及其与界面微观磁结构、材料厚度、磁畴取向等因素的关系也是理论研究的热点[37-39]。

随后，Berkowitz 等[40]和 Xiao 等[41]分别在 Co-Cu 颗粒膜、Sang 等[42]在 Co-Ag 颗粒膜体系中都发现了 GMR 效应，证明多层膜结构不是 GMR 效应出现的必要条件。这些颗粒膜的共同点是微小的磁性颗粒被非磁的金属包围。原则上要求颗粒与周围的金属互不相溶，所以颗粒膜不同于合金、化合物，属于非均匀相结构的材料体系。通常认为，磁性颗粒的磁矩在未磁化时空间上是混乱分布的，外加磁场会导致颗粒磁矩有序排列，传导电子在输运过程中受到的散射必然与磁矩的取向有关，才会产生巨磁电阻效应。更详尽的关于颗粒膜中的磁电阻机理可以参考文献[12]、[13]、[44]。如果进一步假设非磁性层是畴壁，而磁性层是磁畴，那么 GMR 效应有可能在多畴材料体系中被发现，只要磁畴和畴壁的尺寸合适[45]。通过调节或者设计畴壁尺寸，我们有希望进入弹道输运区域。例如，García 等[46]通过在 Ni 纳米线体系制备只有几个原子层厚度的纳米接触电极的方式在 100Oe 室温条件下获得了高达 280％的磁电阻效应，虽然弹道输运区巨磁电阻的机理有待进一步研究[47]。

前面提到的磁电阻效应属于 CIP(current in the film plane，电流在膜面内)结构，电流和磁场均与膜面平行。早在 1991 年，Zhang 等[48]从理论上预言电流与膜面垂直的 CPP(current perpendicular to the film plane，电流垂直于膜面)结构具有更大的 GMR 效应。不久，CPP 结构的 GMR 效应就在 Ag/Co 体系中获得实验证实[49]。如图 1.8 所示，CPP 结构之所以有更显著的 GMR 效应，是因为 CIP 结构中决定输运特性的电子平均自由程长度通常小于 CPP 结构中起决定作用的自旋扩散长度[50]。同时，CPP 结构的对称性更利于理论模拟。不足之处在于 CPP 结构中，器件厚度在纳米量级，导致器件电阻会非常小而难以检测。CPP 结构中 GMR 效应的研究热点还包括热电子晶体管、弹道输运等[51,52]。

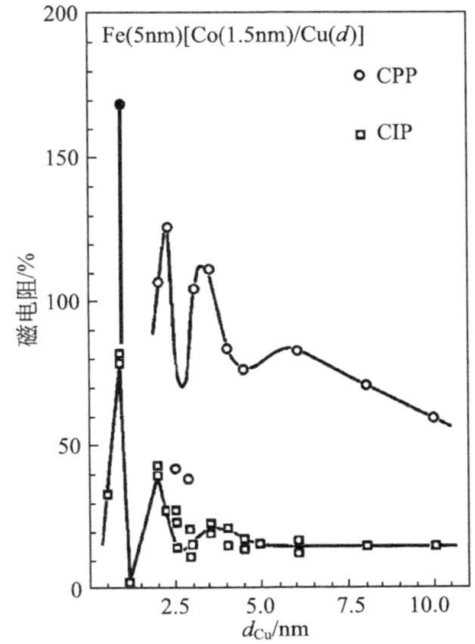

图 1.8　CIP 和 CPP 结构 GMR 效应随非磁 Cu 层的变化规律[50]

GMR 效应发现后，围绕如何理解和改进 GMR 效应，科技工作者进行了大量的、系统的研究工作。研究发现影响磁电阻的因素众多，如样品成分、非磁性层厚度、磁性层厚度、粗糙度、杂质浓度、温度等[53]，但 GMR 有以下几个特点：其一，多数情况下 GMR 为负值，即磁场使电阻变小；其二，饱和磁电阻的值可以很大；其三，饱和后磁电阻的值与外磁场的方向无关，即对磁场是各向同性的。

1.2.2 巨磁电阻效应的理论模型

基于 Mott 的双电流模型，前面已经定性地解释了 GMR 效应。Mott 的假设主要有两点：其一，金属中的电导可以看成自旋向上和自旋向下两个独立导电通道的并联；其二，铁磁金属对于自旋向上和自旋向下的散射强度不同，即散射是自旋相关的。如图 1.9 所示[54]，考虑简单的共线磁结构，而且磁矩对与之自旋方向相反的导电通道散射较强，即磁矩向上的铁磁层对自旋向下的通道散射更强。当两个铁磁层平行排列时[图 1.9(a)]，自旋向上的通道 $R_\uparrow$ 经过两个铁磁层时受到的散射都很小，而自旋向下的通道 $R_\downarrow$ 经过两个铁磁层时受到的散射都很大，最终铁磁层平行排列时总电阻 $R_P=2R_\uparrow R_\downarrow/(R_\uparrow+R_\downarrow)$；当两个铁磁层反平行排列时[图 1.9(b)]，自旋向上或向下的通道总是在其中一层受到铁磁层强的自旋散射，最终总电阻 $R_{AP}=(R_\uparrow+R_\downarrow)/2$。磁电阻可以表示为

$$\mathrm{GMR}=\frac{\Delta R}{R_P}=\frac{R_P-R_{AP}}{R_P}=-\frac{(R_\downarrow-R_\uparrow)^2}{4R_\downarrow R_\uparrow}$$

这一简单的电阻模型不仅可以定性解释巨磁电阻为负值，而且指出磁电阻与散射非对称性的关系。但在解释磁性多层膜和自旋阀结构中的 CIP-GMR 时，电阻模型显得过于简单。因为电阻模型假定自旋向上和自旋向下通道的电子平均自由程都大于每层的厚度，当铁磁层或非磁性层厚度大于电子平均自由程时该模型不再适应。

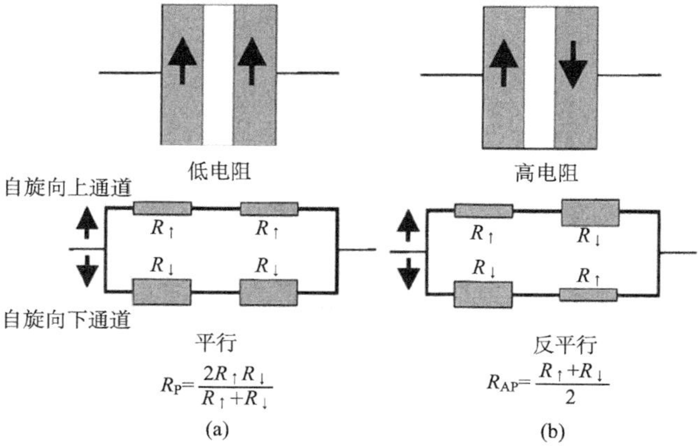

图 1.9 GMR 效应的电阻模型示意图[54]

除电阻模型外，科研工作者还提出了许多理论模型来探讨 GMR 效应的物理机理，这些模型的区别主要在于它们如何处理电子能带结构和电子输运方程。电子结构的处理主要分为自由电子近似或者精确的多能带近似，其中自由电子近似的优点是在抓住 GMR 主要特征的情况下极大地简化物理运算，而精确的多能带

近似对GMR的定量分析尤为重要。电子输运方程的处理主要利用半经典玻尔兹曼理论和量子力学理论，其中玻尔兹曼理论被广泛应用，但是在磁性多层膜中特别是当子能带能量劈裂与散射导致的寿命展宽(life-time broadening)效应对输运的贡献相当时，玻尔兹曼输运理论不再适用，此时，量子力学理论结合精确的多能带近似处理电子能带结构成为描述GMR效应最有效的途径[53]。下面简单介绍科研工作者在上述方面的努力及其成果。

Camley和Barnaś[55]首先从理论上探讨了具有反铁磁耦合的多层膜中GMR的机理。他们将自旋相关的界面散射引入经典的玻尔兹曼输运方程，研究发现GMR与电子平均自由程和薄膜厚度的相对比值以及自旋向上和自旋向下散射的不对称有关。随后，他们进一步将体散射(bulk scattering)引入先前的模型[56]，研究发现Fe/Cr体系对GMR起主导作用的是界面自旋相关的散射，而在坡莫合金中对GMR起主导作用的是铁磁层中的自旋相关的散射。Sheng和Xing[57]用路径积分(path-integral method)的办法求解，考虑了表面和界面效应的玻尔兹曼输运方程，成功解释了多层膜结构可以增强$(Fe/Cr)_n/Fe$体系的GMR效应，如图1.10所示。Valet和Fert[58]提出了基于自由电子玻尔兹曼方程的、适应于CPP结构的半经典理论模型，该模型能有效区分界面和体材料对自旋相关散射的贡献。然而，半经典模型不能精确表征体系的电子结构，而且无法描述量子效应，这对样品尺度接近电子平均自由程的体系是不合适的。Levy等[59]首次给出基于自由电子的量子模型，该模型主要利用了久保线性响应理论(Kubo linear response theory)。Camblong等[60]基于同样的模型但是利用实空间逼近(real space approach)而不是局域近似(local approximation)的办法处理电导率，给出了处理界面散射的新方法。Vedyayev等在自旋阀结构中得到了类似的结论[61]。关于精确量子方法、半经典近似以及量子近似等不同处理方法对理论处理GMR效应的影响和不同方法之间的相互关系，读者可以参考文献[62]、[63]。

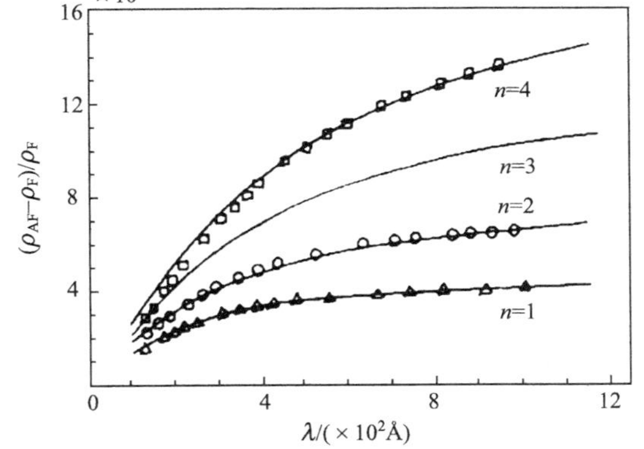

图1.10 外延$(Fe/Cr)_n/Fe$多层膜GMR效应的理论(线)和实验(点)值[57]

除了前面基于自由电子的理论模型，单带紧束缚模型是通过局域原子轨道来描述材料电子结构的另一种有效方法。Asano 等[64]最先用单 s 价带紧束缚模型(single band s-valent tight binding model)来研究界面粗糙度和体材料无序对 CIP-GMR 效应和 CPP-GMR 效应的影响。随后，Itoh 等[65]将单胞相干势近似(single-cell coherent potential approximation)引入单带紧束缚模型，并研究了 CIP-GMR 效应和 CPP-GMR 效应差异的物理起源。为了更好地研究欧姆电阻率和 GMR 效应，Todorov 等[66]引入了能更精确地描述散射的实空间格林函数方法。另外，Li 等[67]充分考虑了过渡族 d 带态密度和 s-d 散射矩阵对 GMR 的贡献，成功解释了 GMR 效应随中间非磁性层厚度出现振荡的行为。

自由电子模型和单带紧束缚模型都用近似的方法处理铁磁多层膜中电子结构，主要忽略了铁磁 d 带或者 sp-d 耦合对电子输运的影响，而这两者对铁磁性和 GMR 都有重要的贡献。要想在理论上获得更多 GMR 效应的本征影响因素，需要有更精确的方法来处理材料体系的电子结构。Schep 等[68]基于局域自旋密度近似的办法充分考虑 s 电子、d 电子对输运的贡献，计算得到 120%的 GMR 效应，且指出 s 电子与 d 电子的耦合会降低 s 传导电子的导电能力，使得 s 电子会由于自旋相关界面势垒的存在而被局域。该模型主要适用于体系尺度小于电子平均自由程的弹道输运区域，而且完全没有考虑缺陷的散射问题。将一个更精确的能带结构引入半经典的输运理论是解决上述问题的有效方法之一。例如，Oguchi[69]采用常数弛豫近似(constant relaxation approximation)、Zahn 等[70]采用自旋相关但是态不相关的弛豫时间近似(spin dependent but state-independent relaxation time approximation)、Binder 等[71]采用态相关弛豫时间近似分别研究了杂质对 GMR 效应的影响。Tsymbal 等[72]将缺陷散射引入多带紧束缚模型结合量子近似来研究电子输运规律，以更好地理解本征缺陷(如氧空位、晶格畸变、晶界)的作用。

第一性原理计算结合量子力学输运理论是目前理论上研究电子输运以及 GMR 效应的最有效手段，因为它一方面能利用自洽(self-consistent)的方法处理电子能带结构，可以充分考虑电荷以及自旋在界面的转移效应，另一方面量子力学输运理论是构建切合实际输运模型的重要手段。Bulter 等[73,74]首先报道了既适应于 CIP-GMR 又适应于自旋阀结构的第一性原理模型。Blass 等[75]在其计算模型中包含了自旋轨道耦合，通过综合考虑电子能带结构和杂质态自旋相关散射对 GMR 的贡献，成功推导出了电阻率，且不需要额外的可调参量。理论上如何准确描述界面磁无序、自旋轨道耦合以及材料的实际电子能带结构是亟须进一步解决的难题，以便我们能更深入地了解 GMR 效应的物理机制和决定因素，因此需要进一步优化或发展新的计算方法和理论模型。

1.2.3 巨磁电阻效应的应用

巨磁电阻是近代物理学研究的重大突破之一，它不仅催生了一门新兴的学科——自旋电子学，更是基础研究成果转化为重要的大规模产品的典范。从 1988 年 GMR 效应的发现到 1995 年第一个商业化 GMR 传感器问世仅用了 7 年，到 1997 年 IBM 生产出第一个基于 GMR 效应的读出磁头也仅用了不到 9 年时间[76]。现在，GMR 磁传感器已经在数据存储、工程生物学、空间科学等领域获得了广泛的应用[77]。

GMR 最重要的应用是在数据存储工业。20 世纪 90 年代，第一代读出磁头基于各向异性磁电阻(AMR)效应，存储密度在 1991 年时为 0.1Gb/in^2 (1in＝2.54cm)。AMR 取决于磁化方向与电流方向夹角余弦的平方，而 GMR 仅依赖于磁性层之间磁化方向相对夹角的余弦，故 GMR 是全角度依赖的。而且 GMR 主要是界面效应，可以使得磁电阻元件在更小的尺度下不受退磁场的影响，具有更好的空间分辨率，将精准度和可靠性都提升到前所未有的高度。目前的存储密度已超过 500Gb/in^2，年增长大约 60%。科研工作者不停地寻找新材料(如 Heusler 合金)，构建新器件结构(如利用氧化物纳米层来限制电流、制备垂直记录磁结构)等方式寻求 30nm 尺度上能稳定工作的新型自旋电子器件，从而满足与日俱增的对存储密度进一步提高的需求。Childress 等[78]在一篇综述文献中详细介绍了磁随机存储器件(magnetic random access memory，MRAM)的发展状况，MRAM 因具有低功耗、高运算速度、非易失性等特点获得了越来越多的关注[12,63]。

GMR 磁传感器在计算机硬盘读出磁头上的成功应用，促进了 GMR 传感器在小尺寸、高速度、高灵敏度等相关领域的应用。例如，GMR 效应可以用于工业电流监测，主要是毫安表、电隔离器、电子罗盘以及位置、角度和转速传感器[79]；在土木工程(civil engineering)方面，GMR 传感器可用于探测地磁场；具有大的 GMR 效应的纳米颗粒膜可用作无刷 DC 马达的传感器[80]；GMR 还可以用于标记分子作为生物传感器使用[81]。

对于工业控制系统，存储和传感器感应到有用信息也只是控制过程的一半，将有用信息传输到处理终端也是关键的一环。而在数据传输过程中往往存在诸多外界干扰，如不同接地回路电势不同、瞬态事件、温差等，长期以来依赖光隔离器屏蔽外界的干扰。光隔离器体积大、速度慢、能耗高，越来越满足不了工业网络与传感技术进步的需求。GMR 隔离器的面积可以非常小(～1mm^2)，且容易与其他电子元器件集成在一起实现单一芯片的多通道隔离。目前已经商业化生产的 GMR 隔离器传输速度为 200Mb/s，是光隔离器的 10 倍，而信号延迟仅为光隔离器的 1/2。另外，GMR 隔离器抗瞬态干扰高达 25kV/μs，最高工作温度大于 100℃[12]。

1.3 巨磁电阻的影响

巨磁电阻的发现极大地鼓舞了科研工作者深入研究磁电阻效应的热情，促进了众多新颖磁电阻效应的研究与开发，如隧穿磁电阻(tunneling magnetoresistance，TMR)、庞磁电阻(colossal magnetoresistance，CMR)、磁性半导体薄膜、纳米线以及有机材料中的磁电阻、几何磁电阻(geometry magnetoresistance)等。

1.3.1 隧穿磁电阻

隧穿磁电阻(TMR)与 CPP-GMR 的最大不同在于，TMR 中间非磁性层是绝缘材料而 CPP-GMR 中非磁性层为金属材料。TMR 效应中电子从一侧铁磁层经中间绝缘层隧穿到另一侧铁磁层的未填满电子态，因此电阻取决于两侧铁磁层允许参与隧穿的电子态和中间绝缘层允许参与隧穿通道的数目。1975 年，Julliére 最早在 Fe/Ge/Co 体系中观察到 TMR 效应[82]，并提出了 TMR 唯象模型，其核心是：铁磁性电极的自旋极化率决定 TMR 效应的大小，与中间绝缘层无关；电子在隧穿过程中能保持其自身自旋方向不反转。虽然 Julliére 从理论和实验上对 TMR 效应给出了合理的表征，但是 TMR 效应在 20 世纪 70 年代并没有引起太多关注，因为受当时样品制备手段所限，实验很难重复。直到 1995 年，Miyazaki 等[83]和 Moodera 等[84]在非晶 Al_2O_3 势垒层的隧道结中报道了可重复的、高达 18%的室温 TMR 效应，隧穿磁电阻才又重新获得充分的重视。在国内，中国科学院物理研究所韩秀峰研究小组，通过优化铁磁电极材料和改进 Al_2O_3 生长条件，将 Al_2O_3 基隧道结室温 TMR 提高到 80%[85]；南京大学都有为研究小组在非晶 $Zn_{0.41}Fe_{2.59}O$ 体系中报道了高达 158%的室温 TMR 效应，并将其归因于$Zn_{0.41}Fe_{2.59}O$颗粒高的自旋极化率和绝缘 Fe_2O_3 晶界两侧铁磁畴间的反铁磁关联[86]。TMR 较 GMR 有更显著的磁电阻变化，且 TMR 效应电流垂直于膜面更易于器件集成，因此基于 TMR 效应的计算机读出磁头以及新型 MRAM 设计理念成为自旋电子学的研究热点。

TMR 发展过程中另一个里程碑式的工作是理论上预言 Fe/MgO/Fe 隧道结中 TMR 可以高达 1000%[87,88]，紧接着实验上 Yuasa 等[89]和 Parkin 等[90]在 Fe/MgO/Fe 隧道结中发现了 200%的室温磁电阻。随后，在 Co/MgO/Co、FeCo/MgO/FeCo、CoFeB/MgO/CoFeB 等结构中都发现了巨大的 TMR 效应[91,92]。目前，MgO 基隧道结中报道的室温 TMR 最高为 600%[93]。MgO 体系之所以能有如此显著的 TMR 效应，普遍认为得益于其特殊的、能起到自旋过滤效应的能带结构，因此该体系参与输运的电子具有更高的自旋极化率。更多关于 MgO 基隧道结研究的进展和机理研究，读者可以参考文献[12]、[94]、[95]。

提高输运电子的自旋极化率是提高 TMR 效应的有效途径。目前的方法主要有以下几种：其一，利用自旋极化率 100%的半金属(CrO_2、Fe_3O_4、$La_{1-x}Sr_xMnO_3$ 等)作铁磁电极，如在用 $La_{2/3}Sr_{1/3}MnO_3$ 铁磁电极的隧道结中低温 TMR 已经达到 1800%[96]；其二，利用高自旋极化的 Heusler 合金电极，如在 Co_2MnSi/

$MgO/Co_{0.5}Fe_{0.5}$磁隧道结中室温 TMR 可以达到 90%[97]；其三，利用具有自旋过滤效应的 EuS 等铁磁绝缘体或者 $CoFe_2O_4$-Al_2O_3 等复合铁磁绝缘体势垒层提高导电电子的自旋极化率，进而提高 TMR 效应[98,99]。

1.3.2　庞磁电阻

早在 1950 年，Jonker 等[100]就发现锰掺杂铁磁钙钛矿氧化物中铁磁性和金属导电性存在强的耦合。1969 年，Searle 等[101]报道了 La-Pb-Mn-O 单晶样品在居里温度附近有较大的磁电阻效应。在 1994 年，Jin 等[102]首次在 La-Ca-Mn-O 薄膜中报道了 127 000%的磁电阻效应，要比巨磁电阻高 3 个数量级，因此称为庞磁电阻(colossal magnetoresistance，CMR)。此后，$(R,A)MnO_3$ 这一类新材料被称为 CMR 材料，其中 R 代表稀土元素 La、Y 等，A 代表二价的碱土金属元素。CMR 不同于源自自旋相关散射的 GMR 效应，而是来自磁场诱导的金属-绝缘体之间的相转变。CMR 材料中强的磁、电、晶格耦合作用导致 CMR 具有丰富的相图和复杂的物理性质。在决定 CMR 材料磁性和输运性质的诸多因素中有两个尤为重要：其一，Zener 双交换作用，CMR 材料 3d 铁磁磁矩之间通过自旋极化的传导电子发生磁相互作用；其二，Jahn-Teller 晶格畸变，强的电子-声子相互作用会使得 Mn 周围氧的正八面体发生形变，导致 3d 态发生退简并效应劈裂成 e_g、t_{2g}电子态。CMR 所表现出极大磁电阻效应的温度一般比较低，通常为 200K 左右；出现庞磁电阻效应的温区很窄，通常发生在半导体到金属相变附近；庞磁电阻材料只有在比较高的磁场作用下才能表现出高的磁电阻效应，这些因素都严重限制了庞磁电阻材料的应用[103-105]。

1.3.3　铁磁半导体中的磁电阻

通过同时控制电子的电荷和自旋，半导体自旋电子器件希望将逻辑、运算和存储集成到同一单元。自旋场效应晶体管(spin field effect transistors)的概念最先由 Datta 和 Das 提出[106]，如图 1.11 所示，自旋极化电子在源、漏极铁磁层之间输运，外加栅极电压可以改变载流子浓度和自旋散射强度，实现电场对自旋的控制。但是在将自旋极化电流从金属注入到半导体沟道时，发现由于两者电阻严重不匹配导致注入效率非常低[107]。目前解决的办法主要有：①在金属与半导体之间加入势垒层，利用隧穿效应或者 Schottky 势垒提高注入效率[108,109]；②利用自旋轨道耦合的自旋霍尔效应[110]；③制备铁磁半导体。目前公认的Ⅲ-Ⅴ族铁磁半导体如 $Ga_{1-x}Mn_xAs$ 等[111]，最大的问题是其居里温度最高仅有 190K[112,113]，与实际器件需要的工作温度相差太大。磁性半导体研究上的一个突破性进展是 Dietl 等在 2000 年理论上预言在空穴载流子浓度达到约 $10^{20}cm^{-3}$的过渡元素(Mn 等)掺杂的宽禁带半导体(GaN、ZnO 等)中居里温度可以高于室温[114]。随后的十几年里，研究制备基于过渡金属元素掺杂的宽禁带氧化物磁性半导体成为自旋电子学研究的热点。

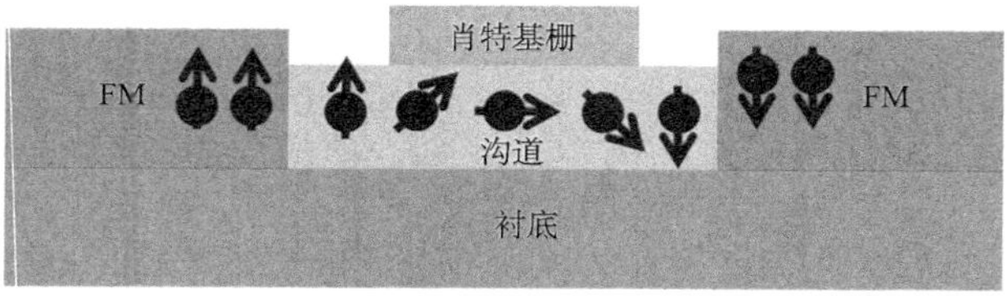

图 1.11(另见彩图) Datta-Das 自旋场效应晶体管示意图

下面简单归纳铁磁半导体中已报道的磁电阻机理：

(1) 由于洛伦兹力对输运电子的作用会导致正磁电阻(positive magnetoresistance，PMR)，即外磁场增大会导致体系电阻变大。当电子在闭合的轨道内旋进时，$MR \sim aH^2/(b^2+cH^2)$，其中 a、b、c 取决于载流子的电导率和迁移率，该 PMR 在低场下与磁场的平方成正比，在高场下趋于饱和；当电子受样品尺度限制只能在开放的轨道内运动时，MR 正比于磁场的平方($PMR \propto H^2$)，在高磁场下不再饱和[115]。

(2) 强的 s-d 交换作用[116]或者 Zeeman 劈裂效应[117]能引起导带的劈裂，导致 PMR 的产生，这种 PMR 通常发生在较低磁场强度下，伴随高场负磁电阻或者高场时磁电阻趋于饱和。

(3) 在变程跃迁(variable range hopping)导电区域，外加磁场能引起输运电子波函数的收缩，使得电子跃迁概率降低，体系电阻增大，导致 PMR 效应[118,119]。该 PMR 低场满足 $\ln\left[\dfrac{\rho(H,\ T)}{\rho(0,\ T)}\right] \propto \dfrac{\xi^4}{\lambda^4}\left(\dfrac{E_H}{k_B T}\right)^{3v}$，其中 $\lambda=(c\hbar/eH)^{1/2}$ 是磁性特征长度，ξ 是载流子局域长度，v 由电阻随温度的变化关系决定。需要指出的是，这种 PMR 是单纯的轨道效应，与自旋无关。

(4) 在特殊体系中，如果存在强的 Zeeman 劈裂且局域态允许双电子填充时，外加磁场会导致 PMR 效应[120,121]。电阻满足 $R \propto \exp\left[\left(\dfrac{T_0}{T}\right)^{1/d+1} f(x)\right]$，其中 $x=\mu_B H/\{T(T_0/T)^{1/d+1}\}$，低磁场下用微扰近似处理后磁电阻满足 $\ln\{[R(T,\ H)/R(T,\ 0)]\} \propto \mu_B H/T$，高磁场下趋于饱和。

(5) 稀磁半导体中负磁电阻(negative magnetoresistance，NMR)通常来自磁场对量子弱局域效应的破坏作用[122-124]。所谓弱局域(weak localization)效应是指：在扩散区，电子可以从体系中某一起点(M 点)沿不同的无规路径到达终点(N 点)。到达终点的总概率是所有可能路径的概率幅相加的绝对值的平方。这个概率可以分成两项，第一项就是经典扩散概率，第二项是由于不同路径间的量子相干。对于由起点到终点的不同路径，会有一些是自相交路径的情况，由于相干背散射的原因，这种情况会减小电子到达终点的概率，从而导致体系电阻增大。外加磁场会破坏弱局域效应，导致 NMR 效应。弱局域需要满足 $k_F l \gg 1$，其中 k_F 代表费米波矢，l 代表载流子平均自由程，且 NMR 可以定量计算[123,124]。需要指出，当体系存在强的自旋-轨道散射时，可能会出现反弱局域化(weak anti-localization)现象，这时外加磁场会导致 PMR 效应。

(6) 另外一种常见的半经验的 NMR 机制是考虑 s-d 交换作用的高阶展开对输运的影响，最早是由 Khosla 和 Fischer 提出的[125]。当只计算至三阶展开时，NMR 符合如下规律：$\rho_H/\rho_0 = 1 - a^2\ln(1+b^2H^2)$，其中 a 和 b 是交换积分、局域磁矩的有效 Lande 因子、平均磁矩、费米能级处态密度等的复杂函数。值得一提的是，拟合参数 b 正比于温度的倒数 $1/T$，这种线性关系通常被用作检验该模型是否适用的标准[126,127]。

另外，铁磁半导体中的负磁电阻还被定性归因于自旋相关的跃迁或者磁场导致的 Anderson 局域长度的变化[128]。上述磁电阻机理主要适应于过渡金属元素含量较低的稀磁半导体(diluted magnetic semiconductor, DMS)。DMS 通常磁性较弱，导致自旋相关输运性质不够明显。Yan 等通过用磁控溅射仪交替溅射几个原子层厚度的氧化物和铁磁金属的办法获得了高过渡元素含量的铁磁半导体

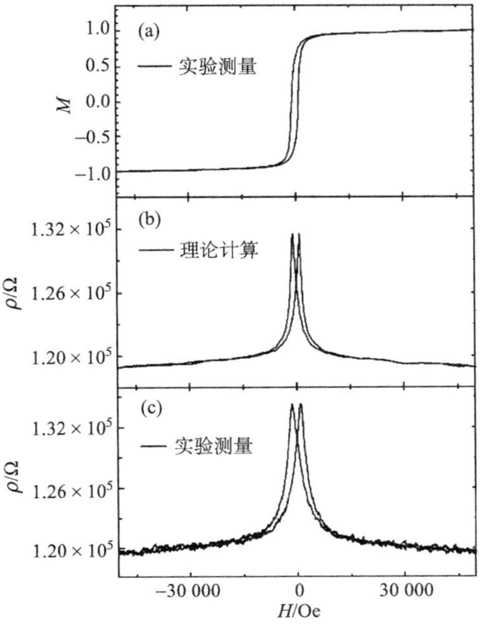

图 1.12　在 5K 下 $Ti_{0.24}Co_{0.76}O_2$ 浓磁半导体归一化的磁滞回线(a)、理论计算的 ρ-H 曲线(b)以及实验测量的 ρ-H 曲线(c)[131]

(浓磁半导体，concentrated magnetic semiconductor)，为自旋相关的输运特性研究提供了新的载体[129]。这类浓磁半导体具有优良的物理特性，如高的饱和磁化强度 581emu/cm^3、大的室温磁电阻 11%、显著的室温磁光克尔效应[130]。研究发现，热辅助的自旋相关变程跃迁是这类浓磁半导体低温电子输运的主导机制[131,132]。自旋相关的变程跃迁理论模型同时考虑了电子电荷的库仑相互作用($E_{Co}=e^2/\varepsilon r$)和电子自旋间的交换作用[$E_{ex}=-(J/r)\cos\theta$]，得到电阻随磁场、温度的变化规律 $\rho=\{\rho_0/(1+p^2\langle\cos\theta\rangle)\}\exp(\langle T_0\rangle/T)^{1/2}$[131]，其中 ε 代表介电常数，$r$ 代表跃迁距离，J/r 代表有效交换作用，θ 代表跃迁初末态自旋方向的夹角，p 代表自旋极化率。如图 1.12 所示，理论与实验结果吻合得非常好，说明自旋相关变程跃迁理论模型很好地反映了输运特性的物理本质。另外，自旋相关变程跃迁理论模型给出了一种测量自旋极化率的新方法，通过拟合实验结果，得到 $Ti_{0.24}Co_{0.76}O_2$ 的自旋极化率 P 为 21.9%，而 $Zn_{0.28}Co_{0.72}O_2$ 的自旋极化率约为 29.6%[131]。

1.3.4 纳米线以及有机体系中的磁电阻

器件小型化的要求促使越来越多的研究集中在纳米尺度上。纳米材料不是简单的体材料在纳米尺度上的投影，由于尺度效应等因素的影响，纳米材料通常具有体材料所不具有的新颖的物理和化学性能，产生新的物理现象[133,134]。纳米线、纳米管、纳米颗粒等纳米结构由于大的表面体积比，能通过表面缺陷、成分非均匀性增强铁磁性[135]。研究单根纳米线的磁电阻时发现，s-d 交换作用导致的导带劈裂是低场 PMR 的主要原因，而磁场对弱局域的破坏则是高场 NMR 的主要原因[136,137]。如图 1.13 所示，在半金属 Fe_3O_4 纳米线中自旋过滤效应可以导致明显的 PMR[138]，令人更为振奋的是纳米线中的 MR 可以通过外加电场来调控[136,138]。

有机自旋电子学是近年来新兴的研究热点，目的是利用价格低廉的有机物来实现对自旋相关输运的控制。理论上预言了在有机自旋器件中可以发现类似 GMR 或者 TMR 的磁电阻行为[139-141]，实验上通过在有机层上生长纳米点的方式在自旋阀结构中获得了约 300%的磁电阻效应[142]。Naber 等[143]、Jiang 等[144]以及 Sanvito[145]在综述文献中详细介绍了有机自旋电子学研究进展。值得一提的是，碳纳米管(carbon nanotube)获得了越来越多的关注[146]，因为其自身自旋轨道耦合作用弱，导致自旋寿命很长(long spin lifetime)。Hueso 等在实验上证明在由碳纳米管和半金属 $La_{0.7}Sr_{0.3}MnO_3$ 电极组成的器件中，低温负磁电阻高达 61%[147,148]。Cai 等[149]发现通过在单壁碳纳米管上施加高压的方式可以将高磁场时的正磁电阻变成负磁电阻。碳纳米管和铁磁半金属构成的有机自旋器件之所以能发现大的磁电阻效应，得益于：①碳纳米管中自旋寿命长；②由于碳纳米管中

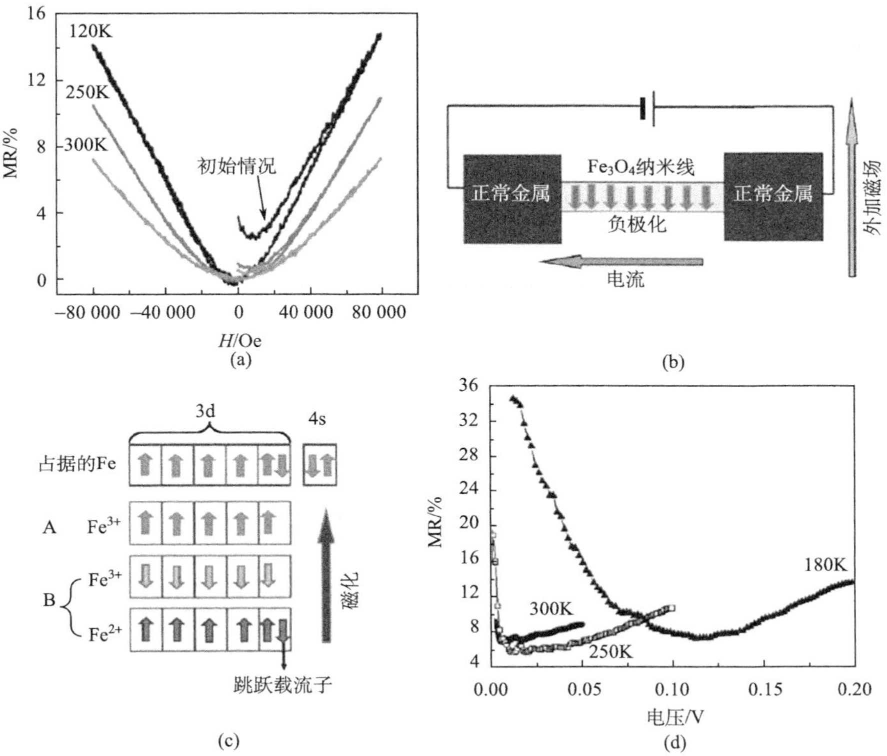

图 1.13　(a)不同温度下单根 Fe_3O_4 纳米线的磁电阻；(b)器件示意图；(c)仅少数载流子对输运有贡献的示意图；(d)Fe_3O_4 纳米器件磁电阻的偏压关系[138]

费米速度大，所以载流子在碳纳米管中停留时间短；③铁磁半金属 100%的自旋极化率可以得到较高的界面自旋注入效率。

1.3.5　非磁体系中的磁电阻效应

显著的磁电阻效应还可以出现在非磁材料体系中，该类磁电阻大多与体系的几何形状或者无序程度有直接的关联。Xu 等[150]在非磁银硫化合物中发现了 200%的线性正磁电阻；Solin 等[151]在非磁窄禁带 InSb 半导体中发现了室温高达 750 000%的几何磁电阻，并将其归因于磁场作用下电流围绕非均匀区的偏转；Wan 等[152]在 $In/SiO_2/Si/SiO_2/In$ 器件中发现了 150 000%的磁电阻效应，并将其归因于载流子迁移率空间分布的非均匀性。

在不同绝缘材料界面处形成的二维电子气(two dimensional electron gas，2DEG)是近几年得到迅速发展的一个研究领域。2004 年，Ohtomo 和 Hwang[153]

首先在 $LaAlO_3/SrTiO_3$ 界面处发现 2DEG，在该体系中 PMR 通常来自正常洛伦兹力导致的电子运动过程中散射增强效应，而 NMR 被归因于界面磁矩的有序排列[154]。另外，样品非均匀性[155]和自旋轨道耦合作用[156]对 2DEG 的输运也有重要的影响。

1.4 结论与展望

在过去短短 20 年时间里，巨磁电阻效应的研究迅速拓展成跨越物理、生物、工程、材料科学的综合研究领域，并催生了一门新兴学科——自旋电子学。尽管 GMR 的物理图像很简单，但是深入的理论研究受限于如何精确描述材料能带结构和杂质缺陷的散射。GMR 和 TMR 已经在现代计算机与存储器件方面得到了广泛的应用，深刻地影响、改变了我们的生活。基于铁磁半导体、纳米线、有机材料、复杂氧化物界面器件的自旋电子学研究有希望开拓新的研究领域，发现新的物理现象，并最终为制备下一代具有更好的可扩展性、更低的功耗、更高的运算速度的多功能自旋电子器件打下坚实的基础。

作 者 简 介

颜世申 出生于 1967 年，1986～1996 年在山东大学读本科、硕士和博士。1997～1999 年在德国作洪堡学者，2000～2002 年在美国工作。2003 年至今，任山东大学物理学院教授、博士生导师。国家杰出青年科学基金获资助者、山东省自然科学杰出青年基金获得者。入选教育部"新世纪优秀人才支持计划"。2008 年获山东省自然科学奖一等奖，2010 年被评为山东省有突出贡献的中青年专家。研究领域是自旋电子学，研究方向包括磁性半导体、自旋电子注入半导体、自旋电池、磁电阻等。获国家发明专利授权 5 项，发表 SCI 论文 130 篇，部分成果还写进了教科书和特邀综述文章，并被许多研究组广泛采用。

田玉峰 出生于 1981 年，2009 年于山东大学获博士学位，2010～2012 年在新加坡南洋理工大学工作，2013 年至今任山东大学物理学院副教授。2009 年获山东省研究生优秀科技创新成果奖三等奖，2011 年获山东大学优秀博士学位论文奖。主要从事氧化物磁性半导体、Ge 基磁性半导体及其异质结构中自旋相关现象的物理和应用研究工作。已发表 SCI 论文 30 余篇，申请国家专利 2 项。

参考文献

[1] Thomson J J. Cathode rays. Philosophical Magazine, 1897, 44: 293.

[2] Baibich M N, Broto J M, Fert A, et al. Giant magnetoresistance of (001)Fe/(001)Cr magnetic superlattices. Phys Rev Lett, 1988, 61(21): 2472-2475.

[3] Binasch G, Grünberg P, Saurenbach F, et al. Enhanced magnetoresistance in layered magnetic structures with antiferromagnetic interlayer exchange. Phys Rev B, 1989, 39(7): 4828-4830.

[4] Gregg J F, Petej I, Jouguelet E, et al. Spin electronics — A review. J Phys D: Appl Phys, 2002, 35(18): R121-R155.

[5] Žutić I, Fabian J, Das Sarma S. Spintronics: Fundamentals and applications. Rev Mod Phys, 2004, 76: 323.

[6] Thomson W. On the electro-dynamic qualities of metal: Effects of magnetization on the electric conductivity of nickel and of iron. Proc R Soc, 1857, 8: 546-550.

[7] Campbell I A, Fert A. Transport properties of ferromagnets//Wohlfarth E P. Ferromagnetic materials. Amsterdam: North-Holland, 1982, 3: 747.

[8] Mott N F. The electrical conductivity of transition metals. Proc R Soc A, 1936, 153: 699-717.

[9] Fert A, Campbell I A. Two-current conduction in nickel. Phys Rev Lett, 1968, 21(16): 1190-1192.

[10] Fert A. Nobel lecture: Origin, development, and future of spintronics. Rev Mod Phys, 2008, 80(4): 1517-1530.

[11] Grünberg P, Schreiber R, Pang Y, et al. Layered magnetic structures: Evidence for antiferromagnetic coupling of Fe layers across Cr interlayers. Phys Rev Lett, 1986, 57(19): 2442-2445.

[12] 翟宏如，等. 自旋电子学. 北京：科学出版社，2013.

[13] Ruderman M A, Kittel C. Indirect exchange coupling of nuclear magnetic moments by conduction electrons. Phys Rev, 1954, 96: 99.

[14] Kasuya T. A theory of metallic ferro-and antiferromagnetic on Zener's model. Prog Theor Phys, 1956, 16: 45.

[15] Yosida K. Magnetic properties of Cu-Mn alloys. Phys Rev, 1957, 106: 893.

[16] Majkrzak C F, Cable J W, Kwo J, et al. Observation of a magnetic antiphase domain structure with long range order in a synthetic Gd-Y superlattice. Phys Rev Lett, 1986, 56: 2700-2703.

[17] Parkin S S P, More N, Roche K P. Oscillations in exchange coupling and magnetoresistance in metallic superlattice structures: Co/Ru, Co/Cr, and Fe/Cr. Phys Rev Lett, 1990, 64(19): 2304-2307.

[18] Parkin S S P, Bhadra R, Roche K P. Oscillatory magnetic exchange coupling through thin copper layers. Phys Rev Lett, 1991, 66(16): 2152-2155.

[19] Parkin S S P. Systematic variation of the strength and oscillation period of indirect magnetic exchange coupling through the 3d, 4d, and 5d transition metals. Phys Rev Lett, 1991, 67(25): 3598-3601.

[20] Fassbender J, Nortemann F, Stamps R L, et al. Oscillatory interlayer exchange coupling of Co/Ru multilayers investigated by Brillouin light scattering. Phys Rev B, 1992, 46(9): 5810-5813.

[21] Jin Q Y, Xu Y B, Zhai H R, et al. Direct evidence of spin polarization oscillations in the Cu layers of Fe/Cu multilayers observed by NMR. Phys Rev Lett, 72(5): 768-771.

[22] Yan S S, Liu Y H, Mei L M. Polarization and interlayer coupling in Co-Nb/Pd multilayers. Phys Rev

B, 1995, 52(2): 1107-1111.
[23] Yu C T, Li S X, Lai W Y, et al. Giant magnetoresistance in Fe/Ag multilayers and its anomalous temperature dependence. Phys Rev B, 1995, 52(2): 1123-1132.
[24] Li M, Ma X D, Peng C B, et al. Magnetic-polarization effect of Pd layers in Fe/Pd multilayers. Phys Rev B, 1994, 50(14): 10323-10326.
[25] Yan M L, Lai W Y, Wang Y Z, et al. Giant magnetoresistance in Fe/Mo multilayers formed by magnetron sputtering. J Appl Phys, 1995, 77(4): 1816-1818.
[26] Zhou S M, Wang Y, Zhu W R, et al. Giant magnetoresistance properties in granular type (Co-Ag)/Ag multilayers. J Appl Phys, 1998, 83(2): 900-904.
[27] Parkin S S P, Li Z G, Smith D J. Giant magnetoresistance in antiferromagnetic Co/Cu multilayers. Appl Phys Lett, 1991, 58(23): 2710-2712.
[28] Unguris J, Celotta R J, Pierce D T. Observation of two different oscillation periods in the exchange coupling of Fe/Cr/Fe(100). Phys Rev Lett, 1991, 67(1): 140-143.
[29] Yin L F, Wei D H, Lei N, et al. Magnetocrystalline anisotropy in permalloy revisited. Phys Rev Lett, 2006, 97(6): 067203.
[30] Speriosu V S, Dieny B, Humbert P, et al. Nonoscillatory magnetoresistance in Co/Cu/Co layered structures with oscillatory coupling. Phys Rev B, 1991, 44(10): 5358-5361.
[31] Dupas C, Beauvillain P, Chappert C, et al. Very large magnetoresistance effects induced by antiparallel magnetization in two ultrathin cobalt films. J Appl Phys, 1990, 67(9): 5680-5682.
[32] Dieny B, Speriosu V S, Parkin S S P, et al. Giant magnetoresistance in soft ferromagnetic mulilayers. Phys Rev B, 1991, 43(1): 1297-1300.
[33] Dieny B. Giant magnetoresistance in spin-valve multilayers. J Magn Magn Mater, 1994, 136(3): 335-359.
[34] Mao S, Amin N, Murdock E. Temperature dependence of giant magnetoresistance properties of NiMn pinned spin valves. J Appl Phys, 1998, 83(11): 6807.
[35] Fujikata J, Hayashi K, Yamamoto H, et al. Magnetoresistance in spin-valve structures with Ni-oxide/Co-oxide bilayer antiferromagnets. IEEE Trans Magn, 1996, 32(5): 4621-4623.
[36] Meiklejohn W H, Bean C P. New magnetic anisotropy. Phys Rev, 1956, 102(5): 1413-1414.
[37] Nogués J, Schuller I K. Exchange bias. J Magn Magn Mater, 1999, 192(2): 203-232.
[38] Kiwi M. Exchange bias theory. J Magn Magn Mater, 2001, 234(3): 584-595.
[39] Liu Z Y. Recent advances in exchange bias of layered magnetic FM/AFM systems. Sci China Phys Mech Astron, 2013, 56(1): 61-69.
[40] Berkowitz A E, Mitchell J R, Carey M J, et al. Giant magnetoresistance in heterogeneous Cu-Co alloys. Phys Rev Lett, 1992, 68(25): 3745-3748.
[41] Xiao J Q, Jiang J S, Chien C L. Giant magnetoresistance in nonmultilayer magnetic systems. Phys Rev Lett, 1992, 68(25): 3749-3752.
[42] Sang H, Xu N, Du J H, et al. Giant magnetoresistance and microstructures in CoAg granular films fabricated using ion-beam co-sputtering technique. Phys Rev B, 1996, 53(22): 15023-15026.
[43] Zhang S F, Levy P M. Conductivity and magnetoresistance in magnetic granular films (invited). J Appl Phys, 1993, 73(10): 5315-5319.
[44] Peng D L, Wang J B, Wang L S, et al. Electron transport properties of magnetic granular films. Sci

China Phys Mech Astron，2013，56(1)：15-28.

[45] Marrows C H. Spin-polarized currents and magnetic domain walls. Adv Phys，2005，54(8)：585-713.

[46] García N，Muñoz M，Zhao Y W. Magnetoresistance in excess of 200% in ballistic Ni nanocontacts at room temperature and 100 Oe. Phys Rev Lett，1999，82(14)：2923-2926.

[47] Bruno P. Geometrically constrained magnetic wall. Phys Rev Lett，1999，83(12)：2425-2428.

[48] Zhang S F，Levy P M. Conductivity perpendicular to the plane of multilayered structures. J Appl Phys，1991，69(8)：4786-4788.

[49] Pratt W P，Lee Jr S F，Slaughter J M，et al. Perpendicular giant magnetoresistance of Ag/Co multilayers. Phys Rev Lett，1991，66(23)：3060-3063.

[50] Barthélémy A，Fert A，Contour J P，et al. Magnetoresistance and spin electronics. J Magn Magn Mater，2002，242-245：68-76.

[51] Bass J，Pratt Jr W P. Current-perpendicular (CPP) magnetoresistance in magnetic metallic multilayers. J Magn Magn Mater，1999，200(1-3)：274-289.

[52] Gijs M A M，Bauer G E W. Perpendicular giant magnetoresistance of magnetic multilayers. Adv in Phys，1997，46(3-4)：285-445.

[53] Tsymbal E Y，Pettifor D G. Perspective of giant magnetoresistance//Ehrenreich H，Spaepen F，ed. Solid State Physics. Vol 56. London：Academic Press，2001：113-237.

[54] Thompson S M. The discovery，development and future of GMR：The Nobel Prize 2007. J Phys D：Appl Phys，2008，41(9)：093001.

[55] Camley R E，Barnaś J. Theory of giant magnetoresistance effects in magnetic layered structures with antiferromagnetic coupling. Phys Rev Lett，1989，63(6)：664-667.

[56] Barnaś J，Fuss A，Camley R E，et al. Novel magnetoresistance effect in layered magnetic structures：Theory and experiment. Phys Rev B，1990，42(13)：8110-8120.

[57] Sheng L，Xing D Y. Path-integral approach to the quasiclassical theory for giant magnetoresistance in magnetic multilayers. Phys Rev B，1994，50(2)：1001-1007.

[58] Valet T，Fert A. Theory of the perpendicular magnetoresistance in magnetic multilayers. Phys Rev B，1993，48(10)：7099-7113.

[59] Levy P M，Zhang S，Fert A. Electrical conductivity of magnetic multilayered structures. Phys Rev Lett，1990，65(13)：1643-1646.

[60] Camblong H E，Levy P M. Novel results for quasiclassical linear transport in metallic multilayers. Phys Rev Lett，1992，69(19)：2835-2838.

[61] Vedyayev A，Dieny B，Ryzhanova N. Quantum theory of giant magnetoresistance of spin-valve sandwiches. Europhys Lett，1992，19(4)：329-335.

[62] Zhang X G，Butler W H. Conductivity of metallic films and multilayers. Phys Rev B，1995，51(15)：10085-10103.

[63] 焦正宽，曹光旱. 磁电子学. 杭州：浙江大学出版社，2005.

[64] Asano Y，Oguri A，Maekawa S. Parallel and perpendicular transport in multilayered structures. Phys Rev B，1993，48(9)：6192-6198.

[65] Itoh H，Inoue J，Maekawa S. Theory of giant magnetoresistance for parallel and perpendicular currents in magnetic multilayers. Phys Rev B，1995，51(1)：342-352.

[66] Todorov T N，Tsymbal E Yu，Pettifor D G. Giant magnetoresistance：Comparison of band-structure

and interfacial-roughness contributions. Phys Rev B, 1996, 54(18): R12685-R12688.
[67] Li L M, Pu F C, Yang G L, et al. Simple theory of giant magnetoresistance in a magnetic trilayer. Phys Rev B, 1995, 51(18): 12833-12835.
[68] Schep K M, Kelly P J, Bauer G E W. Giant magnetoresistance without defect scattering. Phys Rev Lett, 1995, 74(4): 586-589.
[69] Oguchi T. Fermi-velocity effect on magnetoresistance in Fe/transition-metal multilayers. J Magn Magn Mater, 1993, 126(1-3): 519-520.
[70] Zahn P, Mertig I, Richter M, et al. *Ab initio* calculations of giant magnetoresistance. Phys Rev Lett, 1995, 75(16): 2996-2999.
[71] Binder J, Zahn P, Mertig I. *Ab initio* calculations of giant magnetoresistance. J Appl Phys, 2000, 87(9): 5182-5184.
[72] Tsymbal E Yu, Pettifor D G. Effects of band structure and spin-independent disorder on conductivity and giant magnetoresistance in Co/Cu and Fe/Cr multilayers. Phys Rev B, 1996, 54 (21): 15314-15329.
[73] Butler W H, Zhang X G, Nicholson D M C, et al. First-principle calculations of electrical conductivity and giant magnetoresistance of Co/Cu/Co spin valves. Phys Rev B, 1995, 52(18): 13399-13410.
[74] Butler W H, Zhang X G, Nicholson D M C, et al. Giant magnetoresistance from an electron waveguide effect in cobalt-copper multilayers. Phys Rev Lett, 1995, 76(17): 3216-3219.
[75] Blass C, Weinberger P, Szunyogh L, et al. *Ab initio* calculations of magnetotransport for magnetic multilayers. Phys Rev B, 1999, 60(1): 492-501.
[76] Daughton J M. GMR applications. J Magn Magn Mater, 1999, 192(2): 334-342 .
[77] Reig C, Cubells-Beltrán M, Muñoz D R. Magnetic field sensors based on giant magnetoresistance (GMR) technology: Applications in electrical current sensing. Sensors, 2009, 9(10): 7919-7942.
[78] Childress J R, Fontana Jr R E. Magnetic recording read head sensor technology. C R Physique, 2005, 6: 997-1012.
[79] Lenssen K M H, Adelerhof D J, Gassen H J, et al. Robust giant magnetoresistance sensors. Sensors and Actuators, 2000, 85: 1-8.
[80] Takeda H, Fujita A, Fukamichi K. Application of the giant magnetoresistance effect of nanogranular $Ag_{72}Co_{28}$ thin film as a sensor for brushless DC motors. J Appl Phys, 2002, 91(10): 7780-7782.
[81] Li G, Sun S, Wilson R J, White R L, et al. Spin valve sensors for ultrasensitive detection of superparamagnetic nanoparticles for biological applications. Sensors and Actuators A, 2006, 126: 98-106.
[82] Julliére M. Tunneling between ferromagnetic films. Phys Lett A, 1975, 54(3): 225-226.
[83] Miyazaki T, Tezuka N. Giant magnetic tunneling effect in Fe/Al_2O_3/Fe junction. J Magn Magn Mater, 1995, 139(3): L231-L234.
[84] Moodera J S, Kinder L R, Wong T M, et al. Large magnetoresistance at room temperature in ferromagnetic thin film tunnel junctions. Phys Rev Lett, 1995, 74(16): 3273-3276.
[85] Wei H X, Qin Q H, Ma M, et al. 80% tunneling magnetoresistance at room temperature for thin AlO barrier magnetic tunnel junction with CoFeB as free and reference layers. J Appl Phys, 2007, 101: 09B501.
[86] Chen P, Xing D Y, Du Y W, et al. Giant room-temperature magnetoresistance in polycrystalline $Zn_{0.41}Fe_{2.59}O_4$ with α-Fe_2O_3 grain boundaries. Phys Rev Lett, 2001, 87(10): 107202.

[87] Butler W H, Zhang X G, Schulthess T C, et al. Spin-dependent tunnelling conductance of Fe/MgO/Fe sandwiches. Phys Rev B, 2001, 63(5): 054416.

[88] Mathon J, Umerski A. Theory of tunneling magnetoresistance of an epitaxial Fe/MgO/Fe(001) junction. Phys Rev B, 2001, 63(22): 220403(R).

[89] Yuasa S, Nagaham T, Fukushima A, et al. Giant room-temperature magnetoresistance in single-crystal Fe/MgO/Fe magnetic tunnel junctions. Nature Mater, 2004, 3(12): 868-871.

[90] Parkin S S P, Kaiser C, Panchula A, et al. Giant tunneling magnetoresistance at room temperature with MgO(100) tunnel barriers. Nature Mater, 2004, 3(12): 862-867.

[91] Zhang X G, Butler W H. Large magnetoresistance in bcc Co/MgO/Co and FeCo/MgO/FeCo tunnel junctions. Phys Rev B, 2004, 70(17): 172407.

[92] Ikeda S, Miura K, Yamamoto H, et al. A perpendicular-anisotropy CoFeB-MgO magnetic tunnel junction. Nature Mater, 2010, 9(9): 721-724.

[93] Lee Y M, Hayakawa J, Ikeda S, et al. Effect of electrode composition on the tunnel magnetoresistance of pseudo-spin-valve magnetic tunnel junction with a MgO tunnel barrier. Appl Phys Lett, 2007, 90(21): 212507.

[94] Han X F, Ali S S, Liang S H. MgO(001) barrier based magnetic tunnel junctions. Sci China Phys Mech Astron, 2013, 56(1): 29-60.

[95] Yuasa S, Djayaprawira D D. Giant tunnel magnetoresistance in magnetic tunnel junctions with a crystalline MgO(001) barrier. J Phys D: Appl Phys, 2007, 40(21): R337-R354.

[96] Bowen M, Bibes M, Barthélémy A, et al. Nearly total spin polarization in $La_{2/3}Sr_{1/3}MnO_3$ from tunnelling experiments. Appl Phys Lett, 2003, 82(2): 233.

[97] Ishikawa T, Marukame T, Kijima H, et al. Spin-dependent tunnelling characteristics of fully epitaxial magnetic tunnelling junctions with a full-Heusler alloy Co_2MnSi thin film and a MgO tunnel barrier. Appl Phys Lett, 2006, 89(19): 192505.

[98] Ramos A V, Guittet M J, Moussy J B, et al. Room temperature spin filtering in epitaxial cobalt-ferrite tunnel barriers. Appl Phys Lett, 2007, 91(12): 122107.

[99] LeClair P, Ha J K, Swagten H J M, et al. Large magnetoresistance using hybrid spin filter devices. Appl Phys Lett, 2002, 80(4): 625.

[100] Jonker G, van Santen J. Ferromagnetic compounds of manganese with perovskite structure. Physica, 1950, 16: 337.

[101] Searle C W, Wang S T. Studies of the ionic ferromagnet (LaPb)MnO_3 III. Ferromagnetic resonance studies. Can J Phys, 1969, 47: 2023.

[102] Jin S, Tiefel T H, McCormack M, et al. Thousand fold change in resistivity in magnetoresistive La-Ca-Mn-O films. Science, 1994, 264(5157): 413-415.

[103] Dörr K. Ferromagnetic manganites: Spin-polarized conduction versus competing interactions. J Phys D: Appl Phys, 2006, 39(7): R125-R150.

[104] Nagaev E L. Colossal-magnetoresistance materials: Manganites and conventional ferromagnetic semiconductors. Physics Reports, 2001, 346(6): 387-531.

[105] Yang J, Sun Y P. Study of doping effect, phase separation and heterojunction in CMR manganites. Sci China Phys Mech Astron, 2013, 56(1): 85-98.

[106] Datta S, Das B. Electronic analog of the electrooptic modulator. Appl Phys Lett, 1990, 56(7):

665-667.

[107] Awschalom D D, Flatté M E. Challenges for semiconductor spintronics. Nature Physics, 2007, 3(3): 153-159.

[108] Rashba E I. Theory of electrical spin injection: Tunnel contacts as a solution of the conductivity mismatch problem. Phys Rev B, 2000, 62(24): R16267-R16270.

[109] Stephens J, Berezovsky J, McGuire J P, et al. Spin accumulation in forward-biased MnAs/GaAs Schottky diodes. Phys Rev Lett, 2004, 93(9): 097602.

[110] Kato Y K, Myers R C, Gossard A C, et al. Observation of the spin Hall effect in semiconductors. Science, 2004, 306(5703): 1910-1913.

[111] Ohno H, Shen A, Matsukura F, et al. (Ga,Mn)As: A new diluted magnetic semiconductor based on GaAs. Appl Phys Lett, 1996, 69(3): 363-365.

[112] Wang M, Campion R P, Rushforth A W, et al. Achieving high Curie temperature in (Ga,Mn)As. Appl Phys Lett, 2008, 93(13): 132103.

[113] Chen L, Yan S, Xu P F, et al. Low-temperature magnetotransport behaviors of heavily Mn-doped (Ga,Mn)As films with high ferromagnetic transition temperature. Appl Phys Lett, 2009, 95(18): 182505.

[114] Dietl T, Ohno H, Matsukura F, et al. Zener model description of ferromagnetism in zinc-blende magnetic semiconductors. Science, 2000, 287(5455): 1019-1022.

[115] Stamenov P, Venkatesan M, Dorneles L S, et al. Magnetoresistance of Co-doped ZnO thin films. J Appl Phys, 2006, 99(8): 08M124.

[116] Sawicki M, Dietl T, Kossut J, et al. Influence of s-d exchange interaction on the conductivity of $Cd_{1-x}Mn_xSe$: In in the weakly localized regime. Phys Rev Lett, 1986, 56(5): 508-511.

[117] Shinde S R, Ogale S B, Sarma S Das, et al. Ferromagnetism in laser deposited anatase $Ti_{1-x}Co_xO_{2-\delta}$ films. Phys Rev B, 2003, 67(11): 115211.

[118] Tian Y F, Yan S S, Cao Q, et al. Origin of large positive magnetoresistance in the hard-gap regime of epitaxial Co-doped ZnO ferromagnetic semiconductors. Phys Rev B, 2009, 79(11): 115209.

[119] Sharma N, Granville S, Kashyap S C, et al. Low-temperature hopping and absence of spin-dependent transport in single crystals of cobalt-doped ZnO. Phys Rev B, 2010, 82(12): 115211.

[120] Matveev K A, Glazman L I, Clarke P, et al. Theory of hopping magnetoresistance induced by Zeeman splitting. Phys Rev B, 1995, 52(7): 5289-5297.

[121] Tian Y F, Antony J, Souza R, et al. Giant positive magnetoresistance in Co-doped ZnO nanocluster films. Appl Phys Lett, 2008, 92(19): 192109.

[122] Andrearczyk T, Jaroszyński J, Grabecki G, et al. Spin-related magnetoresistance of n-type ZnO: Al and $Zn_{1-x}Mn_xO$: Al thin films. Phys Rev B, 2005, 72(12): 121309(R).

[123] Xu Q, Hartmann L, Schmidt H, et al. s-d exchange interaction induced magnetoresistance in magnetic ZnO. Phys Rev B, 2007, 76(13): 134417.

[124] Dietl T, Andrearczyk T, Lipińska A, et al. Origin of ferromagnetism in $Zn_{1-x}Co_xO$ from magnetization and spin-dependent magnetoresistance measurements. Phys Rev B, 2007, 76(15): 155312.

[125] Khosla R P, Fischer J R. Magnetoresistance in degenerate CdS: Localized magnetic moments. Phys Rev B, 1970, 2(10): 4084-4097.

[126] Reuss F, Frank S, Kirchner C, et al. Magnetoresistance in epitaxially grown degenerate ZnO thin films. Appl Phys Lett, 2005, 87(11): 112104.

[127] Tian Y F, Li Y F, Wu T. Tuning magnetoresistance and exchange coupling in ZnO by doping transition metals. Appl Phys Lett, 2011, 99(22): 222503.
[128] Smorchkova I P, Samarth N, Kikkawa J M, et al. Giant magnetoresistance and quantum phase transitions in strongly localized magnetic two-dimensional electron gases. Phys Rev B, 1998, 58(8): R4238-R4241.
[129] Yan S S, Ren C, Wang X, et al. Ferromagnetism and magnetoresistance of Co-ZnO inhomogeneous magnetic semiconductors. Appl Phys Lett, 2004, 84(13): 2376-2378.
[130] Zhang Y P, Yan S S, Liu Y H, et al. Magneto-optical Kerr rotation enhancement in CoZnO inhomogeneous magnetic semiconductor. Appl Phys Lett, 2006, 89(4): 042501.
[131] Yan S S, Liu J P, Mei L M, et al. Spin-dependent variable range hopping and magnetoresistance in $Ti_{1-x}Co_xO_2$ and $Zn_{1-x}Co_xO$ magnetic semiconductor films. J Phys: Condens Matter, 2006, 18(46): 10469-10480.
[132] Tian Y F, Yan S S, Zhang Y P, et al. Transformation of electrical transport from variable range hopping to hard gap resistance in $Zn_{1-x}Fe_xO_{1-v}$ magnetic semiconductor films. J Appl Phys, 2006, 100(10): 103901.
[133] Hwang H Y, Iwasa Y, Kawasaki M, et al. Emergent phenomena at oxide interfaces. Nature Materials, 2012, 11(2): 103-113.
[134] Fullerton E E, Schuller I K. The 2007 Nobel prize in physics: Magnetism and transport at the nanoscale. Nano Focus, 2007, 1(5): 384-389.
[135] Tian Y F, Bakaul S R, Wu T. Oxide nanowires for spintronics: Materials and devices. Nanoscale, 2012, 4(5): 1529-1540.
[136] Liang W, Yuhas B D, Yang P. Magnetotransport in Co-doped ZnO nanowires. Nano Letters, 2009, 9(2): 892-896.
[137] Chiquito A J, Lanfredi A J C, de Oliveira R F M, et al. Electron dephasing and weak localization in Sn doped In_2O_3 nanowires. Nano Letters, 2007, 7(5): 1439-1443.
[138] Liao Z M, Li Y D, Xu J, et al. Spin-filter effect in magnetite nanowire. Nano Letters, 2006, 6(6): 1087-1091.
[139] Xie S J, Ahn K H, Smith D L, et al. Ground-state properties of ferromagnetic metal/conjugated polymer interfaces. Phys Rev B, 2003, 67(12): 125202.
[140] Kim W Y, Kim K S. Prediction of very large values of magnetoresistance in a grapheme nanoribbon device. Nature Nanotechnology, 2008, 3: 408-412.
[141] Liu D P, Han X F. Organic-ferromagnetic hetero-structures with spin transport properties and fundamental physical effects. Sci China Phys Mech Astron, 2013, 56(1): 151-165.
[142] Suan D L, Yin L F, Sun C J, et al. Giant magnetoresistance in organic spin valves. Phys Rev Lett, 2010, 104(23): 236602.
[143] Naber W J M, Faez S, van der Wiel W G. Organic spintronics. J Phys D: Appl Phys, 2007, 40(12): R205-R228.
[144] Jiang S W, Yue F J, Wang S, et al. Recent advances in spin transport in organic semiconductors. Sci China Phys Mech Astron, 2013, 56(1): 142-150.
[145] Sanvito S. Molecular spintronics. Chemical Society Reviews, 2011, 40(6): 3336-3355.
[146] Chen P, Zhang G Y. Carbon-based spintronics. Sci China Phys Mech Astron, 2013, 56(1): 207-221.

[147] Hueso L E, Pruneda J M, Ferrari V, et al. Transformation of spin information into large electrical signals using carbon nanotubes. Nature, 2007, 445(5507): 410-413.

[148] Fert A. Nobel lecture: Origin, development, and future of spintronics. Rev Mod Phys, 2008, 80(4): 1517-1530.

[149] Cai J Z, Lu L, Kong W J, et al. Pressure-induced transition in magnetoresistance of single-walled carbon nanotubes. Phys Rev Lett, 2006, 97(2): 026402.

[150] Xu R, Husmann A, Rosenbaum T F, et al. Large magnetoresistance in non-magnetic silver chalcogenides. Nature, 1997, 390(6655): 57-60.

[151] Solin S A, Thio T, Hines D R, et al. Enhanced room-temperature geometric magnetoresistance in inhomogeneous narrow-gap semiconductors. Science, 2000, 289(5484): 1530-1533.

[152] Wan C, Zhang X, Gao X, et al. Geometrical enhancement of low-field magnetoresistance in silicon. Nature, 2011, 477(7364): 304-307.

[153] Ohtomo A, Hwang H Y. A high-mobility electron gas at the $LaAlO_3/SrTiO_3$ heterointerface. Nature, 2004, 427(6973): 423-426.

[154] Ariando, Wang X, Baskaran G, et al. Electronic phase separation at the $LaAlO_3/SrTiO_3$ interface. Nature Communications, 2011, 2: 188.

[155] Seri S, Lein L. Antisymmetric magnetoresistance of the $SrTiO_3/LaAlO_3$ interface. Phys Rev B, 2009, 80(18): 180410(R).

[156] Caviglia A D, Gabay M, Gariglio S, et al. Tunable Rashba spin-orbit interaction at oxide interfaces. Phys Rev Lett, 2010, 104(12): 126803.

第 2 章　磁性颗粒膜中的巨磁电阻效应

彭栋梁　王来森

磁性颗粒膜是由磁性纳米颗粒（一般是单磁畴）随机镶嵌于非磁性薄膜介质（金属或非金属）中所构成的一系列内涵丰富、物理和化学性能可人工剪裁的复合材料体系。磁性颗粒膜通常可以通过共溅射、共蒸发、离子注入、激光沉积或电沉积等方法获得，而共溅射方法由于其高通用性成为获得颗粒膜的最常规的制备方法。原则上，颗粒的组成与薄膜介质的组成应在制备条件下互不相溶，这样就可以通过选取这两种组成的材料制成靶材，然后通过共溅射到基片上生成复合薄膜。因此，颗粒膜不同于合金和化合物，属于非均匀相组成的材料。磁性颗粒膜的物理性能除了取决于组成材料外，还与颗粒的形态、颗粒大小、尺寸分布、体积分数、颗粒间距及颗粒与薄膜介质的相互作用等因素有着密切的关系。特别是磁性颗粒膜中丰富的异相界面对电子输运性质以及磁、光等特性有着显著的影响。磁性颗粒膜系统中存在的巨磁电阻（giant magnetoresistance，GMR）效应、隧穿磁电阻（tunneling magnetoresistance，TMR）效应、巨霍尔效应（giant Hall effect，GHE）以及高电阻率等特性，使其在磁传感器件、高灵敏霍尔器件等技术领域具有广阔的应用前景，已成为自旋电子学和材料科学的热点研究领域，尤其是在颗粒膜中也发现了巨磁电阻之后，更是引起了人们广泛的研究兴趣[1-6]。到目前为止，关于磁性颗粒膜的研究主要集中在三种类型的颗粒膜中，即“磁性金属颗粒-非磁金属基体”颗粒膜（如 Co-Cu 颗粒膜、Fe-Ag 颗粒膜等）、“磁性金属颗粒-非磁绝缘体基体”颗粒膜（如 Co-SiO_2颗粒膜、Fe-MgO 颗粒膜等），以及新型“磁性纳米粒子组装”颗粒膜体系。本章将重点介绍磁性颗粒膜体系中的巨磁电阻效应，为了使介绍更加清晰，先简略介绍磁性颗粒膜体系中普遍存在的超顺磁性，然后再分别介绍三种类型的磁性颗粒膜中输运特性和巨磁电阻效应。

2.1　磁性颗粒膜中的超顺磁性

2.1.1　铁磁性颗粒的磁性

人们通过某种手段将铁磁性物质不断地变细、变小成为颗粒时，其磁畴结构将会从多畴结构变为单畴结构，磁畴壁将消失，它的磁性也将发生变化。提到物质的磁性，人们马上会想到磁滞回线的形状、饱和磁化强度、矫顽力(coercivity)、居里温度等，但颗粒细化的过程中矫顽力的变化最显著。矫顽力是磁性材料的重要参量，通常用矫顽力来表征不同类型的磁性材料。矫顽力是结构灵敏性的物理量，与颗粒的尺寸关系密切。

图 2.1 给出的是 Meiklejohn 在液氦温度(78K)下对测定的 Fe 和 Co 纳米颗粒的矫顽力随颗粒尺寸的变化关系[7]。这些颗粒是通过从水银中析出而得到，它们的直径是通过电镜直接观察获得。图 2.1 表明磁性颗粒的直径 d 变小时，矫顽力最初以 $1/d$ 规律增大，在颗粒直径大约为 20nm 时出现一个最大值，随后开始随颗粒直径的减小而减小。矫顽力 H_c 达到最大时所对应的颗粒直径与磁性颗粒中的磁畴壁消失时所对应的颗粒直径几乎是一致的。这是因为颗粒直径减小时具有磁畴壁时的能量(正比于 d^2)比单磁畴情况下由退磁场引起的静磁能(正比于 d^3)大。因此，如果磁畴壁消失，磁化的反转只能通过磁矩的转动来实现，这样就导致畴壁刚好消失情况下的矫顽力必然比有畴壁存在时的矫顽力大[8]。关于当颗粒的直径进一步变小时 H_c 开始减小的原因，主要是起因于下面将要介绍的热扰动现象。

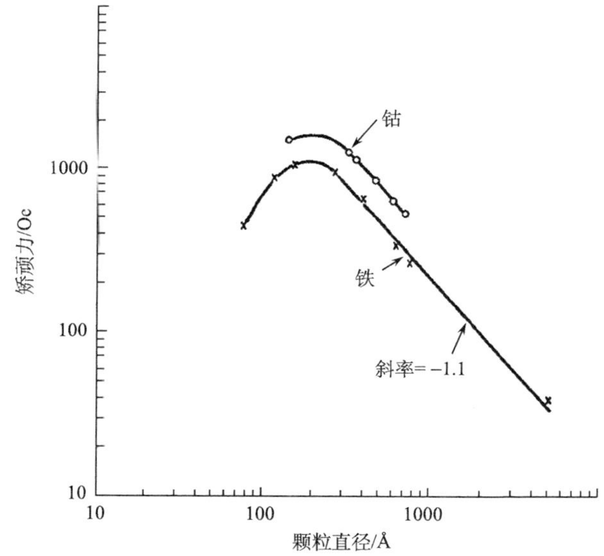

图 2.1 78K 温度下 Fe 和 Co 的矫顽力随颗粒直径的变化关系[7]

为了简单起见，我们考虑具有单轴磁各向异性的单畴颗粒。在没有外磁场存在的情况下，颗粒内的磁矩将沿着易磁化轴方向被固定，此时如果要使磁矩反转，必须克服磁各向异性能 K_uV 的势垒[图 2.2(b)]。这里 K_u 是单轴磁各向异性常数，V 是磁性颗粒的体积。当在磁矩的反方向施加外磁场时，使磁矩反转过来所需要的磁场大小(也就是矫顽力 H_c)可以通过以下简单的公式计算：

$$H_c = \frac{2K_u}{I_s} \tag{2.1}$$

这里 I_s 是颗粒的磁化强度。当颗粒体积变得很小时，相比热扰动能量 kT，K_uV 变得不是十分大，那么一部分磁矩仅通过热扰动就可能越过势垒 K_uV，实现磁矩方向的反转。因此，如图 2.2(a)所示，最初是所有的磁矩都沿着一个方向，如果此时的剩余磁化强度设为 M_{r0}，那么由于热扰动，随着时间的变化 M_{r0} 将开始减小，t 秒后就变成 $M_r(t)$，$M_r(t)$ 可通过下式来表达：

$$M_r(t) = M_{r0}e^{-t/\tau} \tag{2.2}$$

这里 τ 是弛豫时间。早在 1949 年 Néel[9] 就从热扰动使磁矩发生反转的物理机制出发，将 τ 用以下公式表示出来：

$$\frac{1}{\tau} = f_0\exp(-K_uV/kT) = f_0\exp\left(-\frac{1}{2}H_cI_s\mathrm{V}/kT\right) \tag{2.3}$$

这里 f_0 是与反转机制相关的常数。Néel 将热振动引起的晶格变形通过磁致伸缩现象作用到磁矩上来使磁矩反转，从而推导出 f_0 大约是 $10^9\ \mathrm{s}^{-1}$ 量级。后来很多学者也通过更加严密的方法计算了 f_0，但大体上都得到类似的值[10,11]。

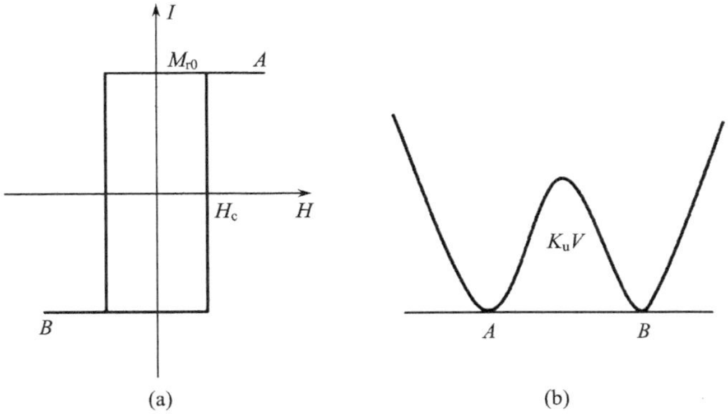

图 2.2　具有单轴各向异性物质的磁滞回线(a)和对应的势能(b)

现在可从式(2.3)得出有关纳米颗粒磁性的重要结论，即如果要得出由于热扰动现象的影响使得所测量得到的 H_c 减小的结论，必须使热扰动的弛豫时间 τ 和测量时间 τ_M 差不多大小。这里将弛豫时间取为与普通的静态磁测量时间大约相同，即 $\tau = 10^2\ \mathrm{s}$，并把此时的温度定义为 T_B。把温度 T 用 $T = T_B + \Delta T$ 来表示时，采用式(2.3)计算得到的 τ 值如表 2.1 所示。由表 2.1 明显可见，温度的

微小变化可引起 τ 的显著变化。例如，温度比 T_B高 20%时，τ 变成 1s，也就是说在这个温度下从测量时间(10^2 s)来看磁矩非常不稳定；而当温度比 T_B降低 15%时，τ 变成 10^4 s，也就是说在这个温度下从测量时间(10^2 s)来看磁矩基本上是稳定的，或者说热扰动现象的影响就基本上观察不到。因此，我们看到在一个非常窄的温度区间内热涨落就会停止，这也是此现象的一个特点。根据以上分析，比 T_B低的温度下热涨落就会停止，因此将 T_B称为截止温度(blocking temperature)。即使在比 T_B高的温度下，颗粒内的原子磁矩由于交换相互作用仍然是规则紧密地耦合在一起，因此受热涨落影响的是颗粒内整体的全部磁矩 μ($\mu = I_s V$)。μ 与顺磁性物质的原子磁矩相比要大 10^2 或者 10^3 倍甚至更大，因此它以非常大的磁矩来呈现顺磁性的行为，所以把这种现象称为超顺磁性。纳米颗粒呈现超顺磁性的温度可以通过将 $\tau = 10^2$ s 代入式(2.3)得到

$$K_u V = 25kT_B \tag{2.4}$$

由于 T_B可以通过实验测定，进而可通过这个关系式来确定 T_B温度下超顺磁性消失时纳米颗粒的直径，因此这是一个非常有意义的关系式。例如，常温下显示超顺磁性的六角密排(hcp)结构的 Co($K_u = 5\times10^6$ erg/cm^3，1erg$=10^{-7}$J)球状颗粒的临界半径大约是 4.5nm，而体心立方(bcc)结构的 Fe($K_1 = 5\times10^5$ erg/cm^3)的临界半径大约是 9.5nm，高于截止温度 T_B时将呈现超顺磁性。

表 2.1　τ 和 T 的关系

$\Delta T/T_B$	+10.0	+2.37	+1.20	+0.57	+0.22	0	−0.155	−0.275
τ/s	10^{-8}	10^{-5}	10^{-4}	10^{-2}	1	10^2	10^4	10^6

根据上述分析，在某一温度下是否显示超顺磁性与测量时间 τ_M有关。当 $\tau_M < \tau$时，在测量过程中磁矩还来不及反转就已经测量完毕，此时可以测量出该时间内颗粒的磁矩；当 $\tau_M > \tau$ 时，在测量过程中磁矩可以反转多次，因此在测量过程中颗粒磁矩的统计平均值为零。由于不同的测量方法其测量时间不同，所对应的截止温度 T_B也就不同，因此不同的测量方法所确定的超顺磁性颗粒尺寸是不同的。例如，当采用穆斯堡尔效应来测量时，由于其测量时间是 $\tau_M = 10^{-8}$ s 量级，由表 2.1 可知，所确定的截止温度 T_B^M要比静态测量法确定的截止温度 T_B高 10 倍。也就是说，当温度处在 $T_B^M > T > T_B$区间时，通过静态测量法测量时显示超顺磁性，而通过穆斯堡尔谱测量时却呈现正常的铁磁性(铁磁性的六线谱)[12]。如果采用电子自旋共振方法来测量，由于其观测时间只有 10^{-10} s 大小，此时不管对于何种磁性纳米颗粒均观测不到超顺磁性。

2.1.2 铁磁性颗粒集合体的超顺磁性[13]

1. 磁化曲线

实际当中我们得到的纳米颗粒都是集合体的形式，此时易磁化轴的方向是无序分布的，而且通常颗粒的体积大小也具有一个分布。那么，对于这样的颗粒集合体系怎样来描述它的超顺磁性以及具有哪些特性就是本节将要介绍的重点。

首先为了简单起见，假定颗粒的体积相等，每一个单畴颗粒的总磁矩为 μ，且颗粒间无相互作用。当 $T>T_B$时，无外磁场情况下，由于热扰动磁矩在空间呈无序分布，总磁化强度为零。当施加外磁场 H 时，原子磁矩将转向磁场方向，从而使得沿着磁场方向的总磁矩 $M(H)$成为非零值，并随着磁场的增加而趋向饱和。此时，总磁矩与磁场的依赖关系可类比经典的顺磁性理论，用朗之万(Langevin)函数来表述

$$M(H)=M_s[\cosh(\mu H/kT)-kT/\mu H]=M_sL(\mu H/kT) \tag{2.5}$$

这里，$M_s=N\mu$ 是集合体的饱和磁矩；N 为颗粒的总数。如果用 V_0代表颗粒的总体积，那么就有

$$M_s=\mu N=I_sV_0 \tag{2.6}$$

此时，与通常的顺磁性物质最大的不同之处在于：μ 与顺磁性的物质的原子磁矩相比要大 10^2 或者 10^3 倍甚至更大，因此即使施加比较小的外磁场(如 10^4 Oe，即 1T)，μH 的值与常温下的 kT 值就几乎差不多大小，这就意味着在比较弱的磁场下磁化曲线就呈现出一个饱和的倾向。图 2.3 给出的是水银中析出的 Fe 纳米颗粒的磁化曲线[13]，在 2kOe 的磁场下就显示出饱和的倾向，这就是超顺磁性的第一个特征。超顺磁性的第二个特征是它不具有磁滞回线(即矫顽力和剩余磁化强度为零)，而第三个特征就是磁化曲线显著地依赖于温度。尽管这些特征性质都可以从式(2.5)得到理解，但式(2.5)也可以表示为 $M(H)$与 H/T 的函数关系。将图 2.3(a)的结果采用 H/T 作为横轴再一次作图时就是图 2.3(b)所示的结果，此时 200K 和 77K 下测得的磁化曲线就重合到一起，成为一条曲线。

对于磁场非常弱的情况，式(2.5)可近似为

$$M(H)=\frac{M_s\mu H}{3kT}=\frac{V_0V_sI_s^2}{3kT}H \tag{2.7}$$

也就是说如果事先知道 M_s和 I_s，就可以由磁化曲线的初始斜率确定 V_s(单个颗粒的体积)的大小。而对于磁场非常大的情况，式(2.5)变为

$$M(H)=M_s(1-kT/V_sI_sH) \tag{2.8}$$

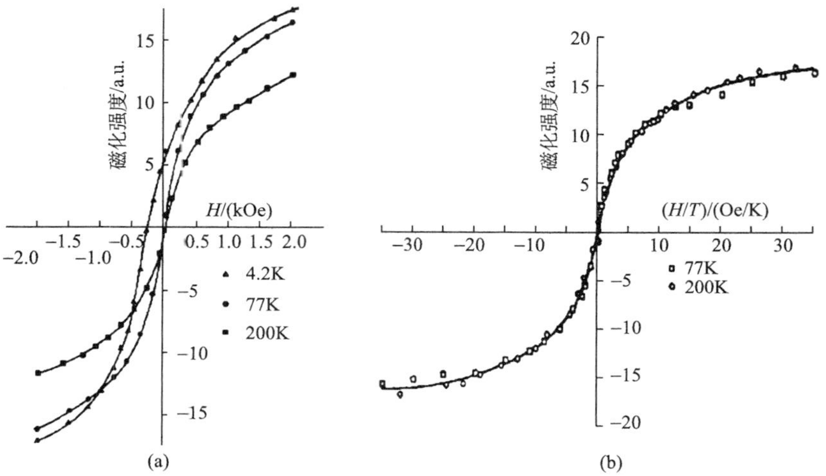

图 2.3 水银中析出的 Fe 纳米颗粒的磁化曲线(a)和以 H/T 作为横轴画出的磁化曲线(b)[13]

也就是说磁化曲线以 $1/H$ 的规律接近饱和，因此就可以由斜率($1/H$ 前面的系数)确定 V_s的大小。总之，通过这些方法从超顺磁性磁化曲线的形状可以确定磁性纳米颗粒的大小，这也是超顺磁性的重要应用之一。

2. 剩余磁化和截止温度

超顺磁性的第四个特征就是在截止温度 T_B以下，超顺磁性将消失而转变为铁磁性，此时磁化曲线将具有剩余磁化(如图 2.3 中 4.2K 的情况)。截止温度(T_B)一般可以通过测量磁化率随温度的变化来确定。首先将样品在零磁场下降温至低温，然后随温度升高测量小磁场(通常 $H \leqslant 200\text{Oe}$)下磁化率随温度的变化曲线——零磁场冷却(zero-field cooling，ZFC)直至高温，接着在保持小磁场情况下将样品降温至低温，然后随温度升高测量小磁场磁化率随温度的变化曲线——磁场冷却(field cooling，FC)直至高温。对于尺寸均一性较好、无颗粒间相互作用的颗粒集合体系，ZFC 和 FC 两曲线将在高于 T_B温度时重合，低于 T_B时分离。通常将 ZFC 曲线峰值处所对应的温度定义为 T_B，典型的实验测量曲线如图 2.4 所示。

这里需要强调的是，为了获得具有峰值的 ZFC 曲线，合适的低磁场选择是至关重要的，如果选择太大的磁场，就可能得不到具有尖锐峰型的 ZFC 曲线，甚至 ZFC 和 FC 曲线重合(即达到了饱和状态)。另外，对于实际的颗粒集合体，颗粒的尺寸会有一定的分布，因而对应的截止温度也有一定的分布，此时平均的截止温度 $\langle T_B \rangle$ 可定义为颗粒集合体中有一半体积的颗粒处于超顺磁状态，并以下列公式来表述

$$\langle T_B \rangle = K_m V_m / k\ln(\tau_m f_0) \tag{2.9}$$

其中，下标 m 代表对应物理量的平均值，实验上可以从剩余磁化的温度弛豫曲线来确定[15]。

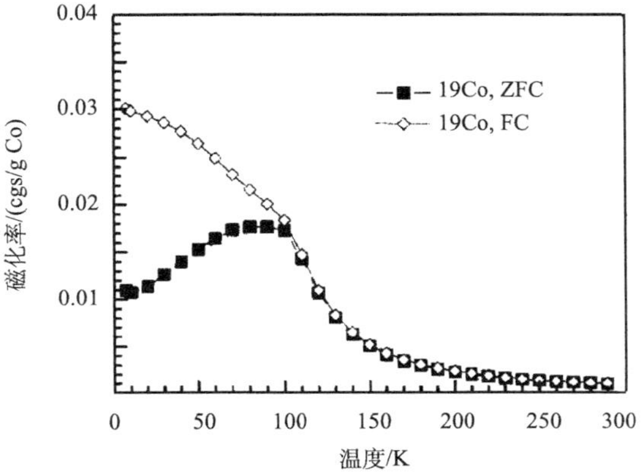

图 2.4　Co/Cu 颗粒膜的 ZFC-FC 曲线[14]

2.2　金属/金属型磁性颗粒膜的巨磁电阻效应

1988 年，Baibich 等[16]报道了 Fe/Cr 多层膜的巨磁电阻(GMR)效应后，迅速掀起了一股研究热潮。GMR 效应的发现不仅为自旋电子学的发展奠定了基础，而且在高密度读写磁头、磁传感器以及磁性随机存储器等领域有着广泛的应用前景。在对多层膜中 GMR 效应研究的推动和启发下，1992 年 Berkowitz 等[14]和 Chien 等[17]独立发现了 Co/Cu 磁性颗粒膜中也同样存在 GMR 效应，证实 GMR 效应并不是多层膜独有的特性。金属/金属型磁性颗粒膜是由单畴铁磁微小颗粒镶嵌于非磁性金属基体中所构成的一类物理化学性质可人工裁剪的非均匀复合材料体系，主要通过共溅射或共蒸发互不固溶的磁性金属和非磁性金属获得，与多层膜相比具有制备技术简单、重复性较好、物理内涵丰富等特点，引起了科研工作者极大的研究兴趣。为了便于对比不同体系的颗粒膜的物理特性，通常定义磁性组元的体积分数为 f_v。对于 A、B 二组元的颗粒膜而言，当组元 A 的体积分数远小于 B 时，组元 A 将以微磁性颗粒的形式镶嵌于组元 B 的基体中，反之亦然；当组元 A 和组元 B 的体积分数接近时，二者将形成网络迷宫状结构，此时组元 A 的体积分数(f_c)称为颗粒膜的逾渗阈值(percolation threshold)[18]。对金属/金属型磁性颗粒膜的 GMR 效应研究主要包括 Ag、Cu 为薄膜基体与 Fe、Ni、Co 磁性金属及其合金颗粒所构成的两大颗粒膜体系，如银系：Co/Ag、Fe/

Ag、FeNi/Ag、FeCo/Ag 等[19-29]；铜系：Co/Cu、Fe/Cu、FeCo/Cu 等[23,30-39]。

2.2.1 理论解释

颗粒膜中磁电阻(magnetoresistance，MR)效应是指磁场使薄膜电阻发生变化的现象，一般定义为 $MR=\Delta\rho/\rho=(\rho_H-\rho_0)/\rho_0$，如果 MR 效应十分显著，则称之为 GMR 效应。目前，普遍认为颗粒膜中 GMR 效应的机制源于磁性颗粒内部和界面的自旋相关散射[40]，与多层膜中电流垂直于膜面(CPP)的情况类似，但与多层膜不同的是颗粒膜中的磁电阻是各向同性的[41]。如果把相邻的磁性颗粒看成磁性电极且认为颗粒的磁矩仅存在平行与反平行两种状态，那么颗粒膜中的 GMR 效应也可以近似地用双电流模型加以解释。一般认为电子传导有两个并联的通道，自旋向上和自旋向下的电子分别在各自的通道中流动，总电流等于自旋向上和自旋向下的电流之和，而总电阻则等于自旋向上和自旋向下通道电阻的并联。无外加磁场时，金属/金属磁性颗粒膜中磁性颗粒的磁矩取向呈现随机分布，此时颗粒膜对自旋向上或向下的传导电子散射是相等的，体系处于高电阻状态。施加外磁场后，颗粒膜中的磁性颗粒的磁矩取向趋向于沿着外磁场方向排列，体系处于低电阻状态[1]。双电流模型也是众多颗粒膜磁电阻理论的基础。

实际的颗粒膜体系中，磁性颗粒的粒径大小具有一定的分布，且颗粒的磁矩取向并不是只有平行和反平行两种状态，相邻的磁性颗粒的磁矩一般存在一定的夹角，而自旋电子的散射与磁矩的取向有关(图 2.5)。因此，颗粒膜的磁电阻大小与外磁场的大小有关，即与磁化强度相关，颗粒膜的 GMR 效应可以唯象地表达为[17]

$$MR=\Delta\rho/\rho\propto(M_i\cdot M_j)/M^2=M_iM_j\langle\cos\theta_{ij}\rangle/M^2 \tag{2.10}$$

式中，θ_{ij} 为颗粒 M_i 和 M_j 之间的夹角。当颗粒尺寸近似相等时，$M_iM_j\approx M^2$，因此

$$MR=\Delta\rho/\rho\propto\langle\cos\theta_{ij}\rangle \tag{2.11}$$

在颗粒膜系统中，样品的磁化强度与颗粒磁矩和磁场的夹角有关，可以表示为

$$(M/M_s)^2=\langle\cos\phi\rangle^2 \tag{2.12}$$

式中，ϕ 为颗粒的磁矩与磁场的夹角；M 为合磁矩；M_s 为饱和磁矩。当颗粒之间无关联时有

$$\langle\cos\phi\rangle^2=\langle\cos\theta_{ij}\rangle \tag{2.13}$$

即

$$\Delta\rho/\rho\propto -A(M/M_s)^2 \tag{2.14}$$

其中，A 是与磁性颗粒的尺寸、体积分数等有关的常数[17]。因此，颗粒膜的

GMR 效应正比于$(M/M_s)^2$，即颗粒膜的 GMR 效应与外加磁场存在着一定的必然联系，这在众多颗粒膜体系中得到了验证[42-44]。图 2.6 给出的是 $Co_{16}Cu_{84}$ 颗粒膜的磁滞回线及相应的 MR 效应与外加磁场的关系曲线，磁电阻的最大值出现在磁化强度为 0 处(即矫顽力 H_c处)。

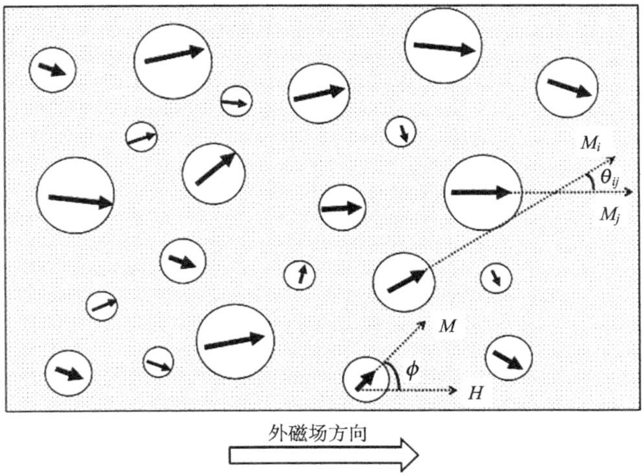

图 2.5　颗粒膜中磁性颗粒的磁矩取向以及与外磁场的关系

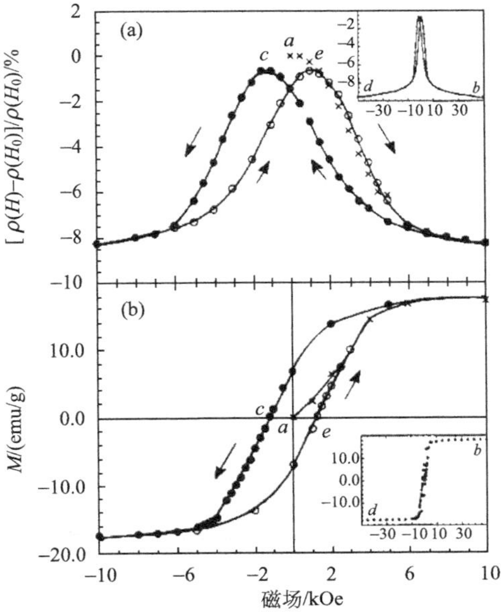

图 2.6　Co_{16}/Cu_{84} 颗粒膜的磁滞回线及磁电阻与外磁场的关系[17]

用$[\rho(H)-\rho(H_c)]/\rho(H_c)$代替$[\rho(H)-\rho(H_0)]/\rho(H_0)$，对 $Co_{16}Cu_{84}$颗粒膜的磁电阻与磁化强度作图，当 A 取－0.065 时(图 2.7)，通过公式拟合的曲线与实验测得的数据符合得很好。

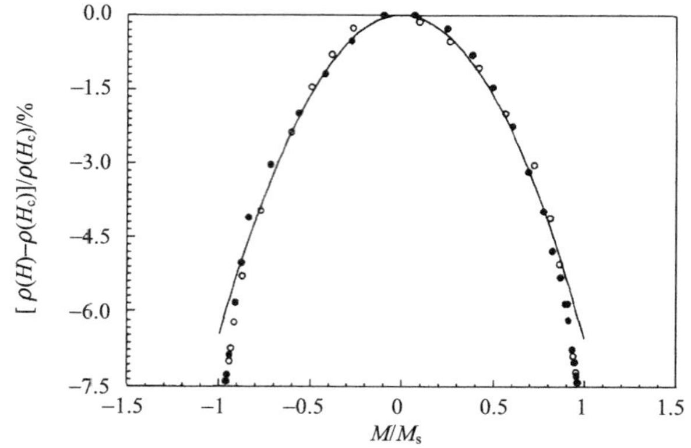

图 2.7 Co_{16}/Cu_{84}颗粒膜的 GMR 效应与(M/M_s)的关系曲线[17]

如果从微观的观点出发，颗粒膜是一个自平均(self-averaging)系统，其电阻值取决于散射矩阵对自旋电子的散射概率的统计。在无外磁场时，磁性颗粒膜中颗粒的磁矩取向混乱，散射矩阵 $\boldsymbol{\Delta}$ 的平均值对于自旋向上或向下的传导电子是相等的；当施加外磁场时，颗粒磁矩出现宏观上的取向排列，将显示出自旋向上或向下的传导电子散射概率的不同。这与电流垂直于膜面(CPP)的情况类似，因此颗粒膜中的电阻率可以表示为[14,18,40]

$$\rho=1/\sigma=\frac{2m}{ne^2}\sum_{\sigma}\boldsymbol{\Delta}^{\sigma} \tag{2.15}$$

其中，ρ 为电阻率；n 为单位体积中的传导电子数；m 为电子的质量；e 为电子的电量；$\boldsymbol{\Delta}^{\sigma}=k_F/m\lambda^{\sigma}$ 为平均散射矩阵，λ^{σ} 为电子平均自由程。颗粒膜中电子的散射源于磁性颗粒($\boldsymbol{\Delta}_m^{\sigma}$)、非磁性介质($\boldsymbol{\Delta}_{nm}^{\sigma}$)以及颗粒与基体的界面($\boldsymbol{\Delta}_s^{\sigma}$)，总的散射矩阵可表示为

$$\boldsymbol{\Delta}^{\sigma}=\frac{1}{V}\left(\sum_{M}\boldsymbol{\Delta}_m^{\sigma}+\sum_{NM}\boldsymbol{\Delta}_{nm}+\sum_{S}\boldsymbol{\Delta}_s^{\sigma}\right) \tag{2.16}$$

引入与自旋相关的平均自由程 λ_m^{σ} 和 λ_s^{σ}，则

$$\lambda_m^{\sigma}=\lambda_m/(1+P_b\sigma\cdot M_i)^2 \tag{2.17}$$

$$\lambda_s^{\sigma}=\lambda_s/(1+P_s\sigma\cdot M_i)^2 \tag{2.18}$$

其中，下标 m、s 分别代表磁性颗粒内与表面；P_b、P_s分别代表磁性颗粒内和表面的自旋相关对自旋无关散射势的比例；σ 为泡利矩阵，则颗粒膜的电阻率

[式(2.15)]可表示为

$$\rho=\frac{1}{\sigma}=\frac{(\rho_1^2-\rho_2^2\alpha^2)}{\rho_1} \tag{2.19}$$

$$\begin{cases}\rho_1=\dfrac{Ck_F}{ne^2}\left(\dfrac{1+P_b^2}{\lambda_m}+\dfrac{1-C}{\lambda_{nm}}+\dfrac{3(1+P_s^2)}{d_m\lambda_s}\right)\\ \rho_2=\dfrac{Ck_F}{ne^2}\left(\dfrac{2P_b}{\lambda_m}+\dfrac{6P_s}{d_m\lambda_s}\right)\end{cases}$$

其中，C 为单位体积内铁磁颗粒的浓度；d_m 为铁磁性颗粒的平均直径；$\alpha=M(H)/M_s$，当 $H=H_c$时，$\alpha=0$，当达到饱和时，$\alpha=1$。根据式(2.19)颗粒膜的磁电阻可以表示为

$$\mathrm{MR}=\frac{\Delta\rho}{\rho}=\frac{\rho(H)-\rho(H_c)}{\rho(H_c)}=-\frac{\rho_2^2}{\rho_1^2}\alpha^2=-\frac{\rho_2^2}{\rho_1^2}\left(\frac{M}{M_s}\right)^2 \tag{2.20}$$

该理论与唯象理论的结论 $\Delta\rho/\rho\propto-A\ (M/M_s)^2$ 是一致的。因颗粒膜中自旋相关的散射主要来自于磁性颗粒和基体的界面，所以磁电阻效应随着颗粒直径 d_m 的

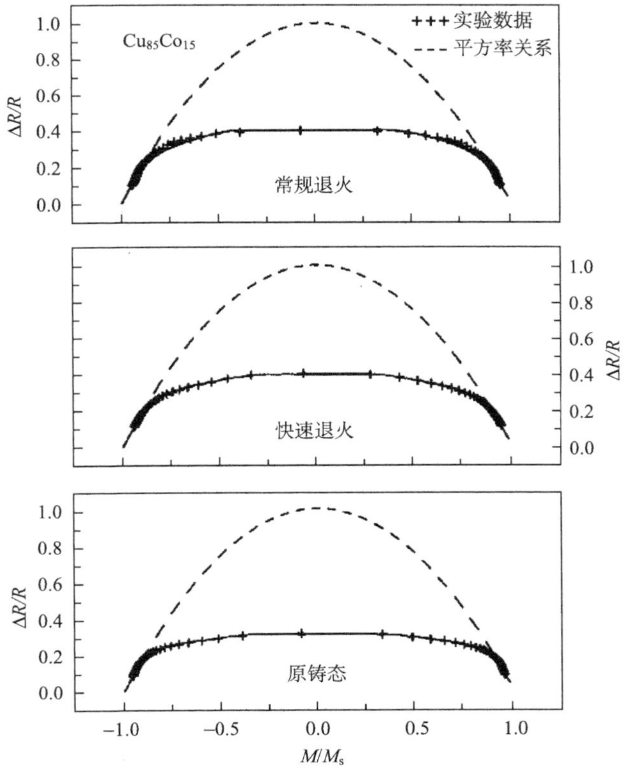

图 2.8　Co/Cu 颗粒膜的磁电阻与磁化强度的关系[31]

减小而显著增加[45]。

然而上述理论都是在未考虑颗粒之间的相互作用的前提下得出的，而实际的颗粒膜中颗粒间的相互作用是不可忽略的[44,46-49]，这些近似导致上述理论具有一定的局限性。Allia 等[31]在研究 Co/Cu 颗粒膜的 GMR 效应时发现 MR 与(M/M_s)的关系曲线在低磁场下偏离平方率的关系，呈现出平台型的变化曲线(图 2.8)，他们认为如果颗粒间存在相互作用，则颗粒的瞬间磁矩的方向将由磁矩和外场的倾转角以及磁矩绕外场方向的扭转角共同控制，在考虑颗粒间的相互作用后，可以对偏离平方关系的实验结果给出较好的解释。

2.2.2 金属/金属型颗粒膜 GMR 效应的影响因素

金属/金属型颗粒膜是一个非常复杂的非均匀体系，其 GMR 效应起源于磁性颗粒内部及界面处的自旋相关散射。研究表明，磁性组元的体积分数、颗粒的形态及相分离程度、测量温度等都对颗粒膜中 GMR 效应有着明显的影响，下面将分别讨论这些因素对颗粒膜中 GMR 效应的影响规律。

1. *磁性组元体积分数的影响*

众多研究表明，金属/金属型磁性颗粒膜的 GMR 效应随着磁性组元的体积分数的增大而呈现出先增大后减小的变化规律，GMR 效应存在一个极大值，不同体系出现 GMR 最大值时对应磁性组元的体积分数(f_x)并不一致(图 2.9)，但一般均低于其逾渗阈值[35,45]。此时，磁性金属组元主要以纳米颗粒的形式嵌于非磁性基体之中，颗粒的直径约为几纳米，并随着金属组元体积分数的增加而增大。由于颗粒膜中的 GMR 效应主要来源于磁性颗粒与非磁性金属基体界面处的自旋相关的散射，因此随着颗粒尺寸的减小，颗粒的比表面积增大，必将导致 GMR 效应的显著增加。当磁性组元体积分数较小时，磁性颗粒的直径一般也比较小，虽然尺寸较小的磁性颗粒有利于提高 GMR 效应，但由于此时颗粒数目也较少，自旋电子受到的散射概率也较低。另外，随着颗粒膜中磁性颗粒浓度的下降，颗粒间距增大，电子在非磁性金属介质传输时发生自旋反转的概率也增大。综合上述因素，当磁性金属体积分数较低时，虽然磁性金属颗粒的直径也很小，但磁性颗粒的浓度 C 也较低，此时的 GMR 效应较小；随着磁性金属组元体积分数的增加，磁性颗粒的浓度 C 增加，GMR 效应将呈现出增大的趋势。然而，随着磁性金属体积分数的进一步增加，磁性金属颗粒的粒径将明显增大，对传输电子的自旋相关散射效果减弱，并且当颗粒尺寸超过电子平均自由程时又将进一步降低 GMR 效应。因此，GMR 效应与金属的体积分数以及磁性颗粒的尺寸密切相关，当颗粒膜中磁性颗粒的尺寸与电子的平均自由程相当时，将出现 GMR 效应的极大值(图 2.10)[43]。

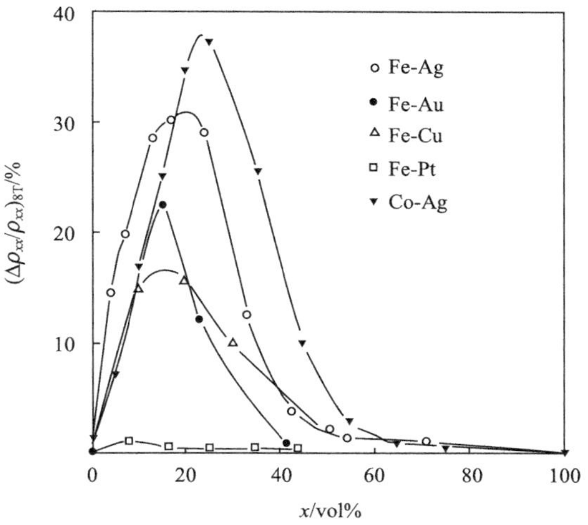

图 2.9　颗粒膜的磁电阻效应与颗粒体积百分含量的关系[45]

2. 颗粒形态的影响

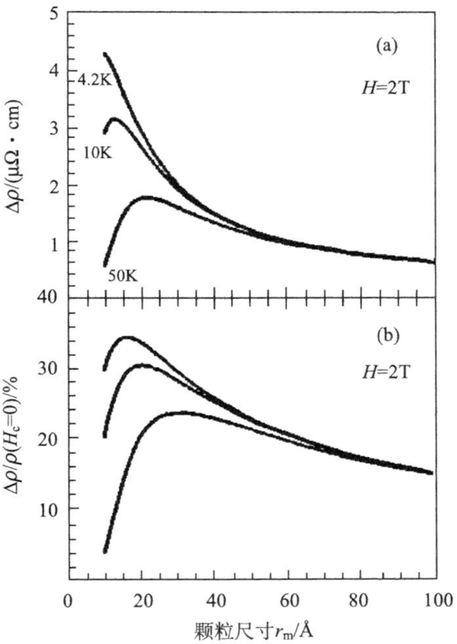

图 2.10　颗粒膜的磁电阻与颗粒尺寸的关系[43]

颗粒膜中的 GMR 效应起源于传导电子在铁磁颗粒内和铁磁颗粒与非磁性基体界面的自旋相关散射，除了与金属组元的体积分数和颗粒尺寸密切相关外，还与样品的相分离程度和颗粒形状有关[24,33,50]。退火处理可以在某种程度上提高相分离程度以及改变颗粒的形态，因此研究退火处理对颗粒膜 GMR 效应的影响具有重要的价值。Rabedeau 等[30]研究了退火处理对 Co/Cu 颗粒膜的 GMR 效应的影响，发现随着退火温度的升高，Co 颗粒的直径从 21Å 增大到 250Å，而 MR 值从 35%减小到 1%。这是因为随着颗粒尺寸的增大，磁性颗粒与非磁性基体界面总面积减小，因此 MR 值与磁性颗粒尺寸之间近似成反比。这也说明颗粒膜中磁性颗粒与非磁性基体界面的自旋相关散射对 GMR 效应贡献较大。随后，Xiao 等[23]研究了退火处理对 Co/Ag 颗粒膜 GMR 效应与 Co 磁性颗粒直径的影响，发现 MR 值虽然与 Co 颗粒直径不具有明显的线性关系，但

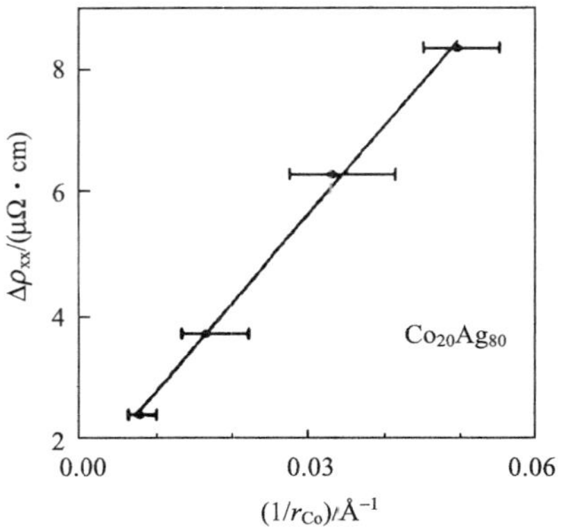

图 2.11　4.2K 下 Co/Ag 颗粒膜中 $\Delta\rho_{xx}=\rho_{xx}(2T)-\rho_{xx}(0)$与 Co 颗粒直径倒数的关系曲线[23]

$\Delta\rho_{xx}$大致与颗粒直径成反比(图 2.11)，即

$$\Delta\rho_{xx}\propto\frac{1}{d_{m}} \tag{2.21}$$

其中，d_m为 Co 颗粒的直径。

上述研究表明，颗粒膜中的 GMR 效应将随颗粒尺寸的减小而增大。然而，Dubiel 等[39]研究同一退火温度下保温时间对颗粒膜 GMR 效应的影响时发现，随保温时间的增长 Co 颗粒尺寸逐渐增大，且 GMR 效应与 Co 颗粒的尺寸有密切的联系，MR 值随着 Co 颗粒粒径的增大呈现出减小的趋势，当 Co 颗粒直径小于 10nm 时可获得较大的 MR 值，大于 15nm 时 MR 值几乎为零，这说明颗粒膜的 GMR 效应不完全取决于颗粒大小。Sang 等[26]研究 Co/Ag 颗粒膜中的磁电阻效应与退火温度之间的关系时也发现，MR 值随颗粒尺寸呈现出先变大后减小的趋势，也不完全遵循 $1/d_m$的线性关系。他们利用配置实时录像和监视系统的透射电子显微镜对 Co/Ag 颗粒膜在真空退火过程中颗粒形态的变化进行原位实时观察，并结合铁磁共振的方法对 Co/Ag 颗粒膜铁磁共振场的分析，发现样品的 MR 效应不仅与颗粒的大小有关，还与颗粒的形态有关。当退火温度较低时，颗粒的尺寸和形态变化不大，但却可以产生界面原子的迁移，导致界面处 CoAg 混合亚稳态的进一步分离，从而提高 GMR 效应；当退火温度较高时，主要发生小晶粒被吞并的过程，小的 Co 颗粒消失而大的 Co 颗粒迅速长大，由原来的球形变为平行于膜面的片状，导致 GMR 效应显著下降。Garcia-Torres 等[51]研究退火温度对 Co/Ag 颗粒膜 GMR 效应的影响时发现，退火处理后颗粒膜的 MR 值显著下降，并认为是退火处理后 Co 颗粒的长大导致的。颗粒膜在较高的温度下退火，颗粒形状受膜厚的约束，通常由制备态的近球状逐渐演变为平行于膜面的薄片状[27,52]，这种片状的显微结构导致在膜面进行巨磁电阻测量时，决定巨磁电阻效应与自旋相关的散射将由接近于 CPP 转变为 CIP 的机制，从而使巨磁电阻效应显著降低。

3. 测量温度的影响

在解释颗粒膜巨磁电阻效应时通常用双电流模型，即总电阻为传导电子自旋向上和自旋向下两个独立的通道电阻的并联。这一模型的前提条件是自旋向上和自旋向下两个通道互不影响，即相当于 $T=0$K 的情况。如果测量温度 T 不为 0K，则自旋向上和自旋向下两个通道是存在相互影响的，这被称为自旋混合效应(spin mixing effect)。自旋混合效应随温度的升高而加剧，使两个通道上的电阻差值减小，从而导致 GMR 效应的下降。众多研究也表明[21,35,51,53]，颗粒膜中的 GMR 效应低温时比高温时要显著得多，这主要是因为低温时自旋无关的声子散射和自旋混合效应减弱。当温度极低时自旋混合效应将被冻结，此时 GMR 效应达到最大值。Yu 等[34]系统地研究了 $Co_{15}Cu_{85}$颗粒膜的磁电阻与温度的依赖关系，认为颗粒膜中磁电阻呈现出的温度依赖性与自旋混合有关，他们以双电流模型为基础，计算了电子随温度变化的自旋混合参数，发现理论值与实验值符合得很好(图 2.12)。

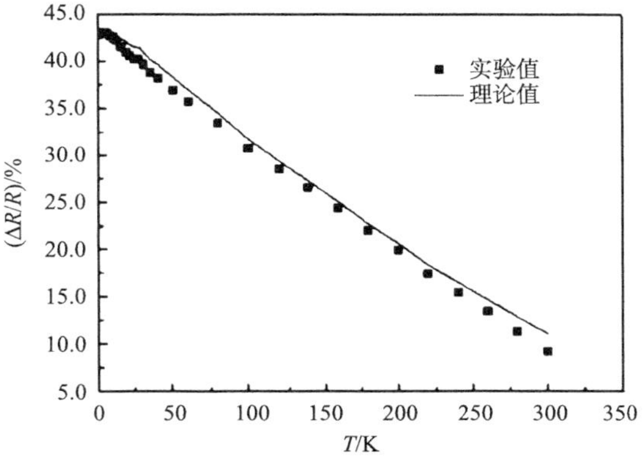

图 2.12　Co/Cu 颗粒膜的磁电阻与温度的关系曲线[34]

对于铁磁性材料而言，居里温度(T_C)是一个重要的参数，当温度高于 T_C时材料的磁性会消失，从而失去磁性因素对自旋电子的散射效果；当测量温度低于 T_C时，颗粒膜的 GMR 效应与测量温度有着密切的联系[54]。Berkowitz 等[14]在研究 Co/Cu 颗粒膜时发现其 GMR 效应与测量温度间有着与多层膜中类似的规律：GMR 效应随着测量温度的降低而增强。颗粒膜的磁电阻随测量温度的变化关系可以表示为[19]

$$\mathrm{MR}=\frac{\rho(H,\ T)-\rho(0,\ T)}{\rho(0,\ T)}=AF\left[(M/M_{\mathrm{s}})^2\right] \tag{2.22}$$

其中，F 为$(M/M_s)^2$ 的函数；A 是与磁性颗粒的尺寸、体积分数及测量温度有关的常数。而颗粒膜的电阻率可以表达为

$$\rho(H,\ T)=\rho_0+\rho_{\text{phonon}}(T)+\rho_{\mathrm{m}}(T)\{1-F\left[(M/M_{\mathrm{s}})^2\right]\} \tag{2.23}$$

其中，ρ_0为缺陷引起的与温度无关的电阻率；$\rho_{\text{phonon}}(T)$为声子的贡献；$\rho_{\mathrm{m}}(T)$与传输电子在磁性/非磁性界面处的散射有关。将式(2.23)代入 MR 表达式，则颗粒膜的磁电阻与温度的关系可以转化为

$$\mathrm{MR}=-\frac{\rho_{\mathrm{m}}(T)}{\rho_0+\rho_{\mathrm{phonon}}(T)+\rho_{\mathrm{m}}(T)}F\left[(M/M_{\mathrm{s}})^2\right] \tag{2.24}$$

则

$$A=-\frac{\rho_{\mathrm{m}}(T)}{\rho_0+\rho_{\mathrm{phonon}}(T)+\rho_{\mathrm{m}}(T)} \tag{2.25}$$

因此，如果考虑颗粒间的相互作用，A 不是常数而是一个与测量温度相关的变量。

2.3　金属/绝缘体型磁性颗粒膜的巨磁电阻效应

对于金属/绝缘体型磁性颗粒膜，人们主要研究铁磁性金属的体积分数低于逾渗阈值(介电区)时的电子输运特性和磁电阻效应[3,55-69]。此时，磁性金属以孤立颗粒的形式嵌入绝缘体介质薄膜中，金属颗粒的周围介质在电学上是绝缘的。介电区颗粒膜的电传导过程需要把一个电子或空穴从一个孤立的颗粒通过隧穿过程转移到相邻的孤立颗粒，从而产生带电颗粒(图 2.13)[70]。由于每个孤立的小颗粒有一个电容 $C=2\pi\varepsilon_0\varepsilon d$，其中 ε 为有效介电常数，d 为颗粒的直径。当颗粒的粒径较小时，载流子转移所需克服的充电能 $E_{\mathrm{c}}\sim e^2/C$ 将不能被忽略。每当单个电子从外界隧穿进入孤立的金属颗粒时，它给库仑岛附加的充电能 E_{c} 将阻止随后的第二个电子再进入同一金属微粒，这就是库仑阻塞效应(Coulomb blockade effect)。对于介电区颗粒膜，充电能可以表示为

$$E_{\mathrm{c}}=(e^2/d)F(s/d) \tag{2.26}$$

其中，e 为电荷电量；d 为颗粒的粒径；s 为颗粒间距；$F(s/d)$ 为 s 和 d 的函数。

在低场区($eV\ll kT$ 时，V 表示相邻颗粒之间的电压差)，颗粒膜中带电颗粒主要是由热激发产生，其带电颗粒数密度正比于 $\exp(-E_{\mathrm{c}}/kT)$，而颗粒间的隧穿概率可表示为 $\exp(-2\chi s)$，其中 $\chi=(2m\phi/h^2)^{1/2}$，m 为载流子的有效质量，ϕ 为势垒高度。此时，颗粒膜的电导可以表示为

$$\sigma_{\mathrm{T}}\propto\int_0^{\infty}\beta(s)\exp[(-2\chi s+E_{\mathrm{c}})/kT]\mathrm{d}s \tag{2.27}$$

其中，$\beta(s)$ 为渗通路径的密度，是一个与颗粒间距相关的函数[70]。考虑到颗粒膜中磁性颗粒是通过均匀薄膜中的自由扩散析出形成的，因此 Sheng 等[71,72]认为相邻大颗粒间的距离较大，相邻小颗粒之间的颗粒间距较小，且颗粒尺寸的分布为正态分布，可以近似地认为 s/d 的比值恒为常数，即 $s\,E_{\mathrm{c}}$ 也为常数。这意味着大颗粒充电能虽然较小但颗粒间距较大，而小颗粒的颗粒间距小但充电能很高，因此，在颗粒间必然存在一条隧穿概率最大的路径，如果忽略其他隧穿路

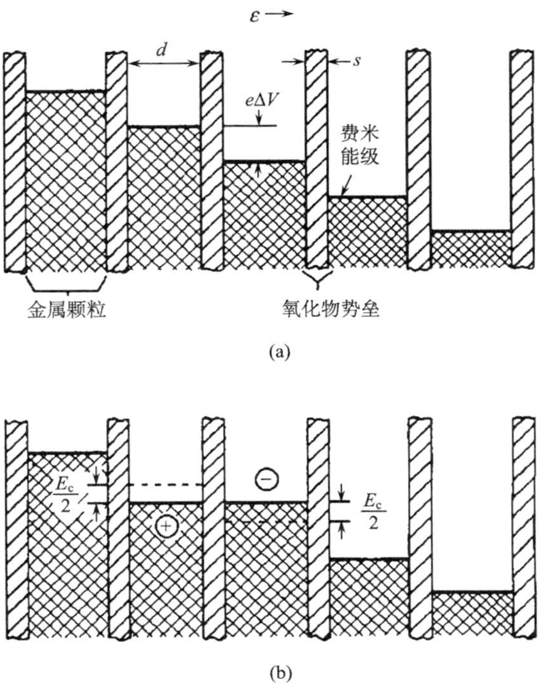

图 2.13　颗粒膜中电子的隧穿过程示意图[70]。(a)起始状态；(b)最终状态

径，其电导可表示为

$$\sigma_{\mathrm{m}} \propto \exp[-2(C/kT)^{1/2}], \qquad C = 2\chi s E_{\mathrm{c}} \tag{2.28}$$

如果认为颗粒膜的电导主要由 σ_{m}所决定，那么就存在以下关系，即

$$\ln\sigma_{\mathrm{T}} \propto T^{-1/2} \tag{2.29}$$

尽管颗粒膜中 s/d 的比值为常数的结论是纯粹从几何学的角度得出的，并且载流子的隧穿主要发生在相似尺寸颗粒间的设想也未从实验上得到证实，但此理论的预测结果与众多颗粒膜体系的研究中得到的观测结果是一致的[73-77]，因此被众多的文献所引用。然而，颗粒膜中电阻与温度之间的关系的深层次的物理机制仍然需要进一步研究。

随着温度降低，热激发产生的带电颗粒数密度急剧下降，当温度接近 0K 时，所有的金属颗粒几乎都呈现电中性[78]。此时，载流子的激发只能通过电场，随着电场的增强，电荷在电场的作用下以隧穿的形式通过绝缘层移向相邻的颗粒。此时，颗粒膜的电导呈现电场依赖性，可表示为

$$\sigma_{\mathrm{F}} \propto \exp(-\varepsilon_0/\varepsilon) \tag{2.30}$$

磁性金属/绝缘体颗粒膜的磁电阻效应研究始于1972年，Gittleman等[73]研究溅射法制备的Ni/SiO_2磁性颗粒膜时观察到了一个很小的纵向负隧穿磁电阻(TMR)，并认为是镶嵌在SiO_2基体中相邻的Ni颗粒间的自旋相关的隧穿效应引起的。随后，Helman等[55]以Sheng等[71,72]的介电颗粒膜电阻率模型为基础，考虑隧穿电子的自旋极化率P，以及隧穿电子与磁性颗粒中自旋极化电子间的交换作用J，计算了磁性金属/绝缘体颗粒膜系统的磁电阻，研究发现该隧穿磁电阻具有温度依赖性：$\mathrm{MR}\propto -1/T$。当颗粒膜中的磁性颗粒显示为铁磁性时，磁电阻与温度和磁场的关系可表示为

$$\Delta\rho/\rho=-(JP/4kT)[m^2(H,\ T)-m^2(0,\ T)] \tag{2.31}$$

其中，$m(H,\ T)$为归一化的磁化强度，当颗粒膜中的磁性颗粒显示为超顺磁状态时，磁电阻与温度和磁场的关系表示为

$$\Delta\rho/\rho=-(JP/4kT)L^2(\mu H/kT) \tag{2.32}$$

其中，L为朗之万函数。

在接下来的20多年时间里，虽然有一些关于颗粒膜磁电阻的研究报道，但实验观测到的磁电阻一直很小，未能取得突破性进展。直到1995年Fujimori等[79]在Co/Al_2O_3颗粒膜中发现了高达-8%的室温各向同性的隧穿磁电阻效应，并且该隧穿磁电阻正比于M^2(图2.14)，从而掀起了对磁性金属/绝缘体颗粒膜电输运特性的研究热潮[57,65-67,69,80-90]。他们认为Co/Al_2O_3颗粒膜中TMR效应起源于Co颗粒间的自旋相关的隧穿效应，与铁磁体/绝缘体/铁磁体隧道结中TMR的机制是一致的[56]。

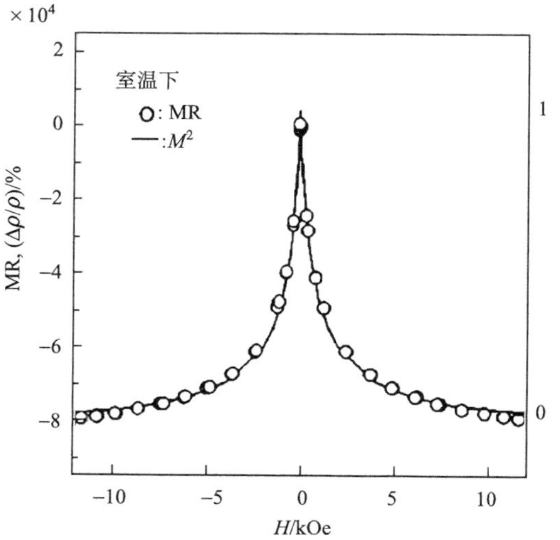

图2.14　金属/绝缘体颗粒膜中磁电阻与外磁场的关系[79]

随后，Mitani 等研究发现 Co-Al-O 颗粒膜体系中 GMR 效应的温度依赖性远小于 Helman 模型的 T^{-1}（图 2.15）[91]。Inoue 等[92]考虑到颗粒膜体系中颗粒的分布与取向是混乱的，也采用 Sheng 等的电导率模型对颗粒体系的电导率进行处理，将磁电阻效应表达为

$$\Delta\rho/\rho = -P^2m^2/(1+P^2m^2) \tag{2.33}$$

其中，$m=M/M_s$ 为归一化的磁化强度，对于无相互作用的颗粒膜 $m^2=\langle\cos\theta\rangle$，$\theta$ 为相邻磁性颗粒间磁矩的夹角；P 为自旋极化率。当外部磁场非常强时，颗粒膜将达到饱和，此时 $m=M/M_s=1$，即 $MR=P^2/(1+P^2)$，这与隧道结中磁电阻的表达式是一致的[97]。对于自旋极化率较低的材料 $MR\approx P^2m^2$，因此，MR 的温度依赖性与 $(M/M_s)^2$ 的温度依赖性相似，在高场下 $m=M/M_s=1$，则 $MR\approx P^2$，从而揭示了颗粒膜体系磁电阻效应的 $(M/M_s)^2$ 依赖性以及与温度的弱依赖性。磁性颗粒体系中的颗粒磁矩的随机排列，导致其磁电阻值低于可规则反平行排列的隧道结，大致相当于隧道结磁电阻效应的 1/2。

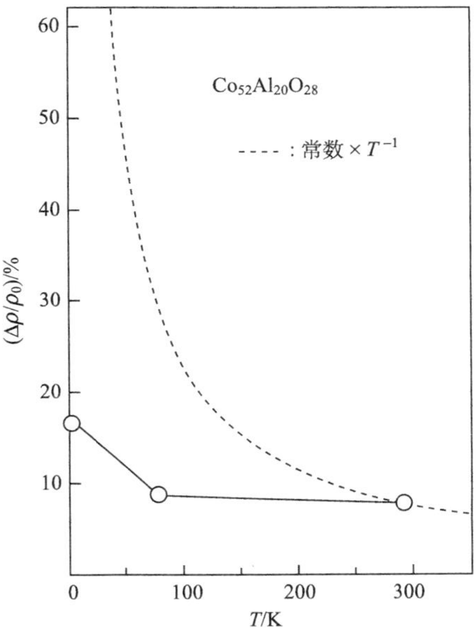

图 2.15　Co-Al-O 颗粒膜磁电阻与温度的依赖关系[91]

随后，Mitani 等[94]继续研究 Co-Al-O 颗粒膜的隧穿磁电阻效应与温度的关系时发现，磁电阻效应在低温区（$T<20$K 时）存在显著增大的现象，他们认为这是由于颗粒膜体系中颗粒尺寸分布较宽造成的（图 2.16）。通常颗粒膜中大颗粒之间会存在许多小颗粒，可以认为大颗粒均匀分布于小颗粒的阵列中。大颗粒中的电子隧穿进入相邻的小颗粒时，小颗粒的充电能的增加很高，由于库仑阻塞效应的存在，这种从大颗粒到小颗粒间的隧穿在低温时很难发生。因此，他们认为在这个温度区域，颗粒膜中自旋电子在大颗粒之间的隧穿过程是通过中间的小颗粒辅助完成的，即发生从大颗粒经由中间的小颗粒到大颗粒的同时连续的单电子隧穿[图 2.17(a)]，也就是共同隧穿 $n+1$ 个电子的高阶隧穿过程（co-tunneling）。

假设颗粒膜中小颗粒的平均粒径为 $\langle d\rangle$，静电能为 $\langle E_c\rangle$，而大颗粒的平均粒径为 $l\langle d\rangle$，静电能为 $\langle E_c\rangle/l$，并且大颗粒均匀分布于小颗粒的阵列中[图 2.17(a)]，自旋电子在颗粒膜中从一个大颗粒隧穿到相邻的大颗粒时将通过中间的 n 个小颗粒共同隧穿完成[图 2.17(b)]，此时颗粒膜的电阻可以表示为

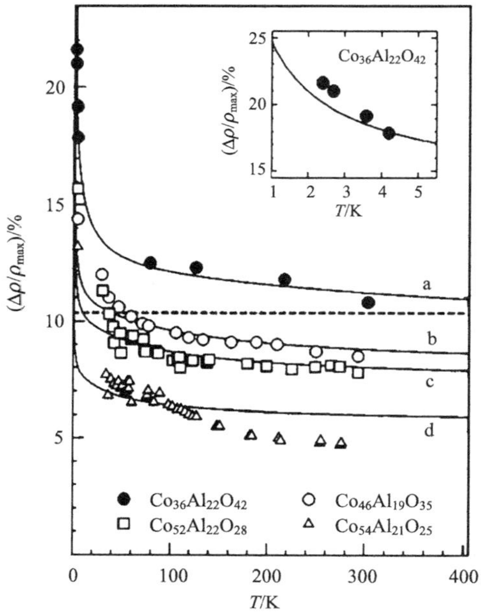

图 2.16 不同磁性元素体积分数的 Co-Al-O 颗粒膜中磁电阻与温度的依赖关系[94]

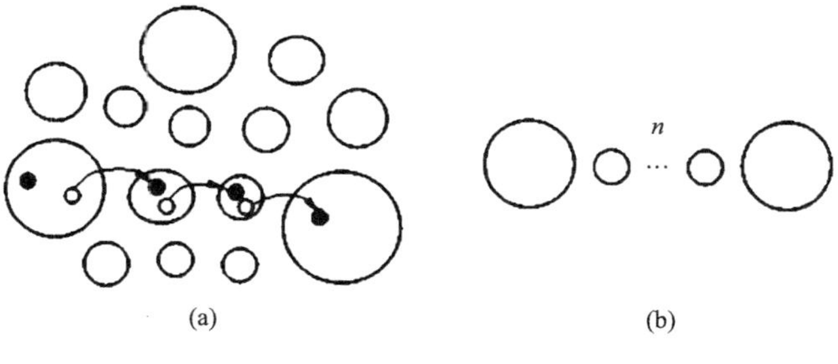

图 2.17 不均一尺寸颗粒构成的颗粒膜中自旋依存高阶隧穿过程示意图[94]

$$\sigma(T) \propto (1+P^2m^2)^{n^*+1}\,(n^*/\tilde{\kappa}\langle s\rangle)^{1/2} f(n^*) \times \exp\left[-2\sqrt{2\tilde{\kappa}\langle s\rangle\langle E_c\rangle/T}\,\right] \tag{2.34}$$

其中，$\langle s\rangle$是粒径为$\langle d\rangle$的颗粒的平均晶粒间距；n^*代表大颗粒间电阻最小的传输路径中包含的小颗粒数，这里$n^*=(\langle E_c\rangle/8\tilde{\kappa}\langle s\rangle T)^{1/2}$；$f(n^*)$表示传输路径的分布函数。由于颗粒膜中发生的是自旋相关的高阶隧穿过程，上式中自旋相关的部分$(1+P^2m^2)$被放大了(n^*+1)次方倍，因此$\sigma(T)$对外场非常敏感。通过式(2.34)，颗粒膜中的磁电阻可以表示为

$$\Delta\rho/\rho = \frac{\sigma(T)-[\sigma(T)]_{m=0}}{\sigma(T)} = 1-(1+P^2m^2)^{-(n^*+1)} \tag{2.35}$$

这个公式也说明了 Co/Al_2O_3 颗粒膜中磁电阻在低温下显著增大的现象是由于低温时大颗粒间自旋相关的高阶隧穿效应引起的，且大颗粒间电阻最低的电子传输路径中包含的小颗粒数 $n^* = (\langle E_c \rangle / 8\tilde{\kappa} \langle s \rangle T)^{1/2}$ 与温度的 1/2 次方成反比，当 $T = 2K$ 时 $n^* \approx 1.6$，这就意味着大颗粒间自旋相关的隧穿效应是通过其中间的 1～2 个小颗粒完成的。对于自旋极化率较小的材料，P^2 为一很小的数值，将式(2.35)展开并近似地表示为

$$\Delta\rho/\rho \approx m^2 p^2 (1 + \sqrt{C/T}) \tag{2.36}$$

这里 $C = \langle E_c \rangle / 8\tilde{\kappa} \langle s \rangle$，说明自旋极化率很低的颗粒膜中磁电阻也有一定的温度依赖性。

虽然颗粒膜中的隧穿磁电阻效应因其较大的电阻等特点引起了广泛的研究兴趣，但其存在着饱和场较大、磁电阻磁场灵敏度低的问题。为此，科学家们设计了纳米 GIG(nano-granular in gap)混合结构薄膜(图 2.18)来解决颗粒膜磁电阻磁场灵敏度低的问题[95-97]。Kobayashi 等[97]将金属/绝缘体型磁性颗粒膜嵌入到软磁 FeNi 合金电极间的狭缝中，在 2Oe 的磁场下 MR 的磁场灵敏度达到了 2%～3%，将颗粒膜 MR 的磁场灵敏度提高了 250 倍以上(图 2.19)。

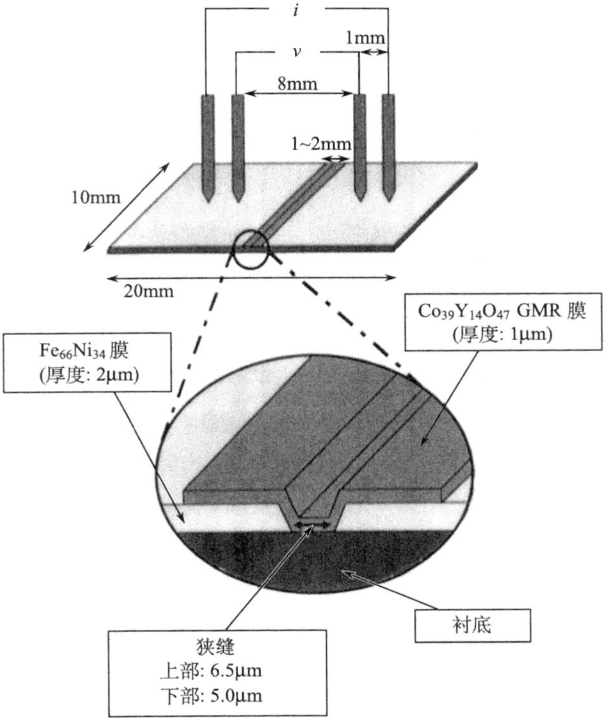

图 2.18　GIG 混合结构颗粒膜示意图[97]

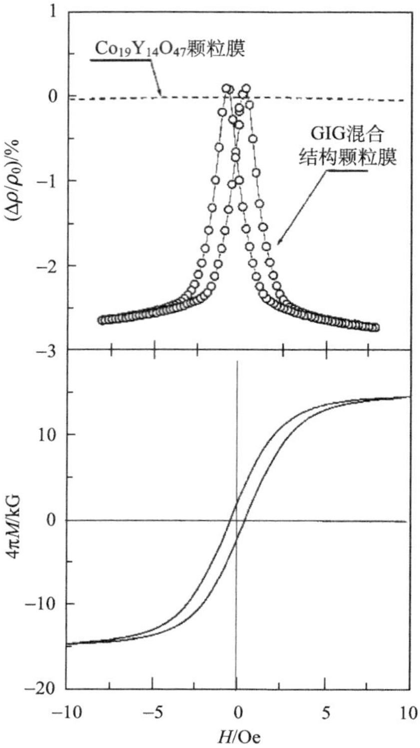

图 2.19　GIG 混合结构颗粒膜磁电阻与磁场的关系曲线[97]

2.4　磁性纳米粒子组装颗粒膜的巨磁电阻效应

对于通常的磁性纳米颗粒膜体系，其颗粒尺寸一般都具有较大的分布。为了研究尺寸均一性对颗粒膜体系的输运特性和巨磁电阻效应的影响，近年来一些研究工作者对新型的磁性金属纳米粒子组装颗粒膜的制备、输运特性和巨磁电阻效应开展了有特色的研究[98-105]。纳米粒子组装颗粒膜的制备主要是通过物理气相法和化学液相法两种途径，将预先制备好的尺寸均一的纳米粒子无序或有序地组装成颗粒膜，颗粒和颗粒之间通过氧化物和表面活性剂等有机物分隔开。

Peng 等[98,99]提出了一种由核壳结构来获得隧穿巨磁电阻的思路，并首先采用等离子体溅射与惰性气体冷凝法制备了 Co/CoO 核壳结构纳米粒子组装颗粒膜，系统研究了在此体系中的特征输运特性和巨磁电阻效应。图 2.20 是等离子体溅射惰性气体冷凝法纳米粒子束流颗粒膜沉积设备结构示意图[100]。该设备由对向靶溅射室、纳米粒子形成和生长区以及纳米粒子组装颗粒膜沉积室三个主要部分所组成，因此可以将用等离子体溅射惰性气体冷凝法预先制备的磁性金属(纯组元或合金)纳米粒子直接地沉积到任何衬底上，来形成新型纳米粒子组装复合颗粒膜。通过这样的物理方法制备的磁性金属纳米粒子的尺寸较均一，尺寸大小可控，颗粒表面清洁无污染，是一个非常具有应用前途的制备纳米颗粒膜材料的方法。

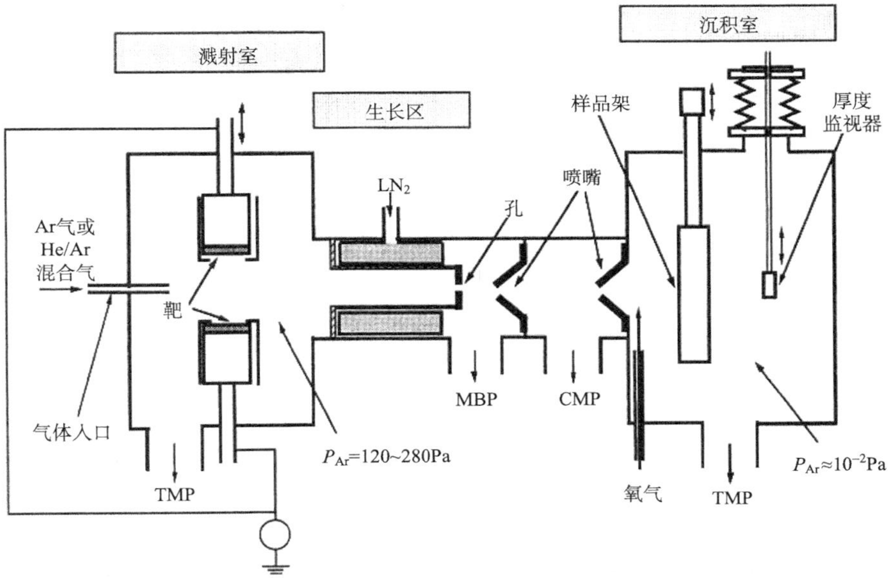

图 2.20　等离子体溅射惰性气体冷凝法纳米粒子束流颗粒膜沉积设备结构示意图[100]

该方法制备的 Co 纳米粒子平均直径为 6～14nm，其尺寸分布甚窄(标准偏差小于平均粒径的 10%)，通过导入微量的氧气进入纳米粒子组装颗粒膜沉积室使每个 Co 纳米粒子在沉积到样品衬底之前表面被均匀地氧化，并通过控制制备过程中的氧气导入量来控制表面氧化层 CoO 的厚度[98]。制备的尺寸均一 Co/CoO 核-壳结构纳米粒子组装颗粒膜的有效厚度约为 100nm。CoO 是反铁磁半导体，Néel 温度为 293K，室温电阻率为 10^8～$10^{15}\ \Omega\cdot$cm，相应的激活能为0.73～1.35eV。他们研究了不同氧气导入量下所制备的样品的电阻率和磁电阻与温度的关系。图 2.21 和图 2.22 给出了在不同氧气导入量下电阻率随温度变化的实验结果。从图 2.21 可见，对于氧气流率 R_{O_2} = 0sccm*(也即 Co 纳米粒子表面没有

* 单位 sccm 表示 standard cubic centimeter per minute(标准状况下毫升每分钟)。

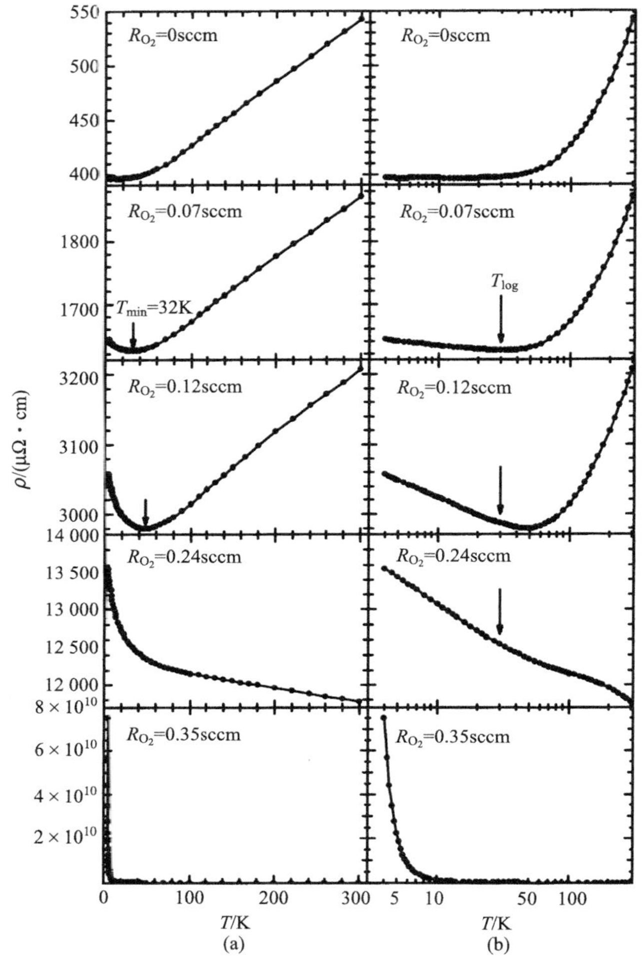

图 2.21 Co/CoO 纳米粒子集合体膜电阻与温度的依赖关系(a)以及电阻与温度的对数的依赖关系(b)[98]

被氧化的情况)，样品显示出正常金属的电阻率温度依存性，即低温下的残余电阻和高温下电阻率随温度的线性增加。当 $0<R_{O_2}<0.24$sccm 时，Co 纳米粒子表面被轻微氧化，此时电阻率在低温区 T_{min}处呈现出一个最小值，而且随着氧气流率的增加 T_{min}朝高温方向移动；当 $R_{O_2}\geqslant0.24$sccm 时，电阻率最小值消失，在室温以下呈现负的电阻率温度系数；当氧气流率进一步增加到 $R_{O_2}\geqslant0.35$sccm 时，由图 2.22 可见，4.2K 温度下电阻率比室温约高 4 个数量级，比 $R_{O_2}=0.24$sccm 的样品电阻率高 6～8 个数量级。这明显表明，对于 $R_{O_2}=0.24$sccm 和 0.35sccm 的两个样

品，其电子传输机制是不同的；对于 $R_{O_2}=0.24$sccm 的样品，其导电行为可以归因于初期的安德森局域效应和变程跃迁电导；而对于 $R_{O_2}\geqslant 0.35$sccm 的样品，由于 Co 纳米粒子的表面已经完全被 CoO 壳层包覆，因此其低温导电行为可以归因于在 Co 核和 Co 核之间经过 CoO 壳层的隧穿电导，这也进一步被在此氧气流率区间观察到的巨磁电阻效应所证实(图 2.23、图 2.24)。

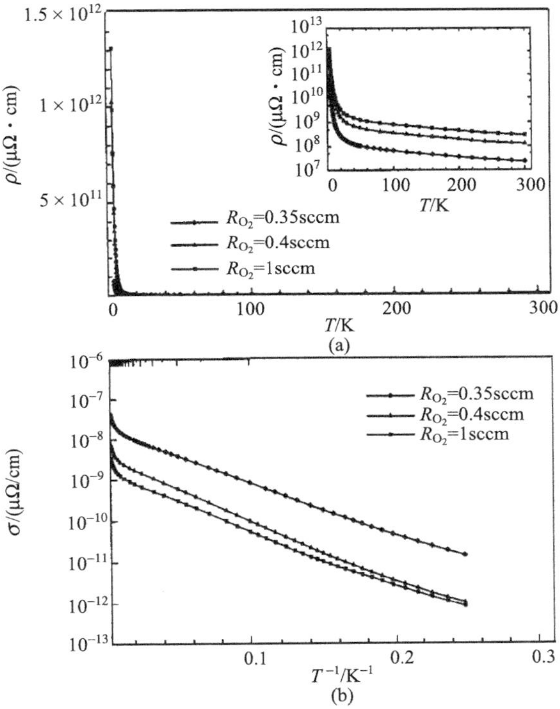

图 2.22　高氧气流量下获得的 Co/CoO 纳米粒子集合体膜电阻与温度的对数的依赖关系[98]

由图 2.22 可见，$\log\sigma$ 在 $7\text{K}<T<80\text{K}$ 温度区间内与温度 T 呈反比关系，$\log\sigma\propto 1/T$。这样的隧穿电阻率温度依赖关系明显地不同于在一般的金属/绝缘体颗粒膜中普遍观察到的 $\log\sigma\propto 1/T^{1/2}$ 隧穿电阻率温度依赖关系，它应该是起源于 Co 金属核颗粒的均一尺寸和 CoO 绝缘体壳层的均一厚度。这样的隧穿电阻率温度依赖关系随后也在化学液相法制备的尺寸均一的 Co 纳米粒子有序自组装颗粒膜中被观察到(图 2.25)[101]。

图 2.23 为 Co/CoO 核壳结构纳米粒子组装颗粒膜中电阻率和巨磁电阻与氧气流率的依赖关系曲线，氧气流率低于 0.24sccm，即使在 4.2K 也几乎观察不到巨磁电阻效应；当 $R_{O_2}\geqslant 0.35$sccm 时，巨磁电阻效应随氧气流率的增加而增大。

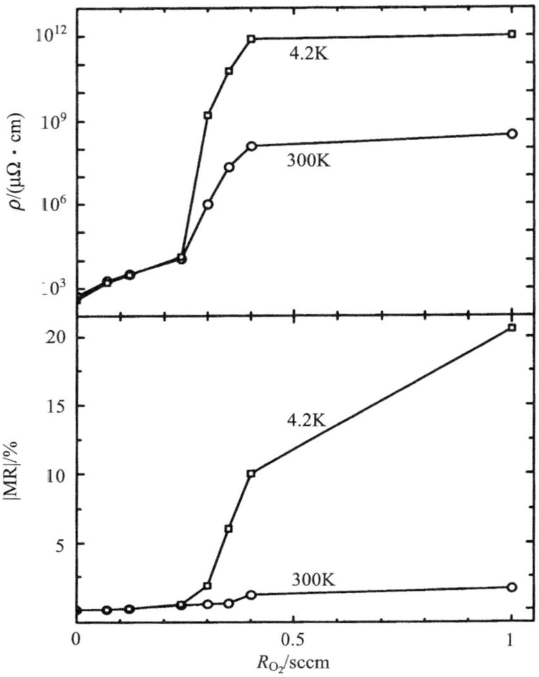

图 2.23　Co/CoO 纳米粒子集合体膜电阻及磁电阻与氧气通入量的关系[99]。

$|MR|=(\rho_0-\rho_{H=30kOe})/\rho_0$

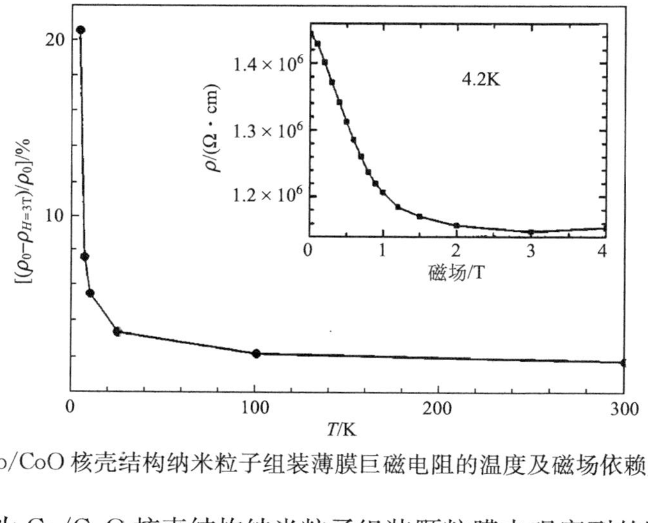

图 2.24　Co/CoO 核壳结构纳米粒子组装薄膜巨磁电阻的温度及磁场依赖关系曲线[99]

图 2.24 为 Co/CoO 核壳结构纳米粒子组装颗粒膜中观察到的隧穿巨磁电阻与温度及磁场的依赖关系曲线，当温度低于 25K，磁电阻效应从 3.5%急剧增大到 20.5%(4.2K)。这主要是起因于纳米粒子的尺寸均一性。由于颗粒尺寸分布

窄，因此库仑阻塞效应将在低温很窄的温区内产生，根据 Mitani 等提出的共隧穿(co-tunneling)过程导致低温高磁电阻效应的机制，就可以合理解释此体系中磁电阻效应急剧增大的现象[94]。

图 2.25 为高温液相法制备的尺寸均一的 Co 纳米粒子有序自组装颗粒膜和电阻测量的超点阵装置，Co 纳米粒子平均直径为 5nm，其尺寸分布很窄(标准偏差等于平均粒径的 5%)；每一个 Co 纳米粒子的表面由 2nm 厚的绝缘有机层包覆，因此 Co 纳米粒子间的间隔约为 4nm。图 2.26 为 Co 纳米粒子有序自组装颗粒膜中的特征 I-V 曲线以及电导率与温度的依赖关系曲线。由图可明显看出，在 $T<80$K 温度区间内满足 $\log\rho \propto 1/T$，这一不同于在一般的金属/绝缘体颗粒膜中的隧穿电导率温度依赖关系也被认为是由 Co 纳米粒子尺寸均一性所致。他们还进一步表明，当 Co 颗粒尺寸标准偏差大于 15%时，电导率温度依赖关系就将偏离 $\log\rho \propto 1/T$ 关系。2K 下在此颗粒膜系统中测得的磁电阻值约为 8%[101]。

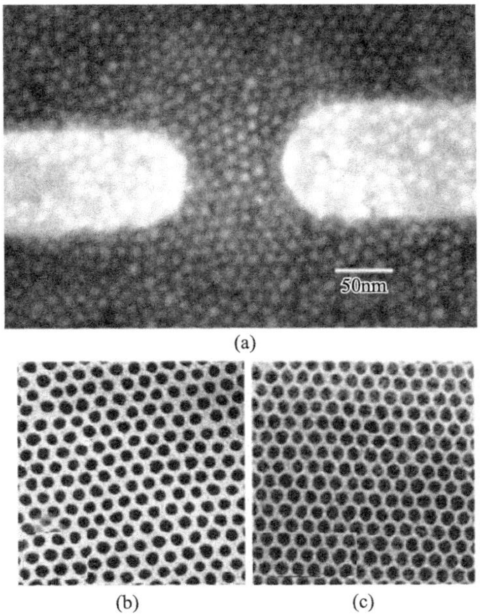

图 2.25　Co 纳米粒子有序自组装颗粒膜和电阻测量的超点阵装置[101]

最近(2012 年)，Pauly 等[102]报道了有关化学液相法制备的尺寸均一($d=15.9$nm)、球形 Fe_3O_4 纳米颗粒平面网格体系(图 2.27 和图 2.28)的电磁输运特性的研究结果，观察到一个大的室温磁电阻率(−18%)以及 100K 下的−50%的磁电阻率(图 2.29)，负的磁电阻效应的机制源于与自旋相关的隧穿效应；理论分析表明，高的磁电阻率也是起源于共隧穿增强(co-tunneling enhancement)效应。

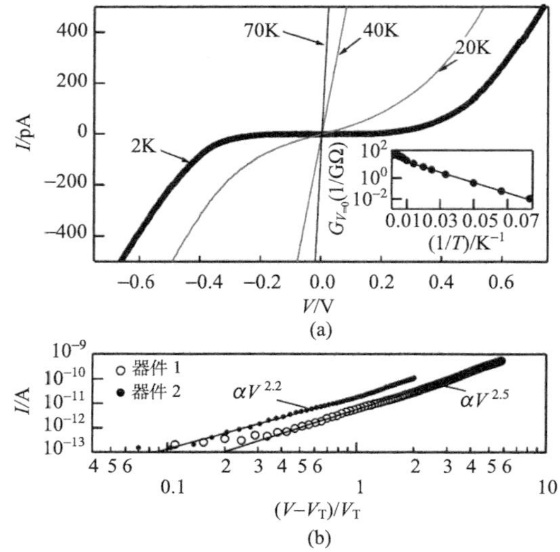

图 2.26　Co 纳米粒子有序自组装颗粒膜的 I-V 曲线[101]

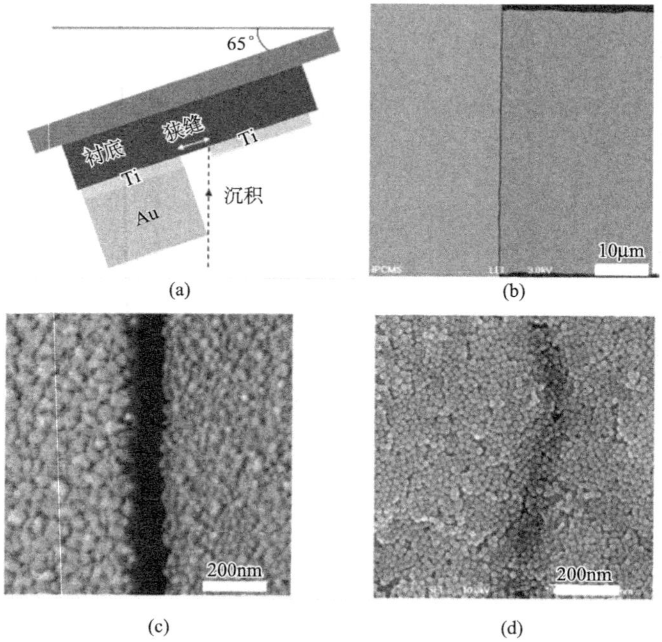

图 2.27　平面颗粒网格体系狭缝电极的制备方法及扫描电镜图片[102]

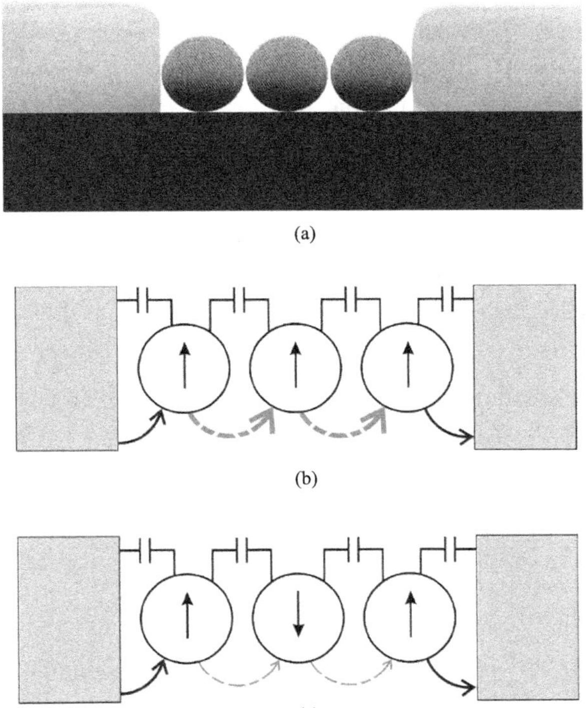

图 2.28　平面颗粒网格体系自旋依存共隧穿过程的示意图[102]

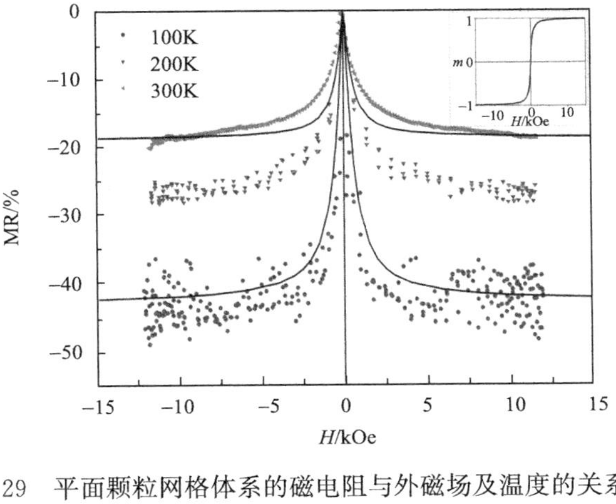

图 2.29　平面颗粒网格体系的磁电阻与外磁场及温度的关系[102]

对于由尺寸均一($d=13$nm)、表面氧化 Fe 纳米粒子构成的 Fe/Fe-oxide 核壳结构纳米粒子构成的组装颗粒膜体系，由于其 Fe-oxide(铁的氧化物)壳层的亚铁磁性和一定的导电性，其显示出不同于在 Co/CoO 核壳结构纳米粒子构成的组装颗粒膜中观察到的磁电阻与温度以及磁场的依赖关系特性[105]。图 2.30 为 Fe/Fe-oxide 核壳结构纳米粒子组装颗粒膜中电阻率和巨磁电阻与温度的依赖关系曲线。由图 2.30(b)明显可见，随着温度的降低，磁电阻单调地增加，在 20K 时增加到 6%，没有观察到低温区磁电阻效应急剧增大的现象。图 2.31 为不同温度下磁化强度和磁电阻随外磁场的变化关系曲线，比较两曲线可见，随磁场增加磁化曲线呈现明显的饱和行为，而磁电阻却呈现出几乎线性变化的关系，与磁化曲线的饱和行为完全不对应。这主要是因为磁化曲线的饱和行为对应于铁磁性 Fe 核对磁化强度的贡献；而磁电阻的非饱和行为主要是起因于 Fe-oxide 壳层的亚铁磁性以及构成 Fe-oxide 壳层的细小晶粒的表面原子的自旋无序，也就是说在此体系中 Fe-oxide 壳层的表面和界面对磁电阻起主要贡献。

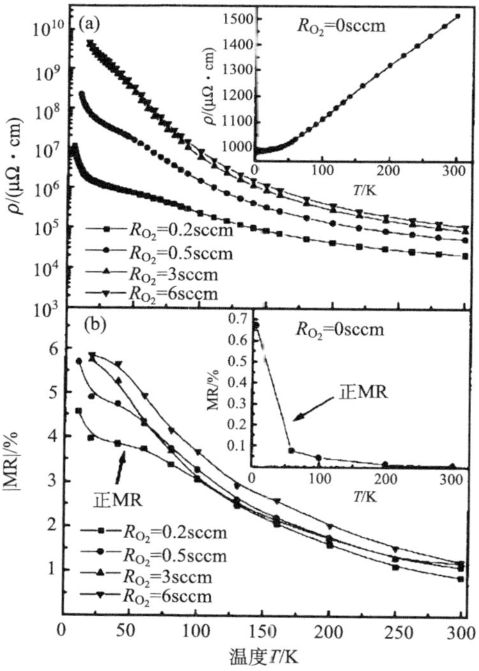

图 2.30 Fe/Fe-oxide 纳米粒子组装薄膜电阻率和巨磁电阻与温度的依赖关系[105]。$|MR|=(\rho_0-\rho_{H=50kOe})/\rho_0$

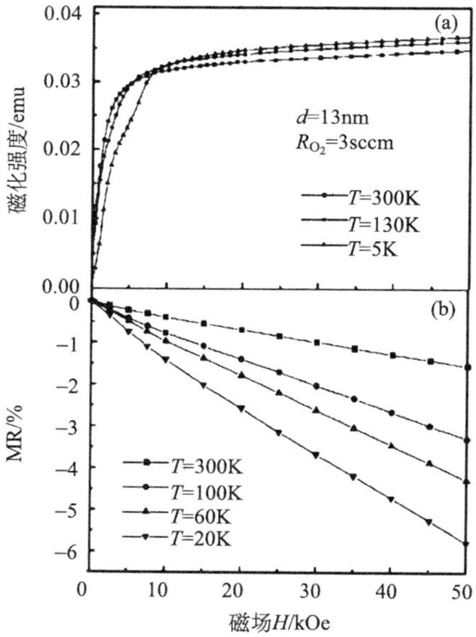

图 2.31 Fe/Fe-oxide 纳米粒子组装薄膜磁化强度和磁电阻与外场及温度的关系[105]

2.5　结　束　语

磁性颗粒膜是一个内涵丰富、物理和化学性能可人工剪裁的复合纳米材料体系，以上仅是对磁性颗粒膜的磁电阻效应作了一个简单的介绍。一般来讲，颗粒膜中的磁电阻与多层膜不同，是各向同性的，并且颗粒膜具有更复杂的结构和丰富的机制。通过对颗粒膜中巨磁电阻效应的广泛和深入研究，可以更加深入地理解巨磁电阻的本质，并给相关的研究有益的启发。然而，颗粒膜是一个极其复杂的体系，影响颗粒膜的电磁输运性质的因素较多，而且这些因素又互相影响，再加上制备方法的限制，所以到目前为止，对于某些特殊且重要的磁性颗粒膜体系电磁输运特性及其微观机理还不是完全清晰，还存在一些重要和基础的科学问题需要深入研究和解决。因此，发展可实现颗粒膜的颗粒大小、颗粒间距、体积分数、相分离程度等重要因素独立调控的新的制备方法，并系统研究这些因素对颗粒膜巨磁电阻效应的影响规律，不仅对弄清颗粒膜体系中电磁输运特性更深层次的物理机制具有重要的学术价值，而且具有实际的应用价值。此外，磁性颗粒膜研究领域中一直存在的一个重要问题是其饱和磁场较大、磁电阻的磁场灵敏度较低，因而阻碍了它的实际应用。因此，如何向应用领域延伸，探索有效提高颗粒膜巨磁电阻的磁场灵敏度以及进一步增强室温巨磁电阻的新途径是当前磁性颗粒膜研究领域中的主要研究方向之一。

致　谢　感谢国家自然科学基金委员会和厦门大学的支持!

作者简介

彭栋梁　教授、博士生导师，理学和工学博士，2008 年获得国家杰出青年科学基金资助，现任厦门大学材料学院副院长。主要从事低维与纳米磁性材料、自旋电子学物理与材料的研究。先后承担和参加了十多项有关纳米磁性材料和薄膜功能材料的中国和日本科研项目。已在国际国内学术期刊和专著上发表了 200 多篇研究论文和章节。已获授权中国发明专利 6 项，获授权日本发明专利 6 项。

王来森　1982 年出生，厦门大学助理教授，2012 年获得厦门大学工学博士学位并留校任教，主要研究方向涉及磁性纳米材料、自旋电子学、巨磁电阻效应和霍尔效应等，先后获得国家自然科学基金和福建省自然科学基金等的资助，发表学术论文 20 余篇。

参 考 文 献

[1] Thompson S M. The discovery, development and future of GMR: The Nobel Prize 2007. Journal of Physics D: Applied Physics, 2008, 41: 093001.

[2] 吴镝，都有为. 巨磁电阻效应的原理及其应用. 自然杂志，2007，29(6)：322-327.

[3] Bai H L, Jiang E Y. Tunnel magnetoresistance (TMR) in ferromagnetic metalinsulator granular films. Chinese Science Bulletin, 2001, 46: 529.

[4] Peng D L, Wang J B, Wang L S, et al. Electron transport properties of magnetic granular films. Sci China Phys Mech Astron, 2013, 56: 15.

[5] Tian Y F, Yan S S. Giant magnetoresistance: History, development and beyond. Sci China Phys Mech Astron, 2013, 56: 2.

[6] 韩秀峰. 自旋电子学材料、物理和器件设计原理的研究进展. 物理，2008，37(6)：392-399.

[7] Meiklejohn W H. Experimental study of the coercive force of fine particles. Reviews of Modern Physics, 1953, 25: 302.

[8] Kittel C. Physical theory of ferromagnetic domains. Reviews of Modern Physics, 1949, 21: 5074.

[9] Néel L. Théorie du traînage magnétique des ferromagnétiques en grains fins avec applications aux terres cuites. Annales de Géophysique, 1949, 5: 99.

[10] Brown W F. Thermal fluctuations of a single-domain particle. Physical Review, 1963, 130: 1677.

[11] Aharoni A. Thermal agitation of single domain particles. Physical Review, 1964, 135: A447.

[12] Shinjo T. Mössbauer effect in antiferromagnetic fine particles. Journal of the Physical Society of Japan, 1966, 135: 917.

[13] Bean C P, Livingston J D. Superparamagnetism. Journal of Applied Physics, 1959, 30: S120.

[14] Berkowitz A E, Mitchell J R. Carey M J, et al. Giant magnetoresistance in heterogeneous Cu-Co alloys. Physical Review Letters, 1992, 68: 3745.

[15] 都有为. 颗粒体系中的磁电阻效应//翟宏如，等. 自旋电子学. 北京：科学出版社，2013：39.

[16] Baibich M N, Broto J M, Fert A, et al. Giant magnetoresistance of (001)Fe/(001)Cr magnetic superlattices. Physical Review Letters, 1988, 61: 2472.

[17] Xiao J Q, Jiang J S, Chien C L. Giant magnetoresistance in nonmultilayer magnetic systems. Physical Review Letters, 1992, 68: 3749.

[18] 都有为. 颗粒体系中的磁电阻效应//翟宏如，等. 自旋电子学. 北京：科学出版社，2013：34-81.

[19] Xiao J Q, Jiang J S, Chien C L. Giant magnetoresistance in the granular Co-Ag system. Physical Review B, 1992, 46: 9266.

[20] Xiong P, Xiao G, Wang J Q, et al. Extraordinary Hall effect and giant magnetoresistance in the granular Co-Ag system. Physical Review Letters, 1992, 69: 3220.

[21] Tsoukatos A, Wan H, Hadjipanayis G C, et al. Giant magnetoresistance studies in(Fe,Co)-Ag films. Journal of Applied Physics, 1993, 73: 5509.

[22] Watson M L, Barnard J A, Hossain S, et al. Observation of giant magnetoresistance in Ag-Ni-Fe alloy films. Journal of Applied Physics, 1993, 73: 5506.

[23] Xiao G, Wang J Q, Xiong P. Giant magnetoresistance and anomalous Hall effect in Co-Ag and Fe-Cu, Ag,Au,Pt granular alloys. IEEE Transactions on Magnetics, 1993, 29: 2694.

[24] Wan H, Tsoukatos A, Hadjipanayis G C, et al. Direct evidence of phase separation in as-deposited Fe(Co)-Ag films with giant magnetoresistance. Physical Review B, 1994, 49: 1524.

[25] Hütten A, Bernardi J, Nelson C, et al. Lorentz microscopy of giant magnetoresistive Au/Co alloys. Physica Status Solidi (A), 1995, 150: 171.

[26] Sang H, Jiang Z S, Guo G, et al. Study on GMR in Co/Ag thin granular films. Journal of Magnetism and Magnetic Materials, 1995, 140-144, Part 1: 589.

[27] Sang H, Xu N, Du J H, et al. Giant magnetoresistance and microstructures in CoAg granular films fabricated using ion-beam co-sputtering technique. Physical Review B, 1996, 53: 15023.

[28] Parent F, Tuaillon J, Stern L B, et al. Giant magnetoresistance in Co-Ag granular films prepared by low-energy cluster beam deposition. Physical Review B, 1997, 55: 3683.

[29] Kenane S, Voiron J, Benbrahim N, et al. Magnetic properties and giant magnetoresistance in electro-deposited Co-Ag granular films. Journal of Magnetism and Magnetic Materials, 2006, 297: 99.

[30] Rabedeau T A, Toney M F, Marks R F, et al. Giant magnetoresistance and Co-cluster structure in phase-separated Co-Cu granular alloys. Physical Review B, 1993, 48: 16810.

[31] Allia P, Knobel M, Tiberto P, et al. Magnetic properties and giant magnetoresistance of melt-spun granular Cu_{100-x}-Co_x alloys. Physical Review B, 1995, 52: 15398.

[32] Yu R H, Zhang X X, Tejada J, et al. Giant magnetoresistance in magnetic granular $Co_{15}Cu_{85}$ alloys annealed by direct-current Joule heating. Journal of Magnetism and Magnetic Materials, 1996, 164: 99.

[33] Allia P, Tiberto P, Vinai F. Correlation effects among nanometre-sized clusters in Cu-Co melt-spun alloys with giant magnetoresistance. Philosophical Magazine Part B, 1997, 76: 447.

[34] Yu R H, Zhu J, Zhang X X, et al. Temperature dependence of the magnetic and transport properties of $Co_{15}Cu_{85}$ magnetic granular alloys. Journal of Applied Physics, 1998, 83: 3134.

[35] Franco V, Batlle X, Labarta A. CoFe-Cu granular alloys: From noninteracting particles to magnetic percolation. Journal of Applied Physics, 1999, 85: 7328.

[36] Shihui G, Haohua L, Chao L, et al. Giant magnetoresistance in electro-deposited Co-Cu granular film. Journal of Physics: Condensed Matter, 2000, 12: 5905.

[37] Wang J Q, Dao N, Kim N H, et al. Thickness dependence of magneto-transport in Cu-Co granular thin films. Journal of Applied Physics, 2004, 95: 6762.

[38] Tiwari A, Senthil Kumar M. Effect of addition of Ni on the structure and giant magnetoresistance in Fe-Cu films. Physica B: Condensed Matter, 2007, 387: 63.

[39] Dubiel B, Wolf D, Czyrska-Filemonowicz A. TEM and electron holography analyses of granular and thin layered Cu-Co magnetic materials. Ultramicroscopy, 2010, 110: 433.

[40] Zhang S. Theory of giant magnetoresistance in magnetic granular films. Applied Physics Letters, 1992, 61: 1855.

[41] Chien C L, Xiao J Q, Jiang J S. Giant negative magnetoresistance in granular ferromagnetic systems (invited). Journal of Applied Physics, 1993, 73: 5309.

[42] Xing L, Chang Y C, Salamon M B, et al. Magnetotransport properties of magnetic granular solids: The role of unfilled d bands. Physical Review B, 1993, 48: 6728.

[43] Zhang S, Levy P M. Conductivity and magnetoresistance in magnetic granular films (invited). Journal of Applied Physics, 1993, 73: 5315.

[44] Kim J H, Xiao J Q, Chien C L, et al. A model for giant magnetoresistance in magnetic granular

solids. Solid State Communications, 1994, 89: 157.

[45] Wang J Q, Xiao G. Transition-metal granular solids: Microstructure, magnetic properties, and giant magnetoresistance. Physical Review B, 1994, 49: 3982.

[46] Alonso J, Fdez-Gubieda M L, Sarmiento G, et al. Interfacial magnetic coupling between Fe nanoparticles in Fe-Ag granular alloys. Nanotechnology, 2012, 23: 025705.

[47] El-Hilo M, O'Grady K, Chantrell R W. The effect of interactions on GMR in granular solids. Journal of Applied Physics, 1994, 76: 6811.

[48] Gregg J F, Thompson S M, Dawson S J, et al. Effect of magnetic interactions and multiple magnetic phases on the giant magnetoresistance of heterogeneous cobalt-silver thin films. Physical Review B, 1994, 49: 1064.

[49] Spizzo F, Angeli E, Bisero D, et al. GMR as a function of temperature in FeAg granular samples: The effect of magnetic interactions. Journal of Magnetism and Magnetic Materials, 2003, 262: 88.

[50] Wang C, Guo Z, Rong Y, et al. A phenomenological theory of the granular size effect on the giant magnetoresistance of granular films. Journal of Magnetism and Magnetic Materials, 2004, 277: 273.

[51] Garcia-Torres J, Vallés E, Gómez E. Temperature dependence of GMR and effect of annealing on electrodeposited Co-Ag granular films. Journal of Magnetism and Magnetic Materials, 2010, 322: 3186.

[52] Sang H, Xu N, Zhang S Y, et al. Dependence of giant magnetoresistance on microstructures in ion-beam co-sputtered Co_xAg_{1-x} granular films. Journal of Material Science, 1996, 31: 5385.

[53] Ju Y, Xu C, Li Z Y. Temperature dependence of giant magnetoresistance in CoAg granular composite. Journal of Magnetism and Magnetic Materials, 2001, 223: 267.

[54] 李文涛，谢致薇，杨元政，等. 薄膜巨磁电阻效应及其研究进展. 材料导报：综述篇，2010，24：29-33.

[55] Helman J, Abeles B. Tunneling of spin-polarized electrons and magnetoresistance in granular Ni films. Physical Review Letters, 1976, 37: 1429.

[56] Slonczewski J C. Conductance and exchange coupling of two ferromagnets separated by a tunneling barrier. Physical Review B, 1989, 39: 6995.

[57] Hayakawa Y, Hasegawa N, Makino A, et al. Microstructure and magnetoresistance of Fe-Hf-O films with high electrical resistivity. Journal of Magnetism and Magnetic Materials, 1996, 154: 175.

[58] Milner A, Gerber A, Groisman B, et al. Spin-dependent electronic transport in granular ferromagnets. Physical Review Letters, 1996, 76: 475.

[59] Yang W, Jiang Z S, Wang W N, et al. Magnetoresistance of Fe-SiO_2 granular films. Solid State Communications, 1997, 104: 479.

[60] Yakushiji K, Mitani S, Takanashi K, et al. Tunnel magnetoresistance oscillations in current perpendicular to plane geometry of Co-Al-O granular thin films. Journal of Applied Physics, 2002, 91: 7038.

[61] Fedotova J A. FeCoZr-Al_2O_3 granular nanocomposite films with tailored structural, electric, magnetotransport and magnetic properties. Advances in Nanoscale Magnetism, 2009: 231.

[62] Ono K, Shimada H, Kobayashi S, et al. Magnetoresistance of Ni/NiO/Co small tunnel junctions in Coulomb blockade regime. Journal of the Physical Society of Japan, 1996, 65: 3449.

[63] Zhao B, Yan X. Giant magnetoresistance in granular Fe-SiO_2 film. Journal of Applied Physics, 1997, 81: 4290.

[64] Huang Y H, Hsu J H, Chen J W, et al. Granular Fe-Pb-O films with large tunneling magnetoresistance. Applied Physics Letters, 1998, 72: 2171.

[65] Ha J G, Mitani S, Takanashi K, et al. Annealing effect of tunnel-type GMR in Co-Al-O granular thin films. Journal of Magnetism and Magnetic Materials, 1999, 198-99: 21.

[66] Ge S H, Zhang S B, Chi J H, et al. The giant magnetoresistance effect of Fe-Al-O nano-structured granular films. Journal of Physics D-Applied Physics, 2000, 33: 917.

[67] Xu Q Y, Ni G, Sang H, et al. The tunneling magnetoresistance of $Co_{35}(SiO_2)_{65}$ nanogranular films. Journal of Applied Physics, 2000, 87: 3421.

[68] Liu Y P, Xi L, Liu C M, et al. Tunneling-MR in Fe-Cr-O metal-nonmetal granular systems. Journal of Magnetism and Magnetic Materials, 2001, 226: 685.

[69] Xi L, Zhang Z Z, Chi J H, et al. Magnetic properties and tunneling magnetoresistance in FeCo-SiO_2 granular films. Chinese Science Bulletin, 2001, 46: 734.

[70] Abeles B, Sheng P, Coutts M D, et al. Structural and electrical properties of granular metal films. Advances in Physics, 1975, 24: 407.

[71] Sheng P, Abeles B, Arie Y. Hopping conductivity in granular metals. Physical Review Letters, 1973, 31: 44.

[72] Sheng P, Klafter J. Hopping conductivity in granular disordered systems. Physical Review B, 1983, 27: 2583.

[73] Gittleman J I, Goldstein Y, Bozowski S. Magnetic properties of granular nickel films. Physical Review B, 1972, 5: 3609.

[74] Zeller H R. Electrical conductivity of one-dimensional conductors. Physical Review Letters, 1972, 28: 1452.

[75] Hauser J. Electrical and structural properties of amorphous metal-metal-oxide systems. Physical Review B, 1973, 7: 4099.

[76] Redfield D. Observation of $\log\sigma \sim T^{-1/2}$ in three-dimensional energy-band tails. Physical Review Letters, 1973, 30: 1319.

[77] Mitani S, Fujimori H, Ohnuma S. Spin-dependent tunneling phenomena in insulating granular systems. Journal of Magnetism and Magnetic Materials, 1997, 165: 141.

[78] Sheng P, Abeles B. Voltage-induced tunneling conduction in granular metals at low temperatures. Physical Review Letters, 1972, 28: 34.

[79] Fujimori H, Mitani S, Ohnuma S. Tunnel-type GMR in metal-nonmetal granular alloy thin-films. Materials Science and Engineering B-Solid State Materials for Advanced Technology, 1995, 31: 219.

[80] Strijkers G J, Swagten H J M, Rulkens B, et al. Temperature dependence of the resistivity and tunneling magnetoresistance of sputtered FeHf(Si)O cermet films. Journal of Applied Physics, 1998, 84: 2749.

[81] Mitani S, Fujimori H, Takanashi K, et al. Tunnel-MR and spin electronics in metal-nonmetal granular systems. Journal of Magnetism and Magnetic Materials, 1999, 198-99: 179.

[82] Ohnuma S, Masumoto T. High frequency magnetic properties and GMR effect of nano-granular magnetic thin films. Scripta Materialia, 2001, 44: 1309.

[83] Vovk A Y, Wang J Q, Zhou W, et al. Room temperature tunneling magnetoresistance of electron beam deposited$(Co_{50}Fe_{50})_x(Al_2O_3)_{1-x}$ cermet granular films. Journal of Applied Physics, 2002, 91: 10017.

[84] Stognei O V, Kalinin Y E, Zolotukhin I V, et al. Low temperature behaviour of the giant magnetoresistivity in CoFeB-SiOn granular composites. Journal of Physics-Condensed Matter, 2003, 15: 4267.

[85] Liu H. Structure and magnetotransport properties of Fe_3O_4-SiO_2 composite films reactively sputtered at

room temperature. Journal of Applied Physics, 2004, 95: 5661.

[86] Yakushiji K, Ernult F, Imamura H, et al. Enhanced spin accumulation and novel magnetotransport in nanoparticles. Nature Materials, 2005, 4: 57.

[87] Kim J G, Ha J G, Koh J H, et al. Annealing effect of particle size distribution and giant magnetoresistance in insulating granular films. Thin Solid Films, 2006, 515: 2562.

[88] Tripathy D, Adeyeye A, Shannigrahi S. Magnetic and tunneling magnetoresistive properties of an all-oxide Fe_3O_4-Al_2O_3 granular system. Physical Review B, 2007, 76: 174429.

[89] Yakushiji K, Mitani S, Ernult F, et al. Spin-dependent tunneling and Coulomb blockade in ferromagnetic nanoparticles. Physics Reports, 2007, 451: 1.

[90] Quan Z Y, Xu X H, Li X L, et al. Investigation of structure and magnetoresistance in Co/ZnO films. Journal of Applied Physics, 2010, 108: 103912.

[91] Mitani S, Fujimori H, Ohnuma S. Spin-dependent tunneling phenomena in insulating granular systems. Journal of Magnetism and Magnetic Materials, 1997, 165: 141-148.

[92] Inoue J, Maekawa S. Theory of tunneling magnetoresistance in granular magnetic films. Physical Review B, 1996, 53: 11927.

[93] Julliere M. Tunneling between ferromagnetic films. Physics Letters A, 1975, 54: 225.

[94] Mitani S, Takahashi S, Takanashi K, et al. Enhanced magnetoresistance in insulating granular systems: Evidence for higher-order tunneling. Physical Review Letters, 1998, 81: 2799.

[95] Kobayashi N, Ohnuma S, Masumoto T, et al. (Fe-Co)-(Mg-fluoride) insulating nanogranular system with enhanced tunnel-type giant magnetoresistance. Journal of Applied Physics, 2001, 90: 4159.

[96] Yuan G L, Liu J M, Zhou L, et al. Film heterostructure with soft ferromagnetics to enhance low-field magnetoresistance. Applied Physics Letters, 2002, 81: 4073.

[97] Kobayashi N, Ohnuma S, Murakami S, et al. Enhancement of low-field-magnetoresistive response of tunnel-type magnetoresistance in metal-nonmetal granular thin films. Journal of Magnetism and Magnetic Materials, 1998, 188: 30.

[98] Peng D L, Sumiyama K, Konno T J, et al. Characteristic transport properties of CoO-coated monodispersive Co cluster assemblies. Physical Review B, 1999, 60: 2093.

[99] Peng D L, Sumiyama K, Yamamuro S, et al. Characteristic tunnel-type conductivity and magnetoresistance in a CoO-coated monodispersive Co cluster assembly. Applied Physics Letters, 1999, 74: 76.

[100] Peng D L, Sumiyama K, Hihara T, et al. Magnetic characteristics of monodispersed Co/CoO cluster assemblies. Scripta Materialia, 2001, 44: 1471.

[101] Black C T. Spin-dependent tunneling in self-assembled cobalt-nanocrystal superlattices. Science, 2000, 290: 1131.

[102] Pauly M, Dayen J F, Golubev D, et al. Co-tunneling enhancement of the electrical response of nanoparticle networks. Small, 2012, 8: 108.

[103] Hütten A, Sudfeld D, Wojczykowski K, et al. Giant magnetoresistance and magnetic aspects in granular structures. Journal of Magnetism and Magnetic Materials, 2003, 262: 23.

[104] Peng D L, Asai T, Nozawa N, et al. Magnetic properties and magnetoresistance in small iron oxide cluster assemblies. Applied Physics Letters, 2002, 81: 4598.

[105] Peng D L, Hihara T, Sumiyama K. Electrical resistivity and magnetoresistance in monodispersed oxide-coated Fe cluster assemblies. Japanese Journal of Applied Physics, 2004, 43: 674.

第 3 章　磁性隧道结及隧穿磁电阻相关效应

韩秀峰　梁世恒

3.1　引言：磁性隧道结及其发展历程

在自旋电子学研究领域中，基于磁性隧道结的材料及其物理效应的研究一直是研究人员关注的重要内容。一个磁性隧道结(magnetic tunnel junction，MTJ)的核心结构是由两层铁磁材料中间夹着一层绝缘体构成类似于三明治结构的纳米多层膜。在磁性隧道结的相关研究中，其中重要的一个物理性质是自旋相关的电子隧穿特性。如图 3.1 所示，通过外加磁场可以使两铁磁层电极 F1 和 F2 的磁矩平行排列或者反平行排列。若两铁磁性电极磁矩平行排列，在其隧穿输运过程中，铁磁电极 F1 中多数自旋子带中的电子将隧穿进入铁磁电极 F2 中的多数自旋子带的空态，F1 中少数自旋子带的电子将进入 F2 中少数自旋子带的空态，整个磁性隧道结呈现低电阻态，如图 3.1(a)所示。若两铁磁性电极磁矩反平行排列，隧穿输运过程为 F1 中多数自旋子带中的电子将隧穿进入 F2 中的少数自旋子带的空态，F1 中少数自旋子带的电子将进入 F2 中多数自旋子带的空态，导致整体参与输运的电子数减小，所以整个磁性隧道结呈现高电阻态，如图 3.1(b)。为此，铁磁电极 F1 和 F2 磁矩平行排列时的电阻 R_{P}小于反平行排列时的电阻 R_{AP}，这种磁隧道结电阻随两铁磁层电极磁矩相对取向而变化的特性被定义为隧穿磁电阻(tunneling magneto-resistance，TMR)效应。TMR 比值定义为

$$\mathrm{TMR}=\frac{R_{\mathrm{AP}}-R_{\mathrm{P}}}{R_{\mathrm{P}}}=\frac{G_{\mathrm{P}}-G_{\mathrm{AP}}}{G_{\mathrm{AP}}}\times 100\% \tag{3.1}$$

其中，G_{P}以及G_{AP}分别是铁磁电极 F1 和 F2 在磁矩平行和反平行排列时的电导。

TMR 效应是自旋电子学中最为重要的效应之一，早在 1975 年法国学者 Julliére[1]就在 Fe/Ge/Co 隧道结中观测到低温下 14%的磁电阻效应，并提出了基于铁磁体/绝缘体/铁磁体为核心结构隧道结的 Julliére 模型。在非晶势垒磁性隧道结中，Julliére 模型能够较好地解释其隧穿磁电阻行为。Julliére 模型比较直观，它直接将磁性隧道结中 TMR 效应与两端铁磁电极的自旋极化率相联系，该模型假设隧道结的隧穿电导只与两铁磁性电极费米能级处的态密度乘积成正比，可定义隧穿电导G_σ为

$$G_\sigma \propto N_{1\sigma} N_{2\sigma} \tag{3.2}$$

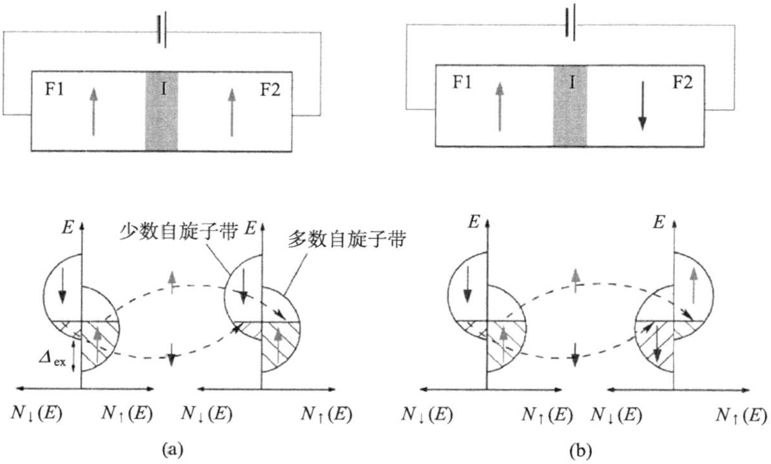

图 3.1 磁性隧道结核心结构“铁磁体/绝缘体/铁磁体”示意图以及自旋电子隧穿示意图。(a)两铁磁层磁矩平行排布下的情况；(b)两铁磁层磁矩反平行排布下的情况；其中$N_{\uparrow}(E)$以及$N_{\downarrow}(E)$分别为自旋朝上以及自旋朝下的电子态密度

其中，下标 1 和 2 代表两磁性电极，$\sigma=\uparrow$或$\downarrow$代表自旋方向。那么当两铁磁电极磁矩平行时，磁性隧道结在平行态下的隧穿电导为

$$G_{\mathrm{P}}=G_{\uparrow\uparrow}+G_{\downarrow\downarrow}\propto N_{1\uparrow}N_{2\uparrow}+N_{1\downarrow}N_{2\downarrow} \tag{3.3}$$

当两铁磁电极磁矩反平行时，磁性隧道结在反平行态下的隧穿电导为

$$G_{\mathrm{AP}}=G_{\uparrow\downarrow}+G_{\downarrow\uparrow}\propto N_{1\uparrow}N_{2\downarrow}+N_{1\downarrow}N_{2\uparrow} \tag{3.4}$$

根据式(3.1)，得到 TMR 比值为

$$\mathrm{TMR}=\frac{G_{\mathrm{P}}-G_{\mathrm{AP}}}{G_{\mathrm{AP}}}=\frac{(N_{1\uparrow}N_{2\uparrow}+N_{1\downarrow}N_{2\downarrow})-(N_{1\uparrow}N_{2\downarrow}+N_{1\downarrow}N_{2\uparrow})}{(N_{1\uparrow}N_{2\downarrow}+N_{1\downarrow}N_{2\uparrow})} \tag{3.5}$$

定义铁磁电极的自旋极化率 P

$$P_i=\frac{N_{i\uparrow}-N_{i\downarrow}}{N_{i\uparrow}+N_{i\downarrow}} \tag{3.6}$$

其中，$i=1$ 或 2，代表磁性电极 FM1 或 FM2，则式(3.5)可以表达为

$$\mathrm{TMR}=\frac{2P_1P_2}{1-P_1P_2} \tag{3.7}$$

式(3.7)即为 Julliére 模型下关于隧穿磁电阻的描述。

鉴于当时的实验设备以及薄膜制备技术的限制，Julliére 的结果发表后近 20 年关于磁性隧道结的研究进展比较缓慢。实际上，在 TMR 以及巨磁电阻(giant magnetoresistance，GMR)效应发现之前，传统的传感器和硬盘读头利用的是各向异性磁电阻(AMR)效应。几种重要的磁电阻及室温磁电阻的数值和它们的发展历史如图 3.2 所示。

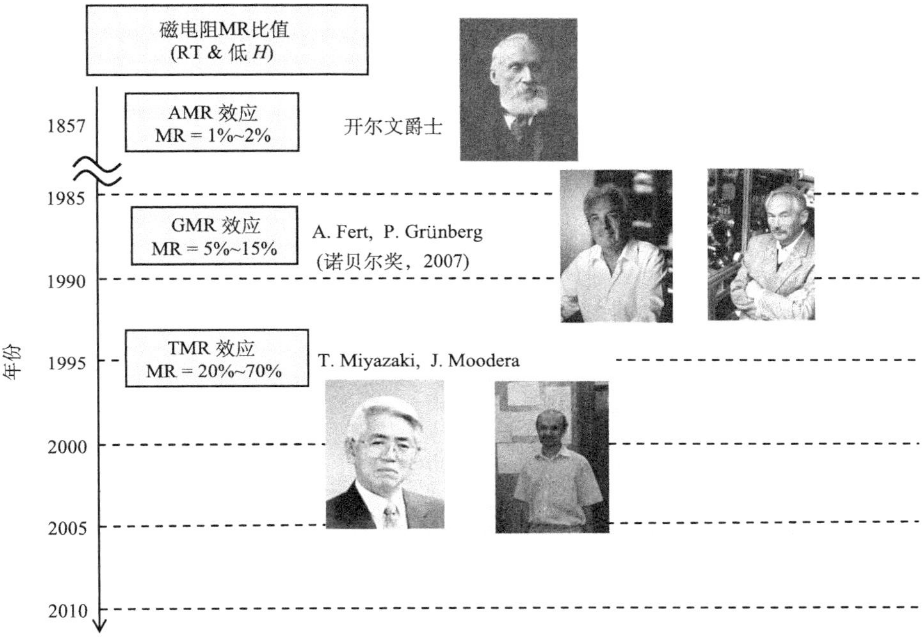

图 3.2　几种重要的磁电阻及室温磁电阻的数值、发展历史和其发现者[4]

1988 年法国科学家 Fert 研究组[2]以及德国科学家 Grünberg 研究组[3]分别在 Fe/Cr 磁性纳米周期性多层薄膜中观测到了巨磁电阻(GMR)效应，并且 Fert 和 Grünberg 两位科学家因为 GMR 效应的发现而荣获 2007 年度诺贝尔物理学奖。GMR 效应是磁电阻效应中重要的一种，可以在铁磁性层/非磁性金属层/铁磁性层常见结构中观测到，其磁电阻行为可以通过调节铁磁性材料层的磁化方向而获得调制。GMR 效应在磁性金属纳米多层膜中的发现引起了科技和工业界的巨大关注，基于 GMR 效应的读头以及传感器迅速得到系统的研发，并且基于 GMR 效应的材料在硬盘磁读头技术中获得了极大的成功应用。在过去 25 年时间里针对 GMR 效应及其材料和相关器件研发，有大量的实验和理论研究报道，迄今为止对 GMR 相关效应的研究仍在深入和继续。

GMR 效应的发现激发了研究人员去探索和发现有更高磁电阻效应的热情，1995 年日本东北大学 Miyazaki[5]和美国麻省理工大学 Moodera[6]两个研究组分别在非晶 Al_2O_3势垒磁性隧道结中观测到了约 18％和 12％的室温隧穿磁电阻(TMR)效应，该工作揭开了关于磁性隧道结和 TMR 效应研究工作的序幕；这种以“铁磁层/绝缘体势垒层/铁磁层”为核心结构的磁性隧道结材料及其自旋相关的电子隧穿输运性质进一步激发了来自实验、理论和计算研究者的兴趣[7-9]。随着不断的实验优化以及研究进展，在基于非晶 Al-O 势垒的磁性隧道结中，实验观察到的室温下 TMR 比值已达 81%[9]，但是该 TMR 比值对于多数基于自旋电子学器件的应用目标要求还有一定的差距。例如，在研制高密度磁随机存取存储器(MRAM，图 3.3[10])的芯片制造技术中，作为存储单元的 MTJ 其在室温下需要约 150%或更高的 TMR 比值；在超高密度硬盘中也需要较高的 TMR 比值，并且还需要较低的隧穿结电阻。所以基于 Al-O 势垒磁性隧道结的 TMR 比值并不能很好地满足其在多种多样器件中的广泛应用。

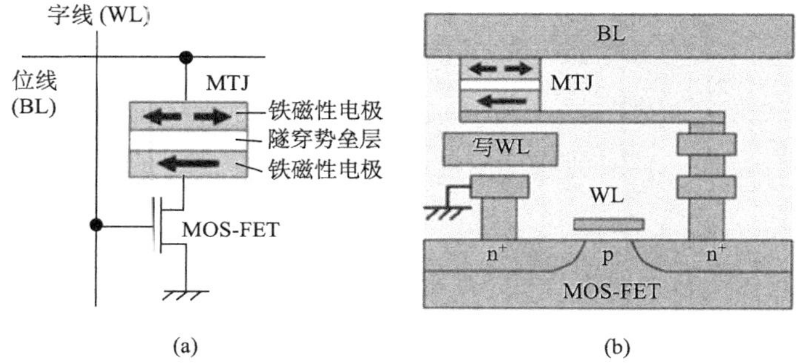

图 3.3 MRAM 单元示意图。(a)器件单元构架图；
(b)典型器件单元结构的横剖面示意图[10]

此后单晶 MgO 势垒磁性隧道结的研究进一步掀起了磁性隧道结的研究热潮。2001 年，Butler 等[11]和 Mathon 等[12]的理论计算表明 MgO 磁性隧道结具有更高的隧穿磁电阻比值，2004 年美国 IBM 实验室的 Parkin 研究组[13]以及日本 AIST 研究所的 Yuasa 研究组[14]分别在 MgO 磁性隧道结中观测到了超过 200%的室温 TMR 比值。Parkin 等是在通过磁控溅射方法生长的隧道结中，在室温下得到了 220%的 TMR 比值。Yuasa 等是在通过分子束外延(MBE)方法生长的隧道结中，在室温下得到了 180%的 TMR 比值。此后，关于磁性隧道结的重点研究迅速转入到以 MgO 为势垒层的磁性隧道结材料、物理和器件应用研究方面。图 3.4 给出了基于 Al-O 以及 MgO 为势垒磁性隧道结的研究进展情况及其所获得的 TMR 比值，目前报道出的单势垒磁性隧道结其室温下 TMR 比值高达 604%。

在磁性隧道结的实验研究方面，为了得到高的 TMR 比值，研究人员对于结构的优化付出了大量的努力，包括对势垒层和磁性电极材料的优化等。在各种磁性隧道结的结构优化研究中，双势垒磁性隧道结(DBMTJ)以及带插层的 MgO

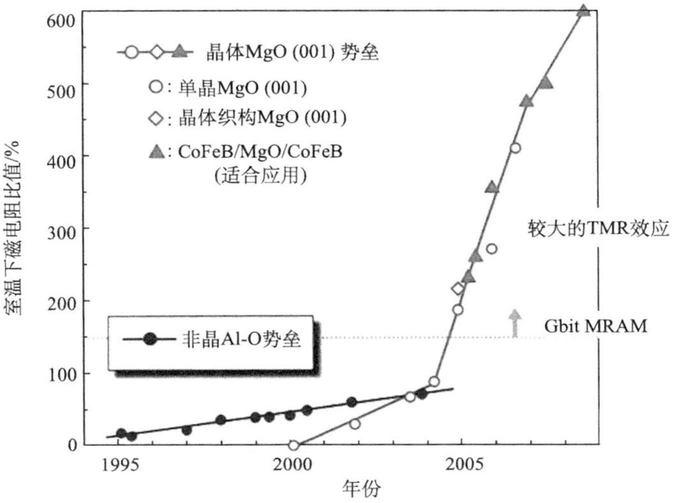

图 3.4　非晶 Al-O 和单晶 MgO 磁性隧道结其室温磁电阻比值的提升进程[15]

磁性隧道结等研究受到了关注。在磁性隧道结势垒材料的研究中，尖晶石 MgM_2O_4(M＝Al，Si，Zn 等)等材料的研究受到了关注。在磁性隧道结磁性电极材料的研究中，Heusler 半金属合金等吸引了大量研究人员的兴趣。在基于 MgO 磁性隧道结中相关效应的研究中，自旋转移力矩(STT)效应、自旋库仑阻塞效应、量子共振隧穿效应、电场辅助的磁化翻转效应、自旋-轨道耦合相关效应、自旋热效应等受到了持续的关注。下面的内容中将会简要介绍磁性隧道结中常用的势垒材料、磁性电极材料，以及磁性隧道结中的主要物理效应等。

3.2　基于不同势垒材料的单势垒磁性隧道结

3.2.1　基于非晶 Al-O 势垒的磁性隧道结

自从 1995 年室温磁电阻的发现至 MgO(001)单晶势垒磁性隧道结没有成功制备之前，基于非晶 Al-O 势垒的磁性隧道结是最为重要的一种磁性隧道结材料，在很长时间内占据着磁性隧道结的研究主流。1995 年 Miyazaki 等[5]在非晶 Al-O 势垒的 $Fe/Al_2O_3/Fe$ 磁性隧道结中观察到 18%的室温 TMR 比值，如图 3.5 所示。Moodera 等[6]在基于非晶 Al-O 势垒的 $CoFe/Al_2O_3/Co$ 磁性隧道结中观察到了高达 11.8%的室温 TMR 比值，如图 3.6 所示。由于隧道结的磁电阻显著高于磁性多层膜的 GMR 值，人们就将基于该类磁性隧道结的结构应用在磁读头中，如图 3.7 所示[16]。

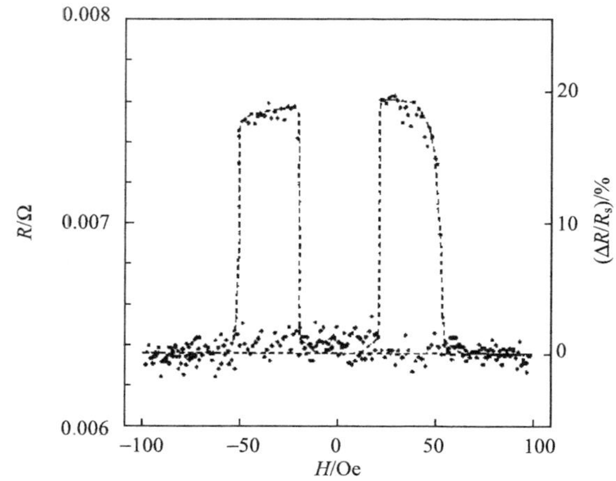

图 3.5　Myazaki 等[5]在基于 Al-O 势垒的 $Fe/Al_2O_3/Fe$ 磁性隧道结中观察到 18%的室温 TMR 比值

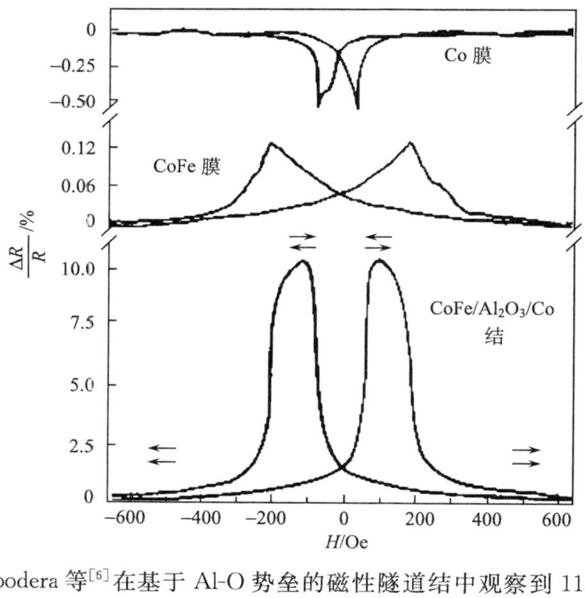

图 3.6　Moodera 等[6]在基于 Al-O 势垒的磁性隧道结中观察到 11.8%的室温 TMR 比值。图中给出 $CoFe/Al_2O_3/Co$ 磁性隧道结磁电阻(下)以及 Co 和 CoFe 薄膜磁电阻随磁场的变化(上、中)

非晶 Al-O 势垒磁性隧道结的输运理论能够较好地使用 Julliére 模型。根据 Julliére 模型，可以知道在非晶 Al-O 势垒磁性隧道结中，若想获得较高的(室温

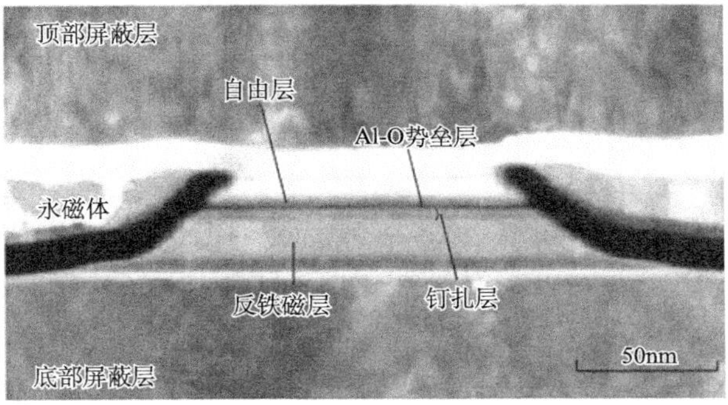

图 3.7　基于 Al-O 势垒的磁性隧道结的磁读头横切 TEM 图[16]

下)TMR 比值，则最好选取(室温下)具有高自旋极化率的铁磁性电极材料。在非晶势垒磁性隧道结隧穿机制中，为了更准确地利用 Julliére 模型去分析 TMR 比值，其利用的是电子隧穿的自旋极化率(tunneling spin polarization，TSP)[17]。低温下铁磁体的自旋极化率可以直接通过铁磁体/Al-O/超导体(F/I/S)隧道结的结构，利用 Meservey-Tedrow 方法进行测定[18]。通过这种方法测定的 Fe、Ni 以及 Co 的 3d 铁磁金属及其合金的自旋极化率见表 3.1。

表 3.1　基于非晶 Al_2O_3 势垒的 F/I/S 结构，在低温下利用 Meservey-Tedrow 方法测定的 3d 过渡金属及其合金的自旋极化率[17]

材料	Ni	Co	Fe	$Ni_{80}Fe_{20}$	$Co_{50}Fe_{50}$	$Co_{84}Fe_{16}$	$Ni_{40}Fe_{60}$	$Ni_{60}Fe_{40}$
TSP/%	46	42	44	48	55	55	55	53

此外，在非晶 Al-O 势垒磁性隧道结研究中，人们还以半金属材料(低温下体材料的自旋极化率为 100%)为电极，以期获得更高的 TMR 比值[19]。但是由于半金属材料的居里温度较低，在室温下基于半金属材料为磁性电极的 Al-O 势垒磁性隧道结中 TMR 比值并不是很大。

表 3.2 给出了 Al-O 势垒磁性隧道结的发展历史及其有代表性的优化结构在低温以及室温下的 TMR 比值[20]。

目前基于非晶 Al-O 的磁性隧道结室温磁电阻值已高达 81%，由中国科学院物理研究所韩秀峰研究员的课题组在 2006 年制备出的环状磁性隧道结中观测到该磁电阻比值，如图 3.8 所示。理论上可以预期，利用单晶 γ-Al_2O_3 势垒制备的磁性隧道结也将有更高的、可以与 MgO(001)单晶势垒磁性隧道结相比拟的室温高 TMR 比值。

表 3.2　Al-O 势垒磁性隧道结的发展历史和有代表性的优化结构及其在低温下以及室温下的 TMR 比值(引自文献[20]并作了添加和修订)

年份	隧道结核心结构	隧穿磁电阻比值/%		作者，参考文献(备注)
		低温	室温	
1990	Fe-C/AlO_x/Fe-Ru		1.0	R. Nakatani et al., *J. Mater. Sci. Lett.* 10，827.(Al-O 势垒的磁性隧道结)
1991	Ni-Fe/AlO_x/Co	3.5(77K)	2.7	T. Miyazaki et al., *J. Magn. Magn. Mater.* 98，L7.
1993	Ni-Fe/AlO_x/Co	5.0(4.2K)	2.7	Y. Sueza et al., *J. Magn. Magn. Mater.* 126，430.
1995	FeCo/AlO_x/Co	7.2(4.2K)	3.5	N. Tezuka et al., *J. Magn. Soc. Jpn.* 19，369.
	Fe/AlO_x/Co	8.5(4.2K)	3.3	
1995	Fe/AlO_x/Fe	30(4.2K)	18	T. Miyazaki et al., *J. Magn. Magn. Mater.* 139，L231.[在 Al-O磁性隧道结中发现室温较大的隧穿磁电阻比值(TMR 比值为 18%)]
1995	CoFe/AlO_x/Co	24(4.2K)	11.8	J. S. Moodera et al., *Phys. Rev. Lett.* 74，3273.
		20(77K)		
1996	CoFe/AlO_x/Co	25.6(4.2K)	18	J. S. Moodera et al., *J. Appl. Phys.* 79，4724.
1996	Co/AlO_x/CoFe	32(77K)	18	J. S. Moodera et al., *Appl. Phys. Lett.* 69，708.
1997	Py/Al_2O_3/Co		22	W. JGallagher et al., *J. Appl. Phys.* 81，3741.
	Co/Al_2O_3/Py			
1997	Co/AlO_x/Co		24	M. Sato et al., *IEEE. Trans. Magn.* 33，3553.
1998	CoFe/AlO_x/CoFe		24	J. J. Sun et al., *J. Appl. Phys.* 83，6694.
1998	CoFe/AlO_x/CoFe		36.7	R. C. Sousa et al., *Appl. Phys. Lett.* 73，3288.
1999	CoFe/AlO_x/CoFe		27.3	J. J. Sun et al., *Appl. Phys. Lett.* 74，448.
1999	$Co_{75}Pt_{12}Cr_{13}$/Al-O/$Co_{88}Pt_{12}$/		13	S. S. P. Parkin et al., *Appl. Phys. Lett.* 75，543.

续表

年份	隧道结核心结构	隧穿磁电阻比值/%		作者，参考文献(备注)
		低温	室温	
1999	$CoFe/Al_2O_3/CoFe$		41	S. Cardoso et al.，*IEEE. Trans. Magn.* 35，2952.
2000	$Co_{82}Fe_{18}/AlO_x/Co_{82}Fe_{18}$		41	S. Cardoso et al.，*Appl. Phys. Lett.* 76，610.
2000	$CoFe/AlO_x/CoFe$		42	H. Kikuchi et al.，*J. Appl. Phys.* 87，6055.
2000	$Co_{75}Fe_{25}/AlO_x/Co_{75}Fe_{25}$	69.1(4.2K)	49.7	X. F. Han et al.，*Appl. Phys. Lett.* 77，283.
2000	$Fe(211)/AlO_x/Fe_{50}Co_{50}$	42(2K)		S. Yuasa et al.，*Europhys. Lett.* 52，344.
	$Fe(110)/AlO_x/Fe_{50}Co_{50}$	32(2K)		
	$Fe(100)/AlO_x/Fe_{50}Co_{50}$	13(2K)		
2002	$Co_{70}Fe_{30}/AlO_x/Co_{70}Fe_{30}$		59	M. Tsunoda et al. *Appl. Phys. Lett.* 80，3135.
2004	$L1_0$-FePt/AlO/CoFe	34(77K)		T. Moriyama et al.，*J. Appl. Phys.* 95，6789.(垂直磁各向异性底电极磁性隧道结)
2004	$CoFeB/AlO_x/CoFeB$		70	D. Wang et al.，*IEEE Trans. Magn.* 40，2269.(较早报道CoFeB磁性电极的磁性隧道结)
2006	Co_2MnSi/Al-O/Co_2MnSi	570(2K)	67	Y. Sakuraba et al.，*Appl. Phys. Lett.* 88，192508.(半金属磁电极磁性隧道结)
2006	Co_2FeSi/Al-O/CoFe	67.5(5K)	43.6	Z. Gercsi et al.，*Appl. Phys. Lett.* 89，082512.(半金属和铁磁复合磁性隧道结)
2006	$Co_2FeAl_{0.5}Si_{0.5}$/Al-O/$Co_{75}Fe_{25}$	106(5K)	76	N. Tezuka et al.，*Appl. Phys. Lett.* 89，112514.(半金属和铁磁复合磁性隧道结)
2007	$Co_{40}Fe_{40}B_{20}$/Al-O/$Co_{40}Fe_{40}B_{20}$	107(4.2K)	81	H. X. Wei et al.，*J. Appl. Phys.* 101，09B501.(非晶Al-O势垒磁性隧道结中的高TMR比值)

续表

年份	隧道结核心结构	隧穿磁电阻比值/%		作者，参考文献(备注)
		低温	室温	
2007	$Co_{60}Fe_{20}B_{20}$/Al-O/$Co_{60}Fe_{20}B_{20}$		50	Z. C. Wen et al.，*Appl. Phys. Lett.* 91，122511.(纳米环状磁性隧道结)
2009	Co_2FeSi/Al-oxide/CoFe	80(2K)	48	M. Oogane et al.，*J. Appl. Phys.* 105，07C903.(半金属和铁磁复合磁性隧道结)
	Co_2FeSi/Al-oxide/CoFe	60(2K)	33	
2009	$Co_2Cr_{0.6}Fe_{0.4}Al/AlO_x$/Co		38	C. Herbort et al.，*J. Phys. D*：*Appl. Phys.* 42，084006.(半金属和铁磁复合磁性隧道结)
2011	$Co_{60}Fe_{20}B_{20}$/Al-O/$Co_{60}Fe_{20}B_{20}$		约 40	Z. C. Wen et al.，*The Journal of Spin*1，109-114.(纳米盘、纳米椭圆、纳米环和纳米椭圆环磁性隧道结)

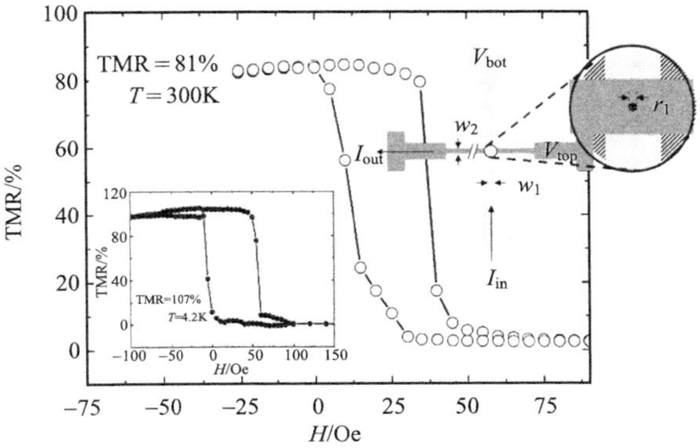

图 3.8　Wei 等[9]在 CoFeB/AlO/CoFeB 环形磁性隧道结中观测到 TMR 比值为 81%

3.2.2　基于单晶 γ-Al_2O_3 势垒的磁性隧道结

除了 Al-O 非晶态，它还具有很多相结构，例如，斜方六面体金刚石结构的 α-Al_2O_3，立方体单晶结构的 γ-Al_2O_3，四角体的 δ-Al_2O_3，单斜体的 θ-Al_2O_3 等亚相结构。出现立方体单晶相 γ-Al_2O_3 的退火温度在 500～800℃，单晶 γ-Al_2O_3 结构如图 3.9 所示。

单晶 γ-Al_2O_3 与常见铁磁电极晶格更加匹配，表 3.3 给出了单晶 γ-Al_2O_3、MgO、$MgAl_2O_4$ 与 Fe、FePt、Co_2FeSi、MnGa 等铁磁电极晶格失配度的比较。单晶 γ-Al_2O_3 与 Fe 晶格失配度为 2.5%，要好于 MgO 与 Fe 的失配度。2013 年，Sukegawa 等[21]基于 γ-Al_2O_3 为势垒层，成功制备了基于单晶 γ-Al_2O_3 势垒的磁性隧道结，图 3.10 为 Fe/γ-Al_2O_3/Fe 磁性隧道结的 TEM 图，可以看到样品中 γ-Al_2O_3 势垒确实完全晶化，并且 γ-Al_2O_3 势垒与 Fe 电极外延也较好。他们在 Fe/γ-Al_2O_3/Fe 磁性隧道结中，得到了室温 232%、低温 4K 下 452% 的磁电阻比值，如图 3.11 所示。

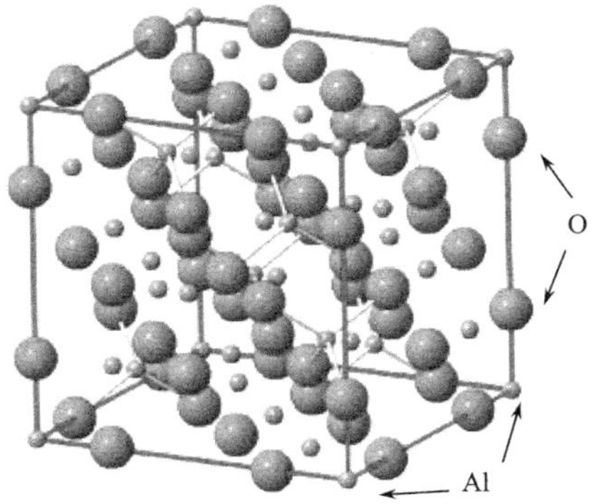

图 3.9　γ-Al_2O_3 结构示意图，其中大球代表 O 原子，小球代表 Al 原子[21]

表 3.3 单晶 γ-Al_2O、MgO、$MgAl_2O_4$与 Fe、FePt、Co_2FeSi、MnGa 等铁磁电极晶格失配度的比较

材料	a/nm	失配[对于(001)生长]/%		
		vs. MgO (0.421nm)	vs. $MgAl_2O_4$ (0.809nm)	vs. γ-Al_2O_3 (0.791nm)
bcc-Fe	0.2866	−3.8	约 0.2	约 2.5
$L2_1$-Co_2FeSi	0.564	−5.3	约−1.4	约 0.8
$L1_0$-FePt	0.385	−8.6	约−4.8	约−2.7
DO_{22}-MnGa	0.390	−7.4	约−3.4	约−1.4

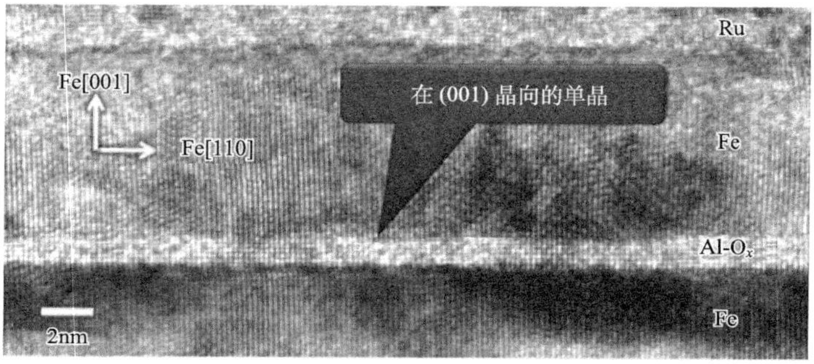

图 3.10 Fe/γ-Al_2O_3/Fe 磁性隧道结 TEM 图[21]

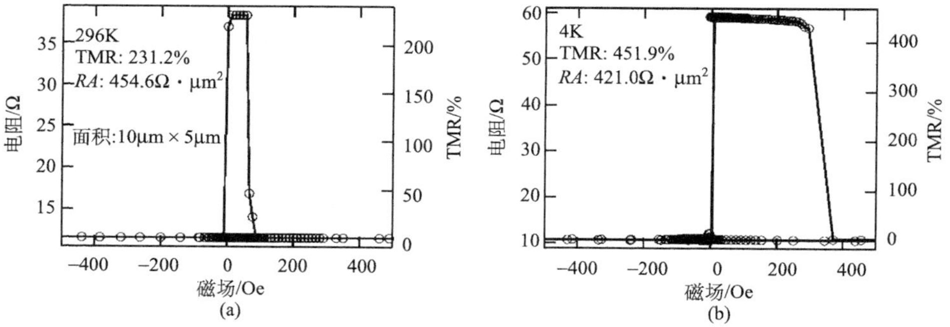

图 3.11 Fe/γ-Al_2O_3/Fe 磁性隧道结，室温(a)以及低温 4K(b)结下磁电阻测量[21]

3.2.3 基于非晶 Ti-O 势垒的磁性隧道结

非晶 Ti-O 势垒磁性隧道结也曾被应用在硬盘读头中。较早在 2004 年，希捷公司研发了基于非晶 Ti-O 势垒磁性隧道结的磁读头，如图 3.12 所示。非晶

Ti-O势垒磁性隧道结相比非晶 Al-O 势垒磁性隧道结有更小的结电阻[22]，2006 年，Kobayashi 报道了对于结构为 Ta/PtMn/$Co_{74}Fe_{26}$/Ru/$Co_{74}Fe_{26}$/Ti(0.45w & 氧化物)/$Co_{74}Fe_{26}$(1nm)/NiFe(3nm)/Ta 磁性隧道结的研究，他们得到的磁电阻比值为 10%～15%(图 3.13)，结电阻和面积之积 RA 为 1～1.5Ω·μm²(图 3.14)[16]。

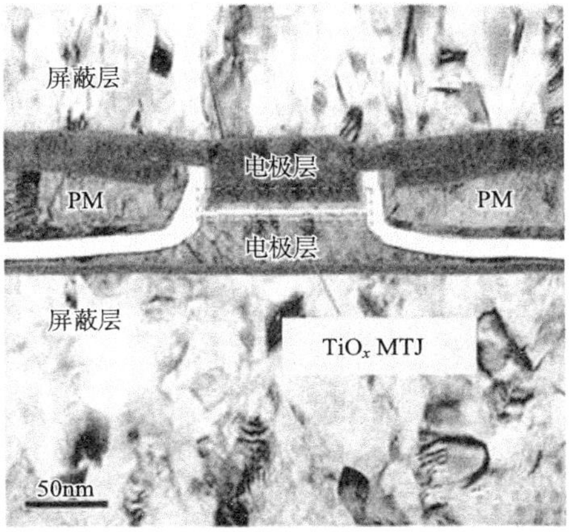

图 3.12 基于 Ti-O 势垒磁性隧道结的磁读头结构切面图[22]

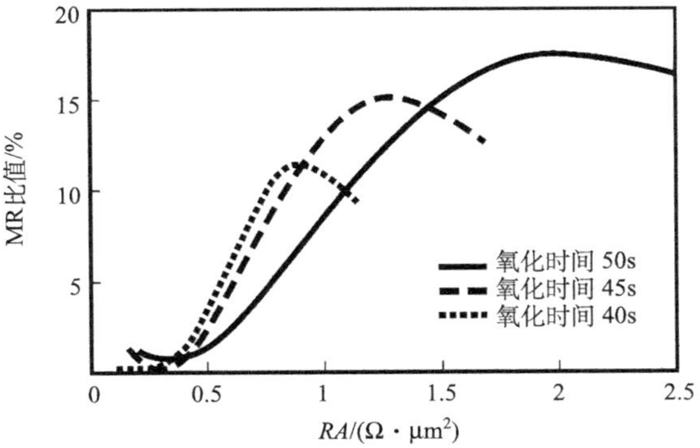

图 3.13 基于 Ti-O 势垒的磁性隧道结中，三种不同氧化时间下的 MR 比值与结电阻和面积之积(RA)的关系[16]

3.2.4 基于单晶 MgO(001)势垒的磁性隧道结

在非晶 Al-O 势垒磁性隧道结中尽管得到了高达 81%的室温 TMR 比值[9]，但是更高的 TMR 效应会更广泛地推动新型自旋电子学器件的应用开发。2001 年，Butler 等[11]通过第一性原理计算预言了单晶 MgO 势垒磁性隧道结中存在超

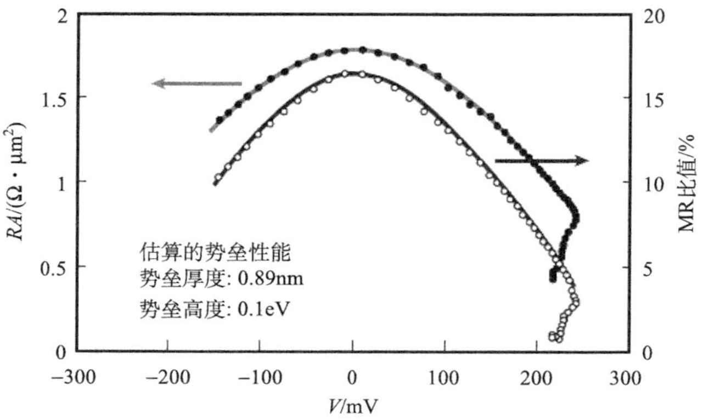

图 3.14 基于 Ti-O 势垒磁性隧道结中，MR 比值与结电阻和面积之积(*RA*)对偏置电压的依赖关系[16]

过 1000%的 TMR 效应；2004 年，美国 IBM 实验室的 Parkin[13]以及日本 AIST 研究所的 Yuasa[14]研究组分别在 MgO 磁性隧道结中观测到了约 200%的 TMR 比值，揭开了研究单晶 MgO 势垒磁性隧道结的序幕[23-33]。

在单晶 MgO 势垒磁性隧道结中，电子基于相干隧穿机制隧穿通过单晶 MgO 势垒。相干隧穿机制如图 3.15(b)所示，在单晶 MgO(001)势垒磁性隧道结中垂直于输运方向的电子波函数具有二维晶体周期对称性，电子的横向晶体动量不为零。若隧穿过程是理想的，自旋和电子横向晶体动量保持守恒，而 MgO 具有晶体织构，其对来自电极中的不同对称性的电子具有不同的透射概率。所以在 MgO 单晶势垒磁性隧道结中表现出不同对称性的电子，入射隧穿进入到另一个电极的隧穿概率不同，其取决于电子波函数的对称性。而在非晶 Al-O 势垒磁性隧道结中能够较好解释其 TMR 效应的 Julliére 模型则对单晶 MgO 势垒磁性隧道结不再适用。

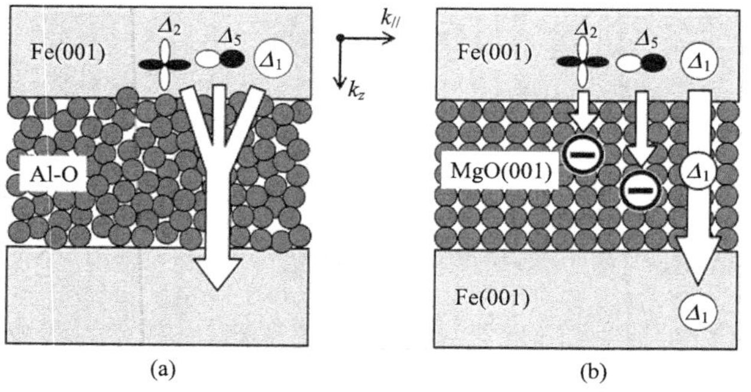

图 3.15 具有不同对称性的电子通过 Al-O 势垒(a)和 MgO 势垒(b)的隧穿过程示意图[10]

以 Fe(001)/MgO/Fe 磁性隧道结为例，MgO 的晶体结构为 NaCl 型，其晶格常数为 4.212Å。MgO(001)势垒层能够很好地外延生长在体心立方 Fe(001)上，它们的晶格失配度约为 3%，而这种晶格失配能够通过晶体拉伸或者界面的应变而被吸收，为此能够形成较好的 Fe(001)/MgO/Fe 单晶结构，如图 3.16 所示。首先对 Fe(001)/MgO/Fe 磁性隧道结中的铁磁电极 Fe(001)的电子性质进行介绍。

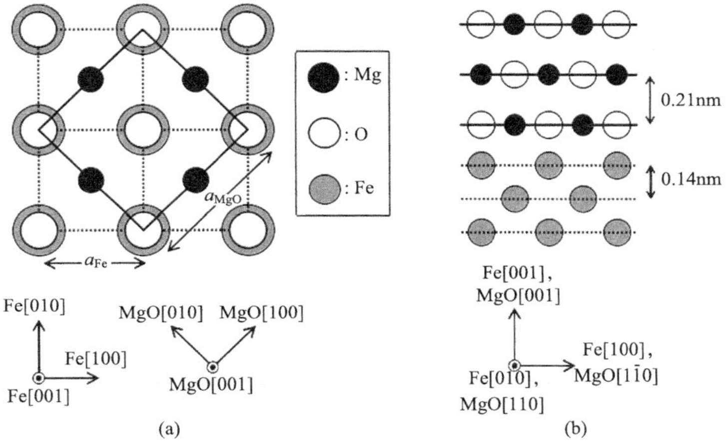

图 3.16　bcc-Fe(001)/NaCl 晶体构型的 MgO 外延结构界面示意图[10]。(a)为俯视图；(b)为侧视图。a_{Fe}以及a_{MgO}为 bcc-Fe 以及 NaCl 晶体构型的 MgO 晶格常数

对于 bcc-Fe，沿参与输运的[001]方向的 spd 电子波函数按照对称性可以分为Δ_1(s，p_z，d_{z^2})，Δ_5(p_x，p_y，3 d_{xz}，3 d_{yz})，Δ_2($d_{x^2-y^2}$)以及$\Delta_{2'}$(3 d_{xy})，如图 3.17 所示。bcc-Fe 沿[001]方向的能带具有C_{4v}对称型，在Γ-H[001]方向能带中具有Δ_1、Δ_5、Δ_2和$\Delta_{2'}$四种对称性能带。相干隧穿衰减率与入射布洛赫(Bloch)电子态的对称性相关。Bulter 等[11]研究表明只有相对于势垒轴对称的空间波函数具有显著的电导，如图 3.18 所示[34]。

在参与输运的Γ-H 方向，Fe 自旋多子中的Δ_1、Δ_5和$\Delta_{2'}$能带跨过费米能级；而对于 Fe 的自旋少子，Δ_5、Δ_2和$\Delta_{2'}$能带跨过费米能级，自旋少子的费米能级附近不存在Δ_1对称性电子占据态。这意味着 Fe 中的Δ_1态电子在费米面处的态密度是完全自旋极化的。一般情况下，s 以及 p 电子相对 d 电子具有非局域性，所以其波函数隧穿概率也比 d 态的隧穿概率大，从这一层面可以初步说明沿[001]的输运方向，Fe 能带中费米能级处的Δ_1电子的穿透能力最强，然后分别为Δ_5、Δ_2和$\Delta_{2'}$。另外，通过对单晶 MgO 电子结构性质的分析，也能给出相同的但更具物理意义的解释。参见图 3.19。

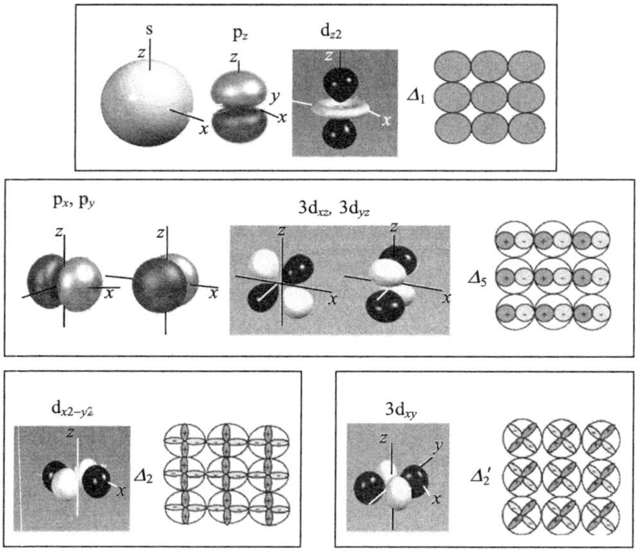

图 3.17　沿 Fe[001]方向根据不同电子波函数对称性的原子轨道重组，可以看出构成Δ_1，Δ_5，Δ_2，以及$\Delta_{2'}$的电子成分[23]

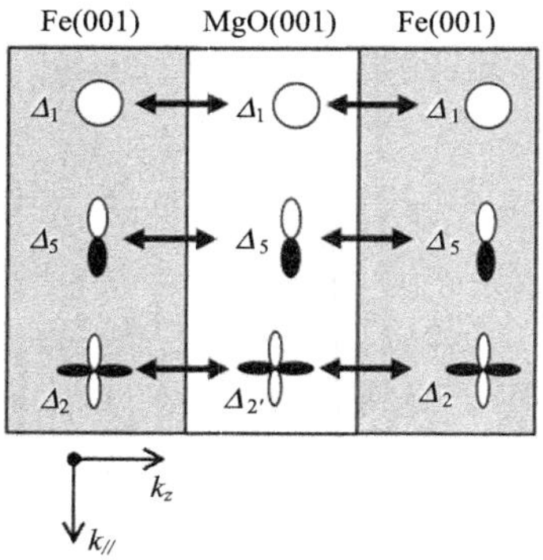

图 3.18　Fe(001)/MgO(001)/Fe(001)磁性隧道结中 Fe 的传导态和 MgO 里面的衰减态的耦合示意图[23]

对于在势垒中自由电子衰减的描述，以一个厚度为 d、势垒高度为 V_b 的方势垒为例，其隧穿概率

$$T \sim \exp(-2kd) \tag{3.8}$$

其中

$$k^2 = (2m/\hbar^2)(V_b - E_F) + k_{/\!/}^2 \tag{3.9}$$

对于 Fe/MgO/Fe 磁性隧道结，其在二维布里渊区的隧穿主要分布在$k_{/\!/}=0$ 附近，$k_{/\!/}=0$ 时，则

$$k^2 = (2m/\hbar^2)(V_b - E_F) \tag{3.10}$$

图 3.20 为 MgO[001]方向的复能带，从图中可以看到Δ_1能带具有最小的虚部，$k_{\Delta_1} < k_{\Delta_5} < k_{\Delta_{2,2'}}$；那么 MgO 对于不同对称性电子的势垒高度大小为$V_b(\Delta_1) < V_b(\Delta_5) < V_b(\Delta_{2,2'})$。所以在 Fe/MgO/Fe 磁性隧道结中，$\Delta_1$电子具有最大的隧穿概率。

在 Fe(100)/MgO(100)/Fe(100)磁性隧道结中，理论计算[11]也表明对于两个磁性电极不同取向的构型，平行态下，多子电导主要通过具有较小横向动量、

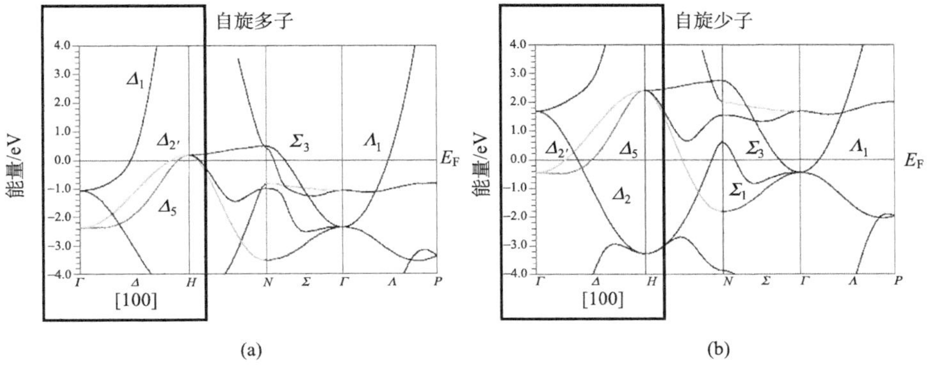

图 3.19(另见彩图)　bcc-Fe 能带图，框中为 Γ-H 方向的能带。(a)为自旋多子能带；(b)为自旋少子能带[23]

在 Γ 点附近的布洛赫电子隧穿通道提供；但是对于少子通道，在 MgO 势垒层较薄的情况下其电导主要是通过界面共振态提供。另外，在 $k_{/\!/}=0$ 下的隧穿电子态密度(TDOS)如图 3.21 所示[11]，多子以及少子通道电子有四种布洛赫态，分别为 Δ_1(spd)，Δ_2(d)，$\Delta_{2'}$(d)以及 Δ_5(pd)。在平行构型下自旋多子到自旋多子隧穿通道的 Δ_1 电子态要比其他构型下的隧穿通道 Δ_1 电子态衰减慢得多，这样就保证了平行构型以及反平行构型下电阻值有较大的差别，因此表现出了较高的 TMR 比值。Δ_1 电子态对于在 Fe(100)/MgO(100)/Fe(100)磁性隧道结中存在的较高 TMR 比值有重要的贡献。

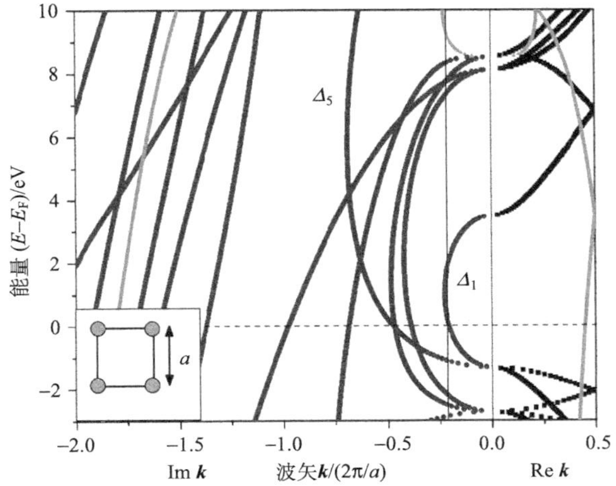

图 3.20(另见彩图)　MgO[001]方向的复能带[24]，其中蓝色为复能带部分，图中对 Δ_1 以及 Δ_5 支复能带进行了标识

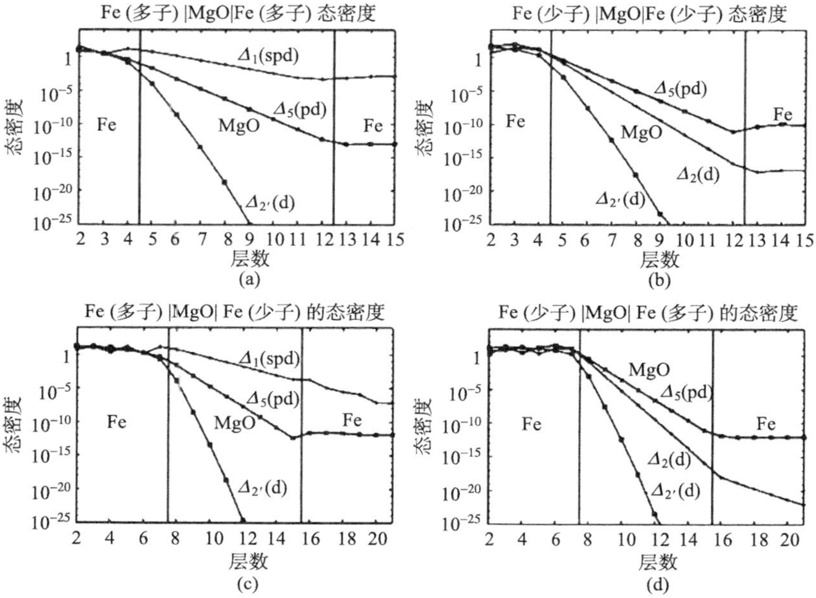

图 3.21 Fe(001)/MgO/Fe 磁性隧道结在布里渊区$k_{//}=0$处平行态自旋多子-自旋多子(a)和自旋少子-自旋少子(b)，以及反平行态下自旋多子-自旋少子(c)和自旋少子-自旋多子(d)的 4 个通道中的隧穿态密度[11]

除了对 Fe(100)/MgO(100)/Fe(100)进行的理论研究外，Mathon 等[35]对 Fe/Au/MgO/Au/Fe 隧道结中的自旋相关输运进行了研究；Yavorsky 等[36]对 Fe/FeO/MgO/Fe 磁性隧道结的磁学性质、电子结构以及自旋输运性质进行了研究；Miura 等[37]对 Co_2YZ/MgO/Co_2YZ(YZ=MnSi，CrAl)磁性隧道结进行了研究；Bose 等[38]研究了 FeO 在 Fe/MgO/Fe 磁性隧道结中对自旋输运的影响；Nozaki 等[39]以及 Wang 等[40]对双势垒磁性隧道的磁学性质、自旋电子输运性质进行了研究；Wang 等以及 Zhang 等[41-43]对 Fe/MgO/M/Fe 磁性隧道结中的插层 M(M=Co，Cr，Cu，Mg)如何影响 TMR 比值及其自旋输运性质进行了详细的研究。

由于 MgO 势垒磁性隧道结能够表现出显著的 TMR 效应，故其被应用在高灵敏度磁性传感器、高密度和大容量的硬盘磁读头以及 MRAM 存储单元器件中，在未来新型自旋电子学器件的开发中会拥有非常重要的实用价值和广阔的应用前景。

3.2.5 基于尖晶石 $MgAl_2O_4$(001)等新型势垒的磁性隧道结

虽然以非晶 Al-O 和单晶 MgO 为势垒的磁性隧道结在材料性能和器件应用

上都取得了巨大的成功，但是仍存在可提升的空间。例如，这两类磁性隧道结的磁电阻比值都随着外加电压的增大而快速衰减。Al-O 和 MgO 势垒磁性隧道结的典型半高宽偏压为 0.5V 左右(磁电阻比值降到最大值一半时的外加电压称为磁性隧道结的半高宽偏压)，并且当外加电压超过 1V 时，磁性隧道结发生击穿的概率增大。这些磁电性质的缺陷限制了相关器件的性能发挥及其稳定性。

回顾磁性隧道结的发展历程可以注意到每次重大突破与相关进展都伴随着新势垒材料的发现。除目前被广泛采用的非晶 Al-O 和单晶 MgO 势垒外，国际上的研究小组曾尝试过其他多种势垒材料。例如，2000 年 Sharma 等[45]制备了采用 AlN 和 AlON 为势垒的磁性隧道结，得到 18%的室温磁电阻；2001 年 Wang 等[46]在Zr_2O势垒磁性隧道结中获得高达 20%的室温磁电阻比值；Gupta 等[47]在CrO_2势垒磁性隧道结中得到负 8%的低温磁电阻比值。而以这些氧化物为势垒的磁性隧道结的磁电阻比值普遍较低，甚至都未能超过非晶 Al-O 势垒。理论计算也尝试预言一些新的势垒材料。例如，第一性原理计算表明以 ZnSe(001)[48]和 $SrTiO_3$(001)[49]为势垒的磁性隧道结也可能具有较高的隧穿磁电阻，但是这类材料容易形成缺陷或者产生界面互扩散，因此实验上制备出的相关磁性隧道结其磁电阻值并不很高。2009 年美国康奈尔大学的 Stewart 等[50]通过第一性原理计算预言了镁橄榄石结构的 $Mg_3B_2O_6$具有类似于 MgO 的有 Δ_1对称性电子的过滤特性，因此将可能存在可观的磁电阻比值。但是该材料结构复杂，并且存在多种晶体结构，不利于实验上制备相应的单晶外延隧道结。

最近日本国立材料研究所的 Sukegawa 等[51,52]在 $MgAl_2O_4$新势垒磁性隧道结的研究方面取得了突破进展，获得了超过 110%的室温磁电阻效应。该单晶磁性隧道结同时显示了优异的偏压依赖关系，获得了 1V 的室温半高宽偏压值。此外，在该隧道结中采用的 $MgAl_2O_4$势垒(晶格常数 8.07Å)与 bcc-Fe(晶格常数 2.86Å)电极形成近似完美的晶格匹配外延结构。同 Fe 与 MgO 的外延关系一样，Fe(001)电极相对于 $MgAl_2O_4$(001)旋转 45°，晶格失配度仅有 0.2%，远低于 MgO 和 Fe 的失配度(−3%)。Liu 等[53]也尝试了类似的磁性隧道结结构，结果与日本国立研究所的报道类似。这一磁电阻比值已经超过非晶 Al-O，但是与 MgO 相比仍有差距。这类尖晶石势垒是否有进一步提升的空间，是否还有其他的尖晶石势垒有类似性质，能否在提高隧道结质量的同时获得与 MgO 可比拟甚至更高的室温磁电阻，这些是大家目前最关心的问题。

简式为 AB_2O_4的尖晶石材料是一类性质丰富的氧化物材料，具有独特的电学和磁学性质。其中既有非磁性绝缘体如 $MgAl_2O_4$、$ZnAl_2O_4$等，还有$CoFe_2O_4$、$NiFe_2O_4$等亚铁磁结构的铁氧体材料，为纳米结构磁性隧道结的设计提供了多样的选择性。首先，非磁性尖晶石如 $MgAl_2O_4$、$ZnAl_2O_4$、$SiMg_2O_4$等晶格常数在 0.8～0.9nm，与常用铁磁金属电极材料 Fe、Co、FeCo 合金及半金属 Heusler

合金的晶格失配度均很小(<1%)，见表 3.4。

表 3.4　优化计算得到的尖晶石氧化物的晶格常数 a 和氧参数 u 与 FLAPW 计算结果及实验值的比较[54]

尖晶石	a/Å	a_{exp}/Å	a/Å[a]	u	u_{exp}	u[a]	失配度/%
$MgAl_2O_4$	8.054	8.083	8.072	0.390	0.387	0.389	0.25
$ZnAl_2O_4$	8.060	8.086	8.073	0.390	0.389	0.390	0.21
$SiMg_2O_4$	8.041	8.076	8.039	0.369	…	0.369	0.33
$SiZn_2O_4$	8.072	…	8.083	0.369	…	0.368	0.25

注：最右栏为 bcc-Fe(a=2.865Å)电极与尖晶石势垒的晶格适配度[55]；a 参考文献[54]。

最近 Zhang 等[55]采用包含 28 个原子的四方(tetragonal)点阵来计算尖晶石的复能带，参见图 3.22。这四种尖晶石氧化物在[001]方向的复能带结构如图 3.23 所示，对于 $MgAl_2O_4$、$ZnAl_2O_4$ 和 $SiMg_2O_4$ 给出了对输运性质起主要作用的纯虚能带，对于 $SiZn_2O_4$ 同时给出了复数能带。可以看到与 MgO 类似，这四种尖晶石氧化物在能隙中虚部最小的虚能带都具有 Δ_1 对称性。对于 $MgAl_2O_4$、$ZnAl_2O_4$ 和 $SiMg_2O_4$ 势垒，该 Δ_1 虚能带具有类似自由电子的能带色散关系，并且顶部和底部均连接 Δ_1 对称性的实能带。而对于 $SiZn_2O_4$ 情况则不同，该 Δ_1 虚能带的上部与 Δ_1 对称性的实能带相连，而其下部与 Δ_1 对称性的复数能带相连，如图 3.23(d)中虚线所示。

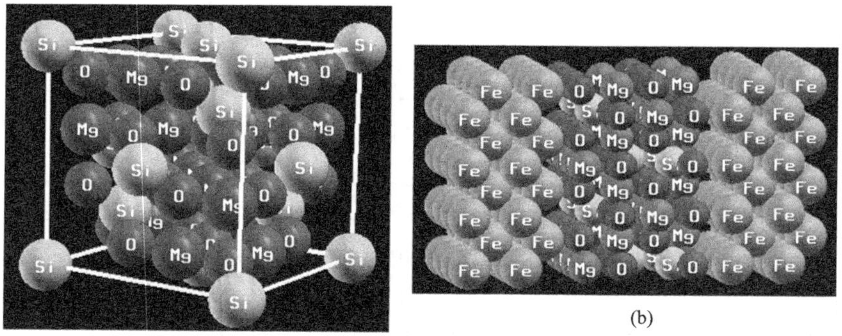

图 3.22　(a)尖晶石结构的 $SiMg_2O_4$；(b)Fe/$SiMg_2O_4$/Fe 隧道结结构示意图[55]

Zhang 等[55]首先从理论上系统研究了几种典型的与铁磁电极晶格匹配的 2-3 型尖晶石材料，如 $MgAl_2O_4$、$ZnAl_2O_4$ 和 2-4 型尖晶石材料 $SiMg_2O_4$、$SiZn_2O_4$ 的复能带结构。计算结果表明这些尖晶石材料的确具有类似于 MgO 的复能带特性，即对 Δ_1 电子有过滤特性，因此采用这类势垒材料的磁性隧道结有可能获得与 MgO 可比拟的甚至更高的磁电阻效应。

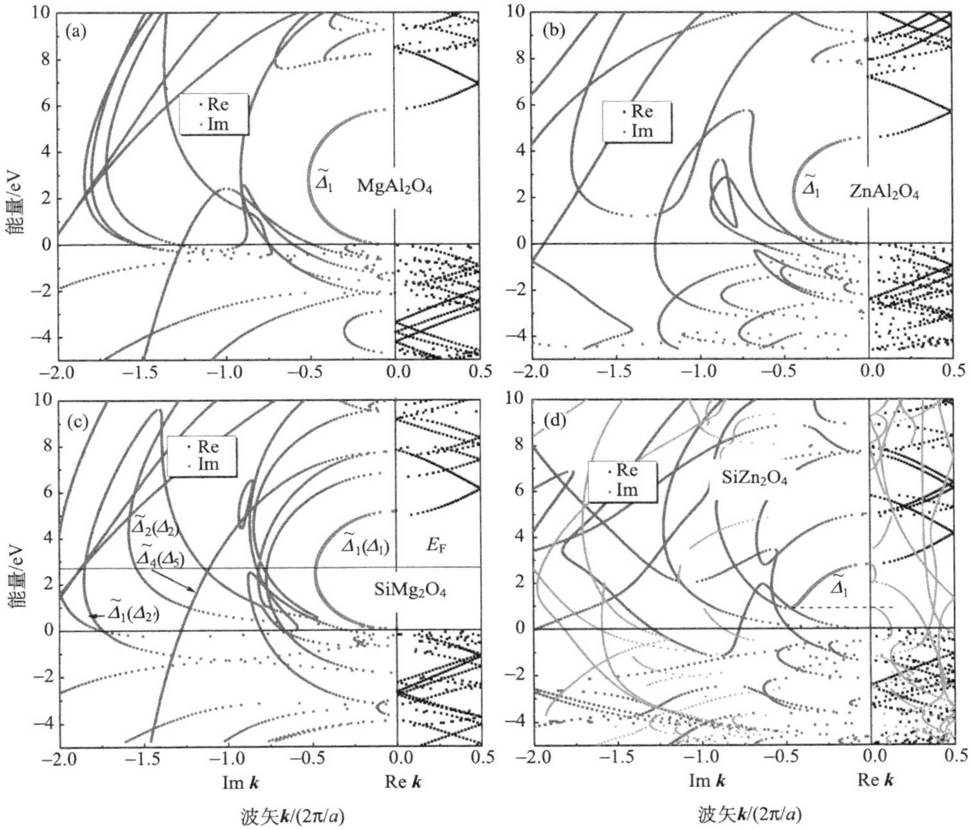

图 3.23(另见彩图)　(a)2-3 型尖晶石 $MgAl_2O_4$ 在[001]方向的复能带结构；(b)2-3 型尖晶石 $ZnAl_2O_4$ 在[001]方向的复能带结构；(c)4-2 型尖晶石 $SiMg_2O_4$ 在[001]方向的复能带结构；(d)4-2 型尖晶石 $SiZn_2O_4$ 在[001]方向的复能带结构。四种代表性尖晶石氧化物[001]方向的复能带结构，其中蓝色代表纯虚能带，黑线代表实能带。从图中可以看出，这几种尖晶石氧化物类似于 MgO，隧穿概率最大的是具有 Δ_1 对称性的电子态[55]

3.2.6　基于有机材料势垒的磁性隧道结

有机自旋电子学是基于有机材料对自旋的注入、调控、输运以及探测等相关内容进行研究的自旋电子学。有机自旋电子学的研究日益受到了广泛的关注，其影响面也在逐渐扩大。其中比较重要的研究内容包括：有机材料/铁磁界面性质的研究；有机复合巨磁电阻多层膜和 GMR 自旋阀结构的研究；有机复合磁性隧道结以及自旋相关电子输运性质的研究；基于有机分子的自旋晶体管和自旋场效应管的研究；有机自旋存储材料及有机自旋随机存储器(organic spin random access memory，ORAM)的研究，等等。

有机材料之所以被用于自旋电子学研究主要是基于它自身的一些优点：有机材料具有机械柔性，价格相对便宜，并且容易大面积的制备；有机材料具有丰富的功能团可调节性，这样可以实现较丰富的物理以及化学性质的调制；有机材料是由原子质量 Z 较轻的 C、H、O、N 等元素构成，由于自旋-轨道耦合强度通常与 Z^4 成正比，所以有机材料中的自旋轨道耦合较弱，此外在有机材料中超精细相互作用也较弱，这样在有机材料中的自旋弛豫时间较长，自旋扩散长度较大，见表 3.5。

表 3.5 有机分子三(8-羟基喹啉)铝(Alq_3)、α-六联噻吩(a-sexithienyl，T_6)以及石墨烯、碳纳米管(MW-CNT)和半导体 GaAs、金属 Cu 以及铁磁性 Co 的自旋长度(λ_s)、自旋弛豫时间(τ_s)，以及电子迁移率(μ)、费米速度(v_F)的比较[56]

材料	λ_s/nm	μ/[m²/(V·s)]	v_F/(m/s)	τ_s/s
Cu	500	—	1×10^6	5×10^{-13}
Co	40	—	1×10^6	4×10^{-14}
GaAs	1×10^5	0.3	—	$1\times10^{-9}\sim1\times10^{-7}$
MW-CNT	130	10	1×10^6	1×10^{-13}
	5×10^4	10	1×10^6	3×10^{-8}
石墨烯	1.5×10^3	0.2	1×10^6	1×10^{-10}
T_6	200	1×10^{-8}	—	1×10^{-6}
Alq_3	45	—	—	—
	5	$1\times10^{-14}\sim1\times10^{-12}$	—	$1\times10^{-2}\sim1$

其实早在有机磁性隧道结以及有机自旋阀等结构出现以前，有机材料已经用在有机晶体管以及有机薄膜太阳能电池等器件之中。在有机自旋电子学的研究中，如有机磁性隧道结，其性能与有机材料和有机层/磁性层界面等因素密切相关。有机薄层一般可以有如下形式：

(1) 有机聚合物。最早关于有机半导体的研究就是针对聚合物电导的提高，并且 2000 年诺贝尔化学奖即颁给了导电聚合物的发现者 A. J. Heeger，A. G. MacDiarmid 以及 H. Shirakawa 三位科学家。

2012 年美国犹他大学的 Nguyen 等[57]基于氘化 DOO-PPV 聚合物制备了自旋发光二极管，他们得到了 1%的磁-电致发光极化率，如图 3.24 所示，并且表明在基于聚合物的有机自旋发光二极管中的工作电压更低，即得到较高的电致发光强度的同时还避免对自旋阀性能造成破坏。事实上先前已在基于 Alq_3 分子的有机自旋阀中成功地制备出有机自旋发光二极管[58]，但是为了得到足够的电致发光强度，其工作偏压要超过 10V，而如此大的偏压会破坏有机自旋阀的性能；

Wohlgenannt 等[59]研究表明，在聚合物中发光的极化率也要高于低聚物。为此人们将 H-DOO-PPV 以及 D-DOO-PPV[57,60]等有机聚合物应用在了有机自旋发光二极管器件研究中。

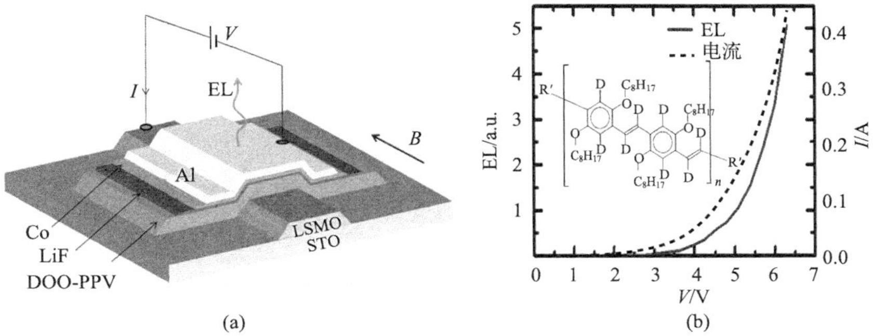

图 3.24　(a)自旋发光二极管结构示意图：LSMP/DOO-PPV/LiF/Co，其中 DOO-PPV 聚合物的厚度为 25nm，1.5nm LiF 缓冲层厚度用来提高电子注入效率；(b)器件的输运 *I-V* 特性以及电致发光-偏压(EL-*V*)特性。该器件工作启动电压为 3.5V，插图为 DOO-PPV 的化学结构[57]

(2) 有机小分子。在基于有机分子的磁性隧道结方面，最早在 2002 年，Dediu 等[61]在基于 T_6 分子为中间层的有机自旋阀中得到了 30％的磁电阻值。2004 年，Xiong 等[62]利用 π 共轭的 Alq_3 有机分子作为中间势垒层，制备了 LSMO/Alq_3/Co 磁性隧道结。他们在 11K 低温下观察到－40％的 TMR 比值，如图 3.25(c)所示。这些工作推动了人们对有机磁性隧道结的制备研究以及对有机自旋电子学的材料、物理和器件应用方面的研究。

(3) 有机单晶体。有一些有机分子半导体分子如红荧烯(rubrene)(图 3.26)、并五苯(pentacene)分子具有类似无机单晶体的结构性质[64]。Burke[65]以及 Raman 等[66]研究了基于红荧烯分子为中间层的有机自旋阀的自旋注入以及输运性质。Raman[66]等在 CoO(1nm)/Co(8nm)/Al_2O_3(0.6nm)/Rub(25nm)/Fe(12nm)结构中观测到了 4.2K 低温下约 7％的磁电阻。

(4) 碳纳米管。1991 年 Iijima 发现了碳纳米管[67]，碳纳米管的载流子速度约为 10^6m/s，其可与金属 Co、Cu 的载流子速度相比拟，且远远比其他有机半导体材料的载流子速度大，见表 3.5；并且碳纳米管中的自旋弛豫时间也较长，所以在碳纳米管中的自旋扩散长度要大于其他的有机半导体材料。1999 年，Tsukagoshi等[68]较早在基于 Co/多壁碳纳米管(MWCNT)/Co 结构中研究了自旋注入以及输运性质，得到了低温下 9％的磁电阻值，该工作推动了基于碳纳米管为中间层(通道)的有机自旋阀的研究工作，见图 3.27 和表 3.6。

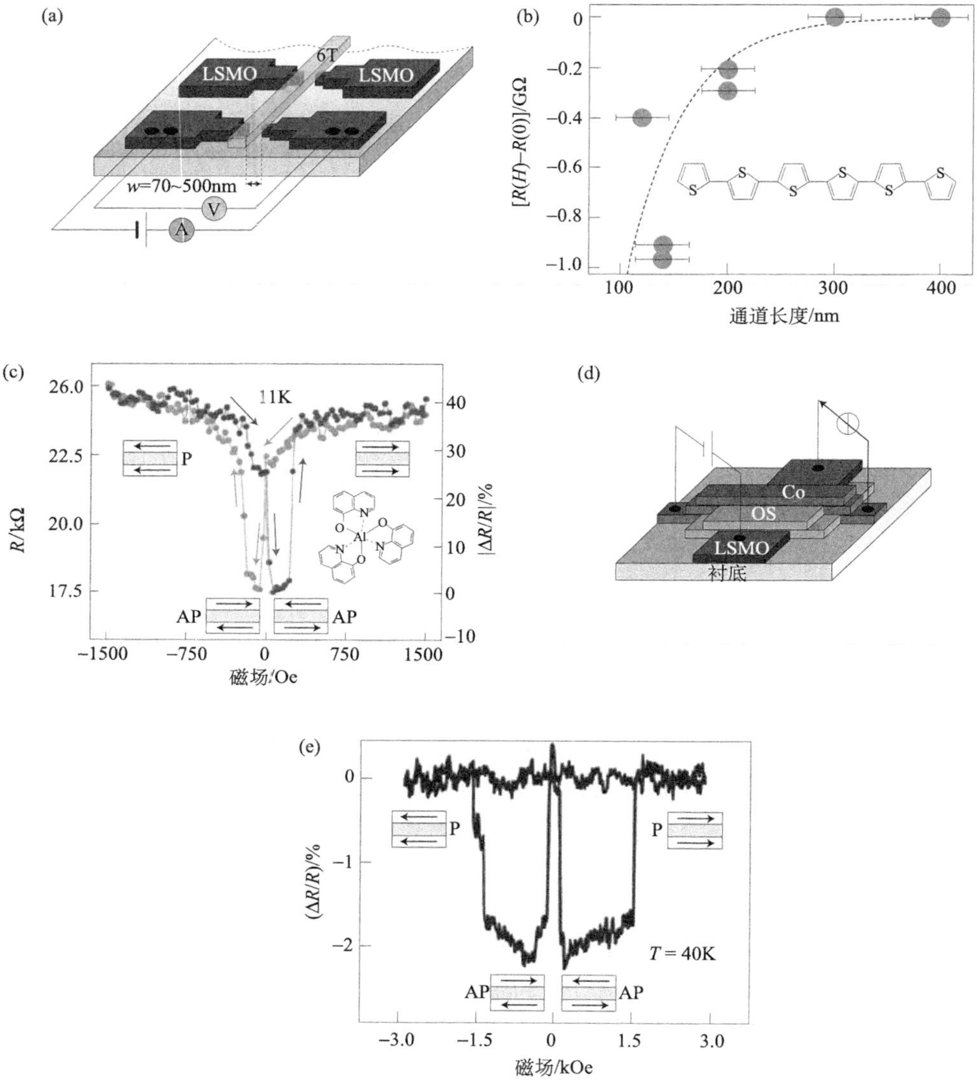

图 3.25　较早发表的有机自旋电子器件实验结果[63]。(a)横向 LSMO/T_6/LSMO 有机自旋电子器件结构，中间有机分子层的宽度为 70～500nm；(b)磁电阻随着有机分子通道长度增加而减小[61]；(c)LSMO(100nm)/Alq_3(130nm)/Co(3.5nm)有机自旋阀结构中电阻随磁场的变化关系，在 11K 低温下得到了−40%的磁电阻比值[62]；(d)常见的纵向有机复合自旋阀式结构，该示意图中用 LSMO 作为底电极、Co 作为顶电极、有机半导体分子(OS)作为中间层；(e)LSMO(20nm)/T_6(100nm)/Al_2O_3(2nm)/Co(20nm)纵向自旋阀结构中 40K 温度下测到的磁电阻

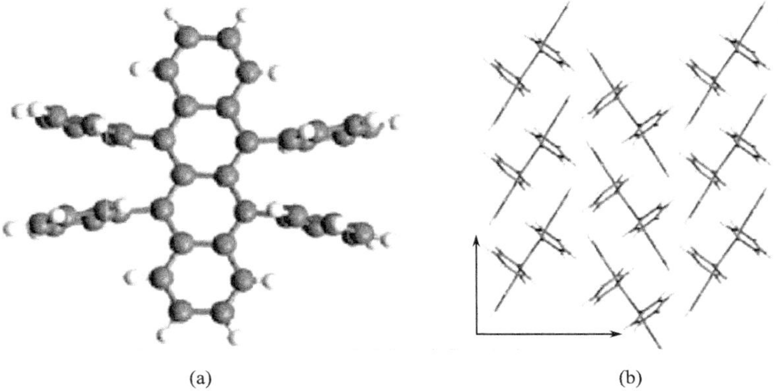

图 3.26　红荧烯分子结构(a)以及晶体构型(b)示意图[64]。
其中黑色球代表 C 原子，白色球代表 H 原子

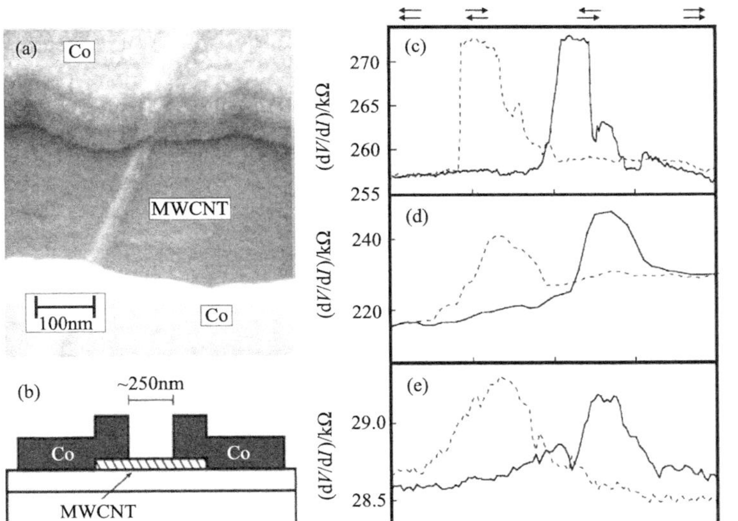

图 3.27　(a)Co/MWCNT/Co 结构扫描电镜图，其中 MWCNT 的直径约为 30nm；(b)结构示意图；(c)～(e)制备的三个样品在外加磁场下的电阻，实线表示从－100mT 到 100mT 施加磁场；虚线表示从 100mT 到－100mT 施加磁场，(c)、(d)和(e)中的样品分别在 4.2K 低温下表现出 6%，9%和 2%的磁电阻[68]

表 3.6 基于碳纳米管为中间层的 FM/MW(SW)/FM 结构中自旋输运性质的研究

CNT	FM 电极	MR/%	T/K	参考文献
MW	Co/Co	+9	4.2	K. Tsukagoshi, et al., *Nature* 401, 572(1999).
MW	Co/Co	−2.5, +9	4.2	S. Chakraborty, et al., *Appl Phys Lett* 83, 1008(2003).
MW	Co/NiFe	−2.2, +0.6	14	D. Orgassa, et al., *Nanotechnology* 12, 281(2001).
MW	Co/Co	+30, −36	4.2	B. Zhao, et al., *Appl Phys Lett* 80, 3144(2002). B. Zhao, et al., *J Appl Phys* 91, 7026(2002).
MW	PdNi/PdNi	−5～+6	1.85	S. Sahoo, et al., *Nature Phys* 1, 99(2005).
MW	LSMO/LSMO	+40	4.2	L. E. Hueso, et al., *Appl Phys Lett* 88, 083120(2007).
MW	LSMO/LSMO	+61	5.0	L. E. Hueso, et al., *Nature* 445, 410(2007).
MW	Co/Co	+3.6	2.5	X. Hoffer, et al., *Europhys Lett* 67, 103(2004).
SW	PdNi/PdNi	−7～+17	1.85	S. Sahoo, et al., *Nature Phys* 1, 99(2005).
SW	LSMO/LSMO	+61	5.0	L. E. Hueso, et al., *Nature* 445, 410(2007).
SW	Co/Co	+2.6	2.0	J. R. Kim, et al., *Phys Rev B* 66, 233401(2002).
SW	Fe/Fe	+100	0.3	A. Jensen, et al., *Mesoscopic Superconductivity and Spintronics*, H. Takayanagi and J Nitta (Singapore: World Scientific), p 33(2003).
SW	(Ga,Mn)As/(Ga,Mn)As	+75	0.3	A. Jensen, et al., *Phys Rev B* 72, 035419(2005).
SW	PdNi/PdNi	+4	4.2	H. T. Man, et al., *Phys Rev B* 73, 241401(R)(2006).
SW	Co/Co	+6	4.2	N. Tombros, et al., *Phys Rev B* 73, 233403(2006).
SW	Ni/Ni	−6～+10	4.2	B. Nagabhirava, et al., *Appl Phys Lett* 88, 023503(2006).

注：其中 MW 代表多壁纳米管，SW 代表单壁纳米管；引自文献[68]表 1 并作了修订。

3.2.7 基于半导体材料势垒的磁性隧道结

在磁半导体隧道结方面，Hayashi 等[69]制备出了 AlAs 势垒层的磁半导体隧道结，在低温下获得约为 44%的隧穿磁电阻比值，如图 3.28 所示。但是，磁电阻曲线无法给出很好的反平行电阻平台，因此这很可能不是真正的自旋阀磁电阻效应。2000 年，Chiba 等[70]制备了相同势垒层的隧道结结构，并在 4.2K 下得到了 5.5%的隧穿磁电阻比值。在磁电阻曲线中，可以清楚地看到平行态和反平行态。

Tanaka 等[71]使用 GaAs/AlAs/GaAs 复合势垒层成功地制备出低温隧穿磁电阻比值大于 70%的(Ga,Mn)As/AlAs/(Ga,Mn)As 结构磁性隧道结，如图 3.29所示。在这种结构中，AlAs 为主要的隧穿势垒，而 GaAs 可以起到防止

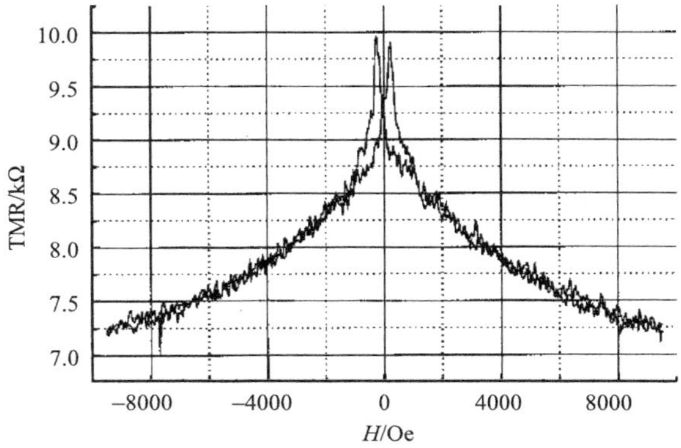

图 3.28　GaMnAs/AlAs/GaMnAs 磁性隧道结 4.2K 低温下的隧穿磁电阻[69]

Mn 原子扩散到势垒中而影响势垒高度的作用。2002 年，Sugahara 等在[72]在 MnAs/AlAs/MnAs 中得到了在 10K 低温下 1.4%的磁电阻。2004 年，Chiba 等[73]利用 6nm GaAs 作为势垒层，其势垒高度为 0.1eV，在 0.39K 低温下得到了 290%的隧穿磁电阻比值。但 GaAs 作为势垒，当其厚度减小时，两边磁层会

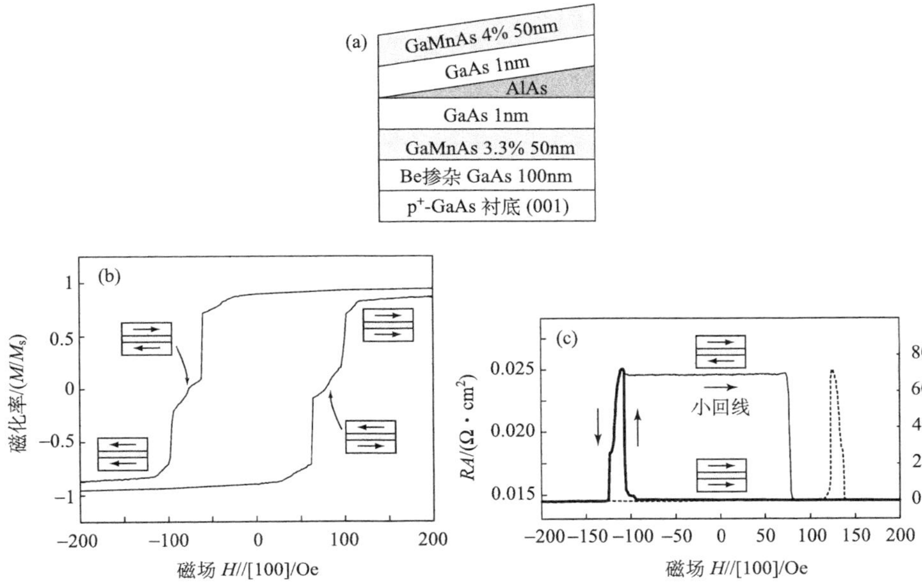

图 3.29　(Ga，Mn)As/AlAs/(Ga，Mn)As 楔形磁性半导体隧道结结构示意图(a)；8K 下 SQUID 测量的磁滞回线图(b)；在 8K 时的隧穿磁电阻曲线(c)。粗实线(虚线)代表磁场从正方向(负方向)饱和磁化状态改变到负方向(正方向)饱和磁化状态下的磁电阻变化曲线，细实线代表小回线[71]

发生耦合，而很难形成好的平行态和反平行态。Saito 等[74]利用 ZnSe 作为势垒，制备了(Ga,Mn)As 磁性隧道结，在低温下得到了 100%的隧穿磁电阻比值。2006 年，Elsen 等[75]在(Ga,Mn)As/(In,Ga)As/(Ga,Mn)As 中得到了 150%的隧穿磁电阻比值，并实现了自旋转移力矩翻转自由层。2008 年，Watanabe 等在 GaMnAs/GaAs/GaMnAs/GaAs/GaMnAs 结构中在 15K 低温下得到了 150%的磁电阻[76]。

3.2.8 基于其他势垒的磁性隧道结

非晶 Al-O 势垒以及单晶 MgO 势垒磁性隧道结在自旋电子学的不断发展中扮演了极其重要的角色。事实上在磁性隧道结的研究过程中，人们为了得到更好的物理性质，如更高的 TMR 比值、更小的 *RA* 值等，一直在尝试着新的势垒材料。

在基于氧化物的势垒材料方面，1982 年，Suezawa 等[77]在基于 Ni-O 势垒的磁性隧道结中，得到了 4.2K 低温下 2.5%的 TMR 比值。1992 年，Nowak 等[78]在 Gd/Gd-O/Fe 以及 Fe/Gd-O/Fe 隧道结中得到了 4.2K 低温下 5.6%及 7.7%的 TMR 比值。1996 年 Platt[79]等在 Fe/HfO_2/Co 磁性隧道结中，观测到了在 30K 低温下达 30%的 TMR 比值，如图 3.30 所示。此外，2006 年 Fujitsu 公司[16]鉴于 Ti-O 势垒材料的磁性隧道结有较低的 *RA* 值，适合于在磁读头器件中的应用，制备了 CoFe/Ti-O/CoFe 磁性隧道结，在室温下观测到大于 15%的 MR 比值，如图 3.14 所示。

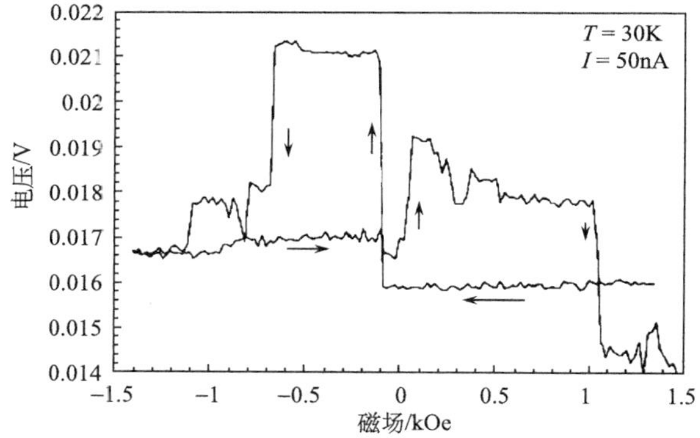

图 3.30　在 Fe/HfO_2/Co 磁性隧道结中 30K 低温下观测到 30%的 TMR 比值[79]

3.3 磁性隧道结中常用电极材料

3.2 节中综述了磁性隧道结中的势垒材料以及基于其结构的自旋输运性质，

磁性隧道结是由磁性电极和势垒材料共同组成的，因此磁性隧道结中隧穿磁电阻的大小与铁磁电极以及势垒材料的选取密切相关。在磁性隧道结的发展历程中，人们对铁磁电极和势垒材料的研究是逐步递进和提高的。本节将分别介绍具有高自旋极化率的铁磁电极材料、半金属材料、稀磁半导体或半磁半导体电极材料等。

3.3.1　基于单质铁磁金属材料的磁性隧道结

对于隧穿磁电阻现象，人们最早利用 Julliére 唯象模型分析，并与非晶 AlO 势垒层磁性隧道结的实验结果符合得很好。从该模型可以看出磁性层的自旋极化率 P 决定了 TMR 比值的大小，因此选用高自旋极化率的铁磁材料是制备高性能磁性隧道结的关键。人们在随后的实验中寻找高自旋极化率的材料，利用各种手段对不同磁性材料的有效自旋极化率进行了测量。铁磁元素原子如 Fe、Co、Ni 等，其外层为 3d 和 4s 电子。由于交换相互作用其 d 电子自旋向上的子带与自旋向下的子带发生相对位移使其态密度不相等，两子带的占据电子之差正比于磁矩，s 电子成为自由电子。尽管在费米面处还有受劈裂影响较少的 s 电子和 p 电子，但是由于费米面处自旋向上和自旋向下 d 电子的态密度相差很大，一般铁磁性金属的传导电子极化率在 30%～50%。研究人员对铁磁性材料进行了长期的优化，目前常用的单质铁磁金属材料包括 Fe、Co 和 Ni 等，表 3.1列出了一些铁磁单质金属的自旋极化率。

3.3.2　基于高自旋极化率铁磁金属合金材料的磁性隧道结

通过对铁磁性材料的不断优化，目前常用的材料已从传统的 Fe、Co 和 Ni 单质材料，发展为具有高自旋极化率的多晶 NiFe 和 CoFe 合金及非晶 CoFeB 合金材料。其中，非晶 CoFeB 合金材料在 AlO 势垒和 MgO 势垒的磁性隧道结中都有着独特的性能，可以获得高隧穿磁电阻比值，从而得到了人们的青睐。表 3.1列出一些合金材料的自旋极化率。

然而对于常用的具有高自旋极化率的磁性材料，如 Co、Fe、CoFe 和 CoFeB 等，都具有很大的磁致伸缩系数。目前在 Al-O 和 Ti-O 等非晶势垒磁性隧道结中主要的解决方法是采用由一层高自旋极化率的磁性层(如 CoFe)和磁致伸缩系数为零的 NiFe 层复合的自由层结构。在 MgO 势垒磁性隧道结中，由于 CoFeB 在后期退火过程中结晶成的 bcc 结构对于其获得高的 TMR 比值很重要，参见图 3.31，而和 NiFe 复合的 CoFeB 会在退火中结晶成 fcc 结构不利于 TMR 比值的提高，因此在 MgO 势垒磁性隧道结中，一般情况下仅用 CoFeB 单磁性层作为自由层，或者可以用 CoFeB/Ru/NiFe 等人工耦合层来作自由层。2008 年，Ikeda 等在 CoFeB/MgO/CoFeB 磁性隧道结中得到了室温下高达 604%、5K 低温下高达 1144%的 TMR 比值[25]，是目前报道的 MgO 单势垒磁性隧道结的最高 TMR 比值纪录。

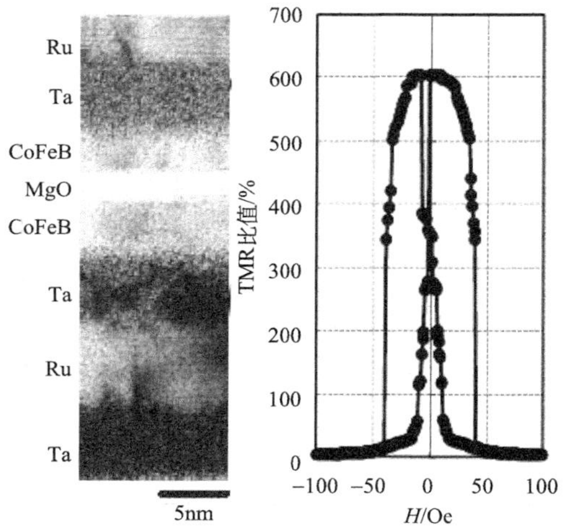

图 3.31　CoFeB/MgO/CoFeB 磁性隧道结的 TEM 照片(a)与室温下的磁电阻曲线(b)[25]

3.3.3　具有高自旋极化率的半金属电极材料

过去十几年里，对于传导电子自旋极化率的调制进行了大量的研究工作[80]。半金属铁磁性材料在费米能级处，只存在一种自旋方向的电子，使其电子在费米能级具有 100%的自旋极化率[81]。为此，在自旋电子学中，半金属铁磁性材料是非常重要的[82]。其中 Co 基的 Heusler 合金(Co_2YZ，其中 Y 是一种过渡金属元素，Z 是一种主族元素)尤为重要。理论工作表明这类半金属合金中可能存在较高的居里温度[83-85]，有的甚至超过室温，这对其在器件中的应用至关重要。而且，该类 Heusler 合金与 MgO 晶格失配度很小，在目前和今后磁性隧道结的研究中会继续占据一个重要的位置[86]。在磁性隧道结[87-93]、自旋阀结构[94-97]，以及在自旋电子向半导体注入相关研究中[98,99]，半金属合金都曾被用作铁磁性电极。

2006 年，Ishikawa 等[91]外延生长了以 Co_2MnSi(CMS)为底部磁性电极、MgO 为势垒、$Co_{50}Fe_{50}$ 为顶部磁性电极的隧道结，其结构为：MgO 缓冲层(10nm)/Co_2MnSi(50nm)/MgO(2.4nm)/$Co_{50}Fe_{50}$(3.5nm)/Ru(0.8nm)/$Co_{90}Fe_{10}$(2nm)/$Ir_{21.5}Mn_{78.5}$(10nm)/Ru(5nm)。当时，他们在室温下观察到了 90%的 TMR 比值，在 4.2K 低温下得到了 192%的 TMR 比值，如图 3.32 所示。

2007 年，Tezuka 等[100]以 $Co_2FeAl_{0.5}Si_{0.5}$ Heusler 合金为磁性电极，制备了结构为$Co_2FeAl_{0.5}Si_{0.5}$(30nm)/MgO(t_{MgO})/$Co_2FeAl_{0.5}Si_{0.5}$(5nm)/$Co_{75}Fe_{25}$(3nm)/

$Ir_{22}Mn_{78}$(15nm)/Ta 的磁性隧道结，其中 $t_{MgO}=1.5\sim2.5$nm。他们在制备态的磁性隧道结中，得到了室温下 220%的 TMR 比值，低温下 TMR 比值为 390%，如图 3.33 所示[100]。利用 Julliére 模型[1]得到室温下隧穿电子的自旋极化率为 0.72，5K 低温下隧穿电子的自旋极化率为 0.81。对磁性隧道结进行退火处理，随着退火温度的增加 TMR 比值也增加，当退火温度超过 430°C，TMR 比值开始减小，他们证明了 $L2_1$-$Co_2FeAl_{0.5}Si_{0.5}$ 作为上下铁磁性电极成功生长出了基于 MgO 势垒的磁性隧道结，并且经过适当的退火热处理后，在该类磁性隧道结中能够表现出较高的隧穿电子极化率以及较高的 TMR 比值。

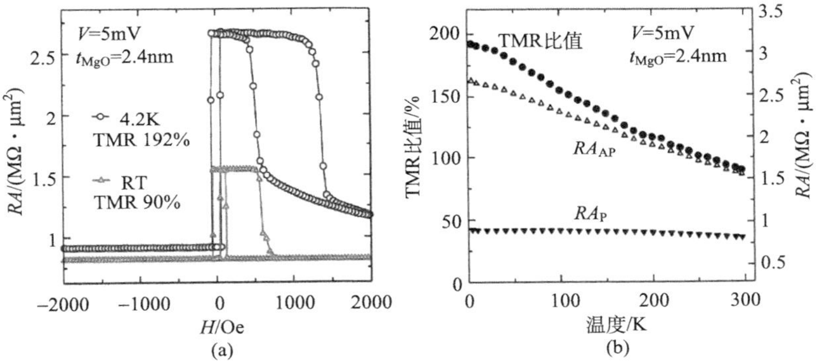

图 3.32　在 $Co_2MnSi/MgO/Co_{50}Fe_{50}$ MTJ 中，外加偏压 5mV，在室温以及 4.2K 下，电阻随磁场的变化关系(a)；TMR 比值以及 RA_P 和 RA_{AP} 随温度变化的关系(b)[91]

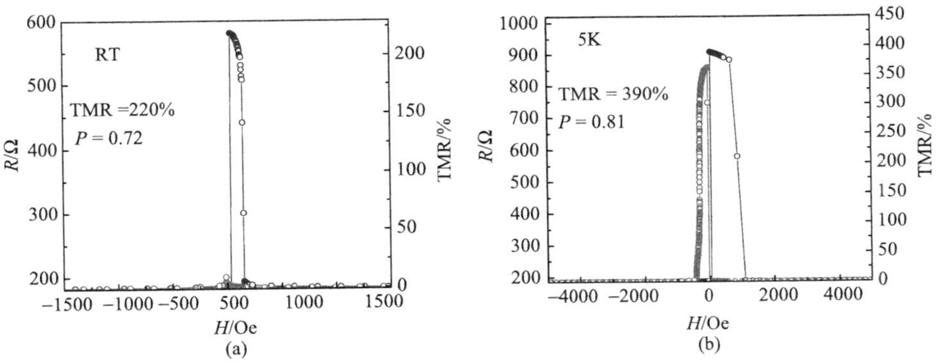

图 3.33　以 $Co_2FeAl_{0.5}Si_{0.5}$ 为上下层磁性电极、MgO 为势垒层的隧道结中，室温下(a)以及 5K 低温下(b)磁电阻随磁场的变化关系[100]

此后，在 2008 年，Tsunegi 等在基于 Co_2MnSi Heusler 合金为磁性电极的隧道结中，在 2K 低温下得到了高达 753%的 TMR 比值，在室温下得到高达

217%的 TMR 比值。生长的结构为：MgO 衬底/Cr(40nm)/Co_2MnSi(30nm)/MgO(2～2.5nm)/$Co_{50}Fe_{50}$(5nm)/IrMn(10nm)/Ta(5nm)。图 3.34 为其生长的磁性隧道结经过退火热处理后，TMR 比值与退火温度的关系。在经过 475°C 退火后能够得到较高的 TMR 比值[101]。图 3.35 给出了 Co_2MnSi/MgO/$Co_{50}Fe_{50}$与 Co_2MnSi/Al-O/$Co_{50}Fe_{50}$磁性隧道结以及 CoFeB/MgO/CoFeB 磁性隧道结 TMR 比值的比较。表明 Co_2MnSi 在以 MgO 以及 Al-O 为势垒的隧道结中均有 TMR 效应，并且对于以 MgO 为势垒的磁性隧道结，Co_2MnSi/MgO/$Co_{50}Fe_{50}$磁性隧道结的 TMR 比值要比 CoFeB/MgO/CoFeB 的高。

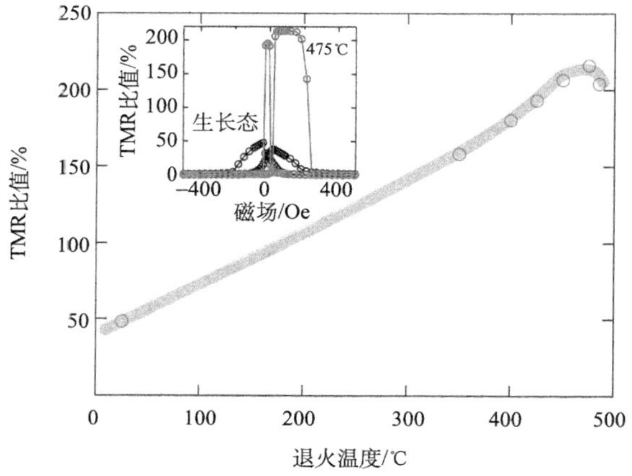

图 3.34　TMR 比值随退火温度的变化关系。插图给出了退火前(黑色曲线)以及在 T_a=475℃退火后的 TMR 比值随磁场的变化关系[101]

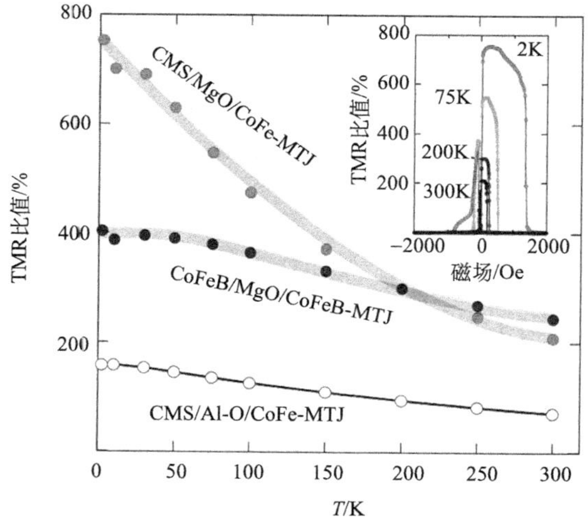

图 3.35　以 Co_2FeAl 为铁磁电极的磁性隧道结中的磁电阻对温度的依赖关系[101]

另外，实验表明半金属磁性隧道结在低温下显示出了很高的磁电阻比值，但是随着温度的上升，磁电阻会很快地下降。怎样减弱这种强的温度依赖关系，在室温下获得巨大隧穿磁电阻是研究人员面临的难点问题。在电流诱导的磁化翻转研究方面，半金属磁性电极由于具有较低的饱和磁化强度以及很低的阻尼常数，因此在半金属磁性隧道结中有可能实现 $10^5\,A/cm^2$ 的磁化翻转临界电流密度。

2012 年，Yamamoto 等[102]在基于 $Co_2Mn_\alpha Si$ 及 $Co_2Mn_\alpha Ge$ Heusler 合金为铁磁性电极的 MgO 磁性隧道结中，研究了 Mn 成分变化对 TMR 比值的影响。他们在 Mn 成分 $\alpha=1.29$ 的情况下，得到了室温下 236%、4.2K 低温下 1135%的 TMR 比值，如图 3.36 所示。

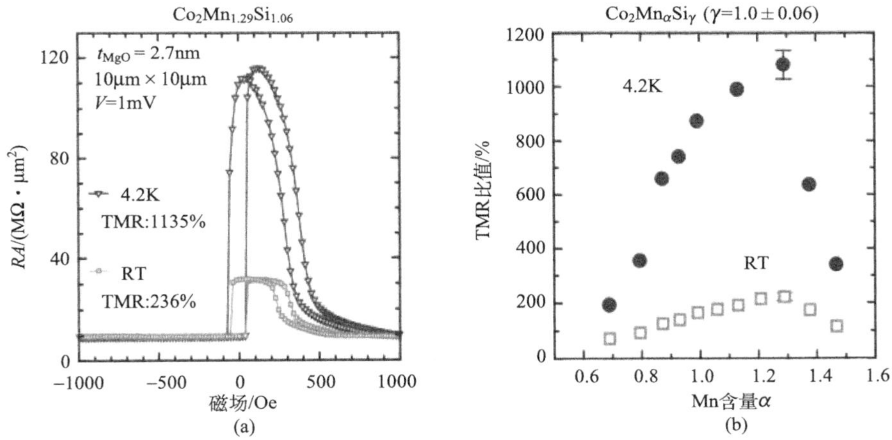

图 3.36　在 CMS/MgO(2.7nm)/CMS 磁性隧道结中，在室温以及 4.2K 低温下 *RA* 随磁场的变化关系(a)；对于 $Co_2Mn_\alpha Si_\gamma/MgO/Co_2Mn_\alpha Si_\gamma$($\gamma=1.0\pm0.6$)磁性隧道结，在室温以及 4.2K 低温下，TMR 比值随 Mn 含量变化的关系(b)[102]

3.3.4　基于垂直磁各向异性磁电极材料的磁性隧道结

随着磁存储密度的提高，相邻磁存储单元之间的距离变小，而磁单元之间的静磁相互作用是一个长程力，因此存储单元之间的静磁耦合会对信息的存储产生干扰，其解决办法之一就是使用具有垂直各向异性的铁磁性薄膜材料代替面内磁化的材料来作为存储单元。超高密度垂直磁记录介质及其磁硬盘的商业化，就是垂直各向异性铁磁材料应用的典型范例。

为了进一步降低磁化翻转的临界电流密度，人们从临界电流的理论公式中发现可以改变自由层的形状各向异性场。当利用垂直各向异性的磁性材料作为自由层时，理论上将不存在 $2\pi M_s$项，而形状各向异性场 H_k成为 $H_k-4\pi M_s$，所以当选择合适的材料作为磁性隧道结的自由层时，由于减小了 $2\pi M_s$对电流的贡献，有望进一步降低临界电流密度。以垂直各向异性铁磁薄膜材料作为磁性隧道结的铁磁电极，有利于元器件的热稳定性，而且可以进一步减小自旋极化电流诱导磁化翻转的临界电流密度[103-106]，从而降低元器件的功耗，进一步实现与半导体工艺的兼容。然而，目前基于垂直磁各向异性铁磁电极薄膜材料的磁性隧道结磁电阻与普通面内各向异性磁性隧道结磁电阻相比，其 TMR 比值还较小，造成这种磁电阻下降的主要原因有：这种具有垂直磁各向异性的磁性薄膜材料在磁性隧道结势垒层界面处的自旋极化率较小，界面附近自旋轨道耦合导致的自旋散射较强等。人们对具有垂直各向异性的磁性隧道结铁磁电极材料正进行着逐步的尝试和优化，目前是一个非常重要和热门的研究课题。

在 2008 年的 Intermag 会议上 Yoshikawa 等[107]公布了以 FePt 为铁磁层、以 MgO 为势垒的具有垂直各向异性的磁性隧道结的最新结果，其隧穿磁电阻达到了 110%。在同年的 IEDM 会议上他们制备的具有同样结构的结区为 50nm 的磁性隧道结，其隧穿磁电阻超过了 100%，同时临界电流达到了 49μA，在垂直磁性隧道结领域实现了突破性的进展。这一进展也使得具有垂直各向异性的磁随机存储器 MRAM 向着实用化方向迈出了关键的一步。

2008 年，日本东芝公司的 Nakayama 等[108]在结构为 TbCoFe/CoFeB/MgO/CoFeB/TbCoFe 的磁性隧道结中观察到了 15%的隧穿磁电阻，实现了极化电流驱动，如图 3.37 所示。同年，Ohmori 等[109]在以 GdFeCo 和 TbFeCo 为铁磁层、以 MgO 为势垒层的磁性隧道结中观察到了 64%的隧穿磁电阻。

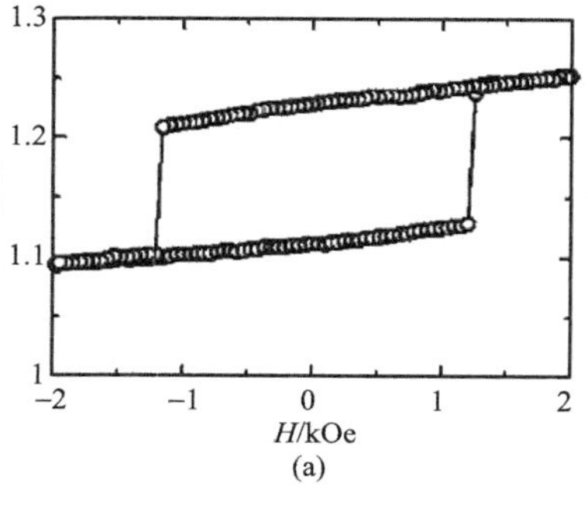

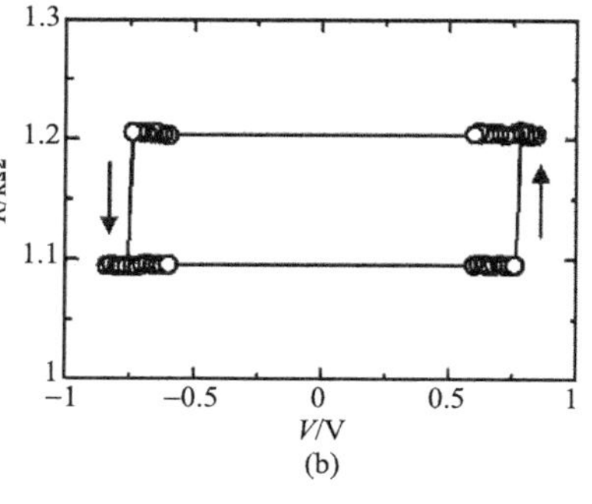

图 3.37 具有 TbCoFe/CoFeB/MgO/CoFeB/TbCoFe 结构的垂直磁性隧道结的磁场驱动曲线(a)和电流驱动曲线(b)[108]

2008 年，Kim 等[110]利用 $L1_0$-CoPt 磁性电极制备了 CoPt/MgO/CoPt 垂直磁性隧道结，得到了室温下为 6%、低温下为 13%的 TMR 比值，如图 3.38 所示。随后，2009 年，Watanabe 等[111]基于 CoCrPt 垂直各向异性材料制备了磁性隧道结，得到了室温下为 6%的 TMR 比值。Park 等[112]利用 CoFe/Pd 多层材料为磁性电极，在该类磁性隧道结中，得到了 3%的 TMR 比值。2009 年，Mizunuma 等[113]也对以 MgO 为势垒，CoFe/Pd 多层材料为磁性电极的隧道结进行了研究，他们通过优化退火条件，经过 200℃ 的退火处理后，在室温下得到了 78%的 TMR 比值。

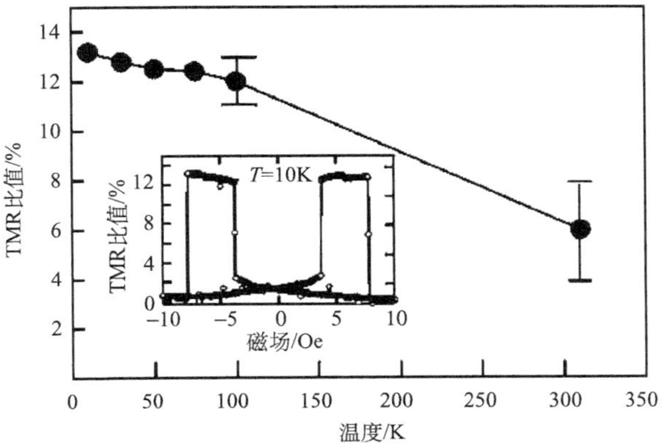

图 3.38　基于 CoPt 为上下磁性电极的垂直隧道结中，TMR 比值随温度的变化，插图中给出了 10K 低温下 TMR 比值随磁场的变化[110]

2010 年，Ohno 研究组[114]报道了 Ta/CoFeB/MgO 垂直各向异性结构，当 CoFeB 薄膜厚度小于 1.5nm 时具有垂直磁各向异性，并以此作为磁电极制备了垂直磁化的 MgO 磁性隧道结，获得了高达 120%的 TMR 比值，如图 3.39 所示。CoFeB/MgO 界面各向异性是它具有垂直磁各向异性的关键。由于 CoFeB 合金材料具有高自旋极化率，因而以 CoFeB 作为垂直磁化磁性电极的磁性隧道结有望进一步降低自旋极化电流诱导磁化翻转的临界电流密度。随后研究人员重复了上述结果并指出 Ta/MgO 的界面对于 CoFeB 的垂直磁各向异性有很重要的作用，用 Ru 取代 Ta 对于同样厚度的 CoFeB 就没有垂直磁各向异性。随后，Wang 等[115]、Sato 等[116]以及后来更多的研究人员对界面诱导的 CoFeB 垂直磁各向异性做了细致的研究。

3.3.5　基于稀磁半导体电极材料的磁性隧道结

半导体材料在信息工业技术中扮演了重要角色，为此人们也对半导体中自旋电子学以及基于磁性半导体为电极的磁性隧道结开展了研究。如果可以在半导体中对电荷自旋进行操纵，人们便可以在一种材料里实现信息的存储、逻辑运算和通信的目的。这将对未来的信息技术产生深远的影响，并带来巨大的经济利益。

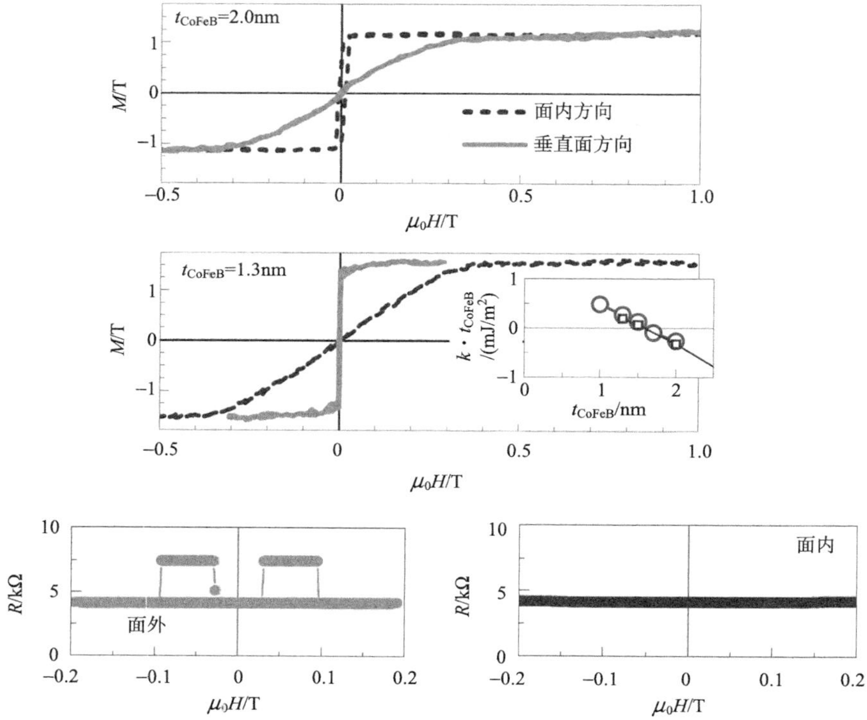

图 3.39　CoFeB/MgO 材料的垂直磁各向异性以及垂直磁化磁性隧道结的磁电阻曲线[114]

通过对半导体进行磁性掺杂，可以在半导体中引入自旋自由度，并对其进行操纵。人们已经对不同种类的磁性半导体进行了研究，而(Ga,Mn)As 是能够被人们很好理解的一种有代表性的稀磁半导体。1996 年日本科学家 Ohno 等[117]首次采用低温分子束外延(LT-MBE)生长出居里温度(T_C)为 110K、具有铁磁性特征的(Ga,Mn)As 薄膜材料，人们已经对(Ga,Mn)As 等稀磁半导体材料进行了广泛的研究。2009 年，Chen 等已经成功地优化出 T_C为 191K 的(Ga,Mn)As 薄膜材料[118]。

为了实现半导体中的自旋信号的探测，人们提出了和金属磁性隧道结结构类似的(Ga,Mn)As/势垒层/(Ga,Mn)As 磁性半导体隧道结。在这个结构中，其中一层磁性半导体作为自旋注入层，而另外一层磁性半导体层作为自旋探测层，通过隧穿磁电阻效应，可以研究该磁性半导体隧道结的自旋输运特性。另外，为了实现更有效的自旋注入，人们又设计和研究了铁磁金属/势垒层/(Ga,Mn)As 半导体复合磁性隧道结。铁磁金属由于具有更高的居里温度 T_C，因此，有望在半导体复合磁性隧道结中实现更高温度下的自旋注入和探测。磁性半导体隧道结有很多的优点，例如，①高质量的磁性半导体隧道结很容易集成到半导体材料及器件上；②结构参数和能带参数可以通过掺杂来进行调整；③可以生长出具有高质量结构和界面的异质结构，进而产生更丰富的量子效应。1999 年，日本东京大学 Hayashi 等首次制备出稀磁半导体隧道结，并在低温下获得约为 44%的隧穿磁电阻比值[69]。两年后，他们成功地制备出低温 TMR 比值大于 70%的磁性隧道结[71]。在 AlAs 作为势垒的磁性隧道结中，Chiba 等在 0.39K 低温下得到了 290%的 TMR 比值[73]。但随着隧道结两端偏压的升高，TMR 比值快速地下降。和磁性金属隧道结相比，磁性半导体隧道结的 $V_{1/2}$(TMR 比值下降到最大值一半时的偏压)要小很多。对于这种现象可以进行定性解释：磁性半导体(Ga,Mn)As 的载流子的浓度为 $10^{19}\sim10^{21}\,cm^{-3}$，因此费米面大概在 100mV 量级。当所加偏压增加，并且大于费米能级时，另外一边电极的自旋极化未占据态数量减小，进而导致 TMR 比值的减小。利用 ZnSe 作为势垒的(Ga,Mn)As 磁性半导体隧道结，Saito 等[74]在低温下得到了 100%的 TMR 比值。这表明，尽管Ⅲ-Ⅴ/Ⅱ-Ⅵ族半导体薄膜材料的界面处有一定的晶格失配，但也可以制备出相对高质量的界面。

铁磁性金属由于具有很高的 T_C，更有利于用于高效率的自旋注入，因此人们设计和制备了铁磁金属作为自旋注入源的铁磁金属/势垒层/磁性半导体的复合磁性隧道结。其中，势垒层的插入可以有效地避免所谓的金属和半导体电导不匹配所带来的自旋注入效率降低的问题[119]。2002 年，Chun 等在 MBE 生长的(Ga,Mn)As/AlAs/MnAs 结构中，首次证明了磁性半导体和铁磁金属之间有效的自旋极化隧穿[120]，并在 5K 得到了接近 40%的 TMR 比值。实验表明，金属可以通过势垒层向半导体中进行有效应的自旋注入。之后，日本 Ando 研究组对不同的势垒结构进行了研究，在 Fe/ZnSe/GaMnAs 复合隧道结中，在 2K 时得到了 38%的 TMR 比值[121]。他们又先后对 AlAs、GaAs、ZnTe 和 MgO 等各种势垒进行了研究，并在 2K 分别得到了 38%、11%、8%和 1%的 TMR 比值[122]。实验结果表明，较小的晶格失配是获得高 TMR 比值的重要因素。

另外，界面处由于扩散而导致的 Mn 析出，有可能导致 TMR 比值的显著降低。2008 年，Saito 等[123]利用非晶势垒 GaO_x，在 6K 低温下，将 F/I/S 半导体复合磁性隧道结的 TMR 比值提高到 58%，如图 3.40 所示。这是目

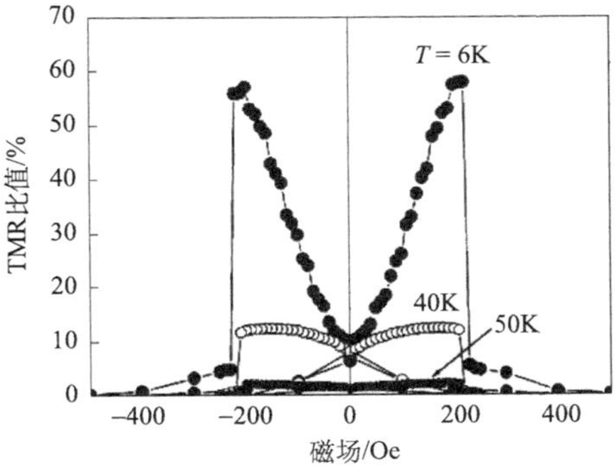

图 3.40　Fe/GaO_x/(Ga,Mn)As 复合磁性隧道结的磁电阻曲线。测量温度分别为 6K、40K 和 50K，测量电压为 5mV[123]

前在 F/I/S 复合隧道结中得到的最高的 TMR 比值。

中国科学院物理研究所韩秀峰课题组和中国科学院半导体研究所赵建华课题组结合各自的铁磁性隧道结薄膜和磁性半导体薄膜的现有生长设备，针对 F/I/S 半导体复合磁性隧道结进行了合作研究。2008 年，他们利用高自旋极化率非晶磁性金属 CoFeB 和 GaAs 势垒实现了铁磁金属向磁性半导体薄膜中的自旋注入[124]。在此(Ga,Mn)As/GaAs/CoFeB 半导体复合磁性隧道结中，在 2K 低温下观测到了 3.8%的 TMR 比值，如图 3.41 所示。

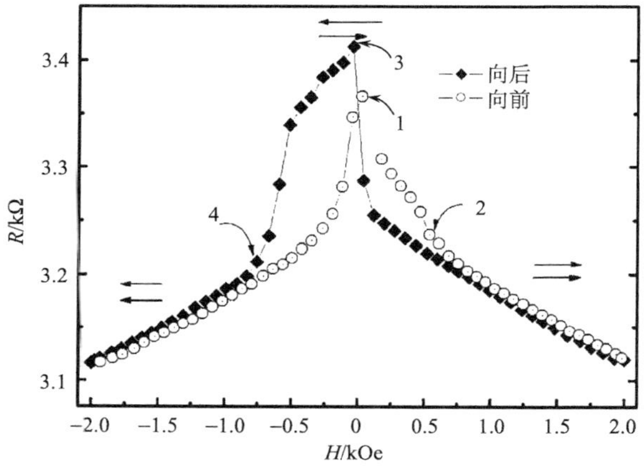

图 3.41 稀磁半导体复合磁性隧道中的结电阻和磁场的依赖关系。其中，磁场范围为±2000Oe 之间，温度为 2K，箭头 1～4 指出了相应的翻转场[124]

在该复合磁性隧道结中，电阻强烈地依赖于温度，如图 3.42 所示。在(Ga,Mn)As/AlAs/MnAs 半导体外延复合磁性隧道结中，也发现其电阻具有很强的温度依赖特征，考虑到(Ga,Mn)As 在所测得的结电阻中仅占很小的比例，结电阻主要来自于 CoFeB/GaAs/(Ga,Mn)As 结构中两边铁磁电极通过 GaAs 势垒时的隧穿结电阻。除了温度的影响外，偏压以及外加磁场都能显著改变电阻的大小，这说明该类复合结构中的隧穿过程不同于传统的“金属/绝缘体/金属”结构，这主要是由于半导体和金属具有完全不同的能带结构，(Ga,Mn)As 的费米能量大约为 0.1eV，而室温的热能(0.026eV)与此相当。结电阻的温度依赖关系可以从(Ga,Mn)As 的能带结构中得到启示和理解，结电阻显著的偏压依赖关系也和(Ga,Mn)As 能带特征有关，由于(Ga,Mn)As 的费米能级只有约 100meV，即使是小的偏压，电阻也能明显减小。在该复合结构中，除了电阻表现出很强的偏压依赖关系，隧穿磁电阻也表现出很强的偏压依赖关系。和(Ga,Mn)As 磁性半导体隧道结相似，半导体复合磁性隧道结的 $V_{1/2}$ 值同样远低于普通过渡金属磁性隧道结的 $V_{1/2}$ 值。

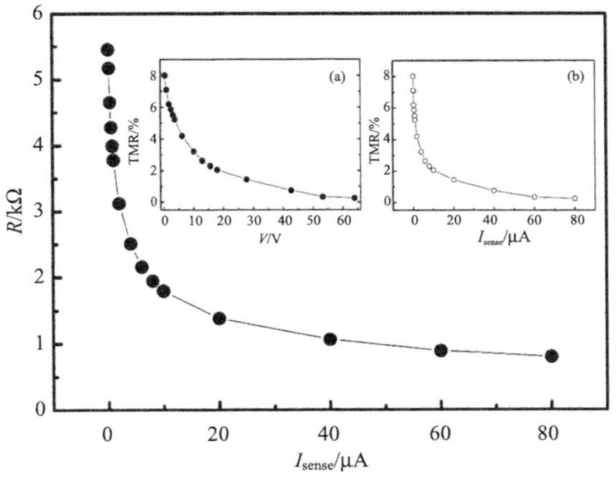

图 3.42　零场时电阻和所加电流的依赖关系。插图(a)为 TMR 比值和外加偏压的依赖关系，插图(b)为 TMR 比值和外加电流的依赖关系[124]

此后他们还合作研究了利用非晶 AlO_x 作为势垒层的半导体复合磁性隧道结(Ga,Mn)As/AlO_x/CoFeB[125]。实验表明，该复合隧道结的磁电阻随着探测电流的增加急剧降低，TMR 比值也表现出类似的变化趋势，$V_{1/2}$ 仅为 2.6mV，甚至低于上节提到的以 GaAs 为势垒的复合磁性隧道结的 $V_{1/2}$ 值。初步分析认为这与(Ga,Mn)As 的能带结构(或者说电子态)有关。从电阻温度关系曲线中可以看出，制备态的(Ga,Mn)As 晶体质量不是很好，低温下空穴载流子浓度更低，对应的费米能级更小(Mn 浓度为 5%，晶体质量较好的情况下费米能级约为 100meV)，造成载流子浓度降低的原因主要是间隙 Mn 和反位 As 均提供两个自由电子，补偿了部分自由空穴。空穴浓度降低又导致局域磁矩之间的铁磁交换作用减弱，磁无序度增加。

目前，在这样一类的异质结构中得到的 TMR 比值还是比较低的。主要原因可能是通过分子束(MBE)方法外延生长的(Ga,Mn)As 薄膜样品在从 MBE 系统中取出转移到磁控溅射系统中的过程中，由于暴露在大气环境中，(Ga,Mn)As 表面受到了空气中氧和水分子等杂质的吸附和污染。如果是采用高真空相连接的样品制备系统，可以避免(Ga,Mn)As 薄膜表面被污染的问题。通过不中断高真空条件下生长和沉积出完整的半导体复合磁性隧道结薄膜，然后再从真空系统中取出复合隧道结薄膜样品进行后续的微纳米加工，在这样获得的复合隧道结中有可能观测到更高的 TMR 比值。

最近，Yu 等[126]通过结合退火和等离子清洗的方法，成功地制备出了高达 101%的铁磁/半导体复合隧道结：$Co_{40}Fe_{40}B_{20}$/AlO_x/(Ga,Mn)As。首先，将 MBE 生长的(Ga,Mn)As 在空气中进行 250℃退火，使得其磁性得到有效的提高，进而提高(Ga,Mn)As的自旋极化率。紧接着利用等离子体清洗的方法除去表面氧化层并完成其他各层的生长。这种新方法制备的磁性隧道结，可以在2K下得到101%的隧穿磁电阻效应(图3.43)。目前，这是人们在铁磁/半导体复合隧道结中观测到的最高隧穿磁电阻效应。

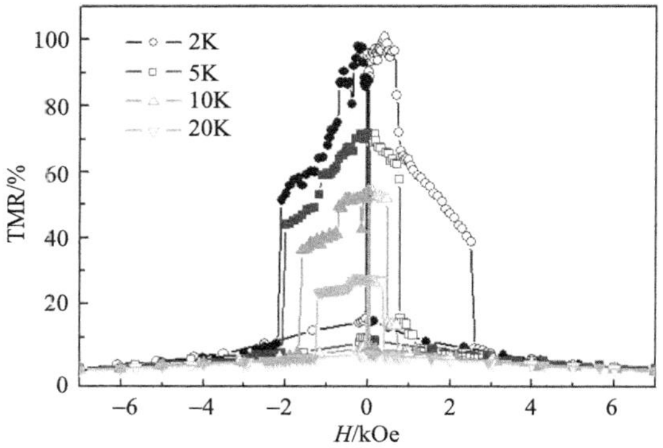

图3.43(另见彩图)　在2K、5K、10K和20K时的TMR比值和磁场的依赖关系。实心代表磁场从7000～−7000Oe扫描；空心代表从−7000～7000Oe扫描[126]

通过Jullière模型，他们得到了(Ga,Mn)As在2K下的自旋极化率：$P=56.8\%$。这个结果和Piano等在安德鲁反射实验中测得的自旋极化率($P=58.7\%$)非常接近[127]。这似乎表明，他们在$Co_{40}Fe_{40}B_{20}/AlO_x$/(Ga,Mn)As隧道结中得到的磁电阻接近理论值。通过进一步优化等离子体清洗，可以获得更好的(Ga,Mn)As/AlO_x界面，或许可以优化出更高的隧穿磁电阻比值。

3.3.6　基于插层和复合电极材料的磁性隧道结

在MgO势垒磁性隧道结研究工作中，人们在想获得更高TMR比值的同时又能具有较好的隧道结功能特性。为此，人们进行了大量的结构、材料以及生长条件的优化工作[128-131]。这些努力使得人们在单势垒MgO磁性隧道结中得到了室温下高达604%的TMR比值，在双势垒磁性隧道结中获得室温下高达1056%的TMR比值[25]。

在上述各种优化工作中，在铁磁电极以及MgO界面处进行插层生长的工作是非常重要、有意义的。插层生长对于MgO磁性隧道结性质的提高有如下几个意义：插层能够缓冲磁性电极与MgO势垒晶格的适配度；插层能够避免MgO中O对磁性电极的氧化所导致的自旋极化率的降低；插层能够改变界面电子态性质，使得电子输运性质、磁学性质更加丰富。

早期，人们在 MgO 与铁磁电极间尝试生长 Mg 插层[132-139]。结果发现，进行 Mg 插层生长后，高的 TMR 比值得到保证的同时，可以使得结面电阻更低[132]。并且 Mg 插层能够作为种子层诱导生长晶格织构更好的 MgO 势垒层[132-134]。此外，如上所述，Mg 插层还避免 O 对磁性电极的氧化所导致的自旋极化率的降低[134-138]，如在 Fe/MgO/Fe 磁性隧道结中，界面处会形成 FeO 而极大降低 TMR 比值[36,140-144]。在 Fe/Mg/MgO/Fe 磁性隧道结中，当 Mg 的厚度在 1nm 以下时，还能够保证 Fe 中布洛赫电子态的性质隧穿进入到 MgO 中。当然 Mg 的厚度对 TMR 比值也有影响，TMR 比值一般在 Mg 厚度为 2～4Å 时较大[133,134,137]。

在 2006 年，Miao 等[133]报道了在 CoFeB/MgO/CoFeB 磁性隧道结中进行 Mg 插层的实验工作。该工作中，他们在 MgO 势垒一侧生长了 0～10Å 的 Mg 插层。该工作表明，布洛赫电子态在 Mg 中确实有较长的扩散长度。TMR 比值以及结面电阻随 Mg 插层厚度的关系如图 3.44 所示。起初，随着 Mg 插层厚度的增加，TMR 比值逐渐增大；后来随着 Mg 插层厚度的增加，TMR 比值又渐渐变小。这是由于起初较薄的 Mg 插层有利于诱导出更好的 MgO 织构以及避免铁磁电极的氧化；而当 Mg 插层较厚时会对铁磁层间的相干隧穿起到一定的负作用。此外，随着 Mg 厚度的增加，结面电阻也相应增加，说明有部分 Mg 在生长后变为了 MgO。

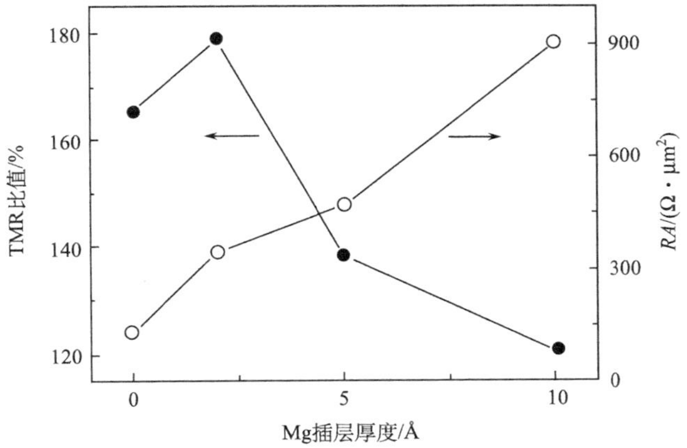

图 3.44　室温下 TMR 比值以及 RA 随 Mg 插层厚度变化的关系[133]

在 2009 年，Matsumoto 等[145]生长了全单晶外延的 Fe/Cr/MgO/Fe(001)磁性隧道结。他们在 Fe/MgO 的界面处成功生长了一层很薄的 Cr(001)插层。在该实验中，自旋相关的输运性质显示了相关电子态的相散射过程。如 Cr 材料在费米能级上是不含 Δ_1 对称态电子的，因此在 MgO 主导的介质输运中 Δ_1 的渐失态不能与 Cr 的布洛赫电子态耦合，这样就失去了主要的散射电子通道。因此，Fe/Cr/MgO/Fe(001)结构磁性隧道结可以用来研究电子态对称性破坏下的自旋电子的散射机制。该结构的横截面示意图如图 3.45(a)所示[145]。Cr 插层以楔形模的形式进行了生长，其厚度约为 0～18 个原子单层。磁化易轴方向沿 Fe 的〈100〉方向，然后通过微加工方法，制备成的隧道结如图 3.45(d)所示。

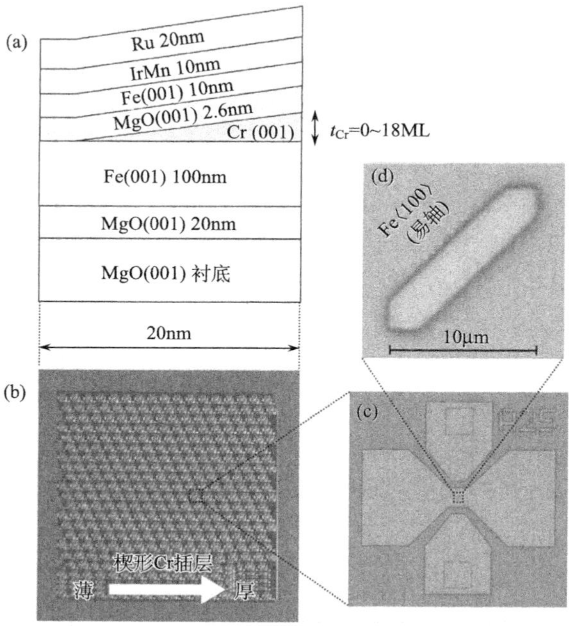

图 3.45 带楔形 Cr 插层外延 Fe/Cr/MgO/Fe(001)MTJ 的多层膜横切面示意图(a)；微加工后的顶部隧道结视图(b)；MTJ 特写光学照片(c)；36μm^2 面积内隧道结阵列的光学照片(d)[145]

图 3.46(a)给出了在 20K 低温下，在偏压－10mV 下测量到的随 Cr 插层厚度变化的磁电阻值。磁电阻呈现明显的随 Cr 插层厚度增加而振荡衰减的性质，振荡周期约为 2 个 Cr 原子单层。

如果自旋电子是通过 Cr 层理想散射隧穿的，那么电导应该随 Cr 插层厚度的增加呈现指数衰减的性质。但是，实际测量的结果并不是这样，图 3.46(b)给出，结面电阻(*RA*)在平行态(P)以及反平行态(AP)下的电阻分别用黑色以及白色数据线表示，其电阻随着 Cr 插层厚度的增加而呈现一个约为 2 个原子单层周期的振荡性质；这样就导致其 TMR 比值随 Cr 插层厚度的增加也呈现约为 2 个 Cr 原子单层的振荡周期。另外，随着 Cr 插层厚度的增加，*RA* 也在增加，但是其增加的斜率远小于指数增加。因此，这反映出 Cr 插层呈现金属性质，而不是类似于势垒的性质，并且其表现出的金属性质是其费米能级处不含 Δ_1 对称态电子，因此对于铁磁电极 Fe 的 Δ_1 态的电子存在阻塞性质。

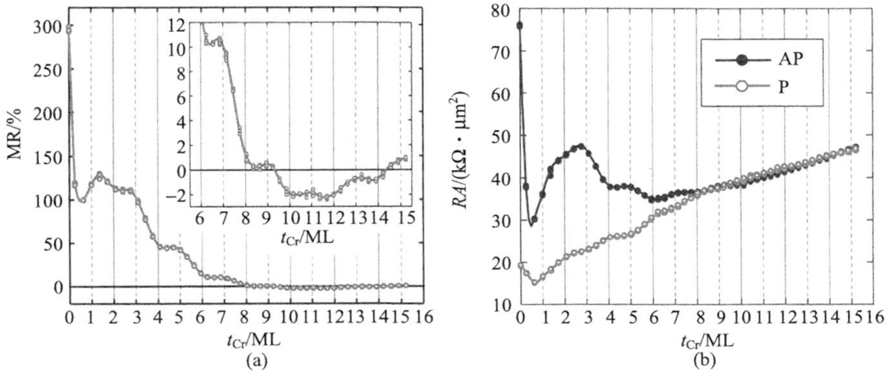

图 3.46 20K 低温下，磁电阻随 Cr 插层厚度的变化(a)；*RA* 随 Cr 插层厚度的变化(b)[145]

在 2010 年，Wang 等[43]通过第一性原理计算对 Fe(001)/Mg/MgO/Fe 以及 Fe(001)/Mg/MgO/Mg/Fe 磁性隧道结进行了研究。他们发现，Mg 插层能够保持多子 Δ_1 电子的隧穿。在一定 Mg 插层厚度时，少子通道能够发生共振隧穿，可以影响输运性质以及对 TMR 比值的调制。其计算的隧穿电子态密度如图 3.47 所示[43]。对于体形立方晶格(bcc)织构的 Fe(001)，对于 $k_{//}=0$，在费米能级时，多数自旋电子存在 4 种对称性质的布洛赫电子态，分别为 Δ_1(spd)，Δ_2(d)，

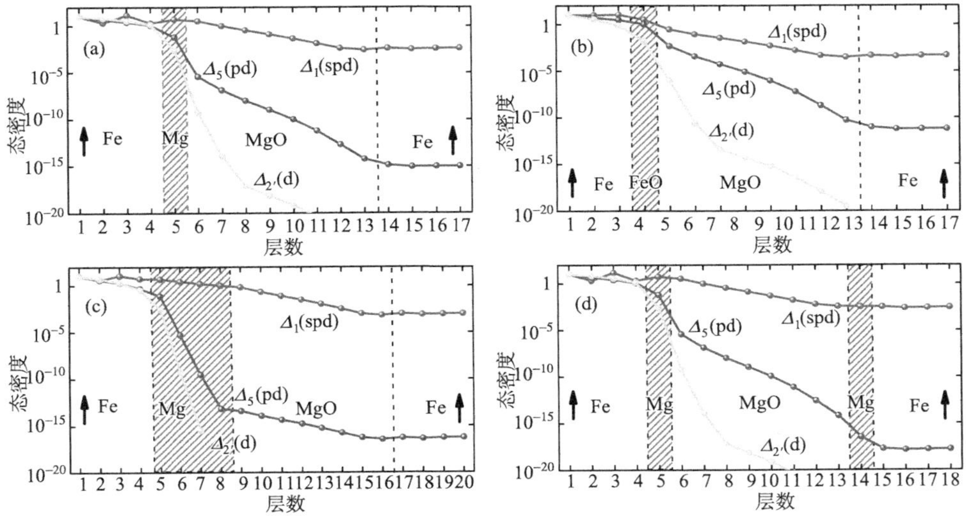

图 3.47 $k_{//}=0$ 处平行态多子的隧穿态密度。(a) Fe/Mg(1ML)/MgO/Fe；(b) Fe/FeO(1ML)/MgO/Fe；(c) Fe/Mg(4ML)/MgO/Fe；(d) Fe/Mg(1ML)/MgO/Mg(1ML)/Fe 磁性隧道结[43]

$\Delta_{2'}$(d)以及Δ_5(pd)。

多数自旋电子通道的Δ_1电子态能够有效通过 Mg 插层，但是Δ_5以及Δ_2电子态则不能。所以在 Mg 插层中的Δ_1电子态的隧穿电子态密度没有衰减，表明其能够有效接受从左边 Fe 铁磁性电极中入射的电子，并且能够有效入射进入右边

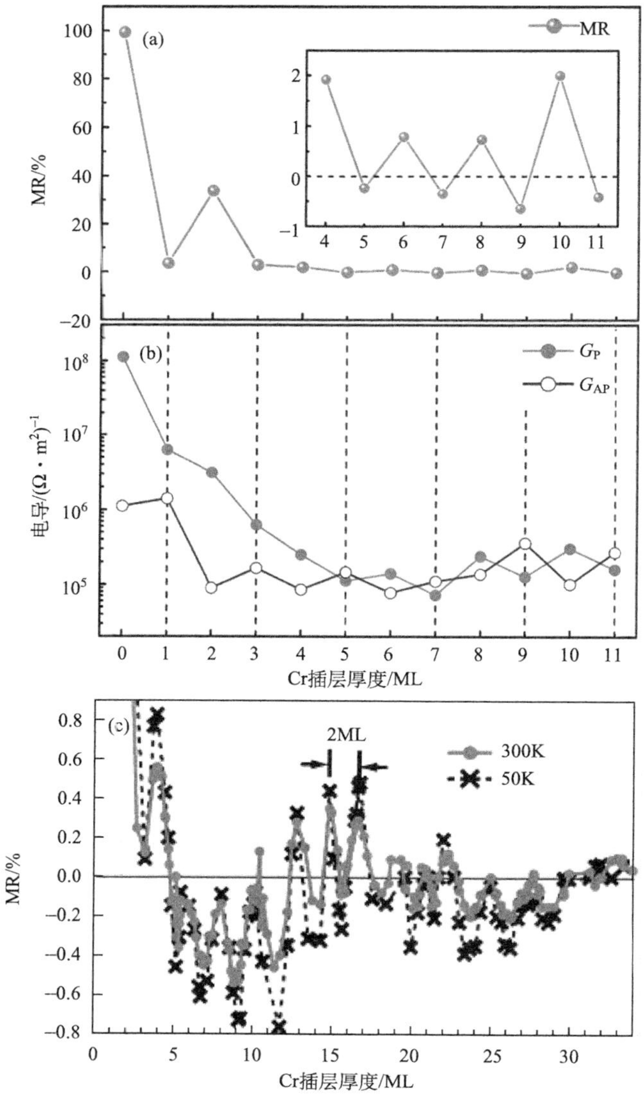

图 3.48　MR 随 Cr 插层厚度的变化(a)；平行(实心球)和反平行态(空心球)的隧穿电导(b)[42]；Fe(001)/Cr(001)/Al-O/Poly-FeCo-MTJ 的磁电阻随 Cr 插层厚度的变化曲线(c)，其中实线和虚线分别表示 300K 和 50K 下的数据[146]

相连接的 MgO 势垒层。但是其他对称性的布洛赫电子态则在 Mg 插层中迅速衰减[43]。而且，当 Mg 厚度为 4 个原子层时，如图 3.47(c)和(d)所示，其对 Δ_1 电子态的衰减依然很小。

另外，对于一个原子层的 FeO，如图 3.47(b)所示。其 Δ_1 电子态在 FeO 中迅速衰减，表现出与 Mg 插层的截然不同的性质，说明 Mg 插层的存在对于 FeO 的形成起到了阻挡作用，这样有利于保证磁性隧道结的 TMR 比值。

Mathon 等[35]则在 Fe/Au/MgO/Au/Fe 磁性隧道结中研究了自旋电子输运的相关性。Yavorsky 等[36]对于 Fe/FeO/MgO/Fe 磁性隧道结体系研究了它们的磁学性质以及自旋电子输运性质。Bose 等[38]研究了 FeO 在 Fe/MgO/Fe 中对自旋电子输运性质的影响。Wang 等和 Zhang 等[41-43]对于结构为 Fe/MgO/M/Fe (M=Co，Cr，Cu，Mg)的插层进行了详细研究。

如前所述 Matsumoto 等[145]在 Fe/Cr/MgO/Fe(001)磁性隧道结中测量到平行态以及反平行态下电阻随着 Cr 插层厚度的增加而呈现一个约为 2 个原子单层周期的振荡性质，如图 3.48(c)所示。同时 Zhang 等[42]通过第一性原理计算方法对 Fe/MgO/Cr/Fe 磁性隧道结体系进行了理论研究。他们的计算结果表明，起初 TMR 比值随着 Cr 层厚度的增加而减小，但是当 Cr 层厚度达到 4 个单原子层后，TMR 比值随着 Cr 层厚度的增加呈现了一个周期为 2 个单原子层厚度的振荡性质。类似地，对于反平行构型下的电导，其随着 Cr 层厚度的增加呈现周期为 2 个单原子层厚度的振荡性质。如果 Cr 层厚度超过 4 个原子层厚度，TMR 比值在正值以及负值之间振荡。

3.4　双势垒磁性隧道结

自旋电子学器件如非易失性逻辑器件、磁性随机存取存储器、硬盘驱动器这些基于磁性隧道结的新型器件对于 TMR 比值的要求较高。MgO 势垒磁性隧道结中 TMR 比值的不断提高也对该类自旋电子学器件的应用提供了很大的帮助，在其发展过程中，双势垒磁性隧道结(double barrier magnetic tunnel junction，DBMTJ)也受到了研究人员的关注。

双势垒磁性隧道结类似于在单势垒磁性隧道结中的势垒层里插入了一层金属中间层[147]。在双势垒磁性隧道结中，量子阱振荡效应[39,148]、库仑阻塞效应[149]以及自旋相关的共振隧穿效应[150,151]等都相继被观察到，并且受到了研究人员的关注。特别是，通过自旋相关的共振隧穿效应，人们有可能在双势垒磁性隧道结中观察到非常高的 TMR 比值。

3.4.1 基于非晶 Al-O 双势垒的磁性隧道结

1998 年 Montaigne[152]等首次成功制备了 $Co/Al_2O_3/Co/Al_2O_3/Ni_{80}Fe_{20}$ 双势垒磁性隧道结。在室温下获得了 11%的 TMR 比值,在 30K 低温下获得了 23%的 TMR 比值;该双势垒磁性隧道结比对比实验的 $Co/Al_2O_3/Ni_{80}Fe_{20}$ 单势垒磁性隧道结室温下(16%)以及低温下(25%)的磁电阻结果要小。双势垒磁性隧道结的磁电阻偏压依赖关系比单势垒的衰减变化要弱,如图 3.49 所示,在双势垒磁性隧道结中 $V_{1/2}$ 为 0.8V,单势垒磁性隧道结中的 $V_{1/2}$ 为 0.26V。

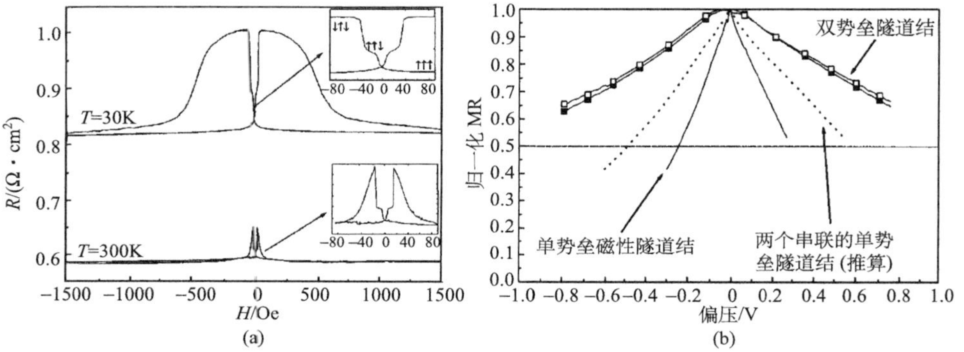

图 3.49 $Co/Al_2O_3/Co(2nm)/Al_2O_3/Ni_{80}Fe_{20}/Au$ 在低温 30K(上)以及室温 300K(下)测量的磁电阻(a);低温下 $Co/Al_2O_3/Co(2nm)/Al_2O_3/Ni_{80}Fe_{20}/Au$ 磁性隧道结的磁电阻随外加偏压的关系,以及 $Co/Al_2O_3/Ni_{80}Fe_{20}/Au$ 单势垒磁性隧道结的磁电阻随外加偏压的关系(直线)和两个串联的单势垒磁性隧道结磁电阻随外加偏压的关系(虚线)(b)

2000 年 Saito 等[153]在 $Ir\text{-}Mn/Co_{50}Fe_5/AlO_x/Co_{90}Fe_{10}/AlO_x/Co_{50}Fe_{50}/Ir\text{-}Mn/Ni_{81}Fe_{19}$ 双势垒磁性隧道结中观测到室温下 42.4%的 TMR 效应,其 $V_{1/2}$ 为 952mV;与 $Co_{90}Fe_{10}/AlO_x/Co_{50}Fe_{50}/Ir\text{-}Mn/Ni_{81}Fe_{19}$ 单势垒磁性隧道结的 TMR 比值(~49.0%)以及 $V_{1/2}$(~425mV)相比双势垒的磁电阻并没有增加,而双势垒的磁电阻偏压依赖关系要比单势垒的衰减变化弱。2001 年,Stein 等[154]研究了 SiO_2 衬底$/Nb/Au/Co/Al_2O_3/Ni_{80}Fe_{20}/Al_2O_3/Co/Au$ 为结构的双势垒磁性隧道结;2003 年,Colis 等[155]在 $IrMn/Co_{50}Fe_{50}/Al\text{-}O/Co_{50}Fe_{50}/Ni_{80}Fe_{20}/Co_{50}Fe_{50}/Al\text{-}O/Co_{50}Fe_{50}/Ir\text{-}Mn$ 双势垒磁性隧道结中研究了其磁性以及自旋输运性质,他们得到了室温下 49.5%的 TMR 比值,以及 1.33V 的 $V_{1/2}$。2004 年,Han 等[156]通过实验以及微磁学模拟方法研究了 $Ni_{79}Fe_{21}/Ir_{22}Mn_{78}/Co_{75}Fe_{25}/Al\text{-}O/Co_{75}Fe_{25}/Al\text{-}O/Co_{75}Fe_{25}/Ir_{22}Mn/Ni_{79}Fe_{21}$ 双势垒磁性隧道结的输运特性以及磁性,通过微磁学模拟中间磁性层中存在的涡流状磁畴结构,会导致三磁性层的磁化方向不能

完全地反平行排列，从而导致了 TMR 比值的降低。2006 年，Zeng 等[148]研究了量子阱振荡效应，发现在平行状态下存在低电阻态以及共振隧穿效应，在反平行态下电导率以及结构的磁电阻随着外加偏压或外加直流电流的增大而发生振荡变化的量子效应，其振荡周期约为 1.6mV。参见图 3.50 和图 3.51。

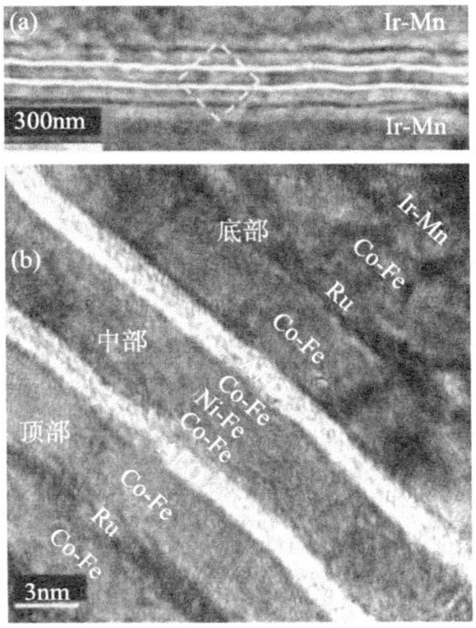

图 3.50 $Co_{75}Fe_{25}$/Al-O/$Co_{75}Fe_{25}$/$Ni_{79}Fe_{21}$/$Co_{75}Fe_{25}$/Al-O/$Co_{75}Fe_{25}$双势垒磁性隧道结 TEM 结构图[148]

上述的结果都有一个相同的特征，就是非晶 Al-O 双势垒磁性隧道结的 TMR 比值要比对应的单势垒磁性隧道结的要小；而双势垒的 $V_{1/2}$ 值要比单势垒的大，这与 Al-O 势垒的非相干隧穿相关。另外，对于 MgO 单晶双势垒磁性隧道结，MgO 具有晶体织构，其对来自电极中不同对称性的电子具有不同的透射概率，所以在 MgO 单晶势垒磁性隧道结中表现出不同对称性的电子入射隧穿进入到另一个电极的隧穿概率不同，其取决于电子波函数的对称性，所以电子在 MgO 磁性隧道结中的输运行为为相干隧穿，MgO 单晶双势垒磁性隧道结中的自旋输运性质会表现出与非晶 Al-O 双势垒磁性隧道结完全不同的特性。

3.4.2 基于单晶 MgO(001)双势垒的磁性隧道结

在 2005 年，Nozaki 等[157]在基于结构为全单晶外延的 Fe(001)/MgO/Fe/MgO/Fe 双势垒磁性隧道结中，研究了外加偏压对于 TMR 比值以及电导的影响。在他们制备的双势垒磁性隧道结中，观测到了 110%的 TMR 比值，高于单势垒磁性隧道结 88%的 TMR 比值。并且，在正偏压下，$V_{half}=1.44V$。图 3.52[157]给出了在外加偏压为 $V=+5mV$ 下的单势垒 MgO 磁性隧道结以及双势垒 MgO 磁性隧道结的电阻随磁场的变化关系以及相应的 TMR 比值。

理论计算方面，Wang 等[40]报道了在基于 Fe(001)/MgO/Fe/MgO/Fe 双势垒磁性隧道结中的量子阱共振隧穿和 TMR 振荡效应的计算结果(图 3.53)。Fe(001)/MgO/Fe/MgO/Fe双势垒磁性隧道结结构示意图如图 3.54 所示[33]。

图 3.55(a)[40]给出了费米能级附近−1～1eV 能量窗口内的多子自旋量子阱态。他们将计算得到的量子阱共振偏压位置(对应于量子阱态能级)与实验中得到的共振偏压位置进行了比较，如图 3.55(b)所示。计算结果与实验(方格值)[39]中的共振位置能够一一对应，但它们的位置存在一个有规律性的差异，如图中箭头所示，是由中间 Fe 薄膜的库仑电荷能量所导致的。因为实际实验中得到的中间 Fe 薄膜是不连

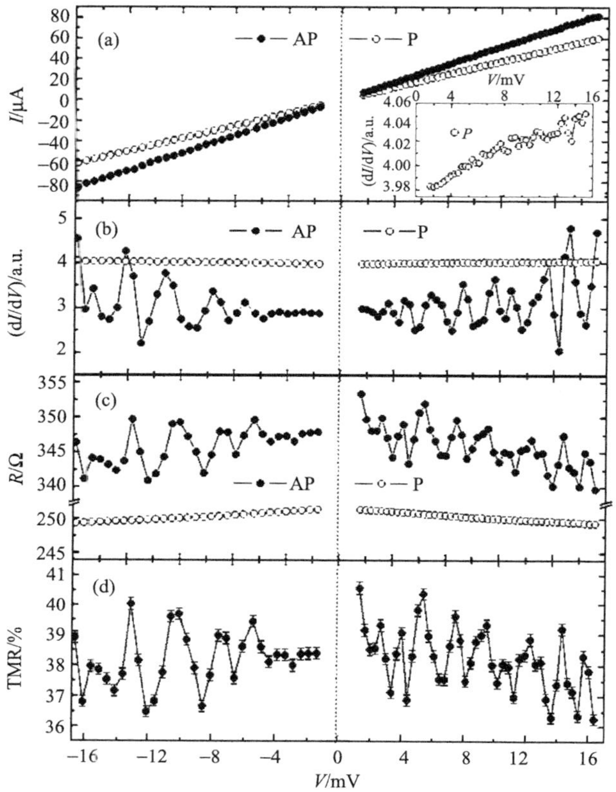

图 3.51　双势垒磁性隧道结 4.2K 下的 I-V 曲线(a)、电导(b)、电阻(c)以及 TMR 比值(d)对偏置电压的依赖关系[148]

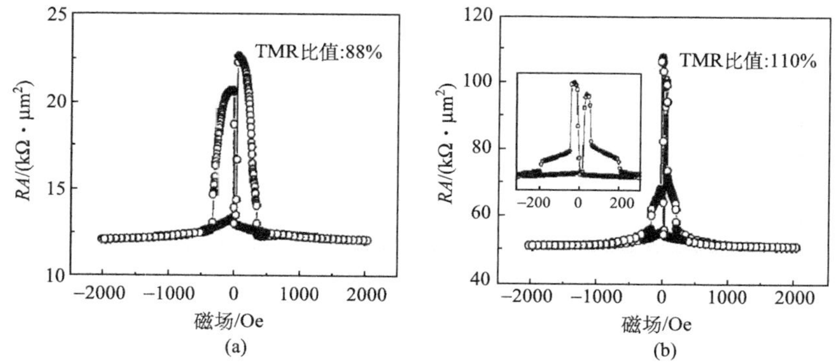

图 3.52　单势垒磁性隧道结(a)以及双势垒磁性隧道结(b)中，在 $V=+5\mathrm{mV}$ 下的 RA 随磁场的变化关系[157]

续的，有限大小的 Fe 颗粒导致了电子隧穿过程中伴随着库仑阻塞效应，也就是说，隧穿电子需要克服一个额外的库仑能量才能够完成隧穿。

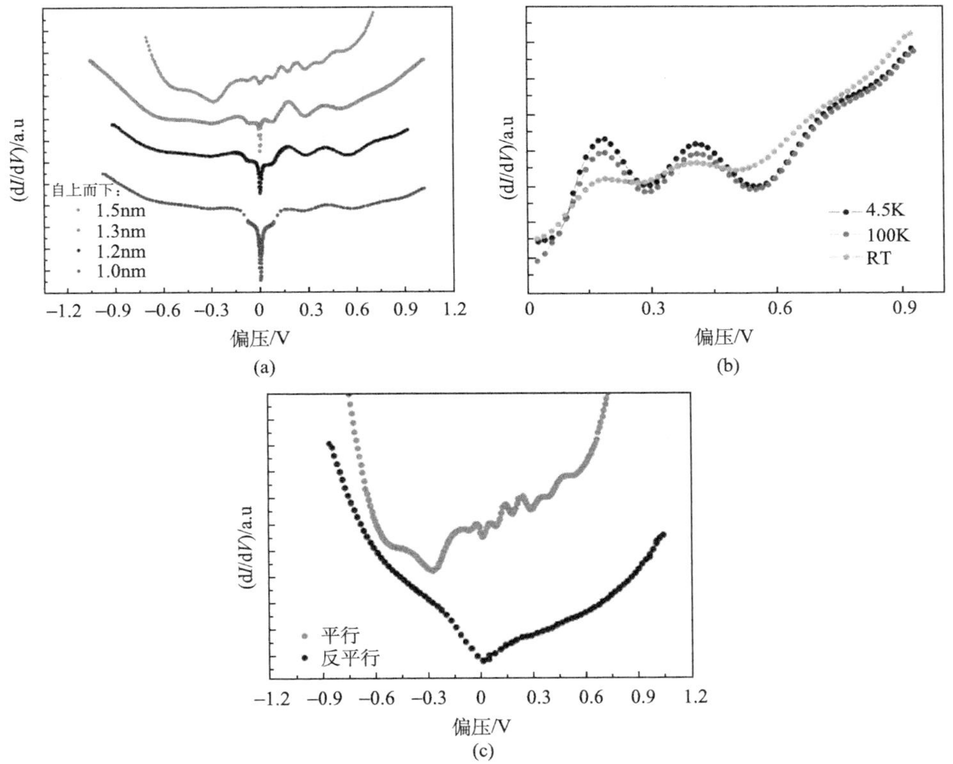

图 3.53　Fe(001)/MgO/Fe/MgO/Fe 全单晶双势垒隧道结 dI/dV 测量曲线中随着外加偏压 V 的变化而振荡的量子共振隧穿现象。(a) $T=4.5$K 下，不同中间 Fe 层厚度对应的平行态的电导曲线；(b)中间 Fe 层厚度 $t=1.2$nm 时，不同温度下的电导曲线，室温仍能够观测到明显的振荡特征；(c)温度 $T=4.5$K，中间 Fe 层厚度 $t=1.5$nm 时，隧道结平行态和反平行态的电导曲线，振荡现象仅在两端 Fe 电极磁矩平行排列的情况出现[39]

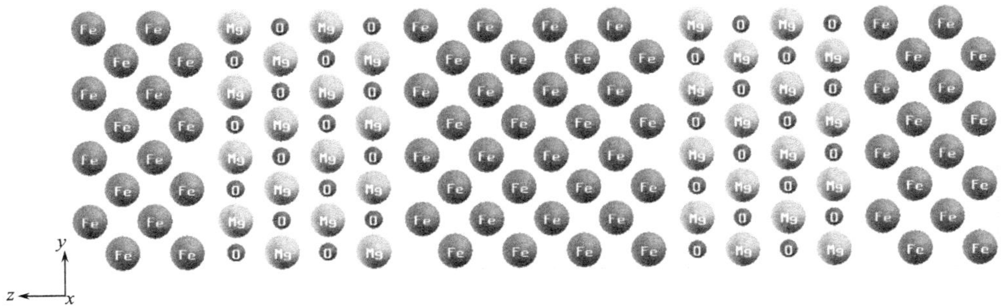

图 3.54　Fe(001)/MgO/Fe/MgO/Fe 双势垒隧道结的原子结构(y，z)平面示意图。图为中间 Fe 层为 8ML 的情况，两端 Fe 为半无限长电极[33]

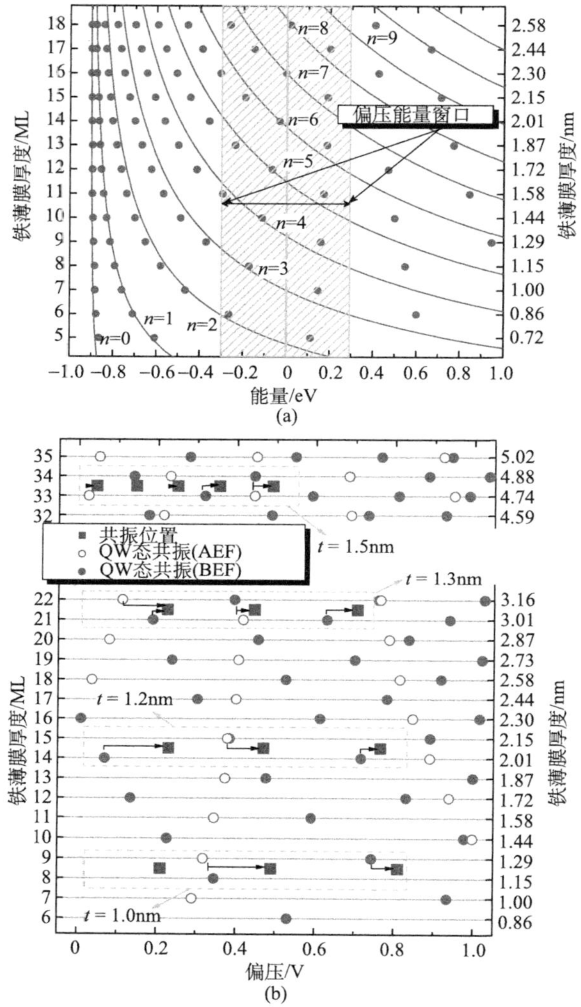

图 3.55　(a)相对费米能级−1～+1eV 范围中所计算出的多数自旋电子量子阱态的能级(实心点)与相位累积模型(PAM)的拟合结果(曲线)。阴影区域表明该双势垒隧道结外加偏压为 0.6V 时中间 Fe 层电子的输运能量窗口，该区域内的电子态参与输运。(b)不同厚度情况下计算得到的共振偏压位置与实验结果的对比。方块代表实验测得的共振峰，圆圈为计算值，空心圆圈代表费米面上的量子阱态，实心圆圈代表费米面下的量子阱态。之间的箭头表示由库仑阻塞效应导致的实验共振位置和计算量子阱共振位置的差异[40]

3.5　磁性隧道结中的物理效应

3.5.1　自旋转移力矩效应

自旋转移力矩(STT)效应，又称为电流诱导磁化翻转效应，描述的是在无外磁场作用下，自旋极化电流与纳米尺度铁磁体的磁矩发生相互作用，自旋极化电子所携带的自旋角动量转矩转移给铁磁体的磁矩，可以对铁磁电极的磁矩产生转矩，当自旋极化电流的密度到达临界值时，铁磁电极的磁矩方向会发生改变。

关于自旋极化电流产生的转矩与铁磁体相互作用的研究，可以追溯到20世纪80年代，Berger等和Slonczewski对电流诱导畴壁运动以及电流产生的自旋转移力矩进行了相关的理论研究以及预言。在早期的实验工作中，由于纳米加工条件的限制，磁性纳米结构的尺寸无法达到理论预期的100nm左右，电流密度很难达到理论上能使磁矩翻转的临界电流密度值。1996年，Slonczewski[158]和Berger[159]分别独立地从理论上预言了在纳米尺度(约100nm)的铁磁/正常金属/铁磁组成的赝自旋阀结构中，电流诱导的磁化翻转效应的存在，指出当垂直于膜面的自旋极化电流所产生的自旋转移力矩作用于自由层的磁矩上时，会发生角动量转移，使自由层的磁矩在阻尼与传导电子自旋转移力矩的共同作用下进动，如图3.56所示。

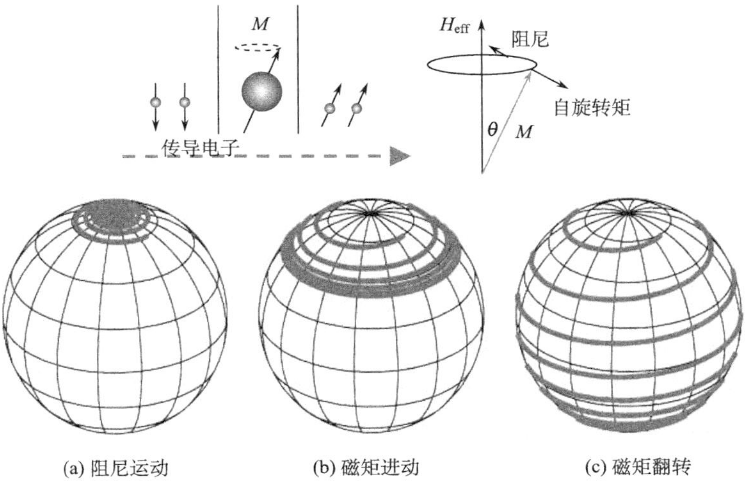

图3.56　传导电子的自旋转移力矩与铁磁层磁矩M的相互作用[160]

对于通常的铁磁性薄膜材料，当电流密度达到一定值时($10^6 \sim 10^7$ A/cm^2)，自由层的磁矩将克服阻尼运动，发生翻转，而无需另外施加磁场。自旋极化电流

产生的自旋转移力矩可以表示为

$$\Gamma = -[\hbar(2e)](\eta I/m^2)(\boldsymbol{n}_s \times \boldsymbol{m}) \times \boldsymbol{m} \tag{3.11}$$

其中，$\boldsymbol{m}$ 是铁磁电极的磁化矢量，m 是其大小，$\boldsymbol{n}_s$ 是注入自旋极化电流的方向，η 是跟电流的自旋极化率有关的量。将这个转矩代入 Landau-Lifshitz-Gilbert (LLG)方程可以得到

$$(1/\gamma)\frac{d\boldsymbol{m}}{dt} = \boldsymbol{m} \times [\boldsymbol{H} - (\alpha/m)\boldsymbol{m} \times (\boldsymbol{H} + \frac{\eta\hbar I}{2em\alpha}\boldsymbol{n}_s)] \tag{3.12}$$

其中，γ 是旋磁比 $2\mu_B/\hbar$，α 是阻尼系数。通过求解以上包含自旋转移力矩效应的 LLG 方程，可以得到磁矩翻转的临界电流

$$I_{c\pm} \propto (\frac{2e}{\hbar})(\frac{\alpha}{\eta}) \cdot m \cdot [H_{ext} \pm (H_k + 2\pi M_s)] \tag{3.13}$$

其中，M_s为自由层的饱和磁化强度，m 为自由层总的磁矩 VM_s(V 为自由层的体积)，H_{ext}为外磁场，H_k为各向异性场[160]。早期的理论研究认为，自旋极化电流的自旋转移力矩与铁磁层磁矩之间的角动量的转移起因于铁磁/正常金属界面处自旋的相关积累及散射。而近来的理论模型则趋向于对界面散射、自旋积累、自旋弛豫等自旋相关输运过程进行全面的考虑[161,162]。从以上临界电流的公式中可以得到，临界电流 I_c与磁性材料的阻尼系数 α、饱和磁化强度 M_s以及自由层的体积 V 成正比关系，因此寻找低阻尼系数、低饱和磁化强度的材料，进一步利用微纳米加工手段减小自由层铁磁层的尺寸以及合理设计自由层的新型结构是减小磁化翻转临界电流的有效途径。

在理论预言随后的几年里，实验上有了突破性进展，基于自旋转移力矩效应的新型自旋电子学器件摆脱了对外加磁场的依赖，具有结构设计简单、集成度高以及功耗小、速度快等诸多优点，有着广阔的应用前景，因此自旋转移力矩效应的研究引起了学术及工业界广泛的关注[158-170]。

早期传统的 MRAM，是靠产生的磁场对自由层进行翻转，利用 TMR 效应，通过隧道结平行态与反平行态下电阻的不同来进行读出。因此较大的 TMR 效应能够满足快速的读出以及较高的输出信噪[171]。但是对于传统的 TMR，其构架比较复杂，阻碍了 MRAM 单元密度的提高；另外随着 MRAM 隧道结单元的尺寸减小，产生磁场的写电流就需要变得很大，这些对其发展产生了阻碍。而基于自旋转移力矩效应的 MRAM，则是较新的一代，称为 STT-MRAM[158]。它的隧道结单元自由层的翻转是通过极化电流驱动的，不用产生磁场的写线，结构相对简单。是这样的话，最为关键的是其尺寸可以减小，MRAM 单元密度就可以得到提高[10]。STT-MRAM 单元的横切构造图如图 3.57[172]所示。其中 BL 代表位线，SL 代表源线，WL 代表字线。

关于 MgO 磁性隧道结的 STT 工作吸引了大量研究人员的兴趣[173-185]。2005 年，Diao 等[186]在 MgO 磁性隧道结中通过 SST 效应观察到的 TMR 比值达到 150%。其自旋翻转电流密度为(2～3)×10^6 A/cm^2，由于较高的隧穿电子极化率使得自旋转移效率提高，因此与基于 Al-O 磁性隧道结的自旋翻转电流密度相比小了 1/3。较低 *RA* 的 MgO 磁性隧道结能够满足作为高密度 STT-MRAM 单元的要求。他们制备的结构为：Ta(5)/PtMn(30)/CoFe(3)/Ru(0.8)/CoFeB(2)/AlO_x/CoFeB(2.5)/Ta(5)和 Ta(5)/PtMn(20)/CoFe(2)/Ru(0.8)/CoFeB(2)/MgO/CoFeB(2.5)/Ta(8)。圆括号中数字单位为 nm。

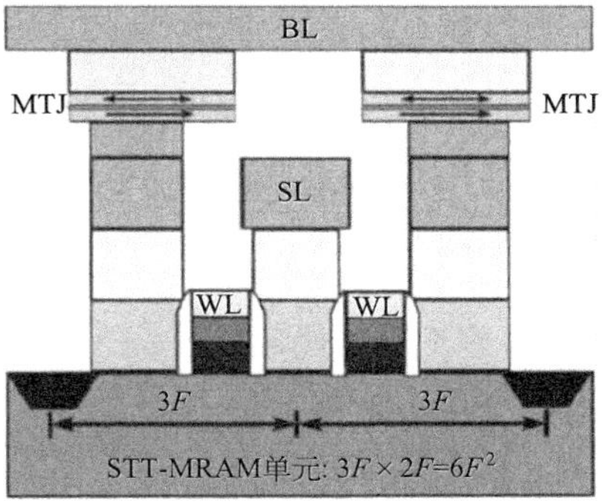

图 3.57　STT-MRAM 单元的横切构造图[172]

在他们的工作中，在 Al-O 势垒磁性隧道结以及 MgO 势垒磁性隧道结中，TMR 比值与外加偏压的关系如图 3.58 所示[186]。其 V_H 为 450～600mV，但是在 MgO 势垒磁性隧道结中 TMR 比值对正负外加偏压的依赖性相对更加对称。

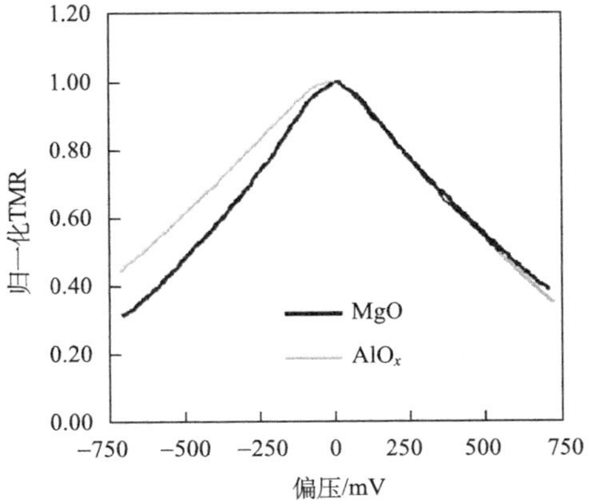

图 3.58　在 Al-O 势垒磁性隧道结以及 MgO 势垒磁性隧道结中，TMR 比值与外加偏压的关系[186]

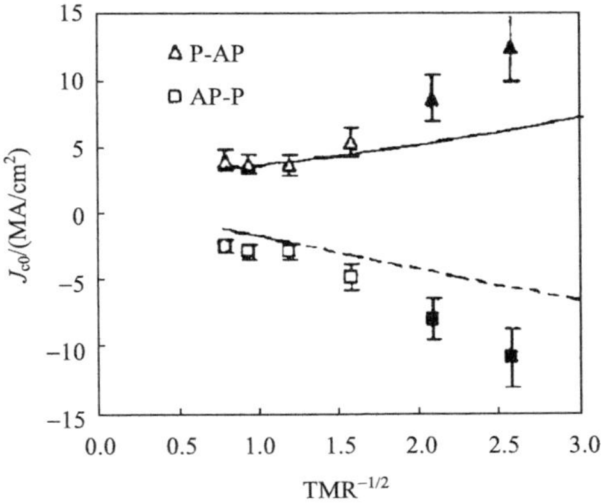

图 3.59　在 Al-O 势垒磁性隧道结以及 MgO 势垒磁性隧道结中，临界翻转电流密度与 $TMR^{-1/2}$ 的关系[186]

在两类磁性隧道结中，TMR 比值的增加能够减小临界翻转电流密度。另外，临界翻转电流密度与 $TMR^{-1/2}$(图 3.59)的关系也表明在 MgO 隧道结中的 STT 效应所需的临界翻转电流密度要小，其 J_{c0} 约为 2～3mA/cm^2；在 Al-O 磁性隧道结中，J_{c0} 约为 5～12mA/cm^2。

后来，针对 MgO 磁性隧道结中的 STT 效应研究受到关注。2006 年，Nam 等[173]以及 Kubota 等[178]报道了在 MgO 磁性隧道结中基于 STT 效应的自旋输运研究结果。2012 年，Chen 等[172]报道了基于 CoFeB/MgO/CoFeB 磁性隧道结，制备的 STT-MRAM 研究进展。一款主流的 STT-MRAM 要满足能够与半导体工艺的兼容，并且其单元密度要高、读写速度要快(10ns 量级)。

3.5.2　库仑阻塞磁电阻效应

在复合量子点或者颗粒膜隧道结中，自旋相关的效应有可能得到体现和增强。颗粒复合型隧道结的核心结构由顶电极、势垒层和底电极构成。与其他磁性隧道结不同，其势垒层是由绝缘层和纳米颗粒构成，金属纳米颗粒镶嵌在绝缘层中，电子在金属颗粒之间通过颗粒隧穿，称之为绝缘颗粒膜。磁性金属颗粒足够小的情况下(纳米量级)，由于库仑阻塞效应，电子的输运不仅是自旋相关的，还是单电子隧穿，形成单电子的自旋相关隧穿，导致高隧穿电阻效应。

绝缘颗粒膜中，金属颗粒被绝缘材料分隔开，电子在颗粒之间隧穿，这一隧穿过程肯定涉及多个颗粒，此时电子输运需要通过中间的金属颗粒与两侧相邻颗粒发生多次隧穿，对于多次隧穿过程，有两种可能的输运机制：顺序隧穿和共振隧穿。顺序隧穿模型认为，电子在颗粒之间的隧穿是依次进行的；而共振隧穿模型认为，在共振隧穿过程中，当一个电子隧穿到某一颗粒的同时，有另外一个电子从这一颗粒隧穿到另外一个颗粒。当颗粒的尺寸足够小，且颗粒上增加额外的电子时，系统的静电能增大，当能量大于偏压和热扰动时，将阻碍电子隧穿的进一步进行，产生库仑阻塞效应。顺序隧穿的每一次隧穿都将导致颗粒能量增大，而共振隧穿过程中体系能量没有增加。之前人们在单电子晶体管中的研究也证明，当颗粒膜中库仑阻塞效应强时，顺序隧穿被抑制，共振隧穿贡献颗粒之间的电子输运。也可以推测出在高温或高偏压的情况下，顺序隧穿出现的概率增大。Takahashi 等在理论上证明颗粒之间的共振隧穿将导致颗粒的磁电阻增大[187]。

2010 年，中国科学院物理研究所韩秀峰课题组和美国橡树岭实验室的张晓光研究员对基于非磁性电极的颗粒复合隧道结进行了实验和理论模拟研究，发现和提出了具有自旋相关的库仑阻塞磁电阻(Coulomb blockade magnetoresistance，CBMR)效应[188]，预测今后在这一体系中将会出现巨大的磁电阻效应，存在可能高达 1000%的室温磁电阻比值。

下面利用量子点之间耦合导致的库仑阻塞磁电阻效应来解释在 CoFeB 纳米颗粒层的 DBMTJ 中出现的反常隧穿磁电阻效应。

在零温下，通过单个量子点的自旋通道为 σ 的电流为[187]

$$I_\sigma^i = e\sum_{n=-\infty}^{\infty} p_n^i \Gamma_n^i(n) \tag{3.14}$$

这里，p_n^i是量子点 i 被 n 个电子占据的概率，$\Gamma_n^i(n)$是电子向前隧穿的速率。向后隧穿的速率在有限的偏压下可以忽略不计，则通过所有量子点的两个自旋通道的总电流为

$$I = \sum_{i\sigma} I_\sigma^i \tag{3.15}$$

为了进一步简化模型，考虑 $n=0$ 的项，向前隧穿的速率为

$$\Gamma_\sigma^i(0) = \frac{\hbar}{2\pi e^4 R_{i\sigma}^2}\int_0^{eV} \mathrm{d}E E(eV-E) \times \left| \frac{1}{E + E_\mathrm{C}^i - \frac{1}{2}eV + i\gamma_\sigma} + \frac{1}{-E + E_\mathrm{C}^i + \frac{1}{2}eV + i\gamma_\sigma} \right|^2 \tag{3.16}$$

这里，E_C^i是电子在量子点上的库仑能，$R_{i\sigma}$是在电极和量子点之间的隧穿电阻。量子点电荷态的衰减率为

$$\gamma_\sigma = \frac{\hbar E_\mathrm{C}^i}{e^2 R_{\sigma i}} \tag{3.17}$$

通过考虑 $\gamma_\sigma \ll E_\mathrm{C}^i$的极限，得到

$$\Gamma_\sigma^i = \begin{cases} 0, & (V < V_\mathrm{C}^i) \\ \dfrac{\frac{1}{4}(eV)^2 - (E_\mathrm{C}^i)^2}{e^2 R_{\sigma i} E_\mathrm{C}^i}, & (V > V_\mathrm{C}^i) \end{cases} \tag{3.18}$$

其中，V_C^i是库仑阻塞电压。这里忽略了小偏压下的相干隧穿电流，但是这一项将在后面的式(3.29)中还原。进一步微分电导，为

$$G_i(V) = \begin{cases} 0, & (V < V_\mathrm{C}^i) \\ \dfrac{V}{V_\mathrm{C}^i R_i}, & (V > V_\mathrm{C}^i) \end{cases} \tag{3.19}$$

假设双势垒隧道结中间自由层是由磁性纳米颗粒组成的量子点，每一个量子点有一个圆盘的形状(由磁控溅射沉积非连续超薄膜构成)，直径是 d_i，方向平行于膜面，则这个量子点的库仑阻塞电压是[40]

$$V_\mathrm{C}^i = \frac{8eD}{\pi\varepsilon\varepsilon_0 d_i^2} \tag{3.20}$$

其中，D 是量子点两边的势垒有效厚度，ε 是势垒的介电常数，ε_0是真空介电常数。当外加偏压 V 小于 V_C^i时，电导是零(忽略了高阶项)。当 $V \geqslant V_\mathrm{C}^i$时，假设电导是常数 $G_i = (e^2/h)(A_i/S)$，其中 $A_i = \pi d_i{}^2/4$ 是量子点的截面积，S 是每个量子点独立具有的常数。于是

$$G_i(V)=\begin{cases}0, & (V<V_C^i)\\ \dfrac{e^2}{h}\dfrac{A_i}{S}, & (V\geqslant V_C^i)\end{cases} \tag{3.21}$$

总的电导是对所有的量子点求和，

$$G(V)=\sum_i G_i(V)=\frac{e^2}{h}\sum_{V\geqslant V_C^i}\frac{A_i}{S} \tag{3.22}$$

对 i 的求和，等价于

$$d_i=\sqrt{\frac{8e}{\pi\varepsilon_0\varepsilon}\frac{D}{V_C^i}}\geqslant\sqrt{\frac{8e}{\pi\varepsilon_0\varepsilon}\frac{D}{V}} \tag{3.23}$$

于是总的电导为

$$G(V)=\frac{\pi}{4}\frac{e^2}{hS}\sum_{d_i\geqslant\sqrt{\frac{8e}{\pi\varepsilon_0\varepsilon}\frac{D}{V}}}d_i^2 \tag{3.24}$$

如果量子点尺寸的分布函数是 $F(d)$，对 i 的求和能被写成对直径进行积分的形式，即

$$G(V)=\frac{\pi}{4}\frac{e^2}{hS{x_V}^2}\int_{x_V}^{\infty}x^4F(x)\mathrm{d}x \tag{3.25}$$

其中

$$x_V=\sqrt{(8e/\pi\varepsilon_0\varepsilon)(D/V)} \tag{3.26}$$

在零磁场下，假设量子点之间没有耦合，因此量子点的有效尺寸分布是真实的颗粒分布 $F_0(x)$。当外加磁场为 H 时，量子点的磁矩是平行的，由于隧穿磁电阻效应，量子点之间增加的隧穿电流促使每一个颗粒库仑阻塞临界电压减小，得到

$$V_C^{i'}=\frac{8eD}{\pi\varepsilon_0\varepsilon d_i^2}-\delta V_C^i=\frac{8eD}{\pi\varepsilon_0\varepsilon d_{iH}^2} \tag{3.27}$$

这样就定义了一个大的有效量子点尺寸 $d_{iH}>d_i$，于是量子点有效的尺寸大小分布变为 $F_H(x)$。整个双势垒隧道结的磁电阻比值可以表达为电导的比值

$$\frac{G_H(V)}{G_0(V)}=\frac{(d/d_H)^2\int_{x_V}^{\infty}x^4F_H(x)\mathrm{d}x}{\int_{x_V}^{\infty}x^4F_0(x)\mathrm{d}x} \tag{3.28}$$

其中，假设 d/d_H 对所有的量子点都一样，主方程(3.24)的一个特点就是与电极是否具有磁性是无关的。这就暗示该自旋相关的库仑阻塞磁电阻效应可以在非磁性电极中实现。相比其他的磁电阻效应，这个特点表明自旋相关的库仑阻塞磁电阻效应在器件应用方面有重要的优势。

当施加从小到一定值的偏压时，仅有较大尺寸量子点的库仑阻塞临界电压被达到；非常小的量子点将保持在库仑阻塞的范围内，直到进一步加大外偏压。因此，只需要考虑分布函数中大尺寸的部分。作为一个简单的说明，可以选择下面的分布函数，$F_H(x)=2xe^{(-x^2/\lambda_H^2)}/\lambda_H^2$ 以及 $F_0(x)=2xe^{(-x^2/\lambda_0^2)}/\lambda_0^2$，其中，$\lambda_H$ 和 λ_0 是有磁场和没有磁场时有效的平均颗粒尺寸。

于是，得到

$$\frac{G_H(V)}{G_0(V)}=\frac{(\lambda_0/\lambda_H)^2(x_V^2+2\lambda_H^2+2\lambda_H^4/x_V^2)\exp(-x_V^2/\lambda_H^2)+aV^2}{(x_V^2+2\lambda_0^2+2\lambda_0^4/x_V^2)\exp(-x_V^2/\lambda_0^2)+aV^2} \tag{3.29}$$

其中，aV^2 项代表在小偏压下相干隧穿的电流[187]，a 被当成拟合参数来对待。

以上理论分析显示了磁性纳米颗粒的耦合通过隧穿磁电阻效应能产生巨大的库仑阻塞磁电阻。如图 3.60 所示，通过对中间量子点的磁耦合的调制，可使其自旋相关的库仑阻塞电压不同。当中间量子点磁性平行耦合时，其中间的电导增强，因此库仑阻塞电压较低。当中间量子点磁性反平行耦合时，库仑阻塞电压较高。这样就实现了自旋相关的库仑阻塞磁电阻效应。

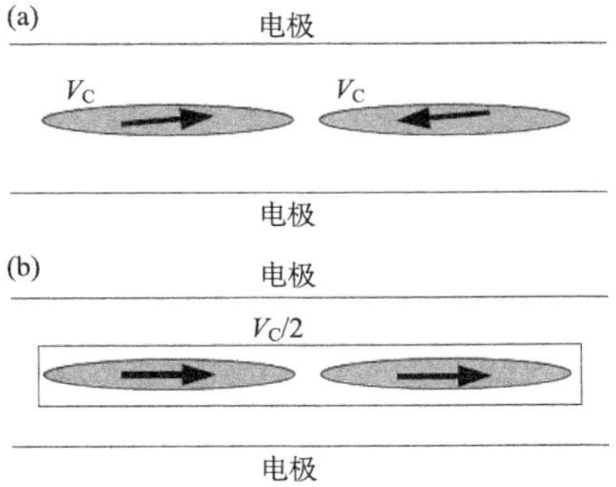

图 3.60　(a)当两个磁性量子点的磁矩反铁磁耦合时，每一个量子点的库仑阻塞电压是 V_C；(b)在外磁场下，两个量子点的磁矩平行排列时，量子点间的自旋极化电子隧穿增强，使量子点相互产生耦合，形成一个大的量子点，库仑阻塞的电压变为 $V_C/2$[188]

3.5.3　磁电阻振荡效应

在磁性隧道结中对铁磁电极以及势垒层界面处进行插层生长，会对磁性隧道结的磁学性质、自旋相关输运性质产生影响。

Zhang 等[42]基于 Fe/MgO/Cr/Fe 结构的磁性隧道结，通过第一性原理计算，研究了 Cr 插层引起的磁电阻振荡效应。图 3.61(a)中，平行态定义为两铁磁电极磁矩平行的状态，反平行态定义为与 Cr 插层靠近的 Fe 层的磁矩反转形成的反平行状态。在前面计算的 TMR 比值和隧穿电导随 Cr 层厚度的变化中，平行态电导和 TMR 比值首先随 Cr 层厚度增加迅速衰减，在四层之后在正负值之间交替振荡。对于平行态电导，在偶数层时较大，奇数层时较小，反平行电导正好相反。电导的振荡正好和 Cr 的界面磁矩变化是一致的，当 MgO-Cr 界面 Cr 层的磁矩和铁电极相平行时电导较大，反平行时电导较小。平行和反平行电导的两层交替振荡，导致了 TMR 比值的奇偶效应和两个原子单层的振荡周期。

在他们计算的整个 Cr 插层厚度(11ML)范围，Fe-Cr 界面的 Cr 磁矩始终是与相邻铁电极反铁磁耦合的，而 Cr 层的磁矩是大小不等的交替改变方向的层间

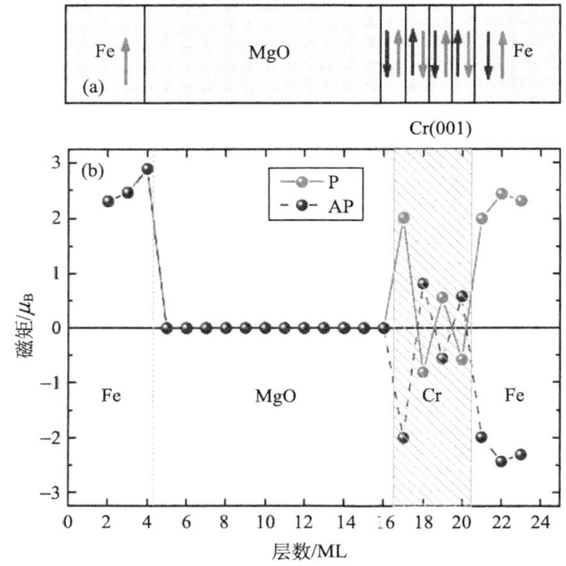

图 3.61(另见彩图) 计算采用的 Fe/MgO/Cr(4ML)/Fe 的结构示意图，箭头表示磁矩的方向，红、蓝箭头分别表示各层平行和反平行态的磁矩取向(a)；计算的 Fe/MgO/Cr(4ML)/Fe 隧道结的平行态(深色箭头)和反平行态(浅色箭头)的磁矩分布(b)[42]

反铁磁序。随着 Cr 插层厚度的变化，这种反铁磁序结构仍然保持。Cr-MgO 界面上的 Cr 磁矩大小几乎不随 Cr 厚度发生变化，基本上保持为 $2\mu_B$，但反铁磁序结构使得界面 Cr 层的磁矩方向交替发生变化。正是这种磁矩的变化引起的界面散射使磁电阻随 Cr 层厚度发生 2 个原子层的振荡。

3.5.4 双势垒磁性隧道结中的量子阱共振隧穿效应

早在磁性隧道结被发现之前，共振隧穿(resonant tunneling)现象早已被人们所熟知。根据量子力学，在双势垒结构隧道结中，处于双势垒之间量子阱(quantum well，QW)的电子或者空穴的能级分立(discrete energy levels)，称为量子阱态(quantum well states，QWS)。当对双势垒隧道结外加偏压，偏压能级在一定阈值时，入射电子与量子阱态能级共振，会产生共振隧穿现象，即入射双势垒的电子的透射概率理论上可以达到 100%。这个现象非常有趣，因为根据量子隧穿，单势垒的隧道结中，电子透射(隧穿)概率是永远小于 100%的，而在双势垒或者多势垒中，却可以实现对某些特定入射能量的电子达到 100%的透射。而且多势垒(如多于两个势垒的超晶格)结构中也可以实现共振隧穿效应。

2004 年，单晶结构 MgO(001)作为势垒层的磁性隧道结被实验成功制备之后，对观测量子阱共振效应提供了很大的可能性。2006 年，日本 Nozaki 等[39]首先报道了通过分子束外延(MBE)方法对 Fe(001)/MgO/Fe/MgO/Fe 全单晶双势垒隧道结的成功制备，并且观测到 dI/dV 曲线中随着外加偏压 V 的变化而振荡的量子共振隧穿现象。

理论方面，早期在对双势垒磁性隧道结共振隧穿效应的理论研究中，仅仅局限于通过唯象模型进行的定性描述。但是对于 Fe(001)电极和 MgO(001)势垒的外延单晶结构，需要基于第一性原理的计算来分析 Fe 在费米能级附近的能带结构以及准确地计算出量子阱态的能级。

Wang 等[33,40]对 Fe(001)/MgO/Fe/MgO/Fe 双势垒磁性隧道结中可能存在的量子阱共振效应进行了系统的研究。图 3.62 给出了 Fe/MgO/Fe/MgO/Fe 中间 Fe 层中的量子阱态。二维布里渊区中心点 Γ 点($k_{//}=0$)处 Δ_1能带主要是 s 电子(角动量=0)，而在 Γ 点其他能带都没有 s 分量，所以只需要对计算出的电子态密度中 s 分量进行分析。对于中间 Fe 层厚度取为 9 个原子层的 Fe(001)/MgO/Fe/MgO/Fe 双势垒隧道结，图 3.62(a)显示了他们计算出的中间 Fe 层在 $\Gamma(k_{//}=0)$处 s 电子的态密度。多数和少数自旋电子带中都形成了数个尖峰，它们就是在中间 Fe 层中形成的自旋相关的量子阱态。如果和块体材料 bcc Fe 的 s 电子能带作比较，如图 3.62(b)所示，可以看到这些量子阱态就是从双势垒材料中间 Fe 薄膜的 s 电子能带衍化形成。如果隧道结没有外加偏压，费米能级固定，那么这些量子阱态的能级位置完全取决于中间 Fe 层的厚度，他们计算表明当双势垒隧道结中间 Fe 厚度为 16ML(约 2.30nm)时，将可能得到非常高的隧穿磁电阻。

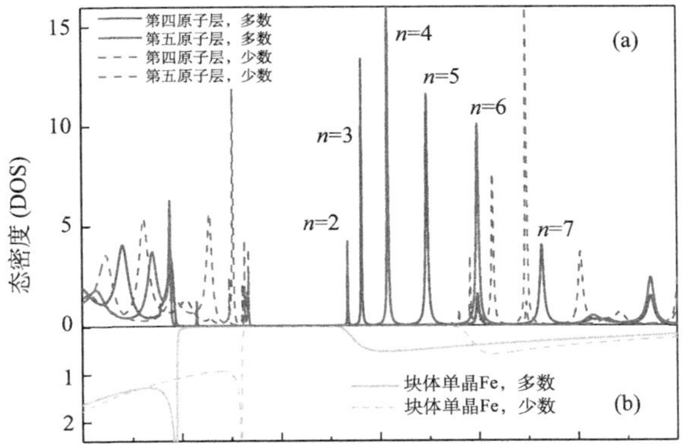

图 3.62(另见彩图)　Fe 的二维布里渊区 Γ 点($k_{//}=0$)处自旋向上(多数自旋电子)s 电子的态密度。(a)对于全单晶 Fe(001)/MgO/Fe/MgO/Fe 结构中间 Fe 层(9ML)的情况：第四原子层(实线)和第五原子层(虚线)；(b)对于块体 bcc(001)单晶结构 Fe 材料的情况[33]

3.5.5 磁性隧道结中的电场效应

在 MgO 势垒磁性隧道结研究过程中，STT 效应的应用使 MRAM 单元的结构更加简单，并且能够提高 MRAM 的单元密度，使其成为第二代的 STT-MRAM。最近人们开始基于电场调控对隧道结自由层磁化翻转的研究[189-192]。电场调控的优点是能量消耗更低，并且器件结构更加简单。

早期实验上已经证实在 FePt 以及 FePd 薄膜上，对其施加电场，能够改变它们的矫顽力，使其增加 4%[189]。此后，人们试图对 3d 铁磁体进行外加电场的磁性调控研究。不久，对 Fe 薄膜施加电场，发现了其对 Fe 薄膜磁各向异性有调控作用[193]。此后的研究者更是应用了布里渊光散射[194]、Kerr 效应[195]、铁磁共振[196]，以及霍尔效应[190]等先进测量手段来研究电场对磁性的调控作用。

人们也在构想，能否通过外加电场来实现对磁性隧道结中铁磁自由层的磁化翻转或调控。Wang 等[197]进行了相关实验。他们生长的磁性隧道结的结构为 $Si/SiO_2/Ta(7nm)/Ru(15nm)/Ta(7nm)/Co_{40}Fe_{40}B_{20}(1.2\sim1.3nm)/MgO(1.2\sim2nm)/Co_{40}Fe_{40}B_{20}(1.6nm)/Ta(10nm)/Ru(24nm)$，其中核心结构为 CoFeB/MgO/CoFeB，如图 3.63 所示。他们的实验结果表明外加电场能够优先改变界面处磁性层的垂直磁各向异性，实现对 CoFeB 自由层的磁化翻转。

Endo 等[190]以及 Meng 等[198]也进行了 MgO 势垒磁性隧道结中相关电场的调控研究。这些相关工作促进了 MgO 势垒磁性隧道结中电场调控的研究进程，对未来可能出现的电场/电压调控的自旋电子学器件研究起到了推动作用[179]。

3.5.6 磁性隧道结中的热自旋效应

自旋电子学结合了电子的电荷特征以及自旋特征。随着自旋电子学研究的进展，近几年，人们将磁性纳米结构中的热、电荷和自旋耦合在一起，产生了一个被称为“自旋热电子学(Spin Caloritronics)”的新的研究领域[199-206]。

Gerrit 等对该研究内容做了很多相关的工作，最近关于该内容发表了题为“*Spin Caloritronics*”的概述文章，他们讨论了自旋塞贝克效应(spin Seebeck effect)、自旋佩尔捷效应、热电导，以及热自旋转移力矩等内容，见文献[200]。

2008 年，自从 Uchida 等[201]在 NiFe 合金薄膜中实验观测到温度梯度产生的自旋塞贝克效应，自旋热电子学的研究才真正开始兴起。传统的塞贝克效应(Seebeck effect)是指在金属或半导体中由于温度梯度产生的电荷积累和电势差。这种效应也因此被称为“电荷塞贝克效应”。类似地，自旋塞贝克效应是指在磁性材料中由于温度梯度产生的自旋压(spin voltage)和自旋流(spin current)。2008 年，Uchida 等[202]在 NiFe 合金中观察到温度梯度产生的纯自旋流，后来他们在磁性绝缘体中也观察到自旋塞贝克效应。此外，Jaworski 等[203]在半导体 GaMnAs

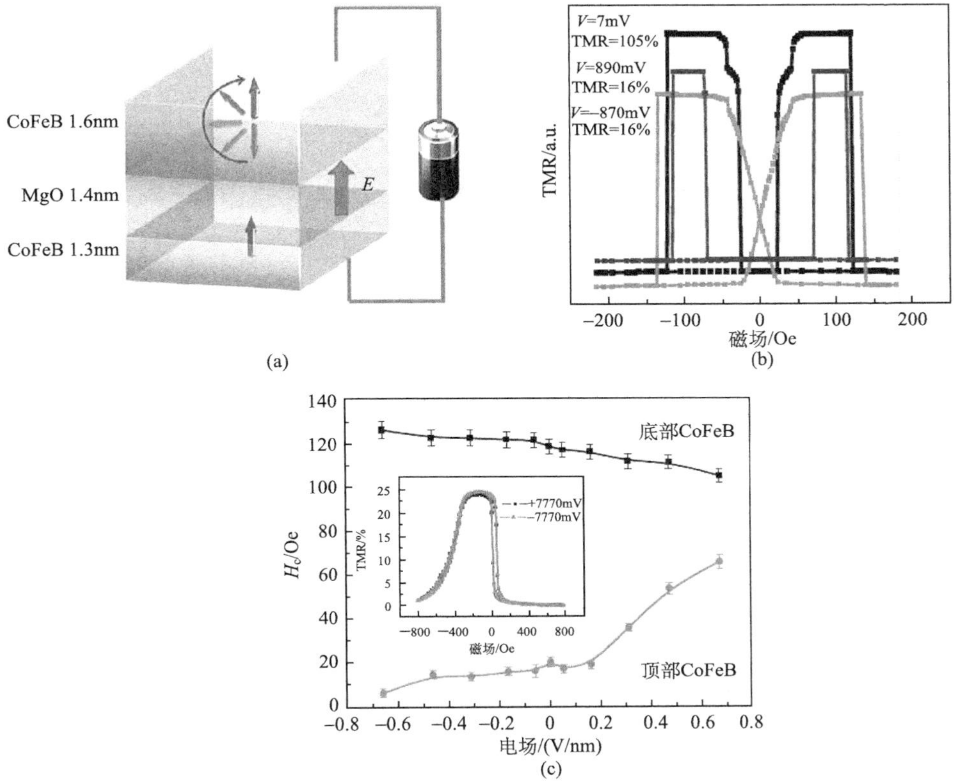

图 3.63　垂直 CoFeB/MgO/CoFeB 磁性隧道结中，电场辅助磁化翻转效应。(a)核心结构示意图；(b)不同外加偏压下，TMR 比值随磁场的变化关系；(c)顶部以及底部 CoFeB 磁性层矫顽力随电场的变化关系，插图给出了在平面磁化 CoFeB/MgO/CoFeB 隧道结中，正负电场下 TMR 比值随磁场的变化关系[197]

中也观察到了类似的自旋塞贝克效应。Le Breton 等[204]发现自旋流可以通过隧穿势垒热注入到 Si 中。

在塞贝克效应中，施加的热将会导致一个温度梯度，温差间会形成一个电流，塞贝克系数定义为诱导的电压与温差的比值，如图 3.64(a)所示[201]；在该系统中，金属 A 和金属 B 的塞贝克系数是不同的，当存在温差为 T_1-T_2时，相对应的电压 V 将会输出。对于自旋塞贝克效应，自旋电流势定义为 $\mu_{\uparrow}-\mu_{\downarrow}$，其中 $\mu_{\uparrow}$ 以及 $\mu_{\downarrow}$ 为自旋朝上电子以及自旋朝下电子的电化学势。在金属磁体中如果自旋向上和自旋朝下传导电子的散射速率以及密度是不同的，那么它们将有不同的塞贝克系数。当存在温差时，自旋势会形成，如图 3.64(b)所示。自旋塞贝克系数可以定义为

$$S_s=\frac{\mu_{\uparrow}-\mu_{\downarrow}}{\Delta T} \tag{3.30}$$

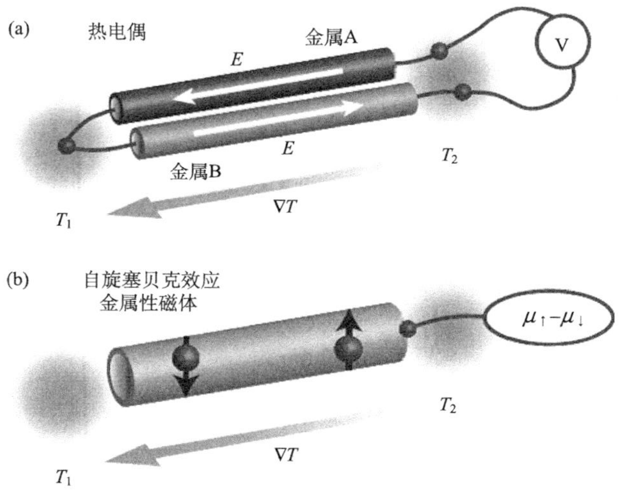

图 3.64　自旋塞贝克效应。(a)热电偶示意图；(b)自旋塞贝克效应示意图[201]

在磁性隧道结中，无论在理论上还是实验上也有很多有意义的进展[207-214]。Liebing 等[212]在 CoFeB/MgO/CoFeB 磁性隧道结(图 3.65)中进行了实验。图 3.65(c)给出了横截面示意图。图 3.65(b)中 TC1 以及 TC3 是接触 MgO 磁性纳米柱顶部电极。通过 HL 的电流 I_{heat}用来对磁性隧道结产生热梯度。图 3.65(d)

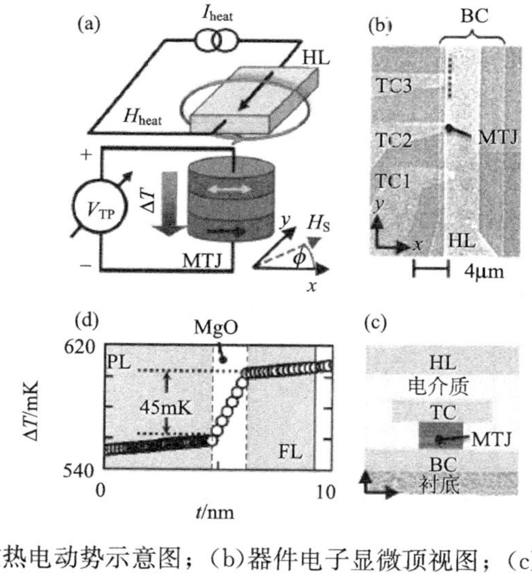

图 3.65　(a)隧穿磁热电动势示意图；(b)器件电子显微顶视图；(c)器件横截面示意图；对于加热 $P_{heat}=60\text{mW}$ 下，隧道结中温度随厚度的分布(d)[212]

是在温度功率为 $P_{heat}=60mW$ 时，隧道结中温度梯度随厚度 t 的变化关系[212]。图 3.66 给出了 V_{TP}(P，AP)随 P_{heat} 变化的关系。当 P_{heat} 增加时，$V_{TP}(P)$ 以及 V_{TP}(AP)均线性增加。图 3.66(b)给出了隧穿磁热电动势(TMTP)随 P_{heat} 的变化关系，从图中可以观察到一个隧穿为 32%的磁热电动势。

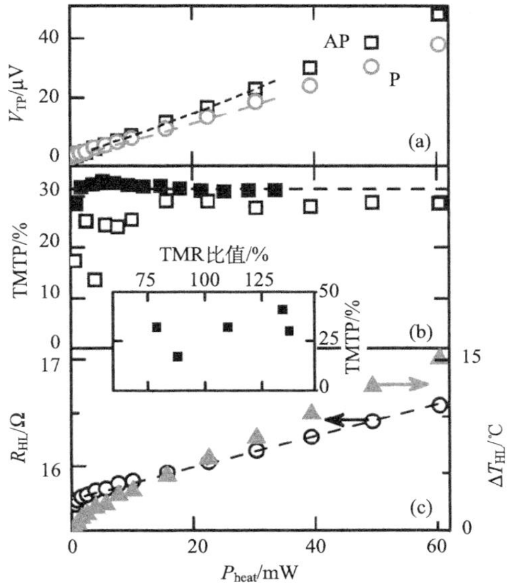

图 3.66　(a)V_{TP} 随 P_{heat} 的变化关系；(b)TMTP 与 P_{heat} 的关系，虚心方格数据为交流测量值，实心方格数据为直流测量值，插图中为 TMTP 与 TMR 比值的关系；(c)HL 电阻 R_{HL}(左纵坐标，圆圈)以及 HL 增加的温度 ΔT_{HL}(右纵坐标，三角)随热功 P_{heat} 的变化关系[212]

3.6　磁性隧道结在器件中的应用

基于磁性隧道结相关的物理器件研发设计丰富和肯定了自旋电子学的实际应用。磁性隧道结尤其是 MgO 磁性隧道结在硬盘读头、MRAM 以及微波振荡器方面都有重要应用。非晶 Al-O 势垒的磁性隧道结在室温下的磁电阻比值为 20%～70%，不仅被成功应用在 HDD 读头中，而且已经被应用在磁性随机存取存储器(magentic radom access memory，MRAM)中。MgO 磁性隧道结中的室温磁电阻高达 200%～500%，因此在 HDD 读头等方面将具有更加广泛的应用[10]。1996 年，Slonczewski 和 Berger 等发现当自旋极化电流通过纳米磁体时，传导电子与局域磁矩间的散射可使传导电子的自旋动量部分转移给局域磁矩，称为自旋转移力矩(spin transfer torque，STT)效应。结合 MgO 高磁电阻效应和 STT 效应可以发展新型基于自旋转移力矩的 MRAM 以及纳米微波振荡器等自旋电子学器件。磁性隧道结在器件中应用广泛，包括有磁读头、磁性传感器、磁性随机存取存储器、自旋纳米振荡器、自旋逻辑器件、自旋晶体管、自旋场效应晶体管、自旋发光二极管。关于自旋电子学的器件应用更详细的内容可以参见第 27 章。

3.6.1 硬盘驱动器磁读头

磁读头是硬盘驱动器重要的组成部分，它通过对磁盘记录介质磁场信号进行读取，将其转化为电信号。较早的读头是 C 型的感应线圈，利用电磁感应将磁信号转化为电信号。但是这种结构尺寸较大，灵敏度不高，很长时间限制了磁存储密度的提高。1996 年，IBM 公司设计了基于各向异性磁电阻效应(AMR)的磁读头，该设计大大减小了磁读头尺寸并且也提高了灵敏度，使硬盘存储密度以每年 100%的速度增加。2000 年，基于 GMR 效应的磁读头开始出现，极大地促进了硬盘存储密度的提高。2005 年，第一款基于 TMR 效应的磁读头问世，TMR 效应比 GMR 效应具有更高的磁电阻变化，基于 TMR 效应的磁读头具有更高的灵敏性。在基于 TMR 效应的硬盘驱动器磁读头中，主要有三种势垒材料被应用在磁读头设计开发中，包括非晶 Ti-O 势垒、非晶 Al-O 势垒以及单晶 MgO(001)势垒材料。希捷公司最早设计了基于非晶 Ti-O 势垒磁性隧道结的硬盘驱动器磁读头，非晶 Ti-O 势垒磁性隧道结相比于其他势垒的磁性隧道结，其具有更小的结电阻和面积之积 RA。后来人们还设计了基于非晶 Al-O 势垒磁性隧道结的磁读头，非晶 Al-O 势垒磁性隧道结相比非晶 Ti-O 势垒磁性隧道结，其磁电阻比值更高。此后，基于单晶 MgO(001)势垒磁性隧道结被各公司采用应用在硬盘驱动器磁读头设计中。目前，国际硬盘公司如希捷和西部数据等已经利用具有高磁电阻、低电阻面积之积的 MgO 磁性隧道结作为磁读头中的核心结构。例如，国际最大的硬盘公司西部数据和希捷公司已经将低 RA 高磁电阻的 MgO 读头应用在其最新的 TB 级的 HDD 产品中。目前使用 MgO-MTJ 的硬盘驱动器(HDD)存储密度超过 700Gbit/in^2，并且有望应用在 1Tbit/in^{2}甚至 2Tbit/in^{2}的 HDD 中。

3.6.2 磁性传感器

磁性传感器就是对外磁场具有线性响应的器件，这样被探测磁场(磁场)可以转化成电信号(电压)，并且电压数值和磁场一一对应。基于隧穿磁电阻效应的磁性传感器具有巨大的磁电阻效应、高的灵敏度并且易于小型化等优点。作为在传感器中的应用，磁性隧道结具有较高的 TMR 比值和灵敏度，并且价格低廉，尺度只有微米量级或小至 100nm 尺度以下，具有极高的空间分辨率，因此其在高精度的磁性编码器、位置传感器、角度传感器、速度和角速度传感器、地磁场方向传感器、磁敏预警传感器、磁敏探测器、生物传感器以及大型精密数控机床等尖端技术领域有着广泛的应用前景。

基于上述优点，Han 研究组对基于 GMR 以及 TMR 对层膜的线性磁性传感器进行了较深入的研究，如埋在磁性多层膜结构中，通过利用其中的磁各向异性能、磁性多层膜间的耦合作用、界面各向异性能等都可以实现这种磁矩的垂直构型，从而实现磁性隧道结的磁电阻对外场的线性响应等[215,216]。人们还将其延伸到在生物学探测应用上，如生物磁性传感器等[217,218]，详细内容参见第 27 章以及文献[219]～[224]。

3.6.3　磁性随机存取存储器

磁性隧道结和隧穿磁电阻效应的另一个重要应用是在磁性随机存取存储器(MRAM)芯片中。在 MRAM 中进行写操作时，可利用脉冲自旋极化电流(STT 效应)，对磁性隧道结存储单元直接进行有效的磁矩翻转和信息写入；而在执行读操作过程中，又可利用磁性隧道结存储单元中磁矩平行和反平行状态下的高低电阻态，有效进行信息读出。因此采用具有高磁电阻比值 MTJ 单元的 MRAM 将具有大的电压输出。MgO-MTJ 中的巨大磁电阻效应，适合发展 MRAM，特别是基于 STT(自旋转移力矩)效应的 STT-MRAM。它还具有低能耗、高灵敏度、防辐射等优点，并且可将现代信息技术中的信息获取、传递、处理以及存储等环节有机地结合在一起。后面关于自旋电子学器件的应用章节中对其有更详细的概述。

3.6.4　自旋纳米振荡器

利用 STT 效应可以在巨磁电阻(GMR)多层膜和磁性隧道结(MTJ)体系中产生高达几十 GHz 的磁矩高频进动。这一高频进动信号通过磁电阻效应读出电压信号，是一种新型的高频 STT-纳米高频器件。2003 年，Deac 等[225]利用 100nm 左右的 MgO 势垒的磁性隧道结纳米柱，发现自旋极化电流诱导的局域磁矩上的垂直面内的自旋转移力矩项能达到面内自旋转移力矩项的 25%，且具有不同的偏压依赖关系。这个结果跟在全金属的巨磁电阻多层膜纳米柱结构中的结果完全不同，反映出在这两种结构中自旋极化的电流诱导的磁矩进动有着不同的机制。由于微波功率理论上正比于 MR 的平方，因此 MgO 的巨大 TMR 磁电阻效应能使基于 MgO-MTJ 的微波振荡器有高功率的微波输出。这种 STT-高频器件有望在工业、便携式的有源移动通信发射和接收装置等民用产品、航空航天领域、计算机和高科技信息技术等领域具有广泛的重要用途。

3.6.5 自旋逻辑器件

利用磁性材料的电子自旋特性来设计的数字逻辑称为磁逻辑。基于隧穿磁电阻效应的磁性隧道结已被广泛应用于数据存储和传感器中。与普通的半导体逻辑元件相比，这种基于自旋相关输运特性的可重配置的逻辑门元件具有高操作频率、无限配置次数、逻辑信息的非易失性、防辐射、与磁随机存储器兼容等优点，是未来数字化和智能化逻辑器件的一个发展方向。关于自旋电子学器件的应用在第 27 章将有更详细的阐述。

3.6.6 自旋晶体管、自旋场效应晶体管

具有记忆和逻辑功能的自旋晶体管也是磁电阻效应的潜在重要应用之一，自旋晶体管[226-233]作为具有强大功能的未来集成电路的组成部分已得到相当多的关注。典型的磁性隧道结自旋晶体管的结构为：金属发射极/势垒/铁磁性金属基极/半导体材料集电极。实现自旋晶体管，至关重要的是提高半导体中自旋注入和自旋检测的效率。然而，在实际的铁磁/半导体界面中存在很多问题，如界面层的形成、费米能级钉扎和电导率不匹配等。到目前为止，这些界面问题的最终解决方案仍处于研究阶段。

近来随着对氧化镁(MgO)势垒材料的研究和利用，磁性隧道结材料性能有了巨大的改进和提高；同时，半金属铁磁电极 Heusler 合金的使用也对磁性隧道结材料带来重大影响。目前研究发现具有 Heusler 合金铁磁电极和 MgO 势垒的磁性隧道结在室温下展现出超过 300%的隧穿磁电阻比值(TMR)。这就为自旋晶体管的操作以及非易失性功能逻辑电路的应用提供了契机。最近，Shuto 等[233]成功设计制造了一个准自旋场效应晶体管(PS-MOSFET)，并且实现了利用磁性隧道结的高低电阻状态来控制自旋晶体管的操作。

3.6.7 自旋发光二极管

自旋电子学相关的研究从某种意义上也可以认为是围绕对自旋的注入、自旋操纵、自旋输运以及自旋探测的研究。在这些研究中基于自旋发光二极管对自旋相关效应的研究也引起了人们的兴趣[234,235]。自旋发光二极管的核心结构由自旋注入端(spin injectors)以及电子空穴复合的激活区(active region)组成，如图 3.67所示。自旋极化的电子(空穴)通过自旋注入端注入到激活区与空穴(电子)复合产生左旋或者右旋的圆偏振光，通过光的极化率能够直接反映出注入的电子(空穴)的极化率。

下面从自旋注入、自旋输运以及自旋探测三个方面介绍自旋发光二极管中所涉及的主要问题。

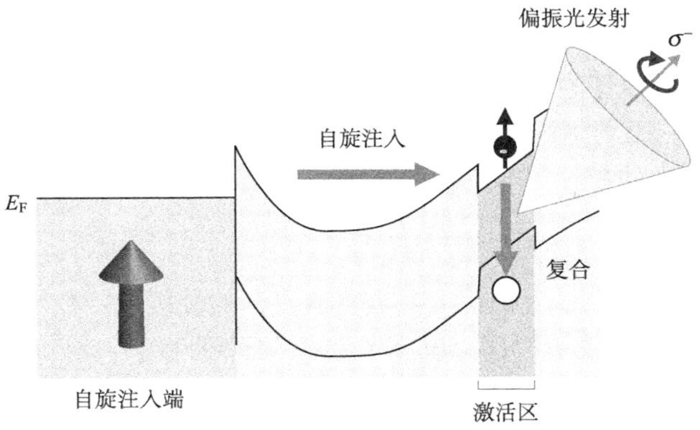

图 3.67　自旋发光二极管示意图，其核心结构由自旋注入端以及激活区组成[236]

（1）自旋注入：自旋注入是指将自旋极化电流注入到非磁性金属或者半导体中。首先要考虑怎样产生自旋极化电流，目前主要有电学注入、光学注入以及自旋霍尔效应等方法[233]。对于自旋发光二极管中的电致发光研究用到的是电学注入：利用铁磁材料层作为自旋注入端，电子在铁磁层内会被自旋极化，然后将自旋极化的电子利用电学方法从铁磁层注入到半导体中。其次，自旋注入中主要考虑的问题是自旋注入的效率，自旋注入效率定义为注入的电子极化率与铁磁体自旋极化率的比值。界面质量、缺陷杂质和能带结构等因素对自旋的散射会影响自旋的注入效率；除此之外，由于铁磁体与半导体的电导不匹配也会严重影响自旋的注入效率。

最早研究的自旋发光二极管基于“磁性半导体/半导体”结构，如以GaMnAs、ZnMnSe 等磁性半导体作为自旋注入端[237,238]，该结构的优点是能够避免发生电导不匹配的问题，但是由于磁性半导体的居里温度较低，其在室温下不能进行有效的自旋注入；后来人们又采用居里温度较高的铁磁体作为自旋注入端，如“铁磁体/半导体”结构，但是也会遇到电导不匹配的问题，为此 Rashba 等[239]用隧穿势垒层的方法，即在铁磁体以及半导体间插入势垒层构成“铁磁体/势垒层/半导体”结构，解决了电导不匹配的问题，用这种方法可以显著提高自旋的注入效率。

（2）自旋输运：自旋输运过程主要涉及电子在保持自旋极化的状态下传播多长距离，以及能保持多长时间，即自旋弛豫长度、自旋弛豫时间等问题。在自旋发光二极管中的半导体区域，影响自旋输运过程的自旋弛豫机制主要有三种：Elliott-Yafet(EY)机制、D'yakonov-Perel(DP)机制以及 Bir-Aronov-Pikus(BAP)机制。

1954 年 Elliott[240]研究表明，材料中自旋轨道耦合会将电子的波函数分为空间、时间反演均对称的两个简并态：一个为自旋向上态，另一个为自旋向下态。这种混合态会导致电子在动量散射过程中发生自旋翻转，如电子-杂质散射和电子-声子散射等。EY 机制[图 3.68(a)]中对于Ⅲ-Ⅴ半导体伽马点附近的自旋弛豫，如研究体系中的半导体 GaAs，EY 自旋弛豫率$(\tau_s^{EY})^{-1}$可以表述为[234]

$$\frac{1}{\tau_s^{EY}(E)}=A\left(\frac{E}{E_g}\right)^2\left(\frac{\Delta}{E_g+\Delta}\right)^2\frac{1}{\tau_p(E)} \tag{3.31}$$

其中，A 为散射常数，Δ 为材料中自旋轨道耦合的分裂能，E_g为带隙，$\tau_p(E)$是能量 E 上的电子动量散射时间。在 EY 自旋弛豫机制中，自旋弛豫率与电子的动能平方成正比，与能隙成反比。如果电子在伽马点，当其波矢 k 越大、价带和导带间的耦合越强时，自旋翻转的概率越大。所以对于能隙较大的宽禁带半导体，EY 机制不是最重要的机制。在基于 GaAs 半导体或者量子结构中，EY 机制不对自旋弛豫过程中的自旋翻转起主导作用。

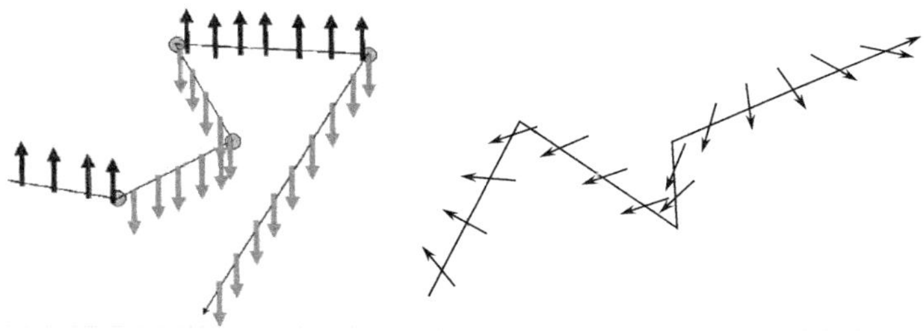
(a)　　(b)

图 3.68　EY(a)、DP(b)自旋弛豫机制示意图[241]

DP 机制[图 3.68(b)]主要来源于半导体材料晶格中缺少空间中心反演对称性，其对在Ⅲ-Ⅴ族(如 GaAs)以及Ⅱ-Ⅵ族半导体中的自旋翻转起主导作用[233]。在缺少中心反演对称性半导体材料中的电子会感受到一个有效磁场，电子自旋绕着该有效场进行 Larmor 进动。该有效场的强度以及方向依赖于电子的波矢 $\boldsymbol{k}$，该有效磁场具有较强的各向异性，当电子发生动量散射时，电子的进动频率以及有效磁场也会发生改变，改变中会导致电子自旋退相位。DP 机制的自旋弛豫率可以表述为

$$\frac{1}{\tau_s^{DP}(E)}=Q\alpha^2\frac{E}{\hbar^2E_g}\tau_p(E) \tag{3.32}$$

其中，Q 是散射因子，α 是依赖于自旋轨道相互作用强度的系数。通过比较式(3.32)可以看到 DP 机制中自旋弛豫率$\frac{1}{\tau_s^{DP}(E)}$正比于电子动量散射时间

$\tau_{\mathrm{p}}(E)$，而 EY 机制中$\frac{1}{\tau_{\mathrm{s}}^{\mathrm{EY}}(E)}$反比于$\tau_{\mathrm{p}}(E)$。就是说，在 EY 机制中电子散射的次数越多，EY 自旋弛豫率就越大；而在 DP 机制中，电子散射不会导致自旋弛豫率的增大，散射会导致随波矢 $\boldsymbol{k}$ 相关的进动频率更加随机化，而发生在碰撞间隙的自旋退相位会随着频繁的碰撞而减弱，所以$\frac{1}{\tau_{\mathrm{s}}^{\mathrm{DP}}(E)}$正比于$\tau_{\mathrm{p}}(E)$。

BAP 机制来源于电子空穴的相互作用，该机制尤其在 p 型半导体中对电子自旋的弛豫占主导作用。当电子与空穴即将复合时，电子和空穴间的散射会形成自旋交换作用，因此当电子把自旋转移给空穴时，会引起电子的自旋弛豫[234]。

(3) 自旋探测：关于自旋的探测有一系列方法，包括磁电阻方法、自旋霍尔效应、Hanle 效应、光致发光以及电致发光的光探测等[234]。这里主要介绍光探测方法。根据光学选择定则，当电子与空穴复合后所产生圆偏振光的极化率与电子(空穴)的极化率直接相关，如图 3.69 所示。如对于 GaAs 半导体体材料，由于重空穴是三重简并态，轻空穴是单态，所以电子与重空穴的复合概率是其与轻空穴复合概率的三倍，电子空穴复合发光的圆偏振极化率为

$$P_{\mathrm{c0}}=\frac{I(\sigma^{+})-I(\sigma^{-})}{I(\sigma^{+})+I(\sigma^{-})}=\frac{(3n_{\downarrow}+n_{\uparrow})-(3n_{\uparrow}+n_{\downarrow})}{(3n_{\downarrow}+n_{\uparrow})+(3n_{\uparrow}+n_{\downarrow})}=\frac{n_{\downarrow}-n_{\uparrow}}{2(n_{\uparrow}+n_{\downarrow})}=-\frac{P_{\mathrm{e}}^{\mathrm{inj}}}{2} \tag{3.33}$$

其中，$I(\sigma^{+})$，$I(\sigma^{-})$分别为圆偏振光σ^{+}以及σ^{-}的强度；$n_{\uparrow}$以及$n_{\downarrow}$为注入电子的自旋向上以及自旋向下的态密度；$P_{\mathrm{e}}^{\mathrm{inj}}=\frac{n_{\uparrow}-n_{\downarrow}}{(n_{\uparrow}+n_{\downarrow})}$为注入电子的自旋极化率。

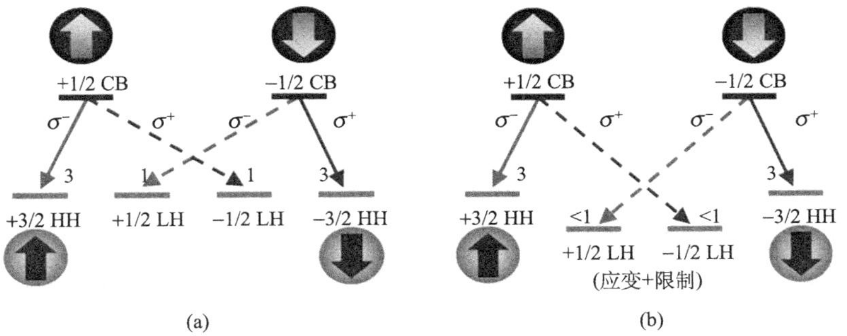

图 3.69(另见彩图)　在闪锌矿型 GaAs 直接带隙能带中的光选择定则。(a)体材料以及(b)量子阱中的电子空穴复合选择定则。上边蓝色球代表电子，下边的红色球代表空穴，箭头代表自旋方向。其中 CB 代表导带，HH 代表重空穴带，LH 代表轻空穴带，其中 HH 是三重简并态，LH 是单态。σ^{-}以及σ^{+}代表左旋光以及右旋光。在量子阱结构中由于晶格应变以及限制，电子与 LH 态空穴的复合概率被大大抑制[234]

对于量子阱结构如 $In_{1-x}Ga_xAs/GaAs$ 量子阱，由于结构限制以及应变等约束作用，其轻空穴相比重空穴下移，所以电子与轻空穴的复合将被大大抑制。此时，电子空穴复合发光的圆偏振极化率为

$$P_{c0}=\frac{I(\sigma^+)-I(\sigma^-)}{I(\sigma^+)+I(\sigma^-)}=\frac{3n_\downarrow-3n_\uparrow}{3n_\downarrow+3n_\uparrow}=\frac{n_\downarrow-n_\uparrow}{n_\uparrow+n_\downarrow}=-P_e^{\text{inj}} \tag{3.34}$$

因此，在基于 $In_{1-x}Ga_xAs/GaAs$ 量子阱结构的自旋发光二极管中，注入的电子极化率越高，得到的圆偏光的极化率也越高。

上述的式(3.33)以及式(3.34)中考虑到的是理想情况，实际中还要考虑到半导体中的电子自旋弛豫时间τ_s以及电子寿命 τ，定义一个 F 因子，$F=1/(1+\tau/\tau_s)$。实际测得的光的圆偏振度为

$$P_c=-F\cdot P_{c0} \tag{3.35}$$

自旋发光二极管中自旋注入端目前报道的有磁性半导体、铁磁性材料以及半金属材料[234](表 3.7)。在较早的自旋发光二极管研究中，主要使用的是磁性半导体(如 GaMnAs，ZnMnSe，$CdCr_2Se_4$)[237,238]，磁性半导体能够避免自旋注入层与发光区层的电导失配情况，能够有效地进行自旋注入。但是由于磁性半导体的居里温度较低，高温下磁性消失而不能进行有效自旋注入。此后人们利用居里温度较高的铁磁体作为自旋注入端，为了减小电导不匹配，一般会在铁磁体与半导体层间生长势垒层。目前在 CoFe/MgO/GaAs 半导体量子阱结构中，室温下已经观测到了 32%的圆偏振光极化率[242]。另外，由于半金属具有 100%的自旋极化率，为了得到更高的圆偏振光极化度，半金属材料也被应用在自旋发光二极管的研究中。

表 3.7 基于磁性半导体、铁磁性材料以及半金属材料为自旋注入端的自旋发光二极管中先前实验的报道结果[234]

材料	自旋注入	激活区	自旋极化率/温度	测试方法
DMS	GaMnAs(空穴)	InGaAs QW	7%/5K	Faraday
		InAs QD	1.0%/4.5K	Voigt
	GaMnAs Zener	GaAs 体材料	82%/4.6K	OHE
		InGaAs QW	0.82%/5K	Faraday
		InAs QD	1.2%/5K；0.2%/60K	Voigt
	ZnMnSe	GaAs 体材料	86%/1.5K；24%/33K	Faraday
		InGaAs QD	21%/5K	Faraday
		CdSe QD	70%/2K	Faraday
	$CdCr_2Se_4$	GaAs QW	4-6%/5K	Faraday

续表

材料	自旋注入	激活区	自旋极化率/温度	测试方法
FM金属	Co/Al_2O_3	GaAs QW	2%/300K	Faraday
	$CoFe/Alo_x$	GaAs体材料	21%/80K；16%/300K	OHE
	CoFe/MgO	GaAs QW	52%/100K；32%/290K	Faraday
			70%/10～300K	Faraday
	$NiFe\text{-}CoFe/AlO_x$	GaAs体材料	24%/80K；12%/300K	OHE
	$Ni_{80}Fe_{20}/Al_2O_3$	GaAs QW	0.2%/300K	Faraday
	Fe/(Al)GaAs，肖特基势垒	GaAs QW	32%/4.5K；2%/300K	Faraday
		InGaAs QW	2%/25K；2%/300K	Faraday
			7.5%/15K	OHE
	MnAs	InGaAs QW	6%/80K；<6%/300K	Faraday
	MnSb/AlGaAs，肖特基势垒	GaAs体材料	20%/80K	OHE
Heusler合金	$Co_{2.4}Mn$ 1.6Ga	InGaAs QW	13%/5K	OHE
	Co_2MuGe	GaAs QW	27%/2K；2%/280K	OHE

在基于面内磁各向异性自旋注入端的自旋发光二极管中，其Faraday测试方法要求：沿薄膜法线方向施加磁场将自旋注入端的磁矩拉到垂直膜面方向，这样可以沿法向方向测量产生光的自旋极化率。但是对于应用来说，如果利用上述方法得到电致极化圆偏振光，则要求有外加磁场设备提供垂直膜面方向的磁场，这样非常不方便。所以构建一个具有垂直磁各向异性的自旋注入端，就可以在不使用外加磁场下利用它的剩余磁态进行自旋注入，在薄膜法向方向得到极化的圆偏振光。对于这样的垂直磁各向异性的自旋注入端，其自旋极化率越高越好、厚度越薄越好：自旋极化率高可以使得注入到二极管半导体中的电子自旋极化率较高；厚度越薄，薄膜对发出光的吸收越小，自旋二极管发出光的强度就会越大。

2010年，Ikeda等[243]在Ta/CoFeB(1.3nm)/MgO中观测到了垂直磁各向异性，开启了基于Ta/CoFeB/MgO界面诱导垂直磁各向异性的多层膜体系以及磁性隧道结的研究；已有理论研究[244,245]证明Fe(Co)/MgO界面可以诱导出垂直磁各向异性，其大小约为$1mJ/m^2$，足以使较薄的(约1.5nm)薄层CoFeB的磁矩方向沿垂直薄膜膜面方向。2014年，法国洛林大学IJL实验室、法国图卢兹大学，以及中国科学院半导体研究所和中国科学院物理研究所多个课题组通过合作，首次利用Ta/CoFeB/MgO界面诱导的垂直磁各向异性多层膜作为自旋注入端，生长在GaAs量子阱结构之上，在未加磁场的剩磁态情况下观测到25K低温下20.5%、室温下8%的电致发光极化率[246]。参见图3.70和图3.71。

实验样品的结构示意图如图3.71(a)所示，图3.71(b)为样品退火热处理后

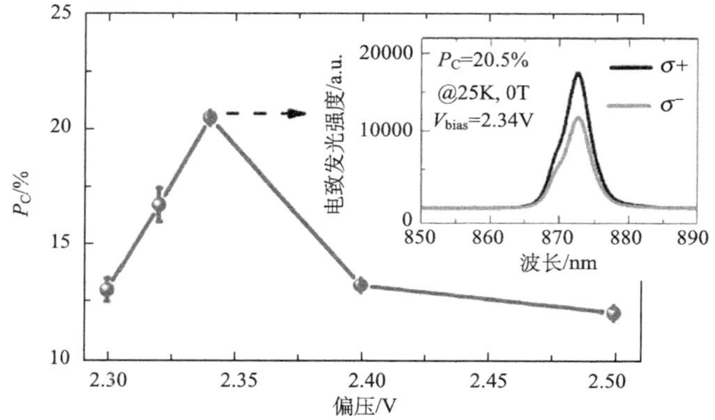

图 3.70　电致发光极化率随着外加工作电压的变化关系。插图为在 2.34V 工作电压、25K 低温下、零磁场测量的σ^+以及σ^-极化电致发光(EL)强度，其电致发光极化率为 20.5%

虚线选定区域内结构的 TEM 图，其中 MgO 厚度为 2.5nm，CoFeB 厚度为 1.2nm。可以看到 MgO 以及 CoFeB 都已很好的晶化，插图中的 TEM 照片说明样品各层的平整度以及均一性较好。

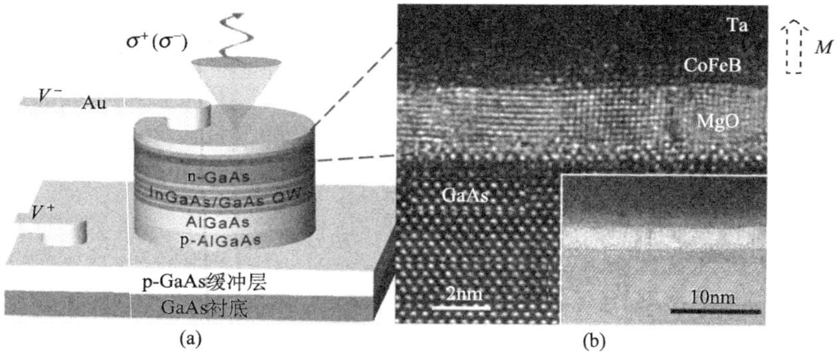

图 3.71　基于垂直磁各向异性 Ta/CoFeB/MgO 为自旋注入端的自旋发光二极管结构示意图(a)；虚线选定区对应的 TEM 照片，其中插图为缩小后的 TEM 照片(b)

3.7　研究展望

在磁性多层膜、磁性隧道结等材料结构出现之前，在传统电子学中只是应用了电子的电荷属性，而电子的自旋属性被忽略。而 1988 年以来通过对磁性多层膜以及磁性隧道结等材料结构的相关研究，推动和丰富了自旋相关功能器件的持续研发及其实际应用。

在 GMR 效应以及磁性隧道结发现之前，传统的传感器和硬盘读头利用的是各向异性磁电阻效应(AMR)。典型的 AMR 比值为 1%～2%，由于 AMR 的比值较低，限制了传感器的灵敏度以及硬盘读头信噪比和硬盘密度的提升。室温下典型的 GMR 比值为 10%～20%，与 AMR 相比将磁电阻提升了一个量级，因此迅速被应用在各种自旋电子学器件中。在 GMR 效应发现之后几年，1995 年 Miyazaki 等和 Moodera 等在以非晶 Al-O 为势垒的磁性隧道结中分别观察到了 20%的室温隧穿磁电阻效应，并由此开启了关于磁性隧道结的研究工作。目前工业上已大规模器件化制备的钉扎型自旋阀式磁性隧道结其室温磁电阻可稳定做到 100%～300%。由于单晶 MgO(001)势垒磁性隧道结具有高室温隧穿磁电阻以及小结电阻与面积之积(RA)的特点，因而是自旋电子学中非常重要的一类实用化材料，不仅已经广泛应用于目前商品化的高密度磁记录硬盘的磁读头中，也是开发下一代自旋电子学器件的重要功能材料。例如，目前国际上重点研究的磁随机存储器、磁逻辑器件、自旋晶体管和自旋场效应管以及自旋纳米振荡器等，MgO(001)单晶势垒磁性隧道结是最佳的核心材料和元器件之一。更为详细的关于磁性多层膜和磁性隧道结在器件中的应用请参看下卷中的第 27 章。

自 2001 年开始的对单晶 MgO 势垒磁性隧道结的理论研究及实验工作突破都为自旋电子学领域的发展做出了巨大贡献。MgO 磁性隧道结的相关研究发展到今天已经取得了丰硕的成果，不仅推动了自旋电子学的发展，而且为计算机信息存储技术的提升带来了契机。基于 MgO 磁性隧道结的自旋电子学器件也必将会促进科技的进步和丰富人们的日常生活。但是，目前该方向的研究仍然面临着诸多挑战，同时也存在着很多的机遇。

在磁性隧道结材料研究方面，仍然可能通过寻找新的势垒或磁性电极材料，获得磁电阻比值更高的、磁电性能更好的磁性隧道结。例如，近来简式为AB_2O_4的尖晶石氧化物由于具有丰富的磁电特性及其与常用铁磁金属电极材料 Fe、Co、CoFeB 合金及半金属 Heusler 合金较小的晶格失配度而受到关注(<1%)。另外，在磁性电极材料方面，可以进一步优化设计具有高自旋极化率、垂直磁各向异性、低阻尼系数的磁性电极材料。具有这些综合特性磁性电极的隧道结将在高速、低功耗的磁随机存储器(MRAM)及纳米振荡器等自旋电子学器件方面具有重要应用价值。在 MgO 势垒磁性隧道结中相关效应的研究方面，自旋转移力矩效应是自旋电子学发展中的又一个具有里程碑意义的新发现。利用自旋极化电流诱导的磁化翻转具有诱人的应用前景。自旋转移力矩效应不仅提供了自旋电子学器件信息写入的新方式，同时还能满足大量的器件应用需要高密度集成的发展趋势。但是目前的磁化翻转临界电流密度还是比较大。临界电流密度还需继续优化降低，进而进一步提高 MRAM 的成品率，降低成本，推进高密度高容量 STT-MRAM 的产业化进程；有关自旋相关的库仑阻塞磁电阻效应，如采用具有自旋

相关库仑阻塞效应的磁性隧道结来作磁读头和磁敏传感器，其更高的磁电阻比值可使输出信号增强，有助于提高信噪比、降低误码率。另外，在 MgO 势垒磁性隧道结中可具有极大潜在应用价值的其他物理效应，如热自旋效应、多铁效应、电场辅助磁化翻转效应等，都将进一步推动自旋电子学的发展，丰富着自旋电子学的研究内容，并能进一步推动新型自旋电子学器件的研发和应用。

作者简介

韩秀峰 中国科学院物理研究所研究员、博士生导师、课题组组长。1984 年毕业于兰州大学物理系，1993 年在吉林大学获博士学位。1998～2001 年分别在日本东北大学、美国新奥尔良大学和爱尔兰都柏林大学圣三一学院等处从事自旋电子学研究。2000 年获中国科学院“百人计划”资助；2003 年获国家杰出青年科学基金资助；2007 年获国家自然科学基金委员会创新研究群体科学基金资助；2007 年入选“新世纪百千万人才工程”国家级人选。主要从事“自旋电子学材料、物理和器件”研究，包括：磁性隧道结及隧穿磁电阻(TMR)效应、多种铁磁复合隧道结(MTJ)材料、新型磁随机存取存储器(MRAM)、磁逻辑、自旋纳米振荡器、自旋晶体管、磁电阻磁敏传感器等原理型器件的研究。已发表 SCI 学术论文 200 余篇，获得中国发明专利授权 50 余项和国际专利授权 5 项。与合作者研制成功一种新型纳米环磁随机存取存储器(Nanoring MRAM)原理型演示器件、四种磁电阻磁敏传感器原理型演示器件；其中“纳米环磁性隧道结及新型纳米环磁随机存取存储器的基础性研究”获 2013 年度北京市科学技术奖一等奖。

梁世恒 2008 年毕业于兰州大学物理科学与技术学院，获学士学位；2013 年在中国科学院物理研究所取得凝聚态物理博士学位；2012～2013 年在南锡大学从事中法合作项目研究。主要从事新型自旋电子学材料、物理及器件方面的研究。已发表 SCI 学术论文 10 余篇。

参考文献

[1] Julliére M. Tunneling between ferromagnetic films. Phys Lett, 1975, A 54: 225.

[2] Baibich M N, Broto J M, Fert A, et al. Giant magnetoresistance of (001)Fe/(001)Cr magnetic superlattices. Phys Rev Lett, 1988, 61: 2472.

[3] Binasch G, Grünberg P, Saurenbach F, et al. Enhanced magnetoresistance in layered magnetic structures with antiferromagnetic interlayer exchange. Phys Rev B, 1989, 39: 4828.

[4] Yuasa S, Matasumoto R, Fukushima A, et al. Tunnel magnetoresistance effect and its applications. [2014-01-05]. http: //www. jst. go. jp/sicp/ws2009. splst/presentation/15. pdf.

[5] Miyazaki T, Tezuka N. Giant magnetic tunneling effect in Fe/Al_2O_3/Fe junction. J Magn Magn Mater, 1995, 139: L231.

[6] Moodera J S, Kinder L R, Wong T M, et al. Large magnetoresistance at RT in ferromagnetic thin film tunnel junctions. Phys Rev Lett, 1995, 74: 3273.

[7] Han X F, Oogane M, Kubota H, et al. Fabrication of high-magnetoresistance tunnel junctions using $Co_{75}Fe_{25}$ ferromagnetic electrodes. Appl Phys Lett, 2000, 77: 283.

[8] Han X F, Miyazaki T. Effects of annealing on high-magnetoresistance tunnel junctions with $Co_{75}Fe_{25}$ ferromagnetic electrodes. J Mater Sci Technol, 2000, 16: 549.

[9] Wei H X, Qin Q H, Ma M, et al. . 80% tunneling magnetoresistance at RT for thin Al-O barrier magnetic tunnel junction with CoFeB as free and reference layers. J Appl Phys, 2007, 101: 09B501.

[10] Yuasa S, Djayaprawira D D. Giant tunnel magnetoresistance in magnetic tunnel junctions with a crystalline MgO(001)barrier. J Phys D: Appl Phys, 2007, 40: R337.

[11] Butler W, Zhang X G, Schulthess T C, et al. Spin-dependent tunneling conductance of Fe | MgO | Fe sandwiches. Phys Rev B, 2011, 63: 054416.

[12] Mathon J, Umerski A. Theory of tunneling magnetoresistance of an epitaxial Fe/MgO/Fe(001) junction. Phys Rev B, 2001, 63: 220403(R).

[13] Parkin S S P, Kaiser C, Panchula A, et al. Giant tunnelling magnetoresistance at RT with MgO(100) tunnel barriers. Nat Mater, 2004, 3: 862.

[14] Yuasa S, Nagahama T, Fukushima A, et al. Giant room-temperature magnetoresistance in single-crystal Fe/MgO/Fe magnetic tunnel junctions. Nat Mater, 2004, 3: 868.

[15] AIST. Development of MgO-MTJ devices. [2014-03-20]. http: //unit. aist. go. jp/src/cie/en_teams/en_teams_metal. html.

[16] Kobayashi K, Akimoto H. TMR film and head technologies. Fujitsu Sci Tech J, 2006, 42: 139.

[17] Miao G X, Münzenberg M, Moodera J S. Tunneling path toward spintronics. Reports on Progress in Physics, 2011, 74: 036501.

[18] Meservey R, Tedrow P M. Spin-polarized electron tunneling. Phys Rep, 1994, 238: 173.

[19] Sakuraba Y, Hattori M, Oogane M, et al. Giant tunneling magnetoresistance in Co_2MnSi/Al-O/Co_2MnSi magnetic tunnel junctions. Appl Phys Lett, 2006, 88: 192508.

[20] 翟宏如,等. 自旋电子学. 北京:科学出版社,2013.

[21] Sukegawa H, Inomata K, Mitani S. Giant tunnel magnetoresistance at room temperature in a cubic monocrystallne Al_2O_3-based magnetic tunnel junction. The 58th Annual Magnetism and Magnetic Materials(MMM)Conference, DC-05, 2013.

[22] Zhu J G, Park C. Magnetic tunnel junctions. Mater Today, 2006, 9: 36.

[23] Tiusan C, Greullet F, Hehn M, et al. Spin tunnelling phenomena in single-crystal magnetic tunnel junction systems. J Phys Condens Matter, 2007, 19: 165201.

[24] Stewart D A. New type of magnetic tunnel junction based on spin filtering through a reduced symmetry oxide: FeCo | $Mg_3B_2O_6$ | FeCo. Nano Lett, 2010, 10: 263.

[25] Ikeda S, Hayakawa J, Ashizawa Y, et al. Tunnel magnetoresistance of 604% at 300K by suppression of Ta diffusion in CoFeB/MgO/CoFeB pseudo-spin-valves annealed at high temperature. Appl Phys

Lett，2008，93：082508.

[26] Du G X，Wang S G，Ma Q L，et al. Spin-dependent tunneling spectroscopy for interface characterization of epitaxial Fe/MgO/Fe MTJs. Phys Rev B，2010，81：064438.

[27] Feng J F，Chen J Y，Venkatesan M，et al. Superparamagnetism in MgO-based MTJs with a thin pinned ferromagnetic electrode. Phys Rev B，2010，81：205212.

[28] Heinonen O G，Singleton E W，Karr B W，et al. Review of the physics of magnetoresistive readers. IEEE Trans Mag，2008，44：2465.

[29] Slaughter J M. Materials for magnetoresistive random access memory. Ann Rev Mater Res，2009，39：277.

[30] Hayakawa J，Ikeda S，Lee Y M，et al. Effect of high annealing temperature on giant tunnel magnetoresistance ratio of CoFeB/MgO/CoFeB magnetic tunnel junctions. App Phys Lett，2006，89：232510.

[31] Djayaprawira D D，Tsunekawa K，Nagai M，et al. 230% room-temperature magnetoresistance in CoFeB/MgO/CoFeB magnetic tunnel junctions. Appl Phys Lett，2005，86：092502.

[32] Lee Y M，Hayakawa J，Ikeda S，et al. Effect of electrode composition on the tunnel magnetoresistance of pseudo-spin-valve magnetic tunnel junction with a MgO tunnel barrier. Appl Phys Lett，2007，90：212507.

[33] Wang Y. First-principles study of single-crystal magnetic tunnel junctions with MgO-barrier. Beijing：The Institute of Physics，Chinese Academy of Sciences，2009.

[34] Yuasa S. Giant tunneling magnetoresistance in MgO-based magnetic tunnel junctions. J Phys Soc Jap，2008，77：031001.

[35] Mathon J，Umerski A. Theory of resonant tunneling in an epitaxial Fe/Au/MgO/Au/Fe(001)junction. Phys Rev B，2005，71：220402(R).

[36] Yavorsky B Y，Mertig I. Noncollinear interface magnetism and ballistic transport in Fe/FeO/MgO/Fe tunnel junctions：*Ab initio* calculations using the KKR method. Phys Rev B，2006，74：174402.

[37] Miura Y，Uchida H，Oba Y，et al. Half-metallic interface and coherent tunneling in Co_2YZ/MgO/Co_2YZ/MgO/Co_2YZ(YZ=MnSi，CrAl) magnetic tunnel junctions：A first-principles study. Phys Rev B，2008，78：064416.

[38] Bose P，Ernst A，Mertig I，et al. Large reduction of the magnetoresistance in Fe/MgO/Fe tunnel junctions because of small oxygen concentrations at a single FeO interface layer：A first-principles study. Phys Rev B，2008，78：092403.

[39] Nozaki T，Tezuka N，Inomata K. Quantum oscillation of the tunneling conductance in fully epitaxial double barrier magnetic tunnel junctions. Phys Rev Lett，2006，96：027208.

[40] Wang Y，Lu Z Y，Zhang X G，et al. First-principles theory of quantum well resonance in double barrier magnetic tunnel junctions. Phys Rev Lett，2006，97：087210.

[41] Wang Y，Han X F，Zhang X G. Effect of Co interlayers in Fe/MgO/Fe magnetic tunnel junctions. Appl Phys Lett，2008，93：172501.

[42] Zhang J，Wang Y，Zhang X G，et al. Inverse and oscillatory magnetoresistance in Fe(001)/MgO/Cr/Fe magnetic tunnel junctions. Phys Rev B，2010，82：134449.

[43] Wang Y，Zhang J，Zhang X G，et al. First-principles study of Fe/MgO based magnetic tunnel junctions with Mg interlayers. Phys Rev B，2010，82：054405.

[44] Yuasa S，Fukushima A，Nagahama T，et al. High tunnel magnetoresistance at RT in fully epitaxial Fe/MgO/Fe tunnel junctions because of coherent spin-polarized tunneling. J Jour App Phys，2004，

43：L588.

[45] Sharma M，Nickel J H，Anthony T C，et al. Spin-dependent tunneling junctions with AlN and Al-ON barriers. Appl Phys Lett，2000，77：2219.

[46] Wang J G，Freitas P P，Snoeck E，et al. Spin-dependent tunnel junctions with ZrO_x barriers. Appl Phys Lett，2001，79：4387.

[47] Gupta A，Li X W，Gang X. Inverse magnetoresistance in chromium-dioxide-based magnetic tunnel junctions. Appl Phys Lett，2011，78：1894.

[48] Mavropoulos P H，Papanikolaou N，Dederichs P H. Complex band structure and tunneling through ferromagnet/insulator/ferromagnet junctions. Phys Rev Lett，2000，85：1088.

[49] Velev J P，Belashchenko K D，Stewart D A，et al. Negative spin polarization and large tunneling magnetoresistance in epitaxial Co |$SrTiO_3$|Co magnetic tunnel junctions. Phys Rev Lett，2005，95：216601.

[50] Stewart D A. New type of magnetic tunnel junction based on spin filtering through a reduced symmetry Oxide：FeCo/$Mg_3B_2O_6$/FeCo. Nano Lett，2010，10：263.

[51] Sukegawa H，Xiu H，Ohkubo T，et al. Tunnel magnetoresistance with improved bias voltage dependence in lattice-matched Fe/spinel $MgAl_2O_4$/Fe(001)junctions. Appl Phys Lett，2010，96：212505.

[52] Shan R，Sukegawa H，Wang W，et al. Demonstration of half-metallicity in fermi-level-tuned heusler alloy $Co_2FeAl_{0.5}Si_{0.5}$ at RT. Phys Rev Lett，2009，102：246601.

[53] Liu H F，Ma Q L，Rizwan S. Tunnel magnetoresistance effect in CoFeB/MgAl-O/CoFeB magnetic tunnel junctions. IEEE Trans Magn，2011，47：2716.

[54] Wei S H，Zhang S B. First-principles study of cation distribution in eighteen closed-shell $A^{II}B_2{}^{III}O_4$ and $A^{IV}B_2{}^{II}O_4$ spinel oxides. PhysRev B，2001，63：045112.

[55] Zhang J，Zhang X G，Han X F. Spinel oxides：Δ_1 spin-filter barrier for a class of magnetic tunnel junctions. Appl Phys Lett，2012，100：222401.

[56] Sanvito S. Injecting and controlling spins in organic materials. J Mater Chem，2007 17：4455.

[57] Nguyen T D，Ehrenfreund E，Vardeny Z V. Spin-polarized light-emitting diode based on an organic bipolar spin valve. Science，2012，337：204.

[58] Bergenti I，Dediu V，Arisi E，et al. Spin polarised electrodes for organic light emitting diodes. Org Electronics，2004，5：309.

[59] Wohlgenannt M，Jiang X M，Vardeny Z V，et al. Conjugation-length dependence of spin-dependent exciton formation rates in π-conjugated oligomers and polymers. Phys Rev Lett，2002，88：197401.

[60] Nguyen T D，Hukic-Markosian G，Wang F，et al. Isotope effect in spin response of pi-conjugated polymer films and devices. Nat Mat，2010，9：345.

[61] Dediu V A，Hueso L E，Bergenti I，et al. Spin routes in organic semiconductors. Nat Mater，2009，8：707.

[62] Xiong Z H，Wu D，Vardeny Z V，et al. Giant magnetoresistance in organic spin-valves. Nature，2004：821.

[63] Dediu V A. Spin routes in organic semiconductors. Nat Mat，2009，8：707.

[64] Naber W J M，Faez S，van der Wiel W G. Organic spintronics. J Phys D：Appl Phys，2007，40：R205.

[65] Burke F，Stamenov P，Coey J M D. Charge injection，transport and localization in rubrene. Synthetic Metals，2011，161：563.

[66] Raman K V，Watson S M，Shim J H，et al. Effect of molecular ordering on spin and charge injection

in rubrene. Phys Rev B, 2009, 80: 195212.

[67] Iijima S. Helical microtubules of graphitic carbon. Nature, 1991, 354: 56.

[68] Tsukagoshi K, Alphenaar B W, Ago H. Coherent transport of electron spin in a ferromagnetically contacted carbon nanotube. Nature, 1999, 401: 572.

[69] Hayashi T, Shimizu H, Tanaka M, et al. Tunneling spectroscopy and tunneling magnetoresistance in (GaMn)As ultrathin heterostructures. J Crys Growth, 1999, 201: 689.

[70] Chiba D, Akiba N, Matsukura F, et al. Magnetoresistance effect and interlayer coupling of (Ga, Mn) As trilayer structures. Appl Phys Lett, 2000, 77: 1873.

[71] Tanaka M, Higo Y. Large tunneling magnetoresistance in GaMnAs/AlAs/GaMnAs ferromagnetic semiconductor tunnel junctions. Phys Rev Lett, 2001, 87: 026602.

[72] Sugahara S, Tanaka M. Tunneling magnetoresistance in fully epitaxial MnAs/AlAs/MnAs ferromagnetic tunnel junctions grown on vicinal GaAs(111)B substrates. Appl Phys Lett, 2002, 80: 1969.

[73] Chiba D, Matsukura F, Ohno H. Tunneling magnetoresistance in (Ga, Mn) As-based heterostructures with a GaAs barrier. Physica E, 2004, 21: 966.

[74] Saito H, Yuasa S, Ando K. Origin of the tunnel anisotropic magnetoresistance in $Ga_{1-x}Mn_xAs$/ZnSe/$Ga_{1-x}Mn_x$ As magnetic tunnel junctions of Ⅱ-Ⅵ/Ⅲ-Ⅴ heterostructures. Phys Rev Lett, 2005, 95: 086604.

[75] Elsen M, Boulle O, George J M, et al. Spin transfer experiments on (Ga, Mn) As/(In, Ga) As/(Ga, Mn)As tunnel junctions. Phys Rev B, 2006, 73: 035303.

[76] Watanabe M, Okabayashi J, Toyao H, et al. Fast thermally assisted switching at low current density in (Ga, Mn)As magnetic tunnel junctions. Appl Phys Lett, 2008, 92: 082506.

[77] Suezawa Y, Gondo Y. Proceedings of the international symposium on physics of magnetic materials. J Magn Magn Mater, 1993, 126: 524.

[78] Nowak J, Raułuszkiewicz J. Spin dependent electron tunneling between ferromagnetic films. J Magn Magn Mater, 1992, 109: 79.

[79] Platt C L, Dieny B, Berkowitz A E. Spin-dependent tunneling in HfO_2 tunnel junctions. Appl Phys Lett, 1996, 69: 2291.

[80] Žutic I, Fabian J, Das Sarma S. Spintronics: Fundamentals and applications. Rev Mod Phys, 2004, 76: 323.

[81] de Groot R A, Mueller F M, van Engen P G, et al. New class of materials: Half-metallic ferromagnets. Phys Rev Lett, 1983, 50: 2024.

[82] Felser C, Fecher G H, Balke B. Spintronics: A challenge for material science and solid-state chemistry. Angew Chem Int Edn, 2007, 46: 668.

[83] Ishida S, Fujii S, Kashiwagi S, et al. Search for half-metallic compounds in Co_2MnZ(Z=ⅢB, ⅣB, ⅤB Element). J Phys Soc Japan, 1995, 64: 2152.

[84] Picozzi S, Continenza A, Freeman A J. Co_2MnX(X=Si, Ge, Sn) Heusler compounds: An *ab initio* study of their structural, electronic, and magnetic properties at zero and elevated pressure. Phys Rev B, 2002, 66: 094421.

[85] Galanakis I, Dederichs P H, Papanikolaou N. Slater-Pauling behavior and origin of the half-metallicity of the full-Heusler alloys. Phys Rev B, 2002, 66: 174429.

[86] Webster P J. Magnetic and chemical order in Heusler alloys containing cobalt and manganese. J Phys

Chem Solids, 1971, 32: 1221.

[87] Inomata K, Okamura S, Goto R, et al. Large tunneling magnetoresistance at RT using a heusler alloy with the B_2 structure. Japan J Appl Phys, 2003, 42: L419.

[88] Kämmerer S, Thomas A, Hütten A, et al. Co_2MnSi Heusler alloy as magnetic electrodes in magnetic tunnel junctions. Appl Phys Lett, 2004, 85: 79.

[89] Kubota H, Nakata J, Oogane M, et al. Large magnetoresistance in magnetic tunnel junctions using Co-Mn-Al full heusler alloy. Japan J Appl Phys, 2004, 43: L984.

[90] Marukame T, Kasahara T, Matsuda K-I, et al. Fabrication of fully epitaxial magnetic tunnel junctions using full-heusler alloy $Co_2Cr_{0.6}Fe_{0.4}Al$ thin film and MgO tunnel barrier. Japan J Appl Phys, 2005, 44: L521.

[91] Ishikawa T, Marukame T, Kijima H, et al. Spin-dependent tunneling characteristics of fully epitaxial magnetic tunneling junctions with a full-Heusler alloy Co_2MnSi thin film and a MgO tunnel barrier. Appl Phys Lett, 2006, 89: 192505.

[92] Sakuraba Y, Hattori M, Oogane M, et al. Giant tunneling magnetoresistance in Co_2MnSi/Al-O/Co_2MnSi magnetic tunnel junctions. Appl Phys Lett, 2006, 88: 192508.

[93] Tezuka N, Ikeda N, Mitsuhashi F, et al. Improved tunnel magnetoresistance of magnetic tunnel junctions with Heusler $Co_2FeAl_{0.5}Si_{0.5}$ electrodes fabricated by molecular beam epitaxy. Appl Phys Lett, 2009, 94: 162504.

[94] Yakushiji K, Saito K, Mitani S, et al. Current-perpendicular-to-plane magnetoresistance in epitaxial $Co_2MnSi/Cr/Co_2MnSi$ trilayers. Appl Phys Lett, 2006, 88: 222504.

[95] Furubayashi T, Kodama K, Sukegawa H, et al. Current-perpendicular-to-plane giant magnetoresistance in spin-valve structures using epitaxial $Co_2FeAl_{0.5}Si_{0.5}/Ag/Co_2FeAl_{0.5}Si_{0.5}$ trilayers. Appl Phys Lett, 2008, 93: 122507.

[96] Sakuraba Y, Iwase T, Saito K, et al. Enhancement of spin-asymmetry by $L2_1$-ordering in $Co_2MnSi/Cr/Co_2MnSi$ current-perpendicular-to-plane magnetoresistance devices. Appl Phys Lett, 2009, 94: 012511.

[97] Nikolaev K, Kolbo P, Pokhil T, et al. All-Heusler alloy current-perpendicular-to-plane giant magnetoresistance. Appl Phys Lett, 2009, 94: 222501.

[98] Dong X Y, Adelmann C, Xie J Q, et al. Spin injection from the Heusler alloy Co_2MnGe into $Al_{0.1}Ga_{0.9}As$/GaAs heterostructures. Appl Phys Lett, 2005, 86: 102107.

[99] Hickey M C, Damsgaard C D, Farrer I, et al. Spin injection between epitaxial $Co_{2.4}Mn_{1.6}Ga$ and an InGaAs quantum well. Appl Phys Lett, 2005, 86: 252106.

[100] Tezuka N, Ikeda N, Sugimoto S, et al. Giant tunnel magnetoresistance at RT for junctions using full-heusler $Co_2FeAl_{0.5}Si_{0.5}$ electrodes. Japan J Appl Phys, 2007, 46: L454-L456.

[101] Tsunegi S, Sakuraba Y, Oogane M, et al. Large tunnel magnetoresistance in magnetic tunnel junctions using a Co_2MnSi Heusler alloy electrode and a MgO barrier. Appl Phys Lett, 2008, 93: 112506.

[102] Yamamoto M, Ishikawa T, Taira T, et al. Effect of defects in Heusler alloy thin films on spin-dependent tunnelling characteristics of $Co_2MnSi/MgO/Co_2MnSi$ and $Co_2MnGe/MgO/Co_2MnGe$ magnetic tunnel junctions. J Phys Condens Matter, 2010, 22: 164212.

[103] Mangin S, Ravelosona D, Katine J A, et al. Current-induced magnetization reversal in nanopillars

with perpendicular anisotropy. Nature Mater, 2006, 5: 210.

[104] Meng H, Wang J P. Spin transfer in nanomagnetic devices with perpendicular anisotropy. Appl Phys Lett, 2006, 88: 172506.

[105] Law R, Sbiaa R, Liew T, et al. Effects of Ta seed layer and annealing on magnetoresistance in CoFe/Pd-based pseudo-spin-valves with perpendicular anisotropy. Appl Phys Lett, 2007, 91: 242504.

[106] Kishi T, Yoda H, Kai T, et al. Lower-current and fast switching of a perpendicular TMR for high speed and high density spin-transfer-torque MRAM. IEDM Tech Dig, 2008: 309.

[107] Yoshikawa M, Kitagawa E, Nagase T, et al. Tunnel magnetoresistance over 100% in MgO-based magnetic tunnel junction films with perpendicular magnetic $L1_0$-FePt electrodes. IEEE Trans Magn, 2008, 44: 2573.

[108] Nakayama M, Kai T, Shimomura N, et al. Spintransfer switching in TbCoFe/CoFeB/MgO/CoFeB/TbCoFe magnetic tunnel junctions with perpendicular magnetic anisotropy. J Appl Phys, 2008, 103: 07A710.

[109] Ohmori H, Hatori T, Nakagawa S. Perpendicular magnetic tunnel junction with tunneling magneto-resistance ratio of 64% using MgO (100) barrier layer prepared at RT. J Appl Phys, 2008. 103: 07A911.

[110] Kim G, Sakuraba Y, Oogane M, et al. Tunneling magnetoresistance of magnetic tunnel junctions using perpendicular magnetization $L1_0$-CoPt electrodes. Appl Phys Lett, 2008, 92: 172502.

[111] Watanabe D, Mizukami S, Oogane M, et al. Fabrication of MgO-based magnetic tunnel junctions with CoCrPt perpendicularly magnetized electrodes. J Appl Phys, 2009, 105: 07C911.

[112] Park J H, Ikeda S, Yamamoto H, et al. Perpendicular magnetic tunnel junctions with CoFe/Pd multilayer electrodes and an MgO barrier. IEEE Trans Magn 2009, 45: 3476.

[113] Mizunuma K, Ikeda S, Park J H, et al. MgO barrier-perpendicular magnetic tunnel junctions with CoFe/Pd multilayers and ferromagnetic insertion layers. Appl Phys Lett, 2009, 95: 232516.

[114] Ikeda S, Miura K, Yamamoto H, et al. A perpendicular-anisotropy CoFeB-MgO magnetic tunnel junction. Nat Mat, 2010, 9: 721.

[115] Wang W X, Yang Y, Naganuma H, et al. The perpendicular anisotropy of $Co_{40}Fe_{40}B_{20}$ sandwiched between Ta and MgO layers and its application in CoFeB/MgO/CoFeB tunnel junction. Appl Phys Lett, 2011, 99: 012502.

[116] Sato H, Yamanouchi M, Miura K, et al. Junction size effect on switching current and thermal stability in CoFeB/MgO perpendicular magnetic tunnel junctions. Appl Phys Lett, 2011, 99: 042501.

[117] Ohno H, Shen A, Matsukura F, et al. A new diluted magnetic semiconductor based on GaAs. Appl Phys Lett, 1996, 69: 363.

[118] Chen L, Yan S, Xu P F, et al. Low-temperature magnetotransport behaviors of heavily Mn-doped (Ga,Mn)As films with high ferromagnetic transition temperature. Appl Phys Lett, 2009, 95: 182505.

[119] Schmidt G, Ferrand D, Molenkamp L W, et al. Fundamental obstacle for electrical spin injection from a ferromagnetic metal into a diffusive semiconductor. Phys Rev B, 2000, 62: 4790.

[120] Chun S H, Potashnik S J, Ku K C, et al. Spin-polarized tunneling in hybrid metal-semiconductor magnetic tunnel junctions. Phys Rev B, 2002, 66: 100408.

[121] Saito H, Yamamoto A, Yuasa S, et al. Tunneling spectroscopy in Fe/ZnSe/$Ga_{1-x}Mn_xAs$ magnetic

tunnel diodes. J Appl Phys, 2008, 103: 07D127.

[122] Agarwal K C, Saito H, Yuasa S, et al. Growth and transport studies in M/I/p-SC magnetic tunnel diodes containing different tunnel barrier materials. IEEE Trans Magn, 2007, 43: 2809.

[123] Saito H, Yamamoto A, Yuasa S, et al. High tunneling magnetoresistance in Fe/GaO_x/$Ga_{1-x}Mn_x$As with metal/insulator/semiconductor structure. Appl Phys Lett, 2008, 93: 172515.

[124] Du G X, Han X F, Deng J J, et al. Tunneling magnetoresistance in CoFeB/GaAs/(Ga,Mn)As hybrid magnetic tunnel junctions. J Appl Phys, 2008, 103: 07D105.

[125] Du G X, Babu M R, Han X F, et al. Tunneling magnetoresistance in (Ga,Mn)As/Al-O/CoFeB hybrid structures. J Appl Phys, 2009, 105: 07C707.

[126] Yu G Q, Chen L, Zhao J H, et al. Improved tunnel magnetoresistance in (Ga,Mn)As/AlO_x AlO_x AlO_x AlO_x/CoFeB magnetic tunnel junctions. Appl Phys Lett, 2011, 98: 262501.

[127] Piano S, Grein R, Mellor C J, et al. Spin polarization of (Ga,Mn)As measured by Andreev spectroscopy: The role of spin-active scattering. Phys Rev B, 2011, 83: 081305.

[128] Heiliger C, Zahn P, Mertig I. Microscopic origin of magnetoresistance. Mater Today, 2006, 9: 46.

[129] Waldron D, Liu L, Guo H. *Ab initio* simulation of magnetic tunnel junctions. Nanotechnology, 2007, 18: 424026.

[130] Ikeda S, Hayakawa J, Lee Y M, et al. MgO-CoFeB perpendicular magnetic tunnel junction. IEEE Trans Electron Devices, 2007, 54: 991.

[131] Velev J P, Dowben P A, Tsymbal E Y, et al. Adsorption dynamics of water on Pt{110}-(1×2). Surf Sci Rep, 2008, 63: 400.

[132] Tsunekawa K, Djayaprawira D D, Nagai M, et al. Giant tunneling magnetoresistance effect in low-resistance CoFeB/MgO(001)/CoFeB magnetic tunnel junctions for read-head applications. Appl Phys Lett, 2005, 87: 072503.

[133] Miao G, Chetry K B, Gupta A, et al. Inelastic tunneling spectroscopy of magnetic tunnel junctions based on CoFeB/MgO/CoFeB with Mg insertion layer. J Appl Phys, 2006, 99: 08T305.

[134] Moriyama T, Ni C, Wang W G, et al. Tunneling magnetoresistance in (001)-oriented FeCo/MgO/FeCo magnetic tunneling junctions grown by sputtering deposition. Appl Phys Lett, 2006, 88: 222503.

[135] Read J C, Mather P G, Buhrman R A. X-ray photoemission study of CoFeB/MgO thin film bilayers. Appl Phys Lett, 2007, 90: 132503.

[136] Cha J J, Read J C, Buhrman R A, et al. Spatially resolved electron energy-loss spectroscopy of electron-beam grown and sputtered CoFeB/MgO/CoFeB magnetic tunnel junctions. Appl Phys Lett, 2007, 91: 062516.

[137] Lu Y, Deranlot C, Vaurès A, et al. Effects of a thin Mg layer on the structural and magnetoresistance properties of CoFeB/MgO/CoFeB magnetic tunnel junctions. Appl Phys Lett, 2007, 91: 222504.

[138] Huang J C A, Hsu C Y, Chen W H, et al. Effects of submonolayer Mg on CoFe-MgO-CoFe magnetic tunnel junctions. J Appl Phys, 2008, 104: 073909.

[139] Ye L, Lee C, Syu J, et al. Effect of annealing and barrier thickness on MgO-Based Co/Pt and Co/Pd multilayered perpendicular magnetic tunnel junctions. IEEE Trans Magn, 2008, 44: 3601.

[140] Zhang X G, Butler W H, Bandyopadhyay A. Effects of the iron-oxide layer in Fe-FeO-MgO-Fe tun-

neling junctions. Phys Rev B, 2003, 68: 092402.

[141] Tusche C, Meyerheim H L, Jedrecy N, et al. Oxygen-induced symmetrization and structural coherency in Fe/MgO/Fe(001) magnetic tunnel junctions. Phys Rev Lett, 2005, 95: 176101.

[142] Heiliger C, Zahn P, Yavorsky B Y, et al. Influence of the interface structure on the bias dependence of tunneling magnetoresistance. Phys Rev B, 2005, 72: 180406(R).

[143] Waldron D, Timoshevskii V, Hu Y, et al. First principles modeling of tunnel magnetoresistance of Fe/MgO/Fe trilayers. Phys Rev Lett, 2006, 97: 226802.

[144] Heiliger C, Zahn P, Mertig I. Influence of interface oxidation on the TMR ratio of Fe/MgO/Fe tunnel junctions. J Magn Magn Mater, 2007, 316: 478.

[145] Matsumoto R, Fukushima A, Yakushiji K, et al. Spin-dependent tunneling in epitaxial Fe/Cr/MgO/Fe magnetic tunnel junctions with an ultrathin Cr(001)spacer layer. Phys Rev B, 2009, 79: 174436.

[146] Nagahama T, Yuasa S, Tamura E, et al. Spin-Dependent Tunneling in Magnetic Tunnel Junctions with a Layered Antiferromagnetic Cr(001) Spacer: Role of Band Structure and Interface Scattering. Phys Rev Lett, 2005, 97: 086602.

[147] Yu G Q, Feng J F, Kurt H, et al. Field sensing in MgO double barrier MTJs with a superparamagnetic $Co_{50}Fe_{50}$ free layer. J Appl Phys, 2012, 111: 113906.

[148] Zeng Z M, Han X F, Zhan W S, et al. Oscillatory tunnel magnetoresistance in double barrier magnetic tunnel junctions. Phys Rev B, 2005, 72: 054419.

[149] Yakushiji K, Mitani S, Takanashi K, et al. Tunnel magnetoresistance oscillations in current perpendicular to plane geometry of CoAl-O granular thin films. J Appl Phys, 2002, 91: 7038.

[150] Yuasa S, Nagahama T, Suzuki Y. Spin-polarized resonant tunneling in magnetic tunnel junctions. Science, 2002, 297: 234.

[151] Niizeki T, Tezuka N, Inomata K. Enhanced tunnel magnetoresistance because of spin dependent quantum well resonance in specific symmetry states of an ultrathin ferromagnetic electrode. Phys Rev Lett, 2008, 100: 04720.

[152] Montaigne F, Nassar J, Vaurès A, et al. Enhanced tunnel magnetoresistance at high bias voltage in double-barrier planar junctions. Appl Phys Lett, 1998, 73: 2829.

[153] Saito Y, Amano M, Nakajima K, et al. Correlation between barrier width, barrier height, and DC bias voltage dependences on the magnetoresistance ratio in Ir-Mn exchange biased single and double tunnel junctions. Jpn J Appl Phys, 2000, 39: L1035.

[154] Stein S, Schmitz R, Kohlstedt H. Magneto-tunneling injection device(MAGTID). Solid State Communications, 2001, 117: 599.

[155] Colis S, Gieres G, Bär L, et al. Low tunnel magnetoresistance dependence versus bias voltage in double barrier magnetic tunnel junction. Appl Phys Lett, 2003, 83: 948.

[156] Han X F, Zhao S F, Li F F, et al. Switching properties and dynamic domain structures in double barrier magnetic tunnel junctions. J Magn Magn Mater, 2004, 282: 225.

[157] Nozaki T, Hirohata A, Tezuka N, et al. Bias voltage effect on tunnel magnetoresistance in fully epitaxial MgO double-barrier magnetic tunnel junctions. Appl Phys Lett, 2005, 86: 082501.

[158] Slonczewski J C. Current-driven excitation of magnetic multilayers. J Magn Magn Mater, 1996, 159: 1.

[159] Berger L. Emission of spin waves by a magnetic multilayer traversed by a current. Phys Rev B, 1996,

54：9353.

[160] Sun J Z. Current-driven magnetic switching in manganite trilayer junctions. J Magn Magn Mater，1999，202：157.

[161] Shpiro，P，Levy M，Zhang S. Self-consistent treatment of nonequilibrium spin torques in magnetic multilayers. Phys Rev B，2003，67：104430.

[162] Barnaś J，Fert A，Gmitra M. From giant magnetoresistance to current-induced switching by spin transfer，Phys Rev B，2005，72：024426.

[163] Katine J A，Albert F J，Buhrman R A，et al. Current-driven magnetization reversal and spin-wave excita-tion in Co/Cu/Co pillars. Phys Rev Lett，2000，84：3149.

[164] Grollier J，Cros V，Hamzic A，et al. Spin-polarized current induced switching in Co/Cu/Co pillars. Appl Phys Lett，2001，78：3663.

[165] Sun J Z，Monsma D J，Abraham D W，et al. Batch fabricated spin-injection magnetic switches. Appl Phys Lett，2002，81：2202.

[166] Rippard W H，Pufall M R，Kaka S，et al. Current-driven microwave dynamics in magnetic point contacts as a function of applied field angle . Phys Rev B，2004，70：100406(R).

[167] Bazaliy Y B，Jones B A，Zhang S C. Modification of the Landau-Lifshitz equation in the presence of a spin-polarized current in colossal- and giant-magnetoresistive materials. Phys Rev B，1998，57：R3213.

[168] Tsoi M，Jansen A G M，Bass J，et al. Excitation of a magnetic multilayer by an electric current. Phys Rev Lett，1998，80：4281；Erratum：Excitation of a magnetic multilayer by an electric current. Phys Rev Lett，1998，81：493.

[169] Sun J Z. Current-driven magnetic switching in manganite trilayer junctions. J Magn Magn Mater，2009，202：157.

[170] Myers E B，Ralph D C，Katine J A，et al. Current-induced switching of domains in magnetic multilayer devices. Science，1999，285：867.

[171] Slaughter J M，Dave R W，Durlam M，et al. High speed toggle MRAM with MgO-based junction tunnel. IEEE International Electron Devices Meeting(IEDM). Dec. 5-7. Washington，D. C. IEDM 2005：873-876.

[172] Chen E，Apalkov D，Diao Z，et al. Advances and future prospects of spin-transfer torque random access memory. IEEE Tran on Magn，2010，46：1873.

[173] Nam K T，Oh S C，Lee J E，et al. 7th Annual non-volatile memory technology symposium. IEEE，2006：49.

[174] Fuchs G D，Katine J A，Kiselev S I，et al. Spin torque，tunnel-current spin polarization，and magnetoresistance in MgO magnetic tunnel junctions. Phys Rev Lett，2006，96：186603.

[175] Huai Y M，Apalkov D，Diao Z，et al. Structure，materials and shape optimization of magnetic tunnel junction devices：Spin-transfer switching current reduction for future magnetoresistive random access memory application. Jpn J Appl Phys，2006，45：3835.

[176] Diao Z T，Panchula A，Ding Y，et al. Spin transfer switching in dual MgO magnetic tunnel junctions. Appl Phys Lett，2007，90：132508.

[177] Finocchio G，Consolo G，Carpentieri M，et al. Trends in spin-transfer-driven magnetization dynamics of CoFe/Al-O/Py and CoFe/MgO/Py magnetic tunnel junctions. Appl Phys Lett，2006，

89：262509.

[178] Kubota H, Fukushima A, Yakushiji K, et al. Quantitative measurement of voltage dependence of spin-trnasfer torque in MgO-based magnetic tunnel junctions. Nature Physics, 2008, 4: 37.

[179] Deac A M, Fukushima A, Kubota H, et al. Bias-driven high-power microwave emission from MgO-based tunnel magnetoresistance devices. Nature Physics, 2008, 4: 803.

[180] Helmer A, Cornelissen S, Devolder T, et al. Quantized spin-wave modes in magnetic tunnel junction nanopillars. Phys Rev B, 2010, 81: 094416.

[181] Wada T, Yamane T, Seki T, Nozaki T, et al. Spin-transfer-torque-induced RF oscillations in CoFeB/MgO/CoFeB magnetic tunnel junctions under a perpendicular magnetic field. Phys Rev B, 2010, 81: 104410.

[182] Jung M H, Park S, You C-Y, et al. Bias dependences of in-plane and out-of-plane spin-transfer torques in symmetric MgO-based magnetic tunnel junctions. Phys Rev B, 2010, 81: 134419.

[183] Zeng Z M, Cheung K H, Jiang H W, et al. Evolution of spin-wave modes in magnetic tunnel junction nanopillars. Phys Rev B, 2010, 82: 100410(R).

[184] Worledge D C, Hu G, Abraham D W, et al. Spin torque switching of perpendicular Ta/CoFeB/MgO-based magnetic tunnel junctions. Appl Phys Lett, 2011, 98: 022501.

[185] Fukami S, Suzuki T, Nakatani Y, et al. Current-induced domain wall motion in perpendicularly magnetized CoFeB nanowire. Appl Phys Lett, 2011, 98: 082504.

[186] Diao Z, Apalkov D, Pakala M, et al. Spin transfer switching and spin polarization in magnetic tunnel junctions with MgO and Al-O_x barriers. Appl Phys Lett, 2005, 87: 232502.

[187] Takahashi S, Maekawa S. Effect of Coulomb blockade on magnetoresistance in ferromagnetic tunnel junctions. Phys Rev Lett, 1998, 80: 1758.

[188] Zhang X G, Wen Z C, Wei H X, et al. Giant Coulomb blockade magnetoresistance in magnetic tunnel junctions with a granular layer. Phys Rev B, 2010, 81: 155122.

[189] Weisheit M, Fähler S, Marty A, et al. Electric field-induced modification of magnetism in thin-film ferromagnets. Science, 2007, 315: 349-351.

[190] Endo M, Kanai S, Ikeda S, et al. Electric-field effects on thickness dependent magnetic anisotropy of sputtered MgO/$Co_{40}Fe_{40}B_{20}$/Ta structures. Appl Phys Lett, 2010, 96: 212503.

[191] Chiba D, Chiba D, Fukami S, et al. Electrical control of the ferromagnetic phase transition in cobalt at RT. Nature Mater, 2011, 10: 853-856.

[192] Chu Y H, Chu Y H, Martin L W, et al. Electric-field control of local ferromagnetism using a magnetoelectric multiferroic. Nature Mater, 2008, 7: 478-482.

[193] Maruyama T, Shiota Y, Nozaki T, et al. Large voltage-induced magnetic anisotropy change in a few atomic layers of iron. Nature Nanotech, 2009, 4: 158-161.

[194] Ha S S, Kim B H, Lee S, et al. Voltage induced magnetic anisotropy change in ultrathin $Fe_{80}Co_{20}$/MgO junctions with Brillcuin light scattering. Appl Phys Lett, 2010, 96: 142512.

[195] Shiota Y, Maruyama T, Nozaki T, et al. Voltage-Assisted Magnetization Switching in Ultrathin $Fe_{80}Co_{20}$ Alloy Layers. Appl Phys Express, 2009, 2: 063001.

[196] Nozaki T, Shiota Y, Shiraishi M, et al. Voltage-induced perpendicular magnetic anisotropy change in magnetic tunnel junctions. Appl Phys Lett, 2010, 96: 022506.

[197] Wang W G, Li M G, Hageman S. et al. Electric-field-assisted switching in magnetic tunnel junctions.

Nature Mater, 2012, 11: 64.

[198] Meng H, Sbiaa R, Akhtar M A K, et al. Electric field effects in low resistance CoFeB-MgO magnetic tunnel junctions with perpendicular anisotropy. Appl Phys Lett, 2012, 100: 122405.

[199] Bauer G E W, MacDonald A H, Maekawa S, et al. Spin caloritronics. Solid State Commun, 2010, 150: 459-552.

[200] Bauer G E W. Spin caloritronics. Nature Materials, 2012, 11: 391.

[201] Uchida K, Takahashi S, Harii K, et al. Observation of the spin Seebeck effect. Nature, 2008, 455: 778.

[202] Uchida K, Xiao J, Adachi H, et al. Spin Seebeck insulator. Nature Mater, 2010, 9: 894.

[203] Jaworski C M, Yang J, Mack S, et al. Observation of the spin-Seebeck effect in a ferromagnetic. Nature Mater, 2010, 9: 898-903.

[204] Le Breton J-Ch, Sharma S, Saito H, et al. Thermal spincurrent from a ferromagnet to silicon by Seebeck spin tunneling. Nature, 2011, 475: 82-85. .

[205] Huang S Y, Wang W G, Lee S F, et al. Intrinsic spin-dependent thermal transport. Phys Rev Lett, 2011, 107: 216604.

[206] Jansen R, Deac A M, Saito H, et al. Thermal spin current and magnetothermopower by Seebeck spin tunneling. Phys Rev B, 2012, 85: 094401.

[207] Lin W W, Hehn M, Chaput L, et al. Giant spin-dependent thermoelectric effect in magnetic tunnel. Nature Communications, 2012, 3: 744.

[208] Flipse J, Bakker F L, Slachter A, et al. Direct observation of the spin-dependent Peltier effect. Nature Nanotechnology, 2012, 7: 166-168.

[209] Czerner M, Bachmann M, Heiliger C, et al. Spin caloritronics in magnetic tunnel junctions: *Ab initio* studies. Phys Rev B, 2011 83: 132405.

[210] Jia X T, Xia K, Bauer G E W, et al. Thermal spin transfer in Fe-MgO-Fe tunnel junctions. Phys Rev Lett, 2011, 107: 176603.

[211] Walter M, Walowski J, Zbarsky V, et al. Seebeck effect in magnetic tunnel junctions. Nature Mater, 2011, 10: 742-746.

[212] Liebing N, Serrano-Guisan S, Rott K, et al. Tunneling magnetothermopower in magnetic tunnel junction nanopillars. Phys Rev Lett, 2011, 107: 177201.

[213] Liebing N, Serrano-Guisan S, Rott K, et al. Determination of spin-dependent Seebeck coefficients of CoFeB/MgO/CoFeB magnetic tunnel junction nanopillars. J Appl Phys, 2012, 111: 07C520.

[214] Bosu S, Sakuraba Y, Uchida K, et al. Spin Seebeck effect in thin films of the Heusler compound Co2MnSi. Phys Rev B, 2011, 83: 224401.

[215] Ma Q L, Liu H F, Han X F. Fabrication methods and application of magnetic multi layers in linear magnetic sensors. Patent application number: PCT/CN2011/000356.

[216] Wu H, Feng J F, Chen J Y, et al. Fabrication methods and application of magnetic multi layers in magnetic sensors. Chinese patent application number: 201210285542. 9.

[217] Grancharov S G, Zeng H, Sun S, et al. Bio-functionalization of monodisperse magnetic nanoparticles and their use as biomolecular labels in a magnetic tunnel junction based sensor. J Phys Chem B, 2005, 109: 13030. .

[218] Martins V C, Germano J, Cardoso F A, et al. Challenges and trends in the development of a magne-

toresistive biochip portable platform. J Magn Magn Mater, 2010, 322: 1655.
[219] Cardoso F A, Ferreira H A, Conde J P, et al. Diode/magnetic tunnel junction cell for fully scalable matrix-based biochip. J Appl Phys, 2006, 99: 08B307.
[220] Shen W, Schrag B D, Carter M J, et al. Detection of DNA labeled with magnetic nanoparticles using MgO-based magnetic tunnel junction sensors. J Appl Phys, 2008, 103: 07A306.
[221] Chen J Y, Feng J F, Coey J M D. Tunable linear magnetoresistance in MgO magnetic tunnel junction sensors using two pinned CoFeB electrodes. Appl Phys Lett, 2012, 100: 142407.
[222] Shen W, Schrag B D, Carter M J, et al. Quantitative detection of DNA labeled with magnetic nanoparticles using arrays of MgO-based magnetic tunnel junction sensors. Appl Phys Lett, 2005, 93: 033903.
[223] Chaves R C, Freitas P P, Ocker B, et al. MgO based picotesla field sensors. J Appl Phys, 2008, 103: 07E931.
[224] Duan H, Tseng H W, Li Y, et al. Improvement of the low-frequency sensitivity of MgO-based magnetic tunnel junctions by annealing. J Appl Phys, 2011, 109: 113917.
[225] Deac M, Fukushima A, Kubota H, et al. Bias-driven high-power microwave emission from MgO-based tunnel magnetoresistance devices. Nat Phys, 2008, 4: 803.
[226] Datta S, Das B. Electronic analog of the electro-optic modulator. Appl Phys Lett, 1990, 56: 665.
[227] Behin-Aein B, Salahuddin S, Datta S. Switching energy of ferromagnetic logic bits. IEEE trans nanotech, 2009, 8: 505.
[228] Johnson M. Bipolar spin switch. Science, 1993, 260: 320.
[229] Monsma D J, Lodder J C, Popma T J A, et al. Perpendicular hot electron spin-valve effect in a new magnetic field sensor: The spin-valve transistor. Phys Rev Lett, 1995, 74: 5260.
[230] Dijken S van, Jiang C, Parkin S S P, et al. Room temperature operation of a high output current magnetic tunnel transistor. Appl Phys Lett, 2002, 80 3364.
[231] Sugahara S, Tanaka M. A spin metal-oxide-semiconductor field-effect transistor using half-metallic-ferromagnet contacts for the source and drain. Appl Phys Lett, 2004, 84: 2307.
[232] Sugahara S. Spin metal-oxide-semiconductor field-effect transistors (spin MOSFETs) for integrated spin electronics. IEE Proc Circuits Devices Syst, 2005, 152: 355.
[233] Shuto Y, Nakane R, Wang W H, et al. A new spin-functional metal-oxide-semiconductor field-effect transistor based on magnetic tunnel junction technology: Pseudo-spin-MOSFET. Appl Phys Exp, 2010, 3: 013003.
[234] Holub M, Bhattacharya P. Spin-polarized light-emitting diodes and lasers. J Phys D: Appl Phys, 2007, 40: R179.
[235] Salis G, Wang R, Jiang X, et al. Temperature independence of the spin-injection efficiency of a MgO-based tunnel spin injector. Appl Phys Lett, 2005, 87: 262503.
[236] Taniyama T, Wada E, Itoh M, et al. Electrical and optical spin injection in ferromagnet/semiconductor heterostructures. NPG Asia Mater, 2011, 3: 65.
[237] Young D K, Johnston-Halperin E, Awschalom D D, et al. Anisotropic electrical spin injection in ferromagnetic semiconductor heterostructures. Appl Phys Lett, 2002, 80: 1598.
[238] Fiederling R, Keim M, Reuscher G, et al. Injection and detection of a spin-polarized current in a light-emitting diode, Nature, 1999, 402: 787.

[239] Rashba E I. Theory of electrical spin injection：Tunnel contacts as a solution of the conductivity mismatch problem. Phys Rev B，2000，62：R16267.

[240] Elliott R. Theory of the effect of spin-orbit coupling on magnetic resonance in some semiconductors. Phys Rev，1954，96：266.

[241] Zhao F. Recombinaison Dépendante du Spin dans les Semiconducteurs Nitrures Dilués. [2010-12-30]. http：//eprint. insa-toulouse. fr/archive/00000377/.

[242] Jiang X，Wang R，Shelby R M，et al. Highly spin-polarized room-temperature tunnel injector for semiconductor spintronics using MgO(100). Phys Rev Lett，2006，94：056601.

[243] Ikeda S，Miura K，Yamamoto H，et al. A perpendicular-anisotropy CoFeB-MgO magnetic tunnel junction. Nature Mater，2010，9：721.

[244] Yang H X，Chshiev M，Dieny B，et al. First-principles investigation of the very large perpendicular magnetic anisotropy at Fe|MgO and Co|MgO interfaces. Phys Rev B，2011，84：054401.

[245] Khoo K H，Wu G，Jhon M H，et al. First-principles study of perpendicular magnetic anisotropy in CoFe/MgO and CoFe/$Mg_3B_2O_6$ interfaces. Phys Rev B，2013，87：174403.

[246] Liang S H，Zhang T T，Barate P，et al. Large and robust electrical spin injection into GaAs at zero magnetic field using an ultrathin CoFeB/MgO injector. accepted by Phys Rev B，MS. No. BS12548.

附录　磁性隧道结的发展历史及其有代表性的优化结构

年份	MTJ 结构	TMR 比值/% 低温	TMR 比值/% 室温	作者	文献
1975	Fe/Ge/Co	14(4.2K)		M. Julliere	*Phys Lett A* 54，225
1982	Ni/NiO/Ni/Au	0.5(1.5K)		S. Maekawa et al.	*IEEE Trans Magn* 18，707
	Ni/NiO/Co/Au	2.5(4.2K)			
	Ni/NiO/Fe/Au	1.0(2.5K)			
1987	Ni/NiO/Co		0.96	Y. suezawa et al.	*J Magn Magn Mater* 126，524
1990	Fe-C/AlO$_x$/Fe-Ru		1.0	R. Nakatani et al.	*J Mater Sci Lett* 10，827
1991	Ni-Fe/Al-AlO$_x$/Co	3.5(77K)	2.7	T. Miyazaki et al.	*J Magn Magn Mater* 98，L7
1992	Gd/GdO$_x$/Fe	5.6(4.2K)		J. Nowak et al.	*J Magn Magn Mater* 109，79
	Fe/GdO$_x$/Fe	7.7(4.2K)			
1993	Ni-Fe/Al-AlO$_x$/Co	5.0(4.2K)	2.7	Y. Sueza et al.	*J Magn Magn Mater* 126，430
1994	Si/NiFe/MgO/Co		0.2	T. S. Plaskett et al.	*J Appl Phys* 76，6104
1995	FeCo/AlO$_x$/Co	7.2(4.2K)	3.5	N. Tezuka et al.	*J Magn Soc Jpn* 19，369
	Fe/AlO$_x$/Co	8.5(4.2K)	3.3		
1995	Fe/AlO$_x$/Fe	30(4.2K)	18	T. Miyazaki et al.	*J Magn Magn Mater* 139，L231
1995	玻璃/Si/CoFe/AlO$_x$/Co	24(4.2K)	11.8	J. S. Moodera et al.	*Phys Rev Lett* 74，3273
		20(77K)			
1996.4	玻璃/Si/CoFe/AlO$_x$/Co	25.6(4.2K)	18	J. S. Moodera et al.	*J Appl Phys* 79，4724

续表

年份	MTJ 结构	TMR 比值/%		作者	文献
		低温	室温		
1996.7	Co/AlO_x/CoFe	32(77K)	18	J. S. Moodera et al.	*Appl Phys Lett* 69，708
1996.9	$SrTiO_3$(100)/$La_{0.67}Sr_{0.33}MnO_3$/$SrTiO_3$/$La_{0.67}Sr_{0.33}MnO_3$	83(4.2K)		Xiao Gang et al.	*Phys Rev B* 54，R8357
1996.10	Fe/HfO_2/Co	31(30K)		C. L. Platt et al.	*Appl Phys Lett* 69，2291
1997.4	Si(100)/Pt/Py/MnFe/Py/氧化物 Al_2O_3/Co/Pt		22	W. J. Gallagher et al.	*J Appl Phys* 81，3741
	Si(100)/Cu/Py/MnFe/Co/氧化物 Al_2O_3/Py/Pt				
1997.4	Fe/MgO/Co/SiO(100)	20(77K)		C. L. Platt et al.	*J Appl Phys* 81，5523
1997.9	Ni-Fe/Co/Al-AlO_x/Co/Ni-Fe/Fe-Mn/NiFe		24*	M. Sato et al.	*IEEE Trans Magn* 33，3553
1998-6	Ta/NiFe/CoFe/Al-AlO_x/CoFe/TbCo/Ta		24	J. J. Sun et al.	*J Appl Phys* 83，6694
1998.10	Ta/NiFe/CoFe/Al-AlO_x/CoFe/MnRh/Ta		36.7	R. C. Sousa et al.	*Appl Phys Lett* 73，3288
1999.1	Ta/NiFe/CoFe/Al-AlO_x/CoFe/MnRh/Ta		27.3	J. J. Sun et al.	*Appl Phys Lett* 74，448
1999.5	Si/SiO/$Cr_{80}V_{20}$/$Co_{75}Pt_{12}Cr_{13}$/Al-O/$Co_{88}Pt_{12}$/Al		13	S. S. P. Parkin et al.	*Appl Phys Lett* 75，543
1999.9	Ta/NiFe/CoFe/Al_2O_3/CoFe/MnIr/Ta/TiW		41	S. Cardoso et al.	*IEEE Trans Magn* 35，2952
2000.1	Ta/$Ni_{80}Fe_{20}$/$Co_{82}Fe_{18}$/AlO_x/$Co_{82}Fe_{18}$/$Mn_{74}Ir_{26}$/Ta/$Ti_{10}W_{90}$		41	S. Cardoso et al.	*Appl Phys Lett* 76，610
2000.5	NiFe/CoFe/AlO_x/CoFe/IrMn/Al		42	H. Kikuchi et al.	*J Appl Phys* 87，6055
2000.5	Ta/NiFe/Cu/NiFe/IrMn/CoFe/AlO_x/CoFe/NiFe/Ta	69.1(4.2K)	49.7	X. F. Han et al.	*Appl Phys Lett* 77，283
2000.11	MgO(110)/Cr(211)/Co(11-20)/Fe(211)/AlO_x/$Fe_{50}Co_{50}$/Au	42(2K)		S. Yuasa et al.	*Europhys Lett* 52，344
	蓝宝石/Mo(110)/Fe(110)/AlO_x/$Fe_{50}Co_{50}$/Au	32(2K)			
	MgO(100)/Cr(100)/Au(100)/Fe(100)/AlO_x/$Fe_{50}Co_{50}$/Au	13(2K)			

续表

年份	MTJ 结构	TMR 比值/%		作者	文献
		低温	室温		
2001	GaAs(001)/CoFe/MgO/Fe	60(30K)		M. Bowen et al.	*Appl Phys Lett* 79，1655
2001	$Ga_{1-x}Mn_xAs/AlAs/Ga_{1-x}Mn_xAs$	75(8K)		M. Tanaka et al.	*Phys Rev Lett* 87，026602
2002	$Ta/Cu/Ta/NiFe/Cu/Mn_{75}Ir_{25}/Co_{70}Fe_{30}/AlO_x/Co_{70}Fe_{30}/NiFe/Cu/Ta$		59	M. Tsunoda et al.	*Appl Phys Lett* 80，3135
2002	Ta/NiFe/FeMn/NiFe/AlN/NiFe/Au		12.7	H. J. Shim et al.	*J Appl Phys* 92，1095
2002	GaAs(111)衬底/MnAs/AlAs/MnAs	1.4(10K)		S. Sugahara et al.	*Appl Phys Lett* 80，1969
2003	Fe(001)/MgO(001)/CoFe(001)	23(4.2K)		S. Mitani et al.	*J Appl Phys* 93，8041
	Fe(100)/MgO(110)/CoFe(100)	20(77K)			
2003	MgO(100)/Fe(100)/MgO(100)/Fe(100)/Co/Au	100(80K)	67	J. Faure-Vincent et al.	*Appl Phys Lett* 82，4507
2004.1	MgO 衬底/Au/$L1_0$-FePt/AlO/CoFe	34(77K)		T. Moriyama et al.	*J Appl Phys* 95，6789
2004.4	Fe(001)/MgO(001)/Fe(001)/Co	146(20K)	88	S. Yuasa et al.	*Jpn J Appl Phys* 43，L588
2004.7	$Si(100)/Si_3N_4/Ru/CoFeB/AlO_x/CoFeB/Ru/FeCo/CrMnPt$		70	D. Wang et al.	*IEEE Trans Magn* 40，2269
2004.10	Fe(001)/MgO(001)/Fe(001)/IrMn		180	S. Yuasa et al.	*Nat mater* 3，868
2004.10	CoFe/MgO/CoFeB	300(4K)	220	S. Parkin et al.	*Nat mater* 3，862
	Co-Fe/MgO/Co-Fe		168		
2004	(Ga,Mn)As/GaAs/(Ga,Mn)As	290(0.39K)		D. Chiba et al.	*Physica E* 21，966
2005.2	$Ta/PtMn/Co_{70}Fe_{30}/Ru/Co_{60}Fe_{20}B_{20}/MgO/Co_{60}Fe_{20}B_{20}/Ta/Ru$	294(20K)	230	D. D. Djayaprawira et al.	*Appl Phys Lett* 86，92502
2005.4	$Si/SiO_2/Ta/Fe_3O_4/AlO_x/CoFe/Ta$		11	K. S. Yoon et al.	*J Magn Magn Mater* 285，125.
2005	MgO(001)衬底/MgO/Co/Fe/Co/MgO/Fe/IrMn/Au	353(20K)	271	S. Yuasa et al.	*Appl Phys Lett* 87，222508

续表

年份	MTJ 结构	TMR 比值/%		作者	文献
		低温	室温		
2006.1	$Ga_{0.939}Mn_{0.061}As/In_{0.25}Ga_{0.75}As/Ga_{0.939}Mn_{0.061}As$	155(3K)		M. Elsen et al.	*Phys Rev B* 73，035303
2006.1	Ta/PtMn/CoFe/Ru/CoFe/Ti-O/CoFe/NiFe/Ta		18*	K. Kobayashi et al.	*Fujitsu Sci Tech J* 42，139
2006.5	MgO 衬底/Cr/Co_2MnSi/Al-O/Co_2MnSi/IrMn/Ta	570(2K)	67	Y. Sakuraba et al.	*Appl Phys Lett* 88，192508
2006.6	MgO 衬底/MgO/$Co_2Cr_{0.6}Fe_{0.4}Al$/MgO/$Co_{50}Fe_{50}$	240(4.2K)	90	T. Marukame et al.	*Appl Phys Lett* 88，262503
2006.6	Ta/Ru/Ta/NiFe/IrMn/CoFe/Ru/CoFeB/MgO/CoFeB/Ta/Ru		361	Y. M. Lee et al.	*Appl Phys Lett* 89，042506
2006.7	MgO(001)sub/MgO/Fe/Co/MgO/Co/Fe/IrMn/Au	507(20K)	410	S. Yuasa et al.	*Appl Phys Lett* 89，042505
2006.8	MgO 衬底/Co_2FeSi/Al-O/CoFe/IrMn/Ta	67.5(5K)	43.6	Z. Gercsi et al.	*Appl Phys Lett* 89，082512
2006.9	MgO/Cr/$Co_2FeAl_{0.5}Si_{0.5}$/Al-O/$Co_{75}Fe_{25}$/IrMn/Ta	106(5K)	76	N. Tezuka et al.	*Appl Phys Lett* 89，112514
2006.10	Ta/Py/IrMn/CoFe/Ru/CoFeB/MgO/CoFeSi/Ta/Ru	189(2K)	90	T. Daibou et al.	*IEEE Trans Mag* 42，2655
	Ta/Py/IrMn/CoFe/Ru/CoFeB/MgO/CoMnSi/Ta/Ru	113(2K)	30		
2006.10	PtMn/CoFe/Ru/CoFeB/MgO/CoFeB/cap layer		57	Y. Nagamine et al.	*Appl Phys Lett* 89，162507
2006.11	MgO 衬底/MgO/Co_2MnSi/MgO/CoFe/Ru/CoFe/IrMn/Ru	192(4.2K)	90	T. Ishikawa et al	*Appl Phys Lett* 89，192505
2006.11	Si/SiO_2/Ta/Ru/Ta/$Co_{40}Fe_{40}B_{20}$/MgO/$Co_{40}Fe_{40}B_{20}$/Ta/Ru		450	S. Ikeda et al.	*J Magn Magn Mater* 310，1937
2006.12	$Co_2FeAl_{0.5}Si_{0.5}$/MgO/$Co_2FeAl_{0.5}Si_{0.5}$/$Co_{75}Fe_{25}$/$Ir_{22}Mn_{78}$/Ta		175	N. Tezuka et al.	*Appl Phys Lett* 89，252508
2006.12	Ta/Ru/Ta/CoFeB/MgO/CoFeB/Ta/Ru	804(5K)	472	J. Hayakawa et al.	*Appl Phys Lett* 89，232510
2007	Ta/Cu/Ta/$Ir_{21}Mn_{79}$/$Co_{75}Fe_{25}$/Ru/$Co_{40}Fe_{40}B_{20}$/Al-O/$Co_{40}Fe_{40}B_{20}$/Ta/Ru	107(4.2K)	81	H. X. Wei et al.	*J Appl Phys* 101，09B501

续表

年份	MTJ 结构	TMR 比值/%		作者	文献
		低温	室温		
2007.1	MgO/CoCrFeAl/MgO/$Co_{50}Fe_{50}$/Ru/$Co_{90}Fe_{10}$/IrMn/Ru	317(4.2K)	109	T. Marukame et al.	*Appl Phys Lett* 90，012508
2007.5	MgO 衬底/MgO/Co_2MnGe/MgO/CoFe/Ru/CoFe/IrMn/Ru	185(4.2K)	83	S. Hakamata et al.	*J Appl Phys* 101，09J503
2007.5	Si/SiO_2/Ta/Ru/Ta/$Co_{20}Fe_{60}B_{20}$/MgO/$Co_{20}Fe_{60}B_{20}$/Ta/Ru	1010(5K)	500	Y. M. Lee et al.	*Appl Phys Lett* 90，212507
2007.9	Ta/Ru/Ta/IrMn/CoFe/Ru/CoFeB/Al-O/CoFeB/Ta/Ru(纳米环 MTJs)		50	Z. C. Wen et al.	*Appl Phys Lett* 91，122511
2007.11	Ta/Ru/IrMn/CoFe/Ru/CoFeB/Mg/MgO/CoFeB/Ta/Ru	210(3K)	120	Y. Lu et al.	*Appl Phys Lett* 91，222504
2007.12	Ta/CoFe/Al(0.6)-O/CoFeB/Ta/Ru(纳米环)		39	X. F. Han et al.	*J Appl Phys* 103，07E933
	Ta/Ru/Ta/IrMn/CoFe/Ru/CoFeB/Al-O/CoFeB/Ta/Ru(纳米环 MTJ 与纳米环 MRAM)		52		
2008.2	GaMnAs/GaAs/GaMnAs/GaAs/GaMnAs	150* (15K)		M. Watanabe et al.	*Appl Phys Lett* 92，082506
2008	MgO 衬底/Cr/Pt/CoPt/MgO/CoPt/Ta	13(10K)	6	G. Kim et al.	*Appl Phys Lett* 92，172502
2008.3	Si/Ta/Cu/GdFeCo/Fe/MgO/Fe/TbFeCo/Ru		64	H. Ohmori et al.	*J Appl Phys* 103，07A911
2008.4	Si/SiO_2/Ta/Ru/Ta/$Co_{20}Fe_{60}B_{20}$/MgO/$Co_{20}Fe_{60}B_{20}$/Ta/Ru	1144(5K)	604	S. Ikeda et al.	*Appl Phys Lett* 93 082508
2008.9	MgO 衬底/Cr/Co_2MnSi/MgO/CoFe/IrMn/Ta	753(2K)	217	S. Tsunegi	*Appl Phys Lett* 93 112506
2008.11	$L1_0$-FePt(10)/Fe/Mg/MgO/$L1_0$-FePt		108	M. Yoshikawa et al.	*IEEE Trans Magn* 4，2753
2008.11	衬底/MgO/$Co_2FeAlSi$/MgO/$Co_2FeAlSi$/CoFe/IrMn/Ru	196(7K)	125	W. H. Wang et al.	*Appl Phys Lett* 93，182504
2009.1	Fe/MgO/GaAs/MgO/Fe		3.2	N. Tezuka et al.	*J J Int of Met* 73 251
2009.1	Co_2MnGe/MgO/$Co_{50}Fe_{50}$	376(4.2K)	160	T. Tairaet al.	*J Phys D：Appl Phys* 42 084015
2009.1	MgO 衬底/Cr/Co_2FeSi/铝的氧化物/CoFe/IrMn/Ta	80(2K)	48	M. Oogane et al.	*J Appl Phys* 105，07C903
	Al_2O_3衬底/Ta/W/Cr/Co_2FeSi/铝的氧化物/CoFe/IrMn/Ta	60(2K)	33		

续表

年份	MTJ 结构	TMR 比值/%		作者	文献
		低温	室温		
2009.1	$MgO/Co_2Cr_{0.6}Fe_{0.4}Al/AlO_x/Co/CoO_x/Pt$		38	C. Herbort et al	*J Phys D*：*Appl Phys* 42，084006
2009.2	MgO 衬底/MgO/Co_2MnGe/MgO/CoFe/Ru/CoFe/IrMn/Ru	376(4.2K)	160	T. Taira et al.	*Appl Phys Lett* 94，072510
2009.3	$Fe_{60}Co_{20}B_{20}$/Mg-B-O/$Ni_{65}Fe_{15}B_{20}$		155	J. C. Read et al.	*Appl Phys Lett* 94，112504
2009.3	MgO 衬底/MgO/Co_2MnSi/MgO/Co_2MnSi/Ru/CoFe/IrMn/Ru	700(4.2K)	180	T. Ishikawa et al.	*Appl Phys Lett* 94，092503
2009.3	MgO 衬底/MgO/Co_2MnSi/MgO/Co_2MnSi/Ru/CoFe/IrMn/Ru	705(4.2K)	182	T. Ishikawa et al.	*J Appl Phys* 105，07B110.
2009.4	MgO 衬底/Cr/$Co_2FeAl_{0.5}Si_{0.5}$/MgO/$Co_2FeAl_{0.5}Si_{0.5}$/CoFe/Ta	832(9K)	386	N. Tezuka et al.	*Appl Phys Lett* 94，162504
2009.6	MgO 衬底/Cr/$Co_2FeAl_{0.5}Si_{0.5}$/$MgAl_2O_4$/$Co_{75}Fe_{25}$/$Ir_{22}Mn_{78}$/Ru	162(26K)	102.3	R. Shan et al.	*Phys Rev Lett* 102，246601
2009.11	MgO 衬底/Cr/Pt/$L1_0$-CoPt/Co_2MnSi/MgO/FePt/Ta			T. Hiratsuka et al.	*J Appl Phys* 107，09C714
2009.11	MgO(001)衬底/Co_2FeAl/MgO/CoFe	700(10K)	330	W. Wang et al	*Appl Phys Lett* 95，182502
2009.12	MgO 衬底/MgO/Co_2FeAl/MgO/CoFe/MnIr/Ru	273(13K)	153	D. Ebke et al.	*Appl Phys Lett* 95，232105
2009.12	MgO 衬底/MgO/$Co_2Mn_\alpha Si_\gamma$/MgO/$Co_2Mn_\alpha Si_\gamma$/Ru/CoFe/IrMn/Ru	1135(4.2K)	236	T. Ishikawa et al.	*Appl Phys Lett* 95，232512
2009.12	PtMn/[CoFeB/CoFe]/Ru/[CoFe/CoFeB]/Mg-O/Mg/CoFeB/CoFe]		253	Y. Choi et al.	*Jpn J Appl Phys* 48，120214
2010.5	Fe/$MgAl_2O_4$/Fe(001)	165(15K)	117	H. Sukegawa et al.	*Appl Phys Lett* 96，212505
2010.7	Ta/Ru/Ta/$Co_{20}Fe_{60}B_{20}$/MgO/$Co_{20}Fe_{60}B_{20}$/Ta/Ru		124	S. Ikeda et al.	*Nature Mater* 9，721
2010.9	MgO(001)衬底/Co_2FeAl/MgO/CoFe/Co_2FeAl	785(10K)	360	W. Wang et al	*Phys Rev B* 82，092402

续表

年份	MTJ 结构	TMR 比值/%		作者	文献
		低温	室温		
2010.12	Ta/CuN/Ta/Ru/[Co/Pt]$_4$/CoFeB/MgO/CoFe/CoFeB/TbFeCo		62	K. Yakushiji et al.	*Appl Phys Lett* 97, 232508
2011.1	RuCoFe/Ta/CoFeB/MgO/Fe/CoFeB/Ta/Co/Pt/[Co/Pd]$_4$/Ru/[Co/Pd]$_{14}$		46.5	D. C. Worledge et al.	*Appl Phys Lett* 98, 022501
2011.3	PtMn/CoFe/Ru/CoFeB/MgO/CoFeB		140*	P. Khalili Amiri et al.	*Appl Phys Lett* 98, 112507
2011.5	MgO/Co_2FeAl/MgO/$Co_{50}Fe_{50}$/IrMn/Pt	252(48K)	166	Z. C. Wen et al.	*Appl Phys Lett* 98, 192505
2011.5	Ta(5)/CoFeB(4)/Mg(0.5, 0.7, 0.9, 1.1)/Al(1.3)-氧化(120s)/CoFeB(4)/IrMn(12)/Ta(5)/Ru(5nm)		65	H. F. Liu et al.	*IEEE Trans Mag* 47, 2716
2011.6	Ta/Ru/Ta/Co/$Co_{60}Fe_{20}B_{20}$/Al-O/$Co_{60}Fe_{20}B_{20}$/Ta/Ru		20~40	Z. C. Wen et al.	*The Journal of Spin* 1, 109
2011.7	$D0_{22}$-$Mn_{2.4}Ga$(30)/Mg(0.4)/MgO(2)/CoFe(2.5)/Ta(10nm)		22	T. Kubota et al.	*J Appl Phys* 110, 013915
2011.7	Ta(5)/Ru(10)/Ta(5)/CoFeB(1.2)/MgO(1.9)/CoFeB(1.4)/Ta(5nm)	20(50K)	~15	W. X. Wang et al.	*Appl Phys Lett* 99, 012502
2011.9	$Tb_{21.2}Fe_{78.8}$(20)/$Fe_{80}Co_{20}$(2)/MgO(0.8~2)/$Fe_{80}Co_{20}$(1 或 1.5)/$Tb_{24.8}Fe_{75.2}$(5)/Ta(5nm)		9.5	L.-X. Ye et al.	*IEEE Trans Mag* 47, 3857
2011.10	Fe(20)/MgO(2.4)/Co_2MnSn(26.1)/Co(10)/Cr(5nm)	~12(2K)	~8	M. A. Tanaka et al.	*J Appl Phys* 110, 073905
2011.11	Ta(5nm)/Ru(20)/$Co_{72}Pt_{28}$(8)/$Co_{40}Fe_{40}B_{20}$(0.5)/MgO(2)/$Co_{40}Fe_{40}B_{20}$(0.4)/$Co_{72}Pt_{28}$(1.6)/Pt		9.4	G.-M. Choi et al.	*IEEE Trans Mag* 48, 1130
2012.3	$L1_0$-$Mn_{62}Ga_{38}$(30)/Fe(t)/Mg(0.4)/MgO(2.2)/CoFe(2.5)/Ta(5nm)		24	T. Kubota et al.	*Appl Phys Express* 5, 043003
2012.5	$Co_{49.4}Fe_{25.2}Al_{25.4}$(0.8)/MgO(1.8)/$Co_{20}Fe_{60}B_{20}$(1.4)/Ta(7nm)		53	Z. C. Wen et al.	*Appl Phys Express* 5, 063003

续表

年份	MTJ 结构	TMR 比值/%		作者	文献
		低温	室温		
2012.5	$Co_{49.4}Fe_{25.2}Al_{25.4}$(0.8)/MgO(1.8)/Fe(0.1)/ $Co_{20}Fe_{60}B_{20}$(1.4)/Ta(7nm)		91	Z. C. Wen et al.	*Appl Phys Express* 5，063003
2012.09	CoFe-buffer/Co_2MnSi(3)/MgO(2.5)/Co_2MnSi(3)/ Ru(0.8)/$Co_{90}Fe_{10}$(2)/$Ir_{22}Mn_{78}$(10)/Ru(5nm)	1804%(4.2K) 344%(290K)		H. X. Liu et al.	*Appl Phys Lett* 101，132418
2012.10	Ag(30)/Co(10)/ZnO(1.5)/ $Zn_{0.32}Co_{0.68}O_{1-x}$(30)/Ag(60nm)		~20	Q. Li et al.	*Appl Phys Lett* 101，172405
2012.10	MnGa(30)/Co(1.5)/Mg(0.4)/MgO(1.8)/ Mg(0.2)/CoFeB(1.2)/Ta(5nm)		~40	Q. L. Ma et al.	*IEEE Trans Mag* 48，2808
2012.10	Co_2FeSi(20)/BaO(2.9)/Fe(20)/Ta(5nm)		104	J. Rogge et al.	*IEEE Trans Mag* 48，3825
2012.12	Ta(5)/Ru(40)/IrMn(7.5)/CoFe(3)/Ru(0.85)/ CoFeB(4)/MgO(1.9)/CoFeB(1.5)/FeNiSiB(1.33)/ CoFeB(1.5)/MgO(1.9)/CoFeB(4)/Ru(0.85)/ CoFe(3)/IrMn(7.5)/Ta(5)/Ru(5nm)		195	D. K. Kim et al.	*Appl Phys Lett* 101，232401
2013.3	$L1_0$-$Mn_{62}Ga_{38}$(30)/Fe(t_{Fe})/Mg(0.4)/MgO(2.0)/ $Co_{50}Fe_{50}$(2.5nm)		24	T. Kubota et al.	*J Phys D：Appl Phys* 46 155001
2013.4	[Co(0.4)/Pt(2)]$_{10}$/Co(0.4)/$Co_{60}Fe_{20}B_{20}$(1.7)/Al-O (1)/$Co_{60}Fe_{20}B_{20}$(1.7)/Co(0.6)/[Pt(2)/Co(0.4nm)]$_5$		32	Y. Wang et al.	*J Appl Phys* 113，133906
2013.4	$Co_{60}Fe_{40}$(10)/AlO_x(3)/Fe_3Si(25nm)		~20	Y. Fujita et al.	*Jpn J Appl Phys* 52，04CM02
2013.5	$Co_{40}Fe_{40}B_{20}$(3)/MgO(2)/$Co_{40}Fe_{40}B_{20}$(1.5)/Ru(0.6)/ $Co_{40}Fe_{40}B_{20}$(1.5)/MgO(2)/$Co_{40}Fe_{40}B_{20}$(3)/Ru(0.9)/ $Co_{90}Fe_{10}$(2.5nm)		181	D. L. Li et al.	*IEEE Trans Mag* 49，5204
2013.5	MnAl(5)/$Co_{50}Fe_{50}$(0.5)/MgO(2)/$Co_{50}Fe_{50}$(5)/ Ta(5nm)		2.1	H. Saruyama et al.	*Jpn J Appl Phys* 52，063003

续表

年份	MTJ 结构	TMR 比值/%		作者	文献
		低温	室温		
2013.7	Fe_2CrSi(30)/Mg(0.3)/MgO(1.2)/CoFe(5)/IrMn(8)/Ru(3nm)		8.1	Y. P. Wang et al.	*J Appl Phys* 114，013910
2013.7	$Fe_{1.75}Co_{1.25}Si$/MgO(2)/$Co_{70}Fe_{30}$(5nm)	262(15K)	159	C. Sterwerf et al.	*IEEE Trans Mag* 49，4386
2013.7	CoFe(4)/Ru(0.8)/CoFeB(3.5)/MgO(2)/Co_2FeSi(4)/Ta(5nm)		150	P. J. Chen et al.	*IEEE Trans Mag* 49，4379
2013.7	CoFe(4)/Ru(0.8)/CoFeB(3.5)/MgO(2)/$CoFe_2Si$(4)/Ta(5nm)		94	P. J. Chen et al.	*IEEE Trans Mag* 49，4379
2013.7	CoFe(4)/Ru(0.8)/CoFeB(3.5)/MgO(2)/Co_2MnSi(4)/Ta(5nm)		29	P. J. Chen et al.	*IEEE Trans Mag* 49，4379
2013.9	CoFeSiB(30)/Ru(0.9)/$Co_{40}Fe_{40}B_{20}$(3)/MgO(2.5)/$Co_{40}Fe_{40}B_{20}$(3nm)		234	D. Kato et al.	*Appl Phys Express* 6，103004
2013.9	CoFeSiB(30)/Ta(0.2)/$Co_{40}Fe_{40}B_{20}$(3)/MgO(2.5)/$Co_{40}Fe_{40}B_{20}$(3nm)		199	D. Kato et al.	*Appl Phys Express* 6，103004
2013.10	Fe(30)/$Co_{50}Fe_{50}$(2.5)/Mg(0.45)/Mg-Al(0.7)-O/$Co_{50}Fe_{50}$(2)/Fe(5)/IrMn(12)/Ru(7nm)		180	H. Sukegawa et al.	*Appl Phys Lett* 103，142409
2013.10	Co_2MnSi(50)/MgO(2)/CoFe(5)/IrMn(10)/Ta(5nm)		65	N. Tal et al.	*J Appl Phys* 114，163904

注：表中各层厚度数据的单位如无特殊说明，均为 nm。

第 4 章 铁磁体/反铁磁体多层结构中交换偏置的最新进展

向建勇 柳忠元

磁性材料中有关铁磁体(FM)-反铁磁体(AFM)界面交换偏置耦合效应的研究已经进行了半个多世纪，迄今，对于铁磁体/反铁磁体双层与多层薄膜系统中的交换偏置耦合效应已进行了深入而广泛的研究，在交换偏置耦合机制研究方面已取得了很多实质性重要进展。这里主要介绍和讨论有关 FM-AFM 双层与多层膜体系中交换偏置耦合效应的新进展，重点介绍反铁磁层及非磁性与反铁磁插层或夹层对磁交换偏置的影响、与多铁材料及电场调控有关的交换偏置现象。

4.1 引　　言

对具有铁磁体(FM)-反铁磁体(AFM)界面的磁性材料体系而言，当温度冷却到反铁磁材料的奈尔温度 T_N(通常低于铁磁材料的居里温度 T_C)以下时，在场冷磁滞回线的测量中，可发现降场和升场分支的矫顽场绝对值不相等。具体来说就是磁滞回线中心偏离了零场位置，如图 4.1(a)所示，相对于冷却场方向，回线中心通常沿相反方向发生偏移，出现一个负的偏移量。回线中心的这种偏移通常被称为交换偏置(exchange bias，EB)或交换偏置场(H_{EB})。Meiklejohn 和 Bean 在 Co/CoO 的核/壳结构的粒子中首先观察到这种现象[1]，并将此归结为铁磁 Co 核与反铁磁 CoO 壳在界面处交换耦合相互作用的结果[2,3]。

无论是基础研究还是在信息储存技术方面，交换偏置耦合效应的研究都具有非常重要的意义[4-8]，因此，自交换偏置耦合现象发现以来的半个多世纪，对于含铁磁体-反铁磁体界面的大量磁性材料体系，人们已对其中的交换偏置耦合效应进行了广泛和深入的研究。关于具有交换偏置耦合效应的磁性材料体系，主要可以划分为三类[4]：第一类为核/壳结构的粒子体系，如 Co/CoO[9-13]、Ni/NiO[14-17]、Fe/FeO_x[18-21]、ZnO-Fe/Fe_xO_y[22]等；第二类为非均匀磁性材料，如自旋玻璃[23-24]、磁性复杂氧化物[25-32]、Heusler 合金(锰铝铜强磁性合金)[33,34]等；第三类为双层与多层磁性薄膜体系[35-128]。

对于核/壳结构的材料体系，鉴于现有的制备途径相对较少，因此很大程度

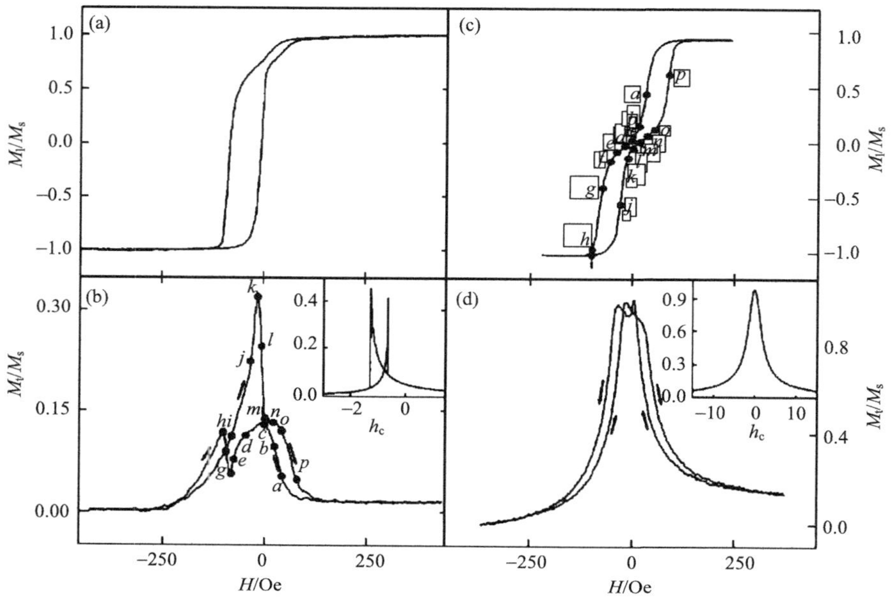

图 4.1 NiO/$Ni_{81}Fe_{19}$ 双层膜的磁滞回线 M_l-H 和 M_t-H(M_l 和 M_t 分别代表磁化强度的纵向和横向分量)。(a)、(b)沿易轴方向;(c)、(d)沿难轴方向。图(b)和(d)的内插图为依据磁翻转模型在 $\alpha=87°$和 0°时计算的 M_l-H 和 M_t-H 磁滞回线。计算中约化矫顽力 h_c 取值为 0.5[49]

上限制了针对该结构材料体系中交换偏置耦合效应的研究工作。在现有制备技术条件下,制备的反铁磁壳层通常厚度太薄,导致其奈尔温度远低于块材的奈尔温度;此外,铁磁体-反铁磁体界面的性质以及超薄反铁磁壳层的结晶性都很难确定。因此,对于详细研究交换偏置耦合的本质起源,这种核壳纳米结构不是一种理想的体系。尽管如此,在纳米结构磁性材料中,交换偏置耦合效应可以强烈抑制超顺磁性效应[35,36],在高密度信息储存应用方面展现了巨大潜力。因此,这一潜在应用前景重新激起了人们对核/壳粒子体系中交换偏置效应的研究兴趣,有关近年来这方面的研究进展,Nogués 等在其综述文章[8]中进行了详细描述与总结。

对于非均匀磁性材料中的交换偏置耦合效应现象,存在的一个主要问题是没有明确的铁磁体-反铁磁体界面。由于磁性离子的随机分布,实际上,铁磁体或反铁磁体的交换耦合作用是在样品中不同的地方或者不同的磁畴中产生的,导致铁磁体-反铁磁体界面在体系中也是随机形成的,在测量数据中很难提取有关深入理解交换偏置效应的有用信息。因此,对于研究交换偏置的基础性问题,非均匀磁性材料也不是理想的材料体系,尽管近年来在部分非均匀磁性材料研究中发现了一些与交换偏置效应相关的有趣现象[24]。

众所周知，交换偏置效应强烈取决于铁磁与反铁磁层及与其相关的因素，包括铁磁与反铁磁层的微结构(如晶粒尺寸、晶粒取向、畴结构、粗糙度等)、铁磁体-反铁磁体界面的自旋结构等。迄今为止，对于交换偏置效应研究所取得的重要进展，大部分集中在双层与多层磁性薄膜体系中，主要有以下几个方面的原因：首先，交换偏置耦合调控取决于铁磁体-反铁磁体界面原子层次的精细控制，目前薄膜的实验制备和分析方法都已发展得非常成熟；其次，交换偏置现象自发现以来，其相关的研究工作大部分体现在磁性薄膜系统中，主要原因是磁性薄膜材料的实际应用价值，特别是近年来在自旋阀和自旋隧穿器件中的广泛应用[4-8]。基于上述原因，针对铁磁体-反铁磁体双层与多层薄膜体系中的交换偏置效应，人们进行了大量研究。在研究过程中，除了回线中心偏移或交换偏置场 H_{EB}(图 4.1)外，还观察到很多与交换偏置效应相关的特征现象，如矫顽力的增强[37-40]、非对称磁化翻转[41-56]、训练效应[57-73]、记忆效应[74]等。尽管交换偏置效应及其相关现象的研究已经经历了半个多世纪，但是，只是在最近 20 多年时间里，人们对于交换偏置效应的本征机制才有了比较深入的理解。因此，在本章中将主要介绍和讨论近 20 多年来人们对交换偏置效应研究的进展。

4.2　反铁磁层对磁交换偏置效应的影响

一般认为交换偏置源于铁磁体-反铁磁体界面的自旋交换耦合相互作用。考虑一个最初由 Meiklejohn 和 Bean 提出[1-3]的理想界面模型，在铁磁体-反铁磁体界面上，相邻自旋的交换耦合相互作用产生交换偏置场 H_{EB}，H_{EB}可以由 $H_{EB}=(nJS_{FM}\cdot S_{AFM})/(M_{FM}t_{FM})$这一表达式来描述，其中 n 为界面处单位面积上的铁磁自旋S_{FM}和反铁磁自旋 S_{AFM}之间相互作用的数目，J 为S_{FM}和 S_{AFM}自旋的相互作用强度，M_{FM}和 t_{FM}分别为铁磁层的磁化强度和厚度。依据上述表达式，可明显地看出，H_{EB}与铁磁层厚度 t_{FM}之间存在一个逆线性关系，即 $H_{EB}\propto 1/t_{FM}$。在实验上，人们发现，当铁磁层厚度 t_{FM}高于某个临界值时，交换偏置场随铁磁层厚度的变化满足这种逆线性关系，暗示交换偏置效应具有界面特性。铁磁层临界厚度 t_{FM}的大小取决于铁磁材料本身及其生长条件。

相对于铁磁层，反铁磁层对 H_{EB}的影响更加复杂。在实验上，人们发现，交换偏置效应与反铁磁层的很多因素相关联。在 Meiklejohn-Bean 的理想模型中，上述 H_{EB}的表达式中仅考虑了铁磁层和反铁磁层界面上的自旋交换耦合作用，没涉及反铁磁层厚度 t_{AFM}，似乎在暗示 H_{EB}与反铁磁层厚度无关。然而，实验结果显示，H_{EB}对反铁磁层的厚度有很强的依赖关系(图 4.2)[77]。当反铁磁层足够薄时，随着厚度的减小，H_{EB}在一个很小的范围内表现出一个突然下降的行为，而当反铁磁层厚度小于一个临界值时，H_{EB}表现为零。反铁磁层的临界厚度与具体的反铁磁材料及测量温度相关。在大量具有 FM/AFM 磁性薄膜体系中，H_{EB}对反铁磁层厚度的这种依赖关系是一个很常见的现象。当反铁磁层相对比较厚时，反铁磁层厚度对 H_{EB}的影响要相对复杂些。依赖于具体的多层膜材料体系、多层膜排布构型、膜微结构与测量温度，随着反铁磁层厚度增加，H_{EB}的变化行为主要可以分成两种：①H_{EB}随着反铁磁层厚度增加而增加，当反铁磁层足够厚时，H_{EB}达到一个饱和值并维持不变[78-84,87]；②随着反铁磁层厚度的增加，H_{EB}首先达到一个峰值，然后随反铁磁层继续变厚，H_{EB}反而减小[77,78,80,84-88]。

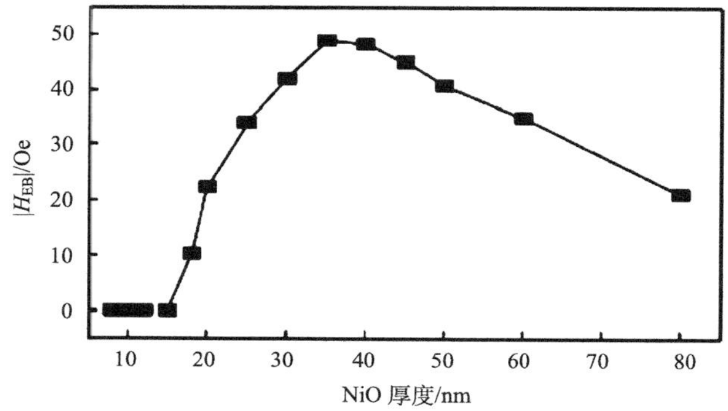

图 4.2 NiFe/NiO 双层膜体系中的交换偏置场随 NiO 厚度的变化关系

在反铁磁层相对较厚的范围内，H_{EB}随着厚度的减小而减小，在一些多层薄膜材料(如 NiFe/CoO 体系)中，当 CoO 层的厚度大于 10nm 时，H_{EB}与反铁磁层厚度的关系满足逆线性关系 $H_{EB}\propto 1/t_{AFM}$[89]。这种逆线性关系表明，交换偏置耦合效应应该是受到了反铁磁层中的自旋结构和畴结构影响，与考虑了反铁磁层中的自旋结构和畴壁的作用的微磁学计算结果相吻合[90-92]。尽管在反铁磁层中很难直接观察到反铁磁磁畴结构，但由于铁磁体-反铁磁体界面存在的交换偏置耦合效应，通过铁磁层中的磁畴结构及其变化，可以间接地反映反铁磁层中的磁畴结构信息。在 NiFe/NiO 的双层膜系统中，通过对铁磁层中的磁畴结构研究，可清晰地显示铁磁畴结构随着 NiO 层厚度的变化行为[77]。通过一个特别设计的冷却过程，Yang 和 Chien[93]详细研究了“坡莫合金(200Å)/FeMn(t_{AFM})/Co(100Å)”三层膜中的交换偏置耦合及反铁磁层中磁畴结构变化。他们的实验结果显示，在 $t_{AFM}<$15nm 时，在反铁磁层中观察到了 Mauri 模型[91]所提出的螺旋畴壁结构，由此揭示了反铁磁畴壁在交换偏置效应中的关键作用。最近，Morales 等[94]深入研究了 Ni(50nm)/FeF_2(t_{AFM})/坡莫合金(50nm)三层膜体系中的交换偏置耦合现象及其与反铁磁隔离层中的自旋结构之间的关联。在实验中，为了排除层间耦合的影响，防止反铁磁层中形成螺旋畴壁结构，他们采用了较厚的反铁磁隔离层。通过适当的场冷

磁化，在上下两个铁磁层中分别实现平行或反平行磁化，进一步的实验结果揭示，当两个铁磁层中场冷磁化方向相同和相反时，所测得的 H_{EB}差别非常大。H_{EB}这种明显的差别表明，除了反铁磁体-铁磁体界面处的自旋外，反铁磁隔离层中的体自旋结构也对交换偏置有贡献。磁畴结构模型模拟[95]认为，反铁磁层中形成的磁畴结构与冷却过程中铁磁层磁化方向密切相关，平行与反平行磁化情况下，反铁磁层的磁畴结构不同，因此可合理解释实验观察到的 H_{EB}差别。

众所周知，交换偏置耦合现象的出现需要反铁磁层具有足够强的磁各向异性 $t_{AFM}K_{AFM}$，理论上认为必须满足条件 $t_{AFM}K_{AFM}\geqslant J$（$K_{AFM}$为反铁磁层的各向异性常数，$J$ 为交换耦合强度）[4]，而 K_{AFM}取决于反铁磁层的厚度。对于足够厚的反铁磁层，K_{AFM}与体材料接近。然而，K_{AFM}随着 t_{AFM}的减小而变弱。若反铁磁层太薄，K_{AFM}可能会太弱而无法维持交换偏置效应，尽管此时界面自旋交换耦合作用仍然存在。目前已经很清楚的是，交换偏置有很强的温度依赖性，主要原因是反铁磁层的 K_{AFM}随着温度升高而减弱，导致其对铁磁层的钉扎能力减弱，直至交换偏置效应消失。由此直接导致了交换偏置场 H_{EB}随着温度升高而降低，在高于某个临界温度（即截止温度 T_B）时，H_{EB}变为零。很自然的一个想法就是，T_B 与反铁磁层的奈尔温度 T_N 之间应该存在一定的关联。然而，通常情况下 T_B 要低于 T_N，而且二者之间的差值取决于具体的铁磁体/反铁磁体多层膜体系及反铁磁材料本身。对于反铁磁材料，如CoO，Ambrose和Chien[89,96]报道了随CoO厚度变化的有限尺度效应，即奈尔温度 T_N 随着反铁磁层厚度的变薄而降低，遵循着一种有限尺寸的指数律关系，指数常数 $\lambda=1.55\pm0.05$。对 NiFe/CoO 双层膜体系中交换偏置效应的研究显示，尽管 T_B 总比 T_N 略低，但 T_B 随温度的变化关系与 T_N 类似[89]。这个结果暗示，反铁磁层奈尔温度 T_N 与其厚度之间的有限尺寸指数关系对交换偏置有非常大的影响。因此，对于很薄的反铁磁层，随反铁磁层厚度减小时，实验上发现，H_{EB}突然下降，这一现象曾被认为源于 T_N 的有限尺寸效应。然而，近期针对 Fe_3O_4/CoO 多层膜体系的研究表明，对于超薄的 CoO 层来说，由于磁邻近效应，随着 CoO 层厚度的减小，自旋交换耦合作用使得反铁磁层 T_N 显著提高，但 T_B 远低于 T_N。显然，T_B 对反铁磁层厚度的这种依赖关系是不能用有限尺寸效应来很好地解释。这种现象尚有待于今后进一步研究。

4.3 铁磁体/非磁体/反铁磁体三层膜体系中的层间交换偏置耦合

一直以来，有关交换偏置效应的研究工作大部分集中在具有铁磁体-反铁磁体直接接触界面的磁性系统。因而，在很长一段时间里，交换偏置被认为是源于铁磁体-反铁磁体界面处的最近邻自旋交换耦合，其本质为界面效应。例如，很多研究结果显示，反铁磁层界面处存在少量被钉扎的、未补偿的反铁磁自旋[96]，而大部分未补偿的反铁磁自旋与铁磁自旋耦合在一起，并可随铁磁自旋一起转动，这被认为是诱导交换偏置耦合效应产生的根源[97,98]，并导致矫顽力的增加。然而，在铁磁和反铁磁层中间插入非磁性隔离层，在构成的铁磁体/非磁体/反铁磁体三层膜体系中，相关的研究表明，层间的交换偏置耦合仍可以穿越非磁隔离层，并且是一种非常普遍的现象[99-109]。这些研究发现强烈地表明，交换偏置耦合效应的起源不是仅限于界面效应。

在坡莫合金/Au/CoO 三层膜中，Gökemeijer 等的研究[99,100]发现，铁磁层与反铁磁层可以通过非磁隔离层形成长程的层间交换偏置耦合，耦合强度随非磁隔离层厚度的增加以指数形式衰减，当隔离层厚度为 50Å 或更厚时，仍可观察到层间交换偏置耦合。层间交换偏置耦合消失的临界非磁隔离层厚度取决于非磁隔离层材料本身。这一发现与通常流行的观点相反，即交换偏置是一种源于铁磁体-反铁磁体界面的短程相互作用。同时，他们认为导电电子有可能参与了耦合。在采用不同非磁隔离材料的铁磁体/非磁体/反铁磁体三层膜体系中，大量的研究结果都确认了交换偏置耦合效应可通过非磁层存在，且耦合强度随非磁隔离层厚度指数衰减，但交换偏置耦合消失的临界厚度远小于 50Å[101-103]。对于非磁隔离层厚度增加对交换偏置耦合强度的快速抑制行为，一些研究人员将此归结为非磁层中可能存在的小孔所致[104]。此外，在 FeNi/Cu/FeMn[105]与 NiO/Cu/NiFe[106]的三层膜系统中，实验研究发现，随非磁隔离层变厚，层间交换偏置耦合强度呈现振荡衰减行为。这一现象可与铁磁体/非磁体/铁磁体三层膜体系中的振荡层间交换耦合现象直接相关联[105]，或被认为是基于依赖温度的类 RKKY 耦合、反铁磁层中的反铁磁耦合及层间偶极相互作用之间的竞争而热辅助产生[106]。此外，将超薄 Pt 隔离层插入$[Pt/Co]_n$ 铁磁多层膜与反铁磁层 FeMn[107]或 IrMn[108]之间，实验研究发现，交换偏置耦合场可得到显著增强，当 Pt 隔离层厚度为几个 Å 时，交换偏置场 H_{EB}达到最大，然后随着 Pt 隔离层厚度进一步增加很快下降。通过 Pt 隔离层，交换偏置耦合的增强效应被认为是源于单层垂直磁化分量的增加。

在 FM/AFM 磁性薄膜系统中，尽管实验研究结果在交换偏置耦合效应的长程性或短程性本质上存在不一致性，但研究结果都确定，交换偏置耦合的产生不仅仅源于最近邻(直接交换)或次近邻(超交换)的耦合机制。最近，通过使用磁化诱导产生的二次光学谐波(MSHG)方法探测 Fe/Cu/CoO 三层膜中的交换偏置效应，Valev 等[109]发现，在 T_B 处出现交换偏置的同时，在反铁磁与隔离层界面处形成了被钉扎的未补偿自旋，在铁磁层界面的作用下，这些被钉扎的未补偿自旋的有序排列被认为是导致交换偏置产生的直接缘由。这一研究还发现，当隔离层厚度为 3.5nm 时，尽管回线中心偏移量降为零，但在 MSHG 的信号中仍观察到来自 CoO 界面产生的强的磁贡献。这一结果显示，即使通过某一厚度的非磁隔离层观察不到回线中心偏移现象，铁磁与反铁磁层之间通过非磁隔离层仍可存在足够强的磁相互作用，因而，在反铁磁层诱导出有序的自旋。显然，铁磁层间对反铁磁层界面磁有序的有效影响距离应该远大于依据回线中心偏移获得的长度。因此，一个可能性较大的推论是，铁磁体-反铁磁体界面处交换偏置耦合的本质是长程的。

4.4　铁磁体/反铁磁体/铁磁体三层膜体系中的层间交换偏置耦合

在铁磁体/反铁磁体/铁磁体的三层体系中，如果反铁磁隔离层足够薄，铁磁层之间可以通过反铁磁隔离层中反铁磁序的自旋结构耦合在一起。实际上，这种层间耦合是通过两个铁磁体-反铁磁体界面处的交换耦合诱导产生的。耦合的种类取决于反铁磁隔离层的厚度，可以是铁磁或反铁磁。最近，在垂直磁各向异性的$[Pt/Co]_n/NiO/[Co/Pt]_n$多层膜体系中，研究发现，铁磁层之间通过 NiO 隔离层存在着层间耦合现象(图 4.3)[110,111]。在 NiO 隔离层较薄的区域，随着隔离层厚度的增加，层间耦合在铁磁性和反铁磁性之间振荡(图 4.4)，振荡周期约为 5Å，大约为沿 NiO(111)方向的两个分子层的厚度。而且，在此体系中，当 NiO 隔离层厚度仅为 11Å 时，穿过超薄隔离层的反铁磁层间耦合就达到了最强，偏置场随温度的变化关系显示，截止温度 T_B 高达 250K[110]。而在面内磁各向异性

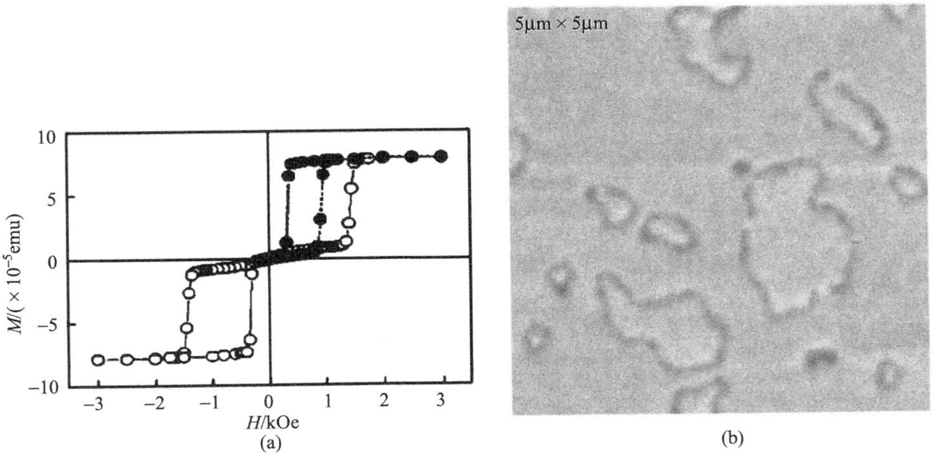

图 4.3(另见彩图)　(a)玻璃/Pt(100Å)/$[Pt(5Å)/Co(4Å)]_3$/NiO(11Å)/$[Co(4Å)/Pt(5Å)]_3$/Pt(5Å)沿垂直膜面的易轴方向上的磁滞回线和小磁滞回线 M-H。在这个样品中，高达 619Oe 的偏移量显示，通过 11Å NiO 隔离层存在一强的反铁磁耦合。(b)在剩磁态(H=0Oe)的磁力显微图片。由于通过薄层 NiO 的反铁磁的层间耦合，只有闭合的畴壁可以看到[110]

的 Ni/NiO(28Å)双层膜体系中，T_B 仅为 38K[112]，$[Pt/Co]_3$/NiO(11Å)多层膜中 T_B 为 220K[113]。Baruth 和 Adenwalla 指出，T_B 的显著提高很大程度上取决于插入的反铁磁层面内和面外的磁各向异性常数[114]。此外，反铁磁的层间耦合也可以导致 T_B 进一步增加至 250K。在面内磁各向异性的 NiFe/NiO/Co 三层膜中，Camarero 等[115]的研究发现，通过 NiO 隔离层，NiFe 与 Co 层之间存在角度为 90° 的层间耦合，这一耦合现象可一直持续到 NiO 层的厚度达到 25nm。通过系统地改变反铁磁层材料及反铁磁层的厚度，Kuch 等[116]成功实现了在原子水平上控制铁磁体-反铁磁体界面的形貌。他们采用磁光 Kerr 效应测量以及层分辨的光谱显微磁畴成像方法，通过详细研究单晶外延生长的铁磁体/反铁磁体/铁磁体三层膜体系，观察到了通过单原子台阶边缘的交换偏置耦合。

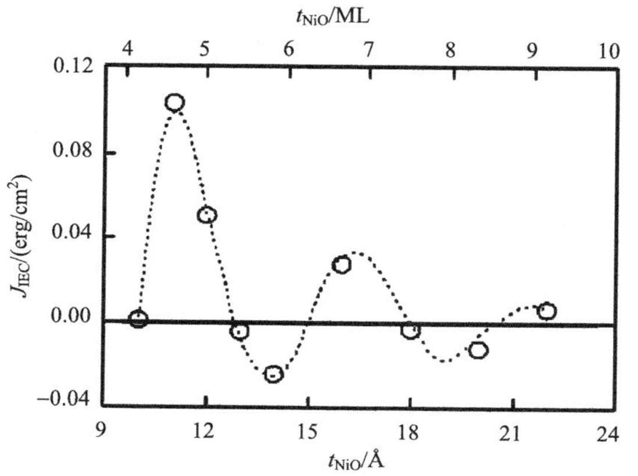

图 4.4　室温层间耦合强度 J_{IEC} 随 NiO 隔离层厚度的振荡变化[110]

4.5　通过磁-电效应实现交换偏置的电场控制

在多铁性材料中铁磁性与铁电性共存，由于磁电耦合作用，可以实现电场控制磁化和磁场控制电极化。近些年来，由于磁电效应在新一代自旋电子器件中的潜在应用，激发了人们对多铁性材料研究的极大兴趣。其中，很多研究工作是在寻找铁电性和铁磁性共存的多铁性材料。但是，同时存在铁电和铁磁的单相化合物非常少。相反，具有耦合的铁电和反铁磁单相化合物则很常见，这些材料通过与铁磁层结合后，它们的反铁磁性质可以用来诱导交换偏置耦合效应。因此，基于磁电耦合作用的存在，采用电场控制交换偏置耦合的方法实现电场调控铁磁层磁化是可行的。最近，在 $Cr_2O_3/[Co/Pt]_n$ 多层膜体系中，Borisov 等[117-119]的研究发现，通过反铁磁 Cr_2O_3 钉扎层的磁电耦合作用，可成功实现通过电场对交换偏置耦合的控制。这种交换偏置的电场调控意味着制备新型低能耗磁电阻元件的可能性。

六方氧化物 $YMnO_3$ 和 $LuMnO_3$ 是耦合铁电性和反铁磁性共存的多铁材料。最近，针对这两种材料的交换偏置研究显示，可以采用电场来调节铁磁体/反铁磁体异质结构中的交换偏置，从而操纵铁磁层中的磁性开关。这些结果展现了具有耦合反铁磁性和铁电性的氧化物在自旋电子学器件制备方面的广阔应用前景，尽管由于奈尔温度远低于室温，$YMnO_3$ 和 $LuMnO_3$ 在自旋电子学器件制备中的实际应用受到较大的限制。

多铁氧化物中只有 $BiFeO_3$ 具有高于室温的奈尔温度。最近，人们对 $BiFeO_3$ 中的偏置效应进行了详细深入的研究[122-127]。研究发现，$BiFeO_3$ 中的交换偏置与铁电以及反铁磁畴结构有关[122-124]，而这些可以通过电场来调控[123-128]。通过研究沉积在 $BiFeO_3$ 层上的自旋阀的巨磁电阻效应，Allibe 等发现，采用电场可实现对交换偏置和自旋阀中相关电阻值的调控[128]。

4.6　结　　语

近 20 多年来，人们在深入理解交换偏置耦合的机制方面取得了巨大的进展。有关交换偏置耦合的大量研究结果显示，铁磁体/反铁磁体系统中的交换偏置耦合效应不仅涉及界面处的反铁磁自旋，而且还与反铁磁层中的体自旋结构密切相关。在铁磁层和反铁磁层之间插入非磁隔离层，通过铁磁层之间的层间交换偏置耦合现象的研究显示，交换偏置耦合效应具有长程性的特点，不是仅由界面的短程自旋交换耦合决定。实验研究证明，通过控制反铁磁隔离层及其反铁磁有序自旋结构，在铁磁层之间可诱导产生层间耦合现象，且耦合性质依赖于反铁磁隔离层厚度。最近的研究显示，通过在多铁材料薄膜上沉积铁磁材料层，可以实现电场控制交换偏置耦合，最终实现对铁磁层磁化的电调控，从而展现了多铁材料在自旋电子学领域新一代电场控制器件方面的广泛应用前景。

致　谢　本研究得到了国家杰出青年科学基金(项目批准号：51025103)和国家重点基础研究发展计划基金(项目批准号：50872118；58021001)的资助。

作者简介

向建勇　1976 年出生。2005 年于中国科学院物理研究所获凝聚态物理博士学位。2005 年至 2008 年在英国杜伦大学从事博士后研究。目前为燕山大学材料科学与工程学院副教授。主要从事超导及磁性材料的实验研究，研究领域包括新型超导材料的探索、超导纳米晶中的磁通动力学、复杂氧化物材料多场耦合效应、低维层状材料的电磁输运特性等。发表同行评议论文 30 余篇。

柳忠元 出生于 1965 年 3 月。2003 年 12 月在美国内布拉斯加大学林肯分校获哲学博士学位，随后在德国马克斯·普朗克微结构物理研究所从事博士后研究工作一年，2004 年底返回美国，在西弗吉尼亚大学纳米研究中心从事博士后研究工作，2005 年 7 月回国，现为燕山大学亚稳材料制备技术与科学国家重点实验室教授。2008 年获得河北省杰出青年科学基金，并且获得 2011 年度国家杰出青年科学基金资助。长期从事磁性材料方面的实验研究工作，研究领域涉及反铁磁体-铁磁体界面的反铁磁钉扎效应、层间交换耦合、巨磁电阻(GMR)效应、隧穿磁电阻(TMR)效应、多铁性材料中的磁-电耦合效应等，近五年发表学术论文 50 余篇。

参考文献

[1] Meiklejohn W H, Bean C P. New magnetic anisotropy. Phys Rev, 1956, 102: 1413-1414.

[2] Meiklejohn W H, Bean C P. New magnetic anisotropy. Phys Rev, 1957, 105: 904-913 .

[3] Meiklejohn W H. Exchange anisotropy—A review. J Appl Phys, 1962, 33: 1328-1335.

[4] Nogués J, Schuller I K. Exchange bias. J Magn Magn Mater, 1999, 192: 203-232.

[5] Berkowitz A E, Takano K. Exchnage anisotropy—A review. J Magn Magn Mater, 1999, 200: 552-570.

[6] Stamps R L. Mechanisms for exchange bias. J Phys D—Appl Phys, 2000, 33: R247-R268.

[7] Kiwi M. Exchange bias theory. J Magn Magn Mater, 2001, 234: 584-595.

[8] Nogués J, Sort J, Langlais V, et al. Exchange bias in nanostructures. Phys Rep, 2005, 422: 65-117.

[9] Dobrynin A N, Ievlev D N, Temst K, et al. Critical size for exchange bias in ferromagnetic-antiferromagnetic particles. Appl Phys Lett, 2005, 87: 012501.

[10] Spasovaa M, Wiedwalda U, Farlea M, et al. Temperature dependence of exchange anisotropy in monodisperse cobalt nanoparticles with a cobalt oxide shell. J Magn Magn Mater, 2004, 272-276: 1508-1509.

[11] Gangopadhyay S, Hadjipanayis G C, Sorensen C M, et al. Exchange anisotropy in oxide passivated Co fine particles. J Appl Phys, 1993, 73: 6964-6966.

[12] Feygenson M, Yiu Y, Kou A, et al. Controlling the exchange bias field in Co core/CoO shell nanoparticles. Phys Rev B, 2010, 81: 195445.

[13] Inderhees S E, Borchers J A, Green K S, et al. Manipulating the magnetic structure of Co Core/CoO shell nanoparticles: Implications for controlling the exchange bias. Phys Rev Lett, 2008, 101: 117202.

[14] Makhloufa S A, Al-Attara H, Kodama R H. Particle size and temperature dependence of exchange

bias in NiO nanoparticles. Solid State Commun，2008，145：1-4.

[15] Johnston-Peck A C，Wang J，Tracy J B. Synthesis and structural and magnetic characterization of Ni (core)/NiO(shell) nanoparticles. ACS Nano，2009，3：1077-1084.

[16] Lee I S，Lee N，Park J，et al. Ni/NiO core/shell nanoparticles for selective binding and magnetic separation of histidine-tagged proteins. J Am Chem Soc，2006，128：10658-10659.

[17] Kremenović A，Jančar B，Ristić M，et al. Exchange-bias and grain-surface relaxations in nanostructured NiO/Ni induced by a particle size reduction. J Phys Chem C，2012，116：4356-4364.

[18] Zheng R K，Wen G H，Fung K K，et al. Giant exchange bias and the vertical shifts of hysteresis loops in γ-Fe_2O_3-coated Fe nanoparticles. J Appl Phys，2004，95：5244-5246.

[19] Bianco L D，Fiorani D，Testa A M，et al. Field-cooling dependence of exchange bias in a granular system of Fe nanoparticles embedded in an Fe oxide matrix. Phys Rev B，2004，70：052401.

[20] Ong Q K，Lin X M，Wei A. Role of frozen spins in the exchange anisotropy of core-shell Fe@Fe_3O_4 nanoparticles. J Phys Chem C，2011，115：2665-2672.

[21] Zheng R K，Wen G H，Fung K K，et al. Training effect of exchange bias in g-Fe_2O_3 coated Fe nanoparticles. Phys Rev B，2004，69：214431.

[22] Kostopoulou A，Thétiot F，Tsiaoussis I，et al. Colloidal anisotropic ZnO-Fe@Fe_xO_y nanoarchitectures with interface-mediated exchange-bias and band-edge ultraviolet fluorescence. Chem Mater，2012，24：2722-2732.

[23] Campbell I A，Hurdequint H，Hippert F. Dzyaloshinsky-Moriya anisotropy in reentrant alloys. Phys Rev B，1986，33：3540-3542.

[24] Ali M，Adie P，Marrows C H，et al. Exchange bias using a spin glass. Nat Mater，2006，6：70-75.

[25] Zhang T，Dressel M. Grain-size effects on the charge ordering and exchange bias in $Pr_{0.5}Ca_{0.5}MnO_3$: The role of spin configuration. Phys Rev B，2009，80：014435.

[26] Karmakar S，Taran S，Bose E，et al. Evidence of intrinsic exchange bias and its origin in spin-glass-like disordered $L_{0.5}Sr_{0.5}MnO_3$ manganites(L=Y，$Y_{0.5}Sm_{0.5}$，and $Y_{0.5}La_{0.5}$). Phys Rev B，2008，77：144409.

[27] Qian T，Li G，Zhang T，et al. Exchange bias tuned by cooling field in phase separated $Y_{0.2}Ca_{0.8}MnO_3$. Appl Phys Lett，2007，90：012503.

[28] Ziese M，Vrejoiu I，Hesse D. Inverted hysteresis and giant exchange bias in $La_{0.7}Sr_{0.3}MnO_3$/$SrRuO_3$ superlattices. Appl Phys Lett，2010，97：052504.

[29] Zhang T，Wang X P，Fang Q F. Exchange bias effect and suppression of charge ordering induced by a surface phase separation in $La_{0.25}Ca_{0.75}MnO_3$ nanowires. J Phys Chem C，2010，114：11796-11800.

[30] Huang X H，Ding J F，Zhang G Q，et al. Size-dependent exchange bias in $La_{0.25}Ca_{0.75}MnO_3$ nanoparticles. Phys Rev B，2008，78：224408.

[31] Zhang X K，Tang S L，Du Y W. Synthesis，characterization，and exchange bias effect in single crystalline $Li_{0.44}MnO_2$ nanoribbons. J Phys Chem C，2011，115：2644-2649.

[32] Markovich V，Puzniak R，Mogilyansky D，et al. Exchange bias effect in $La_{0.2}Ca_{0.8}MnO_3$ antiferromagnetic nanoparticles with two ferromagnetic-like contributions. J Phys Chem C，2011，115：1582-1591.

[33] Xuan H C，Cao Q Q，Zhang C L，et al. Large exchange bias field in the Ni-Mn-Sn Heusler alloys with high content of Mn. Appl Phys Lett，2010，96：202502.

[34] Westerholt K，Geiersbach U，Bergmann A. Exchange bias in [Co_2MnGe/Au]$_n$，[Co_2MnGe/Cr]$_n$ and

[Co_2MnGe/Cu_2MnAl]$_n$ multilayers. J Magn Magn Mater, 2003, 257: 239-253.

[35] Skumryev V, Stoyanov S, Zhang Y, et al. Beating the superparamagnetic limit with exchange bias. Nature, 2003, 423: 850-853 .

[36] Eisenmenger J, Schuller I K. Overcoming thermal fluctuations. Nat Mater, 2003, 2: 437-438.

[37] Leighton C, Nogués J, Jönsson-Åkerman B J, et al. Coercivity enhancement in exchange biased systems driven by interfacial magnetic frustration. Phys Rev Lett, 2000, 84: 3466-3469.

[38] Krivorotov I N, Gredig T, Nikolaev K R, et al. Role of magnetic aftereffect in coercivity enhancement of Co/CoO bilayers. Phys Rev B, 2002, 65: 180406R.

[39] Leighton C, Fitzsimmons M R, Hoffmann A, et al. Thickness-dependent coercive mechanisms in exchange-biased bilayers. Phys Rev B, 2002, 65: 064403.

[40] Tang Y J, Roos B, Mewes T, et al. Enhanced coercivity of exchange-bias Fe/MnPd bilayers. Appl Phys Lett, 1999, 75: 707-709.

[41] Li Z P, Petracic O, Morales R, et al. Asymmetric reversal in inhomogeneous magnetic heterostructures. Phys Rev Lett, 2006, 96: 217205.

[42] Blomqvist P, Krishnan K M, Ohldag H. Direct imaging of asymmetric magnetization reversal in exchange-biased Fe/MnPd bilayers by X-ray photoemission electron microscopy. Phys Rev Lett, 2005, 94: 107203.

[43] Fitzsimmons M R, Yashar P, Leighton C, et al. Asymmetric magnetization reversal in exchange-biased hysteresis loops. Phys Rev Lett, 2000, 84: 3986-3989.

[44] Liu Y, Wang S G, Li Y, et al. Asymmetric magnetization reversal and its dual origin in Co/FeMn out-of-plane induced exchanged bias systems. Phys Rev B, 2011, 84: 104436.

[45] Beckmann B, Usadel K D, Nowak U. Cooling-field dependence of asymmetric reversal modes for ferromagnetic/antiferromagnetic multilayers. Phys Rev B, 2006, 74: 054431.

[46] Paul A, Kentzinger E, Rücker U, et al. Symmetry and asymmetry during magnetization reversal in exchange biased multilayers and bilayers. Phys Rev B, 73, 2006: 092410.

[47] Engebretson D M, Macedo W A A, Schuller I K, et al. Time domain dynamics of the asymmetric magnetization reversal in exchange biased bilayers. Phys Rev B, 2005, 71: 184412.

[48] Ryu K S, Kim D H, Shin S C, et al. Real-time direct observation of asymmetric magnetization reversal in exchange-biased single-layer systems. Phys Rev B, 2005, 71: 155308 .

[49] Liu Z Y, Adenwalla S. Ferromagnetic domain-wall behavior during reversal and thermally activated antiferromagnetic reversal in an exchange-biased NiO/NiFe bilayer. Phys Rev B, 2003, 67: 184423.

[50] Panagiotopoulos I, Moutis N, Christides C. Asymmetry of the magnetization reversal mechanism probed by relaxation measurements in La-Ca-Mn-O ferromagnetic/antiferromagnetic multilayers. Phys Rev B, 2002, 65: 132407.

[51] Gierlings M, Prandolini M J, Fritzsche H, et al. Change and asymmetry of magnetization reversal for a Co/CoO exchange-bias system. Phys Rev B, 2002, 65: 092407.

[52] Yang P Y, Song C, Fan B, et al. The role of rotatable anisotropy in the asymmetric magnetization reversal of exchange biased NiO/Ni bilayers. J Appl Phys, 2009, 106: 013902.

[53] Girgis E, Portugal R D, Van Bael M J, et al. Asymmetric magnetization reversal in exchange-biased NiFe/CoO submicron-sized structures. J Appl Phys, 2005, 97: 103911.

[54] Gnatchenkoa S L, Merenkova D N, Bludova A N, et al. Asymmetrically shaped hysteresis loop in ex-

change-biased FeNi/FeMn film. J Magn Magn Materi，2006，307：263-267.

[55] Wang Y G，Petford-Long A K. Magnetization reversal in the pinned layer of CoFe/PtMn bilayers. J Magn Magn Mater，2004，279：82-90.

[56] Camarero J，Sort J，Hoffmann A，et al. Origin of the asymmetric magnetization reversal behavior in exchange-biased systems：Competing anisotropies. Phys Rev Lett，2005，95：057204.

[57] Brems S，Temst K，Haesendonck C V. Origin of the training effect and asymmetry of the magnetization in polycrystalline exchange bias systems. Phys Rev Lett，2007，99：067201.

[58] Qiu X P，Yang D Z，Zhou S M，et al. Rotation of the pinning direction in the exchange bias training effect in polycrystalline NiFe/FeMn bilayers. Phys Rev Lett，2008，101：147207.

[59] Hauet T，Borchers J A，Mangin Ph，et al. Training effect in an exchange bias system：The role of interfacial domain walls. Phys Rev Lett，2006，96：067207.

[60] Binek C，Polisetty S，He X，et al. Exchange bias training effect in coupled all ferromagnetic bilayer structures. Phys Rev Lett，2006，96：067201.

[61] Brems S，Buntinx D，Temst K，et al. Reversing the training effect in exchange biased CoO/Co bilayers. Phys Rev Lett，2005，95：157202 .

[62] Ali S R，Ghadimi M R，Fecioru-Morariu M，et al. Training effect of the exchange bias in Co/CoO bilayers originates from the irreversible thermoremanent magnetization of the magnetically diluted antiferromagnet. Phys Rev B，2012，85：012404.

[63] Polisetty S，Sahoo S，Berger A，et al. Temperature dependence of the training effect in exchange coupled ferromagnetic bilayers. Phys Rev B，2008，78：184426.

[64] Ventura J，Araujo J P，Sousa J B，et al. Training effect in specular spin valves. Phys Rev B，2008，77：184404 .

[65] Paul A，Schneider C M，Stahn J. Reversal mechanism and suppression of training in an exchange-coupled system. Phys Rev B，2007，76：184424.

[66] Polisetty S，Sahoo S，Binek C. Scaling behavior of the exchange-bias training effect. Phys Rev B，2007，76：184423 .

[67] Hauet T，Mangin S，McCord J，et al. Exchange-bias training effect in TbFe/GdFe：Micromagnetic mechanism. Phys Rev B，2007，76：144423.

[68] Binek C，He X，Polisetty S. Temperature dependence of the training effect in a Co/CoO exchange-bias layer. Phys Rev B，2005，72：054408.

[69] Paul A，Mattauch S. Can uniaxial anisotropy be responsible for training in exchange coupled system? J Appl Phys，2010，108：053918.

[70] Brems S，Volodin A，Haesendonck C V，et al. Magnetic force microscopy study of the training effect in polycrystalline Co/CoO bilayers. J Appl Phys，2008，103：113912.

[71] Xi H，Franzen S，White R M. Characterization and analysis of the training effect of exchange bias in coupled NiFe/IrMn bilayers. J Appl Phys，2007，101：09E513.

[72] Shi Z，Qiu X P，Zhou S M，et al. Anomalous training effect of perpendicular exchange bias in Pt/Co/Pt/IrMn multilayers. Appl Phys Lett，2008，93：222504.

[73] Yuan S J，Wang L，Zhou S M，et al. Magnetization dependence of training effect of exchange coupling in ferromagnet/FeMn bilayers. Appl Phys Lett，2002，81：3428-3430.

[74] Gökemeijer N J，Cai J W，Chien C L. Memory effects of exchange coupling in ferromagnet/antiferro-

magnet bilayers. Phys Rev B, 1999, 60: 3033-3036.

[75] Mauri D, Kay E, Scholl D, et al. Novel method for determining the anisotropy constant of MnFe in a NiFe/MnFe sandwich. J Appl Phys, 1987, 62: 2929-2932.

[76] Seua K A, Huang H, Lesoine J F, et al. Co layer thickness dependence of exchange biasing for IrMn/Co and FeMn/Co. J Appl Phys, 2003, 93: 6611-6613.

[77] Liu Z Y, Adenwalla S. Variation of domain formation in a 15 nm NiFe layer exchange coupled with NiO layers of different thicknesses. Appl Phys Lett, 2003, 82: 2106-2108.

[78] Jungblut R, Coehoorn R, Johnson M T, et al. Orientational dependence of the exchange biasing in molecular-beam-epitaxy-grown $Ni_{80}Fe_{20}/Fe_{50}Mn_{50}$ bilayers. J Appl Phys, 1994, 75: 6659-6662.

[79] Xi H, White R M. Antiferromagnetic thickness dependence of exchange biasing. Phys Rev B, 2000, 61: 80-83 .

[80] Xi H, White R M. Critical thickness effect in the exchange-coupled NiFe/$CrMnPt_x$ bilayer system. Phys Rev B, 2000, 61: 1318-1323.

[81] Ali M, Harrows M C, Al-Jawad M, et al. Antiferromagnetic layer thickness dependence of the IrMn/Co exchange-bias system. Phys Rev B, 2003, 68: 214420.

[82] Kobrinskii A L, Goldman A M, Varela M, et al. Thickness dependence of the exchange bias in epitaxial manganite bilayers. Phys Rev B, 2009, 79: 094405.

[83] Choi H C, You C Y, Kim K Y, et al. Antiferromagnetic layer thickness dependence of noncollinear uniaxial and unidirectional anisotropies in NiFe/FeMn/CoFe trilayers. Phys Rev B, 2010, 81: 224410.

[84] van Driela J, de Boer F R, Lenssen K M H, et al. Exchange biasing by $Ir_{19}Mn_{81}$: Dependence on temperature, microstructure and antiferromagnetic layer thickness. J Appl Phys, 2000, 88: 975-982.

[85] Li H Y, Chen L Y, Zhou S M. Thermal stability of exchange coupling in permalloy/FeMn bilayers and its dependence on the antiferromagnetic layer thickness. J Appl Phys, 2002, 91: 2243-2246 .

[86] Ali M, Marrows C H, Hickey B J. Onset of exchange bias in ultrathin antiferromagnetic layers. Phys Rev B, 2003, 67: 172405.

[87] Ali M, Marrows C H, Al-Jawad M, et al. Antiferromagnetic layer thickness dependence of the IrMn/Co exchange-bias system. Phys Rev B, 2003, 68: 214420.

[88] Rodríguez-Suúrez R L, Vilela-Leúo L H, Bueno T, et al. Critical thickness investigation of magnetic properties in exchange-coupled bilayers. Phys Rev B, 2011, 83: 224418.

[89] Ambrose T, Chien C L. Dependence of exchange coupling on antiferromagnetic layer thickness in NiFe/CoO bilayers. J Appl Phys, 1998, 83: 6822-6824.

[90] Malozemoff A P. Heisenberg-to-Ising crossover in a random-field model with uniaxial anisotropy. Phys Rev B, 1988, 37: 7673-7679 .

[91] Mauri D, Siegmann H C, Bagus P S, et al. Simple model for thin ferromagnetic films exchange coupled to an antiferromagnetic substrate. J Appl Phys, 1987, 62: 3047-3049.

[92] Koon N. Calculations of exchange bias in thin films with ferromagnetic antiferromagnetic interfaces. Phys Rev Lett, 1997, 78: 4865-4868.

[93] Yang F Y, Chien C L. Spiraling spin structure in an exchange-coupled antiferromagnetic layer. Phys Rev Lett, 2000, 85: 2597-2600.

[94] Morales R, Li Z P, Olamit J, et al. Role of the antiferromagnetic bulk spin structure on exchange bias. Phys Rev Lett, 2009, 102: 097201 .

[95] Nowak U, Usadel K D, Keller J, et al. Domain state model for exchange bias. I. Theory. Phys Rev B, 2002, 66: 014430 .

[96] Ambrose T, Chien C L. Finite-size effects and uncompensated magnetization in thin antiferromagnetic CoO layers. Phys Rev Lett, 1996, 76: 1743-1746.

[97] van der Zaag J, Ijiri Y, Borchers J A, et al. Difference between blocking and Néel temperatures in the exchange biased Fe_3O_4/CoO system. Phys Rev Lett, 2000, 84: 6102-6105; Ohldag H, Scholl A, Nolting F, et al. Correlation between exchange bias and pinned interfacial spins. Phys Rev Lett, 2003, 91: 017203; Ohldag H, Regan T J, Stöhr J, et al. Spectroscopic identification and direct imaging of interfacial magnetic spins. Phys Rev Lett, 2001, 87: 247201.

[98] Antel W J, Perjeru Jr F, Harp G R. Spin structure at the interface of exchange biased FeMn/Co bilayers. Phys Rev Lett, 1999, 83: 1439-1442.

[99] Gökemeijer N J, Ambrose T, Chien C L. Long-range exchange bias across a spacer layer. Phys Rev Lett, 1997, 79: 4270-4273 .

[100] Gökemeijer N J, Ambrose T, Chien C L, et al. Long-range exchange coupling between a ferromagnet and an antiferromagnet across a nonmagnetic spacer layer. J Appl Phys, 1997, 81: 4999-5001.

[101] Gruyters M, Gierlings M, Riegel D. Rapid suppression of exchange bias across thin Au spacer layers. Phys Rev B, 2001, 64: 132401.

[102] Thomas L, Kellock A J, Parkin S S P. On the exchange biasing through a nonmagnetic spacer layer. J Appl Phys, 2000, 87: 5061-5063.

[103] Nicolodi S, Harres A, Pereira L G, et al. Abrupt suppression of the exchange bias across a non-magnetic insulator spacer. J Appl Phys, 2011, 110: 063922.

[104] Geshev J, Nicolodi S, Pereira L G, et al. Exchange bias through a Cu interlayer in an IrMn/Co system. Phys Rev B, 2007, 75: 214402 .

[105] Mewes T, Roos B F P, Demokritov S O, et al. Oscillatory exchange bias effect in FeNi/Cu/FeMn and FeNi/Cr/FeMn trilayer systems. J Appl Phys, 2000, 87: 064-5066.

[106] Lin M T, Ho C H, Chang C R, et al. Thermally assisted oscillatory interlayer exchange bias coupling. Phys Rev B, 2001, 63: 100404(R).

[107] Garcia F, Sort J, Rodmacq B, et al. Large anomalous enhancement of perpendicular exchange bias by introduction of a nonmagnetic spacer between the ferromagnetic and antiferromagnetic layers. Appl Phys Lett, 2003, 83: 3537-3539.

[108] Sort J, Garcia F, Rodmacq B, et al. Enhancement of exchange bias through a non-magnetic spacer. J Magn Magn Mater, 2004, 272-276: 355-356.

[109] Valev V K, Gruyters M, Kirilyuk A, et al. Direct observation of exchange bias related uncompensated spins at the CoO/Cu interface. Phys Rev Lett, 2006, 96: 067206.

[110] Liu Z Y, Adenwalla S. Oscillatory interlayer exchange coupling and its temperature dependence in $[Pt/Co]_3$/NiO/$[Co/Pt]_3$ multilayers with perpendicular anisotropy. Phys Rev Lett, 2003, 91: 037207.

[111] Liu Z Y, Yue L P, Keavney D J, et al. Oscillatory interlayer exchange coupling in $[Pt/Co]_n$/NiO/$[Co/Pt]_n$ multilayers with perpendicular anisotropy: Dependence on NiO and Pt layer thicknesses. Phys Rev B, 2004, 70: 224423.

[112] Gruyters M. Structural and magnetic properties of transition metal oxide/metal bilayers prepared by *in*

situ oxidation. J Magn Magn Mater, 2002, 248: 248-257.

[113] Liu Z Y, Adenwalla S. Closely linear temperature dependence of exchange bias and coercivity in out-of-plane exchange biased [Pt/Co]$_3$/NiO multilayer. J Appl Phys, 2003, 94: 1105-1109 .

[114] Baruth A, Adenwall S. Enhanced blocking temperature and isothermal control of hysteresis loop shifts in Co/NiO/[Co/Pt] heterostructures with orthogonal easy axes. Phys Rev B, 2008, 78: 174407.

[115] Camarero J, Pennec Y, Vogel J, et al. Perpendicular interlayer coupling in $Ni_{80}Fe_{20}$/NiO/Co trilayers. Phys Rev Lett, 2003, 91: 027201.

[116] Kuch W, Chelaru L I, Offi F, et al. Tuning the magnetic coupling across ultrathin antiferromagnetic films by controlling atomic-scale roughness. Nat Mater, 2006, 5: 128-133.

[117] Borisov P, Hochstrat A, Chen X, et al. Magnetoelectric switching of exchange bias. Phys Rev Lett, 2005, 94: 117203.

[118] Chen X, Hochstrat A, Borisov P, et al. Magnetoelectric exchange bias systems in spintronics. Appl Phys Lett, 2006, 89: 202508.

[119] Borisov P, Eimüllerb T, Fraile-Rodríguezc A, et al. Application of the magnetoelectric effect to exchange bias. J Magn Magn Mater, 2007, 310: 2313-2315.

[120] Laukhin V, Skumryev V, Martí X, et al. Electric-field control of exchange bias in multiferroic epitaxial heterostructures. Phys Rev Lett, 2006, 97: 227201.

[121] Skumryev V, Laukhin V, Fina I, et al. Magnetization reversal by electric-field decoupling of magnetic and ferroelectric domain walls in multiferroic-based heterostructures. Phys Rev Lett, 2011, 106: 057206.

[122] Béa H, Bibes M, Ott F, et al. Mechanisms of exchange bias with multiferroic $BiFeO_3$ epitaxial thin films. Phys Rev Lett, 2008, 100: 017204.

[123] Chu Y H, Martin L W, Holcomb M B, et al. Electric-field control of local ferromagnetism using a magnetoelectric multiferroic. Nat Mater, 2008, 7: 478-482.

[124] Lebeugle D, Mougin A, Viret M, et al. Electric field switching of the magnetic anisotropy of a ferromagnetic layer exchange coupled to the multiferroic compound $BiFeO_3$. Phys Rev Lett, 2009, 103: 257601.

[125] Martin L W, Chu Y H, Holcomb M B, et al. Nanoscale control of exchange bias with $BiFeO_3$ thin films. Nano Lett, 2008, 8: 2050-2055.

[126] Dho J, Blamire M G. Controlling the exchange bias in multiferroic $BiFeO_3$ and NiFe bilayers. J Appl Phys, 2009, 106: 073914.

[127] Lee S, Ratcliff W, Cheong S W, et al. Electric field control of the magnetic state in $BiFeO_3$ single crystals. Appl Phys Lett, 2008, 92: 192906.

[128] Allibe J, Fusil S, Bouzehouane K, et al. Room temperature electrical manipulation of giant magnetoresistance in spin valves exchange-biased with $BiFeO_3$. Nano Lett, 2012, 12: 1141-1145.

第 5 章　磁性超薄膜中厚度诱导的自旋重取向相变

缪冰锋　Yonko Millev　丁海峰

材料的磁有序(反铁磁、铁磁、亚铁磁)发生变化的现象称为自旋相变。其中一种有趣的现象是自旋重取向相变，它指的是当温度、应力、样品厚度等实验参数变化时，系统的各向异性能发生改变，使得易磁化轴方向发生偏转并达到一种新的平衡态的过程[1]。在体材料中，自旋重取向相变的研究已经有了很长一段历史，其中大部分的工作主要是在讨论温度诱导的自旋重取向相变[2,3]。由于磁性薄膜和超薄膜在基础研究领域和工业应用方向都具有重要的影响，过去的几十年间人们逐步将兴趣转向微米甚至纳米磁性材料。尤其是巨磁电阻效应的发现和应用，打开了一个全新的研究领域——自旋电子学[4-6]。其中，能否精确控制复杂磁性多层膜的磁化方向，是其适应各种不同应用需求的关键因素之一，例如，超高密度的磁存储技术已经由面内磁化介质转变为垂直磁化材料[3,7]。因此，需要对超薄膜磁性材料中自旋重取向有清晰的理解，以期获得对磁性材料各向异性的有效调控，并能够适应各种实际应用的需求。

由于自旋重取向相变所包含的内容较为丰富，本章将主要讨论由厚度变化诱导的自旋重取向相变[8,9]。但其中所使用的理论、研究方法和手段应该可以应用在由其他因素诱导的自旋重取向相变过程。在薄膜材料中，当磁矩方向完全垂直样品平面时，样品的漏磁场将达到最大，使得偶极相互作用最大，这就是通常所说的退磁能或者形状各向异性能达到最大[10,11]。因此，如果只考虑形状各向异性能，在样品足够薄的情况下，所有磁性薄膜的易轴都会平行于样品平面。然而，在很多实际体系中，超薄膜的磁化方向却是沿着样品的法线方向。随着厚度的增加，易轴会偏离法线方向 n。为了降低退磁能的影响，最终磁化方向会回到面内。这一过程即是本章所要讨论的重点：厚度变化诱导的自旋重取向相变。垂直各向异性材料可以大大提高磁存储的密度，因而自旋重取向相变在这一领域研究较为广泛[12-14]。当样品厚度足够薄时，表面/界面各向异性对于样品磁学特性的贡献会变得特别重要，因而改变薄膜厚度可以引起自旋重取向相变的发生。通常认为表面/界面各向异性来源于界面处化学键、应力等的变化，这一变化进而改变了表面/界面晶场的对称性[15-18]。

实验上发现，在 Fe/Cu(001)[19]，Fe/Ag(001)[20,21]，Fe/Au(001)[22]，Co/Au(111)[13,23-27]体系中随着磁性材料厚度的增加，磁化易轴由样品法线方向变为

面内方向。而 Ni/Cu(001)在数个原子层(monolayer, ML)由面内方向变为法线方向，进一步增加厚度到约 37ML，易轴又会慢慢转为面内[28,29]。Co/Ru(0001)则在较窄的厚度范围内表现出类似的现象[30]。随着样品厚度的变化，磁化方向如果连续由面内(或法线)逐渐倾斜变为法线(或面内)方向，这个过程称为经过倾斜态的自旋重取向相变；如果在这中间过程中，法线方向和面内方向都是能量稳定/亚稳态，即为经过共存态的自旋重取向相变。对于某些特定体系，其自旋重取向相变的类型仍存在争议，如 Co/Au(111)体系，这在后文中将会具体介绍。

本章中，将尽可能详尽地介绍厚度诱导的自旋重取向相变以及实验上所采用的一些主要研究手段。利用一致转动模型，我们给出唯象的解释。同时，计算表明，通过磁化率的测量，不但可以区分自旋重取向相变的种类，还能得到表面/界面各向异性常数。该方法具有测量方便、数据处理简单、分辨率高等优点，并且所得结果和实验数据可以很好地吻合。

5.1 唯象性描述

5.1.1 零磁场下的自旋重取向相变

对于磁性超薄膜材料，在忽略面内各向异性能的前提下，系统自由能密度可以近似写为

$$f_A = \widetilde{K}_1 \sin^2\theta + K_2 \sin^4\theta \tag{5.1}$$

其中，$\widetilde{K}_1$ 和 K_2 为与厚度及温度相关的一阶和二阶各向异性常数；θ 为样品磁化强度方向 M 和法线方向 n 之间的夹角。$\widetilde{K}_1$ 里面包含了铁磁层的形状各向异性，即

$$\widetilde{K}_1 = K_1 - \frac{1}{2}\mu_0 M^2 \tag{5.2}$$

关于这一体系的能量相图，Millev 等已经有比较详细的讨论[31,32]，我们这里只是简单地介绍一下其主要结论。我们将自由能对 θ 求偏导求能量极值，可以得到三个解：$\sin^2\theta_{eq}=0$，1 和 $-\widetilde{K}_1/K_2$，分别对应于垂直、面内和倾斜态。在 $\widetilde{K}_1>0$ 时，垂直态是稳定的；当 $K_2<-\widetilde{K}_1/2$ 时，磁化方向沿着面内是稳定的；$\widetilde{K}_1<0$ 且 $K_2>-\widetilde{K}_1/2$ 时，倾斜态是稳定的(图 5.1)。其中，最为有趣的是，在各向异性空间中存在一个共存区，在此区域内，磁化方向沿面内和法线方向时体系的能量都处于极小值，也就是说这两种构型都是稳态或者亚稳态。这一共存区处于相图 5.1 的第四象限内，并以直线 $\widetilde{K}_1=0$ 和 $K_2=-\widetilde{K}_1/2$ 为其两端的边界线。为了更直观地说明问题，我们在四个不同区域内分别插入了典型的能量与角

度 θ 的依赖关系。对于垂直区和面内区，可以发现系统的能量只有一个极小值，分别出现在 θ 为 0°和 90°的位置。倾斜态也只存在一个能量极小值，但它出现在 θ 为 0°～90°的某个角度。而在共存区，能量却在 $\theta=0°$ 和 90°时都是极小值。共存区又可以分为两个子区域，曲线 $K_2=-\widetilde{K}_1$ 是两者的边界线，这条曲线上垂直方向和面内方向磁化的能量是相等的。在 $K_2=-\widetilde{K}_1$ 两侧分别为面内方向和法线方向更为稳定(图 5.1)。

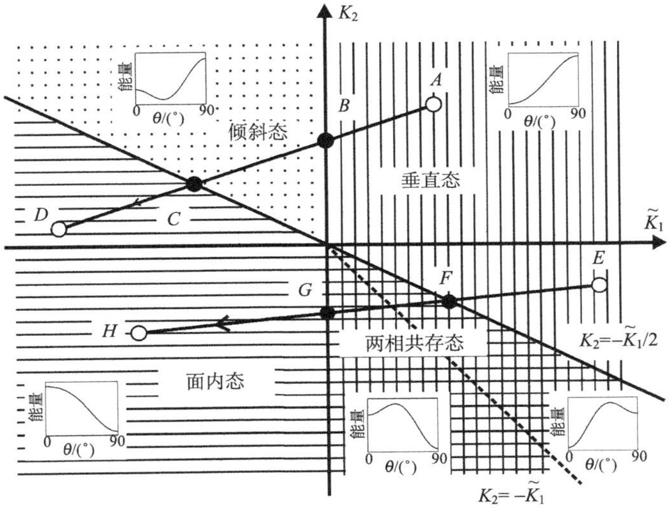

图 5.1　由各向异性能所确定的自旋重取向相图。不同象限的插图分别为随着磁化方向变化的能量曲线。线性轨迹 AD 和 EH 分别代表经过倾斜态和共存态的自旋重取向相变

如要定量地研究厚度诱导的自旋重取向相变，必须知道各向异性常数 K_i 与磁性薄膜厚度的依赖关系。Gradmann 等提出了分离各向异性常数中体贡献和表面/界面贡献的唯象假设[3,25,33]

$$K_i(t,\ T)=K_{ib}(T)+\frac{K_{is}(T)}{t},\quad i=1,\ 2 \tag{5.3}$$

其中，下标 b 代表体对各向异性常数 K_1 和 K_2 贡献，而下标 s 代表着表面/界面的贡献。有意思的是这一假设在很多体系都适用。利用“各向异性流”这一概念[25,31,32]，可以在 $\widetilde{K}_1-K_2$ 各向异性空间中画出一条直线 $\{\widetilde{K}_1(t,\ T),\ K_2(t,\ T)\}_{T=常量}$ 来描述厚度诱导的自旋重取向相变。根据相变点 K_2 值的符号，可以将此相变分为三类：当 $K_2>0$ 时，磁化强度方向从垂直方向经由倾斜态连续地变化到面内方向(图 5.1 中线性轨迹 AD)；当 K_2 刚好为 0 时，磁化方向从法线直

接跳变到面内，但这种情况出现的概率很小，在临近这种特殊情况下，一次和二次各向异性常数都接近为零，因此有可能用来研究更微弱的相互作用(高阶项)，如面内各向异性、DM 相互作用(Dzyaloshinskii-Moriya interaction)[34,35]等；当 $K_2<0$ 时，相变则会经过共存态(图 5.1 中线性轨迹 EH)。

对于 Co/Au(111)体系中自旋重取向相变的类型，一直存在着两种截然相反的看法。Allenspach 和 Popov 等认为 Co 层的易轴方向随着厚度连续变化，即经过倾斜态[23,36]。Oepen 和 Ding 等则给出了相反的证据，认为这一相变经过两相共存态[25,26]。本章会在下文具体讨论此问题，并给出从各种实验测量方法上判断自旋重取向相变类型的依据。

5.1.2 外加磁场下的自旋重取向相变

考虑外加磁场对自旋重取向相变的影响，只需在描述体系的热动力方程中加入塞曼能项即可。因此方程(5.1)需重新写为

$$g_A=\widetilde{K}_1\sin^2\theta+K_2\sin^4\theta-H\cdot M=\widetilde{K}_1\sin^2\theta+K_2\sin^4\theta-HM\cos(\theta-\phi) \tag{5.4}$$

其中，ϕ 为外加磁场 H 与样品法线方向 n 之间的夹角。

当外加磁场方向固定时(ϕ 为常量)，假设磁矩翻转为一致转动，则系统稳定解需满足方程 $\frac{\mathrm{d}g_A}{\mathrm{d}\theta}=0$ 和 $\frac{\mathrm{d}^2g_A}{\mathrm{d}\theta^2}\geqslant 0$。Millev 等在文献[25]、[37]、[38]中详细给出了三种研究外场下相变的计算表示方法。这里我们只介绍将能量密度除以塞曼能的无量纲化方法，即

$$\widetilde{g}_A=\frac{g_A}{HM}=\alpha\sin^2\theta+\beta\sin^4\theta-\cos(\theta-\phi) \tag{5.5}$$

其中，$\alpha=\frac{\widetilde{K}_1}{HM}$，$\beta=\frac{K_2}{HM}$。这种($\alpha$，$\beta$)表示方法对于研究超薄膜材料中厚度诱导的自旋重取向相变尤其方便。方程(5.3)给出了表面/界面各向异性常数与厚度的依赖关系 $f_i(t)(i=1，2)$。只要 $f_1(t)$ 和 $f_2(t)$ 具有相同的函数形式，如 $f_1(t)=f_2(t)=\frac{1}{t}$，则合并两个方程可以得到

$$K_2=s\widetilde{K}_1+p \tag{5.6}$$

其中，斜率 s 和截距 p 仅依赖于材料本身的属性，而与样品的厚度无关[37]。很显然，将体系能量密度整体除以塞曼能并不改变这一线性的属性，因此(α，β)这种表示方法可以得到和无外场时相同的斜率和截距。在消除厚度 t 这一参数后，方程(5.6)的斜率仅为二阶表面/界面各向异性常数与一阶表面/界面各向异

性常数之间的比，即 $s=\dfrac{K_{2s}}{K_{1s}}$。这一斜率与外场的大小无关，不同磁场下的自旋重取向相变在(α，β)相图中可以表示为一系列相互平行的直线。图 5.2 给出了外加磁场垂直于样品易轴时的相图：①相图中等场线为连接相变起点和终点的相互平行的线段；②相图中等厚度线为一系列经过坐标原点的直线。

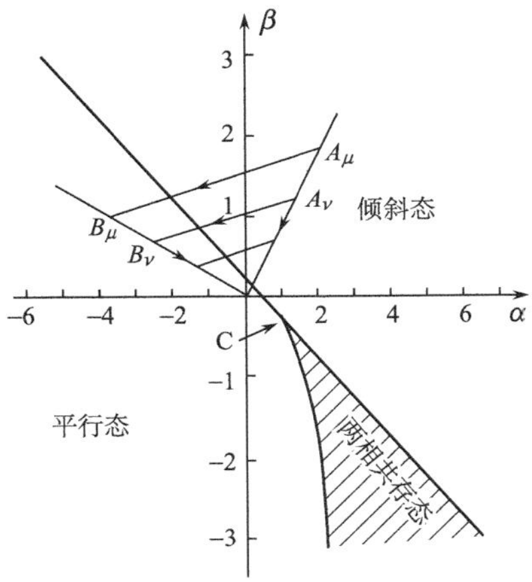

图 5.2　连接初始状态{A_μ}和终止状态{B_μ}的线段表示厚度诱导的自旋重取向相变的路径。在(α，β)相图中，无论所加磁场方向如何，相变的过程都可以用一条线段来描述。摘自文献[37]

在外场下，体系只存在两种稳定解：一是磁化方向 M 完全平行于磁场 H(平行态，conforming phase)，另一个则是磁化方向 M 与磁场 H 存在一个夹角(倾斜态，canted or cone phase)。取决于外磁场的方向，平行态可以沿着面内方向，也可以沿着法线方向。当 $\beta>0$(二阶各向异性常数大于零)时，系统只存在倾斜态和平行态，两者之间的边界线为一条直线；当 $\beta<0$(二阶各向异性常数小于零)时，除了倾斜态和平行态，还存在共存区域，在此区域内，磁矩沿着磁场方向且与磁场有一定夹角，都处于能量极小值。其中，共存态与平行态的边界线为三次抛物线[38]。

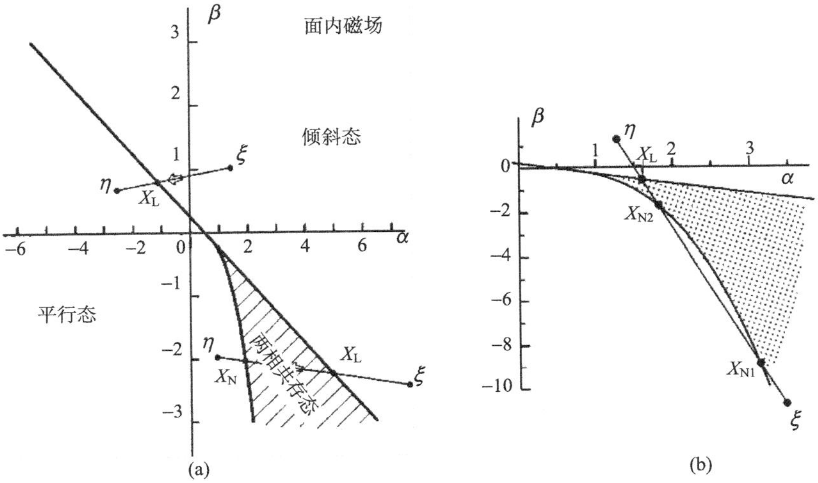

图 5.3　根据相变曲线(η，ζ)与边界线交点 X 的个数，可以确定相变的类型。X_L(X_N)为路径曲线与线性(非线性)边界的交点。(a)具有一个或者两个相变点，(b)具有三个相变点。摘自文献[38]

和零场中的自旋重取向相变类似，相图中最重要的点为描述相变路径的线段与不同相边界线的交点。在磁化率的计算工作中我们将会再回到这个问题。结合定量计算得到的能量相图，利用相变路径可以描述各种可能的相变过程，同时可能得到样品的一些磁学参数。一般来讲，相变过程可能会有一个、两个[图 5.3(a)]甚至三个相变点[图 5.3(b)]。但到目前为止，最后一种情况还没有被发现。图 5.3 显示的是面内场中体系的(α，β)相图和可能的几种相变路径，其中阴影部分为两相共存态。相变沿着线段由 η 点向 ζ 点进行，与边界线的交点分别为 X_L 和 X_N，下标 L 和 N 分别表示与线性边界线和非线性边界线的交点。X 点为相变点，对应的厚度 t_L 和 t_N 即为相变发生时样品的厚度[38]。

5.2 利用磁化曲线研究自旋重取向相变

磁化曲线是研究磁各向异性较为直接并且灵敏的手段。这一方法已经被广泛应用在温度变化诱导[19,21,39]和厚度变化诱导的自旋重取向相变中[22,23,27]。常用的研究手段有磁光克尔效应(magneto-optical Kerr effect，MOKE)，超导量子干涉仪(superconducting quantum interference device，SQUID)，X 射线磁圆二色光谱仪(X-ray magnetic circular dichroism，XMCD)。由于 MOKE 技术成本低廉、应用广泛、灵敏度高，且容易在实验室搭建并能够实现超高真空原位测量，本章将着重介绍使用 MOKE 研究厚度诱导的自旋重取向相变的例子。

假设磁矩遵从一致转动模型，当磁场沿磁性易轴施加时，磁滞回线呈现方形回线；当磁场沿着难轴方向施加时，在达到饱和场前，磁滞回线通常几乎为一条斜线，饱和后将为一平线。发生自旋重取向相变的情况下，我们可以观察到磁滞回线线型随着厚度的变化。

图 5.4 为 Fe/Au(111)发生自旋重取向相变点附近不同厚度的极向(polar geometry，对磁化垂直分量灵敏)和纵向(longitudinal geometry，对磁化面内分量灵敏)磁滞回线。Fe 的厚度从 3.0～2.0ML(monolayer，单原子层)连续变化。左图磁场沿样品法线方向(极向)施加，右图磁场沿样品面内方向(纵向)。实验上采用分子束外延的方法将 Fe/Au(111)生长在抛光的 MgO(001)衬底上[22]。在极向构型中，2.0ML 的 Fe(1ML＝1.435Å)的磁滞回线几乎为方形，说明易轴垂直于样品表面。当 Fe 的厚度大于 2.3ML 时，可以看出极向方向磁滞回线在饱和场内几乎为一斜线，说明磁化易轴已经转变为面内方向，即发生了自旋重取向相变。伴随着相变的发生，可以观察到磁滞回线斜率和饱和场的变化，说明各向异性常数随着厚度发生了变化。图 5.4 右图显示的是面内场下磁滞回线随着厚度的变化，其表现出相反的行为规律，在厚度为 2.3ML 时为典型的易轴曲线，厚度为 2.0ML 时为难轴曲线，进一步验证了左图所示的厚度诱导的自旋重取向相变。

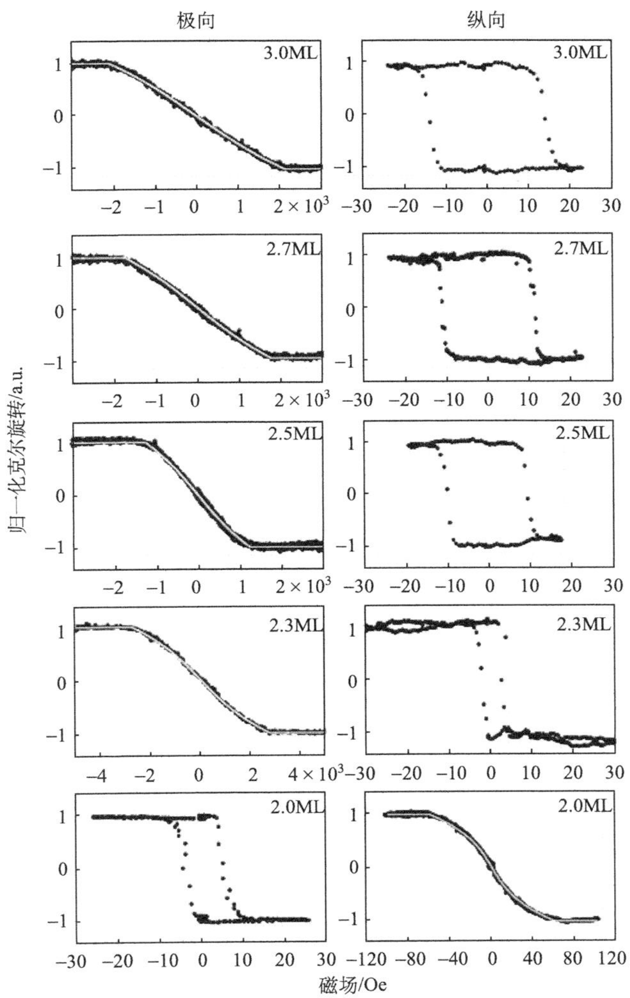

图 5.4　Fe/Au(111)发生自旋重取向相变点附近不同厚度的极向和纵向磁滞回线。Fe 的厚度从 3.0ML 至 2.0ML 连续变化。左图同时给出了沿着难轴方向磁滞回线的模拟结果。摘自文献[22]

在自旋重取向相变过程中，磁矩可能既有垂直分量又有面内分量。虽然 MOKE 具有三种不同的构型(极向 polar，横向 transverse，纵向 longitudinal)，但在单次测量实验中，这三个方向的磁光信号是混合在一起，使得解释工作变得复杂[40,41]。例如，Qiu 等在研究 Fe/Ag(100)体系厚度诱导的自旋重取向相变中，观察到了磁光信号的符号发生了变化[21]。作者把这一现象归因于极向和纵向信号的叠加。

基于极向和纵向磁光对于入射角的对称性不同，Ding 等提出了一种方法，可以分离出纯的极向和纵向磁光信号[42]。在一阶近似下，磁光信号正比于磁矩($\boldsymbol{M}$)方向与入射光波矢($\boldsymbol{k}$)方向夹角的余弦值，即正比于 $\boldsymbol{k}\cdot\boldsymbol{M}$[40]。在极向构型中，改变入射光和反射光的相对位置，$\boldsymbol{k}\cdot\boldsymbol{M}$ 保持不变，所以极向磁光信号是入射角的偶函数。相反，在纵向磁光构型中，改变入射光和反射光的相对位置，$\boldsymbol{k}\cdot\boldsymbol{M}$符号相反，因而纵向磁光信号是入射角的奇函数。利用极向磁光信号和纵向磁光信号不同的对称性，将两次测量信号相加可以得到纯的极向信号的 2 倍，相减则可以得到纯的纵向信号的 2 倍[42]。

图 5.5(a)和(b)显示的是生长在 Au(111)表面厚度为 5ML 的 Co 膜的克尔椭偏率曲线，这一厚度位于自旋重取向附近。入射光为 S 光，入射角分别为±45°。样品在温度 470K 下退火 20min，所以 Co 表面被一层薄薄的 Au 覆盖。磁场沿着样品面内方向施加，且处于激光的散射平面内。当入射角反向后，磁光信号发生了很大的变化，磁滞回线方向相反且强度变大。如果磁场严格平行面内方向，当入射角相反时应该得到两条强度一样、方向相反的磁滞回线。但实验与理论预期不一样，说明有极向分量的磁光信号被同时探测到。将两次测量结果相加/减并除以 2 可以得到纯的极向/纵向磁光信号，如图 5.5(c)和(d)所示。结合极向和纵向的磁光信号，可以看出此时样品的磁化易轴沿着样品法线方向[42]。当将入射面旋转 90°时，重复上面的实验步骤，可以得到横向的磁光信号。

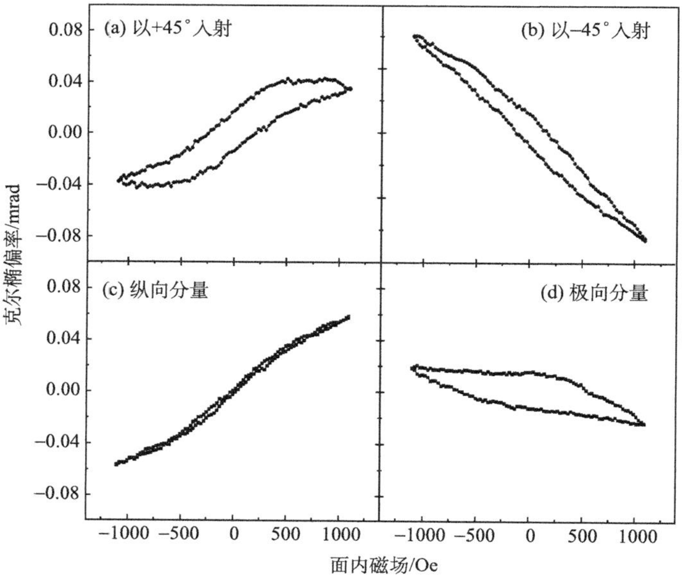

图 5.5　Co/Au(111)体系在自旋重取向相变附近的克尔椭偏率曲线。S 光分别以＋45°(a)和－45°(b)入射。(c)、(d)分别为计算得到的纯纵向和极向磁光信号。摘自文献[26]

上文中已经提到，根据二阶各向异性常数 K_2 的符号，可以分为三种不同类型的自旋重取向相变。那么是否可能直接根据磁滞回线来区分这三种情况呢？图 5.6 回答了这一问题。图 5.6(a)～(c)分别显示的是磁矩在 x、z、y 轴三个方向的分量随着磁场的变化曲线，磁场沿 x 轴施加。样品厚度为(5.3±0.3)ML。我们可以发现样品同时具有三个方向的磁化分量，进一步确认了处于自旋重取向相变范围内。x 分量与外场成正比，其他两个方向的分量先随着外场增加而增加，进一步增加磁场后，信号减弱。当沿 z 方向施加磁场时，z 分量的磁滞回线几乎为矩形[图 5.6(d)]。如果体系处于倾斜态中，能量随着角度曲线只有一个极小值(图 5.1)。因此无外加磁场时，磁矩方向不可能沿着 0°和 90°。只有在共存态，体系在 0°和 90°都是稳定的。所以在不同方向外场中，都可能测到类似易轴磁滞回线的信号。

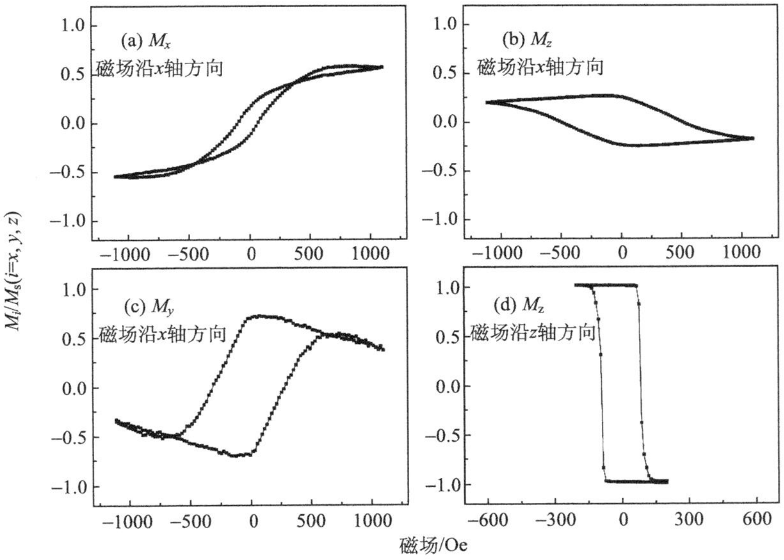

图 5.6　(a)～(c)(5.3±0.3ML)Co/Au(111)在面内场中，不同方向的磁滞回线；(d)垂直场下的磁滞回线。摘自文献[26]

通过拟合测量到的磁滞回线，可以得到各向异性常数这一非常重要的物理参数。结合式(5.3)，根据厚度变化实验，可以得到表面/界面各向异性常数。其他的实验手段，如铁磁共振(ferromagnetic resonance，FMR)同样可以用来作为定量研究的工具，这里不再赘述[14,43]。

5.3 利用微观成像技术研究自旋重取向相变

带有自旋分辨的显微技术，如扫描电子显微镜极化分析(scanning electron microscopy with polarization analysis，SEMPA)[23-25]、自旋极化低能电子显微镜(spin-polarized low-energy electron microscopy，SPLEEM)[44]、光发射电子显微镜(photoemission electron microscopy，PEEM)[45]，能够直接测量磁矩方向，因此自旋分辨表面显微技术在研究自旋重取向相变中扮演着十分重要的角色。这些技术近些年来已经被广泛应用在磁性材料的研究当中。相关的磁成像技术，读者可以参阅综述文章[46]～[48]。

利用 SEMPA，Allenspach 等[23]研究了 Co/Au(111)体系厚度诱导的自旋重取向相变。图 5.7 为磁畴结构随着样品厚度增加时发生的变化。在厚度增大的过程中，垂直分量磁信号减弱(上图)，在 6ML 时，几乎看不到垂直分量的磁化强度。与此同时，面内信号增强(下图)。通过比较两个方向的磁化强度，可以得出自旋重取向相变发生在 4～4.5ML 时。改变面内磁矩分辨的方向，可以得到第三个方向的磁化分量。因此，每个点的磁化方向都能够计算出来。Allenspach 等认为磁化易轴从垂直方向逐渐连续地变为面内方向，即是经过倾斜态的相变(图 5.1 中轨迹 *AD*)。然而，通过共存态的自旋重取向相变(图 5.1 中轨迹 *EH*)也会表现出类似的现象。因此，如果想鉴别出相变的类型，还需要额外的数据支持。

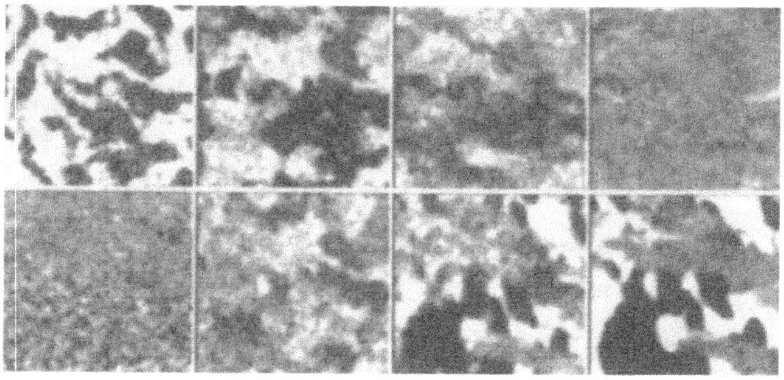

图 5.7 不同厚度的 Co/Au(111)的磁畴成像。随着厚度的增加，可以看到磁畴大小和方向的变化。所有图片采集于样品同一位置，且在同一厚度下，上图为垂直方向的磁信号，下图为面内方向的磁信号。灰度表示沿着测量方向磁化分量的大小。扫描区域为 20μm×20μm。摘自文献[23]

Oepen 等利用相同的技术研究了 Co/Au(111)体系的自旋重取向相变[25]，所不同的是，采用的是厚度连续变化的楔形样品来进行观测。图 5.8(b)和(c)分别给出了垂直方向和面内方向的磁化强度分布图，样品厚度从 3ML 到 6ML 连续变化。为了使样品变得更为平整，作者在测量前对样品进行了退火，因此 Co 表面有可能覆盖了一层 Au。因为表面各向异性能的贡献增大(Co/Au 界面的表面各向异性能比 Co/真空界面的表面各向异性能大，退火后会出现上下两个 Co/Au 界面)，与文献[23]对比，此处的自旋重取向相变发生在较厚的区域。可以看出，Co 比较薄的地方(左侧)是垂直方向的磁畴，而较厚的地方(右侧)是面内方向的磁畴，且磁畴大小随着厚度有显著的变化，这一现象与理论较好地吻合[49-52]。将垂直信号和面内信号叠加在一起，得到图 5.8(a)。可以看到在中间存在过渡区，这一区域内没有明显的面内或者垂直方向的磁畴。这有可能是在自旋重取向相变过程中，磁畴太小以至于无法分辨，当沿不同方向磁畴叠加在一起时，相反方向的磁畴磁信号相消，呈现出没有磁信号的状态。沿垂直方向施加磁场并撤去后，可以看到垂直分量的磁化信号一直到 5ML 才消失[图 5.8(d)]，而这一厚度刚好是原来没有信号区域的上限。这就说明 Co/Au(111)体系发生的自旋重取向相变通过共存态(图 5.1 中轨迹 EH)。如果此时在 470K 下进行退火，垂直磁化分量只维持到 4.75ML[图 5.8(e)]。4.75ML 也正好是无磁畴区域的下限。因此，Oepen 等认为 4.75ML 和 5ML 分别对应着相图 5.1 中的 F 点和 G 点，即为通过共存态的相变[25]。所以有

$$\widetilde{K}_1(t_F)+2K_2(t_F)=0,\ \widetilde{K}_1(t_G)=0 \tag{5.7}$$

结合式(5.3)和式(5.7)，代入体各向异性常数，可以得到 $K_{1s}=0.80\text{erg/cm}^2$，$K_{2s}=-0.14\text{erg/cm}^2$。

Vedmedenko 等利用蒙特卡罗模拟研究了不同类型自旋重取向相变过程中的磁矩分布结构[53]。图 5.9(a)给出了通过倾斜态时($\widetilde{K}_1=-0.4E_D$，$K_2=0.65E_D$)磁矩分布的结构，可以看出没有磁矩完全朝向法线和面内方向。图 5.9(b)为相应的 z 方向分量的概率分布图，磁矩方向主要集中在与样品平面±51°夹角处，对应着图中的两个峰。这与相图 5.1 中描述倾斜态只有一个能量极小值相一致，并且 $51°\approx\arcsin\sqrt{0.4/0.65}$ 也与理论预期相近。由于没有考虑面内各向异性，所以磁矩面内分量随着位置改变而改变，没有表现出明显的倾向性。

当 $\widetilde{K}_1=E_D$，$K_2=-0.8E_D$ 时，可模拟出共存态时磁畴的结构。如图 5.9(c)所示，磁矩主要沿着面内或者法线方向排列。图 5.9(d)为相应 z 分量磁矩的概率分布图。模拟发现垂直磁矩与面内磁矩的比重与 $\widetilde{K}_1/K_2$ 值的大小有关。垂直磁矩比例从近似 1($K_2=-\widetilde{K}_1/2$)至 0($\widetilde{K}_1=0$)均可存在。这一连续变化的行为

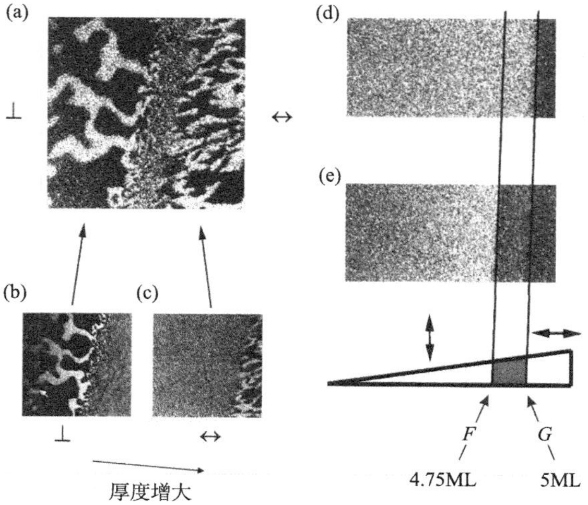

图 5.8　楔形的 Co/Au(111)在自旋重取向相变厚度附近的磁畴结构。(b)、(c)分别为样品垂直和面内的磁畴，(a)是把这两张图叠加得到的结果。左侧显示的垂直磁畴；右侧显示的面内磁畴；中间灰色的区域没有明显的面内或者垂直的磁化分量。Co 膜的厚度在图中区域内(112.5μm×112.5μm)从 3～6ML。且厚度沿着稍偏离由左往右的方向增大(见箭头)。(d)沿样品法线方向施加一个磁场，然后撤去，在零场中测量得到的垂直分量磁矩分布图，测量区域为 458.5μm×217μm，厚度范围从左往右增大(3.6～5.2ML)。(e)470K 退火后测量得到的磁畴结构，样品区域同(d)。摘自文献[25]

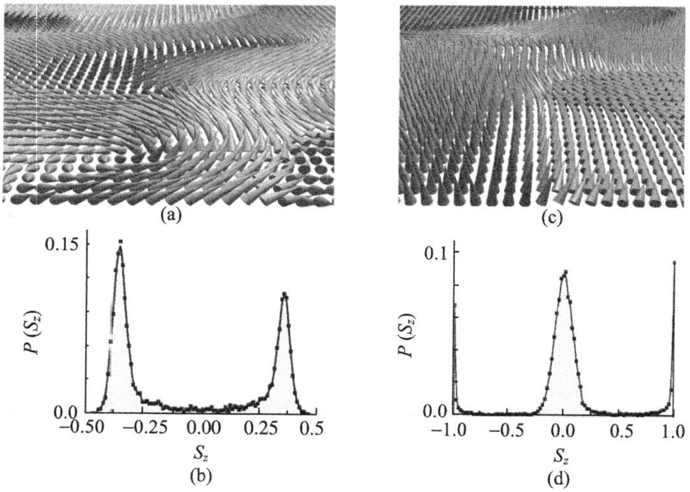

图 5.9　模拟得到的磁畴结构和 z 方向磁化分量的统计图。其中(a)和(b)为通过倾斜态的自旋重取向相变。(c)和(d)为通过共存态的自旋重取向相变。由于磁畴和畴壁的存在，磁矩方向有一定的分布，而不是仅仅只有一致转动模型给出的能量极小值方向。摘自文献[53]

可能会使人得出错误的结论，认为这一体系的自旋重取向相变通过倾斜态，但是从图 5.9(d)可以看出，此时磁矩或者几乎完全垂直($S_z=\pm1$)或者完全处于面内($S_z=0$)，并没有磁矩真正处于倾斜态[53]。

自旋极化低能电子显微镜可以同时测量单晶样品磁畴结构和表面形貌图，能够区分出台阶和平台以及衬底表面不同厚度岛状结构[44]，因而可以用来研究磁结构与形貌或者晶体结构的关系，这也是固体磁学一直以来的研究热点之一。图 5.10显示的是 110K 下，利用自旋极化低能电子显微镜测量 1.5ML 的 Co/Ru(0001)磁畴[30]。电子极化方向分别为：(a)面外方向；(b)面内方向；(c)面内且与(b)成 90°。图中 2ML Co 岛用红线标志，两个很小的 3ML Co 岛用蓝线标志，剩余部分为 1ML 的 Co 膜。结合图 5.10(a)～(c)，可以得到整个样品各处磁矩方向的分布。如图 5.10(d)所示，其中，黑色和白色箭头代表垂直方向磁矩，绿色小箭头表示面内磁矩方向。Co/Ru(0001)在 1ML 和 3ML 磁化易轴都沿着面内方向，只有在 2ML 厚度下，沿样品法线方向[44]。实验上证明，更厚的样品磁化强度易轴依然保持在面内方向。这表明 Co/Ru(0001)体系在 1～2ML 之间连续发生了两次自旋重取向相变，其中 1ML 处的相变是由于应力导致的结构变化。结合第一性原理计算，作者将第二次相变归因于应力和表面/界面贡献的共同影响。

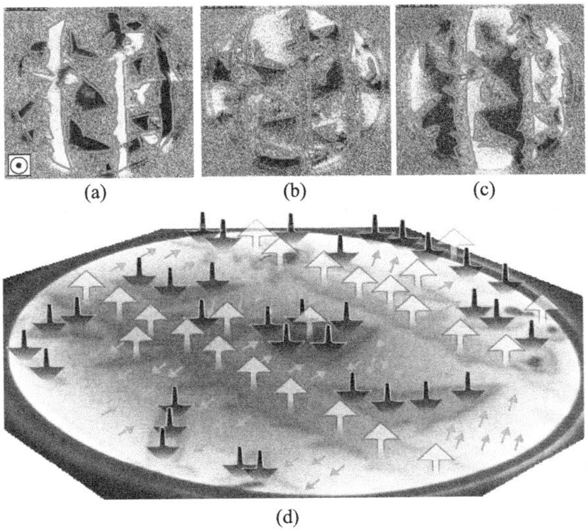

图 5.10(另见彩图)　110K 下 1.5ML Co/Ru(0001)的自旋极化低能电子显微镜成像。观察区域边长 2.8μm，电子能量为 7eV。(a)～(c)不同极化方向测量得到的磁畴：(a)面外方向；(b)面内方向；(c)面内且与(b)成 90°。图中 2ML Co 岛用红线标志，两个很小的 3ML Co 岛用蓝线标志。(d)样品形貌图(黑色和白色箭头代表垂直方向磁矩，绿色小箭头表示面内磁矩方向)。深色区域代表 2ML Co 岛，浅色区域代表 1ML Co 膜。摘自文献[30]

自旋重取向相变中另一个有趣的现象是条纹畴的出现[54-56]。图 5.11(a)为利用光电子显微镜测量的 Fe/Ni(5ML)/Cu(001)样品的磁畴。在厚度大于自旋重取向相变点(2.7ML)后，只能测到面内方向的磁畴。在相变点以下，可以观察到垂直方向的条状磁畴[57]。当 Fe 厚度逐渐增大到 $t_{Fe}\approx 2.7$ML，磁畴宽度迅速降低，并且磁畴宽度随着 Fe 厚度指数衰减。采用 Co/Cu/(Fe/Ni)/Cu(001)结构，通过改变 Co 和 FeNi 层之间 Cu 的厚度，可以研究交换耦合作用对垂直方向条形畴的影响[54]。实验上，观察到 Fe/Ni 条形畴指向会沿着 Co 面内磁矩的方向，同时条形畴宽度随着层间耦合的增大呈指数衰减。文献[54]中给出了一个描述条形畴与各向异性常数，层间交换耦合作用的普适关系[54](类似的工作，可参见文献[49]~[52])。

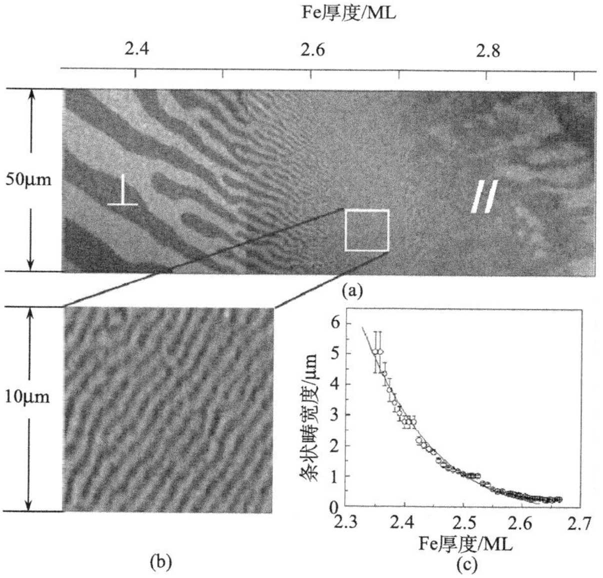

图 5.11(另见彩图) (a)光电子显微镜得到的 Fe/Ni(5ML)/Cu(001)磁畴结构，条状畴的大小随着 Fe 膜厚度的增加而减小；(b)为(a)图中方框内部磁畴结构的放大图；(c)条状畴宽度随着 Fe 厚度变化的曲线，其中实线为理论计算的结果。摘自文献[54]

5.4 利用磁化率研究自旋重取向相变

磁化率，定义为磁化强度 M 随着外场 H 的变化率，即 $\chi=\mathrm{d}M/\mathrm{d}H$，已经被广泛用于研究磁性材料中的相变[1,58,59]。M 为相变过程中的序参量，相变点为

序参量 M 的奇异点。在铁磁体中，随着温度的增加，会发生铁磁-顺磁转变，转变温度点为居里温度 T_C。在居里温度点，磁化率-温度曲线会出现一个尖峰(理论上应该是一个无穷大的峰)。超薄膜材料的研究中，只需在 MOKE 上叠加一个小的交流调制场，通过锁相技术即可测量磁化率 χ[60]。这一技术已经被用于研究温度诱导的自旋重取向相变过程[39,61]。

Pütter 等首次将磁化率测量应用到厚度诱导的自旋重取向相变研究中。研究对象为 Co/Au(111)体系，利用 MOKE 对样品进行原位的测量。实验上观察到在自旋重取向相变发生时，磁化率会出现明显的尖峰[62]。关于这个工作，理论上的解释直到十年后才被提出。理论工作表明，通过一致转动模型计算出的磁化率随厚度的变化关系不仅能够解释实验上观测到的现象，还能通过磁化率尖峰位置定量地得出表面/界面各向异性常数[63]。为了更好地理解，下文中我们将先介绍相关的理论基础，然后再将理论模型应用到 Co/Au(111)体系中，与实验进行定量的比较。

5.4.1　厚度诱导自旋重取向相变中磁化率的理论模型

在测量磁化率时，需要加上一个小的交流调制场，这反应在系统能量上就是额外的塞曼能贡献。首先，我们考虑调制场施加在样品的垂直方向上($H_\perp$)。这时系统的自由能可以写为

$$f_A = \widetilde{K}_1 \sin^2\theta + K_2 \sin^4\theta - \Delta H M \cos\theta \tag{5.8}$$

其中，ΔH 为所加调制场的大小。当样品比较薄时，磁光信号强度正比于样品的厚度。因此，可以定义垂直方向的磁化率和面内方向的磁化率如下

$$\chi_\perp = \frac{\cos\theta_{\Delta H} - \cos\theta_{-\Delta H}}{2\Delta H} t \tag{5.9}$$

$$\chi_= = \frac{\sin\theta_{\Delta H} - \sin\theta_{-\Delta H}}{2\Delta H} t \tag{5.10}$$

利用无单位的参数$\{\widetilde{K}_{1b}=-2,\ K_{1s}=1,\ K_{2b}=-1,\ K_{2s}=1\}$或$\{\widetilde{K}_{1b}=-1,\ K_{1s}=1,\ K_{2b}=-2,\ K_{2s}=1\}$来描述经过倾斜态和共存态的两种自旋重取向相变。在该部分的计算中，M 的值设为 1，$\Delta H=0.001$。

图 5.12(a)为计算得到的经过倾斜态的自旋重取向相变过程中 $\chi_\perp$ 和 $\chi_=$ 与样品厚度 t 的依赖关系。对于经过倾斜态的相变过程，在 $t_C=0.75$ 处非常尖锐的峰代表了倾斜态和面内态的边界(图 5.1 中的 C 点)。$\chi_=$ 存在两个较弱的峰，峰位分别为 $t_B=0.5$ 和 $t_C=0.75$(图 5.1 中的 B 点和 C 点)。在以上的分析中，假定整个样品处于单畴的形态，但实际上在自旋重取向相变附近，磁性材料是以多畴的形式存在的[23-25,54]，因此在倾斜态中 $\chi_\perp$ 保留，而 $\chi_=$ 会被面内分量相反的不

同磁畴抵消。所以，当交流调制场加在法线方向时，经过倾斜态的自旋重取向相变只有 $\chi_{\perp}$ 能够被探测到，并且只存在一个峰。

由于在共存区域内，磁化强度沿法线方向或面内方向时系统都处于能量极低值，因而共存态中两种方向的磁化都是有可能存在的。但由于面内多畴的出现，面内磁化率恒等于 0。图 5.12(b)为经过共存态时，$\chi_{\perp}$ 与样品厚度的依赖关系。为了简单，先考虑两种极限情况，即在共存区域内 M 完全垂直样品[图 5.12(b)向上线]和 M 完全沿着样品面内方向[图 5.12(b)向下线]。真实测量的磁化率应当是这两种情况下信号的叠加。可以看出在两种极限情况下，磁化率都只有一个峰，但是它们处于不同的厚度。$t_F=0.6$ 的峰代表最开始出现面内分量的磁化强度 M(图 5.1中的 F 点)，而 $t_G=1.0$ 的峰代表垂直分量的磁化强度 M 消失(图 5.1中的 G 点)。由于实验上测量的磁化率 χ 是图 5.12(b)中这两种信号的叠加，所以如果共存态中面内和垂直方向的磁化强度比例合适，磁化率 χ 是有可能出现双峰这一现象的。

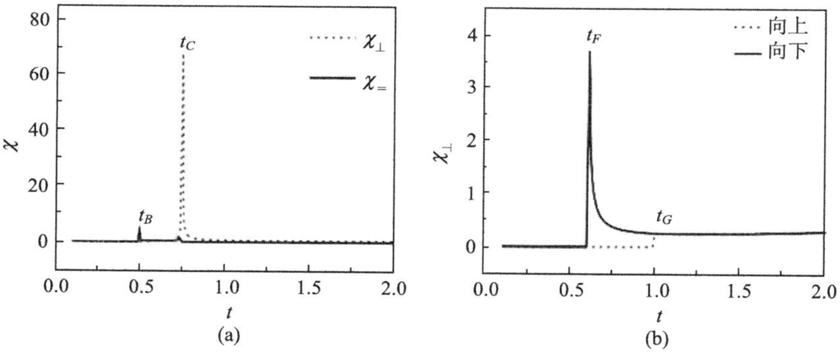

图 5.12　(a)经过倾斜态的自旋重取向相变体系中，垂直磁化率(虚线)和面内磁化率(实线)随着厚度变化的曲线，其中，交流调制场施加在垂直样品的方向；(b)在垂直交流调制场下，经过共存态的自旋重取向相变体系中，垂直磁化率随着厚度变化的曲线，向上(虚线)和向下(实线)分别代表在共存区域内磁化方向完全垂直样品方向和完全沿面内方向。摘自文献[63]

如果调制场施加在样品面内方向($H_{=}$)，这时系统的自由能可以写为

$$f_A=\widetilde{K}_1\sin^2\theta+K_2\sin^4\theta+\Delta HM\sin\theta \tag{5.11}$$

和上面的讨论很类似，当交流调制场加在水平方向时，不管是经过共存态还是倾斜态的自旋重取向相变，垂直磁化率 $\chi_{\perp}$ 都不需要考虑。图 5.13(a)为计算得到的经过倾斜态的自旋重取向相变过程中 $\chi_{=}$ 与样品厚度 t 的依赖关系。$\chi_{=}$ 在 $t_B=0.5$ 处的峰代表了由垂直态开始转变到倾斜态(图 5.1 中的 B 点)。图 5.13(b)为

经过共存态时 $\chi_=$ 与样品厚度的依赖关系。同样，在共存态中完全面内或者完全垂直两种极限情况下，磁化率在两种不同厚度 $t_F=0.6$ 和 $t_G=1.0$ 各出现一个峰。这两个峰位和垂直调制场中完全一样，分别代表了共存态两端的边界。

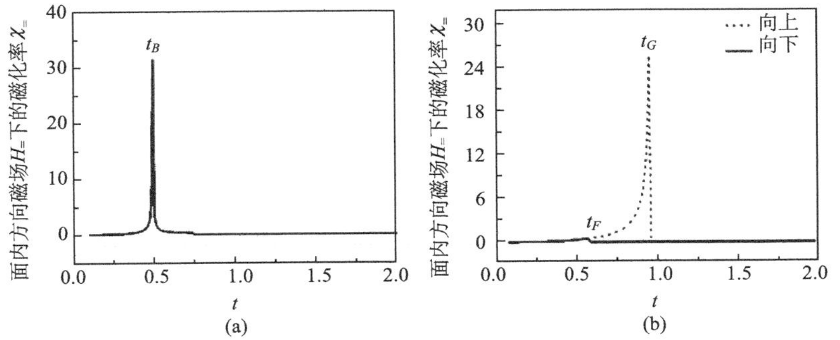

图 5.13　(a)经过倾斜态的自旋重取向相变体系中，面内磁化率随着厚度变化的曲线，其中交流调制场施加在样品面内方向；(b)在面内交流调制场下，经过共存态的自旋重取向相变体系中，面内磁化率随着厚度变化的曲线，向上(虚线)和向下(实线)分别代表在共存态时磁化方向完全垂直样品方向和完全沿面内方向。摘自文献[63]

我们这里先将两种厚度诱导的自旋重取向相变的规律简单总结一下。对于经过倾斜态的相变，在垂直调制场和面内调制场下，磁化率都只有一个峰，但这两个峰的位置不同，分别代表了倾斜态的两端边界。对于经过共存态的相变，如果共存区中面内和垂直磁化方向的比例合适，不管是垂直调制场还是面内调制场下，磁化率都有可能在同样的位置出现两个峰。这两个峰分别代表了共存态的两端边界。可以利用这两个峰位的数据来计算表面/界面各向异性常数。需要说明的是，我们只是从介观上讨论这个问题，并没有去关心畴壁的具体结构。虽然畴壁结构可能会对测得的磁化率有所影响，但是当畴壁宽度远小于磁畴大小时，这一影响是可以被忽略的。

5.4.2　自旋重取向相变的磁化率实验研究及与理论的比较

在 5.4.1 节我们给出了利用磁化率研究厚度诱导的自旋重取向相变的理论描述，现在将这一模型应用到 Co/Au(111)这一被广泛研究的体系。为了能够直接对比，我们将理论和实验结果放在同一张图内。

图 5.14(a)为生长过程中同时测得的磁化率随着 Co 厚度变化的曲线。实验在超高真空的环境下进行，首先利用氩刻和退火的方法将 Au(111)样品处理干净。在室温下，电子束蒸发 Co 膜到 Au(111)表面，镀膜速率为 0.3ML/min[62]。

为了最大可能地降低横向(transverse)克尔效应对测量的影响，实验上采用的是S光[26,42]。在MOKE测量过程中，分别在垂直样品方向和平行样品方向施加外交流磁场，可以得到极向和纵向的MOKE信号。在这两种构型下，激光的入射角分别为45°和15°，垂直方向($H_{\perp}$)和面内方向($H_{=}$)的交流调制磁场大小分别0.05mT和0.12mT[62]。可以看出，最明显的特征就是磁光信号在两种调制场中都存在一个明显的峰，位置在样品厚度为4.38ML附近。这一数值与其他研究者观测到的Co/Au(111)体系中发生自旋重取向相变的厚度相接近[23,64]。有趣的是，$H_{\perp}$场下磁化率出现了双峰，而磁化率在面内场$H_{=}$中只出现了半宽较大的单峰，且峰位和$H_{\perp}$双峰中一个重合。

基于上一部分的讨论，$\chi_{\perp}$双峰的出现表明Co/Au(111)体系中厚度诱导的自旋重取向相变是经过两相共存态的。$\chi_{=}$的峰位和$\chi_{\perp}$双峰中一个重合进一步证明了这一结论。两个峰分别代表了共存区两端的边界(图5.1中的F点和G点)。$\chi_{=}$虽然只有一个峰，但是峰宽较大，所以可能是不同位置两个峰的叠加结果。因此，F点和G点可以用式(5.7)来描述。对于Co/Au(111)体系，1ML≈0.2nm[13]，而室温下hcp的Co体各向异性常数为$K_{1b}=4.1\times10^5\text{J/m}^3$，$K_{2b}=1.5\times10^5\text{J/m}^3$，磁化强度$M=1.4\times10^6\text{A/m}$[3]。代入方程(5.7)中，可以得到表面/界面各向异性常数$K_{1s}=7.21\times10^{-4}\text{J/m}^2$和$K_{2s}=-1.43\times10^{-4}\text{J/m}^2$。这一数值和很多文献上给出的结果相接近[3,25,65]。

为了简单，我们先假设随着样品厚度的增加，面内磁化分量的比例呈线性增加。采用和实验上一样的参数，计算得到的磁化率在不同方向交流调制场下随着厚度变化的曲线，如图5.14(b)所示。磁化率χ的单位为ML/mT。如果想要与实验做定量上的直接对比，需要乘上一个相应的由磁光灵敏度所带来的系数。$H_{\perp}$下χ在4.19ML和4.39ML处分别出现了两个峰，而$H_{=}$只在4.39ML处出现了一个峰。虽然采用了非常简单的线性假设，但这一计算结果和实验高度吻合。也可以根据实验曲线，将理论计算的结果进行拟合，从而得到共存区内部不同方向磁化强度的比例。

Millev等在理论上预言，外加磁场会影响能量相图，进而可以使自旋重取向相变发生厚度的偏移[32]。对于Co/Au(111)这一特定体系，水平磁场应当使得相变发生在更薄的厚度，因而磁化率的峰所在位置也会向左偏。图5.15(a)为不同水平场下得到的磁化率随着Co厚度的曲线，调制场(0.16mT)加在垂直样品的方向。可以看出，磁化率的峰位确实往左发生了的偏移，并且磁场越大，偏移量越大，这和Millev等理论上预言的相一致[32]。除此之外，在实验上所加外场环境下，磁化率的双峰现象消失，只留下一个峰。依据实验条件，我们进行了计算，交流调制场0.16mT沿着样品法线方向施加。共存区内面内磁化分量依然假设随着样品厚度线性增加。计算结果如图5.15(b)所示。可以看出当增大面内磁

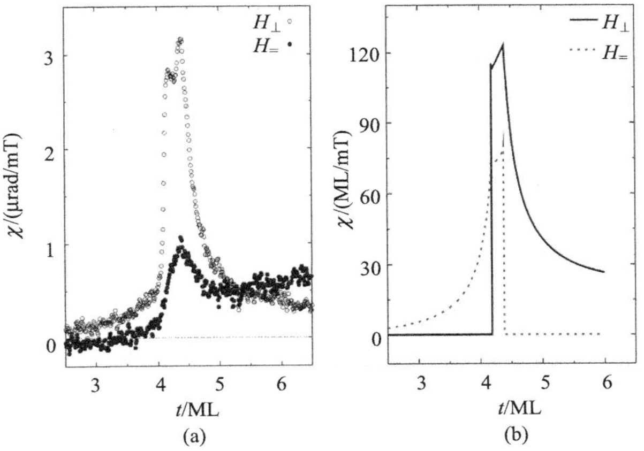

图 5.14　(a)Co/Au(111)生长同时测得的磁化率曲线，垂直方向的交流调制场($H_\perp$)大小为 0.05mT，面内方向的交流调制场($H_=$)大小为 0.12mT。摘自文献[62]；(b)计算得到的 Co/Au(111)体系磁化率与厚度的依赖关系。摘自文献[63]

场时，自旋重取向相变向厚度小的方向偏移，并且峰的强度随着外场的增大而增强，这也和实验相一致。但是在 50.8mT 和 111.3mT 下，磁化率都还是显现出两个峰，这和实验上是有偏差的。值得注意的是，计算结果显示两个峰位之间的距离会随着外场增强而减小。我们认为实验上外场下垂直磁化率只有一个峰，而

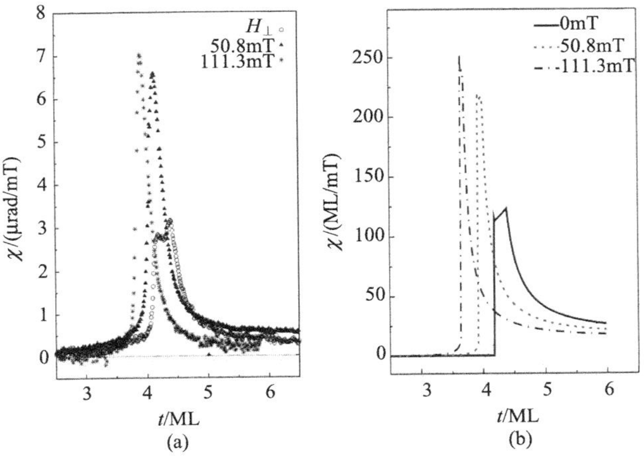

图 5.15　(a)Co/Au(111)在不同水平外加磁场中生长同时测得的磁化率曲线，交流调制场加在垂直样品的方向，┅为无外场时的曲线，摘自文献[62]；(b)计算得到的 Co/Au(111)体系磁化率与厚度的依赖关系，摘自文献[63]

计算结果却显现出了双峰，这个差异很有可能来自于我们在共存区采用的线性假设，并且外场势必会对共存区两种磁化方向的比例产生影响，通过修改垂直磁化和面内磁化的比例，可以使 t_F 消失而 t_G 保留下来。

我们将计算得到的不同外磁场下的临界厚度 t_F 和 t_G 以及其实验上对应的数值都列在表 5.1 中，可以看出基本上都符合得比较好[63]。数值上的差距可能来自实验本身有一定的误差(0.07ML)[62]，或是因为我们忽略了 Co 的面内各向异性。当考虑 Co 的体六度面内各向异性后($6.0\times10^3 J/m^3$[30])，得到的数据和实验更吻合。t_G 在 50.8mT 和 111.3mT 的外场下，分别偏移到 4.12ML 和 3.86ML (表 5.1)。反过来利用磁化率曲线在外场中峰位偏移的多少，可以计算出 Co 膜面内各向异性常数[63]。

表 5.1 计算得到不同外磁场下的临界厚度以及实验上测得的数值

	没有考虑面内各向异性		考虑面内各向异性		实验值/ML
面内场	t_F/ML	t_G/ML	t_F/ML	t_G/ML	
50.8mT	3.91	4.01	4.00	4.12	4.11
111.3mT	3.64	3.71	3.81	3.86	3.90

注：F 和 G 分别代表共存区两端的边界；第二、三列为没有考虑 Co 面内各向异性情况下计算的结果；第四、五列是加上 hcp Co 的体各向异性后计算的临界厚度；最后一列为文献[62]中的实验数据。其他摘自文献[63]。

5.5 总 结

本章简单介绍了近些年来超薄膜材料中厚度变化诱导的自旋重取向相变的工作；从热力学角度出发，可以计算出系统的能量相图；对不同类型的相变给出定性和定量的模型分析；介绍了三种主要的实验手段，包括宏观的(磁化曲线和磁化率)和微观的(磁畴成像)；最后我们给出了判断自旋重取向相变是通过倾斜态还是两相共存态的标准以及如何得到材料最重要的参数——表面/界面各向异性常数，代入具体体系中，得知 Co/Au(111)为通过共存态的相变，且计算得到的表面/界面各向异性常数和其他文献结果相一致。

由于在一个方向上只有数个原子层的厚度，超薄膜材料是一个典型的纳米体系[58,68,69]。尽管作为最简单的有限尺寸体系，仍然有很多没有解决的问题。例如，在厚度诱导的自旋重取向相变中，伴随着样品厚度的变化，磁畴结构也会发生改变。不难想象，当允许第二个维度的尺寸变化时，又会出现全新的现象，如近些年来研究的具有极小纵横尺寸的纳米磁盘[67]。超薄膜体系($t\to0$)是准二维系统，严格的解析工作对于我们理解其中物理起了很大的帮助，但同时也遇到了很大的困难[66]。在微磁学中[11,57,68]，解析工作的前提是连续介质的假设，而真实体系中原子结构会对实验产生影响。虽然多年前人们就对连续模型进行了有限尺寸的修正(如文献[69]、[70])，直到最近才将其直接应用到二维受限体系(超薄膜且横向受到约束)中的自旋重取向相变[71-73]。这些研究主要集中在理论上，并有一些数值计算的支撑。我们相信，关于探测并应用这些有限尺寸效应的相关实验工作不久将会自然地跟进。如同朗道关于相变的热力学理论是关于厚度诱导的自旋重取向相变的理论基础那样，可以想象有限尺度分析将为其中的临界行为提供理论框架[74]。如本章中所述，磁化率探测由于其独有的优越性，将有可能成为最为有效的检测方法。当然，关于有限尺寸磁学系统还包含很多有趣的系统，如磁纳米线[75]、磁纳米点及其阵列[76]，其中包含非常丰富的物理内容，在本章中无法将其一一列出，甚至其中最核心的内容也无法尽述。总而言之，关于厚度驱动或厚度关联及有限尺度关联的自旋重取向相变，仍然还蕴藏着丰富的物理内涵，有待进一步挖掘。

作者简介

缪冰锋　南京大学物理学院博士研究生，专业为凝聚态物理。2009 年本科毕业于南京大学物理系，随后保送进入南京大学低维磁性科研小组攻读博士学位，师从丁海峰教授。2012 年 8 月至 2013 年 8 月为美国约翰·霍普金斯大学访问研究生，跟随钱嘉陵教授从事研究和学习。目前的研究方向主要为自旋电子学、自旋热电子学。

Yonko Millev　《物理学评论快报》(*Physical Review Letters*)高级助理编辑，洪堡基金获得者。1982 年保加利亚索菲亚技术大学本科毕业，1988 年获得保加利亚科学院物理学博士学位。毕业后，被索菲亚技术大学聘为助理教授，从事教学工作。1990 年，获得德意志学术交流中心和欧盟的经费，先后在德国马克斯·普朗克研究所、理论物理国际中心(意大利)、英国女王大学从事统计物理和磁学相关的研究。2000 年，前往加州州立大学长滩分校任助理教授。从 2003 年开始，担任《物理学评论快报》的编辑，目前研究方向为微磁学、相变和临界现象。

丁海峰　南京大学物理学院教授，博士生导师。1995 年毕业于天津大学应用物理系，随后进入复旦大学攻读硕士学位，师从金晓峰教授。2001 年获得德国马丁·路德大学和马克斯·普朗克研究所联合培养博士学位(导师 J. Kirschner 教授)。先后在马克斯·普朗克研究所、美国阿贡国家实验室(导师 S. Bader 博士)从事博士后研究工作。2006 年加入南京大学物理学院，被聘为教授，入选“新世纪优秀人才支持计划”。主要的研究方向为自旋极化扫描隧道显微镜、磁光克尔效应、分子束外延、量子约束效应、自旋电子学等。2009 年起担任 IEEE 磁学分会技术委员会成员，2014 年起担任 *Journal of Magnetism and Magnetic Materials* 国际编辑委员会成员。

参考文献

[1] Chikazumi S. Physics of Ferromagnetism. Oxford：Oxford University Press Inc，1997.

[2] Cullity B D. Introduction to Magnetic Materials. Reading：Addison-Wesley Pub. Co.，1972.

[3] Bland J A C，Heinrich B. Ultrathin Magnetic Structures I. Berlin：Springer，1994.

[4] Baibich M N，Broto J M，Fert A，et al. Giant magnetoresistance of (001)Fe/(001)Cr magnetic superlattices. Physical Review Letters，1988，61(21)：2472-2475.

[5] Binasch G，Grünberg P，Saurenbach F，et al. Enhanced magnetoresistance in layered magnetic structures with antiferromagnetic interlayer exchange. Physical Review B，1989，39(7)：4828-4830.

[6] Wolf S A，Awschalom D D，Buhrman R A，et al. Spintronics：A spin-based electronics vision for the future. Science，2001，294(5546)：1488-1495.

[7] Aktas B，Tagirov L，Mikailov F. Magnetic Nanostructures：Secondary Magnetic Nanostructures. Springer Series in Materials Science，Vol. 94. Berlin：Springer，2007.

[8] Michael F. Ferromagnetic resonance of ultrathin metallic layers. Reports on Progress in Physics，1998，61(7)：755.

[9] Sander D. The magnetic anisotropy and spin reorientation of nanostructures and nanoscale films. Journal of Physics：Condensed Matter，2004，16(20)：R603.

[10] Landau L D，Lifshitz E M. Electrodynamics of Continuous Media. Oxford：Pergamon Press，1960 .

[11] Brown W F. Magnetostatic Principles in Ferromagnetism. Amsterdam：North-Holland，1962.

[12] Bertram H N，Williams M. SNR and density limit estimates：A comparison of longitudinal and perpendicular recording. IEEE Transactions on Magnetics，2000，36(1)：4-9.

[13] Cagnon L，Devolder T，Cortes R，et al. Enhanced interface perpendicular magnetic anisotropy in electrodeposited Co/Au(111) layers. Physical Review B，2001，63(10)：104419.

[14] Ikeda S，Miura K，Yamamoto H，et al. A perpendicular-anisotropy CoFeB-MgO magnetic tunnel junction. Nat Mater，2010，9(9)：721-724.

[15] Néel L. Anisotropie magnétique superficielle et surstructures d'orientation. J Phys Radium，1954，15(4)：225-239.

[16] Bruno P. Magnetic surface anisotropy of cobalt and surface roughness effects within Néel's model. Journal of Physics F：Metal Physics，1988，18(6)：1291.

[17] Daalderop G H O，Kelly P J，Schuurmans M F H. First-principles calculation of the magnetic anisotropy energy of Co_n/X_m multilayers. Physical Review B，1990，42(11)：7270-7273.

[18] Millev Y T，Skomski R，Kirschner J. Higher-order and next-nearest-neighbor Néel anisotropies. Physical Review B，1998，58(10)：6305-6315.

[19] Liu C, Moog E R, Bader S D. Polar Kerr-effect observation of perpendicular surface anisotropy for ultrathin fcc Fe grown on Cu(100). Physical Review Letters, 1988, 60(23): 2422-2425.

[20] Koon N C, Jonker B T, Volkening F A, et al. Direct evidence for perpendicular spin orientations and enhanced hyperfine fields in ultrathin Fe(100) films on Ag(100). Physical Review Letters, 1987, 59 (21): 2463-2466.

[21] Qiu Z Q, Pearson J, Bader S D. Asymmetry of the spin reorientation transition in ultrathin Fe films and wedges grown on Ag(100). Physical Review Letters, 1993, 70(7): 1006-1009.

[22] Wilgocka-Ślezak D, Freindl K, Koziol A, et al. Thickness-driven polar spin reorientation transition in ultrathin Fe/Au(001) films. Physical Review B, 2010, 81(6): 064421.

[23] Allenspach R, Stampanoni M, Bischof A. Magnetic domains in thin epitaxial Co/Au(111) films. Physical Review Letters, 1990, 65(26): 3344-3347.

[24] Speckmann M, Oepen H P, Ibach H. Magnetic domain structures in ultrathin Co/Au(111): On the influence of film morphology. Physical Review Letters, 1995, 75(10): 2035-2038.

[25] Oepen H P, Speckmann M, Millev Y, et al. Unified approach to thickness-driven magnetic reorientation transitions. Physical Review B, 1997, 55(5): 2752-2755.

[26] Ding H F, Pütter S, Oepen H P, et al. Spin-reorientation transition in thin films studied by the component-resolved Kerr effect. Physical Review B, 2001, 63(13): 134425.

[27] Sellmann R, Fritzsche H, Maletta H, et al. Spin-reorientation transition and magnetic phase diagrams of thin epitaxial Au(111)/Co films with W and Au overlayers. Physical Review B, 2001, 64 (5): 054418.

[28] Schulz B, Baberschke K. Crossover from in-plane to perpendicular magnetization in ultrathin Ni/Cu (001) films. Physical Review B, 1994, 50(18): 13467-13471.

[29] O'Brien W L, Droubay T, Tonner B P. Transitions in the direction of magnetism in Ni/Cu(001) ultrathin films and the effects of capping layers. Physical Review B, 1996, 54(13): 9297-9303.

[30] El Gabaly F, Gallego S, Muñoz C, et al. Imaging spin-reorientation transitions in consecutive atomic Co layers on Ru(0001). Physical Review Letters, 2006, 96(14): 147202.

[31] Millev Y, Kirschner J. Reorientation transitions in ultrathin ferromagnetic films by thickness-and temperature-driven anisotropy flows. Physical Review B, 1996, 54(6): 4137-4145.

[32] Millev Y T, Oepen H P, Kirschner J. Influence of external fields on spin reorientation transitions in uniaxial ferromagnets. I. General analysis for bulk and thin-film systems. Physical Review B, 1998, 57 (10): 5837-5847.

[33] Gradmann U, Müller J. Flat ferromagnetic, epitaxial 48Ni/52Fe(111) films of few atomic layers. Physica Status Solidi (B), 1968, 27(1): 313-324.

[34] Dzyaloshinsky I. A thermodynamic theory of "weak" ferromagnetism of antiferromagnetics. Journal of Physics and Chemistry of Solids, 1958, 4(4): 241-255.

[35] Moriya T. Anisotropic superexchange interaction and weak ferromagnetism. Physical Review, 1960, 120(1): 91-98.

[36] Popov A P, Skorodumova N V, Eriksson O. Phenomenological model of the magnetic states of ferromagnetic film with competing surface and bulk anisotropies. Physical Review B, 2008, 77 (1): 014415.

[37] Millev Y T, Oepen H P, Kirschner J. Phase boundaries of a uniaxial system in an applied field of arbi-

trary direction. Journal of Physics D: Applied Physics, 1999, 32(20): 2599.

[38] Millev Y T, Oepen H P, Kirschner J. Influence of external fields on spin reorientation transitions in uniaxial ferromagnets. II. Ultrathin ferromagnetic films. Physical Review B, 1998, 57 (10): 5848-5859.

[39] Garreau G, Beaurepaire E, Ounadjela K, et al. Spin-reorientation transition in ultrathin Tb/Co films. Physical Review B, 1996, 53(3): 1083-1086.

[40] Bader S D. Surface magneto-optic Kerr effect. Journal of Magnetism and Magnetic Materials, 1991, 100(1-3): 440-454.

[41] Qiu Z Q, Bader S D. Surface magneto-optic Kerr effect (SMOKE). Journal of Magnetism and Magnetic Materials, 1999, 200(1-3): 664-678.

[42] Ding H F, Pütter S, Oepen H P, et al. Experimental method for separating longitudinal and polar Kerr signals. Journal of Magnetism and Magnetic Materials, 2000, 212(1-2): 5-11.

[43] Bland J A C, Heinrich B. Ultrathin Magnetic Structures II. Berlin: Springer, 1994.

[44] Rougemaille N, Schmid A K. Magnetic imaging with spin-polarized low-energy electron microscopy. The European Physical Journal-Applied Physics, 2010, 50(02): 20101.

[45] Anders S, Padmore H A, Duarte R M, et al. Photoemission electron microscope for the study of magnetic materials. Review of Scientific Instruments, 1999, 70(10): 3973-3981.

[46] Hopster H, Oepen H P. Magnetic Microscopy of Nanostructures. New York: Springer, 2005.

[47] Ibach H. Electron Spectroscopy for Surface Analysis. Berlin: Springer, 1977.

[48] Kirschner J. Polarized Electrons at Surfaces. New York: Springer, 1985.

[49] Kaplan B, Gehring G A. The domain structure in ultrathin magnetic films. Journal of Magnetism and Magnetic Materials, 1993, 128(1-2): 111-116.

[50] Rowlands G. Magnetostatic energy calculations for domains in rectangular slabs. Journal of Magnetism and Magnetic Materials, 1994, 136(3): 284-286.

[51] Millev Y. Bose-Einstein integrals and domain morphology in ultrathin ferromagnetic films with perpendicular magnetization. Journal of Physics: Condensed Matter, 1996, 8(20): 3671.

[52] Braun A. Quantitative model for anisotropy and reorientation thickness of the magnetic moment in thin epitaxially strained metal films. Physica B: Condensed Matter, 2006, 373(2): 346-354.

[53] Vedmedenko E Y, Oepen H P, Kirschner J. Microstructure of the spin reorientation transition in second-order approximation of magnetic anisotropy. Physical Review B, 2002, 66(21): 214401.

[54] Wu Y Z, Won C, Scholl A, et al. Magnetic stripe domains in coupled magnetic sandwiches. Physical Review Letters, 2004, 93(11): 117205.

[55] Allenspach R, Bischof A. Magnetization direction switching in Fe/Cu(100) epitaxial films: Temperature and thickness dependence. Phys Rev Lett, 1992, 69(23): 3385-3388.

[56] Vaterlaus A, Stamm C, Maier U, et al. Two-step disordering of perpendicularly magnetized ultrathin films. Physical Review Letters, 2000, 84(10): 2247-2250.

[57] Hubert A, Schaefer R. Magnetic Domains. Berlin: Springer, 1998.

[58] Coey J M D. Magnetism and Magnetic Materials. Cambridge: Cambridge University Press, 2010.

[59] Uzunov D I. Introduction to the Theory of Critical Phenomena: Mean Field, Fluctuations and Renormalization. Singapore: World Scientific, 2010.

[60] Berger A, Knappmann S, Oepen H P. Magneto-optical Kerr effect study of ac susceptibilities in ultra-

thin cobalt films. Journal of Applied Physics, 1994, 75(10): 5598-5600.

[61] Arnold C S, Pappas D P, Popov A P. Second-and first-order phase transitions in the magnetic reorientation of ultrathin Fe on Gd. Physical Review Letters, 1999, 83(16): 3305-3308.

[62] Pütter S, Ding H F, Millev Y T, et al. Magnetic susceptibility: An easy approach to the spin-reorientation transition. Physical Review B, 2001, 64(9): 092409.

[63] Miao B F, Sun L, You B, et al. Probe the spin-reorientation transition with magnetic susceptibility: A theoretical analysis. J Appl Phys, 2011, 109(11): 113902.

[64] Oepen H P, Millev Y T, Kirschner J. The reorientation transition in Co/Au(111). Journal of Applied Physics, 1997, 81(8): 5044-5046.

[65] Fritzsche H, Kohlhepp J, Gradmann U. Second- and fourth-order magnetic surface anisotropy of Co(0001)-based interfaces. Journal of Magnetism and Magnetic Materials, 1995, 148(1-2): 154-155.

[66] DeSimone A, Kohn R V, Müller S, et al. Two-dimensional modelling of soft ferromagnetic films. Proceedings of the Royal Society of London Series A: Mathematical, Physical and Engineering Sciences, 2001, 457(2016): 2983-2991.

[67] Kohn R V, Slastikov V V. Another thin-film limit of micromagnetics. Archive for Rational Mechanics and Analysis, 2005, 178(2): 227-245.

[68] W. F. Brown. Micromagnetics. New York: Interscience Publishers, 1963.

[69] Christensen P H, Mørup S. On the magnetic dipole fields at surface atoms. Journal of Magnetism and Magnetic Materials, 1983, 35(1-3): 130-132.

[70] Draaisma H J G, de Jonge W J M. Surface and volume anisotropy from dipole-dipole interactions in ultrathin ferromagnetic films. Journal of Applied Physics, 1988, 64(7): 3610-3613.

[71] Vedmedenko E Y, Oepen H P, Kirschner J. Size-dependent magnetic properties in nanoplatelets. Journal of Magnetism and Magnetic Materials, 2003, 256(1-3): 237-242.

[72] Millev Y T, Vedmedenko E, Oepen H P. Dipolar magnetic anisotropy energy of laterally confined ultrathin ferromagnets: multiplicative separation of discrete and continuum contributions. Journal of Physics D: Applied Physics, 2003, 36(23): 2945.

[73] Vedmedenko E Y. Influence of the lattice discreteness on magnetic ordering in nanostructures and nanoarrays. Physica Status Solidi (B), 2007, 244(4): 1133-1165.

[74] Barber M N. Finite-size scaling//Domb C, Lebowitz J L. Phase Transitions and Critical Phenomena. London: Academic Press, 1983.

[75] Parkin S S P, Hayashi M, Thomas L. Magnetic domain-wall racetrack memory. Science, 2008, 320(5873): 190-194.

[76] Fruchart O, Thiaville A. Magnetism in reduced dimensions. Comptes Rendus Physique, 2005, 6(9): 921-933.

第6章　钙钛矿结构锰氧化物中的庞磁电阻效应及其应用

杨　杰　孙玉平

钙钛矿结构锰氧化物(化学式为 $RE_{1-x}AE_xMnO_3$，其中RE代表三价稀土离子，如La、Pr、Nd、Sm、Eu、Gd、Ho、Tb、Y或Bi等的离子，AE代表Sr、Ca、Ba或Pb等的离子)，由于具有庞磁电阻(colossal magnetoresistance，CMR)效应，从而引起了人们的极大关注，得到了广泛而深入的研究。一方面源于它在自旋电子学领域具有潜在的应用前景，如读出磁头[1]、磁随机存储[2]、磁场传感器[3]以及磁制冷[4]等；另一方面，由于该体系是自旋、电荷、轨道和晶格自由度高度关联的强关联电子体系[5]，存在多种自由度(电荷、自旋、轨道与晶格)之间的相互竞争和相互影响，导致复杂的物理相图以及各种新颖的物理现象，如顺磁-铁磁的相变，同时伴随出现金属-绝缘体(M-I)转变[6]、双交换(DE)作用[7]、简-泰勒(J-T)畸变[8]、自旋序/电荷序/轨道序(SO/CO/OO)以及它们之间的耦合[9]、相分离[10]、多铁性[11]和锰基异质结中的整流和光伏效应[12、13]，涉及凝聚态物理学的许多基本问题，这使得钙钛矿结构锰氧化物成为凝聚态物理学研究的热点之一。自1950年CMR锰氧化物发现以来，迄今已经有超过12 000篇的文献报道，其中包含多篇综述文章[1,2,9,10,14-19]。限于篇幅，本章所叙述的内容并不能涵盖钙钛矿结构锰氧化物的全部研究内容，重点介绍了CMR锰氧化物的制备、基本的物理性质和CMR薄膜器件及其应用。

6.1　钙钛矿结构锰氧化物的CMR效应

钙钛矿结构锰氧化物的研究可以追溯到20世纪50年代Jonker和van Santen的工作[20]。钙钛矿结构锰氧化物一般情况下为反铁磁的半导体。对掺杂稀土锰氧化物材料的结构、磁性和输运性质早在50年代就有比较系统的研究[7,21-24]。人们很早就发现了锰氧化物中的磁电阻(MR)效应，1954年Volger等[22]进行了类钙钛矿结构磁性氧化物的电导性质测量，发现 $La_{0.7}Sr_{0.3}MnO_3$ 体系中在外加磁场0.3T时观察到了10%的MR效应。由于当时看不到这类MR效应的应用前景，因此有关结果并没有引起人们太多的重视。1993年，德国西门子公司的Helmolt[25]和日本日立公司的 Chahara 等[26]分别在 $La_{2/3}Ba_{1/3}MnO_3$[图 6.1(a)]和 $La_{0.72}Ca_{0.25}MnO_z$ 薄膜中观察到了大的 MR 效应，从而拉开了人们重新研究这类钙钛矿结构稀土锰氧化物 MR 性质的帷幕。随后，Jin 等[27]在 $La_{0.67}Ca_{0.33}MnO_x$ 薄膜[图 6.1(b)]中获得了比在传统材料和多层膜材料中大得多的、高达几个数量级的负 MR 效应(77K 时 127 000%；室温下 1300%)，由于其 MR 值非常大，故人们又将这种类钙钛矿结构中的 MR 效应称为 CMR 效应。当然，现在 CMR 已经失去了其原先的含义，CMR 这一术语被用来区分在过渡金属多层膜和颗粒膜中所发现的巨磁电阻(giant magnetoresistance, GMR)效应，而并一定就表示其 MR 值就很大。对于这类材料，锰离子的存在是关键，因此通常冠以 CMR 锰氧化物。

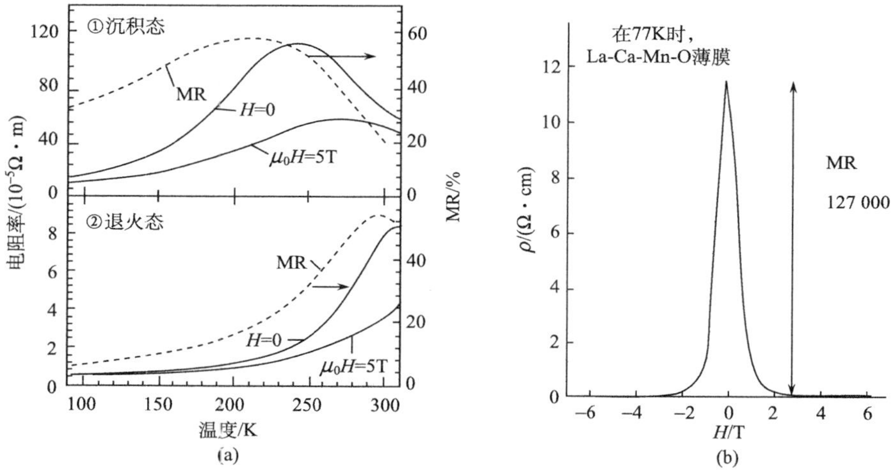

图 6.1　(a)$La_{2/3}Ba_{1/3}MnO_3$ 薄膜中的电阻率和 MR 随温度的变化关系[25]；(b)在 77K 时，$La_{0.67}Ca_{0.33}MnO_x$薄膜中的电阻率随磁场的变化关系[27]

近年的研究表明，CMR 锰氧化物的磁转变温度和磁矩随掺杂组分的变化而变化，其结构随掺杂组分的变化也有较大的变化，即由低对称向高对称转变。Zener 引入了双交换(DE)机制来解释该类材料中的磁性和输运的关联[7]。在此基础上，Anderson[2]和 de Gennes[24]对 CMR 效应进行了更加详细的理论研究。Goodenough 提出了半共价键结合理论[28]，在磁有序、电导、晶体结构等相互关系的解释上取得了一定的成功，并成功地预言了 $La_{1-x}Ca_xMnO_3$ 在不同组分下的磁结构及相应的晶体结构。近年来的研究发现[29]，在掺杂的氧化物外延薄膜中 $La_{0.67}Ca_{0.33}MnO_3$ 的 CMR 效应可以达到 $10^5\%\sim10^6\%$，而且其 MR 的极大值处在 M-I 转变温度和居里温度 T_C 附近，并且和结构的变化有着密切的关系。目前，掺杂稀土锰氧化物 CMR 效应由于其工业上巨大的潜在应用价值，吸引了世界范围内许多研究小组的重视，已成为凝聚态物理中最活跃的领域之一。

6.2　CMR 锰氧化物的制备

在 CMR 锰氧化物的研究中，主要采用的是多晶块材、单晶和薄膜样品。块材可分为单晶和多晶两种，通常采用固相反应法制备多晶样品，采用浮区法生长单晶样品，薄膜样品可以通过磁控溅射技术、脉冲激光沉积(pulsed laser deposition，PLD)技术、分子束外延(molecular beam epitaxy，MBE)及金属有机化学气相沉积(metal-organic chemical vapor deposition，MOCVD)、化学溶液沉积法(chemical solution deposition，CSD)等方法来制备。总体来说，多晶块材制备具有工艺简单、不需太多设备等优点；薄膜材料可以实现对材料成分、结构的精确控制，且样品质量高，缺陷少；单晶生长过程复杂，且高质量的单晶样品的获得有时需要经验的积累，但是为了研究 CMR 锰氧化物的本征物理性质，实验上也需要高质量的单晶样品。

6.2.1　多晶陶瓷

CMR 锰氧化物的多晶块材样品一般都是通过高温固相反应法来制备，它是一种在固相条件下，通过扩散、反应、成核、生长过程制取固态化合物或固溶体粉料的方法。制备方法包括反复的研磨、压实、煅烧混合的组分氧化物，直到反应生成单相的材料。参与固相反应的反应物分子必须充分接触而发生化学反应，生成产物分子，当产物分子积累到一定程度，而出现产物的晶核，随着晶核的生长，达到一定的大小后便有产物的独立晶相出现。传统的固相反应法，只有在高温下才能够发生。这是因为对于一般的无机氧化物材料来说，扩散与成核过程都需要很高的能量。这种方法依赖于氧化物粉末之间的固态互相扩散，因此有必要使用精细的压实粉末。固态反应的温度应当足够高以使扩散长度$(2Dt)^{1/2}$超过颗粒的尺寸，这里的 D 是扩散常数，t 是煅烧时间[30]。通常来说，影响固相反应的因素主要有以下四种：①反应物的颗粒大小及均匀性，颗粒尺寸越小，比表面积越大，反应界面和扩散截面增加，反应产物层厚度减少，使反应速度增大；②烧结温度和时间；③压力和气氛；④反应物的活性。一般说来，晶格能越高、结构越完整和稳定的，其反应活性越低。

例如，要制备 $La_{1-x}Ca_xMnO_3$，首先将配比好的高纯的 La_2O_3、CaO(或 $CaCO_3$)、MnO_2，充分混合、研磨、压片，在 1200℃左右空气中煅烧十几小时，为了有利于获得单相，这一过程经常要重复几次，即再研磨、压片、煅烧。最后的烧结可以在更高一些的温度下进行，并加以气氛的控制以获得需要的化学计量比。固态反应法的另一种形式是使用预产物，将它热分解成超精细的颗粒状氧化物，以获得高反应活性的粉末，通常使用的是碳酸盐和乙二酸盐，如 $MnCO_3$、$CaCO_3$ 和 $MnC_2O_4 \cdot 2H_2O$。关于 $La_{1-x}Ca_xMnO_3$ 的一个典型的制备过程介绍如下，首先将配比好的高纯的 La_2O_3、$CaCO_3$、$MnCO_3$ 混合在一起仔细研磨，然后压片，在 1250℃空气中烧结 5h，反复几次，然后在 1380℃空气中烧结 12h 以及在 1390℃烧结 20h[31]。同时在反应中应该考虑到一些物质的挥发，如含 K 元素物质，在反应过程中 Mn 也会有一定程度的挥发。实验中常用的保证制备物质化学元素计量比的方法主要有：在开始的物质中添加含易挥发元素的化合物，将化合物在压片后覆盖上易挥发化合物粉末烧结，或者将混合物压片后用 Ta 片包覆，然后封装到玻璃管中再进行高温烧结。

6.2.2 单晶

按照生长时原料的不同状态，单晶生长方法分为：①气相生长；②溶液生长；③熔体生长；④固相生长。气相生长法是利用蒸气压较大的材料，在适当的条件下使其蒸气凝结成为晶体的一种方法，生成单晶纯度高、完整性好，但是生长的速率很慢，不适合大块单晶的生长。溶液生长法的优点是容易生长均匀良好的大块单晶，可在远低于其熔点的温度下生长晶体，用于生长易分解和晶型容易转变的晶体，可直接观察晶体的生长情况；溶液生长的缺点是组分多，生长的周期长，影响因素多，控温要求高等。熔体生长法是一种从相应组成的熔体中固化成晶体的方法，它的优点是生长速率快、纯度高和晶体完整性好等，是目前生长大块单晶和特定形状单晶常用的方法。固相法主要通过固体材料中的原子扩散而使多晶转变为单晶，由于固体中的原子扩散速度非常小，此法也不宜用于生长大块单晶。

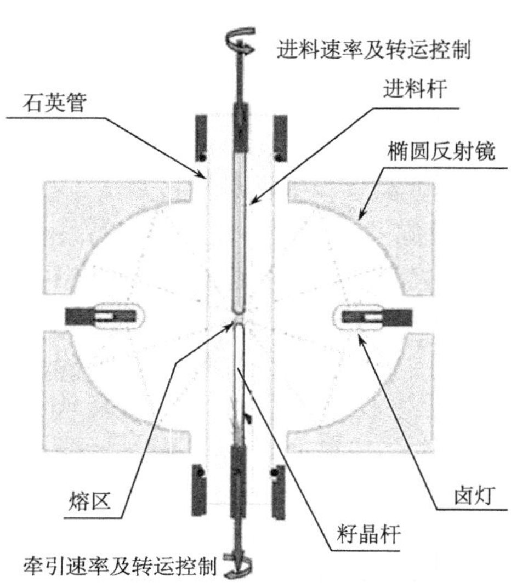

图 6.2　浮区炉晶体生长示意图

而对于 CMR 锰氧化物，主要采用的是溶液生长法中的助溶剂方法和熔体生长法中的浮区法制备单晶样品。例如，利用 1∶1 的 $PbO\text{-}PbF_2$ 助溶剂可以制备出含 Pb 的 CMR 锰氧化物 $La_{1-x}Pb_xMnO_3$[32,33]，$La_{1-x}Pb_xMn_{1-y-z}Cu_yO_3$[34]，$Nd_{0.5}Pb_{0.5}MnO_3$ 等单晶[35]。其中浮区法可以在无需熔融物质与容器接触的情况下实现高熔点材料的晶体生长。浮区法的主要优点是不需要坩埚，也由于加热不受坩埚熔点限制，可以生长熔点极高的材料，此外，在晶体的生长过程中容易观察等。但其缺点是生长出的晶体沿轴向有较小的组分不均匀性。浮区法晶体生长过程中，熔区的稳定是靠表面张力与重力的平衡来保持，因此，材料要有较大的表面张力和较小的熔态密度。在生长装置中，在生长的晶体和多晶棒之间有一段靠光学聚焦加热的熔区，该熔区由表面张力所支持。熔区自上而下或自下而上移动，以完成结晶过程。用这种方法生长出的单晶有 $La_{1-x}Ca_xMnO_3$[36,37]，$La_{1-x}Sr_xMnO_3$[38-40]，$Pr_{0.5}Sr_{0.5}MnO_3$[41]，$Eu_{1-x}Sr_xMnO_3$[42]，$Pr_{0.7}Ca_{0.3}MnO_3$[43]，$La_{2-2x}Sr_{1+2x}Mn_2O_7$[44] 等。图 6.2 为浮区炉晶体生长示意图。

6.2.3　薄膜

由于大多数工业上的应用要求人工制备的薄膜具有好的结构和电磁性能，因此制备出高质量的锰氧化物外延薄膜是十分必要的。通过十多年来对超导薄膜的研究，制备出最佳的锰氧化物薄膜已经成为可能。各种各样的薄膜制备技术，如磁控溅射、PLD、MBE、MOCVD 和 CSD 等，已被用来制备锰氧化物薄膜。其中，PLD 法是最常用的制备 CMR 锰氧化物薄膜的方法[1,45]。

PLD 沉积系统如图 6.3 所示，原理是利用聚焦后的高能激光束去轰击靶材，激发出轰击区域的靶材原子，形成定向的高温高压等离子体并显现出等离子余辉，最后落在衬底上形成薄膜。PLD 沉积薄膜的动力学过程包括如下几个阶段：①靶材与激光辐射二者之间的作用；②靶材局部熔融；③在衬底上熔融物质沉积；④在衬底上薄膜的成核和生长。由于所使用激光的高能量，PLD 被广泛地应用于难熔氧化物材料的薄膜沉积。除此之外，PLD 体系还具备灵活的操控性来满足更多的实验需要，比如，真空沉积腔配置的转靶系统使得制备多层薄膜器件或者超晶格十分便利；可以防止化合物的分凝，尽量使得薄膜的化学组分和靶材保持一

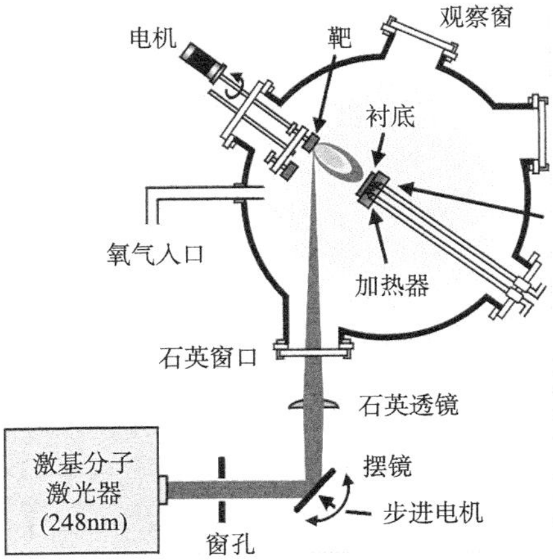

图 6.3　脉冲激光沉积系统工作示意图

致;原位沉积气氛的可调节性可以优化薄膜的物性;腔体的多通道使得 PLD 与其他仪器的联用更加方便。在使用 PLD 制备 CMR 锰氧化物薄膜时,通常使用 10~50Pa 的氧压,把 MgO、$LaAlO_3$ 或 $SrTiO_3$ 衬底加热到 600~800℃时来进行。通过这种方式制备的化合物主要包括:在 MgO 衬底上制备 $La_{1-x}Ca_xMnO_3$[46,47]、$La_{0.7}Sr_{0.3}MnO_3$[48]、$La_{0.66}Ba_{0.33}MnO_3$[49],在 $SrTiO_3$ 上制备 $La_xMnO_{3-\delta}$[50]、$La_{0.67}Ba_{0.33}MnO_3$[25,51]、$La_{1-x}Sr_xMnO_3$[52]、$Sm_{1-x}Sr_xMnO_3$[53],在 $LaAlO_3$ 上制备 $La_{1-x}Ca_xMnO_3$[54,55]、$La_{0.67}Sr_{0.33}MnO_3$[56]、$Nd_{0.7}Sr_{0.3}MnO_3$[29,57]等。与其他的沉积技术相比,PLD 也存在着一些缺点,例如,由于余辉区域的局限性,大面积的薄膜不适合利用 PLD 生长;激光轰击靶材而产生的小颗粒会破坏薄膜的质量以及表面结构。

磁控溅射是另外一种常用的制备 CMR 锰氧化物薄膜的方法,具有能够比较容易地控制薄膜生长速率,可以制备原子尺度的超薄薄膜,且薄膜与衬底的结合性好,薄膜结构致密,缺陷较少,能够制备大面积样品等优点,包括射频(RF)[58-60],直流(DC)[61-64]和离子束溅射[65]等。此外,MOCVD[66-68]和 MBE[69-71]也经常用来制备 CMR 锰氧化物薄膜。

CSD 法通常采用金属硝酸盐或有机盐作为原材料,在一定的溶剂中溶解后,加入乙二醇单甲醚或乙酸配置成前驱胶体,之后在衬底上旋涂、甩膜、退火,从而制备薄膜。CSD 法与基于真空技术的物理沉积技术相比,具有成本低廉、化学计量比易于控制、化学组分的高度均匀性(可达到分子量级的均匀性)、前驱物的选取丰富、制备途径多样以及易于大面积制备和生产的优势,因此也常用来制备 CMR 锰氧化物薄膜[72-75]。

6.2.4 纳米颗粒、线

近几年,随着纳米材料科学的兴起,人们对锰氧化物纳米材料也表现出了浓厚的兴趣。发展了低温水热法、溶胶-凝胶法、PLD 模板法等方法制备锰氧化物纳米材料,研究发现纳米级的锰氧化物表现出了一些不同于块材的奇特物理性质,如低场高 MR 效应、超顺磁性、大矫顽力、低饱和磁化强度及表面自旋玻璃等[76-78]。

溶胶-凝胶法是常用的制备 CMR 锰氧化物纳米颗粒的方法。利用含高化学活性组分的化合物作前驱体,在液相下将这些原料均匀混合,并进行水解、缩合化学反应,在溶液中形成稳定的透明溶胶体系,溶胶经陈化胶粒间缓慢聚合,形成三维空间网络结构的凝胶。凝胶经过干燥、烧结固化制备出不同颗粒尺寸的多晶样品。关于尺寸效应对锰氧化物电输运性质的影响,人们已经作了大量的研究,获得了一致的结果:随着颗粒尺寸的减小,绝缘晶界和自旋无序的表面层对电子的自旋散射增加,导致电阻和 MR 逐渐增大,而 M-I 转变温度向低温移动[77-79]。但是,颗粒尺寸对锰氧化物的 T_C 的影响(是增强、不变还是减小)及其起源还没有达到统一的认识，存在着一定的争议。例如，Mahesh 等[80] 发现 $La_{0.7}Ca_{0.3}MnO_3$ 和 $La_{0.7}Sr_{0.3}MnO_3$ 纳米颗粒的 T_C 随着颗粒尺寸的减小而逐渐降低。Baleells 等[77] 和 Zhang 等[81] 报道了 $La_{2/3}Sr_{1/3}MnO_3$ 和 $La_{0.67}Ca_{0.33}MnO_3$ 纳米颗粒的 T_C 随着颗粒尺寸的减小基本不变。他们认为其表面自旋虽然是无序的，但核自旋和块材的是一样的，且 T_C 主要由纳米颗粒的核自旋决定，与表面自旋基本无关，所以 T_C 没有发生变化。然而，Shankar[82] 和 Dutta[83] 发现 $La_{0.67}Ca_{0.33}MnO_3$ 和 $La_{0.875}Sr_{0.125}MnO_3$ 纳米颗粒的 T_C 随着颗粒尺寸的减小而逐渐增加，他们认为颗粒尺寸的减小使得 Mn^{3+}-O^{2-}-Mn^{4+} 之间 DE 作用增强，导致了 T_C 的增加。

模板法是合成低维纳米材料方法中最直接的一种。目前，常用的组装纳米线或纳米管的模板是氧化铝，因为其具有有序分布的孔洞，均匀可控的孔径(在5～420nm 范围内可调)，较高的孔密度(10^9～10^{12}个/cm^2)以及热稳定性好和可重复性等优点。把上述采用溶胶-凝胶法制备的锰氧化物前驱物填充在氧化铝孔洞中，是一种有效的制备多元锰氧化物纳米线的方法。Ma 等采用此方法制备了 $La_{0.8}Ca_{0.2}MnO_3$ 多晶纳米线[84]。Shankar 等采用此方法，把氧化铝模板浸泡在溶胶中，而后在 600℃空气中退火制备出直径为 70nm 的 $La_{0.67}Ca_{0.33}MnO_3$ 纳米线和 $La_{0.67}Sr_{0.33}MnO_3$ 纳米线阵列[85,86]。Levya 等采用微波辅助的溶胶-凝胶模板法制备出 $La_{0.325}Pr_{0.3}Ca_{0.375}MnO_3$ 和 $La_{1/3}Sr_{2/3}MnO_3$ 纳米线[87,88]。

水热合成是指一种在特制的密闭反应器(高压釜)中，以水溶液为反应介质，在一定的温度和水的自生压强下进行材料制备的有效方法。对锰氧化物而言，采用传统的固相反应法制备一般需要 1000℃以上的高温煅烧，而水热法则可以大大降低合成温度。Zhu 等采用 $KMnO_4$、$MnCl_2 \cdot 4H_2O$、$La(NO_3)_3 \cdot 6H_2O$、$Ba(OH)_2 \cdot 8H_2O$为原料，KOH 为矿化剂，利用水热法在 270～280℃合成出单晶的 $La_{0.5}Sr(Ba)_{0.5}MnO_3$ 纳米线[89,90]。$La_{0.5}Sr_{0.5}MnO_3$ 纳米线直径在 50～400nm 分布，而 $La_{0.5}Ba_{0.5}MnO_3$ 纳米线直径在 30～150nm。Spooren 等采用水热法合成出亚微米级的 $Pr_{0.5}Sr_{0.5}MnO_3$、$Nd_{0.5}Sr_{0.5}MnO_3$、$BaMnO_3$ 和 $SrMnO_3$ 的棒状和线状结构[91]。Rao 等采用同样的方法制备出直径为 50nm 的 $Pr_{0.5}Ca_{0.5}MnO_3$ 单晶纳米线[92]。磁测量结果发现，在块材中比较稳定的电荷有序态，在纳米线中被大大地削弱，而且在低温下出现了铁磁相。这可能是由于纳米线表面未补偿的自旋所导致的。

Zhou 等采用 PLD 法在 MgO 阵列衬底上制备出 $La_{0.67}Ca_{0.33}MnO_3$ 和 $La_{0.67}Sr_{0.33}MnO_3$纳米线。他们首先用 VLS(vapour-liquid-solid，气-液-固)方法在 MgO 或者 Si/SiO_2 衬底上制备出垂直于衬底平行排列的或者无规排列的直径为 30～100nm、长度为几个微米的 MgO 纳米线，然后把它们作为模板，用 PLD 方法在这些 MgO 纳米线的表面镀一层 $La_{0.67}Ca_{0.33}MnO_3$ 或 $La_{0.67}Sr_{0.33}MnO_3$，这

样就制备出 MgO 为核、锰氧化物为壳层的核/壳纳米线结构[93-96]。

6.3 CMR 锰氧化物的物理性质

6.3.1 晶体结构

Ruddlesden-Popper 系列的晶体结构如图 6.4 所示，它们的通式是(R, A)$_{n+1}$M$_n$O$_{3n+1}$，即由 n 个 MO 层被(R,A)-O 岩盐层所分隔，当 $n\to\infty$时，即为 ABO_3 结构，也是研究比较普遍的 CMR 锰氧化物材料的一种结构。通常 CMR 锰氧化物材料具有 AMX_3 的钙钛矿结构。如以 A 位离子为立方晶胞的顶点，则 Mn 和 O 离子分别处于体心和面心的位置，其中 Mn 离子处于六个氧离子组成的八面体当中，称之为锰氧八面体。图 6.5(I)给出了理想的 AMX_3 钙钛矿结构示意图，而实际的钙钛矿结构常畸变成四方、菱方或正交对称性结构[97]，如图 6.5(II)所示。由于晶格的结构和畸变直接影响了 Mn-O 的键长和 Mn-O-Mn 之间的键角，从而会改变电子之间的关联和 DE 作用强度，因此弄清 CMR 锰氧化物的结构特性对了解其电子结构是十分重要的。

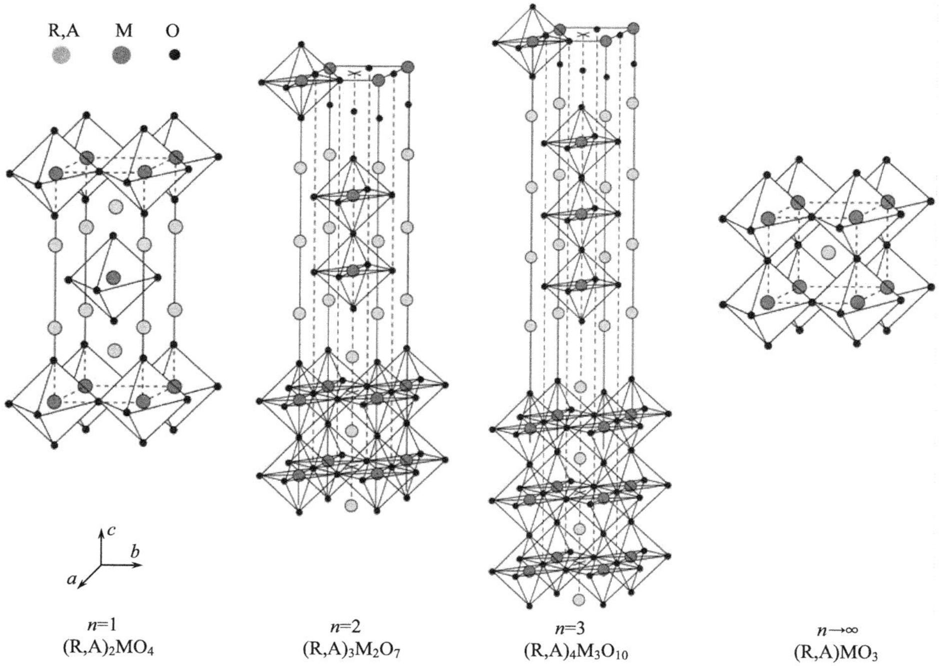

图 6.4 Ruddlesden-Popper 系列(R, A)$_{n+1}$M$_n$O$_{3n+1}$结构示意图[10]

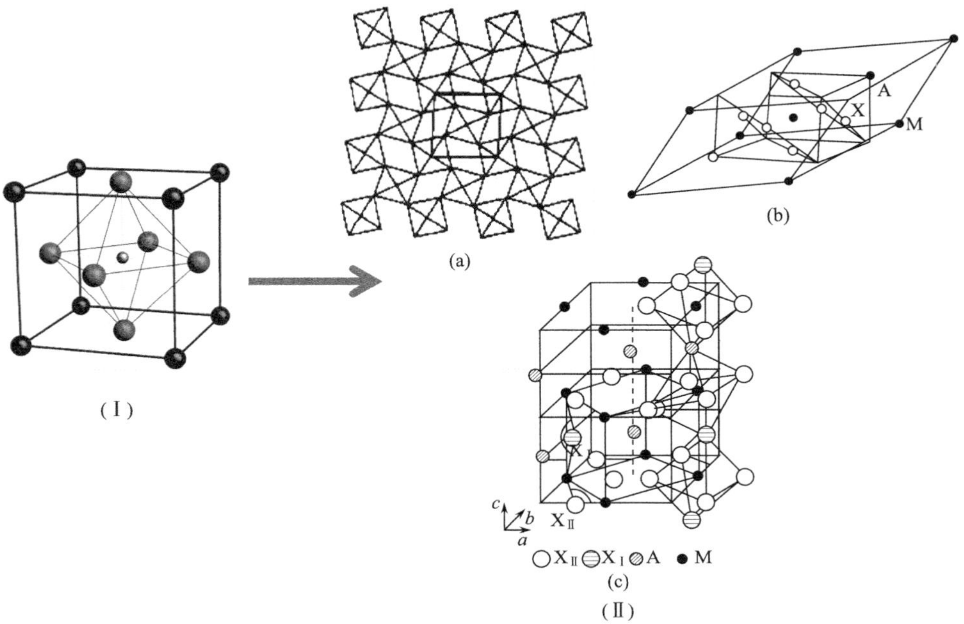

图 6.5　(Ⅰ)理想的立方钙钛矿结构 AMX_3；(Ⅱ)畸变后的晶体结构：(a)四方，(b)菱方，(c)正交[97]

发生畸变的原因之一是由于 Mn^{3+} 是一种 J-T 离子，MnO_6 八面体倾向于在 c 轴和 ab 平面有一个大的静态畸变，以使弹性能和电子的库仑能达到一个新的平衡位置，从而保持能量最低。J-T 畸变的物理图像是：晶体中离子的基态在没有微扰存在时，如果有高的轨道简并度，则晶体将畸变至低对称结构以消除简并。B-O 原子形成 BO_6 正八面体，产生立方对称的晶场。在立方对称性下，3d 电子存在三重简并的 t_{2g} 轨道能级和二重简并的 e_g 轨道能级，如图 6.6 所示。在占据这些能级的电子中，当存在简并能级中的电子数比其简并度少时(如正八面体配位中的 d^1、d^2、d^4、d^6、d^7 和 d^9 电子排列)，晶体则可能自发地发生畸变，对称性降低，轨道的简并度被解除，使电子的占据能变得更低，这种效应在 d^4 和 d^9 的情形下特别显著，这种现象称为 J-T 不稳定性。这个不稳定性会在锰氧化物 ABO_3 结构里引起 MnO_6 八面体有一个局域的四方畸变。在系统发生畸变的过程中，一方面简并消除以降低能量，另一方面由于弹性形变导致能量增加，所以系统应处于有限的畸变下。我们可以令 ξ 为畸变大小的量度，则由于简并分裂而降低的能量是 $-a\xi$，由弹性形变而使能量升高为 $b\xi^2$，所以能量对畸变的关系为

$$E(\xi)=b\xi^2-a\xi \tag{6.1}$$

由 $\partial E(\xi)/\partial\xi=0$，可以得到

$$\xi_0=a/2b \tag{6.2}$$

所以当存在畸变时，能量的极小值为

$$E(\xi_0)=E_{\text{J-T}}=-a^2/4 \tag{6.3}$$

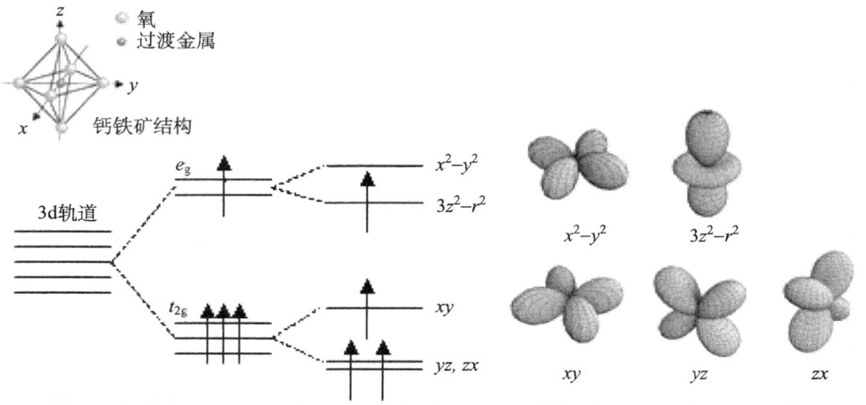

图 6.6 五重简并的 d 轨道在正八面体配位场下劈裂为 e_g 和 t_{2g} 能级，在 J-T 畸变下进一步退简并[5]

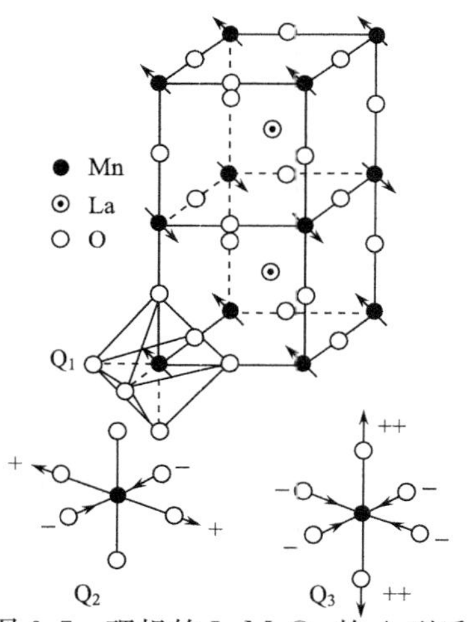

图 6.7 理想的 $LaMnO_3$ 的 A 型反铁磁结构。实际结构包含着呼吸模式 Q_1、基平面模式 Q_2 和八面体伸缩模式 Q_3[93]

如果 $|E(\xi_0)|$ 大于晶格振动零点能，则畸变稳定，称之为静态 J-T 效应；反之，如果 $|E(\xi_0)|$ 小于晶格振动零点能，有关复合体的振动运动将不会局域在单一的稳定组态周围，振动能够使系统往返于不同的畸变组态的邻域之间，这种情况称为动态的 J-T 效应。研究发现，$LaMnO_3$ 中静态 J-T 畸变由三种改变 Mn—O 键长的模式组成：①呼吸模式 Q_1(即在 Mn 周围氧八面体的耦合改变 e_g 电荷密度)；②基平面模式 Q_2(体积不变，在基平面 Mn-O 键沿一个方向拉伸，沿另一个方向压缩)；③八面体伸缩模式 Q_3(Mn—O 键沿 z 轴拉伸，而在 x-y 平面内压缩，电子倾向于占据 $d_{3z^2-r^2}$ 轨道)。图 6.7是后两种模式的示意图[98]。

发生畸变的另外一种原因是由于 A 离子比 Mn 离子大，使 A—O 层和 Mn—O 层原子直径

有较大差别，引起相邻层不匹配所致。如果定义一个容忍因子(tolerance factor)

$$t = r_A + r_O / \sqrt{2}(r_{Mn} + r_O) \tag{6.4}$$

当 t 在 0.89～1.02 时，所形成的钙钛矿结构较稳定，其中 r_A、r_{Mn}和 r_O 分别为相应离子的离子半径[99]。当两层之间的不匹配较大时，晶格会发生扭曲，降低对称性，而使其所受的应力减小。由上可知，J-T 畸变将导致 MnO_6 八面体有一个局域的畸变，这是一种电子-声子相互作用；而原子半径差别过大引起相邻层的不匹配，使得晶体的对称性进一步降低，这是一种应力作用，与电子的结构无关。由于电子-声子相互作用和应力效应会随着外界参量而改变，因此锰氧化物表现出复杂的结构相图。

6.3.2　电子结构

Pickett 和 Singh 等利用局域自旋密度近似(LSDA)计算了 $LaMnO_3$、$CaMnO_3$ 和 $La_{1-x}Ca_xMnO_3$ 的电子结构[100,101]，计算所得到的 $LaMnO_3$ 和 $CaMnO_3$在费米面附近的能带如图 6.8 所示。对于 $CaMnO_3$，相对于 A 型反铁磁相和铁磁相来说，G 型反铁磁相的总能量最低，是它的基态，这和实验结果一致。能带计算表明，Mn3d 带的 3 个 t_{2g}电子完全极化，并与 O2p 电子有很强的杂化。在 E_F 附近存在有 0.4eV 大小的能隙，是绝缘相。对于 $LaMnO_3$ 而言，考虑理想立方情况，铁磁相能量最低，与 Jonker 得到的 750K 以上的磁化率结果一致[23]。而考虑 J-T 效应引起的晶格畸变后，A 型反铁磁相成为它的基态，并在费米面附近存在有 0.12eV 大小的能隙。图 6.9 给出了母体化合物 $LaMnO_3$ 和 $CaMnO_3$ 在不同晶体结构下可能的磁性基态之间的能量差，因此从畸变所导致的系统能带结构的变化来看，在钙钛矿锰氧化物中存在着强的磁与晶格结构的耦合，并对能带结构和电阻有强烈的影响。对 $La_{1-x}Ca_xMnO_3$(x=0.25～0.33)计算表明，能带结构形成半金属性，并在费米面处 Mn 的 3d 自旋向下的电子态密

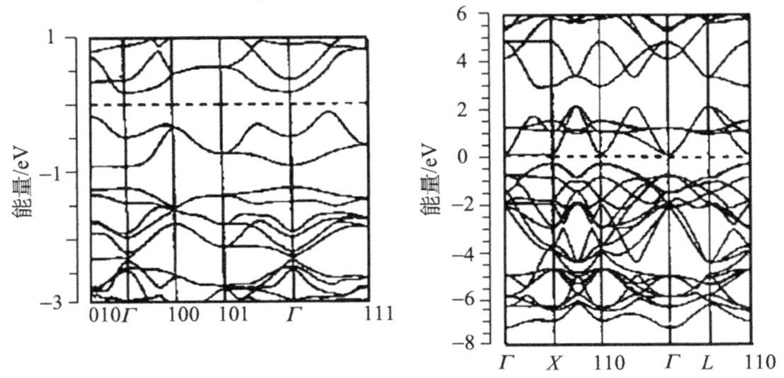

图 6.8　$LaMnO_3$ 和 $CaMnO_3$ 在 E_F 附近的能带示意图[100]

度不完全为零。Park 等[102]利用高分辨光电子谱观察到了 $La_{0.67}Ca_{0.33}MnO_3$ 和 $La_{0.7}Pb_{0.3}MnO_3$ 体系在降温时，伴随着 M-I 转变、费米面处态密度增加、金属费米边出现和能隙消失的现象(图 6.10)，和理论计算相吻合。

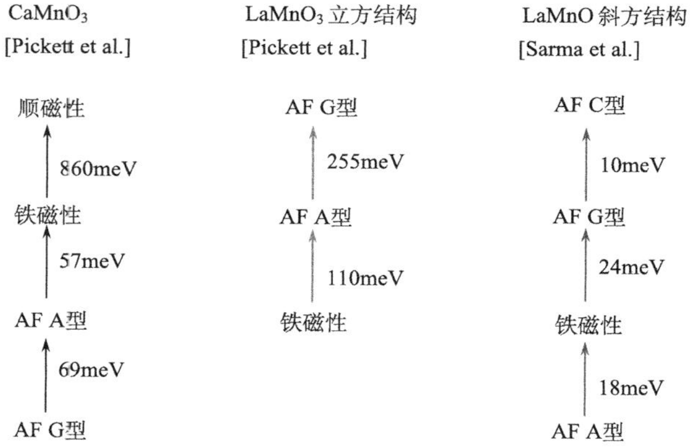

图 6.9　$CaMnO_3$ 和 $LaMnO_3$ 各种不同基态之间的能量差[15]

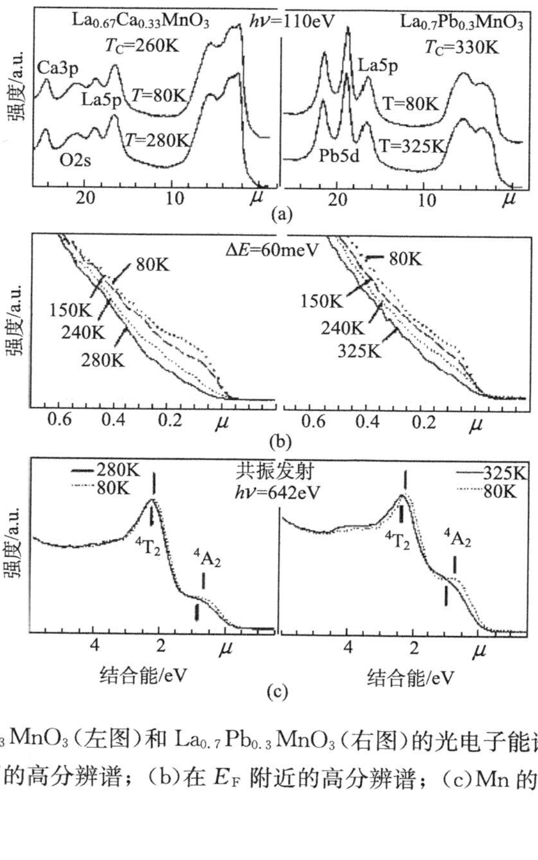

图 6.10　$La_{0.67}Ca_{0.33}MnO_3$(左图)和 $La_{0.7}Pb_{0.3}MnO_3$(右图)的光电子能谱的温度依赖关系。(a)表示宽扫描状态下的高分辨谱；(b)在 E_F 附近的高分辨谱；(c)Mn 的 $3p_{3/2}$ 边的共振谱[102]

Maekawa 等[103]考虑了电子的库仑相互作用，认为轨道有序对锰氧化物的磁性影响也是一个关键因素，并且认为和 CMR 效应在一定程度上相关联。对 $LaMnO_3$ 来说，当 e_g 电子轨道排列为($3y^2-r^2$，$3x^2-r^2$)有序时，A 型反铁磁相才能出现，这时 z 轴方向铁磁耦合比 $x-y$ 面内弱，从而轨道有序降低了基态能量。而对 50%掺杂的锰氧化物来说，最近邻的库仑相互作用将导致电荷有序相的出现，在电荷有序相中，各向异性的 e_g 电子之间的铁磁相互作用与各向同性的 t_{2g}电子之间反铁磁相互作用竞争，从而导致一系列不同的基态。

Saitoh 等[104]利用光电子谱和 X 射线吸收谱研究了 $La_{1-x}Sr_xMnO_3$ 的电子结构，如图 6.11 所示。O2p 带和 Mn3d 带靠得很近，在 $SrMnO_3$ 中随着 La 离子的掺入，Mn 离子在费米面以下 1～2eV 处出现了一个带间态(为 $e_g\uparrow$对称性)，其态密度随着 La 离子浓度的增加而增加，与此同时费米面以上的 $e_g\uparrow$态密度则减小。这表明随着电子的掺入，$e_g\uparrow$态的填充也增加。即使在金属态中($0.2\leqslant x\leqslant 0.6$)费米面的态密度也仍然很小，而系统呈现的金属性主要由费米面附近的带间态的出现和性质决定。

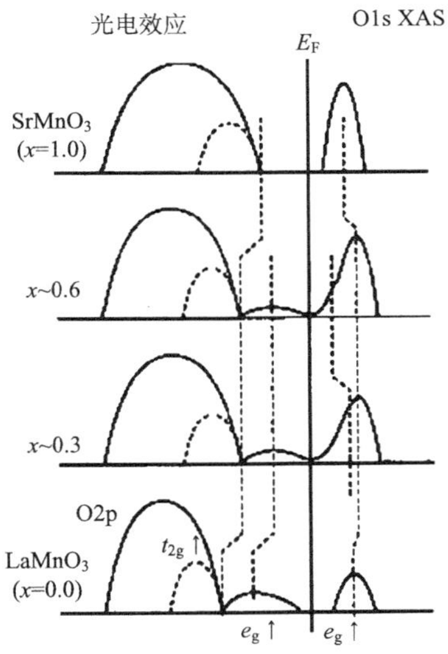

图 6.11　$La_{1-x}Sr_xMnO_3$ 的电子结构图[104]

另外，随着电子型掺杂锰氧化物研究工作的开展，Min 等[105]利用 LSDA 和 LSDA+U 的方法计算得到了电子型掺杂锰氧化物 $La_{0.7}Ce_{0.3}MnO_3$ 的电子结构，并且把计算结果与该化合物的光电子能谱的实验结果作了比较。结果发现，根据 LSDA 所计算得到的 Mn3d 的态密度与光电子能谱实验所得到的结果差别较大，表明在 $La_{0.7}Ce_{0.3}MnO_3$ 体系中除了电子-声子相互作用外，还必须考虑 e_g 电子间的库仑相互作用，如图 6.12(a)所示。而利用 LSDA+U 的计算方法得到的 Mn3d 的态密度与光电子能谱实验所得到的结果差别较小，并且 $La_{0.7}Ce_{0.3}MnO_3$ 化合物是一种半金属，如图 6.12(b)所示。这些工作都表明在 Mn^{2+}/Mn^{3+} 混合价态存在的 $La_{0.7}Ce_{0.3}MnO_3$ 体系中依然存在着 DE 作用。

下面简要分析一下 CMR 锰氧化物中存在的相互作用，给出其电子态和结构图像[15,106]。

(1) 在八面体立方对称晶场作用下，锰离子的 3d 能级发生分裂，变成较低的三重简并的 t_{2g}能级和二重简并的 e_g 能级。这两个能级的能量差为 $10Dq$，Dq 是配位场理论中的立方晶场参量。注意到这里 t_{2g}能级比 e_g 的低，这是因为该能

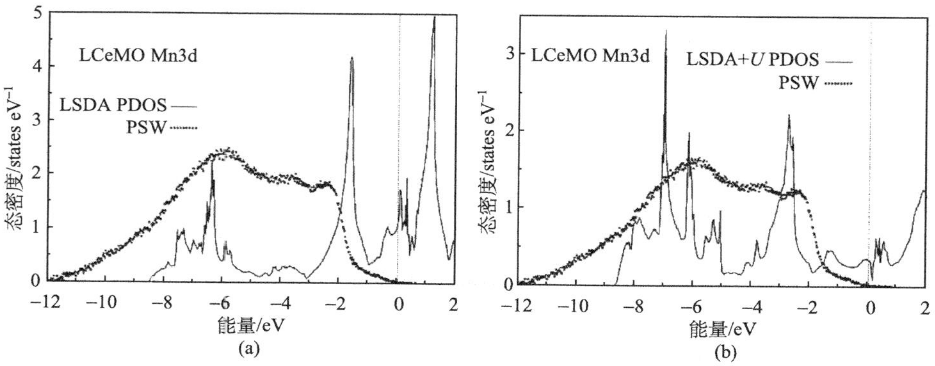

图 6.12 (a)LSDA 的计算结果和 PES 实验结果比较；
(b)LSDA+U 的计算结果和 PES 实验结果比较[105]

量差是 3d 电子和近邻氧离子的库仑相互作用引起的，e_g 轨道的波函数沿着 Mn—O 键方向，而 t_{2g}不在该方向上，这样 t_{2g}轨道上的电子受到氧离子的库仑排斥作用就小。能级劈裂的大小为

$$10Dq=\frac{5}{3}\frac{Ze^2}{a}\frac{\langle r^4\rangle}{a^4} \tag{6.5}$$

其中，Z 是原子序数；e 是电量；a 是 Mn—O 离子间距；$\langle r^4\rangle$是用 3d 轨道径向波函数求出的平均值。据估算 $10Dq$ 约为 10 000～15 000cm^{-1}，相当于 1eV 的数量级。

(2) 锰的 e_g 电子自旋和局域 t_{2g}芯自旋间的在位 Hund 耦合 J_H～3.4eV。

(3) 锰的 e_g 电子之间的库仑相互作用 U。这种作用可能造成 e_g 电子能带变窄，同时可能与电荷有序相的形成有关。

(4) 锰的 e_g 电子由于 J-T 畸变所造成的电子-声子耦合。在畸变的八面体晶场中，t_{2g}和 e_g 能级都发生分裂，不过 t_{2g}轨道都是指向两个相邻的氧离子的间隙，受到的影响较小。e_g 轨道因为是直接指向相邻的氧离子的，引起较大的能级劈裂，对于沿 z 轴伸长的畸变八面体情形，$d_{3z^2-r^2}$轨道上的电子距离氧离子更远，$d_{3z^2-r^2}$能级下降，相应的 $d_{x^2-y^2}$能级上升；对于沿 z 轴缩短的畸变八面体情形，$d_{3z^2-r^2}$能级上升，同时 $d_{x^2-y^2}$能级下降。晶格畸变后，其弹性能升高。因此，Mn^{3+}能量的变化与晶格弹性能量变化竞争的结果决定畸变的程度，约在 0.01nm 的量级。

(5) 锰的局域 t_{2g}自旋间的海森堡反铁磁交换作用。

根据以上的讨论，锰氧化物的电子结构中包含五个重要的因素[15]，即①H_{kin}，e_g 电子的动能项；②H_{Hund}，e_g 电子自旋和局域 t_{2g}电子自旋的 Hund 耦合项；

③H_{AFM}，最近邻 t_{2g}电子自旋的海森堡反铁磁耦合项；④$H_{\text{el-ph}}$，e_g 电子和 MnO_6 八面体畸变的耦合项；⑤$H_{\text{el-el}}$，e_g 电子间的库仑作用项。因此，总的哈密顿 H 可以写为

$$H = H_{\mathrm{kin}} + H_{\mathrm{Hund}} + H_{\mathrm{AFM}} + H_{\text{el-ph}} + H_{\text{el-el}} \tag{6.6}$$

6.3.3　磁结构

CMR 锰氧化物有着丰富的磁结构，其中未掺杂的 $LaMnO_3$ 和 $CaMnO_3$ 在低温下分别具有 A 型和 G 型反铁磁结构。图 6.13 给出了几种常见的磁结构的示意图。A 型反铁磁结构的特征是同一 Mn—O 层中 Mn 离子磁矩取向相同，而相邻两层的 Mn 离子磁矩取向相反。G 型反铁磁结构的特征是近邻的 Mn 离子磁矩取向相反。

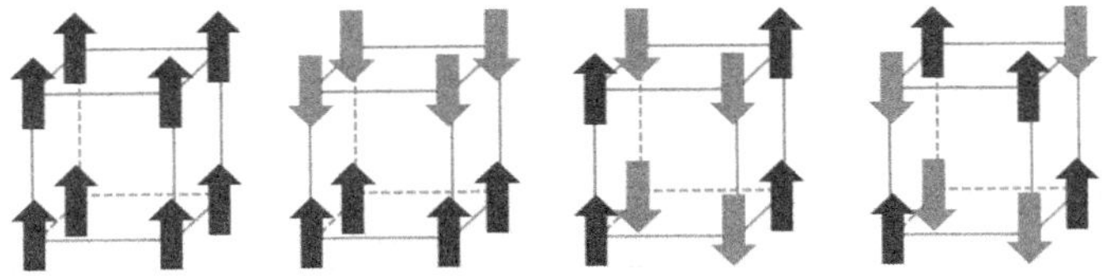

图 6.13　几种常见的磁结构示意图

对于掺杂的 $La_{1-x}T_xMnO_3$ 材料，Mn^{3+} 和 Mn^{4+} 的变价可能在低温下形成 DE 铁磁性。图 6.14(a)为自旋取向由反平行($\theta=0°$)随 Mn^{4+} 增加转向平行($\theta=90°$)的情况。1956 年，Jonker 对 $La_{1-x}AE_xMnO_3$ 体系的磁性作了报道，他们研究了 20K 时 $La_{1-x}AE_xMnO_3$(AE=Ca，Sr，Ba)样品的磁矩随 Mn^{4+} 含量的变化

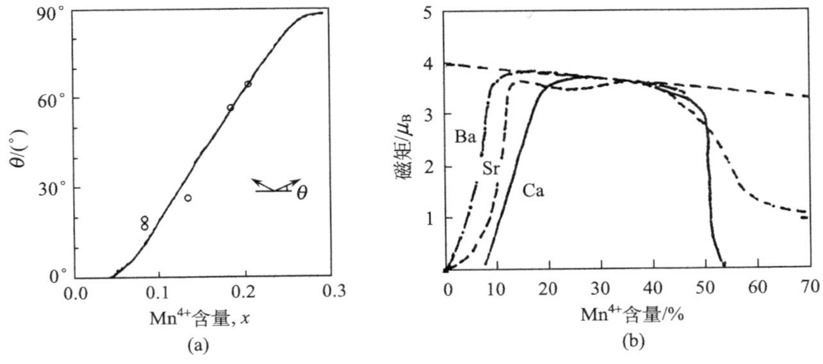

图 6.14　(a)$La_{1-x}Ca_xMnO_3$ 中 Mn^{4+} 自旋磁矩之间取向与掺杂量关系；(b)20K 时 $La_{1-x}T_xMnO_3$(T=Ca，Sr，Ba)的磁矩和 Mn^{4+} 含量的关系[20]

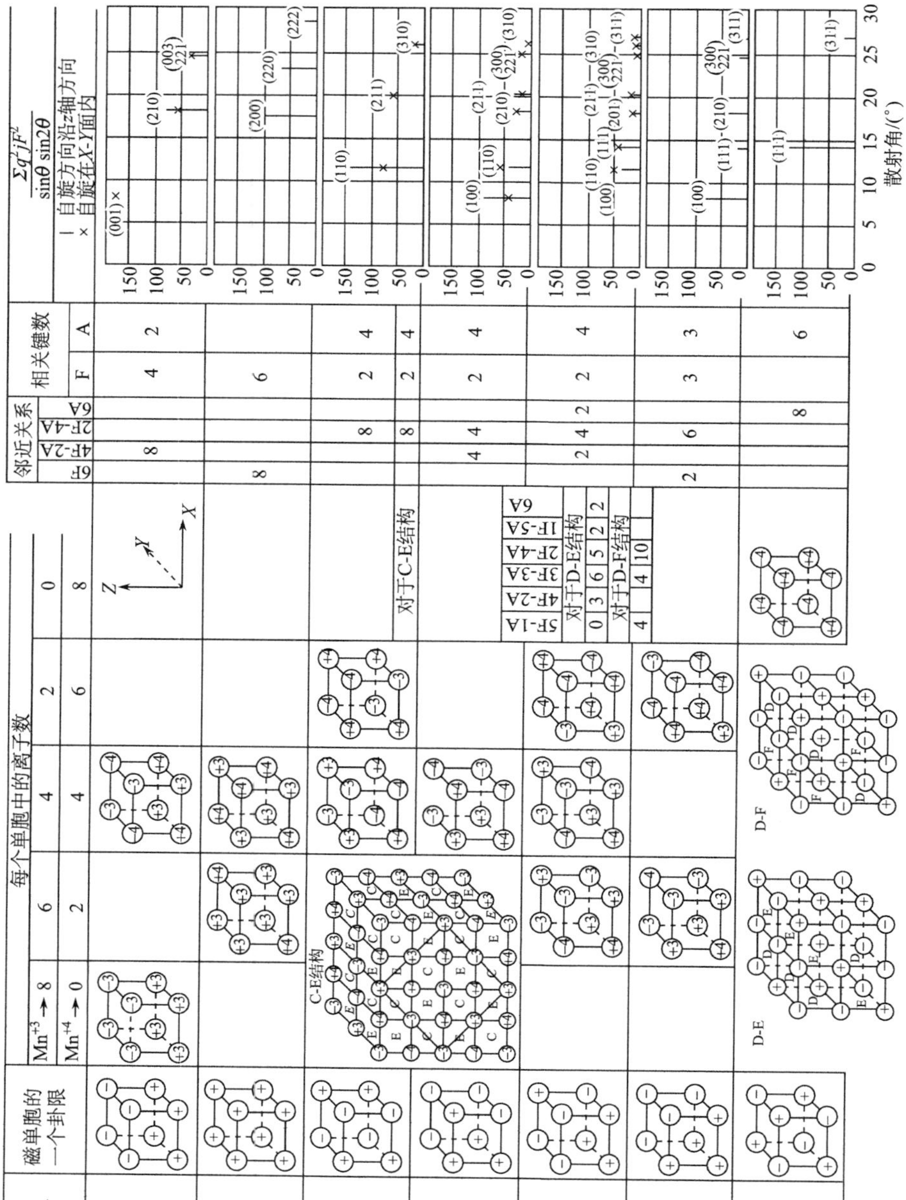

这些单胞在这个平面内需要加倍圆圈代表单胞边缘

图 6.15　各种磁结构示意图。"+"和"—"代表相反的两个磁矩的方向[109]

关系[20]，如图 6.14(b)所示。这一情况和样品的饱和磁化强度随 Mn^{4+} 的增加是一致的。此外，De Gennes 等[107]和 Matsumoto[108]根据理论和中子衍射结果指出，随着 Ca 的增加，Mn 离子磁矩由反平行取向逐步变成彼此平行，其中在一定掺杂浓度区存在自旋倾斜的磁结构。研究发现，磁性的强弱与晶格畸变也有关系，当晶格畸变比较小时，特别是晶格常数 $a=c\approx b$ 的情况下，样品都具有铁磁性；如 a、c 和 b 的差别较大时，样品一般为反铁磁性或非磁性。

1955 年，Wollan 和 Koehler 利用中子衍射研究了 $La_{1-x}Ca_xMnO_3$ 样品的磁结构，比较系统地分析了几种可能的磁结构以及 Mn^{3+}/Mn^{4+} 的占位情况[109]。图 6.15 是他们给出的各种可能的磁结构示意图。他们还注意到，$x=0.5$ 的磁结构混合有 C 型和 E 型，并将该掺杂浓度下的绝缘态称为 C-E 态。理论工作几乎同时展开，当时提出的 DE 作用模型解释了掺杂锰氧化物中铁磁相的存在，特别是揭示了顺磁-铁磁转变和 M-I 转变之间的关联。该模型当时似乎已经可以满意地解释锰氧化物的有趣性质，也就造成了这类材料的研究在此后一段时间内进展缓慢。

6.3.4　CMR 锰氧化物的磁输运行为

DE 作用的锰氧化物电阻率行为与磁化强度 M 的转变密切相关。如图 6.16 所示，$La_{1-x}Sr_xMnO_3$ 单晶样品电阻率陡然下降的温度正好与铁磁转变的起始位置相一致[110]。电阻率的这种行为可以用 DE 作用来解释，即由于 FM 相变，磁矩间夹角减小，载流子因而受到的自旋热涨落散射减弱。外场作用与温度降低的效果一样，促使自旋磁矩沿外场方向平行排列，尤其在 T_C 附近，这种外场作用的效果异常明显，导致所见到的 CMR 效应。

图 6.17 给出了 $La_{1-x}Sr_xMnO_3$($x=0.15$ 和 0.175)在外场下引起的 ρ 和 M 的变化。可以看出，MR 的大小与 M 的改变相关；MR 在 T_C 附近很大，但在远离 T_C 的温区则很小。在这个软铁磁体中，低温铁磁相的 M 快速上升是由于磁畴的转动，这一过程似乎对 ρ 的影响很小。对于铁磁半导体样品 $x=0.15$ 来说，78K 下的 MR 随着磁场持续增大，而 M 在 0.2T 下就已经几乎饱和了，这可能是与自旋极化的 e_g 载流子的 Anderson 局域化相关。

根据 ρ-H 和 M-H 曲线，可以推算出 ρ 和 M 的关系曲线，如图 6.18(a)所示，可以看到 T_C 以上不同温度的 ρ-M 几乎表现出一致的形状，尽管在图 6.17 中表现出不同的 MR 行为。同时在图中还给出了从 0.5T 下的 ρ-T 和 M-T 曲线得出的 ρ-M 曲线(实线)，可以看出它们吻合得很好，这说明 ρ-T 曲线也被与 MR 起因相似的散射过程所支配。对于 T_C 以下低 M 值的实验点(虚线)，由于起始磁化主要是磁畴的转动，所以不影响载流子的散射过程；而在高 M 值时，它们又并入到与 T_C 以上的 ρ-M 相一致的区域。

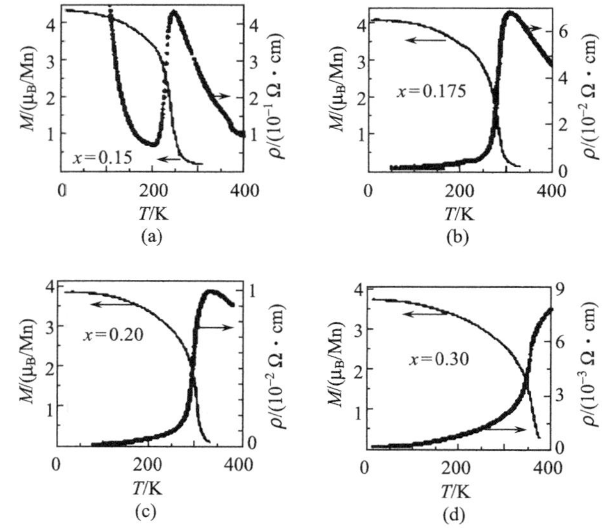

图 6.16 $La_{1-x}Sr_xMnO_3$ 单晶样品电阻与磁化强度随温度的变化关系，所有数据在 0.5T 磁场下测得[110]

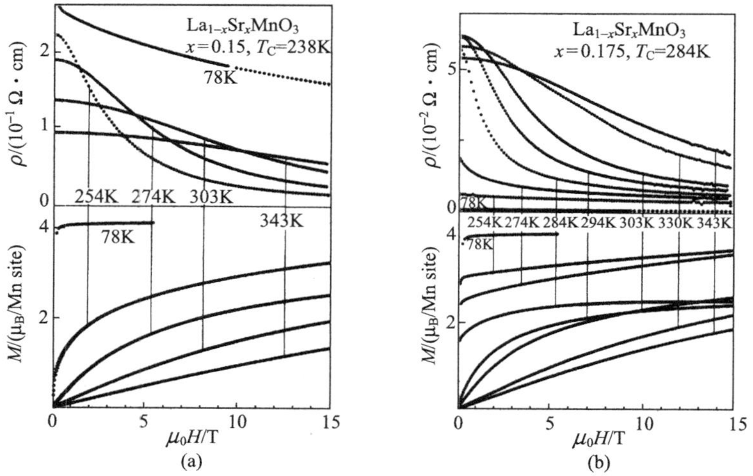

图 6.17 $La_{1-x}Sr_xMnO_3$ 单晶样品在不同温度下电阻、磁化强度随磁场的变化关系[110]

对于 $La_{1-x}Sr_xMnO_3$，其 MR 在 T_C 附近可以标度为 $MR=C(M/M_s)^2$，其中 M_s 是基态时的饱和磁化强度，一般对于较低的 M 值($M\leqslant 0.3M_s$)是成立的，如图 6.18(b)所示。标度常数依赖于掺杂量 x，在 M-I 转变边界处($x=0.175$)为 4，随着 x 增大快速减小。标度常数 C 衡量了 e_g 电子和 t_{2g}局域自旋之间的有效耦合。按照简单 DE 模型，耦合由 J_H/W 和 x 支配，W 是 e_g 单电子带宽。由 DE 模型的动力学平均场近似[111]，C 在强耦合情形($J_H/W \gg 1$)下应为 4 左右，但在弱耦合极限下为 1。并且其他与 DE 竞争的作用也会提高 T_C 附近的电阻率，导致大的 MR，造成很大的 C 值(>4)。C 对空穴掺杂的依赖性说明名义空穴浓度 x 的增加会促使体系进入弱耦合区域。Hundley 等[112]还提出了更一般的 ρ-M 经验公式，可以拟合更宽的温度和磁场范围，$\rho(H, T)=\rho_m \exp[-M(H, T)/M_0]$，其中 M_0 是与磁化强度的大小相关的标度参数。

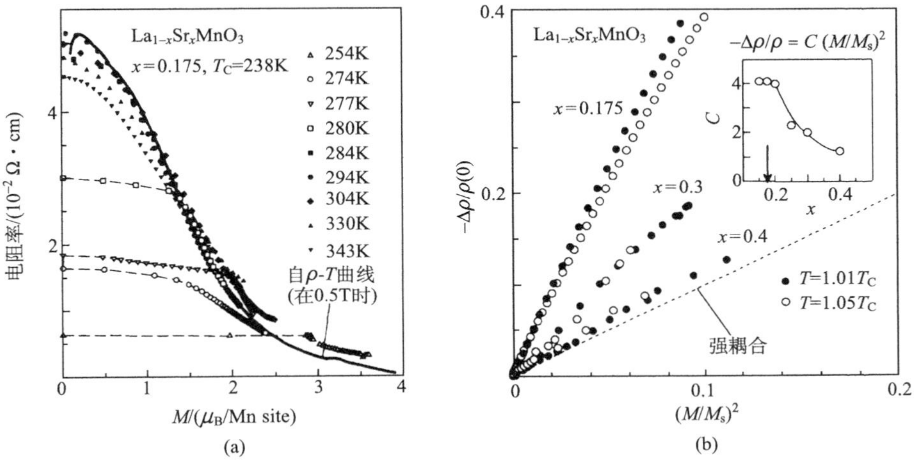

图 6.18　(a)电阻率和磁化强度的关系示意图，数据点是从不同温度下的 ρ-H 和 M-H 曲线得到的；(b)磁电阻和$(M/M_S)^2$ 的关系示意图，虚线代表的是 DE 模型弱耦合极限下的理论曲线，插图中是标度常数[110]

值得注意的是，对于低掺杂 x 的类绝缘体或半导体导电行为，例如在 $x=0.15 \sim 0.20$ 的 $La_{1-x}Sr_xMnO_3$ 或 $La_{1-x}Ca_xMnO_3$ 系统中，MR 效应尤其显著。对此，Millis 等[113]通过理论研究指出，低掺杂样品在 T_C 以上的电阻率太高以致不能按照简单的 DE 模型定量解释，而应该归因于动态的 J-T 畸变(图 6.19)。虽然 $La_{1-x}Sr_xMnO_3$ 中静态一致的 J-T 畸变在掺杂量为 0.1 时就消失了[114,115]，但 J-T 耦合能比较大(1eV 量级)，所以在 T_C 以上由于载流子迁移率受到自旋无序的限制，仍然存在着一定的 J-T 畸变。当温度降低或外加磁场，体系从顺磁转变为铁磁，同时导电从类半导体转变为金属型，这一过程被认为是从小极化子退局域为大极化子。事实上，动态 J-T 畸变已经被一些实验所证实[116]。这种可调节的电子-晶格耦合，或者说 J-T 极化子对磁场温度的依赖性是 CMR 锰氧化物的一个重要特征。

对于 T_C 以上电阻率增大以及被外磁场有效抑制的另外可能的原因，是由于

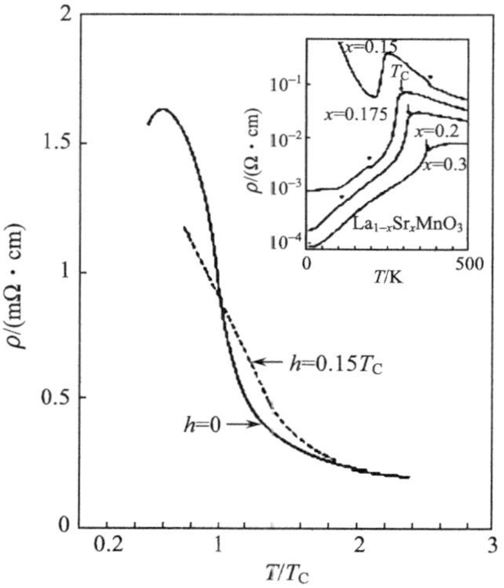

图 6.19 用 DE 模型计算出的零场和 0.15T_C 场下的电阻率[113]

DE 载流子的 Anderson 局域化，因为在这种固溶的系统中不可避免地存在各种无序势的影响[117]；或者是由于与 DE 相竞争的反铁磁自旋涨落[118]。

总之，对于混价锰氧化物的顺磁态的输运机制，目前常见的有下面几种模型：

(1) 半导体热激活模型，

$$\rho=\rho_0\exp(E_a/kT) \tag{6.7}$$

(2) 小极化子绝热最近邻跳跃模型，

$$\rho=AT\exp(E_a/kT) \tag{6.8}$$

(3) 可变程跳跃模型，

$$\rho=\rho_0\exp(T_0/T)^{1/4} \tag{6.9}$$

以上每一种模型都有一些实验结果能够支持，分别如图 6.20(a)~(c)所示。但是更多的证据，如热电势的测量(热电势 $S=E_S/eT+S_0$ 中的激活能 E_S 与极化子电阻率公式的激活能 E_a 之差即为极化子结合能的一半)[123-125]，如图 6.20(d)所示的同位素效应[122]，红外光谱[126]，中子衍射[127]以及 Millis 等的理论研究，都确定了顺磁态小极化子的存在。极化子在锰氧化物中有两种，一种是高温下由于电子-声子耦合形成的晶格极化子，另外一种是在接近 T_C 时，由于短程的磁关联极化晶格极化子所形成的磁极化子[128,129]。

因此，在锰氧化合物中 DE 作用使 e_g 电子变成巡游性，而电子-声子的耦合使载流子形成极化子，极化子的形成降低了 e_g 电子的动能，从而使巡游的 e_g 电子趋于局域化。e_g 电子的局域与退局域的竞争是决定 CMR 锰氧化合物输运性质的关键因素。

6.3.5 各种掺杂效应和相图

锰氧化物是一类关联电子效应占主导的材料体系。其中调控关联电子行为的基本参数包含：①单电子带宽 W(正比于$\frac{\sin\beta}{d_{\text{Mn-O}}^{3.5}}$，$\beta$ 表示 Mn-O-Mn 键角，$d_{\text{Mn-O}}$ 代表 Mn—O 键长)；②能带填充比例或电荷密度。

一个调控 CMR 锰氧化物带宽的有效方法是改变 A 位离子半径。利用该方法的优势在于 A 位和 B-O 网络固有的电子性能并不直接相关，并且单电子带宽通过选择不同的稀土和碱土离子，可以有 30%~40%的改变量。此外，由于 CMR 锰氧化物在 A 位上的化学掺杂对结构影响很小，非常适合载流子掺杂(能带填充)[19]。

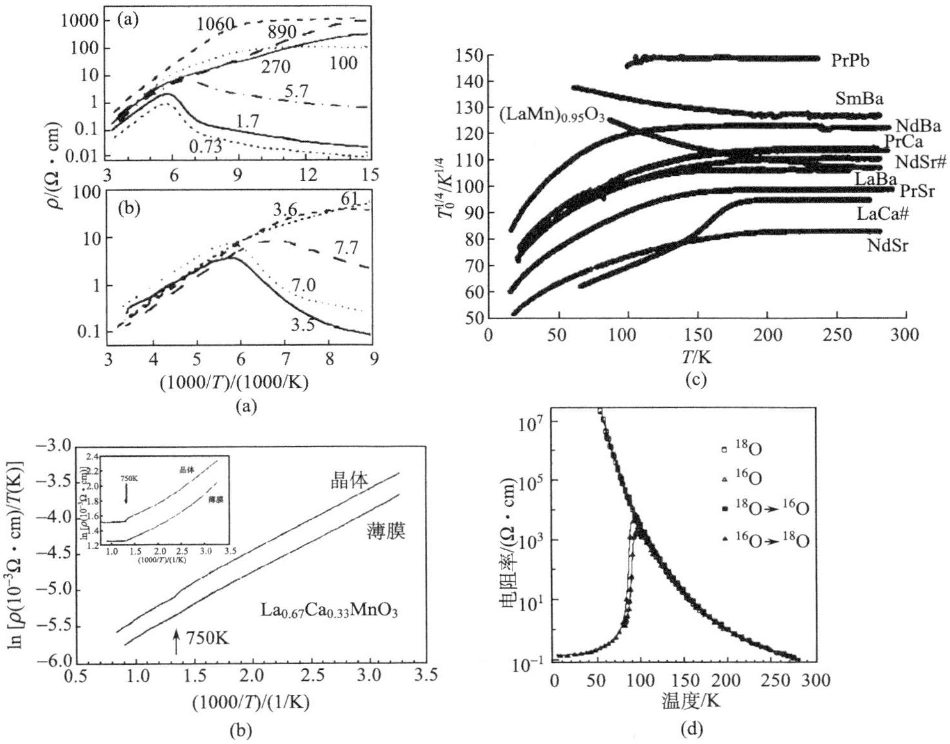

图 6.20　(a)$Nd_{0.7}Sr_{0.3}MnO_{3-\delta}$薄膜样品的半导体热激活模型拟合结果[119]；(b)$La_{0.7}Ca_{0.3}MnO_3$ 薄膜和单晶在高温下的小极化子跃迁[120]；(c)不同的 $A_{0.7}B_{0.3}MnO_3$体系化合物的可变程拟合参数 T_0 和温度的依赖关系[121]；(d)$La_{0.175}Pr_{0.525}Ca_{0.3}MnO_3$ 样品中氧同位素替代导致 M-I 转变[122]

A 位离子半径的变化是和容忍因子紧密相关的，容忍因子定义为 $f=(r_A+r_O)/\sqrt{2}(r_B+r_O)$。容忍因子反映的是由于 A 位和 B 位离子半径的差别而造成的 AO 和 BO_2 面的晶格匹配程度大小。当容忍因子减小时，载流子的迁移率降低，造成电荷局域化程度增加[10]。图 6.21 是 CMR 锰氧化物的 T_C 和容忍因子的关系，可以看出，CMR 材料的性能强烈地依赖容忍因子。

1. 空穴型掺杂锰氧化物

对于空穴型掺杂来说，可以通过在母体 $LaMnO_3$ 中，La 位掺杂二价的碱土离子 Ca、Sr、Ba，或 Pb 引入 Mn^{4+}，从而使得 Mn^{3+}/Mn^{4+}混合价态共存。

用二价离子替代 A 位的三价稀土离子可以改变 Mn 的 3d 带宽的填充比例，引入 DE 作用，从而降低 J-T 畸变和轨道有序。此外，掺杂也可以改变容忍因子

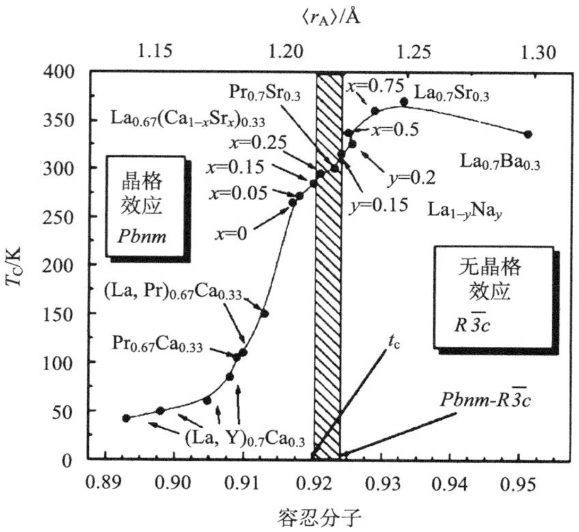

图 6.21　一些常见 CMR 锰氧化物的居里温度与容忍因子之间的关系图[130]

和 Mn-O-Mn 键角，从而改变 Mn 位的超交换作用。因此，空穴型掺杂锰氧化物表现出了复杂的磁性质和丰富的磁相图，包含不同的有序态和基态，如电荷有序、轨道有序、反铁磁、铁磁金属或绝缘。图 6.22 给出了三种典型的锰氧化物，即大带宽 $La_{1-x}Sr_xMnO_3$，中带宽 $Nd_{1-x}Sr_xMnO_3$ 和小带宽 $Pr_{1-x}Ca_xMnO_3$ 的磁相图。带宽的大小是和 e_g 电子的跃迁直接相关的。

当容忍因子或 A 位离子半径减小时，晶格畸变增加，造成 e_g 态载流子的带宽减小。此时，其他的电子不稳定态，如同 DE 作用相竞争的电荷/轨道有序及超交换作用，会在某些温度和掺杂量时占主导。

对于大电子带宽 $La_{1-x}Sr_xMnO_3$ 来说，e_g 电子的跃迁幅度较大，因此具有较高的 T_C 和较宽的铁磁相区域。而对于 $La_{1-x}Ca_xMnO_3$ 和 $Nd_{1-x}Sr_xMnO_3$ 来说，具有铁磁相区域较窄，在一些掺杂组分，由于偏离了 DE 作用，表现出电荷有序态行为的趋势增大。小带宽的 $Pr_{1-x}Ca_xMnO_3$ 由于偏离 DE 作用的程度最大，往往在零场和常压下铁磁金属相就会变得不稳定，从而在相图较大区域出现了铁磁绝缘相。

当带宽随着容忍因子的下降而减小时，随着空穴掺杂量的变化，依次的长程磁有序从 A 型反铁磁-铁磁-A 型反铁磁-C 型反铁磁的转变被打破，出现了电荷有序和 CE 型自旋有序态，基态相图如图 6.23 所示。

除了 A 位掺杂外，B 位 Mn 的掺杂不仅会产生晶格效应，而且会占据 DE 作用输运通道，直接影响 Mn—O—Mn 之间的交换作用，因此能更直接地影响 CMR 锰氧化物的磁性、输运性质及 MR 效应。所以近年来有很多工作都是集中

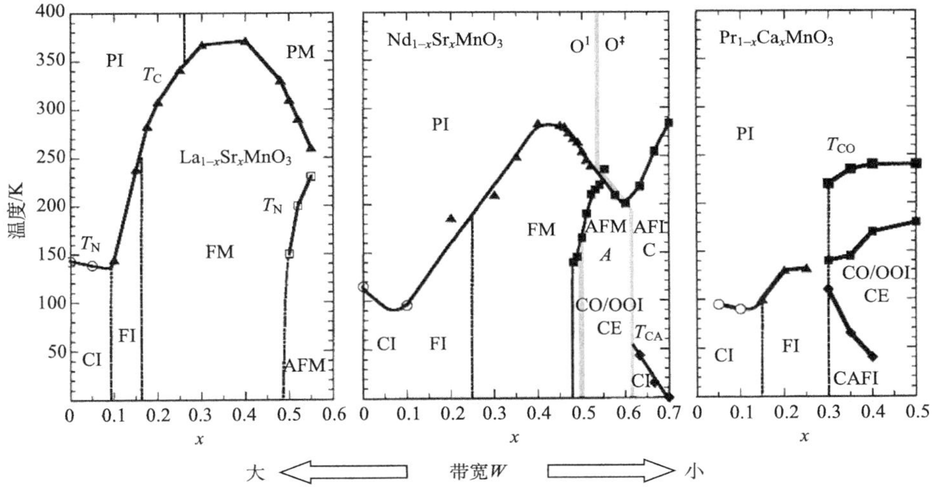

图 6.22　$La_{1-x}Sr_xMnO_3$，$Nd_{1-x}Sr_xMnO_3$ 和 $Pr_{1-x}Ca_xMnO_3$ 的磁相图。PI、PM 和 CI 分别表示顺磁绝缘、顺磁金属和自旋倾斜绝缘态。FI、FM 和 AFM 分别表示铁磁绝缘、铁磁金属和 A 型反铁磁金属态。对于 $Nd_{1-x}Sr_xMnO_3$，$x=0.5$ 的样品表现出了电荷/轨道有序绝缘相(CO/OOI)和电荷交换型(CE)自旋有序。对于 $Pr_{1-x}Ca_xMnO_3$，当 $0.3\leqslant x\leqslant 0.5$，反铁磁绝缘态(AFI)是以 CO/OOI 的形式存在。当 $0.3\leqslant x\leqslant 0.4$ 时，在 AFI 以下，倾斜的反铁磁绝缘态(CAFI)也是以 CO/OOI 相出现[17]

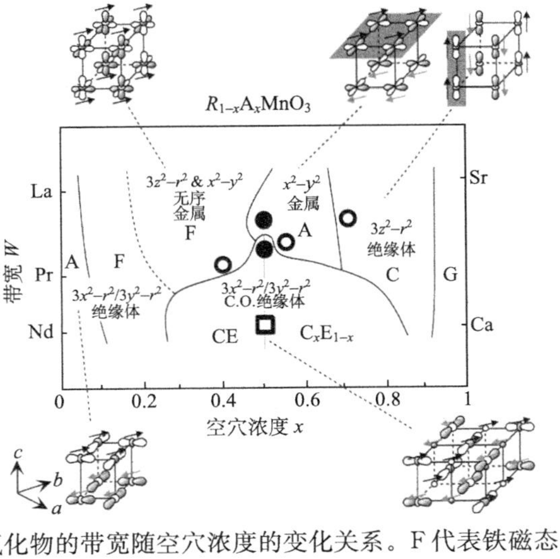

图 6.23　CMR 锰氧化物的带宽随空穴浓度的变化关系。F 代表铁磁态。A、CE、C 和 G 分别代表 A 型、CE 型、C 型和 G 型反铁磁态。图例给出了各自不同的相在 Mn 位的轨道和自旋排列示意图，箭头表示自旋方向，波瓣显示的是 e_g 轨道[131,132]

在 Mn 位的替代研究。Ghosh 等[133]系统地研究了在 Mn 位掺杂 5%的过渡族金属 TE(TE=Cr，Fe，Co，Ni，Cu，Zn)对化合物 $La_{0.7}Ca_{0.3}MnO_3$ 输运和磁性能的影响，结果发现 Cu 的掺入会导致化合物电阻率的下降，而其他元素掺杂都会导致电阻率的增加，其中以 Fe 最为严重。另外，Mn 位掺杂会导致体系 T_C 下降，其中又是掺杂元素 Fe 使得体系的 T_C 下降幅度最大，可能和三价掺杂元素 Fe 的加入使得体系偏离化合物 $La_{0.7}Ca_{0.3}MnO_3$ 的平均 Mn 离子半径(R_{Mn})的程度比较大有关。而对于二价掺杂元素 Cu 和 Zn 来说，Ghosh 等认为由于二价离子的半径较大，对 Mn 的替代会使 Mn-O-Mn 键发生扭曲，从而引入局部的应变，为了释放这种应变，二价的掺杂元素会偏聚到晶界处，从而改善了晶界处的导电能力，因此二价 Cu 的掺入会导致体系电阻率的降低。目前 Mn 位 Cu 掺杂的研究还是存在不少有争议的地方，主要集中在两个方面，一个是有关 Cu 的价态问题，Yuan 等[134]为了解释化合物 $La_{(1+x)/3}Ba_{(2-x)/3}Cu_{1-x}Mn_xO_3$ 的电输运结果，他们认为 Cu 是以三价离子存在的；而 Wang 等[135]在研究体系 $La_{0.7}Ca_{0.3}Mn_{1-x}Cu_xO_3$的电输运和磁性质时，根据实验结果指出当 Cu 的掺杂量小于 5%时，Cu 是以三价离子存在的，当 Cu 的掺杂量超过这一数值时，Cu 是以二价离子存在的。而 Yang 等根据电子型掺杂 $La_{0.85}Te_{0.15}Mn_{1-x}Cu_xO_3$ 的晶格常数的变化规律结果，认为 Cu 是以二价离子存在的[136]。事实上，大多数的研究都认为 Cu 是以二价离子存在的。另一个有争议的地方是 Cu 的掺杂是增加体系的电阻率还是减小体系的电阻率。一个有趣的实验结果是 Pi 等[137,138]在研究体系$La_{0.825}Sr_{0.175}Mn_{1-x}Cu_xO_3$时发现，当 Cu 的掺杂量在小于或等于 0.32 时，随着 Cu 离子掺杂量的增加，体系的电阻率有增加的趋势，但是当 Cu 的掺杂量大于或等于 1/3 时，体系的电阻率随着掺杂量的增加有急剧减小的趋势，他们认为这是由于当 Cu 的掺杂量较多时，pdσ 杂化 Cu^{2+}—O^{2-} 链的导电通道会以渗流的形式出现。至于较高的 Cu 的掺杂量是否会导致这种渗流通道的出现，还是应该需要更多的实验证据来证实。

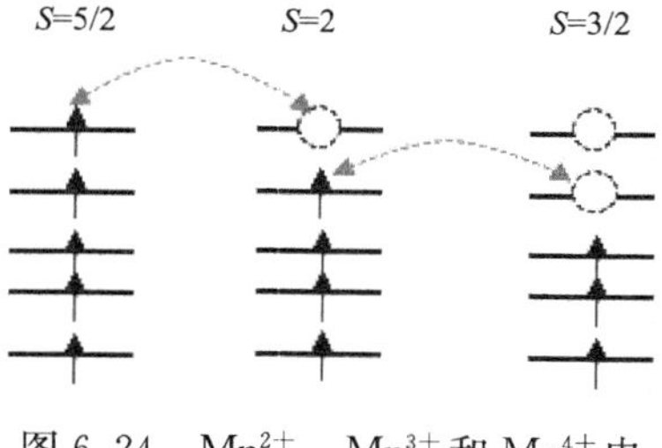

图 6.24 Mn^{2+}、Mn^{3+} 和 Mn^{4+} 电子能级及电子转移示意图[139]

2. 电子型掺杂锰氧化物

由于和空穴型掺杂的锰氧化物结合在一起在自旋电子学器件方面的应用，近年来电子型掺杂的锰氧化物开始受到人们的关注。所谓电子型掺杂，是指在 A 位掺入高价的离子，以使部分 Mn 离子价态变低。通常有两种类型的电子型掺杂(参见图 6.24)：一种是在 A 位是二价的母体化合物中掺入三价或四价的离子，产生

的仍然是 Mn^{3+}/Mn^{4+} 的混合价态（Mn^{4+} 含量较多）；另一种电子型掺杂是在 A 位为三价的母体化合物中掺入高于三价的离子，产生的是 Mn^{2+}/Mn^{3+} 的混合价态。注意到 Mn^{2+} 和 Mn^{4+} 都不是 J-T 离子，而 Mn^{3+} 是 J-T 离子，而且 e_g 和 t_{2g} 芯电子之间的 Hund 耦合和 J-T 畸变在电子型掺杂锰氧化合物中同样适用[139]。

1）$Ca(Sr)RMnO_3$（R＝La，Bi，Tb，Ce）

这类电子型掺杂锰氧化物包含 Mn^{3+}/Mn^{4+} 混合价态，如 $Ca_{1-x}La_xMnO_3$[140-144]，$Ca_{1-x}Bi_xMnO_3$[145]，$Ca_{1-x}Tb_xMnO_3$[146]，$Sr_{1-x}Ce_xMnO_3$[147-149]，$Ca_{1-x}Ce_xMnO_3$[150,151]。

Wang 等比较了电子型掺杂锰氧化物 $La_xCa_{1-x}MnO_3$（$0 \leqslant x \leqslant 0.25$）纳米颗粒和块体样品的结构和磁性质，给出了体系的磁相图（图 6.25）[143]。对于块体样品来说，在 $x=0$ 很小的范围内，体系的基态表现为反铁磁。随着 La 掺杂量增加到 0.1，样品表现为反铁磁和铁磁团簇共存的特征。在 La 的掺杂量为 0.1～0.18 时，样品是铁磁团簇和电荷有序-反铁磁共存，但是铁磁团簇逐渐地被抑制。当 La 的掺杂量超过 0.18 时，体系的基态表现为单一的电荷有序-反铁磁相。对于纳米颗粒样品来说，在整个掺杂范围内都表现出铁磁团簇和反铁磁共存的特征，但是不存在电荷有序态，并且 T_C 先略微下降，在 $x=0.08$ 时最小，然后开始明显地提高。当 La 的掺杂量增加到 0.2 时，出现了再入的团簇玻璃态，并且转变温度 T_f 随着掺杂量的增加而快速增加。块体样品的磁性相图和 Cheong 所报道的结果比较相似[144]。

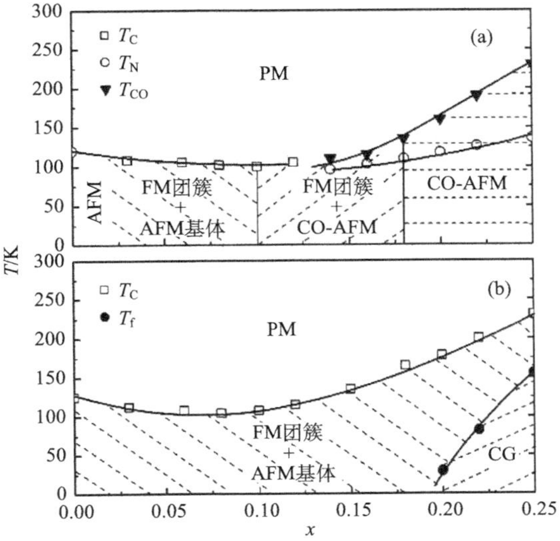

图 6.25　$La_xCa_{1-x}MnO_3$ 体系的块体(a)和纳米(b)颗粒样品的相图[143]

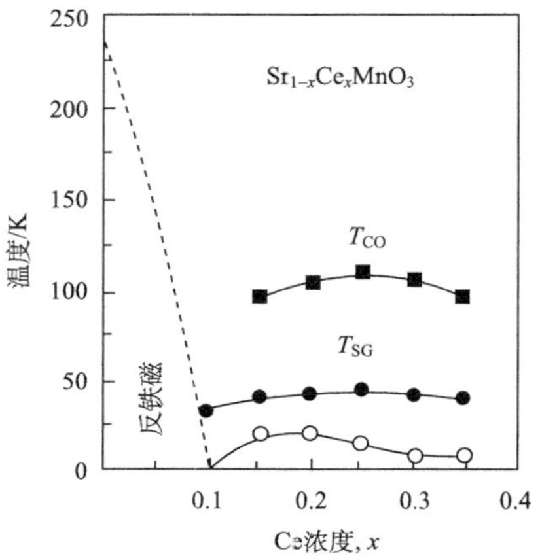

图 6.26 $Sr_{1-x}Ce_xMnO_3$ 体系的相图。T_{CO}代表电荷有序态温度，T_{SG}表示自旋玻璃转变温度。其中实心点和空心点分别表示 0T 和 5T 磁场下得到的数据[147]

Mandal 等[147]对 $Sr_{1-x}Ce_xMnO_3$ ($0 \leqslant x \leqslant 0.35$)的结构、磁性和电输运性质进行了系统研究，并给出了相图，如图 6.26 所示。Caspi 等[151]利用中子衍射、同步辐射 X 射线、小角衍射和磁化率，系统地研究了两个电子掺杂的 $Ca_{1-x}Ce_xMnO_3$ ($0 \leqslant x \leqslant 0.167$)的晶体结构和磁性质。当换算成 Mn 的含量时，$Ca_{1-x}Ce_xMnO_3$ 体系的磁相图和其他掺杂的 $CaMnO_3$ 体系的磁相图相似，如图 6.27 所示。

2) $LaTMnO_3$ (T=Ce，Te，Zr，Sb，Hf，等等)

最近 $La_{1-x}Ce_xMnO_3$ 体系的研究受到了广泛的关注[152-155]。该类化合物有顺磁-铁磁相变和 M-I 转变，同时也具有 CMR 效应。XAS[155] 和霍尔效应[154]的测量表

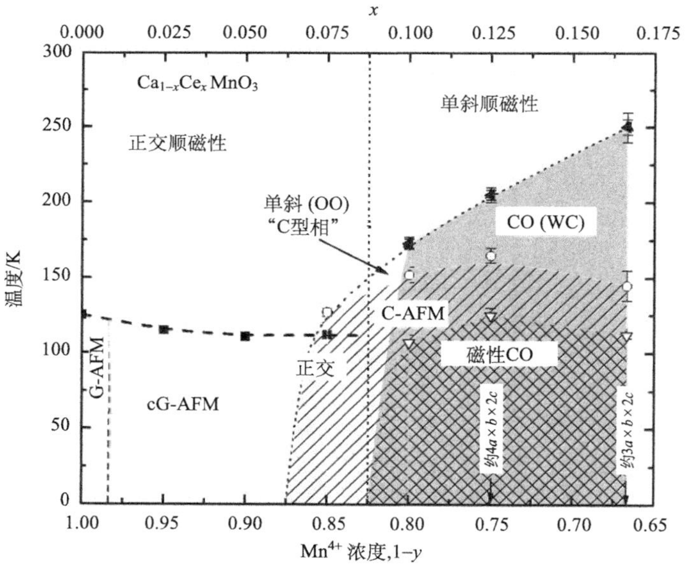

图 6.27 $Ca_{1-x}Ce_xMnO_3$ 体系的相图。其中 cG-AFM 指倾斜的 G 型反铁磁结构；CO-电荷有序；WC-Wigner 型电荷有序；OO-轨道有序；在粗虚线下方 $0.825 < (1-y) \leqslant 1$ 的区域存在 G 型反铁磁，在细点线下方 $0.66 \leqslant (1-y) < 0.875$ 是 C 型单斜相存在的区域，斜线部分 $0.66 \leqslant (1-y) < 0.875$ 是 C 型反铁磁存在的区域，交叉阴影部分 $0.66 \leqslant (1-y) < 0.875$ 是磁 CO 结构，浅灰色部分是 CO 相存在的区域[151]

明该类体系含有 Mn^{2+} 和 Mn^{3+} 的混合价态(如图 6.28 所示)，从而证实了 $La_{1-x}Ce_xMnO_3$ 薄膜为电子型掺杂锰氧化物。基于磁性和电阻测量的结果，$La_{1-x}Ce_xMnO_3$ ($0 \leqslant x \leqslant 0.3$) 薄膜的磁相图如图 6.29 所示。随着 Ce 掺杂量的增加，体系的基态从铁磁绝缘态变为铁磁金属态。

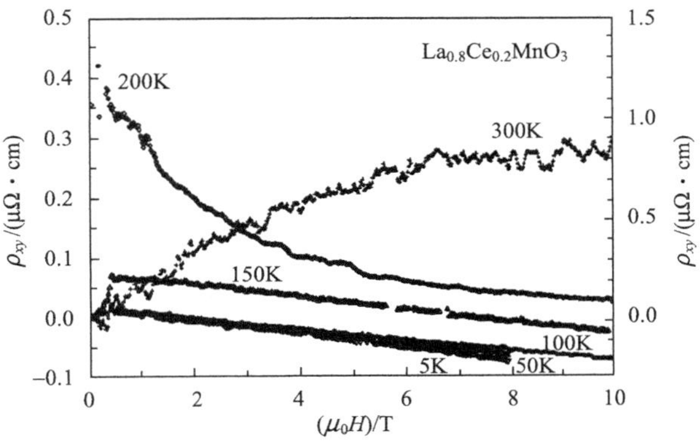

图 6.28 $La_{0.8}Ce_{0.2}MnO_3$ 在不同温度下的霍尔电阻率。在温度 $T < T_C$ 时，负的高场霍尔电阻率系数说明电子型掺杂[154]

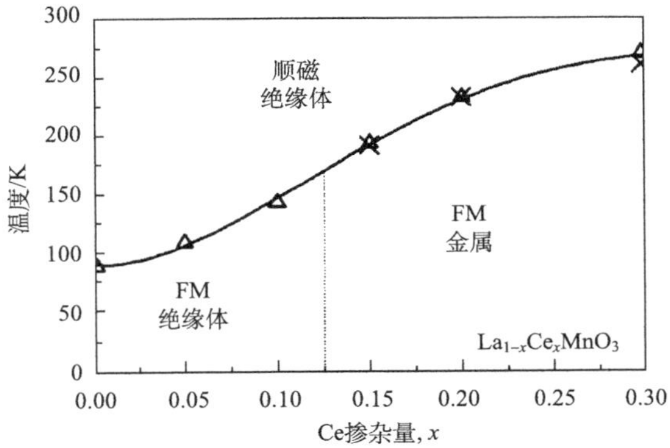

图 6.29 $La_{1-x}Ce_xMnO_3$ 体系在 0～0.3 掺杂范围内的相图[154]

电子型和空穴型掺杂的锰氧化物组合在一起拓展了自旋电子学器件方面的应用范围。Mitra 等报道了 $La_{0.7}Ce_{0.3}MnO_3$/STO/$La_{0.7}Ca_{0.3}MnO_3$ 所组成的铁磁隧道结的磁输运结果(图 6.30)[156]。低温时，不管基电压大小如何，隧道结都具有较大的正的隧穿磁电阻效应。在低于 T_C 的中间温区，隧穿磁电阻的正负取决于基电压的大小。结的磁电阻特征表明 $La_{0.7}Ce_{0.3}MnO_3$ 是具有高度自旋极化的少数自旋载流子铁磁体。

Tan 等率先报道了电子型掺杂锰氧化物 $La_{1-x}Te_xMnO_3(0.04\leqslant x\leqslant 0.2)$的电磁性质[157-160]。XPS 结果揭示了 Te 离子是以四价形式存在的，且锰离子是以 Mn^{2+}/Mn^{3+}混合价态的形式存在的，如图 6.31 所示。Yang 等测量了 $La_{0.9}Te_{0.1}MnO_3$ 室温下在磁场变化下的霍尔电阻率[161]，如图 6.32 所示。霍尔电阻率在高场下的斜率为负值，表明 $La_{0.9}Te_{0.1}MnO_3$ 体系中的载流子类型主要是电子。在系统研究了 $La_{1-x}Te_xMnO_3(0.05\leqslant x\leqslant 0.65)$化合物电磁性质的基础上，Yang 给出了该体系的磁性相图[162]。此外，Yang 等还开展了掺杂效应对 $La_{0.85}Te_{0.15}Mn_{1-x}Cu_xO_3$ $(0\leqslant x\leqslant 0.20)$[136] 和 $La_{0.9-x}Pr_xTe_{0.1}MnO_3$ $(0\leqslant x\leqslant 0.9)$[163]化合物的结构、磁性和电输运性质，结果表明容忍因子主要决定了该类电子型掺杂锰氧化物的物理性能(图 6.33)。另外，Yang 等还研究了氧含量[164]和晶粒尺寸[165]对 $La_{0.9}Te_{0.1}MnO_3$ 体系的电磁性质的影响，以及该体系的热导率[161]、磁热效应[166]和临界行为[167]。最近，他们还开展了 $La_{1-x}Te_xMnO_3(0.1\leqslant x\leqslant 0.2)$化合物的电子顺磁共振的研究[168]，如图 6.34 和图 6.35 所示。从共振线宽的温度依赖关系和磁化率倒数结果可以看出，体系真正的顺磁态是在 T_{min}(对应着最小的共振线宽 ΔH_{pp}所对应的温度)温度以上。在 T_C 和 T_{min}之间，在顺磁背景上存在着短程有序的铁磁相。体系的 ΔH_{PP}和电导率在 T_{min}以上都满足小极化子跃迁模型，并且两者所计算得到的激活能比较接近。这种相似性主要是起源于载流子的跃迁程度将决定自旋态的寿命、EPR 线宽以及电导率。进一步的研究表明，在 T_{min}以上的 ΔH_{PP}的增宽源于 e_g 极化子的自旋和晶格之间的弛豫率的增加。

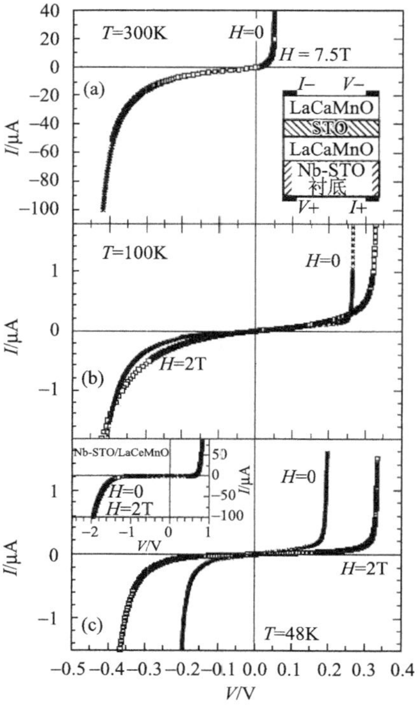

图 6.30　$La_{0.7}Ce_{0.3}MnO_3/STO/La_{0.7}Ca_{0.3}MnO_3$ 结的隧穿 I-V 曲线：(a)室温，零场和 7.5T；(b)100K，零场和 2T；(c)48K，零场和 2T，插图是 $La_{0.7}Ce_{0.3}MnO_3/Nb$-STO 在 48K 时的 I-V 曲线[156]

人们也研究了其他的电子型掺杂锰氧化物，如 $La_{1-x}Zr_xMnO_3$[169]，$La_{1-x}Sb_xMnO_3$[170]，$La_{1-x}Hf_xMnO_3$[171]。图 6.36 给出了 $La_{1-x}Hf_xMnO_3(0\leqslant x\leqslant 0.3)$的相图，与 $La_{1-x}Ce_xMnO_3(0\leqslant x\leqslant 0.3)$的相图比较类似[154]。

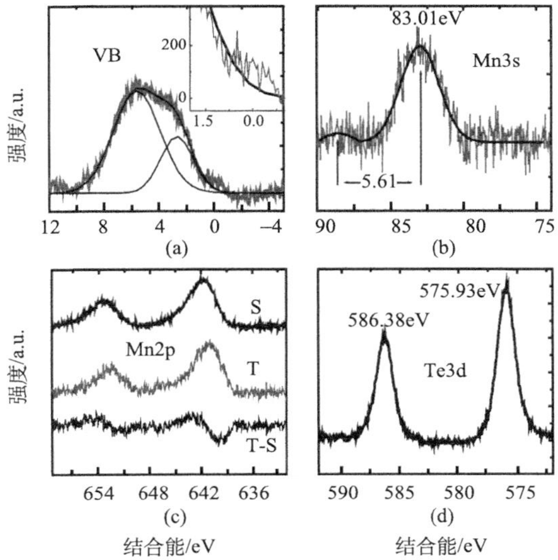

图 6.31 样品的 XPS 结果：(a)价带和高斯拟合曲线，插图是费米面附近的放大图；(b)Mn3s 芯能级谱；(c)Mn2p 谱-$La_{0.9}Te_{0.1}MnO_3$(T)，$La_{0.8}Sr_{0.2}MnO_3$(S)，以及它们之间的差别(T-S)；(d)Te3d 谱[158]

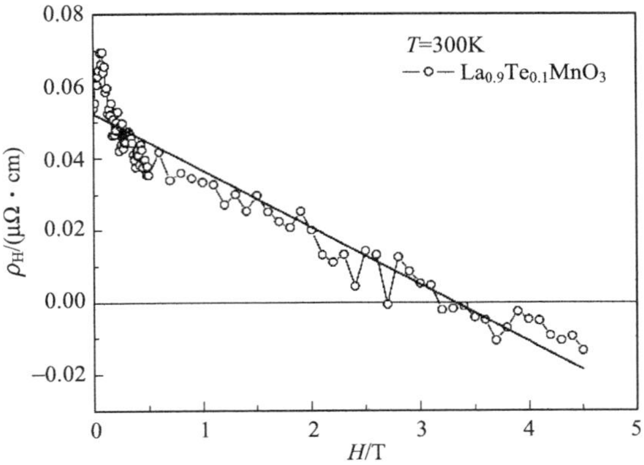

图 6.32 室温下 $La_{0.9}Te_{0.1}MnO_3$ 霍尔电阻率的磁场依赖关系[161]

6.3.6 电荷有序和轨道有序

所谓电荷有序化是指固体中特定晶格位置上带不同电荷的离子的有序排列，使得电子局域化，材料表现为绝缘行为。在锰氧化合物当中，当掺杂引入的 Mn^{4+} 达到特定的浓度(如 1/2，5/8 等)时，低温下 Mn^{3+} 和 Mn^{4+} 可能在实空间有

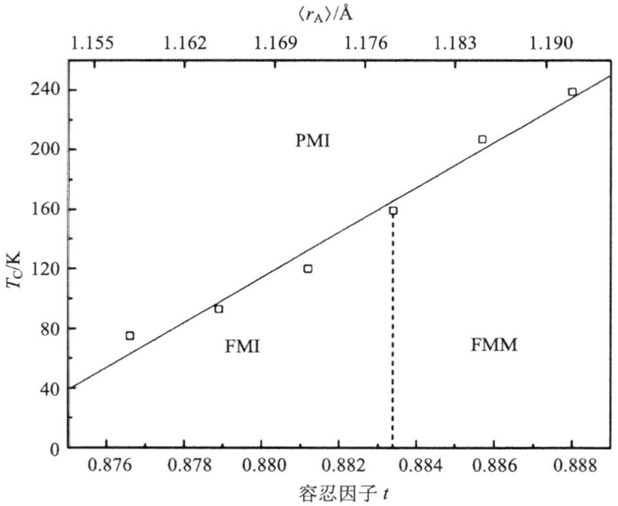

图 6.33　$La_{0.9-x}Pr_xTe_{0.1}MnO_3$($x$=0，0.18，0.36，0.54，0.72 和 0.9)体系居里温度随容忍因子和 A 位平均离子半径的变化关系[163]

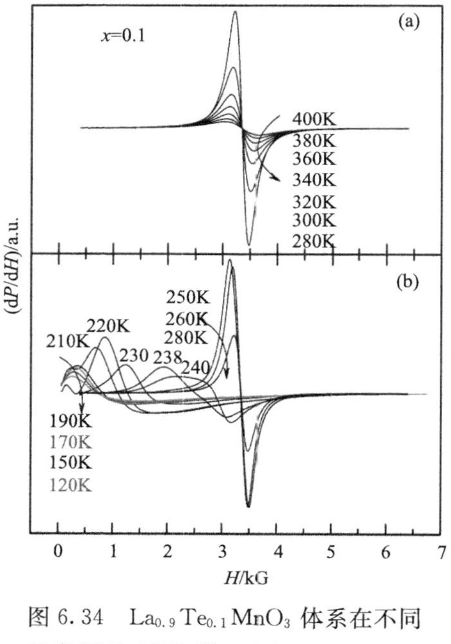

图 6.34　$La_{0.9}Te_{0.1}MnO_3$ 体系在不同温度下的 EPR 谱：(a) 280～400K；(b)120～280K[168]

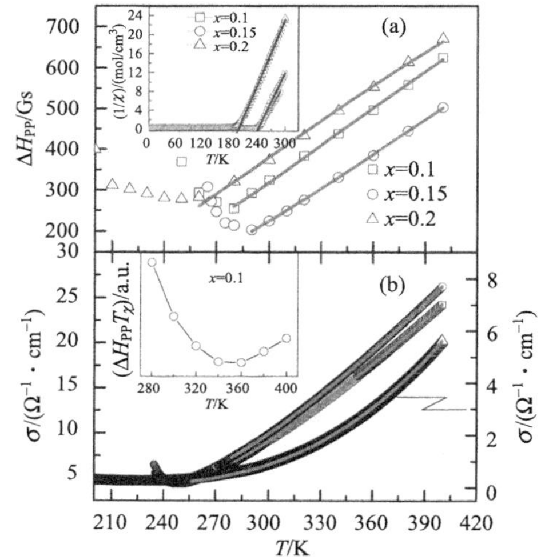

图 6.35　(a)$La_{1-x}Te_xMnO_3$ EPR 线宽的温度依赖性；其中的插图表示样品的磁化率倒数与温度的依赖关系。实线是根据居里-外斯定律拟合结果。(b)电导率随温度的变化关系。实线是小极化子跃迁模型拟合结果；其中的插图是 $La_{0.9}Te_{0.1}MnO_3$ 样品的 $\Delta H_{PP}T\chi$ 温度依赖曲线[168]

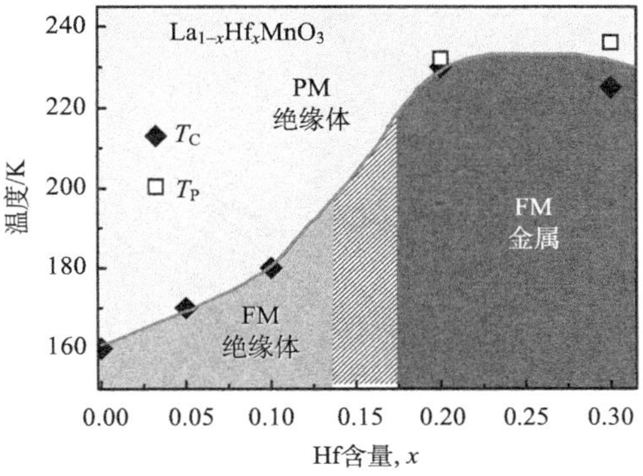

图 6.36　$La_{1-x}Hf_xMnO_3$ 体系的相图[171]

序分布，从而形成电荷有序相。目前，关于锰氧化合物中电荷有序的成因仍存在一些争议，究竟是超交换作用、J-T 畸变还是库仑排斥作用还不清楚，因为这几种相互作用的量级比较接近，不过比较一致的观点就是超交换作用(反铁磁)稳定了电荷有序相。电荷有序化通常被划分为两种类型[172]：Ⅰ型和Ⅱ型。所谓Ⅰ型，是指材料的电荷有序温度 $T_{CO}<T_C$，也就是表明这种材料在降温的过程中，首先表现为铁磁金属性导电，然后随着温度的降低转变为反铁磁绝缘体。$Nd_{1/2}Sr_{1/2}MnO_3$就属于这种类型。它的 $T_C\approx250K$，$T_{CO}\approx158K$。当 A 位的平均半径比较小时，能带的宽度 W 比较窄，在高温下就有可能形成电荷有序态；如果 $T_{CO}>T_C$，则铁磁金属相就不会出现，这种材料就称为Ⅱ型电荷有序态，材料的反铁磁转变温度 T_N 通常低于电荷有序化的温度 T_{CO}，即 $T_N<T_{CO}$，$Pr_{1-x}Ca_xMnO_3$就属于典型的Ⅱ型电荷有序化。

大量的实验表明[173,174]，电荷有序相是与单电子带宽密切相关，也就是说，电荷有序相是否稳定与 A 位离子平均半径关系密切[175](图 6.37)，DE 作用强烈地依赖于单电子带宽，因而增加单电子带宽可能会引起电荷有序相的不稳定，如外加电磁场[176]、光照[177]以及同位素替代[122]、元素替代[178]等都会导致电荷有序相的消失。另外，电荷有序相的出现，一般伴随着电阻、磁化率、晶格、比热容、声速以及超晶格电子衍射斑点强度等明显的变化[179,180]，如图 6.38 所示。

电荷有序一般比较容易出现在一些特定的掺杂比例，如 $x=1/2$，2/3，3/4，4/5，对应于正交晶胞 2 倍、3 倍、4 倍、5 倍的晶格参数的超晶格结构，除了可以通过电子衍射花样的方法可以看到这种超晶格结构外，还可以利用电子显微成像技术直接观察到 $Mn^{4+}O_6$ 分隔的 J-T 畸变的 $Mn^{3+}O_6$ 条纹相[181]，如图 6.39 所示。

轨道有序就是指 e_g 电子有序地占据不同的 d 轨道态，如图 6.40(a)所示。

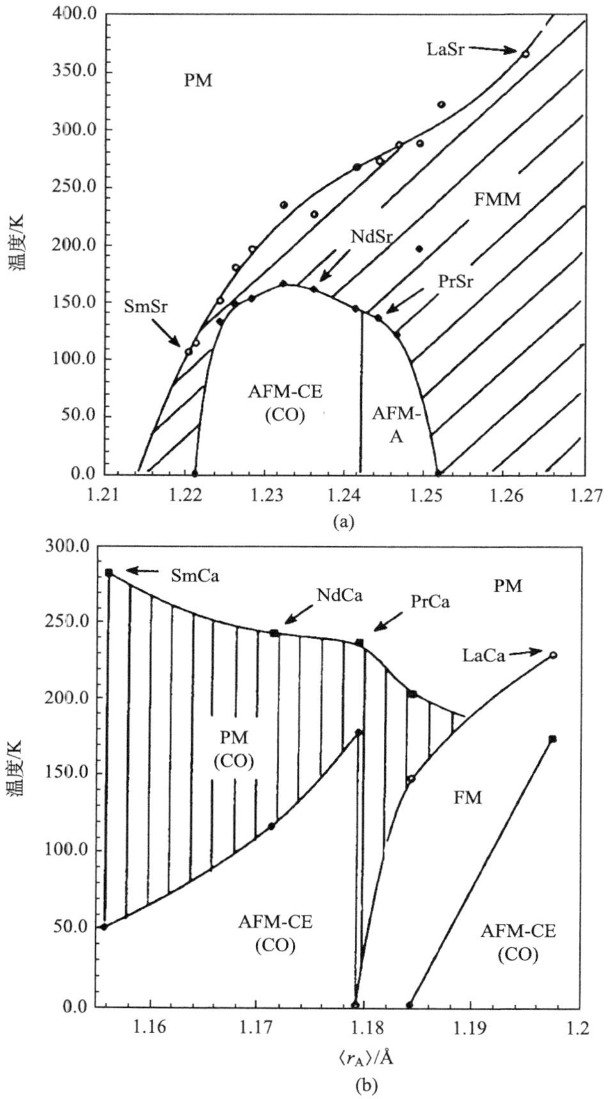

图 6.37　离子半径对化合物的电荷有序态的影响[175]

Mn^{3+} 的 e_g 电子有两个简并的轨道自由度 x^2-y^2，$3z^2-r^2$，在畸变作用下简并消除。对应两种不同的 J-T 畸变模式，两个轨道态对应不同的能量、能带宽度和色散关系，Mn^{3+} 的一个 e_g 电子倾向占据能量较低的轨道态。由于电子-电子相互作用或 J-T 耦合，不同电子轨道态之间会发生关联。平均场理论给出，当这种关联很强时，轨道态将成有序分布。轨道有序态将会引起各向异性的输运和自旋

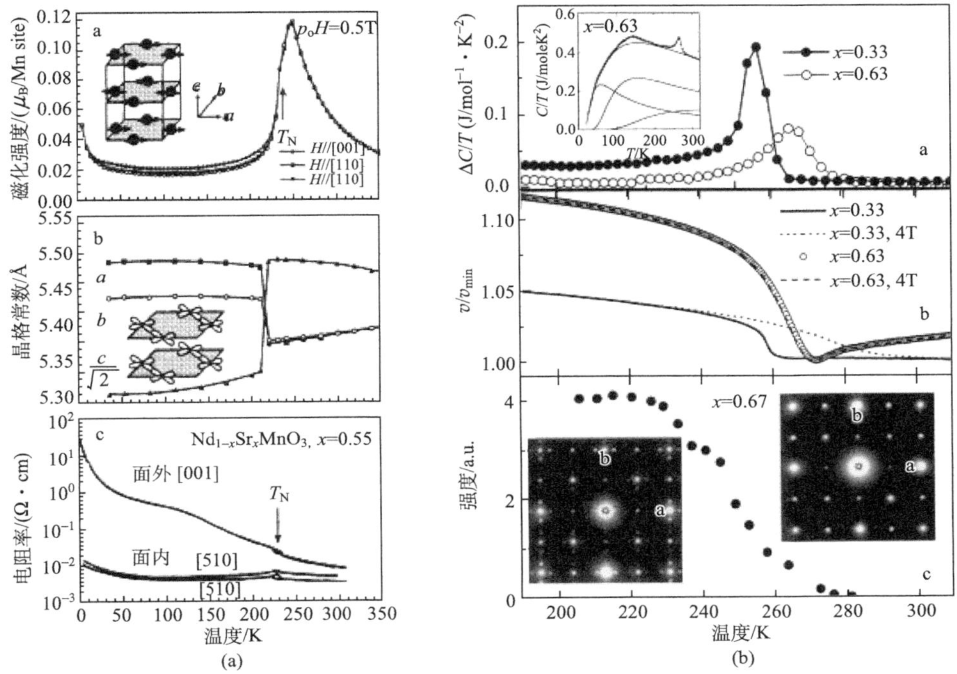

图 6.38　(a)$Nd_{0.55}Sr_{0.45}MnO_3$ 磁化强度、晶格常数和电阻率随温度变化的 CO 特征[179]；(b)$La_{1-x}Ca_xMnO_3$ 的比热、声速以及超晶格电子衍射斑点的强度与温度关系[180]

激发，故在实验上可以通过磁化张量的各向异性来观察。形成轨道有序的原因究竟是电子-电子相互作用还是 J-T 耦合，还需作进一步的研究。在实验上，Murakami 等[182]利用 X 射线共振散射实验技术，在 $La_{0.5}Sr_{1.5}MnO_4$ 中直接观察到电荷有序和轨道有序的同时发生。Kimura 等[183]通过对 $La_{2-2x}Sr_{1+2x}Mn_2O_7$ 磁弹性和磁输运的研究，认为磁弹性行为是通过场引导的轨道态占有情况的变化而变化，从而说明自旋、轨道和晶格在体系中是相互关联的。

在电荷有序化和轨道有序形成以后，Mn 离子间的交换作用是各向异性的，因为一个满的 $3d_z^2$ 轨道和一个空的 $3d_z^2$ 轨道之间的超交换作用是铁磁性的，而两个空的 $3d_z^2$ 之间的超交换作用则是反铁磁性的，这就导致了该种结构的复杂的磁有序。因此低温下稀土锰氧化物呈 CE 型磁有序。CE 型反铁磁自旋有序是指 Mn^{3+} 和 Mn^{4+} 的交替有序，*ab* 面内的自旋有序比较复杂，自旋沿 *c* 轴呈反铁磁排列，如半掺杂锰氧化物($x=0.5$)，CE 型自旋结构还包括自旋在 *ab* 面内的排列与 CE 型反铁磁自旋相类似，而自旋沿 *c* 轴呈铁磁排列，如$Pr_{0.6}Ca_{0.4}MnO_3$[9]，如图 6.40(b)所示。

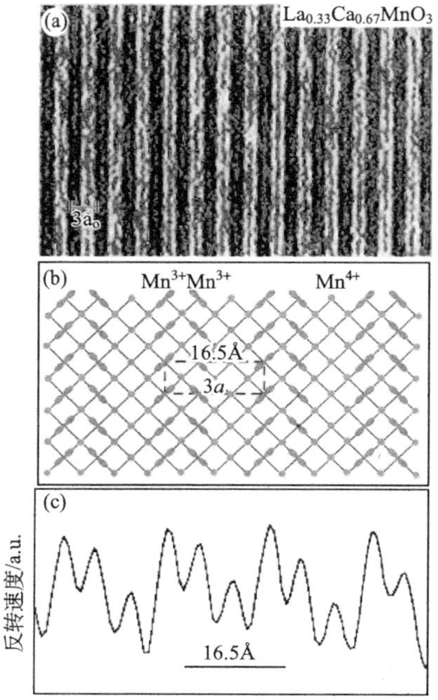

图 6.39 (a)95K 下的 $La_{0.33}Ca_{0.67}MnO_3$ 电子显微晶格相，显示出 $3a$ 周期的 J-T 畸变的 $Mn^{3+}O_6$ 条纹相；(b)ab 面 Mn^{3+}/Mn^{4+} 有序图；(c)在图(a)区域扫描的反转的强度图[181]

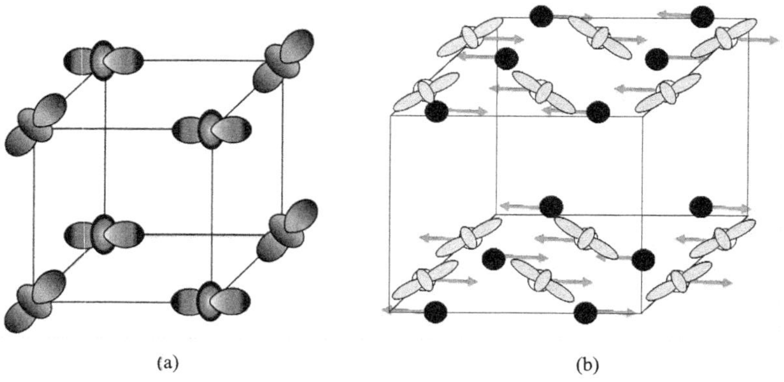

图 6.40 (a)轨道有序示意图；(b)CE 型反铁磁电荷有序示意图

6.3.7 相分离

相分离现象对应着互相渗透的子相的同时共存。越来越多的实验和理论研究表明，锰氧化物由于存在相分离的趋势(通常包含铁磁金属、反铁磁电荷绝缘和轨道有序绝缘畴)，其基态是本征不均匀的。事实上，这种不均匀性决定了很多材料体系的物理性能，并且不均匀性有时也称为相分离。相分离的概念首先在 1987 年由 Gor'kov 和 Sokol 在研究 La_2CuO_4 时所提出[18]。随后，相分离或相不均匀性被认为是理解 CMR 材料物理所必须考虑的关键因素[10]。Tokura 认为它是不同长度(从纳米到微米)和时间(从静态到动态)尺度下两个临界相竞争所具有的内禀特征[19]。Dagotto 等认为相分离有两个起因[10]：一个是由不同载流子密度相组成的电子相分离，团簇尺度在纳米量级；另一个是在相同载流子密度相之间由无序引起的相分离，它发生在一级 M-I 转变附近并具有渗流的特点，其尺度在微米量级。此外，这种不均匀性可以在外加刺激(如磁场、温度、光照、电场等)的情况下演化。

对于空穴型掺杂锰氧化物来说，已经有许多相分离的实验证据，如电子显微镜(EM)[185]，扫描隧道显微镜(STM)[186]，磁力显微镜(MFM)[187]，扫描电子纳米衍射图(SEND)[188]，X 射线吸收谱[189]，小角中子衍射[190]，拉曼谱[191]，穆斯堡尔谱[192]，电子自旋共振谱(ESR)[193]，核磁共振[194]，μ 介子自旋弛豫[195]，内耗[149,196,197]以及介电谱[198,199]。这里我们重点介绍直接的图谱证据和内耗、介电谱的证据。

1. 直接证据

Fäth 等[186]利用 STM 在 $La_{1-x}Ca_xMnO_3$ ($x\approx0.3$) 中观察到了亚微米尺度的局域电子结构的空间变化。STM 图在 0～9T 磁场范围内取得，在 T_C 以下看到了绝缘区。随着磁场的增加，绝缘区域收缩并且转变为金属区，尽管绝缘区在高达 9T 的情况下依然存在，如图 6.41 所示。

Zhang 等[187]利用低温的 MFM 研究了 $La_{0.33}Pr_{0.34}Ca_{0.33}MnO_3$ 薄膜，直接观测到了渗流现象，如图 6.42 所示。冷却时，$La_{0.33}Pr_{0.34}Ca_{0.33}MnO_3$ 薄膜中孤立的铁磁畴开始长大，在 M-I 转变温度 T_{P1} 附近合并，造成电阻率急剧减小并且在 T_{P1} 以下继续长大。作为对比，在升温时，铁磁畴尺寸直到转变温度附近都没有发生变化。电阻率的跃升源于平均磁化强度的降低。铁磁畴在高于 T_{P1} 温度的 T_{P2} 时几乎消失，表现出了局部的磁滞回线，与电阻率回线结果一致。在远高于 T_{P2} 的温度，观察到了具有较高转变温度的一些铁磁畴，表明存在磁性不均匀性。

最近，Tao 等[188]利用具有纳米分辨率的结构探针，即扫描电子纳米衍射仪，研究了 $La_{0.55}Ca_{0.45}MnO_3$ 相图中的混合相区域。这项技术能够直接给出顺磁-铁磁相变过程中所出现的纳米尺度电荷有序相的图像，而且能够确定各自不同相的体积含量(图 6.43)。结果显示，$La_{0.55}Ca_{0.45}MnO_3$ 顺磁-铁磁相变过程中同时伴

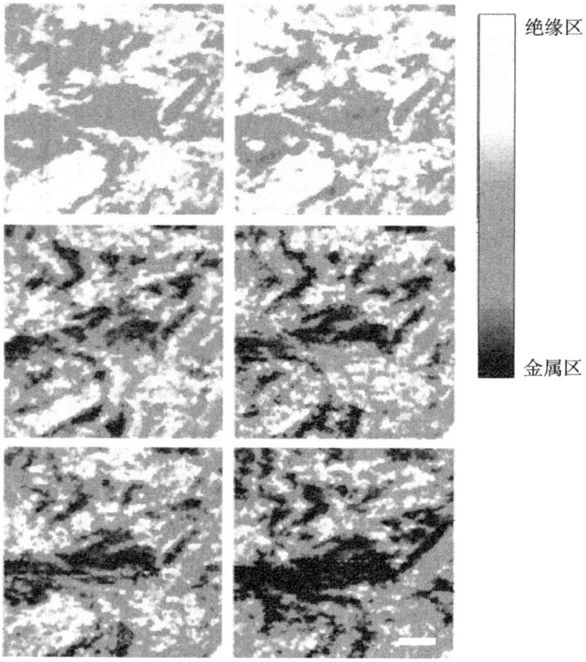

图 6.41　在 T_C 以下，(La，Ca)MnO_3 体系在 0、0.3T、1T、3T、5T 和 9T 磁场下(从左到右，从上到下)的局域电子结构谱[186]

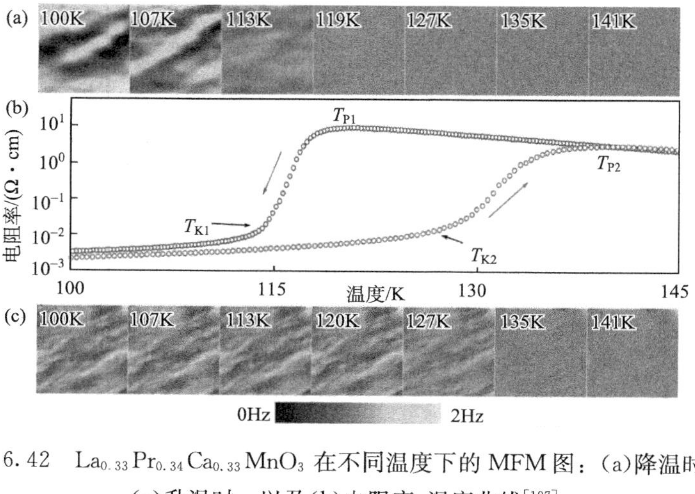

图 6.42　$La_{0.33}Pr_{0.34}Ca_{0.33}MnO_3$ 在不同温度下的 MFM 图：(a)降温时，(c)升温时；以及(b)电阻率-温度曲线[187]

随着纳米尺度电荷有序团簇的演化过程。

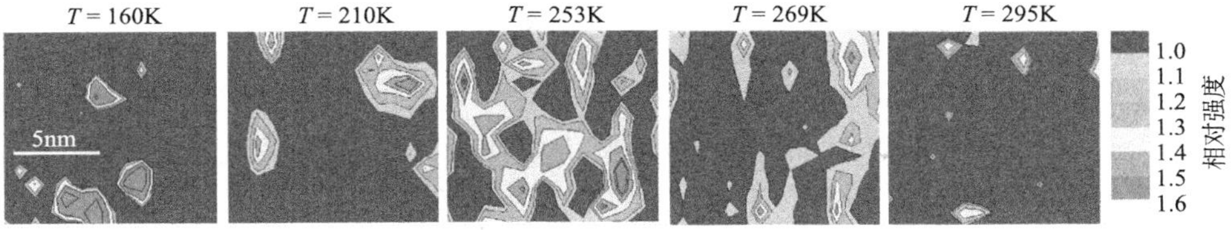

图 6.43(另见彩图)　$La_{0.55}Ca_{0.45}MnO_3$ 样品当温度升高通过顺磁-铁磁相变温度后，超晶格反射的强度分布图[188]

2. 内耗

内耗对固体的缺陷和微观过程非常敏感，而且测量过程中不破坏样品，可以判断微观过程是相变还是弛豫，以及获得一些如激活能和弛豫时间等定量信息。此外，杨氏模量可以反映晶格变化的信息。Ma 等利用内耗测量手段研究了最佳掺杂体系 $La_{0.67}Ca_{0.33}MnO_3$，发现样品在铁磁区存在着本征不均匀性[196]。在 260K，222K 和 105K 出现三个内耗峰，如图 6.44 所示。其中 260K 的峰具有相变峰的特征，对应着顺磁-铁磁相变；而 105K 的峰对应着 MnO_6 八面体局域畸变无序诱导的电子相分离，造成在 105～260K 温度之间存在着金属畴和绝缘畴的共存。在 222K 的宽峰具有弛豫的特征，对应着绝缘畴和导电畴的热激活运动。

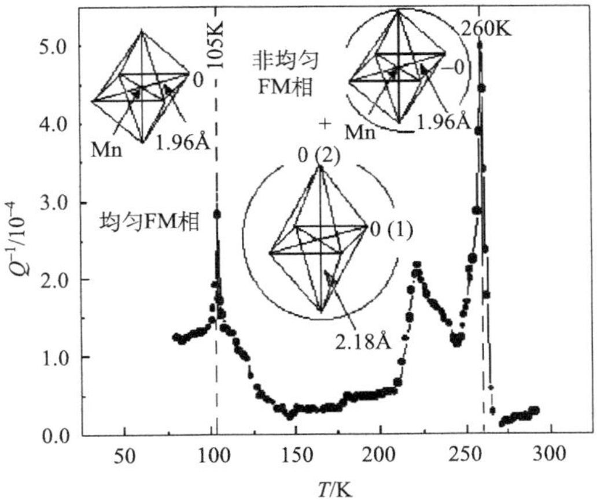

图 6.44　$La_{0.67}Ca_{0.33}MnO_3$ 样品的内耗-温度谱以及 MnO_6 八面体在不同温区畸变示意图[196]

对于电子型掺杂锰氧化物 $Sr_{0.8}Ce_{0.2}MnO_3$($T_N=210K$)来说，在 250K 附近有一个内耗峰，具有弛豫的特征[149]。在外加磁场的情况下，由于在顺磁区出现了铁磁团簇，内耗峰移向高温，如图 6.45(a)和(b)所示。Lu 等[197]还利用内耗研究了电荷有序和无序共存的体系 $Bi_{0.4}Ca_{0.6}MnO_3$ 中的应变效应，在 320K 和 260K 出现了两个内耗峰，如图 6.46 所示。320K 的峰对应着电荷有序相变，具有典型的马氏体相变的特征，而 260K 的弛豫峰起源于电荷有序畴和电荷无序畴的运动。本征不均匀性的马氏体相变的存在造成了电荷有序和电荷无序相的共存，能够稳定锰氧化物中较大尺度的相分离。

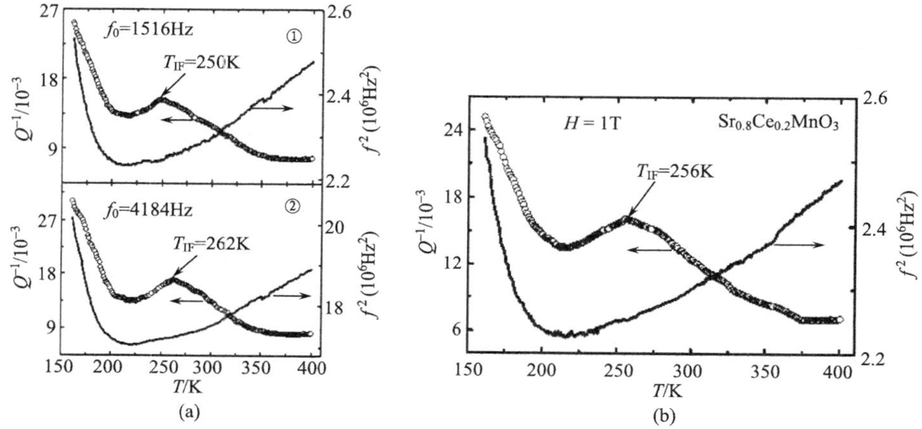

图 6.45　(a)$Sr_{0.8}Ce_{0.2}MnO_3$ 样品在不同频率下的内耗和杨氏模量的温度依赖关系；(b)在 1T 磁场下的内耗和杨氏模量的温度依赖关系[149]

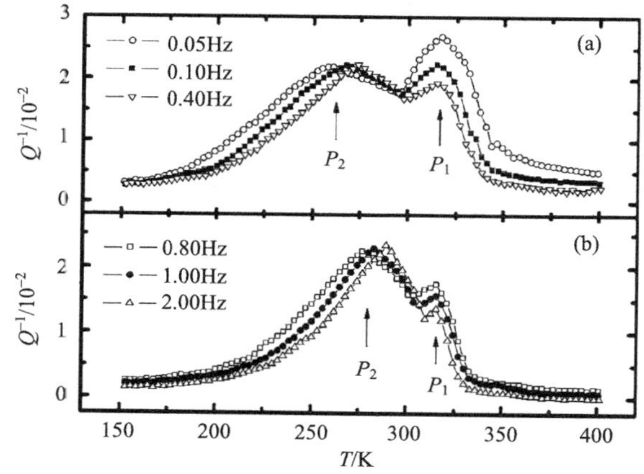

图 6.46　$Bi_{0.4}Ca_{0.6}MnO_3$ 在不同频率下的内耗-温度谱：(a)0.05Hz、0.1Hz 和 0.4Hz；(b)0.8Hz、1Hz 和 2Hz[197]

3. 介电谱

最近，Sheng 等利用介电谱研究了锰氧化物薄膜 $Pr_{0.5}Ca_{0.5}MnO_3$(PCMO)和 $Pr_{0.55}(Ca_{0.75}Sr_{0.25})_{0.45}MnO_3$(PCSMO)的相分离[198]。Nb 掺杂的 $SrTiO_3$(STO:Nb)中的耗散层能够作为锰氧化物薄膜介电性能测量中的隔离层，在电荷有序绝缘体和铁磁金属态的相分离区，发现了多重的介电弛豫现象(图 6.47)。多重相以及相边界的动力学可以独立地从温度以及磁场变化的动态电容谱推导出来。Mickel 等利用频率依赖的介电测量手段去分别确认 $(La_{1-y}Pr_y)_{0.67}Ca_{0.33}MnO_3$ 薄膜中所存在的电荷有序绝缘相和顺磁绝缘相，并且在较大的温度区间内提供这些相之间的动态竞争在空间和时间上的描述[199]。这些结果为探测关联电子氧化物材料中的相分离现象提供了一个参考。

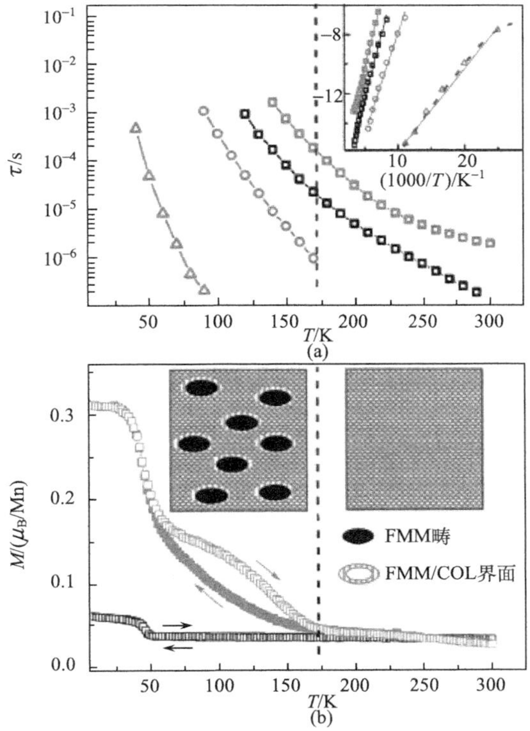

图 6.47(另见彩图)　(a)PCMO(黑色)和 PCSMO(红色)的弛豫时间随温度变化的曲线。红色线中，正方形、圆形和三角分别代表 PCSMO 的弛豫时间 τ_1、τ_2 和 τ_3。插图是弛豫时间的 Aurivillius 关系图。(b)PCMO(黑色)和 PCSMO(红色)的磁化强度-温度曲线。箭头表示温度变化方向，插图是 PCSMO 样品中多重相共存的示意图[198]

6.3.8 CMR效应的理论研究

早在20世纪50年代，Zener就为解释锰氧化物中磁性和输运性质之间的关联提出了DE理论。DE模型可以定性地解释锰氧化物中的铁磁性以及这种关联，但它只适合于非电荷有序的状态，这里电子是巡游的并且氧起了关键作用[7]。DE作用可以形象地用图6.48来描述。如前所述，Mn^{3+}的$3d^4$电子能级在八面体晶体场和J-T效应的作用下要发生劈裂。对于Mn^{3+}，由于强的在位Hund耦合，处于e_g态的单个电子的自旋与t_{2g}轨道上的三个电子的自旋取向一致，此时Mn^{3+}基态电子组态为$t_{2g}^3e_g^1$。当La^{3+}被二价阳离子部分替代后，体系中引入了Mn^{4+}，其基态电子组态为$t_{2g}^3e_g^0$，即相当于引入了部分的e_g空轨道。这时锰氧层中形成Mn^{3+}—O—Mn^{4+}的共价键结构。由于t_{2g}态能量较低，它与O^{2-}的2p轨道重叠较小，因此t_{2g}的三个电子形成局域电子，是具有$S=3/2$的芯自旋；而e_g态的能量较高，它与O^{2-}的2p轨道产生很强的杂化，结果O^{2-}的2p轨道上的一个电子可以转移到相邻的Mn^{4+}的e_g空轨道上；与此同时，O^{2-}相邻的Mn^{3+}的e_g电子补充到O^{2-}的2p轨道上。这一电子转移过程中，体系能量保持不变。这样e_g电子就成为了巡游电子，形成导电。此外，e_g电子在转移过程中必须保持原来的自旋取向，这使得相邻Mn^{3+}和Mn^{4+}的芯自旋具有相同取向，于是相邻锰离子之间以O^{2-}为媒介，通过e_g电子的运动而形成铁磁性耦合，这就是DE作用过程。根据DE模型，e_g电子能否实现在Mn^{3+}和Mn^{4+}之间的跳跃主要取决于转移积分t_{ij}的大小。而$t_{ij}=t_{ij}^0\cos(\theta_{ij}/2)$，式中$t_{ij}^0$为“裸”自旋态时的$e_g$电子转移积分；$\theta_{ij}$为相邻$Mn^{3+}$与$Mn^{4+}$局域自旋之间的夹角[200]，如图6.49所示。

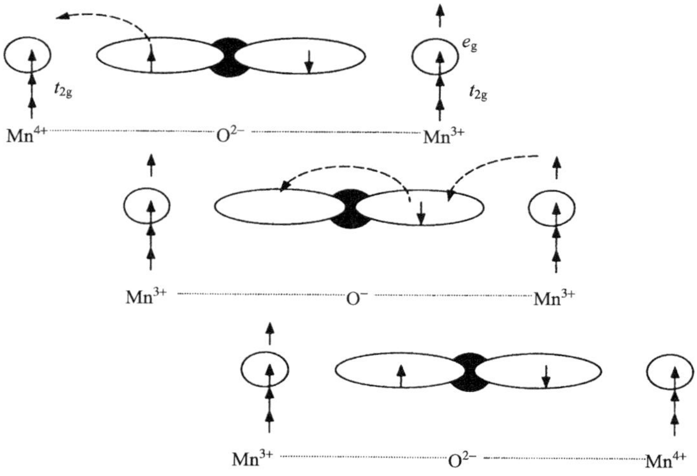

图6.48　锰氧化物中Mn^{3+}-O^{2-}-Mn^{4+} DE作用示意图[7]

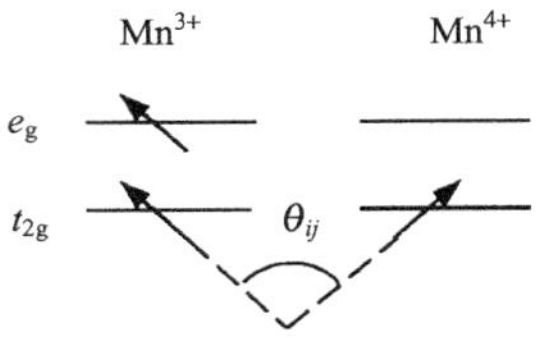

图 6.49　相邻锰自旋间的夹角(θ_{ij})示意图[200]

Zener 的 DE 模型和 Anderson 的超交换作用模型不同之处在于：前者是锰和氧离子的 p-d 电子的杂化(或称为共价作用)，电子在 Mn—O 之间运动，并具有动能；而后者是锰和氧离子之间形成离子键。当 d 和 p 电子的波函数相互重叠并在激发态时，O2p 电子才有可能跃迁到 Mn3d 轨道。由于跃迁概率很小，实际上没有电子在 Mn-O 之间运动。另外，两者的磁性或 T_C 与磁性离子含量的关系不同。前者的表现是其极大值出现在二价碱土离子掺杂量 30%～40%处，后者的磁性的极大值都在掺杂量的 50%附近(如锰锌铁氧体中 $Mn_{0.5}Zn_{0.5}$时 M_s 最大)。

值得注意的是，连接 Mn 离子的氧离子是 DE 作用的关键所在，但是大多数理论处理并未考虑氧的存在，哈密顿中仅计入锰的贡献，似乎铁磁态不需要氧的参与。显然，电子只是需要一个极化的背景来增加其动能，这个要求在多个模型中可以实现[201]，DE 不是必需的。尽管如此，实际上还是把锰氧化物中的铁磁态按惯例称为 DE 型铁磁态。

另外，考虑到强 Hund 耦合条件，数值计算[202]和其他一些近似方法仍可以在不计入氧离子自由度的情况下得到稳定的铁磁相。如果自旋是同向排列的，e_g 电子可以直接从一个 Mn 离子跳到相邻的 Mn 离子，这种获得铁磁态的过程也被称为 DE 机制，虽然它和 Zener 提出的两个电子参与的过程有些区别。该模型中引入声子的概念可以形成 A 型和 CE 型相，许多理论工作采用该模型，其研究结果可以和大量的实验结果相比较。

对于 $x=0$ 的 A 型和 $x=0.5$ 的 CE 型反铁磁结构相，Goodenough 提出了半共价交换的概念[28]。考虑一个 Mn—O 键沿 x 轴，假设 Mn 离子占据 d 轨道，垂直于 x 轴(即 x 方向是空轨道)。因为 x 方向没有 Mn 的负电子云去排斥它，氧离子就会靠近这个 Mn 离子，这样缩短了 Mn—O 间距并使该键更稳定，这就是半共价键。现在考虑占据 Mn 轨道的电子具有上自旋，O 的两个电子中具有上自旋的会受到指向 Mn 电子的交换力。即对这两个相同自旋的电子而言，它们的波函数的空间部分存在节点，降低了电子间的排斥作用(类似于 Hund 规则)。这样 Mn—O 键里 Mn 的电子和氧的一个电子是铁磁耦合的。Mn—O—Mn 键的左边是上述情形。而氧的另一个电子必是自旋向下的，而它的大部分时间远离左边的 Mn 离子，靠近右边 Mn 离子。如果右边 Mn 离子中 d 电子的占据轨道也垂直于 x 轴，则左右两个 Mn—O 键的行为相似，即各自内部 FM 耦合而两对之间是反平行的。这就形成了 Mn—Mn 间反铁磁排列并缩短了键长，如图 6.50 所示。但是如果右边 Mn 的占据轨道沿 x 轴(对应于氧的 p 轨道方向)，那么上面类似的 Hund 规则不再有效，因为现在直接交换作用更强，造成右边 Mn—O 键的反铁

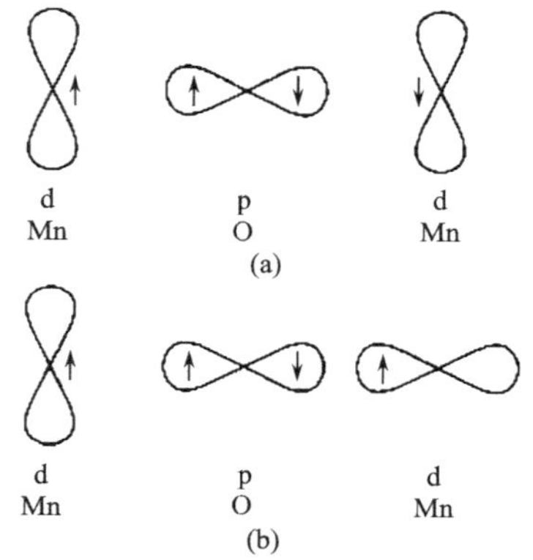

图 6.50　以 O 为中介，Mn 局域自旋间(a)反铁磁和(b)铁磁作用的产生取决于 Mn 占据态轨道的取向[28]

磁排列。这种情况下，整体的 Mn—Mn 作用是铁磁性的。这样取决于占据轨道的空间取向，可以在 Mn 离子间得到铁磁和反铁磁耦合。Goodenough 分析了各种可能的轨道取向并推广到 Mn^{4+} 掺杂的情形，很早就在理论上得到了锰氧化物的 A 型和 CE 型相。该模型中库仑相互作用和氧离子对共价键的形成很重要，晶格畸变也对可能的最低能态有影响。但是在近来的理论研究中，不考虑氧离子的存在和长程库仑作用也能得到 A 型和 CE 型相。Goodenough 的铁磁共价键模型适合于电荷有序相，虽然自旋可以铁磁耦合但电子不能迁移。

1960 年 de Gennes 利用平均场近似方法得出[24]锰氧化物在未掺杂的反铁磁相和适当掺杂的铁磁相之间存在自旋倾斜态。低掺杂样品中铁磁和反铁磁特征的共存，使该观点被广泛接受。但近来的理论工作表明，倾斜态不能在 de Gennes 当初的模型(即单轨道模型)中实现，而应该是铁磁和反铁磁之间的相分离。不过，自旋倾斜态仍可能在低掺杂锰氧化物中存在，只是其起因需重新认识。目前最简单的方式是将低掺杂下的实验现象处理为 AFM-FM 共存，而不再是倾斜态，但这并非最终结论，尚需更多的研究去验证。

20 世纪 90 年代兴起了研究锰氧化物磁输运行为的热潮，揭示了更多的复杂的性质和相图，人们发现上述早期的模型还不能完全解释一些现象。例如，Millis 等[113]通过在 DE 的框架内估计 T_C 和电阻率的数量级时发现与实验差别太大，从而认识到 DE 模型的不足。在 e_g 和 t_{2g} 电子间存在强的 Hund 耦合 J_H 和净 e_g 电子跳跃积分 t 的假设下，他们计算得到的 T_C 在 0.1～0.3eV，而实验值小于 10^{-2}eV，说明 DE 模型给出的 T_C 比实验值大了一个数量级。不过，另一些数值计算[202,203]采用相同的模型和 $0.1t$，获得的 T_C 基本和实验吻合。所以，仅凭 T_C 不符合实验结果还不能完全否认 DE 模型。另外，就电阻率而言，Millis 等发现即使在 T_C 以下，电阻率仍然随着温度的降低而增大，呈现绝缘行为。为此，Millis 等认为仅考虑强 Hund 耦合是不够的。在确定 DE 的不足后，Millis 等在一系列文章中[204-207]提出锰氧化物的性质决定于电子-声子耦合和 Hund 耦合的相互关系，铁磁态的建立提高了电子动能。在低掺杂($x<0.2$)下强电子-声子耦合很明显，这里静态 J-T 畸变决定了材料的性质。在掺杂区，Millis 等认为仍然可以存在动态的 J-T 畸变[205]，这种动态的 JT 效应造成的涨落同样使 MnO_6 八面体中简并的 e_g 能级劈裂，增加了电子的局域化。Roder 等利用单轨道 DE 模型的研究结果也支持这样的结论[208]。另外 Millis 等指出，电子-声子耦合比 λ_{eff}

$=E_{JT}/t_{eff}$是问题的关键所在[204]，这里 E_{JT}是 J-T 声子束缚能，t_{eff}是和温度相关的有效跳跃积分。当温度高于 T_C 时，有效耦合 λ_{eff}大于临界值，造成电子局域化的绝缘体行为，而在 T_C 以下有效耦合小于临界值，呈金属行为。对给定浓度 $n=1$，T_C 和电阻率随 λ_{eff}变化的计算结果和实验有一定的相似，而且当 λ_{eff}接近 M-I 转变处，电阻率强烈依赖于磁场变化。但是，为了描述近来在实验中发现的渗流型转变和相分离趋势，这样的平均场近似是不够的。Yunoki 等采用蒙特卡罗方法得到了相同的结果[209]，但在给定 λ_{eff}下没有获得随温度变化的金属/绝缘体混合行为。

然而，最近的理论研究表明锰氧化物是一个本征不均匀的体系，由于无序诱导相分离[图 6.51(a)]，体系可看成铁磁金属相和反铁磁(或顺磁)绝缘相的共存，随着降温金属相逐渐连成通路，发生渗流诱导的 M-I 相变[图 6.51(b)]，由于金属相在体系中的比例受外加磁场的影响，即外加磁场使金属相长大，从而产生 CMR 效应[10]。

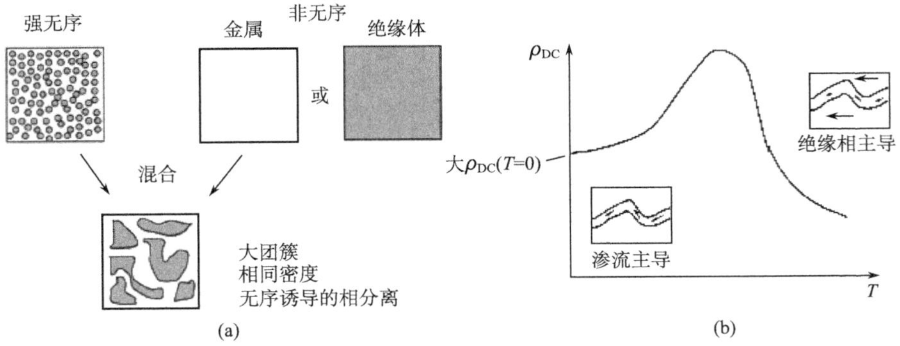

图 6.51　(a)无序诱导相分离[10]；(b)渗流诱导 M-I 转变[10]

如前所述，已有很多实验工作者在锰氧化合物中观察到了电子相分离、磁性相分离和化学相分离等。理论上发现，未掺杂的反铁磁绝缘体到掺杂的铁磁金属之间的转变通过一个混合相的过程。在这样的两相混合系统中，渗流模式被认为对输运过程起作用。Mayr 等用无规电阻网络研究了混合相中的直流电阻[210]。中间的相关过程可以用图 6.52(a)的渗流概念说明。低温下输运过程通过金属通道，随着温度上升表现出金属行为；到转变温度附近，金属和绝缘体通道的电阻基本相同；继续升温，绝缘体通道的电阻进一步降低，小于金属电阻，样品表现绝缘体行为。图 6.52(b)就是这样的电阻并联模式的示意图，表明锰氧化物的奇特输运行为可以用混合相的图像得到解释。

总之，大量的实验和理论已经证实了在钙钛矿结构锰氧化物中存在不同程度和不同种类的相分离现象，正是相分离引起了锰氧化物各种奇异的性质(如 CMR

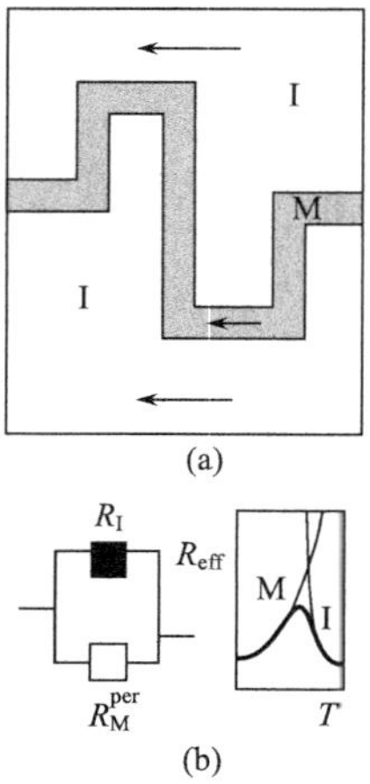

图 6.52　混合相的渗流输运示意图[210]

效应)，而锰氧化物的相变则是典型的逾渗过程。那么CMR效应的相分离机制是什么呢？Datotto认为在T_C附近，铁磁团簇、电荷有序态及顺磁态的共存是与淬火无序(quenched disorder)有关[211]。当不存在淬火无序时，两相转变为一级相变，并出现三临界(tricritical)点，如图6.53(a)所示；随着淬火无序的增加，会发生一级相变的温区逐渐缩小，同时出现T^*。如果进行精细的掺杂调节，可以得到量子临界点，如图6.53(b)所示；当无序进一步增加，两个有序相之间便出现具有"玻璃"特征的纳米相分离区，如图6.53(c)所示。这一由掺杂无序引起的涨落对外加磁场非常敏感，因此淬火无序可能是CMR效应相分离机制的一个重要部分。然而，淬火无序通常无法解释大尺度(微米量级)的相分离。最近Ahn等[212]的研究认为锰氧化物中的晶格畸变以及长程应力场可能在相分离的机制中非常重要，而多相共存态可能只是起因于电子自由度和弹性自由度的强烈耦合。这与无规场伊辛模型所给出的相分离的机制有所不同。锰氧化物的内应变可以导致亚微米～微米量级的相分离。事实上，锰氧化物作为典型的强关联电子体系，其电子-晶格-自旋之间存在强的相互作用。相分离行为则隐含着DE作用、J-T效应以及电子关联效应的竞争。目前，对锰氧化物相分离现象的认识还在争论和不断发展中，其物理起源有待于进一步研究。

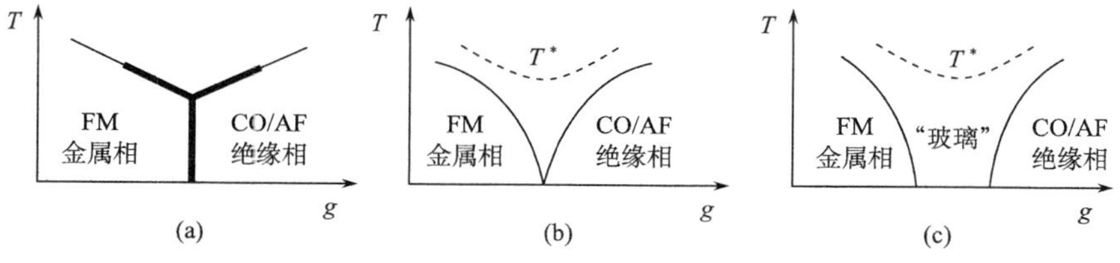

图 6.53　淬火无序使铁磁相与反铁磁电荷有序相的竞争产生纳米尺度的相分离。横坐标表示产生相变的某个参数g(如载流子掺杂、容忍因子、磁场、压力等)。(a)～(c)分别对应弱的、中等的以及较强的淬火无序[211]

6.4　CMR锰氧化物薄膜器件和应用

CMR锰氧化物中输运性质对磁场的敏感性、T_C附近的M-I转变、材料的电场极化和电子能带的半金属特性等都可能在自旋电子学器件中得到应用。此外，由于薄膜制备技术的提高，人们已经能够获得纳米尺度调控的 CMR 锰氧化物单层膜、多层膜以及相关原型器件。基于这些性质，人们已经利用锰氧化物制备出多种原型器件，大大丰富了这类材料的功能和研究内容。本节将主要介绍基于锰氧化物的电场效应器件如异质结、磁隧道结、基于锰氧化物的铁磁场效应管等的研究进展。

6.4.1　锰基异质结及其应用

CMR 锰氧化物中由于自旋、轨道和电荷自由度直接的耦合作用，在外加扰动下表现出一系列丰富的电磁性质，而这些性质依赖于体系中载流子浓度。而异质结构是利用电场或光可逆调控载流子浓度的有效途径，目前被广泛应用在半导体器件上。因此，如果可以利用 CMR 锰氧化物来构建异质结构，并且通过电场、磁场以及光照来有效控制 CMR 锰氧化物中的载流子浓度，则可以制造出一些新颖的电子器件。和传统的半导体相比，锰氧化物由于强关联电子的本质以及与磁性状态紧密相关的能带结构，从而表现出了一些独特的行为。传统半导体 p-n 结中的能带理论也许并不适用于锰基异质结。因此，如能实现强关联电子体系锰基氧化物异质结中的能带工程，将为 CMR 锰氧化物走向器件应用开辟新的途径。

Katsu 等制备了 $La_{1-x}Sr_xMnO_3/SrTiO_3$ 异质结构，并且测量了在光照条件下不同温度的电阻率和磁化强度[213]。基于光生载流子注入机制，结果证实了动态的光调控 $La_{1-x}Sr_xMnO_3$ 磁性和电输运性质。随后，Tanaka 等第一次报道了室温下 $La_{0.9}Ba_{0.1}MnO_3$/STO：Nb 异质结中 DE 铁磁性的巨电场调制效应。另外，异质结的 J-V 曲线在很宽的温区都表现出了很好的整流特性，如图 6.54 所

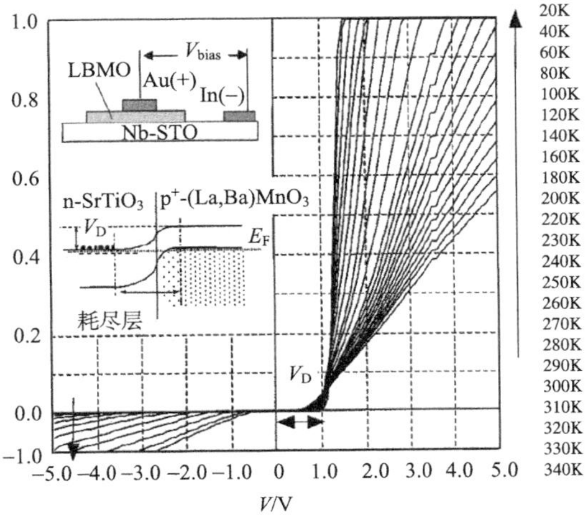

图 6.54　$La_{0.9}Ba_{0.1}MnO_3$/STO:Nb 在不同温度下的 J-V 曲线[214]

示[214]。除此之外，Zhang 等[215]采用 La 掺杂的 $SrTiO_3$ 作为 n 型材料，在 $La_{0.9}Ba_{0.1}MnO_3/Sr_{0.99}La_{0.01}TiO_3$ 异质结中也得到了很好的整流特性，并且异质结中 $La_{0.9}Ba_{0.1}MnO_3$ 的铁磁性在室温下仍然存在，这使得可以通过电子注入来实现 $La_{0.9}Ba_{0.1}MnO_3$ 薄膜中铁磁性的电场调制。

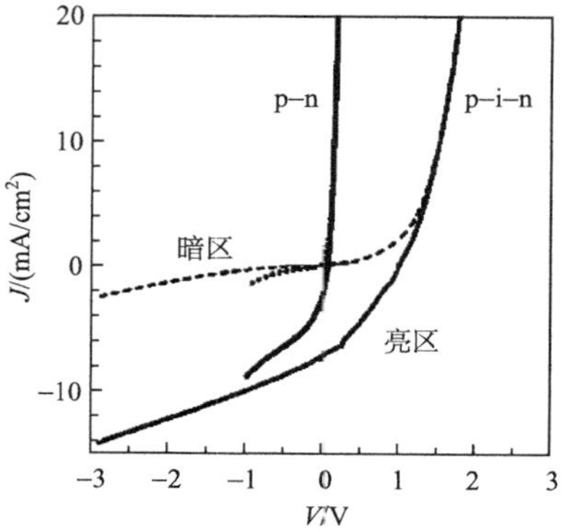

图 6.55　$La_{0.8}Sr_{0.2}MnO_3/SrTiO_3$:Nb(p-n)和 $La_{0.8}Sr_{0.2}MnO_3/SrTiO_3/SrTiO_3$:Nb(p-i-n)的 I-V 曲线[216]

Muramatsu 等利用 PLD 方法制备出 p-n 异质结 $La_{0.8}Sr_{0.2}MnO_3$/STO：Nb 和 p-i-n 异质结 $La_{0.8}Sr_{0.2}MnO_3$/STO/STO:Nb，测量了紫外光照下的 J-V，光伏性能和异质结的电容[216]。结果表明这些异质结可以作为紫外光电二极管，其中在 STO:Nb 中产生的光生空穴可以注入到 $La_{0.8}Sr_{0.2}MnO_3$ 薄膜中，如图 6.55 所示。

Sun 等制备了 $La_{0.29}Pr_{0.38}Ca_{0.33}MnO_3$/STO:Nb(0.5 wt% Nb 掺杂的 $SrTiO_3$)的 p-n 结，发现异质结表现出光伏效应和较好的整流行为，如图 6.56(a)和(b)所示[13]。随后，Sun 等在锰基异质结方面开展系列的研究工作，发现了一些有意义的结果：$La_{0.7}Ce_{0.3}MnO_{3-\delta}$/STO:Nb 异质结具有光伏效应[217]；$CaMnO_3$/STO:Nb 异质结具有整流和光伏特性[218]；$La_{0.32}Pr_{0.35}Ca_{0.33}MnO_3$/STO:Nb 异质结中的光伏效应具有较强的温度依赖性[219]；$Pr_{0.6}Ca_{0.4}MnO_3$/STO:Nb 异质结具有高达 1600% 的磁电阻效应[220]；$La_{0.67}Ca_{0.33}MnO_{3-\delta}$/STO:Nb 异质结表现出强烈的磁场依赖性[221]等。

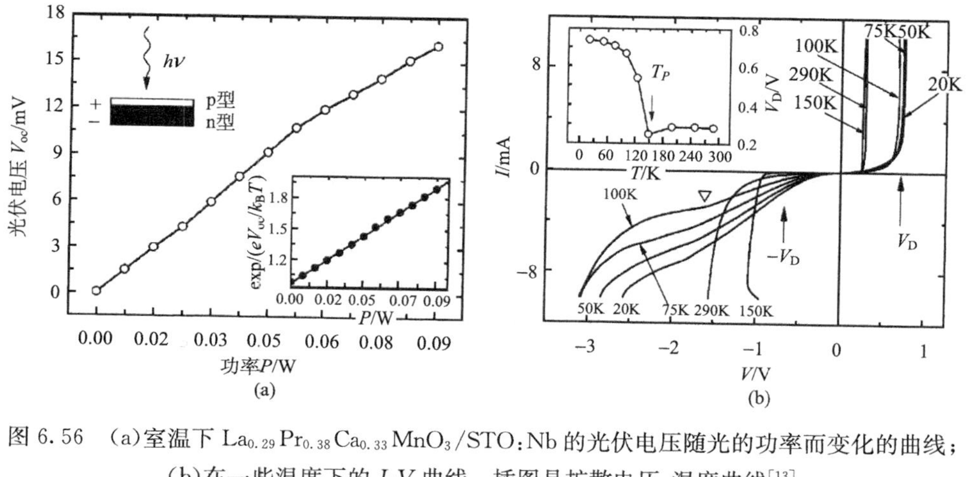

图 6.56　(a)室温下 $La_{0.29}Pr_{0.38}Ca_{0.33}MnO_3$/STO:Nb 的光伏电压随光的功率而变化的曲线；(b)在一些温度下的 I-V 曲线。插图是扩散电压-温度曲线[13]

其中，这些异质结中的磁场调制是人们最关注的。CMR 锰氧化物表现出负 MR 效应，然而对于由它所组成的 p-n 异质结来说，其 MR 现象却比 CMR 锰氧化物自身要复杂得多。图 6.57 是人们在不同体系中所观察到的 MR 效应[222-224]。从图中可以看出，这三个体系都存在着正 MR 的现象。对这种正 MR 效应的起因，目前还存在一定的争议。Sun 等[222]依据磁场对界面区势垒的影响对 $La_{0.32}Pr_{0.35}Ca_{0.33}MnO_3$/STO:Nb中的 MR 进行了解释：对于 150K 以上的正 MR 效应[图 6.57(a)]，他们认为这是由于磁场增大了 $e_g\uparrow$ 和 $e_g\downarrow$ 能带之间的带隙，即界面处的势垒，导致结电阻的增加；而低温下的负 MR 效应可能是 5T 的磁场诱导 $La_{0.32}Pr_{0.35}Ca_{0.33}MnO_3$ 薄膜出现 M-I 转变，使耗散层变薄，从而增加了界面处电子的隧穿概率所造成的。Sheng 等[223]认为 $La_{0.7}Ce_{0.3}MnO_3$/STO:Nb 异质结的 MR 符号随温度的改变很可能是起源于载流子输运机制随自旋极化的演化。在高温下，自旋向上的 $I_\uparrow$ 和自旋向下 $I_\downarrow$ 两个通道的电流可以通过隧穿机制从 $La_{0.7}Ce_{0.3}MnO_3$ 隧穿到 STO:Nb，然而外加磁场导致自旋极化率和 $I_\uparrow/I_\downarrow$ 增

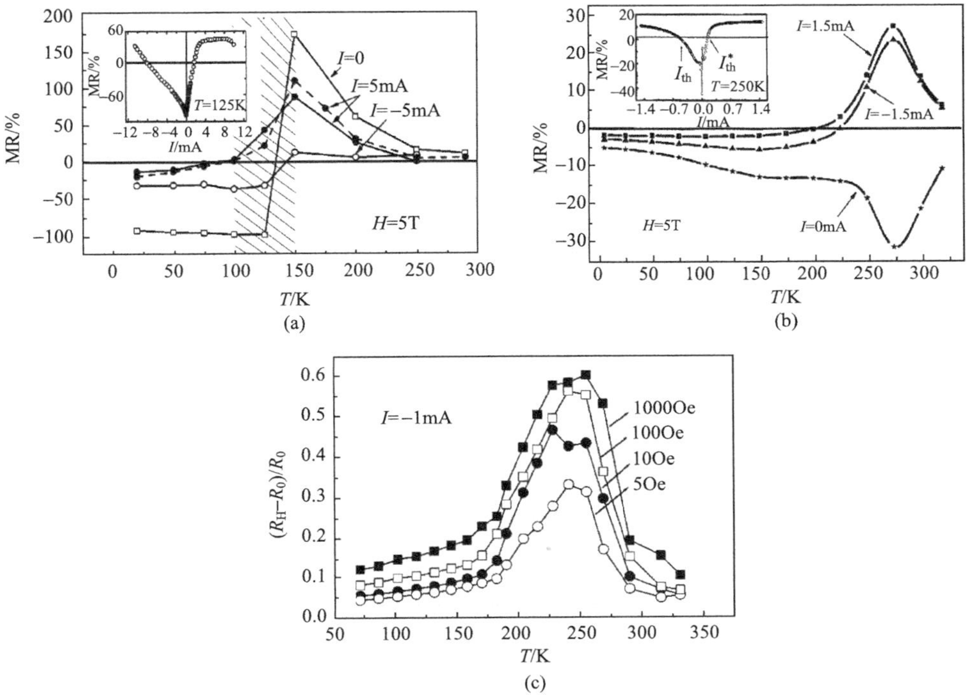

图 6.57　(a) $La_{0.32}Pr_{0.35}Ca_{0.33}MnO_3$/STO:Nb 异质结在 5T 磁场下的磁电阻-温度曲线[222]；(b) $La_{0.7}Ce_{0.3}MnO_3$/STO:Nb 异质结在 5T 磁场下，不同电流情况下的磁电阻-温度曲线。插图是异质结的磁电阻随基电流而变化的曲线[223]；(c) $La_{0.9}Sr_{0.1}MnO_3$/STO:Nb 异质结在不同磁场下的磁电阻-温度曲线[224]

大，这时一个通道被关闭，结果导致异质结电阻增加，从而出现正 MR 效应。在 T_C 附近，磁场对 $La_{0.7}Ce_{0.3}MnO_3$ 的电磁特性影响最大，正 MR 也最大[图 6.57(b)]。而 Jin 等[224]是根据来自 STO:Nb 的电子依据锰氧化物复杂的带结构进行有选择的填充，对 $La_{0.9}Sr_{0.1}MnO_3$/STO:Nb 结中正 MR 进行解释的，即填充到 $t_{2g}\downarrow$ 少数自旋载流子在界面处的输运是导致正 MR 的主要原因[图 6.57(c)]。可以很明显地看出，锰氧化物 p-n 结中的 MR 行为强烈地依赖于温度、偏压、以及锰氧化物的组分。对于这些复杂的磁电阻行为，还没有达成统一的认识，需要进一步系统的实验和理论研究。

通过进一步研究发现，锰氧化物 p-n 结中很多性质都是受磁场调制的，如光生伏特效应。首先 Sun 等[225]在 $La_{0.32}Pr_{0.35}Ca_{0.33}MnO_3$/STO:Nb 中发现随温度降低，光电压 V_{oc} 迅速增加，并且明显偏离通常半导体理论预言；异质结的光伏和磁化强度同时变化，表明光伏效应的温度依赖性和磁性相关，如图 6.58(a)所示。温度变化时，磁有序的改变影响了光伏效应，使得 $La_{0.32}Pr_{0.35}Ca_{0.33}MnO_3$

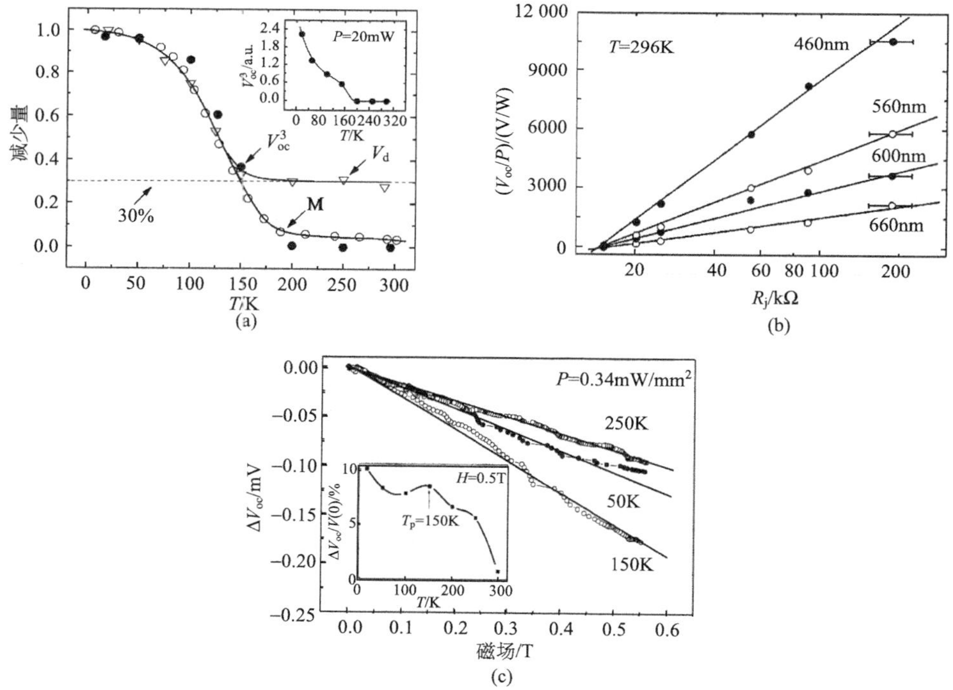

图 6.58　(a)$La_{0.32}Pr_{0.35}Ca_{0.33}MnO_3$/STO:Nb 异质结归一化的 $V_d(T)$、$M(T)$和 $V_{oc}(T)$曲线[225]；(b)$La_{0.7}Ce_{0.3}MnO_3$/STO:Nb 中的光电压与光强之比随着结电阻的变化关系[217]；(c)$La_{0.7}Ce_{0.3}MnO_3$/STO:Nb 异质结在 50K、150K 和 250K 时的光伏电压-磁场曲线。插图是在 0.5T 磁场下的光伏电压的相对变化-温度曲线[226]

的能带结构发生了变化。而在此之前，Sun 等[217]在 $La_{0.7}Ce_{0.3}MnO_3$/STO：Nb 已发现光电效应和可受磁场控制的结电阻有某种联系，如图 6.58(b)所示。这些实验都预示磁场可控制光电效应，Sheng 等[226]在 $La_{0.7}Ce_{0.3}MnO_3$/STO：Nb 异质结中证实了这种联系，发现随着磁场增大，光伏效应线性减小；在 16.5K 和 0.5T 的情况下，光伏电压的变化超过了 10%，如图 6.58(c)所示。这种现象涉及磁场对光伏特效应的控制以及自旋极化电子在光场中的选择激发行为，具有重要的理论价值和应用前景。

此外，锰氧化物结中电容也是受磁场调制的。例如，Nakagawa 等[227]在 $La_{0.7}Sr_{0.3}MnO_3$/STO：Nb 异质 p-n 结中观测到了正的磁致电容效应，如图 6.59 所示，这预示着磁场导致了一个明显的化学势移动并增加了界面附近的净态密度。磁致电容的发现也再一次证明锰氧化物基器件的各种物理性质对磁场的敏感性。

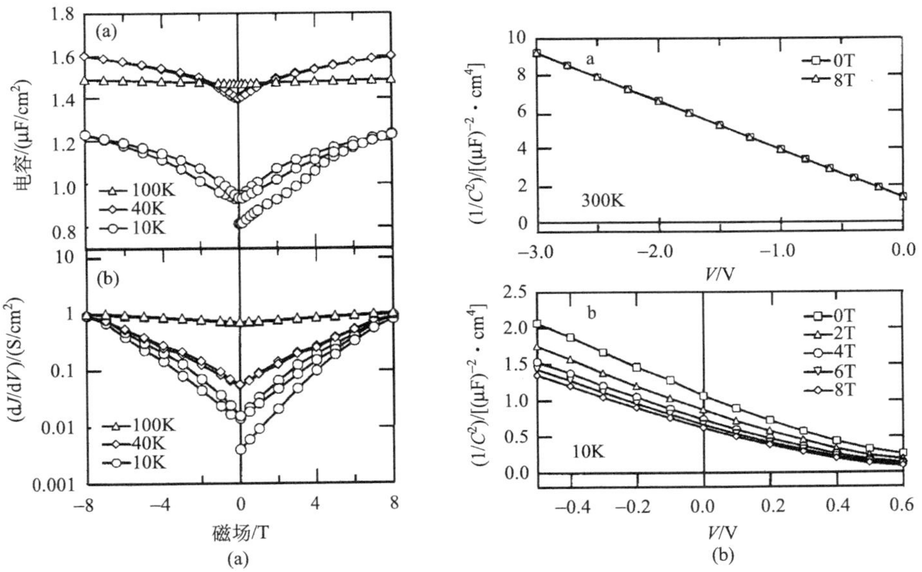

图 6.59　(a)$La_{0.7}Sr_{0.3}MnO_3$/STO：Nb 中电容及微分电导随磁场的依赖关系；(b)10K 和 300K 时不同磁场下的 $1/C^2$-V 曲线[227]

在 n 型 Si 衬底上制备的锰基异质结也表现出了大的 MR 和光伏效应[228-230]。Ni 等研究了室温下外加磁场和基电流对 $La_{2/3}Ca_{1/3}MnO_3$/Si(n 型)异质结的瞬态光伏效应的影响，如图 6.60 所示[230]。他们发现当垂直界面的磁场从－6.4kOe 变化到＋6.4kOe 时，瞬态光伏效应的峰值可以在－125～138mV 的范围内调制，

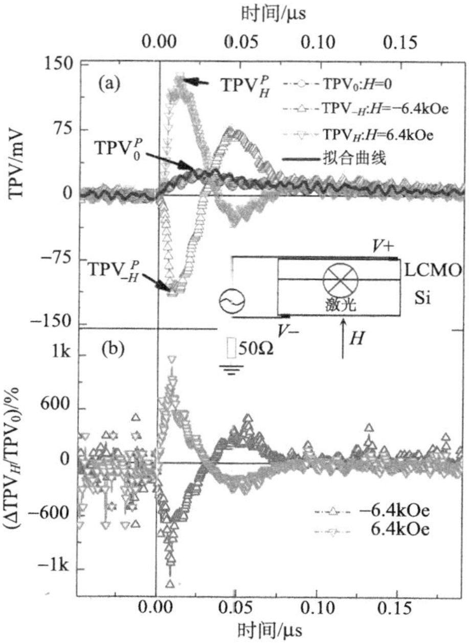

图 6.60(另见彩图)　(a)$La_{2/3}Ca_{1/3}MnO_3$/Si 异质结在脉冲激光辐照下，在 0、−6.4kOe 和 6.4kOe 磁场下的瞬态光伏电压-时间曲线；(b)瞬态光伏电压的变化-时间曲线。插图是实验测量示意图[230]

并且瞬态光伏效应的相对变化可以达到 1000%。结果表明锰基异质结可以用作磁和电调控的紫外光探测器。

6.4.2　CMR 锰氧化物隧道结及其应用

CMR 锰氧化物是半金属，具有非常高的自旋极化率。显然，将这类材料应用到磁隧道结中，将会具有诱人的应用前景，因此，制备具有锰氧化物/绝缘材料/锰氧化物层状结构的磁隧道结有很大的研究价值。在磁隧道结中，绝缘层有两重作用。一方面，它破坏了相邻两铁磁层的磁交换耦合作用，从而使它们在外加磁场的作用下，可以相对自由地实现磁化翻转；另一方面，这一绝缘层在界面处形成一大的电阻，阻止载流子通过该层，使得在实验中能直接测量同界面相联系的输运性质。在已经报道的半金属性锰氧化物磁隧道结中，绝缘层使用的材料通常是同铁磁性电极材料有相同或相近晶格常数的绝缘性氧化物，这就允许用外延生长技术制造高质量的磁隧道结三层结构，使得制备锰氧化物磁隧道结相对简便。这样的锰氧化物磁隧道结在磁随机存储方面有着潜在的应用前景。

IBM 研究中心的 Sun、Gupta 以及 Li 等使用 $SrTiO_3$ 作为绝缘材料层制备了基于锰氧化物的磁隧道结。其中 Li 等[231]使用 PLD 法制成了 $La_{0.67}Sr_{0.33}MnO_3/SrTiO_3/La_{0.67}Sr_{0.33}MnO_3$ 隧道结，绝缘层厚度为 3～6nm，$La_{0.67}Sr_{0.33}MnO_3$ 厚度为 50nm。Sun 等[232]采用离子刻蚀法制备了柱状 $La_{0.67}Ca_{0.33}MnO_3$ 隧道结，绝缘层也是 $SrTiO_3$。而 Jo 等采用 $La_{0.7}Ca_{0.3}MnO_3$ 作为磁性层以及同$La_{0.7}Ca_{0.3}MnO_3$晶格匹配较好的 $NdGaO_3$ 作为绝缘层制备隧道结[233]；另外$La_{0.45}Ca_{0.55}MnO_3$是绝缘的，因此它也被用来作绝缘层[234]。除此之外，也有采用其他磁性氧化物制备磁隧道结，如 $La_{0.67}Sr_{0.33}MnO_3/Al_2O_3$ 隧道结[235]和 $Fe_3O_4/SrTiO_3/La_{0.7}Sr_{0.3}MnO_3$ 隧道结[236]。

由 CMR 锰氧化物构建的磁隧道结都具有高的低场 MR 效应。图 6.61 是 $La_{0.67}Sr_{0.33}MnO_3/SrTiO_3/La_{0.67}Sr_{0.33}MnO_3$隧道结的隧穿磁电阻(TMR)曲线[231]，图 6.61(a)是在 4.2K 下隧道结的 TMR 曲线，图 6.61(b)是 $La_{0.67}Sr_{0.33}MnO_3$ 薄膜的

MR 曲线。当磁场从－1500Oe 变化到 1500Oe 时，隧道结首先在 160Oe 处变为高阻态，超过 160Oe 后又回落到低阻态。在磁场为几十 Oe 时，隧道结的 TMR 最大为 83%。隧道结的电阻变化同两磁性层磁矩相对取向有关，图中标出了几种情况下磁性层磁矩的相对取向。后来，Bowen 等[237]利用影印石板术和离子刻蚀技术制备了具有特殊形状的 $La_{2/3}Sr_{1/3}MnO_3/SrTiO_3/La_{2/3}Sr_{1/3}MnO_3$ 隧道结，在 4.2K 时，隧道结的 TMR 达到了 1800%(图 6.62)，自旋极化率为 95%，接近于理论值，而且 TMR 直到 280K 才几乎消失。

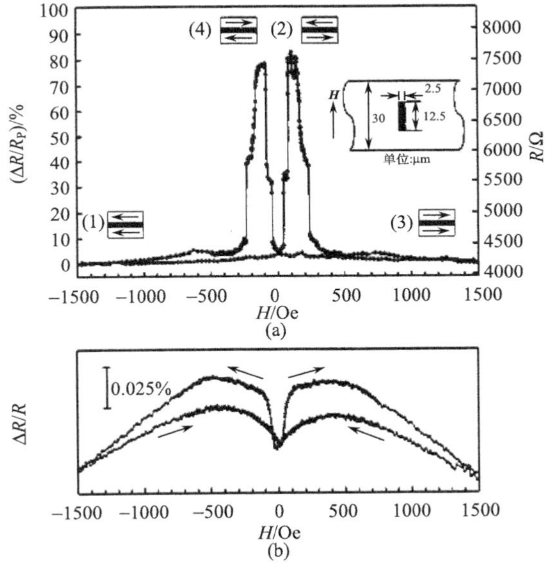

图 6.61　(a)为 $La_{0.67}Sr_{0.33}MnO_3/SrTiO_3/La_{0.67}Sr_{0.33}MnO_3$ 隧道结在 4.2K 时的 TMR 曲线；(b)为 $La_{0.67}Sr_{0.33}MnO_3$ 薄膜的 MR 曲线[231]

最近 Xiong 等[238,239]利用 π 键共轭有机半导体三(8-羟基喹啉)铝(Alq_3)作为势垒层，$La_{0.67}Sr_{0.33}MnO_3$ 和 Co 作为磁性电极制备了有机磁隧道结，也表现出明显的 TMR 效应，如图 6.63 所示。有机半导体具有大的自旋相干长度，用其替代自旋阀中的非磁性层，有望实现自旋电子器件的高度集成。此外，这类有机自旋阀制备工艺简单，成本低廉，具有很高的商业价值。

此外，最近人们发现，由多铁性材料 $La_{0.1}Bi_{0.9}MnO_3$ 和 $La_{2/3}Sr_{1/3}MnO_3$ 组成的隧道结[240]，不仅具有较高的 TMR，而且还有其他隧道结所不具备的电场调制特性，如图 6.64 所示。显然，将铁电性与自旋依赖的输运行为结合在同一个器件中，将进一步实现自旋电子学器件的多功能性。

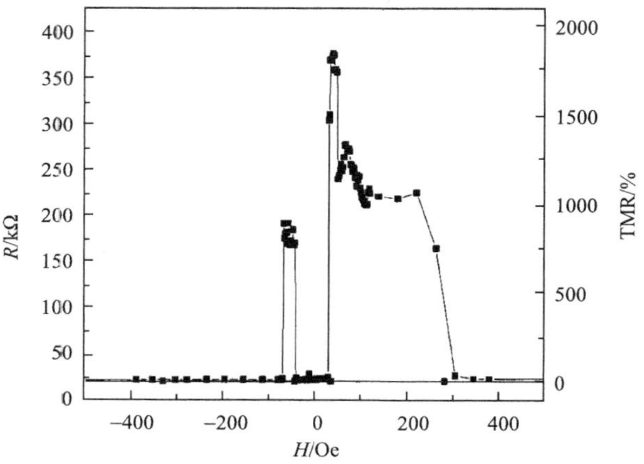

图 6.62 $La_{2/3}Sr_{1/3}MnO_3/SrTiO_3/La_{2/3}Sr_{1/3}MnO_3$ 隧道结在 4.2K 时的电阻和 TMR 曲线[237]

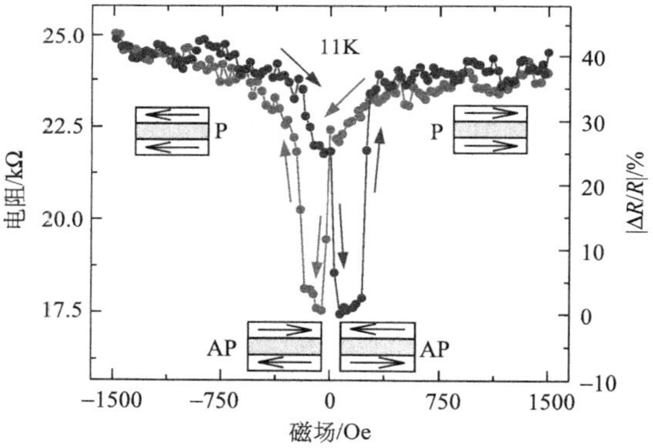

图 6.63(另见彩图) $La_{0.67}Sr_{0.33}MnO_3/Alq_3/Co$ 自旋阀在 11K 时的电阻及 MR 曲线[238]

6.4.3 CMR 锰氧化物铁电场效应晶体管及其应用

铁电薄膜的剩余电极化提供了得到非易失性存储单元的一种可能性，如铁电场效应晶体管中通过读出半导体沟道的电导而获得存储的信息，这种读取过程不会破坏器件的状态。由于铁电薄膜与半导体薄膜(如 Si)之间的界面很难控制，在这种器件中一直未能实现一种实用上可接受的具有足够读出-擦洗速度的功能。钙钛矿结构锰氧化物与同是钙钛矿结构的铁电材料匹配较好，可以得到较好的界面，这将为制备具有较好性能的铁电场效应晶体管提供一种可能性。

图 6.65(a)是使用同为钙钛矿结构的 PZT 和 $La_{1-x}Ca_xMnO_3$ 薄膜的场效应晶体管的结构和测量示意图[241]。整个系统的铁电回线形状基本上呈方形，剩余

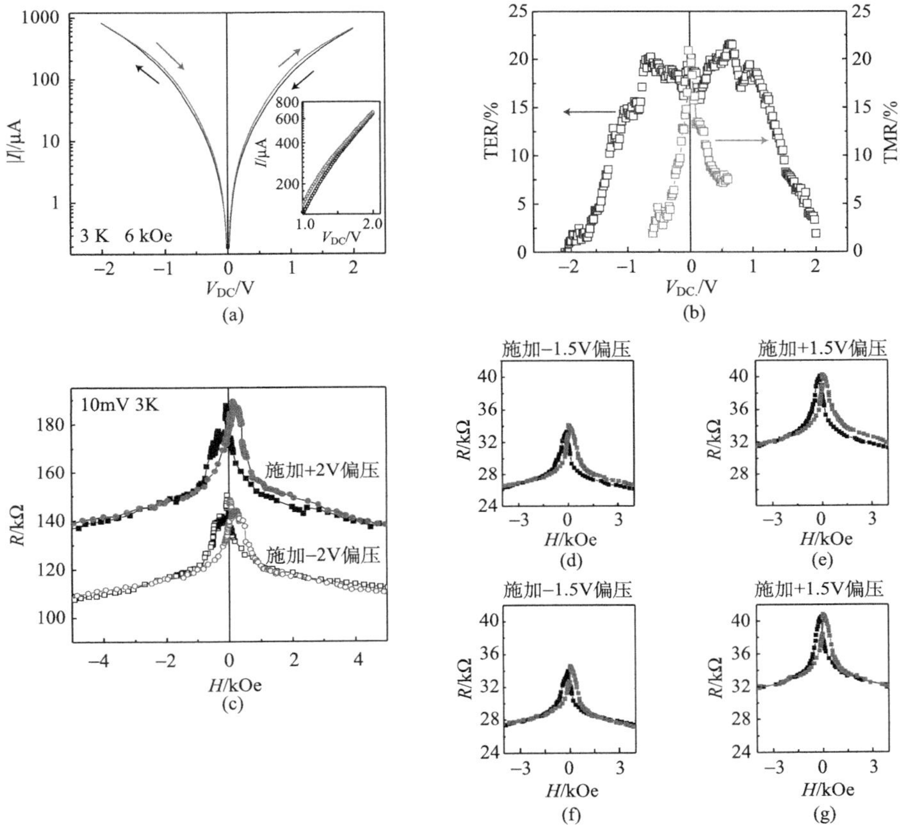

图 6.64(另见彩图)　$La_{2/3}Sr_{1/3}MnO_3/La_{0.1}Bi_{0.9}MnO_3$(2nm)/Au 磁隧道结中的隧穿电致电阻(TER)和 TMR，以及此结中四种电阻态的实现：(a)在 3K 时，6kOe 磁场下的偏压的依赖关系，其中红线代表偏压从负扫到正，黑线代表偏压从正扫到负；(b)TER 和 TMR 的偏压的依赖关系；(c)在 3K 时，施加一个−2V 和 2V 偏压对电阻的影响；(d)～(g)在 4K、10mV 时，同一块样品上另外一个隧道结中，施加正向和反向偏压对电阻的影响[240]

极化率达 $40\mu C/cm^2$。为了测量系统的电性质，从漏极到源极施加 1.0～1000μA 的电流，并间歇地给铁电栅极施加电压。当栅极电压关闭约 3s 后，测量穿过锰氧化物沟道层的电压 V_{SD}。图 6.65(b)中给出了 LCMO 沟道层电阻同栅极电压的关系。这一系统的沟道层电阻的改变[定义为$(R_{max}-R_{min})/R_{min}$]约为 3，效应不是很强，但是开/关比率比较高，适合在动态随机存储中应用。铁电材料(栅极层)上外加的正向电场使得其中的电偶极矩指向下即空穴导电的 LCMO 沟道层，从而使得铁电层下方出现一层正电荷，相应的 LCMO 沟道层中势必会出现负电荷的载流子来补偿，这显然将消耗 LCMO 中的空穴，因此当铁电栅极被正向极化时沟道层电阻会上升，如图 6.66(a)所示，而负向极化时电阻下降，如图 6.66(b)所示。

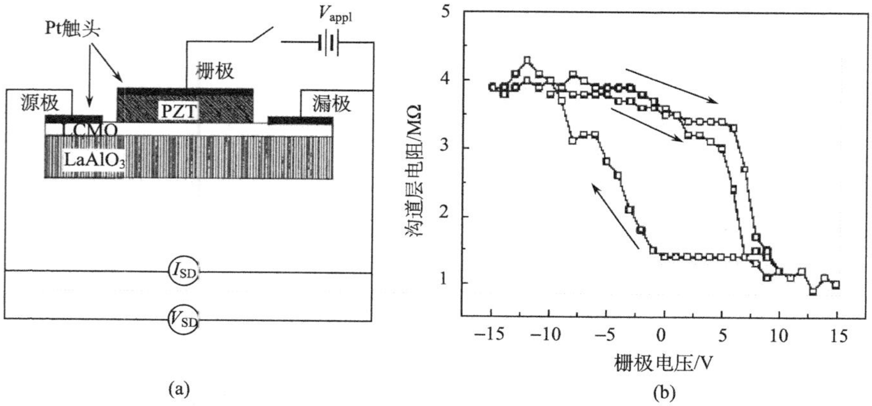

图 6.65 (a)由 PZT 和 $La_{1-x}Ca_xMnO_3$ 所构成的场效应晶体管的结构和测量示意图；(b)$La_{1-x}Ca_xMnO_3$ 沟道层电阻随栅极电压的关系[241]

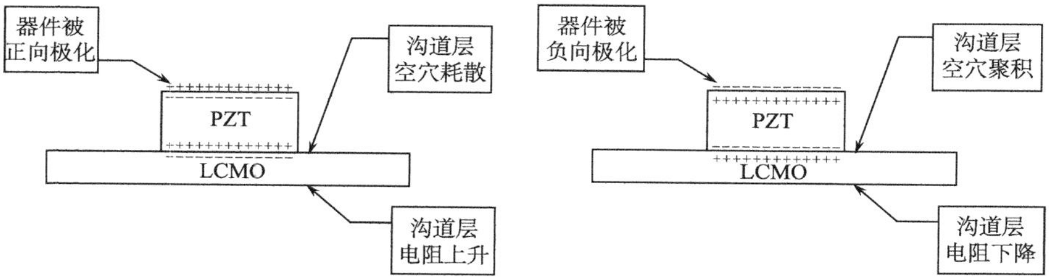

图 6.66 由 PZT 和 $La_{1-x}Ca_xMnO_3$ 所构成的场效应晶体管中电场效应的模型[241]

除了上述介绍的 CMR 锰氧化物在电场效应器件方面的一些应用，在其他方面也有潜在的应用前景。例如，锰氧化物中 M-I 转变温度附近所出现的巨大电阻温度系数可用于辐射热测量计[242]；锰氧化物自旋极化电子在晶粒间的隧穿所导致的低场 MR 效应可用于磁场传感器[243]；锰氧化物相分离现象以及各种相对电场的敏感可用于锰氧化物在电致电阻相关器件方面的探索[244]；锰氧化物的微波吸收的磁场依赖性可以用在低场下运作的微波器件上[245]。

6.5 小　　结

在本章中，我们主要介绍了钙钛矿结构 CMR 锰氧化物的制备(包括多晶块体、单晶、薄膜和纳米颗粒、线)；CMR 效应的研究历史及进展概况，包括 CMR 锰氧化物的晶体结构、电子结构、电磁性质、掺杂效应和相图、CMR 效应可能的物理机制；以及 CMR 薄膜器件及可能的应用。自从 CMR 锰氧化物被发现以来，对这种强关联电子体系的研究一直是热点。这不仅是因为 CMR 效应在磁存储和磁传感等领域极具潜在的应用价值，同时也是由于这类材料体系蕴涵着丰富的物理现象和物理问题。人们相信，对于这些物理现象的认识和物理问题的解决，一方面有利于澄清 CMR 效应的微观机制，另一方面也有助于推动当今凝聚态物理学科的发展和 CMR 锰氧化物在自旋电子学领域的应用。目前，人们依然在深入研究这类钙钛矿结构锰氧化物中 CMR 效应的起源，试图揭示其微观机理，以期探索和发展具有实际应用价值的新型自旋电子学器件材料。

作者简介

杨 杰 1976 年生，博士，中国科学院固体物理研究所研究员，博士生导师。2006～2010 年，先后以博士后身份在韩国汉阳大学、以洪堡学者身份在德国多特蒙德大学、以玛丽·居里高级研究学者身份在葡萄牙微系统与纳米技术研究所从事研究工作。研究方向：自旋电子材料，发表论文 60 余篇。

孙玉平 1964 年生，博士，中国科学院固体物理研究所研究员，博士生导师。曾先后在意大利国际理论物理中心(1991 年)、台湾省清华大学(1998 年)、美国肯塔基大学(2003 年)、日本筑波磁体实验室(2010 年)访问研究。研究方向：超导与磁性，发表论文 200 余篇。曾获中国科学院自然科学奖三等奖(1996 年)(第二完成人)、安徽省科学技术奖一等奖(2007 年)(第一完成人)、国家自然科学奖二等奖(2009 年)(第二完成人)各一项。

参考文献

[1] Haghiri-Gosnet A M，Renard J P. CMR manganite：Physics，thin films and devices. J Phys D Appl Phys，2003，36：R127-R150.

[2] Salamon M B，Jaime M. The physics of manganites：Structure and transport. Rev Mod Phys，2001，73：583-628.

[3] Balevicius S，Zurauskiene N，Stankevic V，et al. Nanostructured thin manganite films in megagauss magnetic field. Appl Phys Lett，2012，101：092407.

[4] Phan M H，Yu S C. Review of the magnetocaloric effect in manganite materials. J Magn Magn Mater，2007，308：325-340.

[5] Tokura Y. Correlated-electron physics in transition-metal oxides. Physics Today，2003，56：50-55.

[6] Imada M, Fujimori A, Tokura Y. Metal-insulator transitions. Rev Mod Phys, 1998, 70: 1039-1263.

[7] Zener C. Interaction between the d-shells in the transition metals. II. Ferromagnetic compounds of manganese with perovskite structure. Phys Rev, 1951, 82: 403-405.

[8] Jahn H A, Teller E. Stability of polyatomic molecules in degenerate electronic states. I. Orbital degeneracy. Proc R Soc London Ser A, 1937, 161: 220-235.

[9] Rao C N R, Arulraj A, Cheetham A K, et al. Charge ordering in the rare earth manganates: The experimental situation. J Phys Condens Matter, 2000, 12: R83-R106.

[10] Dagotto E, Hotta T, Moreo A. Colossal magnetoresistant materials: The key role of phase separation. Phys Rep, 2001, 344: 1-153.

[11] Wang K F, Liu J M, Ren Z F. Multiferroicity: The coupling between magnetic and polarization orders. Adv Phys, 2009, 58: 321-448.

[12] Katsu H, Tanaka H, Kawai T. Photocarrier injection effect on double exchange ferromagnetism in (La,Sr)MnO_3/$SrTiO_3$ heterostructure. Appl Phys Lett, 2000, 76: 3245-3247.

[13] Sun J R, Xiong C M, Shen B G, et al. Manganite-based heterojunction and its photovoltaic effects. Appl Phys Lett, 2004, 84: 2611-2613.

[14] 刘俊明，王克峰. 稀土掺杂锰氧化物庞磁电阻效应. 物理学进展，2005，25(1)：82-130.

[15] Coey J M D, Viret M, von Molnar S. Mixed-valence manganites. Adv Phys, 1999, 48: 167-293.

[16] Ramirez A P. Colossal magnetoresistance. J Phys Condens Matter, 1999, 9: 8171-8199.

[17] Tokura Y, Tomioka Y. Colossal magnetoresistive manganites. J Magn Magn Mater, 1999, 200: 1-23.

[18] Gor'kov L P, Kresin V Z. Mixed-valence manganites: Fundamental and main properties. Phys Rep, 2004, 400: 149-208.

[19] Tokura Y. Critical features of colossal magnetoresistive manganites. Rep Prog Phys, 2006, 69: 797-851.

[20] Jonker G H, Van Santen J H. Ferromagnetic compounds of manganese with perovskite structure. Physica, 1950, 16: 337-349.

[21] Van Santen J H, Jonker G H. Electrical conductivity of ferromagnetic compounds of manganese with perovskite structure. Physica, 1950, 16: 599-600.

[22] Volger J. Further experimental investigations on some ferromagnetic oxidic compounds of manganese with perovskite structure. Physica, 1954, 20: 49-66.

[23] Jonker G H. Magnetic compounds with perovskite structure IV Conducting and non-conducting compounds. Physica, 1956, 22: 707-722.

[24] De Gennes P G. Effects of double exchange in magnetic crystals. Phys Rev, 1960, 118: 141-154.

[25] Von Helmolt R, Wecker J, Holzapfeil B, et al. Giant negative magnetoresistance in perovskitelike $La_{2/3}Ba_{1/3}MnO_x$ ferromagnetic films. Phys Rev Lett, 1993, 71: 2331-2333.

[26] Chahara K, Ohno T, Kasai M, et al. Magnetoresistance in magnetic manganese oxide with intrinsic antiferromagnetic spin structure. Appl Phys Lett, 1993, 63: 1990-1992.

[27] Jin S, Tiefel T H, McCormack M, et al. Thousandfold Change in Resistivity in Magnetoresistive La-Ca-Mn-O films. Science, 1994, 264: 413-415.

[28] Goodenough J H. Theory of the role of covalence in the perovskite-type manganites [La, M(II)]MnO_3. Phys Rev, 1955, 100: 564-573.

[29] Xiong G C, Li Q, Ju H L, et al. Influence of preparation on resistivity behavior of epitaxial $Nd_{0.7}Sr_{0.3}MnO_{3-\delta}$ and $La_{0.67}Ba_{0.33}MnO_{3-\delta}$ thin films. Appl Phys Lett, 1995, 66: 1689-1691.

[30] Valenzuea R. Magnetic Ceramics. London: Cambridge University Press, 1994.

[31] Schiffer P, Ramirez A P, Bao W, et al. Low Temperature magnetoresistance and the magnetic phase diagram of $La_{1-x}Ca_xMnO_3$. Phys Rev Lett, 1995, 75: 3336-3339.

[32] Morrish A H, Evans B J, Eaton J A, et al. Studies of the ionic ferromagnet (LaPb)MnO_3 I. Growth and characteristics of single crystals. Can J Phys, 1969, 47: 2691.

[33] Jia Y X, Lu L, Khazeni K, et al. Magnetotransport properties of $La_{0.6}Pb_{0.4}MnO_{3-\delta}$ and $Nd_{0.6}(Sr_{0.7}Pb_{0.3})_{0.4}MnO_{3-\delta}$ single crystals. Phys Rev B, 1995, 52: 9147-9150.

[34] Zhao B C, Song W H, Ma Y Q, et al. Reentrant metal-insulator transition in the Cu-doped manganites $La_{1-x}Pb_xMnO_3$ single crystals. Phys Rev B, 2005, 72: 132401.

[35] Clausen K N, Hayes W, Ken D A, et al. Neutron scattering and electrical transport in $Nd_{0.5}Pb_{0.5}MnO_3$. J Phys codens Matter, 1989, 1: 2721.

[36] Hennion M, Moussa F, Rodriguez-Carvajal J, et al. Coherent waves of magnetic polarons propagating in $La_{1-x}Ca_xMnO_3$: An inelastic-neutron-scattering study. Phys Rev B, 1997, 56: R497-R500.

[37] Bebenin N G, Zainullina R I, Bannikova N S, et al. Magnetic phase transition and electronic transport in single-crystalline $La_{0.7}Ca_{0.3}MnO_3$. Phys Rev B, 2008, 78: 064415.

[38] Moritomo Y, Asamitsu A, Tokura Y. Pressure effect on the double-exchange ferromagnet $La_{1-x}Sr_xMnO_3$ ($0.15 \leqslant x \leqslant 0.5$). Phys Rev B, 1995, 51: 16491-16494.

[39] Urushibara A, Moritomo Y, Arima T, et al. Insulator-metal transition and giant magnetoresistance in $La_{1-x}Sr_xMnO_3$. Phys Rev B, 1995, 51: 14103-14109.

[40] Asamitsu A, Moritomo Y, Tomioka Y, et al. A structural phase transition induced by an external magnetic field. Nature(London), 1995, 373: 407-409.

[41] Tomioka Y, Asamitsu A, Moritomo Y, et al. Collapse of a charge-ordered state under a magnetic field in $Pr_{1/2}Sr_{1/2}MnO_3$. Phys Rev Lett, 1995, 74: 5108-5111.

[42] Tomioka Y, Kumai R, Ito T, et al. Magnetic and electronic properties of $Eu_{1-x}Sr_xMnO_3$ ($0.3<x<0.7$) single crystals. Phys Rev B, 2009, 80: 174414.

[43] Lees M R, Barratt J, Balakrishnan G, et al. Influence of charge and magnetic ordering on the insulator-metal transition in $Pr_{1-x}Ca_xMnO_3$. Phys Rev B, 1995, 52: R14303-R14307.

[44] Li Q A, Gray K E, Mitchell J F, et al. Double-exchange selection rule for the c-axis conductivity in layered $La_{2-2x}Sr_{1+2x}Mn_2O_7$ single crystals below T_C. Phys Rev B, 2000, 61: 9542-9548.

[45] Prellier W, Lecoeur P, Mercey B. Colossal-magnetoresistive manganite thin films. J Phys Condens Matter, 2001, 13: R915-R944.

[46] Lawler J F, Lunney J G, Coey J M D. Magneto-optic Faraday effect in $(La_{1-x}Ca_x)MnO_3$ films. Appl Phys Lett, 1994, 65: 3017-3018.

[47] Lawler J F, Coey J M D, Lunney J G, et al. Pulsed laser deposition of thin films of $(La_{1-x}Ca_x)MnO_3$. J Phys Condens Matter, 1996, 8: 10737-10752.

[48] Versluijs J, Ott F, Coey J M D. Potentiometric imaging of $(La_{0.7}Sr_{0.3})MnO_3$ thin films. Appl Phys Lett, 1999, 75: 1152-1154.

[49] Harzheim G, Schubert J, Beckers L, et al. Colossal magnetoresistance of thin films of $La_{0.66}Ba_{0.33}MnO_3$ as a function of film thickness. Mater Sci Eng B, 1998, 56: 147-151.

[50] Gupta A, McGuire T R, Duncombe P R, et al. Growth and giant magnetoresistance properties of La-deficient $La_xMnO_{3-\delta}$ ($0.67 \leqslant x \leqslant 1$) films. Appl Phys Lett, 1995, 67: 3494-3496.

[51] Von Helmholt R, Wecker J, Samwer K, et al. Intrinsic giant magnetoresistance of mixed valence LaAMn oxide(A=Ca,Sr,Ba)(invited). J Appl Phys, 1994, 76: 6925-6928.

[52] Ju H L, Kwon C, Li Q, et al. Giant magnetoresistance in $La_{1-x}Sr_xMnO_z$ films near room temperature. Appl Phys Lett, 1994, 65: 2108-2110.

[53] Kasai M, Kuwahara H, Tomioka Y, et al. Colossal magnetoresistance in $Sm_{1-x}Sr_xMnO_3$ films. J Appl Phys, 1996, 80: 6894-6897.

[54] McCormack M, Jin S, Tiefel T H, et al. Very large magnetoresistance in perovskite-like La-Ca-Mn-O thin films. Appl Phys Lett, 1994, 64: 3045-3047.

[55] Jin S, Tiefel T H, McCormack M, et al. Thickness dependence of magnetoresistance in La-Ca-Mn-O epitaxial films. Appl Phys Lett, 1995, 67: 557-559.

[56] Sun J Z, Abraham D W, Rao R A, et al. Thickness-dependent magnetotransport in ultrathin manganite films. Appl Phys Lett, 1999, 74: 3017-3019.

[57] Xiong G C, Li Q, Ju H L, et al. Giant magnetoresistive memory effect in $Nd_{0.7}Sr_{0.3}MnO_z$ films. Appl Phys Lett, 1995, 67: 3031-3033.

[58] Gonzalez O J, Bistue G, Catano E, et al. Room temperature colossal magnetoresistance in nanocrystalline $La_{0.67}Sr_{0.33}MnO_3$ sputtered thin films. J Magn Magn Mater, 2000, 222: 199-206.

[59] Srinivasan G, Suresh B V, Seehra M S. Magnetic properties of radio frequency sputtered thin films of La-Pb-Mn oxides Appl. Phys. Lett, 1995, 67: 2090-2092.

[60] Mercey B, Lecoeur Ph, Hervieu M, et al. [101] Oriented $Pr_{0.7}Ca_{0.3-x}Sr_xMnO_{3-\delta}$ thin films prepared by RF magnetron reactive sputtering. Chem Mater, 1997, 9: 1177-1185.

[61] Wagner P H, Metlushko V, Trappeniers L, et al. Magnetotransport in epitaxial thin films of the magnetic perovskite $Pr_{0.5}Sr_{0.5}MnO_3$. Phys Rev B, 1997, 55: 3699-3707.

[62] Zeng X T, Wong H K. Epitaxial growth of single-crystal $(La,Ca)MnO_3$ thin films. Appl Phys Lett, 1995, 66: 3371-3373.

[63] Li K, Qi Z, Li X, et al. Growth, structural characteristics and magnetoresistance in La-Ca-Mn-O thin films prepared by DC magnetron sputtering. Thin Solid Films, 1997, 304: 386-391.

[64] Xiong C S, Pi Li, Xiong Y H, et al. The preparation and demonstration of epitaxial $La_{0.67}Sr_{0.33}MnO_{3-\delta}$ films/((110)orientation). Solid State Commun, 2000, 114: 341-345.

[65] Chahara K, Ohno T, Kasai M, et al. Magnetoresistance in magnetic manganese oxide with intrinsic antiferromagnetic spin structure. Appl Phys Lett, 1993, 63: 1990-1992.

[66] Snyder G J, Hiskes R, DiCarolis S, et al. Intrinsic electrical transport and magnetic properties of $La_{0.67}Ca_{0.33}MnO_3$ and $La_{0.67}Sr_{0.33}MnO_3$ MOCVD thin films and bulk material. Phys Rev B, 1996, 53: 14434-14444.

[67] Pignard S, Vincent H, Senateur J P, et al. Effect of crystallinity on the magnetoresistive properties of $La_{0.8}MnO_{3-\delta}$ thin films grown by chemical vapor deposition. Appl Phys Lett, 1998, 73: 999-1001.

[68] Dubourdieu C, Audier M, Senateur J P, et al. Effects of the microstructure on the magnetotransport properties of polycrystalline manganite films grown by metalorganic chemical vapor deposition. J Appl Phys, 1999, 86: 6945-6955.

[69] O'Donnel J, Onellion M, Rzchowski M S, et al. Magnetoresistance scaling in MBE-grown $La_{0.7}Ca_{0.3}MnO_3$ thin films. Phys Rev B, 1996, 54: R6841-R6844.

[70] Achutharaman V S, Kraus P A, Vas'ko V A, et al. Growth of La-Ca-Mn-O films by ozone-assisted

molecular beam epitaxy. Appl Phys Lett，1995，67：1019-1021.

[71] Reutler P，Bensaid A，Herbstritt F，et al. Local magnetic order in manganite thin films studied by 1/*f* noise measurements. Phys Rev B，2000，62：11619-11625.

[72] Schwartz R W. Chemical solution deposition of perovskite thin films. Chem Mater，1997，9：2325-2340.

[73] Tanaka K，Okamura S，Shiosaki T，et al. Fabrication of perovskite manganite(La，Sr)MnO_3 thin films by chemical solution deposition and their low-field magnetoresistance properties at room temperature. Jpn J Appl Phys，2001，40：6821-6824.

[74] Zhu X B，Sheng Z G，Liu S M，et al. Chemical solution deposition preparation of highly (200)-oriented $La_{0.8}Na_{0.2}MnO_3$ films on YSZ and $LaAlO_3$ substrates. Physica B，2005，364：43-49.

[75] Liu S M，Zhu X B，Yang J. Fabrication of polycrystalline $La_{0.7}Sr_{0.3}MnO_3$ thin films on Si(100) substrates by chemical solution deposition. Physica B，2004，353：238-241.

[76] Katiyar P，Kumar D，Nath T K，et al. Magnetic properties of self-assembled nanoscale $La_{2/3}Ca_{1/3}MnO_3$ particles in an alumina matrix. Appl Phys Lett，2001，79：1327-1329.

[77] Baleells L，Fonteuberta J，Martlnez B，et al. High-field magnetoresistance at interfaces in manganese perovskites. Phys Rev B，1998，58：R14697-R14700.

[78] Zhu T，Shen B G，Sun J R，et al. Surface spin-glass behavior in $La_{2/3}Sr_{1/3}MnO_3$ nanoparticles. Appl Phys Lett，2001，78：3863-3865.

[79] LoPez-Quintela M A，Hueso L E，Rivas J，et al. Intergranular magnetoresistance in nanomanganites. Nanotechnology，2003，14：212-219.

[80] Mahesh R，Mahendiran R，Rayehaudhuri A K，et al. Effect of particle size on the giant magnetoresistance of $La_{0.7}Ca_{0.3}MnO_3$. Appl Phys Lett，1996，68：2291-2293.

[81] Zheng L，Li K B，Zhang Y H. Effect of surface phonons on the properties of the granular manganese oxide $La_{0.67}Ca_{0.33}MnO_3$. Phys Rev B，1998，58：8613-8616.

[82] Shankar K S，Kar S，Subbanna G N，et al. Enhanced ferromagnetic transition temperature in nanocrystalline lanthanum calcium manganese oxide($La_{0.67}Ca_{0.33}MnO_3$). Solid State Commun，2004，129：479-483.

[83] Dutta A，Gayathri N，Ranganathan R. Effect of particle size on the magnetic and transport properties of $La_{0.875}Sr_{0.125}MnO_3$. Phys Rev B，2003，68：054432.

[84] Ma X Y，Zhang H，Xu J，et al. Synthesis of $La_{1-x}Ca_xMnO_3$ nanowires by a sol-gel process. Chem Phys Lett，2002，363：579-582.

[85] Shankar K S，Sohini K，Rayehaudhuri A K. Fabrication of ordered array of nanowires of $La_{0.67}Ca_{0.33}MnO_3$ ($x=0.33$) in alumina templates with enhanced ferromagnetic transition temperature. Appl Phys Lett，2003，84：993-995.

[86] Shankar K S，Raychaudhuri A K. Growth of an ordered array of oriented manganite nanowires in alumina templates. Nanotechnology，2004，15：1312-1316.

[87] Leyva A G，Stoliar P，Rosenbusch M，et al. Synthesis route for obtaining manganese oxide-based nanostructures. Physica B，2004，354：158-160.

[88] Curialea J，Sancheza R D，Troiania H E，et al. Morphological and magnetic characterization of manganites oxide-based nanowires and nanotubes. Physica B，2004，354：98-103.

[89] Zhu D L，Zhu H，Zhang Y H. Hydrothermal synthesis of $La_{0.5}Ba_{0.5}MnO_3$ nanowires. Appl Phys Lett，2002，80：1634-1636.

[90] Zhu D L, Zhu H, Zhang Y H. Microstructure and magnetization of single-crystal perovskite manganites nanowires prepared by hydrothermal method. J Cryst Grow, 2003, 249: 172-175.

[91] Spooren J, Walton R I. Hydrothermal synthesis of the perovskite manganites $Pr_{0.5}Sr_{0.5}MnO_3$ and $Nd_{0.5}Sr_{0.5}MnO_3$ and alkali-earth manganese oxides $CaMn_2O_4$, 4*H*-$SrMnO_3$, and 2*H*-$BaMnO_3$. J Solid State Chem, 2005, 178: 1683-1691.

[92] Rao S S, Anuradha K N, Sarangi S, et al. Weakening of charge order and antiferromagnetic to ferromagnetic switch over in $Pr_{0.5}Ca_{0.5}MnO_3$ nanowires. Appl Phys Lett, 2005, 87: 182503.

[93] Li C, Lei B, Luo Z C, et al. Magnetoresistive $La_{0.67}Sr_{0.33}MnO_3$ nanowires. Adv Mater, 2005, 17: 1548-1553.

[94] Lei B, Li C, Zhang D H, et al. Efficient synthesis and electronic studies of core-shell nanowires based on colossal magnetoresistive manganites. J Phys Chem B, 2005, 109: 18799-18803.

[95] Han S, Li C, Liu Z, et al. Transition metal oxide core-shell nanowires: Generic synthesis and transport studies. Nano Lett, 2004, 4: 1241-1246.

[96] Lei B, Han S, Li C, et al. Synthesis and electronic properties of transition metal oxide core-shell nanowires. Nanotechnology, 2007, 18: 044019.

[97] Goodenough J B. Electronic and ionic transport properties and other physical aspects of perovskites. Rep Prog Phys, 2004, 67: 1915-1993.

[98] Satpathy S, Popovic Z S, Vukajlovic F R. Electronic structure of the perovskite oxides: $La_{1-x}Ca_xMnO_3$. Phys Rev Lett, 1996, 76: 960-963.

[99] Goodenogh J B, Longon J M. Magnetic and Other Properties of Oxides and Related Compounds. Berlin: Springer-Verlag, 1970.

[100] Pickett W E, Singh D J. Electronic structure and half-metallic transport in the $La_{1-x}Ca_xMnO_3$ system. Phys Rev B, 1996, 53: 1146-1160.

[101] Pickett W E, Singh D J. Magnetoelectronic and magnetostructural coupling in the $La_{1-x}Ca_xMnO_3$ system. Europhys Lett, 1995, 32: 759-764.

[102] Park J H, Chen C T, Cheong S W, et al. Electronic aspects of the ferromagnetic transition in manganese perovskites. Phys Rev Lett, 1996, 76: 4215-4218.

[103] Inoue J, Maekawa S. Spiral state giant magnetoresistance in perovskite Mn oxides. Phys Rev Lett, 1995, 74: 3407-3410.

[104] Saitoh T, Bocquet A E, Mizokawa T, et al. Electronic structure of $La_{1-x}Sr_xMnO_3$ studied by photoemission and X-ray-absorption spectroscopy. Phys Rev B, 1995, 51: 13942-13951.

[105] Min B I, Kwon S K, Lee B W, et al. Electronic structures of electron-doped manganite: $La_{0.3}Ce_{0.3}MnO_3$. J Elec Spectro & Related Phenomena, 2001, 114-116: 801-805.

[106] 童伟. 钴基和锰基钙钛矿氧化物的磁性和输运性研究. 合肥: 中国科学技术大学博士学位论文, 2004.

[107] De Gennes P G, Pincus P A, Hartmann-Boutron F, et al. Nuclear Magnetic Resonance Modes in Magnetic Material. I. Theory. Phys Rev, 1963, 129: 1105-1115.

[108] Matsumoto G. Magnetic structure of $LaMnO_3$. J Phys Soc Jpn, 1970, 29: 606-615.

[109] Wollan E O, Koehler W C. Neutron diffraction study of the magnetic properties of the series of perovskite-type compounds [$(1-x)$La, xCa]MnO_3. Phys Rev, 1955, 100: 545-563.

[110] Urushibara A, Moritomo Y, Arima T, et al. Insulator-metal transition and giant magnetoresistance

in $La_{1-x}Sr_xMnO_3$. Phys Rev B, 1995, 51: 14103-14109.

[111] Furukawa N. Transport properties of the Kondo lattice model in the limit $S=\infty$ and $D=\infty$. J Phys Soc Jpn, 1994, 63: 3214-3217.

[112] Hundley M F, Hawley M, Helner R H, et al. Transport-magnetism correlations in the ferromagnetic oxide $La_{0.7}Ca_{0.3}MnO_3$. Appl Phys Lett, 1995, 67: 860-862.

[113] Millis A J, Littlewood P B, Shraiman B I. Double exchange alone does not explain the resistivity of $La_{1-x}Sr_xMnO_3$. Phys Rev Lett, 1995, 74: 5144-5147.

[114] Kawano H, Kajimoto R, Kubota M, et al. Ferromagnetism-induced reentrant structural transition and phase diagram of the lightly doped insulator $La_{1-x}Sr_xMnO_3$ ($x <\sim 0.17$). Phys Rev B, 1996, 53: R14709-R14712.

[115] Kawano H, Kajimoto R, Kubota M, et al. Canted antiferromagnetism in an insulating lightly doped $La_{1-x}Sr_xMnO_3$ with $x <\sim 0.17$. Phys Rev B, 1996, 53: 2202-2205.

[116] Dai P, Zhang J D, Mook H A, et al. Experimental evidence for the dynamic Jahn-Teller effect in $La_{0.65}Ca_{0.35}MnO_3$. Phys Rev B, 1996, 54: R3694-R3697.

[117] Varma C M. Electronic and magnetic states in the giant magnetoresistive compounds. Phys Rev B, 1996, 54: 7328-7333.

[118] Kataoka M, Tachiki M. Giant spin fluctuation as a possible origin of the giant magnetoresistance in $La_{1-x}A_xMnO_3$. Physica B, 1997, 237-238: 24, 25.

[119] Xiong G C, Bhagat S, Li Q, et al. Anomalous magnetoconductivity of epitaxial $Nd_{0.7}Sr_{0.3}MnO_3$ and $Pr_{0.7}Sr_{0.3}MnO_3$ films. Solid State Commun, 1996, 97: 599-604.

[120] Snyder G J, Hiskes R, Cariolis S D, et al. Intrinsic electrical transport and magnetic properties of $La_{0.67}Ca_{0.33}MnO_3$ and $La_{0.67}Sr_{0.33}MnO_3$ MOCVD thin films and bulk material. Phys Rev B, 1996, 53: 14434-14444.

[121] Viret M, Ranno L, Coey J M D. Magnetic localization in mixed-valence manganites. Phys Rev B, 1997, 55: 8067-8070.

[122] Babushkina N A, Belova L M, Yu O, et al. Metal-isolator transition induced by ^{16}O-^{18}O exchange in colossal negative magnetoresistance manganites. Nature (London), 1998, 391: 159-160.

[123] Jaime M, Salamon M B, Pettit K, et al. Magnetothermopower in $La_{0.67}Ca_{0.33}MnO_3$ thin films. Appl Phys Lett, 1996, 68: 1576-1578.

[124] Chen B X, Uher C, Morelli D T, et al. Large magnetothermopower in $La_{0.67}Ca_{0.33}MnO_3$ films. Phys Rev B, 1996, 53: 5094-5097.

[125] Zhou J S, Goodenough J B, Asamitsu A, et al. Pressure-induced polaronic to itinerant electronic transition in $La_{1-x}Sr_xMnO_3$ crystals. Phys Rev Lett, 1997, 79: 3234-3237.

[126] Kim K H, Gu J Y, Choi H S, et al. Frequency Shifts of the Internal Phonon Modes in $La_{0.7}Ca_{0.3}MnO_3$. Phys Rev Lett, 1996, 77: 1877-1880.

[127] Billinge S J L, Difrancesco R G, Kwei G H, et al. Direct observation of lattice polaron formation in the local structure of $La_{1-x}Ca_xMnO_3$. Phys Rev Lett, 1996, 77: 715-718.

[128] De Teresa J M, Ibarra M R, Algarabel P A, et al. Evidence for magnetic polarons in the magnetoresistive perovskites. Nature (London), 1997, 386: 256-259.

[129] Jaime M, Salamon M B, Rubinstein M, et al. High-temperature thermopower in $La_{2/3}Ca_{1/3}MnO_3$ films: Evidence for polaronic transport. Phys Rev B, 1996, 54: 11914-11917.

[130] Mira J, Rivas J, Hueso L E, et al. Strong reduction of lattice effects in mixed-valence manganites related to crystal symmetry. Phys Rev B, 2001, 65: 024418.

[131] Kajimoto R, Yoshizawa H, Tomioka Y, et al. Stripe-type charge ordering in the metallic A-type antiferromagnet $Pr_{0.5}Sr_{0.5}MnO_3$. Phys Rev B, 2002, 66: R180402.

[132] Tobe K, Kimura T, Tokura Y. Anisotropic optical spectra of doped manganites with pseudocubic perovskite structure. Phys Rev B, 2004, 69: 014407.

[133] Ghosh K, Ogale S B, Ramesh R, et al. Transition-element doping effects in $La_{0.7}Ca_{0.3}MnO_3$. Phys Rev B, 1999, 59: 533-537.

[134] Yuan S L, Jiang Y, Li G, et al. Semiconductor-metal transition and magnetoresistance in $La_{(1+x)/3}Ba_{(2-x)/3}Cu_{1-x}Mn_xO_3$. Phys Rev B, 2000, 61: 3211-3214.

[135] Wang K Y, Song W H, Dai J M, et al. Structural, magnetic, and transport properties in a Cu-doped $La_{0.7}Ca_{0.3}MnO_3$ system. J Appl Phys, 2001, 90: 6263-6267.

[136] Yang J, Song W H, Ma Y Q, et al. Structural, magnetic and transport properties in the Cu-doped manganites $La_{0.85}Te_{0.15}Mn_{1-x}Cu_xO_3$ $(0 \leqslant x \leqslant 0.2)$. Phys Rev B, 2004, 70: 092504.

[137] Pi L, Zheng L, Zhang Y H. Transport mechanism in polycrystalline $La_{0.825}Sr_{0.175}Mn_{1-x}Cu_xO_3$. Phys Rev B, 2000, 61: 8917-8921.

[138] Pi L, Xu X J, Zhang Y H. Anomalous transport properties of heavily doped polycrystalline $La_{0.825}Sr_{0.175}Mn_{1-x}Cu_xO_3$. Phys Rev B, 2000, 62: 5667-5673.

[139] Mandal P, Das S. Transport properties of Ce-doped $RMnO_3$(R=La, Pr, and Nd)manganites. Phys Rev B, 1997, 56: 15073-15080.

[140] Granado E, Ling C D, Neumeier J J, et al. Inhomogeneous magnetism in La-doped $CaMnO_3$. II. Nanometric-scale spin clusters and long-range spin canting. Phys Rev B, 2003, 68: 134440.

[141] Ling C D, Granado E, Neumeier J J, et al. Inhomogeneous magnetism in La-doped $CaMnO_3$. I. Mesoscopic phase separation due to lattice-coupled ferromagnetic interactions. Phys Rev B, 2003, 68: 134439.

[142] Pissas M, Kallias G, Hofmann M, et al. Crystal and magnetic structure of the $La_{1-x}Ca_xMnO_3$ compound(x=0.8, 0.85). Phys Rev B, 2002, 65: 064413.

[143] Wang Y, Fan H J. Magnetic phase diagram and critical behavior of electron-doped $La_xCa_{1-x}MnO_3$ $(0 \leqslant x \leqslant 0.25)$nanoparticles. Phys Rev B, 2011, 83: 224409.

[144] Cheong S W. Colossal Magnetoresistance Oxides. London: Gordon & Breach, 1999.

[145] Santhosh P N, Goldberger J, Woodward P M, et al. Phase separation over an extended compositional range: Studies of the $Ca_{1-x}Bi_xMnO_3$ $(x < \sim 0.25)$ phase diagram. Phys Rev B, 2000, 62: 14928-14942.

[146] Blasco J, Ritter C, García J, et al. Structural and magnetic study of $Tb_{1-x}Ca_xMnO_3$ perovskites. Phys Rev B, 2000, 62: 5609-5618.

[147] Mandal P, Hassen A, Loidl A. Effect of Ce doping on structural, magnetic, and transport properties of $SrMnO_3$ perovskite. Phys Rev B, 2004, 69: 224418.

[148] Lu W J, Zhao B C, Ang R, et al. Studies of electrical and thermal transport properties of the electron-doped manganite $Sr_{0.9}Ce_{0.1}MnO_3$. Physica B, 2005, 367: 243-248.

[149] Lu W J, Zhao B C, Ang R, et al. Internal friction evidence of uncorrelated magnetic clusters in electron-doped manganite $Sr_{0.8}Ce_{0.2}MnO_3$. Phys Lett A, 2005, 346: 321-326.

[150] Zeng Z, Greenblatt M, Croft M. Charge ordering and magnetoresistance of $Ca_{1-x}Ce_xMnO_3$. Phys Rev B, 2001, 63: 224410.
[151] Caspi E N, Avdeev M, Short S, et al. Structural and magnetic phase diagram of the two-electron-doped $(Ca_{1-x}Ce_x)MnO_3$ system: Effects of competition among charge, orbital, and spin ordering. Phys Rev B, 2004, 69: 104402.
[152] Gebhardt J R, Roy S, Ali N. Colossal magnetoresistance in Ce-doped manganese oxides. J Appl Phys, 1999, 85: 5390-5392.
[153] Raychaudhuri P, Mukherjee S, Nigam A K, et al. Transport and magnetic properties of laser ablated $La_{0.7}Ce_{0.3}MnO_3$ films on $LaAlO_3$. J Appl Phys, 1999, 86: 5718-5725.
[154] Raychaudhuri P, Mitra C, Mann P D A, et al. Phase diagram and Hall effect of the electron-doped manganite $La_{1-x}Ce_xMnO_3$. J Appl Phys, 2003, 93: 8328-8330.
[155] Mitra C, Hu Z, Raychaudhuri P, et al. Direct observation of electron doping in $La_{0.7}Ce_{0.3}MnO_3$ using X-ray absorption spectroscopy. Phys Rev B, 2003, 67: 092404.
[156] Mitra C, Raychaudhuri P, Doerr K, et al. Observation of minority spin character of the new electron doped manganite $La_{0.7}Ce_{0.3}MnO_3$ from tunneling magnetoresistance. Phys Rev Lett, 2003, 90: 017202.
[157] Tan G T, Dai S Y, Duan P, et al. Structural, electric and magnetic properties of the electron-doped manganese oxide: $La_{1-x}Te_xMnO_3$ (x=0. 1, 0. 15). J Appl Phys, 2003, 93: 5480-5483.
[158] Tan G T, Duan P, Dai S Y, et al. Structural magnetic properties and spin-glass behavior in $La_{0.9}Te_{0.1}MnO_3$. J Appl Phys, 2003, 93: 9920-9923.
[159] Tan G T, Dai S Y, Duan P, et al. Colossal magnetoresistance behavior and ESR studies of $La_{1-x}Te_xMnO_3$ ($0.04 \leqslant x \leqslant 0.20$). Phys Rev B, 2003, 68: 014426.
[160] Tan G T, Zhang X, Chen Z H. Colossal magnetoresistance effect of electron-doped manganese oxide thin film $La_{1-x}Te_xMnO_3$ (x=0. 1, 0. 15). J Appl Phys, 2004, 95: 6322-6324.
[161] Yang J, Sun Y P, Song W H, et al. Thermopower and thermal conductivity of the electron-doped manganite $La_{0.9}Te_{0.1}MnO_3$. J Appl Phys, 2006, 100: 123701.
[162] Yang J, Song W H, Ma Y Q, et al. Insulator-metal transition and the magnetic phase diagram of $La_{0.9}Te_{0.1}MnO_3$ ($0 \leqslant x \leqslant 0.60$). Mater Chem Phys, 2005, 94: 62-68.
[163] Yang J, Song W H, Ma Y Q, et al. Structural, magnetic and transport properties in the Pr-doped manganites $La_{0.9-x}Pr_xTe_{0.1}MnO_3$ ($0 \leqslant x \leqslant 0.9$). Phys Rev B, 2004, 70: 144421.
[164] Yang J, Song W H, Zhang R L, et al. The effect of oxygen stoichiometry on electrical transport and magnetic properties of $La_{0.9}Te_{0.1}MnO_y$. Solid State Commun, 2004, 131: 393-398.
[165] Yang J, Zhao B C, Zhang R L, et al. The effect of grain size on electrical transport and magnetic properties of $La_{0.9}Te_{0.1}MnO_3$. Solid State Commun, 2004, 132: 83-87.
[166] Yang J, Lee Y P, Li Y. Magnetocaloric effect of electron-doped manganite $La_{0.9}Te_{0.1}MnO_3$. J Appl Phys, 2007, 102: 033913.
[167] Yang J, Lee Y P, Li Y. Critical behavior of electron-doped manganite $La_{0.9}Te_{0.1}MnO_3$. Phys Rev B, 2007, 76: 054442.
[168] Yang J, Rong X, Suter D, et al. Electron paramagnetic resonance investigation of the electron-doped manganite $La_{1-x}Te_xMnO_3$ ($0.1 \leqslant x \leqslant 0.2$). Phys Chem Chem Phys, 2011, 13: 16343-16348.
[169] Roy S, Ali N. Charge transport and colossal magnetoresistance phenomenon in $La_{1-x}Zr_xMnO_3$. J Ap-

pl Phys, 2001, 89: 7425-7427.

[170] Duan P, Tan G T, Dai S Y, et al. Colossal magnetoresistance effect of the electron-doped manganese oxide $La_{1-x}Sb_xMnO_3$ (x = 0.05, 0.1). J Phys Condens Matter, 2003, 15: 4469-4476.

[171] Guo E J, Wang L, Wu Z P, et al. Phase diagram and spin-glass phenomena in electron-doped $La_{1-x}Hf_xMnO_3$ ($0.05 \leqslant x \leqslant 0.3$) manganite oxides. J Appl Phys, 2011, 110: 113914.

[172] Moritomo Y, Kuwahara H, Tomioka Y, et al. Pressure effects on charge-ordering transitions in Perovskite manganites. Phys Rev B, 1997, 55: 7549-7556.

[173] Rao C N R, Cheetham A K. Charge ordering in manganates. Science, 1997, (276): 911-912.

[174] Tomioka Y, Asamitsu A, Kuwahara H, et al. Magnetic-field-induced metal-insulator phenomena in $Pr_{1-x}Ca_xMnO_3$ with controlled charge-ordering instability. Phys Rev B, 1996, 53: R1689-R1692.

[175] Wood P M, Vogt T, Cox D E, et al. The influence of cation size on the structural features of $Ln_{1/2}A_{1/2}MnO_3$ perovskites at room temperature. Chem Mater, 1998, 10: 3652-3665.

[176] Ritter C, Mahendiran R, Ibarra M R, et al. Direct evidence of phase segregation and magnetic-field-induced structural transition in $Nd_{0.5}Sr_{0.5}MnO_3$ by neutron diffraction. Phys Rev B, 2000, 61: R9229-R9232.

[177] Kiryukhin V, Casa D, Hill J P, et al. An X-ray-induced insulator-metal transition in a magnetoresistive manganite. Nature (London), 1997, 386: 813-815.

[178] Barnabe A, Maignan A, Hervieu M, et al. Extension of colossal magnetoresistance properties to small A site cations by chromium doping in $Ln_{0.5}Ca_{0.5}MnO_3$ manganites. Appl Phys Lett, 1997, 71: 3907-3909.

[179] Kuwahara H, Okuda T, Tomioka Y, et al. Two-dimensional charge-transport and spin-valve effect in the layered antiferromagnet $Nd_{0.45}Sr_{0.55}MnO_3$. Phys Rev Lett, 1999, 82: 4316-4319.

[180] Ramirez A P, Schiffer P, Cheong S W, et al. Thermodynamic and electron diffraction signatures of charge and spin ordering in $La_{1-x}Ca_xMnO_3$. Phys Rev Lett, 1996, 76: 3188-3191.

[181] Mori S, Chen C H, Cheong S W. Pairing of charge-ordered stripes in $(La,Ca)MnO_3$. Nature (London), 1998, 392: 473-476.

[182] Murakami Y, Kamanaka H, Tanaka M, et al. Direct observation of charge and orbital ordering in $La_{0.5}Sr_{1.5}MnO_4$. Phys Rev Lett, 1998, 80: 1932-1935.

[183] Kimura T, Kumai R, Tokura Y, et al. Successive structural transitions coupled with magnetotransport properties in $LaSr_2Mn_2O_7$. Phys Rev B, 1998, 58: 11081-11084.

[184] Gor'kov L P, Sokol A V. Phase stratification of an electron liquid in the new superconductors. JETP Lett, 1987, 46: 420-423.

[185] Uehara M, Mori S, Chen C H, et al. Percolative phase separation underlies colossal magnetoresistance in mixed-valent manganites. Nature (London), 1999, 399: 560-563.

[186] Fäth M, Freisem S, Menovsky A, et al. Spatially inhomogeneous metal-insulator transition in doped manganites. Science, 1999, 285: 1540-1543.

[187] Zhang L W, Israel C, Biswas A, et al. Direct observation of percolation in a manganite thin film. Science, 2002, 298: 805-807.

[188] Tao J, Niebieskikwiat D, Varela M, et al. Direct imaging of nanoscale phase separation in $La_{0.55}Ca_{0.45}MnO_3$: Relationship to colossal magnetoresistance. Phys Rev Lett, 2009, 103: 097202.

[189] Lanzara A, Saini N L, Brunelli M, et al. Crossover from large to small polarons across the metal-in-

sulator transition in manganites. Phys Rev Lett, 1998, 81: 878-881.

[190] Dai P, Fernandez-Baca J A, Wakabayashi N, et al. Short-range polaron correlations in the ferromagnetic $La_{1-x}Ca_xMnO_3$. Phys Rev Lett, 2000, 85: 2553-2556.

[191] Yoon S, Liu H L, Schollerer G, et al. Raman and optical spectroscopic studies of small-to-large polaron crossover in the perovskite manganese oxides. Phys Rev B, 1998, 58: 2795-2801.

[192] Chechersky V, Nath A, Michel C, et al. Emission Mössbauer study of the electronic phases in $La_{0.7}Ca_{0.3}MnO_3$. Phys Rev B, 2000, 62: 5316-5319.

[193] Deisenhofer J, Braak D, Nidda H A K, et al. Observation of a Griffiths phase in paramagnetic $La_{1-x}Sr_xMnO_3$. Phys Rev Lett, 2005, 95: 257202.

[194] Papavassiliou G, Fardis M, Belesi M, et al. Mn NMR investigation of electronic phase separation in $La_{1-x}Ca_xMnO_3$ for $0.2 \leqslant x \leqslant 0.5$. Phys Rev Lett, 2000, 84: 761-764.

[195] Heffner R H, Le L P, Hundley M F, et al. Ferromagnetic ordering and unusual magnetic ion dynamics in $La_{0.67}Ca_{0.33}MnO_3$. Phys Rev Lett, 1996, 77: 1869-1872.

[196] Ma Y Q, Song W H, Zhang R L, et al. Internal friction evidence of the intrinsic inhomogeneity in $La_{0.67}Ca_{0.33}MnO_3$ at low temperatures. Phys Rev B, 2004, 69: 134404.

[197] Lu W J, Sun Y P, Zhao B C, et al. Inhomogeneous strain and phase coexistence in $Bi_{0.4}Ca_{0.6}MnO_3$. Phys Rev B, 2006, 73: 214409.

[198] Sheng Z G, Makmura M, Kagawa F, et al. Dynamics of multiple phases in a colossal-magnetoresistive manganites as revealed by dielectric spectroscopy. Nature Commn, 2012, 3: 944.

[199] Mickel P R, Biswas A, Hebard A. Competing soft dielectric phases and detailed balance in thin film manganites. Phys Rev B, 2012, 86: 094410.

[200] Anderson P W, Hasegawa H. Considerations on double-exchange. Phys Rev, 1955, 100: 675-681.

[201] Dagotto E. Correlated electrons in high-temperature superconductors. Rev Mod Phys, 1994, 66: 763-840.

[202] Yunoki S, Moreo S, Furukawa N. Phase separation in electronic models for manganites. Phys Rev Lett, 1998, 80: 845-848.

[203] Calderon M J, Brey L. Monte Carlo simulations for the magnetic phase diagram of the double-exchange Hamiltonian. Phys Rev B, 1998, 58: 3286-3292.

[204] Millis A J, Shraiman B I, Mueller R. Dynamic Jahn-Teller effect and colossal magnetoresistance in $La_{1-x}Sr_xMnO_3$. Phys Rev Lett, 1996, 77: 175-178.

[205] Millis A J, Shraiman B I, Mueller R. Fermi-liquid-to-polaron crossover. II. Double exchange and the physics of colossal magnetoresistance. Phys Rev B, 1996, 54: 5405-5417.

[206] Millis A J. Lattice effects in magnetoresistive manganese perovskites. Nature (London), 1998, 392: 147-150.

[207] Millis A J. Comment on "Antiferromagnetic short range order in a two-dimensional manganite exhibiting giant magnetoresistance". Phys Rev Lett, 1998, 80: 4358.

[208] Roder H, Zhang J, Bishop A R. Lattice effects in the colossal-magnetoresistance manganites. Phys Rev Lett, 1996, 76: 1356-1359.

[209] Yunoki S, Moreo A, Dagotto E. Phase separation induced by orbital degrees of freedom in models for manganites with Jahn-Teller phonons. Phys Rev Lett, 1998, 81: 5612-5615.

[210] Mayr M, Moreo A, Verges J, et al. Behavior of shell effects with the excitation energy in atomic nuclei. Phys Rev Lett, 2000, 85: 26-29.

[211] Datotto E. Open questions in CMR manganites, relevance of clustered states and anologies with other compounds including the cuprates. New J Phys, 2005, 7: 67.

[212] Ahn K H, Lookman T, Bishop A R. Strain-induced metal-insulator phase coexistence in perovskite manganites. Nature (London), 2004, 428: 401-404.

[213] Katsu H, Tanaka H, Kawai T. Photocarrier injection effect on double exchange ferromagnetism in (La,Sr)MnO_3/$SrTiO_3$ heterostructure. Appl Phys Lett, 2000, 76: 3245-3247.

[214] Tanaka H, Zhang J, Kawai T. Giant electric field modulation of double exchange ferromagnetism at room temperature in the perovskite manganite/titanate p-n junction. Phys Rev Lett, 2002, 88: 027204.

[215] Zhang J, Tanaka H, Kawai T. Rectifying characteristic in all-perovskite oxide film p-n junction with room temperature ferromagnetism. Appl Phys Lett, 2002, 80: 4378-4380.

[216] Muramatsu T, Muraoka Y, Hiroi Z. Photocarrier injection and the *I-V* characteristics of $La_{0.8}Sr_{0.2}MnO_3$/$SrTiO_3$: Nb heterojunctions. Solid State Commun, 2004, 132: 351-354.

[217] Sun J R, Lai C H, Wong H K. Photovoltaic effect in $La_{0.7}Ce_{0.3}MnO_{3-\delta}$/$SrTiO_3$-Nb heterojunction and its oxygen content dependence. Appl Phys Lett, 2004, 85: 37-39.

[218] Sun J R, Zhang S Y, Shen B G, et al. Rectifying and photovoltaic properties of the heterojunction composed of $CaMnO_3$ and Nb-doped $SrTiO_3$. Appl Phys Lett, 2005, 86: 053503.

[219] Sun J R, Shen B G, Sheng Z G, et al. Temperature-dependent photovoltaic effect in the manganite-based heteojunction. Appl Phys Lett, 2004, 85: 16-18.

[220] Sun J R, Xiong C M, Shen B G. Large magnetoresistance effects near room temperature in manganite heterojunction. Appl Phys Lett, 2004, 85: 4977-4999.

[221] Sun J R, Li C M, Wong H K. Strong magnetic-field effects in weak manganite-based heterojucntion. Appl Phys Lett, 2004, 84: 4804-4806.

[222] Sun J R, Xiong C M, Zhao T Y, et al. Effects of magnetic field on the manganite-based bilayer junction. Appl Phys Lett, 2004, 84: 1528-1530.

[223] Sheng Z G, Song W H, Sun Y P, et al. Crossover from negative to positive magnetoresistance in $La_{0.7}Ce_{0.3}MnO_3$/$SrTiO_3$: Nb heterojunctions. Appl Phys Lett, 2005, 87: 032501.

[224] Jin K J, Lu H B, Zhou Q L, et al. Positive colossal magnetoresistance from interface effect in p-n junction of $La_{0.9}Sr_{0.1}MnO_3$ and $SrNb_{0.01}Ti_{0.99}O_3$. Phys Rev B, 2005, 71: 184428.

[225] Sun J R, Shen B G, Sheng Z G, et al. Temperature-dependent photovoltaic effects in the manganite-based heterojunction. Appl Phys Lett, 2004, 85: 3375-3377.

[226] Sheng Z G, Zhao B C, Song W H, et al. Change in photovoltage due to an external magnetic field in a manganite-based heterojunction. Appl Phys Lett, 2005, 87: 242501.

[227] Nakagawa N, Asai M, Mukunoki Y, et al. Magnetocapacitance and exponential magnetoresistance in manganite-titanate heterojunctions. Appl Phys Lett, 2005, 86: 082504.

[228] Zhao K, He M, Lu H B. Low-field positive magnetoresistance near room temperature in three-component perovskite-type artificial superlattices. Appl Phys Lett, 2007, 91: 152507.

[229] Liu H, Zhao K, Zhou N, et al. Photovoltaic effect in micrometer-thick perovskite-type oxide multilayers on Si substrates. Appl Phys Lett, 2008, 93: 171911.

[230] Ni H, Yue Z, Zhao K, et al. Magnetical and electrical tuning of transient photovoltaic effects in manganite-based heterojunctions. Opt Exp, 2012, 20: 406-411.

[231] Lu Y, Li X W, Gong G Q, et al. Large magnetotunneling effect at low magnetic fields in micrometer-scale epitaxial $La_{0.67}Sr_{0.33}MnO_3$ tunnel junctions. Phys Rev B, 1996, 54: R8357-R8360.

[232] Sun J Z, Krusin E L, Duncombe P R, et al. Temperature dependent, non-ohmic magnetoresistance in doped perovskite manganate trilayer junctions. Appl Phys Lett, 1997, 70: 1769-1701.

[233] Jo M H, Mathur N D, Todd N K, et al. Very large magnetoresistance and coherent switching in half-metallic manganite tunnel junctions. Phys Rev B, 2000, 61: R14905-R14908.

[234] Ozkaya D, Petford A K L, Jo M H, et al. Structure and chemistry of manganite based tunnel junctions. J Appl Phys, 2001, 89: 6757-6759.

[235] Sun J Z, Abraham D W, Roche K, et al. Temperature and bias dependence of magnetoresistance in doped manganite thin film trilayer junctions. Appl Phys Lett, 1998, 73: 1008-1010.

[236] Ghosh K, Ogale S B, Pai S P, et al. Positive giant magnetoresistance in a $Fe_3O_4/SrTiO_3/La_{0.7}Sr_{0.3}MnO_3$ heterostructure. Appl Phys Lett, 1998, 73: 689-691.

[237] Bowen M, Bibes M, Barthelemy A, et al. Nearly total spin polarization in $La_{2/3}Sr_{1/3}MnO_3$ from tunneling experiments. Appl Phys Lett, 2003, 82: 233-235.

[238] Xiong Z H, Wu D, Vardeny Z V, et al. Giant magnetoresistance in organic spin-valves. Nature (London), 2004, 427: 821-824.

[239] Wu D, Xiong Z H, Li X G, et al. Magnetic-field-dependent carrier injection at $La_{2/3}Sr_{1/3}MnO_3$/ and organic semiconductors interfaces. Phys Rev Lett, 2005, 95: 016802.

[240] Gajek M, Bibes M, Fusil S, et al. Tunnel junctions with multiferroic barriers. Nature Mater, 2007, 6: 296-302.

[241] Mathews S, Ramesh R, Venkatesan T, et al. Ferroelectric field effect transistor based on epitaxial perovskite heterostructures. Science, 1997, 276: 238-240.

[242] Kim J H, Grishiin A M. Free-standing epitaxial $La_{1-x}(Sr,Ca)_xMnO_3$ membrane on Si for uncooled infrared microbolometer. Appl Phys Lett, 2005, 87: 033502.

[243] Hwang H Y, Cheong S W, Ong N P, et al. Spin-polarized intergrain tunneling in $La_{2/3}Sr_{1/3}MnO_3$. Phys Rev Lett, 1996, 77: 2041-2044.

[244] Liu H J, Ong C K. Resistance steps and large magnetoresistive effect in $La_{0.67}Sr_{0.33}MnO_3$ nanoconstriction array. Appl Phys Lett, 2005, 87: 262507.

[245] Tyagi S D, Lofland S E, Dominguez M, et al. Low-field microwave magnetoabsorption in manganites. Appl Phys Lett, 1996, 68: 2893-2895.

第 7 章　自旋转移力矩效应

章舒磊　张曙丰

自旋转移力矩效应是继巨磁电阻效应之后自旋电子学领域的又一重大发现。本章将从基本概念和物理图像入手，对若干典型磁学体系中的自旋转移力矩的物理起源、性质以及所产生的效应作一个初步的理论阐述。

7.1 引　　言

由于存在多种能量上稳定的磁性状态，铁磁材料对信息存储十分有用。在自旋转移力矩的概念被引入之前，磁场被广泛用于控制磁带、磁盘驱动器等磁存储设备的磁性状态。然而，磁场所具有的长程属性不可避免地会对这些器件的制造产生限制。利用电流取代磁场来调控铁磁体的磁性状态是自旋转移力矩效应的核心思想和优势所在。

由电流驱动的自旋转移力矩效应已经展现出了广阔的商业应用前景。例如，相比于传统的利用磁场进行磁化反转的磁存储器，基于自旋转移力矩的磁电阻式随机存储器[1]通过电流改变磁性隧道结自由层的磁化方向，从而具有更高的能效和存储密度。在另一种由 Parkin 等首先提出的赛道磁存储器中，自旋转移力矩则被用于控制磁纳米线中畴壁的运动[2]。较之传统的固态存储设备，这一新型的磁存储器具备了更好的读写性能。此外，由直流电驱动的自旋转移力矩还可以激发磁化强度矢量的稳态进动，自旋纳米微波振荡器[3-5]就是基于这一原理进行研制的。

为了更好地理解这些自旋电子器件的物理机制，我们有必要先了解一下自旋转移力矩效应的研究简史。自旋转移力矩概念萌芽于 20 世纪七八十年代：70 年代末，Berger 首先在实验中发现电流能导致磁畴壁的运动[6-8]；80 年代末，Slonczewski率先理论预言了磁性隧道结的两个铁磁电极间存在层间交换耦合[9]。但是由于当时实验条件的限制，这些发现并未引起足够的重视。直到 1996 年，Slonczewski[10] 和 Berger[11] 独立地预言了金属自旋阀中的自旋转移力矩效应。他们认为当电流垂直通过金属自旋阀各层时，其中的磁化层会受到自旋力矩的作用，并且当这些自旋力矩(也就是自旋转移力矩)足够强时可以激发磁化层磁矩的进动或反转。这一里程碑式的工作随即受到了广泛的关注，并掀起了对自旋转移力矩效应的进一步的理论及实验研究的热潮。

实验上对自旋转移力矩的探索主要集中在相关的磁化动力学性质方面。最初，自旋转移力矩所引起的磁化动力学现象只能通过测量器件磁电阻的变化(依据金属自旋阀中的巨磁电阻效应[12,13]或者磁性隧道结中的隧穿磁电阻效应[14-17])而得到间接的验证。Tsoi 等最先于 1998 年在带有机械点接触结构的金属自旋阀中观测到了由自旋转移力矩驱动的磁化强度矢量的进动[18]。随后，Sun 在锰氧化物异质结中也观测到了类似的现象[19]。同一时期，美国康奈尔大学的研究组首先在由纳米平板印刷术制备的样品中观测到了自旋转移力矩引起的磁反转[21,22]。结合对各种磁化动力学过程所产生的微波功率的测量，他们还成功地确定了磁化状态随外加磁场和电流而变化的相图。2005 年前后，随着自旋转移力矩铁磁共振技术的发展和成熟，对自旋转移力矩矢量的直接观测也终于得以实现[22-25]。对有关自旋转移力矩效应的实验感兴趣的读者请参看本书的其他章节以及参考文献[26]和[27]。

对于自旋转移力矩的理论研究大致可以分为两大支。一支是在给定体系磁结构的前提下求解自旋转移力矩矢量本身。一类常用的方法是先对电子自旋密度的动力学方程加以推广，使其包含自旋流张量、自旋积累以及自旋弛豫等项，进而从所得方程中解出非平衡态的电子自旋密度及自旋转移力矩[28-30]；另一类方法是通过建立适当的边界条件，自洽地求解出体系的输运系数，边界条件中涉及的各界面的性质如透、反射系数等参量则通常由第一性原理计算给出[31]。这类方法一般包括玻尔兹曼输运法[32-35]和磁电电路理论[36]等。另一支对自旋转移力矩效应的理论研究则聚焦于磁化强度的动力学响应。这类研究的主要方法是将自旋转移力矩纳入到唯象的磁化动力学方程——Landau-Lifshitz-Gilbert(LLG)方程中，并对所得的方程进行解析或数值求解[37]。基于上述理论框架，我们将试图在接下来的各节中逐步建立起自旋转移力矩在各种不同磁学体系中的物理图像。

本章的内容安排如下：在 7.2 节中，我们首先通过一个简单的自由电子模型来描述自旋转移力矩的微观起源，然后进一步讨论自旋转移力矩在两种典型的磁多层膜结构(即金属自旋阀和磁性隧道结)中的基本性质；在 7.3 节中，我们将从磁化动力学的角度继续研究自旋转移力矩在磁多层膜中的性质，并将专门探讨热涨落现象对它的影响；自旋转移现象并非只存在于磁多层膜体系中，在 7.4 节中，我们就将重点考察两类非多层膜结构中的自旋转移机制：一类是非均匀磁化的单层铁磁金属，另一类是铁磁金属和非磁性重金属的双层膜结构；最后在 7.5 节中，我们将对传统铁磁金属材料中的自旋转移概念加以推广，并就自旋转移力矩的其他研究方向作一简要的介绍。

7.2　自旋转移力矩的基本原理

本节旨在建立自旋转移力矩的基本概念和物理图像，包括它在磁异质结构中的微观起源以及与自旋输运的关系等。

7.2.1　自旋电流、自旋力矩以及它们之间的联系

在过渡金属铁磁体中，自旋转移力矩缘起于能带电子间的交换相互作用。在 s-d 模型中，这种相互作用可以简单地表示成

$$\hat{H}_{sd} = -J_{ex}\hat{\boldsymbol{\sigma}} \cdot \boldsymbol{m} \tag{7.1}$$

其中，$\hat{\boldsymbol{\sigma}}$ 指代泡利自旋矩阵矢量，它描述的是巡游电子的自旋磁矩①方向；$\boldsymbol{m}$ 表示铁磁金属磁化方向的单位矢量，它是由所有局域电子自旋的统计平均所决定的；J_{ex}表示上述两类电子之间的交换耦合系数。注意，在 s-d 模型中，巡游电子和局域电子扮演着不同的角色：前者主导自旋输运，而后者则决定了磁化强度的动力学性质②。当一个巡游电子的自旋与邻近的局域自旋不共线时，交换相互作用会导致它绕着局域自旋作进动。这一现象可以通过推广的自旋连续性方程来描述[29]

$$\frac{\partial\hat{\boldsymbol{\sigma}}}{\partial t} + \nabla\cdot\ \hat{\mathcal{J}} = \frac{1}{\mathrm{i}\hbar}[\hat{\boldsymbol{\sigma}},\ \hat{H}_{sd}] - \Gamma_{rel}(\hat{\boldsymbol{\sigma}}) \tag{7.2}$$

式中，$\hat{\mathcal{J}} = \hat{\boldsymbol{v}} \otimes \hat{\boldsymbol{\sigma}}$ 是自旋流算符③，其速度分量算符可表示成 $\hat{\boldsymbol{v}} = \frac{-\mathrm{i}\hbar}{m}\nabla$。注意，自旋流是一个并矢张量，因为它同时描述了自旋的流动和极化两个方向。上式右边第二项 $\Gamma_{rel}(\hat{\boldsymbol{\sigma}})$ 代表其他与自旋有关的非本征散射所造成的自旋弛豫。

通过计算出式(7.2)中的对易式，并对所得方程中的各项求统计平均，可以推导出如下关于巡游电子自旋密度的动力学方程

$$\frac{\partial \boldsymbol{s}}{\partial t} + \nabla\cdot\ \mathcal{J} = -\frac{2J_{ex}}{\hbar}\boldsymbol{m} \times \boldsymbol{s} - \frac{\delta \boldsymbol{s}}{\tau_{sf}} \tag{7.3}$$

其中，$\boldsymbol{s} = \mu_B\langle\hat{\boldsymbol{\sigma}}\rangle$和 $\mathcal{J} = \mu_B\langle\ \hat{\mathcal{J}}_\sigma\rangle$分别表示电子的自旋密度和自旋流密度，$\mu_B$ 为玻尔磁子，尖括号$\langle\cdots\rangle$代表对所包含的算符求统计平均。注意，我们已将$\langle\Gamma_{rel}(\hat{\boldsymbol{\sigma}})\rangle$唯

① 注意，由于电子的 g 因子为负，所以电子的自旋角动量与其自旋磁矩方向相反。为明确起见，以后若不加特别说明，书中提及的电子自旋一律指电子的自旋磁矩。

② 在实际的过渡金属中，由于 d 能带内以及 s 和 d 能带之间都存在着杂化，所以十分明晰地划分这两类电子一般是不可能的。但是这种简化的 s-d 模型却往往能令我们把握住自旋动力学的一些主要的物理性质，有时甚至能给出合理的定量估算。

③ 关于自旋流的这一定义的合理性，仅限于交换相互作用远强于自旋轨道耦合的情形[38-40]。

象地表示为自旋翻转弛豫，$-\delta \boldsymbol{s}/\tau_{\mathrm{sf}}$，其中 $\delta \boldsymbol{s}$ 定义为自旋密度相对于平衡态的偏移量(即 $\delta \boldsymbol{s} \equiv \boldsymbol{s}-\boldsymbol{s}_0$)，$\tau_{\mathrm{sf}}$表征自旋翻转弛豫时间。如果将式(7.3)和电流连续性方程(即 $\partial\rho/\partial t+\nabla\cdot \boldsymbol{j}_e=0$)相类比，就会发现巡游电子的自旋密度是不守恒的。即便在没有自旋翻转弛豫的情况下，由于交换相互作用的存在，自旋角动量也将以自旋力矩的方式在巡游电子和局域电子之间互相转移。考虑到交换相互作用不改变体系总的自旋角动量，当局域自旋对传导电子自旋施加一个自旋力矩 $\boldsymbol{\tau}=(2J_{\mathrm{ex}}/\hbar)\boldsymbol{s}\times\boldsymbol{m}$ 时，其自身也将受到一个大小相等、方向相反的反作用自旋力矩 $\boldsymbol{\tau}'=-(2J_{\mathrm{ex}}/\hbar)\boldsymbol{s}\times\boldsymbol{m}$。这也正是我们将要详细讨论的自旋转移力矩。在定常态中，式(7.3)给出了自旋转移力矩密度和自旋流密度之间的一个重要关系式，即

$$\boldsymbol{\tau}_{\mathrm{STT}}=-\nabla\cdot\mathcal{J}-\frac{\delta \boldsymbol{s}}{\tau_{\mathrm{sf}}} \tag{7.4}$$

如果只考虑弹道区的自旋输运(即忽略自旋翻转弛豫)，那么自旋转移力矩就进一步简化成了负的自旋流密度的散度。在 7.2.2 节中，我们将从这一简单的情形出发，从微观角度来剖析自旋转移力矩的物理根源。

7.2.2 自由电子在非磁性金属和铁磁金属界面处的散射

在 7.2.1 节末，我们提到若体系处于弹道区，自旋转移力矩就等于负的自旋流密度的散度，即

$$\boldsymbol{\tau}_{\mathrm{STT}}=-\nabla\cdot\mathcal{J} \tag{7.5}$$

下面我们证明，当自旋流由顺磁金属层流向均匀磁化的铁磁金属层时，只要其自旋极化方向和铁磁金属的磁化方向不共线，那么自旋流的横向分量就会在界面附近变得不连续，从而导致自旋转移力矩。

我们可以考虑的最简单的情形就是单个自由电子在一个顺磁金属和铁磁金属界面处的散射。如图 7.1 所示，铁磁金属层的磁化强度矢量被固定于 $\hat{z}$ 方向；为了简单起见，假设自由电子仅沿 y 方向运动，且其自旋磁矩的初始方向为(θ, $\phi=0$)。若令界面为 $y=0$ 平面并选择 z 轴作为量子化轴，则电子的入射、反射和透射波函数可以表示成如下二分量自旋子的形式：

$$\Psi_{\mathrm{in}}=\left(\cos\frac{\theta}{2},\ \sin\frac{\theta}{2}\right)^{\mathrm{T}}\mathrm{e}^{\mathrm{i}ky} \tag{7.6}$$

$$\Psi_{\mathrm{re}}=\left(r_{\uparrow}\cos\frac{\theta}{2},\ r_{\downarrow}\sin\frac{\theta}{2}\right)^{\mathrm{T}}\mathrm{e}^{-\mathrm{i}ky} \tag{7.7}$$

$$\Psi_{\mathrm{tr}}=\left(t_{\uparrow}\cos\frac{\theta}{2}\mathrm{e}^{\mathrm{i}k_{\uparrow}y},\ t_{\downarrow}\sin\frac{\theta}{2}\mathrm{e}^{\mathrm{i}k_{\downarrow}y}\right)^{\mathrm{T}} \tag{7.8}$$

其中，大括号外的上标 T 表示对行矩阵的转置；r_s 与 t_s 分别表示与自旋有关的反射和透射振幅[$s=\uparrow(\downarrow)$代表自旋向上或向下]。注意，反射波的波矢 $\boldsymbol{k}$ 与自

旋无关，而透射波的波矢却与自旋相关，这是因为自由电子的自旋会与铁磁金属层的局域自旋发生交换耦合，从而导致自旋向上和向下的电子具有不同的能量。有了这些波函数，就可以直接通过定义式来计算相应的自旋流密度(对于单电子情形，$\mathcal{J}=\mu_B \mathrm{Re}[\Psi^* \hat{\boldsymbol{v}} \otimes \hat{\boldsymbol{\sigma}} \Psi]$)。由于电子只沿 y 轴运动，其自旋流密度张量可约简为一个矢量，从而与电子的入射、反射和透射波相对应的自旋流密度可表示成

$$\boldsymbol{j}_{\text{in}} = \mu_B v(\sin\theta\hat{\boldsymbol{x}} + \cos\theta\hat{\boldsymbol{z}}) \tag{7.9}$$

$$\begin{aligned}\boldsymbol{j}_{\text{re}} = -\mu_B v\{&\sin\theta \mathrm{Re}[r_\uparrow^* r_\downarrow]\hat{\boldsymbol{x}} + \sin\theta \mathrm{Im}[r_\uparrow^* r_\downarrow]\hat{\boldsymbol{y}} \\ &+ \left[\cos^2\frac{\theta}{2}|r_\uparrow|^2 - \sin^2\frac{\theta}{2}|r_\downarrow|^2\right]\hat{\boldsymbol{z}}\}\end{aligned} \tag{7.10}$$

$$\begin{aligned}\boldsymbol{j}_{\text{tr}} = \mu_B\Big\{&\frac{v_\uparrow + v_\downarrow}{2}\sin\theta \mathrm{Re}[t_\uparrow^* t_\downarrow \mathrm{e}^{-\mathrm{i}(k_\uparrow - k_\downarrow)y}]\hat{\boldsymbol{x}} \\ &+ \frac{v_\uparrow + v_\downarrow}{2}\sin\theta \mathrm{Im}[t_\uparrow^* t_\downarrow \mathrm{e}^{-\mathrm{i}(k_\uparrow - k_\downarrow)y}]\hat{\boldsymbol{y}} \\ &+ \left(v_\uparrow \cos^2\frac{\theta}{2}|t_\uparrow|^2 - v_\downarrow \sin^2\frac{\theta}{2}|t_\downarrow|^2\right)\hat{\boldsymbol{z}}\Big\}\end{aligned} \tag{7.11}$$

其中，$v_s = \hbar k_s/m$。需要注意的是，上式所示的自旋流密度在自旋空间中由一个三维矢量来描述电子的自旋，但在实空间(或坐标空间)中则是通过正负来表示它沿 y 轴流动的方向，例如，反射波的自旋流密度 $\boldsymbol{j}_{\text{re}}$ 表达式前的负号就表示它是沿着 $-\hat{\boldsymbol{y}}$ 方向流动的。

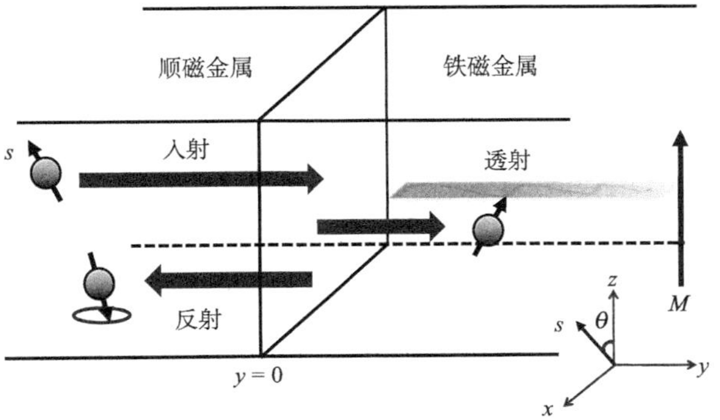

图 7.1　单个自由电子在顺磁金属/铁磁金属界面处的散射。入射电子沿着 $\hat{\boldsymbol{y}}$ 方向运动，它的初始自旋 $\boldsymbol{s}$ 方向为(θ，$\phi=0$)。铁磁金属层的磁化强度 $\boldsymbol{M}$ 指向 $\hat{z}$ 方向。图中刻画了引起自旋转移力矩的三种微观机制：①界面处的自旋过滤；②透射电子的自旋退相(即空间进动)；③反射电子的自旋转动

为了计算作用在铁磁金属层上的自旋转移力矩，我们在界面上任取一个面元 A，然后过 A 作一个扁盒状的高斯面并使它的两个底面与界面平行。在该高斯

面所包围的区域 V 内，结合散度定理对方程(7.5)的两边作体积分，就可以得到该积分区域内的总自旋转移力矩为

$$\boldsymbol{T}_{\mathrm{STT}}=A(\boldsymbol{j}_{\mathrm{in}}-\boldsymbol{j}_{\mathrm{tr}}+\boldsymbol{j}_{\mathrm{re}}) \tag{7.12}$$

其中，$\boldsymbol{T}_{\mathrm{STT}}=\int \mathrm{d}V\boldsymbol{\tau}_{\mathrm{STT}}$。可见，高斯面内总的自旋转移力矩等于穿过该高斯面的净自旋流通量。根据电子概率流密度守恒，不难证明，自旋流密度的纵向分量(或 z 分量)在界面处是连续的，即 $\boldsymbol{j}_{\mathrm{in}}^{/\!/}-\boldsymbol{j}_{\mathrm{tr}}^{/\!/}+\boldsymbol{j}_{\mathrm{re}}^{/\!/}=0$。也就是说，自旋转移力矩仅来自于自旋流的横向分量的不连续性，即

$$\boldsymbol{T}_{\mathrm{STT}}=A(\boldsymbol{j}_{\mathrm{in}}^{\perp}-\boldsymbol{j}_{\mathrm{tr}}^{\perp}+\boldsymbol{j}_{\mathrm{re}}^{\perp})\neq 0 \tag{7.13}$$

通过仔细分析式(7.10)和式(7.11)的构成，可将引起自旋流密度不连续性的机制划归成如下三种[41](图 7.1)：

(1) 自旋过滤效应。当界面的反射和透射系数与自旋有关时，反射波和透射波的自旋分量相对于入射波都会发生一定的改变：通常，透射电子的自旋倾向于与 $\boldsymbol{M}$ 平行而反射电子的自旋则更倾向于与之反平行①。由于电子的反射波和透射波在空间上是分离的，所以这一效应被称为自旋过滤。它导致了自旋流的横向分量在界面上发生损失。

(2) 透射波的自旋退相。我们注意到在式(7.11)中，透射波自旋流密度的两个横向分量($\hat{\boldsymbol{x}}$ 和 $\hat{\boldsymbol{y}}$ 分量)均带有相位因子 $\mathrm{e}^{-\mathrm{i}(k_\uparrow-k_\downarrow)y}$。从经典的角度看，这个相位因子导致了透射电子在沿 $\hat{\boldsymbol{y}}$ 方向行进的同时也在绕着 $\boldsymbol{M}$ 作进动(图 7.1)。这种空间进动虽不改变单电子自旋流的横向分量的大小，但是在作多电子平均时，就会导致总自旋流横向分量的衰减。这是因为不同电子经过的路径长度不同，自旋所转过的角度也就不同，所以平均起来就会有所抵消。此外，在实际的金属中，由于电子会因遭遇非弹性碰撞而丢失相位信息，所以上述自旋退相位机制起作用的前提是自旋退相长度(即自旋空间进动的波长，$2\pi/|\boldsymbol{k}_{\mathrm{F}\uparrow}-\boldsymbol{k}_{\mathrm{F}\downarrow}|$，这里 $\boldsymbol{k}_{\mathrm{Fs}}$ 表示与自旋相关的费米波矢)要远小于电子的平均自由程。常温下，铁磁金属的电子平均自由程通常比自旋退相长度大 1～2 个数量级，所以上述条件一般是成立的。

(3) 反射波的自旋转动。由方程(7.10)所示，当自旋向上和自旋向下的电子的反射振幅的相位不同时(即 $r_\uparrow^* r_\downarrow=|r_\uparrow^* r_\downarrow|\mathrm{e}^{\mathrm{i}\Delta\varphi}$，其中 $\Delta\varphi$ 表示其相差)，反射电子的自旋会转过一个方向角 $\Delta\varphi$，如图 7.1 所示。这种自旋转动效应与之前提到的两种效应有着本质的不同。一方面，自旋过滤即便在 $r_\uparrow$ 和 $r_\downarrow$ 同相位时也会发生；另一方面，在非磁性金属中也不存在上述的自旋退相效应，因为反射波的振幅是与自旋无关的。自旋转动效应是纯粹的量子效应，不存在经典对应。

① 反例也存在，相应的铁磁金属材料被称为负自旋极化器。我们会在 7.2.3 节中再次谈及这一点。

以上，我们借助一个简化的单电子散射模型分析了自旋转移力矩产生的微观过程。总的自旋流密度的计算则需要对费米面附近电子态以及相应的电子分布作统计平均。此类计算结果显示，透、反射电子的自旋流密度的横向分量通常在距离界面几个晶格常数的范围内就迅速衰减至零[41]，也就是说，作为一个很好的近似，可以认为铁磁金属层在界面处吸收了入射自旋流的所有横向分量，从而受到自旋转移力矩的作用，即

$$T_{\mathrm{STT}} \simeq A\boldsymbol{j}_{\mathrm{in}}^{\perp} \tag{7.14}$$

这一自旋力矩的大小和方向取决于输入信号、体系的材料组成和磁构型等多种因素。关于这些问题，我们将在 7.2.3 小节中针对两种最为典型的磁异质结进行详细的讨论。

7.2.3　自旋转移力矩在磁异质结中的特性

1. 磁性金属多层膜

磁性金属多层膜由相互交替的铁磁层和顺磁层构成，它是一类被广泛用于研究自旋转移力矩的磁异质结。如图 7.2 所示，我们首先来考虑一个基本的铁磁金属/顺磁金属/铁磁金属三层膜结构(也常称为金属自旋阀)。图中较薄的铁磁金属层通常被称为“自由层”，因为它的磁化方向易被自旋转移力矩所改变；而较厚的铁磁金属层被称为“参考层”或“钉扎层”，因为它的磁化方向相对固定，一般不受自旋转移力矩的影响①。中间的顺磁金属层称为隔离层，顾名思义它主要起到分隔两个铁磁金属层的作用，从而使得它们可以形成不同的磁化方向。需要注意的是，隔离层的厚度须远小于自旋扩散长度，以确保其间的传导电子可以保持它们的自旋极化方向不变。

1) 磁性金属多层膜中自旋转移力矩的物理图像

自旋转移力矩所造成的多层膜磁构型的改变(以及由此而引起的磁电阻的变化)是关于电流方向不对称的。这一重要特征使得我们可以把自旋转移力矩效应与电流激发的奥斯特场的作用有效地区分开来，因为后者所引起的多层膜磁电阻的变化是关于电流方向对称的。

以下，我们参照图 7.2 来对自旋转移力矩的这一显著的特征作一简要的说明。如图 7.2(a)所示，首先考虑电流从右向左流经金属自旋阀的情形(注意电子的流向为从左向右，恰与电流方向相反)。基于自旋过滤和自旋退相等自旋选择

---

① 另一种固定铁磁金属层磁化方向的方法是将它与一个反铁磁层耦合，从而在该铁磁金属层中产生单向各向异性，这一效应被称为交换偏置[42-44]。

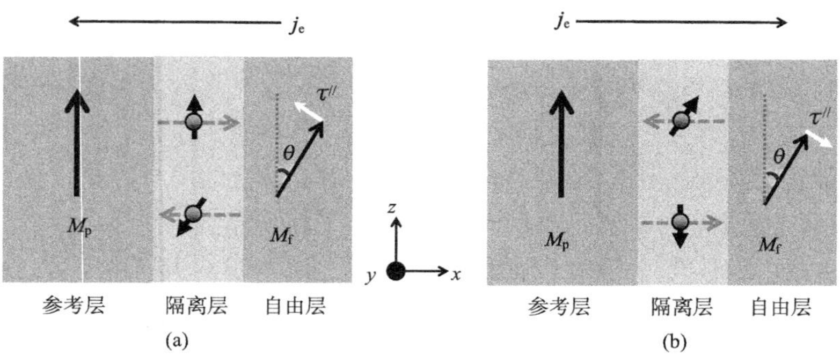

图 7.2 金属自旋阀中由电流驱动的自旋转移力矩。构成金属自旋阀的三层金属膜从左到右依次为：铁磁参考层、顺磁隔离层和铁磁自由层。(a)当电流由自由层流向参考层时，自旋转移力矩试图将自由层的磁化强度$\boldsymbol{M}_f$旋转到与参考层磁化强度$\boldsymbol{M}_p$平行的方向；(b)当电流从参考层流向自由层时，所引起的自旋转移力矩则倾向于使$\boldsymbol{M}_f$旋转到与$\boldsymbol{M}_p$反平行的方向

效应，经由参考层流出的大部分电子的自旋方向与该层的磁化强度$\boldsymbol{M}_p$平行①。然而，由于两个磁化层的磁化方向不共线，当这些电子入射到隔离层与自由层的界面处时，其横向自旋分量会被自由层所吸收(从而使得透射及反射的电子自旋分别与自由层的磁化方向平行和反平行)，与此同时，自由层的磁化强度$\boldsymbol{M}_f$也会受到一个自旋转移力矩$\boldsymbol{\tau}^{/\!/}$的作用。这一自旋力矩矢量平行于由$\boldsymbol{M}_p$和$\boldsymbol{M}_f$两矢量所构成的平面(这就是$\boldsymbol{\tau}^{/\!/}$的上标的含义)，并趋向于将$\boldsymbol{M}_f$旋转到与$\boldsymbol{M}_p$平行的方向上。

当电流反向时[图 7.2(b)]，形成自旋转移力矩微观物理过程也有所不同。在这种情况下，电子由自由层流向参考层，因而对自由层产生自旋转移力矩作用的是在隔离层和参考层界面上被反射回来的那部分电子。因为它们的自旋方向与参考层的磁化方向反平行，所以引起的自旋转移力矩将倾向于使自由层的磁化强度朝着与参考层的磁化强度反平行的方向转动。这与图 7.2(a)的结果正相反。

2) 磁性金属多层膜中自旋转移力矩的理论表征

为了从理论上确定自旋转移力矩，需要在给定输入参量的前提下，解出整个体系的自旋流密度和自旋密度的分布。具体处理方法的选择依赖于样品本身及实验条件，如温度、杂质的密度、样品的几何尺寸等。一般而言，如果所考虑的样

① 在本章节中，我们主要考虑经参考层透射的电子以多数电子(即自旋平行于$\hat{\boldsymbol{M}}_p$的电子)为主的情形。事实上，透射电子以少数电子为主的磁性材料也是存在的，如 FeCr 和 NiCr 等[45]。

品的各层的厚度小于相应的电子平均自由程，那么弹道模型就比较适用；反之，则须采用扩散法，因为此时自旋积累以及自旋扩散都将在自旋输运过程中扮演重要的角色，这与电流垂直膜面的巨磁电阻效应类似[46]。

Slonczewski 最先计算了弹道区磁性金属多层膜的自旋转移力矩[10]。他推导出一个面内自旋转移力矩，其大小正比于输入电流 j_e 且与两铁磁金属层的磁化方向(即$\boldsymbol{m}_p$ 与$\boldsymbol{m}_f$)的夹角 θ 有关，即

$$\boldsymbol{\tau}^{/\!/} \propto j_e g(\theta) \boldsymbol{m}_f \times (\boldsymbol{m}_p \times \boldsymbol{m}_f) \tag{7.15}$$

这一力矩的方向与图 7.2 中所给出的直观物理图像一致。由于这一面内自旋转移力矩是由 Slonczewski 首先提出的，所以它有时也被称为 Slonczewski 自旋转移力矩。式(7.15)中自旋力矩与 θ 角的函数关系 $g(\theta)$ 可表示成如下的一般形式[35,47-49]

$$g(\theta) \propto \frac{A_1}{1+\eta_1 \cos\theta} + \frac{A_2}{1-\eta_2 \cos\theta} \tag{7.16}$$

其中，系数 A_1、A_2、η_1 及 η_2 均与 θ 角无关，它们取决于多层膜的几何尺寸和物理属性。不难看出，$g(\theta)$ 关于 $\theta=\pi/2$(即$\boldsymbol{m}_p$ 与$\boldsymbol{m}_f$ 垂直的构型)不对称，其最大值落在($\pi/2$，π)中的某一角度(即靠近反平行排列一侧)①。值得强调的是，即使所考虑的多层膜结构是对称的(如 Co/Cu/Co)，自旋转移力矩的这种不对称性也依然存在。虽然这一特点得到了诸多理论的验证，对它的实验验证却仅限于少数间接的证据(如对临界电流角度依赖关系的测量等[51])。此外，基于某些非对称的多层膜(如 Py/Cu/Co)的微波振荡实验还发现了一种不同于式(7.16)的“波浪形”的角度依赖关系[52]。

对处于扩散区的磁性金属多层膜，自旋积累变得尤为重要。当两个铁磁金属层的磁化方向不共线时，除了纵向自旋积累$\boldsymbol{s}^{/\!/}$(指自旋积累平行于$\boldsymbol{m}_f$ 的部分)的扩散外，还应特别注意横向自旋积累$\boldsymbol{s}^{\perp}$(即自旋积累垂直于$\boldsymbol{m}_f$ 的部分)在自由层中的扩散，因为它直接决定了自由层所受到的自旋转移力矩。在定常状态下，我们可以由式(7.3)得出自由层中的横向自旋积累所满足的扩散方程[28]

$$\frac{\partial^2 \boldsymbol{s}^{\perp}}{\partial x^2} - \frac{\boldsymbol{s}^{\perp}}{\lambda_{sf}^2} - \frac{\boldsymbol{s}^{\perp} \times \boldsymbol{m}_f}{\lambda_J^2} = 0 \tag{7.17}$$

其中，λ_{sf}和 λ_J 两个物理量都具有长度的量纲，它们的定义式分别为 $\lambda_{sf} \equiv \sqrt{2D_0 \tau_{sf}}$ 和 $\lambda_J \equiv \sqrt{2hD_0/J_{ex}}$ (D_0 和 h 分别表示扩散系数和普朗克常量)。注意，上式成立的前提条件是动量的弛豫时间小于横向自旋积累的进动周期，即 $\tau_m < h/J_{ex}$(也就是扩散区条件)。结合适当的边界条件[28]解出 $\boldsymbol{s}^{\perp}$后，发现横向自旋积累进入自由层后呈指数衰减，其衰减的特征长度尺度为 λ_J，即 $\boldsymbol{s}^{\perp} \propto \mathrm{e}^{-x/\lambda_J}$ (设

① 电流垂直膜面的巨磁电阻效应中也有类似的角度函数关系。不难理解，由于巨磁电阻与自旋转移力矩均由体系的自旋输运所决定，所以它们随 θ 角的变化必然存在某种内在的关联[50]。

$x=0$ 为自由层与隔离层的界面)。这一长度尺度介于弹道区($\tau_{\mathrm{m}}>h/J_{\mathrm{ex}}$)横向自旋积累的衰减长度 λ_{ϕ} 和纵向自旋积累的衰减长度 λ_{sf} 之间[28]，即 $\lambda_{\phi}\ll\lambda_{J}\ll\lambda_{\mathrm{sf}}$，其中 $\lambda_{\phi}=2\pi/|k_{\mathrm{F}}^{\uparrow}-k_{\mathrm{F}}^{\downarrow}|$ 也就是之前提到的自旋退相长度。

将解得的横向自旋积累代入它与自旋力矩的关系式，就得到了自由层所受自旋转移力矩密度的一般表达式

$$\boldsymbol{\tau}_{\mathrm{STT}}=-\frac{\gamma a_J}{M_{\mathrm{s}}}\boldsymbol{M}_{\mathrm{f}}\times(\boldsymbol{m}_{\mathrm{p}}\times\boldsymbol{M}_{\mathrm{f}})-\gamma b_J\boldsymbol{M}_{\mathrm{f}}\times\boldsymbol{m}_{\mathrm{p}} \tag{7.18}$$

其中，γ 为磁旋比；$\boldsymbol{m}_{\mathrm{p}}$ 表示参考层磁化方向的单位矢量；a_J 和 b_J 两个系数均有磁场强度的量纲，它们取决于多层膜的物理属性(包括磁构型、几何尺寸等因素)。式(7.18)的第一项与之前由弹道模型得出的面内自旋转移力矩一致，但是该式的第二项却并未出现在先前的弹道模型的计算结果中，所以有必要对这一新的自旋力矩作些特别说明。首先，从方向上来看，这一自旋力矩垂直于 $\boldsymbol{M}_{\mathrm{p}}$ 与 $\boldsymbol{M}_{\mathrm{f}}$ 所构成的平面，为明确起见，以下均称它为垂直自旋转移力矩；其次，从以上的推导过程可以看出，在扩散区，垂直自旋转移力矩与面内自旋转移力矩都来源于横向自旋积累①，从而它们有着相同的衰减特征长度尺度 λ_J。此外，尽管垂直自旋转移力矩最初是在扩散区发现的，但也有观点认为，只要界面处的散射电子相位的统计平均不为零(这一点取决于材料费米面的形状)，那么垂直自旋转移力矩同样会出现在处于弹道区的样品中[54]。

从实验观测的角度来看，在金属自旋阀中面内自旋转移力矩通常占据主导地位，它对磁化动力学的影响远大于垂直自旋转移力矩[55-58]。但在磁性隧道结中，垂直自旋转移力矩的大小可与面内自旋转移力矩相比拟[59-61]。那么，为什么相比于金属自旋阀，垂直自旋转移力矩在磁性隧道结中的强度有如此大的提高呢？关于这一问题的答案，等我们理解了磁性隧道结与金属自旋阀的主要区别之后，就会自然变得明了。

2. *磁性隧道结*

从构成上讲，磁性隧道结与金属自旋阀的区别在于它的隔离层是一层超薄的非磁性绝缘体(如 MgO，AlO_x 等)，而非顺磁性金属。由于绝缘隔离层的高能量壁垒(几个电子伏)，传导电子不能一如它们在金属自旋阀中那样以漂移和扩散的方式通过隔离层，而须凭借其波动性利用量子隧穿效应穿过隔离层。如图 7.3 所示，磁性隧道结的电阻取决于电子在隧穿势垒中的衰逝波，因而它远大于金属自旋阀的电阻。磁性隧道结的这一性质使之在诸如存储器件等的应用中更具潜力，

① Heide 等曾理论预言了纵向自旋积累也会产生类似的垂直自旋转移力矩[53]，但是其衰减特征长度则是自旋扩散长度 λ_{sf}。

因为它能提供比较合理的信噪比[62]。

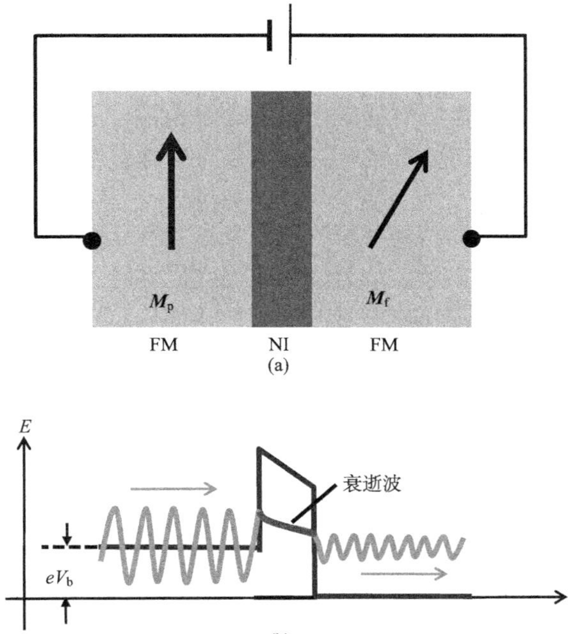

图 7.3 电子在磁性隧道结中的量子隧穿。图(a)为受到电压偏置的磁性隧道结的示意图，其基本结构为两铁磁金属(FM)电极之间间隔一层超薄的非磁性绝缘体(NI)；图(b)表现了磁性隧道结中隧穿电子的波动性：一电子的行波在左侧的铁磁电极中朝着绝缘隔离层传播，由于隔离层的势垒高于电子的动能，所以电子只能以衰逝波的形式存在于隔离层中且其波幅呈指数衰减；若该衰逝波的波幅在另一侧的界面尚未衰减至零，则电子能穿越隔离层并继续以行波的形式在右侧的铁磁电极中传播

在过去的十年间，对于磁性隧道结的研究取得了长足的进步，这其中包括：通过采用晶体 MgO 作为隔离层[17,63-66]使室温下的隧穿磁电阻得以大幅度提升(室温下约达 600%[67])，实验上成功地实现了由自旋转移力矩驱动的磁化反转[68,69]，以及通过调节界面处的垂直磁各向异性而有效地降低了磁化反转的临界电流[70,71]等。由于这些突破性的进展，磁性隧道结已经取代了传统的磁性金属多层膜而成为众多自旋电子器件的基本构件。

在此，我们仍将注意力集中在自旋转移力矩效应上。与金属自旋阀相比，自旋转移力矩在磁性隧道结中主要呈现出三个显著的特点：垂直自旋转移力矩的增强、对偏置电压的依赖性和对称的角度依赖关系。以下，我们将依次讨论这三个重要特征。

1) 垂直自旋转移力矩的增强

我们在 7.2.2 节末曾提及，垂直自旋转移力矩在金属自旋阀中通常可以忽略[31,41,55-58]，但在磁性隧道结中就显得相对比较重要。一些实验结果显示[59,60]，在基于 MgO 的磁性隧道结中，垂直自旋转移力矩和面内自旋转移力矩的强度比可达 10%～30%。

为了理解垂直自旋转移力矩在磁性隧道结中被强化的原因，我们来比较它与金属自旋阀在自旋输运上的不同之处。首先，在磁性隧道结中，不论自旋向上或向下，大部分电子都会被绝缘隧穿势垒所反射；再者，电子在隧道结中的透射系数具有高度的动量依赖性。更具体地说，垂直于隧穿势垒入射的电子的透射概率远大于掠射电子，而这种动量选择性则势必会大大降低电子自旋退相效应的有效性，继而增加横向自旋流分量在自由层中的残留。此外，对于基于 MgO 隔离层的磁性隧道结，由于存在两铁磁金属电极与隔离层之间的晶格匹配，只有波函数具备某种对称性的电子才能顺利通过隧穿势垒[63]。这一额外的过滤机制是与自旋有关的，所以也可能导致垂直自旋转移力矩的进一步增强。

2) 对偏置电压的依赖性

在磁性隧道结中，外加的电压主要落在绝缘隔离层上，因而控制隧穿输运的主要是偏置电压而非电流(这一点也与金属自旋阀不同)。以下我们给出面内及垂直自旋转移力矩对偏置电压的依赖关系的主要特征，并简要地讨论相应的物理根源。

面内自旋转移力矩对偏置电压的依赖关系可概括为如下的一般形式

$$\boldsymbol{\tau}^{/\!/}(V_{\mathrm{b}})=A_1V_{\mathrm{b}}\boldsymbol{m}_{\mathrm{f}}\times(\boldsymbol{m}_{\mathrm{p}}\times\boldsymbol{m}_{\mathrm{f}})+A_2V_{\mathrm{b}}^2\boldsymbol{m}_{\mathrm{f}}\times(\boldsymbol{m}_{\mathrm{p}}\times\boldsymbol{m}_{\mathrm{f}}) \tag{7.19}$$

其中，系数 A_1 和 A_2 与偏置电压无关。Slonczewski 首先利用自由电子模型计算了处于弹道区的磁性隧道结对偏置电压的线性响应[9]，从而得到了式(7.19)的第一项。之后，他又用布洛赫电子模型和推广的 Bardeen 转移哈密顿量考察了磁性隧道结中存在无序时的情况[72]。基于这一计算，他提出磁性隧道结中的一个铁磁金属电极所受到的自旋转移力矩的大小正比于另一电极的自旋极化率，而且当偏置电压较大时，电极的自旋极化率不仅与电压的大小有关而且与其符号(即电压的正负)也相关。由此定性地得出推论：当电压较大时，即使是对称的磁性隧道结①，也会呈现出不对称的偏置电压依赖性。不久，式(7.19)中的关于偏置电压的二次项便在各类数值计算中被定量地确定了下来[73-77]，并已被实验所

① 一个对称的磁性隧道结包括两个全同的铁磁金属电极(如相同的几何尺寸、交换耦合系数等)以及在零偏置情况下对称的隧穿势垒。

证实[59]。

垂直自旋转移力矩对电压的依赖关系不同于面内自旋转移力矩。在非弹性散射(如电子磁振子相互作用等)可以被忽略的情况下，对称的磁性隧道结中的垂直自旋转移力矩对电压的依赖关系一般可表示为如下形式：

$$\boldsymbol{\tau}^{\perp}(V_b) = B_0 \boldsymbol{m}_{\mathrm{p}} \times \boldsymbol{m}_{\mathrm{f}} + B_2 V_{\mathrm{b}}^2 \boldsymbol{m}_{\mathrm{p}} \times \boldsymbol{m}_{\mathrm{f}} \tag{7.20}$$

其中，系数 B_0 与 B_2 均与电压无关。式(7.20)的第一项与电压无关，也就是说，即使是在平衡状态下，磁性隧道结中也会存在垂直自旋转移力矩，这一现象也被称为层间交换耦合[9]，可被看成是对金属自旋阀中的 RKKY 相互作用的推广①。我们还注意到式(7.20)没有关于电压的一次方项，这是由磁性隧道结的对称性和总自旋角动量守恒所决定的[54,77,81]。在第 7.2 节中曾提到过，如果忽略自旋翻转弛豫，多层膜中的垂直自旋转移力矩就等于隔离层中自旋流密度的横向分量[参见方程(7.14)的推导]，即 $\boldsymbol{\tau}^{\perp} \sim \boldsymbol{j}_s^{\perp}$。不失一般性，我们不妨将 $\boldsymbol{j}_s^{\perp}$ 展开到偏置电压的二次方项

$$\boldsymbol{j}_s^{\perp} = B_1 \boldsymbol{m}_{\mathrm{p}} \times \boldsymbol{m}_{\mathrm{f}} V_{\mathrm{b}} + B_2 \boldsymbol{m}_{\mathrm{p}} \times \boldsymbol{m}_{\mathrm{f}} V_{\mathrm{b}}^2$$

其中，系数 B_1 也与电压无关。对上式进行镜像反演操作(即 $V_{\mathrm{b}} \to -V_{\mathrm{b}}$，$\boldsymbol{j}_{\mathrm{s}}^{\perp} \to -\boldsymbol{j}_{\mathrm{s}}^{\perp}$ 以及 $\boldsymbol{m}_{\mathrm{p}} \leftrightarrow \boldsymbol{m}_{\mathrm{f}}$)可得

$$\boldsymbol{j}_{\mathrm{s}}^{\perp} = -B_1 \boldsymbol{m}_{\mathrm{p}} \times \boldsymbol{m}_{\mathrm{f}} V_{\mathrm{b}} + B_2 \boldsymbol{m}_{\mathrm{p}} \times \boldsymbol{m}_{\mathrm{f}} V_{\mathrm{b}}^2$$

不难理解，体系的对称性要求 $j_{\mathrm{s}}^{\perp}$ 对于这一变换具有不变性，因而 $B_1=0$。也就是说，在当前所考虑的对称的磁性隧道结中，垂直自旋转移力矩的确没有关于电压的线性项。应当再次强调的是，式(7.20)仅适用于对称的磁性隧道结在非弹性散射可忽略时的情形。理论[76,77]及实验[59,82]研究均表明，若磁性隧道结存在不对称性或非弹性散射，垂直自旋转移力矩也会出现对偏置电压的线性依赖。

3) 对称的角度依赖关系

在上一小节中我们曾讲到，金属自旋阀中自旋转移力矩的大小对两铁磁金属电极磁化方向的夹角 θ 的依赖关系是偏斜的(即偏向反平行排列时自旋转移力矩的强度要大于其偏向平行排列时的强度)。然而理论计算显示，在磁性隧道结中，不论面内自旋转移力矩还是垂直自旋转移力矩，都只是简单地正比于 $\sin\theta$，也就是说其大小关于 $\theta=\pi/2$ 对称[9]。这是磁性隧道结与金属自旋阀的又一显著的不同，究其根源仍在于自旋流的成因不同[83]：在金属自旋阀中，自旋流是由传导电子的漂移和扩散所致，而在磁性隧道结中，它则是传导电子量子隧穿的结果。

① 所不同的是，在磁性隧道结中，这种交换耦合的强度是随隔离层厚度而单调变化的，而不是像在金属自旋阀中那样振荡地变化[78~80]。

尽管理论上已经很好地确立了自旋转移力矩与 θ 的函数关系，但是至今仍鲜有直接的实验验证[84,85]。事实上，对自旋转移力矩角度依赖性的观测是很有意义的：首先，可以通过它来严格地考量自旋转移力矩效应的理论基础；其次，由于在磁化动力学过程中，面内自旋转移力矩直接和磁阻尼力矩相抗衡，因而对自旋转移力矩角度依赖性的观测也可以为探索磁阻尼现象及其机制提供一个新的视角。

7.3　自旋转移力矩驱动的多层膜磁化动力学

在 7.2 节中，介绍了自旋转移力矩的物理根源及其在多层膜中的主要特性。在本节中，将从磁化动力学的角度继续探讨自旋转移力矩。这一课题是相当重要的：一方面，大部分磁化动力学行为可以在实验上直接或者间接地观测到，从而能反过来检测相关理论的正确性；另一方面，绝大多数自旋电子器件都是基于这些动力学性质进行开发研制的。

7.3.1　LLG 方程与自旋转移力矩

若仅有磁场的作用，磁化动力学过程通常可以用传统的 LLG 方程来描述

$$\frac{\partial \boldsymbol{M}}{\partial t}=-\gamma \boldsymbol{M}\times \boldsymbol{H}_{\text{eff}}+\frac{\alpha}{M_{\text{s}}}\boldsymbol{M}\times \frac{\partial \boldsymbol{M}}{\partial t} \tag{7.21}$$

其中，有效磁场 $\boldsymbol{H}_{\text{eff}}$ 一般包括外加磁场 $\boldsymbol{H}_{\text{a}}$、各向异性场 $\boldsymbol{H}_{\text{K}}$、退磁化场 $\boldsymbol{H}_{\text{d}}$ 和交换场 $\boldsymbol{H}_{\text{ex}}$ 等。LLG 方程右边第一项表征磁化强度围绕着有效磁场的拉莫尔进动，第二项是唯象的 Gilbert 阻尼力矩。如图 7.4 所示，该阻尼力矩始终与磁化强度矢量 $\boldsymbol{M}$ 垂直并指向其平衡位置。

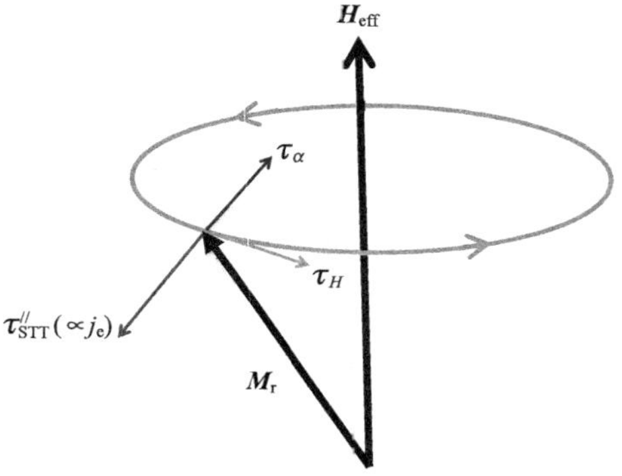

图 7.4　磁化动力学的宏观磁矩模型示意图。图中描绘了决定动力学过程中的三个主要力矩：由有效磁场 $\boldsymbol{H}_{\text{eff}}$ 引起的进动力矩 $\boldsymbol{\tau}_{H}$、电流驱动的面内自旋转移力矩 $\boldsymbol{\tau}^{/\!/}_{\text{STT}}$ 以及唯象描述体系耗散效应的磁阻尼力矩 $\boldsymbol{\tau}_{\alpha}$

为了研究在电流或电压作用下磁性多层膜自由层的磁化动力学行为，通常直接将自旋转移力矩置于 LLG 方程的右边，即

$$\frac{\partial \boldsymbol{M}_{\text{f}}}{\partial t}=-\gamma \boldsymbol{M}_{\text{f}}\times \boldsymbol{H}_{\text{eff}}+\frac{\alpha}{M_{\text{s}}}\boldsymbol{M}_{\text{f}}\times \frac{\partial \boldsymbol{M}_{\text{f}}}{\partial t}+\boldsymbol{\tau}_{\text{STT}} \tag{7.22}$$

其中，M_{s} 代表自由层的饱和磁化强度(也就是磁化强度矢量 $\boldsymbol{M}_{\text{f}}$ 的长度)；自旋转移力矩 $\boldsymbol{\tau}_{\text{STT}}$ 由式(7.18)给出。我们有必要先对上式的合理性作一些论

证。在 s-d 模型中，由于交换相互作用，局域磁化强度与传导电子自旋密度的动力学过程原则上是相耦合的，所以从严格意义上讲，需要求解关于它们的一组彼此耦合的动力学方程。但是，从 7.2 节中自旋转移力矩的推导过程可以看出，我们从一开始就假定了巡游电子的自旋密度处于定常状态($\partial \boldsymbol{m}/\partial t=0$)。在研究磁化动力学时这是一个很好的近似，因为自旋密度的弛豫时间(或者说自旋流达到定常状态所需的时间)远小于局域磁化强度动力学过程的特征时间①。换言之，对于局域磁化强度来说，非平衡态的自旋密度(或自旋流)几乎是瞬时达到定常态的。其次，将自旋转移力矩项直接并入 LLG 方程的这种处理方法，意味着我们默认铁磁金属自由层是刚性的。也就是说，我们事实上假设了被吸收的横向自旋流所产生的唯一效应就是改变自由层磁化强度的方向，而忽略了其他可能的效应，如短波长磁振子的激发、电子与声子通过自旋轨道耦合而发生的相互作用等。

因为垂直自旋转移力矩可被处理为一个等效的磁场并吸收到方程(7.22)的拉莫尔进动项中，所以接下来我们把关注点放在面内自旋转移力矩对磁化动力学所产生的效应上。式(7.22)可相应地写成

$$\frac{\partial \boldsymbol{m}}{\partial t}=-\gamma \boldsymbol{m}\times \boldsymbol{H}_{\mathrm{eff}}+\alpha \boldsymbol{m}\times \frac{\partial \boldsymbol{m}}{\partial t}-\gamma a_J \boldsymbol{m}\times(\boldsymbol{m}_{\mathrm{p}}\times \boldsymbol{m}) \tag{7.23}$$

注意，我们已在方程(7.22)的两边同时除以 M_{s}，所以 $\boldsymbol{m}$ 和 $\boldsymbol{m}_{\mathrm{p}}$ 均是无量纲的单位矢量，它们分别表示多层膜自由层和参考层的磁化方向(为标记简洁，省略了自由层磁化强度矢量的下标“f”)。

在开始求解方程(7.23)之前，先通过计算磁能密度随时间的变化率(定义为 $\frac{\partial \bar{\omega}_{\mathrm{m}}}{\partial t}=-M_{\mathrm{s}}\boldsymbol{H}_{\mathrm{eff}}\cdot\frac{\partial \boldsymbol{m}}{\partial t}$)来考察面内自旋转移力矩对体系磁能的影响。从方程(7.23)导出 $\partial \boldsymbol{m}/\partial t$ 的显性表达式，并将其代入上述定义式，可得到

$$\frac{\partial \bar{\omega}_{\mathrm{m}}}{\partial t}=-\frac{\gamma\alpha M_{\mathrm{s}}}{1+\alpha^2}\left|\boldsymbol{m}\times \boldsymbol{H}_{\mathrm{eff}}\right|^2+\frac{\gamma a_J M_{\mathrm{s}}}{1+\alpha^2}\left[(\alpha \boldsymbol{m}_{\mathrm{p}}-\boldsymbol{m}\times \boldsymbol{m}_{\mathrm{p}})\cdot(\boldsymbol{H}_{\mathrm{eff}}\times \boldsymbol{m})\right] \tag{7.24}$$

上式右边的第一项恒为负，说明阻尼力矩总是耗散磁能的；与面内自旋转移力矩对应的第二项的符号则取决于系数 a_J 的正负(即电流或电压的方向)以及该时刻的磁化方向。也就是说面内自旋转移力矩可以对体系输入磁能(当上式第二项为正时)，从而补偿阻尼力矩所造成的磁能损耗。它的这一特性大大丰富了自由层的磁化动力学行为，例如，当体系磁能的损耗与补给恰好达到平衡时，磁化强度矢量就能沿着闭合的轨道进动，而这是恒定磁场以及垂直自旋转移力矩都无法单

① 前者约为 0.1～1ps，而后者则在 1ns 的量级。

独实现的。可以说，体系所能达到的最终状态及其稳定性都是由面内自旋转移力矩和阻尼力矩在对磁能改变上的相互权衡所决定的。

7.3.2 磁化动力学：宏观磁矩模型

我们现在就通过方程(7.23)来研究自旋转移力矩①驱动的磁化动力学过程。为明确起见，考虑如图 7.5 所示的金属自旋阀柱结构，并定义正电流的方向为从参考层流向自由层。根据 7.2.3 节中的分析，当通以正向电流时，反平行(AP)磁构型总是稳定的，而平行(P)的磁构型则可能变得不稳定(取决于电流的大小)；而当通以负电流时，情况则恰好相反。另外，我们还规定外加磁场以及参考层的磁化强度均沿 $\hat{\boldsymbol{x}}$ 方向，并且令 $\boldsymbol{x}$ 轴为磁易轴。相应的有效磁场可表示成

$$\boldsymbol{H}_{\text{eff}}=(H_{\text{a}}+H_{\text{K}}m_x)\hat{\boldsymbol{x}}-4\pi M_{\text{s}}m_z\hat{\boldsymbol{z}} \tag{7.25}$$

其中，m_x、m_z 分别为磁化方向单位向量 $\boldsymbol{m}$ 在 $\hat{x}$ 和 $\hat{z}$ 方向的分量；上式的最末一项是退磁化场。在本节的讨论中，将主要采用宏观磁矩模型，即假设自由层是均匀磁化的。尽管实际的铁磁层通常都不是绝对均匀的，但是这一宏观磁矩模型仍然可以把握住磁化动力学一些主要特征。接下来，我们将首先研究零温($T=0$K)时的动力学性质，然后再进一步讨论热涨落对磁动力学性质的影响。

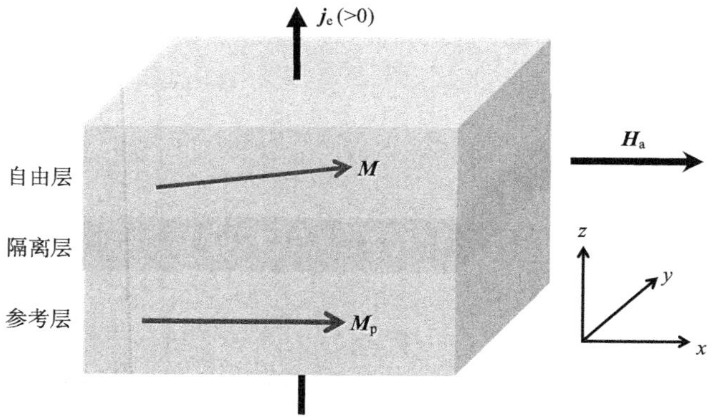

图 7.5 金属自旋阀柱示意图。铁磁金属自由层和参考层的磁化强度分别由 $\boldsymbol{M}$ 和 $\boldsymbol{M}_{\text{p}}$ 表示。外磁场 $\boldsymbol{H}_{\text{a}}$ 和电流 $\boldsymbol{j}_{\text{e}}$ 分别加在 $\hat{\boldsymbol{x}}$ 和 $\hat{\boldsymbol{z}}$ 方向(我们令沿 $\hat{\boldsymbol{z}}$ 方向流的电流为正)

1. 零温情形

我们先来考察一个关于自旋转移力矩和阻尼力矩的简单物理图像。如图 7.4

---

① 除非特别说明，否则本节其余部分所说的自旋转移力矩均指其面内分量。

所示，自旋转移力矩总与阻尼力矩平行或反平行(其指向依赖于电流的方向)。当自旋转移力矩与阻尼力矩同向时，它能有效地增强阻尼效应，从而使自由层的磁化方向保持稳定。只有当它与阻尼力矩反向并且在强度上超过阻尼力矩时，才会引发自由层的磁化不稳定。在这种情况下，需要通过求解非线性方程(7.23)来确定各磁化态对于电流及磁场的依赖关系。相应的数值计算结果可归结到如图 7.6 所示的相位示意图中[37,57]。

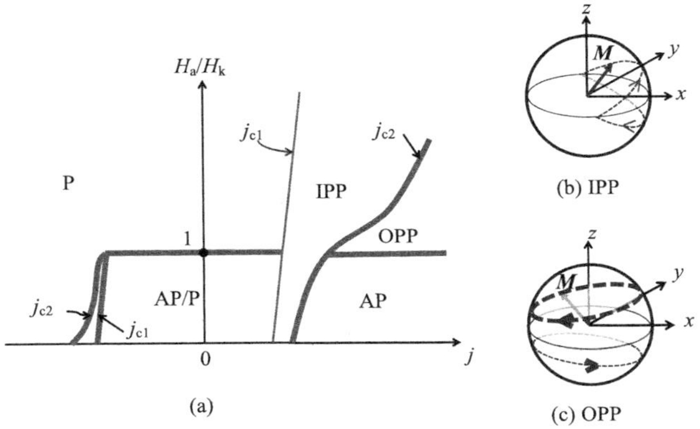

图 7.6　零温下金属自旋阀磁化动力学状态随电流和外加磁场变化的相图。(a)相图的示意图，其中 P 和 AP 分别表示平行和反平行的磁化构型，AP/P 表示平行与反平行双稳态，IPP 表示面内进动态，OPP 表示面外进动态；(b)和(c)分别为面内进动态和面外进动态所对应的磁化强度矢量 **M** 的轨迹示意图

当 $H_a<H_K$ 时，磁化状态的转变总存在两个不同的临界电流 j_{c1} 和 j_{c2}。当所加电流超过 $|j_{c1}|$ 但仍小于 $|j_{c2}|$ 时，磁化强度会达到一个稳定的面内进动态(即其进动轴在膜平面内)，如图 7.6(b)所示。当电流进一步增强至 $|j_{c2}|$ 时，磁化反转才会发生。磁化反转的动力学过程可以细分为三个阶段：首先是磁化强度 $\boldsymbol{M}$ 围绕着初始平衡位置 $\boldsymbol{M}_0$ 作幅度不断增大的面内进动；当这种进动的幅度达到某一临界值时，闭合的轨道出现分叉；最终 $\boldsymbol{M}$ 在经过短暂的阻尼回旋后在其反向平衡位置 $-\boldsymbol{M}_0$ 上趋于稳定。对这一动力学过程更为详实的描述，可参见文献[37]和[86]。

当 $H_a>H_K$ 时，按照在图 7.5 中的设定，初始磁构型只能为平行排列。由图 7.6 可见，在这种情况下，即使所加的正向电流超过相应的临界值 j_{c2}，磁化反转也不会发生，取而代之的是一个能量上稳定的面外进动态(即其进动轴在膜平面外)。如图 7.6(c)所示，这一面外进动态是大角度面内进动态的临界闭合轨道关于 $z=0$ 平面分叉的产物，它的轨道取分叉后关于 $z=0$ 平面对称的两个闭合轨道之一[37]。

上述的两个临界电流密度 j_{c1} 和 j_{c2} 可以应用 Melnikov 方法[37,87,88]解析地求得。这种方法的基本思想是对于一个稳定的闭合轨道，阻尼力矩在一个进动周期内所消耗的磁能应完全被自旋转移力矩所供给的磁能所补偿。由此，可以参照式(7.24)得出相应的进动轨道所满足的方程

$$\int_0^{T(\tilde{\omega}_m)} \{-\alpha\ |\boldsymbol{m}\times\boldsymbol{H}_{\text{eff}}|^2 + a_J\left[(\alpha\boldsymbol{m}_p - \boldsymbol{m}\times\boldsymbol{m}_p)\cdot(\boldsymbol{H}_{\text{eff}}\times\boldsymbol{m})\right]\}\,\mathrm{d}t = 0 \tag{7.26}$$

其中，积分上限 $T(\tilde{\omega}_m)$ 为无扰动情况下($\alpha = a_J = 0$)磁化强度在所考虑的闭合轨道上的运行周期，它可以被表示成磁能密度的函数。临界电流密度 j_{c1} 和 j_{c2} 对应于当体系处于小角和大角面内进动的两个极限轨道时方程(7.26)的零点。与 j_{c1} 对应的自旋转移力矩的系数 a_J 可表示成如下简单形式[86,90]

$$a_{j_{c1}}^{\pm} = \alpha\left[H_a \pm (2\pi M_s + H_K)\right] \tag{7.27}$$

其中，"±"指代两种初始磁化方向 $\boldsymbol{m} = \pm\hat{\boldsymbol{x}}$。零温下，典型的坡莫合金的临界电流 j_{c1} 约为$10^6\,\text{A/cm}^2$。相比于 $a_{j_{c1}}^{\pm}$，与 j_{c2} 对应的 $a_{j_{c2}}^{\pm}$ 的表达则要复杂许多，所以在此不一并列出，感兴趣的读者可查阅文献[37]。

2. 有限温度情形

在零温条件下，不同磁化状态之间的转变是确定的。但当温度升高时，体系开始出现热涨落现象，因而不同磁化状态之间的变迁具有一定的不确定性。换言之，即使所加电流低于零温时的临界值，体系仍存在一定的概率发生磁状态的跃变，其大小取决于体系的温度及不同磁状态间能量势垒 E_b 的高度。

若无自旋转移力矩，热反转概率 $P(t)$ 可由 Néel-Brown 弛豫时间公式来描述[89,91]，即 $P(t) = 1 - \exp(-t/\tau)$(其中 $\tau^{-1} = f_0\exp(-E_b/k_BT)$，$f_0$ 为尝试频率)。这一公式的合理性建立在体系的有效磁场是保守力的基础上，即它要求 $\boldsymbol{H}_{\text{eff}} = -\nabla_M\tilde{\omega}_m(M)$(其中 $\tilde{\omega}_m(M)$ 是体系总的磁能密度)。但若存在自旋转移力矩，体系的磁能便不能如此定义了[92]，因而 Néel-Brown 公式也不再适用。

为了研究自旋转移力矩对热反转弛豫时间 τ 的影响，我们先引入推广的随机 LLG 方程

$$\frac{\partial\boldsymbol{m}}{\partial t} = -\gamma\boldsymbol{m}\times(\boldsymbol{H}_{\text{eff}} + \boldsymbol{h}) + \alpha\boldsymbol{m}\times\frac{\partial\boldsymbol{m}}{\partial t} - \gamma a_J\boldsymbol{m}\times(\boldsymbol{m}_p\times\boldsymbol{m}) \tag{7.28}$$

其中，新引入的有效磁场 $\boldsymbol{h}$ 用于描述热涨落，它满足如下关系式

$$\langle h^i(t)\rangle = 0,\qquad \langle h^i(t)h^j(t)\rangle = 2\lambda\delta_{ij}\delta(t-t') \tag{7.29}$$

其中，i、j 为笛卡儿索引指标；$\langle\ \ \rangle$表示对所有可能的涨落场作平均，第二式中的系数 λ 由涨落耗散定理给定[91]，即 $\lambda = \dfrac{\alpha k_B T}{\gamma M_s V}$。注意，在方程(7.28)中，我

们其实假定了自旋转移力矩不依赖于涨落场 $\boldsymbol{h}$。对于这一假设的合理性可作如下论证：自旋转移力矩主要取决于费米面附近的传导电子的自旋输运，而它们的能量(即费米能)远高于热能 $k_{\mathrm{B}}T$(我们感兴趣的温度范围在室温附近)，所以作为很好的近似，可以忽略热涨落对自旋转移力矩本身的影响。

下面我们依照 Brown 所提出的方法[91]，首先定义一个体系非平衡态的概率密度 $\rho(\boldsymbol{M}, t)$，它与热反转弛豫时间 $\boldsymbol{\tau}$ 之间存在反比关系，即 $\rho(\boldsymbol{M}, t)\propto\tau^{-1}$；其次，我们进一步引入关于 $\rho(\boldsymbol{M}, t)$ 的速率方程(它遵循角动量守恒)

$$\frac{\partial\rho}{\partial t}+\nabla_M\cdot\boldsymbol{J}-D\,\nabla_M^2\rho=0 \tag{7.30}$$

其中概率流密度定义为 $\boldsymbol{J}=\rho\mathrm{d}\boldsymbol{M}/\mathrm{d}t$，系数 D 正比于式(7.29)中的系数 λ，即 $D=\lambda\gamma^2$。把式(7.28)代入方程(7.30)中即可导出相应的 Fokker-Planck 方程，在定常态下($\partial\rho/\partial t=0$)，可以解析地求出双稳态 $\boldsymbol{m}=\pm\hat{\boldsymbol{x}}$(即平行排列和反平行排列)所对应的解 $\rho_{\mathrm{s}}^{\pm}$。相应的弛豫时间有如下表达式[92-94]

$$\tau^{-1}=f_0\exp\left[-\frac{E_{\mathrm{b}}(1-a_J/a_{J\mathrm{c}1})}{k_{\mathrm{B}}T}\right] \tag{7.31}$$

其中，$a_{J\mathrm{c}1}$ 由式(7.27)给出。根据这一结果，电流(或自旋转移力矩)对热涨落的作用可以理解为等效地升高了温度或降低了能量势垒，这与实验上观测到的磁性双稳态的驻留时间相符[55,95,96]。

注意，从求解过程可以看出，以上结果只适用于双稳态，不能推广到进动态。为了求解自旋转移力矩驱动的进动态的热弛豫时间，可以采用 Kramer 微扰法[89,97,98]。这种方法的基本思想是把阻尼力矩和自旋转移力矩处理成微扰并计算它们对特定的进动态轨道的能量修正 $\delta\bar{\omega}_{\mathrm{m}}$。当且仅当 $\delta\bar{\omega}_{\mathrm{m}}$ 同时满足条件 $\delta\bar{\omega}_{\mathrm{m}}=0$ 和 $\partial\delta\bar{\omega}_{\mathrm{m}}/\partial\bar{\omega}_{\mathrm{m}}<0$ 时[97]，轨道才是稳定的。进动态的热弛豫时间对电流及磁场的依赖关系需要通过数值计算给出[98]，计算的结果可以定性地解释实验数据[99]。

另一种常用的研究有限温度下磁化动力学行为随机性的方法是直接对方程(7.28)进行数值模拟[100,101]，其中热涨落场遵循关系式(7.29)并由程序所产生的随机数决定。此类计算显示，由于热涨落的存在，临界点附近的磁化反转时间具有一定的概率分布，它依赖于温度的大小以及初末态间的能量势垒，反映到相位图上，热涨落模糊了稳态和亚稳态之间的边界线，并使其具有一定程度的不确定性(图 7.7)。

7.3.3　磁化动力学：微磁学模型简介

一般而言，若体系存在磁化不均匀性，那么局域磁化强度所受到的有效磁场、自旋转移力矩、磁阻尼力矩等原则上都是位置的函数。在这种情况下，上述宏观力矩模型所描述的磁化动力学过程必然会与实际情形存在或多或少的偏差。

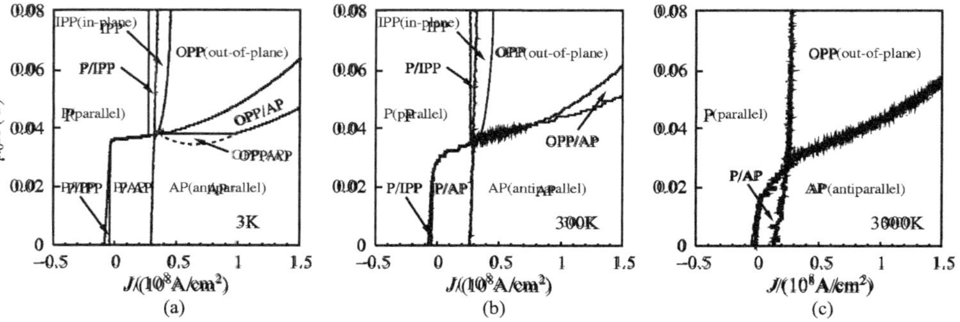

图 7.7　有限温度下，磁性金属多层膜(Cu/Co/Cu/Co/Cu)磁化动力学状态作为电流及外加磁场函数的相图。(a)～(c)分别对应温度为 3K、300K 以及 3000K 时的计算结果[101]

此时，通常需要利用更合理的微磁学模型[102]来研究非均匀体系的磁化动力学。

微磁学模型与宏观磁矩模型的主要不同在于其磁能密度中包含了短程的微磁学交换相互作用和长程的静磁相互作用。微磁学交换相互作用可以认为是海森堡交换相互作用[103]在连续介质中的宏观表述，其能量密度可写成如下泛函形式[104,105]

$$\bar{\omega}_{\rm ex}[\boldsymbol{m}(\boldsymbol{r})]=A_{\rm ex}[(\nabla m_x)^2+(\nabla m_y)^2+(\nabla m_z)^2] \tag{7.32}$$

其中，正定系数 $A_{\rm ex}$ 称为交换劲度；m_x、m_y 和 m_z 是局域磁化方向单位向量 $\boldsymbol{m}(\boldsymbol{r})$ 在直角坐标系中的三个分量。相应的有效场(即交换场)可由其磁能密度对磁化强度的导数求出

$$\boldsymbol{H}_{\rm ex}=-\frac{\partial\bar{\omega}_{\rm ex}}{M_{\rm s}\partial\boldsymbol{m}}=\frac{2A_{\rm ex}}{M_{\rm s}}\nabla^2\boldsymbol{m} \tag{7.33}$$

由式(7.32)不难看出，当体系处于均匀磁化状态时交换能最低，因而交换场的作用总是试图使相邻的局域磁化强度的方向趋于一致。此外，由于交换场存在对局域磁化强度的二阶导数，在求解相应的 LLG 方程时，除了初始条件外，还需要一个边界条件。当体系的自旋轨道耦合远小于交换相互作用时[106]，一般取诺伊曼边界条件[104]

$$\frac{\partial\boldsymbol{m}}{\partial\boldsymbol{n}}=0 \tag{7.34}$$

其中，$\boldsymbol{n}$ 为垂直于界面的单位向量。

体系的静磁能密度一般可表示为如下形式

$$\bar{\omega}_{\rm d}=-2\pi M_{\rm s}\boldsymbol{H}_{\rm d}(\boldsymbol{r})\cdot\boldsymbol{m}(\boldsymbol{r}) \tag{7.35}$$

其中，$\boldsymbol{H}_{\mathrm{d}}(\boldsymbol{r})$为退磁化场。当不存在电流时，它可由对磁标势$\varphi_{\mathrm{m}}(\boldsymbol{r})$求梯度给出，即

$$\boldsymbol{H}_{\mathrm{d}}(\boldsymbol{r})=-\nabla\varphi_{\mathrm{m}}(\boldsymbol{r}) \tag{7.36}$$

其中，$\varphi_{\mathrm{m}}(\boldsymbol{r})$需通过对体系所有的体磁荷及面磁荷求积分来确定，即

$$\varphi_{\mathrm{m}}(\boldsymbol{r})=M_{\mathrm{s}}\left[\int \mathrm{d}^3\boldsymbol{r}'\,\frac{\nabla'\cdot\boldsymbol{m}(\boldsymbol{r}')}{|\boldsymbol{r}-\boldsymbol{r}'|}+\int \mathrm{d}^2 r'\,\frac{\boldsymbol{m}(\boldsymbol{r}')\cdot\boldsymbol{n}}{|\boldsymbol{r}-\boldsymbol{r}'|}\right] \tag{7.37}$$

当存在电流时，原则上退磁化场则需通过求解矢势分布函数来确定。大致上讲，退磁化场倾向于使表面处的局域磁化强度平行于所处边界，并使块体内磁化强度分布满足总磁荷为零。可以说，静磁能的减少是以交换能的提升为代价的。

相比于宏观磁矩模型，微磁学模型计入了体系因磁化不均匀性所引起的有效磁场的作用，所以理论上它应能更好地描述这类体系的动力学过程。然而凡事皆有其两面性，不难发现，在微磁学模型中也相应地牵涉到更多参量，如交换劲度、体系的具体形状和边界的情况(这些都涉及退磁化场及各向异性的计算)以及体系中电流的分布等。其中的许多参量很难被严格测定，这些都势必会影响到微磁学模拟对磁化动力学过程描述的准确性。另外，如果非均匀的磁化层存在面内电流，自旋转移力矩还将呈现出不同于式(7.18)所示的形式，这类自旋力矩也已被广泛地研究并有了重要的应用，将在 7.4 节中对其进行深入探讨。

7.4　磁性单层膜和双层膜结构中的自旋转移

回顾之前的 7.2 节和 7.3 节会发现，磁性多层膜中自旋转移力矩的产生完全依赖于与自由层磁化方向不共线的参考层的存在。在本节中，我们将研究在没有参考层辅助的情况下，自旋转移效应在铁磁金属膜中的实现。我们主要讨论两种最有趣的情形：一种是铁磁金属单层膜中存在磁化不均匀性，另一种是铁磁金属/顺磁金属双层膜中存在较强的块体或界面自旋轨道耦合。

7.4.1　不均匀铁磁金属单层膜中的自旋转移

1. 自旋转移力矩的简单推导

与多层膜的情形类似，在不均匀的铁磁金属块体中，自旋转移力矩源于巡游电子与局域电子自旋之间的交换相互作用[式(7.1)]。当交换耦合系数J_{ex}很大并且局域磁化强度$\boldsymbol{M}(\boldsymbol{r},t)$在空间上的变化比较平缓时，可以认为巡游电子的自旋绝热地随着局域磁化强度方向的改变而改变，相应的自旋流张量可以写成

$$J(\boldsymbol{r},t)=-(p\mu_{\mathrm{B}}/e)\boldsymbol{j}_{\mathrm{e}}\otimes\boldsymbol{m}(\boldsymbol{r},t) \tag{7.38}$$

其中，p是自旋极化率；μ_{B}是玻尔磁子；e为电子电量；$\boldsymbol{m}(\boldsymbol{r},t)$为表示局域磁

化方向的单位矢量。从式(7.38)不难看出，由于磁化不均匀，自旋流的散度并不为零(或者说自旋流存在不连续性)，因而局域磁化强度会受到自旋力矩的作用[式(7.4)]。若体系中同时存在自旋翻转弛豫，则需将式(7.38)代入方程(7.3)中并解出局域自旋密度 $\boldsymbol{s}(\boldsymbol{r}, t)$。与之对应的自旋转移力矩可通过关系式 $\boldsymbol{\tau}=-(2J_{\mathrm{ex}}/\hbar)\boldsymbol{s}\times\boldsymbol{m}$ 求出，其形式如下[29]

$$\boldsymbol{\tau}=-c_jM_s\boldsymbol{m}\times[\boldsymbol{m}\times(\hat{\boldsymbol{j}}_{\mathrm{e}}\cdot\nabla)\boldsymbol{m}]-\xi c_jM_s\boldsymbol{m}\times(\hat{\boldsymbol{j}}_{\mathrm{e}}\cdot\nabla)\boldsymbol{m} \tag{7.39}$$

式中，$\hat{\boldsymbol{j}}_{\mathrm{e}}$ 表示电流方向的单位矢量；系数 $c_j=Pj_{\mathrm{e}}\mu_{\mathrm{B}}/eM_s(1+\xi^2)$，$\xi=\tau_{\mathrm{ex}}/\tau_{\mathrm{sf}}$(其中 $\tau_{\mathrm{ex}}=\hbar/2J_{\mathrm{ex}}$)。我们注意到，若不存在自旋翻转弛豫(即 $\tau_{\mathrm{sf}}\rightarrow+\infty$)，上式的第二项趋于零而只有第一项保留下来。从这个角度来看，第一项所表示的自旋力矩在本质上更贴近于多层膜中的自旋转移力矩，因为它也不依赖于自旋翻转弛豫。按大多数文献中的提法，我们将式(7.39)的第一和第二项分别称为绝热力矩和非绝热力矩①。

为了研究上述自旋转移力矩对磁化动力学的影响，我们将其纳入到LLG方程(7.21)的右边，并在所得方程的两边同时除以 M_s，可得

$$\frac{\partial\boldsymbol{m}}{\partial t}=-\gamma\boldsymbol{m}\times\boldsymbol{H}_{\mathrm{eff}}+\alpha\boldsymbol{m}\times\frac{\partial\boldsymbol{m}}{\partial t}-c_j\boldsymbol{m}\times[\boldsymbol{m}\times(\hat{\boldsymbol{j}}_{\mathrm{e}}\cdot\nabla)\boldsymbol{m}]-\xi c_j\boldsymbol{m}\times(\hat{\boldsymbol{j}}_{\mathrm{e}}\cdot\nabla)\boldsymbol{m} \tag{7.40}$$

注意，在方程(7.40)中，我们忽略了交换耦合及自旋弛豫对阻尼参数 α 和回旋磁比率 γ 所带来的修正，这些近似对于过渡金属及其合金而言是合理的[29]。在以下的几个小节中，我们就将通过这一方程来研究电流在非均匀磁化的铁磁金属中所引起的几种主要的磁化动力学过程。

2. 电流引发的块体自旋波不稳定性

自旋波(也称磁振子)是铁磁体局域磁矩的一种集体激发，它也可以直观地看成是局域磁矩在空间上的相干进动，如图7.8所示。下面我们证明铁磁金属中的电流可以通过自旋转移力矩[式(7.39)]引起体系中自旋波的不稳定性。假设铁磁金属单层膜受到如下有效场的作用(参考图7.8的坐标系设定)

$$\boldsymbol{H}_{\mathrm{eff}}=\frac{2A_{\mathrm{ex}}}{M_s}\nabla^2\boldsymbol{m}+(H_{\mathrm{a}}+H_{\mathrm{K}}m_x)\hat{\boldsymbol{x}}-4\pi M_sm_z\hat{\boldsymbol{z}} \tag{7.41}$$

上式右边四项从左到右依次为微磁交换场、外加磁场、各向异性场和退磁化场。为简单起见，假设自旋波只沿 $\hat{\boldsymbol{x}}$ 方向传播，即

$$\boldsymbol{m}=1\hat{\boldsymbol{x}}+\delta\boldsymbol{m}\,\mathrm{e}^{\mathrm{i}(\omega t+k_xx)} \tag{7.42}$$

① 事实上，这一命名并不十分恰当，因为这两个自旋力矩都是在绝热近似下推导出来的。

其中，$\delta\boldsymbol{m}$ 为局域磁化强度关于其平衡位置的横向偏移量(假设 $|\delta\boldsymbol{m}|\ll 1$)，表示成分量形式为 $\delta\boldsymbol{m}=\delta m_y\hat{\boldsymbol{y}}+\delta m_z\hat{\boldsymbol{z}}$。

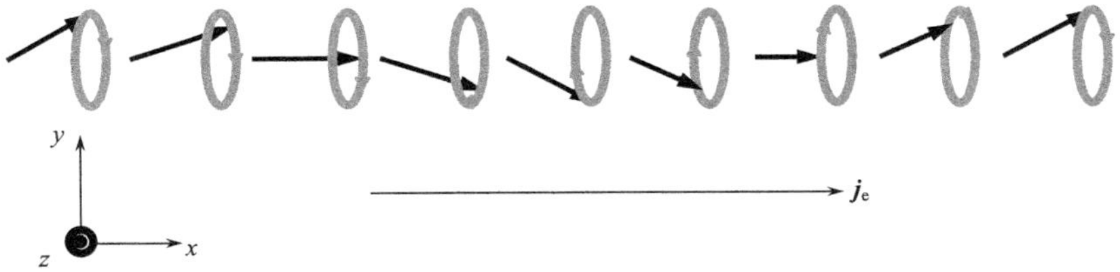

图 7.8　铁磁体中的自旋波的示意图。图中自旋波的传播和外加电流均沿着 $\hat{\boldsymbol{x}}$ 方向

当有电流加于 $\hat{\boldsymbol{x}}$ 方向时，体系的磁化动力学行为由方程(7.40)所支配。将式(7.41)和式(7.42)代入式(7.40)并保留至 $\delta\boldsymbol{m}$ 的一次方项，就得到了关于 δm_y 和 δm_z 的线性方程组。该方程存在非平凡解的条件为

$$\det\begin{bmatrix} \mathrm{i}(\omega-c_j k_x) & A(k_x)+\mathrm{i}(\alpha\omega-\xi c_j k_x) \\ -B(k_x)-\mathrm{i}(\alpha\omega-\xi c_j k_x) & \mathrm{i}(\omega-c_j k_x) \end{bmatrix}=0 \tag{7.43}$$

其中，$A(k_x)=\gamma[(2A_{\mathrm{ex}}/M_{\mathrm{s}})k_x^2+4\pi M_{\mathrm{s}}+H_{\mathrm{a}}+H_{\mathrm{K}}]$，$B(k_x)=\gamma[(2A_{\mathrm{ex}}/M_{\mathrm{s}})k_x^2+H_{\mathrm{a}}+H_{\mathrm{K}}]$。由式(7.42)可以看出，体系的稳定性取决于方程(7.43)关于圆频率 ω 的解的虚部的符号：若 $\mathrm{Im}(\omega)>0$，则自旋波的振幅就会指数衰减，从而体系将趋于稳定；反之若 $\mathrm{Im}(\omega)<0$，自旋波的振幅将随时间的推移而指数放大，体系就会变得不稳定了。临界电流可通过方程 $\mathrm{Im}(\omega)=0$ 求出：

$$c_{j_{\mathrm{c}}}(k_x)=\frac{\sqrt{A(k_x)B(k_x)}}{k_x(1-\xi/\alpha)} \tag{7.44}$$

由式(7.44)可以看出，α 与 ξ 两个参数的大小越接近，临界电流就越大；特别地，当 $\alpha=\xi$ 时，临界值发散，这意味着此时自旋波总是稳定的。另外，我们还注意到该临界值是自旋波波矢 k_x 的函数，它存在最小值[107,108]

$$c_{j_{\mathrm{c}}}^{\min}=\frac{\sqrt{2A_{\mathrm{ex}}/M_{\mathrm{s}}}}{|1-\xi/\alpha|}\left(\sqrt{H_{\mathrm{a}}+H_{\mathrm{K}}}+\sqrt{H_{\mathrm{a}}+H_{\mathrm{K}}+4\pi M_{\mathrm{s}}}\right) \tag{7.45}$$

应当指出，这一临界电流通常是比较大的。例如，对于室温下的钴，相应的临界电流约为 $j_{\mathrm{c}}^{(\min)}\approx 10^{10}\,\mathrm{A/cm^2}$(这比多层膜中自旋转移力矩所驱动的磁化激发的临界电流高了差不多 4 个数量级)。

与上述临界值对应的自旋波波长为

$$\lambda_{\mathrm{c}}=\sqrt{\frac{2A_{\mathrm{ex}}}{M_{\mathrm{s}}}}\left[(H_{\mathrm{a}}+H_{\mathrm{K}})(H_{\mathrm{a}}+H_{\mathrm{K}}+4\pi M_{\mathrm{s}})\right]^{-1/4} \tag{7.46}$$

注意，这一长度可与微磁模拟中决定网格大小的特征长度(即交换长度 l_{ex}[109])相

当，因而在模拟非均匀磁化铁磁金属的自旋转移效应及相应的磁化动力学过程(特别是自旋波的动力学过程)时，所取网格的边长应小于 λ_c 与 l_{ex} 中较小的那个。

3. 电流驱动的磁畴壁运动

自旋转移力矩的另一重要的应用是推动畴壁的运动[2,107-114]。如图 7.9 所示，当电子流经一横向畴壁时，它们会通过交换耦合作用与畴壁的局域磁矩相互传递角动量。在这一过程中，电子的自旋会倾向于转到与其临近的局域磁矩相同的方向，而与此同时局域磁矩也会受到自旋转移力矩的作用(如图 7.9 中的白色箭头所示)。这些自旋转移力矩会导致畴壁顺着电子流动的方向移动。在这一小节中，我们旨在确定畴壁速度与自旋转移力矩强度(或电流强度)之间的定性关系。

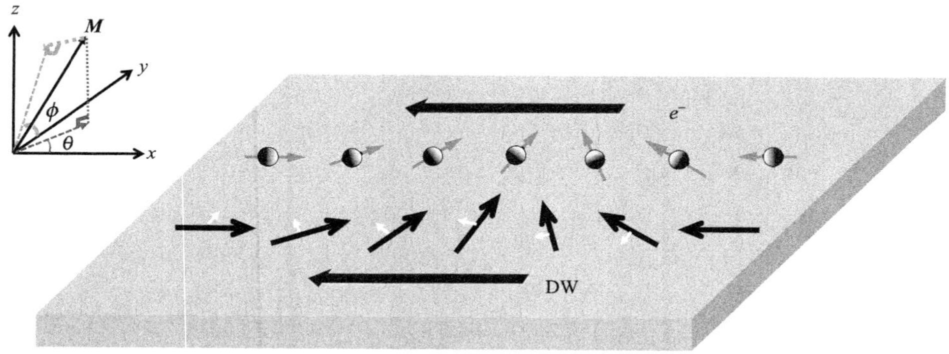

图 7.9(另见彩图) 电流驱动的畴壁运动示意图。当电子从右往左流经畴壁时，电子的自旋总是试图转到与畴壁局域磁矩(由较长的黑色/深灰色箭头表示)相平行的方向，与此同时，这些局域磁矩会受到相应的反作用力矩(由较短的白色箭头表示)。正是这些力矩使得畴壁沿着电子流动的方向移动。左上角的坐标系给出了表示局域磁化强度方向的两个角度 θ 和 ϕ 的定义

为简单起见，考虑如图 7.9 所示的一维横向畴壁，其局域磁矩的磁化方向可表示成如下的角度形式

$$\theta(x,\ t)=2\arctan\left[\exp\left(\frac{x-x_c(t)}{\Delta_w}\right)\right],\quad \phi=\phi(t) \tag{7.47}$$

其中，θ 和 ϕ 角的定义由图 7.9 给出；$x_c(t)$ 表示畴壁的中心坐标；Δ_w 代表畴壁的厚度(在此假设它是固定的，不随时间改变①)。将上式及式(7.41)中的有效场

① 一般而言，畴壁的厚度在其运动过程中也会有所改变。但是，通过假设它不随时间变化，不仅可以大大简化计算，而且仍能给出畴壁运动的一些主要特征。

代入推广的 LLG 方程(7.40)中，可以推导出关于 $x_c(t)$和 $\phi(t)$的动力学方程

$$\alpha\dot{x}_c+\Delta_w\dot{\phi}=\gamma H_a\Delta_w-\xi c_j \tag{7.48}$$

$$\dot{x}_c-\alpha\Delta_w\dot{\phi}=\gamma 4\pi M_s\Delta_w\sin 2\dot{\phi}-c_j \tag{7.49}$$

其中，$\dot{x}_c$ 及 $\dot{\phi}$ 是函数 $x_c(t)$和 $\phi(t)$对时间的导数的缩写。从上述方程组可以看出，两种自旋转移力矩对在畴壁的运动中扮演着不同的角色。非绝热力矩($\propto\xi c_j$)的作用等效于一个外加磁场，而绝热力矩($\propto c_j$)则与退磁化场相抗衡。从上述方程组中消去 $\dot{x}_c$，可以得到关于 $\phi(t)$的微分方程

$$(1+\alpha^2)\dot{\phi}=\gamma(H_a-\alpha 2\pi M_s\sin 2\phi)+\frac{\alpha-\xi}{\Delta_w}c_j \tag{7.50}$$

考虑到 $\phi(t)$代表畴壁所在平面与膜面的夹角，上式反映了伴随畴壁运动过程的两种互相制约的作用。一方面，外加磁场(H_a)和电流(c_j)试图使畴壁内的磁矩偏离膜面；另一方面，这一磁畴面整体偏转的过程又将受阻于退磁化场[注意式(7.41)中退磁化项前的负号]，因为它会增加退磁化能。可以想象，若所加磁场及电流的大小适度，这两种效应会在畴壁面翻转到某一角度 ϕ_0 时达到平衡，而 ϕ_0 正是方程(7.50)在定常态(即 $\dot{\phi}=0$)时的解。这种情况称为畴壁的定常态运动，其速度易由方程(7.48)直接求得[107,108]

$$v_x=\dot{x}_c=-\frac{\xi c_j}{\alpha}+\frac{\gamma H_a\Delta_w}{\alpha} \tag{7.51}$$

上述方程给出了由电流驱动的定常态畴壁运动的一些主要特征：其一，其速度仅受非绝热力矩($\propto\xi c_j$)的影响；其二，上式右边第一项(即电流驱动项)前的负号表明，畴壁的运动方向与电流方向相反(或者说与电子流向相同)，图 7.9 中所给出的直观物理图像是一致的。

不难想见，如果所加磁场或电流足够大，退磁化场将无法最终阻止畴壁面的翻转。对照方程(7.50)来说，当外加磁场和电流满足 $\left|H_a+\frac{\alpha-\xi}{\Delta_w}c_j\right|/\alpha 2\pi M_s>1$ 时，该方程的定常态解就不复存在了。在这种情况下，畴壁将沿 x 轴振荡前行并伴随着绕 x 轴的整体进动，这类运动状态被称为 Walker 崩溃[115]。相应的临界条件可由下式给出

$$\left|H_a+\frac{\alpha-\xi}{\Delta_w}c_j\right|=\alpha 2\pi M_s \tag{7.52}$$

在没有电流的情况下($c_j=0$)，上式就还原为我们所熟知的磁场驱动下畴壁运动的 Walker 崩溃点 $H_W=\alpha 2\pi M_s$。通过式(7.48)及式(7.50)，可求得一个(畴壁面)进动周期内畴壁的平均运动速度为

$$\langle\dot{x}_c\rangle=\frac{\Delta_w}{\alpha}(\gamma H_a-\langle\dot{\phi}\rangle)=\gamma H_W\Delta_w(\eta-\sqrt{\eta^2-1}) \tag{7.53}$$

其中，$\eta=\left(H_{\mathrm{a}}+\frac{\alpha-\xi}{\gamma\Delta_{\mathrm{w}}}c_j\right)/H_{\mathrm{W}}$。式(7.52)和式(7.53)表明，绝热与非绝热力矩对畴壁运动的临界条件以及 Walker 崩溃区的平均速度都有影响。

以上我们讨论了一维刚性横向畴壁的动力学性质，这一简单的模型只能定性地描述磁性薄膜中畴壁的运动。随着薄膜横向尺度的增加，除了所考虑的横向畴壁外，还会出现其他能量稳定的畴壁结构(如涡旋畴壁等)，因而实际薄膜中的畴壁在电流或磁场的作用下必然会呈现出更为丰富的动力学特征。例如，在 Walker 崩溃区，理想化的一维横向畴壁会发生整个畴壁面的进动。然而实际中，由于磁性薄膜横向尺度的延伸，那样的整体进动显然在能量上是不经济的，因此取而代之是一些能耗较低但也更为复杂的动力学过程，如不同类型畴壁之间的相互转化以及诸如反涡旋[116-118]等新的磁性拓扑结构的形成等。基于这些额外的复杂度，对于实际的畴壁运动的描述需要借助于微磁学模拟[119,120]。因篇幅有限，我们不对此作进一步的讨论。

7.4.2 顺磁金属/铁磁金属双层膜中的自旋转移

1. 电流垂直于膜面的情形

一些实验发现[121-123]，在顺磁金属/铁磁金属双层膜的点接触结构中，当由铁磁金属层流向顺磁金属层的电流足够大时，会导致铁磁金属层磁化不稳定，然而当电流反向时却不会出现类似情况。这一现象可理解为自旋转移力矩对表面自旋波的激发效应。如图 7.10 所示，设界面处的自旋波只在膜面内(x-y 平面)传播，且其振幅在 $\hat{z}$ 方向呈指数衰减，即[107,108]

$$\boldsymbol{m}=-1\hat{z}+\delta\boldsymbol{m}\mathrm{e}^{-z/l_{\mathrm{sw}}}\mathrm{e}^{\mathrm{i}(\omega t+k_x x+k_y y)},\quad z>0 \tag{7.54}$$

其中，$\delta\boldsymbol{m}$ 是表面磁矩横向偏移小量；l_{sw}是表面自旋波振幅沿 $\hat{z}$ 方向指数衰减的特征长度。当电流由顺磁金属层流向铁磁金属层时[图 7.10(a)]，电子自旋倾向于绝热地转向表面局域磁矩的方向，反过来它们也对局域磁矩产生自旋转移力矩的作用并使其趋于稳定。当电流反向时[图 7.10(b)]，类似过程所产生的自旋转移力矩则会导致自旋波振幅增大，从而造成对铁磁金属层的磁化激发。

把式(7.54)代入到方程(7.40)中并重复对激发块体自旋波的临界电流的计算步骤，可得到激发表面自旋波的临界电流[107,108]

$$\boldsymbol{j}_{\mathrm{c}}^{\mathrm{surf}}=-\frac{e\gamma M_{\mathrm{s}}\alpha l_{\mathrm{sw}}}{p\mu_{\mathrm{B}}(1+\xi\alpha)}\left[\frac{2A_{\mathrm{ex}}}{M_{\mathrm{s}}}(k_x^2+k_y^2)+H_{\mathrm{a}}+H_{\mathrm{K}}+2\pi M_{\mathrm{s}}\right]\hat{z} \tag{7.55}$$

上式表明，临界电流的方向确为$-\hat{z}$，这也验证了图 7.10 中描述的物理图像。此外，我们还注意到临界电流 $\boldsymbol{j}_{\mathrm{c}}^{\mathrm{surf}}$ 正比于磁阻尼参量 α。对于典型铁磁金属，α 约为10^{-2}，这使得 $\boldsymbol{j}_{\mathrm{c}}^{\mathrm{surf}}$ 要比之前讨论过的引起块体自旋波不稳定性的临界电流[参见式(7.44)和式(7.45)]小了至少两个数量级。

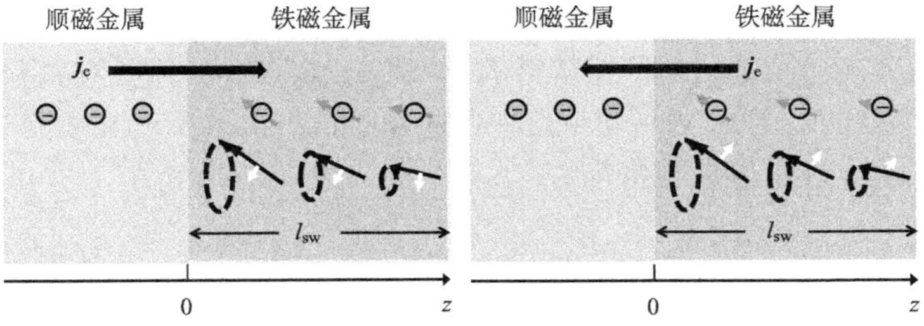

图 7.10(另见彩图)　在顺磁和铁磁金属双层膜结构中，电流激发表面自旋波的示意图。(a)磁化稳定。当电流由顺磁金属层流向铁磁金属层时(电子的流向与电流相反)，电子自旋转向与表面局域磁矩(较长的黑色/深灰色箭头)平行的方向，同时这些局域磁矩也会受到自旋力矩(较短的白色箭头)的作用而使该铁磁层趋于稳定。(b)磁化不稳定。当电流由铁磁层流向顺磁层时，所发生物理过程与(a)相似，但自旋转移力矩的方向将使表面自旋波的振幅变大，从而导致铁磁层的磁化不稳定

除表面自旋波激发效应外，Polianski 和 Brouwer[124] 以及 Stiles 等[125]还提出了对上述实验现象的另一种解释。他们将其归结为自旋转移力矩和横向自旋扩散的联合效应。粗略地讲，当传导电子由顺磁金属层流向铁磁金属层时，被反射的电子自旋反平行于界面处的局域磁矩方向。但是在经历了横向扩散之后，由于铁磁金属层在界面处磁化的不均匀性，各传导电子的自旋将不再与邻近的局域磁矩严格地反平行，从而引起磁化不稳定。当电子的流向相反时，从铁磁金属层透射的电子则大多平行于界面处的局域磁矩，所以其横向扩散将使铁磁层趋于稳定。

上述两种机制都能定性地解释实验现象，而对这类问题定量的研究则会涉及诸多复杂的细节，如界面处电流的分布以及磁化结构等，对此我们不予深究。

2. 电流平行于膜面的情形

最近，实验上发现对磁性双层膜(如 Pt/Co 和 Ta/CoFeB 等)的磁化激发[126]或反转[127-129]可以通过施加一个平行于膜面的电流来实现。这一发现的重要意义在于它使磁化激发和反转可以不再依赖于额外的参考层。

对于上述实验现象存在着两种不同的解释①：其中一种基于重金属顺磁金属所具有的强块体自旋轨道耦合以及由此形成的较大的自旋霍尔角[128-130]。如图 7.11(a)所示，由于自旋霍尔效应[131,132]，在顺磁金属层内的面内电流会产生垂直于膜面传播的自旋流，其自旋极化方向平行于 $\hat{x}$，即 $\boldsymbol{j}_s \propto \boldsymbol{j}_e \times \hat{z}$。只要铁磁金属层的磁化方向与入射的自旋流极化方向不共线，就会受到自旋转移力矩的作

① 由电流引起的奥斯特场已被证明由于强度太小而无法解释所观测到的实验现象。

用，从而有可能发生磁化激发或反转。但是，这一块体自旋霍尔机制的合理性仍然存在争议。通过拟合实验数据所得的 Pt 和 Ta 的自旋扩散长度都只有 1nm 左右[128,129]，甚至小于电子的平均自由程，这是与自旋扩散长度必须大于电子平均自由程这一基本输运原理相违背的。

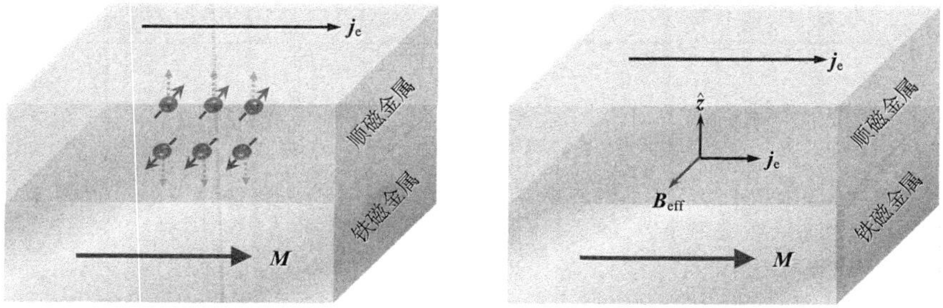

$j_s \propto \theta_{sh}(j_e \times \hat{z})$
(a)

$B_{eff}=(j_e \times \hat{z})$
(b)

图 7.11(另见彩图)　在顺磁和铁磁金属双层膜结构中，面内电流引起自旋力矩的两种机制。(a)面内电流在顺磁金属层中产生垂直于膜面传播的自旋霍尔自旋流，该自旋流的自旋极化方向为$\boldsymbol{j}_e \times \hat{z}$ 当它在铁磁金属层的界面处被吸收时，就对该层形成了自旋转移力矩的作用；(b)由于该双层膜界面处存在 Rashba 自旋轨道耦合，面内电流会在界面处产生一个有效磁场$\boldsymbol{B}_{eff}$，该磁场也会对铁磁金属层形成自旋力矩的作用

对上述实验现象的另一种解释则主要基于双层膜界面处的强自旋轨道耦合[127,133,134]。由于顺磁金属有较强的自旋轨道耦合并且双层膜界面存在空间反演对称破缺，所以界面处存在很强的 Rashba 自旋轨道耦合[135,136]。假设一个超薄的铁磁金属膜在 $\hat{y}$ 方向被均匀磁化，其中的传导电子可以用一个简单的准二维的哈密顿量来描述[133,134]

$$\hat{H}_R=\frac{\hat{\boldsymbol{p}}^2}{2m}+\frac{\alpha_R}{\hbar}\hat{\boldsymbol{z}}\cdot(\boldsymbol{\sigma}\times\hat{\boldsymbol{p}})-J_{ex}\sigma_y \tag{7.56}$$

其中，第二和第三项分别表示 Rashba 自旋轨道耦合(α_R 代表 Rashba 自旋轨道耦合的强度)以及交换相互作用；σ 表示泡利自旋矩阵。若交换耦合的强度远大于自旋轨道耦合，则铁磁层的多数电子(自旋向上)和少数电子(自旋向下)的能带只受到了 Rashba 自旋轨道耦合的轻微扰动。图 7.12(a)，给出了费米圈上的动量本征态所对应的自旋方向。如图 7.12(b)所示，$\hat{\boldsymbol{y}}$ 方向的电流导致两个能带的费米圈沿着 k_y 方向发生移位，其净效果是产生一个 $\hat{\boldsymbol{x}}$ 方向的自旋积累 $\delta\boldsymbol{m}$。这一自旋积累等效于一个有效磁场$\boldsymbol{B}_{eff}\propto\delta\boldsymbol{m}$，从而对铁磁金属层造成力矩作用 $\boldsymbol{\tau}\propto\alpha_R\boldsymbol{B}_{eff}\times\boldsymbol{M}$。但是，仅凭这一垂直自旋力矩虽可实现磁化反转却无法形成定常态的磁化强度的进动，因为它不能直接与磁阻尼力矩相抗衡。最近，有若干理论研

究表明[137-140]，当存在无序时，上述界面处的自旋积累也能产生面内自旋力矩，即 $\boldsymbol{\tau} \propto \alpha_R \boldsymbol{M} \times (\boldsymbol{B}_{\text{eff}} \times \boldsymbol{M})$。

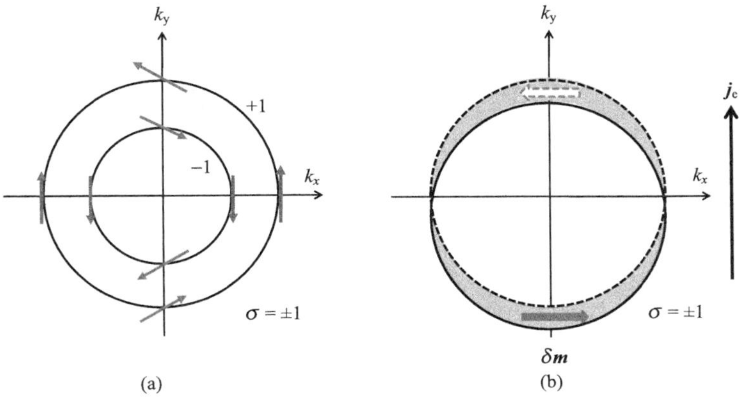

图 7.12　(a)平衡状态下，准二维铁磁层的多数自旋($\sigma=+1$)和少数自旋($\sigma=-1$)的费米圈，相应的动量本征态的自旋方向由深灰色的箭头表示，假设交换相互作用起主导作用，而 Rashba 自旋轨道耦合仅对电子自旋的方向有轻微的扰动；(b)当电流加在 $\hat{\boldsymbol{y}}$ 方向时，两能带的费米圈均会沿着 $-\hat{\boldsymbol{y}}$ 发生移位(图中只画出了多数自旋能带的费米圈)，其结果是引起沿 $\hat{\boldsymbol{x}}$ 方向的净自旋积累 $\delta \boldsymbol{m}$(由实心的深灰色箭头表示)

最后，我们总结强调以上两种机制的不同。第一种机制依赖于顺磁金属的块体自旋霍尔效应所产生的自旋流，当该自旋流在界面处被铁磁金属层所吸收时，就会对铁磁金属层产生自旋转移力矩的作用。第二种机制则取决于界面上的自旋轨道耦合所引起的非平衡态自旋积累，这一自旋积累相当于对铁磁金属的一个有效磁场。那么究竟哪种机制起到了主导作用呢？这一问题至今还没有定论。不过为了能区分这两种机制，最近已经有了一些实验上的尝试，其中包括改变双层膜的厚度[141]，在双层膜间插入不同材料的薄膜[142]以及在界面上引入杂质[114]等。

7.5　对自旋转移力矩的其他研究方向的展望

通过以上几节探讨，我们已经初步了解了传统的自旋转移力矩是怎样由电流或电压产生的，又是怎样对铁磁金属发生作用的。在这一节中，将简要地介绍围绕自旋转移这一基本概念而展开的其他比较前沿的研究方向。

7.5.1　基于铁磁绝缘体的自旋转移

一般认为，由于绝缘体有很大的带隙，所以电子无法在其中被激发或传导。

但是，对于铁磁绝缘体[如 $Y_3Fe_5O_{12}$(YIG)]，却有可能通过电流来操控其自旋的激发和传输。一种可行的方法就是在由铁磁绝缘体和重金属(如 Pt 和 Ta 等)所组成双层膜结构中通以面内电流，由于重金属层具有较强的自旋霍尔效应，该层中的面内电流会产生流向双层膜界面的纯自旋流。这一过程类似于图 7.11(a)所描述的情形，不同的是铁磁金属被替换成了铁磁绝缘体，因而所有的传导电子都会被拦截在界面处。然而由于界面处存在传导电子与铁磁绝缘体的表面磁矩之间的交换耦合，一部分的传导电子的自旋角动量依然可以传递给铁磁绝缘体的表面磁矩，然后以自旋波流(或磁振子流)的形式继续通过铁磁绝缘体传播。

然而，自旋波流目前还无法被直接地观测到。常用的间接测量方法有两种：一种是探测自旋波所产生的微波谱；另一种则需要借助另一层与铁磁绝缘层相邻的重金属膜把自旋波流重新转化成传导电子的自旋流，然后测量由逆自旋霍尔效应[143]所产生的电信号。若干实验组已通过前一种方法成功地在 Pt/YIG 双层膜结构中测量到了直流电所产生的微波信号[144-146]。而 Kajiwara 等则首先运用后一种方法间接观测到了在 YIG 膜中传播的表面自旋波流[144,147]。最近，美国亚利桑那大学的理论小组提出了一种基于金属/铁磁绝缘体/金属三层膜结构的电曳引效应[148,149]，该研究的作者认为，自旋角动量也可通过铁磁绝缘体中的块体交换磁振子进行传播。这些研究也预示着电信号将有可能通过自旋转移的方式在铁磁绝缘体中传输。

7.5.2 热驱动自旋转移力矩

近几年，有理论研究者提出了热驱动自旋转移力矩的概念。Hatami 等首先预言了金属自旋阀两铁磁电极间的温度梯度可以引起自旋转移力矩效应[150]。他们认为，该温度梯度可使进入非磁性金属隔离层的多数自旋电子和少数自旋电子具有不同的温度(或者称为温度自旋积累)，这些电子在随后的热化过程中会形成自旋流，从而会对铁磁金属电极产生自旋转移力矩的作用。这一热驱动自旋转移力矩效应已在理论上被推广到了磁性隧道结[151]及磁畴壁[152-157]上。

除此之外，关于热驱动自旋转移力矩效应也存在其他不同的构想。Slonczewski提出了一种以铁磁绝缘体为参考层的磁性多层膜结构，但其自旋流的产生则源于该参考层中的非平衡态热磁振子[158]。他还预计这种热驱自旋转移力矩较之传统的电驱自旋转移力矩会具有更大的量子产额。

尽管已有若干关于热驱动自旋转移力矩效应的间接实验证据[159,160]，上述理论构想仍有待进一步的实验验证。

7.5.3 自旋转移力矩的逆效应

我们知道自旋转移力矩可以引发一系列的磁化动力学行为，如磁性多层膜中的磁矩的稳定进动以及铁磁纳米线中的畴壁运动等，那么反过来，进动的磁体能否产生自旋流呢？答案是肯定的。近年来，自旋转移力矩的逆过程也受到了广泛的关注。在多层膜结构中，对应的现象就是现在我们所熟知的自旋泵浦[161-164]；而在连续磁介质(如磁畴壁)中，由于局域磁矩随时空的变化而引起的电信号则通常围绕着自旋电动势[165-168]这一新颖的物理概念而被加以讨论。这些自旋转移力矩的逆过程有着共同的物理根源，即局域磁矩的自旋角动量通过交换相互作用传递给周围的传导电子，因而从磁化动力学的角度而言，它们都会导致磁阻尼的增强[169-171]。

7.5.4　其他磁性材料中的自旋转移效应

1. 铁磁半导体

尽管大多数关于自旋转移力矩的研究都聚焦在过渡元素金属所形成的铁磁体上，自旋转移力矩效应在其他一些铁磁性材料中的推广也颇具前景，其中一类材料就是铁磁半导体(Ga,Mn)As[172,173]。这种材料拥有许多与自旋相关的优良属性，如为载流子所调控的铁磁性、较小的磁化强度(可比典型的过渡金属小两个数量级)以及高自旋极化率等。利用这些性质，不但可以通过电压偏置来调节材料的磁性，还能大大降低磁化反转或畴壁运动的临界电流。

然而，这类铁磁半导体材料也存在一些亟待解决的关键性问题，如较低的居里温度和较强的自旋轨道耦合等。目前，实验报道的(Ga,Mn)As 的居里温度仍然低于室温，这妨碍了它在室温下的应用[172]。根据 Zener 模型[174]，提高(Ga,Mn)As 的居里温度的途径主要有两种：一种是增加 Mn 离子的密度，另一种是减少自补偿 Mn 填隙。沿着这一总体方向，实验上已经取得了一定的进展[175]。

另一重要的课题是较强的自旋轨道耦合对自旋转移力矩效应的影响。在过渡金属铁磁体中，由于交换相互作用所引起的能带劈裂远大于自旋轨道耦合对能带结构的影响，所以作为一个很好的近似，自旋极化电流可视为由多数自旋和少数自旋两类电子所构成，而自旋转移力矩也可以通过传导电子与局域磁矩间的总自旋角动量守恒导出。然而，在(Ga,Mn)As 中，自旋轨道耦合会对其能带结构产生较大的影响，总自旋角动量也不再近似守恒[172]。那么，自旋轨道耦合的载流子的流动会对自旋转移效应产生什么样的影响？铁磁半导体中的自旋转移效应又会与铁磁金属有哪些不同呢？为了弄清这些问题，归根结底还是需要理解强自旋轨道耦合对半导体的自旋输运以及自旋动力学性质的影响[176]。

2. 反铁磁金属

除了探索铁磁材料中的自旋转移力矩现象，自旋转移的概念还被延伸到了反铁磁金属中[177-181]。共线反铁磁金属的晶体结构可以被看成是由两个亚点阵所构成，而这两个亚点阵上的磁矩大小相等、方向相反，因而反铁磁金属的序参量为交错磁化强度，即两个亚点阵磁化强度之差。这种磁化构型的一个直接的结果就是反铁磁体不存在形状各向异性。对于铁磁金属，由自旋转移力矩引起的磁化激发的临界电流一般都随着形状各向异性的增加而增加[参看方程(7.27)]，由此可以预期在反铁磁金属中相应的临界电流会比较小。这也是研究这类材料的自旋力矩的动机之一。

反铁磁金属中的自旋力矩效应与铁磁金属相比的另一根本不同在于，它的序参量的动力学行为不依赖于总自旋角动量守恒①。在反铁磁金属中，其序参量的相干进动是由非平衡态的横向自旋密度波所引起的，而后者具有与晶格相同的周期性[177]。这一性质的一个好处在于，若体系中不存在无序，则注入到反铁磁金属内的横向自旋密度不会发生衰减(类似于磁共振中的自旋回波现象[182])。对这一现象，也可以通过与铁磁金属中的自旋注入过程的比较来加以理解。注入到铁磁金属内的横向自旋密度会在其表面处迅速衰减(其衰减的特征长度为自旋退相长度，即 $2\pi/|k_F^\uparrow - k_F^\downarrow|$)，其根源在于多数自旋和少数自旋能带之间的交换劈裂。反观反铁磁金属，由于其能带结构中不存在相应的交换劈裂，所以也没有上述自旋退相效应。反铁磁金属的这一性质会导致一个很有魅力的结果：对于无缺陷的反铁磁金属，自旋力矩将贯穿整个样品。然而，在实际的样品中，无序总是存在的。迄今为止，反铁磁金属材料中的自旋力矩效应仍缺乏令人信服的实验验证[180]。

相比于传统的自旋转移力矩，上述几种新型的自旋力矩既有其自身优势，也各有不足。可以预见，自旋电子学领域今后发展的一个重要的方向将是加深对这些自旋力矩的理论认识，并在此基础上推进对它们的实验探索。

作者简介

章舒磊 2007 年获宁波大学物理学学士，2008 年赴美攻读博士学位，师从张曙丰教授。2014 年获美国亚利桑那大学物理学博士。读博期间所取得的研究成果曾多次发表于《物理评论快报》、《物理评论 B》等世界顶级物理学期刊，并于 2013 年在美国物理学会三月会议上作了关于通过铁磁绝缘体传输自旋信息的邀请报告。目前的研究兴趣主要为微磁学、磁性材料的自旋轨道耦合及自旋输运理论。

① 铁磁金属的序参量(即磁化强度)的动力学过程是基于总自旋角动量守恒的：局域磁化强度引起其周围的传导电子自旋的进动时，它本身也必然会受到一个反作用力矩(也即自旋转移力矩)。

张曙丰 1985年获中国科学技术大学近代物理学学士，同年赴美(CUSPEA)留学，1991年取得纽约大学物理学博士学位。1991～1997年间，先后在加州大学圣迭戈分校、惠普实验室、纽约大学等担任博士后及研究助理教授，1998～2008年分别担任密苏里大学助理教授、副教授(2002)、教授(2005)。2005年当选美国物理学会会士(APS Fellow)。2008年至今，任亚利桑那大学教授。迄今共发表论文100多篇，被他引8000次以上(h=38)。目前的研究方向是自旋电子学理论及应用微磁学。

参考文献

[1] International Technology Roadmap for Semiconductors 2011, Emerging Research Devices. [2013-12-30] http://www.itrs.net/Links/2011ITRS/Home2011.htm.

[2] Parkin S S P, Hayashi M, Thomas L. Magnetic domain-wall racetrack memory. Science, 2008, 320: 190-194.

[3] Wolf S A, Awschalom D D, Buhrman R A, et al. Spintronics: A spin-based electronics vision for the future. Science, 2001, 294: 1488-1495.

[4] Kaka S, Pufall M R, Rippard W H, et al. Mutual phase-locking of microwave spin torque nano-oscillators. Nature, 2005, 437: 389-392.

[5] Zeng Z, Finocchio G, Zhang B, et al. Ultralow-current-density and bias-field-free spin-transfer nano-oscillator. Sci Rep, 2013, 3: 1426.

[6] Berger L. Domain drag effect in the presence of variable magnetic-field or variable transport current. J Appl Phys, 1978, 50: 2137-2139.

[7] Freitas P P, Berger L. Observation of s-d exchange force between domain-walls and electric-current in very thin permalloy-films. J Appl Phys, 1985, 57: 1266-1269.

[8] Hung C Y, Berger L. Exchange forces between domain-wall and electric-current in permalloy-films of variable thickness. J Appl Phys, 1988, 63: 4276-4278.

[9] Slonczewski J C. Conductance and exchange coupling of two ferromagnets separated by a tunneling barrier. Phys Rev B, 1989, 39: 6995-7002.

[10] Slonczewski J C. Current-driven excitation of magnetic multilayers. J Magn Magn Mater, 1996, 159: L1-L7.

[11] Berger L. Emission of spin waves by a magnetic multilayer traversed by a current. Phys Rev B, 1996, 54: 9353-9358.

[12] Baibich M N, Broto J M, Fert A, et al. Giant magnetoresistance of (001)Fe/(001)Cr magnetic superlattices. Phys Rev Lett, 1988, 61: 2472-2475.

[13] Binasch G, Grünberg P, Saurenbach F, et al. Enhanced magnetoresistance in layered magnetic-structures with antiferromagnetic interlayer exchange. Phys Rev B, 1989, 39: 4828-4830.

[14] Julliere M. Tunneling between ferromagnetic films. Phys Lett A, 1975, 54: 225-226.

[15] Miyazaki T, Tezuka N. Giant magnetic tunneling effect in Fe/Al_2O_3/Fe junction. J Magn Magn Mater, 1995, 139: L231-L234.

[16] Moodera J S, Kinder L R, Wong T M, et al. Large magnetoresistance at room temperature in ferro-

magnetic thin film tunnel junctions. Phys Rev Lett, 1995, 74: 3273-3276.

[17] Parkin S S P, Kaiser C, Panchula A, et al. Giant tunnelling magnetoresistance at room temperature with MgO(100) tunnel barriers. Nat Mat, 2004, 3: 862-867.

[18] Tsoi M, Jansen A G M, Bass J, et al. Excitation of a magnetic multilayer by an electric current. Phys Rev Lett, 1998, 80: 4281-4284.

[19] Sun J Z. Current-driven magnetic switching in manganite trilayer junctions. J Magn Magn Mater, 1999, 202: 157-162.

[20] Myers E B, Ralph D C, Katine J A, et al. Current-induced switching of domains in magnetic multilayer devices. Science, 1999, 285: 867-870.

[21] Katine J A, Albert F J, Buhrman R A, et al. Current-driven magnetization reversal and spin-wave excitations in Co/Cu/Co pillars. Phys Rev Lett, 2000, 84: 3149-3152.

[22] Tulapurkara A, Suzuki Y, Fukushima A, et al. Spin-torque diode effect in magnetic tunnel junctions. Nature, 2005, 438, 339-342.

[23] Sankey J C, Braganca P M, Garcia a G F, et al. Spin-transfer-driven ferromagnetic resonance of individual nanomagnets. Phys Rev Lett, 2006, 96: 227601.

[24] Sankey J C, Cui Y T, Buhrman R A, et al. Measurement of the spin-transfer-torque vector in magnetic tunnel junctions. Nat Phys, 2008, 4: 67-71.

[25] Kubota H, Fukushima A, Yakushiji K, et al. Quantitative measurement of voltage dependence of spin-transfer torque in MgO-based magnetic tunnel Junctions. Nat Phys, 2008, 4: 37-41.

[26] Tsoi M. Spin torque Effects: Experiment. //Tsymbal E-Y, Zutic Y. Handbook of Spin Transport and Magnetism. Boca Raton: CRC Press, 2012.

[27] Ralph D C, Buhrman R A. Spin transfer torques and nanomagnets. //Maekawa S. Concepts in Spin Electronics. New York: Oxford University Press, 2006.

[28] Zhang S, Levy P M, Fert A. Mechanisms of spin-polarized current-driven magnetization switching. Phys Rev Lett, 2002, 88: 236601.

[29] Zhang S, Li Z. Roles of nonequilibrium conduction electrons on the magnetization dynamics of ferromagnets. Phys Rev Lett, 2004, 93: 127204.

[30] Manchon A, Zhang S. Spin toque in magnetic systems: Theory//Tsymbal E-Y, Zutic Y. Handbook of Spin Transport and Magnetism. Florida: CRC Press, 2012.

[31] Xia K, Kelly P J, Bauer G E W, et al. Spin torques in ferromagnetic/normal-metal structures. Phys Rev B, 2002, 65: 220401.

[32] Stiles M D, Zangwill A. Noncollinear spin transfer in Co/Cu/Co multilayers. J Appl Phys, 2002, 91: 6812-6817.

[33] Shpiro A, Levy P, Zhang S. Self-consistent treatment of nonequilibrium spin torques in magnetic multilayers. Phys Rev B, 2003, 67: 104430.

[34] Zhang J, Levy P, Zhang S, et al. Identification of transverse spin currents in noncollinear magnetic structures. Phys Rev Lett, 2004, 93: 256602.

[35] Xiao J, Zangwill A, Stiles M D. Boltzmann test of Slonczewski's theory of spin-transfer torque. Phys Rev B, 2004, 70: 172405.

[36] Brataas A, Bauer G E W, Kelly P J. Non-collinear magnetoelectronics. Phys Rep, 2006, 427: 157-255.

[37] Stiles M D, Miltat J. Spin transfer torque and dynamics. //Hillebrands B, Thiaville A. Spin Dynamics in Confined Magnetic Structures III, Topics in Applied Physics. Berlin: Springer, 2006.

[38] Shi J, Zhang P, Xiao D, et al. Proper definition of spin current in spin-orbit-coupled systems. Phys Rev Lett, 2006, 96: 076604.

[39] Shen R, Chen Y, Wang Z D, et al. Conservation of spin currents in spin-orbit-coupled systems. Phys Rev B, 2006, 74: 125313.

[40] Sun Q F, Xie X C, Wang J. Persistent spin current in nanodevices and definition of the spin current. Phys Rev B, 2008, 77: 035327.

[41] Stiles D, Zangwill A. Anatomy of spin-transfer torque. Phys Rev B, 2002, 66: 014407.

[42] Nogues J, Schuller I K. Exchange bias. J Magn Magn Mater, 1999, 192: 203-232.

[43] Gao T R, Yang D Z, Zhou S M, et al. Hysteretic behavior of angular dependence of exchange bias in FeNi/FeMn bilayers. Phys Rev Lett, 2007, 99: 057201.

[44] Li J, Przybylski M, Yildiz F, et al. In-plane Spin Reorientation Transition in Fe/NiO Bilayers on Ag(1,1,10). Phys Rev B, 2011, 83: 094436.

[45] AlHajDarwish M, Kurt H, Urazhdin S, et al. Controlled normal and inverse current-induced magnetization switching and magnetoresistance in magnetic nanopillars. Phys Rev Lett, 2004, 93: 157203.

[46] Valet T, Fert A. Theory of the perpendicular magnetoresistance in magnetic multilayers. Phys Rev B, 1993, 48: 7099-7113.

[47] Slonczewski J. Currents and torques in metallic magnetic multilayers. J Magn Magn Mater, 2002, 247: 324-338.

[48] KovalevA A, Brataas A, Bauer G E W. Spin transfer in diffusive ferromagnet-normal metal systems with spin-flip scattering. Phys Rev B, 2002, 66: 224424.

[49] Rychkov V S, Borlenghi S, Jaffres H, et al. Spin torque and waviness in magnetic multilayers: A bridge between Valet-Fert theory and quantum approaches. Phys Rev Lett, 2009, 103: 066602.

[50] Gmitra M, Barnas J. Correlation of the angular dependence of spin-transfer torque and giant magnetoresistance in the limit of diffusive transport in spin valves. Phys Rev B, 2009, 79: 012403.

[51] Smith N, Katine J A, Childress J R. Thermal and spin-torque noise in CPP(TMR and/or GMR) read sensors. IEEE Trans Magn, 2006, 42: 114-119.

[52] Boulle O, Cros V, Grollier J, et al. Shaped angular dependence of the spin-transfer torque and microwave generation without magnetic field. Nat Phys, 2007, 3: 492-497.

[53] Heide C, Zilberman P E, Elliott R J. Current-driven switching of magnetic layers. Phys Rev B, 2001, 63: 064424.

[54] Ralph D C, Stiles M D. Spin transfer torques. J Magn Magn Mater, 2008, 320: 1190-1216.

[55] Myers E B, Albert F J, Sankey J C, et al. Thermally activated magnetic reversal induced by a spin-polarized current. Phys Rev Lett, 2002, 89: 196801.

[56] Albert F J, Emley N C, Myers E B, et al. Quantitative study of magnetization reversal by spin-polarized current in magnetic multilayer nanopillars. Phys Rev Lett, 2002, 89: 226802.

[57] Kiselev S I, Sankey J C, Krivorotov I N, et al. Microwave oscillations of a nanomagnet driven by a spin-polarized current. Nature, 2003, 425: 380-383.

[58] Koch R H, Katine J A, Sun J Z. Time-resolved reversal of spin-transfer switching in a nanomagnet. Phys Rev Lett, 2004, 92: 088302.

[59] Sankey J C, Cui Y T, Sun J, et al. Measurements of the spin-transfer-torque vector in magnetic tunnel junctions. Nat Phys, 2008, 4: 67-71.

[60] Kubota H, Fukushima A, Yakushiji K, et al. Quantitative measurement of voltage dependence of spin-transfer torque in MgO-based magnetic tunnel junctions. Nat Phys, 2008, 4: 37-41.

[61] Deac A M, Fukushima A, Kubota H, et al. Bias-driven high-power microwave emission from MgO-based tunnel magnetoresistance devices. Nat Phys, 2008, 4: 803-809.

[62] Zhu J G, Park C. Magnetic tunnel junctions. Mater Today, 2006, 9: 36-45.

[63] Butler W H, Zhang X G, Schulthess T C, et al. Reduction of electron tunneling current due to lateral variation of the wave function. Phys Rev B, 2001, 63: 054416.

[64] Mathon J, Umerski A. Theory of tunneling magnetoresistance of an epitaxial Fe/MgO/Fe(001) junction. Phys Rev B, 2001, 63: 220403.

[65] Yuasa S, Nagahama T, Fukushima A, et al. Giant room-temperature magnetoresistance in single-crystal Fe/MgO/Fe magnetic tunnel junctions. Nat Mater, 2004, 3: 868-871.

[66] Wang Y, Han X F, Zhang X G. Effect of Co interlayers in Fe/MgO/Fe magnetic tunnel junctions. Appl Phys Lett, 2008, 93: 172501.

[67] Ikeda S, Hayakawa J, Ashizawa Y, et al. Tunnel magnetoresistance of 604% at 300 K by suppression of Ta diffusion in CoFeB/MgO/CoFeB/ pseudo-spin-valves annealed at high temperature. Appl Phys Lett, 2008, 93: 082508.

[68] Huai Y, Albert F, Nguyen P, et al. Observation of spin-transfer switching in deep submicron-sized and low-resistance magnetic tunnel junctions. Appl Phys Lett, 2004, 84: 3118-3120.

[69] Fuchs G D, Emley N C, Krivorotov I N, et al. Spin-transfer effects in nanoscale magnetic tunnel junctions. Appl Phys Lett, 2004, 85: 1205-1207.

[70] Ikeda S, Miura K, Yamamoto H, et al. A perpendicular-anisotropy CoFeB-MgO magnetic tunnel junction. Nat Mater, 2010, 9: 721-724.

[71] Wang W G, Li M G, Hageman S, et al. Electric-field-assisted switching in magnetic tunnel junctions. Nat Mater, 2012, 11: 64-68.

[72] Slonczewski J C. Currents, torques, and polarization factors in magnetic tunnel junctions. Phys Rev B, 2005, 71: 024411.

[73] Theodonis I, Kioussis N, Kalitsov A, et al. Anomalous bias dependence of spin torque in magnetic tunnel junctions. Phys Rev Lett, 2006, 97: 237205.

[74] Heiliger C, Stiles M D. *Ab initio* studies of the spin-transfer torque in magnetic tunnel junctions. Phys Rev Lett, 2008, 100: 186805.

[75] Manchon A, Ryzhanova N, Vedyayev A, et al. Description of current-driven torques in magnetic tunnel junctions. J Phys: Condens Matter, 2008, 20: 145208.

[76] Wilczynski M, Barnas J, Swirkowicz R. Free-electron model of current-induced spin-transfer torque in magnetic tunnel junctions. Phys Rev B, 2008, 77: 054434.

[77] Xiao J, Bauer G E W, Brataas A. Spin-transfer torque in magnetic tunnel junctions: Scattering theory. Phys Rev B, 2008, 77: 224419.

[78] Stiles M D. Interlayer exchange coupling. J Magn Magn Mater, 1999, 200: 322-337.

[79] Faure-Vincent J, Bellouard C T, Popova E, et al. Interlayer Magnetic coupling interactions of two ferromagnetic layers by spin polarized tunneling. Phys Rev Lett, 2002, 89: 107206.

[80] Wei D H, Xu X Y, Yin L F, et al. Oscillatory magnetic anisotropy tuned by interlayer coupling. Phys Rev B, 2009, 80: 092403.

[81] Sun J Z, Ralph D C. Magnetoresistance and spin-transfer torque in magnetic tunnel junctions. J Magn Magn Mater, 2008, 320: 1227-1237.

[82] Li Z, Zhang S, Diao Z, et al. Perpendicular spin torques in magnetic tunnel junctions. Phys Rev Lett, 2008, 100: 246602.

[83] Manchon A, Ryzhanova N, Strelkov N, et al. Modelling spin transfer torque and magnetoresistance in magnetic multilayers. J Phys: Condens Matter, 2007, 19: 165212.

[84] Smith N, Katine J A, Childress J R, et al. Angular dependence of spin torque critical currents for CPP-GMR read heads. IEEE Trans Magn, 2005, 41: 2935-2940.

[85] Wang C, Cui Y T, Sun J Z, et al. Bias and angular dependence of spin-transfer torque in magnetic tunnel junctions. Phys Rev B, 2008, 79: 224416.

[86] Sun J Z. Spin-current interaction with a monodomain magnetic body: A model study. Phys Rev B, 2000, 62: 570-578.

[87] Melnikov V K. On the stability of the center for time periodic perturbations. Trans Moscow Math Soc, 1963, 12: 1-57.

[88] Guckenheimer J, Holmes P. Nonlinear Oscillations, Dynamical Systems and Bifurcations of Vector Fields. New York: Springer-Verlag, 1983.

[89] Kramers H A. Brownian motion in a field of force and the diffusion model of chemical reactions. Physica, 1940, 7: 284-304.

[90] Wang X R, Sun Z Z. Theoretical limit in the magnetization reversal of stoner particles. Phys Rev Lett, 2007. 98: 077201.

[91] Brown W F. Thermal fluctuations of a single-domain particle. Phys Rev, 1963, 130: 1677.

[92] Li Z, Zhang S. Thermally assisted magnetization reversal in the presence of a spin-transfer torque. Phys Rev B, 2004, 69: 134416.

[93] Apalkov D M, Visscher P B. Spin-torque switching: Fokker-Planck rate calculation. Phys Rev B, 2005, 72: 180405.

[94] Apalkov D M, Visscher P B. Slonczewski spin-torque as negative damping: Fokker-Planck computation of energy distribution. J Magn Magn Mater, 2005, 286: 370-374.

[95] Fabian A, Terrier C, Guisan S S, et al. Current-induced two-level fluctuations in pseudo-spin-valve (Co/Cu/Co) nanostructures. Phys Rev Lett, 2003, 91: 257209.

[96] Wegrowe J E. Magnetization reversal and two-level fluctuations by spin injection in a ferromagnetic metallic layer. Phys Rev B, 2003, 68: 214414.

[97] Bertotti G, Serpico C, Mayergoyz I D, et al. Magnetization switching and microwave oscillations in nanomagnets driven by spin-polarized currents. Phys Rev Lett. 2005, 94: 127206.

[98] Li Z, He J, Zhang S. Stability of precessional states induced by spin-current. Phys Rev B, 2005, 72: 212411.

[99] Krivorotov I N, Emley N C, Garcia a G F, et al. Temperature dependence of spin-transfer-induced switching of nanomagnets. Phys Rev Lett, 2004, 93: 166603.

[100] Russek S E, Kaka S, Rippard W H, et al. Finite-temperature modeling of nanoscale spin-transfer oscillators. Phys Rev B, 2005, 71: 104425.

[101] Xiao J, Zangwill A, Stiles M D. Macrospin models of spin transfer dynamics. Phys Rev B, 2005, 72: 014446.

[102] Schrefl T, Hrkac G, Bance G, et al. Numerical methods in micromagnetics (finite element method)// Handbook of Magnetism and Advanced Magnetic Materials. New York: Wiley, 2007, 2: 765-794.

[103] Ashcroft N W, Mermin N D. Solid State Physics. Cornell University: Cengage Learning, Inc, 1976.

[104] Brown W F. Micromagnetics. New York: Interscience Publishers, 1963.

[105] Donahue M J, McMichael R D. Exchange energy representations in computational micromagnetics. Physica B, 1997, 233: 272-278.

[106] Tretiakov O A, Abanov A. Current driven magnetization dynamics in ferromagnetic nanowires with a Dzyaloshinskii-Moriya interaction. Phys Rev Lett, 2010, 105: 157201.

[107] Li Z, Zhang S. Domain-wall dynamics and spin-wave excitations with spin-transfer torques. Phys Rev Lett, 2004, 92: 207203.

[108] Li Z, He J, Zhang S. Effects of spin current on ferromagnets (invited). J Appl Phys, 2006, 99: 08Q702.

[109] Miltat J, Albuquerque G, Thiaville A. Spin Dynamics in Confined Magnetic Structures I. New York: Springer, 2002.

[110] Tatara G, Kohno H. Theory of current-driven domain wall motion: Spin transfer versus momentum transfer. Phys Rev Lett, 2004, 92: 086601.

[111] Thomas L, Hayashi M, Jiang X, et al. Oscillatory dependence of current-driven magnetic domain wall motion on current pulse length. Nature, 2006, 443: 197-200.

[112] Tatara G, Kohno H, Shibata J. Microscopic approach to current-driven domain wall dynamics. Phys Rep, 2008, 468: 213-301.

[113] Xu P, Xia K, Gu C, et al. An all-metallic logic gate based on current-driven domain wall motion. Nature Nanotechnology, 2008, 3: 97-100.

[114] Ryu K S, Thomas L, Yang S H, et al. Chiral spin torque at magnetic domain walls. Nature Nanotechnology, 2013, 8: 527-533.

[115] Schryer N L, Walker L R. Motion of 180 degrees domain-walls in uniform DC magnetic-fields. J Appl Phys, 1974, 45: 5406-5421.

[116] Heyne L, Klaui M, Backes D, et al. Relationship between nonadiabaticity and damping in permalloy studied by current induced spin structure transformations. Phys Rev Lett, 2008, 100: 066603.

[117] Kasai S, Nakatani Y, Kobayashi K, et al. Current-driven resonant excitation of magnetic vortices. Phys Rev Lett, 2006, 97: 107204.

[118] Moriya R, Thomas L, Hayashi M, et al. Probing vortex-core dynamics using current-induced resonant excitation of a trapped domain wall. Nature Phys, 2008, 4: 368-372.

[119] Thiaville A, Nakatani Y, Miltat J, et al. Micromagnetic understanding of current-driven domain wall motion in patterned nanowires. Europhys Lett, 2005, 69: 990-996.

[120] He J, Li Z, Zhang S. Current-driven vortex domain wall dynamics by micromagnetic simulations. Phys Rev B, 2006, 73: 184408.

[121] Ji Y, Chien C L, Stiles M D. Current-induced spin-wave excitations in a single ferromagnetic layer. Phys Rev Lett, 2003, 90: 106601.

[122] Chen T Y, Ji Y, Chien C L, et al. Current-driven switching in a single exchange-biased ferromagnetic

layer. Phys Rev Lett，2004，93：26601.

[123] Ozyilmaz B，Kent a D，Sun J Z，et al. Current-induced excitations in single cobalt ferromagnetic layer nanopillars. Phys Rev Lett，2004，93：176604.

[124] Polianski M L，Brouwer P W. Current-induced transverse spin-wave instability in a thin nanomagnet. Phys Rev Lett，2004，92：26602.

[125] Stiles M D，Xiao J，Zangwill A. Phenomenological theory of current-induced magnetization precession. Phys Rev B，2004，69：54408.

[126] Liu L Q，Moriyama T，Ralph D C，et al. Spin-torque ferromagnetic resonance induced by the spin Hall effect. Phys Rev Lett，2011，106：036601.

[127] Miron I M，Gaudin G，Auffret S，et al. Current-driven spin torque induced by the Rashba effect in a ferromagnetic metal layer. Nature Materials，2010，9：230-234.

[128] Liu L，Lee O J，Gudmundsen T J，et al. Current-induced switching of perpendicularly magnetized magnetic layers using spin torque from the spin Hall effect. Phys Rev Lett，2012，109：096602.

[129] Liu L，Pai C F，Li Y，et al. Spin-torque switching with the giant spin Hall effect of tantalum. Science，2012，336：555-558.

[130] Feng Z，Hu J，Sun L，et al. Spin Hall angle quantification from spin pumping and microwave photoresistance. Phys Rev B，2012，85：214423.

[131] Hirsch J E. Spin Hall effect. Phys Rev Lett，1999，83：1834.

[132] Zhang S. Spin Hall effect in the presence of spin diffusion. Phys Rev Lett，2000，85：393.

[133] Manchon A，Zhang S. Theory of spin torque due to spin-orbit coupling. Phys Rev B，2009，79：094422.

[134] Manchon A，Zhang S. Theory of nonequilibrium intrinsic spin torque in a single nanomagnet. Phys Rev B，2008，78：212405.

[135] Rashba E I. Properties of semiconductors with an extremum Loop . 1. Cyclotron and combinational resonance in a magnetic field perpendicular to the plane of the loop. Sov Phys Solid State，1960，2：1109-1122.

[136] Bychkov Y A，Rashba E I. Oscillatory effects and the magnetic-susceptibility of carriers in inversion-layers. J Phys C，1984，17：6039-6045.

[137] Wang X H，Manchon A. Diffusive spin dynamics in ferromagnetic thin films with a Rashba interaction. Phys Rev Lett，2012，108：117201.

[138] Kim K W，Seo S M，Ryu J，et al. Magnetization dynamics induced by in-plane currents in ultrathin magnetic nanostructures with Rashba spin-orbit coupling. Phys Rev B，2012，85：180404.

[139] Pesin D A，MacDonald A H. Quantum kinetic theory of current-induced torques in Rashba ferromagnets. Phys Rev B，2012，86：014416.

[140] Kurebayashi H，Sinova J，Fang D，et al. An anti-damping spin-orbit torque originating from Berry curvature. Nature Nanotech，2014，9：211.

[141] Kim J，Sinha J，Hayashi H，et al. Layer thickness dependence of the current-induced effective field vector in Ta/CoFeB/MgO. Nat Mater，2012，12：240-245.

[142] Fan X，Wu J，Chen Y，et al. Observation of the nonlocal spin-orbital effective field. Nature Commun，2013，4：1799.

[143] Saitoh E，Ueda M，Miyajima H，et al. Conversion of spin current into charge current at room temperature：Inverse spin-Hall effect. Appl Phys Lett，2006，88：182509.

[144] Kajiwara Y, Harii K, Takahashi S, et al. Transmission of electrical signals by spin-wave interconversion in a magnetic insulator. Nature, 2010, 464: 262.

[145] Wang Z, Sun Y, Wu M, et al. Control of spin waves in a thin film ferromagnetic insulator through interfacial spin scattering. Phys Rev Lett, 2011, 107: 146602.

[146] Cunha R O, Padrón-Hernández E, Azevedo A, et al. Controlling the relaxation of propagating spin waves in yttrium-iron-garnet/Pt Bilayers with thermal Gradients. Phys Rev B, 2013, 87: 184401.

[147] Xiao J, Bauer G E W. Spin-wave excitation in magnetic insulators by spin-transfer torque. Phys Rev Lett, 2012, 108: 217204.

[148] Zhang S S L, Zhang S. Magnon mediated electric drag effect. Phys Rev Lett, 2012, 109: 096603.

[149] Zhang S S L, Zhang S. Spin convertance at magnetic interfaces. Phys Rev B, 2012, 86: 214424.

[150] Hatami M, Bauer G E W, Zhang Q F, et al. Thermal spin-transfer torque in magnetoelectronic devices. Phys Rev Lett, 2007, 99: 066603; Thermoelectric effects in magnetic nanostructures. Phys Rev B, 2009, 79: 174426.

[151] Jia X, Xia K, Bauer G E W. Thermal spin transfer in Fe-MgO-Fe tunnel junctions. Phys Rev Lett, 2011, 107: 176603.

[152] Yan P, Wang X S, Wang X R. All-magnonic spin-transfer torque and domain wall propagation. Phys Rev Lett, 2011, 107: 177207.

[153] Hinzke D, Nowak U. Domain wall motion by the magnonic spin Seebeck effect. Phys Rev Lett, 2011, 107: 027205.

[154] Kovalev A A, Tserkovnyak Y. Thermomagnonic spin transfer and Peltier effects in insulating magnets. Europhys Lett, 2012, 97: 67002.

[155] Torrejon J, Malinowski G, Pelloux M, et al. Unidirectional thermal effects in current-induced domain wall motion. Phys Rev Lett, 2012, 109: 106601.

[156] Jiang W, Upadhyaya P, Fan Y, et al. Direct imaging of thermally driven domain wall motion in magnetic insulators. Phys Rev Lett, 2013, 110: 177202.

[157] Yan P, Wang X S, Wang X R. All-magnonic spin-transfer torque and domain wall propagation. Phys Rev Lett, 2011, 107: 177207.

[158] Slonczewski J C. Initiation of spin-transfer torque by thermal transport from magnons. Phys Rev B, 20120, 82: 054403.

[159] Yu H, Granville S, Yu D P, et al. Evidence for thermal spin-transfer torque. Phys Rev Lett, 2010, 104: 146601.

[160] Jayathilaka P B, Monti M C, Markert J T. Heterostructures for realizing magnon-induced spin transfer torque. Advances in Condensed Matter Physics, 2012, 168313.

[161] Berger L. Effect of interfaces on Gilbert damping and ferromagnetic resonance linewidth in magnetic multilayers. J Appl Phys, 2001, 90: 4632-4638.

[162] Tserkovnyak Y, Brataas A, Bauer G E W. Enhanced Gilbert damping in thin ferromagnetic films. Phys Rev Lett, 2002, 88: 117601.

[163] Brataas A, Tserkovnyak Y, Bauer G E W, et al. Spin battery operated by ferromagnetic resonance. Phys Rev B, 2002, 66: 60404.

[164] Tserkovnyak Y, Brataas A, Bauer G E W, et al. Nonlocal magnetization dynamics in ferromagnetic heterostructures. Rev Mod Phys, 2005, 77: 1375-1421.

[165] Barnes S E, Maekawa S. Generalization of Faraday's law to include nonconservative spin forces. Phys Rev Lett, 2007, 98: 246601.

[166] Tserkovnyak Y, Mecklenburg M. Electron transport driven by nonequilibrium magnetic textures. Phys Rev B, 2008, 77: 134407.

[167] Zhang S S L, Zhang S. Spin and charge transport induced by magnetization dynamics in diffusive ferromagnetic metals. Phys Rev B, 2010, 82: 184423.

[168] Yang S A, Beach G S D, Knutson C, et al. Universal electromotive force induced by domain wall motion. Phys Rev Lett, 2009, 102: 067201.

[169] Tserkovnyak Y, Hankiewicz E M, Vignale G. Transverse spin diffusion in ferromagnets. Phys Rev B, 2008, 79: 094415.

[170] Zhang S, Zhang S S L. Generalization of the Landau-Lifshitz-Gilbert equation for conducting ferromagnets. Phys Rev Lett, 2008, 102: 086601.

[171] Zhang S S L, Zhang S. Interplay between magnetization dynamics and spin transport. IEEE Trans Magn, 2010, 46: 2297-2302.

[172] Ohno H, Dietl T. Spin-transfer physics and the model of ferromagnetism in (Ga, Mn) As. J Magn Magn Mater, 2008, 320: 1293-1299.

[173] Dietl T, Ohno H. Dilute ferromagnetic semiconductors: Physics and spintronic structures. Mod Rev Phys, 2014, 86: 187.

[174] Dietl T, Ohno H, Matsukura F, et al. Zener model description of ferromagnetism in zinc-blende magnetic semiconductors. Science, 2000, 287: 5455.

[175] Chen L, Yang X, Yang F H, et al. Enhancing the curie temperature of ferromagnetic semiconductor (Ga,Mn)As to 200 K via nanostructure engineering. Nano Lett, 2011, 11: 2584.

[176] Wu M W, Jiang J H, Weng M Q. Spin dynamics in semiconductors. Physics Reports, 2010, 61: 493.

[177] Nunez A S, Duine R A, Haney P M, et al. Theory of spin torques and giant magnetoresistance in antiferromagnetic metals. Phys Rev B, 2006, 73: 214426.

[178] Nunez A S, MacDonald A H. Theory of spin transfer phenomena in magnetic metals and semiconductors. Solid State Comm, 2006, 139: 31-34.

[179] Haney P M, MacDonald A H. Current-induced torques in compensated antiferromagnets. Phys Rev Lett, 2008, 100: 196801.

[180] MacDonald A H, Tsoi M. Antiferromagnetic metal spintronics. Phil Trans R Soc A, 2011, 369: 3098-3114.

[181] Cheng R, Niu Q. Dynamics of antiferromagnets driven by spin current. Phys Rev B, 2014, 89: 081105(R).

[182] Brataas A, Zarand G, Tserkovnyak Y, et al. Magnetoelectronic spin echo. Phys Rev Lett, 2003, 91: 166601.

第 8 章　自旋转移力矩效应和微磁学模拟技术

刘要稳

伴随着计算机产业的迅猛发展和数值计算能力的大幅提高，20 世纪 60 年代由 Brown 所建立的“微磁学(Micromagnetics)”[1]在 90 年代后得到长足发展。基于该理论发展起来的“计算微磁学”或“微磁学模拟技术”实现了用图片或动画形式来直观展示磁畴微结构和外场激励(磁场、电流、光场)所驱动的磁动力学演化的微观过程。与实验方法相比，微磁学模拟技术允许人们针对实验(或实验受限)条件下的纳米磁学问题进行探索性研究，为实验提供预测性理论指导。现今，微磁学已建立起独特的技术地位，成为设计和研发磁性材料器件的重要工具之一。微磁学的广泛应用在磁记录介质、硬盘读头、磁传感器和 MRAM 的研发过程中早已得到证实。

本章将主要介绍微磁学的基本理论和近期发展，特别是自旋电子学领域中涉及的一些新现象、新物理，如自旋转移力矩效应、Rashba 效应等。本章的内容如下：8.1 节主要介绍微磁学的基础理论，包括 Brown 稳态方程、Gilbert 动力学方程以及数值模拟中的基本原理和方法；8.2 节介绍微磁学近期的一些新发展，如含有自旋转移力矩(spin-transfer torque，STT)效应的 Gilbert 方程、Rashba 效应、Bloch 方程、自洽 Bloch 方程以及原子尺度微磁学模拟技术等；随后三节将介绍一些微磁学模拟实例，包括 STT 驱动的磁化翻转、STT 驱动的磁涡旋极性翻转以及脉冲激光激励的超快退磁动力学等；最后，8.6 节对本章内容作个小结，并对微磁学未来发展的可能专题进行了简单讨论。

8.1　微磁学基础理论

8.1.1　布朗(Brown)稳态方程

Brown 所建立的微磁学理论主要是用来描述磁畴结构的变化特性[1]。经典微磁学给出了如何处理磁性材料的数值计算问题：在给定温度下(一般低于材料的居里温度)，假设所研究对象(铁磁或亚铁磁材料)的磁化矢量大小不变，外部刺激只是导致其方向发生改变；采用 $\boldsymbol{M}(\boldsymbol{r},t)=M_s\boldsymbol{m}(\boldsymbol{r},t)$来描述磁化矢量随时间和空间的变化，其中 M_s 为材料饱和磁化强度，$\boldsymbol{m}(\boldsymbol{r},t)$为沿磁化矢量方向上的单位矢量。典型的微磁学处理技术并非考虑单个原子的磁矩变化，而是采用有限差分或有限元等方法把连续的铁磁薄膜离散成一系列局域的偶极子单元；同时假设离散后每个单元内的磁矩为一致进动，而单元之间存在着海森伯交换和磁偶极相互作用等。由于铁磁材料中短程交换作用很强，因此薄膜的离散单元通常采用材料交换长度 $L_{ex}=\sqrt{2A/(\mu_0 M_s^2)}$ 的空间尺度来划分基本单元，其中 A 为交换常数，μ_0 为真空磁导率。常见的铁磁材料的交换长度一般为几个纳米，如坡莫合金($Ni_{80}Fe_{20}$)的 $L_{ex}=5.6$nm(取 $M_s=7.96\times10^5$A/m，$A=1.3\times10^{-11}$J/m)，因此在微磁学计算中基本单元的划分通常在 3～10nm 范围内。

考虑磁矩空间分布，铁磁体的自由能通常表示为

$$E_{tot}=E_{ex}+E_k+E_d+E_Z \tag{8.1}$$

其中，E_{ex}为交换能；E_k 为各向异性能；E_d 为退磁能(或静磁能)；E_Z 为外磁场能(也称 Zeeman 能)。

$$E_{ex}=A\int_V(\nabla m)^2\mathrm{d}V \tag{8.2}$$

$$E_k=\int_V(K\sin^2\theta)\mathrm{d}V \tag{8.3}$$

$$E_Z=-\mu_0\int_V \boldsymbol{M}\cdot\boldsymbol{H}_a\mathrm{d}V \tag{8.4}$$

$$E_d=-\frac{\mu_0}{2}\int_V \boldsymbol{H}_d\cdot\boldsymbol{M}\mathrm{d}V \tag{8.5}$$

其中，A 为交换常数；K 为单轴各向异性常数；μ_0 为磁导率；$\boldsymbol{M}(\boldsymbol{r})$表示磁化矢量；$\boldsymbol{H}_a$为外加磁场；$\boldsymbol{H}_d$为退磁场；$\theta$ 为 $\boldsymbol{M}$ 和单轴各向异性轴的夹角。此外，随着研究体系的不同还可能有磁弹性能(铁磁体所受外应力的影响)，多层膜系统中磁性层之间的耦合作用等其他贡献，这里不作讨论。

磁矩分布的稳定状态对应于体系自由能最小状态，因此，需要一种有效的数值方法来求解总能量 E_{tot}的最小值。针对该问题，Brown 提出能量变分方法来处理：考虑磁化矢量的大小不变，仅在其矢量方向上有微小改变，在能量的局部最低点时，变分所得到线性项系数应该为零。据此，可得 Brown 稳态方程[1]

$$\frac{\partial E}{\partial \boldsymbol{m}}=\boldsymbol{m}\times\boldsymbol{H}_{eff}=0 \tag{8.6}$$

$$\frac{\partial E'}{\partial \boldsymbol{m}}+\frac{\partial E}{\partial(\nabla \boldsymbol{m})}\cdot\hat{\boldsymbol{n}}=0 \tag{8.7}$$

式(8.6)适用于磁体内部，式(8.7)为边界条件。式中，E'为来自磁体边界处的能量，$\hat{\boldsymbol{n}}$ 表示垂直于界面的单位矢量。式(8.6)中$\boldsymbol{H}_{eff}$为有效场，其表达式为

$$\boldsymbol{H}_{eff}=\boldsymbol{H}_{ex}+\boldsymbol{H}_k+\boldsymbol{H}_d+\boldsymbol{H}_a \tag{8.8}$$

其中每一项磁场与相应能量之间满足下式

$$\boldsymbol{H}_i=-\frac{1}{\mu_0 M_s}\frac{\partial E_i}{\partial \boldsymbol{m}} \tag{8.9}$$

交换场和各向异性场具体形式如下

$$\begin{cases}\boldsymbol{H}_{ex}=-\dfrac{2A}{\mu_0 M_s}\nabla^2\boldsymbol{m}\\ \boldsymbol{H}_k=-\dfrac{1}{\mu_0 M_s}\dfrac{\partial E_k}{\partial \boldsymbol{m}}\end{cases} \tag{8.10}$$

外加磁场为$\boldsymbol{H}_a$。退磁场$\boldsymbol{H}_d$可通过下面的 Maxwell 方程组及边界条件求得

$$\nabla\times\boldsymbol{H}_d=0,\qquad \nabla\cdot\boldsymbol{H}_d=-\nabla\cdot\boldsymbol{M} \tag{8.11}$$

由于$\boldsymbol{H}_d$的旋度为 0，所以它可以用一个标量势的梯度来表示

$$\boldsymbol{H}_d=-\nabla V_d \tag{8.12}$$

其中，V_d为磁标量势。同时由于铁磁体中的磁化强度 $\boldsymbol{M}$ 连续变化，$\nabla\cdot\boldsymbol{M}=-\rho(\boldsymbol{r})$，$\rho(\boldsymbol{r})$为体磁荷密度。这样磁标势和磁荷密度 ρ 之间正好满足 Poisson 方程

$$\nabla^2 V_d=\nabla\cdot\boldsymbol{M}=-\rho \tag{8.13}$$

在铁磁体表面有边界条件

$$\begin{cases}V_d^{out}=V_d^{in}\\ \left.\dfrac{\partial V_d}{\partial n}\right|_{out}-\left.\dfrac{\partial V_d}{\partial n}\right|_{in}=-\boldsymbol{M}\cdot\boldsymbol{n}=-\sigma\end{cases} \tag{8.14}$$

式中，$\boldsymbol{n}$ 表示垂直于磁体表面的单位向量；σ 为表面磁荷密度。在得到体磁荷密度 $\rho(\boldsymbol{r})$和表面磁荷密度 $\sigma(\boldsymbol{r})$后，磁标量势 V_d 可由下式求得

$$V_d(\boldsymbol{r})=\int_V\frac{\rho(\boldsymbol{r}')}{|\boldsymbol{r}-\boldsymbol{r}'|}dV'+\int_{\partial V}\frac{\sigma(\boldsymbol{r}')}{|\boldsymbol{r}-\boldsymbol{r}'|}dA' \tag{8.15}$$

进而退磁场$\boldsymbol{H}_d$也可由式(8.12)求得。

将上述各磁场的表达式代入式(8.6)中，即可得到 Brown 稳态方程[1]

$$\boldsymbol{m}\times[\mu_0 M_s\boldsymbol{H}_z-\nabla V_d+2A\nabla^2\boldsymbol{m}-2K\boldsymbol{k}\times(\boldsymbol{m}\times\boldsymbol{k})]=0 \tag{8.16}$$

式中，$\boldsymbol{k}$ 是各向异性单位矢量；K 为各向异性能量密度。Brown 方程所确定的磁矩稳态分布可以采用数值方法来获得，通常可采用求能量极小值的方法，如共轭梯度法(conjugate gradient method)或下坡单纯形法(downhill simplex method)等[2]。

8.1.2　磁动力学方程

8.1.1 节提及的 Brown 方程只能给出系统平衡时磁矩的静态分布，如果需要研究磁矩分布状态随时间变化的动态特性，则需考虑磁矩在磁场中的进动情况。

1. 量子力学描述

铁磁材料的磁化强度 $\boldsymbol{M}$ 来源于组成铁磁物质的磁性离子中未被抵消的电子的自旋磁矩和轨道磁矩。固有磁矩假设与电子的自旋 $\boldsymbol{S}$ 相关

$$\boldsymbol{M}=\gamma\boldsymbol{S} \tag{8.17}$$

其中，$\gamma=g\mu_{\mathrm{B}}/\hbar<0$ 为旋磁比(gyromagnetic ratio)，g 为朗德(Landé)因子，μ_{B} 为玻尔磁子，$\hbar$ 为约化普朗克常量。

众所周知，量子力学和经典力学之间的桥梁可通过对一个可观测物理量所对应的量子算符求时间平均来建立。给定一个观察量 A，其时间平均值$\langle\boldsymbol{A}\rangle$满足下面薛定谔方程[3]

$$\frac{\mathrm{d}}{\mathrm{d}t}\langle\boldsymbol{A}\rangle=\frac{1}{\mathrm{i}\hbar}\langle[\boldsymbol{A},H]\rangle+\left\langle\frac{\partial\boldsymbol{A}}{\partial t}\right\rangle \tag{8.18}$$

其中，H 为哈密顿算符。对于一个处于任意磁场的磁性物质来说，$\boldsymbol{M}$ 不显含时间，则

$$\mathrm{i}\hbar\frac{\mathrm{d}}{\mathrm{d}t}\langle\boldsymbol{M}\rangle=\langle[\boldsymbol{M},H]\rangle \tag{8.19}$$

其中，$H=-\boldsymbol{M}\cdot\boldsymbol{B}$。利用角动量算符的性质，上式右侧的 M_x 分量可展开为

$$[M_x,H]=-\gamma^2[S_x,S_xB_x+S_yB_y+S_zB_z]=\mathrm{i}\hbar\gamma^2(B_zS_y-B_yS_z) \tag{8.20}$$

M_y、M_z分量有相似结果。因此有

$$\frac{\mathrm{d}}{\mathrm{d}t}\langle\boldsymbol{M}\rangle=\gamma(\langle\boldsymbol{M}\rangle\times\boldsymbol{B}) \tag{8.21}$$

考虑到 $\boldsymbol{B}=\mu_0\boldsymbol{H}$，式(8.21)的经典对应可用于描述磁化矢量(或磁矩)随时间的进动方程

$$\frac{\mathrm{d}\boldsymbol{M}}{\mathrm{d}t}=-\gamma_0\boldsymbol{M}\times\boldsymbol{H} \tag{8.22}$$

其中，$\gamma_0=-\mu_0\gamma>0$。式(8.22)即为磁化矢量 $\boldsymbol{M}$ 的运动方程。按照此运动方程，磁化矢量 $\boldsymbol{M}$ 将做长度不变而矢量方向不断改变的运动，其末端的运动轨迹为一圆周，如图 8.1(a)所示，$\boldsymbol{M}$ 绕 $\boldsymbol{H}$ 做无休止的进动。

2. Landau-Lifshitz-Gilbert(LLG)方程

式(8.22)所描述的动力学行为正如图 8.1(a)所示那样，在力矩 $-\gamma_0(\boldsymbol{M}\times\boldsymbol{H})$作用下，$\boldsymbol{M}$ 将绕 $\boldsymbol{H}$ 做无休止的进动。而实际系统中，由于阻尼作用的存在，磁化矢量的进动将会损耗系统能量，从而使 $\boldsymbol{M}$ 逐渐靠近到 $\boldsymbol{H}$ 方向上，达到最终

的平衡状态，如图 8.1(b)所示。1955 年，Thomas Gilbert 在他的博士论文中把阻尼作用唯象地引入到磁矩运动方程中，他采用最简单的阻尼项形式：$\boldsymbol{T}_{\mathrm{D}} \sim \alpha \boldsymbol{M} \times \frac{\mathrm{d}\boldsymbol{M}}{\mathrm{d}t}$，从而得到更为准确的磁化矢量进动方程，即著名的 Landau-Lifshitz-Gilbert(LLG)方程[4,5]

$$\frac{\mathrm{d}\boldsymbol{M}}{\mathrm{d}t} = -\gamma_0(\boldsymbol{M} \times \boldsymbol{H}) + \frac{\alpha}{M_{\mathrm{s}}}\left(\boldsymbol{M} \times \frac{\mathrm{d}\boldsymbol{M}}{\mathrm{d}t}\right) \tag{8.23}$$

方程右侧第二项即为 Gilbert 阻尼项，α 称为 Gilbert 阻尼系数，其取值范围一般在 0.01～0.05，反映了铁磁能量趋向最低能量的速率。虽然 Gilbert 阻尼项在本质上无法严格地通过能量传输机制解析推演，但是它的神奇之处在于，大量的实验研究证明，基于式(8.23)LLG 方程发展起来的微磁学却能非常准确地描述磁动力学的微观物理过程。有意思的是，虽然 LLG 方程在微磁学研究中已得到广泛的应用，然而直到 2004 年，Gilbert 才把这一成果整理后正式发表在 *IEEE Transaction on Magnetics* 杂志上[6]。

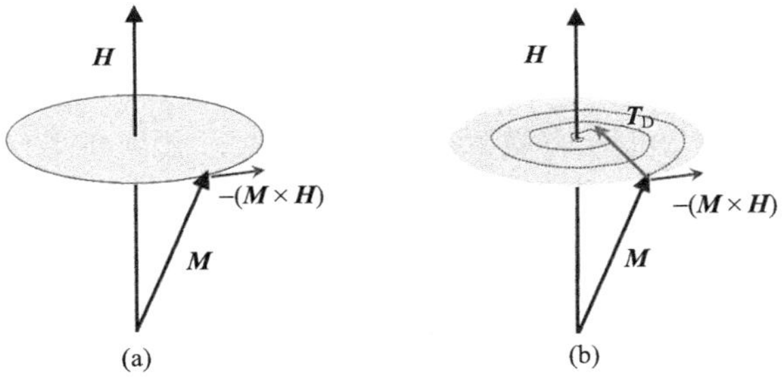

图 8.1　(a)无阻尼磁化进动示意图；(b)阻尼作用下磁化进动示意图

我们注意到，式(8.23)两边都存在着 $\boldsymbol{M}$ 对时间的导数。如果将方程两边同时左叉乘 $\boldsymbol{M}$，可以得到

$$\boldsymbol{M} \times \frac{\mathrm{d}\boldsymbol{M}}{\mathrm{d}t} = -\gamma_0 \boldsymbol{M} \times (\boldsymbol{M} \times \boldsymbol{H}) + \frac{\alpha}{M_{\mathrm{s}}} \boldsymbol{M} \times \left(\boldsymbol{M} \times \frac{\mathrm{d}\boldsymbol{M}}{\mathrm{d}t}\right) \tag{8.24}$$

根据矢量公式：$\boldsymbol{a} \times (\boldsymbol{b} \times \boldsymbol{c}) = (\boldsymbol{a} \cdot \boldsymbol{c})\boldsymbol{b} - (\boldsymbol{a} \cdot \boldsymbol{b})\boldsymbol{c}$，考虑到 $\boldsymbol{M} = M_{\mathrm{s}}\hat{\boldsymbol{m}}$，式(8.24)可化为

$$\boldsymbol{M} \times \frac{\mathrm{d}\boldsymbol{M}}{\mathrm{d}t} = -\gamma_0 \boldsymbol{M} \times (\boldsymbol{M} \times \boldsymbol{H}) - \alpha M_{\mathrm{s}} \frac{\mathrm{d}\boldsymbol{M}}{\mathrm{d}t} \tag{8.25}$$

把式(8.25)代入式(8.23)，得到

$$\frac{\mathrm{d}\boldsymbol{M}}{\mathrm{d}t} = -\gamma_0(\boldsymbol{M} \times \boldsymbol{H}) - \frac{\gamma_0 \alpha}{M_{\mathrm{s}}} \boldsymbol{M} \times (\boldsymbol{M} \times \boldsymbol{H}) - \alpha^2 \frac{\mathrm{d}\boldsymbol{M}}{\mathrm{d}t} \tag{8.26}$$

移项、化简可得

$$\frac{\mathrm{d}\boldsymbol{M}}{\mathrm{d}t}=-\frac{\gamma_0}{1+\alpha^2}(\boldsymbol{M}\times\boldsymbol{H})-\frac{\alpha}{1+\alpha^2}\frac{\gamma_0}{M_{\mathrm{s}}}\boldsymbol{M}\times(\boldsymbol{M}\times\boldsymbol{H})$$

或

$$\frac{\mathrm{d}\boldsymbol{M}}{\mathrm{d}t}=-\gamma_0'(\boldsymbol{M}\times\boldsymbol{H})-\frac{\gamma_0'\alpha}{M_{\mathrm{s}}}\boldsymbol{M}\times(\boldsymbol{M}\times\boldsymbol{H}) \tag{8.27}$$

其中，$\gamma_0'=\gamma_0/(1+\alpha^2)$。上式即为前苏联物理学家朗道(L. D. Landau)和利夫希茨(E. M. Lifshitz)在 1935 年提出的一个描述磁矩非线性运动的方程，称为 Landau-Lifshitz(LL)方程[7]。

8.1.3　数值模拟方法

时至今日，国际上已开发出多套基于 LLG 或 LL 方程的优秀微磁学计算软件，如美国 NIST 开发的 OOMMF[8]，奥地利维也纳技术大学开发的 Magpar[9]，英国南安普敦大学开发的 Nmag[10]，比利时 Ghent 大学开发的 MuMax[11]等，这些都是开源软件；此外还有商用软件包，如 LLG micromagnetic simulator[12]，MicroMagus[13]等；笔者课题组经过多年的努力也自行开发了一套三维微磁学计算程序包 mmag2.0[14]。下面将简单介绍这些微磁学软件所采用的数值计算方法和基本原理。

对于微磁学数值计算来说，首先要对磁矩连续分布的薄膜系统进行离散化，离散成一系列小单元。如前所述，针对一个磁性薄膜样品，可以依据材料的交换长度 L_{ex}的尺度近似地对样品进行离散单元划分。离散方法通常有两种：有限差分法(finite difference method，FD)和有限元法(finite element method，FE)，如图 8.2 所示。前面提及的微磁学软件中 OOMMF、MuMax(采用 GPU 计算)和我们编写的 mmag2.0 均采用有限差分法离散样品，而 Magpar、Nmag 等则采用有限元法离散样品。一般来说，采用有限差分法离散的软件计算速度较快，但对于圆盘或圆柱体等曲面边界的样品来说，采用有限元法方法能更好地处理边界问题。有限元法将样品离散成许多小四面体单元，从而可得到边界比较平滑的模

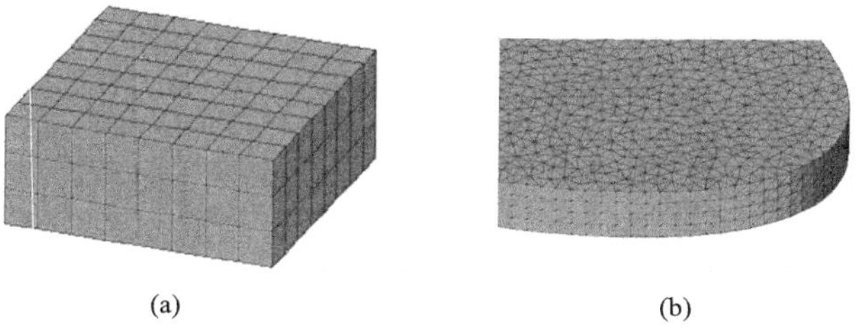

(a)　(b)

图 8.2　微磁学模拟中样品离散方法。(a)有限差分法；(b)有限元法

型结构，保证了边界处模拟结果的准确性。但是，如果仍然希望采用有限差分法来处理曲面边界时，则单元划分尺度要更小才好。与有限差分法相比，有限元法所采用的算法较为复杂，将会导致较长的运算时间。

对于长方体或正方体等具有规则平面边界的样品来说，通常采用有限差分法即可。体积为 $V=L_x\times L_y\times L_z$ 的样品可离散成一系列体积为 $\delta V=\Delta x\times\Delta y\times\Delta z$ 的小长方体单元，小单元个数记为 $N=n_x\times n_y\times n_z$。每个小单元的磁矩可用位于单元中心的磁化矢量来表示，即 $\boldsymbol{M}_{ijk}=\boldsymbol{M}(\boldsymbol{r}_{ijk})$，其中 i，j，k 分别对应于 x，y，z 三个方向。该磁化矢量的方向代表小单元内平均磁矩的方向，每个小单元内磁化矢量的强度被认为固定不变，其方向是可以随时间改变。

知道了如何对磁性薄膜建立数值离散化模型，下面我们以有限差分方法为例，进一步介绍 LLG 方程在微磁学模拟中如何具体实现。对于任意一个离散单元的磁化矢量 $\boldsymbol{M}_{i,j,k}$ 记为

$$\boldsymbol{M}_{i,j,k}=M_s\boldsymbol{m}_{i,j,k} \tag{8.28}$$

这里，$|\boldsymbol{m}|=1$ 是磁化强度的单位矢量；M_s 为饱和磁化强度。求解 LLG 方程的关键步骤就是数值求得各项能量及其对应的有效磁场。

1. 数值求解外磁场能

在我们已经约定的离散空间里，外磁场能[式(8.4)]的数值求解公式如下

$$E_z=-\mu_0\sum_{i,j,k=1,2,\cdots}\boldsymbol{H}_a\big|_{i,j,k}\cdot\boldsymbol{M}_{i,j,k}\delta V \tag{8.29}$$

如果外加磁场是均匀的，则上式可简化为

$$E_z=-\mu_0M_s\delta V\sum_{i,j,k=1,2,\cdots}\boldsymbol{H}_a\cdot\boldsymbol{m}_{i,j,k} \tag{8.30}$$

从式(8.30)可以看出，外磁场能的数值计算只需要累加求和各个单元的磁化矢量即可，其计算量与单元格的数目 N 成正比。

2. 数值求解交换能

对于连续介质，通过对式(8.2)进行有限差分，可以求得交换能的数值近似解

$$E_{ex}=2A\sum_{i,j,k=1,2,\cdots}\left(\frac{1-\boldsymbol{m}_{i,j,k}\cdot\boldsymbol{m}_{i+1,j,k}}{\Delta x^2}+\frac{1-\boldsymbol{m}_{i,j,k}\cdot\boldsymbol{m}_{i,j+1,k}}{\Delta y^2}+\frac{1-\boldsymbol{m}_{i,j,k}\cdot\boldsymbol{m}_{i,j,k+1}}{\Delta z^2}\right)\delta V \tag{8.31}$$

同样，对上式进行数值微分，可以得到交换场的数值解

$$\boldsymbol{H}_{\mathrm{ex}}\big|_{i,j,k}=-\frac{2A}{\mu_0 M_{\mathrm{s}}}\left(\frac{\boldsymbol{m}_{i-1,j,k}+\boldsymbol{m}_{i+1,j,k}}{\Delta x^2}+\frac{\boldsymbol{m}_{i,j-1,k}+\boldsymbol{m}_{i,j+1,k}}{\Delta y^2}+\frac{\boldsymbol{m}_{i,j,k-1}+\boldsymbol{m}_{i,j,k+1}}{\Delta z^2}\right)\delta V \tag{8.32}$$

从式(8.31)和式(8.32)可以看出，对交换能和交换场的计算量与单元格点数 N 成正比关系。

3. 数值求解各向异性能

将式(8.3)进行离散化，得到各向异性能表达式

$$E_{\mathrm{k}}=K\sum_{i,j,k}|\boldsymbol{m}_{i,j,k}\times\boldsymbol{k}|^2\mathrm{d}V=K\sum_{i,j,k}[1-(\boldsymbol{m}_{i,j,k}\cdot\boldsymbol{k})^2]\delta V \tag{8.33}$$

式中，$\boldsymbol{k}$ 是易轴方向的单位矢量。由式(8.10)，可以得到相应的各向异性场

$$\boldsymbol{H}_k\big|_{i,j,k}=-\frac{1}{\mu_0 M_{\mathrm{s}}}\nabla_m E_{\mathrm{k}}\big|_{i,j,k}=2K\boldsymbol{k}\times(\boldsymbol{m}_{i,j,k}\times\boldsymbol{k})\delta V \tag{8.34}$$

各向异性能和各向异性场的计算量仍正比于单元格点数 N。

4. 数值求解退磁能

上述的外磁场能、交换能和各向异性能的计算量都正比于单元格点数 N，因此计算量不大。在微磁学计算中，耗时最多的计算量主要集中在静磁能和退磁能的数值计算上。与前面三项不同的是，根据静磁能的表达式(8.5)求解退磁能时，其离散形式为

$$E_{\mathrm{d}}=-\frac{\mu_0}{2}\sum_{i,j,k=1,2,\cdots}\boldsymbol{H}_{d,i,j,k}\cdot\boldsymbol{M}_{i,j,k}\delta V \tag{8.35}$$

其中，退磁场$\boldsymbol{H}_{\mathrm{d}}$ 的计算需要根据式(8.12)通过计算静磁势的梯度来得到。具体来说，可以有多种数值方法求解退磁场，最典型的方法有两种：其一是求解磁标势法[15,16]；其二是求解退磁因子法[17,18]。

方法一，数值求解磁标势法。根据 8.1.1 节的讨论，静磁势 V_{d} 分别来源于体磁荷密度 $\rho=-\nabla\cdot\boldsymbol{M}$ 和面磁荷密度 $\sigma=\boldsymbol{M}\cdot\boldsymbol{n}$。如果将磁体的磁化矢量扩展到磁体外并赋值为 0，则可以采用有限差分法同时求得体磁荷密度和面密度。例如，在一维情况下，在边界 j 处的磁荷为

$$\sigma_j=-\frac{m_{j+1/2}-m_{j-1/2}}{\Delta x}\Delta x=\rho_j\Delta x \tag{8.36}$$

这里 $m_{j+1/2}=0$，因为边界为 j，所以 $j+1/2$ 已经在体外了。

因此，根据式(8.15)给出的静磁势，可以得到离散化形式

$$V_{\mathrm{d}}(\boldsymbol{r}_{i',j',k'})=\sum_{i',j',k'}\frac{\rho(\boldsymbol{r}_{i',j',k'})}{|\boldsymbol{r}_{i,j,k}-\boldsymbol{r}_{i',j',k'}|} \tag{8.37}$$

该式最大的问题在于它的计算量正比于 N^2。因为当我们求解 N 个单元中某一个单元的静磁势时，就必须考虑其他 $N-1$ 个单元的磁化状态对该单元所产生的静磁作用，这是微磁学模拟中限制计算速度的最主要因素。

在我们课题组开发的计算程序中，采用求解 Poisson 方程的方法来获得磁标势 V

$$(\nabla^2 V_{\mathrm{d}})_{i,j,k}=-\rho_{i,j,k} \tag{8.38}$$

这里∇^2为拉普拉斯算子，展开形式为

$$\frac{V_{\mathrm{d}}|_{i+1,j,k}-2V_{\mathrm{d}}|_{i,j,k}+V_{\mathrm{d}}|_{i-1,j,k}}{\Delta x^2}+\frac{V_{\mathrm{d}}|_{i,j+1,k}-2V_{\mathrm{d}}|_{i,j,k}+V_{\mathrm{d}}|_{i,j-1,k}}{\Delta y^2}$$
$$+\frac{V_{\mathrm{d}}|_{i,j,k+1}-2V_{\mathrm{d}}|_{i,j,k}+V_{\mathrm{d}}|_{i,j,k-1}}{\Delta z^2}=-\rho_{i,j,k} \tag{8.39}$$

对于这样一个偏微分方程，可以采用逐次松弛法(successive overrelaxation method，SOR)求解[2]。首先要解决的是获得样品边值面的磁荷作用，该步骤计算量仍然较大。在实际计算中，我们多采用磁偶极矩场的计算方法。在不影响计算精度的情况下，为了提高计算速度，通常把样品重新划分成相对较大的大元胞，在这些大元胞中计算磁单极、偶极子和四极子等空间分布，边界处的静磁势则取决于这些多极子之和，然后通过扩大积分体积使得边界表面积分远离样品以保证多极子展开的收敛性，如图 8.3 所示。获得各单元的磁标势之后，可进一步求得各单元的局域退磁场

$$H_{\mathrm{d}}|_{i,j,k}=-\nabla V_{\mathrm{d}}|_{i,j,k}=-\left(\frac{\partial V_{\mathrm{d}}}{\partial x}\bigg|_{i,j,k},\ \frac{\partial V_{\mathrm{d}}}{\partial y}\bigg|_{i,j,k},\ \frac{\partial V_{\mathrm{d}}}{\partial z}\bigg|_{i,j,k}\right) \tag{8.40}$$

在这种计算过程中，可以把计算量从 N^2 降到 $N^{1.5}$[15]。

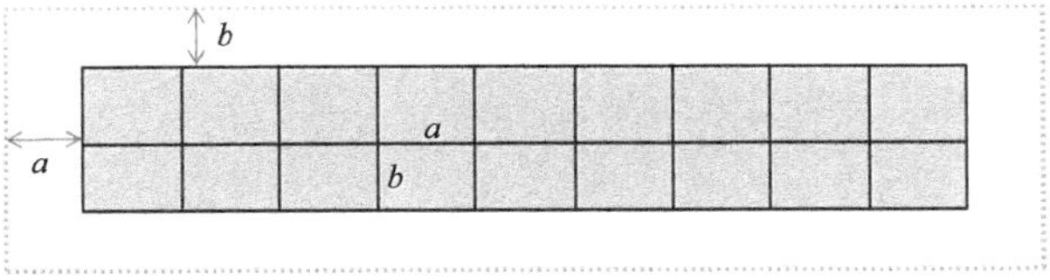

图 8.3　退磁场计算中样品被重新划分成更大的大元胞单元并扩展

方法二，求解退磁因子法。我们知道，退磁场源于磁体所具有的磁矩并与磁矩方向相反。考虑一个形状简单的研究对象，如磁性椭球体或球体，其退磁场可表示为[1]

$$\boldsymbol{H}_{\mathrm{d}} = -N_{\mathrm{d}} \cdot \boldsymbol{M} \tag{8.41}$$

其中，N_{d} 称为退磁因子，是一个张量。在球体中心点所诱导的退磁场作用等同于在球外一点 P 点由该球球面静磁荷所产生的散磁场[17,19]

$$\boldsymbol{H}_{\mathrm{d}} = \frac{3\boldsymbol{R}(\boldsymbol{m} \cdot \boldsymbol{R}) - \boldsymbol{m}R^2}{4\pi R^5} \tag{8.42}$$

其中，$\boldsymbol{m}=\boldsymbol{M}V$ 为球体的总磁矩，V 为体积；$\boldsymbol{R}$ 表示从球心到 P 点的空间矢量，大小为 R。我们以 X，Y，Z 分别表示 P 点的空间位置，则退磁场各分量具体表达式如下

$$H_x = \frac{V}{4\pi R^5}[M_x(2X^2 - Y^2 - Z^2) + 3M_yXY + 3M_zXZ]$$

$$H_y = \frac{V}{4\pi R^5}[3M_xXY + M_y(2Y^2 - X^2 - Z^2) + 3M_zYZ]$$

$$H_z = \frac{V}{4\pi R^5}[3M_xXZ + 3M_yYZ - M_z(2Z^2 - X^2 - Y^2)] \tag{8.43}$$

退磁张量为

$$N_{\mathrm{d}}(X, Y, Z) = -\frac{3V}{4\pi R^5}\begin{bmatrix} X^2 - R^2/3 & XY & XZ \\ XY & Y^2 - R^2/3 & YZ \\ XZ & YZ & Z^2 - R^2/3 \end{bmatrix} \tag{8.44}$$

对于一个均匀磁性球体来说，其内部退磁场$\boldsymbol{H}_{\mathrm{d}} = -\boldsymbol{M}/3$，退磁因子 $N_{\mathrm{d},x} = N_{\mathrm{d},y} = N_{\mathrm{d},z} = 1/3$。而对于超薄磁性薄膜来说，其退磁因子 $N_{\mathrm{d},x} = N_{\mathrm{d},y} \approx 0$，$N_{\mathrm{d},z} = 1$。

对于一个非均匀磁化的磁性薄膜来说，通过有限差分法可以把样品空间离散化。设每个小单元的体积 $\delta V = \Delta x \times \Delta y \times \Delta z$，位于空间位置$r_i$ 处的第 i 个单元的磁矩为$\boldsymbol{M}_i$，则该位置点的局域退磁场为

$$\boldsymbol{H}_{d,i} = -\sum_j N_{\mathrm{d}}(\boldsymbol{r}_i - \boldsymbol{r}_j) \cdot \boldsymbol{M}_j \tag{8.45}$$

其中，j 对所有单元求和，包括第 i 个单元本身。这样，两个单元间退磁能实际上是重复计算了两次，因此退磁能需要除以一个因子 2，

$$E_{\mathrm{d}} = \frac{\mu_0}{2}\sum_{i,j} \boldsymbol{M}_i \cdot N_{\mathrm{d}}(\boldsymbol{r}_i - \boldsymbol{r}_j) \cdot \boldsymbol{M}_j \delta V \tag{8.46}$$

退磁张量：

$$N_{\mathrm{d}}(\boldsymbol{r}_i - \boldsymbol{r}_j) = \frac{1}{4\pi\delta V}\int_{S_i} \mathrm{d}S \int_{S_j'} \frac{\mathrm{d}S'}{|\boldsymbol{r} - \boldsymbol{r}'|} \tag{8.47}$$

这里 S 和 S'为不同单元的表面积。对于划分为系列小长方体单元的离散方法来说，Newell 等给出了求解张量退磁因子的详细公式[17]

$$N_{xx}(X, Y, Z) = \frac{1}{4\pi\delta V}[2F(X, Y, Z) - F(X+\Delta x, Y, Z) - F(X-\Delta x, Y, Z)] \quad (8.48)$$

$$N_{xy}(X, Y, Z) = \frac{1}{4\pi\delta V}[G(X, Y, Z) - G(X-\Delta x, Y, Z) - G(X, Y+\Delta y, Z) + G(X-\Delta x, Y+\Delta y, Z)] \quad (8.49)$$

其中，函数 F 和函数 G 是与空间位置相关的函数，具体形式参阅文献[17]。同时退磁因子张量矩阵中的其他元素可通过 $X \leftrightarrow Y \leftrightarrow Z \leftrightarrow X$ 之间的轮换类似给出。

8.1.4　微磁学计算中的单位约化

在磁学研究领域，由于高斯单位制(CGS)与国际单位制(SI)的并存使用，使得初学者对不同单位制下的磁学公式和单位换算经常混淆，在微磁学计算中也是如此。因此，为了避免可能出现的混淆，下面我们介绍一套在微磁学计算中的简化单位制系统。在该系统内，基本的微磁学关系式可以写成固定的表达形式。例如，对于 $\boldsymbol{B}=\mu_0(\boldsymbol{H}+\boldsymbol{M})$，若把简化后的磁场写为 $\boldsymbol{h}=\boldsymbol{H}/M_s$，则可以继续使用单位矢量 $\boldsymbol{m}$ 作为简化的磁化矢量。表 8.1 与表 8.2 为常用磁学物理量及表达式的简化形式，此简化模式便于在开发微磁学模拟程序中使用。

表 8.1　SI 制与 CGS 制系统下磁学量简化关系[3]

物理量	英文	约化物理量	SI 制	CGS 制
磁化矢量	magnetization	$\boldsymbol{m}$	$\boldsymbol{M}=M_s\boldsymbol{m}$	$\boldsymbol{M}=M_s\boldsymbol{m}$
磁场	magnetic field	$\boldsymbol{h}$	$\boldsymbol{H}=M_s\boldsymbol{h}$	$\boldsymbol{H}=4\pi M_s\boldsymbol{h}$
磁感应强度	magnetic flux density	$\boldsymbol{b}$	$\boldsymbol{B}=\mu_0 M_s\boldsymbol{b}$	$\boldsymbol{B}=4\pi M_s\boldsymbol{b}$
磁能密度	energy density	w	$\varepsilon=\mu_0 M_s^2 w$	$\varepsilon=4\pi M_s^2 w$
时间	time	τ	$t=\tau/(\gamma_0 M_s)$	$t=\tau/(4\pi\gamma_0 M_s)$

表 8.2　微磁学公式简化表[3]

物理量	约化公式
基本关系	$\boldsymbol{b}=\boldsymbol{h}+\boldsymbol{m}$
有效磁场定义	$\boldsymbol{h}_{\text{eff}}=-\delta w/\delta\boldsymbol{m}$
Landau-Lifshitz 方程	$(1+\alpha^2)\partial\boldsymbol{m}/\partial\tau=-(\boldsymbol{m}\times\boldsymbol{h}_{\text{eff}})-\alpha[\boldsymbol{m}\times(\boldsymbol{m}\times\boldsymbol{h}_{\text{eff}})]$
Landau-Lifshitz-Gilbert 方程	$\partial\boldsymbol{m}/\partial\tau=-(\boldsymbol{m}\times\boldsymbol{h}_{\text{eff}})+\alpha[\boldsymbol{m}\times\partial\boldsymbol{m}/\partial\tau]$
交换能密度	$w_{\text{ex}}=(L_{\text{ex}}^2/2)(\nabla\boldsymbol{m})^2$
单轴各向异性能密度	$w_{\text{k}}=(Q/2)[1-(\boldsymbol{m}\cdot\boldsymbol{k})^2]$
Zeeman 外场能密度	$w_{\text{a}}=-(\boldsymbol{m}\cdot\boldsymbol{h}_{\text{a}})$
退磁能密度	$w_{\text{d}}=-(1/2)(\boldsymbol{m}\cdot\boldsymbol{h}_{\text{d}})$

这里我们用 $L_{ex}^2/2$ 代替了交换常数 A。交换长度 L_{ex} 表达式为

$$L_{ex}=\sqrt{2A/(\mu_0 M_s^2)}\ (\mathrm{SI}) \quad 或 \quad L_{ex}=\sqrt{A/(2\pi M_s^2)}\ (\mathrm{CGS}) \tag{8.50}$$

相似的，用 $Q/2$ 代替各向异性常数 K，Q 表示品质因子，其大小为

$$Q=\frac{2K}{\mu_0 M_s^2}(\mathrm{SI}) \quad 或 \quad Q=\frac{K}{2\pi M_s^2}(\mathrm{CGS}) \tag{8.51}$$

8.2 微磁学新进展

随着磁学问题的研究深入和高密度磁存储技术的进步，微磁学也随之不断发展。近些年主要集中在下面几个热点问题：①自旋转移力矩效应的引入；②Rashba 效应的引入；③Landau-Lifshitz-Bloch 方程；④自洽 Bloch 方程；⑤原子尺度的微磁学模型等。下面我们分别对此作一些简单介绍。

8.2.1 自旋转移力矩效应

继巨磁电阻效应(GMR，2007 年诺贝尔物理学奖)发现之后[20,21]，自旋转移力矩(STT)效应的发现被认为是磁学发展历程中又一里程碑式的重要成果。1996 年，IBM 的 John Slonczewski[22] 和卡内基-梅隆大学的 Luc Berger[23] 各自撰文，在一个三明治磁性薄膜结构中预言了 STT 效应[两人因此获得了 2013 年度美国物理学会颁发的久负盛名的巴克利凝聚态物理奖(Oliver E. Buckley Condensed Matter Prize)]。三年后 STT 效应被实验所证实[24-26]，随后与此相关的研究成为国际磁学界最重要的研究热点之一，一直持续至今。

STT 效应的基本原理如图 8.4 所示：在一个三明治结构“铁磁层(FM)/非磁性层(NM)/铁磁层(FM)”中，其中一层 FM 层的磁矩在外场作用下易发生转动，称为自由层；另一层 FM 层的磁矩不易被转动(薄膜相对较厚或被钉扎)，被称为钉扎层或参考层。如图 8.4(a)所示，当电流流过该三明治结构时，首先传导电子在通过钉扎层时被自旋极化，其极化方向与薄膜的磁矩方向相一致；而后被自旋极化的电子通过非磁性层时其携带的自旋极化信息保留不变，当到达自由层时，该极化电子把所携带的自旋极化信息以转矩的形式传递给自由层的局域磁矩，实现对自由层的磁矩方向的调控，使自由层磁矩趋向于钉扎层磁矩方向，呈现平行态磁矩分布。当改变电流方向时，如图 8.4(b)所示，首先电子被自由层自旋极化，到达钉扎层时被反射回来的电子将携带钉扎层的磁矩方向信息，再一次到达自由层界面时产生一个自旋转移力矩作用于自由层，使自由层磁矩趋向于与钉扎层磁矩相反的反平行态。因此，通过改变电流的方向，可以有效地实现三明治磁性结构中两磁性层之间的磁矩在平行态和反平行态之间的转变[28]。

改变电流方向，自旋转移力矩效应可表现出与阻尼项相同或相反两种不同的转矩作用，如图 8.4(c)所示。在负电流情形下，STT 表现为与阻尼矩相一致的作用；而在正电流情形下，STT 则与阻尼矩作用相反。因此，若施加的正向电流较小时(小于阻尼矩作用)，则自由层磁矩将在进动一段时间后稳定到有效磁场方向，如图 8.5 所示；当正向电流达到某一值时，STT 效应与阻尼矩作用相当，则可驱动自由层磁矩产生稳定的周期振荡；而当电流强度进一步增大到超过某一阈值后，STT 足以克服阻尼作用，可驱动磁矩发生翻转。

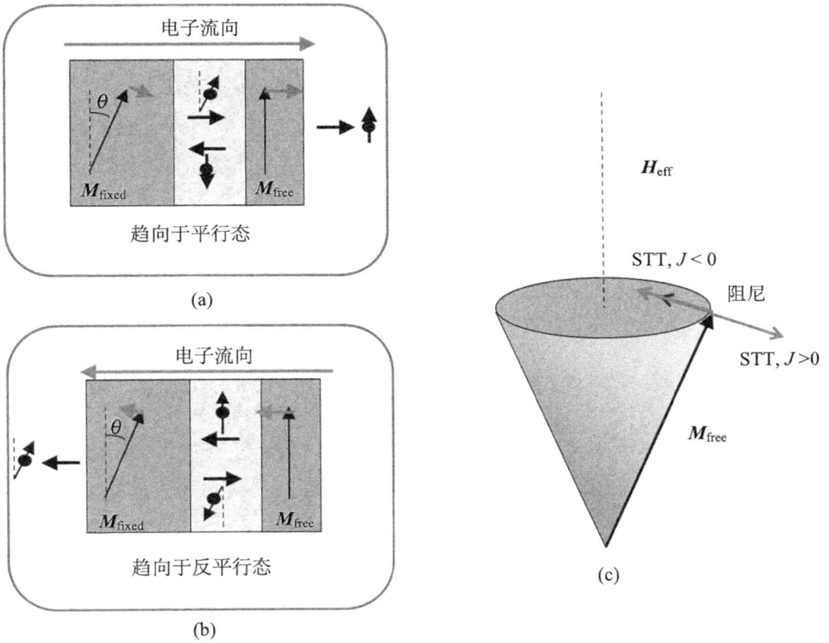

图 8.4　STT 效应物理机理示意图。(a)电子由钉扎层流入自由层(正向电流方向)，STT 驱动$\boldsymbol{M}_{free}$趋向于$\boldsymbol{M}_{fixed}$方向；(b)负向电流时 STT 驱动$\boldsymbol{M}_{free}$远离$\boldsymbol{M}_{fixed}$方向；(c)电流方向相关的自旋转移力矩与阻尼矩作用示意图[27]

发现 STT 效应的重要之处在于，它打破了采用磁场操控磁化矢量方向的传统模式，开创性地提出一种采用自旋极化电流直接操控磁矩方向的物理新理念，为开发新型自旋电子器件翻开了崭新一页。与传统磁场调控模式相比，STT 调控模式在器件小型化、高密度化、低能耗等方面更具优势。因此，针对 STT 效应的研究迅速发展成为磁学和自旋电子学领域的热点课题，在磁性随机存取存储器(magnetic random access memory，MRAM)或电流可控式高频振荡器(STT-oscillator)等方面有着潜在的巨大应用前景[30-38]。

针对 STT 效应驱动的磁动力学及其物理机理的研究方面，微磁学模拟研究

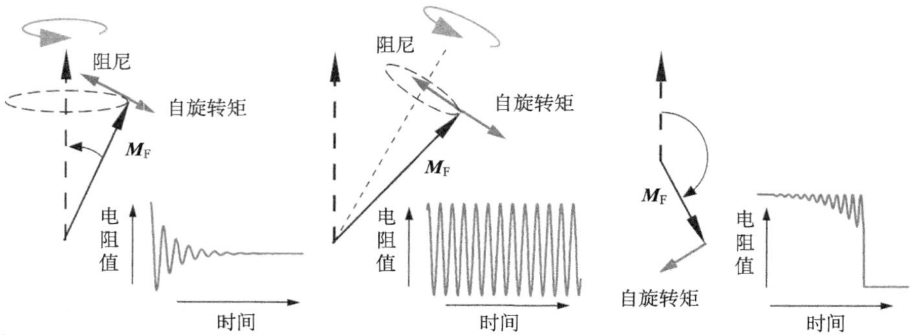

图 8.5　STT 效应与 Gilbert 阻尼之间的关系示意图[29]

起到了非常重要的推动作用。在这一小节中，我们将介绍几种不同类型的自旋转移力矩作用，主要包括 Slonczewski 转移力矩、垂直转移力矩以及绝热与非绝热转移力矩；同时将介绍如何将这些不同类型的自旋转移力矩效应配置到微磁学模型中。有关 STT 效应驱动的磁动力学相关的模拟实例，将在第 8.3～8.4 节中进一步具体介绍。

1. 包含自旋转移力矩项的 LLG 模型

引入电流诱导的 STT 效应后，微磁学 LLG 方程的一般形式[式(8.23)]将改写为

$$\frac{\mathrm{d}\boldsymbol{M}}{\mathrm{d}t}=-\gamma_0\boldsymbol{M}\times\boldsymbol{H}_{\mathrm{eff}}+\frac{\alpha}{M_{\mathrm{s}}}\left(\boldsymbol{M}\times\frac{\mathrm{d}\boldsymbol{M}}{\mathrm{d}t}\right)+\boldsymbol{T}_{\mathrm{STT}} \tag{8.52}$$

这里，$\boldsymbol{M}$ 为自由层磁矩，方程右侧的 $\boldsymbol{T}_{\mathrm{STT}}$ 项即为自旋转移力矩项。对于如图 8.4 所示的自旋阀结构来说，电流沿垂直膜面方向(current perpendicular-to-plane, CPP)流过自旋阀纳米柱，Slonczewski 给出的 STT 项的具体形式如下[22]

$$\boldsymbol{T}_{\mathrm{STT}}=-\frac{\gamma_0\hbar}{\mu_0M_{\mathrm{s}}^2}\frac{1}{d}\frac{J}{e}g(\theta)[\boldsymbol{M}\times(\boldsymbol{M}\times\hat{\boldsymbol{m}})] \tag{8.53}$$

其中，$\gamma_0=\mu_0(g\mu_{\mathrm{B}}/\hbar)\approx2.211\times10^5\,\mathrm{mA^{-1}\cdot s^{-1}}$；$\hbar$ 为约化普朗克常量，d 为自由层的厚度；J 为电流密度；e 为电子电荷；$\hat{\boldsymbol{m}}$ 为与钉扎层磁化方向上的单位矢量(即电子的自旋极化方向)；$g(\theta)$ 为自旋转移力矩的效率因子，它是一个标量函数，其大小依赖于电子自旋极化率 P 以及夹角 θ，这里 θ 为自由层磁化矢量 $\boldsymbol{M}$ 与钉扎层磁化矢量 $\hat{\boldsymbol{m}}$ 之间的夹角。

$$g(\theta)=[-4+(1+P)^3(3+\cos\theta)/(4P^{3/2})]^{-1} \tag{8.54}$$

在许多研究工作中，为了简化起见，STT 的效率因子 $g(\theta)$ 常被简化为一常数[39]。基于图 8.4 中所示的 STT 效应示意图，自由层磁化矢量 $\boldsymbol{M}$ 与极化层磁

化矢量 $\hat{\boldsymbol{m}}$ 构成一个矢量平面。当电流垂直流入多层膜纳米柱结构时，则式(8.53)中$[\boldsymbol{M}\times(\boldsymbol{M}\times\hat{\boldsymbol{m}})]$的转矩方向将沿矢量 $\boldsymbol{M}$ 和 $\hat{\boldsymbol{m}}$ 所构成的平面内，因此由式(8.53)所描述的 STT 效应通常被称为面内自旋转移力矩(in-plane STT)。

当电流垂直流过多层膜结构时，由于在铁磁层或铁磁/非磁性界面处存在自旋弛豫效应和自旋积聚，非磁性金属层与铁磁层界面处的自旋极化将会受多层膜的具体结构和传输特性影响。针对该问题，2002 年 Slonczewski 在假设非磁性金属层不存在自旋反转(spin-flip)条件下，针对"对称(symmetrical)"自旋阀结构提出了另一种近似模型，给出的自旋转移力矩的效率因子 $g(\theta)$为[40]

$$g(\theta)=\frac{\Lambda P/2}{2[\Lambda\cos^2(\theta/2)+\Lambda^{-1}\sin^2(\theta/2)]} \tag{8.55}$$

其中，$\Lambda^2=1+\chi_a(0\leqslant\chi_a\leqslant1)$来表征结构对称性，$\chi_a$ 为 GMR 非对称参数，用以描述 STT 幅度变化偏离正弦关系的程度。当 $\chi_a=0$ 时对应于完全对称的自旋阀结构。这里提及的对称性是指自旋阀结构中两铁磁层的厚度以及制备材料完全相同，此外电极引线的长度以及材料也一致。箫江等通过矩阵形式的玻尔兹曼方法也得到了类似的表达式[46]。

2. 垂直自旋转移力矩(perpendicular STT)模型

2002 年张曙丰等理论上预测[41]，在 CPP 模式下电流所产生的自旋转移力矩效应除了人们熟悉的面内自旋转移力矩[式(8.53)]之外，还同时存在着另外一个方向上的转矩分量。该自旋转移力矩的方向位于垂直于 $\boldsymbol{M}$ 和 $\hat{\boldsymbol{m}}$ 所构成的平面，因此被称为垂直自旋转移力矩(perpendicular STT)。由于这一垂直自旋转移力矩的作用效果类似于沿垂直方向上的磁场所产生的转矩作用，因而该自旋转移力矩也常被称为类磁场自旋转移力矩(field-like STT)。面内($\boldsymbol{T}_{/\!/}$)与垂直($\boldsymbol{T}_{\perp}$)自旋转移力矩可分别表示为

$$\boldsymbol{T}_{/\!/}=-(a_J/M_s)\boldsymbol{M}\times(\boldsymbol{M}\times\hat{\boldsymbol{m}}_p) \tag{8.56}$$

$$\boldsymbol{T}_{\perp}=-b_J(\boldsymbol{M}\times\hat{\boldsymbol{m}}_p) \tag{8.57}$$

其中，$a_J=\hbar\gamma PJ/[2e\mu_0M_sd(1+\xi^2)]$；$b_J=\xi a_J$，$\xi=l_{ex}/l_{sf}$表示自旋去相干长度与自旋反转弛豫长度的比率[41]。

研究表明[42]，在中间非磁性层为金属材料的三明治纳米柱结构中，Slonczewski形式的面内$\boldsymbol{T}_{/\!/}$项起主导作用，$\boldsymbol{T}_{\perp}$垂直项的作用仅为$\boldsymbol{T}_{/\!/}$项的 1%左右，可以忽略。然而，对于磁性隧道结结构而言，$\boldsymbol{T}_{\perp}$垂直项的贡献却不容忽视。2008 年美国康奈尔大学与日本 AIST 两个研究组的实验结果显示[43,44]：磁性隧道结中$\boldsymbol{T}_{\perp}$项的作用与$\boldsymbol{T}_{/\!/}$项几乎可以相比，具体大小与外加电压相关；在 0.3V 左右的偏压下，$\boldsymbol{T}_{\perp}$约为$\boldsymbol{T}_{/\!/}$项的 10%～30%。随后的相关研究显示：在低偏压下势垒高度的降低将会改变垂直 STT 的符号，通过调控隧道结的非对称性，垂直

自旋转移力矩可展示出振荡偏离行为[45-49]。因而在研究磁性隧道结中的STT效应时，LLG方程的微磁学模型应为

$$\frac{\mathrm{d}\boldsymbol{M}}{\mathrm{d}t}=-\gamma_0(\boldsymbol{M}\times\boldsymbol{H}_{\mathrm{eff}})+\frac{\alpha}{M_{\mathrm{s}}}\left(\boldsymbol{M}\times\frac{\mathrm{d}\boldsymbol{M}}{\mathrm{d}t}\right)-\frac{a_J}{M_{\mathrm{s}}}\boldsymbol{M}\times(\boldsymbol{M}\times\hat{\boldsymbol{m}}_{\mathrm{p}})-b_J(\boldsymbol{M}\times\hat{\boldsymbol{m}}_{\mathrm{p}}) \tag{8.58}$$

近期，笔者及合作者曾利用方程(8.58)针对具有垂直磁各向异性的磁性隧道结开展了微磁学研究[50]。

3. 绝热与非绝热自旋转移力矩模型

由式(8.52)和式(8.53)构成的微磁学模型可用于描述自旋阀中的STT效应，而式(8.58)则适用于研究磁性隧道结。上述两种模型都有一个前提条件，即自由层与钉扎层在电流方向上均为均匀磁化的。而实际上传导电子在非均匀磁化的磁体中也可被自旋极化，如磁化方向逐渐改变的磁涡旋结构或者具有磁畴壁结构的磁纳米线等。在这些情形下，如果电流沿着薄膜膜面 x 轴方向流入，STT效应将表述为如下两种形式的STT移矩[51-54]

$$\boldsymbol{T}_{\mathrm{ad}}=-\frac{a_J}{M_{\mathrm{s}}^2}\boldsymbol{M}\times\left(\boldsymbol{M}\times\frac{\partial\boldsymbol{M}}{\partial x}\right)=-a_J\frac{\partial\boldsymbol{M}}{\partial x} \tag{8.59}$$

$$\boldsymbol{T}_{\mathrm{na}}=-\frac{n_J}{M_{\mathrm{s}}}\boldsymbol{M}\times\frac{\partial\boldsymbol{M}}{\partial x} \tag{8.60}$$

其中，$a_J=PJ\mu_{\mathrm{B}}/(e\mu_0M_{\mathrm{s}})$；$n_J=\beta a_J$，$\beta$ 是一个无量纲常数。式(8.59)的贡献来源于自旋极化与局域磁矩一致的非平衡传导电子，称为绝热(adiabatic)自旋转移力矩，该项最初是由Bazaliy在研究半金属材料中传导电子的弹道输运问题时提出的[54]。而式(8.60)则是由张曙丰等提出的[51]，称为非绝热(non-adiabatic)自旋转移力矩(即 β 项)，来源于传导电子与局域磁矩之间的错位(mismatch)，描述的是自旋极化偏离局域磁矩的非平衡传导电子的贡献。

当电流沿着薄膜膜面任意方向流入时，绝热与非绝热STT项公式可改写为更普遍的形式[51]

$$\boldsymbol{T}_{\mathrm{ad}}=-\frac{a_J}{M_{\mathrm{s}}^2}\boldsymbol{M}\times[\boldsymbol{M}\times(\hat{j}_{\mathrm{e}}\cdot\nabla\boldsymbol{M})] \tag{8.61}$$

$$\boldsymbol{T}_{\mathrm{na}}=-\frac{n_J}{M_{\mathrm{s}}}\boldsymbol{M}\times(\hat{j}_{\mathrm{e}}\cdot\nabla\boldsymbol{M}) \tag{8.62}$$

其中，$\hat{j}_{\mathrm{e}}$ 为电流方向上的单位矢量。如果用式(8.61)对自旋阀或隧道结结构中所有磁性层积分，并假设钉扎层与自由层均为单畴态时，可以得到式(8.53)和式(8.56)，即面内STT项。但需要注意的是，在大块铁磁材料中，a_J 与 n_J 正比于极化因子 P，与式(8.53)和式(8.54)中所展示的自旋阀 $g(\theta)$ 效率因子不同。

在自旋阀中，靠近界面处的自旋极化因子 P 不同于大块铁磁材料的情形。

综上所述，针对面内电流流向的磁纳米线[53,55]或磁涡旋结构[56,57]，一般在电流流动的方向上，磁矩变化较大，因此含有 STT 效应的 LLG 微磁学模型通常采用如下形式

$$\frac{\mathrm{d}\boldsymbol{M}}{\mathrm{d}t}=-\gamma_0(\boldsymbol{M}\times\boldsymbol{H}_{\mathrm{eff}})+\frac{\alpha}{M_{\mathrm{s}}}\left(\boldsymbol{M}\times\frac{\mathrm{d}\boldsymbol{M}}{\mathrm{d}t}\right)+\boldsymbol{T}_{\mathrm{ad}}+\boldsymbol{T}_{\mathrm{na}} \tag{8.63}$$

其中，绝热项$\boldsymbol{T}_{\mathrm{ad}}$和非绝热项$\boldsymbol{T}_{\mathrm{na}}$分别取式(8.59)和式(8.60)，或者取式(8.61)和式(8.62)。

2004 年前后，IBM 公司的 Stuart Parkin 提出了一套赛道存储器(racetrack memory)技术[55]：在磁纳米线结构中采用面内流向电流所产生的 STT 效应来驱动磁畴壁移动，进而实现磁存储信息，其中磁畴单元磁矩方向沿纳米线线长方向，相邻单元磁矩矢量成头对头或尾对尾构型。相邻单元间磁畴壁类型取决于纳米线结构参数(如薄膜厚度和纳米线宽度等)，可形成横向畴壁(transverse wall)或涡旋畴壁(vortex wall)[58]。在此研究过程中，微磁学发挥着重要作用，对理解和掌控磁畴壁的移动特性、规律以及器件的结构优化提供了很多理论指导[59-62]。在电流作用下，磁畴壁沿电子的流动方向移动(与电流 J 方向相反)。畴壁移动行为与电流大小密切相关，分为两个不同区域：在电流较小时为稳定型移动；当电流增大到超过 Walker 阈值电流(Walker breakdown current)J_{W} 时[63]，磁畴壁移动表现为湍流型移动。两种类型的磁畴壁移动，其速度均随电流强度增大而增大，但研究发现，在 Walker 阈值以下时，稳定型畴壁移动的速度主要决定于非绝热自旋转移力矩项的贡献，$\boldsymbol{v}=(\beta/\alpha)\boldsymbol{u}$($\alpha$ 为阻尼因子，$\boldsymbol{u}$ 与电流大小相关)；而在 Walker 阈值之上时，湍流型畴壁移动速度与绝热自旋转移力矩项相关，$\boldsymbol{v}\sim\boldsymbol{u}$。

8.2.2　Rashba 效应

现今，有关 STT 驱动磁畴壁移动的热点研究，正转向研究易轴垂直膜面的磁纳米线结构[64,65]，其原因在于这种材料结构中有望获得较大的非绝热因子 β，从而有望获得较大移动速度。垂直磁化的磁纳米线中形成的畴壁类型多为布洛赫壁(Bloch wall)。电流驱动磁畴壁移动在应用环节中有两个关键指标——最大的移动速度和最小的临界电流，这两个指标参数可用于确保器件在存储速度和节能方面的优越性。理想情况下，我们期望两者均能得以优化。垂直磁化材料具有较大非绝热自旋转移力矩 β 值，可以实现较大的移动速度，但不幸的是 β 因子的增大会降低 Walker 电流极值($J_{\mathrm{W}}\sim|1-\beta/\alpha|^{-1}$)，反过来会限制稳定型移动的工作区域。最近，法国 SPINTEC 和西班牙 ICN-CISC 课题组提出一种有望解决上述问题的方案[66-69]，他们报道了在 $\mathrm{Pt/Co/AlO}_x$ 磁性薄膜纳米线结构中，电流除导致 STT 效应外，还可以诱导 Rashba 自旋轨道耦合效应[70]，实现畴壁移动速

度高达 400m/s，远高于传统 NiFe 纳米线的理想速度 100m/s[55]。

有关 Rashba 效应的研究，早期主要集中在半导体电子学材料中，在反演非对称半导体体系中自旋-轨道耦合作用会导致自旋分裂而引起 Rashba 效应或 Dresselhaus 效应，其中 Rashba 效应是由结构反演非对称所诱导，而 Dresselhaus 效应是由晶体反演非对称所引起。在 $Pt/Co/AlO_x$ 三明治纳米线中，由于 Pt/Co 和 Co/AlO_x 的界面非对称性，从而导致了结构反演非对称，传导电子通过 Rashba 效应不仅可以生成一个垂直于电流方向的非平衡自旋流，而且会产生一个类似于面内等效磁场作用于磁纳米线[67]，可有效地控制磁畴壁的旋性，使其稳定在 Bloch 类型的畴壁结构上，同时在相同电流下可使磁畴壁移动速度提升 4 倍[68]。

在理论研究方面，张曙丰等基于自旋-轨道耦合作用解析地给出了由电流所诱导的 Rashba 等效场的解析表达式[70]

$$\boldsymbol{H}_{\mathrm{R}}=2\frac{\alpha_R m}{\hbar e M_{\mathrm{s}}}Pj_{\mathrm{e}}(\hat{z}\times\hat{\boldsymbol{j}}_{\mathrm{e}}) \tag{8.64}$$

其中，α_{R} 为 Rashba 因子；m 为电子有效质量；e 为电荷；M_{s}为饱和磁化强度；P 为自旋极化率；j_{e}为电流强度；$\hat{\boldsymbol{j}}_{\mathrm{e}}$ 为电流方向；$\hat{z}$ 为垂直于薄膜平面 z 方向上的单位矢量。包含有 Rashba 效应的 LLG 微磁学模型如下

$$\frac{\mathrm{d}\boldsymbol{M}}{\mathrm{d}t}=-\gamma_0[\boldsymbol{M}\times(\boldsymbol{H}_{\mathrm{eff}}+\boldsymbol{H}_{\mathrm{R}})]+\frac{\alpha}{M_{\mathrm{s}}}\left(\boldsymbol{M}\times\frac{\mathrm{d}\boldsymbol{M}}{\mathrm{d}t}\right) \tag{8.65}$$

当取 Rashba 因子 $\alpha_{\mathrm{R}}=10^{-11}\,\mathrm{eVm}$，$P=0.5$，$M_{\mathrm{s}}=10^4\ \mathrm{J/Tm^3}$，$m=0.45$，各向异性场为 200 Oe 时，他们预测磁畴壁的临界驱动电流可以降至 $10^4\sim10^6\ \mathrm{A/cm^2}$[70]。此外，值得注意的是，在研究 $Pt/Co/AlO_x$ 磁纳米线结构时，电流所导致的 STT 效应和 Rashba 效应同时存在，因此式(8.59)和式(8.60)所描述的绝热和非绝热 STT 项也应该考虑进来。

8.2.3 Landau-Lifshitz-Bloch 方程

基于 Landau-Lifshitz 方程式(8.27)[或 Gilbert 方程式(8.23)]的微磁学技术，在低温情况下可以完美地描述微纳米尺度的磁性薄膜系统，可以很好地展现薄膜中的磁畴结构和零温(或低温)情况下磁矩动态演化过程。然而，这些微磁学方程却无法正确描述高温(特别是接近材料居里温度)时的磁动力学行为。一个典型的例子是脉冲激光照射磁性薄膜所导致的超快退磁及随后的磁恢复过程[71,72]。在这一过程中，高能量脉冲激光的照射使样品快速局部升温，照射光斑附近的电子温度被迅速升温至磁性材料的居里温度附近，从而使薄膜被光照射的区域在几十飞秒(fs)到几皮秒(ps)的超快时间内发生部分或完全退磁，而后随着热量扩散，退磁区域在几百皮秒至几纳秒内又恢复磁性。从物理角度来说，这种超快磁响应过程涉及光子、电子、声子和磁子(或磁矩)之间的复杂相互作用，已超出了

传统微磁学的经典理论适应范畴，需要引入量子效应的深层理论。而且在接近居里温度时，薄膜单元磁矩的磁化矢量不再仅仅是方向改变，其幅度也将发生很大变化，因此传统 Landau-Lifshitz 方程或 Gilbert 方程的微观描述彻底失效。

2012 年，英国约克大学和荷兰内梅亨大学课题组报道了一个更为神奇的研究成果[73,74]。他们发现，在稀土(RE)-过渡金属(TM)亚铁磁合金材料中，如 GdFe 或 GbFeCo 薄膜等，借助一束脉冲激光所产生的热效应也能驱动磁矩方向发生翻转，并且该磁化翻转过程可以发生在没有磁场情况下，并且在几皮秒甚至更快的时间尺度内完成。

近些年，采用脉冲激光来调控磁结构及其超快磁动力学，已逐渐发展成磁学领域中一个重要的研究热点问题[75-77]，开启了在飞秒时间尺度上调控薄膜磁性的技术可能。实验显示，激光的激励作用还可以诱导磁矩的一致进动[78]、诱导自旋重取向(spin reorientation)、调节磁性微结构[79]、导致双层膜之间的解耦合[80]等。此外，工业界还针对下一代磁存储技术，发展出热辅助磁记录(heat assisted magnetic recording，HAMR)技术[81]。HARM 磁存储技术的基本工作原理是：采用超快激光技术实现磁介质矫顽力的瞬间降低，从而实现在高存储密度下获得较小的翻转磁场。HAMR 技术被认为是实现大于 1Tb/in^2 高密度磁存储最有前途的途径之一。有关脉冲激光在磁性材料上所扮演的角色，目前一般认为分为三类[77]：热效应、非热磁光效应、非热 Raman 光散射效应等。然而事实上，目前对有关激光如何调制磁性材料的物理机理及其动力学特性还知之甚浅。

在实验技术方面，这种超快磁动力学退磁和翻转过程可以通过时间分辨的飞秒激光泵浦-探测(pump-probe)技术探测。理论上，由于传统的 Landau-Lifshitz 或 Gilbert 微磁学方程无法描述磁化矢量径向方向上的弛豫过程，因此，如何从微观角度描述这种超快退磁和磁化翻转过程，是对微磁学理论提出的一个挑战性课题。本节和下一小节，我们将主要针对激光热效应所导致的磁动力学问题来讨论如何建立其微磁学模型。

1997 年，Garanin 提出随机的 Landau-Lifshitz-Bloch(LLB)方程[82]，该方程允许磁化矢量在径向幅度随温度改变而变化。近些年，该方程被用来描述激光所激励的高温下磁动力学行为的描述[83,84]。方程的配置仍然可以采用微磁学的单元尺度划分，这时 LLB 方程写为

$$\frac{\mathrm{d}\boldsymbol{m}}{\mathrm{d}t}=-\gamma_0(\boldsymbol{m}\times\boldsymbol{H}_{\mathrm{eff}})+\frac{\gamma_0\alpha_{/\!/}}{m^2}[\boldsymbol{m}\cdot(\boldsymbol{H}_{\mathrm{eff}}+\boldsymbol{h}_{/\!/})]\boldsymbol{m}$$

$$-\frac{\gamma_0\alpha_{\perp}}{m^2}\{\boldsymbol{m}\times[\boldsymbol{m}\times(\boldsymbol{H}_{\mathrm{eff}}+\boldsymbol{h}_{\perp})]\}\tag{8.66}$$

其中，$\alpha_{/\!/}$ 和 $\alpha_{\perp}$ 分别是径向弛豫系数和横向弛豫系数。在 $T<T_{\mathrm{C}}$ 时，

$$\alpha_{/\!/}=\lambda\frac{2T}{3T_{\mathrm{C}}},\quad \alpha_{\perp}=\lambda\left(1-\frac{T}{3T_{\mathrm{C}}}\right),\quad T<T_{\mathrm{C}} \tag{8.67}$$

其中，T_{C}为居里温度。当 $T>T_{\mathrm{C}}$ 时，$\alpha_{/\!/}=\alpha_{\perp}$。$\lambda$ 为自旋与热库之间的耦合参数。有效场为

$$\boldsymbol{H}_{\mathrm{eff}}=\boldsymbol{H}_{\mathrm{a}}+\boldsymbol{H}_{\mathrm{k}}+\boldsymbol{H}_{\mathrm{ex}}+\begin{cases}(1/2\chi_{/\!/})(1-m^2/m_{\mathrm{e}}^2)\,\boldsymbol{m}, & T\leqslant T_{\mathrm{C}}\\(J_0/\mu)(1-T/T_{\mathrm{C}}-3m^2/5)\,\boldsymbol{m}, & T\geqslant T_{\mathrm{C}}\end{cases} \tag{8.68}$$

其中，m_{e} 为给定温度下零场磁矩稳定值，可以依据居里-外斯(Curie-Weiss)定理 $m_{\mathrm{e}}=B[(m_{\mathrm{e}}J+\mu H)/k_{\mathrm{B}}T]$计算得到，$B$ 为朗之万函数[85]；J_0 为原子近邻耦合系数，μ 为原子磁矩；$\boldsymbol{H}_{\mathrm{a}}$、$\boldsymbol{H}_{\mathrm{k}}$ 和$\boldsymbol{H}_{\mathrm{ex}}$分别为外磁场、各向异性场和交换场。在平均场近似模型情况下，分别为

$$\boldsymbol{H}_{\mathrm{k}}=-(m_x\hat{e}_x+m_y\hat{e}_y)/\chi_{\perp} \tag{8.69}$$

$$\boldsymbol{H}_{\mathrm{ex}}=-\frac{A(T)}{m_{\mathrm{e}}^2}\frac{2}{M_{\mathrm{S}}\Delta^2}\sum_{j\in\mathrm{neigh}(i)}(\boldsymbol{m}_j-\boldsymbol{m}_i) \tag{8.70}$$

其中，$\chi_{/\!/}$和 $\chi_{\perp}$为平行和垂直磁化率；M_{s}为零温下饱和磁化强度；$A(T)$为交换常数；式(8.66)中的$\boldsymbol{h}_{/\!/}$和$\boldsymbol{h}_{\perp}$为描述热效应的随机场，满足

$$\langle h_a^i(0),\ h_a^j(t)\rangle=\frac{2k_{\mathrm{B}}T}{\gamma\alpha_a M_{\mathrm{s}}V_i}\delta_{i,j}\delta(t),\quad \langle h_a^i(t)\rangle=0 \tag{8.71}$$

其中，a 指代$/\!/$或$\perp$；i 和 j 指代不同的坐标分量(x，y，z)或者不同的原子；T 为磁矩瞬时温度。

正如式(8.71)给出的那样，脉冲激光热效应所导致的温度变化通常用一个随机磁场来表征。从物理学角度来说，经过飞秒激光的激励，会导致磁性薄膜的电子、晶格、磁矩之间的温度在超快时间尺度内(<5ps)处于瞬时非平衡状态。可以采用双温度模型或三温度模型(即电子、声子和磁子三个温度子系统)来描述[86]，我们将在 8.6 节中进一步介绍。

8.2.4　自洽 Bloch 方程

前面曾经提到，LLG 方程适用于描述低温情况下的磁动力学，LLB 方程可以处理高温(居里温度)情况下的磁动力学。最近，张曙丰等提出了另一套可以涵盖高温和低温两种情况下的普适微磁学方程，称之为自洽 Bloch 方程[87,88]

$$\frac{\mathrm{d}\boldsymbol{m}}{\mathrm{d}t}=-\gamma(\boldsymbol{m}\times\boldsymbol{H}_{\mathrm{SCB}})-\frac{\boldsymbol{m}-\boldsymbol{m}_{\mathrm{eq}}(\boldsymbol{H}_{\mathrm{SCB}})}{\tau_{\mathrm{s}}} \tag{8.72}$$

其中，$\boldsymbol{m}_{\mathrm{eq}}$为瞬时平衡态的磁化矢量；$\tau_{\mathrm{s}}$ 为弛豫时间，表征自旋电子的散射生命周期或自旋反转(spin flip)时间；$\boldsymbol{H}_{\mathrm{SCB}}$为有效场，包括外磁场、各向异性场、退

磁场和交换场，即

$$\boldsymbol{H}_{\mathrm{SCB}}=\boldsymbol{H}_{\mathrm{a}}+\boldsymbol{H}_{\mathrm{k}}+\boldsymbol{H}_{\mathrm{d}}+J\boldsymbol{m} \tag{8.73}$$

自洽 Bloch 方程(8.72)的一个显著特点是，只需要一个弛豫参数即可控制径向和横向两个方向上的弛豫进动。为此，写出平行于$\boldsymbol{H}_{\mathrm{SCB}}$的$\boldsymbol{m}_{\mathrm{eq}}$。瞬时平衡态$\boldsymbol{m}_{\mathrm{eq}}$可采用如下方式取值

$$\boldsymbol{m}_{\mathrm{eq}}=g\mu_{\mathrm{B}}\langle\boldsymbol{S}_i\rangle=g\mu_{\mathrm{B}}SB_{\mathrm{S}}(x)\,\hat{\boldsymbol{H}}_{\mathrm{SCB}} \tag{8.74}$$

其中，g 为朗德因子；μ_{B} 为玻尔磁子；$x=\beta g\mu_{\mathrm{B}}H_{\mathrm{SCB}}$，$\beta$ 为温度倒数；$B_{\mathrm{S}}(x)$为布里渊函数，$B_{\mathrm{S}}(x)=(2S+1)/(2S)\coth(2S+1)x/(2S)-1/(2S)\coth x/(2S)$，其中 S 为电子自旋；$\hat{H}_{\mathrm{SCB}}$为 $\boldsymbol{H}_{\mathrm{SCB}}$场方向上的单位矢量。同时利用矢量的关系

$$\boldsymbol{H}_{\mathrm{SCB}}=m^{-2}[(\boldsymbol{m}\cdot\boldsymbol{H}_{\mathrm{SCB}})\boldsymbol{m}-\boldsymbol{m}\times(\boldsymbol{m}\times\boldsymbol{H}_{\mathrm{SCB}})] \tag{8.75}$$

自洽 Bloch 方程(8.72)则可以改写为

$$\frac{\mathrm{d}\boldsymbol{m}}{\mathrm{d}t}=-\gamma(\boldsymbol{m}\times\boldsymbol{H}_{\mathrm{SCB}})-\frac{\gamma\alpha_{\mathrm{tr}}}{m}\boldsymbol{m}\times(\boldsymbol{m}\times\boldsymbol{H}_{\mathrm{SCB}})-\frac{\gamma\alpha_{1}}{m}(\boldsymbol{m}\cdot\boldsymbol{H}_{\mathrm{SCB}})\boldsymbol{m} \tag{8.76}$$

其中，无量纲化的横向和径向阻尼系数 α_{tr}和 α_1取为

$$\alpha_{\mathrm{tr}}=\frac{m_{\mathrm{eq}}}{\gamma\tau_{\mathrm{s}}\boldsymbol{m}\cdot\boldsymbol{H}_{\mathrm{t}}},\qquad \alpha_{l}=\frac{1}{\gamma\tau_{\mathrm{s}}}\left[\frac{m}{\boldsymbol{m}\cdot\boldsymbol{H}_{\mathrm{SCB}}}-\frac{m_{\mathrm{eq}}}{mH_{\mathrm{SCB}}}\right] \tag{8.77}$$

可见，方程(8.76)与 LLB 方程[式(8.66)]具有非常相似的形式。但是需要指出，含有横向和径向阻尼系数的方程[式(8.76)]与原始的自洽 Bloch 方程[式(8.72)]，在数值计算和编程上不仅不具有任何优势，反而更增加了数值计算难度[87]。因此，更推荐采用原始的自洽 Bloch 方程[式(8.72)]进行数值微磁学模拟。

相似地，考虑激光热效应导致的随机场后，可以得到随机的自洽 Bloch 方程

$$\frac{\mathrm{d}\boldsymbol{m}}{\mathrm{d}t}=-\gamma\boldsymbol{m}\times(\boldsymbol{H}_{\mathrm{SCB}}+h)-\frac{\boldsymbol{m}-\boldsymbol{m}_{\mathrm{eq}}(\boldsymbol{H}_{\mathrm{SCB}})}{\tau_{\mathrm{s}}} \tag{8.78}$$

$$\langle h_i(t),\ h_j(t')\rangle=\frac{2k_{\mathrm{B}}T}{\gamma^2\tau_{\mathrm{s}}H_{\mathrm{SCB}}mV}\delta_{i,j}\delta(t-t') \tag{8.79}$$

该方程可以用于研究激光诱导的超快磁动力学。

8.2.5　原子尺度的微磁学模型

除 LLB 方程和自洽 Bloch 方程之外，英国约克大学的 Roy Chantrell 和西班牙的 Chubykalo-Fesenko 等还提出一套基于原子尺度的 LLG 模型(atomistic-LLG 方程，ALLG 模型)[89]或原子尺度 LLB 方程[85]，同样可以描述脉冲激光热效应所导致的超快磁动力学。与传统 LLG 微磁模拟技术相比，ALLG 方法可以考虑材料的真实晶格结构，使交换能的计算比传统微磁学中经过长波近似后得到的更能反映真实的物理实质。但是需要指出的是，这种 ALLG 微磁方法也有其

自身局限性，由于该方法的单元划分是在原子尺度，要保证计算的精度和准确性，需要针对大规模的原子开展研究；而目前的个人计算机水平只能研究总尺度为纳米大小的磁性样品，因此需要发展更高效的先进可计算模型和优化算法。原子尺度的 LLG 方程采用晶格格点的划分来实现样品的离散化，其中第 i 个格点满足的方程为

$$\frac{\partial \boldsymbol{S}_i}{\partial t}=-\frac{\gamma_i}{(1+\lambda_i^2)\mu_i}[\boldsymbol{S}_i\times\boldsymbol{H}_i+\lambda_i\boldsymbol{S}_i\times(\boldsymbol{S}_i\times\boldsymbol{H}_i)] \tag{8.80}$$

其中，耦合参数 λ 与传统的 Gilbert 阻尼参数 α 不同，λ 是与导电电子和局域自旋磁矩之间的能量传输有关[84]；$H_i=H_{i,\mathrm{eff}}+h_i$ 为作用在第 i 个格点上的有效场和热效应导致的温度随机场之和。温度随机场 $h^i(t)$ 的选取与式(8.71)相类似，为

$$\langle h_{i,a}(t), h_{j,b}(t')\rangle=\frac{2\lambda_i k_{\mathrm{B}}T}{\mu_i\gamma_i}\delta_{i,j}\delta_{a,b}(t-t'),\quad \langle h(t)\rangle=0 \tag{8.81}$$

笔者课题组最近基于这套理论针对亚铁磁材料开发了一套原子尺度下的 LLG 微磁学模拟程序，部分模拟结果将在 8.6 节讨论。

8.3 STT 驱动的磁化翻转及微磁学模拟

8.3.1 STT 效应的研究进展

正如在 8.2.1 节中提到的那样，Slonczewski 和 Berger 在 1996 年理论预言的自旋转移力矩(STT)效应[22,23]，两年后在三明治磁性薄膜结构中被实验所证实[24-26]。2000 年，人们在自旋阀型磁性多层膜(Co/Cu/Co)纳米柱结构中观察到由电流直接驱动的磁矩翻转[90]，进一步研究发现在该结构中由 STT 效应驱动的磁电阻变化非常小，仅为 3%～5%[25,42,90-92]。与自旋阀结构相比，以 AlO_x 或者 MgO 作为势垒层的磁性隧道结(magnetic tunnel junction，MTJ)则具有较高的隧穿磁电阻信号，同时还具有阻值大范围可调的特性(可参考本书第 3 章内容)，阻值可调性使得 MTJ 器件更方便地与传统硅电子集成技术匹配。2003 年，笔者在葡萄牙 INESC 研究所工作期间首次尝试研究了 MTJ 中 STT 效应[93,94]，我们选取了以 AlO_x 或 $ZrAlO_x$ 为势垒层的低电阻隧道结，势垒层厚度在 6～7Å，电阻值为 10～20Ω · μm^2；只有在这种低阻值隧道结中，隧道结才可能承受 10^{11}～10^{12} A/m^2 大小的翻转电流，但当时我们选用的是微米尺寸的隧道结，因此所观察到的电流驱动磁化翻转现象中，除 STT 效应外还有其他效应存在。在随后的 2004 年，更为显著的 STT 效应驱动的磁化翻转在纳米尺寸低电阻 MTJ 中相继报道[95,96]。同年，Parkin 等[97]和 Yuasa 等[98]分别采用 MgO 势垒层获得了高达

200%的磁电阻信号，这使得以 MgO 为势垒层的 MTJ 成为 STT 自旋电子器件的更为关注的研究对象[31]。在国内，中国科学院研究生院的朱振刚和苏刚等采用格林函数方法对隧道结的自旋转移力矩效应开展了理论研究[99]。夏钶等利用第一原理方法计算了多种磁性与非磁性材料界面的自旋混合电导，发现小电流可驱动三端口铁磁绝缘体的磁化矢量的方向发生翻转[100]。中国科学院物理研究所的韩秀峰课题组在磁性隧道结中开展了 STT 效应的实验研究(参见本书第 3 章内容)。

有关 STT 效应的研究在很长时间内主要集中在自由层与钉扎层均为面内磁化的磁性隧道结或自旋阀纳米柱结构中。对于这种具有面内磁化方向的结构，为了抑制自由层边缘区域磁矩出现磁涡旋态，影响磁电阻信号，通常在微制备过程中需要设计一定比例的长宽比，通常大于 2。而这一几何尺寸的苛求条件在一定程度上限制了磁存储密度的提高。因此，近期研究更加关注具有垂直磁各向异性的自旋阀[101-103]以及磁性隧道结[104,105]，由于这种垂直磁化结构具有更加良好的磁热稳定性、不受长宽比限制、并且有望降低翻转电流等优点，获得了研究人员的更多青睐。

STT 驱动的磁矩翻转技术被认为是一种新型写入机制，可用于发展自旋转移力矩型 MRAM(STT-MRAM)。与传统的采用磁场操控磁矩方向的信息存储方式相比，基于 STT 效应的新型写入机制更具优越性，可解决近邻干扰、热扩散以及可靠性差等一系列问题。因此，近些年来包括 Grandis、IBM、索尼(Sony)、日立(Hitachi)、海力士(Hynix)以及东芝(Toshiba)等在内的多家公司已经涉足该领域并展开了 ST-MRAM 技术商业化研究[106-110]。在国内，中国科学院(CAS)物理研究所成功研制了基于纳米环型 MTJ 型 MRAM 原型器件[111]。特别是在 2012 年 11 月 12 日，美国 Everspin Technologies 公司推出了首款 64Mb 的 STT-MRAM 芯片产品(EMD3D064M，A 64Mb DDR3 ST-MRAM)[112]，更为 STT-MRAM 产业的后续发展注入了强劲动力。

8.3.2 STT 驱动的磁化翻转微磁学模拟

自 2006 年开始，垂直磁各向异性 STT 纳米柱结构成为了一个新研究热点。然而，实验显示其临界翻转电流密度 J_c过大，在$[Co/Ni]_n$多层膜体系中 J_c达$(2.6\sim7.5)\times10^7 A/cm^2$[101]，而在 $L1_0$-FePt[102]与$[CoFe/Pt]_n$[103]多层膜体系中更高达$(1\sim1.4)\times10^8 A/cm^2$。如何降低临界翻转电流是一个关键问题。为此，孟浩等提出一种纳米电流通道层(nano current channel，NCC)设计，以形成高密度的局域电流[113]，来实现临界翻转电流的降低[114]。

对于垂直磁化自旋阀来说，其磁矩翻转过程分为两个阶段，如图 8.6(a)所示：第一阶段，自由层的磁矩从 $-z$ 方向(即反平行态)转向面内方向(与钉扎层磁矩成 90°夹角)；第二阶段，从面内方向转向$+z$方向(即平行态)。在第一阶段中，退磁场H_d和 STT 的作用都是帮助磁矩翻转，但垂直各向异性场H_k阻止该翻转；在第二阶段中，H_k与 STT 的作用是帮助自由层磁矩转到$+z$方向，但H_d阻止该翻转。在上述模型中，为了保证磁性薄膜的垂直特性，H_k要求强于H_d，也正因为H_k较强的原因，在翻转过程中的第一阶段会比第二阶段更慢，同时更难翻转。

垂直自旋阀结构的临界翻转电流密度为[101]

$$J_c^{\pm} \approx \frac{M_s \mid e \mid t\alpha}{\hbar g(\theta)}\left[\mp H_{k\perp} \pm H_d \mp H_{dip}\right] \tag{8.82}$$

其中，$H_{k\perp}$为垂直各向异性；$H_d=-4\pi M_z$为退磁场；H_{dip}为钉扎层所产生的散磁场。为了减小克服磁晶各向异性场(H_k)所需的较大翻转电流，笔者及合作者采用微磁学方法，设计了一个带有“软磁核”的复合自由层结构[115]，如图 8.6(b)所示：在垂直磁化(硬磁)自由层中间，设计一个具有面内各向异性的“软磁核”(也可以设计成z方向上的“软磁/硬磁”复合结构)。由于在纳米软磁核与硬磁区域之间存在着很强的交换耦合作用，能够帮助软磁核区域克服退磁场，使其在没有外磁场或电流情况下磁矩仍沿垂直方向，同时还可以有效降低复合自由层结构的总(有效)垂直各向异性，进而可降低翻转电流。针对该模型的微磁学模拟，可以采用式(8.52)形式的 LLG 方程，其中自由层中的软磁纳米核与硬磁部分分别采用如下参数：软磁 NiFeCo($K_1=1.0\times10^4\,\mathrm{erg/cm^3}$，$M_{s1}=800\mathrm{emu/cm^3}$)与硬磁$[\mathrm{Co/Ni}]_n$多层膜($K_2=3.0\times10^6\,\mathrm{erg/cm^3}$，$M_{s2}=650\mathrm{emu/cm^3}$)。图 8.6(c)比较了含有或不含有软磁核的自由层由反平行(AP)到平行态(P)的翻转过程。模拟中所加电流均为$J=1.0\times10^7\,\mathrm{A/cm^2}$，其中软磁核的大小由它们所占自由层总面积大小的比值δ来表示。从图中可以看出，在不含软磁核情况下($\delta=0$)，自由层磁矩在翻转过程的第一阶段(从$-z$到面内方向)所用时间明显比第二阶段长。这是因为在第一阶段，H_k与H_d对磁矩转动的净作用为负值，阻碍了电流诱导的磁化翻转；而与之相反，第二阶段中它们的净作用帮助自由层磁矩翻转。由此可见，极化电流导致的 STT 效应在磁矩翻转的第一阶段是不可缺少的，而电流所需要克服的能量势垒也主要在第一阶段。

图 8.6(d)给出了该结构由电流驱动的磁矩翻转动态过程。可以看出，磁矩翻转分为三步：首先，在 STT 作用下，软磁核的磁矩从初始的 AP 方向(图 8.6，0ns)转向面内(1.5ns)。软磁核在开始时比硬磁部分容易转动，这是由于软磁核有着本征的面内各向异性，并导致了在软磁核所在位置的磁畴成核。随着时间推移，在 STT 和磁交换耦合作用下，这个磁畴向邻近单元扩展(2.4ns)，使更多的磁矩倒向面内。同时，由于当钉扎层与自由层的面内部分磁矩成 90°夹角时，STT 作用较强[可从式(8.54)得知]，所以这些磁矩在从初始垂直方向转向面内

的过程中，STT 效率一直在增强。

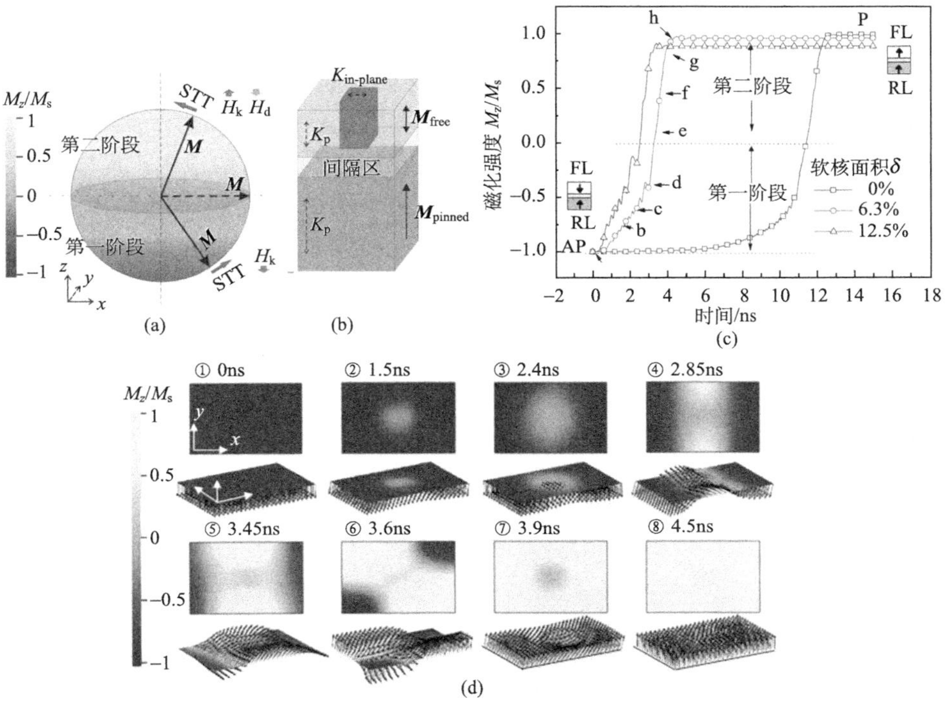

图 8.6(另见彩图)　(a)垂直磁化自旋阀翻转示意图；(b)“软磁核”的复合自由层结构；(c)电流驱动的磁矩翻转；(d)翻转过程图。引自文献[115]

在第二阶段，当面内磁畴扩展到自由层短轴末端时(沿 y 轴方向)，在局域增强的 STT 效应和硬磁部分垂直磁各向异性场的共同作用下，样品首尾两端区域先翻转到 $+z$ 方向(2.85ns)。此时软磁核的磁矩仍在面内，形成了一个 Bloch 畴壁。短轴硬磁区域的磁矩先于长轴硬磁区域翻转，是由它们的面积不同所决定；短轴硬磁区域面积较小，磁各向异性能也较小，克服此能量所需的 STT 作用也较小，所以更易翻转。随后 Bloch 畴壁在整个自由层中传播开来(3.45ns)与(3.6ns)，直到硬磁部分的磁矩全部完成翻转(4.5ns)。值得注意的是，交换耦合作用在整个快速翻转中起到了重要作用，在面内磁畴成核与扩张阶段，垂直磁化的磁矩与已发生倾斜的磁矩之间由于铁磁耦合形成了交换场，帮助硬磁区域的磁矩克服初始势垒。与之相反，在最后阶段，由于交换作用，已经完全翻转的硬磁区域磁矩能帮助纳米软磁核的磁矩指向垂直方向。通过这一实例，可以看出微磁学可以给出磁矩进动过程中非常细节的微观信息。

8.4　STT 驱动的磁涡旋极性翻转

磁涡旋(magnetic vortex)结构是一种较稳定的非均匀磁化状态，主要出现在微米或纳米尺寸的铁磁薄膜单元器件中[116]。典型的磁涡旋结构由涡核(VC)区域与外围区域构成[117]，如图 8.7 所示：磁涡核位于磁涡旋结构的中心区域，直径约为 10nm；涡核区域的磁矩指向膜面垂直方向，向上($p=1$)或向下($p=-1$)，该指向可表征为磁涡旋态的极性(polarity)[118]；磁涡旋的外围区域内磁矩倒向面内、围绕磁涡核顺时针或逆时针方向卷曲，被表征为磁涡旋旋性(circulation, C)，顺时针($C=-1$)，逆时针($C=1$)。磁涡旋结构具有几个重要特性：尺寸小、具有良好的双稳性(向上/向下极性，顺时针/逆时针旋性)、热稳定性能好等。因此，磁涡旋结构在磁信息存储方面具有潜在的应用前景，一方面可以利用磁涡旋的旋性发展磁存储器件，如文献[119]；另一方面可以利用磁涡旋的极性来发展，如文献[120]。

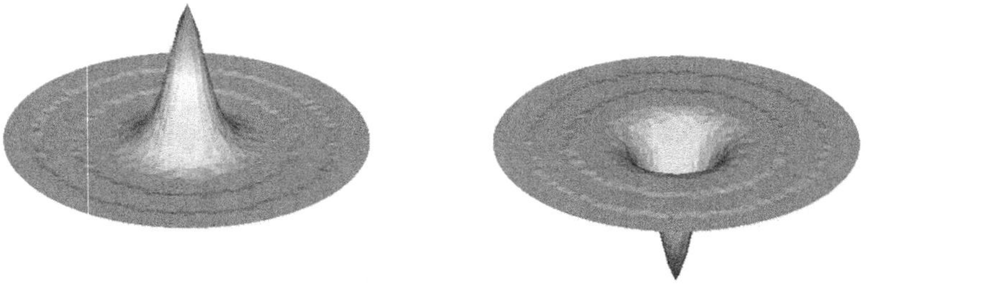

图 8.7　磁涡旋结构示意图。(a)磁涡核极性(polarity)向上($p=+1$)、旋性(circulation)逆时针($C=+1$)；(b)磁涡核极性向下($p=-1$)，旋性顺时针($C=1$)

磁涡核极性的可控翻转是成功实现磁涡旋信息存储的关键所在。最简单和最直接的方法是通过施加一个与磁涡旋极性相反的磁场(垂直于样品膜面方向)来实现磁涡核极性翻转。但是实验证明，尽管磁涡核的大小只有 10nm 左右，但所需要的外加磁场却高达 250mT[121]。2006 年，Waeyenberge 等提出了一种小磁场实现磁涡核翻转的神奇方法[122]：采用一个 0.1mT 的正弦交变磁场来激发磁涡核进入其固有的旋转回归运动(gyrotropic)模式，而后施加一个 1.5mT 大小的单周期脉冲磁场(4ns)即可实现涡核极性的翻转，如图 8.8 所示。诱导该翻转机制的关键是利用了周期磁场来激发磁涡核围绕其平衡位置做旋转回归共振运动模式。随后，Hertel 等采用微磁学模拟技术发现：并不一定需要利用磁涡核的旋转回归振荡模式，在面内施加一个持续时间甚至只需几皮秒的磁场脉冲也可实现磁涡核的极性翻转[123-125]。然而，上述两种共振或者非共振磁场激发模式在实际应用方面均存在着一个共同问题：由于磁场的非局域特性，在高密度纳米阵列中很难通过外加磁场精准地控制其中的某个单个磁涡旋单元。

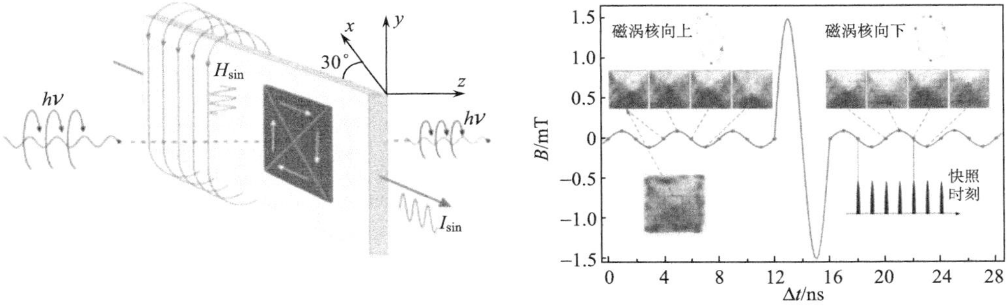

图 8.8　交变磁场驱动的磁涡旋极性翻转[122]

我们知道，电流诱导的 STT 效应可以方便地实现磁矩方向的定点局域操控，采用电流是否也可以实现磁涡旋极性翻转？2007 年日本的 Teruo Ono 课题组采用交变电流驱动的共振激发模式实现了磁涡旋极性翻转[56]。如图 8.9 所示，实验采用频率为 290MHz、大小为 $3.5\times10^{11}\,A/m^2$ 的电流通电 10s，通过 MFM 技术观察磁涡旋圆盘通电前后的涡核极性情况，发现磁涡核时而翻转、时而不翻转。

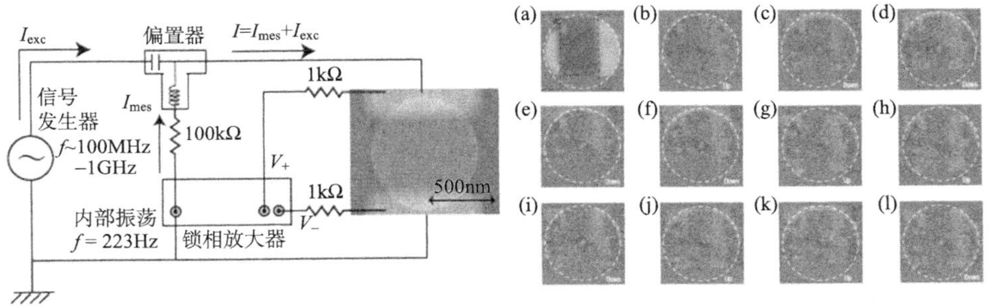

图 8.9　交变电流驱动的磁涡旋翻转实验[56]

同年，笔者及合作者开展了脉冲电流驱动的磁涡核极性翻转的微磁学研究[57]，如图 8.10 所示，模拟结果清楚地展示了磁涡核的微观翻转过程。模拟中采用了包含绝热和非绝热 STT 效应项的 LLG 方程[式(8.63)]。施加的电流为沿圆盘膜面方向的高斯型脉冲电流，$J=J_0\exp[-(t-\mu)^2/2\sigma]$，其中 J_0 为电流强度，σ 为与脉冲宽度相关的参数，模拟中脉冲波峰半高时对应的脉冲宽度(FWHM)为 2.35σ。为了清楚地表征磁涡核的位置，我们采用了等位面(isosurface)图形技术，在图中用红色和蓝色两条带子分别描绘了磁矩分量 $m_x=0$ 和

$m_y=0$，这样两带子的交点即为$|m_z|=1$的位置(即磁涡核)。模拟显示，在膜面内施加脉冲电流后，初始磁涡核($p=+1$，方向向上)偏离其中心平衡位置，导致磁涡核附近的磁矩发生形变(430ps)；随后磁涡核附近生成一对极性与初始磁涡核极性相反的“涡旋-反涡旋对”(466ps；$p=-1$，方向向下)；随后新生成的反涡旋与初始涡旋由于极性相反而相互湮灭；最后保留下新生成的磁涡旋($p=-1$，方向向下)，从而实现磁涡核极性翻转(480ps)。这一过程被定义成“磁涡旋-反涡旋对的产生与湮灭”过程。

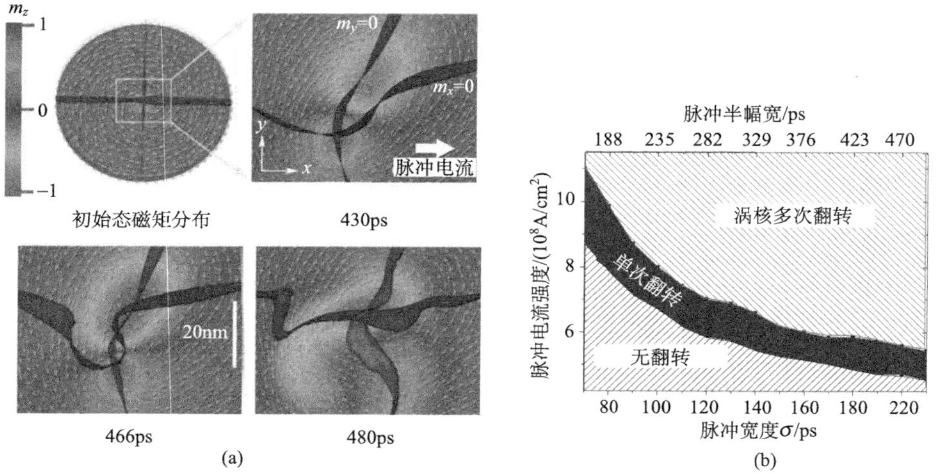

图 8.10(另见彩图) (a)磁涡核极性翻转模拟图，展示了 STT 效应驱动的“磁涡旋-反涡旋对的产生与湮灭”过程[57]：样品直径为 200nm，厚度为 20nm 的坡莫合金圆盘；(b)磁涡核翻转行为的相图及其与脉冲电流强度和脉冲宽度的关系[126]

在微磁学模拟研究中还发现，通过增加脉冲电流的强度可实现磁涡核极性由上到下、再由下到上的多次翻转[57]。同时注意到在图 8.10(a)中，由电流通过 STT 效应驱动的磁涡旋极性翻转的过程发生在几百个皮秒的时间尺度内。由此很容易理解在文献[56]中为什么会观察到“磁涡核时而翻转、时而不翻转”的实验结果。其原因在于，在持续施加的 10s 电流中，磁涡核的极性可能翻转了几十亿次，如遇奇数次翻转实验即观察到翻转结果，如遇偶数次翻转则涡核极性又回到初始方向，实验测量上类似于没有翻转的结果。Teruo Ono 课题组随后开展的单个脉冲电流驱动磁涡核翻转的实验也进一步佐证了微磁学预测[127]。比利时和伯克利先进光源实验室合作[128]，借助于时间分辨的磁扫描透射 X 射线显微镜技术(scanning transmission X-ray microscopy，STXM)，直接证实了磁涡旋翻转过程中出现的“涡旋-反涡旋对的产生与湮灭”现象。最近，人们发现通过自旋波激发方式也观察到相类似的磁涡核极性翻转过程[129]。

一般来说，磁涡旋独特的微结构在很大程度上降低了元件之间的交互影响作用，易于高集成度的实现。然而，进一步研究发现：邻近磁涡旋的极性与旋性对激发磁涡核极性翻转也有一定影响[130]。与单个磁涡旋圆盘相比，一对相邻的磁耦合纳米盘中，磁涡核极性翻转的临界电流值会有较大提升。耦合磁涡旋对的涡核极性翻转行为不同于单个涡核的极性翻转，来源于磁涡旋动力学过程中静磁荷的形成和演化。这些变化在理论上可通过 LLG 方程[式(8.63)]建立广义的 Thiele 方程，来描述磁涡旋阵列系统中磁涡核回复力与邻近磁涡旋性和旋性之间的关联性[131]。

脉冲电流驱动的磁涡核极性翻转为实现高密度存储阵列中对目标单元的精准寻址提供了一个极具前景的思路，但是多次翻转现象的出现却对信息存储的可操控性提出了严重挑战。因而，如何实现磁涡核的单次翻转至关重要。图 8.10(b)给出了磁涡核翻转行为与脉冲电流的强度及脉冲宽度之间的关联相图[126]。由相图可以看出：磁涡核的单次翻转行为仅发生在脉冲宽度和脉冲强度具有一定组合关系的较窄参数区域内，并且脉冲强度随脉冲宽度的降低而增加。

更可靠地控制磁涡旋单次翻转的有效方法则是采用一种特殊自旋阀结构来实现[132,133]，如图 8.11 所示，自旋阀固定层(或称自旋极化层)磁矩沿薄膜垂直方向，自由层磁矩呈现磁涡旋态结构。基于含有 STT 效应的自旋阀型 LLG 方程(8.52)和式(8.53)，微磁模拟结果显示，施加一个垂直方向的 DC 电流可实现磁涡核极性的可控翻转，极性翻转方向依赖于所施加的电流方向。此外，依赖于样品尺寸，呈现出两种不同类型的磁涡核翻转模式：尺寸较大时遵循“磁涡旋-反涡

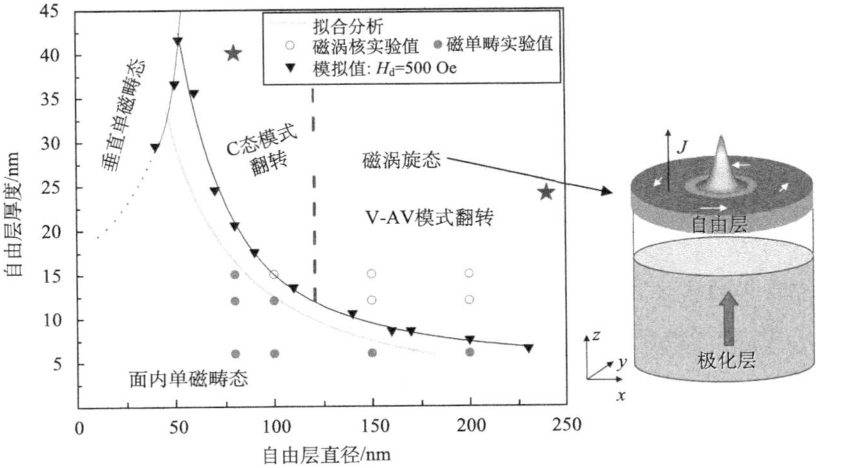

图 8.11　自由层磁矩剩磁态相图与样品尺寸的关系，以及两种翻转模式的尺寸依赖关系[132]

旋对的产生与湮灭”翻转机制，且翻转前后磁涡旋的旋性方向保持不变；而当直径较小时，磁涡核极性翻转是通过一个过渡的“C 态”模式实现，翻转前后的旋性由电流所产生的奥斯特场支配。

8.5 STT 驱动的自旋波激发

8.5.1 STT 驱动的磁振荡

如图 8.5 所示，当正向电流达到某一阈值时，STT 效应与阻尼矩作用相当，则自由层磁矩可产生稳定的周期性振荡，激发自旋波。1998 年 Tsoi 等首次在铁磁薄膜中通过纳米点接触模式，展示了 STT 驱动的磁激发[24]。随后，康奈尔大学在三明治型自旋阀结构中实现了 STT 驱动的稳态高频磁进动的直接测量[134]，借助 GMR 效应，自由层的磁矩进动表现为交变电压响应，从而有望发展成一种 STT 驱动的高频微波振荡器——自旋力矩纳米振荡器(spin torque nano-oscillator，STNO)。预测这类振荡器的频率可通过电流来进行调控，最高可达 100GHz，线宽却仅有 2MHz。此外，这类振荡器还具有品质因子高和功耗低的特点。早期有关 STT 驱动磁激发的研究主要集中在平面磁化型(自由层与钉扎层磁矩易轴取向均在面内)自旋阀[24,134-141]或者磁性隧道结结构[142-144]；针对这些结构，已建立起磁动力学行为特性与电流、磁场之间的相位图[134,145]。结果表明：为了激发微波，需要一个和 STT 效应大小相当的外磁场与之竞争。

2004 年，Kent 等[146]和 Lee 等[147]提出了一种垂直自旋极化型的自旋阀结构，该结构无需外加辅助磁场、仅靠 DC 电流即可激发自旋波(或微波)。其结构示意图和图 8.11 相似：自旋阀固定磁性层采用垂直磁化材料；自由层采用面内磁化材料，但通过控制形状等使其形成面内均匀磁化的单畴态。当电流流过该自旋阀结构时，注入的电子被自旋极化为垂直膜面方向，可在初始阶段对自由层磁矩产生一个较大的自旋转移力矩作用，从而使自由层磁矩产生绕 z 轴方向的大角度进动。通过对器件材料和结构的优化设计，已经研发出具有垂直极化层的 STNO 器件[148]。这种类型的 STNO 器件能够产生较大的微波信号，在微波放大与微波振荡器等方面具有广阔的应用前景。

笔者曾经就此结构开展过微磁学研究[149]，图 8.12 给出了 STT 驱动的自由层磁矩动力学行为特性的相关模拟结果。我们采用式(8.52)LLG 方程形式，模拟中自由层假设为坡莫合金材料($Ni_{80}Fe_{20}$)，尺寸为 80nm×80nm，厚度为 4.5nm，饱和磁化强度 M_s=800emu/cm^3。图 8.12(a)给出了由 STT 效应驱动的周期性振荡模式，典型特征表现为自由层磁矩偏离面内并围绕 z 轴做周期性进动。通过对磁矩分量 m_x 随时间变化的序列作快速傅里叶变换，可以确定该振荡的进动频率为 4.5GHz，如图 8.12(b)所示。这种周期振荡的进动频率随电流密度的增加而增加[图 8.12(c)]。模拟结果与解析结果基本吻合[147]

$$f = \frac{\gamma}{2\pi\alpha}\frac{\hbar}{2e}\frac{g(\theta_1)}{M_s t}J \tag{8.83}$$

模拟结果同时显示：随着电流密度的增加，周期性振荡频率呈现出阶梯式递增的特性；当电流密度在 $0.5\sim0.7\times10^8\,A/cm^2$ 时，频率呈现出一个小平台，均为 6.8GHz；随后，振荡频率会发生跳跃，直接增加至 10.7GHz。微磁学可以给出该台阶式频率递增行为一个合理解释，这一行为主要源于振荡频率对自由层磁矩 z 分量的变化关系

$$f \sim 4\pi\langle m_z\rangle \tag{8.84}$$

而 z 分量的大小取决于 STT 效应与退磁场之间的竞争。

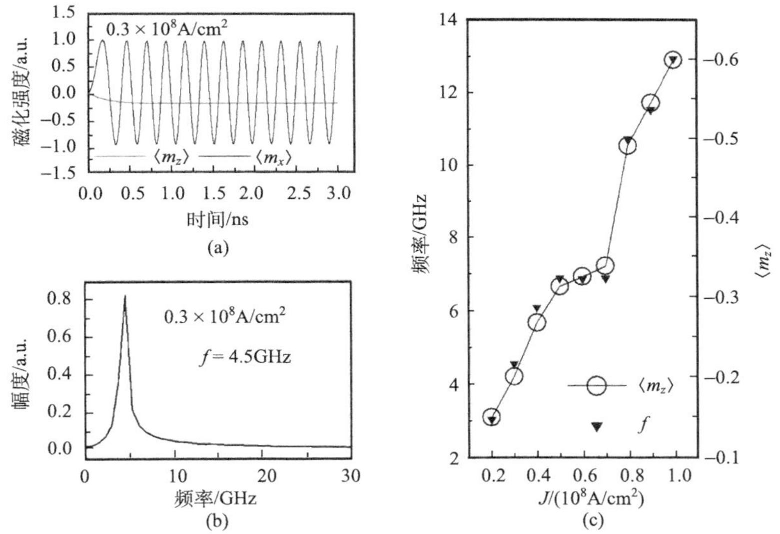

图 8.12　垂直自旋极化型自旋阀结构中 STT 效应驱动的磁矩周期性进动(a)及其频率(b)；(c)频率随电流强度的变化[149]

8.5.2　面内-垂直双自旋极化结构

研发 STT 型自旋电子学器件的关键问题之一是如何调控 STT 的效率。为此，近期人们提出了一种“面内-垂直”双自旋极化层结构，如图 8.13(a)所示。该结构包含三层铁磁层(FMs)，铁磁层间由两层非磁性金属层(NM_1 和 NM_2)隔开。底部的铁磁层磁矩被钉扎在垂直膜面方向，作为垂直(OP)极化层；而顶部的铁磁层磁矩则被钉扎在面内方向上，作为面内(IP)自旋极化层；中间的铁磁层

为自由层。实验显示：在面内与垂直双自旋极化层的共同作用下，STT 效应能够得到显著增强[150,151]。与单一面内自旋极化层的自旋阀相比，双极化层结构可使磁化翻转速度加快、脉冲电流的宽度也可降低一个数量级。此外，自由层磁矩的翻转还存在着一个有趣的现象：通过调控脉冲电流的宽度和幅度，在同一电流方向下可实现磁矩由平行态到反平行态或由反平行态到平行态的双向翻转[152,153]。

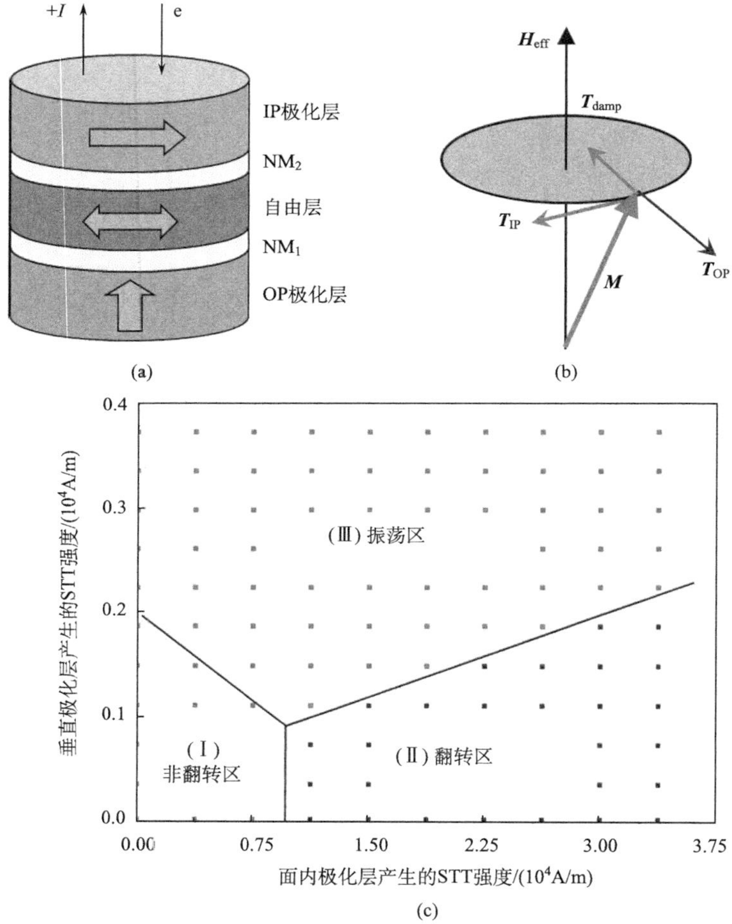

图 8.13　(a)“面内(IP)-垂直(OP)”双自旋极化层自旋阀结构示意图；(b)OP 和 IP 极化层产生的自旋转移力矩示意图；(c)自由层磁动力学行为相图[154]

针对“面内-垂直”双自旋极化自旋阀结构，可这样建立其微磁学模型[154,155]：在 LLG 方程(式 8.52)的基础上，需要包含两个 STT 项，用来分别描述垂直(OP)极化层和面内(IP)极化层产生的 Slonczewski 自旋转移力矩效应，其表达式分别为$\boldsymbol{T}_{\mathrm{OP}}=\gamma a_{\mathrm{OP}}^{J}\boldsymbol{m}\times(\boldsymbol{m}\times\boldsymbol{p}_{\mathrm{OP}})$和$\boldsymbol{T}_{\mathrm{IP}}=-\gamma a_{\mathrm{IP}}^{J}\boldsymbol{m}\times(\boldsymbol{m}\times\boldsymbol{p}_{\mathrm{IP}})$。模拟结果显示，由

于 OP 极化层具有较大初始 STT 效应，可使双极化层自旋阀中自由层磁化翻转速度比传统单一面内极化层结构提高一个数量级，这一特性与实验结果相吻合。同时，通过模拟技术，我们建立起了自由层磁动力学行为特性与 OP 和 IP 双极化层 STT 强度之间的参数相图，如图 8.13(c)所示。相图展示出三个不同的参数区域：无翻转、翻转、周期性振荡。依据翻转区域(II)中参数可以看出：在这种结构中，只有把 OP 极化层所产生的 STT 强度设计成远小于(约为一个数量级)IP 极化层所产生的 STT 强度时，才能使自由层磁矩发生面内方向的翻转[154]。在振荡区域(III)，DC 自旋极化电流可激发稳定的周期进动，进动频率主要正比于由垂直极化层所产生的转矩作用，而受面内极化层转矩作用的影响则非常小，其解析关系为[156]

$$f \approx \frac{\gamma a_J^{OP}}{2\pi\alpha} = \frac{\gamma}{2\pi\alpha}\frac{\hbar}{2|e|}\frac{P_{OP}}{M_s \cdot t}|J| \tag{8.85}$$

此外，模拟结果还进一步证实了实验研究中所观察到的自由层磁矩的双向翻转行为[152,153]，并发现自由层的最终磁矩方向选择取决于脉冲电流结束后磁矩围绕 z 轴进动的情形[157]。

8.6　原子尺度的微磁学模拟

8.6.1　稀土-过渡金属合金材料

稀土(rare-earth，RE)-过渡金属(transition-metal，TM)亚铁磁材料，如 GdFe、GdFeCo、TbFeCo 等，在早期的磁光存储介质技术中被广泛研究和应用[158]。近几年，研究 RE-TM 亚铁磁材料的热情又一次被重新点燃[73,74,159-164]，其兴趣点在于这些材料被认为是进行超快激光调制磁性的理想研究对象，可用于研究脉冲激光所激励的超快动力学。众所周知，在 GdFeCo 等亚铁磁材料中，亚铁磁材料中 TM 原子(或 RE 原子)间表现为铁磁耦合作用，而 TM 原子和 RE 原子之间则是反铁磁耦合(磁矩方向相反)，通常可用两个不同的子晶格系统(sub-lattice)来表征。依赖于 RE 和 TM 的组分比例，这类亚铁磁材料存在着一个磁补偿点(magnetization compensation point)，在补偿点时 RE 原子的总磁矩与 TM 原子的总磁矩刚好相互抵消，没有剩余磁矩，即磁化矢量为零[159]。最近实验表明，通过一束脉冲激光的热激励，可以使 RE-TM 亚铁磁薄膜材料表现出类似铁磁性质的瞬态结构；辅助外加小磁场[160-164]甚至没有磁场[73,74]的情况下可以实现磁矩的翻转。

如何针对这种 RE-TM 亚铁磁薄膜材料建立微磁学模型，特别是在脉冲激光激励(温度接近于居里温度)时建立有效理论模型是微磁学近期发展的一个挑战性课题。正如在 8.2 节中所介绍的，目前可用于研究这类问题的方法主要有三类：

LLB 方程、自洽 Blcch 方程和原子尺度的微磁学模型。下面以 TbFeCo 材料为例，介绍一下用原子尺度微磁学方法针对该问题的研究。

8.6.2 三温度模型

如前所述，从物理学角度来说，飞秒脉冲激光的激励会导致磁性薄膜的电子、晶格、磁矩之间的温度在超快时间尺度内处于瞬时非平衡状态。热能如何在三者之间传递，理论上可用一个三温度模型来描述[86]，即

$$\begin{cases} C_e \dfrac{dT_e}{dt} = -G_{el}(T_e - T_l) - G_{es}(T_e - T_s) + P(t) \\ C_l \dfrac{dT_l}{dt} = G_{el}(T_e - T_l) - G_{sl}(T_l - T_s) \\ C_s \dfrac{dT_s}{dt} = G_{es}(T_e - T_s) - G_{sl}(T_l - T_s) \end{cases} \tag{8.86}$$

其中，下标 e、l、s 分别指代电子、晶格和自旋(磁子)；C 为热容；T 为温度；$G_{ij}(i, j=e, l, s)$分别指代“电子-声子-磁子”彼此之间的耦合常数；$P(t)$为薄膜吸收的激光能量密度。

图 8.14 给出了通过三温度模型数值计算所得到的电子、晶格和自旋的温度变化曲线。其中假设激光脉冲的持续时间为 100ps，强度为 1.17J/m^2，脉冲波形满足高斯分布；TbFeCo 材料的热学相关参数为：$C_e=1.4\times10^6\,J\cdot m^{-3}\cdot K^{-1}$，$C_l=8.8\times10^6\,J\cdot m^{-3}\cdot K^{-1}$，$C_s=4\times10^5\,J\cdot m^{-3}\cdot K^{-1}$，$G_{el}=8\times10^{17}\,W\cdot m^{-3}\cdot$

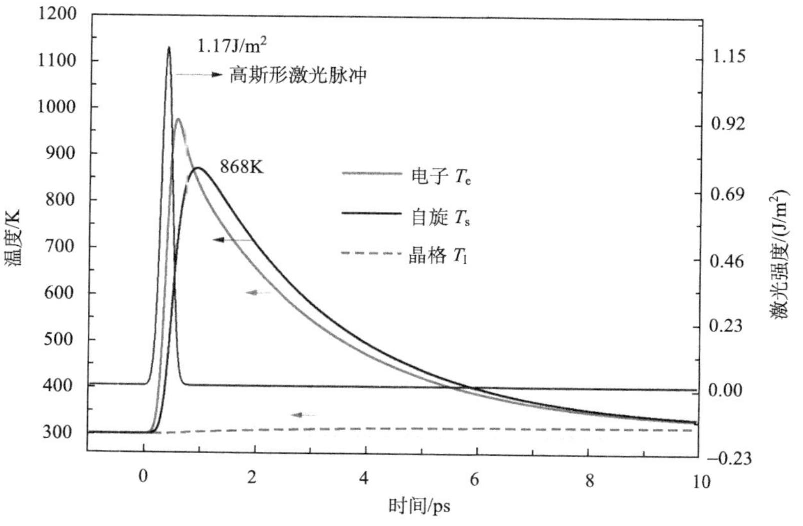

图 8.14 电子、晶格和自旋温度随脉冲激光的变化

K^{-1}，$G_{es}=1.8\times10^{18}W\cdot m^{-3}\cdot K^{-1}$，$G_{sl}=0.8\times10^{17}W\cdot m^{-3}\cdot K^{-1}$。模拟结果显示，激光的热量首先被电子吸收，使电子温度迅速升高，在 0.6ps 达到最高值 $T_e\sim970K$；然后热量通过“电子-声子”和“电子-自旋”耦合作用从电子转移到晶格和自旋，自旋温度的升高相对于电子温度来说稍微滞后，大约在 1ps 左右达到最高值 868K；最后经过十几皮秒左右的时间，T_e、T_s和 T_l缓慢地趋于一个平衡温度 321K，这个平衡温度比加激光脉冲前的 300K 高了 21K，与实验测量结果相差无几[161,162]。由此可见，该模型及其参数可以很好地描述在脉冲激光下磁性材料的温度变化过程。

8.6.3　稀土-过渡金属薄膜材料的微磁学模型及激光退磁过程

得到磁矩温度随脉冲激光的瞬时变化之后，下面介绍如何建立原子尺度微磁学模型。对于“稀土-过渡金属”亚铁磁薄膜材料来说，以晶格常数作为单元划分尺度，采用两个子晶格系统来分别描述 TM 和 RE 原子，如图 8.15 所示。为模拟 TbFeCo 材料的无序合金状态，在模型中可以把 Tb 原子随机分布于 FeCo 原子之间。原子尺度的 Gilbert 方程记为

$$\frac{\partial \boldsymbol{S}_i^j}{\partial t}=-\frac{\gamma_i}{(1+\lambda_i^2)\mu_i}[\boldsymbol{S}_i^j\times\boldsymbol{H}_i+\lambda_i\boldsymbol{S}_i^j\times(\boldsymbol{S}_i^j\times\boldsymbol{H}_i)] \tag{8.87}$$

其中，上标 $j=$(RE，TM)来标记 RE 和 TM 不同原子，为了简单起见，这里我们不再区分 Fe 和 Co 原子；下标 i 对不同原子进行编码。第 i 个原子磁矩所受的有效磁场为$\boldsymbol{H}_i=\boldsymbol{H}_x+\boldsymbol{H}_k+\boldsymbol{H}_d+\boldsymbol{H}_z+\boldsymbol{h}_i$，包括交换场、各向异性场、退磁场、外磁场和随机磁场$\boldsymbol{h}_i$。随机磁场$\boldsymbol{h}_i$ 表征激光的热效应，为满足式(8.81)的高斯分布函数。

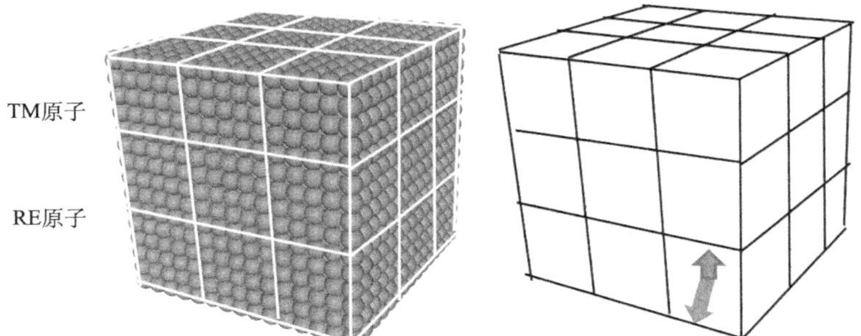

图 8.15(另见彩图)　(a)原子尺度的 ALLG 微磁学模型；(b)微观尺度的 LLB 模型示意图

图 8.16 给出了脉冲激光所诱导的不同 Tb 含量的 $Tb_x(FeCo)_{1-x}$薄膜的退磁和磁恢复过程。左侧为富 FeCo 样品($x=0.08$)，记为 TM-rich，采用激光强度

为 1.17J · m^{2}的脉冲($\sigma=100$fs)；右侧为富 Tb 样品($x=0.4$)，记为 RE-rich，采用激光强度为 0.7J · m^{2}的脉冲($\sigma=100$fs)。由于 FeCo 原子和 Tb 原子是反铁磁耦合，两者磁矩是反向的，因此退磁曲线呈现反向形状[图 8.16(a)～(d)]。在富铁样品中，FeCo 的原子数远多于 Tb 的原子数，样品总磁矩总是与 FeCo 磁矩方向一致(沿$+z$ 方向)；而在富 Tb 样品中，总磁矩与 Tb 原子磁矩方向一致(沿$-z$方向)。在脉冲激光作用下，两个样品均在几皮秒内完成最大程度的退磁。而后，随着温度的降低，磁性原子在交换耦合作用下逐渐重新趋于有序态，磁化强度相应地得以恢复，几十皮秒后恢复至初始状态。

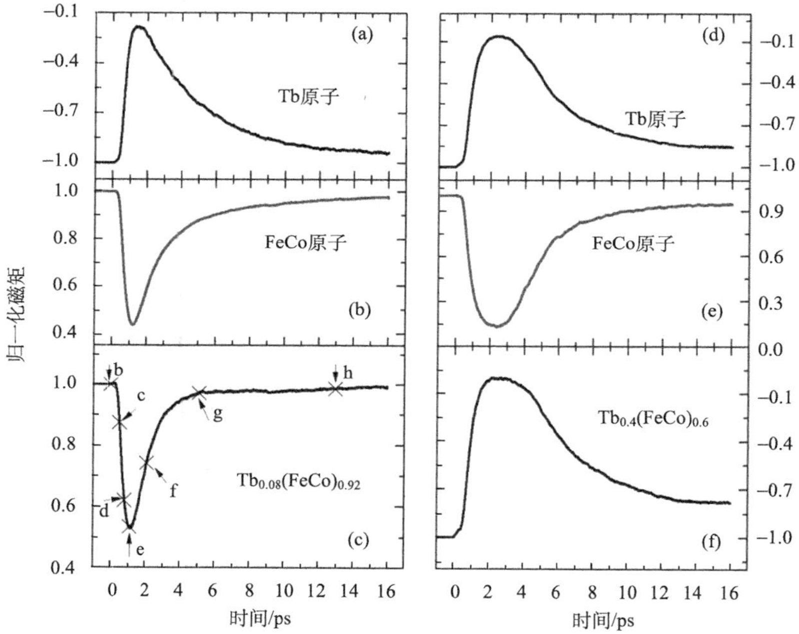

图 8.16　脉冲激光驱动的不同成分的 TbFeCo 材料(左侧：富 FeCO；右侧：富 Tb)的退磁及磁恢复过程

8.7　结　束　语

现今，微磁学及其模拟技术已发展成为研究磁性材料及其自旋电子器件的重要工具之一，在揭示磁性材料的物理机理、磁畴结构、磁进动微观机制和器件结构优化等方面发挥着重要作用，微磁学已建立起独特的技术地位和有着广泛的应用。本章我们介绍了微磁学的基础理论及数值模拟技术，特别是针对近些年在自旋电子及磁存储器件研发过程中所发现的一些新问题、新物理和新机理，如自旋转移力矩效应、Rashba 效应，脉冲激光激励的超快退磁等，并介绍了如何发展和建立相应的微磁学模型。最后值得一提的是，新近报道的自旋热电子学(Spin Caloritronics)正发展成自旋电子学中一个新热点[165]，包括自旋塞贝克(spin Seebeck)效应、佩尔捷(Peltier)效应、能斯特(Nernst)效应等；其中一个核心问题是由温度梯度场所导致的自旋转移力矩效应，如何进一步发展和建立针对这一问题的微磁学模型有望成为微磁学发展的下一个挑战。

致　谢　笔者在撰写本章内容的过程中得到了复旦大学张宗芝教授的大力支持和帮助，同时也得到了本课题组毕业生张红博士、在读研究生焦显凯同学的帮助，在此深表谢意。同时作者感谢在同济大学“微磁学”课题组工作和学习过的所有毕业生和在读研究生。本章收录的部分内容来源于课题组学生的博士、硕士论文或合作发表的学术论文，包括博士毕业生：金伟(2009 年毕业)、侯志伟(2010 年毕业)、张红(2012 年毕业)；硕士毕业生：李暄(2008 年毕业)等；以及在读博士生焦显凯的工作。由于笔者自身的学术水平和写作时间所限，在内容选取和撰写方面难免有所疏漏，敬请各位专家学者批评指正。

作 者 简 介

刘要稳　1971 年出生，同济大学教授，博士生导师。1997、2000 年于兰州大学物理系分别获硕士、博士学位。2000～2004 年在葡萄牙 INESC-MN 研究所作博士后；2006～2007 年在德国 Jülich 研究中心作“洪堡学者”；2004 年起在同济大学物理学院工作。先后入选上海市“浦江人才计划”、“曙光人才计划”，教育部“新世纪人才计划”等。IEEE 高级会员，担任中国电子学会应用磁学分会第九届委员会委员。自 2000 年起主要从事微磁学和自旋相关输运领域的研究，发表论文 50 余篇。目前的研究兴趣包括微磁学程序开发、磁性隧道结、自旋阀、自旋转移力矩效应、Rashba 效应、脉冲激光超快磁动力学等课题。

参 考 文 献

[1] Brown W F J. Micromagnetics. New York: Wiley Interscience, 1963.

[2] Press W H, Teukolsky S A, Vetterling W T, et al. Numerical Recipes in C: The Art of Scientific Computing. Cambridge: Cambridge University Press, 2002.

[3] Albuquerque G. Magnetisation precession in confined geometry: Physical and numerical aspects. Paris: University Paris XI Orsay, 2002.

[4] Gilbert T L, Kelley J M. Anomalous rotational damping in ferromagnetic sheets//Proceedings of the Pittsburgh Conference on Magnetism and Magnetic Materials. Pittsburgh, PA, USA, 1955.

[5] Gilbert T L. Formulation, foundations and applications of the phenomenological theory of ferromagnetism. Chichago: Illinois Institute of Technology, 1956.

[6] Gilbert T L. A phenomenological theory of damping in ferromagnetic materials. Magnetics, IEEE Transactions on, 2004, 40: 3443-3449.

[7] Landau L D, Lifshitz E M. On the theory of the dispersion of magnetic permeability in ferromagnetic bodies. Phys Z Sowjetunion, 1935, 8: 153-169.

[8] Donahue M J, Porter D G. OOMMF User's Guide [2014-3-12]. http: //math. nist. gov/oommf.

[9] Scholz W. Magpar-parallel finite element micromagnetics package. http: //www. magpar. net/.

[10] Fangohr H, Fischbacher T, Franchin M. Nmag user manual(0. 2. 1). http: //nmag. soton. ac. uk/nmag/.

[11] Vansteenkiste A, Wiele B V D. Mumax2 finite difference multi-GPU micromagnetic simulator, http: //code. google. com/p/mumax2/.

[12] Scheinfein M R. LLG Micromagnetics Simulator™[2014-8-12]. http: //llgmicro. home. mindspring. com.

[13] Berkov D V. Micromagus: Software package for micromagnetic simulations. http: //www. micromagus. de/.

[14] 刘要稳. Mmag2. 0[2014-7-8]. http: //pcluster. tongji. edu. cn/resources. html.

[15] Ribeiro F, Freitas P P, Martins J L. Micromagnetic simulation method with $N^{1.5}$ scaling. J Appl Phys, 1999, 85: 5810-5812.

[16] 金伟. 自旋转移矩效应驱动的磁化动态研究. 上海: 同济大学博士学位论文, 2010.

[17] Newell A J, Williams W, Dunlop D J. A generalization of the demagnetizing tensor for nonuniform magnetization. Journal of Geophysical Research: Solid Earth, 1993, 98: 9551-9555.

[18] Wright T M, Williams W, Dunlop D J. An improved algorithm for micromagnetics. Journal of Geophysical Research: Solid Earth, 1997, 102: 12085-12094.

[19] Jackson J D. Classical Electrodynamics. New York: John Wiley & Sons, Inc, 2001.

[20] Baibich M N, Broto J M, Fert A, et al. Giant magnetoresistance of (001)Fe/(001)Cr magnetic superlattices. Phys Rev Lett, 1988, 61: 2472-2475.

[21] Binasch G, Grünberg P, Saurenbach F, et al. Enhanced magnetoresistance in layered magnetic structures with antiferromagnetic interlayer exchange. Phys Rev B, 1989, 39: 4828-4830.

[22] Slonczewski J C. Current-driven excitation of magnetic multilayers. J Magn Magn Mater, 1996, 159: L1-L7.

[23] Berger L. Emission of spin waves by a magnetic multilayer traversed by a current. Phys Rev B, 1996, 54: 9353-9358.

[24] Tsoi M, Jansen A G M, Bass J, et al. Excitation of a magnetic multilayer by an electric current. Phys Rev Lett, 1998, 80: 4281-4284.

[25] Myers E B, Ralph D C, Katine J A, et al. Current-induced switching of domains in magnetic multilayer devices. Science, 1999, 285: 867-870.

[26] Sun J Z. Current-driven magnetic switching in manganite trilayer junctions. J Magn Magn Mater, 1999, 202: 157-162.

[27] Liu Y, Zhang Z. Micromagnetic modeling of magnetization dynamics driven by spin-transfer torque in

magnetic nanostructures. Sci China Phys Mech Astron, 2013, 56: 184-195.
[28] Waintal X, Myers E B, Brouwer P W, et al. Role of spin-dependent interface scattering in generating current-induced torques in magnetic multilayers. Phys Rev B, 2000, 62: 12317-12327.
[29] Covington M. A ringing confirmation of spintronics theory. Science, 2005, 307: 215-216.
[30] Ralph D C, Stiles M D. Spin transfer torques. J Magn Magn Mater, 2008, 320: 1190-1216.
[31] Sun J Z, Ralph D C. Magnetoresistance and spin-transfer torque in magnetic tunnel junctions. J Magn Magn Mater, 2008, 320: 1227-1237.
[32] Silva T J, Rippard W H. Developments in nano-oscillators based upon spin-transfer point-contact devices. J Magn Magn Mater, 2008, 320: 1260-1271.
[33] Katine J A, Fullerton E E. Device implications of spin-transfer torques. J Magn Magn Mater, 2008, 320: 1217-1226.
[34] Berkov D V, Miltat J. Spin-torque driven magnetization dynamics: Micromagnetic modeling. J Magn Magn Mater, 2008, 320: 1238-1259.
[35] Beach G S D, Tsoi M, Erskine J L. Current-induced domain wall motion. J Magn Magn Mater, 2008, 320: 1272-1281.
[36] Haney P M, Duine R A, Núñez A S, et al. Current-induced torques in magnetic metals: Beyond spin-transfer. J Magn Magn Mater, 2008, 320: 1300-1311.
[37] Tserkovnyak Y, Brataas A, Bauer G E W. Theory of current-driven magnetization dynamics in inhomogeneous ferromagnets. J Magn Magn Mater, 2008, 320: 1282-1292.
[38] Ohno H, Dietl T. Spin-transfer physics and the model of ferromagnetism in (Ga,Mn)As. J Magn Magn Mater, 2008, 320: 1293-1299.
[39] Li Z, Zhang S. Magnetization dynamics with a spin-transfer torque. Phys Rev B, 2003, 68: 024404.
[40] Slonczewski J C. Currents and torques in metallic magnetic multilayers. J Magn Magn Mater, 2002, 247: 324-338.
[41] Zhang S, Levy P M, Fert A. Mechanisms of spin-polarized current-driven magnetization switching. Phys Rev Lett, 2002, 88: 236601.
[42] Urazhdin S, Birge N O, Pratt W P, et al. Current-driven magnetic excitations in permalloy-based multilayer nanopillars. Phys Rev Lett, 2003, 91: 146803.
[43] Sankey J C, Cui Y T, Sun J Z, et al. Measurement of the spin-transfer-torque vector in magnetic tunnel junctions. Nat Phys, 2008, 4: 67-71.
[44] Kubota H, Fukushima A, Yakushiji K, et al. Quantitative measurement of voltage dependence of spin-transfer torque in MGO-based magnetic tunnel junctions. Nat Phys, 2008, 4: 37-41.
[45] Li Z, Zhang S, Diao Z, et al. Perpendicular spin torques in magnetic tunnel junctions. Phys Rev Lett, 2008, 100: 246602.
[46] Xiao J, Bauer G E W, Brataas A. Spin-transfer torque in magnetic tunnel junctions: Scattering theory. Phys Rev B, 2008, 77: 224419.
[47] Wang C, Cui Y T, Sun J Z, et al. Bias and angular dependence of spin-transfer torque in magnetic tunnel junctions. Phys Rev B, 2009, 79: 224416.
[48] Tang Y H, Kioussis N, Kalitsov A, et al. Influence of asymmetry on bias behavior of spin torque. Phys Rev B, 2010, 81: 054437.
[49] Oh S C, Park S Y, Manchon A, et al. Bias-voltage dependence of perpendicular spin-transfer torque in

asymmetric mgo-based magnetic tunnel junctions. Nat Phys, 2009, 5: 898-902.

[50] Zhang Z, Qiu Y, Jin Q Y, et al. Micromagnetic study of fieldlike spin torque effect on the magnetization switching in tunnel junctions with perpendicular anisotropy. Appl Phys Lett, 2010, 97: 172501-172503.

[51] Zhang S, Li Z. Roles of nonequilibrium conduction electrons on the magnetization dynamics of ferromagnets. Phys Rev Lett, 2004, 93: 127204.

[52] Li Z, Zhang S. Domain-wall dynamics and spin-wave excitations with spin-transfer torques. Phys Rev Lett, 2004, 92: 207203.

[53] Thiaville A, Nakatani Y, Miltat J, et al. Micromagnetic understanding of current-driven domain wall motion in patterned nanowires. EPL(Europhysics Letters), 2005, 69: 990.

[54] Bazaliy Y B, Jones B A, Zhang S C. Modification of the Landau-Lifshitz equation in the presence of a spin-polarized current in colossal- and giant-magnetoresistive materials. Phys Rev B, 1998, 57: R3213-R3216.

[55] Parkin S S P, Hayashi M, Thomas L. Magnetic domain-wall racetrack memory. Science, 2008, 320: 190-194.

[56] Yamada K, Kasai S, Nakatani Y, et al. Electrical switching of the vortex core in a magnetic disk. Nat Mater, 2007, 6: 270-273.

[57] Liu Y, Gliga S, Hertel R, et al. Current-induced magnetic vortex core switching in a permalloy nanodisk. Appl Phys Lett, 2007, 91: 112501.

[58] Nakatani Y, Thiaville A, Miltat J. Head-to-head domain walls in soft nano-strips: A refined phase diagram. J Magn Magn Mater, 2005, 290-291, Part 1: 750-753.

[59] Thomas L, Hayashi M, Jiang X, et al. Resonant amplification of magnetic domain-wall motion by a train of current pulses. Science, 2007, 315: 1553-1556.

[60] Thomas L, Hayashi M, Jiang X, et al. Oscillatory dependence of current-driven magnetic domain wall motion on current pulse length. Nature, 2006, 443: 197-200.

[61] Moriya R, Thomas L, Hayashi M, et al. Probing vortex-core dynamics using current-induced resonant excitation of a trapped domain wall. Nat Phys, 2008, 4: 368-372.

[62] Klaui M, Laufenberg M, Heyne L, et al. Current-induced vortex nucleation and annihilation in vortex domain walls. Appl Phys Lett, 2006, 88: 232507-232503.

[63] Tatara G, Kohno H, Shibata J. Microscopic approach to current-driven domain wall dynamics. Physics Reports, 2008, 468: 213-301.

[64] Behin-Aein B, Datta D, Salahuddin S, et al. Proposal for an all-spin logic device with built-in memory. Nat Nano, 2010, 5: 266-270.

[65] Jung S W, Kim W, Lee T D, et al. Current-induced domain wall motion in a nanowire with perpendicular magnetic anisotropy. Appl Phys Lett, 2008, 92: 202508-202503.

[66] Moore T A, Miron I M, Gaudin G, et al. High domain wall velocities induced by current in ultrathin Pt/Co/AlO_x wires with perpendicular magnetic anisotropy. Appl Phys Lett, 2008, 93: 262504-262503.

[67] Mihai Miron I, Gaudin G, Auffret S, et al. Current-driven spin torque induced by the Rashba effect in a ferromagnetic metal layer. Nat Mater, 2010, 9: 230-234.

[68] Miron I M, Moore T, Szambolics H, et al. Fast current-induced domain-wall motion controlled by the

Rashba effect. Nat Mater，2011，10：419-423.

[69] Miron I M，Garello K，Gaudin G，et al. Perpendicular switching of a single ferromagnetic layer induced by in-plane current injection. Nature，2011，476：189-193.

[70] Manchon A，Zhang S. Theory of nonequilibrium intrinsic spin torque in a single nanomagnet. Phys Rev B，2008，78：212405.

[71] Beaurepaire E，Merle J C，Daunois A，et al. Ultrafast spin dynamics in ferromagnetic nickel. Phys Rev Lett，1996，76：4250-4253.

[72] Koopmans B，Van Kampen M，Kohlhepp J T，et al. Ultrafast magneto-optics in nickel：Magnetism or optics? Phys Rev Lett，2000，85：844-847.

[73] Ostler T A，Barker J，Evans R F L，et al. Ultrafast heating as a sufficient stimulus for magnetization reversal in a ferrimagnet. Nat Commun，2012，3：666.

[74] Radu I，Vahaplar K，Stamm C，et al. Transient ferromagnetic-like state mediating ultrafast reversal of antiferromagnetically coupled spins. Nature，2011，472：205-208.

[75] Koopmans B，Malinowski G，Dalla Longa F，et al. Explaining the paradoxical diversity of ultrafast laser-induced demagnetization. Nat Mater，2010，9：259-265.

[76] Muller G M，Walowski J，Djordjevic M，et al. Spin polarization in half-metals probed by femtosecond spin excitation. Nat Mater，2009，8：56-61.

[77] Kirilyuk A，Kimel A V，Rasing T. Ultrafast optical manipulation of magnetic order. Reviews of Modern Physics，2010，82：2731-2784.

[78] Kimel A V，Kirilyuk A，Usachev P A，et al. Ultrafast non-thermal control of magnetization by instantaneous photomagnetic pulses. Nature，2005，435：655-657.

[79] Thiele J U，Buess M，Back C H. Spin dynamics of the antiferromagnetic-to-ferromagnetic phase transition in ferh on a sub-picosecond time scale. Appl Phys Lett，2004，85：2857-2859.

[80] Ren Y，Zhao H，Zhang Z，et al. Ultrafast optical modulation of exchange coupling in FePt/CoFe composite structure. Appl Phys Lett，2008，92：162513-162513.

[81] Kryder M H，Gage E C，Mcdaniel T W，et al. Heat assisted magnetic recording. Proceedings of the IEEE，2008，96：1810-1835.

[82] Garanin D A. Fokker-Planck and Landau-Lifshitz-Bloch equations for classical ferromagnets. Phys Rev B，1997，55：3050-3057.

[83] Atxitia U，Chubykalo-Fesenko O，Kazantseva N，et al. Micromagnetic modeling of laser-induced magnetization dynamics using the Landau-Lifshitz-Bloch equation. Appl Phys Lett，2007，91：232507.

[84] Chubykalo-Fesenko O，Nowak U，Chantrell R W，et al. Dynamic approach for micromagnetics close to the Curie temperature. Phys Rev B，2006，74：094436.

[85] Atxitia U，Nieves P，Chubykalo-Fesenko O. Landau-Lifshitz-Bloch equation for ferrimagnetic materials. Phys Rev B，2012，86：104414.

[86] Zhang G，Hubner W，Beaurepaire E，et al. Laser-induced ultrafast demagnetization：Femtomagnetism，a new frontier? Berlin/Heidelberg：Springer-Verlag，2002.

[87] Xu L，Zhang S. Self-consistent Bloch equation and Landau-Lifshitz-Bloch equation of ferromagnets：A comparison. J Appl Phys，2013，113：163911-163915.

[88] Xu L，Zhang S. Magnetization dynamics at elevated temperatures. Physica E：Low-Dimensional Systems and Nanostructures，2012，45：72-76.

[89] Kazantseva N, Nowak U, Chantrell R W, et al. Slow recovery of the magnetisation after a sub-picosecond heat pulse. EPL (Europhysics Letters), 2008, 81: 27004.

[90] Katine J A, Albert F J, Buhrman R A, et al. Current-driven magnetization reversal and spin-wave excitations in Co /Cu /Co pillars. Phys Rev Lett, 2000, 84: 3149-3152.

[91] Grollier J, Cros V, Hamzic A, et al. Spin-polarized current induced switching in Co/Cu/Co pillars. Appl Phys Lett, 2001, 78: 3663-3665.

[92] Jiang Y, Nozaki T, Abe S, et al. Substantial reduction of critical current for magnetization switching in an exchange-biased spin valve. Nat Mater, 2004, 3: 361-364.

[93] Liu Y, Zhang Z, Freitas P P, et al. Current-induced magnetization switching in magnetic tunnel junctions. Appl Phys Lett, 2003, 82: 2871-2873.

[94] Liu Y, Zhang Z, Wang J, et al. Current-induced switching in low resistance magnetic tunnel junctions. J Appl Phys, 2003, 93: 8385-8387.

[95] Huai Y, Albert F, Nguyen P, et al. Observation of spin-transfer switching in deep submicron-sized and low-resistance magnetic tunnel junctions. Appl Phys Lett, 2004, 84: 3118-3120.

[96] Fuchs G D, Emley N C, Krivorotov I N, et al. Spin-transfer effects in nanoscale magnetic tunnel junctions. Appl Phys Lett, 2004, 85: 1205-1207.

[97] Parkin S S P, Kaiser C, Panchula A, et al. Giant tunnelling magnetoresistance at room temperature with MgO(100)tunnel barriers. Nat Mater, 2004, 3: 862-867.

[98] Yuasa S, Nagahama T, Fukushima A, et al. Giant room-temperature magnetoresistance in single-crystal Fe/MgO/Fe magnetic tunnel junctions. Nat Mater, 2004, 3: 868-871.

[99] Zhu Z G, Su G, Zheng Q R, et al. Time-dependent spintronic transport and current-induced spin transfer torque in magnetic tunnel junctions. Phys Rev B, 2003, 68: 224413.

[100] Xia K, Kelly P J, Bauer G E W, et al. Spin torques in ferromagnetic/normal-metal structures. Phys Rev B, 2002, 65: 22C401.

[101] Mangin S, Ravelosona D, Katine J A, et al. Current-induced magnetization reversal in nanopillars with perpendicular anisotropy. Nat Mater, 2006, 5: 210-215.

[102] Seki T, Mitani S, Yakushiji K, et al. Spin-polarized current-induced magnetization reversal in perpendicularly magnetized $L1_0$-FePt layers. Appl Phys Lett, 2006, 88: 172504-172503.

[103] Meng H, Wang J P. Spin transfer in nanomagnetic devices with perpendicular anisotropy. Appl Phys Lett, 2006, 88: 172506-172503.

[104] Ikeda S, Miura K, Yamamoto H, et al. A perpendicular-anisotropy CoFeB-MgO magnetic tunnel junction. Nat Mater, 2010, 9: 721-724.

[105] Meng H, Sbiaa R, Lua S Y H, et al. Low current density induced spin-transfer torque switching in CoFeB-MgO magnetic tunnel junctions with perpendicular anisotropy. Journal of Physics D: Applied Physics, 2011, 44: 405001.

[106] Huai Y. Spin-transfer torque MRAM(STT-MRAM): Challenges and prospects. AAPPS Bulletin, 2008, 18: 33-40.

[107] Sun J Z, Gaidis M C, Hu G, et al. High-bias backhopping in nanosecond time-domain spin-torque switches of MgO-based magnetic tunnel junctions. J Appl Phys, 2009, 105: 07D109.

[108] Takemura R, Kawahara T, Miura K, et al. A 32-Mb 2T1R SPRAM with localized bi-directional write driver and '1'/'0' dual-array equalized reference cell//VLSI Circuits (VLSIC), 2009

Symposium on, 2009: 84-85.

[109] Hosomi M H, Yamagishi H, Yamamoto T, et al. A novel nonvolatile memory with spin torque transfer magnetization switching: Spin-RAM//Electron Devices Meeting(IEDM), 2005 IEEE International, Washington DC, 2005: 459-462.

[110] Tsuchida K, Inaba T, Fujita K, et al. A 64Mb MRAM with clamped-reference and adequate-reference schemes//Solid-State Circuits Conference Digest of Technical Papers (ISSCC). 2010 IEEE International, San Francisco, CA, 2010: 258-259.

[111] Han X F, Wei H X, Peng Z L, et al. A novel design and fabrication of magnetic random access memory based on nano-ring-type magnetic tunnel junctions. Journal of Materials Science & Technology, 2007, 33: 304-306.

[112] Lopresti P. Everspin debuts first spin-torque MRAM for high performance storage systems: EMD3D064M, a 64Mb DDR3 ST-MRAM. Everspin, 2012.

[113] Meng H, Wang J P. Asymmetric spin torque transfer in nano GMR device with perpendicular anisotropy. IEEE Transaction on Magnetics, 2007, 43: 2833.

[114] Zhang Y, Zhang Z, Liu Y, et al. Spin-transfer-induced magnetization switching in tunnel junctions with nanocurrent channels. Appl Phys Lett, 2007, 90: 112504-112503.

[115] Li X, Zhang Z, Jin Q Y, et al. Domain nucleation mediated spin-transfer switching in magnetic nanopillars with perpendicular anisotropy. Appl Phys Lett, 2008, 92: 122502-122503.

[116] Cowburn R P, Koltsov D K, Adeyeye A O, et al. Single-domain circular nanomagnets. Phys Rev Lett, 1999, 83: 1042-1045.

[117] Wachowiak A, Wiebe J, Bode M, et al. Direct observation of internal spin structure of magnetic vortex cores. Science, 2002, 298: 577-580.

[118] Shinjo T, Okuno T, Hassdorf R, et al. Magnetic vortex core observation in circular dots of permalloy. Science, 2000, 289: 930-932.

[119] Wei H X, Hickey M C, Anderson G I R, et al. Current-induced magnetization switching in a microscale ring-shaped magnetic tunnel junction. Phys Rev B, 2008, 77: 132401.

[120] Kim S K, Lee K S, Yu Y S, et al. Reliable low-power control of ultrafast vortex-core switching with the selectivity in an array of vortex states by in-plane circular-rotational magnetic fields and spin-polarized currents. Appl Phys Lett, 2008, 92: 022509.

[121] Kikuchi N, Okamoto S, Kitakami O, et al. Vertical bistable switching of spin vortex in a circular magnetic dot. J Appl Phys, 2001, 90: 6548-6549.

[122] Van Waeyenberge B, Puzic A, Stoll H, et al. Magnetic vortex core reversal by excitation with short bursts of an alternating field. Nature, 2006, 444: 461-464.

[123] Hertel R, Schneider C M. Exchange explosions: Magnetization dynamics during vortex-antivortex annihilation. Phys Rev Lett, 2006, 97: 177202.

[124] Hertel R, Gliga S, Fähnle M, et al. Ultrafast nanomagnetic toggle switching of vortex cores. Phys Rev Lett, 2007, 98: 117201.

[125] Xiao Q F, Rudge J, Choi B C, et al. Dynamics of vortex core switching in ferromagnetic nanodisks. Appl Phys Lett, 2006, 89: 262507-262503.

[126] Jin W, Liu Y W. Nonadiabatic spin-torque and damping effects on vortex core switching triggered by a single current pulse. Chinese Physics B, 2010, 19: 037001.

[127] Yamada K, Kasai S, Nakatani Y, et al. Switching magnetic vortex core by a single nanosecond current pulse. Appl Phys Lett, 2008, 93: 152502-152503.

[128] Vansteenkiste A, Chou K W, Weigand M, et al. X-ray imaging of the dynamic magnetic vortex core deformation. Nat Phys, 2009, 5: 332-334.

[129] Kammerer M, Weigand M, Curcic M, et al. Magnetic vortex core reversal by excitation of spin waves. Nat Commun, 2011, 2: 279.

[130] Liu Y, Hou Z, Gliga S, et al. Influence of the dynamic dipolar interaction on the current-induced core switch in vortex pairs. Phys Rev B, 2009, 79: 104435.

[131] Lu Y, Zhang Z, Liu Y. Magnetic interaction effect on the critical switching current in vortex arrays. J Appl Phys, 2011, 109: 103906.

[132] Jin W, He H, Chen Y, et al. Controllable vortex polarity switching by spin polarized current. J Appl Phys, 2009, 105: 013906.

[133] Liu Y, He H, Zhang Z. Spin-torque-driven vortex dynamics in a spin-valve pillar with a perpendicular polarizer. Appl Phys Lett, 2007, 91: 242501-242503.

[134] Kiselev S I, Sankey J C, Krivorotov I N, et al. Microwave oscillations of a nanomagnet driven by a spin-polarized current. Nature, 2003, 425: 380-383.

[135] Tsoi M, Sun J Z, Rooks M J, et al. Current-driven excitations in magnetic multilayer nanopillars from 4. 2 K to 300 K. Phys Rev B, 2004, 69: 100406.

[136] Krivorotov I N, Emley N C, Sankey J C, et al. Time-domain measurements of nanomagnet dynamics driven by spin-transfer torques. Science, 2005, 307: 228-231.

[137] Rippard W H, Pufall M R, Kaka S, et al. Direct-current induced dynamics in $Co_{90}Fe_{10}/Ni_{80}Fe_{20}$ point contacts. Phys Rev Lett, 2004, 92: 027201.

[138] Boulle O, Cros V, Grollier J, et al. Shaped angular dependence of the spin-transfer torque and microwave generation without magnetic field. Nat Phys, 2007, 3: 492-497.

[139] Lee K J, Deac A, Redon O, et al. Excitations of incoherent spin-waves due to spin-transfer torque. Nat Mater, 2004, 3: 877-881.

[140] Mancoff F B, Rizzo N D, Engel B N, et al. Phase-locking in double-point-contact spin-transfer devices. Nature, 2005, 437: 393-395.

[141] Kaka S, Pufall M R, Rippard W H, et al. Mutual phase-locking of microwave spin torque nano-oscillators. Nature, 2005, 437: 389-392.

[142] Tulapurkar A A, Suzuki Y, Fukushima A, et al. Spin-torque diode effect in magnetic tunnel junctions. Nature, 2005, 438: 339-342.

[143] Deac A M, Fukushima A, Kubota H, et al. Bias-driven high-power microwave emission from MgO-based tunnel magnetoresistance devices. Nat Phys, 2008, 4: 803-809.

[144] Petit S, Baraduc C, Thirion C, et al. Spin-torque influence on the high-frequency magnetization fluctuations in magnetic tunnel junctions. Phys Rev Lett, 2007, 98: 077203.

[145] Stiles M D, Miltat J. Spin Transfer Torque and Dynamics. Berlin: Springer, 2006.

[146] Kent A D, Ozyilmaz B, Del Barco E. Spin-transfer-induced precessional magnetization reversal. Appl Phys Lett, 2004, 84: 3897-3899.

[147] Lee K J, Redon O, Dieny B. Analytical investigation of spin-transfer dynamics using a perpendicular-to-plane polarizer. Appl Phys Lett, 2005, 86: 022505-022503.

[148] Houssameddine D, Ebels U, Delaet B, et al. Spin-torque oscillator using a perpendicular polarizer and a planar free layer. Nat Mater, 2007, 6: 447-453.

[149] Jin W, Liu Y, Chen H. Spin-wave excitations in nanopillars with perpendicular polarizers. IEEE Transactions on Magnetics, 2006, 42: 2682-2684.

[150] Lee O J, Pribiag V S, Braganca P M, et al. Ultrafast switching of a nanomagnet by a combined out-of-plane and in-plane polarized spin current pulse. Appl Phys Lett, 2009, 95: 012506.

[151] Rowlands G E, Rahman T, Katine J A, et al. Deep subnanosecond spin torque switching in magnetic tunnel junctions with combined in-plane and perpendicular polarizers. Appl Phys Lett, 2011, 98: 102509-102503.

[152] Papusoi C, Delaet B, Rodmacq B, et al. 100 ps precessional spin-transfer switching of a planar magnetic random access memory cell with perpendicular spin polarizer. Appl Phys Lett, 2009, 95: 072506-072503.

[153] Liu H, Bedau D, Backes D, et al. Ultrafast switching in magnetic tunnel junction based orthogonal spin transfer devices. Appl Phys Lett, 2010, 97: 242510-242513.

[154] Hou Z, Zhang Z, Zhang J, et al. Modeling of spin-torque driven magnetization dynamics in a spin-valve with combined in-plane and out-of-plane polarizers. Appl Phys Lett, 2011, 99: 222509.

[155] 侯志伟. 自旋转矩效应驱动磁翻力学的微磁和宏自旋模拟研究. 上海：同济大学博士学位论文，2011.

[156] Zhang H, Hou Z, Zhang J, et al. Precession frequency and fast switching dependence on the in-plane and out-of-plane dual spin-torque polarizers. Appl Phys Lett, 2012, 100: 142409-142404.

[157] 张红. 磁涡旋动力学与电流驱动磁矩翻转的微磁学研究. 上海：同济大学博士学位论文，2012.

[158] Hansen P, Clausen C, Much G, et al. Magnetic and magneto-optical properties of rare-earth transition-metal alloys containing Gd, Tb, Fe, Co. J Appl Phys, 1989, 66: 756-767.

[159] Ostler T A, Evans R F L, Chantrell R W, et al. Crystallographically amorphous ferrimagnetic alloys: comparing a localized atomistic spin model with experiments. Phys Rev B, 2011, 84: 024407.

[160] Stanciu C D, Tsukamoto A, Kimel A V, et al. Subpicosecond magnetization reversal across ferrimagnetic compensation points. Phys Rev Lett, 2007, 99: 217204.

[161] Stanciu C D, Kimel A V, Hansteen F, et al. Ultrafast spin dynamics across compensation points in ferrimagnetic GdFeCo: The role of angular momentum compensation. Phys Rev B, 2006, 73: 220402.

[162] Radu I, Woltersdorf G, Kiessling M, et al. Laser-induced magnetization dynamics of lanthanide-doped permalloy thin films. Phys Rev Lett, 2009, 102: 117201.

[163] Ogasawara T, Iwata N, Murakami Y, et al. Submicron-scale spatial feature of ultrafast photoinduced magnetization reversal in TbFeCo thin film. Appl Phys Lett, 2009, 94: 162507-162503.

[164] Tsukamoto A, Sato T, Toriumi S, et al. Precessional switching by ultrashort pulse laser: Beyond room temperature ferromagnetic resonance limit. J Appl Phys, 2011, 109: 07D302-07D303.

[165] Bauer G E W, Saitoh E, Van Wees B J. Spin caloritronics. Nat Mater, 2012, 11: 391-399.

第 9 章　铁磁共振和自旋波的电检测技术及其在自旋电子学方面的新应用

柏利慧　桂永胜　胡灿明

铁磁共振(ferromagnetic resonance, FMR)是指铁磁物质处于一定的外加恒定磁场和一定频率的微波磁场偏置下，当满足共振条件时产生强烈吸收共振的现象。按照俄国科学家 Vonsovskii 在《铁磁共振》(*Ferromagnetic Resonance*)一书中的描述[1]：1911 年，俄国学者 Arkad'yev 首先观测到了铁磁材料对 UHF 辐射的吸收(但是当时还不知道这种现象与铁磁共振有关)[2]；随后在 1923 年，苏联学者 Dorfman 建议基于塞曼分裂的光跃迁可以提供一种用于研究铁磁结构的方法，并以此定量地解释了 Arkad'yev 的实验结果[3]。1946 年，英国科学家 Griffiths 博士观察到在固定频率的微波场的激发下金属 Fe、Co、Ni 的磁导率随磁场出现了共振现象，虽然当时这种实验现象被作者归结为反常电子顺磁共振，但是物理学界普遍认为该实验是首次发现 FMR 的实验[4]。一年以后，Kittel 博士考虑了退磁场在铁磁材料中的贡献，重新计算并得到了铁磁材料中拉莫尔(Larmor)频率的移动，成功地解释了 Griffiths 的实验结果[5]。翌年，Kittel 博士发表了经典文章《论铁磁共振吸收》(*On the theory of ferromagnetic resonance absorption*)[6]，自此奠定了他在磁动力学研究领域的泰斗地位。

与核磁共振(nuclear magnetic resonance, NMR)和电子自旋共振(electron spin resonance, ESR)类似，铁磁共振是一种很有用的射频和微波光谱技术，通过对峰位的指定和峰宽的分析，此技术被广泛地用于铁磁材料的磁化强度和阻尼的探测以及自旋波和自旋动力学的研究。目前，该技术的发展已经历经三代各有特色的时期。

第一代传统的铁磁共振一般采用微波谐振腔技术进行测量。所谓谐振腔即为一段封闭式的波导元件，其终端与主波导耦合，在谐振腔微波磁场最强处(一般为正中心)放置铁磁样品，其原理如图 9.1(a)所示。这种技术已经被德国 Bruker 公司等开发形成商用仪器，并与低温和变外磁场角度技术结合，因此这种传统的技术被广泛用于研究铁磁体材料和薄膜样品的磁动力学[7]。但是由于谐振腔工作在一个非常窄的微波频率范围，该技术难以测量材料的色散关系。同时，因为微波的吸收与铁磁材料的体积成正比，该技术也不适合研究测量微米以及纳米尺度的样品，否则会因为样品的体积过小而导致信号太弱。

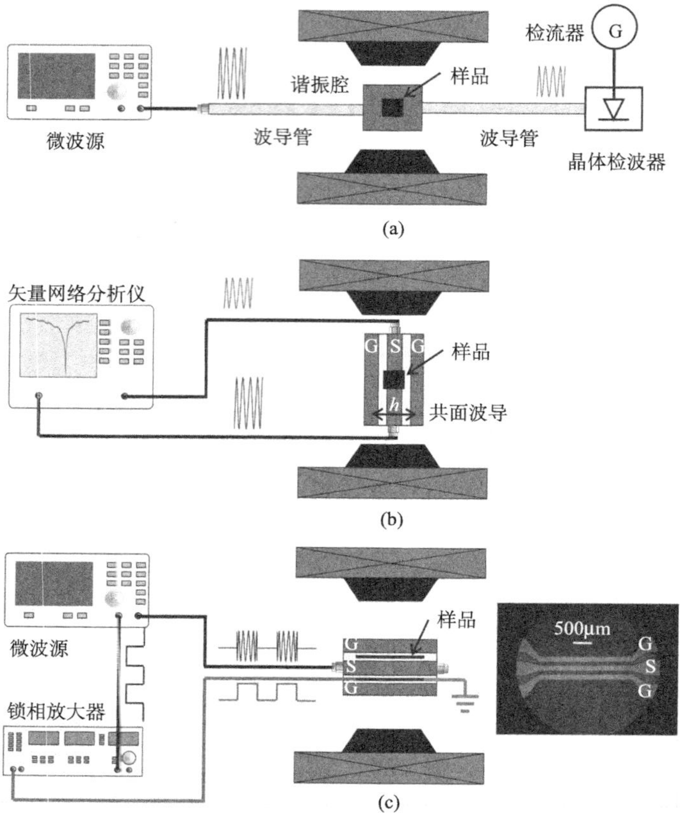

图 9.1　三代不同的铁磁共振技术的对比。(a)基于谐振腔的第一代铁磁共振测量的实验原理图[7]；(b)基于矢量分析仪和共面波导的第二代铁磁共振测量的实验原理图[9]；(c)基于电检测的第三代铁磁共振测量的实验原理图[17]，右插图为用于电检测的典型复合自旋器件的光学显微镜照片

随着对微波传输理论的深入研究以及微波检测技术的进步，特别是共面波导(coplanar waveguide，CPW)和网络分析仪(network analyzer)的发明，铁磁共振技术进入了第二代宽频共面波导时代。1969 年，著名旅美华裔科学家文正博士发明了共面波导 CPW(非常有趣的是，CPW 也正是文正博士英文名字 Cheng P. Wen 的缩写)[8]，这一革命性的发明将传统的三维微波器件压缩到了二维，它不但大大缩小了微波器件的尺寸，而且可以将微波器件与其他电子器件在芯片上集成。1973 年，惠普公司推出了第一台能直接测量微波振幅的标量网络分析仪(scalar network analyzer，SNA)HP8755A，随后又在 20 世纪末开发出矢量网络

分析仪(vector network analyzer，VNA)，不但能测量微波的振幅，还能测量它的相位。如图 9.1(b)所示，新一代的宽频铁磁共振测量运用了 CPW 和 VNA 相结合的技术，样品置于 G-S-G(地-信号-地)CPW 的信号线(S)上，微波磁场通过 CPW 驱动铁磁材料中的 FMR，利用固定磁场下扫描微波的频率，由 VNA 测量不同频率下的 S 参数，并由此得到微波的吸收谱。该技术被广泛地用于测量薄膜材料特别是超薄材料的 FMR[9]。此外，结合调制磁场和宽频的带状线技术[10]以及脉冲感应微波磁力技术[11]也被一些实验室开发并用于测量 FMR。所有上述这些测量技术都是间接地通过传输线上的微波透射信号来计算 FMR 谱，而不是直接测量在铁磁样品上的微波响应。由于传输线上微波的损耗对频率和外界环境非常敏感，通常都需要仔细地定标，以扣除微波在传输线上的损耗以及一些其他寄生效应，同时矢量网络分析仪价格过于昂贵，这些因素阻碍了它们发展成为常规的 FMR 测量技术。

为了测量单个微米结构和纳米结构的样品，21 世纪初人们开始尝试运用材料电学性质在微波场激发下的变化来探测磁性材料中的自旋激发[12-16]。2007 年，加拿大曼尼托巴大学的自旋动力学研究小组发明了一种复合集成器件，并提出了自旋整流(spin rectification)的新概念，在此基础上开发了新一代的铁磁共振技术：电检测铁磁共振(electrical detection of ferromagnetic resonance，EDFMR)[17,18]，它实现了测量技术上的突破。在实验技术上，该方法通过微加工工艺将 CPW 和铁磁样品复合集成到单个芯片上，再利用铁磁样品作为探测器直接测量其对微波的响应。如图 9.1(c)的插图所示，两个相同坡莫合金(Permalloy，Py)微带，长 2.45mm，宽 20μm，厚约 100nm，分别放置在具有 G-S-G 结构的 CPW 的信号端(S)与地端(G)的中间，这种复合器件因为能有效地将微波能量通过 FMR 转换为直流电而被称为自旋发电机(spin dynamo)，它是经典宏观的法拉第发电机的一种微观再现。在实验原理上，自旋整流效应利用微波场与磁电阻效应的非线性耦合，通过测量铁磁样品上微波诱导的直流电压或直流电流来探测 FMR。在以往的 FMR 技术中，除微波场强度外，其测量信号还与样品的体积成正比，而在这种新技术上，测量得到的 FMR 电信号与样品的体积没有直接关系，而是与它的电阻成正比(具体的公式将在 9.2 节中讨论)。这样，只要通过简单地改变器件的尺寸就可以测量微纳米尺度的铁磁样品，同时锁相技术的运用使得该系统测量精度达到 10nV(对应大约 100nW 的微波激发功率)[18]。

由于 EDFMR 技术具有非常高的测量精度、快捷的测量过程以及相对简单的测量设备需求，所以被越来越多的实验室采用并发展为一种非常有效的 FMR 测量手段。目前该技术已被广泛地用于不同的铁磁材料(包括铁磁金属、铁磁半导体以及铁磁绝缘体和它们的多层膜结构)中的铁磁共振、自旋波共振以及畴壁共振，研究的问题从简单的 FMR 扩展到非线性 FMR 效应、非线性阻尼效应以及磁性材料的边界条件问题。它也被广泛地用于研究各种新奇的自旋动力学效应，如自旋矩(spin torque)、相分辨 FMR、自旋泵浦效应(spin pumping effect)以及自旋霍尔效应(spin Hall effect)等[17-48]。国内的很多研究组，如中国科学院上海技术物理研究所陆卫组[47, 48]，兰州大学薛德胜组[44,45]，南京大学丁海峰组[43,46]，复旦大学吴义政组、周磊组、安正华组等，近年来也都开始采用该技术对磁性材料以及自旋动力学的物理和应用进行研究。为了让国内外同行全面了解这一飞速发展领域的概貌，并快速掌握有关实验测量和数据分析的基本方法，本章将分 3 节全面论述铁磁共振电检测技术的原理和应用。9.1 节将简单阐述电检测铁磁共振技术的物理原理，9.2 节详细讨论电检测铁磁共振信号的定量分析方法，9.3 节综述电检测铁磁共振技术的广泛应用。

9.1 电检测铁磁共振技术的物理原理

如果两个相互耦合的交变量 $\cos\omega t$ 和 $\cos(\omega t+\Phi)$在时间域具有相同的周期性，那么它们相互耦合的结果是

$$\cos\omega t\cos(\omega t+\Phi)=\frac{[\cos\Phi+\cos(2\omega t+\Phi)]}{2} \tag{9.1}$$

当相差 Φ 不为 90°或 270°时，我们就得到一项与时间无关的常量：$(\cos\Phi)/2$。这种将交变信号转换成为直流信号的过程称为整流，它在光电非线性领域有着重要的应用。自旋整流效应也是基于公式(9.1)，伴随着铁磁共振中磁矩的周期性进动，铁磁材料的磁电阻呈周期性变化，这一交变的电阻与微波电流耦合会产生一个直流光电压(photovoltage，PV)，这就是自旋整流效应的基本原理。

为了方便读者理解自旋整流效应，我们从最简单的磁性材料的电阻出发：磁性材料中，当电流方向与磁化方向平行时，电阻最大；而当电流方向与磁化方向垂直时，电阻最小。这是所谓的各向异性磁电阻(anisotropic magnetoresistance，AMR)效应，该效应首先被英国科学家 William Thomson(Kelvin 勋爵)在 1851 年发现。它可以用一个简单的数学式来描述

$$R=R_0+\Delta R_{\mathrm{AMR}}\cos^2\theta_M \tag{9.2}$$

式中，R_0 为最小的纵向电阻(此时磁矩垂直电流)；ΔR_{AMR} 为 AMR 效应引起的电阻变化；θ_M 为电流和磁化方向的夹角，在饱和磁化条件下，磁化方向 θ_M 与外加恒定磁场方向 θ_H 相同。

在微波磁场 $\boldsymbol{h}$ 和恒定磁场 $\boldsymbol{H}$ 引起的力矩作用下，总磁矩或磁化强度 $\boldsymbol{M}$ 围绕外磁场方向做进动，进动角为 θ，这个过程满足 Landau-Lifshitz-Gilbert(LLG)方程[49]，结果导致了公式(9.2)中的 $\theta_M=\theta_H+\theta\cos\omega t$ 包括了一个交变项(我们将

在 9.2 节详细讨论这个进动过程）。一般情况下 $\theta \ll \theta_H$，电阻中的交变部分近似为 $\Delta R_{\mathrm{AMR}}\theta\sin(2\theta_H)\cos\omega t$。这个交变电阻项与微波电场 $e\cos\omega t$ 激发的交变电流 $j=e\sigma\cos\omega t$ 耦合，就产生了一个直流电压 $PV \propto \Delta R_{\mathrm{AMR}}\sigma e\theta\sin(2\theta_H)/2$，$\sigma$ 为铁磁材料的电导率。在实际的样品中，交变电阻相对交变电流一般会有一个相位滞后，我们将在后面的讨论中给出这种一般情况的详细推导。

各向异性磁电阻效应一般比较小，随着薄膜生长工艺的进步，人们能够制造出高质量的只有几个原子厚度的薄层结构，从而在磁性多层膜结构中先后发现了巨磁电阻（giant magnetoresistance，GMR）和隧穿磁电阻（tunneling magnetoresistance，TMR）效应。与 AMR 效应类似，在微波场的激发下，GMR 和 TMR 结构中的磁矩方向受到微波磁场的周期性扰动，其产生的交变电阻项与交变电流耦合也生成了光电压。除了磁电阻效应外，磁性材料和结构的电阻还受到各种霍尔效应的影响，包括平面霍尔效应（planar Hall effect）以及反常霍尔效应（extraordinary Hall effect），它们也会引起自旋整流效应。为了与磁性材料和结构中其他的整流效应区别，所有上述这些源于微波磁场引起的整流效应又被称为 h 场矩（h-field torque）整流效应[42]，这里 h 表示微波磁场分量。

在磁性多层膜结构中，除了 h 场矩，自旋极化电流引起的自旋矩也会驱动磁矩进动，这种全新的机制可以实现磁性存储器中信息的电写入和驱动纳米尺度的微波振荡器。与 h 场矩类似，自旋矩也能产生光电压并用于电检测铁磁共振[15,19,20,40]。由于电检测技术具有很高的精度，它能够定量地测量自旋矩磁化率张量和自旋矩矢量，这些量对新一代磁性存储器技术的发展有着重要意义。

除了这些相干的自旋整流效应，在铁磁金属和非磁性金属的界面，借助于自旋泵浦效应微波激发下的铁磁共振，会产生一个自旋极化的电流流过界面，这种自旋注入效应会在与界面垂直的方向产生一个直流电压[16]。此外，如果非磁性金属中（如 Pt）存在较强的自旋轨道耦合，注入到其中的自旋极化电流就会通过自旋霍尔效应转换为电荷流，这个动态过程同样也能将高频的微波场整流为直流信号[22]。因为这两个效应都来源于非相干的自旋扩散和铁磁共振吸收，它引起的铁磁共振线型总是与相位无关的对称线型。

总之，基于自旋整流效应的 EDFMR 技术具有很高的测量精度，图 9.2 为第一代自旋发电机中光电压与微波功率的线性依赖关系，从中可以得到 40μV/mW 的转换效率。由于测试系统运用了锁相技术，使得其测量的精度可以达到 10nV，这样一些非常微弱的磁动力学过程也可以被测量到，如图中铁磁共振左侧的自旋波共振。在 9.3 节中我们将展示利用这种高灵敏的测量技术观察到的一些新物理现象，其中的很多现象是传统的 FMR 技术所未能涉及的。

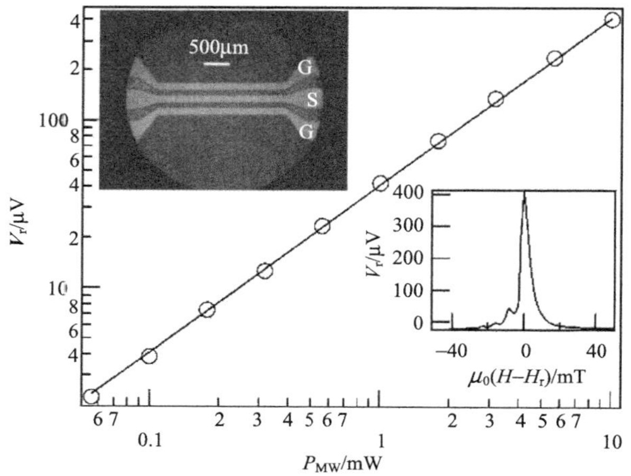

图 9.2 光电压与定标后的微波功率的线性依赖关系。主图中的空心圆为 FMR 时最大的光电压，直线为其线性拟合；左上的插图为第一代自旋发电机的光学显微镜照片；右下插图为 6GHz、10mW 下实际测量到的共振光电压谱。图取自文献[18]

9.2 电检测铁磁共振信号的定量分析方法

为了让读者深入了解这一新颖技术的物理内涵，我们将在本节详细讨论磁化强度的进动和广义欧姆定律，通过二者的结合得到自旋整流效应的数学表达式。读者可以利用这些公式，直接对电检测铁磁共振信号进行定量分析，也可以根据这一节所描述的基本方法，推导出适用于其他测量位型的数学表达式。

9.2.1 磁化强度的进动

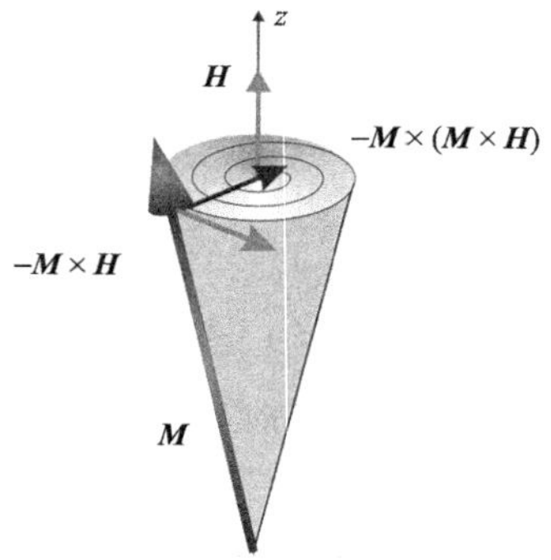

图 9.3 磁矩进动的示意图

在外加饱和磁场的作用下，铁磁体内部的所有自旋磁矩趋向同一方向，并围绕着外磁场方向做进动(图 9.3)，其进动方程可以用 LLG 方程来描述[49]

$$\frac{d\boldsymbol{M}}{dt}=-\gamma(\boldsymbol{M}\times\boldsymbol{H}_i)+\frac{\alpha}{M_0}\left(\boldsymbol{M}\times\frac{d\boldsymbol{M}}{dt}\right)\quad(9.3)$$

式中，$\gamma=g_{eff}e/(2m_e)$为旋磁比，由于铁磁性反映了电子自旋磁矩的集体行为，有效朗德因子 g_{eff}与电子的朗德因子 $g=2$ 稍有不同。线性区的 FMR 线宽 $\Delta H\sim\alpha\omega/\gamma$ 由吉尔伯特阻尼系数 α 决定。我们设定外加恒定磁场 $\boldsymbol{H}$ 沿 z 方向，铁磁体内部的磁场 $\boldsymbol{H}_{\mathrm{i}}=\boldsymbol{H}_{0\mathrm{i}}+\boldsymbol{h}_{\mathrm{i}}\mathrm{e}^{-\mathrm{i}\omega t}$ 包括恒定磁场 $\boldsymbol{H}_{0\mathrm{i}z}=\boldsymbol{H}_z-N_z\boldsymbol{M}_0$ 和交变磁场 $\boldsymbol{h}_{\mathrm{i}k}=\boldsymbol{h}_k\mathrm{e}^{\mathrm{i}\Phi_k}-N_k\boldsymbol{m}_k$ 两部分，其中 Φ_k 是 k 方向上微波磁场与铁磁样品交变电流的相位移，M_0 是饱和磁化强度，N_k 是 k 方向上的退磁因子。线性激发条件下，铁磁样品的磁化 $\boldsymbol{M}=\boldsymbol{M}_0+\boldsymbol{m}\mathrm{e}^{-\mathrm{i}\omega t}$，这样式(9.3)可以用磁化率张量 $\hat{\boldsymbol{\chi}}$ 描述交变磁化 $\boldsymbol{m}$ 对交变磁场 $\boldsymbol{h}$ 的响应，即

$$\boldsymbol{m}=\hat{\boldsymbol{\chi}}\boldsymbol{h}=\begin{pmatrix}\chi_{xx} & \mathrm{i}\chi_{xy} & 0\\ -\mathrm{i}\chi_{xy} & \chi_{yy} & 0\\ 0 & 0 & 0\end{pmatrix}\begin{pmatrix}h_x\\ h_y\\ h_z\end{pmatrix} \tag{9.4}$$

为了强调磁化率张量 $\hat{\boldsymbol{\chi}}$ 中张量元的共振特性，我们定义 L 和 D 分别为对称的洛伦兹线型和反对称的洛伦兹线型(图 9.4)，则有

$$\begin{cases}L=\dfrac{\Delta H^2}{(H-H_{\mathrm{r}})^2+\Delta H^2}\\[2ex] D=\dfrac{\Delta H(H-H_{\mathrm{r}})}{(H-H_{\mathrm{r}})^2+\Delta H^2}\end{cases} \tag{9.5}$$

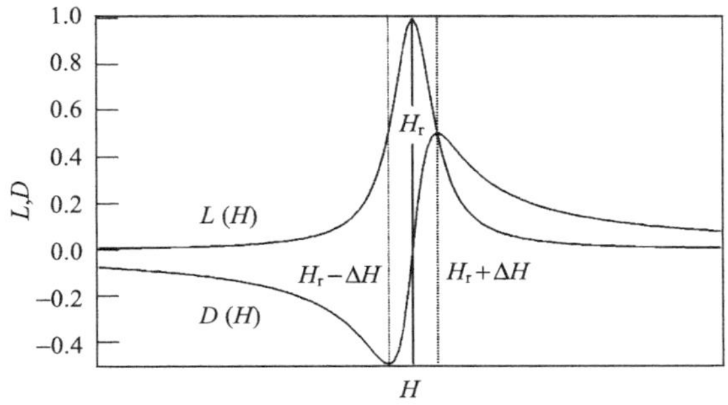

图 9.4　对称的洛伦兹线型 $L(H)$ 和反对称的洛伦兹线型 $D(H)$

式中，H_{r} 满足 Kittle 关系式 $\omega^2=\gamma^2[H_{\mathrm{r}}+M_0(N_y-N_z)][H_{\mathrm{r}}+M_0(N_x-N_z)]$ 为铁磁共振的位置。利用式(9.5)$\hat{\boldsymbol{\chi}}$ 的张量元可以简单表述为

$$(\chi_{xx},\ \chi_{xy},\ \chi_{yy})=(D+\mathrm{i}L)(A_{xx},\ A_{xy},\ A_{yy})$$

其中，振幅 A_{xx}、A_{xy}、A_{yy} 是与样品性质有关的实数

$$\begin{cases}A_{xx}=\dfrac{\gamma M_0[N_yM_0+(H-N_zM_0)]}{\alpha\omega[2(H-N_zM_0)+M_0(N_z+N_y)]}\\[2ex] A_{xy}=-\dfrac{M_0}{\alpha[2(H-N_zM_0)+M_0(N_z+N_y)]}\\[2ex] A_{yy}=\dfrac{\gamma M_0[M_0N_x+(H-N_zM_0)]}{\alpha\omega[2(H-N_zM_0)+M_0(N_z+N_y)]}\end{cases} \tag{9.6}$$

通过这样一个简化过程，就可以发现在 $\hat{\boldsymbol{\chi}}$ 张量元中的共振信息实际上包括了两部分，分别包含在它的实部 D 和虚部 $\mathrm{i}L$ 中。利用这一特质，我们将在 9.3.2 节展示利用微波磁场和微波电场之间的相位关系而建立的相分辨 EDFMR 技术。传统的 FMR 测量基于微波的吸收，测量的量为 $|m|^2 \propto L^2 + D^2 = L$，这一测量原理损失了丰富的相位信息，只能得到一个简单的对称的洛伦兹线型共振谱。而在相分辨 EDFMR 谱中，通过控制微波电流相对于微波磁场的相位滞后，共振谱线可以是对称洛伦兹线型和反对称洛伦兹线型的任何组合。该技术不但能定量研究 FMR 的相位和振幅，还可以发展成为一种用于测量物质的介电常数的新方法[47]。

9.2.2　广义欧姆定律

要深入讨论自旋整流效应，就需要了解铁磁材料的磁电阻。在外磁场和电场共同作用下，铁磁介质中的电流和电场的方向并不一致，因此要用电阻率张量来描述欧姆定律 $\boldsymbol{E} = \hat{\boldsymbol{\rho}} J$，其中

$$\hat{\boldsymbol{\rho}} = \begin{pmatrix} \rho_{\perp} & -\rho_{\mathrm{H}} & 0 \\ \rho_{\mathrm{H}} & \rho_{\perp} & 0 \\ 0 & 0 & \rho_{/\!/} \end{pmatrix} \tag{9.7}$$

式中，$\rho_{\perp}$ 是垂直于磁场方向的电阻率，即横向电阻率；$\rho_{/\!/}$ 是平行于磁场方向的电阻率，即纵向电阻率，$(\rho_{/\!/} - \rho_{\perp})/\rho_{/\!/}$ 反映了各向异性磁电阻效应；霍尔电阻率 ρ_{H} 包括了普通霍尔电阻率 R_0 和反常霍尔电阻率 R_1。电场强度 $\boldsymbol{E}$ 与电流密度 $\boldsymbol{J}$ 的关系为[50]

$$\boldsymbol{E} = \rho_{\perp} \boldsymbol{J} + \frac{\rho_{/\!/} - \rho_{\perp}}{M_0^2} (\boldsymbol{J} \cdot \boldsymbol{M}) \boldsymbol{M} + R_0 \boldsymbol{H} \times \boldsymbol{J} + R_1 \boldsymbol{M} \times \boldsymbol{J} \tag{9.8}$$

由式(9.8)还可以简单推出平面霍尔效应，但它其实与霍尔效应无关，只是 AMR 效应在霍尔测量位形下的表现，普通霍尔效应在金属中较小，并且不引起共振信号，因此在以下有关自旋整流效应的讨论中略去。

从广义欧姆定律出发，我们可以考察磁矩 $\boldsymbol{M}$ 在铁磁共振时对材料输运性质的影响。设介质中电流矢量为 $\boldsymbol{J} = \boldsymbol{I} + \boldsymbol{j}\mathrm{e}^{-\mathrm{i}\omega t}$，$\boldsymbol{I}$ 是直流，$\boldsymbol{j}\mathrm{e}^{-\mathrm{i}\omega t}$ 是微波电流；介质中磁矩矢量为 $\boldsymbol{M} = \boldsymbol{M}_1 + \boldsymbol{m}\mathrm{e}^{-\mathrm{i}\omega t}$，$M_1 = M_0[1 - m^2/(2M_0^2)]$ 和 $\boldsymbol{m}\mathrm{e}^{-\mathrm{i}\omega t}$ 分别是静态和动态分量($m \ll M_0$)；为了讨论电压更方便，这里分别用电流、电压和电阻取代电流密度、电场和电阻率，把这些关系代入广义欧姆定律就得到

$$\boldsymbol{V} = R_0 \boldsymbol{J} + \frac{\Delta R_{\mathrm{AMR}}}{M_0^2} (\boldsymbol{J} \cdot \boldsymbol{M}) \boldsymbol{M} + R_{\mathrm{H}} \boldsymbol{H} \times \boldsymbol{J} + R_{\mathrm{AHE}} \boldsymbol{M} \times \boldsymbol{J} \tag{9.9}$$

式中，R_0 为最小的纵向电阻(此时磁矩垂直电流)；ΔR_{AMR} 是样品各向异性磁电

阻的变化量；R_H 是霍尔电阻的变化量；R_{AHE} 是反常霍尔电阻的变化量。我们可以按照 m 和 j 来展开式(9.9)，分别得到各阶的贡献

$$R_0\boldsymbol{I}+\frac{\Delta R_{AMR}}{M_0^2}(\boldsymbol{I}\cdot\boldsymbol{M}_0)\boldsymbol{M}_0+R_H\boldsymbol{H}\times\boldsymbol{I}+R_{AHE}\boldsymbol{M}_0\times\boldsymbol{I} \quad \text{(零阶)}$$

$$\begin{aligned}&R_0\boldsymbol{j}+\frac{\Delta R_{AMR}}{M_0^2}\{[\boldsymbol{I}\cdot\boldsymbol{M}_0]\boldsymbol{m}+[\boldsymbol{I}\cdot\boldsymbol{m}]\boldsymbol{M}_0+[\boldsymbol{j}\cdot\boldsymbol{M}_0]\boldsymbol{M}_0\}\\&\quad+R_H\boldsymbol{H}\times\boldsymbol{j}+R_{AHE}\boldsymbol{M}\times\boldsymbol{j}+R_{AHE}\boldsymbol{m}\times\boldsymbol{I} \quad \text{(一阶)}\end{aligned}$$

$$\begin{aligned}&+\frac{\Delta R_{AMR}}{M_0^2}\left\{[\boldsymbol{j}\cdot\boldsymbol{M}_0]\boldsymbol{m}+[\boldsymbol{j}\cdot\boldsymbol{m}]\boldsymbol{M}_0+[\boldsymbol{I}\cdot\boldsymbol{m}]\boldsymbol{m}-(\boldsymbol{I}\cdot\boldsymbol{M}_0)\boldsymbol{M}_0\frac{m^2}{M_0^2}\right\}\\&+R_{AHE}\left[\boldsymbol{m}\times\boldsymbol{j}-(\boldsymbol{M}_0\times\boldsymbol{I})\frac{m^2}{2M_0^2}\right] \quad \text{(二阶)}\end{aligned}$$

零阶包括四项，分别是直流下的欧姆定律、各向异性磁电阻、霍尔效应和反常霍尔效应。一阶项是上述四项的交变形式，由于它们对时间的积分为零，所以对直流测量量没有贡献。我们最感兴趣的二阶项包括了各向异性磁电阻和反常霍尔效应的贡献，它们是自旋整流效应的根源；其中来源于各向异性磁电阻的前两项不依赖于直流电流的存在，而是在微波辐照下激发铁磁共振产生整流电压，因此也被称为光电压，这是铁磁导体中自旋整流的主要来源；第三项和第四项来源于各向异性磁电阻在微波场下的变化，依赖于直流电流才能产生电压，因此被称为光电阻(photoresistance，PR)；第五项反映了反常霍尔效应对自旋整流效应的贡献，这是光电压的另一个重要物理源头；第六项反映了反常霍尔效应对光电阻的贡献。

因此，自旋整流效应的表达式可以简化为光电压和光电阻两个表达式[17,18,21,42]

$$V=\frac{\Delta R_{AMR}}{M_0^2}\left\langle[\boldsymbol{j}\times\boldsymbol{m}]\times\boldsymbol{M}_0+[\boldsymbol{j}\cdot\boldsymbol{m}]\boldsymbol{M}_0\right\rangle+R_{AHE}\langle\boldsymbol{m}\times\boldsymbol{j}\rangle \tag{9.10}$$

$$R=\frac{\Delta R_{AMR}}{IM_0^2}\left\langle[\boldsymbol{I}\cdot\boldsymbol{m}]\boldsymbol{m}-(\boldsymbol{I}\cdot\boldsymbol{M}_0)\boldsymbol{M}_0\frac{m^2}{M_0^2}\right\rangle-\frac{R_{AHE}}{2I}\frac{\langle m^2\rangle}{M_0^2}(\boldsymbol{M}_0\times\boldsymbol{I}) \tag{9.11}$$

这里〈　〉表示对时间求平均，平均值即为得到的直流信号。为了使表达式简洁，我们略去了所有交变项的交变系数 $e^{-i\omega t}$。通过式(9.10)和式(9.11)，可以看到，一般情况下，各向异性磁电阻和反常霍尔效应都对自旋整流的光电压和光电阻有贡献。光电压效应是微波电流 $\boldsymbol{j}$ 和进动磁矩 $\boldsymbol{m}$ 的耦合；而光电阻仅与 $\boldsymbol{m}$ 有关，反映了磁矩进动分量相对于饱和磁矩的比值($\boldsymbol{m}/\boldsymbol{M}_0$)直接与铁磁共振的进动角相关，因此光电阻可以用来测量进动角的大小[25,43]。

9.2.3　自旋整流效应的定量分析和角对称性

通过联立式(9.4)和式(9.10)，就可以得到自旋整流效应的解析解。在面内磁场极化的情况下，我们建立外磁场坐标系 x-y-z，和微波场坐标系 x'-y-z'如图9.5所示。两个坐标系共用 y 轴(薄膜的法线方向)，外磁场的方向规定为 z，样品中微波电流的方向规定为 z'，二者之间的夹角为 θ_H。对于与CPW结合的条状铁磁样品，其长度远大于宽度和厚度，样品内的微波电流可以被认为是沿样品条的方向；而对于谐振腔内的矩形样品，微波电流则由谐振腔微波电场的极化方向决定。由式(9.10)可以得到在实验室坐标系 x'-y-z'中光电压的表达式

$$\begin{pmatrix} V_{x'} \\ V_y \\ V_{z'} \end{pmatrix} = \frac{\Delta R_{\mathrm{AMR}}}{M_0} \begin{pmatrix} \langle m_x j_{z'} \rangle \cos 2\theta_H \\ \langle m_y j_{z'} \rangle \cos\theta_H \\ -\langle m_x j_{z'} \rangle \sin 2\theta_H \end{pmatrix} + R_{\mathrm{AHE}} \begin{pmatrix} \langle m_y j_{z'} \rangle \\ \langle m_x j_{z'} \rangle \cos\theta_H \\ 0 \end{pmatrix} \tag{9.12}$$

很显然，沿条状样品纵向的光电压 $V_{z'}$ 只依赖于AMR效应，与反常霍尔效应无关，这个物理量因其简明的物理机制而在自旋动力学的研究中具有特别重要的用处；而横向的光电压 $V_{x'}$ 则相对复杂，与AMR效应和反常霍尔效应都有关系。

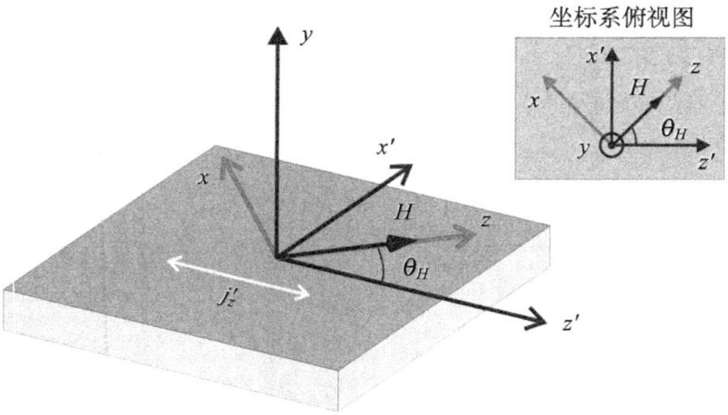

图9.5　建立外磁场坐标系 x-y-z 和微波场坐标系 x'-y-z'。规定薄膜的法线方向为 y 轴，两坐标系共用 y 轴。外磁场的方向为 z，样品中微波电流的方向 z'，二者之间的夹角为 θ_H

通过坐标变换，交变磁化强度与交变磁场的关系满足

$$\begin{pmatrix} m_x \\ m_y \\ m_z \end{pmatrix} = \begin{pmatrix} \chi_{xx} & \mathrm{i}\chi_{xy} & 0 \\ -\mathrm{i}\chi_{xy} & \chi_{yy} & 0 \\ 0 & 0 & 0 \end{pmatrix} \begin{pmatrix} h_{x'} e^{\mathrm{i}\Phi_{x'}} \cos\theta_{\mathrm{H}} - h_{z'} e^{\mathrm{i}\Phi_{z'}} \sin\theta_H \\ h_y e^{\mathrm{i}\Phi_y} \\ h_{x'} e^{\mathrm{i}\Phi_{x'}} \sin\theta_{\mathrm{H}} + h_{z'} e^{\mathrm{i}\Phi_{z'}} \cos\theta_H \end{pmatrix} \tag{9.13}$$

式中，Φ_k 是 k 方向上微波磁场与铁磁样品交变电流 $j_{z'} e^{-\mathrm{i}\omega t}$ 的相位移，光电压谱

上复杂的 FMR 线型就是由它引起的，我们将在下面详细地讨论它的作用。

在上述推导过程中引入复数是为了简化数学表达式，实际的物理测量应当是它们的实部，以面内磁场位形(图 9.5)下测量到的纵向光电压 $V_{z'}$ 为例

$$V_{z'} = -\frac{\Delta R_{\mathrm{AMR}}}{M_0} \langle \mathrm{Re}(m_x \mathrm{e}^{-\mathrm{i}\omega t}) \mathrm{Re}(j_{z'} \mathrm{e}^{-\mathrm{i}\omega t}) \rangle \sin 2\theta_H \tag{9.14}$$

为了更好地理解光电压中的 FMR 的线型，我们将式(9.6)和式(9.13)代入式(9.14)中，并将最终结果简化为对称线型和非对称线型两部分，则有

$$V_{z'} = -\frac{\Delta R_{\mathrm{AMR}}}{2M_0} j_{z'} (A_L L + A_D D) \tag{9.15}$$

其中，A_L 和 A_D 分别对应对称线型和非对称线型的振幅，满足

$$\begin{cases} A_L = \sin 2\theta_H (-A_{xx} h_{x'} \sin\Phi_{x'} \cos\theta_H - A_{xy} h_y \cos\Phi_y + A_{xx} h_{z'} \sin\Phi_{z'} \sin\theta_H) \\ A_D = \sin 2\theta_H (A_{xx} h_{x'} \cos\Phi_{x'} \cos\theta_H - A_{xy} h_y \sin\Phi_y - A_{xx} h_{z'} \cos\Phi_{z'} \sin\theta_H) \end{cases} \tag{9.16}$$

虽然式(9.16)看似非常复杂，但仔细研究就会发现对不同的微波磁场分量 $h_{x'}$、h_y 和 $h_{z'}$，A_L 和 A_D 分别有着 $\sin 2\theta_H \cos\theta_H$、$\sin 2\theta_H$ 和 $\sin 2\theta_H \sin\theta_H$ 的不同依赖关系。这种独特的角对称关系已经被加拿大曼尼托巴大学自旋动力学研究小组实验证实了[18,31,42]。需要指出的是，在第一代自旋发电机中，h_y 在微波磁场中占主导地位，这种微波磁场的位型对定量分析自旋泵浦和自旋霍尔效应有着重要的意义。最近，南京大学丁海峰研究小组采用类似结构，用 Py/Pt 双层膜替代了 Py 单层膜，首次测量到纯的自旋泵浦效应[43]，澄清了国际上一个很有争议的自旋泵浦电压问题。我们将在 9.3.5 节中详细地讨论有关问题。

限于篇幅，我们只提供了平行于微波电流的纵向光电压在面内磁场位型下的解析解，横向光电压以及面外磁场下光电压的解析解，读者可以参阅文献[17]、[32]、[42]、[44]、[45]，通过联立式(9.4)和式(9.10)，得到任何位型下的光电压解析解。我们现在把光电压独特的角度依赖关系总结在表 9.1 中，这样通过变角度的实验就可以简单区分各微波磁场分量分别对 A_L 和 A_D 贡献。由于对应于不同微波磁场分量的 A_L/A_D 是一个与 θ_H 无关的量，只是由相位 Φ 决定，这样运用 EDFMR 的技术就可以得到微波磁场的矢量以及它的相位，这个问题将在 9.3.6 节详细讨论。

表 9.1 直观地比较了在纵向和横向的测量位型下，不同的微波磁场分量 $h_{x'}$、h_y 和 $h_{z'}$ 引起的 A_L 和 A_D 与 θ_H 的角对称依赖关系。可以看到，在横向测量位型下，如式(9.12)所示，由于 $V_{x'}$ 同时依赖于横向 AMR 磁电阻效应(也称平面霍尔效应)和反常霍尔效应，其角度依赖关系远比纵向位型复杂。最近，兰州大学薛德胜研究小组测量了铁磁材料 $Co_{90}Zr_{10}$ 的横向光电压效应，由于该材料中 AMR

磁电阻效应可以忽略不计，因此得到了纯的由反常霍尔效应引起的光电压，其角度关系与自旋整流理论符合[44,45]。

表 9.1　在纵向和横向的测量位型下，不同的微波磁场分量 $h_{x'}$、h_y 和 $h_{z'}$ 引起的 A_L 和 A_D 与 θ_H 的依赖关系

测量的整流电压位型	整流机制	$h_{x'}$主导的A_L, A_D	h_y主导的A_L, A_D	$h_{z'}$主导的A_L, A_D
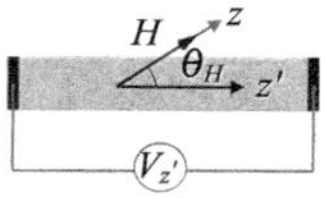	AMR效应	$\propto \sin 2\theta_H \cos \theta_H$ 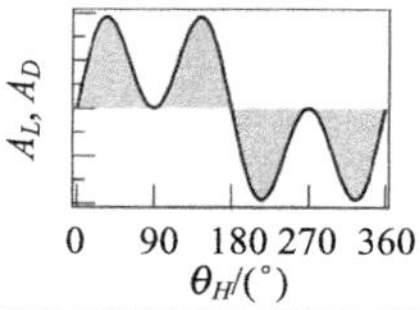	$\propto \sin 2\theta_H$ 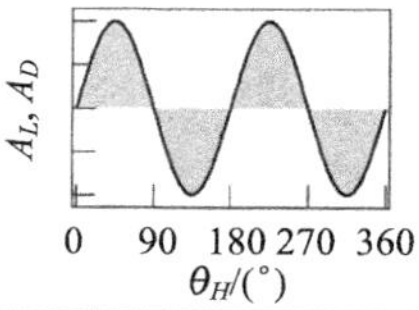	$\propto \sin 2\theta_H \sin \theta_H$ 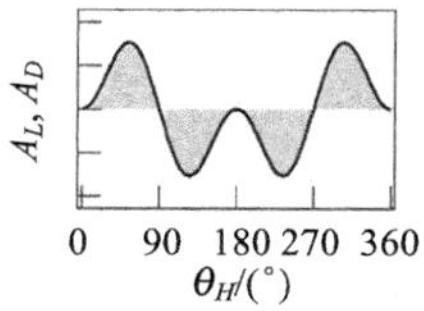
	反常霍尔效应	0	0	0
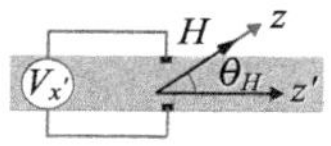	AMR效应	$\propto \cos 2\theta_H \cos \theta_H$ 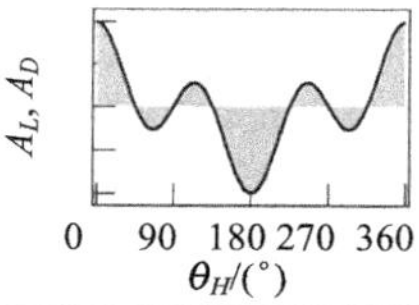	$\propto \cos 2\theta_H$ 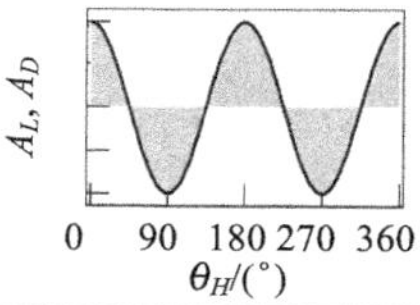	$\propto \cos 2\theta_H \sin \theta_H$ 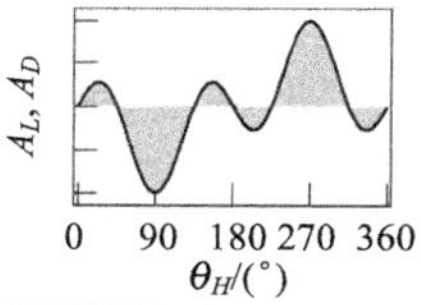
	反常霍尔效应	$\propto \cos \theta_H$ 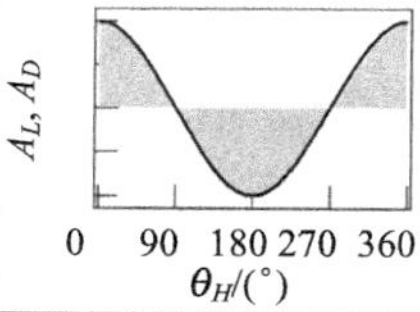	常数 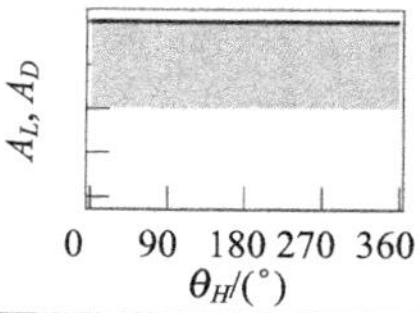	$\propto \sin \theta_H$ 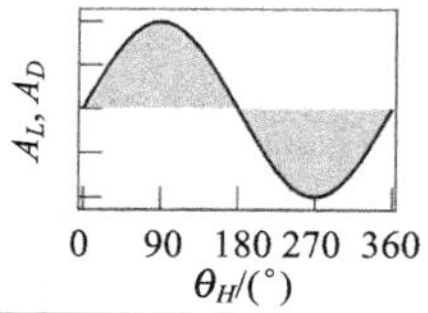

通过式(9.15)和式(9.16)我们可以简单地总结出自旋整流效应的几个基本特性以及它们的应用：

(1) 光电压正比于微波的功率，这种特性可以用于探测微波的功率和微波成像[18,48,58]；

(2) 光电压与外加偏置磁场 H 的方向 θ_H 有关，在高对称点纵向光电压消失，这种效应可用于区分自旋泵浦效应、自旋霍尔效应和自旋整流效应[43,46]；

(3) 光电压对角度 θ_H 的具体依赖关系还与微波场的极化方向有关，这种特性可以用于探测微波磁场的矢量，而传统的技术很难精确测量微波磁场的极化方向[27]；

(4) 光电压对微波相位的依赖关系，这种特性可以用来开发相分辨的 FMR 谱，并可以用于微波成像技术[32,48,58]。

根据这些特性，在 9.3 节中，我们将具体地讨论铁磁共振和自旋波电检测技术在磁学、自旋动力学以及微波技术等不同领域的广泛应用。由于该检测技术具有灵敏度高、测量过程快捷简单等优点，所以它不但被广泛地用于研究铁磁金属、铁磁半导体、铁磁绝缘体以及它们的多层膜结构中的自旋动力学过程，还被开发成为一种新型的基于自旋电子学的微波成像技术。

9.3　铁磁共振和自旋波电检测技术的应用

9.3.1　GaMnAs 薄膜中的自旋激发

自旋整流效应适合任何铁磁导体，在诸多的材料中，铁磁半导体 GaMnAs 最引人注目。因为它既有铁磁材料的磁滞特性，又有 p 型半导体的导电特性，所以可以制备新一代的器件。这种器件可以集成逻辑电路和存储器在同一芯片，并与现在的半导体工艺兼容。2008 年，加拿大曼尼托巴大学自旋动力学研究小组首次采用 EDFMR 技术测量了 GaMnAs 中的自旋激发。与以往的窄频吸收实验不同，该实验在相当宽的频率范围(2～18.5GHz)内进行了测量，从而得到了重要的材料参数，如对数据存储有着重要意义的阻尼系数。

如图 9.6(a)所示，通过光电压测量得到的 GaMnAs 薄膜材料的 FMR 谱，并不是完全对称的洛伦兹线型需要通过式(9.15)来拟合 FMR 的共振位置和峰宽。FMR 的共振位置与频率呈线性关系，从中可以得到有效旋磁比 $\gamma/2\pi\mu_0=(25.96\pm0.21)\mathrm{GHz/T}$，进而得到材料的基本参数：有效 g 因子 $g_{\mathrm{eff}}=1.85$，同时还可以计算单轴垂直晶体各向异性参数。

一般而言，FMR 的峰宽 $\Delta H=\Delta H_{\mathrm{i}}+\alpha\omega/\gamma$ 包括了与频率有关的本征吉尔伯特阻尼项和由材料不均匀引起的非本征项 ΔH_{i}，传统的固定频率的测量无法准确地区分二者的贡献。如图 9.6(a)所示，通过 EDFMR 技术，我们可以得到 $\Delta H_{\mathrm{i}}=(20.0\pm1.5)\mathrm{mT}$，它要比普通的铁磁金属如 Py 中的 $\Delta H_{\mathrm{i}}(<1\mathrm{mT})$要大一个数量级，同时我们还得到了本征吉尔伯特阻尼系数 $\alpha=0.021\pm0.002$，它与 Py 中的值在一个数量级。这就表明如果能提高材料的均匀性，磁性半导体材料 GaMnAs的本征阻尼决定了它也可以同磁性金属一样用于数据存储。如图 9.6(b)所示，GaMnAs 的 EDFMR 谱呈现出强烈的温度依赖关系，从中可以估计材料的居里温度点大约为 80K，这与普通的输运实验相符合。

2013 年，日本东北大学 H. Ohno 组的陈林等报道了用 EDFMR 技术进一步对 GaMnAs/p-GaAs 结构中自旋泵浦和自旋整流效应的研究[35]。在他们的异质结器件中，除了 GaMnAs 本身的自旋整流效应，GaMnAs 中的磁矩进动引起的自旋极化电流注入到非磁性的 GaAs 材料，由于 GaAs 的自旋霍尔效应而被转换为电荷流，在 GaAs 材料的两端形成直流电势。陈林等采用我们在 9.2.3 节所描

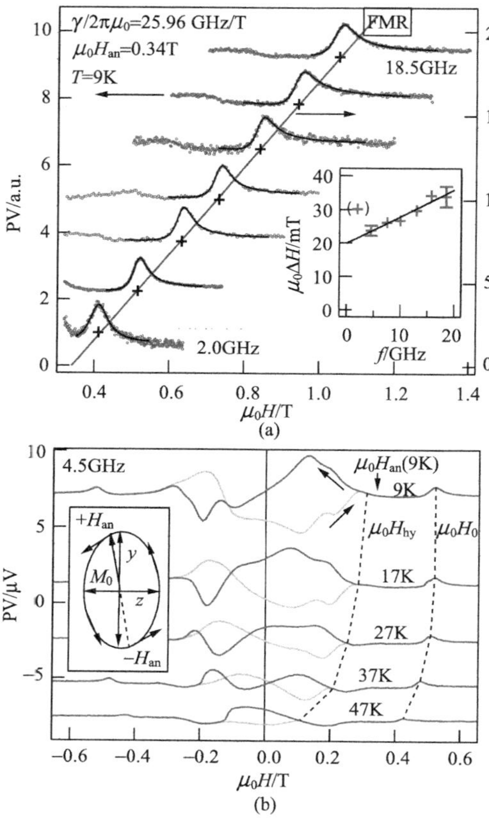

图 9.6(另见彩图)　(a)不用频率下的光电压谱，为了比较谱线进行了归一化。黑线是按照式(9.15)的拟合，“+”为拟合得到的 FMR 的位置。插图为 FMR 的线宽和它的线性拟合。(b)不同温度下，在正扫和负扫磁场下的光电压谱。图中箭头表示磁场的扫描方向。图取自文献[29]

述的分析方法，把 FMR 线型分析和变角度实验相结合，首次通过 EDFMR 技术测得了 p-GaAs 中的自旋霍尔角。有关异质结自旋器件中自旋泵浦效应和自旋整流效应的区分问题，我们将专门在 9.3.5 节中详细讨论。

9.3.2　相分辨铁磁共振谱

在前面的讨论中，我们知道相位 Φ 引起了 EDFMR 谱中丰富的共振线型。如果能有效地控制相位 Φ，利用线型分析就有可能区分自旋整流效应和自旋泵浦效应，因为自旋泵浦效应引起的共振线型只可能是对称的洛伦兹线型。在本节中，我们将简单地介绍自旋电子学的迈克耳孙干涉仪以及它对相位 Φ 的有效控制[32]。并探讨在此基础上建立的相分辨铁磁共振谱(phase-resolved FMR spectrum)技术。

传统的迈克耳孙干涉仪的原理是，一束入射光分为两束后各自被对应的平面镜反射回来，这两束光从而能够发生干涉。干涉中两束光的不同光程可以通过调节干涉臂长度以及改变介质的折射率来实现，从而能够形成不同的干涉图样。类似的，自旋电子学的迈克耳孙干涉仪也是利用两束相关微波的干涉来形成不同线型的 EDFMR 谱，与传统的技术不同，这种干涉不是两束微波的简单干涉而是一束微波中的电场分量和另一束微波中的磁场分量的干涉。

在第二代自旋发电机中，利用自旋电子学的迈克耳孙干涉实验直接证实 EDFMR 线型对微波磁场相对于微波电流的相位的依赖关系[32]。第二代自旋发电机与第一代自旋发电机的结构不同，共面波导直接生长在坡莫合金样品上，为了防止共面波导与坡莫合金形成直流电流回路，两层之间有一层 200nm 的二氧化硅层。如图 9.7(a)和(b)所示，将微波信号分成两束，分别输入坡莫合金和共面波导，分别提供自旋整流效应所需的微波电流和微波磁场。当磁场满足 FMR 条件时，如果只有一束微波导通，光电压信号与相位无关。只有当两束微波都导通时，光电压才显示干涉效应。通过这个实验，就可以对相位 Φ 的值进行定标。

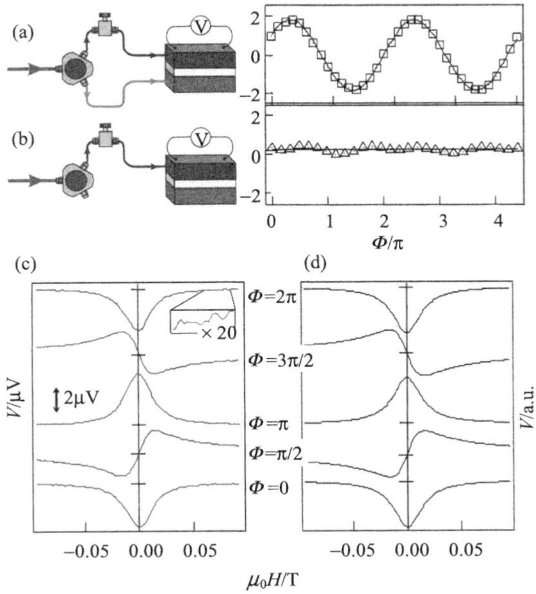

图 9.7　自旋电子学的迈克耳孙干涉实验。(a)在两束微波相干情况下，铁磁共振信号对相位延迟有周期性的响应。作为对比实验(b)，只有一支微波时，共振信号的强度与相位延迟无关。随着对微波相对相位的调制，自旋整流电压的线型从对称到反对称周期性变化，见(c)。这与根据根据公式计算的结果(d)完全吻合。图取自文献[32]

利用微波移相器设定微波磁场与微波电流的相对相位 Φ，通过扫描外加磁场就可以观察到铁磁共振光电压的线型从对称线型到反对称线型的改变[图 9.7(c)]与计算结果完全吻合[图 9.7(d)]。这个实验直接证明了自旋整流 FMR 的线型，取决于微波磁场与微波电流的相对相位 Φ。另外，通过这种技术控制微波电流对进动磁化 $\boldsymbol{m}$ 的滞后，既可以测量 $\boldsymbol{m}$ 的实部也可以测量 $\boldsymbol{m}$ 的虚部，从而可以测量一些以往非常难测量的量，如铁磁共振相位[32]。

9.3.3 自旋波共振的电检测

自旋波是电子的自旋在晶体中的一种集体激发行为，它与长程的偶极相互作用和短程的交换相互作用有关。与 FMR 不同，自旋波中不为零的波矢决定了它的传输方向和波长。在微波场的激发下，磁性器件呈现一些分立的自旋波共振(spin wave resonance，SWR)，因此是一种研究偶极相互作用、交换相互作用以及两者之间相互作用的有效手段，同时对这些自旋波共振的了解也有助于设计高速存储的高密度存储器。虽然人们很久以前就已经分别观察到由偶极相互作用引起的静磁模[51]和由交换相互作用引起的 SSW(standing spin wave，自旋驻波)[52]，但是理论上预计的由偶极相互作用和交换相互作用共同作用引起的偶极-交换相互模(dipole-exchange spin wave mode，DESWM)[53,54]却迟迟没有观察到。一方面是由于偶极-交换相互模激发的条件比较苛刻；另一方面由于这类模的信号非常微弱，传统测量技术的精度也不足以分辨在 SSW 附近的偶极-交换相互模。随着高精度 EDFMR 技术的出现，2007 年偶极-交换相互模在第一代自旋发电机中被首次观察到[23]。

如图 9.8(a)所示，在铁磁共振的附近有一系列分立的共振，这些共振被称为静磁前向体积波模(magnetostatic forward volume modes，MSFVM)，在不同的测量位型下根据波矢相对于磁化的相对方向这些模演化为静磁后向体积波模(magnetostatic backward volume modes)或者静磁表面波模(Damon-Eshbach mode)。由于这类模式是由于偶极相互作用引起的，它们的共振位置与样品的厚度 d 和宽度 w 的比值有关。通过理论计算[图 9.8(c)]就可以精确得到它们对应的波矢 $k_y = n\pi/w$，n 为波矢的量子数。在实际样品中，由于边界条件的限制，n 并不一定为整数。

与这类静磁模对应的是自旋驻波，它是由于交换相互作用引起的。由于交换相互作用与距离的平方成反比，所以在薄膜样品中一般只能观察到沿厚度方向的 SSW。它们的共振位置只与样品的厚度 d 有关，其波矢为 $k_y = (p - \Delta p)\pi/d$，$p$ 为整数，根据边界上自旋的钉扎情况，Δp 在 $0 \leqslant \Delta p \leqslant 1$ 的范围内变化。如图 9.8(b)所示，在 SSW 附近，我们也观察到了一系列分立的共振，这就是理论预期的偶极-交换相互模，它们是偶极相互作用和交换相互作用共同作用的结果。对比图 9.8(a)就可以发现，这种模是非常微弱的。通过对这类模的理论分析[23]，我们不但可以精确地得到样品边界的自旋钉扎情况，而且还可以得到样品的表面各向异性场

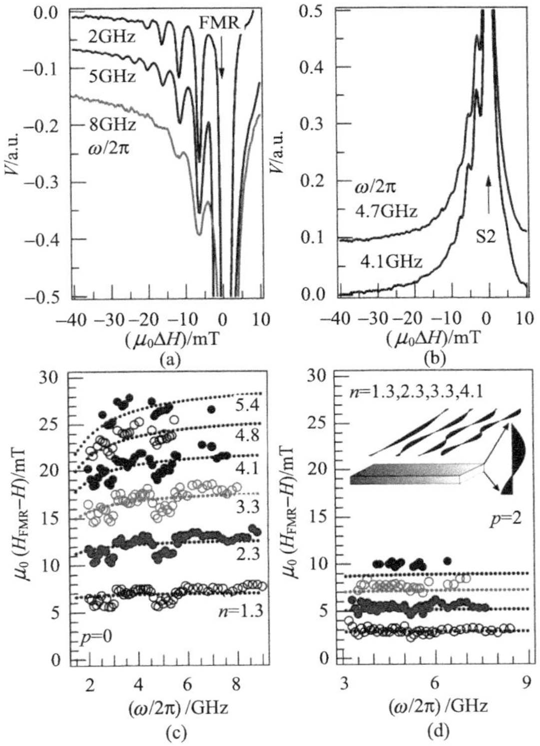

图 9.8　(a)在 FMR 附近的 MSFVM 模；(b)在 SSW 附近的 DESWM 模；(c)测量的 MSFV 模的色散关系以及它们的理论计算值(虚线)；(d)测量的 DESW 模的色散关系以及它们的理论计算值(虚线)。不同颜色表明不同阶的模式。图取自文献[23]

K_S 和交换刚度常数 A。由于长期以来人们在这些参数的认识上存在着巨大的分歧，这些实验结果对磁性器件的设计和性能有着重要意义。

9.3.4　非线性铁磁共振和自旋波

非线性效应与人类社会密切相关，只是和线性世界比较，非线性世界研究所获得的成果还谈不上辉煌，但是确实已经令人瞩目，并有着飞快的发展。

非线性效应与弱信号下的线性响应完全不同，我们可以通过图 9.9(a)～(d)中的伽利略单摆来说明这个问题。引入非线性回复力后，单摆的共振频率将与振幅有关。当外力 f 超过一定的阈值 f_{th}后，将会出现折叠(foldover)效应和双稳态(bistability)效应。磁性材料中的铁磁共振在强的微波场激发下，也会出现与单摆类似的非线性效应[图 9.9(h)～(k)][18,30,31]。这些非线性效应对实际应用有着重要意义，例如，非线性的动力学过程决定了在大角度进动时磁矩翻转的时间，这个过程对存储器的性能有着重要意义。

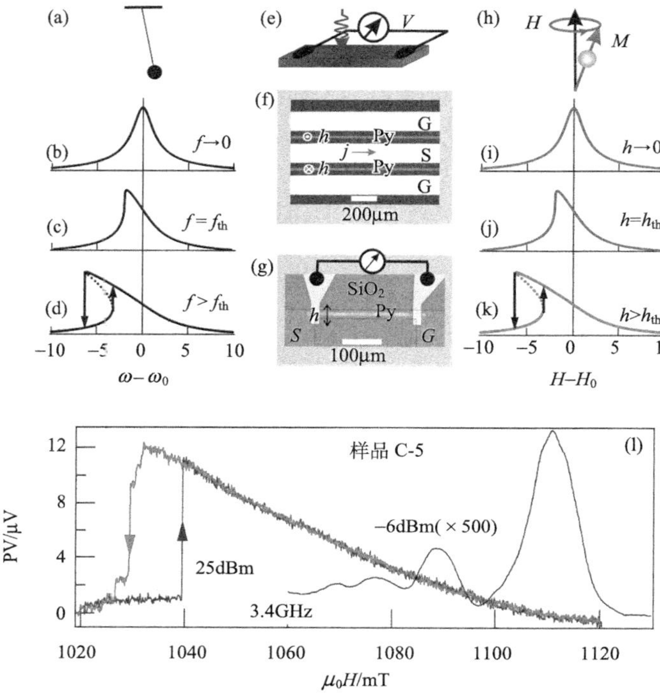

图 9.9　(a)～(d)伽利略单摆的振幅随外力的变化；(h)～(k)与之对应的自旋发电机中进动角随外加微波磁场的变化；(f)和(h)分别是第一代和第二代自旋发电机的光学照片。图取自文献[30]。(l)实验观察到的线性 FMR 谱和折叠 FMR 谱，图取自文献[31]

非常奇怪的是自从 20 世纪中叶折叠 FMR 效应在铁磁绝缘体中被观察到后[55]，类似的效应在铁磁金属中却迟迟没有被观察到。直到 2009 年，我们在第一代和第二代自旋发电机中首次报道了铁磁中的折叠 FMR 效应。在第一代自旋发电机中，我们可以清楚地观察到线性 FMR 到非线性 FMR 的演化，而在第二代自旋发电机中，微波和铁磁样品能更有效地耦合，使得磁矩在 FMR 时的进动角接近 30°。这样的 EDFMR 技术让我们能在一个相当大的范围里研究 FMR 的非线性。

通过对非线性折叠 FMR 效应的分析，我们发现传统的吉尔伯特阻尼理论在非线性区需要修正。在线性区，铁磁共振的展宽 $\Delta H=\Delta H_i+\alpha\omega/\gamma$ 包括了与频率有关的本征吉尔伯特阻尼项和由材料不均匀引起的非本征项 ΔH_i；而在非线性区，除了这两项的贡献外，还出现了第三项

$$\Delta H=\Delta H_i+\alpha\omega/\gamma+\beta M_0\theta^2 \tag{9.17}$$

其中，$\beta M_0\theta^2$ 来自非线性阻尼；θ 是磁矩的进动角。β 是一个与激发频率有关的

无量纲常数，从实验中[30,31]得到 Py 中的 β 值在 0.1～0.3 范围内。当进动角超过 1°左右时，Py 中非线性阻尼项开始占主要地位，这时由本征吉尔伯特阻尼项决定的峰宽与频率的线性关系将不再成立。

考虑非线性阻尼项的贡献，理论上还发现当 $\beta \geqslant 1/2\sqrt{3}$ 时，出现折叠效应和双稳态效应的阈值 $h_{\text{th}} \to \infty$[30,31]。这种情况下，无论外加多高的微波激发功率，都不会出现折叠效应和双稳态效应。非线性的 FMR 实验结果的确也证实这个理论：在某些频率下，虽然 FMR 的共振峰随外加微波功率的提高移动了很多，但是折叠效应和双稳态效应却始终没有出现，这也就解释了为什么以往的实验从没有在铁磁金属中观察到这些非线性效应。

将不同功率下的 FMR 谱线按照光电压的强度着色(为了方便比较，我们对每个功率下的谱线进行了归一化处理)，就可以清楚地观察到铁磁共振和自旋波共振随功率的演化[56]。非常有趣的是，随着激发功率的增加，那些在线性区分立的具有对称线型的对称共振峰(图 9.10 中，A 代表铁磁共振，B～D 代表不同阶的自旋波共振)，向低磁场方向移动。由于它们的移动速度不同，自旋波逐渐并入到铁磁共振中。同时 FMR 的峰被展宽，峰型变成了不对称：共振峰低场侧的强度上升很快，而共振的高场侧形成了一个长长的“尾巴”，这对应着图 9.9(l)中的折叠效应。

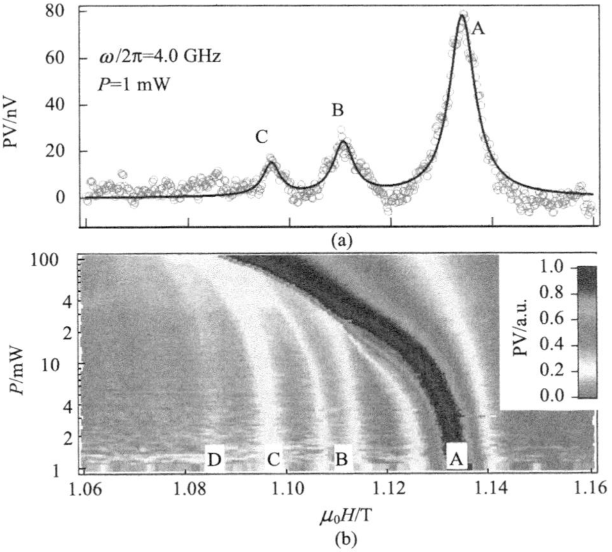

图 9.10(另见彩图)　(a)典型性的 FMR 谱包括铁磁共振(A)和自旋波共振(B、C 和 D)。(b)不同输入功率和外加磁场下，铁磁共振(A)和自旋波共振(B、C 和 D)的演化图，为了比较不同功率下的谱线，我们对每个功率下的谱线均进行了归一化处理。图取自文献[56]

9.3.5 异质结自旋器件中自旋泵浦效应和自旋整流效应的区分

除了应用于磁性单层膜，电检测铁磁共振技术在铁磁/非磁金属双层膜和多层结构中也受到了广泛的关注[16,22,36,42,43,46]。铁磁金属中的铁磁共振激发了非平衡态的自旋，非平衡态自旋通过铁磁/非磁金属界面扩散到非磁金属中，形成自旋流，它可以转换为电荷流而被检测到。这种自旋泵浦效应与自旋整流效应在双层膜和多层膜中同时存在。自 2007 年以来，如何正确地区分自旋整流效应和自旋泵浦效应，一直是一个既被广泛关注又颇具争议的课题。

最早尝试电学测量自旋泵浦效应的是 2006 年 van Wees 组[16]和 Saitoh 组[22]。van Wees 组在 Py 长条样品的两端分别制备 Al 和 Pt 两种不同的电极，利用了不同的界面自旋电导，检测到了由自旋泵浦效应引起的电势差。显然，这一实验中不能忽视自旋整流效应的存在[17]而只讨论自旋泵浦效应。Saitoh 组[22]首先制备了 Py/Pt 双层膜用于研究铁磁共振产生的自旋流，由于 Pt 作为重金属有较大的自旋霍尔效应，能将自旋流转换为电荷流而被检测到，这一方法后来被广泛应用。但这一实验将铁磁共振线型简单区分为反对称线型来源于自旋整流效应和对称线型来源于自旋泵浦效应的做法过于粗糙，没有考虑到在该样品中自旋整流效应对线型有着复杂的贡献[32]。2010 年，Hoffmann 和 Bader 组[36]进一步提出，可以在铁磁共振电压的线型分析中，采用分离反对称线型(自旋整流效应)和对称线型(自旋泵浦效应)的方法，来定量测定重金属材料的自旋霍尔角。这一方法引起了人们的广泛兴趣，但它其实并不能被普遍应用，因为它要求微波电流与微波磁场的相对相位必须是 0°，以保证自旋整流效应的光电压只有反对称线型。大量的实验都表明，这样的相位关系并不普遍适用于大部分的样品[16,32,41,42]。而且在 Hoffmann 组的样品中，微波磁场只在 Py 面内且垂直于长条的方向，实验中自旋泵浦效应与自旋整流效应的角对称关系完全一样，所以两者也不能通过磁场变角实验来区分(表 9.2)。2012 年，南京大学丁海峰组借鉴了第一代自旋发电机[17]的设计，将 Pt/Py 双层膜置于共平面波导的信号线和地线之间，首次测量到纯的自旋泵浦效应。他们的实验[43]首次在自旋动力学领域以干净清楚的实验数据证实了自旋泵浦效应对电压的贡献。

具体来说，在丁海峰组所采用的第一代自旋发电机结构中，样品放置在共平面波导的信号线和地线之间，且长度远大于宽度和厚度，从而将微波电流的方向限制在沿着样品长度的方向，也是自旋整流电压和自旋泵浦电压的测量方向。这样的结构保证了只有各向异性磁电阻效应对自旋整流效应有贡献(表 9.1)，排除了平面霍尔和反常霍尔效应的影响，简化了线型分析的难度。更重要的是根据毕奥-萨伐尔定律，这时样品中面外微波磁场 h_y 占主导地位，此时自旋霍尔效应和自旋整流效应引起的光电压有着完全不同的角度依赖关系。为了帮助读者理解这一重要的争议问题，我们根据 9.2.3 节中的详细讨论，在表 9.2 总结了不同微波磁场分布下，自旋整流效应和自旋泵浦效应分别对外磁场在样品面内角度的依赖关系，纵向第二和第三两栏分别对应于 Hoffmann 组和丁海峰组的样品结构。可以看到，只有在丁海峰组的样品结构下，才能清楚地区分自旋泵浦和自旋整流效应对铁磁共振电压的不同贡献。

表 9.2　自旋泵浦效应和自旋整流效应引起的 FMR 振幅对 θ_H 的依赖关系

（微波电流和测量的光电压都沿 z' 方向）

	面内微波磁场 $h_{x'}$ 主导	面外微波磁场 h_y 主导
EDFMR的机制	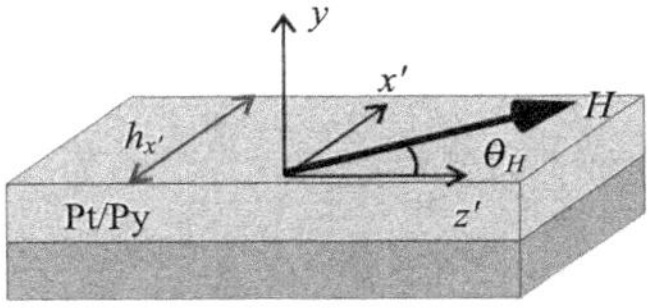	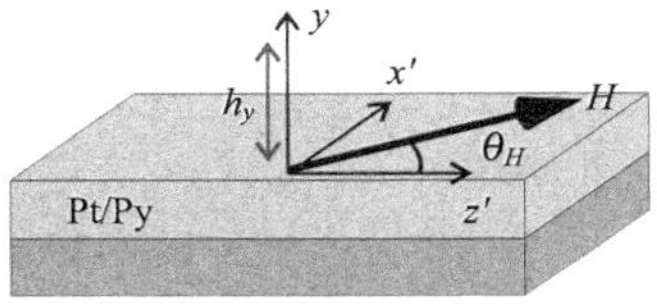
自旋泵浦效应	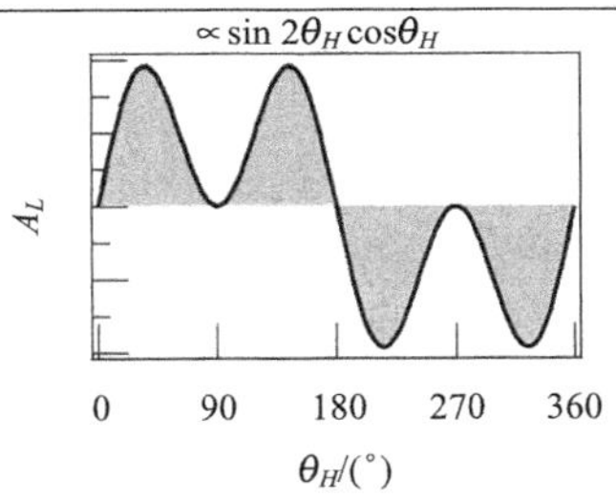	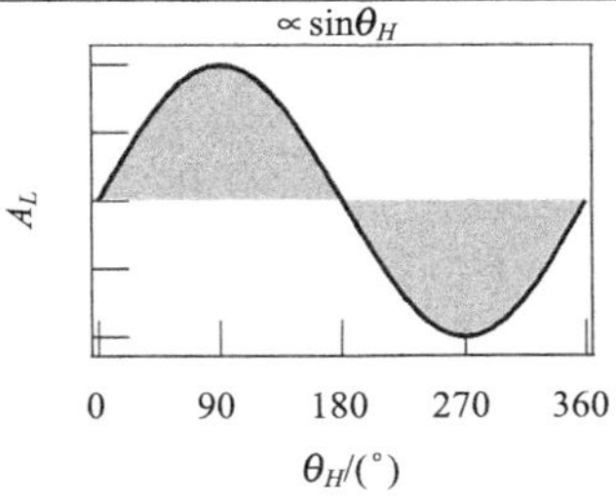
自旋整流效应	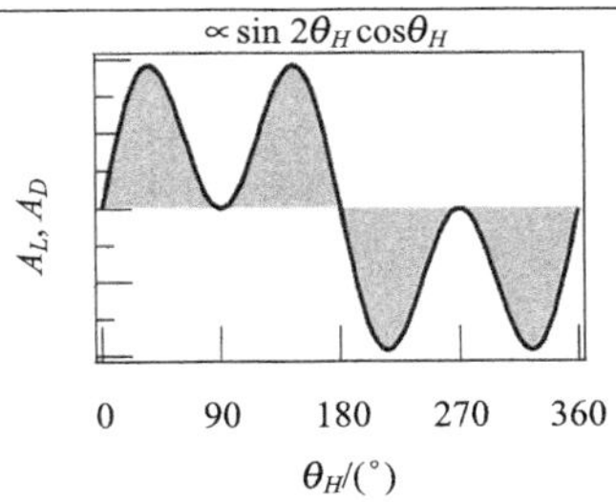	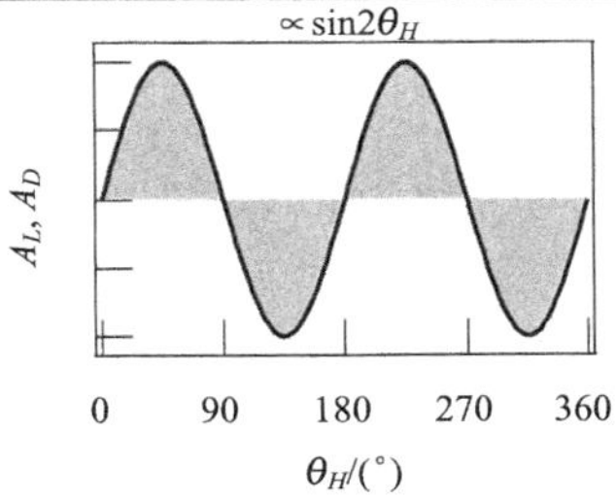

2013 年，我们与丁海峰组合作，通过改变施加于样品面内的外磁场的方向（角度 θ_H），测量得到自旋整流效应和自旋泵浦效应完整的角度依赖关系[46]，从而在面内外磁场下系统地区分了自旋整流效应和自旋泵浦效应的贡献。如图 9.11 所示，基于各向异性磁电阻的自旋整流电压在高对称角度（0°，90°，180°，270°）下消失；而自旋泵浦电压在 0°和 180°为零，在 90°和 270°不为零且符号相反，这是由 Pt 中的自旋霍尔效应决定的对称性。我们的实验数据清楚地证实了表 9.2 中自旋泵浦和自旋整流效应各自的角对称性。图中，箭头标出的位置 $\theta_H=90°$时纯的自旋泵浦电压，此时自旋整流效应的光电压为零，这正是丁海峰组测量得到的纯的自旋泵浦信号[43]。

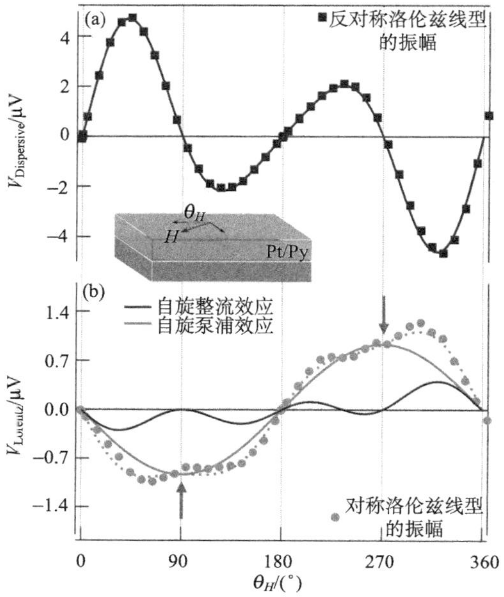

图 9.11 铁磁共振线型中反对称和对称部分对角度的依赖关系。(a)自旋整流效应贡献了全部的反对称线型，高对称角度下光电压为零；(b)自旋整流效应和自旋泵浦效应同时贡献了对称线型，其中自旋整流效应的电压满足高对称角度下光电压为零的特征，而自旋泵浦效应的电压的对称性与自旋整流电压不同，它在 θ_H 为 90°或 270°时依然可以被测量到。图取自文献[46]

EDFMR 技术在铁磁/绝缘体/铁磁的三明治结构中同样体现了重要的价值。例如，电流在铁磁/绝缘体/铁磁中引入自旋扭矩，自旋扭矩被用来更有效率地实现磁矩的反转，这在工业界已经引起广泛兴趣。基于自旋扭矩的磁存储器，在 2012 年已经被美国 EverSpin 公司(原摩托罗拉公司磁学部)初步产业化。但自旋扭矩中所蕴涵的丰富物理和应用价值，仍有待研究。自旋扭矩根据作用在磁矩上的机制不同，又被分成了面内扭矩和垂直扭矩。两种自旋扭矩在铁磁共振中对共振线型有个明显的区别。在以往的工作中，垂直扭矩的贡献常被忽略[40]，且将面内扭矩对铁磁共振的线型贡献简单归结为对称线型，这一假设其实缺乏证据。由自旋扭矩产生自旋整流所得到的铁磁共振线型，依然是个悬而未决的问题，尚有待实验和理论研究。

9.3.6 微波磁场矢量探测器

长期以来，环形天线一直是探测微波磁场的重要手段。它的工作原理是利用法拉第定律测量通过的磁通，因此信号的强度正比于环的面积。随着超材料

(metamaterial)的出现，人们迫切需要探测亚波长尺度和甚亚波长尺度的微波磁场分布，这对目前的环形天线技术提出了挑战，因为亚毫米尺寸的环形天线设计和制备一直是一个技术难题。基于自旋整流效应的微波磁场探测器的出现改变了这种状况，在亚波长尺度，它不但能测量微波磁场的强度，而且还能测量微波磁场的极化方向和相位，这种微波磁场矢量探测器对于设计和制备工作在微波波段的超材料和光子晶体有着重要意义。

探测器是坡莫合金长条(长 3mm，宽 50μm，厚 45nm)，通过金线与芯片架电极相连，整个探测器的尺寸远小于微波的波长。为了验证探测器的工作原理，我们用探测器来探测一个已知的微波场。如图 9.12 所示，中空矩形波导管工作在 TE_{10} 模式，电磁波沿 y 轴传播，电场分量主要是 e_z，而磁场分量则包括了 h_x 和 h_y 两部分，而在波导管末端截面中心位置的电磁场是准平面波分布，电场的偏振在 z 方向，磁场以 x 方向分量为主。探测器被固定在矩形波导管末端中央位置，图中各箭头表示了探测器所在平面上的微波电磁场分布，这里 h_x 远大于 h_z 和 h_y。

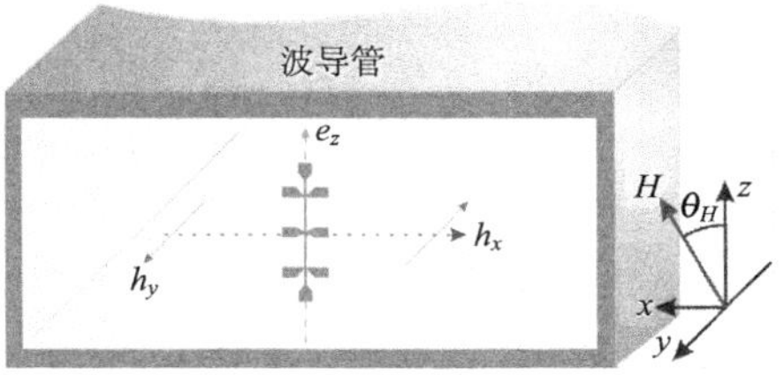

图 9.12　自旋整流探测矩形波导管中的微波磁场矢量[27]

在实验中，我们在 x-z 面内转动外磁场，坡莫合金的 z 方向与外磁场的夹角为 θ_H，探测器与微波场相对固定。在每一角度下扫描磁场得到铁磁共振的光电压曲线，如图 9.13(a)所示，铁磁共振的光电压信号被拟合区分为对称和反对称两部分线型，并且得到它们的强度 A_L 和 A_D。A_L 和 A_D 相对于角度 θ_H 的变化可以被式(9.15)和式(9.16)拟合，如图 9.13(b)所示；而拟合结果表明 h_x 远大于 h_z 和 h_y，即 h_x 是探测器所在位置上微波磁矢量的主要分量。这与由麦克斯韦方程计算出的波导管中微波电磁场分布是一致的。通过拟合，我们还可以得到各微波磁场分量相对于微波电场的相位，有兴趣的读者可以参阅文献[18]、[27]、[42]中的详细讨论。

9.3.7　微波相位成像

与传统的迈克耳孙干涉仪一样，自旋电子学的迈克耳孙干涉仪也可以通过改变介质的折射率来实现干涉图像的改变；反过来，如果将介质置于微波的传输线路上，通过测量微波的干涉就可以反推介质的介电常数。图 9.14(a)为实验示意图，从微波源出来的微波被分成相干的两束，一束直接连到自旋微波探测器上，另一束通过喇叭天线照射到介电样品上，然后被自旋微波探测器探测。为了提高实验精度，对输出的微波进行了振幅调制，然后利用锁相放大器进行电测量。实验证明，这种技术不但可以测量理想介质(无微波损耗或低微波损耗)的介电常

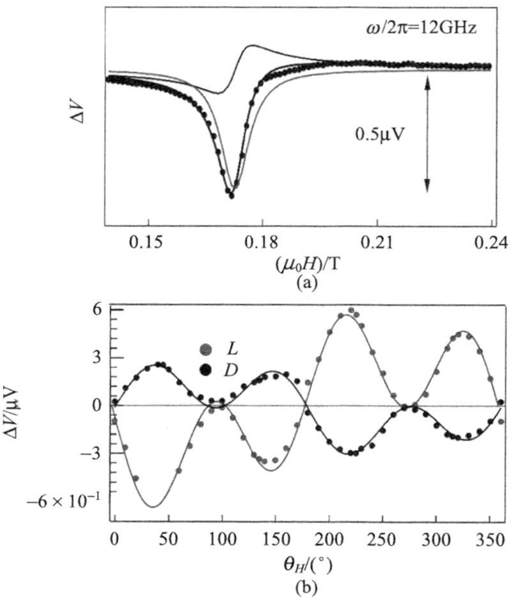

图 9.13　(a)在微波频率 $\omega/2\pi=12\text{GHz}$，$\theta_H=45°$情况下，探测器探测到的光电压；(b)对称和反对称的洛伦兹线型强度 A_L 和 A_D 与角度 θ_H 的函数关系。图取自文献[27]

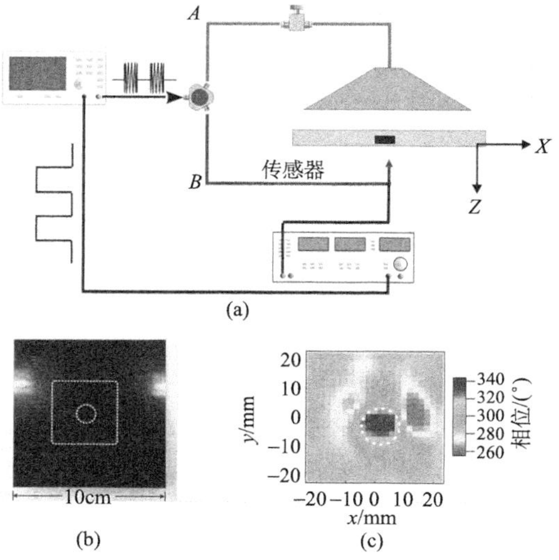

图 9.14(另见彩图)　(a)用于微波成像的自旋电子学的迈克耳孙干涉仪示意图。仪器中微波被分成相干的两束，一束直接连到自旋微波探测器上，另一束通过喇叭天线照射到介电样品上，然后被自旋微波探测器探测。锁相技术被用于提高测量的精度。样品可以进行三维扫描现微波成像。(b)样品的光学照片，虚线为微波成像的扫描范围，中间的圆圈为隐藏的水缺陷的位置。(c)微波近场相位成像的结果。图取自文献[59]

数，还可以用于对微波强吸收的材料(如水)[47]。

与可见光、红外光相比，微波具有很强的穿透能力，能够探测到隐藏在表面下的材料和结构；与 X 射线相比，微波具有更好的安全性，采用的是非接触、非电离辐射方式，其辐射功率远低于手机的辐射功率，因此被广泛地用于生物医药、安全检测、土木工程等领域。由于自旋微波探测器的尺寸远小于微波波长，探测的分辨率可以做到波长的 1/10～1/20，同时又具有同时测量微波磁场和微波电场的能力[27]。最近，基于这种自旋电子学的探测原理，加拿大曼尼托巴大学的自旋动力学研究小组和中国科学院上海技术物理研究所合作，发展出一种新型的微波的近场成像技术[29,48,59]。考虑到铁磁共振需要比较高的外加磁场，他们还发展了非共振的自旋整流效应[58]，基于这一原理，无需外加磁场，自旋发电机仍然可以工作。如图 9.14(c)所示，利用微波近场相位成像技术可以探测到塑料样品中隐藏的亚波长尺寸的缺陷。

9.4　结　　语

本章立足于加拿大曼尼托巴大学自旋动力学研究小组自 2007 年以来的系统工作，详细讨论了铁磁共振和自旋波的电检测技术的原理及其在自旋电子学方面的应用。严谨地说，这一领域最早的开创性工作应该追溯到 20 世纪 60 年代，美国学者 Juretschke 首先发现铁磁共振下微波可以转换为直流电压[60,61]的实验。但是，限于当时的微波波导技术和样品制备技术，这个过程的转换效率极低，实验需要高达 5kW 的微波驱动，所以有关物理现象在随后的半个世纪一直没有引起学术界的重视。直到自旋二极管[15]、自旋发电机[17]等微纳结构和复合自旋器件的出现，使微波和磁性材料实现了有效的耦合，这个沉睡了近半个世纪的物理现象才真正获得了活力。特别需要指出的是，电检测铁磁共振的有效分析方法，如线型解析分析、微波相位效应以及自旋整流效应的角对称性等关键问题，都是在 2007 年才被解决的[17,21]。

目前，铁磁共振和自旋波的电检测技术正处在一个飞速发展的阶段，限于篇幅，本章着重讨论了单层铁磁结构中的自旋整流效应，有兴趣的读者还可以参阅国际上活跃于该领域的其他小组各有特色的工作。例如，美国康奈尔大学 Ralph 组研究了磁隧穿结以及 Py/Pt 双层膜中自旋矩矢量、自旋矩整流和自旋霍尔效应[13,19,26,40]；美国阿贡国家实验室 Hoffmann 和 Bader 组研究了 Py/Pt 双层膜中的自旋泵浦和逆自旋霍尔效应[36]；美国特拉华大学 Xiao 组研究了磁隧穿结中的整流效应并将其用于微波共振探测器[62,63,64]。日本东北大学 Saitoh 组研究了 Pt/铁磁金属以及 Pt/铁磁绝缘体等异质结构中的逆自旋霍尔效应[22,37,38,39]；日本东北大学 Ohno 组研究了 GaMnAs/p-GaAs 结构中的自旋整流、自旋泵浦和逆自旋霍尔效应[35]；日本大阪大学 Suzuki 组研究了磁隧穿结中自旋矩矢量和自旋矩整流[15,20]；日本庆应义塾大学 Yamaguchi 组研究了铁磁纳米线中的自旋整流效应并将其用于微波解调器[65,66]。荷兰格罗宁根大学 van Wees 组研究了铁磁金属/非铁磁金属界面的自旋泵浦效应[16]。德国凯泽斯劳滕技术大学 Hillebrands 组研究了 Pt/YIG 的自旋泵浦效应[39]；德国瓦尔特迈斯纳研究所 Goennenwein 组研究了不同铁磁材料和 Pt 的双层膜结构，验证了自旋泵浦效应的标度理论[67]。巴西伯南布哥州联邦大学 Rezende 组尝试用变角度的实验区分 Pt/Py 中自旋整流效应和自旋泵浦效应[41]。中国南京大学丁海峰组[43,46]对 Pt/Py 中的自旋泵浦效应和 Pt 中的自旋霍尔角进行了定量研究；中国兰州大学薛德胜组对反常霍尔效应引起的自旋整流效应进行了系统的研究[44,45]；中国科学院上海技术物理研究所陆卫组[47,48]利用自旋整流效应开发了基于自旋电子学的微波成像技术。

值得补充的是：在 2013 年本书编印过程中，针对如何正确地区分自旋整流和自旋泵浦效应这个颇具争议的重要问题(见 9.3.5 节)，加拿大曼尼托巴大学自旋动力学研究小组建立了一种适用于不同异质结自旋器件的普适方法[68]。这一方法不仅在美国阿贡国家实验室生长的 Py/Pt 双层膜中得到了实验验证，还被成功地用于研究美国霍普金斯大学钱嘉陵组生长的 YIG/Py 双层膜，并在此基础上首次通过铁磁共振电检测技术，观察到由自旋泵浦产生的自旋交变电流[69]。

总之，电检测铁磁共振技术无论在自旋动力学的物理研究方面还是在微波成像等应用领域都显示了它的独到优势，因此我们相信它必将会进一步发展并有着广阔的应用前景。

作者简介

柏利慧　2002 年于山东大学物理系取得学士学位，2008 年于复旦大学物理系获得博士学位。2008 年 8 月至 2012 年 3 月在日本东北大学做 GCOE 研究员，2012 年 4 月至今在加拿大曼尼托巴大学物理和天文系做助理研究员。主要研究方向：半导体荧光，拉曼光谱，磁动力学及其输运，等等。

桂永胜　1989 年于合肥工业大学应用物理系获学士学位，1994 年华东师范大学电子科学技术系获硕士学位，1997 年中国科学院上海技术物理研究所获博士学位。2000～2002 年，在德国马普研究所做访问学者。目前在加拿大曼尼托巴大学物理和天文系做助理研究员，主要从事半导体电子输运和自旋输运、磁性材料磁动力学以及微波探测和成像技术等方面的研究。

胡灿明 1988年复旦大学物理系毕业，1992年获首届中德VW奖学金资助赴德国留学，1995年获德国维尔茨堡大学博士学位，博士论文获德国DAAD奖，2006年在德国汉堡大学获德国高校Habilitation资格。曾任日本通讯基础研究所博士后研究助理，中国科学院红外物理国家重点实验室副主任，现任加拿大物理学会理事、加拿大曼尼托巴大学物理和天文系教授、曼尼托巴大学自旋动力学研究小组负责人。主要从事半导体红外光谱和电子输运、磁性材料微波光谱和磁动力学、自旋电子学以及微波探测和成像技术等方面的研究和教学工作。有关研究情况见 http：//www. physics. umanitoba. ca/～hu/。

参考文献

[1] Vonsovskii S V. Ferromagnetic Resonance. Oxford：Pergamon，1966.

[2] Arkad'yev V K. J Russ Phys-Chem Soc，1912，44：165.

[3] Dorfman Ya G. Zs F Phys. 1923，17：98.

[4] Griffiths J H E. Anomalous high-frequency resistance of ferromagnetic metals. Nature，1946，158：670.

[5] Kittel C. Interpretation of anomalous Larmor frequencies in ferromagnetic resonance experiment. Phys Rev，1947，71：270.

[6] Kittel C. On the theory of ferromagnetic resonance absorption. Phys Rev，1948，73：155.

[7] Heinrich B. Tserkovnyak Y. Woltersdorf G. et al. Dynamic exchange coupling in magnetic bilayers. Phys Rev Lett，2003，90：187601.

[8] Wen C P. Coplanar waveguide：A surface strip transmission line suitable for nonreciprocal gyromagnetic device applications. IEEE Trans Microwave Theory Tech，1969，17：1087.

[9] Grenda N H G，Hyde P A，Gui Y S，et al. Angular dependence of ferromagnetic resonance measurements in exchange coupled $Ni_{80}Fe_{20}$/NiO bilayers. J Phys D：Appl Phys，2013，46：205002.

[10] Kalarickal S S，Krivosik P，Wu M，et al. Ferromagnetic resonance linewidth in metallic thin films：comparison of measurement methods. J Appl Phys，2006，99：093909.

[11] Silva T J，Lee C S，Crawford T M，et al. Inductive measurement of ultrafast magnetization dynamics in thin-film Permalloy. J Appl Phys，1999，85：7849.

[12] Tsoi M，Jansen A G M，Bass J，et al. Generation and detection of phase-coherent current-driven magnons in magnetic multilayers. Nature，2000，406：46.

[13] Kiselev S I，Sankey J C，Krivorotov I N，et al. Microwave oscillations of a nanomagnet driven by a spin-polarized current. Nature，2003，425：380.

[14] Gui Y S，Holland S，Mecking S N. et al. Resonances in ferromagnetic gratings detected by microwave photoconductivity. Phys Rev Lett，2005，95：056807.

[15] Tulapurkar A A，Suzuki Y，Fukushima A，et al. Spin-torque diode effect in magnetic tunnel junctions. Nature，2005，438：339.

[16] Costache M V，Sladkov M，Watts S M，et al. Electrical detection of spin pumping due to the precessing

magnetization of a single ferromagnet. Phys Rev Lett, 2006, 97: 216603.

[17] Gui Y S, Mecking N, Zhou X, et al. Realization of a room Temperature spin dynamo: The spin rectification effect. Phys Rev Lett, 2007, 98: 107602.

[18] Gui Y S, Bai L H, Hu C M. The physics of spin rectification and its application. Sci China Phys Mech Astron, 2013, 56: 124.

[19] Sankey J C, Braganca P M, Garcia A G F, et al. Spin-transfer-driven ferromagnetic resonance of individual nanomagnets. Phys Rev Lett, 2006, 96: 227601.

[20] Kubota H, Fukushima A, Yakushiji K, et al. Quantitative measurement of voltage dependence of spin-transfer torque in MgO-based magnetic tunnel junctions. Nature Physics, 2007, 4: 37-41.

[21] Mecking N, Gui Y S, Hu C M, Microwave photovoltage and photoresistance effects in ferromagnetic microstrips. Phys Rev B, 2007, 76: 224430.

[22] Saitoh E, Ueda M, Miyajima H, et al. Conversion of spin current into charge current at room temperature: Inverse spin-Hall effect. Appl Phys Lett, 2006, 88: 182509.

[23] Gui Y S, Mecking N, Hu C M. Quantized spin excitations in a ferromagnetic microstrip from microwave photovoltage measurements. Phys Rev Lett, 2007, 98: 217603.

[24] Bedau D, Klaui M, Krzyk S, et al. Detection of current-induced resonance of geometrically confined domain walls. Phys Rev Lett, 2007, 99: 146601.

[25] Gui Y S, Mecking N, Wirthmann A, et al. Electrical detection of the ferromagnetic resonance: Spin-rectification versus bolometric effect. Appl Phys Lett, 2007, 91: 082503.

[26] Sankey J C, Cui Y T, Sun J Z, et al. Measurement of the spin-transfer-torque vector in magnetic tunnel junctions. Nature Physics, 2008, 4: 67-71.

[27] Bai L H, Gui Y S, Wirthmann A, et al. The RF magnetic-field vector detector based on the spin rectification effect. Appl Phys Lett, 2008, 92: 032504.

[28] Hui X, Wirthmann A, Gui Y S, et al. Electric detection of ferromagnetic resonance in single crystal iron film. Appl Phy Lett, 2008, 93: 232502.

[29] Wirthmann A, Hui X, Mecking N, et al. Broadband electrical detection of spin excitations in $Ga_{0.98}Mn_{0.02}As$ using a photovoltage technique. Appl Phys Lett, 2008, 92: 232106.

[30] Gui Y S, Wirthmann A, Mecking N, et al. Direct measurement of nonlinear ferromagnetic damping via the instrinsic foldover effect. Phys Rev B, 2009, 80: 060402(R).

[31] Gui Y S, Wirthmann A, Hu C M. Foldover ferromagnetic resonance and damping in permalloy microstrip. Phys Rev B, 2009, 80, 184422.

[32] Wirthmann A, Fan X, Gui Y S, et al. Direct phase probing and mapping via spintronic michelson interferometry. Phys Rev Lett, 2010, 105: 017202.

[33] Boone C T, Katine J A, Childress J R, et al. Resonant nonlinear damping of quantized spin waves in ferromagnetic nanowires: A spin torque ferromagnetic resonance study. Phys Rev Lett, 2009, 103: 167601.

[34] Bonetti S, Tiberkevich V, Consolo G, et al. Experimental evidence of self-localized and propagating spin wave modes in obliquely magnetized current-driven nanocontacts. Phys Rev Lett, 2010, 105: 217204.

[35] Chen L, Matsukura F, Ohno H. Direct-current voltages in (Ga,Mn)As structures induced by ferromagnetic resonance. Nat Commun, 2013, 4: 2055.

[36] Mosendz O, Pearson J E, Fradin F Y, et al. Quantifying spin Hall angles from spin pumping: Experiments and theory. Phys Rev Lett, 2010, 104: 046601.

[37] Ando K, Takahashi S, Hariil K, et al. Electric manipulation of spin relaxation using the spin Hall effect. Phys Rev Lett, 2008, 101: 036601.

[38] Kajiwara Y, Harii K, Takahashi S, et al. Transmission of electrical signals by spin-wave interconversion in a magnetic insulator. Nature(London), 2010, 464: 262-266.

[39] Sandweg C W, Kajiwara Y, Ando K, et al. Enhancement of the spin pumping efficiency by spin wave mode selection. Appl Phys Lett, 2010, 97: 252504.

[40] Liu L, Moriyama T, Ralph D C, et al. Spin-torque ferromagnetic resonance induced by the spin Hall effect. Phys Rev Lett, 2011, 106: 036601.

[41] Azevedo A, Vilela-Leão L H, Rodríguez-Suárez R L, et al. Spin pumping and anisotropic magnetoresistance voltages in magnetic bilayers: Theory and experiment. Phys Rev B, 2011, 83: 144402.

[42] Harder M, Cao Z X, Gui Y S, et al. Analysis of the line shape of electrically detected ferromagnetic resonance. Phys Rev B, 2011, 84: 054423.

[43] Feng Z, Hu J, Sun L, et al. Spin Hall angle quantification from spin pumping and microwave photoresistance. Phys Rev B, 2012, 85: 214423.

[44] Chen H, Fan X, Zhou H, et al. Spin rectification enabled by anomalous Hall effect. J Appl Phys, 2013, 113: 17C732.

[45] Chen H, Fan X, Wang W, et al. Electric detection of the thickness dependent damping in $Co_{90}Zr_{10}$ thin films. Appl Phys Lett, 2013, 102: 202410.

[46] Bai L, Feng Z, Hyde P, et al. Distinguishing spin pumping from spin rectification in a Pt/Py bilayer through angle dependent line shape analysis. Appl Phys Lett, 2013, 102: 242402.

[47] Zhu X F, Harder M, Wirthmann A, et al. Dielectric measurements via a phase-resolved spintronic technique. Phys Rev B, 2011, 83, 104407.

[48] Cao Z X, Lu W, Fu L, et al. Spintronic microwave imaging. Applied Physics A, 2013, 111: 329-337.

[49] Gilbert T L. A phenomenological theory of damping in ferromagnetic materials. IEEE Trans Magn, 2004, 40: 3443-3449.

[50] Jan J P, Galvano magnetic and thermomagnetic effects in metals //Seitz F, Thurnbull D. Solid State Physics, New York: Academic Press, 1957.

[51] White R L, Solt I H. Multiple ferromagnetic resonance in ferrite spheres. Phys Rev, 1956, 104: 56-62.

[52] Seavey Jr M H, Tannenwald P E. Direct observation of spin-wave resonance. Phys Rev Lett, 1958, 1: 168-169.

[53] Sparks M. Ferromagnetic resonance in thin films. I. Theory of normal-mode frequencies. Phys Rev B, 1970, 1: 3831-3856; Sparks M. Effect of exchange on magnetostatic modes. Phys Rev Lett, 1970, 24: 1178-1180.

[54] Kalinikos B A, Slavin A N. Theory of dipole-exchange spin wave spectrum for ferromagnetic films with mixed exchange boundary conditions. J Phys. C, 1986, 19: 7013-7033.

[55] Weiss M T, Microwave and low-frequency oscillation due to resonance instabilities in ferrites. Phys Rev Lett, 1958, 1: 239.

[56] Wismayer M P, Southern B W, Fan X L, et al. Nonlinear behavior for the uniform mode and horizontal standing spin-wave modes in metallic ferromagnetic microstrips: Experiment and theory. Phys Rev B,

2012, 85: 064411.

[57] Dyakonov M I, Perel V I. Possibility of orientating electron spins with current. JETP Lett, 1971, 13: 467-469.

[58] Zhu X F, Harder M, Tayler J, et al. Nonresonant spin rectification in the absence of an external applied magnetic field. Phys Rev B, 2011, 83: 140402(R).

[59] Cao Z X, Harder M, Fu L, et al. Nondestructive two-dimensional phase imaging of embedded defects via on-chip spintronic sensor. Appl Phys Lett, 2012, 100: 252406.

[60] Juretschke H J. Electromagnetic theory of dc effects in ferromagnetic resonance. J Appl Phys, 1960, 31: 1401.

[61] Egan W G, Juretschke H J. DC detection of ferromagnetic resonance in thin nickel films. J Appl Phys, 1963, 34: 1477.

[62] Moriyama T, Cao R, Fan X, et al. Tunnel barrier enhanced voltage signal generated by magnetization precession of a single ferromagnetic Layer. Phys Rev Lett, 2008, 100: 067602.

[63] Fan X, Cao R, Moriyama T, et al. Magnetic tunnel junction based microwave detector. Appl Phys Lett, 2009, 95: 122501.

[64] Fan X, Kim S, Kou X, et al. Microwave phase detection with a magnetic tunnel junction. Appl Phys Lett, 2010, 97: 212501.

[65] Yamaguchi A, Miyajima H, Ono T, et al. Rectification of radio frequency current in ferromagnetic nanowire. Appl Phys Lett, 2007, 90: 182507.

[66] Yamaguchi A, Miyajima H, Kasai S, et al. Self-homodyne RF demodulator using a ferromagnetic nanowire. Appl Phys Lett, 2007, 90: 212505.

[67] Czeschka F D, Dreher L, Brandt M S, et al. Scaling behavior of the spin pumping effect in ferromagnet-platinum bilayers. Phys Rev Lett, 2011, 107: 046601.

[68] Bai Lihui, Hyde P, Gui Y S, et al. Universal method for separating spin pumping from spin rectification voltage of ferromagnetic resonance, Phys Rev Lett, 2013, 111: 217602.

[69] Hyde P, Bai Lihui, Kumar D M J, et al. Electrical detection of direct and alternating spin current injected form a ferromagnetic insulator into a ferromagnetic metal. Phys Rev B, 2014, 89: 180404(R).

第 10 章　磁性纳米异质受限结构中的自旋和热电输运量子理论

朱振刚　苏　刚

10.1 引　　言

随着现代科学和技术的进步，人们能够制造越来越微小的各种电子和光学器件，人类已经进入纳米时代。例如，构成计算机芯片核心的半导体晶体管的沟道尺度，据《国际半导体技术蓝图》(*International Technology Roadmap for Semiconductors*，*ITRS*)2013 版预言[1]，在不远的 2025 年，我们将进入 10nm 线宽时代，在那时，每个芯片中晶体管数量将达到 1 万亿个量级。基于这样一个基本图景，我们可以预测未来的发展趋势和一些关键技术。一方面，计算机计算能力的飞跃使得需要处理的数据也呈爆炸式增长；另一方面，1965 年提出的摩尔定律总结和预言了单个芯片上微电子器件个数每 18 个月翻一倍，同时半导体器件的尺寸不断缩小，但随着器件尺寸进入量子力学的范畴，摩尔定律的物理基础，即半经典理论也将失效，因此新型微电子器件的产生需要基于全新的理论之上。在此背景下，磁电子学和自旋电子学应运而生，并得到了较大的发展。简言之，这些领域的中心想法是利用电子的自旋自由度来设计和制造新型微纳电子器件(见综述[2]、[3])。

1988 年，巨磁电阻(GMR)效应在 Fe/Cr/Fe 多层膜结构中被发现[4]，揭开了磁电子学和自旋电子学研究的新篇章。GMR 效应描述当两个铁磁层的磁化被外磁场从反平行状态变到平行状态时，电阻减小，室温下的变化率达到 25%。此现象的根源在于两个磁层磁化强度之间的相互作用是由传导电子传递的。随后在 Co/Ru、Co/Cr 和 Fe/Cr 多层膜系统中[5]，观察到磁致电阻效应随隔层厚度增大而呈现衰减性振荡[6]。

另外，对磁性隧道结(MTJ)系统，即铁磁体(FM)-绝缘体(I)-铁磁体系统的研究可以追溯到 20 世纪 70 年代或更早[7]。Julliére 于 1975 年在 Fe/Ge/Co MTJ 中观察到 14%的隧穿磁电阻(TMR)比值[8]。然而，真正的突破发生在 1995 年，Moodera 等在 CoFe/Al_2O_3/Co(NiFe)系统中，在 295K、77K 和 4.2K 的温度下分别观察到高达 11.8%、20%和 24%的 TMR 比值[9]。最近，在用单晶 MgO 作为势垒层的单隧道结系统中，观察到高达 500%的 TMR 比值[10]。此外，在电流垂直穿过异质结的几何结构中，MTJ 可以很容易地集成到纳米结构的器件中去，实际上基于磁性隧道结的读写头已经商用化了[11]。与中间层是正常金属的器件相比，MTJ 的电阻更高，因此和半导体更匹配，且具有更高的磁致电阻效应和更低的能耗。随着技术上的进步，这些特点使得磁性隧道结在信息存储和基于自旋的电子器件中可能具有更基本、更重要的作用，在过去的十年间，实验和理论都取得了重要的进展。

伴随着这些最早的工作，与铁磁材料相结合的不同类型的纳米结构被相继研究，导致了丰富多样的磁性相关现象。1996 年 Berger[12] 和 Slonczewski[13] 提出了一个和 GMR 或 TMR 现象相反的效应，即自旋转移效应(spin-transfer effect)。自旋转移效应描述，当两个磁层的磁化方向处于非共线时，由第一个磁层注入到第二个磁层中的极化电子会把角动量转移给第二个磁层的局域磁矩，因此对这些局域磁矩施加了一个自旋矩，被称为自旋转移力矩。此自旋转移力矩正比于注入的电流密度，当系统流过足够高的电流密度时，可以产生足够大的自旋转移力矩，以至于可将第二个磁层的磁化翻转。这提供了一种快速、经济的方式，从而用电而不是用磁场的方式来控制磁状态(见综述[14])。这个新现象很快被实验证实[15]。现在，科学家们正在研究利用自旋转移力矩制造磁性读写头和随机存储器(magnetic random access memory，MRAM)。最近，一个非易失的(nonvolatile)基于自旋转移效应的存储器已被制成[16]。从历史来看，铁磁体-正常金属-铁磁体结构中的自旋转移效应最早被研究，这是因为其结构具有较低的电阻从而更易得到大的电流密度，可使自由铁磁层的磁化产生翻转。随后，由于制造工艺的进步，人们可以制作高品质、足够薄的氧化铝隧道结或 MgO 单晶，磁性隧道结也随之成为研究的热点。

10.2　单磁性隧道结中自旋相关输运定态理论

单磁性隧道结是指铁磁体-绝缘体-铁磁体形成的三明治结构，是基础研究和应用开发的基本单元。我们可用以下哈密顿量来描述此系统

$$H = H_{\mathrm{L}} + H_{\mathrm{R}} + H_{\mathrm{T}} \tag{10.1}$$

其中

$$\begin{cases} H_{\mathrm{L}} = \sum\limits_{k\sigma} \varepsilon^{\mathrm{L}}_{k\sigma} a^{\dagger}_{k\sigma} a_{k\sigma} \\ H_{\mathrm{R}} = \sum\limits_{q\sigma} \{[\varepsilon_R(\boldsymbol{q}) - \sigma M_2 \cos\theta] c^{\dagger}_{q\sigma} c_{q\sigma} - M_2 \sin\theta c^{\dagger}_{q\sigma} c_{q\bar{\sigma}}\} \\ H_{\mathrm{T}} = \sum\limits_{kq\sigma\sigma'} [T^{\sigma\sigma'}_{kq} a^{\dagger}_{k\sigma} c_{q\sigma'} + \mathrm{h.\,c.}] \end{cases} \tag{10.2}$$

式中，$a_{k\sigma}$ 和 $c_{q\sigma}$ 是电子的湮没算符，分别湮没具有动量 $\boldsymbol{k}$ 和 $\boldsymbol{q}$、自旋为 $\sigma=\pm1$、位于左端口和右端口的电子；$\varepsilon^{\mathrm{L}}_{k\sigma}=\varepsilon_{\mathrm{L}}(\boldsymbol{k})-eV-\sigma M_1$，$M_{1(2)}=g\mu_{\mathrm{B}}h_{\mathrm{L(R)}}/2$，$g$ 是朗德(Landé)因子，μ_{B} 是玻尔(Bohr)磁子，$h_{\mathrm{L(R)}}$ 是左(右)铁磁端口的分子场，其中 h_{L} 的极化方向沿 z 轴，h_{R} 的极化方向在 xz 平面内与 h_{L} 成 θ 角，$\varepsilon_{\mathrm{L(R)}}(\boldsymbol{k})$

是左(右)铁磁端口的单粒子色散关系，V 是加于端口的偏压，$T_{kq}^{\sigma\sigma'}$ 表示依赖于自旋和动量的隧穿矩阵元。

10.2.1　无自旋的转移哈密顿量

为了推导出公式(10.1)和式(10.2)，我们首先从无自旋的转移哈密顿量的推导开始[17,18]。场算子表示为

$$\Psi(x) = \sum_k a_k \phi_k^{\mathrm{L}}(x) + \sum_k b_k \phi_k^{\mathrm{R}}(x) \tag{10.3}$$

其中，L(R)表示势垒左(右)区域，即 R_1(R_3)区(图 10.1)，ϕ 代表单粒子波函数。单粒子哈密顿量可以写为

$$h = h_{\mathrm{T}} + V(x) \tag{10.4}$$

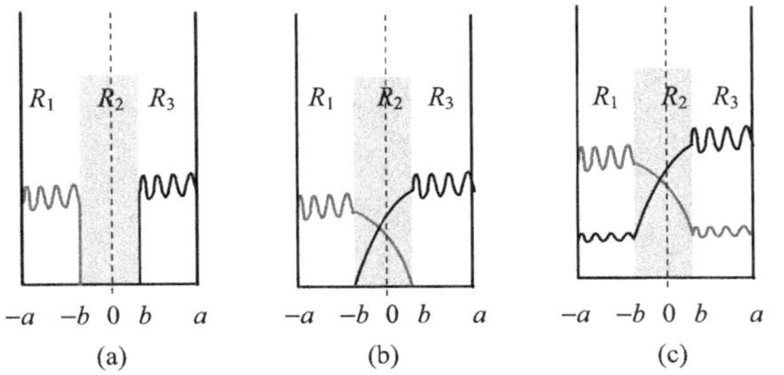

图 10.1(另见彩图)　单隧道结示意图。波浪线表示平面波或金属中的电子波函数，而势垒中的没有振荡的曲线表示势垒中的具有复波矢的衰减波函数。(a)中假设左端电子波函数只存在于左端口，因此在抵达势垒左边缘时变为零；(b)中假设左端口的电子波函数拓展到势垒区，如果势垒足够厚，波函数将不能穿透进入右端。对右端口的波函数也做类似假设；(c)中假设初始局域在左端口或右端口的波函数，最后都扩散到整个系统

此处 $h_{\mathrm{T}} = -\hbar^2\nabla^2/2m$ 是单粒子动能项，而

$$V(x) = \begin{cases} V_0, & x \in [-b,\ b] \\ 0, & x \in [-a,\ -b) \cup (b,\ a] \\ \infty, & \text{其他} \end{cases} \tag{10.5}$$

如果把左右区的波函数定义为只存在于 R_1 和 R_3 区内[图 10.1(a)]，则公式(10.3)不能作为描述整个系统的场算子，其 $\phi_k^{\mathrm{L}}(x)$ 和 $\phi_k^{\mathrm{R}}(x)$ 不是描述整个系统的单粒子波函数，因为由这个波函数描述的态在势垒区的概率为零。

图 10.1(b)展示的态是 Bardeen 假设[17]，即 $\phi_k^{\mathrm{L}}(x)$ 位于$[-a,\ b]$区间，当进入$[b,\ a]$区间时已衰减到零。同理，$\phi_k^{\mathrm{R}}(x)$ 在 $x\in[-b,\ a]$ 区间存在，在$[-a,\ -b]$区间也已降为零。我们称此为 Bardeen 态[17]。如果我们对 Bardeen 态做推

广，令 $\phi_k^{\mathrm{L}}(x)$和 $\phi_k^{\mathrm{R}}(x)$都弥散在整个空间，$\phi_k^{\mathrm{L}}(x)$表示初始局域在 R_1 中的态，经过 R_2 区的衰减之后，进入 R_3 区继续以波的形式运动，但是振幅变小。$\phi_k^{\mathrm{R}}(x)$也是类似的，如图 10.1(c)所示。在此态中，初始局域于左或右的态，有一定概率进入势垒区和另一个端口区。

下面基于 Bardeen 态推出无相互作用的转移哈密顿量，考虑

$$H=\int \mathrm{d}x\Psi^{+}(x)h\Psi(x) \tag{10.6}$$

其中，$h=p^2/2m+V(x)$为单粒子哈密顿量，则

$$\begin{aligned}H=&\sum_{kk'}\int \mathrm{d}x\{\phi_k^{\mathrm{L}*}(x)h\phi_{k'}^{\mathrm{L}}(x)a_k^{\dagger}a_{k'}+\phi_k^{\mathrm{L}*}(x)h\phi_{k'}^{\mathrm{R}}(x)a_k^{\dagger}b_{k'}\\&+\phi_k^{\mathrm{R}*}(x)h\phi_{k'}^{\mathrm{L}}(x)b_k^{\dagger}a_{k'}+\phi_k^{\mathrm{R}*}(x)h\phi_{k'}^{\mathrm{R}}(x)b_k^{\dagger}b_{k'}\}\\=&\sum_{kk'}\{\langle\phi_{k\mathrm{L}}(x)|h|\phi_{k'\mathrm{L}}\rangle a_k^{\dagger}a_{k'}+\langle\phi_{k\mathrm{L}}(x)|h|\phi_{k'\mathrm{R}}\rangle a_k^{\dagger}b_{k'}\\&+\langle\phi_{k\mathrm{R}}(x)|h|\phi_{k'\mathrm{L}}\rangle b_k^{\dagger}a_{k'}+\langle\phi_{k\mathrm{R}}(x)|h|\phi_{k'\mathrm{R}}\rangle b_k^{\dagger}b_{k'}\}\end{aligned} \tag{10.7}$$

第一项因为只涉及左端的波函数，$h|\phi_{k'\mathrm{L}}\rangle=\varepsilon_{k'\mathrm{L}}|\phi_{k'\mathrm{L}}\rangle$，因此$\langle\phi_{k\mathrm{L}}|h|\phi_{k'\mathrm{L}}\rangle=\varepsilon_{k'\mathrm{L}}\langle\phi_{k\mathrm{L}}|\phi_{k'\mathrm{L}}\rangle=\varepsilon_{k'\mathrm{L}}\delta_{kk'}$。第四项类似可得 $\varepsilon_{k'r}\delta_{kk'}$。对第二项，有

$$\langle\phi_{k\mathrm{L}}|h|\phi_{k'\mathrm{R}}\rangle=\left(\int_{R_1}+\int_{R_2}+\int_{R_3}\right)\phi_k^{\mathrm{L}*}(x)h\phi_{k'}^{\mathrm{R}}(x)\mathrm{d}x \tag{10.8}$$

其中，三个积分中只有第二个不为零。由于$h|\phi_{k'\mathrm{R}}\rangle=\varepsilon_{k'\mathrm{R}}|\phi_{k'\mathrm{R}}\rangle$，则第二项为

$$\varepsilon_{k'\mathrm{R}}\langle\phi_{k\mathrm{L}}|\phi_{k'\mathrm{R}}\rangle_{R_2}=\varepsilon_{k'\mathrm{R}}S_{kk',R_2}^{\mathrm{LR}} \tag{10.9}$$

此处，$S_{kk',R_2}^{\mathrm{LR}}=\langle\phi_{k\mathrm{L}}|\phi_{k'\mathrm{R}}\rangle_{R_2}$为在势垒中的交叠积分。同理，第三项为

$$\varepsilon_{k'\mathrm{L}}S_{kk',R_2}^{\mathrm{RL}} \tag{10.10}$$

因此，总哈密顿可以写为

$$H=\sum_k(\varepsilon_{k\mathrm{L}}a_k^{\dagger}a_k+\varepsilon_{k\mathrm{R}}b_k^{\dagger}b_k)+H_{\mathrm{T}} \tag{10.11}$$

其中，转移哈密顿为

$$H_{\mathrm{T}}=\sum_{kk'}(T_{kk'}a_k^{\dagger}b_{k'}+\mathrm{h.c.}) \tag{10.12}$$

而 $T_{kk'}=\varepsilon_{k'\mathrm{R}}S_{kk',R_2}^{\mathrm{LR}}$。

10.2.2 单隧道结系统的哈密顿量

现在，需要考虑左右端口是铁磁体，因此需要明确写出自旋指标。对此系统，我们定义场算子

$$\psi=\sum_{k}\left[\phi_{k\mathrm{L}}\begin{pmatrix}a_{k\mathrm{L}\uparrow}\\ a_{k\mathrm{L}\downarrow}\end{pmatrix}+\phi_{k\mathrm{R}}\begin{pmatrix}b_{k\mathrm{R}\uparrow}\\ b_{k\mathrm{R}\downarrow}\end{pmatrix}\right] \tag{10.13}$$

其中，$a_{k\mathrm{L}\sigma}$和$b_{k\mathrm{R}\sigma}$分别为左右端口铁磁金属中传导电子的湮没算符。单粒子哈密顿量为$\hat{h}=p^2/2m-\boldsymbol{M}(x)\cdot\boldsymbol{\sigma}+V(x)$，取式(10.5)，而

$$\boldsymbol{M}(x)=\begin{cases}M\sigma_z, & x\in R_1\\ V_x\sigma_x, & x\in R_2\\ M(\cos\theta\sigma_z+\sin\theta\sigma_x), & x\in R_3\end{cases} \tag{10.14}$$

这里V_x模拟可能的自旋翻转散射。利用式(10.13)，如果计算左右端口的哈密顿(即交叠积分的表达式中，单粒子哈密顿左右两边的单粒子波函数都为左或右端的单粒子波函数)，虽然实际上$\phi_{k\mathrm{L(R)}}$依赖于自旋相关的波矢，但在各自端口里，不同自旋态相互正交，而轨道的交叠积分给出$\delta_{kk'}$，因此统一写成式(10.13)中的形式。在势垒区，波矢是复波矢，仅取决于势垒高度和注入电子的能量，当我们考虑能量等于费米能时，此复波矢不依赖于自旋，因此有式(10.13)的形式。

二次量子化哈密顿为

$$\begin{aligned}H=&\int\mathrm{d}x\psi^{+}(x)\hat{h}\psi(x)\\ =&\sum_{kk'}\int\mathrm{d}x\Bigg\{\phi_{k\mathrm{L}}^{*}\phi_{k'\mathrm{L}}(a_{k\mathrm{L}\uparrow}^{\dagger},\ a_{k\mathrm{L}\downarrow}^{\dagger})\hat{h}\begin{pmatrix}a_{k'\mathrm{L}\uparrow}\\ a_{k'\mathrm{L}\downarrow}\end{pmatrix}+\phi_{k\mathrm{L}}^{*}\phi_{k'\mathrm{R}}(a_{k\mathrm{L}\uparrow}^{\dagger},\ a_{k\mathrm{L}\downarrow}^{\dagger})\hat{h}\begin{pmatrix}b_{k'\mathrm{R}\uparrow}\\ b_{k'\mathrm{R}\downarrow}\end{pmatrix}\\ &+\phi_{k\mathrm{R}}^{*}\phi_{k'\mathrm{L}}(b_{k\mathrm{R}\uparrow}^{\dagger},\ b_{k\mathrm{R}\downarrow}^{\dagger})\hat{h}\begin{pmatrix}a_{k'\mathrm{L}\uparrow}\\ a_{k'\mathrm{L}\downarrow}\end{pmatrix}+\phi_{k\mathrm{R}}^{*}\phi_{k'\mathrm{R}}(b_{k\mathrm{R}\uparrow}^{\dagger},\ b_{k\mathrm{R}\downarrow}^{\dagger})\hat{h}\begin{pmatrix}b_{k'\mathrm{R}\uparrow}\\ b_{k'\mathrm{R}\downarrow}\end{pmatrix}\Bigg\}\end{aligned} \tag{10.15}$$

式(10.15)中第一项可以计算出

$$\sum_{k\sigma}\varepsilon_{k\mathrm{L}\sigma}a_{k\mathrm{L}\sigma}^{\dagger}a_{k\mathrm{L}\sigma} \tag{10.16}$$

其中，$\varepsilon_{k\mathrm{L}\sigma}=\varepsilon_{k\mathrm{L}}-\sigma M$。式(10.15)中第四项为

$$\sum_{k\sigma}\left[(\varepsilon_{k\mathrm{R}}-\sigma M\cos\theta)b_{k\mathrm{R}\sigma}^{\dagger}b_{k\mathrm{R}\sigma}-M\sin\theta b_{k\mathrm{R}\sigma}^{\dagger}b_{k\mathrm{R}\bar{\sigma}}\right] \tag{10.17}$$

式(10.15)中第二项可以得到

$$\begin{aligned}&\sum_{kk'}\int\mathrm{d}x\phi_{k\mathrm{L}}^{*}\phi_{k'\mathrm{R}}(a_{k\mathrm{L}\uparrow}^{\dagger},\ a_{k\mathrm{L}\downarrow}^{\dagger})\begin{pmatrix}\varepsilon_{k'\mathrm{R}}+V_0 & V_x\\ V_x & \varepsilon_{k'\mathrm{R}}+V_0\end{pmatrix}\begin{pmatrix}b_{k'\mathrm{R}\uparrow}\\ b_{k'\mathrm{R}\downarrow}\end{pmatrix}\\ =&\sum_{kk'}\left[S_{kk',\mathrm{R}_2}^{\mathrm{LR}}(\varepsilon_{k'\mathrm{R}}+V_0)(a_{k\mathrm{L}\uparrow}^{\dagger}b_{k'\mathrm{R}\uparrow}+a_{k\mathrm{L}\downarrow}^{\dagger}b_{k'\mathrm{R}\downarrow})\right.\\ &\left.+S_{kk',\mathrm{R}_2}^{\mathrm{LR}}V_x(a_{k\mathrm{L}\uparrow}^{\dagger}b_{k'\mathrm{R}\downarrow}+a_{k\mathrm{L}\downarrow}^{\dagger}b_{k'\mathrm{R}\uparrow})\right]\\ =&\sum_{kk'\sigma\sigma'}T_{kk'}^{\sigma\sigma'}a_{k\mathrm{L}\sigma}^{\dagger}b_{k'\mathrm{R}\sigma'}\end{aligned} \tag{10.18}$$

其中，系数可以明确给出

$$\begin{cases} T_{kk'}^{\uparrow\uparrow} = S_{kk',\mathrm{R2}}^{\mathrm{LR}}(\varepsilon_{k'\mathrm{R}} + V_0) \\ T_{kk'}^{\uparrow\downarrow} = S_{kk',\mathrm{R2}}^{\mathrm{LR}} V_x \\ T_{kk'}^{\downarrow\uparrow} = T_{kk'}^{\uparrow\downarrow} \\ T_{kk'}^{\downarrow\downarrow} = T_{kk'}^{\uparrow\uparrow} \end{cases} \tag{10.19}$$

式(10.15)中第三项可以证明是第二项的共轭项，将这四项合起来，可得到哈密顿量[式(10.1)和式(10.2)]。

10.2.3 利用非平衡格林函数计算电流和电导

流经左端口的隧穿电流可以由左端口的占据数随时间变化给出

$$I_{\mathrm{L}}(V) = e\langle \dot{N}_{\mathrm{L}} \rangle = -\frac{2e}{\hbar}\mathrm{Re}\sum_{kq}\mathrm{Tr}_{\sigma}\{\boldsymbol{\Omega}_{kq} \cdot \boldsymbol{G}_{kq}^{<}(t, t)\} \tag{10.20}$$

此处用到了 Heisenberg 算子运动方程，即 $\mathrm{i}\partial_t O(t) = [O, H]$，$O$ 是一个任意算子，$N_{\mathrm{L}} = \sum_{k\sigma} a_{k\sigma}^{\dagger} a_{k\sigma}$ 是左端口的占据数算子，$\boldsymbol{\Omega}_{kq} = \boldsymbol{T}_{kq} \cdot \boldsymbol{R}$

$$\boldsymbol{T}_{kq} = \begin{pmatrix} T_{kq}^{\uparrow\uparrow} & T_{kq}^{\uparrow\downarrow} \\ T_{kq}^{\downarrow\uparrow} & T_{kq}^{\downarrow\downarrow} \end{pmatrix}, \quad \boldsymbol{R} = \begin{pmatrix} \cos\dfrac{\theta}{2} & -\sin\dfrac{\theta}{2} \\ \sin\dfrac{\theta}{2} & \cos\dfrac{\theta}{2} \end{pmatrix} \tag{10.21}$$

而 Tr_{σ} 表示对自旋空间的矩阵求迹。定态下 Lesser 格林函数 $\boldsymbol{G}_{kq}^{<}(t, t')$ 可以定义为

$$\boldsymbol{G}_{kq}^{<}(t - t') = \begin{pmatrix} G_{kq}^{\uparrow\uparrow,<}(t - t') & G_{kq}^{\downarrow\uparrow,<}(t - t') \\ G_{kq}^{\uparrow\downarrow,<}(t - t') & G_{kq}^{\downarrow\downarrow,<}(t - t') \end{pmatrix} \tag{10.22}$$

其中，$G_{kq}^{\sigma\sigma',<}(t-t') \equiv \mathrm{i}\langle a_{k\sigma}^{\dagger}(t') b_{q\sigma'}(t)\rangle$。为了求得 Lesser 格林函数，需要引入时序(time-ordered)格林函数

$$\boldsymbol{G}_{qk}^{t}(t - t') = \begin{pmatrix} G_{qk}^{\uparrow\uparrow,t}(t - t') & G_{qk}^{\uparrow\downarrow,t}(t - t') \\ G_{qk}^{\downarrow\uparrow,t}(t - t') & G_{qk}^{\downarrow\downarrow,t}(t - t') \end{pmatrix} \tag{10.23}$$

$G_{qk}^{\sigma\sigma',t}(t-t') \equiv -\mathrm{i}\langle T\{b_{q\sigma}(t) a_{k\sigma'}^{\dagger}(t')\}\rangle$。

应用标准的非平衡格林函数技术[19]，可求得

$$I_{\mathrm{L}}(V) = \frac{2e}{\hbar}\int\frac{\mathrm{d}\varepsilon}{2\pi}[f(\varepsilon) - f(\varepsilon + eV)]\mathrm{Tr}_{\sigma}[T_{\mathrm{eff}}(\varepsilon, V)] \tag{10.24}$$

其中，$f(\varepsilon)$是费米分布函数，

$$T_{\mathrm{eff}}(\varepsilon, V) = 2\pi^2 \boldsymbol{T} \cdot \boldsymbol{R} \cdot \boldsymbol{D}_{\mathrm{R}}(\varepsilon) \cdot \boldsymbol{R}^{\dagger} \cdot \boldsymbol{T}^{\dagger} \cdot \boldsymbol{D}_{\mathrm{L}}(\varepsilon + eV) \tag{10.25}$$

$\boldsymbol{D}_{L(R)}(\varepsilon)$是一个 2×2 的对角矩阵，两个非零对角元分别是铁磁体的自旋向上和向下的电子态密度。在小偏压下，可以求得隧穿电导为

$$G=\frac{2e^2}{h}T_{\text{eff}} \tag{10.26}$$

其中，$T_{\text{eff}}=\text{Tr}_\sigma[T_{\text{eff}}(\varepsilon_F, V=0)]$，$\varepsilon_F$ 是费米能。与 Landauer-Büttiker 公式进行比较，可以发现 T_{eff}是有效的穿透系数，其中已经包含了自旋散射的贡献。式(10.26)可以被明确地重新写为

$$G=G_0[1+P_2\sqrt{P_1^2+P_3^2}\cos(\theta-\theta_f)] \tag{10.27}$$

其中，$G_0=\frac{\pi e^2}{2\hbar}[(T_1^2+T_2^2)D_{L\uparrow}+(T_3^2+T_4^2)D_{L\downarrow}](D_{R\uparrow}+D_{R\downarrow})$，$P_2=\frac{D_{R\uparrow}-D_{R\downarrow}}{D_{R\uparrow}+D_{R\downarrow}}$，$D_{L\sigma}=D_L(\varepsilon+\sigma M_1+eV)$，$D_{R\sigma}=D_R(\varepsilon+\sigma M_2)$对自旋向上或向下的态 $\sigma=1$ 或 $\sigma=-1$，$P_1=\frac{(T_1^2-T_2^2)D_{L\uparrow}-(T_4^2-T_3^2)D_{L\downarrow}}{(T_1^2+T_2^2)D_{L\uparrow}+(T_4^2+T_3^2)D_{L\downarrow}}$，$P_3=\frac{2(T_1T_2D_{L\uparrow}+T_3T_4D_{L\downarrow})}{(T_1^2+T_2^2)D_{L\uparrow}+(T_4^2+T_3^2)D_{L\downarrow}}$，$\tan\theta_f=\frac{P_3}{P_1}$。此公式推导中，已假设

$$T=\begin{pmatrix}T_1 & T_2\\ T_3 & T_4\end{pmatrix} \tag{10.28}$$

10.2.4　电导和隧穿磁电阻效应

进一步假设 $T_1=T_4$ 和 $T_2=T_3$，并定义 $\gamma=T_2/T_1$ 表征自旋翻转散射的程度。自旋翻转散射对电导和隧穿磁电阻(TMR)的影响展示在图 10.2 中，其中 $G'_0=(\pi e^2/2\hbar)[T_1^2D_{L\uparrow}+T_4^2D_{L\downarrow}](D_{R\uparrow}+D_{R\downarrow})$，隧穿磁电阻率定义为 $\text{TMR}=[G(\theta=0)-G(\theta=\pi)]/G(\theta=0)$。

如果不存在自旋翻转散射($\gamma=0$)，且两个端口的磁化方向相互平行($\theta=0$)，则电导最大，反平行时最小($\theta=\pi$)[20]，这就是自旋阀效应。当存在自旋翻转散射并且强度增大时，对应端口磁化平行(反平行)分布，电导减小(增大)。这是因为，当端口磁化相互平行时，自旋翻转散射减弱了左端口的多数自旋隧穿到右端口多数自旋通道的散射概率，形象地理解为当一个自旋方向在多数自旋方向上的电子被翻转时，它进入另一端口的概率降低了；当端口磁化呈反平行排列时，情况正好相反。如果端口的磁化方向是非共线状态(即角度非零非 π)，随 γ 增强，电导变大，这是由自旋翻转散射所导致的。注意到，当不存在自旋翻转散射时(即 $\gamma=0$)，最大电导出现在 $\theta=0°$处。

我们注意到在 1996 年的一个实验中，Moodera 和 Kinder 在 $CoFe/Al_2O_3/Co$ 隧道结中观察到了电阻随角度变化存在一个角度推移[21]。其中隧道结的最大

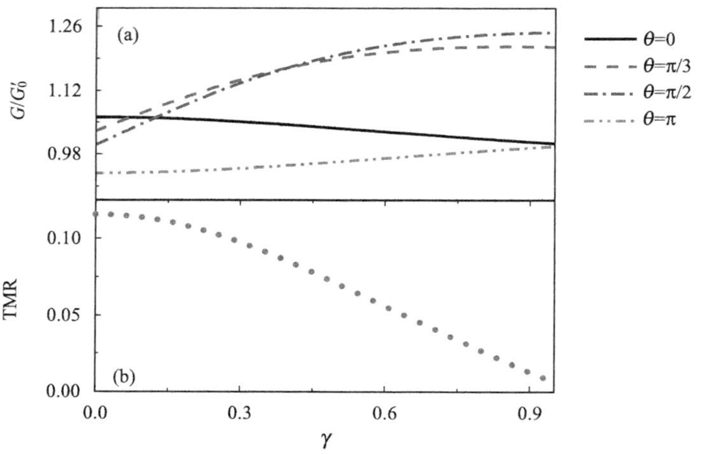

图 10.2　(a)和(b)分别展示自旋翻转散射对电导和 TMR 的影响。左右铁磁端口的电子有效质量设为 1，左右端口的分子场假设一样，取为 0.7eV，费米能为 1.5eV，耦合参数 T_1 取为 0.01eV。此图引自文献[20]

电阻出现在 $\theta\approx200°$而不是 $\theta\approx180°$，这意味着 $\theta_f\approx20°$的角度推移。基于上面的分析，可以认为自旋翻转散射是这个角度推移的一个可能解释。

在对物理做进一步讨论之前，我们先对得到的公式作进一步讨论。由公式(10.27)出发，利用公式(10.19)，得

$$\begin{cases} T_1=T_4=T_d \\ T_2=T_3=T \end{cases} \tag{10.29}$$

因此

$$G=G_0\left[1+\bar{P}_L P_R\cos(\theta-\theta_f)\right] \tag{10.30}$$

其中

$$G_0=\frac{\pi e^2}{2\hbar}(T_d^2+T_o^2)(D_{L\uparrow}+D_{L\downarrow})(D_{R\uparrow}+D_{R\downarrow})$$

$$P_1=\frac{(T_d^2-T_o^2)P_L}{T_d^2+T_o^2},\quad P_2=P_R$$

$$P_3=\frac{2T_dT_o}{T_d^2+T_o^2},\qquad \bar{P}_L=\sqrt{P_1^2+P_3^2}$$

而

$$P_{L(R)}=\frac{D_{L(R)\uparrow}-D_{L(R)\downarrow}}{D_{L(R)\uparrow}+D_{L(R)\downarrow}}$$

是左右端口铁磁体的自旋极化率。在没有自旋翻转散射时，可得到

$$G_0=\frac{\pi e^2}{2\hbar}T_{\rm d}^2(D_{\rm L\uparrow}+D_{\rm L\downarrow})(D_{\rm R\uparrow}+D_{\rm R\downarrow}) \tag{10.31}$$

$P_1=\bar{P}_{\rm L}=P_{\rm L}$，$P_2=P_{\rm R}$，$P_3=0$，$G=G_0(1+P_{\rm L}P_{\rm R}\cos\theta)$。由 Julliére 模型的 TMR 定义，可得

$$\text{TMR}=\frac{G(\theta=0)-G(\theta=\pi)}{G(\theta=0)}=\frac{2P_{\rm L}P_{\rm R}}{1+P_{\rm L}P_{\rm R}} \tag{10.32}$$

我们看到结果与 Julliére 模型一致[8]。

最近有实验研究了 $Co_{40}Fe_{40}B_{20}$/MgO/$Co_{40}Fe_{40}B_{20}$(CoFeB)磁性隧道结，其中当 CoFeB 层厚度小于 1.5nm 后，可能形成了超顺磁(superparamagnetic)纳米颗粒。超顺磁性[22]描述超顺磁纳米颗粒的磁化方向在无外场时取向无规，在外场下被磁化，当再次去掉外场，超顺磁颗粒的磁化再次无规化，表现为总的磁化在特征时间内消失。当存在外场且温度从低温升高时，热涨落将使单个纳米颗粒的磁化在特征时间标度内偏离总磁场方向。由我们的理论可以看出，自旋翻转散射导致一个角度的偏离。因散射概率和强度随温度升高而变大，所以电导随温度升高(即自旋翻转散射强度增强)在平行(反平行)时减小(增大)，这就是图 10.2(a)中所预测的，也正是在实验中所观察到的[23]。相应地，TMR 随温度升高(或自旋翻转散射强度增强)而减小，如图 10.2(b)所示，也和实验结果一致[23]。

10.2.5　单磁性隧道结中的自旋转移力矩

自旋矩可以由相应端口总自旋随时间的演化而求得，即 $\partial_t\langle \boldsymbol{s}_{1,2}(t)\rangle=(\mathrm{i}/\hbar)\langle[H,\ \boldsymbol{s}_{1,2}(t)]\rangle$。这个定义包含了局域磁化感受到的总的自旋矩。其中，由铁磁端口中交换作用引起的矩是一种平衡态时的矩，而由另一端口隧穿引起的另一个自旋矩被称为自旋转移力矩，可利用公式 $\tau=(\mathrm{i}/\hbar)\langle[H_{\rm T},\ s_2(t)]\rangle$ 计算得到。右端口的总自旋明确写出为

$$\boldsymbol{s}(t)=\frac{\hbar}{2}\sum_{k\mu\nu}c_{k\mu}^{\dagger}c_{k\nu}(R^{-1}\chi_{\mu})^{\dagger}\hat{\boldsymbol{\sigma}}(R^{-1}\chi_{\nu}) \tag{10.33}$$

其中，$\chi_{\mu(\nu)}$是自旋态。注意，总自旋已被表示在 xyz 坐标系中，而自旋 s_2 在 $x'y'z'$ 坐标系中(即 z' 沿右端口的磁化方向，x' 相对应于 x 做了一个 θ 角的转动，如图 10.3 所示)是量子化的。利用非平衡格林函数方法，可以求得[24]

$$\tau^{\rm Rx}=-\cos\theta\Re\sum_{kq}\int\frac{\mathrm{d}\varepsilon}{2\pi}\mathrm{Tr}_{\sigma}\left[\boldsymbol{G}_{\boldsymbol{kq}}^{<}(\varepsilon)\hat{\sigma}_1\boldsymbol{T}^{\dagger}\right]+\sin\theta\Re\sum_{\boldsymbol{kq}}\int\frac{\mathrm{d}\varepsilon}{2\pi}\mathbf{Tr}_{\sigma}\left[\boldsymbol{G}_{\boldsymbol{kq}}^{<}(\varepsilon)\hat{\sigma}_3\boldsymbol{T}^{\dagger}\right] \tag{10.34}$$

其中，σ_1 和 σ_3 是通常的 Pauli 矩阵。经过计算可得到

$$\frac{\tau^{\rm Rx'}}{I_{\rm e}}=\frac{\hbar}{e}\frac{\sqrt{P_1^2+P_3^2}\sin(\theta-\theta_{\rm f})}{1+P_2\sqrt{P_1^2+P_3^2}\cos(\theta-\theta_{\rm f})} \tag{10.35}$$

此处 $I_{\rm e}$ 表示电流。

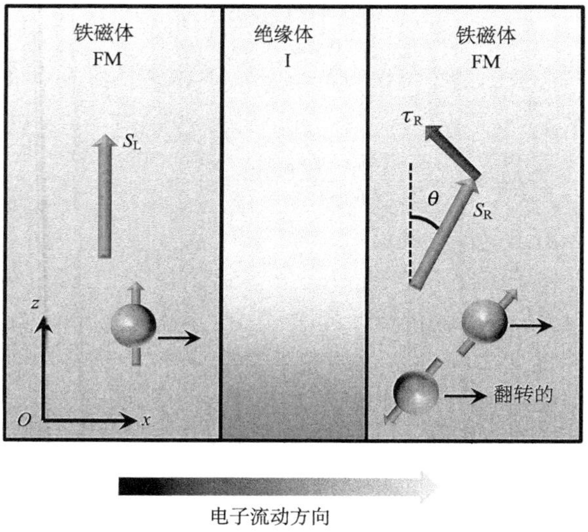

图 10.3 磁性隧道结中自旋转移力矩的示意图。从左至右的箭头表示电子流动方向

自旋转移力矩随角度的变化如图 10.4 所示，其中 $\gamma_1 = T_2/T_1$ 和 $\gamma_2 = T_3/T_1$。

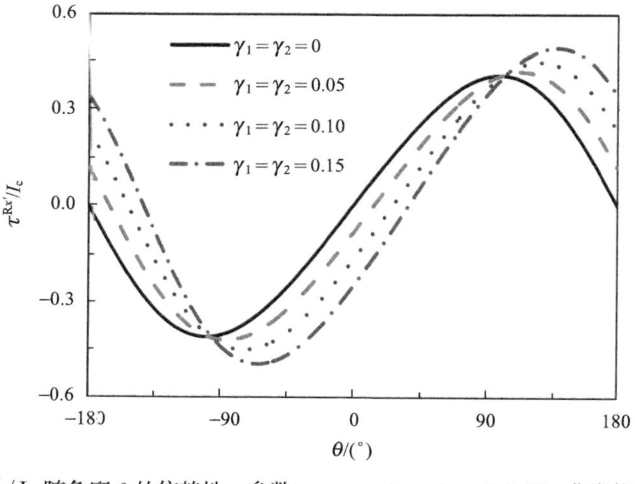

图 10.4 $\tau^{Rx'}/I_e$ 随角度 θ 的依赖性。参数 $\gamma_1=\gamma_2$，$h_L=h_R=0.9\text{eV}$，费米能为 1.295eV，$T_1=T_4=0.01\text{eV}$。每单位电流承载的矩由单位 $\hbar/e$ 表征。此图引自文献[24]

由图可以观察到很明显的角度推移现象，即当 $\theta=0$ 和 $\theta=\pi$ 时，相比于无自旋翻转散射时，具有非零自旋矩。

10.2.6　电子-电子相互作用对电导的影响

为了研究电子-电子相互作用对自旋输运的影响，基于散射矩阵理论的一个解析方法被发展出来[25]，其中自洽的 Hatree 势由 Schrödinger 方程和 Poisson 方程联合确定[26]。由此发现单磁性隧道结的电导可以随外加偏压而振荡，该行为在自由电子模型下不会出现。

10.3　双磁性隧道结中自旋相关输运定态理论

10.3.1　中心区为铁磁膜

1. 电导和 TMR

本节考虑一种双隧道结系统，即铁磁体-铁磁体-铁磁体系统。当中心区为铁磁膜时，自旋态发生劈裂。如果中心区为非磁材料形成的膜，由于中心区形成的量子阱态，通常会产生共振隧穿现象(resonant tunneling phenomenon)[27]，而当中心区为铁磁膜时，会呈现自旋相关的输运特征。例如，通过整个系统的磁电阻效应不仅依赖于端口的磁化，而且和中心区的磁化也相关。最近，一个新的磁致输运现象在实验中被观察到[28]。其中，左右磁层的磁化被钉扎，中心磁层是自由磁层。当中心磁层的磁化方向和左右端口的磁化方向相互反平行时，电导和 TMR 随外加偏压而振荡；当三层膜中磁化都平行时，此振荡消失。Zeng 等[28]提出不同以往的解释，认为不能利用库仑阻塞效应(Coulomb blockade effect)和共振隧穿效应来解释。因为中心磁层具有连续的能谱，电荷效应对左右端口磁化平行和反平行排列时贡献等价，而且充电能可忽略，所以前者不可能。对于后者，观察到的振荡周期太小使之也不太可能。考虑到电导振荡对平行和反平行分布是非对称的，且能量符合典型的磁波子能量，他们提出这个不同寻常的振荡行为来自磁波子辅助隧穿效应(magnon-assisted tunneling effect)。这个图像认为反平行分布时，在中间磁层靠近界面处，有正比于施加的外偏压的非平衡自旋密度累积，从而发射自旋波，导致磁波子辅助的隧穿发生，对电导有贡献。当位于平行分布构型时，由于自旋角动量守恒，自旋波的发射被禁止。

下面，我们通过建立模型来进行研究。假设左右端口的磁化平行，而中心磁层的磁化和端口磁化反平行，哈密顿为 $H=H_{\mathrm{L}}+H_{\mathrm{R}}+H_{\mathrm{C}}+H_{\mathrm{LC}}+H_{\mathrm{CR}}$，其中[28]

$$H_{\alpha}=\sum_{k_{\alpha\sigma}}\varepsilon_{k_{\alpha\sigma}}a_{k_{\alpha\sigma}}^{\dagger}a_{k_{\alpha\sigma}},\quad \alpha=\mathrm{L},\ \mathrm{R}$$

$$H_C = \sum_{k\sigma} \varepsilon_{k\sigma} c_{k\sigma}^{\dagger} c_{k\sigma} + \sum_{q} \hbar\omega_q b_q^{\dagger} b_q$$
$$H_{LC} = H_{LC1} + H_{LC2} + H_{LC3}$$
$$H_{LC1} = \sum_{kLk\sigma} T_{kLk}^{d} (a_{kL\sigma}^{\dagger} c_{k\sigma} + \text{h. c.})$$
$$H_{LC2} = (1/\sqrt{N}) \sum_{kLkq} T_{kLkq}^{J} S(q) (a_{kL\uparrow}^{\dagger} c_{k\uparrow} - a_{kL\downarrow}^{\dagger} c_{k\downarrow} + c_{k\uparrow}^{\dagger} a_{kL\uparrow} - c_{k\downarrow}^{\dagger} a_{kL\downarrow})$$
$$H_{LC3} = (1/\sqrt{N}) \sum_{kLkq} T_{kLkq}^{J} \sqrt{2S} (a_{kL\uparrow}^{\dagger} c_{k\downarrow} b_q^{\dagger} + c_{k\uparrow}^{\dagger} a_{kL\downarrow} b_q^{\dagger} + a_{kL\downarrow}^{\dagger} c_{k\uparrow} b_q + c_{k\downarrow}^{\dagger} a_{kL\uparrow} b_q)$$
$$H_{CR} = H_{LC}(L \rightarrow R) \tag{10.36}$$

其中，$a_{k_\alpha\sigma}$和$c_{k\sigma}$分别是 α 端口和中心磁层的湮没算符；$\varepsilon_{k_\alpha\sigma} = \varepsilon_{k_\alpha} - \sigma M_\alpha - eV_\alpha$，$\varepsilon_{k_\alpha}$是单粒子能量，$M_\alpha$是 α 端口的分子场；$b_q$是中心区动量为 $\boldsymbol{q}$ 的磁波子的湮没算符；$\hbar\omega_q$是磁波子能量；$N = \sum_q \langle n_q^s \rangle$，$n_q^s = b_q^{\dagger} b_q$是磁波子数目；$S(q) = S - n_q^s$，$S = 1/2$ 是电子自旋；$T_{k_\alpha k}^{d}$是端口 α 和中心磁层的耦合隧穿矩阵元；$T_{k_\alpha kq}^{J}$是 α 端口的电子和中心磁层的磁波子相互耦合的矩阵元。

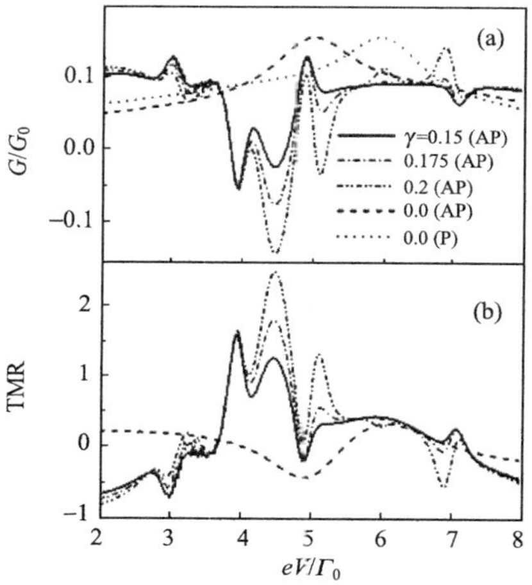

图 10.5　在不同的 $\gamma = T^J/T^d$ 时，电导(a)和 TMR(b)随外偏压的变化曲线，其中 $\hbar\omega_0 = 0.5\Gamma_0$，$\varepsilon_\uparrow = 3.0\Gamma_0$，和 $\varepsilon_\downarrow = 2.0\Gamma_0$。为简单起见，中心磁层的能量取为费米能处，此图引自文献[29]

如图 10.5 所示，展示了电导和 TMR 随外偏压的变化。γ 表征了端口电子和中心区磁波子的耦合强度和端口电子和中心区电子耦合强度之比。可以看到，当没有磁波子存在时，电导和 TMR 没有振荡行为；相反，当存在磁波子时，振荡行为出现。进一步的关于磁波子数的计算表明，这些峰即磁波子辅助的共振隧穿峰[28]，这说明提出的物理图像是正确的。

2. 中心区为铁磁膜的双隧道结中的自旋转移力矩

为了研究此多层膜系统中的自旋转移效应，我们忽略了中心磁层中的磁波子而仅保留了主要的 s-d 交换相互作用，这导致[30]

$$\begin{cases} H_C = \sum_{k\sigma} \varepsilon_k c_{k\sigma}^{\dagger} c_{k\sigma} - \sum_{k} (c_{k\uparrow}^{\dagger}, \ c_{k\downarrow}^{\dagger}) \hat{\boldsymbol{\sigma}} \cdot \boldsymbol{M} \begin{pmatrix} c_{k\uparrow} \\ c_{k\downarrow} \end{pmatrix} \\ H_{LC(CR)} = \sum_{kk_\alpha\sigma\sigma'} (T_{k_\alpha k}^{\sigma\sigma'} a_{k_\alpha\sigma}^{\dagger} c_{k\sigma'} + \text{h. c.}) \end{cases} \tag{10.37}$$

其中，α = L 或 R，对应 H_{LC}或 H_{CR}。总哈密顿量为 $H = H_L + H_R + H_C + H_{LC} + H_{CR}$。

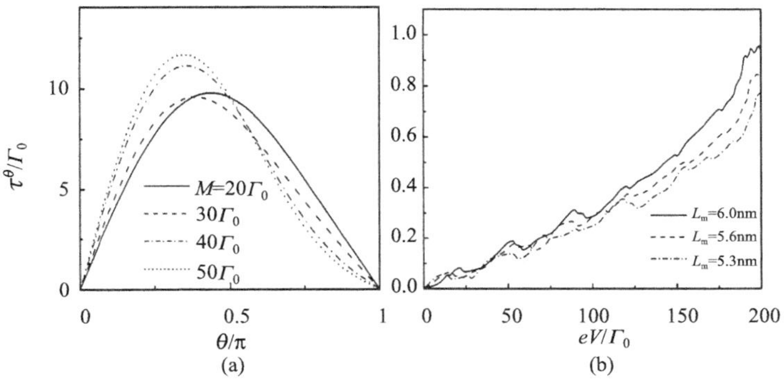

图 10.6　自旋转移力矩随角度(a)和偏压(b)的变化情况。(a)$M=300\Gamma_0$，$\Gamma_0=0.01$eV，$P=0.8$；(b)$M=15\Gamma_0$，$P=0.7$。此图引自文献[30]

从图 10.6(a)中，我们可以观察到当中心磁层的分子场变大时，自旋转移力矩的极大值被增大了，这和在铁磁体-量子点-铁磁体系统中观察到的现象类似。自旋转移力矩在 $\theta=0$ 和 π 时消失。在图 10.6(b)中，我们观察到自旋转移力矩随外偏压的增大而增大。在增大的背景上有一些小的振荡，这是由于中间磁层中形成了量子阱态而导致的结果。这可以由进一步被改变膜的厚度(L_m)而导致的变化来证实，膜厚改变使得振荡的位置随之而改变，可知这些振荡和量子阱态随膜厚变化有关[图 10.6(b)]。当系统中流过足够大的电流密度时，可以产生足够大的自旋转移力矩，从而会翻转自由磁层的磁化方向，因此存在一个临界电流和临界电压。有研究[31]通过模型计算得到了临界电流和铁磁层磁化的关系，指出临界电流正比于磁化。然而我们的计算表明，它们之间的关系比正比关系更复杂，因此联合非平衡格林函数和推广的 Landau-Lifshitz-Gilbert 方程的自洽计算是必需的。

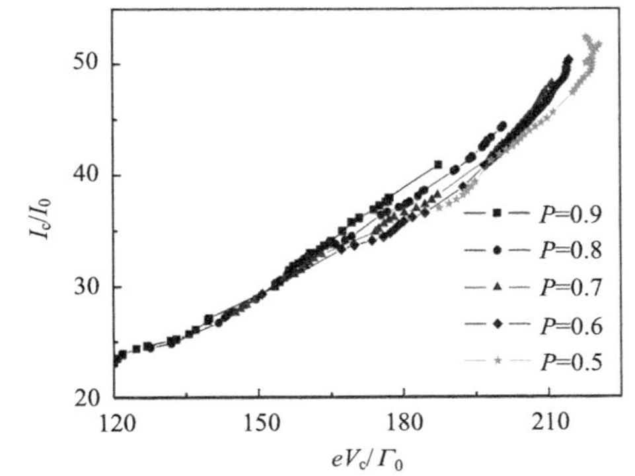

图 10.7(另见彩图)　临界电流 I_c 在不同极化 P 时与临界电压 V_c 的关系。单轴各向异性场 $H_k=500$Oe，分子场 $M=10\Gamma_0\sim1200$Oe，$\Gamma_0=20$meV，费米能是 $130\Gamma_0$，$k_BT=0.02\Gamma_0$，阻尼系数 $\alpha=0.1$，结面积为 80nm×80nm，中间磁层厚度为 5.6nm。此图引自文献[30]

通过研究发现，临界电压和临界电流随磁化强度 M 的变化呈现台阶状增大行为。这可以简单理解为，对于更大的 M 需要更大的自旋转移力矩来使之翻转，而自旋转移力矩随偏压的增大呈现非单调性[31]。从图 10.7 可以看到，I_c 和 V_c 的关系更近于线性关系，不同的 P、I_c 随 V_c 变化的曲线落到同一条曲线上，尤其在小 V_c 区，临界微分电阻几乎是常数，不随极化 P 变化。

10.3.2　中心区为超导体

1. 中心区处于非常规超导体的正常态：边缘费米液体

最近，关于铁磁体-高温超导体形成的隧道结中自旋极化输运的实验和理论有文献报道[32]。已有研究指出，在最优掺杂的铜氧化物高温超导体中，其奇异正常态的性质可以由边缘费米液体(marginal Fermi liquid，MFL)理论来描述[32]，其中电子间的相互作用被唯象地引入单粒子自能项中，它的本质来自于电荷和自旋的涨落。因此，研究 FM-MFL-FM 隧道结系统中的自旋相关输运对理解铁磁体-高温超导体正常态系统的性质是有意义的。

MFL 的格林函数可以写为 $G^r(\varepsilon)=[\varepsilon-\varepsilon_k-\Sigma_0^r-\Sigma(\varepsilon)+i\eta]^{-1}$，其中 Σ_0^r 是端口自能，$\eta=0^+$，

$$\Sigma(\varepsilon)=\lambda\left[\varepsilon\ln\left(\frac{x}{E_c}\right)-i\frac{\pi}{2}x\right] \tag{10.38}$$

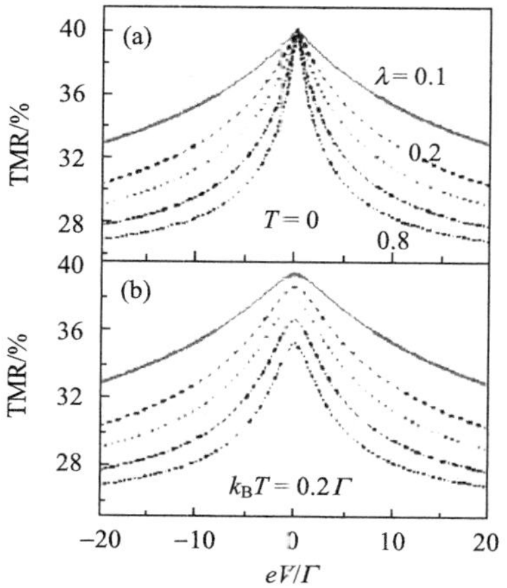

图 10.8　FM-MFL-FM 双结系统的 TMR 随偏压的变化。图(a)中 $T=0$，而图(b)中 $k_BT=0.2\Gamma$。参数 $\lambda=0.1$、0.2、0.3、0.5、0.8，$P=0.5$。此图引自文献[34]

此处 λ 是耦合常数，E_c 是能量截断，$x=\max(|\varepsilon|, k_BT)$。当 $\lambda=0$，边缘费米液体退回通常的费米液体。我们的发现是：①对较大的 λ，电流随偏压的变化更加非线性化；②电导随偏压线性变化并且在更强的相互作用下变得更大；③TMR 在零偏压时呈现尖锐的峰，随偏压增大而衰减，如图 10.8 所示。另外，我们研究了相同结构中的自旋转移力矩[35]。结果表明，自旋转移力矩的极大值可以随相互作用的增强而增大，自旋矩的最大值线性依赖于 λ。

2. 中心区为非常规超导体

对铁磁体-常规超导体(FCS)隧道结系统，有研究指出，超导体中的超导电性随着自旋极化电流的注入而被抑制(见文献[36]、[37])。然而，对铁磁体-非常规超导体-铁磁体系统(FUSF)进行的理论研究还很少。最近有实验关注铁磁

体-高温超导体形成的隧道结系统[32]，表明由于超导体中自旋的非平衡累积效应使超导临界电流被抑制。

1）自旋积累对超导电性的抑制

当两个铁磁端口的磁化方向相互反平行时，低温下，中心区超导体中自旋积累将导致实空间上的非均匀相(phase inhomogeneity)。自旋积累发生在界面附近，由于自旋向上和向下的态不平衡，产生了一个等效的小磁场，破坏了配对的自旋，对超导电性产生抑制[38]。

2）序参量(order parameter)

Fulde 和 Ferrel(FF)[39]，Larkin 和 Ovchinnikov(LO)[40]发现超导态序参量可以由铁磁体中自旋交换场引起实空间的调制结构。由于非平衡自旋积累可在中心超导体中诱导一个等效的磁场，则先前工作中被忽略的 Fulde-Ferrel-Larkin-Ovchinnikov(FFLO)态，必然将在 FUSF 系统中起重要作用。

图 10.9 展示了端口磁化反平行时，$T/T_c=0.2$ 时(其中 T_c 是超导临界温度)，超导序参量和化学势位移随偏压的变化。可以观察到序参量在小偏压时几乎为常数，保持在均匀 BCS 态，直到一个特殊的偏压值 $V^*=1.36\Delta_0/e$，在此偏压处，Δ 突然减小。其中端口极化为 $P=0.4$，Δ_0 表示 BCS 态在零温时的能隙。

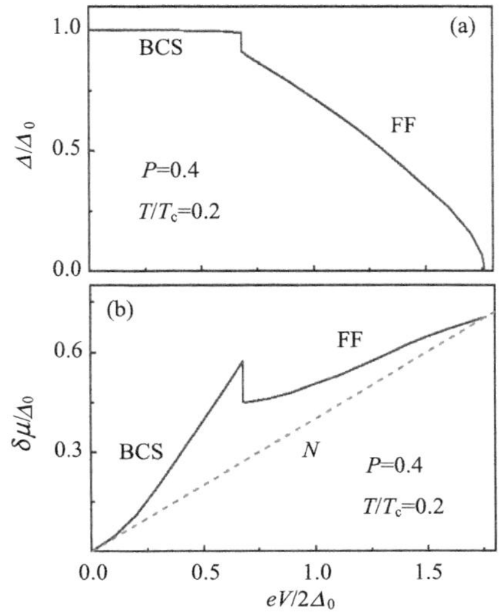

图 10.9　当磁化反平行时，铁磁体-非常规超导体-铁磁体系统的超导序参量Δ(a)和化学势位移(b)随偏压的变化。参数 $P=0.4$，$T/T_c=0.2$，一阶相变呈现的非连续性可以观察到。虚线对应正常态，此图引自文献[41]

接着 Δ 进入非均匀 FF 态，具有 $\boldsymbol{q}\neq\mathbf{0}$，且随偏压增大而减小，最后在 $V=V_c$ 时消失，此处超导电性就不存在了，如图 10.9(a)所示。在 $V=V^*$ 处，Δ 呈现非连续性，意味着从均匀 BCS 相到 FF 相存在一个一阶相变。化学势位移在均匀 BCS 态中随偏压增大而增加，在 V^* 处表现为一个跃变，接着在 FF 态缓慢增加直到 V_c。当 $V\geqslant V_c$ 时，处于正常态，化学势位移线性依赖于偏压，如图 10.9(b)所示。我们发现在 V^* 处 FF 态和 BCS 态可以共存[41]。

3) 相图

图 10.10 给出了两种系统的相图，其中 10.10(a)中对应端口为铁磁体，中心区是 s 波超导体的双结系统；而 10.10(b)中，中心区由 d 波超导体取代。

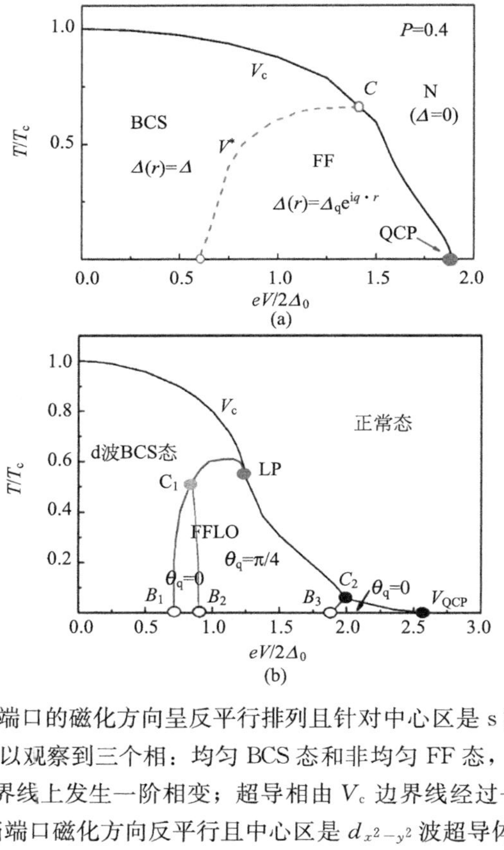

图 10.10　(a)当端口的磁化方向呈反平行排列且针对中心区是 s 波超导体时的相图，$P=0.4$。可以观察到三个相：均匀 BCS 态和非均匀 FF 态，被一条 V^* 边界线分隔，在此边界线上发生一阶相变；超导相由 V_c 边界线经过一个二阶相变进入正常态。(b)当端口磁化方向反平行且中心区是 $d_{x^2-y^2}$ 波超导体时，位于温度-偏压平面上的相图，这里 $P=0.4$。观察到四个相：配对电子具有零动量的均匀 $d_{x^2-y^2}$ 波 BCS 态；配对电子具有有限大小动量 $\boldsymbol{q}$ 的 FFLO 态，其中 $\theta_q=0$ 和 $\pi/4$；正常态。此图引自文献[41]、[42]

研究发现，从均匀 s 波 BCS 态到非均匀 FFLO 态的相变是一阶相变，这导致了 TMR 和电导在端口磁化呈反铁磁排列时随偏压出现振荡行为。这种振荡行为同时也可作为判定 FFLO 态是否存在的证据。图 10.10(b)显示出由于 d 波超导体的超导能隙是各向异性的，相比 s 波超导体具有更多特别的性质。研究发现，由均匀 $d_{x^2-y^2}$ 波 BCS 态到非均匀 FFLO 态和从具有零动量方位角 $\theta_q=0$ 的 FFLO 态到具有 $\theta_q=\pi/4$ 的动量方位角的 FFLO 态的相变，都是一阶的。而在临界点，所有超导态到正常态的相变都是二阶的[42]。

10.3.3　中心区为量子点

最近，铁磁体-量子点-铁磁体系统吸引了大量的关注。图 10.11 为其示意图，过去的研究主要集中在这个量子点系统中自旋相关的输运和 TMR 效应，包括共线[43]和非共线[44]情形。共线指两个铁磁端口的磁化相互平行或反平行；非共线指左右端口的相对磁化方向具有一个夹角。本小节中研究此系统中的自旋流和自旋转移力矩的性质[45]。

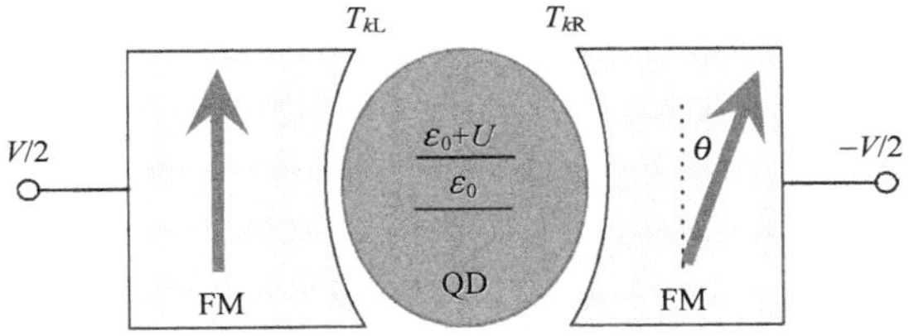

图 10.11　铁磁体-量子点-铁磁体系统示意图。铁磁端口和量子点由隧道结分隔开来，$T_{k\alpha}$(α=L，R)表示端口 α 和量子点的耦合矩阵，左右端口的磁化方向之间有一个相对角度 θ

总哈密顿量为 $H=H_L+H_R+H_d+H_T$，其中 $H_{L(R)}$ 由式(10.2)给出

$$H_d=\sum_\sigma \varepsilon_0 d_\sigma^\dagger d_\sigma+Un_\uparrow n_\downarrow \tag{10.39}$$

$$H_T=\sum_{k\alpha\sigma} T_{k\alpha}a_{k\alpha\sigma}^\dagger d_\sigma+\text{h.c.},\quad \alpha=\text{L,R} \tag{10.40}$$

电流(I)和自旋流(I_s)由下面公式计算

$$\begin{cases} I(V)=I_{L\uparrow}(V)+I_{L\downarrow}(V) \\ I_s(V)=I_{L\uparrow}(V)-I_{L\downarrow}(V) \\ I_{L\uparrow}(V)=-\dfrac{2e}{\hbar}\Re\sum\limits_{kL}T_{kL}G_{kL}^{\uparrow\uparrow,<}(t,\ t) \\ I_{L\downarrow}(V)=-\dfrac{2e}{\hbar}\Re\sum\limits_{kL}T_{kL}G_{kL}^{\downarrow\downarrow,<}(t,\ t) \end{cases} \tag{10.41}$$

1）电导和自旋电导

电导在 ε_0 和伴随能级 ε_0+U 处有两个峰，这两个能级的真实位置还应该包括自能的实部。自旋微分电导定义为 $G_s=\mathrm{d}I_s/\mathrm{d}V$，在图 10.12 中，我们研究了自旋流和自旋微分电导在不同的非共线角度时随偏压的变化。可以看出，当偏压为正且 $\theta<\pi/2$ 时，自旋流为正且表现出台阶状变化特征；当 $\theta>\pi/2$ 时，I_s 表现出“盆”状曲线，其在“盆”底为负值。由图可知，当非共线角度大于 $\pi/2$ 时，来自左端口的向上自旋被阻塞了，而向下的自旋更容易跃迁到右端口中去。同时，我们还研究了该系统电流和自旋流之间的关系[45]。

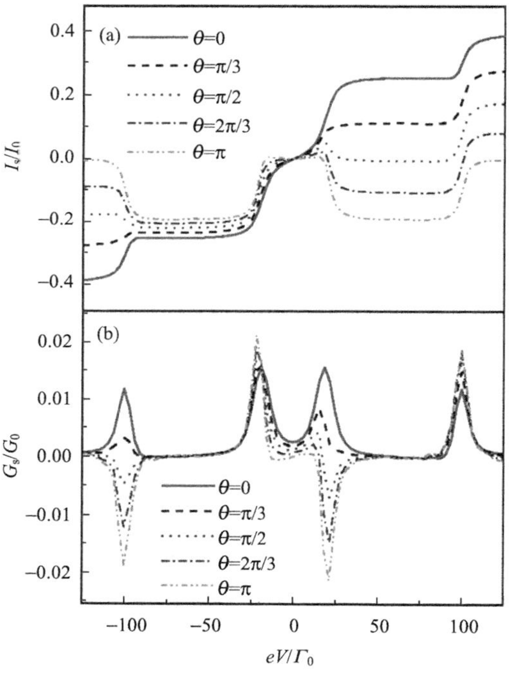

图 10.12(另见彩图)　在不同的非共线角度 θ 时，自旋流和自旋微分电导随偏压的变化展示于(a)和(b)中。参数为 $P=0.4$，$\varepsilon_0=10\Gamma_0$，$U=40\Gamma_0$ 和 $k_BT=0.3\Gamma_0$。此图引自文献[45]

2）自旋转移力矩

由图 10.13 观察到，有一个峰出现在主能级 ε_0 附近，而当偏压大于伴随能级 ε_0+U 时，出现平台结构。在这两个能级之间，自旋转移力矩较小。当偏压靠近并越过 ε_0+U 时，自旋转移力矩才有剧烈的升高。这可以理解为，伴随能级打开了一个具有和能级 ε_0 相反的自旋通道，导致两个自旋通道和更大的自旋转移力矩[45]。

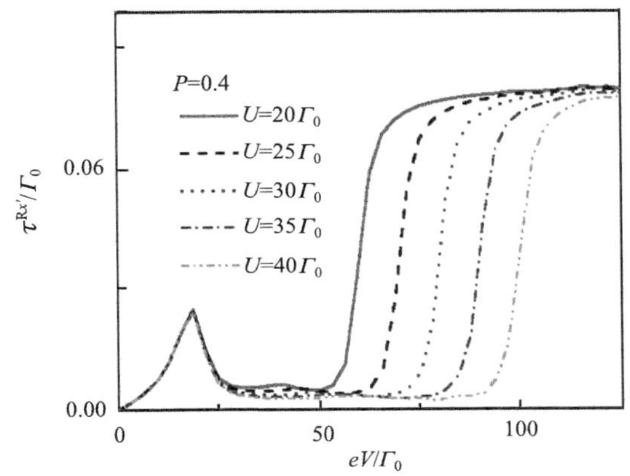

图 10.13　当存在不同的相互作用 U 时，自旋转移力矩随偏压的变化。$\theta=\pi/3$，其他参数和图 10.12 一致。此图引自文献[45]

3）量子点上的自旋积累

由上讨论可知，当端口磁化方向呈反平行排列时，量子点上会有自旋积累发生。自旋积累抬高了向上自旋和向下自旋对应的化学势。反过来，量子点上化学势的改变影响了电流和自旋积累的幅度，因此需要自洽求解。在量子点哈密顿量中，我们加入这两项，则

$$H_{\mathrm{d}}=\sum_{\sigma}\varepsilon_0 d_\sigma^{\dagger}d_\sigma+Un_\uparrow n_\downarrow-\delta\mu_\uparrow n_\uparrow-\delta\mu_\downarrow n_\downarrow \tag{10.42}$$

其中，$\delta\mu_\sigma$ 表征中心区量子点上化学势的变化，这是由于中心区量子点上自旋积累导致的电荷密度变化而引起的，需要自洽求解。研究发现，和没有考虑自旋积累时相比，随偏压变化：①自旋转移力矩的两个位于 ε_0 和 ε_0+U 的共振峰向小偏压方向推移；②TMR 被极大地增强了[46]。

4）三端口有源自旋晶体管

下面研究基于量子点的具有多个铁磁端口的器件。先前对具有三个铁磁端口的器件进行的研究[47]是假设第三个端口无源，只是起到提供非弹性散射的作用，没有净电流流经该端口，从而研究非弹性散射对自旋输运的影响。此处考虑铁磁多端口，每个端口都有源且独立，研究通过翻转端口的磁化方向从而可能引起流经工作端口的电流被放大或被减小。

在图 10.14 中展示了我们提出的有源三端口自旋晶体管器件结构[47]。研究表明，当第一和第二端口的磁化相互平行时，流经第二个端口的电流随第三个端口的磁化角度 θ_3 增大而减小；相反，当第一和第二端口的磁化反平行时，流经

第二个端口的电流随 θ_3 增大而增大。这表明在有源三端口自旋晶体管器件中，改变第三个端口的磁化方向可以使流经第二个端口的电流增大或减小。该结果可以简单理解为，当第一和第二端口的磁化相平行时，θ_3 的增加意味着第三个端口的磁化方向和第二个端口的磁化方向逐渐偏向反平行，从而使得从第三个端口流向第二个端口的电流减小。

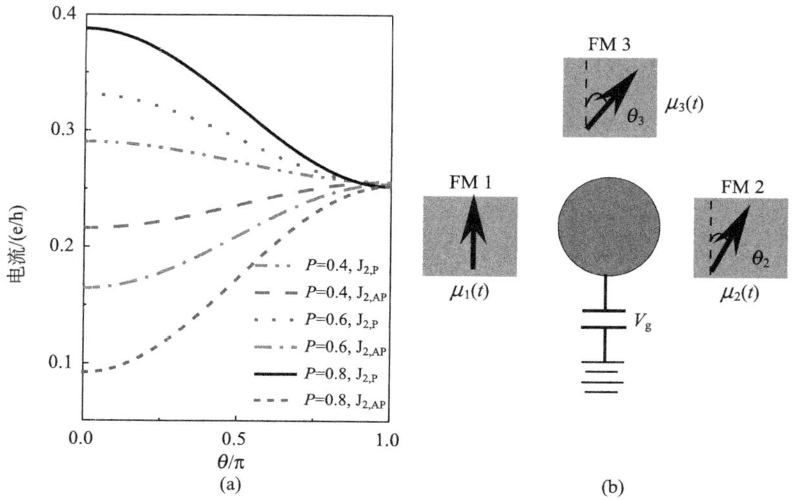

图 10.14 (a)表示流经第二个端口的电流随角度 $\theta=\theta_3$ 的变化，其中 P(AP)表示第二个端口和第一个端口的磁化呈平行(反平行)排列。参数为 $V=5$，$\varepsilon_0=8$，和 $k_bT=0.1\Gamma$。(b)给出了三端口器件的几何结构，即有源自旋晶体管。此图引自文献[48]

10.3.4 中心区为一臂镶嵌了量子点的 Aharonov-Bohm 环

本小节中，我们考虑这样一个系统：两端口都是铁磁体，中心区主体是一个 Aharonov-Bohm 环，其中一臂上镶嵌了一个量子点[49]。器件整体结构位于半导体异质结上，在异质结的界面处形成二维(2D)电子气，在其上制作出金属栅，通过在金属栅上加负偏压(对电子型二维电子气)，使得金属栅下面的电子耗尽，那么金属栅下面区域对电子而言形成势垒。通过特别的设计，可以制造出电子的孤岛，即平面量子点。通常，在 2D 电子气中存在 Rashba 自旋轨道耦合，它的产生是由于能带弯曲，破坏了平面的镜面对称性。我们考虑的器件中，量子环和量子点都是通过金属栅制作出来的。器件结构中的量子环结构是一种有趣而重要的纳米结构，如果环中有磁通穿过，由于从上臂和下臂穿过的电子之间有相位相干而产生 Aharonov-Bohm 相干效应，电子的相位可被外场的矢势影响，因此通过调节外磁场可以调节上臂和下臂电子之间的相位差。Rashba 自旋轨道耦合使自旋向上和向下的态发生劈裂，用 $\gamma=k_{\mathrm{R}}d$ 表征，其中 $k_{\mathrm{R}}=\alpha m^{*}/\hbar^{2}$，$\alpha$ 是 Rashba 自旋轨道耦合的强度，d 是中心区的大小。

我们发现，自旋转移力矩仍然在共线情形下消失(即左右两个铁磁端口磁化方向的相对夹角 $\theta=0$ 和 π)。然而，当夹角取其他值时，自旋转移力矩不为零，但是性质被剧烈地改变了。例如，通过改变磁通或自旋轨道耦合的强度可使原来为正的自旋转移力矩变为负值，自旋流的正负号也随之而变。另外，观察到自旋转移力矩极值处的正负号也可通过抬升杂质能级，从低于费米能到高于费米能的方式而改变[49]。而杂质能级的升高或降低可以由施加于量子点的栅电压来控制，这提供了一种很好的控制自旋转移力矩的途径，可能在未来自旋转移力矩器件中得到应用。

10.3.5　自旋过滤：铁磁体-量子点-半导体双隧道结系统

本小节研究由铁磁端口通过一个垂直结构的量子点把自旋注入到半导体系统中的可能性及其特点[50]。系统的哈密顿可以写为

$$H=H_{\mathrm{leads}}+H_{\mathrm{dot}}+H_{\mathrm{T}}$$

$$H_{\mathrm{leads}}=\sum_{k\sigma}\varepsilon^{L}_{k\sigma}a^{\dagger}_{k\sigma}a_{k\sigma}+\sum_{q\sigma}\varepsilon_{q\mathrm{R}}b^{\dagger}_{q\sigma}b_{q\sigma}$$

$$H_{\mathrm{dot}}=\sum_{\sigma}\varepsilon_{0}d^{\dagger}_{\sigma}d_{\sigma}+Un_{d\uparrow}n_{d\downarrow}$$

$$H_{\mathrm{T}}=\sum_{k\sigma}(t^{\sigma}_{k\mathrm{L}}a^{\dagger}_{k\sigma}d_{\sigma}+\mathrm{h.c.})+\sum_{q\sigma}(t^{\sigma}_{q\mathrm{R}}b^{\dagger}_{q\sigma}d_{\sigma}+\mathrm{h.c.})$$

其中，$\varepsilon^{\mathrm{L}}_{k\sigma}=\varepsilon_{k\mathrm{L}}-\mu_{\mathrm{L}}-\sigma M$，$M=g\mu_{\mathrm{B}}h/2$，$\varepsilon_{k\mathrm{L}}$ 是左端铁磁体的单粒子色散关系，$\mu_{\mathrm{L(R)}}$ 是左(右)端口的费米能；$n_{d\sigma}=d^{\dagger}_{\sigma}d_{\sigma}$；$\varepsilon_{q\mathrm{R}}=\hbar^{2}q^{2}/2m^{*}$，$m^{*}$ 是右端口半导体中载流子的有效质量；$t^{\sigma}_{k\mathrm{L}(q\mathrm{R})}$ 表示电子隧穿过左(右)势垒的隧穿振幅。

运用标准的运动方程方法，假设端口中高阶自旋修正可以忽略，即在计算关联函数时，涉及不同的自旋下标、左右端口之间的关联或两个生成算子(湮没算符)的关联时，设它们等于零。把具有相同自旋下标的关联函数写成 $\langle\langle a^{\dagger}_{k'\bar{\sigma}}a_{k''\bar{\sigma}}d_{\sigma}|d^{\dagger}_{\sigma'}\rangle\rangle^{\mathrm{r}}\approx f(\varepsilon^{\mathrm{L}}_{k'\bar{\sigma}})\delta_{k'k''}\langle\langle d_{\sigma}|d^{\dagger}_{\sigma'}\rangle\rangle^{\mathrm{r}}$。因此，可以得到推迟格林函数

$$\langle\langle d_{\sigma}|d^{\dagger}_{\sigma'}\rangle\rangle^{r}=\frac{(\varepsilon-\widetilde{\varepsilon}_{\sigma}+U\langle n_{\bar{\sigma}}\rangle)\delta_{\sigma\sigma'}-U\langle d^{\dagger}_{\bar{\sigma}}d_{\sigma}\rangle\delta_{\bar{\sigma}\sigma'}}{(\varepsilon-\widetilde{\varepsilon}_{\sigma})(\varepsilon-\varepsilon_{0}-\sum^{0}_{\sigma})+U\sum^{1}_{\bar{\sigma}}}\tag{10.43}$$

其中，$\widetilde{\varepsilon}_{\sigma}=\varepsilon_{0}+U+\sum^{0}_{\sigma}+\sum^{3}_{\bar{\sigma}}$；$\sum^{\mathrm{L(R)}0}_{\sigma}=\int\frac{\mathrm{d}\varepsilon'}{2\pi}\frac{\Gamma^{\mathrm{L(R)}}_{\sigma}(\varepsilon')}{\varepsilon-\varepsilon'+i\eta}$，$\sum^{2}_{\bar{\sigma}}=\sum^{3}_{\bar{\sigma}}-\sum^{1}_{\bar{\sigma}}$；

$\sum^{\mathrm{L(R)}\lambda}_{\bar{\sigma}}=\int\frac{\mathrm{d}\varepsilon'}{2\pi}\Gamma^{\mathrm{L(R)}}_{\bar{\sigma}}(\varepsilon')BF(\varepsilon')$，$(B=1，\lambda=3；B=f_{\mathrm{L(R)}}，\lambda=1)$，$F(\varepsilon')=\frac{1}{\varepsilon-(2\varepsilon_{0}+U)+\varepsilon'+\mathrm{i}\eta}+\frac{1}{\varepsilon-\varepsilon'+\mathrm{i}\eta}$，$\Gamma^{\mathrm{L}}_{\sigma}(\varepsilon')=2\pi\rho_{\mathrm{L}}(\varepsilon'+\sigma M)|t^{\sigma}_{\mathrm{L}}(\varepsilon')|^{2}$，$\Gamma^{\mathrm{R}}_{\uparrow}=\Gamma^{\mathrm{R}}_{\downarrow}=$

$\Gamma^{R}(\varepsilon')=2\pi\rho_{R}(\varepsilon')|t_{R}(\varepsilon')|^{2}$，$\rho_{L(R)}$是左(右)端口的态密度，$\sum_{\sigma}^{\gamma}=\sum_{\sigma}^{L\gamma}+\sum_{\sigma}^{R\gamma}$ ($\gamma=1, 2, 3$)。推迟自能可以由 Dyson 方程得出 $\sum^{r}=(\boldsymbol{g}^{r})^{-1}-(\boldsymbol{G}^{r})^{-1}$，其中 $\boldsymbol{g}^{r}$ 是没有考虑端口耦合，但是包含了库仑相互作用时量子点的推迟格林函数。为了得到$\langle n_{\bar{\sigma}}\rangle$，需要做自洽计算。

$$\langle n_{\sigma}\rangle=(1/2\pi)\Im\int d\varepsilon \ll d_{\sigma} \mid d_{\sigma}^{\dagger}\gg^{<},\ \langle d_{\sigma}^{\dagger}d_{\bar{\sigma}}\rangle=(1/2\pi)\Im\int d\varepsilon \ll d_{\bar{\sigma}} \mid d_{\sigma}^{\dagger}\gg^{<}$$

其中$\ll a \mid b\gg^{<}$为 Lesser 格林函数，可由 Keldysh 公式计算。给定$\langle n_{\sigma}\rangle$和$\langle d_{\sigma}^{\dagger}d_{\bar{\sigma}}\rangle$的初值，将其代入推迟格林函数和 Keldysh 公式，得到第二次的值。这个过程持续下去，直到求得常数的$\langle n_{\sigma}\rangle$和$\langle d_{\sigma}^{\dagger}d_{\bar{\sigma}}\rangle$，然后利用这两个值计算出自洽后的推迟和 Lesser 格林函数。

一般情况下，Keldysh 公式为 $G^{<}=G^{r}\sum^{<}G^{a}$，其中 Lesser 自能[52,53]为 $\Sigma^{<}=\dfrac{1}{2}[\Sigma_{0}^{<}(\Sigma_{0}^{r}-\Sigma_{0}^{a})^{-1}(\Sigma^{r}-\Sigma^{a})+(\Sigma^{r}-\Sigma^{a})(\Sigma_{0}^{r}-\Sigma_{0}^{a})^{-1}\Sigma_{0}^{<}]$，$\Sigma_{0}^{r(a,<)}$ 是无相互作用系统的自能而 $\Sigma^{r(a,<)}$ 是包含相互作用的自能。原则上没有自旋翻转散射时$\langle d_{\bar{\sigma}}^{\dagger}d_{\sigma}\rangle$将趋于零，此处保留这一项，其值由自洽后的结果确定。我们考虑 $U\rightarrow\infty$，用极化为零的抛物线能带定义的参数 Γ_{0}^{L} 作为能量单位，$J_{0}=e\Gamma_{0}^{L}/\hbar$ 为电流单位。定义极化率 $P=(\rho_{\uparrow}^{L}-\rho_{\downarrow}^{L})/(\rho_{\uparrow}^{L}+\rho_{\downarrow}^{L})$，$t_{qR(kL)}^{\uparrow}=t_{qR(kL)}^{\downarrow}=t_{R(L)}$，$\chi_{\uparrow}=\Gamma_{\uparrow}^{L}/\Gamma_{0}^{L}=\sqrt{2/(1+\chi^{2})}$，$\chi_{\downarrow}=\Gamma_{\downarrow}^{L}/\Gamma_{0}^{L}=\chi\chi_{\uparrow}$，其中 $\chi=(1-P)/(1+P)$，令 $\chi_{R}=\Gamma^{R}/\Gamma_{0}^{L}=\alpha$。左端是铁磁体而右端是半导体，注意到 $\Gamma^{L(R)}$ 正比于左右端口的态密度。我们可以估计 α 在 10^{-4}到 10^{-3}之间(对右端半导体，我们利用 3D 态密度而不是 2D 态密度，以避免可能的复杂性)，可以得到自能 Σ_{σ}^{1} 的解析解[54]为

$$\Sigma_{\sigma}^{L1}(\Sigma^{R1})=\frac{\Gamma_{\sigma}^{L}(\Gamma^{R})}{2\pi}\left[\frac{1}{2}\ln\frac{\varepsilon_{1}\varepsilon_{2}}{(2\pi iT)^{2}}-\psi(z)-\frac{i}{2}\pi\right] \tag{10.44}$$

其中，$\varepsilon_{1}=\varepsilon-\mu_{L(R)}-D$，$\varepsilon_{2}=\varepsilon-\mu_{L(R)}+D$，$z=1/2+(\varepsilon-\mu_{L(R)})/2\pi iT$，$D=1500$ 是半带宽，T 是温度。

由图 10.15 可以看出，量子点的态密度由于铁磁端口的作用而发生劈裂。当$\alpha=1$时，除了 $P=1$ 时自旋向上的态密度，其他情形下，在$\mu_{L}=V/2$ 和 $\mu_{R}=-V/2$处出现 Kondo 共振峰，平衡态时单 Kondo 共振峰分裂成两个共振峰是非平衡效应导致的。另一个有趣的现象是，当 $P=1$ 时，自旋向上的态密度在左端处的 Kondo 共振峰消失了，这可以理解为，左端的铁磁体此时只有向上自旋，无法提供向下的自旋对量子点上自旋进行屏蔽。但是，右端口存在向下的自旋，因此对应右端口的共振峰仍然存在。当$\alpha\ll1$时，因态密度变小右端共振峰被强烈抑制。

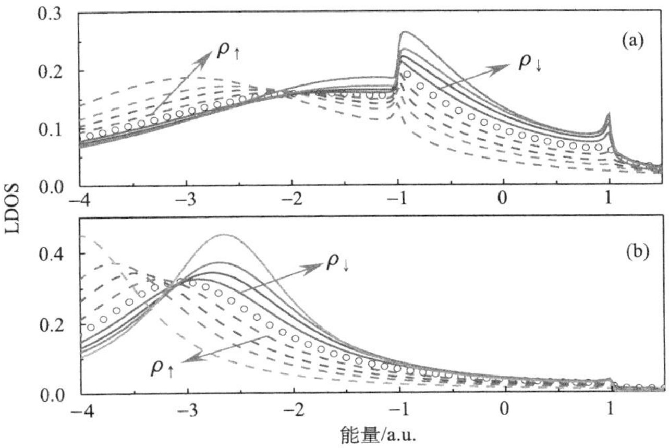

图 10.15　局域态密度随能量分布图。其中线加未填充的圆标出的曲线对应 $P=0$，折线(实线)代表自旋向上(向下)的局域态密度。沿箭头方向几条曲线分别对应 $P=0.2$、0.4、0.6 和 1。图(a)中 $\alpha=1$；图(b)中 $\alpha=0.001$。其他参数为 $T=0.01$，$\varepsilon_0=-4$ 和 $V=2$。此图引自文献[50]

为了研究自旋过滤效应，我们需要计算电流，定态电流(J_0 为电流单位)为

$$J_{\uparrow(\downarrow)}/J_0=\Delta_{1(2)}\int d\varepsilon\left[f_L(\varepsilon)-f_R(\varepsilon)\right]\rho_{d\uparrow(d\downarrow)}(\varepsilon) \tag{10.45}$$

其中，$\Delta_1=\dfrac{\chi_\uparrow\alpha}{\chi_\uparrow+\alpha}$，$\Delta_2=\dfrac{\chi_\downarrow\alpha}{\chi_\downarrow+\alpha}$。存在栅电压时，量子点的新能级为 $\varepsilon'_0=\varepsilon_0+V_g$。输出电流的极化定义为 $P_{out}=\dfrac{J_\uparrow-J_\downarrow}{J_\uparrow+J_\downarrow}$，注意这不是用态密度定义的极化。当 $P=0$(即左端口无磁性)，$\Delta_1=\Delta_2$ 导致 $P_{out}=0$；当 $P=1$[左端是半金属(half-metal)]，得到 $\Delta_2=0$ 和 $P_{out}=1$；当 $0<P<1$ 时，在极限 $\alpha\to0$，$\Delta_1\approx\Delta_2\approx\alpha$，可得 P_{out}只依赖于量子点上不同自旋态密度的差异。

由图 10.16 可知，输出电流的极化可以方便地被栅电压控制，不仅输出电流的极化大小可以被控制，而且极化的正负号也可以被控制。这是因为量子点上能级由于端口铁磁体的影响而发生了自旋劈裂。这个劈裂可以看成作用在量子点上的一个有效磁场，它是量子点和铁磁端口的耦合发生自旋劈裂而导致的。这不同于铁磁体产生的 Stray 场，强度大概能达到几十特斯拉。例如，在一个实验工作中研究了 Ni-C_{60}-Ni 系统，发现这个局域场大于 50T[51]。

用电来控制磁或自旋流是自旋电子学的目的之一。例如，自旋霍尔效应中，由于存在自旋轨道耦合，在外加电场驱动下，自旋流沿垂直自旋和外电场的方向流动，这提供了一种可能的实现途径。我们在此处提出的方案是切实可行的，因

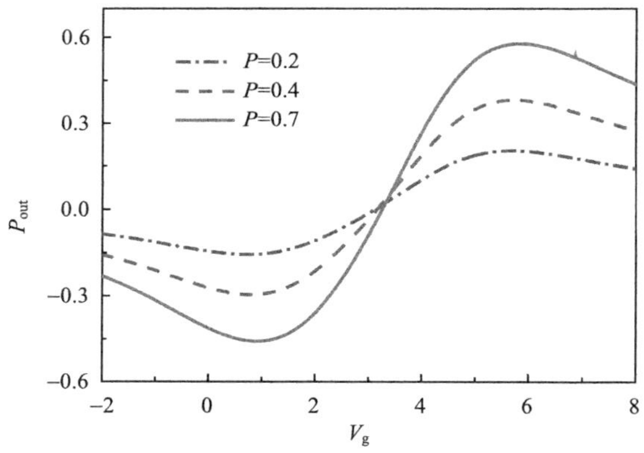

图 10.16　P_{out} 随栅电压 V_g 的变化。参数取为 $\alpha=0.001$，$T=0.5$，其中 $\alpha=\Gamma^R/\Gamma_0$，$\Gamma^R=2\pi\rho_R|t_R|^2$，$\rho_R$ 是半导体的态密度，t_R 是量子点和半导体的耦合强度，Γ_0 为能量单位。此图引自文献[50]

为制作垂直量子点是很成熟的技术，借由栅电压可以很方便地控制量子点能级的位置，因此可望只通过调节栅电压来实现可选择的自旋过滤，有望在未来的量子点网络器件中得到应用。

10.4　自旋相关的含时输运理论

10.4.1　多铁磁端口器件：中心区存在随时间变化的栅电压

1. 模型

系统的总哈密顿量为

$$H=H_{\text{leads}}+H_{\text{center}}+H_{\text{coupling}} \tag{10.46}$$

其中，$H_{\text{leads}}=\sum_\alpha H_\alpha(\alpha=1,2,3,\cdots)$是铁磁端口的哈密顿量，$\alpha$ 是端口标记；$H_{\text{center}}=\sum_\sigma \varepsilon_d(t)d_\sigma^\dagger d_\sigma$ 是中心区的哈密顿量，$\varepsilon_d(t)=\varepsilon_0+\Delta_d(t)$是中心区的单粒子能，$\varepsilon_0$ 是无外加交变场时的单粒子能，$\Delta_d(t)$是中心区中交变场诱导的能量变化，$d_\sigma^\dagger(d_\sigma)$是中心区电子的生成(湮没)算符，$\sigma$ 是自旋指标。

从多个铁磁端口选取一个设为 1，令其磁化方向为 z 轴，第 2，3，…端口的磁化相对第一个端口有夹角 θ_2，θ_3，…。端口 1 的哈密顿量为

$$H_1=\sum_{k\sigma}\varepsilon_{k\sigma}^{(1)}(t)a_{k\sigma}^\dagger a_{k\sigma} \tag{10.47}$$

其中，$a_{k\sigma}^\dagger(a_{k\sigma})$是端口 1 中动量为 k、自旋为 σ 的电子的生成(湮没)算符；

$\varepsilon_{k\sigma}^{(1)}(t)=\varepsilon_k(t)-\sigma M_1$是外场调制后的单粒子能，$\varepsilon_k(t)=\varepsilon_k(0)+\Delta_1(t)$，$\sigma=\pm1$，$M_1=\frac{1}{2}g\mu_B h_1$。其他端口的哈密顿量为

$$H_b=\sum_{k_b\sigma}\{[\varepsilon_{k_b}(t)-\sigma M_b\cos\theta_b]\tilde{b}_{k_b\sigma}^{\dagger}\tilde{b}_{k_b\sigma}-M_b\sin\theta_b\tilde{b}_{k_b\sigma}^{\dagger}\tilde{b}_{k_b\bar{\sigma}}\} \tag{10.48}$$

其中，$b=2$，3，…，k_b 是 b 端口的电子动量；$\varepsilon_{k_b}(t)=\varepsilon_{k_b}(0)+\Delta_b(t)$是 b 端口的单粒子能，$\Delta_b(t)$是随时间变化施加于 b 端的外场；$M_b=\frac{1}{2}g\mu_B h_b$。中心区和端口的耦合哈密顿为

$$H_{T_b}=\sum_{k_b\sigma\sigma'}[T_{k_bd}^{\sigma\sigma'}(t)\tilde{b}_{k_b\sigma}^{\dagger}d_{\sigma'}+\text{h.c.}] \tag{10.49}$$

对 H_b 作 u-v 变换

$$\tilde{b}_{k_b\sigma}=\cos\frac{\theta_b}{2}b_{k_b\sigma}-\sigma\sin\frac{\theta_b}{2}b_{k_b\bar{\sigma}}$$

$$\tilde{b}_{k_b\sigma}^{\dagger}=\cos\frac{\theta_b}{2}b_{k_b\sigma}^{\dagger}-\sigma\sin\frac{\theta_b}{2}b_{k_b\bar{\sigma}}^{\dagger}$$

可得到

$$H_b=\sum_{k_b\sigma}\varepsilon_{k_b\sigma}^{(b)}(t)b_{k_b\sigma}^{\dagger}b_{k_b\sigma} \tag{10.50}$$

其中，$\varepsilon_{k_b\sigma}^{(b)}(t)=\varepsilon_{k_b}(0)-\sigma M_b+\Delta_b(t)$。相应地，耦合哈密顿量变为

$$H_{Tb}=\sum_{k_b\sigma\sigma'}\left[T_{k_bd}^{\sigma\sigma'}(t)\left(\cos\frac{\theta_b}{2}b_{k_b\sigma}^{\dagger}-\sigma\sin\frac{\theta_b}{2}b_{k_b\bar{\sigma}}^{\dagger}\right)d_{\sigma'}+\text{h.c.}\right] \tag{10.51}$$

在非平衡情形下，电流守恒要求

$$\sum_{\alpha}j_{\alpha}^{c}(t)-e\frac{\mathrm{d}N_d(t)}{\mathrm{d}t}=0,\quad \alpha=1,2,3,\cdots \tag{10.52}$$

其中，$j_{\alpha}^{c}(t)$是从 α 端口到中心区的隧穿电流，而 $j^{d}(t)=e\mathrm{d}N_d(t)/\mathrm{d}t$ 是位移电流；$N_d(t)=\sum_{\sigma}\langle d_{\sigma}^{\dagger}d_{\sigma}\rangle$ 是对应中心区能级 $\varepsilon_d(t)$的占据数。位移电流可以写成几部分，包括各端口位移电流，所有端口位移电流的和等于总的位移电流[55,56]，即 $J^{d}(t)=\sum_{\alpha}J_{\alpha}^{d}(t)$，我们有 $\sum_{\alpha}[J_{\alpha}^{c}(t)+J_{\alpha}^{d}(t)]=\sum_{\alpha}J_{\alpha}(t)=0$，其中 $J_{\alpha}(t)=J_{\alpha}^{c}(t)+J_{\alpha}^{d}(t)$是总的 α 端口的电流，$J_{\alpha}^{c}(t)=-\frac{\mathrm{i}e}{\hbar}\langle[H,N_{\alpha}]\rangle=-\frac{\mathrm{i}e}{\hbar}\langle[H_{T\alpha},N_{\alpha}]\rangle$，$N_{\alpha}$ 是α 端口的占据数。经计算

$$J_{\alpha}^{c}(t)=\frac{2e}{\hbar}\Re\sum_{k_\alpha}\mathrm{Tr}_{\sigma}[\boldsymbol{Q}_{k_\alpha d}^{\alpha}(t_1)\boldsymbol{G}_{k_\alpha d}^{<}(t_1,t)]$$

其中，$\boldsymbol{Q}_{k_\alpha d}^{\alpha}(t_1)=\boldsymbol{R}_{\alpha}^{\mathrm{T}}\boldsymbol{T}_{k_\alpha d}(t_1)$，$\boldsymbol{R}_{\alpha}^{\mathrm{T}}$ 是式(10.21)中 $\boldsymbol{R}$ 矩阵的转置，角度 θ_{α} 是$\boldsymbol{R}$ 矩阵中对应α 端口的磁化角度(即 $\boldsymbol{R}$ 中θ 替换为θ_{α})。

隧穿矩阵 $\boldsymbol{T}_{k_\alpha d}$ 具有和单隧道结中相同的自旋结构，只不过此处下标只依赖一个动量，而 Lesser 格林函数矩阵在自旋空间具有相同的结构，其矩阵元定义为 $G_{k_\alpha d}^{\sigma\sigma',<}(t, t')=\mathrm{i}\langle c_{k_\alpha\sigma}^{\dagger}(t')d_{\sigma'}(t)\rangle$。利用非平衡格林函数技巧[19]，可求得电流

$$J_\alpha^c(t)=\frac{2e}{\hbar}\Re\sum_{k_\alpha}\int \mathrm{d}t_1\,\mathrm{Tr}_\sigma[\boldsymbol{G}_d^{\mathrm{r}}(t, t_1)\Sigma_\alpha^{<}(t_1, t)+\boldsymbol{G}_d^{<}(t, t_1)\Sigma_\alpha^{\mathrm{a}}(t_1, t)] \tag{10.53}$$

其中，$G_d^{\sigma\sigma',<}(t, t')=\mathrm{i}\langle d_\sigma^{\dagger}(t')d_{\sigma'}(t)\rangle$ 是中心区矩阵 Lesser 格林函数的矩阵元，在自旋空间具有和其他 Lesser 格林函数一致的自旋结构；$\boldsymbol{G}_d^{\mathrm{r}}(t, t')$ 是中心区矩阵推迟格林函数，矩阵元为 $G_d^{\sigma\sigma',\mathrm{r}}(t, t')=-\mathrm{i}\langle T\{d_\sigma(t)d_{\sigma'}^{\dagger}(t')\}\rangle$，在自旋空间具有和时序格林函数相同的自旋结构。自能定义为

$$\Sigma_\alpha^{\gamma}(t_1, t_2)=\sum_{k_\alpha}(\boldsymbol{Q}_{k_\alpha d}^{\alpha}(t_1))^{\dagger}\boldsymbol{g}_{k_\alpha}^{\gamma}(t_1, t_2)(\boldsymbol{Q}_{k_\alpha d}^{\alpha}(t_2)) \tag{10.54}$$

$\gamma=<, >$, r, a 分别为 Lesser、Greater、推迟和超前自能；$g_{k_\alpha}^{\gamma}(t_1, t_2)$ 是自由端口格林函数(和中心区无耦合)

$$g_{k_\alpha}^{\mathrm{r(a)}}(t, t')=g_{k_\alpha\sigma}^{\mathrm{r(a)}}(t-t')\exp\left(\mp\mathrm{i}\int_{t'}^{t}\mathrm{d}t''\Delta_\alpha(t'')\right)$$

而未耦合端口的 Lesser 格林函数为

$$g_{k_\alpha}^{<}(t, t')=i\begin{pmatrix}f_\uparrow\mathrm{e}^{\mp\mathrm{i}\varepsilon_{k_\alpha\uparrow}^{\alpha}(t-t')} & 0\\ 0 & f_\downarrow\mathrm{e}^{\mp\mathrm{i}\varepsilon_{k_\alpha\downarrow}^{\alpha}(t-t')}\end{pmatrix}\exp\left(\mp\mathrm{i}\int_{t'}^{t}\mathrm{d}t''\Delta_\alpha(t'')\right)$$

其中，$f_{\uparrow(\downarrow)}=f(\varepsilon_{k_\alpha\uparrow(\downarrow)}^{\alpha})$ 是 α 端口的费米分布。自由中心区(和端口没有耦合)的推迟格林函数为

$$g_{\mathrm{d}}^{\mathrm{r}}(t, t')=-\mathrm{i}\theta(t-t')\exp\left\{-\mathrm{i}\int_{t'}^{t}\mathrm{d}t''[\varepsilon_0+\Delta_d(t'')]\right\}$$

不考虑自旋翻转散射时，可略去耦合矩阵元中的非对角元，即

$$\boldsymbol{T}_{k_\alpha\mathrm{d}}=\begin{pmatrix}T_{\alpha\uparrow} & 0\\ 0 & T_{\alpha\downarrow}\end{pmatrix}$$

2. 自能

自能可表示为

$$\Sigma_\alpha^{\mathrm{r}}(t, t')=-\frac{\mathrm{i}}{2}\int\frac{\mathrm{d}\varepsilon}{2\pi}\mathrm{e}^{-\mathrm{i}\varepsilon(t-t')}\mathrm{e}^{-\mathrm{i}\int_{t'}^{t}\mathrm{d}t''\Delta_\alpha(t'')}\boldsymbol{\Gamma}_\alpha(\theta_\alpha, \varepsilon, t, t') \tag{10.55}$$

其中，线宽函数 $\boldsymbol{\Gamma}_\alpha$ 是

$$\boldsymbol{\Gamma}_\alpha(\theta_\alpha, \varepsilon, t, t')=\begin{pmatrix}\Gamma_{\uparrow\uparrow}^{\alpha}(\theta_\alpha, \varepsilon, t, t') & \Gamma_{\uparrow\downarrow}^{\alpha}(\theta_\alpha, \varepsilon, t, t')\\ \Gamma_{\downarrow\uparrow}^{\alpha}(\theta_\alpha, \varepsilon, t, t') & \Gamma_{\downarrow\downarrow}^{\alpha}(\theta_\alpha, \varepsilon, t, t')\end{pmatrix} \tag{10.56}$$

其中

$$\Gamma^{\alpha}_{\uparrow\uparrow}=2\pi\sum_{k_\alpha}T^{*}_{\alpha\uparrow}(t)T_{\alpha\uparrow}(t')[c^2_\alpha\delta_\uparrow+s^2_\alpha\delta_\downarrow]$$

$$\Gamma^{\alpha}_{\downarrow\downarrow}=2\pi\sum_{k_\alpha}T^{*}_{\alpha\downarrow}(t)T_{\alpha\downarrow}(t')[s^2_\alpha\delta_\uparrow+c^2_\alpha\delta_\downarrow]$$

$$\Gamma^{\alpha}_{\uparrow\downarrow}=2\pi\sum_{k_\alpha}s_\alpha c_\alpha T^{*}_{\alpha\uparrow}(t)T_{\alpha\downarrow}(t')[\delta_\uparrow+\delta_\downarrow]$$

$$\Gamma^{\alpha}_{\downarrow\uparrow}=2\pi\sum_{k_\alpha}s_\alpha c_\alpha T^{*}_{\alpha\downarrow}(t)T_{\alpha\uparrow}(t')[\delta_\uparrow+\delta_\downarrow]$$

其中，$c_\alpha=\cos(\theta_\alpha/2)$，$s_\alpha=\sin(\theta_\alpha/2)$，$\delta_{\uparrow(\downarrow)}=\delta(\varepsilon-\varepsilon^{\alpha}_{k_\alpha\uparrow(\downarrow)})$。Lesser 自能为

$$\Sigma^{<}_{\alpha}(t,\ t')=\mathrm{i}\int\frac{\mathrm{d}\varepsilon}{2\pi}\mathrm{e}^{-\mathrm{i}\varepsilon(t-t')}f_\alpha(\varepsilon)\boldsymbol{\Gamma}_\alpha(\theta_\alpha,\ \varepsilon,\ t,\ t')\mathrm{e}^{-\mathrm{i}\int_{t'}^{t}\mathrm{d}t''\Delta_\alpha(t'')}\tag{10.57}$$

电流可以表示为

$$\begin{aligned}J^{c}_{\alpha}(t)=&-\frac{e}{\hbar}\Im\int\mathrm{d}t'\int\frac{\mathrm{d}\varepsilon}{2\pi}\mathrm{e}^{-\mathrm{i}\varepsilon(t'-t)}\mathrm{e}^{-\mathrm{i}\int_{t}^{t'}\mathrm{d}t''\Delta_\alpha(t'')}\mathrm{Tr}_\sigma\{\boldsymbol{\Gamma}_\alpha(\theta_\alpha,\ \varepsilon,\ t',\ t)\\&\times[\boldsymbol{G}^{<}_{\mathrm{d}}(t,\ t')+2f_\alpha(\varepsilon)\boldsymbol{G}^{\mathrm{r}}_{\mathrm{d}}(t,\ t')]\}\end{aligned}\tag{10.58}$$

3. 格林函数的运动方程

设交变场引起端口(中心区)能量的变化为 $\Delta_{\alpha(d)}(t)=V_{\alpha(0)}\cos(\omega_{\alpha(0)}t)$，其中 $\omega_{\alpha(0)}$ 是外加到 α 端口(中心区)上的交流偏压的频率，取 $e=\hbar=1$ 单位制。

推迟格林函数的运动方程为

$$[\mathrm{i}\partial_t-\varepsilon_{\mathrm{d}}(t)]\boldsymbol{G}^{\mathrm{r}}_{\mathrm{d}}(t,\ t')=\delta(t-t')\boldsymbol{I}+\int\mathrm{d}t_1\boldsymbol{\Sigma}^{\mathrm{r}}(t,\ t_1)\boldsymbol{G}^{\mathrm{r}}_{\mathrm{d}}(t_1,\ t')\tag{10.59}$$

其中，$\Sigma^{\mathrm{r}}(t,\ t_1)=\Sigma_\alpha\Sigma^{\mathrm{r}}_\alpha(t,\ t_1)$。作规范变换[52]

$$\boldsymbol{G}^{\mathrm{r}}_{\mathrm{d}}(t,\ t')=\widetilde{\boldsymbol{G}}^{\mathrm{r}}_{\mathrm{d}}(t,\ t')\exp\left(-\mathrm{i}\int_{t'}^{t}\mathrm{d}t''V_0\cos\omega_0t''\right)\tag{10.60}$$

并引入双时傅里叶变换(double-time Fourier transform)

$$F(\omega,\ \omega')=\int\mathrm{d}t\,\mathrm{d}t'F(t,\ t')\mathrm{e}^{\mathrm{i}(\omega t-\omega't')}$$

$$F(t,\ t')=\int\frac{\mathrm{d}\omega}{2\pi}\frac{\mathrm{d}\omega'}{2\pi}F(\omega,\ \omega')\mathrm{e}^{-\mathrm{i}(\omega t-\omega't')}\tag{10.61}$$

式(10.59)变换后为

$$(\omega-\varepsilon_0)\widetilde{\boldsymbol{G}}^{\mathrm{r}}_{\mathrm{d}}(\omega,\ \omega')=2\pi\delta(\omega-\omega')+\int\frac{\mathrm{d}\omega''}{2\pi}\widetilde{\Sigma}^{\mathrm{r}}(\omega,\ \omega'')\widetilde{\boldsymbol{G}}^{\mathrm{r}}_{\mathrm{d}}(\omega'',\ \omega')\tag{10.62}$$

进一步假设隧穿矩阵和时间无关，且 $\boldsymbol{\Gamma}_\alpha$ 中的能量取费米能[52]，把求和换成积分，可得到

$$[\omega-\varepsilon_0+(\mathrm{i}/2)\boldsymbol{\Gamma}(0)]\widetilde{\boldsymbol{G}}_\mathrm{d}^\mathrm{r}(\omega,\ \omega')=2\pi\delta(\omega-\omega') \tag{10.63}$$

其中，$\boldsymbol{\Gamma}(0)=\Sigma_\alpha\boldsymbol{\Gamma}_\alpha(0)$，

$$\boldsymbol{\Gamma}_\alpha(0)=\begin{pmatrix}\Gamma^\alpha_\uparrow(0)(1+P_\alpha\cos\theta_\alpha) & \Gamma^\alpha_{\uparrow\downarrow}(0)P_\alpha\sin\theta_\alpha\\ \Gamma^\alpha_{\downarrow\uparrow}(0)P_\alpha\sin\theta_\alpha & \Gamma^\alpha_\downarrow(0)(1-P_\alpha\cos\theta_\alpha)\end{pmatrix} \tag{10.64}$$

此处 $\Gamma^\alpha_{\uparrow(\downarrow)}(0)=2\pi\rho^0_\alpha\,|T_{\alpha\uparrow(\downarrow)}|^2$；$\Gamma^\alpha_{\uparrow\downarrow(\downarrow\uparrow)}(0)=2\pi\rho^0_\alpha T^*_{\alpha\uparrow(\downarrow)}T_{\alpha\downarrow(\uparrow)}$，$\rho^0_\alpha=\rho_{\alpha\uparrow}+\rho_{\alpha\downarrow}$，$\rho_{\alpha\uparrow}(\rho_{\alpha\downarrow})$是 α 铁磁端口的自旋上(下)的态密度；$P_\alpha=(\rho_{\alpha\uparrow}-\rho_{\alpha\downarrow})/(\rho_{\alpha\uparrow}+\rho_{\alpha\downarrow})$是 α 端口的自旋极化率。中心区推迟格林函数可得

$$\widetilde{\boldsymbol{G}}_\mathrm{d}^\mathrm{r}(\omega,\ \omega')=2\pi[\omega-\varepsilon_0+(\mathrm{i}/2)\boldsymbol{\Gamma}(0)]^{-1}\delta(\omega-\omega') \tag{10.65}$$

上标“-1”表示矩阵求逆。对上式作傅里叶逆变换可得

$$\boldsymbol{G}_\mathrm{d}^\mathrm{r}(t,\ t')=\int\frac{\mathrm{d}\omega}{2\pi}\mathrm{e}^{-\mathrm{i}\omega(t-t')}\,\mathrm{e}^{-\mathrm{i}\int_{t'}^{t}\mathrm{d}t''V_0\cos\omega_0 t''}[\omega-\varepsilon_0+(\mathrm{i}/2)\boldsymbol{\Gamma}(0)]^{-1} \tag{10.66}$$

Keldysh 方程为

$$\boldsymbol{G}_\mathrm{d}^<(t,\ t')=\int\mathrm{d}t_1\mathrm{d}t_2\boldsymbol{G}_\mathrm{d}^\mathrm{r}(t,\ t_1)\Sigma^<(t_1,\ t_2)\boldsymbol{G}_\mathrm{d}^\mathrm{a}(t_2,\ t') \tag{10.67}$$

其中，$\Sigma^<(t_1,\ t_2)=\Sigma_\alpha\Sigma^<_\alpha(t_1,\ t_2)$。设 $\boldsymbol{\Gamma}$ 为实数，可得到存在交变场时流经 α 端口的电流

$$\begin{aligned}J^\mathrm{c}_\alpha(t)=-\frac{e}{\hbar}\int\frac{\mathrm{d}\omega}{2\pi}\mathrm{Tr}_\sigma\{&2f_\alpha(\omega)\Im[\boldsymbol{\Gamma}_\alpha(0)\boldsymbol{A}_\alpha(\omega,\ t)]\\&+\Re\boldsymbol{\Gamma}_\alpha(0)\sum_\beta f_\beta(\omega)\boldsymbol{A}_\beta(\omega,\ t)\boldsymbol{\Gamma}_\beta(0)\boldsymbol{A}^\dagger_\beta(\omega,\ t)\}\end{aligned} \tag{10.68}$$

其中，$\boldsymbol{A}_\alpha$ 函数定义为

$$\boldsymbol{A}_\alpha(\omega,\ t)=\int_{-\infty}^{t}\mathrm{d}t'\,\mathrm{e}^{\mathrm{i}\omega(t-t')}\,\mathrm{e}^{\mathrm{i}\int_{t'}^{t}\mathrm{d}t''V_\alpha\cos(\omega_\alpha t'')}\boldsymbol{G}_\mathrm{d}^\mathrm{r}(t,\ t') \tag{10.69}$$

位移电流为 $J^\mathrm{d}(t)=e\mathrm{d}N_d(t)/\mathrm{d}t=e\mathrm{d}[\mathrm{Tr}_\sigma\Im\boldsymbol{G}_\mathrm{d}^<(t,\ t)]/\mathrm{d}t$，可得

$$J^\mathrm{d}(t)=\sum_\alpha J^\mathrm{d}_\alpha(t) \tag{10.70}$$

$$J^\mathrm{d}_\alpha(t)=-e\Re\frac{\mathrm{d}}{\mathrm{d}t}\int\frac{\mathrm{d}\omega}{2\pi}f_\alpha(\omega)\mathrm{Tr}_\sigma[\boldsymbol{A}_\alpha(\omega,\ t)\boldsymbol{\Gamma}_\alpha(0)\boldsymbol{A}^\dagger_\alpha(\omega,\ t)] \tag{10.71}$$

4. 两端口器件中光子辅助的自旋共振隧穿

现在考虑一个两端口的例子，其中交变栅电压只加在中心区 $\Delta_\mathrm{d}(t)=V_0\cos\omega_0 t$，$m'=n'$和$\varepsilon_0^\mathrm{L}=\varepsilon_0^\mathrm{R}=\varepsilon_0+m\omega_0=\varepsilon_0'$。时间平均的物理量 $F(t)$定义为

$$\langle F(t)\rangle = \lim_{T\to\infty}\frac{1}{T}\int_{-T/2}^{T/2}F(t)\mathrm{d}t \tag{10.72}$$

注意在时间平均的意义下，位移电流项为零[19]。时间平均的电流为

$$\langle J\rangle = \frac{e}{\hbar}\sum_m\int\frac{\mathrm{d}\omega}{2\pi}J_m^2\left(\frac{V_0}{\omega_0}\right)[f_{\mathrm{L}}(\omega)-f_{\mathrm{R}}(\omega)]\,\mathrm{Tr}_\sigma[\boldsymbol{\Gamma}_{\mathrm{L}}\boldsymbol{G}_{\mathrm{d}}^{\mathrm{r}}(\omega,\ \varepsilon'_0)\boldsymbol{\Gamma}_{\mathrm{R}}\boldsymbol{G}_{\mathrm{d}}^{\mathrm{a}}(\omega,\ \varepsilon'_0)] \tag{10.73}$$

其中，$J_m(V_0/\omega_0)$是 m 阶 Bessel 函数。有效穿透系数为

$$T_{\mathrm{eff}} = \frac{1}{2}\sum_m J_m^2\left(\frac{V_0}{\omega_0}\right)\mathrm{Tr}_\sigma[\boldsymbol{\Gamma}_{\mathrm{L}}\boldsymbol{G}_{\mathrm{d}}^{\mathrm{r}}(\omega,\ \varepsilon'_0)\boldsymbol{\Gamma}_{\mathrm{R}}\boldsymbol{G}_{\mathrm{d}}^{\mathrm{a}}(\omega,\ \varepsilon'_0)]$$

在低温和小偏压下，有 $\lim_{T\to 0,V_{\mathrm{dc}}\to 0}[f_{\mathrm{L}}(\omega)-f_{\mathrm{R}}(\omega)]/eV_{\mathrm{dc}}=\delta(\omega-E_{\mathrm{F}})$，因此可以得到 $G=\frac{2e^2}{h}T_{\mathrm{eff}}(E_{\mathrm{F}})$和 TMR。

由图 10.17 可以看到，有效穿透系数和 TMR 在特定 ε_0 时呈现共振峰，并且曲线对 $\varepsilon_0=E_{\mathrm{F}}$ 对称。这些共振峰出现的位置正好是光子伴带(sideband)表征的位置 $m=0$，±1，±2，…，这些子带对应中心区能级由于交变场的存在而产生的能级推移，即光子伴带。我们发现，当左右铁磁端口的磁化方向由反平行逐渐变化到平行时，有效穿透系数的共振峰变得更高更锐。另外，注意到有效穿透系数的大小很敏感地依赖于交变场的幅度和频率的比值，即 $\alpha=V_0/\omega_0$。随着该比值的增加，位于 $\varepsilon_0=E_{\mathrm{F}}$ 的主共振峰被抑制，具有较大光子伴带指标$|m|$的峰

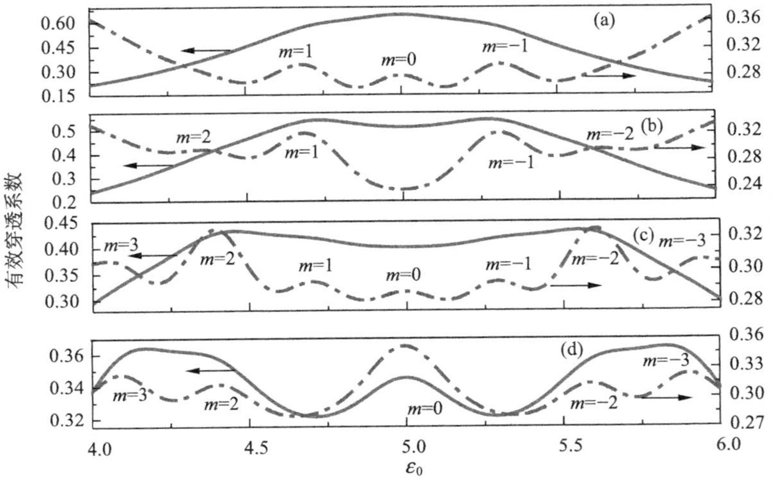

图 10.17　有效穿透系数和 TMR 随中心区能量的变化。参数为 $\alpha=V_0/\omega_0$，$\omega_0=0.3$，$P=0.6$，费米能为 5。(a)$\alpha=1.4$，(b)$\alpha=2$，(c)$\alpha=3$，(d)$\alpha=4$。有效穿透系数的计算取 $\theta=\pi/3$，此图引自文献[48]

开始出现，如图 10.17 所示。对给定的 m(如 $m=0$)TMR 的共振峰，可以被较大的 α 抑制，也可以被增强。

10.4.2 单磁性隧道结中含时外场对电流和自旋转移力矩的影响

将式(10.1)和式(10.2)的不含时项由相应的含时项代替 $\varepsilon_{\mathrm{L}}(\boldsymbol{k})\to\varepsilon_{k\mathrm{L}}(t)=\varepsilon_{k\mathrm{L}}^{0}+\Delta_{\mathrm{L}}(t)-eV_0$，$\varepsilon_{\mathrm{R}}(\boldsymbol{q})\to\varepsilon_{q\mathrm{R}}(t)=\varepsilon_{q\mathrm{R}}^{0}+\Delta_{\mathrm{R}}(t)$，其中 $\Delta_{\mathrm{L(R)}}(t)=eV_{\mathrm{L(R)}}\cos\omega_0 t$ 描述了交变偏压的影响，然后利用上面的含时处理方法，就可以描述单磁性隧道结系统中的含时输运性质[57]。

利用非平衡格林函数方法，可以得到电流

$$I(t)=\frac{\pi e}{\hbar}\sum_{mnm'n'}\int \mathrm{d}EJ\binom{m'n'}{mn}[f_{\mathrm{L}}(E'')-f_{\mathrm{R}}(E')]\Lambda(E',E'',\theta)\cos(l\omega_0 t) \tag{10.74}$$

其中

$$J\binom{m'n'}{mn}=J_m(eV_{\mathrm{L}}/\omega_0)J_n(eV_{\mathrm{L}}/\omega_0)J_{m'}(eV_{\mathrm{R}}/\omega_0)J_{n'}(eV_{\mathrm{R}}/\omega_0)$$

$$E''=E-m\omega_0+eV_0,\quad E'=E-n'\omega_0,\quad l=m+m'-n-n'$$

$$\Lambda(E',E'',\theta)=\mathrm{Tr}_\sigma[\boldsymbol{\Omega}\boldsymbol{D}_{\mathrm{R}}(E')\boldsymbol{\Omega}^{\dagger}\boldsymbol{D}_{\mathrm{L}}(E'')]$$

其中，$\boldsymbol{\Omega}$ 见式(10.20)。

当 $l\neq0$ 时，时间平均的电流为零；当 $l=0$ 时，时间平均的电流为

$$I_{\mathrm{ac}}^{\mathrm{aver}}=\sum_{mnm'n'}J\binom{m'n'}{mn}I_{\mathrm{dc}}(V_0-m\omega_0/e,\ n'\omega_0/e) \tag{10.75}$$

其中

$$I_{\mathrm{dc}}(V_0-m\omega_0/e,\ n'\omega_0/e)=\frac{\pi e}{\hbar}\int \mathrm{d}E[f_{\mathrm{L}}(E'')-f_{\mathrm{R}}(E')]\Gamma_{\mathrm{I}}[1+P_2(E')P_r(E'')] \tag{10.76}$$

$P_r(E'')=P_1(E'')\cos\theta+P_3(E'')\sin\theta$，$P_1$、$P_2$ 和 P_3 的表达式在定态输运情形下已得到，此处需要把能量换成相应的 E' 和 E''，则

$$\begin{aligned}\Gamma_{\mathrm{I}}(E',E'')=&[D_{\mathrm{R}\uparrow}(E')+D_{\mathrm{R}\downarrow}(E')]\\&\times[D_{\mathrm{L}\uparrow}(E'')(T_1^2+T_2^2)+D_{\mathrm{L}\downarrow}(E'')(T_3^2+T_4^2)]\end{aligned}$$

我们看到，交变电流的时间平均由 Bessel 函数和光子伴带推移后的能量所决定的直流电流相乘。隧穿的过程可以看成左端口光子调整了的能级到右端口光子调整后的能级之间的跃迁的总和。

另外，利用相似的计算，可以得到含时的电流诱导的自旋转移力矩

$$\tau^{\mathrm{R}x}(\omega)=2\pi^2\sum_{mnm'n'}\int \mathrm{d}EJ\binom{m'n'}{mn}[f_{\mathrm{L}}(E'')-f_{\mathrm{R}}(E')]$$

$$\times \Gamma_{\mathrm{I}} P_{\theta}(E'')\delta(\omega + l\omega_0) \tag{10.77}$$

其中，$P_{\theta}(E'') = P_1(E'')\sin\theta - P_3(E'')\cos\theta$。由图 10.18可知，$P_r$ 和 P_{θ} 有图中所示几何意义。把 P_1 和 P_3 当成独立垂直的两个矢量，沿偏离 P_1 方向 θ 角的方向上有单位矢量 $\boldsymbol{e}_r$，“r”代表径向，和 $\boldsymbol{e}_r$ 垂直的单位矢量为 $\boldsymbol{e}_{\theta}$，则 $P_r(P_{\theta})$为 P_1 和 P_3 在 $\boldsymbol{e}_r(-\boldsymbol{e}_{\theta})$方向上的投影之和。

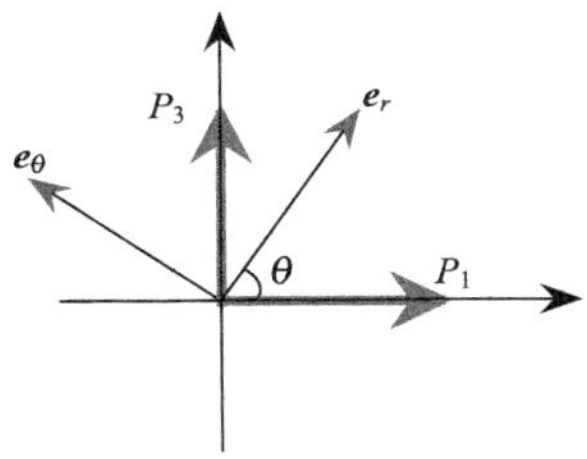

图 10.18　如果把 P_1 和 P_3 看成两个独立的正交矢量，它们在 $\boldsymbol{e}_r$ 和 $-\boldsymbol{e}_{\theta}$ 方向上的投影分别为 P_r 和 P_{θ}

同样，可以得到时间平均的自旋转移力矩。当 $l=0$ 时，其为零；当 $l\neq 0$ 时，

$$\tau_{\text{aver}}^{\text{R}x} = \pi \sum_{mnm'n'} \int \mathrm{d}E J\binom{m'n'}{mn}\left[f_{\mathrm{L}}(E'') - f_{\mathrm{R}}(E')\right]\Gamma_{\mathrm{I}} P_{\theta}(E'') \tag{10.78}$$

其中 $l=m+m'-n-n'$。

图 10.19 展示了隧穿电流怎样随时间而变化。在小信号时(V_{ac}小)，隧穿电流随时间变化呈正余弦形式；信号较强时，出现更多共振峰，这可以认为是光子辅助隧穿所致。时间平均电流随交变场频率的变化除了一些小振荡外呈线性增加直到饱和；相反地，平均电流被具有较大幅度的交变场抑制。时间平均的自旋转移力矩呈现和时间平均的电流相似的行为，因此自旋转移力矩在小频率或大信号时被抑制，这其实可以作为实际应用中一种可能的调控自旋转移效应的方式[57]。

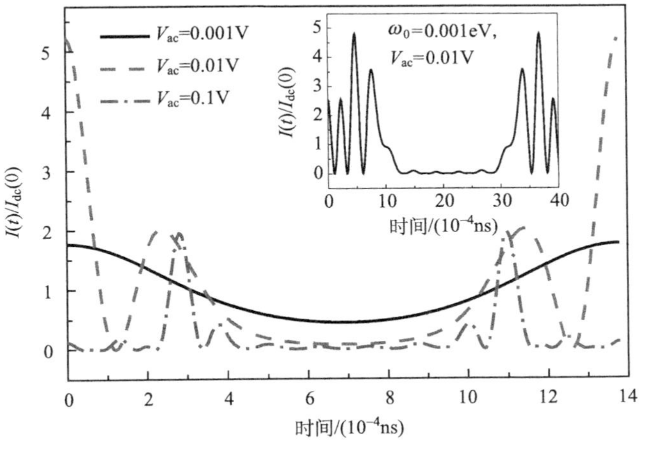

图 10.19　隧穿电流随时间的变化。左右铁磁体端口的电子有效质量设为 1，分子场为 0.9eV，费米能取为 1.295eV(此值是对铁，取自文献[58])，$T_1=T_4=0.01\text{eV}$，$T_2=T_3=0$，其他参数分别为 $\hbar=1$，$V_0=-0.1\text{V}$，$\omega_0=0.003\text{eV}$，$\theta=\pi/3$，温度为 100K。此图引自文献[57]

10.5 具有自旋轨道耦合的量子环和自旋场效应管中激光激发的自旋动力学

半导体是自旋电子学研究的一类主要材料，其中一个关键的因素是半导体材料中的自旋轨道耦合，例如，在自旋相干器件(量子环结构)[59]和自旋场效应管器件中[60]自旋轨道耦合都起到了关键的作用。在前者中，由于自旋相干而导致较大的电导调制效应；而在后者，通过栅电压来调节自旋轨道耦合，从而改变注入到器件沟道中的自旋的进动。当要进入漏极的自旋和漏极的磁化方向相反时，由于此自旋要进入漏极的少子能带，概率变小，此自旋较难进入，使整体电阻升高。因此，可望仅通过调节栅电压就能实现输出的高低电阻态的转化和控制。本节主要研究这两种结构，目的是探索在这些结构中利用激光来控制自旋的动力学行为。我们要研究的激光是线性极化的、皮秒尺度的、非对称的电磁脉冲。这种电磁场的电场分量中首先包含一个短的半脉冲，其后跟随一个极化相反的、很弱的(两个半周期脉冲电场幅度极值之比常超过 10 倍)、时间域很长的另一个半脉冲。在一定条件下，此外场可以当成单极脉冲，因此被称为半周期脉冲(HCP)[61]。

10.5.1 量子环

1. 单 HCP 脉冲

我们研究了具有 Rashba 自旋轨道耦合的量子环中 HCP 激光激发的自旋动力学行为[62]，有如下发现：

(1) 自旋轨道耦合对随时间变化的偶极矩的低频行为有很强烈的影响，自旋轨道耦合影响了波函数的相位从而改变了相干图像；

(2) 自旋轨道耦合使共振频率发生推移；

(3) 自旋轨道耦合诱导了一个 SU(2)的磁通，使得自旋向上和向下的态发生自旋劈裂。随自旋轨道耦合强度的增加，自旋分辨的、场诱导的非平衡电荷密度变化(field-induced-nonequilibrium-charge-density variation)的对称轴分别沿顺时针和逆时针方向相等地转动。脉冲诱导的极化可由光发射的功率谱测得，位于可测量范畴。

偶极矩的振荡行为很敏感地依赖于量子环占据数的奇偶性和自旋轨道耦合的强度，其发射谱可以用脉冲的强度和栅电压来控制。当脉冲施加到一个具有自旋轨道耦合的顺磁环上，会诱导自旋劈裂的、非平衡的局域电荷密度，而诱导的随时间变化的自旋极化和光脉冲的极化轴正交。自旋平均的、非平衡电荷密度相对于脉冲极化轴的方向保持有左旋、右旋对称性。这里的计算适用于Ⅲ-Ⅴ族或Ⅱ-Ⅵ族半导体异质结上制作的、包含数百个电子的、纳米尺度的量子环。

2. 双 HCP 脉冲

如果没有激光场而只有一个静磁场，那么量子环中将存在一个持续电荷流和持续自旋流，其中后者的存在是因为自旋轨道耦合。当只有一束单脉冲施加到量子环上时，它并不能产生额外的净电荷流和自旋流，这是因为轨道运动的左旋和右旋简并度并不能被一束线极化的激光解除。然而，当施加第二束具有和第一束激光的极化相垂直的激光束时，这个简并性被解除，产生额外的动态电荷流和自旋流。如图 10.20 所示，展示了持续电荷流(persistent charge current，PCC)、持续自旋流(persistent spin current，PSC)、动态电荷流(dynamical charge current，DCC)、动态自旋流(dynamical spin current，DSC)和总电荷(自旋)流[TCC(TSC)]随磁通的变化。

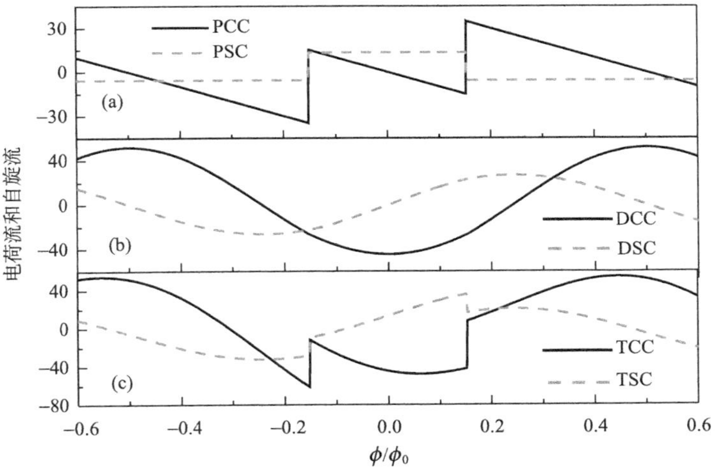

图 10.20　持续电荷流、持续自旋流、动态电荷流、动态自旋流和总电荷流、总自旋流随磁通的变化。实线代表电荷流，虚线代表自旋流。$\gamma=-40°$，量子环上电子数为 $N=100$，环的半径 $a=100\text{nm}$，两个脉冲之间的延迟为 $\tau=26.3\text{ps}$，脉冲场的振幅为 $F_1=F_2=1\text{kV/cm}$。这里 γ 表示自旋轨道耦合的强度 $\tan\gamma=-\omega_R/\omega_0$，其中 $\hbar\omega_R=2\alpha_R/a$，$\alpha_R$ 是 Rashba 系数，$\hbar\omega_0=\hbar^2/(m^* a^2)$，$m^*$ 是半导体材料的有效质量。此图引自文献[62]

10.5.2　光控自旋场效应管

本小节研究光控自旋场效应管(图 10.21)，为使自旋相干为最大，可考虑一维通道。半周期超快激光脉冲，即 HCP 可以被施加到器件上。我们要研究是否自旋动力学和自旋输运可以被外加的激光场来控制[63]。计算表明，当激光场的极化方向位于输运的方向上时，我们有：①激光场提供了一个动量转移，正比于即时矢势(momentary vector potential)或场在持续时间内的积分。对调谐场(harmonic field)而言，这个量为零，但对 HCP，此量不为零，意味着存在动量的转移。②每个电子都得到了这个转移的动量，这使得器件的操作速度变快。③和定态时一样，自旋向上和向下的态之间的相位差保持不变，这意味着器件的操作速度变快的同时还保持了自旋的相干性，这正是超快自旋场效应管需要的性质。

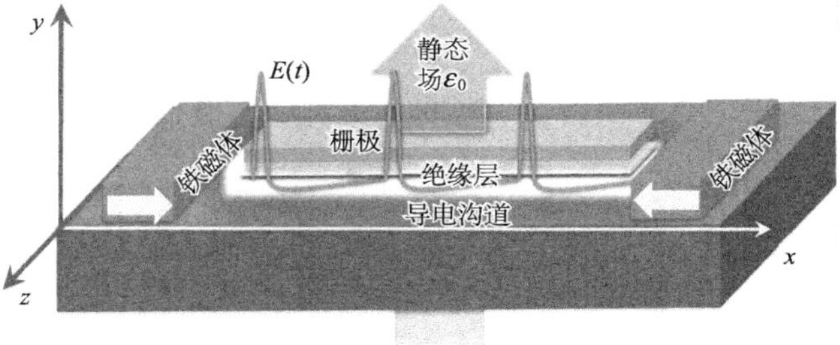

图 10.21(另见彩图) 光控自旋场效应管的示意图。铁磁端口镀到通道之上，之间由绝缘体分隔，从而增强自旋注入的效率。一个金属栅极通过一个静电场 ε_0 来控制 Rashba 自旋轨道耦合的强度。$E(t)$是激光脉冲的电场分量

当激光场的极化方向垂直于二维电子气时，激光场可以诱导一个随时间变化的自旋轨道耦合。当一个自旋穿过器件时，这将导致自旋获得一个额外的进动角度。计算表明，这个进动角度具有很宽的可调参数，这是因为激光的强度和持续时间等都可在很大的范围内调节。这使得额外的进动角度可以比静自旋轨道耦合诱导的进动角度大很多，在利用 HCP 阵列激光脉冲时，更容易得到较大的进动角度[63]。

10.6 自旋热电输运理论

本节讨论自旋阀中的自旋热电输运性质[64]。纳米尺度的热电输运仍然是一个重要而基本的问题(见文献[65])，在过去的十多年里，从理论和实验方面都有大量研究，包括对量子点接触系统中热功率(thermopower)的量子振荡、热导(thermal conductance)的量子尺寸效应、Peltier 系数[66]和库仑阻塞非线性区的扩散热功率等[67]进行了成功的测量。另外，还有很多工作研究了量子线和两端口结构中的热电输运性质。实验结果表明，量子行为和尺寸效应在低温纳米结构

的输运中起到很重要的作用。

理论上，研究迁移率边的热功率的多通道 Landauer 公式已建立[68]，随后拓展到热库中有温度变化且端口中有热流(heat flux)存在的情形，其中热电输运系数由纳米结构的散射矩阵来描述[69]。尽管有此进展，对铁磁隧道结系统的自旋热输运的研究仍然很少。因此本节的工作是基于 Büttiker 的规范不变和电流守恒理论，研究自旋阀系统中的热、电输运，包括微分电导、热功率、Peltier 系数、热导率和非弹性隧穿谱(IET)。

考虑一个自旋阀，即 FM-I-FM 或 FM-半导体-FM 系统，连接到具有化学势 μ_α($\alpha=1$, 2)的端口库上，假设热无规(thermalization)和焦耳(Joule)热耗散发生在器件外部，而非内部。为简单起见，假设偏压缓慢地加到系统上，而隧道结两端的温度梯度并不太大。系统的输运性质由散射矩阵 $S_{\alpha s,\beta s'}$ 来描述，该矩阵将端口 α 自旋为 s 的流出电流和端口 β 自旋 s' 的流入电流联系起来。首先端口 α 的电流可以写为

$$I_\alpha=\frac{e}{h}\sum_{\beta=1}^{N}\int \mathrm{d}E f_\beta(E-\mu_\beta)\sum_{ss'}A_{\alpha s,\,\beta s'}(E) \tag{10.79}$$

其中，$f_\beta(z)=[1+\exp(z/k_B T_\beta)]^{-1}$ 是费米分布函数；$\mu_\beta=\mu+eV_\beta$；$T_\beta=T+\theta_\beta$，$A_{\alpha s,\beta s'}(E)=\delta_{\alpha\beta}\delta_{ss'}-S^{\dagger}_{\alpha s,\beta s'}(E)S_{\alpha s,\beta s'}(E)$。从端口 α 流向隧道结的热流可以写成

$$Q_\alpha=\frac{1}{h}\sum_{\beta=1}^{N}\int \mathrm{d}E(E-\mu_\beta)f_\beta(E-\mu_\beta)\sum_{ss'}A_{\alpha s,\,\beta s'}(E) \tag{10.80}$$

形式上，我们可以将电流 I 和热流 Q 表示为

$$\boldsymbol{I}=\boldsymbol{G}\cdot\boldsymbol{V}+\boldsymbol{L}\cdot\boldsymbol{\theta} \tag{10.81}$$

$$\boldsymbol{Q}=\boldsymbol{M}\cdot\boldsymbol{V}+\boldsymbol{N}\cdot\boldsymbol{\theta} \tag{10.82}$$

其中，$\boldsymbol{G}$、$\boldsymbol{L}$、$\boldsymbol{M}$ 和 $\boldsymbol{N}$ 都是张量。微分电导 $\boldsymbol{G}$ 由电流对电压的微分定义，热功率 $\boldsymbol{S}$ 的定义为

$$\boldsymbol{S}=-\boldsymbol{G}^{-1}\boldsymbol{L} \tag{10.83}$$

Peltier 系数 $\boldsymbol{\pi}$ 和热导率 $\boldsymbol{\kappa}$ 可以定义为

$$\boldsymbol{\pi}=\boldsymbol{M}\boldsymbol{G}^{-1} \tag{10.84}$$

$$\boldsymbol{\kappa}=\boldsymbol{M}\boldsymbol{G}^{-1}\boldsymbol{L}-\boldsymbol{N} \tag{10.85}$$

利用散射矩阵理论，微分电导和 $\boldsymbol{L}$ 可以首先被计算出来。所有其他物理量都可以从上面的关系式中求得。

10.6.1　热功率、Peltier 系数和热导率

从图 10.22 可以看出，在特定偏压下，不同的 θ 角时，S 呈现出振荡行为，表明量子隧穿在低温热输运中具有相当的影响。当 $\theta=\pi$ 时，S 的值比 $\theta<2\pi/3$ 时的

值要大，表现出自旋阀效应。这是因为 S 反比于微分电导，正比于微分电阻。

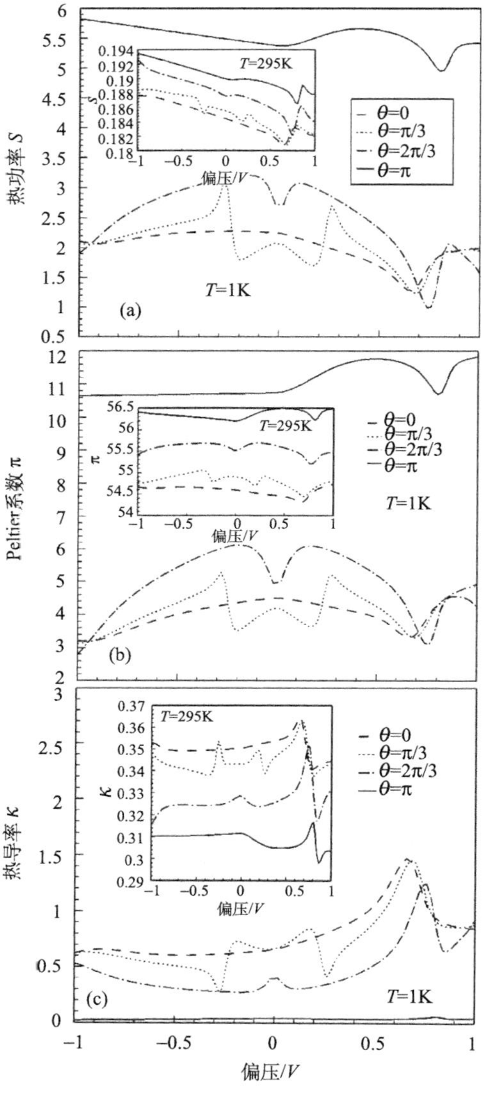

图 10.22　(a)～(c)热功率、Peltier 系数和热导率随偏压的变化。不同的极化方向用 θ 表征。左、右端口和中心势垒的厚度分别为 2nm、6nm 和 4nm，左右铁磁体分子场的大小分设为 13Ry*，势垒高度设为 0.02Ry。此图引自文献[64]

---

*　1Ry≈13.6057eV。

Peltier 系数 $\pi \equiv \pi_{11}$ 随电压的变化和热功率的变化行为相似[图 10.22(b)]。自旋阀效应仍然可以辨出，即 Peltier 系数在端口磁化反平行时为最大。Peltier 系数和热功率的不同是高温下前者得到增强，而后者被抑制。自旋阀效应在热导率 $\kappa \equiv \kappa_{11}$ 中表现得和 S、π 相反，即反平行时最小，如图 10.22(c)所示。

我们注意到，最近有关于单磁性隧道结即 CoFeB/MgO/CoFeB 结构中 Seebeck 效应(或热功率)的实验研究[70]，测量了自旋阀中的物理量(即磁致 Seebeck 效应)$S_{MS}=(S_P-S_{AP})/\min(S_P, S_{AP})$，其中 S_P、S_{AP}代表左右端口磁化方向为平行(反平行)时的热功率，实验结果给出 $S_{MS}=-8.8\%$。根据上述理论[70]，可以计算出 $S_{MS}=-3.2\%$(295K)，与实验定性吻合。为了进一步研究未来实际上的应用，更多的实验和理论工作是非常必要的。

10.6.2 Wiedemann-Franz 定律

已知通常金属中存在 Wiedemann-Franz 定律，即 $\kappa/G_{11}T=L_0$，其中 L_0 是 Lorentz 常数。如图 10.23 所示，对低温下($T=1.0$K)的自旋阀系统研究发现，这个比值随偏压只有小的改变，即当 $\theta=0$ 和 π 时，它随偏压几乎保持不变；当 $\theta=\pi/3$ 和 $2\pi/3$ 时，它呈现一些不太尖锐的峰和谷。在 $T=295$K 时，这个比值在千分之几的比率上有小的涨落，这意味着它几乎不变。在我们的近似下，κ/GT 在有限温度下非常弱地依赖于偏压和自旋极化方向。然而，这个比值随温度有剧烈的变化，即随温度增加而剧烈减小。因此，在比值 κ/GT 不是常数的意义下，Wiedemann-Franz 定律在此自旋阀系统里不满足。

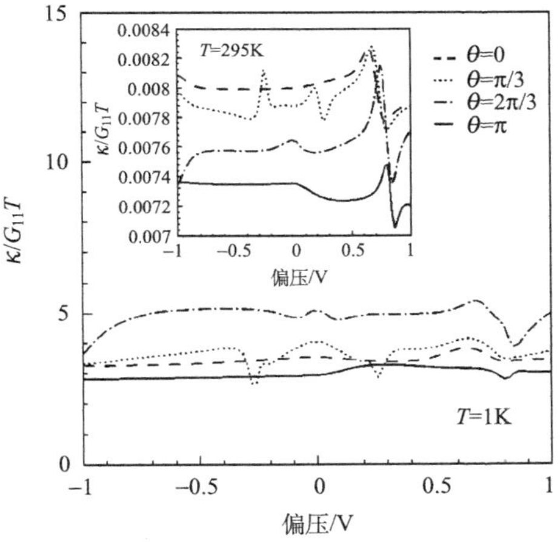

图 10.23　温度为 1K 时，不同的极化方向下，比值 $\kappa/G_{11}T$ 随偏压的变化，插图展示温度为 295K 时的情形。其他参数和图 10.22 中所取一致。此图引自文献[64]

10.7 总　　结

本章总结了几种磁性纳米异质受限结构中的自旋相关电输运和热电输运性质。首先针对单磁性隧道结引入了一个一般的模型哈密顿，然后基于非平衡格林函数计算了电导和隧穿磁电阻效应(TMR)，研究了自旋翻转散射对电导、自旋转移力矩的影响，得到的结论可以定性解释实验结果，即当端口的磁化方向为平行(反平行)排列时，电导随自旋翻转散射强度的增强而减小(增加)。

在双势垒磁性隧道结构中，我们首先讨论了铁磁体-铁磁体-铁磁体系统，结果表明磁波子的辅助隧穿导致了电导和TMR随偏压的振荡行为，对实验给出了直接验证；接着我们研究了铁磁体-边缘费米液体-铁磁体和铁磁体-非常规超导体-铁磁体双磁性隧道结系统，对前者，发现TMR在零偏压时的尖峰结构；对后者，发现端口磁化反平行时由于中心超导体内的自旋积累导致的丰富的相图和相变，自旋积累可以诱导出非均匀Fulde-Ferrel-Larkin-Ovchinnikov相。

在铁磁体-量子点-铁磁体系统中，我们讨论了电导、自旋流和自旋电导随偏压变化的一些特别的性质。当考虑量子点上有自旋积累时，它的效应需要自洽确定，研究表明TMR会被增强。我们提出了有源三端口自旋晶体管器件，其中通过改变第三端口的磁化方向时电流可以被抑制或增强，取决于三个端口磁化的相互取向。在铁磁体-量子点-半导体系统中，我们研究了这个系统的自旋过滤性质，发现通过改变栅电压的大小不仅可以控制输出电流极化的大小，而且可以控制其正负号，可能在未来的器件结构中得到应用。

另外，我们还研究了交变场下的磁性异质结构中的自旋输运，对具有多铁磁端口中心区为量子点的器件建立了一套一般的公式，并应用于两端口器件之上。同时，研究了其中的光子辅助的共振隧穿，发现了电导和TMR中光子伴带位置的共振峰。另外，也讨论了单磁性隧道结在交变电压驱动下的行为，结果表明时间平均的自旋转移力矩在小频率和大的交变场振幅时会被抑制。

最后，基于散射矩阵理论研究了单磁性隧道结中的热电输运性质，包括热功率、Peltier系数和热导率。研究表明Wiedemann-Franz定律在一定的温度下随偏压有涨落，且随温度升高急剧减小，该定律在此结构中不满足。近来，自旋热电子学[71](spin caloritronics)被正式提出，引起了人们极大的关注。这说明随着科技的进步和研究的深入，新的问题不断提出，自旋电子学必将迎来更大的发展。

致　谢　在此向过去十多年里与我们保持紧密合作的学生和同事表示衷心的感谢，他们是J. Berakdar、X. Chen、K. H. Ding、S. Gao、B. Jin、H. F. Mu、M. Suzuki、Z. C. Wang、B. H. Zhao和Q. R. Zheng等。本项工作得到国家自然科学基金、科技部“973”计划项目和中国科学院的支持。朱振刚也感谢中国科学院“百人计划”项目、DFG和德国萨克森-安哈尔特(Saxony-Anhalt)州的资助。

作者简介

朱振刚　博士，2013年被聘为中国科学院大学教授、博导，中国科学院"百人计划"入选者。曾在清华大学高等研究中心、新加坡国立大学硅纳米器件实验室和德国马丁·路德大学工作。主要研究方向：自旋电子学及半导体微电子器件，系统拓扑性质，磁性和强关联系统，光和物质的相互作用，等等。目前发表SCI文章35篇，被引用300多次。

苏　刚　博士，现任中国科学院大学副校长，教授、博导。国家杰出青年科学基金获得者，中国科学院"百人计划"学者，新世纪百千万人才工程国家级人选。目前承担着国家自然科学基金重点项目、"973"计划项目、中国科学院知识创新工程重要方向性项目等研究课题，已在包括 *Phys. Rev. Lett.*、*J. Am. Chem. Soc.*、*Angew. Chem. Int. Ed.* 等国际一流期刊和专著上发表了170余篇研究论文和章节。现任中国物理学会学术交流委员会委员、低温物理专业委员会委员，中国科学院物理研究所学术委员会委员，中国科学院化学研究所分子前沿科学讲座教授，兰州大学磁学与磁性材料教育部重点实验室学术委员会委员，意大利国际理论物理中心协联成员(Regular Associate)。曾获国务院政府特殊津贴、中国分析测试协会科学技术奖(CAIA奖)一等奖、教育部自然科学奖一等奖、国家自然科学奖二等奖等。

参考文献

[1] ITRS. International Technology Roadmap for Semiconductors. [2014-05-01]. http://www.itrs.net/.

[2] Wolf S A, Awschalom D D, Buhrman R A, et al. Spintronics: A spin-based electronics vision for the future. Science, 2001, 294: 1488-1495; Moodera J S, Nassar J, Mathon G. Spin-tunneling in ferromagnetic junctions. Annu Rev Sci, 1999, 29: 381-432; Prinz G A. Magnetoelectronics. Science, 1998, 282: 1660-1663; Žutić I, Fabian J, Sarma S D. Spintronics: Fundamentals and applications. Rev Mod Phys, 2004, 76: 323-410; Tserkovnyak Y, Brataas A, Bauer G E W, et al. Nonlocal magnetization dynamics in ferromagnetic heterostructures. Rev Mod Phys, 2005, 77: 1375-1421; Bader S D, Parkin S S P. Spintronics. Annu Rev Condens Matter Phys, 2010, 1: 71-88.

[3] Su G. Theory of Spintronic Transport in Magnetic Tunnel Junctions. *In*: Murray V N. Progress in Ferromagnetism Research. New York: Nova Science, 2006: 85-123.

[4] Baibich M N, Broto J M, Fert A, et al. Giant magnetoresistance of (001)Fe/(001)Cr magnetic superlattices. Phys Rev Lett, 1988, 61: 2472-2475.

[5] Parkin S S, More N, Roche K P. Oscillations in exchange coupling and magnetoresistance in metallic su-

perlattice structures: Co/Ru, Co/Cr, and Fe/Cr. Phys Rev Lett, 1990, 64: 2304-2307.

[6] Stiles M D. Exchange coupling in magnetic heterostructures. Phys Rev B, 1993, 48: 7238-7258; Bruno P. Theory of interlayer magnetic coupling. Phys Rev B, 1995, 52: 411-439; Himpsel F J. Magnetic quantum wells. J Phys Condens Matter, 1999, 11: 9483.

[7] Meservey R, Tedrow P M. Spin-polarized electron tunneling. Phys Rep, 1994, 238: 173-243.

[8] Julliére M. Tunneling between ferromagnetic films. Phys Lett, 1975, 54A: 225-226.

[9] Moodera J S, Kinder L R, Wong T M, et al. Large magnetoresistance at room temperature in ferromagnetic thin film tunnel junctions. Phys Rev Lett, 1995, 74: 3273-3276.

[10] Lee Y M, Hayakawa J, Ikeda S, et al. Effect of electrode composition on the tunnel magnetoresistance of pseudo-spin-valve magnetic tunnel junction with a MgO tunnel barrier. Appl Phys Lett, 2007, 90: 212507.

[11] Mao S, Chen Y H, Liu F, et al. Commercial TMR heads for hard disk drives: Characterization and extendibility at 300 Gbit/in^2. IEEE Trans Magn, 2006, 42: 97-102.

[12] Berger L. Emission of spin waves by a magnetic multilayer traversed by a current. Phys Rev B, 1996, 54: 9353-9358.

[13] Slonczewski J C. Current-driven excitation of magnetic multilayers. J Magn Magn Mater, 1996, 159: L1-L7.

[14] Stiles M D, Miltat J. Spin transfer torque and dynamics. Spin Dynamics in Confined Magnetic Structures Ⅲ: Topics in Applied Physics. 2006, 101: 225-308; Ralpha D C, Stiles M D. Spin transfer torques. J Magn Magn Mater, 2008, 320: 1190-1216; 苏刚. 自旋角动量转移效应//翟宏如. 自旋电子学. 北京: 科学出版社, 2012: 517-546.

[15] Albert F J, Katine J A, Burhman R A, et al. Spin-polarized current switching of a Co thin film nanomagnet. Appl Phys Lett, 2000, 77: 3809-3811.

[16] Hosomi M, Yamagishi H, Yamamoto T, et al. A novel nonvolatile memory with spin torque transfer magnetization switching: Spin-RAM. Technical Digest International Electron Devices Meet (IEDM). 2005: 459-462.

[17] Bardeen J. Tunneling from a many-particle point of view. Phys Rev Lett, 1961, 6: 57-59.

[18] Bardeen J. Tunneling into superconductors. Phys Rev Lett, 1962, 9: 147; Cohen M H, Falicov L M, Phillips J C. Superconductive tunneling. Phys Rev Lett, 1962, 8: 316; Prange R E. Tunneling from a many particle point of view. Phys Rev, 1963, 131: 1083; Harrison W A. Tunneling from an independent-particle point of view. Phys Rev, 1961, 123: 85; Josephson B D. Possible new effects in superconductive tunneling. Phys Lett, 1962, 1: 251.

[19] Jauho A P, Wingreen N S, Meir Y. Time dependent transport in interacting and noninteracting resonant-tunneling systems. Phys Rev B, 1994, 50: 5528; Haug H, Jauho A P. Quantum Kinetics in Transport and Optics of Semiconductors. Berlin: Springer-Verlag, 1998.

[20] Zhu Z G, Su G, Zheng QR, et al. Effect of spin-flip scattering on electrical transport in magnetic tunnel junctions. Phys Lett A, 2002, 300: 658-665.

[21] Moodera J S, Kinder L R. Ferromagnetic-insulator ferromagnetic tunneling: Spin-dependent tunneling and large magnetoresistance in trilayer junctions. J Appl Phys, 1996, 79: 4724.

[22] Bucher J P, Scheurer F, Self-organized clusters and nanosize islands on metal surfaces//Magnetism: Molecules to Materials Ⅲ. Weinheim: Wiley-VCH Verlag GmbH, 2002.

[23] Feng J F, Chen J Y, Venkatesan M, et al. Superparamagnetism in MgO-based magnetic tunnel junctions with a thin pinned ferromagnetic electrode. Phys Rev B, 2010, 81: 205212.

[24] Zhu Z G, Su G, Jin B, et al. Spin-flip scattering effect on the current-induced spin torque in ferromagnet-insulator-ferromagnet tunnel junctions. Phys Lett A, 2003, 306: 249-254.

[25] Landauer R. Johnson-Nyquist noise derived from quantum mechanical transmission. Physica D, 1989, 38: 226-229; Büttiker M. Capacitance, admittance, and rectification properties of small conductors. J Phys Cond Matt, 1993, 5: 9361; Christen T, Büttiker M. Gauge-invariant nonlinear electric transport in mesoscopic conductors. Europhys Lett, 1996, 35: 523-528; Low frequency admittance of a quantum point contact. Phys Rev Lett 1996, 77: 143-146.

[26] Wang Z C, Su G. Analytical approach to spin-dependent transport in a mesoscopic magnetic conductor. Phys Rev B, 2003, 68: 024421.

[27] Zhang X, Li B Z, Sun G, et al. Spin-polarized tunneling and magnetoresistance in ferromagnet/insulator (semiconductor) single and double tunnel junctions subjected to an electric field. Phys Rev B, 1997, 56: 5484-5488; Zhang X, Li B Z, Sun G, et al. Spin-polarized resonant tunneling and quantum-size effect in ferromagnetic tunnel junctions with double barriers subjected to an electric field. Phys Lett A, 1998, 245: 133-138; Montaigne F, Nassar J, Vaurès A, et al. Enhanced tunnel magnetoresistance at high bias voltage in double-barrier planar junctions. Appl Phys Lett, 1997, 73: 2829; Sheng L, Chen Y, Teng H Y, et al. Nonlinear transport in tunnel magnetoresistance systems. Phys Rev B, 1999, 59: 480-485; Stein S, Schmitz R, Kohlstedt H. Magneto-tunneling injection device (MAGTID). Solid State Commun, 2001, 117: 599-603; Colis S, Gieres G, Bär L, et al. Low tunnel magnetoresistance dependence versus bias voltage in double barrier magnetic tunnel junction. Appl Phys Lett, 2003, 83: 948; Han X F, Zhao S F, Li F F, et al. Switching properties and dynamic domain structures in double barrier magnetic tunnel junctions. J Magn Magn Mater, 2004, 282: 225-231; Niu Z P, Feng Z B, Yang J, et al. Tunneling magnetoresistance of double-barrier magnetic tunnel junctions in sequential and coherent regimes. Phys Rev B, 2006, 73: 014432; Nozaki T, Tezuka N, Inomata K. Quantum oscillation of the tunneling conductance in fully epitaxial double barrier magnetic tunnel junctions. Phys Rev Lett, 2006, 96: 027208; Wang Y, Lu Z Y, Zhang X G, et al. First-principles theory of quantum well resonance in double barrier magnetic tunnel junctions. Phys Rev Lett, 2006, 97: 087210.

[28] Zeng Z M, Han X F, Zhan W S, et al. Oscillatory tunnel magnetoresistance in double barrier magnetic tunnel junctions. Phys Rev B, 2005, 72: 054419.

[29] Chen X, Zheng Q R, Su G. Oscillations of tunnel magnetoresistance induced by spin-wave excitations in ferromagnet-ferromagnet-ferromagnet double-barrier tunnel junctions. Phys Rev B, 2007, 76: 144409.

[30] Chen X, Zheng Q R, Su G. Spin transfer and critical current for magnetization reversal in ferromagnet-ferromagnet-ferromagnet double-barrier tunnel junctions. Phys Rev B, 2008, 78: 104410.

[31] Sun J Z. Spin-current interaction with a monodomain magnetic body: A model study. Phys Rev B, 2000, 62: 570-578.

[32] Vas′ko V A, Larkin V A, Kraus P A, et al. Critical current suppression in a superconductor by injection of spin-polarized carriers from a ferromagnet. Phys Rev Lett, 1997, 78: 1134-1137; Dong Z W, Ramesh R, Venkatesan T, et al. Spin-polarized quasiparticle injection devices using Au /$YBa_2Cu_3O_7$ / $LaAlO_3$ /$Nd_{0.7}Sr_{0.3}MnO_3$ heterostructures. Appl Phys Lett, 1997, 71: 1718; Upadhyay S K, Palanisami A, Louie R N, et al. Probing ferromagnets with Andreev reflection. Phys Rev Lett, 1998, 81:

3247-3250; Yeh N C, Vasquez R P, Fu C C, et al. Nonequilibrium superconductivity under spinpolarized quasiparticle currents in perovskite ferromagnet-insulator-superconductor heterostructures. Phys Rev B, 1999, 60: 10522-10526; Sawa A, Kashiwaya S, Obara H, et al. Spin-polarized tunneling of $La_{0.67}Sr_{0.33}MnO_3/YBa_2Cu_3O_{7-\delta}$ junctions. Physica C, 2000, 339: 287-297.

[33] Varma C M, Littlewood P B, Schmitt-Rink S, et al. Phenomenology of the normal state of Cu-O high-temperature superconductors. Phys Rev Lett, 1989, 63: 1996-1999.

[34] Mu H F, Su G, Zheng Q R, et al. Spin-polarized transport in ferromagnet-marginal Fermi liquid systems. Phys Rev B, 2005, 71: 064412.

[35] Mu H F, Zheng Q R, Jin B, et al. Current-induced spin transfer torque in ferromagnet-marginal Fermi liquid double tunnel junctions. Phys Lett A, 2005, 336: 66-70.

[36] Johnson M, Silsbee R H. Interfacial charge-spin coupling: Injection and detection of spin magnetization in metals. Phys Rev Lett, 1985, 55: 1790-1793; Johnson M, Spin accumulation in gold films. Phys Rev Lett, 1993, 70: 2142-2145; Johnson M. Bipolar Spin Switch. Science, 1993, 260: 320-323; Johnson M. Spin coupled resistance observed in ferromagnet-superconductor ferromagnet trilayers. Appl Phys Lett, 1994, 65: 1460.

[37] Soulen Jr. R J, Byers J M, Osofsky M S, et al. Measuring the spin polarization of a metal with a superconducting point contact. Science, 1998, 282: 85-88; de Jong M J M, Beenakker C W J. Andreev reflection in ferromagnet-superconductor junctions. Phys Rev Lett, 1995, 74: 1657-1660; Takahashi S, Imamura H, Maekawa S. Spin imbalance and magnetoresistance in ferromagnet/superconductor/ferromagnet double tunnel junctions. Phys Rev Lett, 1999, 82: 3911-3914; Zheng Z, Xing D Y, Sun G, et al. Andreev reflection effect on spin-polarized transport in ferromagnet /superconductor /ferromagnet double tunnel junctions. Phys Rev B, 2000, 62: 14326; Tserkovnyak Y, Brataas A. Current and spin torque in double tunnel barrier ferromagnet-superconductor- ferromagnet systems. Phys Rev B, 2002, 65: 094517.

[38] Jin B, Su G, Zheng Q R, et al. Phase inhomogeneity and scaling in ferromagnet- unconventional superconductor ferromagnet double tunnel junctions. Phys Rev B, 2003, 68: 144504.

[39] Fulde P, Ferrel A. Superconductivity in a strong spin-exchange field. Phys Rev, 1964, 135: A550-A563.

[40] Larkin A, Ovchinnikov Y. Inhomogeneous state of superconductors. Sov Phys JETP, 1965, 20: 762.

[41] Jin B, Su G, Zheng Q R. First- and second-order phase transitions, Fulde-Ferrel inhomogeneous state, and quantum criticality in ferromagnet-superconductor double tunnel junctions. Phys Rev B, 2005, 71: 144514.

[42] Jin B, Su G, Zheng Q R. Fulde-Ferrel-Larkin-Ovchinnikov inhomogeneous superconducting state and phase transitions induced by spin accumulation in a ferromagnet $d_{x^2-y^2}$-wave superconductor-ferromagnet tunnel junction. Phys Rev B, 2006, 73: 064518.

[43] Rudziński W, Barnaś J. Tunnel magnetoresistance in ferromagnetic junctions: Tunneling through a single discrete level. Phys Rev B, 2001, 64: 085318; Fransson J, Eriksson O, Sandalov I. Many-body approach to spin-dependent transport in quantum dot systems. Phys Rev Lett, 2002, 88: 226601; Zhang P, Xue Q K, Wang Y, et al. Spin-dependent transport through an interacting quantum dot. Phys Rev Lett, 2002, 89: 286803; López R, Sánchez D. Nonequilibrium spintronic transport through an artificial Kondo impurity: Conductance, magnetoresistance, and shot noise. Phys Rev Lett, 2003, 90: 116602; Martinek J, Utsumi Y, Imamura H, et al. Kondo effect in quantum dots coupled to ferromagnetic

leads. Phys Rev Lett, 2003, 91: 127203; Bulka B R, Lipiński S. Coherent electronic transport and Kondo resonance in magnetic nanostructures. Phys Rev B, 2003, 67: 024404; Pedersen J N, Thomassen J Q, Flensberg K. Noncollinear magnetoconductance of a quantum dot. Phys Rev B, 2005, 72: 045341.

[44] Sergueev N, Sun Q F, Guo H, et al. Spin-polarized transport through a quantum dot: Anderson model with on-site Coulomb repulsion. Phys Rev B, 2002, 65: 165303; König J, Martinek J. Interaction-driven spin precession in quantum-dot spin valves. Phys Rev Lett, 2003, 90: 166602; Braun M, König J, Martinek J. Theory of transport through quantum-dot spin valves in the weak-coupling regime. Phys Rev B, 2004, 70: 195345; Rudziński W, Barnaś J, Świrkowicz R, et al. Spin effects in electron tunneling through a quantum dot coupled to noncollinearly polarized ferromagnetic leads. Phys Rev B, 2005, 71: 205307; Wetzels W, Bauer G E W, Grifoni M. Noncollinear single-electron spin-valve transistors. Phys Rev B, 2005, 72: 020407(R); Fransson J. Angular conductance resonances of quantum dots noncollinearly coupled to ferromagnetic leads. Europhys Lett, 2005, 70: 796; Fransson J. Angular conductance resonances of quantum dots strongly coupled to noncollinearly oriented ferromagnetic leads. Phys Rev B, 2005, 72: 045415; Weymann I, Barnaś J. Cotunneling through a quantum dot coupled to ferromagnetic leads with noncollinear magnetizations. Eur Phys J B, 2005, 46: 289-299.

[45] Mu H F, Su G, Zheng Q R. Spin current and current induced spin transfer torque in ferromagnet-quantum dot-ferromagnet coupled systems. Phys Rev B, 2006, 73: 054414.

[46] Chen X, Mu H F, Zheng Q R, et al. Spin accumulation on the spin-dependent transport through a quantum dot coupled to ferromagnet electrodes. Phys Lett A, 2006, 358: 47-52.

[47] Brataas J, Nazarov Y V, Bauer G E W. Finite-element theory of transport in ferromagnet-normal metal systems. Phys Rev Lett, 2000, 84: 2481-2484; Spin-transport in multi-terminal normal metal-ferromagnet systems with non-collinear magnetizations. Eur Phys J B, 2001, 22: 99-110.

[48] Zhu Z G, Su G, Zheng Q R, et al. Time-dependent spin polarized transport through a resonant tunneling structure with multiterminals. Phys Rev B, 2004, 70: 174403.

[49] Chen X, Zheng Q R, Su G. Spin transfer in a ferromagnet quantum dot and tunnel-barrier-coupled Aharonov-Bohm ring system with Rashba spin-orbit interactions. J Phys Cond Matt, 2010, 22: 186004.

[50] Zhu Z G. Selective spin injection controlled by electrical way in ferromagnet /quantum dot /semiconductor system. Phys Lett A, 2008, 372: 695-699.

[51] Pasupathy A N, Bialczak R C, Martinek J, et al. The Kondo effect in the presence of ferromagnetism. Science, 2004, 306: 86-89.

[52] Ng T K, AC response in the nonequilibrium Anderson impurity model. Phys Rev Lett. 1996, 76: 487-490.

[53] Sun Q F, Guo H, Lin T H. Excess Kondo resonance in a quantum dot device with normal and superconducting leads: The physics of Andreev-normal co-tunneling. Phys Rev Lett. 2001, 87: 176601.

[54] Bloomfield P E, Hamann D R. Specific heat of dilute magnetic alloys. Phys Rev, 1967, 164: 856-865.

[55] Wang B, Wang J, Guo H. Current partition: A nonequilibrium Green's function approach. Phys Rev Lett, 1999, 82: 398-401.

[56] You J Q, Lam CH, Zheng H Z. Landauer-Büttiker formula for time-dependent transport through resonant tunneling structures: A nonequilibrium Green's function approach. Phys Rev B, 2000, 62: 1978-1983.

[57] Zhu Z G, Su G, Zheng Q R, et al. Time-dependent spintronic transport and current-induced spin transfer torque in magnetic tunnel junctions. Phys Rev B, 2003, 68: 224413.

[58] Moodera J S, Taylor M E, Meservey R. Exchange induced spin polarization of conduction electrons in paramagnetic metals. Phys Rev B, 1989, 40: 11980.

[59] Nitta J, Meijer F E, Takayanagi H. Spin-interference device. Appl Phys Lett, 1999, 75: 695.

[60] Datta S, Das B. Electronic analog of the electro-optic modulator. Appl Phys Lett, 1990, 56: 665.

[61] You D, Jones R R, Bucksbaum P H, et al. Generation of high-power sub-single-cycle 500-fs electromagnetic pulses. Opt Lett, 1993, 18: 290-292; Bensky T J, Haeffler G, Jones R R. Ionization of Na Rydberg Atoms by Subpicosecond Quarter-Cycle Circularly Polarized Pulses. Phys Rev Lett, 1997, 79: 2018-2021; Wetzels A, Gürtler A, Muller H G, et al. The dynamics of a THz Rydberg wavepacket. Eur Phys J D, 2001, 14: 157-165; Frey M T, Dunning F B, Reinhold C O, et al. Realization of the kicked atom. Phys Rev A, 1999, 59: 1434-1443; Maeda H, Nunkaew J, Gallagher T F. Classical phase locking in adiabatic rapid passage. Phys Rev A, 2007, 75: 053417; Matos-Abiague A, Berakdar J. Ultrafast build-up of polarization in mesoscopic rings. Europhys Lett, 2005, 69: 277; Photoinduced Charge Currents in Mesoscopic Rings. Phys Rev Lett, 2005, 94: 166801; Matos-Abiague A, Moskalenko A S, Berakdar J. Ultrafast dynamics of nano and mesoscopic systems driven by asymmetric electromagnetic pulses. *In*: Sinha C, Bhattachayya S S. Current Topics in Atomic, Molecular and Optical Physics. London: World Scienctific, 2007.

[62] Zhu Z G, Berakdar J. Photoinduced nonequilibrium spin and charge polarization in quantum rings. Phys Rev B, 2008, 77: 235438; Electromagnetic pulse-driven spin-dependent currents in semiconductor quantum rings. J Phys Condens Matter, 2009, 21: 145801; Photoinduced nonequilibrium spin, charge polarizations and spin-dependent current in quantum rings. Phys Status Solidi B, 2010, 247: 641-643.

[63] Zhu Z G, Jia C L, Berakdar J. Proposal for fast optical control of spin dynamics in a quantum wire. Phys Rev B, 2010, 82: 235304.

[64] Wang Z C, Su G, Gao S. Spin-dependent thermal and electrical transport in a spin-valve system. Phys Rev B, 2001, 63: 224419.

[65] van Houten H, Beenakker C. Quantum Point Contacts. Phys Today, 1996, 49: 22-27.

[66] Molenkamp L W, van Houten H, Beenakker C W J, et al. Quantum oscillations in the transverse voltage of a channel in the nonlinear transport regime. Phys Rev Lett, 1990, 65: 1052-1055; Molenkamp L W, Gravier T, van Houten H, et al. Peltier coefficient and thermal conductance of a quantum point contact. Phys Rev Lett, 1992, 68: 3765-3768.

[67] Dzurak A S, Smith C G, Barnes C H W, et al. Thermoelectric signature of the excitation spectrum of a quantum dot. Phys Rev B, 1997, 55: R10197-R10200.

[68] Sivan U, Imry Y. Multichannel Landauer formula for thermoelectric transport with application to thermopower near the mobility edge. Phys Rev B, 1985, 33: 551-558.

[69] Butcher P N. Thermal and electrical transport formalism for electronic microstructures with many terminals. J Phys Condens Matter, 1990, 2: 4879.

[70] Walter M, Walowski J, Zbarsky V, et al. Seebeck effect in magnetic tunnel junctions. Nature Mat, 2011, 10: 742-746.

[71] Bauer G E W, Saitoh E, van Wees B J, Spin caloritronics. Nature Mat, 2012, 11: 391.

第 11 章　各种霍尔效应及其输运性质和应用

万蔡华　韩秀峰

11.1　霍尔效应的研究简史

1879 年在约翰·霍普金斯大学，当时还是物理系研究生的美国科学家埃德温·霍尔做了一个在当时看来非常难以精确测量的实验：将一片若干微米厚度的金箔置于 0.2 T 左右的垂直磁场下，在金箔中通以约 0.06 单位的纵向电流，然后利用电流表测量流经金箔的横向电流的大小。实验结果显示横向电流约为 1.0×10^{-9} 单位，是纵向电流的一亿分之一。这种信号强度对测量精度的要求非常高。他的结果还显示横向电流与纵向电流、磁场强度成正比。该实验结果是在 1879 年 10 月 28 日测量完成的。这一天也是霍尔效应发现的日子[1]。一年后埃德温·霍尔又在磁性材料里面发现了类似的现象，但是信号强度远远大于正常的霍尔效应[2]。后来人们为这类磁性材料特有的霍尔效应取了一个专有名称——反常霍尔效应。“反常”二字暗示了这一现象背后隐藏着扑朔迷离的物理起源，也说明了为何直到 21 世纪初物理学界才对它背后的物理根源有了一个相对完整的理解。对反常霍尔效应物理起源的争议，丝毫没有降低工业界对它的浓厚兴趣。自发现之日起，霍尔效应及反常霍尔效应很快被广泛应用于磁传感器等领域。

随着半导体制备技术的发展，特别是高质量半导体异质结外延薄膜制备技术的发展，霍尔效应研究的对象从普通中低迁移率材料向高迁移率人工异质结结构演进。得益于高质量的样品，辅以强磁场与极低温的测试条件，德国科学家冯·克利钦与华裔科学家崔琦在 20 世纪 80 年代初相继发现了整数量子霍尔效应[3]和分数量子霍尔效应[4]，并分别获得 1985 年和 1998 年的诺贝尔物理学奖。到了 21 世纪初，美国哥伦比亚大学的 P. Kim、英国曼彻斯特大学的 K. Novoselov 和 A. Geim 等在石墨烯中于低温[5]甚至室温下[6]均观察到了狄拉克费米子的量子霍尔效应。理论上，量子霍尔效应，作为一种宏观量子现象，奇特之处在于它提供了第一种具有拓扑性质的物质状态——电绝缘的体性质与高电导的表面性质。应用上，因为量子霍尔效应所展示的高稳定性的电阻平台，它已被国际计量委员会建议用作电阻标准。

受自旋电子学发展的推动，人们迫切需要一种新的高效自旋流来源。此时一种新的霍尔效应——自旋霍尔效应进入了人们的视野。其实 Dyakonov 和 Perel

早在 1971 年[7]就预测了该效应的存在。迫于纳米加工手段的限制，该现象直到 1984 年才由 Bakun[8]的研究团队在实验上间接地验证出来。不过早期针对自旋霍尔效应的研究总体上并未引起应有的重视。直到 1999～2000 年，Hirsch[9]和 S. Zhang[10]理论上重新认识自旋霍尔效应，并指出该效应在产生纯自旋流方面的应用潜力，人们又开始重视该效应的研究。直接与间接自旋霍尔效应已相继在轻金属[12,13]、重金属[14,15]、半导体[16]等多种材料中被观察到了。该领域的研究方兴未艾。

不仅如此，Kane 和 Mele[17]以及 Zhang 等[18,19]在 2005 年还预测了一种量子版本的自旋霍尔效应。该效应的迷人之处在于它可以提供极高电导率且载流子自旋分辨的表面态输运通道，丰富了自旋电子学的发展方向。很快该预测便于 2007 年由 Molenkamp 等[20]在 CdTe/HgTe/CdTe 量子阱体系中得到实验验证。在自旋霍尔效应找到它的量子版本后，人们开始思索反常霍尔效应的量子版本存在的可能性。Fang 和 Dai 等[21,22]在 2010 年预测在铬或者铁元素掺杂的 Bi_2Te_3 或者 Bi_2Se_3 材料中存在铁磁性以及量子反常霍尔效应。很快 Chang 等[23]于 2013 年实验验证了该预测。

霍尔效应家族不仅理论上丰富了人们对于载流子散射问题以及物质的新物态的认识，而且技术上提供了研究材料基本属性(如载流子浓度、类型、自旋轨道耦合强度等)的手段。霍尔效应无疑是凝聚态物理研究中的一颗璀璨的明珠。下面将逐一介绍霍尔效应家族各成员的基本原理以及已商用的应用和潜在的应用。

11.2 霍尔效应分类介绍

11.2.1 正常霍尔效应

1. 均匀体系与非均匀体系的正常霍尔效应

运动的电荷在磁场中会感受到洛伦兹力。这一洛伦兹力垂直于电荷原来的运动方向，从而使载流子获得了垂直于原运动方向的加速度。在这种情况下，单个载流子的运动可以用式(11.1)描述[24]。

$$m^* \frac{\mathrm{d}\boldsymbol{v}}{\mathrm{d}t} = q\boldsymbol{E} + q\boldsymbol{v} \times \boldsymbol{B} - m^* \frac{\boldsymbol{v}}{\tau} \tag{11.1}$$

其中，m^*、q、$\boldsymbol{v}$、$\boldsymbol{E}$、$\boldsymbol{B}$ 和 τ 分别是载流子的有效质量、元电荷、载流子漂移速度、电场强度、磁感应强度和载流子平均散射时间。在稳态情况下，$\mathrm{d}\boldsymbol{v}/\mathrm{d}t=0$，式(11.1)可以写成欧姆定律的形式，如式(11.2)所示。

$$\begin{bmatrix} j_x \\ j_y \end{bmatrix} = \frac{\sigma_0}{1+(\mu B)^2} \begin{bmatrix} 1 & \mu B \\ -\mu B & 1 \end{bmatrix} \begin{bmatrix} E_x \\ E_y \end{bmatrix} \tag{11.2}$$

式(11.2)中，$\mu = q\tau/m^*$ 是载流子的迁移率，$\sigma_0 = nq\mu$ 是零磁场下的电导率，n 是载流子浓度。而 $j_{x(y)}$ 是 $x(y)$ 方向上的电流密度。此处已经使用了关系式 $j_{x(y)} = nqv_{x(y)}$。式(11.2)显示标量的电导率在磁场下变成了张量。在埃德温·霍尔最初的试验中，他测量的是流经样品的横向电流。但是现在一般人们测量的是在样品中建立的霍尔电场或者横向霍尔电压。为了准确测量霍尔电压，霍尔条(Hall bar)结构被广泛使用，且长度 L 须远大于样品宽度 W，如图 11.1 所示。在这种结构中，$j_y=0$，因此 $E_y = \mu BE_x$。霍尔角 $\theta \equiv E_y/E_x = \mu B$ 用来表征电场被磁场扭曲的程度。霍尔电压 $V_y = BI_x/(nqh)$；霍尔电阻 $R_{xy} \equiv V_y/I_x = B/(nqh)$；霍尔电阻率 $\rho_{xy} = R_{xy}h = B/(nq)$，其中 h 为霍尔条的厚度，I 为加载的电流。霍尔系数 $R_{\mathrm{H}} \equiv 1/(nq)$。以埃德温·霍尔所选用的金箔为例，假设金箔的厚度为 1μm，磁场为 0.2T，载流子浓度为 $5.9\times10^{22}\,\mathrm{cm}^{-3}$，电流为 0.06A，则霍尔电压为 1.3μV。由霍尔系数，人们可测得载流子的类型与浓度。在上述推导过程中，隐含着一个假设：材料中只含有一种迁移率为 μ 的载流子。

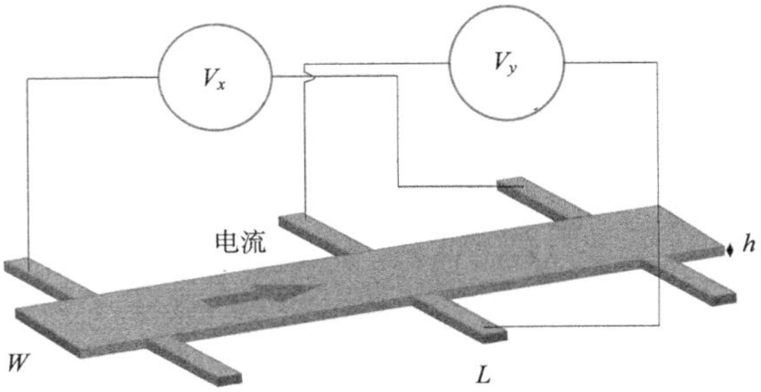

图 11.1　用于测量霍尔效应的霍尔条结构

当载流子类型多于一种时，情况略复杂。设第 i 种载流子的电导率和迁移率分别为 σ_i 和 μ_i。此时式(11.1)依然成立，因此第 i 种载流子的横向电流满足

$$j_{yi} = \frac{\sigma_i(E_y - \mu_i BE_x)}{1+(\mu_i B)^2}$$

在霍尔条的测量条件下，总的横向电流 $j_y = \Sigma j_{yi} = 0$。此时霍尔角 θ 满足式(11.3)。

$$\tan\theta(B) = \frac{E_y}{E_x} = \frac{\sum \frac{\sigma_i(\mu_i B)}{1+(\mu_i B)^2}}{\sum \frac{\sigma_i}{1+(\mu_i B)^2}} \tag{11.3}$$

在小磁场下，$\mu_i B \ll 1$，那么 $\tan\theta / B = \left(\sum \sigma_i \mu_i\right) / \sum \sigma_i$ 。作为一个特例，在只有一种电子与一种空穴共存的体系，根据式(11.3)，可求得小磁场下的霍尔系数，如式(11.4)所示。

$$R_{\mathrm{H}} = \frac{1}{|e|} \frac{p\mu_{\mathrm{h}}^2 - n\mu_{\mathrm{e}}^2}{(p\mu_{\mathrm{h}} + n\mu_{\mathrm{e}})^2} \tag{11.4}$$

此时，R_{H}是一个常数。当空穴浓度与电子浓度比例恰当时，R_{H}可接近于 0。在大磁场下，霍尔角与磁场的简单线性关系不再成立。不过人们依然可以从样品整体的电导率σ_{xx}和霍尔电导率σ_{xy}与磁场的关系中，如式(11.5a-b)所示，求解出各种载流子的迁移率μ_i与电导率σ_i。

$$\sigma_{xx} = \sum \frac{\sigma_i}{1 + (\mu_i B)^2} \tag{11.5a}$$

$$\sigma_{xy} = \sum \frac{\mu_i B \sigma_i}{1 + (\mu_i B)^2} \tag{11.5b}$$

基于式(11.5a-b)，Beck 等[25]发展了一种被称为迁移率谱的方法来获得载流子浓度随迁移率的分布 $s_{\mathrm{n}}(\mu)$和 $s_{\mathrm{p}}(\mu)$。电子和空穴的迁移率满足式(11.5c-d)。

$$\sigma_{xx} = \int \frac{s_{\mathrm{p}}(\mu) + s_{\mathrm{n}}(\mu)}{1 + (\mu B)^2} \mathrm{d}\mu \tag{11.5c}$$

$$\sigma_{xy} = \int \frac{[s_{\mathrm{p}}(\mu) - s_{\mathrm{n}}(\mu)](\mu B)}{1 + (\mu B)^2} \mathrm{d}\mu \tag{11.5d}$$

这种迁移率谱的方法已被应用于研究如 InP 高电子迁移率晶体管器件的输运性质。图 11.2 展示了 InP 高电子迁移率晶体管的电导率和霍尔电导率与磁场的依赖关系，以及由这一关系导出的迁移率谱[26]。尽管 300K 和 100K 下，$\sigma_{xx}(B)$与$\sigma_{xy}(B)$的依赖关系类似，但是这两个温度下的迁移率谱差别很大。在 100K 下，存在 3 种类型的高迁移率二维电子气。除此之外，在 100～700cm^2/(V·s)，还存在一种浓度较小的电子气。这些较低迁移率的载流子很难用其他方法识别出来，尤其是在混有高迁移率载流子的体系中。这从侧面说明该迁移率谱方法的高效性。

上述的推导均假设体系是均匀体系：体系中每一远大于载流子平均自由程的区域的性质与其他区域的性质一致。非均匀体系的磁电输运性质又将如何？这种情况很复杂，除了某些特殊情况(如非均匀区域之间没有相互作用的情况)可以用解析的方法求解，更多的情况下只能获得数值解。Parish 和 Littlewood 发展了一套数值方法来分析非均匀性对体系磁电输运性质的影响，如 $Ag_{2\pm\delta}Se$、$Ag_{2\pm\delta}Te$和 InSb 多晶体系[27-29]。这种理论也被用来解释在 Si 和单晶 InSb 中所观察到的线性磁电阻现象[30,31]。在这个模型中，Littlewood 将整个样品分割成很

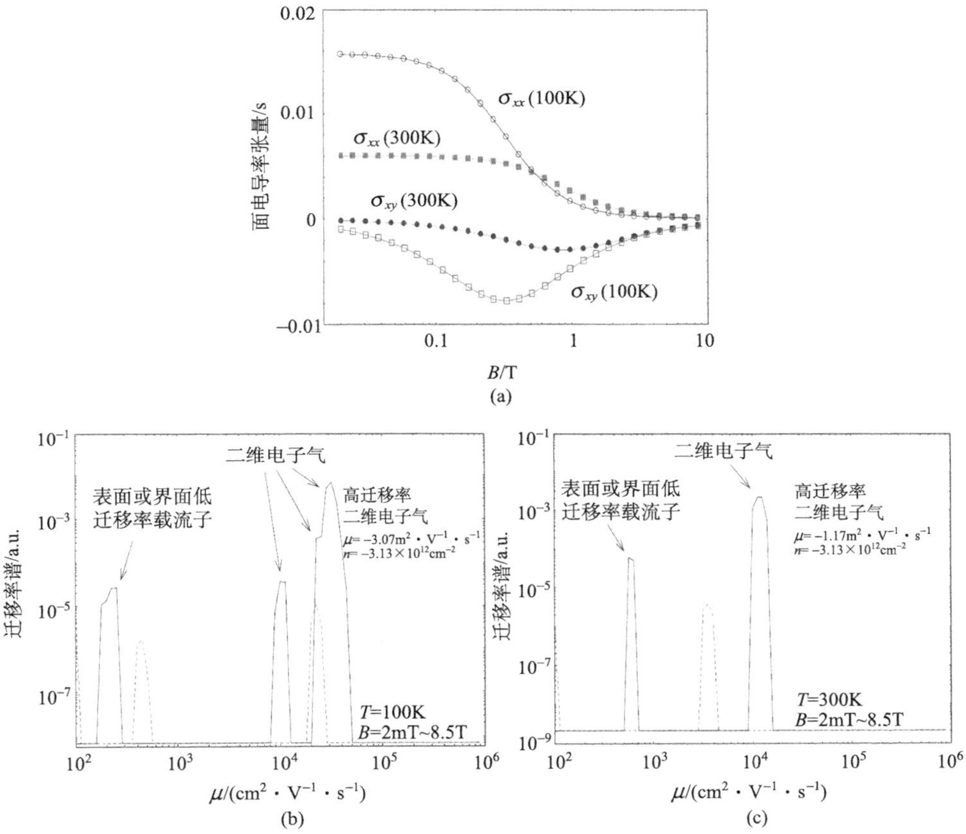

图 11.2　InP 材料的电导率、霍尔电导率与磁场的关系(a)，100K(b)和 300K(c)条件下的迁移率谱[26]

多个小区域。在每个小区域的内部，材料的输运特性，如载流子浓度与迁移率，是均匀的。而整个样品的非均匀性反映在各小区域之间的输运特性的差异上。在第 i 个小区域内(该区域具有统一的电导率 σ_i 和迁移率 μ_i)，电流密度分布满足电流连续性方程(11.6)。

$$\nabla \cdot (\sigma_i \nabla V) = 0 \tag{11.6a}$$

$$\sigma_i = \frac{\sigma_{i0}}{1+(\mu_i B)^2}\begin{bmatrix} 1 & \mu_i B \\ -\mu_i B & 1 \end{bmatrix} \tag{11.6b}$$

而在小区域之间的边界上，须满足电势连续性条件以及法向电流连续性条件。利用通常的有限元、有限差分等数值分析方法，求解每个小区域内的方程(11.6)，便可获得整个材料中的电流密度与电势分布情况，从而获得体系霍尔效应和磁电阻效应等信息。这种方法不仅适用于具有很强非均匀性的体系，也适用于均匀体系，而且它对体系边界条件的要求相对宽松。

2. 正常霍尔效应对体系输运性质的影响

正常霍尔效应主要通过两种方式对非磁性材料的输运性质产生影响，一种是体系的几何结构或者说边界条件[32,33]；另一种是体系的非均匀性[27-31]。当然两者也可共同作用于系统。我们先讨论几何结构的影响而假设系统输运性质是均匀的且只含单一载流子。在如图 11.1 所示的霍尔条结构中，$L \gg W$，在 y 轴方向上电流密度为零。在稳态情况下，磁场导致的洛伦兹力可完全被霍尔电场屏蔽。载流子不发生横向偏转，磁电阻为零。这也是人们一般选用霍尔条结构测量材料电阻率与载流子浓度的原因——磁场对材料本征电阻率的影响很小。如果 $L \ll W$，载流子在达到横向边界前便被负电极吸收，边界处不能积累电荷，霍尔电压为零，载流子在洛伦兹力的作用下可发生最充分的偏转。磁电阻达到最大值 $(\mu B)^2$。在这种简单情形中，霍尔电场与磁电阻的关系就仿佛鱼与熊掌的关系。为了增加磁电阻，竭力屏蔽霍尔电场，拥有如图 11.3 所示的科尔比诺(Corbino)盘结构的磁电阻器件结构应运而生[34]。在这种结构中，没有绝缘边界存在，霍尔电场不能建立起来，因此它所能达到的磁电阻值也是 $(\mu B)^2$。利用 InSb 制备的科尔比诺盘磁电阻器件已有商业应用。

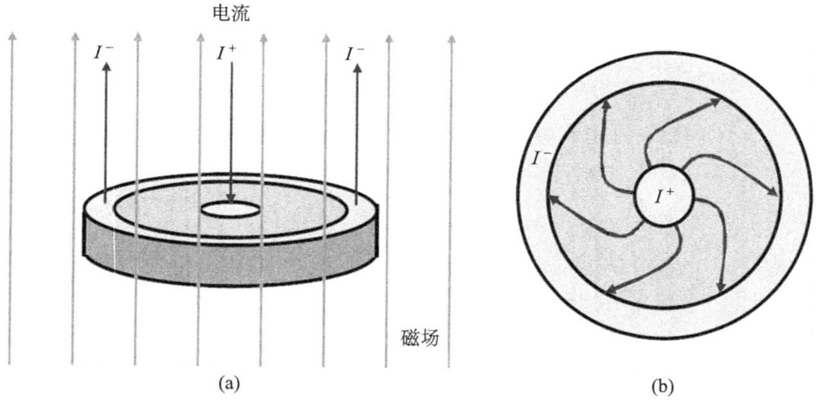

图 11.3(另见彩图)　用于测量磁电阻的科尔比诺盘结构。(a)立体图，(b)俯视图

再回到霍尔条结构中，如果单一载流子假设不成立，情况又将如何？事实上，这一假设很容易因为不同能级载流子的有效质量的差异或者平均散射时间的差异等因素而被打破。为了简单起见，假设体系中只含有一种电子与一种空穴类型。在电场作用下电子与空穴反向运动。引入磁场后，因为 $\boldsymbol{F}_{\text{Lorentz}} = q\boldsymbol{v} \times \boldsymbol{B}$ 同

向，电子与空穴却是同向偏转。这导致横向边界上积累的净电荷数目相对于单一载流子的情形要小得多。此时霍尔电场建立不充分甚至可能为零。洛伦兹力对载流子的偏转作用可以较充分地发挥出来，从而导致磁电阻现象的发生。从这个例子中可见：非均匀程度的提高有利于增强材料的磁电阻特性。Littlewood 等[27]的模拟结果与上面的论述保持一致。如图 11.4 所示，他们统计了磁电阻与平均迁移率$\langle\mu\rangle$以及迁移率波动值$\Delta\mu$ 的关系。其中$\Delta\mu$ 用来描述体系的非均匀性的程度。当$\Delta\mu$ 很大时，磁电阻非常巨大，而且在大磁场下甚至可以线性地依赖于磁场强度且没有饱和迹象。这种非均匀性增强磁电阻的原理已被用于理解 $Ag_{2\pm\delta}Se$ 等材料中的反常磁电阻行为。这类材料可被用作“兆高斯计”[35]。

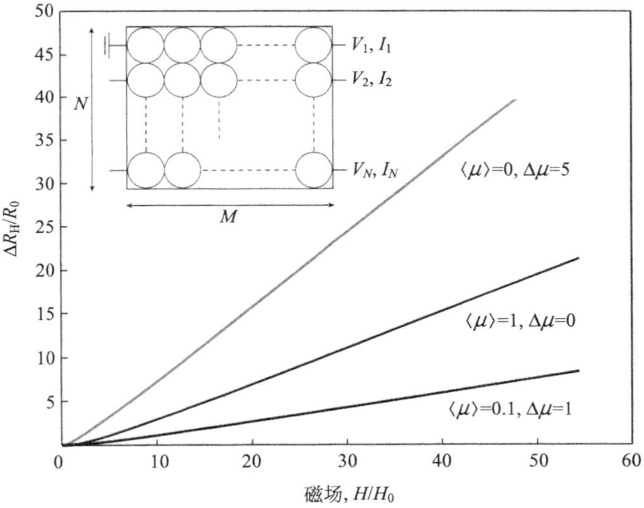

图 11.4　在迁移率存在波动的体系中，磁电阻与磁场的依赖关系[27]

在上面的例子中，界面积累的电荷屏蔽洛伦兹力，导致磁电阻的减小。如科尔比诺盘的几何结构抑或增加非均匀性均是为了降低界面净电荷积累的程度，以释放洛伦兹力偏转载流子运动轨迹的潜力。而 Wan 等[33]选择了一种新的测量方法(非局域测量方法)，如图 11.5 所示，反而可以利用边界积累的电荷来达到增强磁电阻的效果。图中反映了在零磁场和正负磁场条件下，电场强度方向的分布图。通过高斯定理，可以很容易得到边界电荷的积累情况。此处非局域电阻 R_{NL} 的含义是指 A、B 电极之间的电压 V_{AB}除以 B、C 电极之间施加的电流 I_{BC}，即 $R_{NL}\equiv V_{AB}/I_{BC}$。而非局域磁电阻是指 $MR_{NL}(B)\equiv[R_{NL}(B)-R_{NL}(0)]/R_{NL}(0)\times 100\%$。在这种测量方法中，除了上下边界处，样品左右边界处也会因霍尔效应积累电荷。但与上下边界积累的电荷不同，左右边界积累电荷的极性不因磁场极

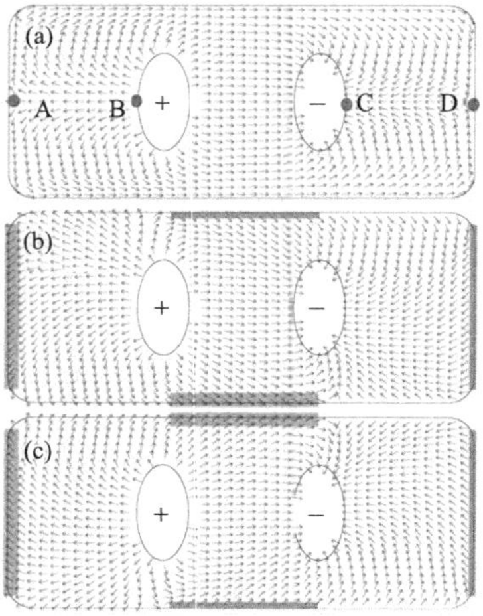

图 11.5(另见彩图)　归一化的电场强度在 $B=0$(a)，$B=\mu^{-1}$(b)和 $E=\mu^{-1}$(c)条件下的分布图。(a)中的圆点 ABCD 所示的位置为电极位置，其中 B 位置连通电源正极；C 位置连通电源负极。(b)、(c)中的粗线位置为负电荷的积累位置；细线为正电荷的积累位置[33]

性的反转而反转，而且在靠近样品正极的左边界积累了负电荷；在靠近样品负极的右边界积累了正电荷。这些极性守恒的积累电荷会增加 AB 电极和 CD 电极之间的电场强度，从而使一部分载流子更倾向于绕着样品的周界输运(B→A→D→C)，而不是直接从正极流至负极(B→C)。通过这种方式对电流分布进行的调制使得非局域磁电阻得到增强。

正常霍尔效应与正常磁电阻效应均起源于载流子受洛伦兹力作用而引起的偏转作用。在实际材料中，两者可同时存在且相互影响。一般而言，在霍尔条布置条件和均匀体系中，正常霍尔电压越大，正常磁电阻越小；在非均匀体系中，非均匀程度越大，霍尔电压越小，正常磁电阻越大；而在非局域测量方法中，霍尔电压反而可以被利用来增强非局域磁电阻。这类现象已可通过有限元等数值方法精确地模拟出来。正常霍尔效应与正常磁电阻效应已广泛应用于磁传感器等领域。它们也被用作测量载流子浓度、迁移率等输运性质的手段。

11.2.2　反常霍尔效应

1. 反常霍尔效应的非本征机制

尽管早在 1880 年，埃德温·霍尔在铁磁性材料中便发现了 10 倍于正常霍尔效应的反常霍尔效应[2]，但是直到 1929 年人们才意识到铁磁性金属中反常部分的霍尔电压正比于磁性金属的磁化强度[36]，如式(11.7)和图 11.6 所示。

$$\rho_{xy}=R_{\mathrm{H}}^{\mathrm{O}}B_z+R_{\mathrm{H}}^{\mathrm{A}}\mu_0M_z \tag{11.7}$$

其中，$R_{\mathrm{H}}^{\mathrm{O}}$和 $R_{\mathrm{H}}^{\mathrm{A}}$是正常和反常霍尔系数，$B_z$和 M_z是 z 方向上的磁感应强度和磁性材料的磁化强度。图 11.6 显示了水平磁化薄膜[37]和垂直磁化薄膜[38]的反常霍尔电阻率与外加磁场的依赖关系。需要指出的是在垂直磁化的薄膜[38-42]中，利用反常霍尔效应，人们可以探测微纳尺度薄膜的磁翻转特性，如矫顽力等参数。实际上，反常霍尔效应已经成为研究垂直磁化体系的有力工具。

式(11.7)右侧第一项源于正常霍尔效应；第二项源于反常霍尔效应。第二项被认为与自旋-轨道耦合相互作用有关。我们首先通过唯象模型建立自旋轨道耦

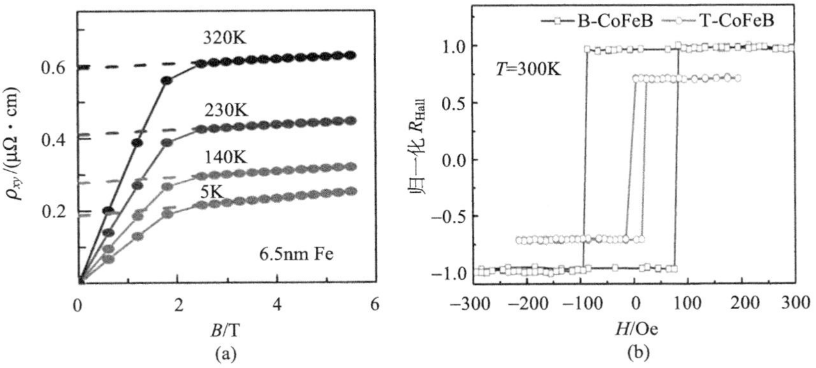

图 11.6　面内磁化的外延铁薄膜的反常霍尔效应(a)[37]；
垂直磁化的 CoFeB 薄膜的反常霍尔效应(b)[38]

合作用与反常霍尔效应的联系，然后再讨论自旋轨道耦合的微观机制。唯象上，自旋轨道耦合使得沿 x 方向运动、z 方向极化的载流子发生沿 y 方向的偏转。假设自旋轨道耦合力满足形式 $\boldsymbol{F}_{SOC}=\lambda_0 q\boldsymbol{v}\times\boldsymbol{S}$，其中 $\boldsymbol{S}$ 是与轨道磁矩发生相互作用的自旋磁矩，λ_0是表征耦合强度的比例系数，则载流子运动方程可由式(11.8)描述。

$$m^*\left(\frac{\mathrm{d}\boldsymbol{v}}{\mathrm{d}t}+\frac{\boldsymbol{v}}{\tau}\right)=q\boldsymbol{E}+\lambda_0 q\boldsymbol{v}\times\boldsymbol{S} \tag{11.8}$$

在弱磁场下，洛伦兹力远小于自旋轨道耦合力，因此式(11.8)中忽略了洛伦兹力的影响。在稳态条件下，通过式(11.8)可求得反常霍尔角 $\theta=\arctan(\mu\lambda_0 S)$，反常霍尔电阻率 $\rho_{xy}=\mu\lambda_0 S\rho$。$S$ 与 M 成正比，因此正如实验结果所示，ρ_{xy} 正比于 M。从该唯象模型还可知反常霍尔系数 R_H^A 正比于自旋轨道耦合强度 λ_0。此处需强调：ρ_{xy} 正比于 ρ(或者 σ_{xy} 正比于 σ)的结论成立的条件是自旋轨道耦合力满足 $\boldsymbol{v}\times\boldsymbol{S}$的形式。这一数学形式在研究自旋霍尔效应时也常被采用[10,11]。

微观上如何理解这种形式呢？考虑携带了 $\boldsymbol{S}$ 自旋的载流子被一个电离杂质离子散射的情形。此时在以载流子为参考系的体系中，杂质离子以相反的速度向“静止”的载流子运动。根据毕奥-萨伐尔定律，运动的杂质离子将对相对静止的载流子施加一个有效磁场 $\boldsymbol{B}$[43]，如式(11.9)所示。

$$\boldsymbol{B}=-\lambda_{SO}\boldsymbol{v}_0\times\boldsymbol{E}=\lambda_{SO}\boldsymbol{v}_0\times\nabla V(\boldsymbol{r}) \tag{11.9}$$

其中，λ_{SO}是比例因子，电场强度由电子与杂质离子之间的相互作用势 $V(\boldsymbol{r})$决定。该磁场由杂质离子的“轨道运动”产生。它与载流子的自旋 $\boldsymbol{S}$ 通过“塞曼相互作用”而耦合在一起，从而使体系获得一份新的能量 H_{SO}——自旋轨道耦合能，如式(11.10)所示。

$$H_{SO} = -\boldsymbol{B} \cdot \boldsymbol{S} = -\lambda_{SO}[\boldsymbol{v}_0 \times \nabla V(\boldsymbol{r})] \cdot \boldsymbol{S} \tag{11.10}$$

在经典物理图像下，该能量的梯度便是自旋轨道耦合力。当载流子绕着杂质离子在 xy 平面内做圆周运动，且载流子与杂质离子仅存在库仑势相互作用时，自旋轨道耦合力才精确地与自旋极化方向 S(z 方向)以及载流子运动方向垂直。这种基于经典图像的自旋轨道散射机制被称为斜散射(skew scattering)机制，最先由Smit[44,45]提出。除此之外，还有基于量子力学图像的侧向跳跃(side jump)机制[46,47]和本征机制[48-52]等导致反常霍尔效应的发生。与斜散射机制一样，侧向跳跃机制也只在与杂质离子散射的过程中才发挥作用。这两类机制因而均是非本征机制。而基于贝里相的本征机制即使杂质散射不存在也能导致反常霍尔效应。跟随 Berger 等[46,47]的推导过程，我们先探究同是非本征机制的侧向跳跃机制与斜散射机制的异同点。Berger 考虑了平面波被球形势 U 散射的特殊情形，如式(11.11)所示。

$$H = H_0 + H_{SO} \tag{11.11a}$$

$$H_0 = -\frac{\hbar^2}{2m}\nabla^2 + U(\boldsymbol{r}) \tag{11.11b}$$

$$H_{SO} = \lambda_{SO}\boldsymbol{\sigma} \cdot (\boldsymbol{k} \times \nabla U) \tag{11.11c}$$

$$U = \begin{cases} -U_0, & r \leqslant r_0 \\ 0, & r > r_0 \end{cases} \tag{11.11d}$$

其中，式(11.11c)形式上与式(11.10)相同。他利用微扰论方法求解波函数，令波函数 $\psi = \psi_0 + \psi_{SO}$。通过求解 H_0，获得了 ψ_0的信息。然后遵循标准的微扰论方法的程序，进而获得了 ψ_{SO}的信息。然后利用 ψ，求解载流子的平均横向位移 $\langle y \rangle$。Berger 发现 $\langle y \rangle$ 由一个常数 y_0和一项正比于时间的项 $v_y t$ 组成。第二项是斜散射的来源，特点是载流子的纵向速度 v_x(或者 $\hbar k/m^*$)通过斜散射产生横向速度 v_y。第一项是侧向跳跃机制的来源，每经历一次散射，载流子横向移动 y_0 的距离。它们的区别如图 11.7 所示，本征机制也一并绘入其中。

如式(11.8)的唯象模型所示，当 v_y 正比于 v_x 时，霍尔电阻率 ρ_{xy} 正比于电阻率 ρ。这是斜散射机制给出的标度关系。在侧向跳跃机制中，每经历一次散射，载流子侧向跳跃 y_0的距离。在每次散射后，载流子能自由运动 l 的距离，l 是平均自由程。反常霍尔角 θ 因而可由 $\arctan(y_0/l)$ 估算出来，同时 $\rho_{xy} = \rho\tan\theta$ 成立。因此 $\rho_{xy} = \rho y_0/l = y_0 ne^2\rho^2/m^* v_F$，其中 n 是载流子浓度，v_F 是费米速度，m^* 是有效质量。此时，ρ_{xy} 正比于 ρ^2，或者 σ_{xy} 是常数。这是侧向跳跃机制给出的标度关系。标度关系汇总在表 11.1 中。一般而言，ρ_{xy} 正比于 ρ^α，$1 \leqslant \alpha \leqslant 2$[47]，指数因子 α 取决于材料体系，也取决于无序度。

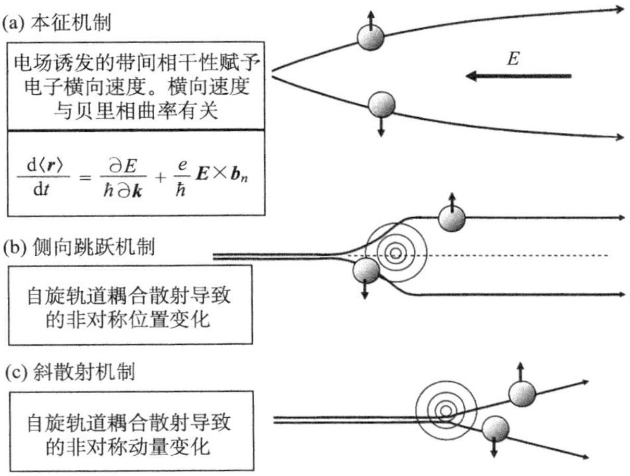

图 11.7　本征机制(a)、侧向跳跃机制(b)和斜散射机制(c)三者物理图像的对比。后两者均需要一个杂质散射势的介入而前者不需要。在本征机制中，由能带决定的贝里相曲率可以起到有效磁场的作用[52]

表 11.1　导致反常霍尔效应的非本征机制的输运参数的标度关系

机制	相同点	特点	电导率标度	电阻率标度
斜散射	SOC	基于经典物理图像的动量转换	$\sigma_{\text{Hall}}\propto\sigma$	$\rho_{\text{Hall}}\propto\rho$
侧向跳跃	SOC	基于量子力学的侧向位移	$\sigma_{\text{Hall}}=C$	$\rho_{\text{Hall}}\propto\rho^2$

2. 反常霍尔效应的本征机制

除了非本征机制外，最近 Niu 等[49-51]提出了基于贝里相位的本征机制——材料的能带结构本身导致反常霍尔效应的发生。假设材料的能量本征值为 $\varepsilon_n(\boldsymbol{k})$，相应的本征态为 $|n,\boldsymbol{k}\rangle$。霍尔电导率可由式(11.12)描述。

$$\sigma_{ij}^{\text{int}}=-\varepsilon_{ijl}e^2\hbar^{-1}(2\pi)^{-d}\sum_n\int f(\varepsilon_n(\boldsymbol{k}))\,\boldsymbol{b}_n^l(\boldsymbol{k})\mathrm{d}\boldsymbol{k} \tag{11.12a}$$

$$\boldsymbol{b}_n(\boldsymbol{k})=\nabla_k\times i\langle n,\boldsymbol{k}|\nabla_k|n,\boldsymbol{k}\rangle \tag{11.12b}$$

其中，矢量 $\boldsymbol{b}_n(\boldsymbol{k})$ 为本征态 $|n,\boldsymbol{k}\rangle$ 的贝里相曲率。ε_{ijl} 是反对称张量。式(11.12)显示材料总的本征反常霍尔电导率 σ_{xy} 正比于费米面以下所有电子的贝里相曲率的 z 轴分量之和。除去一个常数的比例因子，$\boldsymbol{b}_n(\boldsymbol{k})$ 可视为 $|n,\boldsymbol{k}\rangle$ 态电子的反常霍尔电导率。Bohm 等[51]和 Marder[53]等还建立起基于贝里相曲率的载流子运动方程，如式(11.13)所示。

$$\boldsymbol{v}=\partial\varepsilon_n(\boldsymbol{k})/\hbar\partial\boldsymbol{k}-\boldsymbol{E}/\hbar\times\boldsymbol{b}_n(\boldsymbol{k}) \tag{11.13}$$

在外加电场 $\boldsymbol{E}$ 的帮助下，贝里相曲率能发挥类似“磁场”的作用而赋予载流子横向的速度。横向速度 $v_y=b_nE/\hbar$，又 $v_y=\sigma_{xy}E/ne$，因此源于本征机制的霍尔电导率 $\sigma_{xy}=neb_n/\hbar$。这里所使用的 b_n 是对所有 k 点加权求和后的结果。基于本征机制的 σ_{xy} 与基于侧向跳跃机制的 σ_{xy} 相比，它们的共同特点是 σ_{xy} 均为常数，与外加电场无关。因此电阻率标度关系也是 $\rho_{\text{Hall}}\propto\rho^2$。在实验上区分两者一直是个难点。最近，Jin 等[37]在反常霍尔效应标度关系实验研究方面取得显著进展。他们研究的体系是外延生长的铁纳米薄膜。通过改变薄膜的厚度、测量温度来调制体系的电阻率和霍尔电阻率，然后从这些数据中提取合理的标度关系。他们发现公式 $\rho_{xy}=\alpha\rho_0+\beta{\rho_0}^2+\gamma\rho^2$ 能在很宽的温度范围和电阻率范围内符合实验结果。其中，ρ_0 是低温下的剩余电阻率，ρ 是温度 T 下的电阻率，α、β 和 γ 是比例因子。剩余电阻率 ρ_0 可通过调节膜厚、无序度、掺杂来调制。在 Jin 等的试验中，为了保证铁薄膜的能带结构尽量一致，他们只通过改变膜厚来增减 ρ_0。该拟合公式中蕴涵着丰富的物理内涵。第一项 $\alpha\rho_0$ 源于斜散射的贡献。后两项均与电阻率的平方成正比，它们的差异在于是否依赖温度。对于侧向跳跃机制而言，仅电离杂质散射过程而非声子散射过程最终贡献霍尔电导率；对于本征机制而言，温度可通过晶胞缩胀、增减磁化强度等方式控制能带结构进而控制反常霍尔电导率。因而本征机制相对于侧向跳跃机制更加敏感地依赖于温度。第二项 $\beta{\rho_0}^2$ 和第三项 $\gamma\rho^2$ 因而被分别归因于侧向跳跃机制和本征机制。这一新的标度关系在很多其他单晶薄膜体系也得到了验证。Zhao 等[86,87]利用 MBE 外延制备技术成功制备了 MnGa 和 MnAl 薄膜。这两种薄膜具备显著的垂直各向异性，非常适合于反常霍尔效应的研究。在他们的研究中，霍尔电阻率与正常电阻率之间能通过 Jin 等建议的标度关系 $\rho_{xy}=\alpha\rho_0+\beta{\rho_0}^2+\gamma\rho^2$ 来拟合。这说明对于非本征的斜散射机制或者侧向跳跃机制，声子、磁子、电子-电子相互作用等导致的与温度相关的散射过程并不显著地贡献反常霍尔电导。

对于精确调控结构的样品，上述三种机制可以更显著地被区分出来。但是对于大量多晶或者非晶，混合物或者杂质浓度较高的样品，如何探寻它们的反常霍尔效应机制呢？通过整理大量的实验数据并汇总，Nagaosa 等[52]发现了电导率高低与反常霍尔机制之间的某种关联：对于 $\sigma>10^6\,\Omega^{-1}\text{cm}^{-1}$ 的高纯金属体系，斜散射机制更可能占主导地位，此时 σ_{xy} 正比于 σ；对于中等无序或掺杂的金属样品，$10^6\,\Omega^{-1}\text{cm}^{-1}>\sigma>10^4\,\Omega^{-1}\text{cm}^{-1}$，侧向跳跃或本征机制更倾向于主导反常霍尔效应；而对于更脏的金属体系，$\sigma<10^4\,\Omega^{-1}\text{cm}^{-1}$，$\sigma_{xy}$ 正比于 $\sigma^{1.6}$。

值得注意的是，Zhou 等[54]在研究 $L1_0$ 相的 $FePd_{1-x}Pt_x$ 合金薄膜体系时发现，通过改变温度求取 ρ_{xx} 和 ρ_{xy} 的标度关系时，人们需要考虑一个很容易被忽略的因素——磁化强度与温度的依赖关系。将该磁化强度的温度依赖关系考虑进去后，他们发现(ρ_{xy}/ρ_{xx})与 ρ_{xx} 精确符合线性关系，如图 11.8 所示。在这一关系中，线性项来源于本征机制或侧向跳跃机制，而截距项来源于斜散射机制。他们如何进一步解析线性项中本征机制和侧向跳跃机制的贡献呢？因为本征机制导致的霍尔电导率可通过第一性原理的方法计算得到，他们利用实验测得的由本征机制和侧向跳跃机制共同导致的霍尔电导率减去计算得到的本征霍尔电导率，来估算因侧向跳跃机制而引起的霍尔电导率。他们发现随着 $FePd_{1-x}Pt_x$ 体系的 Pt 含量的增加，本征霍尔电导率从 $x=0$ 时的 177 S/cm 单调增加至 $x=1$ 时的 830 S/cm，因为 Pt 具有相对 Pd 更重的原子序数，因而也有更强的自旋轨道耦合作用。而侧向跳跃机制导致的霍尔电导率从 $x=0$ 时的 232S/cm 变化至 $x=1$ 时的 100S/cm。通过调节化学成分，该体系反常霍尔电导率可以在很大的范围内，在不同机制之间连续变化。

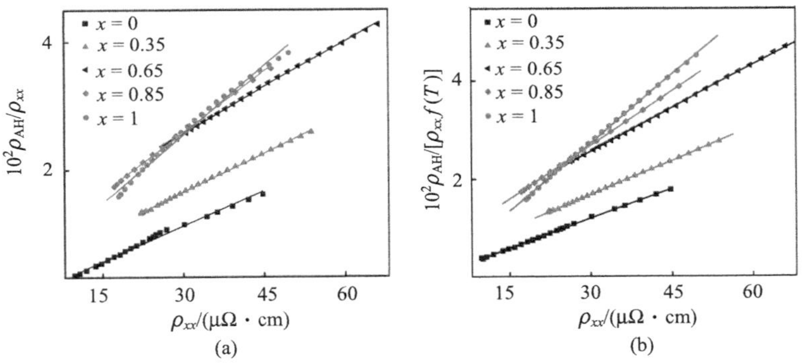

图 11.8　$FePd_{1-x}Pt_x$ 体系经 $M(T)$ 修正前(a)和修正后(b)的霍尔电阻率和正常电阻率标度关系[54]

为了寻找具有高霍尔角的材料体系，人们在含有重金属元素的合金体系中作了很多尝试，尤以[Pt/Co]多层膜垂直体系为代表[42]。该体系是典型的垂直磁化材料，在垂直磁记录、磁传感器等领域有潜在用途。Zhao 等针对$[Pt/Co]_n/Ru/[Pt/Co]_n$体系的反常霍尔效应进行了深入研究[38-41]。如图 11.9 所示，他们发现，该薄膜的霍尔角可达到 6°，比单纯的[Co/Pt]多层膜体系高 1 个量级[42]。而且他们还发现该体系中两层$[Pt/Co]_n$薄膜通过中间的 Ru 层发生反铁磁耦合，耦合强度随着 Ru 层厚度发生周期性振荡。该体系巨大的反常霍尔角得益于 Co 和 Pt 间的自旋轨道耦合作用。

反常霍尔效应，虽已发现百年有余，然历久弥新。对于它的机理，学术界才刚刚形成较全面的理解，依然需要针对不同的体系开展更深入、更细致的研究。应用上，反常霍尔效应因其优异的磁场灵敏度、低场线性磁场依赖关系等优点早已广泛应用于磁场传感器中。反常霍尔效应本身还可用作监测磁性材料

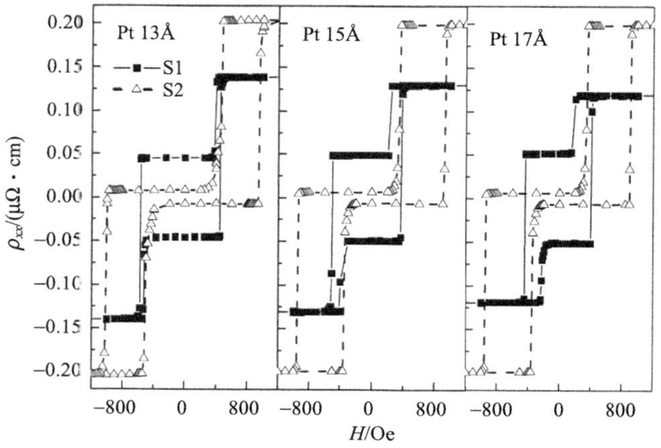

图 11.9　两个系列[Co/Pt]多层膜的反常霍尔电阻率与磁场的依赖关系。其中 S1 为 100Pt/[tPtPt/6Co]$_5$/8Ru/[4Co/tPtPt]$_5$/50Pt 薄膜；S2 为 100Pt/[tPtPt/6Co]$_5$/8Ru/[6Co/tPtPt]$_5$/50Pt 薄膜[39]；膜厚单位为埃

微区磁矩方向的一种有效手段，具有灵敏度高、空间分辨率高、易于制备样品等优点，已在多场调控、自旋霍尔效应、电流驱动磁畴壁动力学等研究领域广泛采用，与平面霍尔效应结合使用，效果更佳。

11.2.3　平面霍尔效应

平面霍尔效应亦通过霍尔条布置测量。与反常霍尔效应类似，平面霍尔效应也敏感于磁矩方向的变化。不过反常霍尔电压依赖于磁性材料的 z 轴磁化强度分量，而平面霍尔效应则依赖于 xy 平面的面内磁化强度分量。“平面”霍尔效应因故得名。但是这两类效应的物理起源却大相径庭，即使它们均与自旋轨道耦合作用有关。在反常霍尔效应中，无论本征机制还是非本征机制，外电场均发挥了重要作用，如式(11.13)所示。反常霍尔效应因而是一种动态效应。相比之下，平面霍尔效应则是静态效应，即无外加电场时，它也会发生，虽然测量时电场是必需的。这一静态特点源于平面霍尔效应与各向异性磁电阻的渊源：两者是孪生的物理效应。各向异性磁电阻是与静态自旋轨道耦合效应相关的现象。下面简单推导如何从各向异性磁电阻导出平面霍尔效应。

首先假设磁性材料的电阻率在平行磁化强度方向 $\boldsymbol{M}$ 上为 $\rho_{/\!/}$；在垂直于 $\boldsymbol{M}$ 的方向上为 $\rho_{\perp}$。这种差别起源于磁性材料的静态自旋轨道耦合效应：自旋磁矩与轨道磁矩耦合在一起，自旋方向的改变导致轨道方向的变化，进而影响原子间电子云的重叠程度，并最终反映在电阻的变化上。现在考察如图 11.10 所示的情形，假设电流密度 $\boldsymbol{j}$ 与 $\boldsymbol{M}$ 的夹角为 φ。将 $\boldsymbol{j}$ 沿平行和垂直 $\boldsymbol{M}$ 的方向分解，得 $j_{/\!/}=j\cos\varphi$ 和 $j_{\perp}=j\sin\varphi$。相应地，在这两个正交方向上的电场强度分别为 $e_{/\!/}=\rho_{/\!/}j\cos\varphi$ 和 $e_{\perp}=\rho_{\perp}j\sin\varphi$。电场强度 $\boldsymbol{e}$ 与 $\boldsymbol{M}$ 的夹角为 φ'，则 $\tan\varphi'=\tan\varphi(\rho_{\perp}/\rho_{/\!/})$。因为各向异性磁电阻的存在，$\rho_{\perp}\neq\rho_{/\!/}$，$\varphi'\neq\varphi$，所以电场强度 $\boldsymbol{e}$ 与电流密度 j 不共线。其中 $e_{/\!/j}=\rho_{xx}j$，$E_{\perp j}=\rho_{xy}j$，$e_{/\!/j}$ 和 $e_{\perp j}$ 分别是平行和垂直于电流密度方向的电场强度。最终可推导出平面霍尔效应与各向异性磁电阻和磁化方向的关系，如式(11.14)所示。

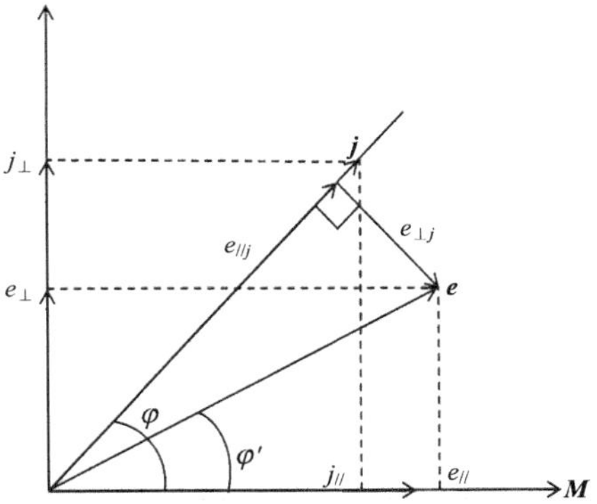

图 11.10　平面霍尔效应和各向异性磁电阻效应中电场、电流密度、磁化强度的关系

$$\rho_{xx}=\rho_{/\!/}+(\rho_{\perp}-\rho_{/\!/})\cos^2\varphi=\rho_{/\!/}+(\rho_{\perp}-\rho_{/\!/})m_x^2 \tag{11.14a}$$

$$\rho_{xy}=(\rho_{\perp}-\rho_{/\!/})\sin\varphi\cos\varphi=\frac{\rho_{\perp}-\rho_{/\!/}}{2}\sin2\varphi=(\rho_{\perp}-\rho_{/\!/})m_xm_y \tag{11.14b}$$

这里，m_x 和 m_y 是 $\boldsymbol{M}$ 的方向余弦。因为各向异性磁电阻、平面霍尔效应和反常霍尔效应分别与 m_x、m_y 和 m_z 有关，这三种测试手段可以用来完整地检测微区磁矩的三维方向。结合三者，人们还可设计出 3D 的磁场传感器。

最近，平面霍尔效应，作为研究工具，被用于研究 $Ga_{1-x}Mn_xAs$ 的磁各向异性[55,56]和重金属/磁性金属界面的自旋轨道耦合效应[57-59]等。如图 11.11(a)所示，Tang 等[56]利用霍尔条结构测量了 $Ga_{1-x}Mn_xAs$ 的平面霍尔电阻与外加磁场的角度关系。当磁场平行为[110]方向时(0°)，只出现了一次磁矩翻转。在除此之外，(−30°，+30°)角度时，磁矩发生了两次翻转。其中首次翻转的磁场几乎不变，而二次翻转的磁场与角度有很大的关联。两次翻转的磁场与角度的关系如图 11.11(b)所示。从该图中可以清晰看出该 $Ga_{1-x}Mn_xAs$ 具有显著的双轴对称性。对称轴沿[110]和[$1\bar{1}0$]方向。从该图 11.11(c)中可见，当施加足够强的磁场时，如 6000Oe，霍尔电阻在 45°、135°、225°、315°等角度出现了峰值和谷值。这进一步验证了双轴对称性的结果。在该研究中，平面霍尔效应捕捉到了磁矩在面内的翻转历程。

Wan 等[59]还利用平面霍尔效应研究了重金属/磁性金属薄膜体系的自旋霍尔效应。他们发现随着 CoFe 薄膜厚度从 8nm 向 2nm 递减的过程中，薄膜的 AMR 从 0.06%降至约 0.001%以下。而邻近的 Pt 层可以将 CoFe 的 AMR 增加至 8nm 时的 0.5%和 2nm 时的 0.2%，远大于没有 Pt 层的 CoFe 薄膜。为了理解 Pt 的作用，他们测量了 CoFe/Pt 的平面霍尔电阻，如图 11.12 所示。其中图 11.12

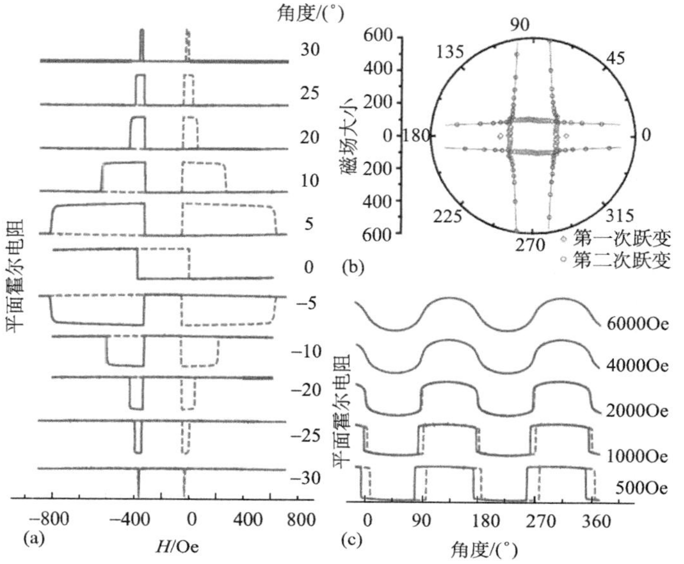

图 11.11 不同外磁场角度下平面霍尔效应与磁场的依赖关系，0°意味着磁场平行于霍尔条主轴也平行于 $Ga_{0.948}Mn_{0.052}As$[110]晶向(a)；外磁场角度与两次翻转磁场的关系(b)；不同磁场强度下，平面霍尔电阻随外加磁场角度的变化关系(c)[56]

(a)中霍尔条主轴沿 CoFe 的易轴方向和外加磁场方向，而(b)中霍尔条主轴垂直于易轴方向和外场方向，如它们各自的插图所示。施加的电流会通过界面和/或者重金属中的自旋轨道耦合效应给磁性层施加一个正比于 $\boldsymbol{\sigma}_{\mathrm{e}}=\gamma\boldsymbol{n}\times\boldsymbol{j}$ 的有效磁场。该有效磁场将对磁矩施加一个 $\boldsymbol{\sigma}_{\mathrm{e}}\times\boldsymbol{m}$ 的力矩和另一个 $\boldsymbol{m}\times\boldsymbol{\sigma}_{\mathrm{e}}\times\boldsymbol{m}$ 的力矩。其中 $\boldsymbol{n}$ 是薄膜的法线方向，$\boldsymbol{j}$ 是电流密度方向，$\boldsymbol{m}$ 是磁矩的方向，γ 是比例因子。自旋轨道耦合效应导致的有效场 $\boldsymbol{\sigma}_{\mathrm{e}}$ 可能源于界面 Rashba 效应或者源于重金属内部的自旋霍尔效应(自旋霍尔效应的介绍具体见 11.2.4 节)。将有效场引起的力矩项以及薄膜自身的各向异性场和外加磁场引起的力矩项放进 Landau-Lifshitz-Gilbert 方程中，Wan 等[59]求得在稳态下磁矩的方向与外加电流的大小有关。当易轴(EA)和外磁场均与 $\boldsymbol{j}$ 平行，$I=0$ 时，φ 趋于 0。当 $I>0$ ($I<0$)时，φ 为正(负)。由式(11.14b)可得，$\rho_{xy}(+I)-\rho_{xy}(-I)\neq0$。这与实验现象符合。当易轴平行于外磁场，且垂直于 $\boldsymbol{j}$ 时，有效磁场 $\boldsymbol{\sigma}_{\mathrm{e}}$ 与外磁场 $\boldsymbol{H}$ 以及 $\boldsymbol{m}$ 几乎平行，有效场导致的力矩也因此为零。电流不改变平面霍尔电阻，这也与实验现象相符。进一步标定 $\rho_{xy}(+I)-\rho_{xy}(-I)$ 和$[\rho_{xy}(+I)-\rho_{xy}(-I)]/I$的大小，Wan 等[59]求得有效场 $\boldsymbol{\sigma}_{\mathrm{e}}$ 的大小，以及反

映自旋轨道耦合程度的比例因子 γ。这一例子说明了平面霍尔效应在研究自旋轨道耦合效应领域的作用。

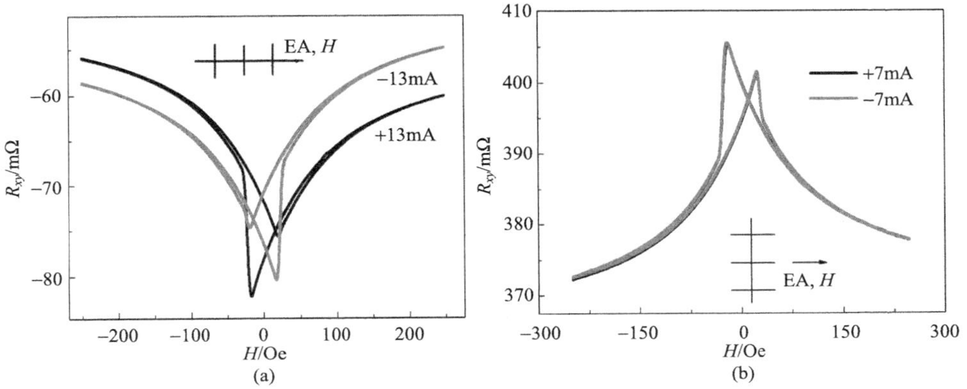

图 11.12(另见彩图) CoFe/Pt 双层膜体系中平面霍尔效应与外加磁场的依赖关系。(a)易轴和外加磁场均平行于霍尔条主轴;(b)易轴和外加磁场均垂直于霍尔条主轴[59]

11.2.4 自旋霍尔效应

反常霍尔效应导致在磁性材料霍尔条的横向边界处的电荷积累。在自旋轨道耦合效应存在的非磁性材料中,输运性质又将如何变化?在式(11.8)所描述的图像中,散射过程的轨道磁矩与载流子的自旋磁矩发生耦合,而载流子无论在磁性材料中还是在非磁材料中均携带了自旋磁矩,因此发生在磁性材料中的微观偏转过程也将同样发生在非磁性材料中。而且不仅是式(11.8)所描述的斜散射机制,侧向跳跃机制与本征机制同样会导致自旋霍尔效应的发生。不过在磁性材料中,载流子具有自旋极化的特点,两侧偏转的载流子数目不同,导致电荷和自旋的积累;而在非磁材料中,两侧偏转的载流子数目一致,只有自旋积累而无电荷积累,如图 11.13 所示。

正因为只有自旋积累而无电荷积累,自旋霍尔效应相比于反常霍尔效应,测试难度高许多。这也是自 20 世纪 70 年代初至 21 世纪初的 30 年间,自旋霍尔效应鲜有实验报道的原因[8]。探测自旋积累的难处至少有两个:其一,自旋势本身很微弱,在微伏量级;其二,自旋不守恒,在非磁性材料中会退相干、弛豫直至消失。前者决定了信号强度的大小,后者则对测量方法的空间分辨率提出了较高要求。一般而言,自旋弛豫长度在微米至纳米量级,随材料、无序度和掺杂浓度的不同而不同。为了更好地理解自旋霍尔效应的测量过程,我们先介绍自旋与电荷的扩散输运模型。该模型最早由法国诺贝尔奖获得者 Fert 教授等[49-51]发展起

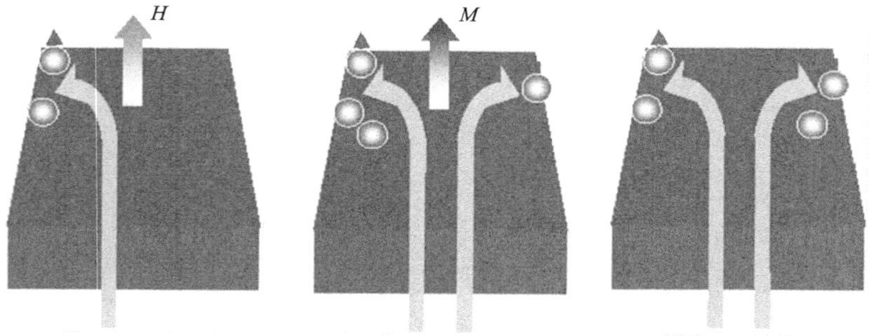

图 11.13　在正常霍尔效应(a)、反常霍尔效应(b)、自旋霍尔效应(c)中自旋和电荷的积累情况

来。经过补充与完善，它已成功地应用于唯象描述 GMR、自旋注入、自旋霍尔效应、非局域自旋阀、自旋势探测等过程。经过适当地推广，它还能描述磁热效应等现象。

1. 自旋电荷扩散输运模型

此处，我们使用 Fert 和 Valet 等[60-62]所使用的符号来介绍该方法。正负号(+、−)标记自旋的取向，+号代表自旋向上。$\boldsymbol{J}_+(\boldsymbol{J}_-)$、$\sigma_+(\sigma_-)$和 $\mu_+(\mu_-)$分别代表向上(向下)自旋的电流密度、电导率和电化学势。电化学势 $e\mu_\pm=eV+(n_\pm-n_\pm{}^0)/N_\pm$。电化学势的第一项是电势，电压降为 V；第二项为化学势，描述粒子浓度偏离平衡浓度的程度。$n_\pm$和 $n_\pm{}^0$分别是实际浓度与平衡浓度，$N_\pm$是费米面附近的态密度。总的态密度 $N_0\equiv N_++N_-$。对于非磁材料，$N_\pm=N_0/2$。这里化学势 $\mu_\pm$选用伏特作为量纲，而不是焦耳。定义 $p_\sigma\equiv(\sigma_+-\sigma_-)/(\sigma_++\sigma_-)$。在磁性材料中，$p_\sigma\neq0$；而对于非磁材料，$p_\sigma=0$。材料电导率 $\sigma=\sigma_++\sigma_-$。根据欧姆定律，

$$\boldsymbol{J}_\pm=\sigma_\pm\nabla\mu_\pm$$

$$\boldsymbol{J}=\boldsymbol{J}_++\boldsymbol{J}_-$$

$$\boldsymbol{J}_s=\frac{S_e}{|e|}(\boldsymbol{J}_+-\boldsymbol{J}_-)$$

$\boldsymbol{J}$ 和 $\boldsymbol{J}_s$分别是总的电流密度与自旋流密度。S_e是单个载流子的自旋磁矩。上述欧姆定律已考虑载流子在电场作用下的漂移过程与在浓度梯度驱动下的扩散过程。稳态电流连续性要求，

$$\nabla \cdot \boldsymbol{J} = 0$$

除此之外，自旋流的散度须与自旋的弛豫速度保持一致以满足自旋守恒的要求。因此，

$$\frac{1}{S_e}\nabla \cdot \boldsymbol{J}_s = \left[\frac{eN_+(\mu_+ - \mu_+^0)}{\tau_+} - \frac{eN_-(\mu_- - \mu_-^0)}{\tau_-}\right]$$

这里 $\tau_{+(-)}$ 是自旋自上而下(自下而上)弛豫的平均时间。在静态时，自旋向上和向下电子的费米面相同，$\mu_+^0 = \mu_-^0$。细致平衡原理要求 $N_+/\tau_+ = N_-/\tau_- = N_0/\tau_{sf}$，其中 $\tau_{sf} = \tau_+ + \tau_-$ 是总的自旋弛豫时间。因此自旋守恒条件可转换为

$$\frac{1}{S_e}\nabla \cdot \boldsymbol{J}_s = \frac{eN_0}{\tau_{sf}}(\mu_+ - \mu_-)$$

令平均电化学势 $\mu_e \equiv (\mu_+ + \mu_-)/2$ 和自旋势 $\mu_s \equiv (\mu_+ - \mu_-)/2$，则电流连续性方程和自旋守恒方程可变形为式(11.15)

$$\begin{cases} \Delta\mu_e + p_\sigma \Delta\mu_s = 0 & (11.15a) \\ \Delta\mu_s = \dfrac{\mu_s}{l_{sf}^{\ 2}} & (11.15b) \end{cases}$$

其中，$l_{sf} = \sqrt{\dfrac{\tau_{sf}\sigma(1-p_\sigma^{\ 2})}{2e^2 N_0}}$ 是自旋扩散弛豫长度。对于自旋极化率极高的半金属，自旋扩散弛豫长度接近于零。

偏微分方程组(11.15)可用于描述自旋与电荷在磁性或者非磁性材料中的输运行为。在考虑了自旋轨道耦合效应后，欧姆定律须修正为下式。

$$\boldsymbol{J}_\pm = \sigma_\pm \nabla\mu_\pm + \sigma_\pm^{H} \nabla\mu_\pm \times \boldsymbol{S} \qquad (11.16)$$

第二项描述自旋轨道耦合作用，$\sigma_\pm^H$ 是反常霍尔电导率或者自旋霍尔电导率。值得庆幸的是，对式(11.16)的修正并不影响式(11.15)。因此式(11.15)对于反常霍尔效应与自旋霍尔效应同样适用。下面列举两个例子以说明式(11.15)的用途。

例 1　利用电压表和铁磁性金属电极测量非磁金属中的自旋势。假设磁性金属与非磁性金属的界面位于 $x=0$ 处，$x<0$ 的半平面为磁性金属，$x>0$ 的半平面为非磁性金属。在利用电压表探测自旋势的过程中，流经界面的净电流为 0。因此在 $x>0$ 时，$\mathrm{d}\mu_+^N/\mathrm{d}x + \mathrm{d}\mu_-^N/\mathrm{d}x = 0$，即 $\mu_+^N + \mu_-^N$ 为常数。此处，我们设定 $\mu_+^N + \mu_-^N = 0$。根据式(11.15b)，在非磁金属中，自旋势随位置 x 的变化为

$$\mu_+^N - \mu_-^N = 2\mu_s^N = 2\mu_{s0}^N \exp\left(-\frac{x}{l_{sf}^N}\right)$$

其中，μ_{s0}^N 是在界面处靠近非磁层一侧的自旋势，是我们需要量测的物理量。因此 $\mu_+^N = -\mu_-^N = \mu_{s0}^N \exp(-x/l_{sf}^N)$。

而在 $x<0$ 一侧，$J = \sigma_+ \mathrm{d}\mu_+^F/\mathrm{d}x + \sigma_- \mathrm{d}\mu_-^F/\mathrm{d}x = 0$ 的条件要求 $\sigma_+\mu_+^F + \sigma_-\mu_-^F =$

$\sigma^{\mathrm{F}}V$ 是常数。V 是磁性电极一侧的平均电势。同样根据式(11.15b)，在磁性金属一侧，

$$\mu_{+}^{\mathrm{F}}-\mu_{-}^{\mathrm{F}}=2\mu_{\mathrm{s}}^{\mathrm{F}}=2\mu_{\mathrm{s0}}^{\mathrm{F}}\exp\left(\frac{x}{l_{\mathrm{sf}}^{\mathrm{F}}}\right)$$

$\mu_{\mathrm{s0}}^{\mathrm{F}}$是在界面处靠近磁层一侧的自旋势。为了精确量测自旋在非磁金属中的本征弛豫效应，还需要防止自旋被铁磁金属电极吸收。因此在界面处除要求净电流 $J=J_{+}+J_{-}$ 为 0 外，还要求净自旋流 $J_{\mathrm{s}}=J_{+}-J_{-}$ 为 0，结果在界面处 $J_{+0}=J_{-0}=0$。因为 $\mu_{\pm 0}^{\mathrm{F}}-\mu_{\pm 0}^{\mathrm{N}}=J_{\pm 0}R_{\pm 0}=0$，这一条件又等价于 $\mu_{\pm 0}^{\mathrm{F}}=\mu_{\pm 0}^{\mathrm{N}}$，即界面两侧自旋势连续性条件。其中，$R_{\pm 0}$是向上和向下自旋的界面电阻，因此 $\mu_{+0}^{\mathrm{F}}-\mu_{-0}^{\mathrm{F}}=2\mu_{\mathrm{s0}}^{\mathrm{N}}$，以及 $\mu_{\mathrm{s0}}^{\mathrm{F}}=\mu_{\mathrm{s0}}^{\mathrm{N}}$。通过界面自旋势连续性条件，此时我们可计算出常数 V，如式(11.17)所示。

$$V=p_{\sigma}\mu_{\mathrm{s0}}^{\mathrm{N}} \tag{11.17}$$

这个简单的公式显示：如果在非磁性材料的界面处积累了 $2\mu_{\mathrm{s0}}^{\mathrm{N}}$的自旋势或者积累了 $e\mu_{\mathrm{s0}}^{\mathrm{N}}N_{0}^{\mathrm{N}}$ 自旋密度，人们可以利用电导率的自旋极化率为 p_{σ} 的磁性金属和电压表去探测该非磁材料的自旋势。如果磁性金属与被测非磁材料间的界面不通过自旋流(如利用较厚的绝缘层势垒阻挡自旋流)，则所探测到的电压降为$V=p_{\sigma}\mu_{\mathrm{s0}}^{\mathrm{N}}$。这便是利用磁性金属/绝缘层电极将自旋势信号转换成电信号的原理。同时磁性材料中的自旋势分布为

$$\mu_{\pm}^{\mathrm{F}}=p_{\sigma}\mu_{\mathrm{s0}}^{\mathrm{N}}\pm(1\mp p_{\sigma})\mu_{\mathrm{s0}}^{\mathrm{N}}\exp\left(\frac{x}{l_{\mathrm{sf}}^{\mathrm{F}}}\right)$$

例 2 自旋霍尔效应中的自旋积累现象[10,11]。考虑一块长 L、宽 W、厚度为 h 的霍尔条。进一步假设 $h\ll l_{\mathrm{sf}}$，而 $L\gg W\gg l_{\mathrm{sf}}$，这样我们可忽略自旋在厚度方向上的输运行为。根据式(11.15)、式(11.16)和侧面边界处电流为 0，自旋流为 0 的边界条件，可推导出自旋沿宽度方向(y 方向)的分布，如式(11.18)所示。

$$\mu_{\mathrm{s}}=\frac{\mu_{+}(y)-\mu_{-}(y)}{2}=\frac{\sigma_{+}\sigma_{-}^{\mathrm{SH}}+\sigma_{-}\sigma_{+}^{\mathrm{SH}}}{2\sigma_{+}\sigma_{-}}\left(\frac{J}{\sigma}l_{\mathrm{sf}}\right)\frac{\sinh(y/l_{\mathrm{sf}})}{\cosh(W/2l_{\mathrm{sf}})} \tag{11.18a}$$

$$E_{y}\equiv-\frac{\partial\mu_{\mathrm{e}}}{\partial y}=\frac{J}{\sigma^{2}}\left[(\sigma_{+}^{\mathrm{SH}}-\sigma_{-}^{\mathrm{SH}})+(\sigma_{+}-\sigma_{-})\left(\frac{\sigma_{+}^{\mathrm{SH}}}{\sigma_{+}}+\frac{\sigma_{-}^{\mathrm{SH}}}{\sigma_{-}}\right)\frac{\cosh(y/l_{\mathrm{sf}})}{\cosh(W/2l_{\mathrm{sf}})}\right] \tag{11.18b}$$

对于磁性材料而言，$\sigma_{+}\neq\sigma_{-}$ 而且 $\sigma_{+}^{\mathrm{SH}}\neq\sigma_{-}^{\mathrm{SH}}$，因此 $E_{y}\neq 0$，可以观察到反常霍尔电场或者电压。而对于非磁性材料而言，$\sigma_{+}=\sigma_{-}=\sigma/2$ 且 $\sigma_{+}^{\mathrm{SH}}=\sigma_{-}^{\mathrm{SH}}=\sigma^{\mathrm{SH}}/2$，因此 $E_{y}=0$，但是 $\mu_{\mathrm{s}}\neq 0$。化简式(11.18a)得

$$\mu_s = \frac{\sigma^{SH}}{\sigma}\left(\frac{J}{\sigma}l_{sf}\right)\frac{\sinh(y/l_{sf})}{\cosh(W/2l_{sf})}$$

如先前假设所示 $W \gg l_{sf}$，当 $y \gg l_{sf} > 0$ 时

$$\mu_s = (\sigma^{SH}/\sigma)(Jl_{sf}/\sigma)e^{(y-W/2)/l_{sf}}$$

在边界处 $y=W/2$，自旋积累最大，$\mu_s=(\sigma^{SH}/\sigma)(Jl_{sf}/\sigma)=\theta l_{sf}E$。自旋霍尔角 $\theta \equiv \sigma^{SH}/\sigma$。随着从边界向体区延伸，自旋积累将指数式衰减。增加自旋霍尔角与自旋扩散的弛豫长度，可适当增加自旋积累。不过对于自旋霍尔角较大的材料，自旋轨道耦合作用很强，自旋弛豫时间因此较短，自旋扩散弛豫长度也会较短。为了同时得到较大的自旋霍尔角与自旋扩散长度，不仅需要强的自旋轨道耦合作用，还需要高的载流子迁移率以增加自旋扩散长度。

2. 自旋霍尔角的实验测量

2004 年，Kato 等[16]利用磁光克尔效应在 GaAs 单晶中首次观测到了自旋霍尔效应。他们所使用的样品是长 300μm、宽 77μm、厚 2.3μm 的无应变外延 GaAs 薄膜。在该薄膜长度方向上施以 10mV/μm 的电场。如果考察的对象是具有垂直膜面自旋的载流子，根据式(11.8)和图 11.14 所示，具有向上和向下自旋的载流子将偏向样品的左侧和右侧，导致在左边界和右边界处出现向上和向下的自旋势积累。Kato 等的实验结果很好地验证了 Zhang 等的预测结果[10,11]，而且实验上也观测到自旋积累自边界向中心的指数衰减效应。实验上，Kato 等[16]还可通过施加面内磁场的方式利用正汉勒效应(Hanle effect)增加自旋积累的弛豫速度来减弱自旋霍尔效应，如图 11.15 所示。当磁场大于某临界值时，自旋霍尔效应可被完全抑制。他们还观察到自旋积累程度随电场强度增加而增加的现象，这也符合自旋霍尔效应的图像。Kato 等的实验表明 GaAs 的自旋扩散长度可达若干微米。

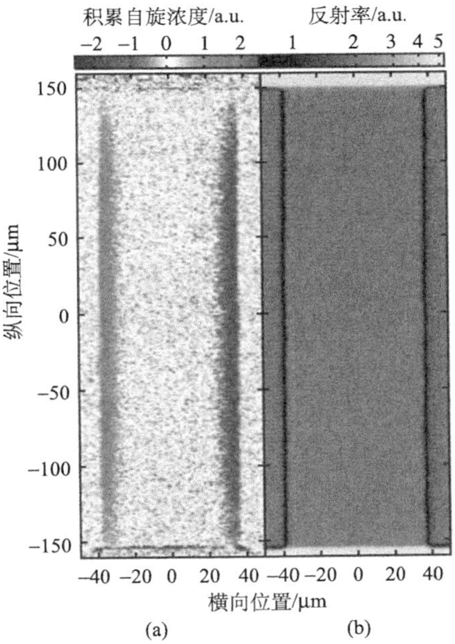

图 11.14　GaAs 中自旋霍尔效应而导致的边界自旋积累(a)和边界线位置示意图(b)[16]

对于 GaAs 而言，因为自旋扩散弛豫长度较长，利用磁光克尔效应进行自旋势探测还具有可行性。但是对于金属而言，该长度小于甚至远小于微米量级，光

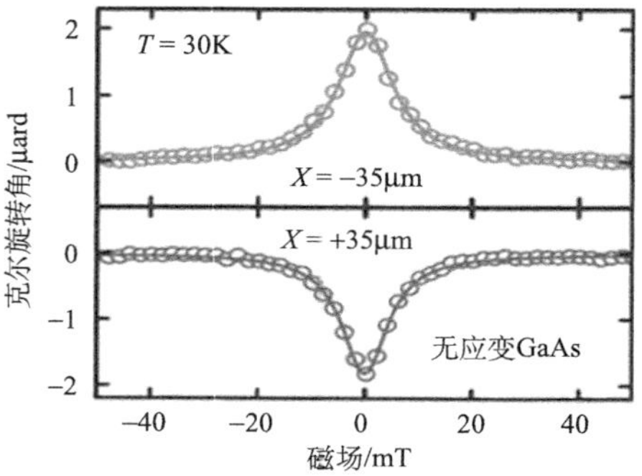

图 11.15　边界处积累自旋的 Hanle 效应[16]

学方法不再适用。Bakun 等[8]在 20 世纪 80 年代曾尝试用电学方法研究自旋霍尔效应。这是早期的有关自旋霍尔效应研究的成功范例。他们利用圆偏振光辐照样品以在样品中注入非平衡自旋。注入的自旋会向四周扩散，自旋扩散的过程中伴随着逆自旋霍尔效应，人们可以检测出横向的电压信号。在 2006 年，Valenzuela 和 Tinkham 等[12,13]成功地应用全电学方法测量了金属铝的自旋霍尔效应。一般而言，自旋霍尔效应测量包含两个步骤：①在非磁性材料中注入自旋流；②利用逆自旋霍尔效应将自旋流信号转换成电压信号。在 Valenzuela 等的试验中，他们利用非局域自旋阀结构(如图 11.16 所示)研究自旋流在 Al 中的扩散以及 Al 的自旋霍尔电导率。电极 A 和 B 是铁磁性电极，磁化方向沿电极的长度方向。其他电极 C、D、E 和 F 为非磁性 Al 电极。在测量自旋霍尔电导率前，须首先表征 Al 的自旋扩散长度。此时电极 A、B、C 和 D 将派上用场。将电流从电极 D 引入，自电极 A 引出。当电流流进 $Al/AlO_x/FM2$(A 电极)时，自旋流和电荷流被同时从 FM2 注入至 Al

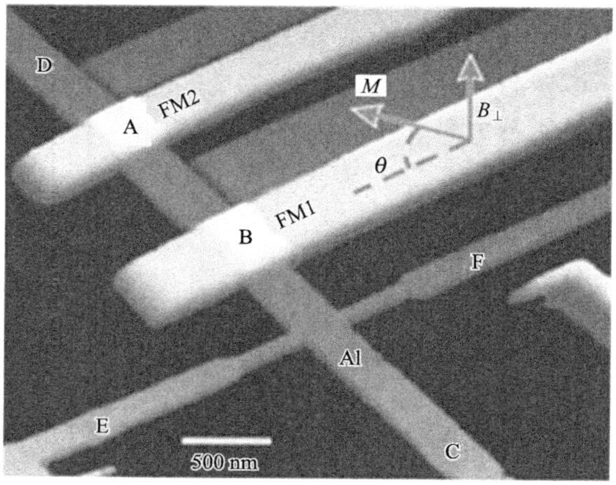

图 11.16　测量自旋注入和自旋霍尔效应的全电学方法的平面测量布置[12]

中，并在电极下方形成非平衡的自旋积累。积累的自旋在 AB 电极之间的自旋势梯度的驱动下开始从 A 处向 B 处扩散。因为在 AB 之间没有电场分布，所以在这段 Al 条内只有纯自旋流的存在。然后通过 B 处的 FM1 电极便可测量 B 处电极下方自旋积累(自旋势)的大小。实验上发现自旋势随着 AB 间距的增加而指数式衰减。衰减长度对厚度为 12nm 和 25nm 的铝条分别为 455nm 和 705nm。前期实验表明如需测量自旋霍尔效应，霍尔探测电极与自旋注入电极的间距须与自旋扩散长度接近或者更短。接下来他们开始测试铝的自旋霍尔电导率。电极 B、D、E 和 F 将派上用场。电流自电极 D 引入，自电极 B 引出。当电流流经电极 B 时，同样将发生自旋注入和自旋扩散现象。在测量自旋霍尔电导率时还需要施加一个 z 方向的磁场，以使得 FM1 的磁矩偏离易轴 θ 角度。这样注入的自旋便含有一个与膜面垂直的正比于 $\sin\theta$ 的自旋分量。垂直自旋沿霍尔条长轴方向(BC 方向)扩散，通过自旋轨道耦合效应，载流子将偏向霍尔条的侧面(EF 方向)。因为注入的载流子是自旋极化的，因此 E、F 电极上积累的电荷不等。而这种电荷不等现象将最终反映在 E、F 电极的电势差上。不过在这种测量布置下，除了自旋霍尔效应，还有 Hanle 信号被卷进来。注入自旋的 $\cos\theta$ 水平分量在垂直磁场的作用下，将发生进动。自旋进动加快了自旋在 Al 中的弛豫速度，使得自旋势在小磁场下会衰减和振荡。这提高了数据分析的难度。不过自旋霍尔效应应与 $\sin\theta$ 成正比。利用这一信息，Valenzuela 等成功地提取出了 Al 的自旋霍尔角，约为$(1\sim3)\times10^{-4}$。Al 的自旋霍尔角与 GaAs 的类似。

上述实验的成功得益于铝较长的自旋扩散弛豫长度 l_{sf}。Al 较长的 l_{sf} 使利用平面霍尔条结构测量自旋霍尔效应成为可能。但是对自旋扩散弛豫长度远小于 Al 的重金属元素如 Pt 和 Ta 等，如何测量它们的自旋霍尔角呢? Kimura 和 Otani 等[14,63-65]发明了一种非常巧妙的方法解决了此类重金属元素自旋霍尔角测量 θ_{SH} 的问题。如图 11.17 所示，他们用垂直结构替代平面结构测量 θ_{SH}。与 Valenzuela 等的方法类似，Kimura 等的方法也包含两个过程，即自旋注入过程与逆自旋霍尔效应测量过程。电流从电极 4 流入，从电极 5 流出。在电极 1 处，自旋流和电子流从坡莫合金(Py)进入 Cu。在十字路口 2 处，电子流与自旋流开始分离。电流被电极 4 收集而自旋流从 2 继续向 3 处扩散，并被 3 处的金属 Pt 吸收。一旦自旋进入 Pt 中，它们将沿着 $-z$ 轴方向运动。而自旋的极化方向与 Py 的磁化方向一致，平行于 x 轴。沿 x 极化沿 $-z$ 运动的自旋最终将发生 y 方向的偏转。通过电极 6 和 7 便可采集因自旋偏转而产生的电势差。这一过程观察的是逆自旋霍尔效应。这一结构也可用于观察正自旋霍尔效应。

在电极 6 和 7 之间通以电流($+y$ 方向)，则沿 x 轴自旋极化的载流子在经历了自旋轨道耦合散射作用后，将沿 z 轴方向运动，并通过 3 处的 Pt/Cu 界面进入 Cu 条。然后自旋在自旋势梯度的驱动下从 3 扩散至 1 处，并利用 1 处的磁性电极检测 Cu 中的自旋势。这一过程与先前过程互为逆过程。正/逆自旋霍尔效应的测量结果如图 11.18[14]所示。

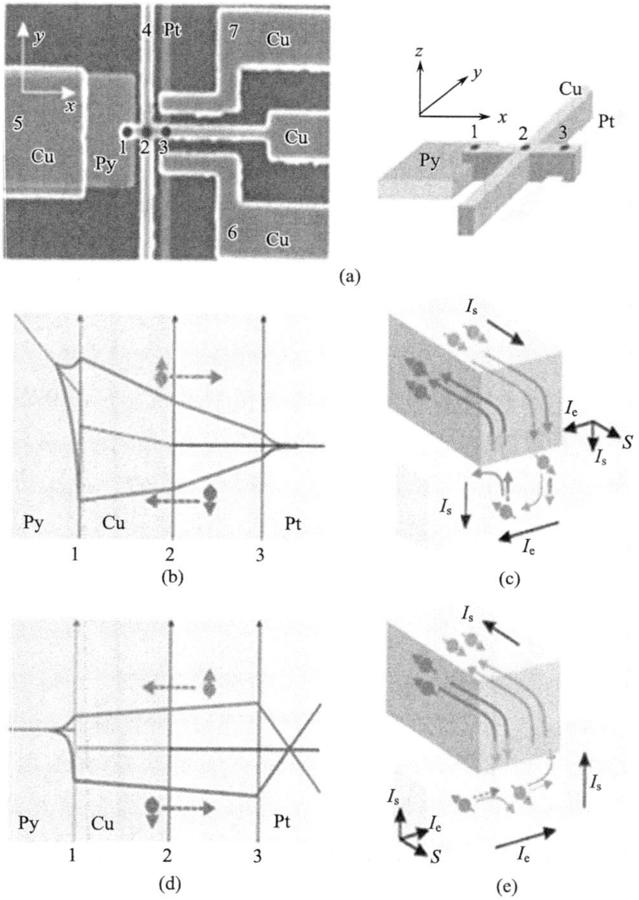

图 11.17　利用垂直结构测量自旋霍尔效应的原理图[14]

为了检验上述图像的合理性，一个简单的方法便是利用外磁场调控 Py 的磁矩方向并观察逆自旋霍尔效应信号的变化。利用 z 轴的外磁场将 Py 的磁矩方向逐渐从 x 轴拉至 z 轴。在这一过程中，3 处 Pt 中的自旋极化方向逐渐与运动方向($-z$ 方向)平行。自旋不再偏转，电极 6、7 间的压降逐渐降至零。这正是实验上所观察到的现象[14]。Kimura 等还发现通过正自旋霍尔效应与逆自旋霍尔效应测量的自旋霍尔角一致，表明 Onsager 关系在这里成立。因为 Pt 较短的自旋弛豫时间，这个试验中 Hanle 效应并不显著。Seki 等[66]在垂直磁化的 FePt 体系也做了类似的实验。在 GaAs、Al 和 Pt 三种材料中，Al 的 θ_{SH} 约为 10^{-4} 的量级。而 Pt 的 θ_{SH} 为 0.1～0.01 量级。Pt 较高的自旋霍尔角得益于它较重的原子序数。

除利用直流电学方法测试自旋霍尔效应外，Saitoh 等[67-70]成功利用自旋泵浦

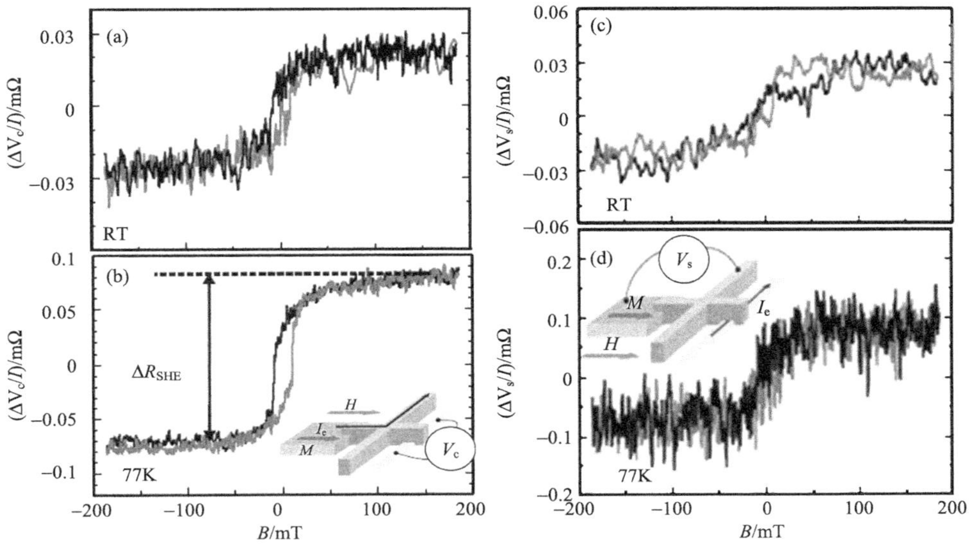

图 11.18 室温和低温下 Pt 中的逆自旋霍尔效应和自旋霍尔效应[14]

(spin pumping)技术实现了自旋霍尔效应探测。直流电学方法需要微纳米加工技术的支持，而自旋泵浦技术对测试对象的尺寸要求较为宽松。在这种方法中，探测自旋霍尔效应也包含两个过程：①自旋注入过程；②逆自旋霍尔效应过程。自旋泵浦技术与直流方法的区别只在于①过程的差别。自旋泵浦原理最先由 Bauer 和 Brataas 等[71,72]提出。此处我们从角动量转移角度做简要介绍。

磁矩的动力学特征可由 Landau-Lifshitz-Gilbert 方程[LLG 方程，式(11.19)]描述。

$$\frac{\mathrm{d}\boldsymbol{m}}{\mathrm{d}t}=\gamma\boldsymbol{m}\times\boldsymbol{H}+\alpha\boldsymbol{m}\times(\boldsymbol{m}\times\boldsymbol{H}) \tag{11.19}$$

参数 γ 是旋磁比，α 是阻尼因子。LLG 方程在铁磁共振状态下依然成立。其中，有效磁场 $\boldsymbol{H}$ 由稳恒磁场 $\boldsymbol{H}_0$(+y 方向)与交变磁场 $\boldsymbol{h}$(zx 平面的圆偏振磁场)合成，$h_0 \ll H_0$，如图 11.19 所示。在自旋共振状态下，磁矩 $\boldsymbol{m}$ 环绕 $\boldsymbol{H}_0$ 以共振频率 $\omega=\gamma H_0$ 旋转。在磁矩 $\boldsymbol{m}$ 旋转的过程中，自旋力矩转移至邻近材料或者消耗于体内的速率 $\boldsymbol{v}_s$ 可由式(11.20)计算。

$$\boldsymbol{v}_s=\frac{\boldsymbol{m}(t_0)-\boldsymbol{m}(0)}{t_0}=\frac{\int_0^{t_0}\frac{\mathrm{d}\boldsymbol{m}}{\mathrm{d}t}\mathrm{d}t}{t_0}=\frac{\int_0^{t_0}\gamma\boldsymbol{m}\times\boldsymbol{H}\mathrm{d}t}{t_0}+\frac{\int_0^{t_0}\alpha\boldsymbol{m}\times(\boldsymbol{m}\times\boldsymbol{H})\mathrm{d}t}{t_0} \tag{11.20}$$

当 $t_0 \gg \omega^{-1}$ 时，式(11.20)右侧第一项趋近于零，而右侧第二项趋近于 $\alpha H_0 \sin^2\theta$，其中 $\tan\theta = h_0/H_0$。自旋力矩转移的速率 $\boldsymbol{v}_s$ 的极化方向沿 $+y$ 轴。它的速率大小 v_s 可简化为式(11.21)。

$$\boldsymbol{v}_s = \alpha H_0 \sin^2\theta \approx \alpha h_0{}^2/H_0 \propto \alpha P/H_0 \tag{11.21}$$

物理量 $\boldsymbol{v}_s$ 描述了 Py 在铁磁共振状态下单位时间内转移出去的自旋磁矩的数量。其中一部分自旋在 Fy 体内耗散消失，这部分为 $v_s^0 = \alpha_0 h_0{}^2/H_0$。另一部分磁矩 $v_s - v_s^0 = (\alpha - \alpha_0) h_0{}^2/H_0 = \Delta\alpha h_0{}^2/H_0$ 正比于微波功率。这部分磁矩以自旋流的方式被注入至与 Py 相邻的 Pt 薄膜中。自旋泵浦测试自旋霍尔效应的实验布置如图 11.19 所示。在待测金属(此处为 Pt 薄膜)上沉积一层铁磁金属薄膜，如坡莫合金 Py。在 $+y$ 方向上施加一个恒定磁场 H_0，在平行于 x 轴方向施加一个交变磁场 $h_0\exp(\mathrm{i}\omega t)$，其中 $h_0 \ll H_0$。当电磁波频率 ω 等于共振频率 ω_R 时，Py 薄膜发生铁磁共振效应。同时一个沿 y 方向的自旋力矩被 Pt 薄膜源源不断地吸收。在此过程中，一个沿 $+y$ 方向极化沿 $-z$ 方向运动的纯自旋流便产生了。该纯自旋流的大小，如式(11.21)所示，正比于微波功率。通过自旋霍尔效应，自旋流转换成 x 方向上电荷流。在 x 方向上安放两个电极，在先前的测量布置条件下，在发生铁磁共振时，一个直流电压信号便可在两个电极间探测出来。这个直流电压信号也正比于微波输入功率，因为电荷流与自旋流的大小成正比。这是交流自

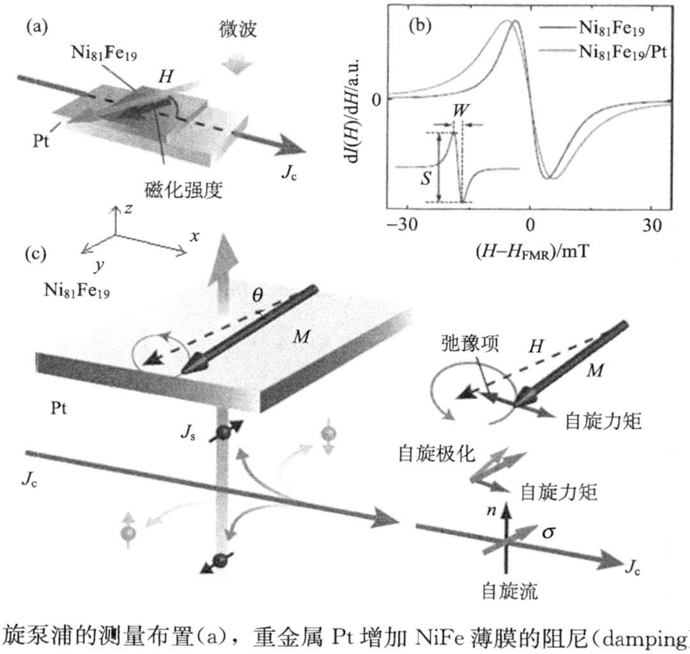

图 11.19 自旋泵浦的测量布置(a)，重金属 Pt 增加 NiFe 薄膜的阻尼(damping)系数的实验(b)和通过自旋泵浦技术注入的自旋流以及自旋流在 Pt 中的偏转情况(c)[73]

旋泵浦技术探测自旋霍尔效应的基本原理，实测数据如图 11.20 所示。

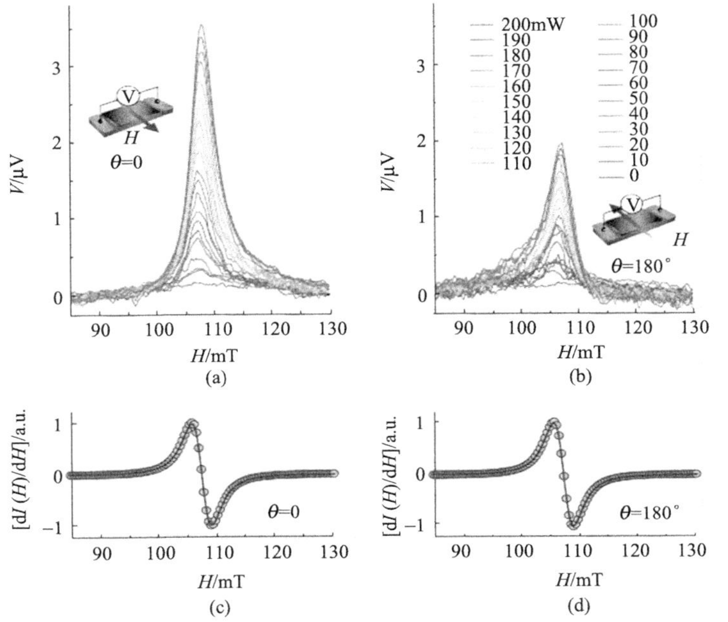

图 11.20(另见彩图)　(a)和(b)p-Si(4μm)/NiFe(10nm)结构中的不同激发功率下的直流电压信号与外加磁场的依赖关系；(c)和(d)NiFe 薄膜的铁磁共振信号[67]

3. 具有自旋霍尔效应的材料体系与相关器件

自从自旋霍尔效应被发现以来，学界一直在寻找拥有大自旋霍尔角的材料，因为大的自旋霍尔角意味着高的电荷流/自旋流转换效率。最初人们先后测量了化合物半导体 GaAs、单质金属 Al 和 Pt 的自旋霍尔角 θ_{SH}。这些物质的 θ_{SH} 随原子序数的增加而增加。随后 Ralph 等[15,63]测量了重金属元素 β-Ta 和 β-W 的 θ_{SH}，分别为－0.12 和－0.3。Pt 与这两种元素拥有符号相反的自旋霍尔角。这一特点实验上被用于区分自旋霍尔效应与其他电流引起的效应(如直接由电流引起的杂散磁场)。多晶 Bi 的 θ_{SH} 测量值约为 0.008[75]。除单质外，Cu：Bi[63] 和 Cu：Ir[64] 掺杂体系也被关注。这里 A：B 表示在 A 的基体里面均匀地掺杂 B 元素的原子。实验测得这两种材料的 θ_{SH} 分别为－0.24 和 0.021。这类材料自旋霍尔效应的机制，Niimi、Fert 等[64]认为源于自旋轨道耦合相关的共振散射(resonant scattering)。Au：Pt 薄膜体系也被研究[76]，它的 θ_{SH} 约为 0.12。机制与界面辅助的斜散射机制有关。这里值得指出，Niimi 等发现由逆自旋霍尔效应引起的非局域电阻与 Ir 杂质原子的掺杂浓度成正比，如图 11.21 所示。这一现象是对斜散射机制强有力的支持。在斜散射机制中，霍尔电阻率与正常电阻率本身呈线性关系。

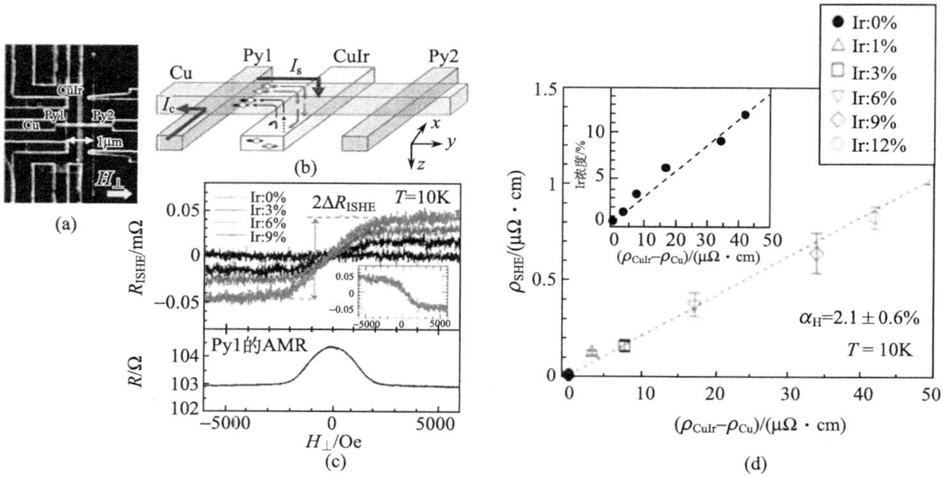

图 11.21(另见彩图)　测量布置的扫描照片(a)；测量原理图(b)；不同 Ir 含量的 Cu：Ir 材料中，逆自旋霍尔电阻与磁场的依赖关系(c)；NiFe 的 AMR 曲线用来跟踪 NiFe 薄膜的磁矩方向，不同掺杂浓度的样品的逆自旋霍尔电阻率与因掺杂而引起的剩余电阻率成正比(d)[64]

除实验工作外，Guo 等[77]和 Mertig 等[78,79]大量的理论计算工作也同步跟进。在这两个理论组的工作中，前者关注单质中的情形；而后者研究掺杂体系的情形。Guo 等[77]首先借助相对论第一性原理能带计算方法计算能带结构 $\varepsilon(\boldsymbol{k})$，然后再利用该能带结构的贝里相位曲率求解自旋霍尔电导率。这种方法类似于 Niu 等[51]计算反常霍尔电导率的方法。区别是 Guo 等研究的体系是非磁体系。计算结果确实显示 Pt 拥有很大的自旋霍尔角，这归功于 Pt 特殊的能带结构与费米面位置。Pt 的费米面恰好靠近高对称性的 L 点和 X 点。在这些位置上，原本简并的 d 轨道因自旋轨道耦合而发生退简并。大的 θ_{SH} 来源于电子在退简并能级之间的共振跃迁作用，而且贝里相曲率本身在这些位置上就异常巨大。这些因素使得 Pt 能呈现显著的自旋霍尔效应。而 Mertig 等[78,79]将全相对论 Korringa-Kohn-Rostoker 方法和含散射作用的线性化玻尔兹曼方法结合进 DFT 计算中，计算含杂质材料的自旋霍尔角。他们的结果显示 Pt 掺杂的 Cu 或者 C、N 杂质掺杂的 Au 可以产生较大的自旋霍尔角 0.095～0.03。直观上，他们认为大的 θ_{SH} 源于基体原子与杂质原子之间的大的原子序数衬度。

除寻找拥有大自旋霍尔角的材料外，学术界和工业界还在开发与自旋霍尔效应相关的新效应与新应用。自旋霍尔效应最迷人之处便是它能产生大的纯自旋流。在此之前，非局域自旋注入技术可用来产生纯自旋流。在这种方法中，一个(铁磁金属/隧穿绝缘层)电极用于注入自旋。铁磁金属下方的绝缘层用于提高隧穿过程的自旋极化率[80,81]。如果没有绝缘层，仅通过金属电极向半导体材料注入自旋，我们将面临“电阻失配”问题的困扰[80,81]——半导体中的自旋势非常微弱。这种自旋注入方法的缺点是需要隧穿势垒的协助，而隧穿势垒很容易因静电等不确定因素而被击穿。自旋霍尔效应则没有这个困扰。利用它产生纯自旋流甚至都不需要铁磁性电极。最近 Ralph、Liu 和 Pai 等便利用自旋霍尔效应产生的纯自旋流调控磁性隧道结的磁矩方向[15,74]和设计基于自旋力矩转移机制的 GHz 磁性纳米振荡器[82]。

Liu 等[15]设计了一款基于自旋霍尔效应的磁随机存储器(又称磁性随机存储器)。磁随机存储器因其非易失性、低功耗、数据存储时间长、读写速度快等优点成为下一代随机存储器的强有力竞争者。而基于自旋转移力矩机制的磁随机存储器又是磁随机存储器的佼佼者。这种器件的核心区结构单元是磁性隧道结。该隧道结由自由磁性层/隧穿绝缘层/钉扎磁性层三明治结构组成。数据存储在自由层中：自由层磁化强度的两个方向分别代表数据 0 和 1。而数据写入可通过流经隧道结的电流完成(当电流密度达到某临界值之上时)。它的优点是以全电的方式实现数据读写，缺点是流经隧道结的电流可能击穿隧道势垒。

而基于自旋霍尔效应的磁随机存储器则没有这个缺点。这种新型的存储器结构，如图 11.22 所示，由一个隧道结和一层重金属薄膜组成。与普通磁随机存储器器件一样，数据 1 和 0 反映在隧道结的高低电阻态上。而数据的写入方式则完全不同。在重金属薄膜中沿 $+x$ 方向通以电流，通过自旋霍尔效应，该电流将转化成沿 $+y$ 方向自旋极化而 $+z$ 轴方向运动的纯自旋流。自旋流被上层磁性层吸收，被吸收的自旋以自旋力矩的形式作用在自由层的磁化强度上。当自旋流大于临界值时，自由层的磁化强度发生翻转，数据成功写入。在这个过程中，没有电流流进隧道结，因此隧道结本身没有被电击穿的风险。自旋流不仅可以翻转自由层磁矩，还可以完全中和自由层的阻尼项，从而使得自由层在稳恒磁场下发生高频进动，辐射 GHz 量级的微波。这是自旋霍尔效应的另一个用途：纳米微波振荡器[82]。自旋霍尔效应产生的自旋流还可以操控微小磁铁的磁畴壁等[83]。有关自旋霍尔效应在纳米磁学中的应用正如火如荼地开展着。

11.2.5　量子霍尔效应

对于正常霍尔效应，在科尔比诺盘(Corbino disk)的布置下，洛伦兹力导致载流子的速度方向与外加电场方向相差一个霍尔角 $\theta_{\mathrm{H}}=\arctan(\mu B)$。倘若磁场很大，$B\gg\mu^{-1}$，输运性质如何变化？此时，$\theta_{\mathrm{H}}$趋近于 90°，这意味着载流子速度

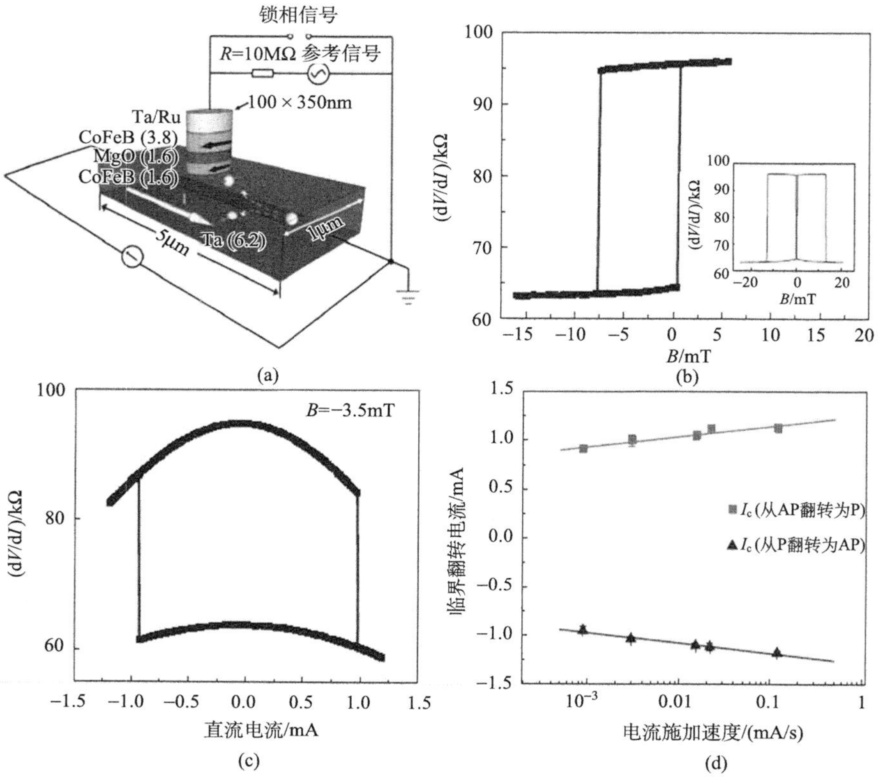

图 11.22 基于自旋霍尔效应的磁随机存储器的结构(a)，通过外加磁场翻转自由层得到的电阻-磁场依赖关系(b)，在外加偏置磁场的情况下，通过电流翻转自由层得到的电阻-电流依赖关系(c)，临界翻转电流与电流施加速率的关系(d)[15]

垂直于电场方向或者平行于等势线——载流子将沿着样品内的等势线运动。如图11.23(a)所示，如果样品内部存在一些能垒或能谷，在这些位置等势线封闭，载流子将绕着这些能垒或者能谷运动而不能脱离它们的束缚。这意味着本身处于扩展态的载流子在强磁场作用下转化成了“定域态”载流子。特殊情况发生在样品边界处，边界处的等势线平行于边界延伸开来。载流子可沿着边界等势线从一个电极运动至对电极。边界态成为样品中特有的扩展态，只能通过它输运电荷。在低温和极强磁场条件下，此时样品处于一种特殊的状态——内部是绝缘体而边界是导体的状态，这是“拓扑绝缘体”的雏形。从经典图像来理解量子霍尔效应，它具有拓扑绝缘体的特征。那又如何理解量子霍尔效应中的量子化的电导平台和某些磁场范围内的零电阻行为呢？对量子霍尔效应完整的理解还需借助量子力学[24,84]。以二维自由电子气为例，通过求解朗道规范下的薛定谔方程，我们可以很容易得到系统的本征能级——朗道能级 $E_n=(n+1/2)\hbar\omega_0$ 和相应的本征态，$\omega_0=qB/m^*$ 是回旋频率。相关求解方法在黄昆等所著的《固体物理》等书籍[73]中有详细论述，这里不再赘述。此处需要着重强调的是朗道能级也会被边界势调制而发生弯曲现象。弯曲的朗道能级在边界附近与费米能级相交，如图 11.23(b)所示，这是边界态导电的原因所在。而且在同侧边界处，各边界态的载流子传输方向相同。在异侧边界处，边界态上的载流子运动方向相反。除非由一侧边界态散射至异侧边界态，否则电子的运动方向不会发生逆转。通常情况下电子欲从一侧边界散射至异侧边界，须跨越整个样品的横向宽度，而边界态的波函数却是指数衰减的，因此电子发生背散射的概率非常小。此时两侧边界态处于“超导”状态，电阻为零。只有当费米能级与体区朗道能级重合时，电子才可通过体区达到异侧边界态，发生散射产生电阻。因此只有在某些特殊磁场位置，才能观测到电阻。这是量子霍尔效应的电阻特征。另外，量子霍尔效应发生时，霍尔电导是量子化的。霍尔电导的量子化与边界态的通道数的量子化有关。在图 11.23(b)所示的情况下，边界处有 3 个朗道能级与费米面相交。因此通道数为 3。增加磁场将使朗道能级间距 $\hbar\omega_0$ 增加。随着最上面的朗道能级 $(n+1)$ 能级逐步抬升，它最终将高过费米面，从而使得与费米面相交的边界朗道能级数目降为 2，霍尔电导减少一个量子电导。这是量子霍尔电导出现量子化平台的原因。总之，量子霍尔效应是朗道能级、边界与体区缺陷三者共同作用的结果。具体讨论详见第 12 章。

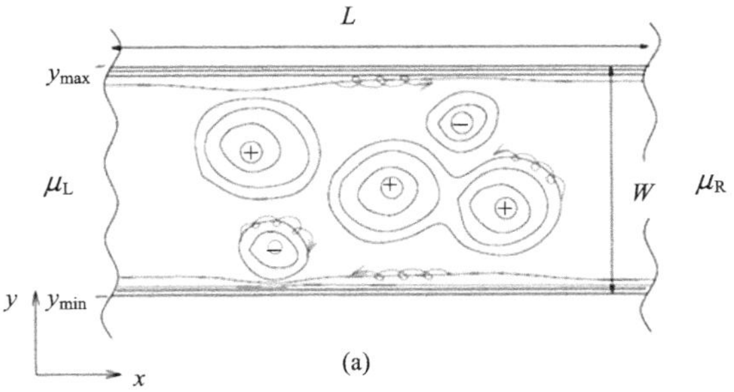

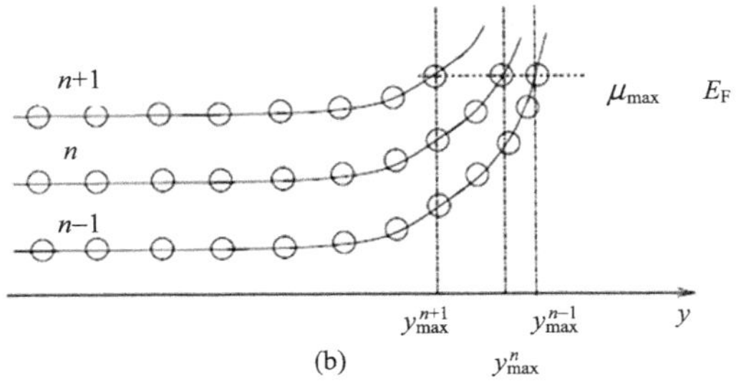

图 11.23　(a)量子霍尔效应导致的在体区缺陷附近的定域态和边界的扩展态；(b)量子化的朗道能级在边界处与费米能级的相交情况[85]

11.3 本章小结

在各类霍尔效应中，电子均发生偏转，轨道磁矩均被改变。偏转的原因大致可分为两类：洛伦兹力或者自旋轨道耦合作用。洛伦兹力导致正常霍尔效应、量子霍尔效应；自旋轨道耦合作用导致反常霍尔效应、平面霍尔效应、自旋霍尔效应、量子自旋霍尔效应与量子反常霍尔效应。后者尤其具有吸引力。自旋轨道耦合作用又有动态与静态之分。静态的自旋轨道耦合不依赖于外加电场，材料内部的自旋磁矩与轨道磁矩因某种原因(或电子波函数对称性要求或塞曼能)而耦合在一起，而电子轨道又与电阻相关。因此静态自旋轨道耦合作用将导致各向异性磁电阻与平面霍尔效应。动态的耦合需要外加电场介入，如反常霍尔效应、自旋霍尔效应等。这两类效应的起因还亟须更深入透彻的研究。已经至少有斜散射机制、侧向跳跃机制与基于 Berry 曲率的本征机制被提出来，用于理解上述两种霍尔效应。机理领域的研究，特别是对具体体系机理的研究，还需要进一步的深入。

霍尔效应研究还带动了相关材料的研究，如高迁移率材料、高反常霍尔系数材料、高自旋霍尔角材料的研究。高迁移率材料有 InSb、Bi、石墨烯等；高反常霍尔系数材料有 FePt 等；高自旋霍尔角材料有 Pt、W、Ta 等。最近反铁磁体 IrMn 也备受关注，因其内部 3d 元素的磁矩与 5d 元素的轨道之间强烈的耦合效应。学术界正向着更高迁移率、更高自旋轨道耦合强度的新材料进发。

器件应用上，工业界正马不停蹄地跟进。霍尔器件、反常霍尔器件早已走进千家万户。基于自旋霍尔效应的内存和硬盘或许在不久的将来会悄悄出现在我们的手机里、笔记本里。基于霍尔效应，甚至还有某种未知的存储或者逻辑器件结构等待我们去挖掘、去设计。

埃德温·霍尔当初设计“霍尔效应”实验的时候，初衷是想知道磁场对电流的作用力到底是不是作用在导线上。那个时代还没有电子的概念，他当然不可能知道洛伦兹力实际上是作用在电子上的。不过他可能更没想到自己的好奇心会以一种“无心插柳柳成荫”的方式如此深刻而显著地改变了世界、改变了人们的认识与生活。

作 者 简 介

万蔡华 2007 年获得浙江大学学士学位，2012 年获得清华大学博士学位。研究方向涵盖非磁性材料的磁电特性和正常霍尔效应，铁磁性薄膜体系的反常霍尔效应和自旋注入效应，重金属材料的自旋霍尔效应等领域。

韩秀峰 中国科学院物理研究所研究员、博士生导师、课题组组长。1984年毕业于兰州大学物理系，1993年在吉林大学获博士学位。主要从事"自旋电子学材料、物理和器件"研究，包括：磁性隧道结及隧穿磁电阻(TMR)效应、多种铁磁复合隧道结(MTJ)材料、新型磁随机存取存储器(MRAM)、磁逻辑、自旋纳米振荡器、自旋晶体管、磁电阻磁敏传感器等原理型器件的研究。已发表SCI学术论文200余篇，获得中国发明专利授权50余项和国际专利授权5项。与合作者研制成功一种新型纳米环磁随机存取存储器(Nanoring MRAM)原理型演示器件、四种磁电阻磁敏传感器原理型演示器件；其中"纳米环磁性隧道结及新型纳米环磁随机存取存储器的基础性研究"获2013年度北京市科学技术奖一等奖。

参考文献

[1] Hall E H. On a new action of the magnet on electric currents. Am J Math, 1879, 2: 287-292.

[2] Hall E H. On the new action of magnetism on a permanent electric current. Phil Mag, 1880, 10, 301-328.

[3] Klitzing K, Dorda G, Pepper M. New method for high-accuracy determination of the fine-structure constant based on quantized Hall resistance. Phys Rev Lett, 1980, 45: 494-497.

[4] Tsui D C, Stormer H L, Gossard A C. Two-dimensional magnetotransport in the extreme quantum limit. Phys Rev Lett, 1982, 48: 1559-1562.

[5] Zhang Y B, Tan Y W, Stormer H L, et al. Experimental observation of the quantum Hall effect and Berry's phase in graphene. Nature, 2005, 438: 201-204.

[6] Novoselov K S, Jiang Z, Zhang Y, et al. Room-temperature quantum Hall effect in graphene. Science, 2007, 315: 1379-1379.

[7] Dyakonov M I, Perel V I. Possibility of orienting electron spins with current. Sov Phys JETP Lett, 1971, 13: 467-469.

[8] Bakun A A, Zakharchenya B P, Rogachev A A, et al. Observation of a surface photocurrent caused by optical orientation of electrons in a semiconductor. JETP Lett, 1984, 40: 1293-1295.

[9] Hirsch J E. Spin Hall effect. Phys Rev Lett, 1999, 83: 1834-1837.

[10] Zhang S. Spin Hall effect in the presence of spin diffusion. Phys Rev Lett, 2000, 85: 393-396.

[11] Zhang S. Probing spin currents in semiconductors. J Appl Phys, 2001, 89: 7564-7566.

[12] Valenzuela S O, Tinkham M. Direct electronic measurement of the spin Hall effect. Nature, 2006, 442: 176-179.

[13] Valenzuela S O, Tinkham M. Electrical detection of spin currents: The spin-current induced Hall effect. J Appl Phys, 2007, 101: 09B103.

[14] Kimura T, Otani Y, Sato T, et al. Room-temperature reversible spin Hall effect. Phys Rev Lett, 2007, 98: 156601.

[15] Liu L Q, Pai C F, Li Y, et al. Spin-torque switching with the giant spin Hall effect of tantalum.

Science, 2012, 336: 555-558.

[16] Kato Y K, Myers R C, Gossard A C, et al. Observation of the spin Hall effect in semiconductors. Science, 2004, 306: 1910-1913.

[17] Kane C L, Mele E J. Quantum spin Hall effect in graphene. Phys Rev Lett, 2005, 95: 226801.

[18] Bernevig B A, Zhang S C, Quantum spin Hall effect. Phys Rev Lett, 2006, 96: 106802.

[19] Bernevig B A, Hughes T L, Zhang S C. Quantum spin Hall effect and topological phase transition in HgTe quantum wells. Science, 2006, 314: 1757-1761.

[20] König M, Wiedmann S, Brüne C, et al. Quantum spin Hall insulator state in HgTe quantum wells. Science, 2007, 318: 766-770.

[21] Liu C X, Qi X L, Dai X, et al. Quantum anomalous Hall effect in $Hg_{1-y}Mn_yTe$ quantum wells. Phys Rev Lett, 2008, 101: 146802.

[22] Yu R, Zhang W, Zhang H J, et al. Quantized anomalous Hall effect in magnetic topological insulators. Science, 2010, 329: 61-64.

[23] Chang C Z, Zhang J S, Feng X, et al. Experimental observation of the quantum anomalous Hall effect in a magnetic topological insulator. science, 2013, 340: 167-170.

[24] Singleton J. Band Theory and Electronic Properties of Solids. Oxford: Oxford University Press, 2009.

[25] Beck W A, Anderson J R. Determination of electrical transport properties using a novel magnetic field-dependent Hall technique. J Appl Phys, 1987, 62: 541-554.

[26] Du G, Lindemuth J R, Dodrill B C, et al. Characterizing multi-carrier devices with quantitative mobility spectrum analysis and variable field Hall measurements. Jpn J Appl Phys (Part 1), 2002, 41: 1055-1058.

[27] Parish M M, Littlewood P B. Non-saturating magnetoresistance in heavily disorder semiconductors. Nature, 2003, 426: 162-165.

[28] Hu J S, Parish M M, Rosenbaum T F. Nonsaturating magnetoresistance of inhomogeneous conductors: comparison of experiment and simulation. Phys Rev B, 2007, 75: 214203.

[29] Parish M M, Littlewood P B. Classical magnetotransport of inhomogeneous conductors. Phys Rev B, 2005, 72: 094417.

[30] Delmo M P, Yamamoto S, Kaisa S, et al. Large positive magnetoresistive effect in silicon induced by the space-charge effect. Nature, 2009, 457: 1112-1115.

[31] Hu J S, Rosenbaum T F. Classical and quantum routes to linear magnetoresistance. Nat Mater, 2008, 7: 697-700.

[32] Popović R S. Hall Effect Devices: Magnetic Sensors and Characterization of Semiconductors. New York: Adam Hilger, 1991.

[33] Wan C H, Yuan Z H, Liu P, et al. Nonlocal magnetoresistance due to Lorentz force in linear transport region in bulk silicon. Appl Phys Lett, 2013, 103: 262406.

[34] Corbino O M. Azioni Elettromagnetiche Doyute Agli Ioni Dei Metalli Deyiati Dalla Traiettoria Normale Per Effetto Di Un Campo. Nuovo Cimento, 1911, 1: 397-420.

[35] Husmann A, Betts J B, Boebinger G S, et al. Megagauss sensors. Nature, 2002, 417: 421-424.

[36] Smith A W, Sears R W. The Hall effect in permalloy. Phys Rev, 1929, 34: 1466-1473.

[37] Tian Y, Ye L, Jin X F. Proper scaling of the anomalous Hall effect. Phys Rev Lett, 2009, 103: 087206.

[38] Liu H F, Li D L, Guo P, et al. Temperature dependence of coercivity crossover and magnetoresistance in CoFeB/MgO/CoFeB perpendicular magnetic tunnel junctions. In preparation.

[39] Zhao J, Wang Y J, Han X F, et al. Large extraordinary Hall effect in $[Pt/Co]_5/Ru/[Co/Pt]_5$ multilayers. Phys Rev B, 2010, 81: 172404.

[40] Zhao J, Wang Y J, Liu Y Z, et al. Perpendicular anisotropy dependence of oscillatory interlayer coupling behavior in $[Pt/Co]_5/Ru/[Co/Pt]_5$ multilayers. J Appl Phys, 2008, 104: 023911.

[41] Chen J Y, Feng J F, Diao Z, et al. Magnetic properties of exchange-biased $[Co/Pt]_n$ multilayer with perpendicular magnetic anisotropy. IEEE Trans Mag, 2010, 46: 1401-1404.

[42] Canedy C L, Li X W, Xiao G. Large magnetic moment enhancement and extraordinary Hall effect in Co/Pt superlattices. Phys Rev B, 2000, 62: 508-519.

[43] Griffiths D J. Introduction to Electrodynamics. 3rd Edition. Upper Saddle River: Prentice Hall, 1998.

[44] Smit J. The spontaneous Hall effect in ferromagnetics Ⅰ. Physica, 1955, 21: 877-887.

[45] Smit J. The spontaneous Hall effect in ferromagnetics Ⅱ. Physica, 1958, 24: 39-51.

[46] Berger L. Influence of spin-orbit interaction on the transport processes in ferromagnetic nickel alloys in the presence of a degeneracy of the 3d band. Physica, 1964, 30: 1141-1159.

[47] Berger L. Side-jump mechanism for the Hall effect of ferromagnets. Phys Rev B, 1970, 2: 4559-4566.

[48] Karplus R, Luttinger J M. Hall effect in ferromagnetics. Phys Rev, 1954, 95: 1154-1160.

[49] Chang M, Niu Q. Berry phase, hyperorbits, and the Hofstadter spectrum: Semiclassical dynamics in magnetic Bloch bands. Phys. Rev. B, 1996, 53: 7010-7023.

[50] Sundaram G, Niu Q. Wave-packet dynamics in slowly perturbed crystals: Gradient corrections and Berry-phase effects. Phys. Rev. B, 1999, 59: 14915-14925.

[51] Bohm A, Mostafazadeh A, Koizumi H, et al. The Geometric Phase in Quantum Systems. Berlin: Springer, 2003.

[52] Nagaosa N, Sinova J, Onoda S, et al. Anomalous Hall effect. Rev Mod Phys, 2010, 82: 1539-1592.

[53] Marder M P. Condensed Matter Physics. New York: Wiley, 2000.

[54] He P, Ma L, Shi Z, et al. Chemical composition tuning of the anomalous Hall effect in isoelectronic $L1_0$ $FePd_{1-x}Pt_x$ alloy films, Phys Rev Lett, 2012, 109: 066402.

[55] Nazmul A M, Lin H T, Tran S N, et al. Planar Hall effect and uniaxial in-plane magnetic anisotropy in Mn-doped GaAs/p-AlGaAs heterostructures. Phys Rev B, 2008, 77: 155203.

[56] Tang H X, Kawakami R K, Awschalom D D, et al. Giant planar Hall effect in epitaxial (Ga, Mn)As devices. Phys Rev Lett, 2003, 90: 107201.

[57] Garello K, Miron M I, Avci C O, et al. Symmetry and magnitude of spin-orbit torques in ferromagnetic heterostructures. Nat Nano, 2013, 8: 587-593.

[58] Fan X, Wu J, Chen Y P, et al. Observation of the nonlocal spin-orbital effective field. Nat Commun, 2013, 4: 1799.

[59] Wan C H, Zhang Q T, Yuan Z H, et al. Interfacial spin-orbit coupling enhanced anisotropic magnetoresistance in Pt/CoFe bilayer system. In preparation.

[60] ValetT, Fert A. Theory of the perpendicular magnetoresistance in magnetic multilayers. Phys Rev B, 1993, 48: 7099-7122.

[61] Fert A, Jaffrás H. Conditions for efficient spin injection from a ferromagnetic metal into a semiconductor. Phys Rev B, 2001, 64: 184420.

[62] Takahashi S, Maekawa S. Spin injection and detection in magnetic nanostructures. Phys Rev B, 2003, 67: 052409.

[63] Niimi Y, Kawanishi Y, Wei D H, et al. Giant spin Hall effect induced by skew scattering from bismuth impurities inside thin film CuBi alloys. Phys Rev Lett, 2012, 109: 156602.

[64] Niimi Y, Morota M, Wei D H, et al. Extrinsic spin Hall effect induced by iridium impurities in copper. Phys Rev Lett, 2011, 106: 126601.

[65] Fujiwara K, Fukuma Y, Matsuno J, et al. 5d iridium oxide as a material for spin-current detection. Nat Commun, 2013, 4: 2893.

[66] Seki T, Hasagawa Y, Mitani S, et al. Giant spin Hall effect in perpendicularly spin-polarized FePt/Au devices. Nat Mater, 2008, 7: 125-129.

[67] Ando K, Saitoh E. Observation of the inverse spin Hall effect in silicon. Nat Commun, 2012, 3: 629.

[68] Ando K, Kajiwara Y, Takahashi S, et al. Angular dependence of inverse spin-Hall effect induced by spin pumping investigated in a $Ni_{81}Fe_{19}$/Pt thin film. Phys Rev B, 2008, 78: 014413.

[69] Shikoh E, Ando K, Kubo K, et al. Spin-pump-induced spin transport in p-Type Si at room temperature. Phys Rev Lett, 2013, 110: 127201.

[70] Nakayama H, Ando K, Harii K, et al. Geometry dependence on inverse spin Hall effect induced by spin pumping in $Ni_{81}Fe_{19}$/Pt films. Phys Rev B, 2012, 85: 144408.

[71] Tserkovnyak Y, Brataas A, Bauer G E W. Enhanced Gilbert damping in thin ferromagnetic films. Phys Rev Lett, 2002, 88: 117601.

[72] Tserkovnyak Y, Brataas A, Bauer G E W. Spin pumping and magnetization dynamics in metallic multilayers. Phys Rev B, 2002, 66: 224403.

[73] Ando K, Takahashi S, Harii K, et al. Electric manipulation of spin relaxation using the spin Hall effect. Phys Rev Lett, 2008, 101: 036601.

[74] Pai C F, Liu L Q, Li Y, et al. Spin transfer torque devices utilizing the giant spin Hall effect of tungsten. Appl Phys Lett, 2012, 101: 122404.

[75] FanJ Y, Eom J. Direct electrical observation of spin Hall effect in Bi film. Appl Phys Lett, 2008, 92: 142101.

[76] Gu B, Sugai I, Ziman T, et al. Surface-assisted spin Hall effect in Au films with Pt impurities. Phys Rev Lett, 2010, 105: 216401.

[77] Guo G Y, Murakami S, Chen T W, et al. Intrinsic spin Hall effect in platinum: First-principles calculations. Phys Rev Lett, 2008, 100: 096401.

[78] Gradhand M, Fedorov D V, Zahn P, et al. Extrinsic spin Hall effect from first principles. Phys Rev Lett, 2010, 104: 186403.

[79] Gradhand M, Fedorov D V, Zahn P, et al. Spin Hall angle versus spin diffusion length: Tailored by impurities. Phys Rev B, 2010, 81: 245109.

[80] Schmidt G, Ferrand D, Molenkamp L W, et al. Fundamental obstacle for electrical spin injection from a ferromagnetic metal into a diffusive semiconductor. Phys Rev B, 2000, 62: R4790-R4793.

[81] Schmidt G. Concepts for spin injection into semiconductors—A review. J Phys D: Appl Phys, 2005, 38: R107-R122.

[82] Liu L Q, Moriyama T, Ralph D C, et al. Spin-torque ferromagnetic resonance induced by the spin Hall effect. Phys Rev Lett, 2011, 106: 036601.

[83] Haazen P P J, Murè E, Franken J H, et al. Domain wall depinning governed by the spin Hall effect. Nat Mater, 2013, 12: 299-303.

[84] 黄昆，韩汝琦. 固体物理学. 北京：高等教育出版社，1988.

[85] Goerbig M O. Quantum Hall effects, Les Houches Summer School "Ultracold Gases and Quantum Information". July 2009, Singapore.

[86] Zhu L J, Pan D, Zhao J H. Anomalous Hall effect in epitaxial $L1_0$-$Mn_{1.5}Ga$ films with variable chemical ordering. Phys Rev B, 2014, 89: 220406(R).

[87] Zhu L J, Nie S H, Zhao J H. Anomalous electrical transport behaviors in perpendicular magnetized $L1_0$-$Mn_{1.1}Al$ films (to be submitted).

第 12 章　自旋霍尔效应、反常霍尔效应和拓扑绝缘体

余　睿　戴　希　方　忠

近几年来，有关一种全新的量子物态——拓扑绝缘体的研究，正在世界范围内蓬勃兴起。拓扑绝缘体与普通的绝缘体一样在费米能级附近具有能隙，然而由于其能带特殊的拓扑性质，在其表面或与普通绝缘体的界面上会出现无能隙、无自旋简并且具有线性色散关系的表面态(界面态)。这种无能隙表面态(界面态)的存在完全由材料体能带的性质所决定，因此不像普通材料的表面态(界面态)那样易于被缺陷和无序所破坏。拓扑绝缘体表面态(界面态)的这些独特性质使其很有希望应用于自旋电子器件和容错量子计算中，而这两个领域的进展将有可能对信息技术产生革命性的影响。从基础物理研究的角度来讲，拓扑绝缘体与近年的研究热点(如量子霍尔效应、自旋霍尔效应以及反常霍尔效应等领域)一脉相承，其基本特征都是利用物质中电子能带的拓扑性质来实现各种新奇的物性。因此，拓扑绝缘体一经发现就迅速引起凝聚态物理和材料科学方面的研究者的浓厚兴趣。本章将首先介绍自旋霍尔效应、反常霍尔效应和拓扑绝缘体的基本物理概念，然后再介绍如何从数学上刻画拓扑不变量，最后给出目前这个领域的研究现状和展望。

12.1　整数量子霍尔效应

人们最早发现的具有拓扑电子结构的系统是整数量子霍尔系统[1]。在该系统中，霍尔电阻出现量子化的平台，特别是它的基本物性受到拓扑保护，这种量子化电阻平台不容易被外界干扰所影响，它能非常精确地保持它的量子化平台值：$\rho_{xy}=h/ne^2$，这里 n 为整数。对处于整数量子霍尔态的系统，在材料的边界上会形成一些贯穿能隙的具有手征性的边界态，这些边界态只包含向一个方向运动的状态而完全没有反向运动的电子态，因而边界态中的电子完全没有“背散射”通道，是不受杂质散射影响的理想导体。因此，可以说整数量子霍尔效应体系是介于二维的普通绝缘体和一维金属之间的一种新量子物态。

12.2　量子反常霍尔效应

在介绍量子反常霍尔效应之前，我们先介绍它的非量子化版本——反常霍尔效应。1881 年，Edwin Hall 在测量铁、钴、镍等铁磁性材料时发现，即使在没有外加磁场或外加弱外场的情况下，也可以观测到霍尔效应[2]。这是由于样品本身具有长程的铁磁序，这样外加磁场就不是必需的了。这种铁磁性(ferromagnetism，FM)材料中的霍尔效应后来被称为反常霍尔效应[图 12.1(b)]，而把需要外磁场的非磁性材料中的霍尔效应称为正常霍尔效应[图 12.1(a)]。虽然反常霍尔效应与正常霍尔效应看起来非常相似，但是其物理本质却有着非常大的差别。关于反常霍尔效应的机理，历史上提出过三种解释，下面我们简单介绍这三种机制。1954 年，Karplus 和 Luttinger 在研究自旋轨道耦合作用对自旋极化巡游电子输运的影响中，第一次提出了反常霍尔效应的本征机制[3]。本征机制完全忽略了杂质、声子等的散射作用，认为反常霍尔效应的出现完全是材料系统的本征性质。我们可以通过求解外电场中波包运动的半经典方程[4]来理解反常霍尔效应中的这个横向电子速度：

$$\dot{r}_c=\frac{\partial E_n(k)}{\hbar\partial k}-\frac{E}{\hbar}\times\mathfrak{F}_n(k) \tag{12.1}$$

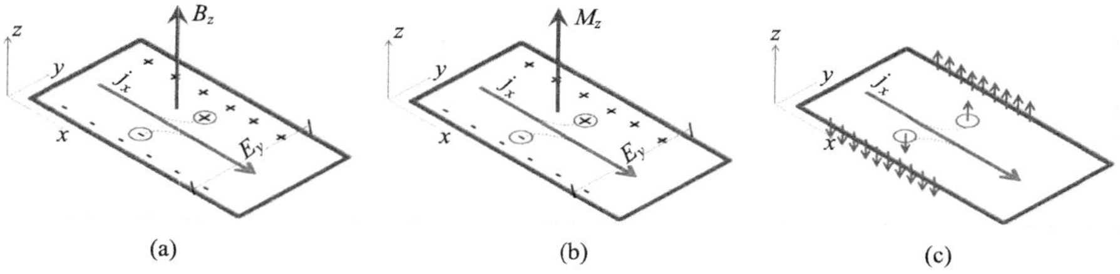

图 12.1　正常霍尔效应、反常霍尔效应和自旋霍尔效应示意图

可以看到，式(12.1)中第二项是反常速度项，它垂直于电场方向，正比于贝里曲率(Berry curvatures)，这个反常速度就是反常霍尔效应的根源。直接通过线性响应公式也能得到反常霍尔系数的表达式

$$\begin{aligned}\sigma_{ij}=e^2\hbar\sum_{n\neq n'}\int\frac{\mathrm{d}k}{(2\pi)^3}\left[f(\varepsilon_n(k))-f(\varepsilon_n{}'(k))\right]\\ \times\mathrm{Im}\frac{\langle n,\ k\,|\,\nu_i(k)\,|\,n',\ k\rangle\langle n',\ k\,|\,\nu_j(k)\,|\,n,\ k\rangle}{(\varepsilon_n(k)-\varepsilon_n{}'(k))^2}\end{aligned} \tag{12.2}$$

这里

$$\nu(k)=\frac{1}{\mathrm{i}\hbar}[r,\ H(k)]=\frac{1}{\hbar}\nabla_k H(k)$$

$H(k)$是布洛赫波周期部分对应的哈密顿量。利用等式

$$\langle n,\ k|\nabla_k|n',\ k\rangle=\frac{\langle n,\ k|\nabla_k H(k)|n',\ k\rangle}{\varepsilon_{n'}(k)-\varepsilon_n(k)} \tag{12.3}$$

式(12. 2)改写成

$$\sigma_{ij}=-\varepsilon_{ijl}\frac{e^2}{\hbar}\sum_n\int\frac{\mathrm{d}k}{(2\pi)^3}f(\varepsilon_n(k))\mathfrak{F}_n^l(k) \tag{12.4}$$

其中，$\mathfrak{F}_n(k)=\nabla_k\times A_n(k)$是贝里曲率(Berry curvatures)，$A_n(k)=i\langle n,\ k|\nabla_k|n,\ k\rangle$是贝里联络(Berry connection)。因此，反常霍尔效应与系统能带结构的贝里相位(Berry's phase)有直接的联系。然而，这个结论受到 Smit 等的质疑，他们认为在真实材料中总是存在缺陷或者杂质，电子的运动将会受到散射作用，因此提出了反常霍尔效应的斜散射(skew scattering)机制[5]。他们认为，对于固定自旋方向的电子，由于自旋轨道耦合相互作用，电子受到的杂质散射是不对称的，会使得定向运动的电子偏离原来的方向，形成横向的电荷积累。它的直观图像如图 12.2(c)所示。1970 年，Berger 又提出了反常霍尔效应的侧向跳跃(side jump)机制[7]。他认为当自旋轨道耦合相互作用存在时，由于自旋轨道耦合相互作用的强度取决于自旋角动量 s 和轨道角动量 L 的矢量积，与两者的夹角有关。于是散射后对固定自旋方向的电子运动轨迹将有一个横向的跳跃 Δy。这个不断累积的横向跳跃相当于使载流子获得了一个横向的平均速度，导致了横向电荷的积累和霍尔电压的产生，如图 12.2(b)所示。后面两种机制都与系统的杂质和缺陷有关，属于非本征机制。

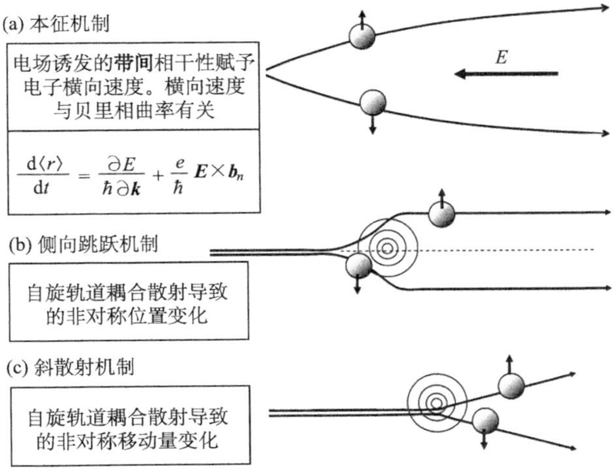

图 12. 2　反常霍尔效应的三种物理机制示意图[6]

非本征与本征机制间的争论一直持续了近 50 年，这主要是因为在当时的理解基础上，不管是哪一种理论机制都无法与实验进行定量的比较。2000 年，由于自旋电子学的兴起，人们需要理解和探究稀磁半导体材料的物理性质，而反常霍尔效应是探测和确定材料体系铁磁态最基本的表征工具之一，这迫使人们对反常霍尔效应理论机制进行更深入的探索。国际上多个研究小组对其进行了系统研究，认识到反常霍尔效应的出现直接与材料中的自旋轨道耦合及电子结构的贝里相位[8]有关。在具有自旋轨道耦合并破坏时间反演对称性的情况下，材料的特殊电子结构会导致动量空间中非零贝里相位的出现，而该贝里相位的存在将会修改电子的运动方程[式(12.1)]，从而导致反常霍尔效应的出现，因而应该是一种本征机制[3,6,9]。更为重要的是，对于这种认识的提高，使得我们有可能通过详细的计算来与实验结果进行定量的比较。通过对 Sr_2RuO_3 系统[10]及金属 Fe[11]中的反常霍尔效应进行旳定量的第一性原理计算研究，都证实了这种本征机制的主导作用。随后，越来越多的实验与理论研究都证实了这种基于贝里相位的本征机制的正确性。这种本征机制对于后面将要讨论的量子化反常霍尔效应至关重要，但是到目前为止，量子化的反常霍尔效应在实验上还没有得到观测。量子化的反常霍尔效应和整数量子霍尔效应的不同之处在于它不需要对系统外加强磁场，系统不存在朗道能级。因此我们期望能够找到一种磁性材料，它本身具有特殊的能带结构，不需要再外加磁场就能观察到量子化的霍尔效应。在理论计算上，1988 年，Haldane[12]提出了在蜂窝状的六角格子中加满足晶格对称性的磁场，但是总磁场为零的这样一个假想实验。这个磁场破坏了时间反演对称性，使得系统没有朗道能级，但是存在量子霍尔效应。2008 年，文献[13]提出了在 $Hg_{1-y}Mn_yTe$ 量子阱中可能存在量子化的反常霍尔效应。这种量子化的反常霍尔效应来源于量子阱中 Mn 原子的自旋极化与强烈的自旋轨道耦合，文献[13]中预言在一定的量子阱厚度和 Mn 原子掺杂浓度下可以观测到量子化的霍尔电导。不过，还是需要一个外加的弱磁场来使得 Mn 原子磁矩有序排列。2010 年，中国科学院物理研究所的戴希、方忠研究组和斯坦福大学张首晟等提出，在拓扑绝缘体材料 Bi_2Se_3、Bi_2Te_3、Sb_2Te_3 生长的薄膜中，通过掺杂过渡金属元素(Cr 或者 Fe)也可以实现量子化的反常霍尔效应[14]。这里最关键的问题是通过磁性掺杂，借助 Van Vleck 顺磁性，可以实现磁性的拓扑绝缘体，磁性居里温度可以达到 70K 的量级。这一磁性原子掺杂体系与一般的稀磁半导体有明显的不同，这里不需要有载流子，体系仍然保持着绝缘体的状态就可以实现铁磁的长程有序态。这个有效的磁场可以使系统的能带结构具有非平凡的拓扑性质，使系统进入量子化的反常霍尔态。如果能在实验上得以实现量子化的反常霍尔效应，将极大地克服现有微电子产业所面临的功耗问题。因为前面提到，量子霍尔效应的边缘态是一根“理想导线”，不存在由于杂质导致的背散射，电阻极低，能耗极小，而且这里利用的是电子电荷的性质，能够直接和现有微电子产业结合，可以极大地克服半导体产业中 Moore 定律的极限困难。

12.3 量子自旋霍尔效应

前面提到的两种霍尔效应观测的都是载流子所携带的电荷信息。电子作为具有量子特征的微观粒子，除了具有电荷以外还有另一个自由度——自旋，但传统的硅基半导体器件主要用的是电荷的输运特性。随着器件尺寸的不断缩小和集成度的不断提高，电子的量子行为和发热问题越来越突出，因此寻找新的技术来代替现有技术成为迫切需要解决的问题。在所有的备选方案中，自旋电子学由于其速度快、低能耗、退相干时间长、高集成度等优点受到人们的广泛关注[15-18]。在半导体中如何进行高效的自旋注入是实现自旋电子器件的基本条件，而自旋霍尔效应成为解决这一问题的潜在方法。自旋霍尔效应是指在具有自旋轨道耦合相互作用的样品中，在纵向电流的驱动下，系统的横向方向会存在自旋流，即自旋向上的电子往样品的一边运动，而自旋向下的电子往样品的另一边移动。在闭路系统中就会造成一个边界上有向上自旋的积累，另一个边界上有向下自旋的积累。与通常的电荷霍尔效应不同，非磁系统中自旋霍尔效应在样品的两边只有自旋的不平衡，而不会出现电荷的不平衡，如图 12.1(c)所示。目前，自旋霍尔效应的形成机制也分为本征机制和非本征机制两种说法。非本征机制认为横向的自旋流是由于晶体中杂质和缺陷引起的与自旋相关的斜散射和侧向跳跃散射[19,20]。自旋向下和自旋向上的电子分别被散射到相反的方向从而形成自旋流。本征机制认为它是系统的本征行为，不需要外在的杂质原子，系统自身的自旋轨道耦合和特殊的能带结构就可以引起自旋流的出现[21,22]。尽管这两种机制还存在争议，但在实验上人们已经间接证明了横向自旋流的存在[23-25]。从 2005 年开始，自旋霍尔效应的量子化版本——量子自旋霍尔效应，引起了人们的极大兴趣。Kane 和 Mele 首先通过对二维薄膜结构的石墨烯系统的研究，发现由于石墨烯中特殊的自旋轨道耦合形式，当费米面位于能隙中时，其自旋霍尔电导是量子化的。样品的边界上存在自旋分辨的边界态，自旋指向相反的电子，其传播方向也是相反的[26]。但是由于石墨烯中碳元素自旋轨道耦合相互作用太弱，系统形成的能隙非常小[27]，在实验上很难观察到这个效应，因此人们开始在自旋轨道耦合较强的系统中寻找量子自旋霍尔效应。2006 年，Bernevig 等在理论上预言了系统的能带反转是实现量子自旋霍尔效应的一般机制[28]。他们在量子阱 CdTe-HgTe-CdTe 中调节 HgTe 层的厚度实现了能带反转这一过程。CdTe 的导带是 s(Γ6)轨道成分，价带是 p(Γ8)轨道成分，是常规半导体。而 HgTe 中由于重元素 Hg 的强相对论效应，导致 HgTe 中 s 带的能量低于 p 轨道的能量，s-p 轨道间出现能带反转。当量子阱中间层 HgTe 厚度比较薄时，系统的性质主要由 CdTe 决定，因此系统处于正常能带结构；当 HgTe 厚度较大时，系统的性质主要由 HgTe 决定，系统进入反带能带结构，如图 12.3 所示。这种能带的反转导致了系统的拓扑性从平凡变为非平凡，从而出现非零的量子自旋霍尔电导。2007 年德国的一个实验小组制备了该量子阱，在温度低于 10K 的条件下测得了不同 HgTe 厚度的样品的电导。他们发现，中间层 HgTe 厚度 d 小于临界厚度 d_c 时，材料的电导几乎是 0；当 $d>d_c$ 时，材料的电导是 $2e^2/h$，并且其数值大小与样品的宽度无关[29]。这说明样品的边界上存在两个导电通道，与理论上预言的自旋霍尔相

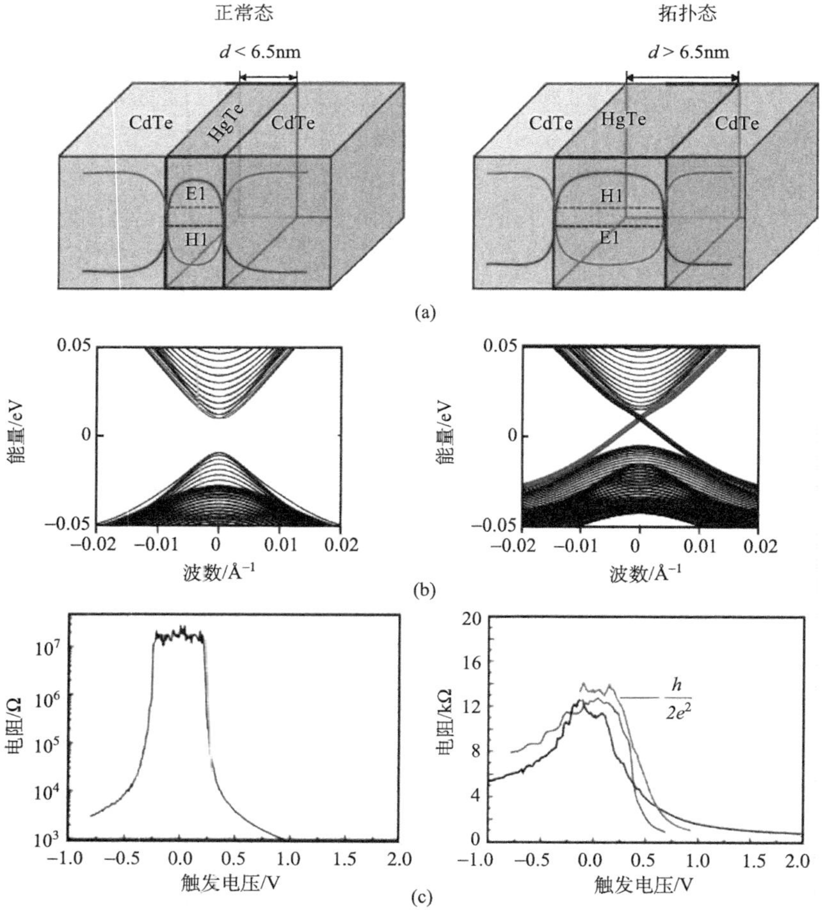

图 12.3　(a) HgTe/CdTe 量子阱的示意图；当 HgTe 层厚度 d 小于 6.5nm 时，系统为普通绝缘体，当厚度 d 大于 6.5nm，系统进入到量子自旋霍尔相，对应的能带中出现边界态，见(b)。(c)测得的电阻在量子自旋霍尔相存在量子化的电导，这对应于材料边界上的导电通道。图片取自文献[30]

边界态性质一致。这是人们首次在实验上观察到时间反演不变系统中的非平凡拓扑效应。

前面讨论的整数量子霍尔效应、量子反常霍尔效应和量子自旋霍尔效应这三种拓扑量子态，从能带图来看，它们的体能带和普通绝缘体没有区别。系统的导带和价带之间存在一个能隙，表现出绝缘体的性质。但在系统的边界上都存在一些特殊的量子态。这些量子态位于能带结构的带隙中，连通导带和价带，表现出金属的性质，如图 12.4 所示。我们把具有这种性质的系统称为拓扑绝缘体。

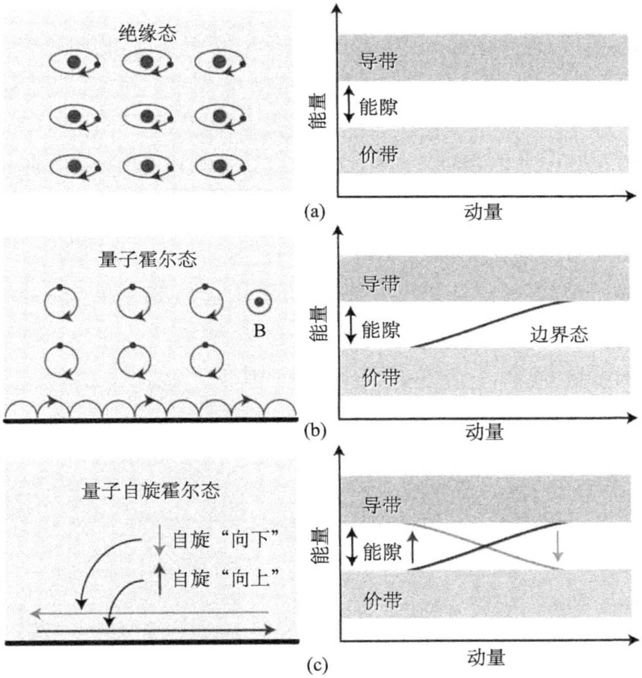

图 12.4　对比三种绝缘态：(a)普通绝缘体，左图描述电子被束缚在原子周围做局域化运动，右图是对应的能带，导带和价带之间存在一个能隙。(b)整数量子霍尔效应，左图描述体内的电子在强磁场下做局域化运动，但是边界上存在一个导电通道，电子可以向一个方向传输。右图是对应的能带图。系统仍然存在一个和绝缘体类似的能隙，但是在能隙中多了一个无能隙的金属态，这个态在实空间正好局域在系统的边界上。量子化的反常霍尔效应的示意图和图(b)相似，只是不需要外加磁场，而是通过系统内部的铁磁序带来的一个有效磁场。(c)量子自旋霍尔系统有时间反演对称性，系统的边界上存在一对具有手征性的边界态，自旋指向相反的电子向相反的方向传输(左图)，右图的能带结构中依然存在一个体能隙，但是能隙中有两个自旋分辨的边界态。图片取自文献[31]

具有时间反演对称性的拓扑绝缘体这一概念很快被推广到了三维系统[32-35]，理论上预言并且在实验上得到证实的第一个三维拓扑绝缘体系统是 $Bi_{1-x}Sb_x$ 合金[32,36,38,39]。Kane 等仔细分析了 Bi 和 Sb 的能带结构，首先从理论上预言了 $Bi_{1-x}Sb_x$ 合金在一定掺杂区间可以实现三维强拓扑绝缘体[32]。后来的实验结果，特别是 Hsieh 等的角分辨光电子谱实验确认在此合金中出现了强拓扑绝缘体态[36]。不过 $Bi_{1-x}Sb_x$ 合金并不是最理想的三维拓扑绝缘体。这主要是考虑到以下几点原因：第一，这种合金材料的体能隙非常小，在 10meV 左右，这样小的体能隙对于热波动显得非常脆弱，不利于实际应用。第二，这是一种合金材料，合成过程中不可控制池会引入非常多的缺陷，虽然系统的拓扑性质不会受到改变，但是会导致拓扑平凡的表面态出现，和拓扑非平凡表面态混合在一起。也就是说，这种合金材料不是一种很纯的三维拓扑绝缘材料。第三，这种合金材料的表面态行为非常复杂，对三维强拓扑绝缘体的理论模型分析造成了很大的困难。2009 年理论上预言的 Bi_2Se_3 系列材料(包括 Sb_2Te_3，Bi_2Se_3 和 Bi_2Te_3)是一类三维拓扑绝缘体[40]。在实验上也报道了 Bi_2Se_3 和 Bi_2Te_3 材料的角分辨光电子谱(ARPES)结果和 STM 测量结果[39,41-44]，和理论预言结果非常一致。这类材料相比 $Bi_{1-x}Sb_x$ 合金有着特别的优点。首先，这类材料只在 Γ 点处形成一个 Dirac 点，表面态结构非常简单，如图 12.5 所示；其次，Bi_2Se_3 的体能隙达到 0.3eV，

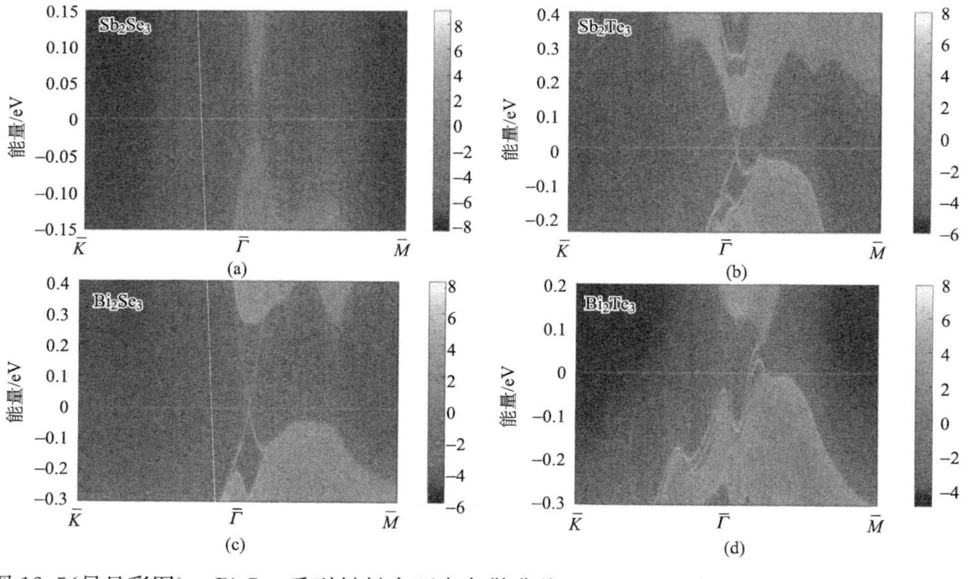

图 12.5(另见彩图) Bi_2Se_3 系列材料表面态色散曲线。(a)～(d)分别对应 Sb_2Se_3、Sb_2Te_3、Bi_2Se_3 和 Bi_2Te_3。图中红色区域表示体能带，蓝色区域表示体能隙。在 Γ 点附近有狄拉克色散形式的表面态存在。图片取自文献[40]

远高于室温；另外，该系列材料都是稳定的化学相，化学合成精度容易控制，容易生长出高质量的材料晶体。这为三维拓扑绝缘体的理论和实验研究提供了非常纯净的物理平台。除了上面这些材料之外，最近的能带计算还预言了具有Ⅲ-V-Ⅵ$_2$ 结构的铊基三元化合物 $TlBiX_2$ 和 $TlSbQ_2$(X 可以是 Te、Se 和 S)[45]，具有半 Heusler 型晶格结构的 LaPtBi、LnAuPb 系列化合物[46-48]，具有黄铜矿结构的 $AuTlTe_2$、$AuTlS_2$ 系列化合物[49]和 Ag_2Te[50]等多种材料系统。

作者简介

余　睿　1983 年生于湖北，2005 年毕业于华中科技大学电子学系，2011 年于中国科学院物理研究所获得博士学位，导师为戴希和方忠，现在日本筑波国立材料科学研究所(NIMS)工作。

戴　希　1971 年生于浙江杭州，1993 年毕业于浙江大学材料系，1999 年在中国科学院理论物理研究所获得博士学位，1999～2005 年的 6 年间，先后在中国香港、美国等地区和国家的多个高等研究机构工作。长期从事强关联理论及计算方面的研究工作。2005 年入选中国科学院“百人计划”，回国后在中国科学院物理研究所工作，现任研究员、博士生导师。

方　忠　1970 年生于武汉，1991 年毕业于华中理工大学(现华中科技大学)物理系，1996 年在华中科技大学激光技术国家重点实验室获得博士学位。1996～2003 年的 7 年间，先后访问日本、美国等国的多个高等研究机构。长期从事凝聚态理论及材料计算方面的研究工作。2003 年入选中国科学院“百人计划”并获择优支持，回国后在中国科学院物理研究所工作，现任研究员、博士生导师。

参考文献

[1] Klitzing K V, Dorda G, Pepper M. New method for high-accuracy determination of the fine-structure constant based on quantized Hall resistance. Phys Rev Lett, 1980, 45(6): 494.
[2] Hall E H. On the rotational coefficient in nickel and cobalt. Philos Mag, 1881, 12: 157.
[3] Karplus R, Luttinger J M. Hall effect in ferromagnetics. Phys Rev, 1954, 95(5): 1154.
[4] Xiao D, Chang M C, Niu Q. Berry phase effects on electronic properties. Rev Mod Phys, 2010, 82(3): 1959.
[5] Smit J. The spontaneous Hall effect in ferromagnetics I. Physica, 1955, 21 (6-10): 877-887.

[6] Nagaosa N, Sinova J, Onoda S, et al. Anomalous Hall effect. Rev Mod Phys, 2010, 82(2): 1539.
[7] Berger L. Side-jump mechanism for the Hall effect of ferromagnets. Phys Rev B, 1970, 2(11): 4559.
[8] Berry M V. Quantal phase factors accompanying adiabatic changes. Proceedings of the Royal Society of London. A Math Phys Sci, 1984, 392(1802): 45-57.
[9] Jungwirth T, Niu Q, MacDonald A H. Anomalous Hall effect in ferromagnetic semiconductors. Phys Rev Lett, 2002, 88(20): 207208.
[10] Fang Z, Nagaosa N, Takahashi K S, et al. The anomalous Hall effect and magnetic monopoles in momentum space. Science, 2003, 302(5642): 92-95.
[11] Yao Y G, Kleinman L, MacDonald A H, et al. First principles calculation of anomalous Hall conductivity in ferromagnetic bcc Fe. Phys Rev Lett, 2004, 92(3): 037204.
[12] Haldane F D M. Model for a quantum Hall effect without Landau levels: Condensed-matter realization of the "Parity anomaly". Phys Rev Lett, 1988, 61(18): 2015.
[13] Liu C X, Qi X L, Dai X, et al. Quantum anomalous Hall effect in $Hg_{1-y}Mn_yTe$ quantum wells. Phys Rev Lett, 2008, 101(14): 146802.
[14] Yu R, Zhang W, Zhang H J, et al. Quantized anomalous Hall effect in magnetic topological insulators. Science, 2010, 329(5987): 61-64.
[15] Grundler D. Spintronics. Physics World, 2002, 15(4): 39-43.
[16] Awschalom D D, Flatte M E. Challenges for semiconductor spintronics. Nat Phys, 2007, 3(3): 153-159.
[17] Wolf S A, Awschalom D D, Buhrman R A, et al. Spintronics: A spin-based electronics vision for the future. Science, 2001, 294(5546): 1488-1495.
[18] Prinz G A. Magnetoelectronics. Science, 1998, 282(5394): 1660-1663.
[19] Hirsch J E. Spin Hall effect. Phys Rev Lett, 1999, 83(9): 1834.
[20] Dyakonov M I, Perel V I. Possibility of orienting electron spins with current. ZhETF Pis Red, 1971, 13(11): 657-660.
[21] Murakami S, Nagaosa N, Zhang S C. Dissipationless quantum spin current at room temperature. Science, 2003, 301(5638): 1348-1351.
[22] Sinova J, Culcer D, Niu Q, et al. Universal intrinsic spin Hall effect. Phys Rev Lett, 2004, 92(12): 126603.
[23] Valenzuela S O, Tinkham M. Direct electronic measurement of the spin Hall effect. Nature, 2006, 442(7099): 176-179.
[24] Wunderlich J, Kaestner B, Sinova J, et al. Experimental observation of the spin-Hall effect in a two-dimensional spin-orbit coupled semiconductor system. Phys Rev Lett, 2005, 94(4): 047204.
[25] Kato Y K, Myers R C, Gossard A C, et al. Observation of the spin Hall effect in semiconductors. Science, 2004, 306(5703): 1910-1913.
[26] Kane C L, Mele E J. Quantum spin Hall effect in graphene. Phys Rev Lett, 2005, 95(22): 226801.
[27] Yao Y G, Ye F, Qi X L, et al. Spin-orbit gap of graphene: First-principles calculations. Phys Rev B, 2007, 75(4): 041401.
[28] Bernevig B A, Hughes T L, Zhang S C. Quantum spin Hall effect and topological phase transition in HgTe quantum wells. Science, 2006, 314(5806): 1757-1761.
[29] Konig M, Wiedmann S, Brune C, et al. Quantum spin Hall insulator state in HgTe quantum wells.

Science, 2007, 318(5851): 766-770.

[30] Qi X L, Zhang S C. The quantum spin Hall effect and topological insulators. Physics Today, 2010, 63(1): 33.

[31] Kane C L, Mele E J. A new spin on the insulating state. Science, 2006, 314(5806): 1692-1693.

[32] Fu L, Kane C L. Topological insulators with inversion symmetry. Phys Rev B, 2007, 76(4): 045302.

[33] Fu L, Kane C L. Time reversal polarization and a Z_2 adiabatic spin pump. Phys Rev B, 2006, 74: 195312.

[34] Moore J E, Balents L. Topological invariants of time-reversal-invariant band structures. Phys Rev B, 2007, 75(12): 121306.

[35] Roy R. Topological phases and the quantum spin Hall effect in three dimensions. Phys Rev B, 2009, 79(19): 195322.

[36] Hsieh D, Qian D, Wray L, et al. A topological Dirac insulator in a quantum spin Hall phase. Nature, 2008, 452(7190): 970-974.

[37] Zhang H J, Liu C X, Qi X L, et al. Electronic structures and surface states of the topological insulator $Bi_{1-x}Sb_x$. Phys Rev B, 2009, 80(8): 085307.

[38] Teo J C Y, Fu L, Kane C L. Surface states and topological invariants in three-dimensional topological insulators: Application to $Bi_{1-x}Sb_x$. Phys Rev B, 2008, 78(4): 045426.

[39] Hsieh D, Xia Y, Qian D, et al. Observation of time-reversal-protected single dirac-cone topological insulator states in Bi_2Te_3 and Sb_2Te_3. Phys Rev Lett, 2009, 103(14): 146401.

[40] Zhang H J, Liu C X, Qi X L, et al. Topological insulators in Bi_2Se_3, Bi_2Te_3 and Sb_2Te_3 with a single Dirac cone on the surface. Nat Phys, 2009, 5(6): 438-442.

[41] Xia Y, Qian D, Hsieh D, et al. Observation of a large-gap topologicalinsulator class with a single Dirac cone on the surface. Nat Phys, 2009, 5(6): 398-402.

[42] Hsieh D, Xia Y, Qian D, et al. A tunable topological insulator in the spin helical Dirac transport regime. Nature, 2009, 460(7259): 1101-1105.

[43] Zhang Y, He K, Chang C Z, et al. Crossover of the three-dimensional topological insulator Bi_2Se_3 to the two-dimensional limit. Nat Phys, 2010, 6(9): 712.

[44] Zhang T, Cheng P, Chen X, et al. Experimental demonstration of topological surface states protected by time-reversal symmetry. Phys Rev Lett, 2009, 103(26): 266803.

[45] Yan B, Liu C X, Zhang H J, et al. Theoretical prediction of topological insulators in thallium-based Ⅲ-Ⅴ-$Ⅵ_2$ ternary chalcogenides. EPL, 2010, 90(3): 37002.

[46] Feng W X, Xiao D, Ding J, et al. Three-dimensional topological insulators in Ⅰ-Ⅲ-$Ⅵ_2$ and Ⅱ-Ⅳ-$Ⅴ_2$ chalcopyrite semiconductors. Phys Rev Lett, 2011, 106(1): 016402.

[47] Lin H, Wray L A, Xia Y Q, et al. Half-Heusler ternary compounds as new multifunctional experimental platforms for topological quantum phenomena. Nat Mater, 2010, 9(7): 546-549.

[48] Xiao D, Yao Y Y, Feng W X, et al. Half-Heusler compounds as a new class of three-dimensional topological insulators. Phys Rev Lett, 2010, 105(9): 096404.

[49] Nagata S, Galazka R R, Mullin D P, et al. Magnetic susceptibility, specific heat, and the spin-glass transition in $Hg_{1-x}Mn_xTe$. Phys Rev B, 1980, 22(7): 3331.

[50] Zhang W, Yu R, Feng W X, et al. Topological aspect and quantum magnetoresistance of β-Ag_2Te. Phys Rev Lett, 2011, 106: 156808.

第 13 章　介观器件中的自旋轨道耦合和自旋流

邢燕霞　孙庆丰

本章介绍介观电子器件中的自旋轨道耦合及由此引发的自旋积累和自旋流。首先介绍含有自旋轨道耦合和各种相互作用的典型介观输运体系(即“金属导线-中间散射区-金属导线”体系)的哈密顿量，并介绍该哈密顿量在实空间的表达式以及在动量空间的二次量子化表达式。以此哈密顿量为基础，本章还重点介绍由Rashba自旋轨道耦合引起的自旋输运现象，包括介观半导体中的自旋极化流、量子点中的自旋积累以及介观环中的持续自旋流等。考虑到自旋的矢量性，关于自旋流的定义也被进一步讨论。此外，本章还介绍关于自旋流的一个基本现象：自旋流产生电场。

13.1　引　　言

电子有电荷和自旋两种自由度，但是在传统电子器件中只应用了电子的电荷自由度，而忽略了电子的自旋自由度。在过去的二十年里，人们发现电子的自旋自由度有很多比电荷自由度更优越的性能，如退相干时间长、低能耗、运算速度快等，因此，电子的自旋有望成为新一代电子器件的载体。由此兴起了一门新的学科：自旋电子学。在这门新兴学科中，如何产生、操控和探测纳米器件中的自旋极化、自旋极化流和自旋流是研究的重点[1-3]，这也是设计新一代自旋电子器件所必须要解决的问题。传统半导体通常是非磁性的，它的自旋是非极化的，无法用来设计自旋器件。为此，前人提出用自旋注入的方法来产生自旋极化。常用的自旋注入方法有电注入和光注入。但是，电注入方法由于磁性材料与半导体的电阻不匹配性，注入效率极低(约 1%)[4]；而光注入方法尽管自旋极化效率高但难以与传统半导体集成器件[3-5]。此外，电场或者电压可以控制电荷但无法控制自旋，因此操控自旋或自旋流成为自旋电子器件设计的一大难题。理论上可以借助磁场和极化光子来操控自旋，但在实际应用中均难以实施和集成。综上所述，用电学方法在非磁性材料中产生、操控和探测自旋和自旋流成为设计自旋电子器件的关键。要解决这个问题，需借助自旋轨道耦合。

通过自旋轨道耦合，电子的自旋自由度和轨道自由度彼此耦合，这是电控制自旋的物理基础。自旋轨道耦合源于相对论效应，是电子的内在属性。尽管在大多数半导体材料中自旋轨道耦合很弱，但在某些半导体材料中，自旋轨道耦合还是非常明显的。迄今为止，实验上已经发现很多种具有较强自旋轨道耦合的半导体材料[6-9]。例如，室温下二维Ⅲ-Ⅴ族材料中存在 Rashba 和 Dresselhaus 自旋轨道耦合[9]；InGaAs/InAlAs 异质结和 InAs 量子阱中也发现了 Rashba 自旋轨道耦合[6,7,10]。Rashba 自旋轨道耦合源于非对称的结电场，即垂直于结面的非对称的电势场。实验上，Rashba 自旋轨道耦合的强度可以通过外电场或栅电压来调节[7,8]。自旋轨道耦合在自旋电子学中发挥着重要作用，有关这方面的研究有很多[2,3,11-20]。早在 20 世纪 90 年代，Datta 和 Das 就利用 Rashba 自旋轨道耦合产生的自旋进动效应设计了最简单的自旋晶体管[14]。在自旋轨道耦合作用下，理论上可以通过外加电压在非磁性材料中自发产生自旋极化电流和自旋积累[21-25]。这些工作包括介观环中的自旋阀效应[21]，多层共振隧穿异型结体系中的自旋极化流[22]等。自旋轨道耦合还能引起内在自旋霍尔效应[12,15,16]。在自旋轨道耦合作用下的受限二维电子体系中，纵向电场[26-29]和纵向自旋流[30]都能引发横向自旋积累或横向自旋流。实验上可以通过光学 Kerr 效应[11,32,33]观察横向自旋积累，或者利用逆自旋霍尔效应通过电学手段[34]观察横向自旋流。此外，还有很多关于自旋轨道耦合和自旋流的研究[35-38]，有关这方面的研究至今仍在继续。

本章将重点介绍介观器件中的自旋轨道耦合以及在介观器件中产生、操控和探测自旋流的原理和方法。首先介绍在介观输运研究中常用的“金属导线-量子点-金属导线”型体系哈密顿量，包括实空间哈密顿量和动量空间的二次量子化哈密顿量。这里的量子点是指量子散射区域，此区域包含电子-电子库仑相互作用和自旋轨道耦合等。以此哈密顿量为基础，我们用两个具体的例子介绍了如何利用 Rashba 自旋轨道耦合在非磁性介观器件中用电学手段产生和操控自旋极化流和自旋积累。这两个例子分别用实空间的哈密顿量和动量空间的二次量子化哈密顿量。此外，介观环中的持续流是介观体系特有的现象，为此本书还介绍了由自旋轨道耦合引起的持续自旋流。考虑到自旋的矢量性，有关自旋流的定义也被重新讨论。最后，相对应于电流能产生磁场，我们介绍了自旋流也能在空间产生电场。

本章结构安排如下：13.2 节介绍含有自旋轨道耦合的体系哈密顿量，包括实空间哈密顿量和动量空间的二次量子化哈密顿量。本章后面的小节将会用到这两种形式的哈密顿量。13.3 节介绍由自旋轨道耦合引起的介观半导体中的自旋流和量子点中的自旋极化(自旋积累)现象。13.4 节介绍介观环中的持续自旋流。13.5 节和 13.6 节分别讨论自旋流的定义和自旋流引起的电场。最后总结这个领域的发展现状和将来可能的发展方向。

13.2 自旋电子器件的理论基础

自旋电子器件通常工作在介观尺度或纳米尺度下。在这种微纳尺度下，电子-电子库仑相互作用非常明显，因此要综合考虑库仑作用和自旋轨道作用。在输运测量中，最常用的体系是“金属导线-量子点-金属导线”结构，在量子点区域通常存在各种相互作用。量子点通过弱耦合连接到外界电子库(或者说金属导线)，金属导线中的相互作用通常是很弱的。下面我们考虑无相互作用的金属导线，但金属导线可以是磁性或非磁性材料。在处理多体相互作用时，非平衡格林函数方法[39,40]有巨大优势。格林函数通常应用在动量空间，因此需要构建在动量空间表示的哈密顿量表达式。下面首先介绍在实空间表示的体系哈密顿量，然后推导出动量空间二次量子化形式的哈密顿量。

13.2.1 含有自旋轨道耦合的实空间哈密顿量

图 13.1(a)是一般的输运装置示意图，中间的(量子点)散射区弱耦合到两个导线。下面考虑此左右二导线可以是铁磁导线。耦合结面存在势垒，势垒如图 13.1(b)所示，Rashba 自旋轨道耦合仅存在于中间量子散射区，也就是说，在$x<x_L$和 $x>x_R$ 区域，$\alpha=0$。矢量 $\boldsymbol{M}_\beta$ 表示铁磁导线的永久磁矩，这里 $\beta=\mathrm{L}$，R 表示左右导线。如果是非铁磁的普通导线，令 $\boldsymbol{M}_\beta=0$ 即可。在外磁场作用下，体系哈密顿量表达式为如下形式[41]

$$H(\boldsymbol{r}_1,\ \boldsymbol{r}_2,\ \cdots,\ \boldsymbol{r}_N)=\sum_i H_s(\boldsymbol{r}_i)+\sum_{i,\ j(i\neq j)} H_\mathrm{I}(\boldsymbol{r}_i,\ \boldsymbol{r}_j) \tag{13.1}$$

其中，N 是体系中的电子数。$H_\mathrm{I}(\boldsymbol{r}_1,\ \boldsymbol{r}_2)$和 $H_s(\boldsymbol{r})$分别是电子-电子相互作用部分和单电子哈密顿量，在无理化的 KMSA 国际单位制下(设真空介电常数为 1)，它们的表达式如下：

$$H_\mathrm{I}(\boldsymbol{r}_1,\ \boldsymbol{r}_2)=\frac{e^2}{2|\boldsymbol{r}_1-\boldsymbol{r}_2|} \tag{13.2}$$

$$H_s(\boldsymbol{r})=\frac{\boldsymbol{p}^2}{2m^*}+V(\boldsymbol{r})+\hat{\sigma}\cdot\boldsymbol{M}(\boldsymbol{r})+\hat{\sigma}\cdot\boldsymbol{B}(\boldsymbol{r})+H_\mathrm{SO}(\boldsymbol{r}) \tag{13.3}$$

H_s 中包含动能项和势能项、自旋和磁矩的作用能以及外磁场引起的塞曼项。为了使表达式看上去更简洁，我们把方程(13.3)中的玻尔磁子 μ_B 归入磁矩 $\boldsymbol{M}(\boldsymbol{r})$ 和磁场 $\boldsymbol{B}(\boldsymbol{r})$中。方程(13.3)中的最后一项是自旋轨道耦合项 H_SO，它代表电场对运动自旋的作用。从 Dirac 方程可以推出它在实空间的经典表达式[10,41,42]

$$H_\mathrm{SO}=\frac{e\hbar}{4m_e c^2}\hat{\sigma}\cdot(\boldsymbol{v}\times\boldsymbol{E}) \tag{13.4}$$

其中，m_e 是电子质量；c 是光速；$\hat{\sigma}$ 是泡利矩阵；$\boldsymbol{v}$ 是电子速度算符。电子自旋算

符 $\boldsymbol{s}=\frac{\hbar}{2}\hat{\sigma}$。如果考虑 x-z 平面的二维电子气，电子在 y 方向严重受限，即 $\frac{\mathrm{d}V}{\mathrm{d}y}\gg\frac{\mathrm{d}V}{\mathrm{d}x}, \frac{\mathrm{d}V}{\mathrm{d}z}$。于是，$\nabla V(\boldsymbol{r})\approx\hat{y}\frac{\mathrm{d}V}{\mathrm{d}y}$，也就是说，电场 $\boldsymbol{E}\equiv\nabla V(\boldsymbol{r})/e$ 几乎沿着 y 方向。如果 $V(y)$ 关于 $y=0$ 不对称，方程(13.4)将简化成 Rashba 自旋轨道耦合项[10,41,42]

$$H_{\mathrm{SO}}=\frac{\hat{y}}{2\hbar}\cdot[\alpha(\hat{\sigma}\times\boldsymbol{p})+(\hat{\sigma}\times\boldsymbol{p})\alpha] \tag{13.5}$$

其中，$\boldsymbol{p}=m_{\mathrm{e}}\boldsymbol{v}$ 是动量算符；α 代表自旋轨道耦合强度。如果考虑其他类型的势场 $V(\boldsymbol{r})$，就会得到其他不同形式的自旋轨道耦合项。但是，自旋轨道耦合本质都是外电场和运动自旋之间的相互作用[41]。

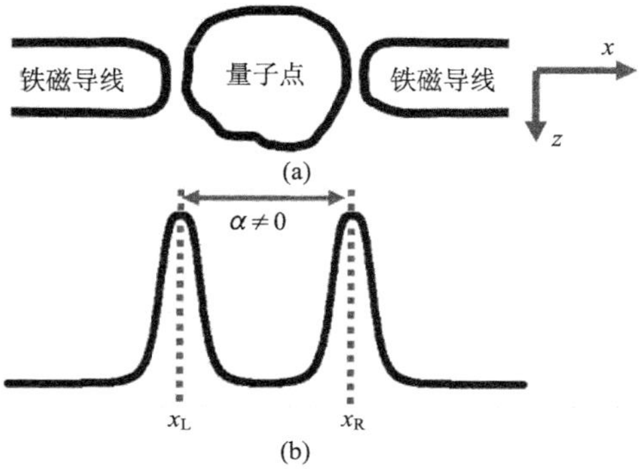

图 13.1 (a)量子输运中常用的“金属导线-量子点-金属导线”型体系结构示意图，其中量子点和左右的铁磁导线之间存在势垒散射，它们之间的耦合为弱耦合；(b)体系沿 x 方向的散射势垒分布

在 Rashba 自旋轨道耦合中，垂直方向非对称的限制势必不可少。如果限制势是对称的，则 $\alpha=0$。原则上，α 依赖于空间坐标 x，比如，在金属-量子点结点处，α 会突变，这导致 $\boldsymbol{p}\alpha(x)\neq\alpha(x)\boldsymbol{p}$，因此方程(13.5)中的两项不能严格相等。这里需要指出的是，实验上，已经可以通过调节外电场[43]来调节 Rashba 耦合常数 α，并且调节范围相当大。

13.2.2 含有自旋轨道耦合的二次量子化哈密顿量

下面导出动量空间的二次量子化形式哈密顿量[41]。首先考虑外磁场为零、自旋轨道耦合也为零的普通体系。这种体系的二次量子化型哈密顿量在许多文献中都有描述，我们直接写出它的表达式

$$H=H_{\mathrm{QD}}+\sum_{\beta=\mathrm{L,R}}H_{\beta}+H_{\mathrm{T}} \tag{13.6}$$

其中，H_{QD}代表量子点或量子散射区的哈密顿量；H_β 代表半无穷长导线哈密顿量；H_{T} 表示量子点和导线之间的耦合项。它们分别表示如下

$$H_{\mathrm{QD}}=\sum_{n,\ s}\varepsilon_n d_{ns}^{+}d_{ns}+\sum_{ns,\ ms'(ns\neq ms')}U_{ns,\ ms'}\hat{n}_{ns}\hat{n}_{ms'} \tag{13.7}$$

$$H_\beta=\sum_{k,\ s}\varepsilon_{k_\beta}a_{k_\beta s}^{\dagger}a_{k_\beta s} \tag{13.8}$$

$$H_{\mathrm{T}}=\sum_{k_\beta,\ n,\ s}[t_{k_\beta n}a_{k_\beta s}^{\dagger}d_{ns}+\mathrm{h.c.}] \tag{13.9}$$

其中，$\hat{n}_{ns}\equiv d_{ns}^{\dagger}d_{ns}$代表量子点内处于 s 态的粒子数，$s=\uparrow$，$\downarrow$(或者+，－)是自旋指标，代表自旋朝上或朝下，n 是不包含库仑作用时孤立量子点[方程(13.3)]的能级指标，对应的能级能量 $\varepsilon_n=\langle n|H_s|n\rangle$；$k_\beta$ 是 β 导线区的动量态指标，对应的能量 $\varepsilon_{k_\beta}=\langle k_\beta|H_s|k_\beta\rangle$，其中 β=L，R；$t_{k_\beta,n}=\langle k_\beta|H_s|n\rangle$描述导线和量子点之间的耦合强度；$U_{ns,ns'}=\left\langle ns,\ ms'\left|\dfrac{e^2}{2|\boldsymbol{r}_1-\boldsymbol{r}_2|}\right|ms',\ ns\right\rangle$表示量子散射区的电子-电子库仑作用。导线中不考虑此电子-电子二体作用。在不考虑磁场、磁性材料及自旋轨道耦合的情况下($\boldsymbol{M}=0$，$\boldsymbol{B}=0$，$\alpha=0$)，$[\hat{\sigma},\ H_s]=0$，这导致所有二次量子化哈密顿量矩阵元(包括 ε_n、ε_{k_β}和 $t_{k_\beta,n}$等)都不依赖自旋指标 s。

接下来考虑铁磁导线，此时左右铁磁导线的磁矩 $\boldsymbol{M}_\beta$ 将不再是 0，单粒子哈密顿量 H_s[方程(13.3)]中将包含 $\hat{\sigma}\cdot\boldsymbol{M}_\beta$ 项。下面我们设左右导线中的磁矩 $\boldsymbol{M}_\beta$ 都各自为常数，但允许左右导线中的磁矩不相等。另外，磁矩项哈密顿量的矩阵元$\langle k_\beta s|\hat{\sigma}\cdot\boldsymbol{M}_\beta|k'_\beta s'\rangle=\delta_{kk'}(\hat{\sigma}\cdot\boldsymbol{M}_\beta)_{ss'}$，这样，导线哈密顿量变成

$$H_\beta=\sum_{k,\ s}\varepsilon_{k_\beta}a_{k_\beta s}^{\dagger}a_{k_\beta s}+\sum_{k}(a_{k_\beta\uparrow}^{\dagger},\ a_{k_\beta\downarrow}^{\dagger})\hat{\sigma}\cdot\boldsymbol{M}_\beta\begin{pmatrix}a_{k_\beta\uparrow}\\ a_{k_\beta\downarrow}\end{pmatrix}$$

由于 $\hat{\sigma}\cdot\boldsymbol{M}_\beta$ 中包含有 σ_x、σ_y 分量，$|k_\beta s\rangle$通常不是导线 β 的本征态，这导致$\langle a_{k_\beta s}^{\dagger}a_{k_\beta s}\rangle$也不等于导线的费米分布函数 $f_\beta(\varepsilon_{k_\beta})$，这在求解输运问题时极为不便。为此，需通过作旋转幺正变化把 H_β 对角化，使得左右导线的磁化方向沿着各自的自旋 z 方向。旋转幺正变换的幺正矩阵表示为

$$\boldsymbol{U}=\begin{pmatrix}\cos\dfrac{\theta_\beta}{2}\mathrm{e}^{\mathrm{i}\phi_\beta/2} & \sin\dfrac{\theta_\beta}{2}\mathrm{e}^{-\mathrm{i}\phi_\beta/2}\\ -\sin\dfrac{\theta_\beta}{2}\mathrm{e}^{\mathrm{i}\phi_\beta/2} & \cos\dfrac{\theta_\beta}{2}\mathrm{e}^{-\mathrm{i}\phi_\beta/2}\end{pmatrix} \tag{13.10}$$

其中，θ_β 和 ϕ_β 是铁磁磁矩$\boldsymbol{M}_\beta$ 的方向角。经过以上旋转幺正变换之后，整体的二次量子化哈密顿量变为

$$H=H_{\mathrm{QD}}+\sum_{\beta=\mathrm{L,\ R}}H_\beta+H_{\mathrm{T}}$$

$$H_{\mathrm{QD}}=\sum_{n,\ s}\varepsilon_n d_{ns}^{+}d_{ns}+\sum_{ns,\ ms'(ns\neq ms')}U_{ns,\ ms'}\hat{n}_{ns}\hat{n}_{ms'}$$

$$H_{\beta}=\sum_{k,\ s}(\varepsilon_{k_\beta}+sM_\beta)a_{k_\beta s}^{\dagger}a_{k_\beta s}$$

$$H_{\mathrm{T}}=\sum_{k,\ n,\ s,\ \beta}t_{k_\beta n}\left(\cos\frac{\theta_\beta}{2}a_{k_\beta s}^{\dagger}-s\sin\frac{\theta_\beta}{2}a_{k_\beta\bar{s}}^{\dagger}\right)\mathrm{e}^{\mathrm{i}s\phi_\beta/2}d_{ns}$$

以上幺正变换导致两个结果：第一，对于孤立导线 H_β，$|k_\beta s\rangle$成为 H_β 的本征态，对应的本征能量 $\varepsilon_{k_\beta s}=\varepsilon_{k_\beta}+sM_\beta$；在这种情况，对于孤立导线有$\langle a_{k_\beta s}^{\dagger}a_{k_\beta s}\rangle=f_\beta(\varepsilon_{k_\beta})$，其中 $f_\beta(\varepsilon_{k_\beta})$是费米分布函数。第二，旋转变换后，左右导线和中间量子区的自旋 $\hat{z}$ 方向将各不相同，如图 13.2 所示，每个区域都有各自的自旋 $\hat{z}$ 方向。变换之后，中间量子区的自旋 $\hat{z}$ 取向不变，左右导线的自旋 $\hat{z}$ 方向变为铁磁的磁矩 $\boldsymbol{M}_\beta$ 所指的方向(图 13.2)。

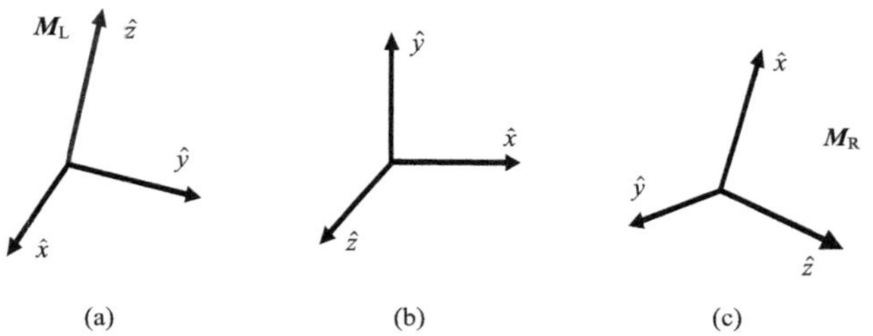

图 13.2 不同区域的局域自旋坐标。在左右铁磁导线区，自旋 $\hat{z}$ 方向沿永久磁矩 $\hat{\boldsymbol{M}}_\beta$ 的方向。(a)左铁磁导线；(b)中间散射区或量子点；(c)右铁磁导线

接下来考虑 Rashba 自旋轨道耦合项，这是本节的重点。自旋轨道耦合哈密顿量可以分为两部分

$$\begin{aligned}H_{\mathrm{SO}}&\equiv H_{\mathrm{R1}}+H_{\mathrm{R2}}\\&=\frac{1}{2\hbar}[\alpha(x)\hat{\sigma}_z p_x+\hat{\sigma}_z p_x\alpha(x)]-\frac{\alpha(x)\hat{\sigma}_x p_z}{\hbar}\end{aligned}\qquad(13.11)$$

首先考虑第一项自旋进动项。包含此自旋进动项的体系单粒子哈密顿量 $H_s^1(\boldsymbol{r})\equiv\dfrac{p_x^2+p_z^2}{2m^*}+V(\boldsymbol{r})+\hat{\sigma}\cdot\boldsymbol{M}(\boldsymbol{r})+H_{\mathrm{R1}}$。注意，这里的自旋轨道耦合只出现在中间散射区，因此 $\alpha(x)$在导线和量子点的耦合结点发生突变，这导致 H_{R1} 中包含 δ 函数，因而无法直接求二次量子化的矩阵元$\langle ns|H_{\mathrm{R1}}|ms'\rangle$。为了消除自旋进动项带来的奇异性，需采用特殊的运动坐标系。在此运动坐标系中，自旋是静止的。设自旋绕 z 轴进动，此时在中间散射区采用转动坐标最为方便，这相当于作幺正变换

$$u(x)=\begin{cases}1, & x<x_{\rm L}\\ \exp\left\{-\mathrm{i}\hat{\sigma}_z\int_{x_{\rm L}}^{x}k_{\rm R}(x)\mathrm{d}x\right\}, & x_{\rm L}<x<x_{\rm R}\\ \exp\left\{-\mathrm{i}\hat{\sigma}_z\int_{x_{\rm L}}^{x_{\rm R}}k_{\rm R}(x)\mathrm{d}x\right\}, & x_{\rm R}<x\end{cases}\tag{13.12}$$

其中，$k_{\rm R}(x)\equiv\alpha(x)m^*/\hbar^2$。在此幺正变换下，量子散射区的基函数 $|n_\uparrow\rangle=\varphi_n(r)(1,0)^{\rm T}$ 和 $|n_\downarrow\rangle=\varphi_n^*(r)(0,1)^{\rm T}$ 变为

$$|n_\uparrow\rangle'=u(x)|n\uparrow\rangle=\mathrm{e}^{-\mathrm{i}\int_{x_{\rm L}}^{x}k_{\rm R}(x)\mathrm{d}x}\varphi_n(r)\begin{pmatrix}1\\0\end{pmatrix}\tag{13.13}$$

$$|n_\downarrow\rangle'=u(x)|n\downarrow\rangle=\mathrm{e}^{+\mathrm{i}\int_{x_{\rm L}}^{x}k_{\rm R}(x)\mathrm{d}x}\varphi_n^*(r)\begin{pmatrix}0\\1\end{pmatrix}\tag{13.14}$$

新的基函数将被用来求解后面二次量子化的矩阵元。在幺正变换[式(13.12)]作用下，新的哈密顿量变成如下形式

$$\begin{aligned}H_s^{1'}&=u(x)^+H_s^1u(x)\\&=\frac{p_x^2+p_z^2}{2m^*}+V(r)-\frac{\hbar^2k_{\rm R}^2(x)}{2m^*}+\sigma\cdot\boldsymbol{M}'(\boldsymbol{r})\end{aligned}\tag{13.15}$$

其中，$\boldsymbol{M}'_{\rm L}=\boldsymbol{M}_{\rm L}$ 维持不变，但是 $\boldsymbol{M}'_{\rm R}$ 由原来的$(\theta_{\rm R},\phi_{\rm R})$方向转到$(\theta_{\rm R},\phi_{\rm R}-2\phi_{\rm SO})$方向，相当于绕 z 轴额外转动了 $-2\phi_{\rm SO}$ 的角度。这里的 $\phi_{\rm SO}=\int_{x_{\rm L}}^{x_{\rm R}}k_{\rm R}(x)\mathrm{d}x$。

以上变换产生两个效果：①沿实空间 x 轴，自旋绕 $\hat{z}$ 轴进动，在此转动坐标系[图 13.3(a)]下，散射区自旋守恒，即$[H_s^{1'},\hat{\sigma}_{x/y/z}]=0$。②如图 13.3(b)左所示，Rashba 耦合项 H_{R1} 还引起非零 k_x 态上自旋向上和自旋向下电子间的能量分裂。此幺正变换恰好抵消了由 Rashba 自旋轨道耦合所引起的能量分裂，这使得新哈密顿量看上去像完全不考虑 Rashba 自旋轨道耦合的体系哈密顿量[图 13.3(b)右]，唯一的区别只是体系能量平移$-\dfrac{\hbar^2k_{\rm R}^2(x)}{2m^*}=-m^*\alpha^2(x)/2\hbar^2$，且右导线的磁矩额外转动了$-2\phi_{\rm SO}$的角度。这相当于在导线和量子点的耦合边界多加了一个额外的位相$-s\phi_{\rm SO}$，这个额外的相位和磁通引起的相位完全不同，后者不依赖于自旋且破坏时间反演对称，而前者在时间反演操作下保持不变。

根据上面的结果，体系的二次量子化哈密顿量是

$$H=H_{\rm QD}+\sum_{\beta={\rm L},{\rm R}}H_\beta+H_{\rm T}$$

$$H_{\rm QD}=\sum_{n,s}\varepsilon_nd_{ns}^+d_{ns}+\sum_{ns,ms'(ns\neq ms')}U_{ns,ms'}\hat{n}_{ns}\hat{n}_{ms'}$$

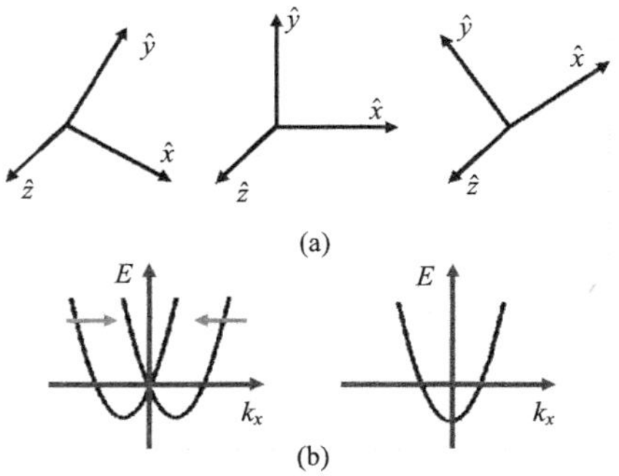

图 13.3　(a)不同区域的自旋坐标，沿 x 方向，自旋绕 z 轴转动；(b)幺正变换前后体系的色散关系

$$H_{\beta}=\sum_{k,\ s}(\varepsilon_{k_{\beta}}+sM_{\beta})a^{\dagger}_{k_{\beta}s}a_{k_{\beta}s} \tag{13.16}$$

$$\begin{aligned}H_{\mathrm{T}}=\sum_{k,\ n,\ s}\Big[&t_{k\mathrm{L}n}\left(\cos\frac{\theta_{\mathrm{L}}}{2}a^{\dagger}_{k\mathrm{L}s}-s\sin\frac{\theta_{\mathrm{L}}}{2}a^{\dagger}_{k\mathrm{L}\bar{s}}\right)\mathrm{e}^{is\phi_{L}/2}d_{ns}\\&+t_{k_{\mathrm{R}}n}\left(\cos\frac{\theta_{\mathrm{R}}}{2}a^{\dagger}_{k_{\mathrm{R}}s}-s\sin\frac{\theta_{\mathrm{R}}}{2}a^{\dagger}_{k_{\mathrm{R}}\bar{s}}\right)\mathrm{e}^{is\phi_{R}/2}\mathrm{e}^{-is\phi_{\mathrm{SO}}}d_{ns}\end{aligned} \tag{13.17}$$

下面求第二部分自旋轨道耦合 $H_{\mathrm{R2}}\equiv-\dfrac{\alpha(x)\hat{\sigma}_{x}p_{z}}{\hbar}$ 的二次量子化形式[方程(13.11)]，这需要求出所有矩阵元 $\langle ms'|u(x)^{\dagger}H_{\mathrm{R2}}u(x)|ns\rangle=\langle ms'|H'_{\mathrm{R2}}|ns\rangle$，结果如下

$$\langle m_{\uparrow}|H'_{\mathrm{R2}}|n_{\uparrow}\rangle=\langle m_{\downarrow}|H'_{\mathrm{R2}}|n_{\downarrow}\rangle=0 \tag{13.18}$$

$$\langle m_{\downarrow}|H'_{\mathrm{R2}}|n_{\uparrow}\rangle=\langle n_{\uparrow}|H'_{\mathrm{R2}}|m_{\downarrow}\rangle^{*}=\frac{-\hbar k_{\mathrm{R}}}{m^{*}}\int\mathrm{d}r\,\mathrm{e}^{-2ik_{\mathrm{R}}x}\varphi_{m}(r)p_{z}\varphi_{n}(r)\equiv t^{\mathrm{SO}}_{mn} \tag{13.19}$$

$$\begin{aligned}\langle n_{\downarrow}|H'_{\mathrm{R2}}|m_{\uparrow}\rangle=\langle m_{\uparrow}|H'_{\mathrm{R2}}|n_{\downarrow}\rangle^{*}&=\frac{-\hbar k_{\mathrm{R}}}{m^{*}}\int\mathrm{d}r\,\mathrm{e}^{-2ik_{\mathrm{R}}x}\varphi_{n}(r)p_{z}\varphi_{m}(r)\\&=\frac{\hbar k_{\mathrm{R}}}{m^{*}}\int\mathrm{d}r\,\mathrm{e}^{-2ik_{\mathrm{R}}x}\varphi_{m}(r)p_{z}\varphi_{n}(r)=-t^{\mathrm{SO}}_{mn}\end{aligned} \tag{13.20}$$

用上面的矩阵元[式(13.20)]，写出 H_{R2} 的二次量子化形式

$$H_{\mathrm{R2}}=\sum_{m,\ n}t^{\mathrm{SO}}_{mn}d^{\dagger}_{m\downarrow}d_{n\uparrow}+\mathrm{h.c.} \tag{13.21}$$

其中，矩阵元有对称关系 $t^{\mathrm{SO}}_{mn}=-t^{\mathrm{SO}}_{nm}$。此对称关系源于自旋轨道耦合的时间反演

对称性。当 $n=m$ 时，$t_{nn}^{SO}=-t_{nn}^{SO}$，t_{nn}^{SO} 必定为零。由此推断，在 Rashba 自旋轨道耦合作用下，能级内的自旋翻转被禁止。此外，当 $n\neq m$ 时，$t_{nm}^{SO}=-t_{mn}^{SO}$ 可以不为零，能级间的自旋翻转可能发生，但是体系仍然保持二重简并。考虑尺寸为 $W=100\text{nm}$ 的二维量子点，本征态 $\varphi_n(r)=\frac{2}{W}\sin\frac{n_x\pi x}{W}\sin\frac{n_z\pi z}{W}$，能级间距 $\Delta\varepsilon\approx\frac{\hbar^2\pi^2}{2m^*W^2}\approx 1\text{meV}$，如果取 $\alpha=3\times10^{-11}\ \text{eV}\cdot\text{m}$，$m^*=0.036m_e$，根据方程(13.19)可以估算 $|t_{mn}^{SO}|\sim\frac{\hbar^2k_R}{m^*W}=\frac{\alpha}{W}\sim 0.3\text{meV}$，和 $\Delta\varepsilon$ 为同一量级。有关方程(13.22)的更详细的特性，请参阅文献[41]。至此，我们已经写出了包含自旋轨道耦合项的二次量子化形式的哈密顿量。下面考虑磁场和库仑作用项。

先考虑库仑作用。库仑作用只存在中间散射区，因此旋转幺正变换 U[方程 13.10)]不会影响库仑作用。下面考虑量子点里的幺正变换 $u(x)$[方程(13.12)]对库仑作用的影响。在 $u(x)$ 作用下，库仑作用

$$H_I(\boldsymbol{r}_1,\boldsymbol{r}_2,\cdots,\boldsymbol{r}_N)=\sum_{i,j(i\neq j)}\frac{e^2}{2|\boldsymbol{r}_i-\boldsymbol{r}_j|}$$

变为

$$\begin{aligned}H'_I&=\sum_{i,j(i\neq j)}u^\dagger(x_i)u^\dagger(x_j)\frac{e^2}{2|\boldsymbol{r}_i-\boldsymbol{r}_j|}u(x_j)u(x_i)\\&=\sum_{i,j(i\neq j)}\frac{e^2}{2|\boldsymbol{r}_i-\boldsymbol{r}_j|}\end{aligned}\tag{13.22}$$

结果表明，$H'_I=H_I$，幺正变换 $u(x)$ 不影响库仑作用。库仑作用的二次量子化形式仍为变换以前的形式

$$H_I=\sum_{ns,ms'(ns\neq ms')}U_{ns,ms'}d_{ns}^\dagger d_{ns}d_{ms'}^\dagger d_{ms'}\tag{13.23}$$

其中，矩阵元

$$U_{ns,ms'}=\left\langle ns,ms'\left|\frac{e^2}{2|\boldsymbol{r}_1-\boldsymbol{r}_2|}\right|ms',ns\right\rangle$$

最后考虑经过幺正变换(13.12)之后外磁场项 $\hat{\sigma}\cdot\boldsymbol{B}$ 的二次量子化形式。同样只考虑外磁场只存在中间散射区的情况，设外磁场 $\boldsymbol{B}=(B_x,B_y,B_z)$，$B_{x/y/z}$ 为磁场沿 $x/y/z$ 方向的投影。首先看 B_z 分量，在幺正变换 $u(x)$ 作用下，$\hat{\sigma}_zB_z$ 保持不变，则

$$u^\dagger(x)\hat{\sigma}_zB_zu(x)=e^{i\hat{\sigma}_zk_Rx}\hat{\sigma}_zB_ze^{-i\hat{\sigma}_zk_Rx}=\hat{\sigma}_zB_z$$

它的二次量子化形式也保持不变

$$\sum_{ns} sB_z d_{ns}^{\dagger} d_{ns} \tag{13.24}$$

接着考虑 $\hat{\sigma}_x B_x$ 项。在幺正变换 $u(x)$ 作用下，$u^{\dagger}(x)(\hat{\sigma}_x B_x)u(x) \neq \hat{\sigma}_x B_x$，变换后的矩阵元 $\langle ms' | u^{\dagger}(x)(\hat{\sigma}_x B_x)u(x) | ns \rangle$ 表示如下

$$\langle m_{\uparrow} | u^{\dagger}\hat{\sigma}_x B_x u | n_{\uparrow} \rangle = \langle m_{\downarrow} | u^{\dagger}\hat{\sigma}_x B_x u | n_{\downarrow} \rangle = 0 \tag{13.25}$$

$$\langle m_{\downarrow} | u^{\dagger}\hat{\sigma}_x B_x u | n_{\uparrow} \rangle = \int \mathrm{d}r \, \mathrm{e}^{-\mathrm{i}2k_{\mathrm{R}}x} \varphi_m(r) \varphi_n(r) B_x \equiv t_{mn}^{B} B_x \tag{13.26}$$

$$\langle n_{\downarrow} | u^{\dagger}\hat{\sigma}_x B_x u | m_{\uparrow} \rangle = t_{mn}^{B} B_x \tag{13.27}$$

$$\langle n_{\uparrow} | u^{\dagger}\hat{\sigma}_x B_x u | m_{\downarrow} \rangle = \langle m_{\uparrow} | u^{\dagger}\hat{\sigma}_x B_x u | n_{\downarrow} \rangle = t_{mn}^{B*} B_x \tag{13.28}$$

据此写出 $\hat{\sigma}_x B_x$ 的二次量子化形式

$$\sum_{m,\ n(n<m)} B_x t_{mn}^{E} [d_{m\downarrow}^{\dagger} d_{n\uparrow} + d_{n\downarrow}^{\dagger} d_{m\uparrow}] + \sum_{n} B_x t_{nn}^{B} d_{n\downarrow}^{\dagger} d_{n\uparrow} + \text{h.c.}$$

由于 $t_{mn}^{B} = t_{nm}^{B}$，上式又可以写为

$$\sum_{m,\ n} B_x t_{mn}^{B} d_{m\downarrow}^{\dagger} d_{n\uparrow} + \text{h.c.} \tag{13.29}$$

B_y 的二次量子化形式和式(13.29)相同。单从形式上看，它和 Rashba 自旋轨道耦合项的第二项[方程(13.21)]非常相似，但是它们却有本质上的不同。首先，矩阵元的对称关系不同。H_{R2} 的矩阵元满足 $t_{mn}^{\mathrm{SO}} = -t_{nm}^{\mathrm{SO}}$，这种对称关系是时间反演不变性的直接结果，而 $\hat{\sigma}_x B_x$ 的矩阵元满足 $t_{mn}^{B} = t_{nm}^{B}$，说明磁场破坏时间反演对称性。其次，磁场引起塞曼劈裂，平衡态下也会产生自旋极化，H_{R2} 则保持两重 Kramers 自旋简并。最后，当 $n=m$ 时，$t_{nn}^{\mathrm{SO}}=0$，禁止能级内的自旋翻转，但是 $n=m$ 时，t_{nn}^{B} 通常都是贡献最大的一项(如当 $k_{\mathrm{R}}=0$，$t_{mn}^{B} = \delta_{mn}$)，这说明磁场很容易引起能级内的自旋翻转。

综合考虑以上所有各项，最终得到外磁场作用下含有库仑作用和 Rashba 自旋轨道耦合的二次量子化形式的哈密顿量，形式如下[41]

$$H = H_{\mathrm{QD}} + \sum_{\beta=\mathrm{L},\ \mathrm{R}} H_{\beta} + H_{\mathrm{T}} \tag{13.30}$$

其中，H_{QD} 是量子点哈密顿量；H_{β} 表示半无穷长导线哈密顿量；H_{T} 是导线和量子点的耦合哈密顿量，分别表示如下

$$\begin{aligned} H_{\mathrm{QD}} = & \sum_{n,\ s} (\varepsilon_n + sB_z) d_{ns}^{\dagger} d_{ns} + \sum_{ns,\ ms'(ns\neq ms')} U_{ns,\ ms'} \hat{n}_{ns} \hat{n}_{ms'} \\ & + \sum_{m,\ n} [t_{mn}^{\mathrm{SO}} d_{m\downarrow}^{\dagger} d_{n\uparrow} + B_x t_{mn}^{B} d_{m\downarrow}^{\dagger} d_{n\uparrow} + \text{h.c.}] \end{aligned} \tag{13.31}$$

$$H_{\beta} = \sum_{k,\ s} (\varepsilon_{k_{\beta}} + sM_{\beta}) a_{k_{\beta}s}^{\dagger} a_{k_{\beta}s} \tag{13.32}$$

$$H_{\mathrm{T}} = \sum_{k,\ n,\ s,\ \beta} \left[t_{k_{\beta}n} \left(\cos\frac{\theta_{\beta}}{2} a_{k_{\beta}s}^{\dagger} - s\sin\frac{\theta_{\beta}}{2} a_{k_{\beta}\bar{s}}^{\dagger} \right) \times \mathrm{e}^{\mathrm{i}s\phi_{\beta}/2} \mathrm{e}^{-\mathrm{i}sk_{\mathrm{R}}x_{\beta}} d_{ns} + \text{h.c.} \right] \tag{13.33}$$

其中，$t_{mn}^{SO}=-t_{nm}^{SO}$和$t_{mn}^{B}=t_{nm}^{B}$。总结一下，自旋轨道耦合引起两个效果：①引起一个与自旋有关的相位；②导致量子点内能级之间的自旋翻转。有了以上二次量子化形式的哈密顿量[式(13.30)～式(13.33)]之后，在量子输运中研究自旋轨道耦合以及由此引起的一系列效应将变得非常方便。比如，用这二次量子化哈密顿量可以研究有自旋轨道耦合体系的 Kondo 效应、Andreev 反射等[25,44-47]。

13.3　纳米器件中的自旋积累和自旋极化流

目前，理论上有很多方法可以在纳米器件中产生[21-25,48-53]和探测[54-56]自旋流或自旋积累。其中，有些方法在实验上已相当成熟[11,12,32-34,57,58]。下面，我们介绍两个在没有外磁场的条件下在非磁性介观体系中产生自旋流和自旋积累的工作，这两个工作[24,25]分别用了 13.2 节介绍的实空间哈密顿量和动量空间二次量子化的哈密顿量。

13.3.1　半导体中的自旋极化流

利用 Rashba 自旋轨道耦合，可以在非磁性体系中产生自旋极化流[21,24]。下面介绍这方面的一个工作：关于在无磁性材料无外磁场情况下的纳米器件中由非均匀自旋轨道耦合所产生的自旋极化流的工作[24]。首先从物理图像上分析非均匀自旋轨道耦合如何产生自旋极化流。考虑最简单的情况：如图 13.4(a)所示，电子从左导线隧穿到右导线有两条通道，t_1 和 t_2 分别代表电子通过这两个通道的透射系数。在两个通道中取不同的自旋轨道耦合强度 α，比如，设通道 1 中 $\alpha=0$，通道 2 中 α 取一个较大值。如 13.2 节所示[41]，当电子经过通道 2 时，此不为零的 α 引起一个额外的位相 $\varphi=-sk_{\rm R}L$，如果只考虑一级隧穿项，对于自旋向上或向下的电子，总的透射系数可以写为 $T_{\uparrow/\downarrow}=|t_1+t_2{\rm e}^{\pm i\varphi}|^2$。零温下的自旋极化可以定义为

$$p=\frac{T_\uparrow-T_\downarrow}{T_\uparrow+T_\downarrow}=\frac{2|t_1t_2|\sin\theta\sin\varphi}{|t_1|^2+|t_2|^2+2|t_1t_2|\cos\theta\cos\varphi}\tag{13.34}$$

其中，θ 表示 t_1 和 t_2 的位相差。

考虑更加具体的情况，构造如图 13.4(b)所示的无镜像对称的两端口二维体系，电子可经Ⅱ区或Ⅲ区从左端口隧穿到右端口，在整个隧穿过程中电子保持位相相干。如果Ⅱ区和Ⅲ区自旋轨道耦合强度不同，根据上面的分析，体系将自发产生自旋极化流，整个过程不存在任何磁性材料和外磁场。两端口的二维体系[图 13.4(b)]哈密顿量表示如下

$$H=\frac{p_x^2+p_z^2}{2m}+V(x,z)+\frac{\alpha}{\hbar}(\sigma_z p_x-\sigma_x p_z)\tag{13.35}$$

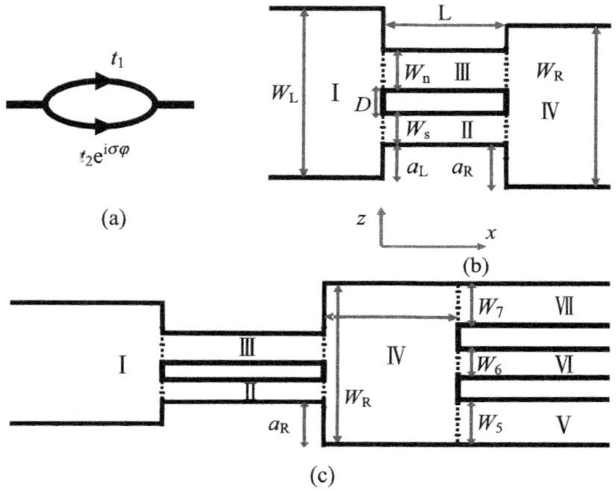

图 13.4 (a)两端口隧穿模型示意图；(b)和(c)分别为具体研究中的两端口和四端口模型

其中，$V(x, z)$是空间势能。设Ⅰ区和Ⅳ区势能$V(x, z)$和Rashba耦合强度都为零，Ⅱ区和Ⅲ区势能和Rashba耦合强度都不为零，$V(x, z)=V_2$(或V_3)，$\alpha=\alpha_2$(或α_3)，其余区域势能无穷大。通过各区域的边条件匹配可以求得总的透射系数[60,61]。设自旋为s能量为E的电子从左端口的第n个子带入射，忽略Ⅱ区和Ⅲ区的带间散射，Ⅰ～Ⅳ区的波函数可以写成如下形式

$$\Phi(x, z)=\begin{cases} e^{ik_n^{\mathrm{I}}x}\varphi_n^{\mathrm{I}}(z)s+\sum\limits_m r_{mns}e^{-ik_m^{\mathrm{I}}x}\varphi_m^{\mathrm{I}}(z)s \\ \sum\limits_m a_{mns}^{+}e^{ik_{ms}^{\mathrm{II}+}x}\varphi_m^{\mathrm{II}}(z)s+\sum\limits_m a_{mns}^{-}e^{ik_{ms}^{\mathrm{II}-}x}\varphi_m^{\mathrm{II}}(z)s \\ \sum\limits_m b_{mns}^{+}e^{ik_{ms}^{\mathrm{III}+}x}\varphi_m^{\mathrm{III}}(z)s+\sum\limits_m b_{mns}^{-}e^{ik_{ms}^{\mathrm{III}-}x}\varphi_m^{\mathrm{III}}(z)s \\ \sum\limits_m t_{mns}e^{ik_m^{\mathrm{IV}}x}\varphi_m^{\mathrm{IV}}(z)s \end{cases}$$

其中，下标$s=\uparrow/\downarrow$或±1代表自旋向上或向下。此外s还代表自旋态，例如，$|s\rangle=(1, 0)^{\mathrm{T}}$和$(0, 1)^{\mathrm{T}}$分别表示自旋向上和自旋向下的量子态。$\varphi_m^{\beta}(z)$($\beta$=Ⅰ, Ⅱ, Ⅲ, Ⅳ)代表$\beta$区第$m$子带的横向波函数，各子带的横向波函数彼此正交。沿$x$方向的波矢$k_m^{\mathrm{I/IV}}=\sqrt{\frac{2m^*}{\hbar^2}(E-E_m^{\mathrm{I/IV}})}$，$k_{ms}^{\gamma\pm}=\pm\sqrt{\frac{2m^*}{\hbar^2}(E-V_\gamma-E_m^\gamma)+k_{\mathrm{R}\gamma}^2}-sk_{\mathrm{R}\gamma}$($\gamma$=Ⅱ, Ⅲ)，其中，$k_{\mathrm{R}\gamma}\equiv\alpha_\gamma m^*/\hbar^2$，$E_m^\gamma=\frac{\hbar^2}{2m^*}\left(\frac{m\pi}{W\gamma}\right)^2$。$t_{mns}$和$r_{mns}$分别为透射和反射系数。由各边界的波函数匹配条件可以确定常系数$a_{mns}^{\pm}$和$b_{mns}^{\pm}$。各边界的边条件包括波函数连续$\Phi(x, z)|_{x=0^-/L^-}=\Phi(x, z)|_{x=0^+/L^+}$和流连续$\hat{v}_x\Phi(x, z)|_{x=0^-/L^-}=$

$\hat{v}_x\Phi(x, z)|_{x=0^+/L^+}+\dfrac{2iU_0}{\hbar}\Phi(0/L, z)$，其中，$\hat{v}_x=(p_x+\sigma_z\hbar k_R)/m^*$ 是速度算符，U_0 是结面处的肖特基 δ 势垒。利用 $x=0$ 和 $x=L$ 处的边条件，可以求得全部六组待定系数，即 r_{mns}、$a^+_{\rm mns}$、$a^-_{\rm mns}$、$b^+_{\rm mns}$、$b^-_{\rm mns}$、t_{mns}，再从透射系数 t_{mns} 获得透射概率 $T_s(E)=\sum_{m,n}\theta(E-E^{\rm I}_n)\theta(E-E^{\rm IV}_m)\dfrac{k^{\rm IV}_m}{k^{\rm I}_n}|t_{mns}|^2$。透射系数还决定Ⅳ区的局域电导

$$g_{Xs}(x, z)=\frac{\mathrm{d}j_{Xs}}{\mathrm{d}V}=\frac{e^2}{h}\int\mathrm{d}E\,\frac{-\partial f(E)}{\partial E}\sum_n\frac{1}{k_n}Re$$
$$\left[\sum_m t^*_{mns}\mathrm{e}^{-\mathrm{i}k^{\rm IV*}_m x}\varphi^{\rm IV}_m(z)\right]\left[\sum_m t_{mns}k^{\rm IV}_m\mathrm{e}^{\mathrm{i}k^{\rm IV}_m x}\varphi^{\rm IV}_m(z)\right]$$

其中，$f(E)=1/[\mathrm{e}^{(E-E_{\rm F})/k_{\rm B}T}+1]$是半无穷导线区的费米分布函数，$E_{\rm F}$ 是费米能。由此局域电导可以求得局域自旋极化率 $p(x, z)\equiv[g_{X\uparrow}-g_{X\downarrow}]/[g_{X\uparrow}+g_{X\downarrow}]$。

图 13.5 描述Ⅳ区中的局域自旋极化率 $p(x, z)$。可以看出，$p(x, z)$明显非零，在某些点，$p(x, z)$甚至超过 15%。计算结果显示，电势 V_3 对自旋极化 $p(x, z)$影响很大，这表明实验上可以通过栅电压来调节 V_3，进而控制自旋极化率。此外，尽管结面势垒 U_0 会削弱自旋导 G_s 和局域电导 g_{Xs}，但是它却不影响局域自旋极化率 $p(x, z)$，这对器件设计非常有利，因为在实际应用时更关注自旋极化率而非局域自旋导。

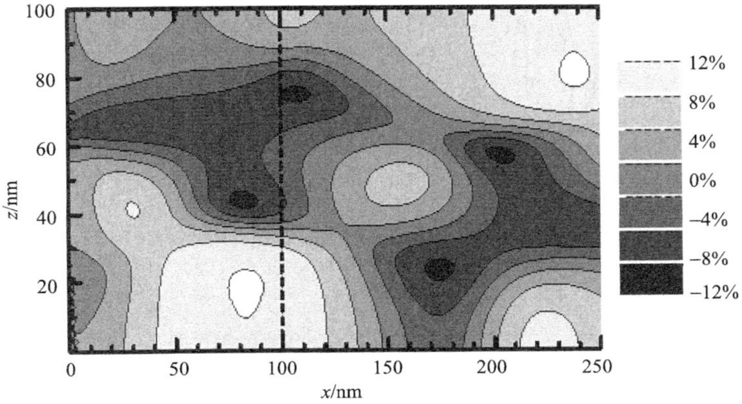

图 13.5　两端口体系中局域自旋极化率 $p(x, z)$在Ⅳ区的分布情况。参数：$V_2=0$，$V_3=-0.02$eV，$E_{\rm F}=0.013$eV，$U\equiv\dfrac{2m^*U_0}{\hbar^2}=0$，$m^*=0.036m_e$，$k_{\rm B}T=0$。体系尺寸：$W_{\rm L}=W_{\rm R}=\mathrm{L}=100$nm，$W_s=W_n=30$nm，$a_{\rm L}=0$，$a_{\rm R}=30$nm，$D=10$nm

在以上二端口体系中，尽管局域自旋极化率 $p(x, z)$ 在Ⅳ区几乎处处存在，但总的自旋导 $G_s=\int[g_{X\uparrow}(x, z)-g_{X\downarrow}(x, z)]\mathrm{d}z$ 却是零，即总的流是自旋非极化的。对所有二端口体系，情况莫不如此，这是由二端口的类 AB 环装置的锁相效应所引起的[62,63]。为得到总自旋极化流，必须考虑二端口以上体系，如四端口体系。

四端口装置如图 13.4(c)所示，原来的Ⅳ端口在 $x=L+L_2$ 处一分为三[24]。电子仍从Ⅰ端口入射，和上面的二端口情况类似，可以写出Ⅰ～Ⅶ区[图 13.4(c)]的波函数，通过 $x=0$，L 和 $L+L_2$ 处的边条件匹配，可以求出从Ⅰ端口的第 n 通道到 β(=Ⅴ，Ⅵ和Ⅶ)端口的第 m 通道的透射系数 $t^{\beta}_{mns}(E)$，进而求得透射概率 $T^{\beta}_s(E)=\sum_{m,n}\theta(E-E^{\mathrm{I}}_n)\theta(E-E^{\beta}_m)\dfrac{k^{\beta}_m}{k^{\mathrm{I}}_n}|t^{\beta}_{mns}|^2$ 和总的自旋导 $G^{\beta}_s=\dfrac{e^2}{h}\int\mathrm{d}E\times\dfrac{-\partial f(E)}{\partial E}T^{\beta}_s(E)$。

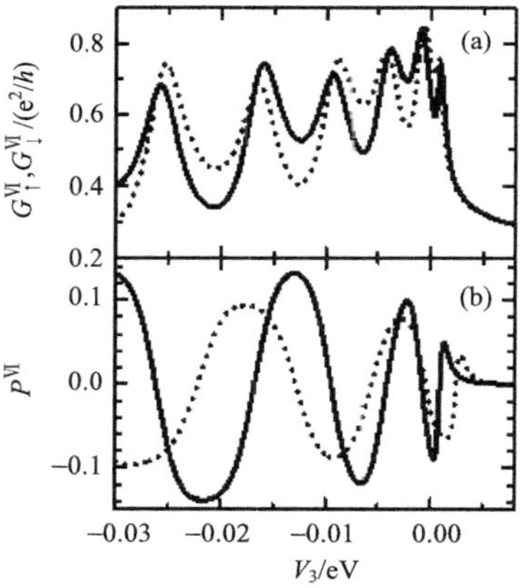

图 13.6　(a)$G^{\mathrm{VI}}_{\uparrow}$(实线)和 $G^{\mathrm{VI}}_{\downarrow}$(点线)随 V_3 的变化；(b)不同费米能 E_F 下 P^{VI} 随 V_3 的变化，其中实线和点线分别对应 $E_F=0.013$eV 和 0.015eV

在这种多通道器件中，总的自旋导 G^{β}_s 和总的自旋极化率 P^{β}($P^{\beta}\equiv(G^{\beta}_{\uparrow}-G^{\beta}_{\downarrow})/(G^{\beta}_{\uparrow}+G^{\beta}_{\downarrow})$)更受关注。研究发现，$V_3$ 对Ⅵ区的总自旋极化率 P^{VI} 影响极大。调节 V_3，P^{VI} 变化明显，且在很大范围内可以超过 ±10%[图(13.6)]，这意味着实验上可以通过电学手段很方便地控制自旋极化的方向和强度。Ⅴ区和Ⅶ区情况与Ⅵ区类似。值得一提的是，这里的自旋极化流源于相干体系的非均匀 Rashba 自旋轨道耦合，是自发产生的自旋极化流，整个装置没有外磁场也没有任何磁性材料。

13.3.2　量子点中的自旋积累

自旋电子器件大都以介观体系或纳米结构为基础，在这样的体系中，量子点是最常用的基本单元。电子自旋有长的退相干时间，可用来做量子点里的量子比特门[64]。要实现量子比特门，首先要解决如何在无外磁场无磁性材料的情况下把自旋态写入量子点。对于一维或二维系统，动量态 $k_{\uparrow}$ 和 $k_{\downarrow}$ 的 Kramers 简并被自旋轨道耦合破坏，而量子点是三维受限体系，动量指标不再是好量子数，自旋轨道耦合不破坏离散能级的自旋 Kramers 简并。因此，尽管在一维或二维体系中非平衡分布的 $+k$ 和 $-k$ 态能引起自旋积累，但是在量子点体系却无法形成自旋积累。

这个问题最终被 Sun 和 Xie 解决[25]，下面详细介绍这一工作。

考虑如下体系：一个介观环中嵌一量子点，量子点中包含自旋轨道相互作用，介观环耦合到左右两导线[图 13.7(a)]。电子有两条路径在量子点和左导线之间隧穿：一条直接隧穿，另一条经过右导线隧穿[图 13.7(a)]。由于量子点中的自旋轨道作用，量子点到右导线的隧穿系数 t_{Rd} 变为 $t_{\mathrm{Rd}}\mathrm{e}^{\mathrm{i}\sigma\varphi}$，其中 $\sigma=\pm1$ 代表自旋指标[41]。假如仅考虑一级隧穿，从量子点到左导线的有效隧穿概率 $T_{\mathrm{L}\sigma}$ 写为[25]

$$
\begin{aligned}
T_{\mathrm{L}\sigma} &= |t_{\mathrm{Ld}}+t_{\mathrm{LR}}(-\mathrm{i}\pi\rho)t_{\mathrm{Rd}}\mathrm{e}^{\mathrm{i}\sigma\varphi}|^2 \\
&= |t_{\mathrm{Ld}}|^2+|\pi\rho t_{\mathrm{LR}}t_{\mathrm{Rd}}|^2+2\pi\rho|\bar{t}|\sin(\phi_0+\sigma\varphi)
\end{aligned} \tag{13.36}
$$

其中，$\bar{t}=t_{\mathrm{LR}}t_{\mathrm{Rd}}t_{\mathrm{Ld}}^{*}$；$\phi_0$ 表示 $\bar{t}$ 的相位；ρ 表示导线的态密度；$-\mathrm{i}\pi\rho$ 是孤立导线的推迟格林函数 $g_{\mathrm{L}}^{r}(\omega)$。类似地，也可以写出量子点和右导线间的有效隧穿概率 $T_{\mathrm{R}\sigma}$

$$
\begin{aligned}
T_{\mathrm{R}\sigma} &= |t_{\mathrm{Rd}}\mathrm{e}^{\mathrm{i}\sigma\varphi}+t_{\mathrm{LR}}^{*}(-\mathrm{i}\pi\rho)t_{\mathrm{L}d}|^2 \\
&= |t_{\mathrm{Rd}}|^2+|\pi\rho t_{\mathrm{LR}}t_{\mathrm{L}d}|^2-2\pi\rho|\bar{t}|\sin(\phi_0+\sigma\varphi)
\end{aligned} \tag{13.37}
$$

一般来讲，$T_{\alpha\uparrow}$ ($\alpha=\mathrm{L}$，R)不等于 $T_{\alpha\downarrow}$。从以上两方程可以看出，如果 $T_{\mathrm{L}\uparrow}>T_{\mathrm{L}\downarrow}$，必定有 $T_{\mathrm{R}\uparrow}<T_{\mathrm{R}\downarrow}$[图 13.7(b)]。这样，尽管体系不含磁性材料，也没有外磁场作用。但是，在有限外偏压作用下，量子点内却产生自旋极化(或者说自旋积累)。

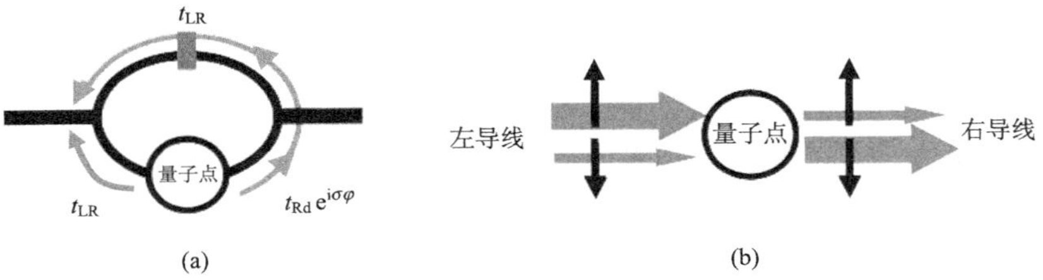

图 13.7　(a)体系结构示意图，左右导线同时耦合到量子点和桥臂；(b)量子点和导线间的有效跃迁强度 $T_{\alpha\sigma}$ 示意图。图中表示 $T_{\mathrm{L}\uparrow}>T_{\mathrm{L}\downarrow}$ 且 $T_{\mathrm{R}\uparrow}<T_{\mathrm{R}\downarrow}$ 的情况，这会导致外偏压作用下的量子点内自旋积累

以上模型可以用如下二次量子化形式哈密顿量来描述[41]

$$
\begin{aligned}
H = &\sum_{k,\sigma,\alpha}\varepsilon_{\alpha k}a_{\alpha k\sigma}^{\dagger}a_{\alpha k\sigma}+\sum_{\sigma}\varepsilon_{\mathrm{d}}d_{\sigma}^{\dagger}d_{\sigma}+Ud_{\uparrow}^{\dagger}d_{\uparrow}d_{\downarrow}^{\dagger}d_{\downarrow} \\
&+\sum_{k,k',\sigma}t_{\mathrm{LR}}[a_{\mathrm{L}k\sigma}^{\dagger}a_{\mathrm{R}k'\sigma}+a_{\mathrm{R}k'\sigma}^{\dagger}a_{\mathrm{L}k\sigma}] \\
&+\sum_{k,\sigma}[t_{\mathrm{Ld}}a_{\mathrm{L}k\sigma}^{\dagger}+t_{\mathrm{R}d}\mathrm{e}^{\mathrm{i}\sigma\varphi}a_{\mathrm{R}k\sigma}^{\dagger}d_{\sigma}]+\mathrm{h.c.}
\end{aligned} \tag{13.38}
$$

其中，d_σ 和 $a_{\alpha k\sigma}$ 分别为量子点和 α 导线中的湮没算符，量子点为含有库仑相互作

用的单能级量子点。用标准的 Keldysh 方程可以求解量子点内占据数 $n_\sigma = -\mathrm{i}\int \frac{\mathrm{d}\omega}{2\pi} G^{<}_{\mathrm{dd}\sigma}(\omega)$[25, 41]。下面求解格林函数 $G^{<}_{\mathrm{dd}\sigma}(\omega)$。

首先用 Dyson 方程求解 $\boldsymbol{G}_s^{r,a}$,

$$\begin{aligned}\boldsymbol{G}_s^{r,a} &= \boldsymbol{g}_s^{r,a} + \boldsymbol{g}_s^{r,a}\boldsymbol{\Sigma}_s^{r,a}\boldsymbol{G}_s^{r,a}\\ &= \boldsymbol{g}_s^{r,a} + \boldsymbol{G}_s^{r,a}\boldsymbol{\Sigma}_s^{r,a}\boldsymbol{g}_s^{r,a}\end{aligned} \tag{13.39}$$

其中,$\boldsymbol{g}_s^{r,a}$ 和 $\boldsymbol{G}_s^{r,a}$ 分别表示孤立体系和所要求解的完整体系的格林函数;$\Sigma_s^{r,a}$ 是不可约自能。以上 Dyson 方程是通用方程,可以应用在任何体系。在同一个体系中,$\boldsymbol{g}_s^{r,a}$ 或 $\Sigma_s^{r,a}$ 的形式也不是固定的,可以根据需要选取最方便的孤立体系。这里我们选择 $t_{\mathrm{LR}} = t_{\mathrm{Ld}} = t_{\mathrm{Rd}} = 0$ 时的体系为孤立体系。该孤立体系的格林函数 $\boldsymbol{g}_s$ 可以写成块矩阵形式

$$\boldsymbol{g}_s^r(\omega) \equiv \begin{pmatrix} g_{\mathrm{L}}^r(\omega) & 0 & 0 \\ 0 & g_{\mathrm{R}}^r(\omega) & 0 \\ 0 & 0 & g_{\mathrm{dd}s}^r(\omega) \end{pmatrix} \tag{13.40}$$

其中,$g^r_{\mathrm{dd}s}(w)$ 是孤立量子点的格林函数,它很容易严格求解,$g^r_{\mathrm{dd}s}(\omega) = \frac{\omega - \varepsilon_d - U + Un_{\bar{s}}}{(\omega - \varepsilon_d)(\omega - \varepsilon_d - U)}$,$n_{\bar{s}}$ 是点内自旋为 $\bar{s}$ 的电子占据数;$g^r_{\mathrm{R}}(\omega) = g^r_{\mathrm{L}}(\omega) = -\mathrm{i}\pi\rho$ 是孤立导线格林函数,ρ 代表无穷长导线的态密度,$\Gamma = 2\pi\rho\,|t_{\mathrm{L(R)d}}|^2$。在下面的计算中,所有能量都以 Γ 作为标度单位。相应的不可约自能 $\Sigma_s^{r,a}$ 为量子点和导线及导线和导线间的耦合项,也写成块矩阵形式

$$\Sigma_s^r(\omega) = \Sigma_s^{a,\dagger}(\omega) \equiv \begin{pmatrix} 0 & t_{\mathrm{LR}} & t_{\mathrm{Ld}} \\ t^*_{\mathrm{LR}} & 0 & \tilde{t}_{\mathrm{Rd}s} \\ t^*_{\mathrm{Ld}} & \tilde{t}^*_{\mathrm{Rd}s} & 0 \end{pmatrix} \tag{13.41}$$

其中,$\tilde{t}_{\mathrm{Rd}s} = t_{\mathrm{Rd}}\mathrm{e}^{-\mathrm{i}sk_{\mathrm{R}}L}\mathrm{e}^{\mathrm{i}\phi}$。$\boldsymbol{g}_s^{r,a}$ 和 $\Sigma_s^{r,a}$ 的这种取法导致自能 $\Sigma_s^{<} = 0$。把 $\boldsymbol{g}_s$ 和 $\Sigma_s^{r,a}$ 代入 Dyson 方程(13.39),得到整个体系的格林函数 $\boldsymbol{G}_s^r$。$\boldsymbol{G}_s^r$ 也表示为如下块矩阵形式

$$\boldsymbol{G}_s^r \equiv \begin{pmatrix} G^r_{\mathrm{LL}s} & G^r_{\mathrm{LR}s} & G^r_{\mathrm{Ld}s} \\ G^r_{\mathrm{RL}s} & G^r_{\mathrm{RR}s} & G^r_{\mathrm{Rd}s} \\ G^r_{\mathrm{dL}s} & G^r_{\mathrm{dR}s} & G^r_{\mathrm{dd}s} \end{pmatrix} \tag{13.42}$$

其中,非零矩阵元

$$G^r_{\mathrm{d}\alpha\sigma}(\omega)=G^r_{\mathrm{d}\alpha\sigma}(\widetilde{t}_{\mathrm{d}\alpha\sigma}+\widetilde{t}_{\mathrm{d}\bar{\alpha}\sigma}g^r_{\bar{\alpha}}t_{\bar{\alpha}\alpha})g^r_{\alpha}/A \tag{13.43}$$

$$G^r_{\mathrm{d}\alpha\sigma}(\omega)=1/\left\{g^{r-1}_{\mathrm{d}\sigma}-\sum_{\alpha}(\widetilde{t}_{\mathrm{d}\alpha\sigma}+\widetilde{t}_{\mathrm{d}\bar{\alpha}\sigma}g^r_{\bar{\alpha}}t_{\bar{\alpha}\alpha})g^r_{\alpha}\widetilde{t}_{\alpha\mathrm{d}\sigma}/A\right\}$$

$$A=1-g^r_{\mathrm{R}}t_{\mathrm{RL}}g^r_{\mathrm{L}}t_{\mathrm{LR}}$$

$$\widetilde{t}_{\mathrm{Ld}\sigma}=\widetilde{t}^{\,*}_{\mathrm{dL}\sigma}=t_{\mathrm{Ld}}$$

$$\widetilde{t}_{\mathrm{Rd}\sigma}=\widetilde{t}^{\,*}_{\mathrm{dR}\sigma}=t_{\mathrm{Rd}}\mathrm{e}^{\mathrm{i}\sigma\varphi}$$

对于 $\alpha=\mathrm{L}$，$\bar{\alpha}=\mathrm{R}$，反之亦然。和前面的分析[方程(13.36)和方程(13.37)]不同，方程(13.43)包括了导线和量子点间的所有高阶隧穿过程，由它计算的占据数 n_σ 更精确更合理。但是要注意，以上求解格林函数的过程忽略了库仑作用引起的高阶自能项，所求出的格林函数并非严格精确的格林函数。当体系温度高于 Kondo 温度时，这是一种合理的近似。有了 $\boldsymbol{G}^{r,a}_s$，便可以利用 Keldysh 方程

$$\boldsymbol{G}^<_s=(1+\boldsymbol{G}^r_s\Sigma^r_s)\boldsymbol{g}^<_s(1+\Sigma^a_s\boldsymbol{G}^a_s)+\boldsymbol{G}^r_s\Sigma^<_s\boldsymbol{G}^a_s \tag{13.44}$$

求解 $\boldsymbol{G}^<_s$。根据 Dyson 方程(13.39)，Keldysh 方程又可以写为

$$\boldsymbol{G}^<_s=\boldsymbol{G}^r_s\boldsymbol{g}^{r-1}_s\boldsymbol{g}^<_s\boldsymbol{g}^{a-1}_s\boldsymbol{G}^a_s+\boldsymbol{G}^r_s\Sigma^<_s\boldsymbol{G}^a_s \tag{13.45}$$

由于 $\Sigma^<_s=0$，方程(13.45)又可以写为

$$\boldsymbol{G}^<_s=\boldsymbol{G}^r_s\boldsymbol{g}^{r-1}_s\boldsymbol{g}^<_s\boldsymbol{g}^{a-1}_s\boldsymbol{G}^a_s \tag{13.46}$$

其中，$\boldsymbol{g}^{r-1}_s\boldsymbol{g}^<_s\boldsymbol{g}^{a-1}_s$ 为对角矩阵。在所有的矩阵元中，仅有矩阵元 $[\boldsymbol{g}^{r-1}_s\boldsymbol{g}^<_s\boldsymbol{g}^{a-1}_s]_{\alpha\alpha s}=\boldsymbol{g}^{r-1}_{\alpha\alpha s}\boldsymbol{g}^<_{\alpha\alpha s}\boldsymbol{g}^{a-1}_{\alpha\alpha s}=2\mathrm{i}f_\alpha(w)/\pi\rho$ 非零，其中 $\alpha=\mathrm{L}$，R，$f_\alpha(w)=1/[\mathrm{e}^{(\omega-\mu_\alpha)/k_{\mathrm{B}}T}+1]$是 α 导线的费米分布函数。由此得到 $\boldsymbol{G}^<_s$ 矩阵元

$$G^<_{\mathrm{dd}\sigma}(\omega)=\sum_{\alpha}|G^r_{\mathrm{d}\alpha\sigma}(\omega)|^2 2\mathrm{i}f_\alpha(\omega)/(\pi\rho)$$

可以看出，$G^<_{\mathrm{dd}\sigma}(\omega)$显含占据数 n_s，因此量子点内占据数 $n_s=-\mathrm{i}\int\frac{\mathrm{d}w}{2\pi}G^<_{\mathrm{dd}s}(\omega)$ 需要自洽求解。图 13.8 描述占据数 n_σ 和自旋积累 $\Delta n\equiv n_\uparrow-n_\downarrow$ 随点内能级 ε_{d}[图 13.8(a)～(d)]和 eU[图 13.8(e)～(h)]的变化情况。可以看出，量子点里的自旋积累 Δn 随外 eU 增大而增大。当偏压反向时，自旋积累也跟着反向；当偏压为零时，由于时间反演不变性，对所有能级 ε_{d}，自旋积累 Δn 无一例外全部为零。这表明自旋极化的强度和方向都可以通过外偏压随意控制。固定 eU，也可以通过栅电压控制点内能级 ε_{d} 来调节自旋积累 Δn[图 13.8(b)、(d)]。如图 13.8 所示，在自旋轨道作用比较小的情况下，Δn 也可以达到很大的值。例如，$\varphi=0.2$ 时，Δn 接近 0.2[图 13.8(b)、(f)]，而当 $\varphi=\pi/4$ 时，Δn 甚至可以达到 0.5[图 13.8(d)、(h)]，这将产生非常理想的自旋极化。

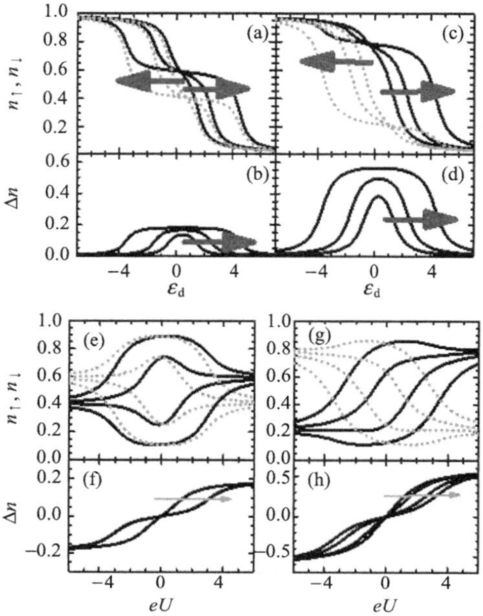

图 13.8　(a)～(d)：不同偏压下 $n_\uparrow$[(a)和(c)中的实线]，$n_\downarrow$[(a)和(c)中的点线]和 Δn[(b)和(d)]随能级 ε_d 的变化。沿箭头方向，eU 依次为 2、4、8。(e)～(h)：不同 ε_d 下 $n_\uparrow$[(e)和(g)中的实线]，$n_\downarrow$[(e)和(g)中的点线]和 Δn[(f)和(h)]随 eU 变化。(e)和(g)中，从上到下依次为 $\varepsilon_d=-1$，0，1 和 2。在(f)和(h)中，沿箭头方向 ε_d 依次为 0，1，-1 和 2。(f)中 $\varepsilon_d=-1$ 和 $\varepsilon_d=0$ 的线，$\varepsilon_d=1$ 和 $\varepsilon_d=2$ 的线几乎重合。其他参数：温度 $k_B T=0$，库仑势 $U=0$。在(a)，(b)，(e)和(f)中，$t_{LR}=0.3$，$\varphi=0.2$；在(c)、(d)、(g)和(h)中，$t_{LR}=0.2$，$\varphi=\pi/4$

图 13.9(a)描述自旋积累 Δn 随 φ 的周期变化情况，变化周期为 2π。$\varphi=\pm\pi/2$，Δn 最大，接近±1，自旋极化率几乎可达 100%。图 13.9(b)描述自旋积累 Δn 随 t_{LR} 的变化，$t_{LR}=0$ 时，直接耦合的桥臂断开，干涉效应消除，导致自旋积累 $\Delta n=0$。当桥臂耦合逐渐增强，自旋积累先增加后微降，但始终保持在大于 0.1 的范围。

图 13.10(a)～(d)为考虑量子点内的库仑相互作用 U 的情况。一般情况下，由于电子间的排斥作用，U 会增强自旋积累从而增强自旋极化[图 13.10(d)]。事实上，在 ε_d 和 V 变化很大的范围内，自旋积累 Δn 都能保持大的值，在一些特别点，自旋积累甚至可以达到 0.33[图 13.10(b)]，相应的自旋极化达到 42%。考虑到 φ 只有 0.2，这样的自旋积累已经非常大了。当点内能级 ε_d 扫过化学势 μ_R 时，由于库仑作用，$n_\downarrow$ 明显增大，而 $n_\uparrow$ 微降，这导致 Δn 在 $\varepsilon_d=\mu_R$

时陡升[见图 13.10(a)和(b)中 $n_{\uparrow}$ 和 Δn 随 ε_d 变化曲线的尖峰结构]。

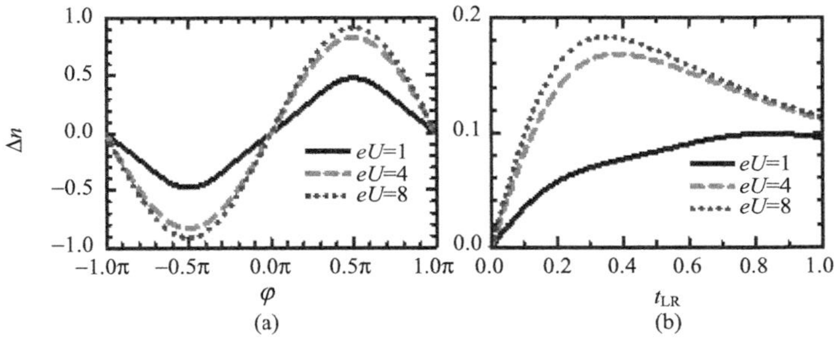

图 13.9　(a) $t_{LR}=0.3$ 时，自旋积累 Δn 随 φ 的变化；(b) $\varphi=0.2$ 时，Δn 随 t_{LR} 的变化。其余参数：$\varepsilon_d=U=k_BT=0$

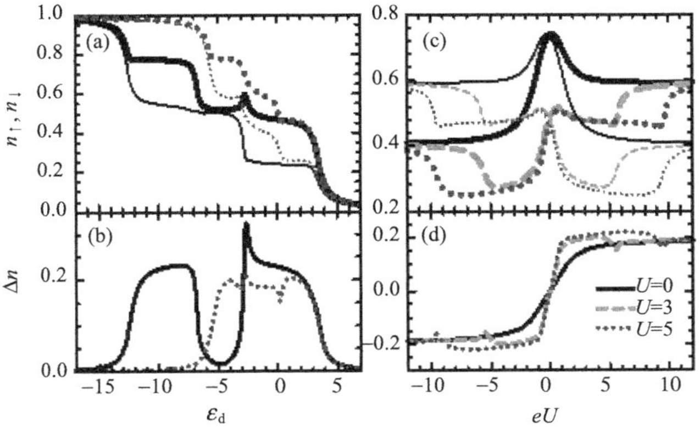

图 13.10　(a)和(b)：$eU=6$ 时，在库仑势 $U=3$(点线)和 $U=10$(实线)时的 $n_{\uparrow}$[(a)中粗线]、$n_{\downarrow}$[(a)中细线]和 Δn 随 ε_d 的变化；(c)和(d)：$\varepsilon_d=0$ 时，$n_{\uparrow}$[(c)中粗线]、$n_{\downarrow}$[(c)中细线]和 Δn 随 eU 的变化。其余参数：$t_{LR}=0.3$，$\varphi=0.2$，$k_BT=0$

接下来考虑多能级结构。和单能级量子点相比，多能级量子点的总自旋积累 Δn_T 明显增强，大致和能级数成正比(约 $N\Delta n$，N 为能级数)。此外，当外偏压反向，自旋积累 $\Delta n(t)$ 也迅速翻转，翻转时间大致为 $1/\Gamma$ 的量级。取实验上可以达到的 $\Gamma=0.1\text{meV}$[65]，翻转时间 $t=3/\Gamma\approx 2\times 10^{-11}\text{s}$；对比自旋的退相干时间，这是非常快的。

最后需要说明的是，以上产生自旋积累的方法在实验上完全可行。在二维电子气上刻蚀金属栅电极，并在栅电极上施加栅极电压便可以控制耦合参数 t_{LR}、t_{Ld} 和 t_{Rd}，通过构建耗尽层形成量子点，在量子点上加栅电压可以调控 Rashba 自旋轨道耦合和量子点内能级。整个装置可以很容易地控制在自旋相干长度的范围内[65,66]。实验上，φ 可以超过 0.75π[66]，对应的体系尺寸 $L=1.5\mu m$(相当于 $\alpha_R \approx 2\times 10^{-12} eV\cdot m$)。对于小尺寸的量子点，例如 $L=200nm$，φ 可以达到 $0.1\pi\approx 0.3$。上面的计算显示，对于非常小的 $\varphi(=0.2)$，Δn 已经足够大，说明上面的方法在实验上完全可行。

13.4　介观小环中的持续自旋流

13.3 节讨论了外偏压作用下的自旋积累和自旋极化流，本节将讨论平衡状态下的持续自旋流。持续流是介观体系特有的现象，它完全是一种量子效应。磁通穿过介观小环可以引起平衡状态下介观环中的持续电流[67-71]。这种持续电流会一直存在，永不衰减，此时体系处于基态。持续电流在 20 世纪 90 年代就已经得到实验证实[69-71]。作为持续流的对应物，持续自旋流近年也被广泛研究。例如，非均匀磁场作用下的介观环或者有磁通穿过的介观环中存在持续自旋流，这种持续流源于 Berry 相。自旋轨道耦合和外磁场或磁性材料共同作用也可以产生持续自旋流，其物理实质等同于持续电流，因此在产生自旋流的同时总是伴有电流[72]。最近几年，Sun 等预言了在无外磁场及磁性材料的体系中，单考虑自旋轨道耦合即可产生纯的持续自旋流[73,74]。下面介绍这一工作。我们先从不同角度用物理图像来论证在介观环中自旋轨道耦合的确可以引起纯的持续自旋流，然后计算此持续自旋流。

13.4.1　产生持续自旋流的物理图像

众所周知，介观环中的持续电流是由磁通或者说由磁通产生的矢势所引起的。这相当于在介观环中内置一个磁性原子[图 13.11(a)]，该磁性原子会在介观环上产生矢势从而引起持续电流。把电和磁作互换，也就是说，在介观环中间放一个电性原子(即离子)，类似地，在介观环上应当会引起持续自旋流[图 13.11(b)]。这时，电性原子(即离子)会在环上产生标势 ϕ，此标势 ϕ 会引起自旋轨道耦合，从而驱动持续自旋流。即在没有磁场和磁性材料的体系，自旋轨道耦合仍可以引起持续自旋流。

从几何相[75](Berry 相 χ)的角度来看，绕环运动的电子运动一周后获得一个几何相，从而引起持续电流[76]。现在再来看没有磁通但有自旋轨道耦合的介观环，电子带着自旋绕环运动，电子在绕环一周后也会获得一个所谓的自旋几何相，$\chi_{\pm}=\sigma\pi$，其中，$\sigma=\pm$ 代表自旋向上和向下。很明显，自旋向上电子的自旋 Berry 相 χ_+ 驱动顺时针流动的粒子流，而自旋向下的自旋 Berry 相 χ_- 则驱动逆时针流动的粒子流。由于体系的时间反演对称性，自旋向上电子流和自旋向下电子流的速度完全相反，这导致体系最终产生纯的持续自旋流。

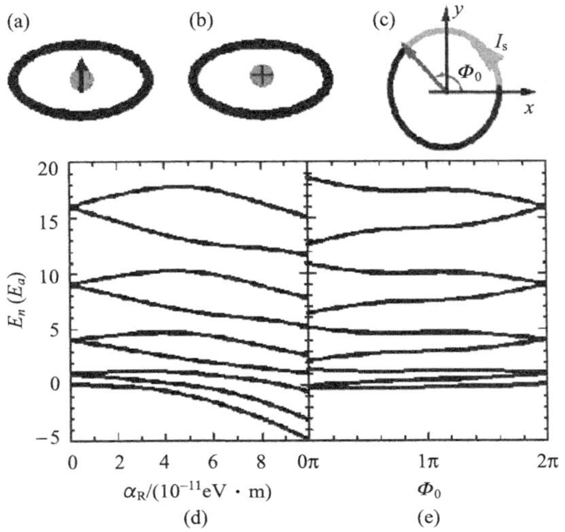

图 13.11　(a)和(b)分别为中心放置磁性原子或离子的介观环；(c)自旋轨道耦合-正常复合介观小环；(d)在 $\phi_0=\pi$ 时本征能级 E_n 与自旋轨道耦合强度 α_R 的关系；(e)在 $\alpha_R=3\times10^{-11}$ eV · m 时本征能级 E_n 与正常区范围 ϕ_0 的关系，介观环的半径是 50nm

此外，通过类比四种效应，即霍尔效应、自旋霍尔效应、持续电流、持续自旋流，也可以论证在有自旋轨道耦合的介观环上应当存在持续自旋流。在霍尔效应中，由于垂直磁场的作用，纵向[图 13.12(a)的 1 和 3 端口]偏压引起横向[图 13.12(a)的 2 和 4 端口]电流。如果用自旋轨道耦合代替垂直磁场，则会产生横向自旋流[图 13.12(b)]，这是近年来被广泛研究的所谓自旋霍尔效应[15,16,26-29,31,77-80]。以上是霍尔体系中电荷和自旋以及磁场和自旋轨道耦合的对应。同样，在介观环中应当也有类似的对应。穿过介观环的磁场能引起持续电流[67-71][图 13.12(c)]。相对应地，用自旋轨道耦合代替垂直磁场，也会在环中产生持续自旋流[图 13.12(d)]。

13.4.2　自旋轨道耦合-正常复合介观小环中的持续自旋流

下面求解含有自旋轨道耦合的介观小环中的持续自旋流。由于体系有自旋轨道耦合时，自旋不是好量子数，在这种情况下关于自旋流的定义曾有争议。为避免自旋流定义的争议，Sun 等考虑如图 13.11(c)所示的一维介观半导体复合环，环的部分含有自旋轨道耦合，而另一部分没有自旋轨道耦合[73,74]。在没有自旋轨道耦合的正常部分，它的自旋流定义是明确的，即自旋朝上的粒子流和自旋朝下的粒子流之差。自旋轨道耦合-正常介观环的哈密顿量可写为

$$H=-E_a\frac{\partial^2}{\partial\varphi^2}-\frac{\mathrm{i}\sigma_r}{2a}\left[\alpha_R(\varphi)\frac{\partial}{\partial\varphi}+\frac{\partial}{\partial\varphi}\alpha_R(\varphi)\right]-\mathrm{i}\frac{\alpha_R(\varphi)}{2a}\sigma_\varphi \qquad (13.47)$$

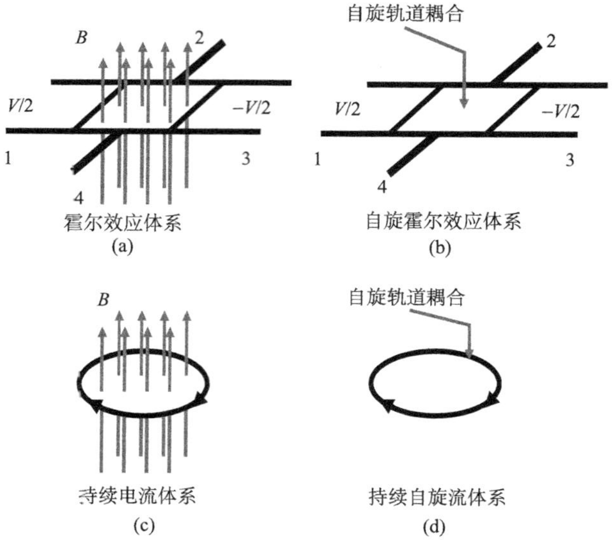

图 13.12 (a)～(d)分别为霍尔效应、自旋霍尔效应、持续电流和持续自旋流的装置示意图

其中，$E_a=\hbar^2/2ma^2$，a 为环体半径，m 是电子的有效质量；$\sigma_r=\sigma_x\cos\varphi+\sigma_y\sin\varphi$；$\sigma_\varphi=-\sigma_x\sin\varphi+\sigma_y\cos\varphi$；$\alpha_R(\varphi)$代表自旋轨道耦合强度。在 $0<\varphi<\Phi_0$ 区间，环体没有自旋轨道耦合，$\alpha_R(\varphi)=0$；其余部分($\Phi_0<\varphi<2\pi$)含有自旋轨道耦合，$\alpha_R(\varphi)$为不等于零的常数 α_R。

以上哈密顿量的本征态可以解析求解。在有自旋轨道耦合作用的区域($\Phi_0<\varphi<2\pi$)，本征方程 $H\Psi(\varphi)=E\Psi(\varphi)$有四个独立解 $\Psi_i^{SO}(\varphi)(i=1,2,3,4)$：

$$\Psi_{1/2}^{SO}(\phi)=\begin{pmatrix}\cos(\theta/2)\mathrm{e}^{\mathrm{i}k_{1/2}\phi}\\ -\sin(\theta/2)\mathrm{e}^{\mathrm{i}(k_{1/2}+1)/2\phi}\end{pmatrix} \tag{13.48}$$

$\Psi_{3/4}^{SO}=\hat{T}\Psi_{1/2}^{SO}$，这里的 $\hat{T}$ 是时间反演算符。在方程(13.48)中，波矢 $k_{1/2}=-1/2+1/(2\cos\theta)\pm(1/2)\sqrt{(1/\cos^2\theta)-1+4E/E_a}$，$\theta$ 由 $\tan\theta=\alpha_R/(aE_a)$决定。类似地，在没有自旋轨道耦合的区域($0<\varphi<\Phi_0$)，薛定谔方程也有四个彼此独立的解：$\Psi_1^N(\varphi)=(1,0)^+\mathrm{e}^{\mathrm{i}k\varphi}$，$\Psi_2^N(\varphi)=(1,0)^+\mathrm{e}^{-\mathrm{i}k\varphi}$和 $\Psi_{3/4}^N=\hat{T}\Psi_{1/2}^N$。整个体系能量为 E 的本征方程的一般解 $\Psi(\varphi)$是四个独立解的线性组合，表示如下

$$\Psi(\varphi)=\begin{cases}\sum_i a_i\Psi_i^N(\varphi), & 0<\varphi<\Phi_0\\ \sum_i b_i\Psi_i^{SO}(\varphi), & \Phi_0<\varphi<2\pi\end{cases} \tag{13.49}$$

其中，a_i 和 $b_i(i=1,2,3,4)$为待定系数，由边界 $\varphi=0$ 和 Φ_0 处的边条件决

定。边条件有两个：波函数连续 $\Psi(\varphi)|_{\varphi=0^+/\Phi_0^+}=\Psi(\varphi)|_{\varphi=2\pi^-/\Phi_0^-}$ 和流连续 $\hat{v}_\varphi\Psi|_{\varphi=0^+/\Phi_0^+}=\hat{v}_\varphi\Psi|_{\varphi=2\pi^-/\Phi_0^-}$，其中，$\hat{v}_\varphi=(2aE_a/\mathrm{i}\hbar)[\partial/\partial\varphi+(\mathrm{i}/2)\sigma_r\tan\theta]$ 表示速度算符。

图 13.11(d)描述体系能级 E_n 随自旋轨道耦合强度 α_R 的变化。当 $\alpha_R=0$ 时，整个介观环都没有自旋轨道耦合。对于这种正常的介观环，本征值 $E_n=n^2E_a$ 为四重简并，相应的本征波函数为 $(1,\ 0)^+\mathrm{e}^{\pm in\varphi}$ 和 $(0,\ 1)^+\mathrm{e}^{\pm in\varphi}$。当存在自旋轨道耦合 $\alpha_R\neq0$ 时，除了 $n=0$ 能级，其余简并能级全部发生自旋劈裂，但保留二重 Kramers 简并。能级越高，劈裂越大。在自旋轨道耦合强度 $\alpha_R=10^{-11}\,\mathrm{eV\cdot m}$ 时，能级劈裂达到 E_a 的量级。如果环体半径 $a=50\mathrm{nm}$，有效质量 $m=0.036m_e$，则有 $E_a\approx0.42\mathrm{meV}$。图 13.11(e)显示本征能级 E_n 随正常区范围 Φ_0 的变化。$\Phi_0=2\pi$ 时，整个环体都不包含自旋轨道耦合，能级 E_n 四重简并；当 Φ_0 偏离 2π 时，能级简并部分解除，变为二重简并。Φ_0 越小，能级劈裂越大。$\Phi_0=0$时，整个环体都有自旋轨道作用，能级劈裂达到最大。

在正常区域，由于没有自旋轨道耦合，这时自旋流的定义是没有争议的，$I_{Si}^n(\varphi)=Re(\Psi_n^+\hat{v}_\varphi\hat{\sigma}_i\Psi_n)$，其中 $i=x,\ y,\ z$。在正常区域，泡利矩阵与哈密顿量是对易的，自旋流守恒，即自旋流的大小不依赖于角坐标 φ。图 13.13 显示 $\Phi_0=\pi$ 时自旋流 I_{Si}^n 随 Rashba 耦合强度 α_R 的变化关系。在 $\Phi_0=\pi$ 时，对所有的能级 n，I_{Sx}^n 严格为零，而 I_{Sy}^n 和 I_{Sz}^n 随 α_R 振荡，且 I_{Sy}^n 和 I_{Sz}^n 之间有 $\pi/2$ 的相移，$\sqrt{(I_{Sy}^n)^2+(I_{Sz}^n)^2}$ 大致为常数。对于两个相邻能级 $2n-1$ 和 $2n$，自旋流符号相反；如果 $\alpha_R=0$，则有 $I_{Si}^{2n-1}+I_{Si}^{2n}=0$。

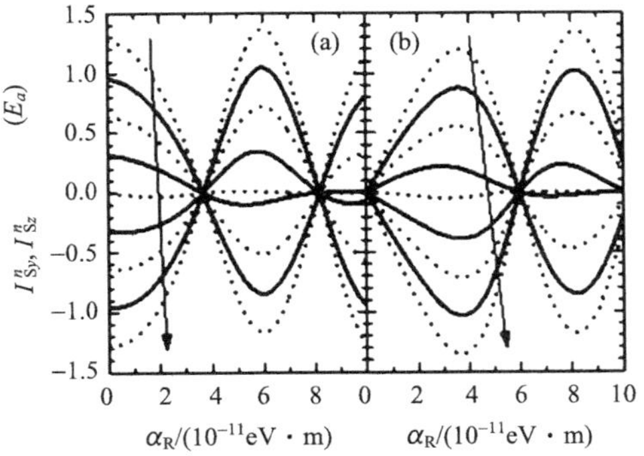

图 13.13　(a)和(b)分别为 $\Phi_0=\pi$ 时 I_{Sy}^n 和 I_{Sz}^n 随自旋轨道耦合强度 α_R 的变化曲线。沿箭头方向，能级指标 n 依次为 7，5，3，1，0，2，4，6 和 8。环体半径 50nm

体系的总自旋流 I_{Si} 由所有占据能级贡献，表示为 $I_{Si}=2\sum_n I_{Si}^n f(E_n)$，其中 $f(E)$ 是费米分布，2 来自于 Kramers 简并。由于时间反演对称性，在平衡时的持续电流和自旋积累处处为零。图 13.14(a)和(b)显示不同费米能 E_F 下总的自旋流 I_{Si} 随 Rashba 自旋轨道耦合强度 α_R 的变化。图中显示，只要 $\alpha_R \neq 0$，体系便存在自旋流。在某些特定的 α_R 点，费米能 E_F 正好经过某个能级 E_n，此时引起自旋流跳变。零温时跳变最为显著[图 13.14(a)、(b)]，随着温度增高，跳变逐渐模糊。这和介观环中的持续电流类似[67]。固定 $\alpha_R = 3\times10^{-11}$ eV · m，自旋流 I_{Si} 随正常区域范围 Φ_0 的变化如图 13.14(c)所示。可以发现，当 $\Phi_0 = 2\pi$ 时，整个环体都不包含自旋轨道耦合，自旋流 $I_{Sx/y/z}$ 为零；当 Φ_0 逐渐偏离 2π，自旋流 $I_{Sx/y/z}$ 开始出现。这里，自旋流同样有跳变，其本质和 I_{Si}-α_R 跳变相同。当 Φ_0 趋向零，整个环都有自旋轨道耦合，自旋流 I_{Sx} 和 I_{Sz} 依然存在。这意味着，产生持续自旋流不一定非要在自旋轨道耦合-正常复合环中，只要有自旋轨道耦合的介观环，就有持续自旋流存在。在这里，仅仅是为了避开自旋流定义的问题，我们才在环中包含一部分正常的区域。

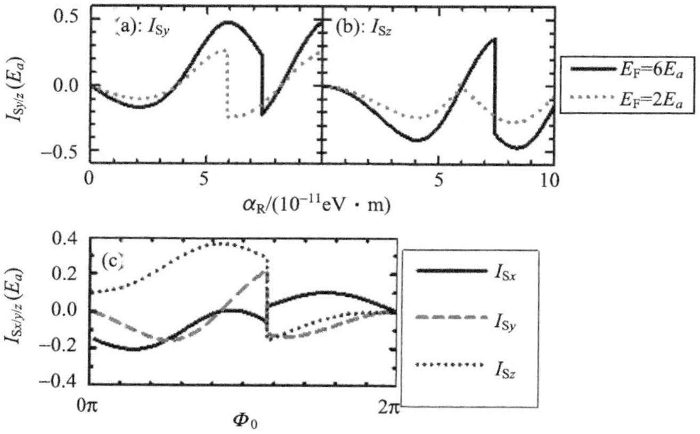

图 13.14　(a)和(b)描述 $\Phi_0 = \pi$ 时 I_{Sy} 和 I_{Sz} 随 α_R 的变化；(c)描述 $\alpha_R = 3\times10^{-11}$ eV · m时 $I_{Sx/y/z}$ 随正常区范围 Φ_0 的变化。其他参数：费米能 $E_F = 3E_a$，环体半径 $a = 50$nm，温度 $T = 0$

此外，如果自旋轨道耦合强度不是常数，如它依赖于角坐标 φ，此时哈密顿量仍然可以采用方程(13.47)所描述的哈密顿量，只不过 $\alpha_R(\varphi)$ 的取值不再是常数，而是随 φ 变化的函数 $\alpha_R(\varphi)$。在这种情况下，$\alpha_R(\varphi)$ 和 $\frac{d\alpha_R(\varphi)}{d\varphi}$ 在界面 $\Phi_0 = 0$ 和 Φ_0 处都可以变为连续函数。这时不能解析求解，但可以用紧束缚模型数值求解。只要离散化的点足够多，便可以得到足够精确的数值解。具体过程可以参看文献[74]。计算结果和突变的 α_R 模型结果基本相同。

最后，讨论一下持续自旋流探测问题。由于持续自旋流是平衡态下的流，所以无法用测量输运自旋流那样的方法来探测，但是可以通过测量持续自旋流所产生的电场来探测。有关自旋流产生的电场[74,81]，将在后面的章节里进行详细介绍。

13.5　自旋流定义

自旋流是自旋电子学中最重要的物理量。然而，何为自旋流？在自旋是好量子数的体系(如既没有自旋轨道耦合也没有磁场和磁性材料的体系)中，自旋流可以简单地理解成自旋向上和自旋向下的电子流之差乘以 $\hbar/2$，[即自旋流 $I_s=\frac{\hbar}{2}(I_{\uparrow}-I_{\downarrow})$]，或者类比量子力学中的电流定义：$I_s=\frac{\hbar}{2}\mathrm{Re}(\Psi^{\dagger}\hat{v}\hat{s}\Psi)$，这也是最初人们使用的常规自旋流定义。直到 2003 年，Rashba 发现，如果按照常规自旋流定义，在有自旋轨道耦合的体系中，处于平衡态时存在非零自旋流，所以他提出应当修改自旋流定义[82]。再者，人们也发现用常规自旋流定义，自旋流通常不守恒，因此更有必要修改自旋流定义。当时有关这方面的研究有很多，人们提出了好几种修改自旋流定义的建议[83-88]。下面介绍其中一个工作，即介绍由 Sun 等所做的一个工作[81-83]。需要说明的是，这里所说的平衡时的非零自旋流是有物理意义的，它是持续自旋流。在 13.4 节我们已从不同角度深入分析该非零持续自旋流的确有物理意义，同时也考虑了一个由正常部分和自旋轨道耦合部分组成的复合介观小环，从而绕过自旋流定义问题，从理论上清楚表明该非零自旋流是持续自旋流。所以关于要修改自旋流定义的两个问题中的一个(在平衡时存在非零自旋流)在 13.4 节已经解决。关于另一个问题：常规自旋流定义引起自旋流不守恒，我们认为在有自旋轨道耦合、磁场等情况下，自旋流通常就是不守恒的。事实上，一些实验结果已经清楚显示自旋流的确是不守恒的。所以，以上两个说明常规自旋流定义不合理的问题，事实上都不存在。再者，我们认为常规自旋流定义已能很好地描述自旋输运，所以根本没有必要去修改自旋流的定义。事实上，目前人们还是一直用常规的自旋流定义。此外，由于自旋是矢量，除了有平移运动之外，还有转动(即进动)运动。常规自旋流仅描述自旋的平移运动。为了描述自旋的进动，还需要引入另一个物理量，即角自旋流。相应的，我们也把常规的自旋流命名成线自旋流[74,83]。下面介绍线自旋流和角自旋流以及由它们构成的流连续性方程，最后给一个例子。

13.5.1　线自旋流、角自旋流和连续性方程

首先从量子自旋 $\boldsymbol{s}(\boldsymbol{r},t)=\Psi^{\dagger}(\boldsymbol{r},t)\boldsymbol{s}\Psi(\boldsymbol{r},t)$ 出发，导出线和角自旋流。

考虑任意一个量子态 $\Psi(\boldsymbol{r},t)$，t 时刻在 $\boldsymbol{r}$ 点的局域自旋密度 $\boldsymbol{s}(\boldsymbol{r},t)=\Psi^{\dagger}(\boldsymbol{r},t)\boldsymbol{s}\Psi(\boldsymbol{r},t)$，其中 $\boldsymbol{s}=\frac{\hbar}{2}\hat{\sigma}$，$\hat{\sigma}$ 为泡利矩阵。对时间求导，可得

$$\frac{\mathrm{d}}{\mathrm{d}t}\boldsymbol{s}(\boldsymbol{r},t)=\frac{\hbar}{2}\left\{\left[\frac{\mathrm{d}}{\mathrm{d}t}\Psi^{\dagger}\right]\hat{\sigma}\Psi+\Psi^{\dagger}\hat{\sigma}\frac{\mathrm{d}}{\mathrm{d}t}\Psi\right\} \tag{13.50}$$

从薛定谔方程可以得到 $\frac{\mathrm{d}}{\mathrm{d}t}\Psi(\boldsymbol{r},t)=\frac{1}{\mathrm{i}\hbar}H\Psi(\boldsymbol{r},t)$ 和 $\frac{\mathrm{d}}{\mathrm{d}t}\Psi^{\dagger}(\boldsymbol{r},t)=\frac{1}{-\mathrm{i}\hbar}\times[H\Psi(\boldsymbol{r},t)]^{\dagger}$。利用这两个方程，式(13.50)变为

$$(\mathrm{d}/\mathrm{d}t)\boldsymbol{s}(\boldsymbol{r},t)=[\Psi^{\dagger}\hat{\sigma}H\Psi-(H\Psi)^{\dagger}\hat{\sigma}\Psi]/2\mathrm{i} \tag{13.51}$$

下面考虑如下具体的哈密顿量

$$H=\frac{p^2}{2m}+V(\boldsymbol{r})+\hat{\sigma}\cdot\boldsymbol{B}+\frac{\alpha}{\hbar}\hat{z}(\hat{\sigma}\times\boldsymbol{p}) \tag{13.52}$$

注意，这只是为了推导方便。事实上，以下结果并不依赖于具体的哈密顿量。方程(13.52)中，第一项和第二项分别为动能和势能项，第三项为外磁场引起的塞曼项，最后一项为近年来被广泛研究的 Rashba 自旋轨道耦合项。把哈密顿量[方程(13.52)]代入方程(13.51)，方程(13.51)变为

$$\begin{aligned}\frac{\mathrm{d}}{\mathrm{d}t}\boldsymbol{s}=&-\frac{\hbar}{2}\nabla\cdot\mathrm{Re}\left\{\Psi^{\dagger}\left[\frac{\boldsymbol{p}}{m}+\frac{\alpha}{\hbar}(\hat{z}\times\hat{\sigma})\right]\hat{\sigma}\Psi\right\}\\&+\mathrm{Re}\left\{\Psi^{\dagger}\left[\boldsymbol{B}+\frac{\alpha}{\hbar}\boldsymbol{p}\times\boldsymbol{z}\right]\times\hat{\sigma}\Psi\right\}\end{aligned} \tag{13.53}$$

引入张量 $\boldsymbol{j}_s(\boldsymbol{r},t)$ 和矢量 $\boldsymbol{j}_w(\boldsymbol{r},t)$

$$\boldsymbol{j}_s(\boldsymbol{r},t)=\mathrm{Re}\left\{\Psi^{\dagger}\left[\frac{\boldsymbol{p}}{m}+\frac{\alpha}{\hbar}(\hat{z}\times\hat{\sigma})\right]\hat{\boldsymbol{s}}\Psi\right\} \tag{13.54}$$

$$\boldsymbol{j}_w(\boldsymbol{r},t)=\mathrm{Re}\left\{\Psi^{\dagger}\frac{2}{\hbar}\left[\boldsymbol{B}+\frac{\alpha}{\hbar}(\boldsymbol{p}\times\boldsymbol{z})\right]\times\hat{\boldsymbol{s}}\Psi\right\} \tag{13.55}$$

方程(13.53)变为

$$\frac{\mathrm{d}}{\mathrm{d}t}\boldsymbol{s}(\boldsymbol{r},t)=-\nabla\cdot\boldsymbol{j}_s(\boldsymbol{r},t)+\boldsymbol{j}_{\omega}(\boldsymbol{r},t) \tag{13.56}$$

也可以写成积分形式

$$\frac{\mathrm{d}}{\mathrm{d}t}\iiint_V\boldsymbol{s}\,\mathrm{d}V=-\oint_S\mathrm{d}\boldsymbol{S}\cdot\boldsymbol{j}_s+\iiint_V\boldsymbol{j}_{\omega}\,\mathrm{d}V \tag{13.57}$$

方程(13.56)是量子自旋的流连续方程，它和经典矢量连续性方程在形式上没有任何差别，但是推导过程完全不同。连续性方程(13.56)完全是自旋模守恒的结果，不受外力、外力矩的影响，甚至不受动力学规律的限制。和经典力学中 $\boldsymbol{v}$ 和 $\boldsymbol{\omega}$ 被称为线速度和角速度类似，方程(13.56)中描述 t 时刻 $\boldsymbol{r}$ 处的自旋的平移

和转动(进动)的两个量，$\boldsymbol{j}_s(\boldsymbol{r}, t)$和$\boldsymbol{j}_\omega(\boldsymbol{r}, t)$也分别被定义为局域线自旋流密度和角自旋流密度。在有些文献里[13]，$\boldsymbol{j}_\omega$被称为自旋矩。这两种自旋流都能产生电场(见 13.6 节)，它们都是描述自旋运动的物理量。

由于$\hat{\boldsymbol{v}}=\frac{\mathrm{d}}{\mathrm{d}t}r=\frac{\boldsymbol{p}}{m}+\frac{\alpha}{\hbar}(\hat{z}\times\hat{\sigma})$，$\frac{\mathrm{d}}{\mathrm{d}t}\hat{\sigma}=\frac{1}{\mathrm{i}\hbar}[\hat{\sigma}, H]=\frac{2}{\hbar}\left[\boldsymbol{B}+\frac{\alpha}{\hbar}(\boldsymbol{p}\times\boldsymbol{z})\right]\times\hat{\sigma}$，方程(13.54)和(13.55)又可以写为

$$\boldsymbol{j}_s(\boldsymbol{r}, t)=\mathrm{Re}\left\{\Psi^\dagger\frac{1}{2}[\hat{\boldsymbol{v}}\,\hat{\boldsymbol{s}}+(\hat{\boldsymbol{s}}\,\hat{\boldsymbol{v}})^{\mathrm{T}}]\Psi\right\} \tag{13.58}$$

$$\boldsymbol{j}_\omega(\boldsymbol{r}, t)=\mathrm{Re}\{\Psi^\dagger(\mathrm{d}\,\hat{\boldsymbol{s}}/\mathrm{d}t)\Psi\}=\mathrm{Re}\left\{\Psi^\dagger\frac{1}{2}[\hat{\boldsymbol{\omega}}\times\hat{\boldsymbol{s}}-\hat{\boldsymbol{s}}\times\hat{\boldsymbol{\omega}}]\Psi\right\} \tag{13.59}$$

其中，$\hat{\boldsymbol{\omega}}\equiv\frac{2}{\hbar}\left[\boldsymbol{B}+\frac{\alpha}{\hbar}(\boldsymbol{p}\times\boldsymbol{z})\right]$是角速度算符。方程(13.56)、(13.58)、(13.59)是普遍结果，和哈密顿量的具体形式无关。从哈密顿量式(13.52)可以得出，$\mathrm{Re}\{\Psi^\dagger\hat{v}_i\hat{s}_j\Psi\}=\mathrm{Re}\{\Psi^\dagger\hat{s}_j\hat{v}_i\Psi\}$，$\mathrm{Re}\{\Psi^\dagger\,\hat{\boldsymbol{\omega}}\times\hat{\boldsymbol{s}}\Psi\}=-\mathrm{Re}\{\Psi^\dagger\,\hat{\boldsymbol{s}}\times\hat{\boldsymbol{\omega}}\Psi\}$，这样，方程(13.58)和(13.59)变为

$$\boldsymbol{j}_s(\boldsymbol{r}, t)=\mathrm{Re}\{\Psi^\dagger(\boldsymbol{r}, t)\,\hat{\boldsymbol{v}}\,\hat{\boldsymbol{s}}\Psi(\boldsymbol{r}, t)\} \tag{13.60}$$

$$\boldsymbol{j}_\omega(\boldsymbol{r}, t)=\mathrm{Re}\{\Psi^\dagger(\mathrm{d}\,\hat{\boldsymbol{s}}/\mathrm{d}t)\Psi\}=\mathrm{Re}\{\Psi^\dagger\,\hat{\boldsymbol{\omega}}\times\hat{\boldsymbol{s}}\Psi\} \tag{13.61}$$

方程(13.60)和(13.61)定义的自旋流不依赖于空间坐标的选取，在规范变化下也能保持不变。

下面讨论线自旋流$\boldsymbol{j}_s(\boldsymbol{r}, t)$和角自旋流$\boldsymbol{j}_\omega(\boldsymbol{r}, t)$的特性。①线自旋流密度$\boldsymbol{j}_s(\boldsymbol{r}, t)$为张量，它的张量元，如$\boldsymbol{j}_{s,xy}$表示自旋朝$y$方向沿$x$方向运动的自旋流[图 13.15(a)]。角自旋流是矢量，它的矢量元，如$j_{\omega,x}$描述自旋朝i方向绕i'轴的转动(或进动)，其中i，$i'\in\{x, y, z\}$和$i'\times i=x$，转动的角速度为$\boldsymbol{\omega}$[图 13.15(b)和(c)]。注意，所有不同i和i'但$i'\times i$相同的进动，有完全相同的物理效果。如在上面连续性方程中，关于转动的项仅与$i'\times i$有关，而不依赖于具体自旋方向和它的转动轴(角速度方向)；再如角自旋流诱导出的电场也仅依赖于

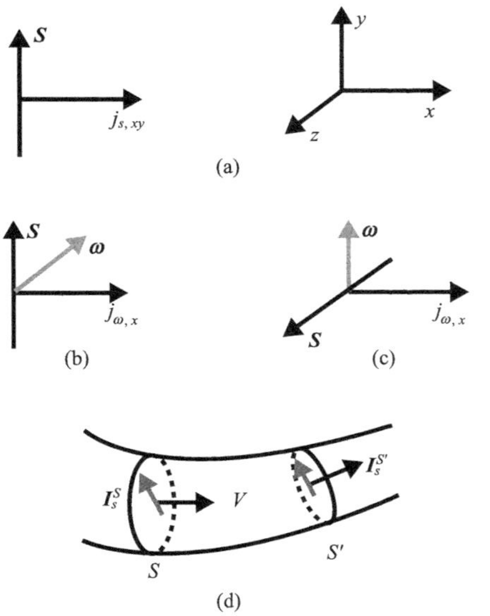

图 13.15　(a)线自旋流密度元$\boldsymbol{j}_{s,xy}$；(b)和(c)角自旋流密度元$j_{\omega,x}$；(d)准一维体系的自旋流

$i'\times i$(具体分析见 13.6 节“自旋流产生的电场”)。因此，对于转动，没有必要用张量来描述，用矢量已足够。②对于线自旋流密度 $\boldsymbol{j}_s(\boldsymbol{r},t)$，有流过某个面 S 的总自旋流 $\boldsymbol{I}_s^S=\iint_S \mathrm{d}\boldsymbol{S}\cdot j_s$ [图 13.15(d)]；但是对于角自旋流密度 $\boldsymbol{j}_\omega(\boldsymbol{r},t)$，没有流过某个面 S 的总角自旋流的概念，因为角自旋流是定义在角度空间的。对于角自旋流，只能计算空间体积 V 内的总的角自旋流：$\boldsymbol{I}_\omega^V=\iiint_V \boldsymbol{j}_\omega(\boldsymbol{r},t)\mathrm{d}V$。③如果体系处于稳恒态，$\boldsymbol{j}_s$ 和 $\boldsymbol{j}_\omega$ 不依赖于时间 t，且 $\frac{\mathrm{d}}{\mathrm{d}t}\boldsymbol{s}(\boldsymbol{r},t)=0$；这时，自旋流连续方程(13.56)简化为：$\nabla\cdot\boldsymbol{j}_s=\boldsymbol{j}_\omega$ 或者 $\oint_S \mathrm{d}\boldsymbol{S}\cdot\boldsymbol{j}_s=\iiint_V \boldsymbol{j}_\omega\mathrm{d}V$。这表示流出闭合曲面的总的线自旋流等于此闭合曲面所包含的有限体积内的总的角自旋流。如果考虑如图 13.15(d)所示的准一维体系，则有 $\boldsymbol{I}_s^{S'}-\boldsymbol{I}_s^S=\boldsymbol{I}_\omega^V$。

13.5.2　一个例子：一维体系自旋流

下面以一维量子链为例，用上面的自旋流定义计算自旋轨道耦合作用下的自旋流。准一维量子链哈密顿量表示如下[41]

$$H=\frac{\bar{\boldsymbol{p}}^2}{2m}+V(y,z)+\frac{\sigma_z}{2\hbar}[\alpha(x)p_x+p_x\alpha(x)]+\frac{\hbar^2k_\mathrm{R}^2}{2m} \tag{13.62}$$

其中，$k_\mathrm{R}(x)\equiv\alpha(x)m/\hbar^2$。在 $0<x<L$ 区域，$\alpha(x)\neq0$，其余区域 $\alpha(x)=0$。由于 z 方向受限制，可以忽略 Rashba 自旋轨道耦合项 $-\frac{\alpha}{\hbar}\sigma_x p_z$。稳态波函数 Ψ 表示如下

$$\boldsymbol{\Psi}(\boldsymbol{r})=\frac{\sqrt{2}}{2}\mathrm{e}^{\mathrm{i}kx}\begin{pmatrix}\mathrm{e}^{-\mathrm{i}\int_0^x k_\mathrm{R}(x)\mathrm{d}x}\\ \mathrm{e}^{\mathrm{i}\int_0^x k_\mathrm{R}(x)\mathrm{d}x}\end{pmatrix}\varphi(y,z) \tag{13.63}$$

其中，$\varphi(y,z)$是受限制的 y 和 z 方向的束缚态。$\boldsymbol{\Psi}(\boldsymbol{r})$描述了如图 13.16 所示的自旋运动，即自旋沿着 x 轴向前运动，同时在 $0<x<L$ 区域还在 x-y 平面进动。利用方程(13.60)和(13.61)，可以写出由波函数 $\boldsymbol{\Psi}(\boldsymbol{r})$定义的自旋流。

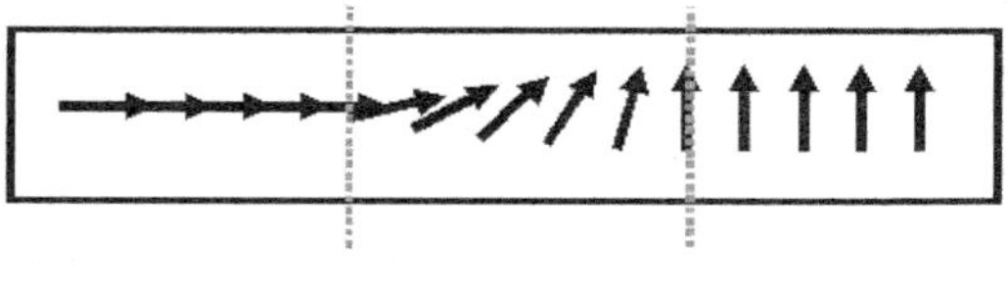

图 13.16　自旋沿 x 轴的运动模式示意图。在 $0<x<L$ 区域，自旋向 $+x$ 方向平动同时也在 x-y 平面进动

在所有的线自旋流的 9 个张量元中，只有两个不为零

$$j_{s,xx}(\boldsymbol{r})=\frac{\hbar^2 k}{2m}|\varphi(x,\ y)|^2\cos 2\varphi(x) \tag{13.64}$$

$$j_{s,xy}(\boldsymbol{r})=\frac{\hbar^2 k}{2m}|\varphi(x,\ y)|^2\sin 2\varphi(x) \tag{13.65}$$

角自旋流 $\boldsymbol{j}_\omega(\boldsymbol{r})$ 的矢量元两个非零

$$j_{\omega,x}(\boldsymbol{r})=-\frac{\hbar^2 k k_{\mathrm{R}}(x)}{m}|\varphi(y,\ z)|^2\sin 2\varphi(x) \tag{13.66}$$

$$j_{\omega,y}(\boldsymbol{r})=\frac{\hbar^2 k k_{\mathrm{R}}}{m}|\varphi(y,\ z)|^2\cos 2\varphi(x) \tag{13.67}$$

其中，$\varphi(x)=\int_0^x k_{\mathrm{R}}(x)\,\mathrm{d}x$。这些不为零的张量或矢量元和图 13.16 中表示的直观物理图像刚好吻合。在 $\alpha(x)=0$ 区域($x<0$ 和 $x>L$)，自旋 $\hat{\sigma}$ 是好量子数，所以自旋无翻转和 $\boldsymbol{j}_\omega=0$。这种情况下，只有线自旋流存在。但是，在 $x<0$ 和 $x>L$ 区的线自旋流不相等，除非 $\varphi(L)=n\pi(n=0,\ \pm1,\ \pm2,\ \cdots)$。所以在有自旋轨道耦合的体系，自旋流一般不可能守恒。事实上，只要存在自旋进动(或者说自旋转动、翻转)，自旋流通常不守恒。以上讨论充分显示，线自旋流 $\boldsymbol{j}_s=\mathrm{Re}\{\boldsymbol{\Psi}^+\hat{\boldsymbol{v}}\hat{\boldsymbol{s}}\boldsymbol{\Psi}\}$ 和角自旋流 $\boldsymbol{j}_\omega=\mathrm{Re}\{\boldsymbol{\Psi}^+\hat{\boldsymbol{\omega}}\times\hat{\boldsymbol{s}}\boldsymbol{\Psi}\}$ 有非常明确的物理意义，它们分别表示自旋的平动和进动。只有综合考虑这两种自旋流，才能完整描述自旋运动性质。此外，这两种自旋流都能引起可观测的物理效应，如引起外电场(详见 13.6 节)。这也再次证明了两种自旋流在描述自旋运动方面有着同等重要的地位。

13.6　自旋流产生的电场

电流能在其周围产生磁场，这是大家熟知的安培定理和毕奥-萨伐尔定律。根据电磁对应，自旋流也应该在其周围产生电场[81,83]。下面推导自旋流产生的电场。

相对应于电子自旋 $\boldsymbol{\sigma}$，会有磁矩 $\boldsymbol{m}=g\mu_{\mathrm{B}}\boldsymbol{\sigma}$，其中 μ_{B} 是玻尔磁子，g 为常数。所以对应于自旋流 j_s 会有磁矩流 $j_m=g\mu_{\mathrm{B}}j_s$。为方便推导公式，我们引入假想磁荷。磁矩 $\boldsymbol{m}$ 相当于两个分别位于 $\pm\delta\hat{n}_m$ 带 $\pm q$ 的磁荷，其中 $q=m/2\delta$，$\hat{n}_m$ 表示沿磁矩 $\boldsymbol{m}$ 方向的单位矢，δ 表示微小长度。线自旋流 $\boldsymbol{j}_s=\boldsymbol{vs}$ 和角自旋流 $\boldsymbol{j}_\omega=\boldsymbol{\omega}\times\boldsymbol{s}$ 也分别等效于两个磁荷流。其中，线自旋流 $\boldsymbol{j}_s=\boldsymbol{vs}$ 等效于一个位于 $\boldsymbol{r}+\delta\hat{n}_m$ 处的磁荷流 $q\boldsymbol{v}$ 和另一个位于 $\boldsymbol{r}-\delta\hat{n}_m$ 处的磁荷流 $-q\boldsymbol{v}$；而角自旋流 $\boldsymbol{j}_\omega=\boldsymbol{\omega}\times\boldsymbol{s}$ 等效于两个分别位于 $\boldsymbol{r}\pm\delta\hat{n}_m$ 处的磁荷流 $\pm\boldsymbol{\omega}\times\boldsymbol{q}\delta$。

假设运动的自旋引起的电磁场满足相对论协变性，从磁荷产生磁场能推出磁荷流必定要产生电场，并且可以推出含有磁荷和磁荷流的麦克斯韦方程组是如下形式[81]

$$\nabla\times \boldsymbol{E}=-\frac{\partial \boldsymbol{B}}{\partial t}-\mu_0 \boldsymbol{j}_{\mathrm{mc}} \tag{13.68}$$

$$\nabla\times \boldsymbol{B}=\mu_0\varepsilon_0\frac{\partial \boldsymbol{E}}{\partial t}+\mu_0 \boldsymbol{j}_{\mathrm{ec}} \tag{13.69}$$

$$\nabla\cdot \boldsymbol{E}=\rho_{\mathrm{ec}}/\varepsilon_0 \tag{13.70}$$

$$\nabla\cdot \boldsymbol{B}=\mu_0\rho_{\mathrm{mc}} \tag{13.71}$$

其中，ρ_{mc}和ρ_{ec}分别代表磁荷和电荷的空间体密度；$\boldsymbol{j}_{\mathrm{mc}}$和$\boldsymbol{j}_{\mathrm{ec}}$为二者对应的流密度。

在原始的麦克斯韦方程组中，没有磁荷和磁荷流的概念，只有电荷和电荷流，就连磁矩产生的场也是通过把磁矩等效成无穷小的环形电流来计算。这在处理电子的自旋引起的磁场时有诸多不便，因为电子的内部结构目前尚不清楚，所以也很难用环形电流来等效电子的自旋。而方程(13.68)～(13.71)则可以很方便地描述电子的自旋及自旋流产生的电磁场。如果我们只关注电子的外部电磁场，如半径$R>10^{-5}$ Å 的电磁场，在此范围内，以上方程是合理的。事实上，以下我们推导的自旋流产生电场的过程和等效磁荷完全无关。或者说，不用等效磁荷的概念把磁矩等效成无穷小的环形电流也能推导出相同的结果。

从方程(13.68)可以得出由无穷小的磁荷流元$\boldsymbol{j}_{\mathrm{mc}}\mathrm{d}V$引起的电场，然后把$\boldsymbol{r}\pm\delta\hat{n}_m$处的两个磁荷流元相加，再让$\delta\to 0$，最后求得线自旋流和角自旋流产生的电场$\boldsymbol{E}_s$和$\boldsymbol{E}_\omega$公式[83]

$$\boldsymbol{E}_s=\frac{-\mu_0 g\mu_{\mathrm{B}}}{h}\nabla\times\int \boldsymbol{j}_s\mathrm{d}V\cdot\frac{\boldsymbol{r}}{r^3} \tag{13.72}$$

$$\boldsymbol{E}_\omega=\frac{-\mu_0 g\mu_{\mathrm{B}}}{h}\int \boldsymbol{j}_\omega\mathrm{d}V\times\frac{\boldsymbol{r}}{r^3} \tag{13.73}$$

这相当于电流产生磁场的毕奥-萨伐尔定律。需要说明的是，以上方程的推导没有做任何近似，是精确严格的；仅作了唯一的假设：由自旋和自旋流产生的电磁场满足相对论协变性。

自旋流产生的电场有如下性质[83]：①在远场(r很大)情况，角自旋流产生的电场$\boldsymbol{E}_\omega$以$1/r^2$的规律衰减，而线自旋流产生的电场$\boldsymbol{E}_s$则以$1/r^3$衰减。这表明角自旋流具有和线自旋流同等重要的地位，单从诱导电场方面说，角自旋流甚至更为重要。②稳恒状态下，总电场$\boldsymbol{E}_{\mathrm{T}}=\boldsymbol{E}_\omega+\boldsymbol{E}_s$在不包含自旋流的任何区域的环路积分全部为零，即$\oint_C \boldsymbol{E}_{\mathrm{T}}\cdot\mathrm{d}\boldsymbol{l}=0$。这表明自旋流产生的电场是有源无旋的静电场。但是，单独的$\boldsymbol{E}_\omega$和$\boldsymbol{E}_s$环路积分都不为零。上面提到，由于自旋$\boldsymbol{s}$是矢量，它还有一个转动运动，所以线自旋流密度 $\boldsymbol{j}_s$ 不是一个守恒量。然而，无论从理论还是实验上，我们总希望有一个守恒量，下面我们给出此守恒量。用 $\nabla\cdot$ 作用于方程(13.56)[83]，可得

$$\frac{\mathrm{d}}{\mathrm{d}t}(\nabla\cdot\boldsymbol{s})+\nabla\cdot(\nabla'\cdot\boldsymbol{j}_s-\boldsymbol{j}_\omega)=0 \tag{13.74}$$

其中，$\nabla'\cdot\boldsymbol{j}_s$ 表示 ∇' 作用于 $\boldsymbol{j}_s$ 的第二个指标：$(\nabla'\cdot\boldsymbol{j}_s)_i=\sum_j\frac{\mathrm{d}}{\mathrm{d}j}\boldsymbol{j}_{s,ij}$，其中 i，$j\in(x, y, z)$。注意，$\nabla'\cdot\boldsymbol{j}_s-\boldsymbol{j}_\omega$ 非常不同于 $\nabla\cdot\boldsymbol{j}_s-\boldsymbol{j}_\omega$。稳恒态下，$\nabla\cdot\boldsymbol{j}_s-\boldsymbol{j}_\omega=0$，但是 $\nabla'\cdot\boldsymbol{j}_s-\boldsymbol{j}_\omega$ 通常不为零。下面引入记号 $\boldsymbol{j}_{\nabla\cdot s}=\nabla'\cdot\boldsymbol{j}_s-\boldsymbol{j}_\omega$，方程(13.74)变为

$$\frac{\mathrm{d}}{\mathrm{d}t}(\nabla\cdot\boldsymbol{s})+\nabla\cdot\boldsymbol{j}_{\nabla\cdot s}=0 \tag{13.75}$$

这表明自旋散度流 $\boldsymbol{j}_{\nabla\cdot s}$ 是稳恒态下的守恒量。事实上，$-\nabla\cdot\boldsymbol{s}(\boldsymbol{r}, t)$ 等效于磁荷，因此 $\boldsymbol{j}_{\nabla\cdot s}$ 也可以看成磁荷流密度。此外，由 $\boldsymbol{j}_s$ 和 $\boldsymbol{j}_\omega$ 共同导致的电场，可以写成如下形式

$$\begin{aligned}\boldsymbol{E}_T&=\boldsymbol{E}_s+\boldsymbol{E}_\omega=\frac{\mu_0 g\mu_B}{h}\int(\nabla'\cdot\boldsymbol{j}_s-\boldsymbol{j}_\omega)\,\mathrm{d}V\times\frac{\boldsymbol{r}}{r^3}\\&=\frac{\mu_0 g\mu_B}{h}\int\boldsymbol{j}_{\nabla\cdot s}\,\mathrm{d}V\times\frac{\boldsymbol{r}}{r^3}\end{aligned} \tag{13.76}$$

可以看出，总的电场 $\boldsymbol{E}_T$ 仅依赖于自旋散度流 $\boldsymbol{j}_{\nabla\cdot s}$。通过测量总电场 $\boldsymbol{E}_T$，就可测得自旋散度流 $\boldsymbol{j}_{\nabla\cdot s}$。

13.7　展　　望

自旋电子学是一门新兴子学科，除了本章所介绍的内容之外，还包括其他很多与自旋相关的课题，例如，自旋霍尔效应，自旋阀效应，自旋 Nernst 效应，自旋量子比特门，等等。尽管它包含的内容繁多，但是在几乎所有的效应中，自旋轨道耦合都起了至关重要的作用，并且自旋流总是一个很重要的物理量。除本章所提及的方法外，以自旋轨道耦合为基础产生和控制自旋流还有其他一些方法，在这里不再一一叙述。目前，在实验室已经可以产生和探测自旋流。但是，脱离实验室的苛刻条件，如何在现实条件下产生和控制自旋流仍然是目前研究者亟待解决的问题。预计将来在自旋电子学领域还会陆续发现一些新效应。总之，自旋电子学仍然是一门方兴未艾的新学科。

作者简介

邢燕霞　1979年生，博士，北京理工大学物理学院副教授。2008年在中国科学院物理研究所获得凝聚态物理学博士学位，之后到香港大学作博士后，2010年到北京理工大学工作。2013年入选教育部“新世纪优秀人才支持计划”。科研方向为介观体系的量子输运、自旋电子学、拓扑绝缘体、第一性原理计算等。已在*Phys. Rev.*系列杂志上发表论文20余篇。

孙庆丰　1970年生，博士，北京大学物理学院教授，教育部“长江学者”特聘教授，曾获中国科学院“百人计划”和国家杰出青年科学基金项目资助。分别于1995年和2000年在北京大学获得学士学位和博士学位，博士论文入选“全国百篇优秀博士论文”。博士毕业后到加拿大麦吉尔(McGill)大学作博士后，2003～2013年在中国科学院物理研究所工作，2013年至今在北京大学工作。研究领域为量子输运理论、自旋电子学和拓扑绝缘体、多体强关联体系和近藤效应、石墨烯等。迄今为止，在*Phys. Rev.*系列杂志上发表论文90多篇。

参考文献

[1] Wolf S A, Awschalom D D, Buhrman R A, et al. Spintronics: A spin-based electronics vision for the future. Science, 2001, 294: 1488-1495.

[2] Prinz G A. Magnetoelectronics. Science, 1998, 282: 1660-1663.

[3] Zutic I, Fabian J, Das Sarma S. Spintronics: Fundamentals and applications. Rev Mod Phys, 2004, 76: 323-410.

[4] Schmidt G, Ferrand D, Molenkamp L W, et al. Fundamental obstacle for electrical spin injection from a ferromagnetic metal into a diffusive semiconductor. Phys Rev B, 2000, 62: R4790.

[5] van Son P C, van Kempen H, Wyder P. Boundary resistance of the ferromagnetic-nonferromagnetic metal interface. Phys Rev Lett, 1987, 58: 2271-2273.

[6] Koga T, Nitta J, Akazaki T, et al. Rashba spin-orbit coupling probed by the weak antilocalization analysis in In AlAs/InGaAs/InAlAs quantum wells as a function of quantum well asymmetry. Phys Rev Lett, 2002, 89: 046801.

[7] Nitta J, Akazaki T, Takayanagi H, et al. Gate control of spin-orbit interaction in an inverted $In_{0.53}Ga_{0.47}As/In_{0.52}Al_{0.48}As$ heterostructure. Phys Rev Lett, 1997, 78: 1335.

[8] Lin Y, Koga T, Nitta J. Effect of an $InP/In_{0.53}Ga_{0.47}As$ interface on spin-orbit interaction in $In_{0.52}Al_{0.48}As/In_{0.53}Ga_{0.47}As$ heterostructures. Phys Rev B, 2005, 71: 045328.

[9] Giglberger S, Golub L E, Belkov V V, et al. Rashba and Dresselhaus spin splittings in semiconductor quantum wells measured by spin photocurrents. Phys Rev B, 2007, 75: 035327.

[10] Bychkov Y A, Rashba E I. Oscillatory effects and the magnetic susceptibility of carriers in inversion layers. J Phys C, 1984, 17: 6039-6046.

[11] Kato Y K, Myers R C, Gossard A C, et al. Observation of the spin Hall effect in semiconductors. Science, 2004, 306: 1910-1913.

[12] Wunderlich J, Kastner B, Sinova J, et al. Experimental observation of the spin-Hall effect in a two-dimensional spin-orbit coupled semiconductor system. Phys Rev Lett, 2005, 94: 047204.

[13] Culcer D, Sinova J, Sinitsyn N A, et al. Semiclassical spin transport in spin-orbit-coupled bands. Phys Rev Lett, 2004, 93: 046602.

[14] Datta S, Das B. Electronic analog of the electro-optic modulator. Appl Phys Lett, 1990, 56: 665-667.

[15] Murakami S, Nagaosa N, Zhang S C. Dissipationless quantum spin current at room temperature. Science, 2003, 301: 1348-1351.

[16] Sinova J, Culcer D, Niu Q, et al. Universal intrinsic spin Hall effect. Phys Rev Lett, 2004, 92: 126603.

[17] Hirsch J E. Spin Hall effect. Phys Rev Lett, 1999, 83: 1834-1837.

[18] Hu L, Gao J, Shen S Q. Influence of spin transfer and contact resistance on measurement of the spin Hall effect. Phys Rev B, 2003, 68: 115302.

[19] Ren W, Qiao Z, Wang J, et al. Universal spin-Hall conductance fluctuations in two dimensions. Phys Rev Lett, 2006, 97: 066603.

[20] Cheng S G, Xing Y, Sun Q F, et al. Spin Nernst effect and Nernst effect in two-dimensional electron systems. Phys Rev B, 2008, 78: 045302.

[21] Ionicioiu R, D'Amico I. Mesoscopic Stern-Gerlach device to polarize spin currents. Phys Rev B, 2003, 67: R041307.

[22] Koga T, Nitta J, Takayanagi H, et al. Spin-filter device based on the Rashba effect using a nonmagnetic resonant tunneling diode. Phys Rev Lett, 2002, 88: 126601.

[23] Usaj G, Balseiro C A. Spin accumulation and equilibrium currents at the edge of 2DEGs with spin-orbit coupling. Europhys Lett, 2005, 72: 631-637.

[24] Sun Q F, Xie X C. Spontaneous spin-polarized current in a nonuniform Rashba interaction system. Phys Rev B, 2005, 71: 155321.

[25] Sun Q F, Xie X C. Bias-controllable intrinsic spin polarization in a quantum dot: Proposed scheme based on spin-orbit interaction. Phys Rev B, 2006, 73: 235301.

[26] Wang J, Chan K S, Xing D Y. Intrinsic oscillation of spin accumulation induced by Rashba spin-orbital interaction. Phys Rev B, 2006, 73: 033316.

[27] Xing Y, Sun Q F, Tang L, et al. Accumulation of opposite spins on the transverse edges of a two-dimensional electron gas in a longitudinal electric field. Phys Rev B, 2006, 74: 155313.

[28] Yao J, Yang Z Q. Spin accumulation in a ballistic Rashba bar. Phys Rev B, 2006, 73: 033314.

[29] Nikolic B K, Souma S, Zarbo L P, et al. Nonequilibrium spin Hall accumulation in ballistic semiconductor nanostructures. Phys Rev Lett, 2005, 95: 046601.

[30] Xing Y, Sun Q F, Wang J. Symmetry and transport property of spin current induced spin-Hall effect. Phys Rev B, 2007, 75: 075324.

[31] Xing Y, Sun Q F, Wang J. Nature of spin Hall effect in a finite ballistic two-dimensional system with

Rashba and Dresselhaus spin-orbit interaction. Phys Rev B, 2006, 73: 205339.

[32] Sih V, Myers R C, Kato Y K, et al. Spatial imaging of the spin Hall effect and current-induced polarization in two-dimensional electron gases. Nat Phys, 2005, 1: 31-35.

[33] Sih V, Lau W H, Myers R C, et al. Generating spin currents in semiconductors with the spin Hall effect. Phys Rev Lett, 2006, 97: 096605.

[34] Valenzuela S O, Tinkham M. Direct electronic measurement of the spin Hall effect. Nature (London), 2006, 442: 176-179.

[35] Xing Y, Sun Q F, Wang J. Influence of dephasing on the quantum Hall effect and the spin Hall effect. Phys Rev B, 2008, 77: 115346.

[36] Mireles F, Kirczenow G. Ballistic spin-polarized transport and Rashba spin precession in semiconductor nanowires. Phys Rev B, 2001, 64: 024426.

[37] Wang X F, Vasilopoulos P. Magnetotransport in a two-dimensional electron gas in the presence of spin-orbit interaction. Phys Rev B, 2003, 67: 085313.

[38] Wang J, Sun H B, Xing D Y. Rashba spin precession in a magnetic field. Phys Rev B, 2004, 69: 085304.

[39] Rammer J, Quantum Transport Theory. Massachusetts: Perseus Books, 1998.

[40] Meir Y, Wingreen N S. Landauer formula for the current through an interacting electron region. Phys Rev Lett, 1992, 68: 2512-2515.

[41] Sun Q F, Wang J, Guo H. Quantum transport theory for nanostructures with Rashba spin-orbital interaction. Phys Rev B, 2005, 71: 165310.

[42] Molenkamp L W, Schmidt G, Bauer G E W. Rashha Hamiltonian and electron transport. Phys Kev B, 2001, 64: 121202(R).

[43] Heida J P, van Wees B J, Kuipers J J, et al. Spin-orbit interaction in a two-dimensional electron gas in a InAs/AlSb quantum well with gate-controlled electron density. Phys Rev B, 1998, 57: 11911.

[44] Vernek E, Sandler N, Ulloa S E. Kondo screening suppression by spin-orbit interaction in quantum dots. Phys Rev B, 2009, 80: R041302.

[45] Lu H F, Guo Y. Kondo effect and spin-polarized transport through a quantum dot with Rashba spin-orbit interaction. Phys Rev B, 2007, 76: 045120.

[46] Ye C Z, Nie Y H, Liang J Q. A pure spin-current injector of semiconductor quantum dots with Andreev reflection and Rashba spin-orbit coupling. Chin Phys B, 2011, 20: 127202.

[47] Pan H, Cui Y, Wang H. Spin-polarized Andreev reflection and spin accumulation in a quantum-dot Aharonov-Bohm interferometer with spin-orbit interaction effects. J Appl Phys, 2011, 110: 033706.

[48] Sun Q F, Guo H, Wang J. A spin cell for spin current. Phys Rev Lett, 2003, 90: 258301.

[49] Long W, Sun Q F, Guo H, et al. Gate-controllable spin battery. Appl Phys Lett. 2003, 83: 1397-1399.

[50] Wang D K, Sun Q F, Guo H. Spin-battery and spin-current transport through a quantum dot. Phys Rev B, 2004, 69: 205312.

[51] Chi F, Zheng J, Sun L L. Spin-polarized current and spin accumulation in a three-terminal two quantum dots ring. Appl Phys Lett, 2008, 92: 172104.

[52] Chi F, Zheng J. Spin separation via a three-terminal Aharonov-Bohm interferometers. Appl Phys Lett, 2006, 92: 062106.

[53] Liang F, Yang Y H, Wang, J, et al. Detection of spin bias by quantum interference effect in a Rashba

ring. Europhys Lett, 2009, 87: 47004.

[54] Sun Q F, Xing Y and Shen S Q. Double quantum dot as detector of spin bias. Phys Rev B, 2008, 77: 195313.

[55] Xing Y, Sun Q F, Wang J. Spin bias measurement based on a quantum point contact. Appl Phys Lett, 2008, 93: 142107.

[56] Chi F, Sun Q F. Electrical preparation and readout of a single spin state in a quantum dot via spin bias. 2010, 81: 075310.

[57] Frolov S M, Luscher S, Yu W, et al. Ballistic spin resonance. Nature, 2009, 458: 868-871.

[58] Frolov S M, Venkatesan A, Yu W, et al. Electrical generation of pure spin currents in a two-dimensional electron gas. Phys Rev Lett, 2009, 102: 116802.

[59] Ramaglia V M, Bercioux D, Cataudella V, et al. Conductance of a large point contact with Rashba effect. Eur Phys J B, 2003, 36: 365-373.

[60] Wang J, Guo H, Harris R. Electron waveguide coupler: A four-terminal device. Appl Phys Lett, 1991, 59: 3075-3077.

[61] Sun Q F, Yang P, Guo H. Four-terminal thermal conductance of mesoscopic dielectric systems. Phys Rev Lett, 2002, 89: 175901.

[62] Büttiker M. Four-terminal phase-coherent conductance. Phys Rev Lett, 1986, 57: 1761-1764.

[63] Hackenbroich G. Phase coherent transmission through interacting mesoscopic systems. Phys Rep, 2001, 343: 463-538.

[64] Burkard B, Loss D. Semiconductor Spintronics and Quantum Computation. Berlin: Springer-Verlag, 2002.

[65] Cronenwett S M, Oosterkamp T H, Kouwenhoven L P. A tunable Kondo effect in quantum dots. Science, 1998, 281: 540-544.

[66] Koga T, Sekine Y, Nitta J. Experimental realization of a ballistic spin interferometer based on the Rashba effect using a nanolithographically defined square loop array. Phys Rev B, 2005, 74: R041302.

[67] Büttiker M, Imry Y, Landauer R. Josephson behavior in small normal one-dimensional rings. Phys Lett A, 1983, 96: 365-367.

[68] Cheung H F, Gefen Y, Riedel E K, et al. Persistent currents in small one-dimensional metal rings. Phys Rev B, 1988, 37: 6050-6062.

[69] Lévy L P, Dolan G, Dunsmuir J, et al. Magnetization of mesoscopic copper rings: evidence for persistent currents. Phys Rev Lett, 1990, 64: 2074-2077.

[70] Chandrasekhar V, Webb R A, Brady M J, et al. Magnetic response of a single, isolated gold loop. Phys Rev Lett, 1991, 67: 3578-3581.

[71] Mailly D, Chapelier C, Benoit A. Experimental observation of persistent currents in GaAs-AlGaAs single loop. Phys Rev Lett, 1993, 70: 2020-2023.

[72] Schütz F, Kollar M, Kopietz P. Persistent spin currents in mesoscopic Heisenberg rings. Phys Rev Lett, 2003, 91: 017205.

[73] Sun Q F, Xie X C, Wang J. Persistent spin current in a mesoscopic hybrid ring with spin-orbit coupling. Phys Rev Lett, 2007, 96: 196801.

[74] Sun Q F, Xie X C, Wang J. Persistent spin current in nanodevices and definition of the spin current. Phys Rev B, 2008, 77: 035327.

[75] Berry M V. Quantal phase factors accompanying adiabatic changes. Proc R Soc A, 1984, 392: 45-57.

[76] Loss D, Goldbart P, Balatsky A V. Berry's phase and persistent charge and spin currents in textured mesoscopic rings. Phys Rev Lett, 1990, 65: 1655-1658.

[77] Yao Y, Fang Z. Sign changes of intrinsic spin Hall effect in semiconductors and simple metals: First-principles calculations. Phys Rev Lett, 2005, 95: 156601.

[78] Li J, Hu L, Shen S Q. Spin-resolved Hall effect driven by spin-orbit coupling. Phys Rev B, 2005, 71: R241305.

[79] Kou S P, Qi X L, Weng Z Y. Spin Hall effect in a doped Mott insulator. Phys Rev B, 2005, 72: 165114.

[80] Sheng L, Sheng D N, Ting C S. Spin-Hall effect in two-dimensional electron systems with Rashba spin-orbit coupling and disorder. Phys Rev Lett, 2005, 94: 016602.

[81] Sun Q F Guo H and Wang J. Spin-current-induced electric field. Phys Rev B, 2004, 69: 054409.

[82] Rashba E I. Spin currents in thermodynamic equilibrium: The challenge of discerning transport currents. Phys Rev B, 2003, 68: R241315.

[83] Sun Q F, Xie X C. Definition of the spin current: The angular spin current and its physical consequences. Phys Rev B, 2005, 72: 245305.

[84] Shi J, Zhang P, Xiao D, et al. Proper definition of spin current in spin-orbit coupled systems. Phys Rev Lett, 2006, 96: 076604.

[85] Wang J, Wang B, Ren W, et al. Conservation of spin current: Model including self-consistent spin-spin interaction. Phys Rev B, 2006, 74: 155307.

[86] Wang Y, Xia K, Su Z B, et al. Consistency in formulation of spin current and torque associated with a variance of angular momentum. Phys Rev Lett, 2006, 96: 066601.

[87] Jin P Q, Li Y Q, Zhang F C. SU(2)×U(1) unified theory for charge, orbit and spin currents. J Phys A: Math Gen, 2006, 39: 7115-7124.

[88] Schütz F, Kopietz P, Kollar M. What are spin currents in Heisenberg magnets? Eur Phys J B, 2004, 41: 557-560.

第 14 章　半导体中的自旋轨道耦合及其物理效应

杨　文　常　凯

本章主要评述和介绍半导体微结构中的自旋轨道耦合及其相关物理效应的研究和最新进展。我们将细致讨论半导体微结构中自旋轨道耦合的物理起源以及窄带隙半导体量子阱中的自旋霍尔效应和拓扑绝缘体相变。我们发现目前国际上广泛采用的 Rashba 模型在电子动量较大时失效：自旋轨道耦合引发的自旋劈裂不再随电子动量的增加而增加，而是开始下降。这种强烈的非线性行为起源于导带和价带间耦合的减弱，它导致电子的 D'yakonov-Perel' 自旋弛豫率在电子能量较高时开始下降，与 Rashba 模型的结果正好相反。在此基础上，我们非微扰地计入自旋轨道耦合，构造了能统一描述电子和空穴自旋霍尔效应的理论框架，并将此方法应用于强自旋轨道耦合的情形，即窄带隙 CdHgTe/CdTe 半导体量子阱。我们发现调节外电场或阱宽可以作为本征自旋霍尔效应以及驱动量子阱发生拓扑绝缘体量子相变的开关。在拓扑绝缘体相，强烈的自旋轨道耦合及能带反转产生奇特的无能隙、线性色散的表面态，它表现为独特的电子轨道运动、电子传导的掺杂磁性离子之间的可调控 RKKY 相互作用，以及拓扑绝缘体量子点中自旋-传播方向锁定的量子态等。最后，我们提出一种新方案，通过能带设计，使自旋轨道耦合效应很弱、带隙不太小的 GaN/InN/GaN 量子阱发生拓扑绝缘体相变。

14.1　引　　言

随着微电子技术的迅猛发展，半导体芯片的集成度越来越高，带来两方面的问题和挑战。一是芯片的功耗及相关的散热问题，二是器件尺度减小带来的量子效应问题。由于改变电子自旋状态所消耗的能量远低于改变电荷状态所消耗的能量，如果我们利用载流子的自旋来实现半导体器件的相应功能，那么功耗的问题将迎刃而解。半导体自旋电子学试图利用电子的自旋自由度来实现传统微电子器件的功能，甚至构造全新功能的器件。

自旋是电子的本征自由度，是一种奇特的量子性质，但到目前为止还没有任何实际的半导体器件应用。通常人们都利用磁场产生电子自旋劈裂，对自旋进行操控。但是，磁场在半导体器件中难于实现，而在半导体器件中易于实现的电场，则只能直接控制电子的轨道运动。

那么我们能否通过电场来控制电子自旋呢？当电子的电荷和自旋自由度耦合起来时，会产生什么新奇的物理现象呢？我们可以设计出什么样的新型器件呢？

电子自旋的电场操控的物理机制与传统的磁场操控完全不同。教科书通常告诉我们电子同时具有电荷和磁矩(即自旋)，电场控制电荷及其轨道运动，磁场则操控磁矩及其自旋动力学。对于在真空中慢速运动的电子，这一简单的图像足够精确。然而，对于在晶体周期场中运动的电子，物理图像变得非常不同：电子围绕原子核高速运动，展现出相对论效应，自旋运动和轨道运动耦合在一起，因此可以通过电场对电子轨道运动的控制来间接操控电子的自旋。

自旋轨道耦合的起源，有一个直观但较简单粗糙的物理图像。考虑一个电子在真空中运动，在实验室参照系中施加恒定的电场，由相对论中的洛伦兹变换，在电子的运动参照系中存在一个磁场作用在电子自旋上，这个磁场的大小和方向和电子运动速度有关。

电场对电子自旋的操控还可以从体系的对称性角度来理解。物理体系的对称性总是对应物理量的守恒，如空间平移对称性对应体系动量守恒，时间平移对称性对应体系能量守恒，空间转动对称性对应角动量守恒等。下面我们讨论空间、时间反演对称性对自旋劈裂的影响。在空间反演变换(用 P 表示)下，Bloch 态 $|n, \boldsymbol{k}, \sigma\rangle$变成 $\hat{P}|n, \boldsymbol{k}, \sigma\rangle=|n, -\boldsymbol{k}, \sigma\rangle$。当体系具有空间反演对称性时，由薛定谔方程 $H|n, \boldsymbol{k}, \sigma\rangle=E_{n,\boldsymbol{k},\sigma}|n, \boldsymbol{k}, \sigma\rangle$的空间反演 $H|n, -\boldsymbol{k}, \sigma\rangle=E_{n,\boldsymbol{k},\sigma}|n, -\boldsymbol{k}, \sigma\rangle$可得 $E_{n,\boldsymbol{k},\sigma}=E_{n,-\boldsymbol{k},\sigma}$。在时间反演变换(用 θ 表示)下，Bloch 态$|n, \boldsymbol{k}, \sigma\rangle$变成$\theta|n, \boldsymbol{k}, \sigma\rangle=|n, -\boldsymbol{k}, -\sigma\rangle$。当体系具有时间反演对称性时，由薛定谔方程 $H|n, \boldsymbol{k}, \sigma\rangle=E_{n,\boldsymbol{k},\sigma}|n, \boldsymbol{k}, \sigma\rangle$的时间反演 $H|n, -\boldsymbol{k}, -\sigma\rangle=E_{n,\boldsymbol{k},\sigma}|n, -\boldsymbol{k}, -\sigma\rangle$可知 $E_{n,\boldsymbol{k},\sigma}=E_{n,-\boldsymbol{k},-\sigma}$。因此，当体系同时具有空间、时间反演对称性时，能带具有自旋简并的特征($E_{n,\boldsymbol{k},\sigma}=E_{n,\boldsymbol{k},-\sigma}$)。要产生自旋劈裂，就需要破坏上述对称性，如施加磁场(破坏时间反演对称性)或电场(破坏空间反演对称性)。

严格地讲，电磁场中电子的运动由 4 分量狄拉克方程描述，

$$\mathrm{i}\hbar\frac{\partial}{\partial t}\Psi=(c\boldsymbol{\alpha}\cdot\boldsymbol{\pi}+\beta m_0c^2+V)\Psi$$

其中，$\boldsymbol{\alpha}=\begin{pmatrix}0 & \boldsymbol{\sigma}\\ \boldsymbol{\sigma} & 0\end{pmatrix}$($\boldsymbol{\sigma}$ 为泡利矩阵)；$\beta=\begin{bmatrix}I_{2\times2} & 0\\ 0 & -I_{2\times2}\end{bmatrix}$；$\boldsymbol{\pi}=\boldsymbol{p}+e\boldsymbol{A}$，$V(\boldsymbol{x})=-e\varphi(\boldsymbol{x})$，$e>0$ 为质子电量，$\boldsymbol{A}$、φ 分别为电磁场的矢势和标势。狄拉克波函数 $\boldsymbol{\Psi}$ 的前、后两个分量分别描述正、负能态：βm_0c^2 项表明正负能带间存在 $2m_0c^2$(约为 1MeV)的狄拉克能隙，$c\boldsymbol{\alpha}\cdot\boldsymbol{\pi}$ 项则把正负能态耦合起来，并且耦合强度正

比于电子的机械动量 $\boldsymbol{\pi}$。低速极限下，可以将正负能态间的耦合视为微扰，从而狄拉克方程过渡到描述正能态电子的二分量泡利方程

$$\mathrm{i}\hbar\frac{\partial}{\partial t}\psi=\left[\frac{(\boldsymbol{\sigma}\cdot\boldsymbol{\pi})^2}{2m_0}+V+\frac{\hbar}{4m_0^2c^2}(\nabla V\times\boldsymbol{\pi})\cdot\boldsymbol{\sigma}+\frac{\hbar^2}{8m_0^2c^2}\nabla^2V-\frac{(\boldsymbol{\sigma}\cdot\boldsymbol{\pi})^4}{8m_0^3c^2}\right]\psi$$

其中，右方第 3 项 $H_{\mathrm{SO}}\equiv\hbar/(4m_0^2c^2)(\nabla V\times\boldsymbol{\pi})\cdot\boldsymbol{\sigma}$ 为自旋轨道耦合，可见所有材料中的自旋轨道耦合均源于相对论效应(源于正、负能态的耦合)，其强度与狄拉克能隙成反比，与电子机械动量及电场强度 $\boldsymbol{E}\equiv(1/e)\nabla V$ 成正比。真空中的自由电子运动速度较慢，电场强度较弱，因而巨大的狄拉克能隙使得真空中电子的自旋轨道耦合非常弱。在半导体晶体中，离子实产生巨大的周期性势场，作用在电子上的电场强度高达约 10^6kV/cm，它将外层电子加速到约 10^6 m/s，从而克服狄拉克能隙，产生强度远大于真空情形的自旋轨道耦合。

上述结论也可以从有效质量理论与狄拉克方程的相似性得出。有效质量理论表明，半导体中导带电子的自旋轨道耦合源于导带与价带间的耦合，耦合强度正比于电子的准动量，这两点都与狄拉克方程的情况相似。不同的是，半导体中导带、价带间的带隙仅 0～3eV(窄带隙材料的带隙更小，仅 0～1eV)，远小于狄拉克能隙。因此，半导体(尤其是窄带隙半导体)导带中的自旋轨道耦合强度将近似地反比于半导体的带隙，远大于真空中的电子。不同带隙的半导体材料中的自旋轨道耦合强度可以相差 6 个数量级。半导体中由晶格周期势场增强的自旋轨道耦合使得对电子自旋的电学操控成为可能。

半导体导带中的自旋轨道耦合的起源，我们可以有如下的直观理解。对Ⅲ-Ⅴ闪锌矿半导体，Γ 点的导带通常是 4s 态特征(图 14.1)，价带主要是 3p 态的特征(图 14.2)。导带的 s 态为偶宇称，电场期望值为零，因而导带自身不存在自旋轨道耦合。价带的 p 态为奇宇称，电场期望值不为零，因此价带存在自旋轨道耦合。导带中的自旋轨道耦合实际上源于价带，带间耦合将价带中的自旋轨道耦合反映到导带中。

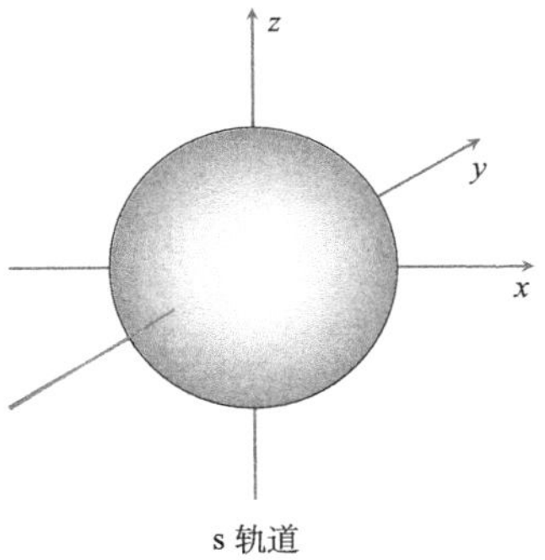

图 14.1　原子中 s 态电子云分布

本章将从以下几个方面讨论自旋轨道耦合及其相关的物理。14.2 节着重讨论半导体自旋轨道耦合的物理起源及其模型；14.3 节介绍自旋霍尔效应；14.4 节介绍由能带反转(即带隙由正变负)及自旋轨道耦合产生的全新量子态：拓扑绝缘体。最后做一总结。

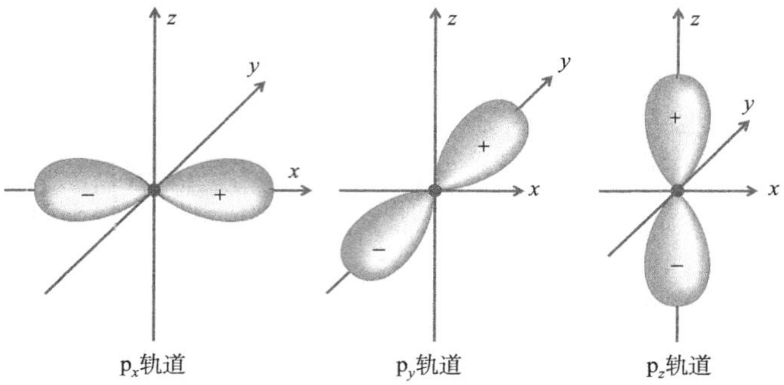

图 14.2 原子中 p 态电子云分布

14.2 半导体中的自旋轨道耦合

14.2.1 有效质量理论

当电子在周期势场中运动时，能谱出现能带结构。严格地说，为了研究半导体材料中的自旋轨道耦合，我们必须研究狄拉克方程在周期势场中的解，但由于半导体中电子的运动速度约 10^6 m/s 远小于光速，狄拉克方程的低速极限仍然适用，这相当于在薛定谔方程中加入自旋轨道耦合项。以闪锌矿半导体 GaAs 为例(图 14.3)，其能带结构在带隙附近由 4s 的导带和 3p 的价带组成(图 14.4)。导带(自旋 $S=1/2$，轨道角动量 $L=0$)由二重简并的自旋向上和向下的能带组成。价带(自旋 $S=1/2$，轨道角动量 $L=1$)顶本来为 6 重简并(2 重自旋简并×3 重轨道简并)，自旋轨道耦合将它劈裂成四重简并的轻重空穴带 $J=3/2$($J_z=\pm 3/2$，$\pm 1/2$)和二重简并的自旋轨道劈裂带 $J=1/2$($J_z=\pm 1/2$)。

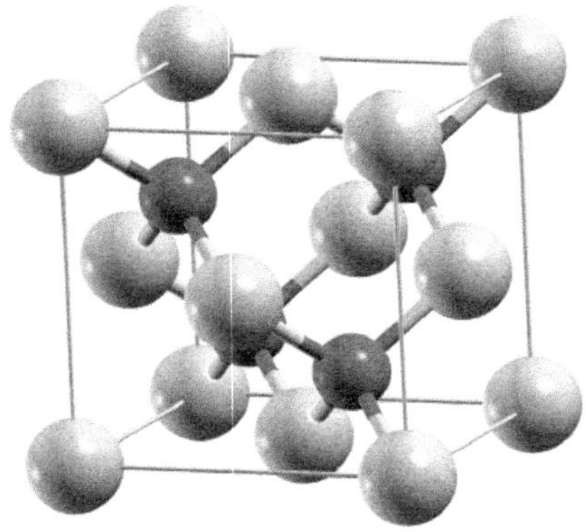

图 14.3 闪锌矿半导体结构示意图

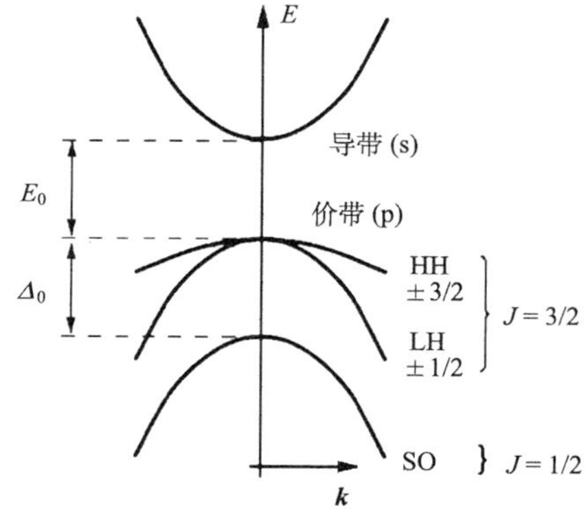

图 14.4 闪锌矿半导体能带结构图

计算半导体能带结构的方法很多，如紧束缚方法、赝势法和有效质量理论（又称 $\boldsymbol{k}\cdot\boldsymbol{p}$ 方法或包络函数方法）。有效质量理论是用来计算固体布里渊区中某个重要 k 点附近的能带性质（如有效质量）的较为便捷的工具[1,2]，其特点是无需知道整个布里渊区的能带的全部信息，且结果的物理图像很直观。有效质量理论半导体微结构的电子态及其物性的计算方面与实验吻合得较好，得到广泛应用。

20 世纪 50 年代，人们试图在固体中进行回旋共振实验，并试图将自由电子的回旋共振理论推广到固体情形。Shockley 于 1953 年建立了 Ge、Si 导带的有效质量理论[3]，同年 Dresselhaus 等在 4K 温度下观察到 Ge 中的回旋共振[4]，他们于 1955 年[5]和 Elliot 于 1954 年[6]还将有效质量理论推广到 Ge、Si 价带包含自旋轨道耦合的情况。与此同时，Luttinger 和 Kohn 于 1955 年发展了包含杂质、磁场、价带自旋轨道耦合在内的理论[7,8]。上述理论对导带和价带是分别进行处理的，忽略了导带和价带之间的耦合。Kane 在 1957 首次提出能够同时处理导带和价带的 8 带有效质量理论（又称 Kane 模型或 8 带模型）[9]，Pidgeon 和 Brown 在 1966 年将该模型推广到有磁场的情形[10]。Dresselhaus 系统地研究了闪锌矿能带中由空间反演对称性破缺引发的自旋劈裂[11]。Baldereschi 和 Lipari 建立了计算浅杂质受主态的球对称张量模型，简化了浅受主能级的计算[12]。后来夏建白将此理论推广到球形量子点情形[13]。Bir 和 Pikus[14]基于对称性，系统地发展了包含应变效应的有效质量理论。Rössler[15]和 Pfeffer 等[16]先后发展了零磁场和有限磁场下的 14 带有效质量理论。

1974 年，Dingle 等[17]和 Sai-Halasz 等[18]首次将有效质量理论推广到半导体量子阱和超晶格。朱邦芬等细致地研究了电场对超晶格中 Pockels 效应的影响[19]。Burt 系统研究了传统有效质量理论应用于异质结和微结构时存在的问题，提出新的包络函数理论[20-24]，并建立了描述异质结和微结构价带的非对称化 6 带哈密顿量[25]。以上的简略介绍可能忽略了许多重要的工作，更为详尽的介绍见近期评述[26-28]，关于窄禁带半导体的知识见褚君浩的近期评述[29]。

8 带模型是计算窄带隙材料电子态的有效工具，它严格考虑了导带和价带（包含自旋，共 8 个能带）之间的耦合，并通过二阶微扰考虑它们与其他能带的耦合[9,28]。本质上 8 带模型仍然是微扰论，这一点导致了该模型的伪解问题[30-41]，特别是振荡型的伪解[36,37]，它与实解混合，造成错误的计算结果。为了消除这种伪解，可以修改能带参数[38,39]，给 8 带哈密顿量添加额外的项[40]，我们采用的是波矢截断法[41]。

下面我们以 $(\mathrm{In}_{0.53}\mathrm{Ga}_{0.47}\mathrm{As})_{10}(\mathrm{InP})_{10}$ 超晶格为例，说明伪解的起源和消除（计算所用参数取自文献[42]）。用 8 带模型和更准确的经验赝势方法（取虚晶近似）[43]算出的 $\mathrm{In}_{0.53}\mathrm{Ga}_{0.47}\mathrm{As}$ 体材料的能带如图 14.5 所示。这两种方法算出来的导带色散都是非单调的。但从 8 带模型算出的导带在波矢很大（$|k_z|>k_c$）时下

弯进入带隙中并最终进入价带内，这显然是非物理的结果。导带这种严重下弯的行为产生一系列虚假的能量本征态(如 k_3)，这些伪解在更准确的能带计算结果(如经验赝势计算的结果)中并不存在。用波矢截断法[41]消除这种伪解的思路是，以平面波做基函数把哈密顿量展开成矩阵并对角化。只要限制基函数的最大波矢小于 k_c，则伪解自动消除。

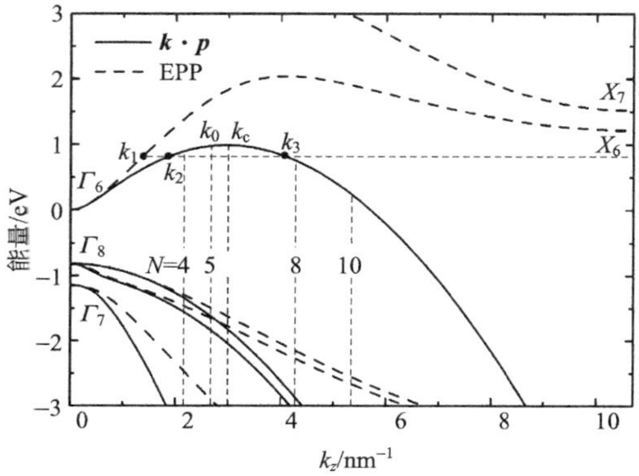

图 14.5　$In_{0.53}Ga_{0.47}As$ 体材料的能带随 k_z(沿[001]晶向)的变化($k_{//}=0$)。实线为 8 带模型的结果，虚线为经验赝势(虚晶近似)的结果(参见文献[41])

14.2.2　半导体量子阱中的 Rashba 自旋劈裂

自旋轨道耦合将自旋与轨道联系起来，允许用电学和光学方法来灵活地操控自旋。近年来热门的自旋霍尔效应，就是利用自旋轨道耦合在常见导体中产生自旋流，其中由结构反演不对称导致的 Rashba 自旋轨道耦合扮演着关键的角色。几十年来，人们对 Rashba 效应做了大量研究[44-77]。理论方面，Winkler[26,27,44,55,56]，Zawadzki 和 Pfeffer[57-62]做出了较大的贡献。人们通过微扰论推导出 Rashba 自旋轨道耦合产生的自旋劈裂(简称 Rashba 劈裂)的解析表达式[62-64]，认为 Rashba 劈裂是平面内动量 $k_{//}$ 的各向同性的线性函数。这种自旋劈裂正比于电子动量的 Rashba 模型被广泛用于描述低维半导体结构中电子的自旋相关性质。不过，最近的数值计算和实验表明，窄带隙半导体中的 Rashba 劈裂在动量 $k_{//}$ 较大时达到饱和[44,56]，甚至下降[63-66]。据我们所知，人们对这类行为的了解还很少。下面我们从 8 带模型出发来理解这种行为(详情见文献[69])。

考虑沿[001]晶向生长的对称量子阱，沿生长方向施加偏压电场 F，该体系的 8 带哈密顿量 $H=H_k+V$，其中 $V=eFz$ 为偏压电场产生的静电势能，H_k 为没有电场时的 8 带哈密顿量[20-24,39,67]。消去波函数的价带分量，可得导带的有效哈密顿量

$$H_{\text{eff}}(\boldsymbol{k}_{/\!/})=E_c(z)+V(z)+\boldsymbol{k}\frac{\hbar^2}{2m^*(z)}\boldsymbol{k}+\alpha_0(z)(\boldsymbol{k}_{/\!/}\times\boldsymbol{e}_z)\cdot\boldsymbol{\sigma}\quad(14.1)$$

其中，位置依赖的有效质量 $m^*(z)$ 由下式决定

$$m^*(z)=m_0\left(\gamma_c+\frac{2E_p}{3U_{\text{LH}}}+\frac{E_p}{3U_{\text{SO}}}\right)^{-1}$$

其中，$E_p=2m_0P_0^2/\hbar^2$，$U_{\text{LH}}(z)=E-H_{\text{LH}}$，$U_{\text{SO}}(z)=E-H_{\text{SO}}$。$H_{\text{LH}}$ 和 H_{SO} 分别是 8 带哈密顿量中轻空穴带和自旋轨道劈裂带对应的对角元，E 是电子的本征能量，H_{LH} 和 H_{SO} 中的算符 k_z 已经换成 π/W（W 为阱宽）。Rashba 自旋轨道耦合的强度 $\alpha_0(z)=\hbar^2/(6m_0)\partial\gamma(z)/\partial z$，其中 $\gamma(z)=E[1/U_{\text{LH}}(z)-1/U_{\text{SO}}(z)]$。由式(14.1)，可得第 n 个导带子带的 Rashba 劈裂

$$\Delta E_n(\boldsymbol{k}_{/\!/})=\Delta E_n^{\text{if}}(\boldsymbol{k}_{/\!/})+\Delta E_n^{\text{ib}}(\boldsymbol{k}_{/\!/})$$

其中

$$\begin{cases}\Delta E_n^{\text{if}}(\boldsymbol{k}_{/\!/})=\dfrac{\hbar^2}{3m_0}\boldsymbol{k}_{/\!/}\displaystyle\sum_j|\boldsymbol{F}_n(z_j)|^2[\gamma(z_j^+)-\gamma(z_j^-)]\\[2ex]\Delta E_n^{\text{ib}}(\boldsymbol{k}_{/\!/})=\dfrac{\hbar^2}{3m_0}E_pe\boldsymbol{F}\boldsymbol{k}_{/\!/}\displaystyle\int\mathrm{d}z|\boldsymbol{F}_n(z)|^2\left(\frac{1}{U_{\text{LH}}^2}-\frac{1}{U_{\text{SO}}^2}\right)\end{cases}\quad(14.2)$$

式中，$F_n(z)$ 为第 n 个子带沿量子阱生长方向（z 轴）的包络函数；$z_j^{\pm}=z_j\pm0^+$，$\{z_j\}$ 代表不同材料界面处的 z 坐标；$\Delta E_n^{\text{if}}(\boldsymbol{k}_{/\!/})$ 可以看成 Γ_8 和 Γ_7 价带带阶产生的界面电场的贡献，而 $\Delta E_n^{\text{ib}}(\boldsymbol{k}_{/\!/})$ 大致正比于偏压电场的平均值。当偏压电场产生的静电势能 $V(z)$ 远小于带隙时，

$$\Delta E_n^{\text{ib}}(\boldsymbol{k}_{/\!/})=\frac{\hbar^2}{3m_0}E_pe\boldsymbol{F}\boldsymbol{k}_{/\!/}\sum_jP_n^j\left(\frac{1}{U_{\text{LH}}^2}-\frac{1}{U_{\text{SO}}^2}\right)=\frac{\hbar^2}{3m_0}E_pe\boldsymbol{F}\boldsymbol{k}_{/\!/}\sum_jP_n^j\frac{\Delta(U_{\text{SO}}+U_{\text{LH}})}{U_{\text{LH}}^2\cdot U_{\text{SO}}^2}\quad(14.3)$$

其中，$P_n^j=\int_{\text{layer }j}\mathrm{d}z|F_n^j(z)|^2$ 为电子处在第 j 层的概率；Δ 为体材料能带的自旋轨道劈裂。如果取 $\gamma_c=0$，忽略势垒的波函数穿透、电子动能及量子限制能量，将 E 用阱材料的导带边 E_c 代替，则回到文献[60]、[61]的结果

$$\Delta E_n^{\text{ib}}(\boldsymbol{k}_{/\!/})=\frac{\hbar^2}{m^*}\frac{\Delta}{E_g}\frac{2E_g+\Delta}{(E_g+\Delta)(3E_g+2\Delta)}e\boldsymbol{F}\boldsymbol{k}_{/\!/}$$

其中，m^* 是阱材料的导带有效质量。

从上面的讨论可以看出，Rashba 自旋劈裂来自三个方面：

(1) Γ_7 和 Γ_8 价带总电场（偏压电场和界面电场）对导带包络函数的平均；

(2) 有效质量能带参数[如 $\gamma_1(z)$ 和 $\gamma_2(z)$]在界面处的变化；

(3) 自旋依赖的边界条件产生的自旋依赖的动能和势能修正。

上述结论可以从紧束缚理论的角度来理解：导带电子通常是 s 态成分，价带空穴多是 p 态成分。自旋轨道耦合项对 s 态波函数的期待值为 0，而对价带 p 态波函数的期待值不为 0。导带电子的自旋轨道耦合实际上是通过和价带的耦合而将价带的自旋轨道耦合反映在导带中，因此导带的自旋轨道耦合由价带电场决定。

以前的许多解析模型[26,63,64]都认为 Rashba 劈裂是动量 $k_{/\!/}$ 的线性函数。我们的式(14.2)和式(14.3)对此进行了改进：我们没有作近似 $E=E_c$(E_c 为阱材料的导带边)，由于子带能量随阱宽的减小而增加，对窄带隙材料或窄量子阱，电子的量子限制能量接近禁带宽度，因而会对 Rashba 劈裂有很大的影响。对 Rashba 劈裂有重大影响的参数是有效带隙

$$E_g^{eff}=E-E_v\approx E_g+E_{n0}+\hbar^2k_{/\!/}^2/(2m^*)$$

(其中，E_{n0} 是量子阱的第 n 个导带子带底的能量)，而不是阱材料的"裸"带隙 E_g。

图 14.6 是 $Ga_{0.47}In_{0.53}As/Al_{0.48}In_{0.52}As$ 和 $Hg_{0.74}Cd_{0.26}Te/CdTe$ 量子阱的最低导带子带的 Rashba 劈裂，相关能带参数取自文献[41]、[64]、[68]。图 14.6 中，最显著的特点是当动量 $k_{/\!/}$ 大于某个临界值 k_0 时，Rashba 劈裂开始下降。我们的解析式定性重复出了这种非单调行为，而以前的结果[60,61]只给出线性行为。Rashba 劈裂在大动量 $k_{/\!/}>k_0$ 处下降的原因是：随着 $k_{/\!/}$ 的增加，有效带隙 E_g^{eff} 中的电子动能 $\hbar^2k_{/\!/}^2/2m^*$ 增加，导致有效带隙 E_g^{eff} 增加，带间耦合减小，从而 Rashba 劈裂下降[式(14.2)]。此外，式(14.3)表明，Rashba 劈裂不但依赖于(近似反比于)有效带隙 E_g^{eff}，而且依赖于原子自旋轨道劈裂 Δ，因此我们可以在 Δ 较大的重原子化合物中寻找(或重原子掺杂来构造)强 Rashba 效应。

上面的讨论表明，Rashba 劈裂与动量的线性关系，即 Rashba 模型 $\Delta E(\boldsymbol{k}_{/\!/})=2\alpha k_{/\!/}$，只在小动量极限下成立。在常见的二维电子气中(电子浓度 $n_e\sim10^{12}cm^{-2}$，对应的费米波矢 $\boldsymbol{k}_F\sim0.2nm^{-1}$)，对中等带隙材料(如 GaAs)，Rashba 劈裂的非线性较弱，Rashba 模型给出准确的结果；但对于窄禁带材料(如 InAs、InSb 和 HgCdTe)，Rashba 劈裂的非线性很强。如图 14.6 所示，$Hg_{0.74}Cd_{0.26}Te$ 量子阱的 Rashba 劈裂在 $\boldsymbol{k}_{/\!/}>0.25nm^{-1}$ 时就开始下降，与 Rashba 模型的趋势相反。我们需要一个简单的表达式来定量描述这种非线性，并检查 Rashba 模型的适用范围。

Rashba 劈裂的非线性特征来自式(14.2)中 $\gamma(z)$ 的分母及 U_{LH}、U_{SO} 包含电子能量 E 造成的。要描述 Rashba 劈裂的非线性，应该给 Rashba 模型 $\Delta E(\boldsymbol{k}_{/\!/})=2\alpha k_{/\!/}$ 增加一个描述电子动能的分母，用如下双参数非线性 Rashba 模型来拟合较大范围内的 Rashba 劈裂

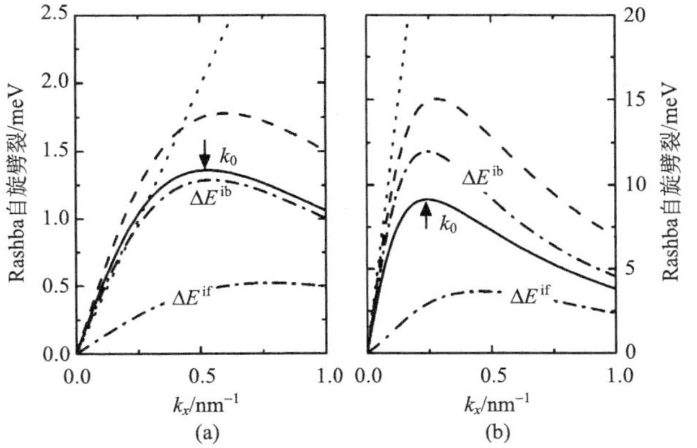

图 14.6　100kV/cm 的偏压电场下，20nm 宽的(a) $Ga_{0.47}In_{0.53}As/Al_{0.48}In_{0.52}As$ 和 (b) $Hg_{0.74}Cd_{0.26}Te/CdTe$ 量子阱的最低导带子带的 Rashba 劈裂。实线代表从 8 带有效质量理论做数值计算得到的结果，虚线(点线)是从式(14.2)、式(14.3)得到的结果。点划线分别标出贡献 $\Delta E_n^{\text{if}}(\boldsymbol{k}_{/\!/})$ 和 $\Delta E_n^{\text{ib}}(\boldsymbol{k}_{/\!/})$

$$\Delta E_n(k_{/\!/}) = \frac{2\alpha_n k_{/\!/}}{1+\beta_n k_{/\!/}^2}$$

其中，$\Delta E_n(k_{/\!/})$是第 n 个子带的 Rashba 劈裂，α_n 是线性 Rashba 系数；$\beta_n k_{/\!/}^2$ 描述电子动能对 Rashba 劈裂的影响：当 $k_{/\!/}$ 超过临界值 $k_0=(\beta_n)^{-1/2}$ 时，Rashba 劈裂随 $k_{/\!/}$ 的增大而下降。

如图 14.7 所示，分别用 Rashba 模型和非线性 Rashba 模型来拟合数值计算所得的量子阱中的 Rashba 自旋劈裂。随着量子阱带隙从 1.519eV(GaAs)减小到 0.1eV($Hg_{0.79}Cd_{0.21}Te$)，Rashba 模型的误差越来越大，而非线性 Rashba 模型总能与数值结果很好地保持一致。由此可见，对窄禁带材料，需要使用非线性 Rashba 模型来描述 Rashba 劈裂。

最后我们讨论非线性 Rashba 模型中的参数 α_n 和 β_n 对能带参数及量子阱结构的依赖。式(14.2)表明

$$\alpha_n \propto F/(E_g+E_{n0})$$
$$\beta_n \propto 1/m_n^*(E_g+E_{n0})$$

其中，E_{n0}为量子限制能量；m_n^* 为第 n 个子带的有效质量。因此，α_n 和 β_n 都随着带隙和子带指标 n 的减小、阱宽的增加而增大。α_n 和 β_n 的重要区别在于前者随偏压电场 F 的加强而增大，而后者几乎与 F 无关。

以上的讨论使我们看到非线性 Rashba 模型与 Rashba 模型的结果相差很大，而现有的绝大部分研究(包括自旋输运和弛豫)都建立在 Rashba 模型基础上。当考虑到 Rashba 劈裂的非线性行为以后，电子的许多自旋相关的性质都会发生变化，尤其是在热电子自旋弛豫问题和窄禁带半导体材料中。

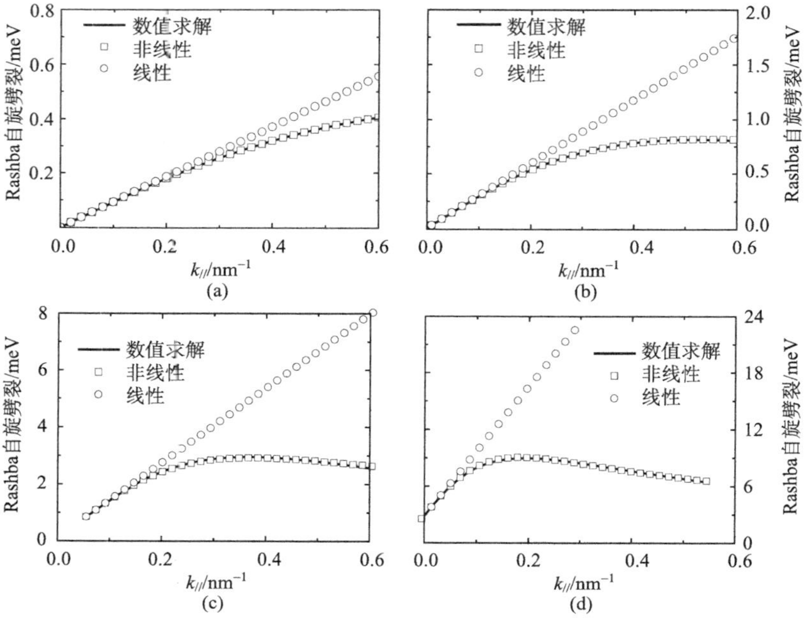

图 14.7　偏压电场 60kV/cm 下，15nm 宽的 $GaAs/Ga_{0.67}Al_{0.33}As$(a)，$Ga_{0.47}In_{0.53}As/Al_{0.48}In_{0.52}As$(b)，$InAs/In_{0.75}Al_{0.25}As$(c)和 $Hg_{0.79}Cd_{0.21}Te/CdTe$(d)量子阱的最低导带子带的 Rashba 劈裂用 Rashba 模型(空心圆圈)和非线性 Rashba 模型(空心方块)拟合结果的比较。实线代表数值求解 8 带包络函数模型得到的 Rashba 劈裂

以 Rashba 效应导致的二维电子气中电子 D'yakonov-Perel'(DP)自旋弛豫(弛豫率与 Rashba 劈裂的平方成正比)为例，非线性 Rashba 模型给出的结果与已有的结果(基于 Rashba 模型[70-76])有巨大的差别，如图 14.8 所示。在大动量处，DP 自旋弛豫率明显下降，而线性模型无法重复出这种行为。以 20nm 宽的量子阱为例，在 $k_F=0.4\text{nm}^{-1}$(对应电子浓度 $n_e\approx2.5\times10^{12}\text{cm}^{-2}$，是许多输运实验样品中典型的电子浓度)时，图 14.8(a)～(d)所示的四种量子阱中，线性模型的相对误差对已分别达到 40%、140%、500%和 3800%。如果除了 Rashba 自旋轨道耦合外，我们进一步计入真实体系中广泛存在的 Dresselhaus 自旋轨道耦合，则 Rashba 模型[75]与非线性 Rashba 模型[69]算出的自旋弛豫率的差别可达几个数量级(详情见文献[69])。

总之，Rashba 劈裂的非线性源于导带和价带间的有效带隙随着电子动量的增大而增加，从而带间耦合减弱。这是一种普遍现象，它存在于各种半导体材料的低维结构中，在窄带隙材料中尤其显著。

半导体界面对自旋轨道耦合也有着重要的影响[78,79]。在半导体量子阱两边的界面上原子或/和键取向不同，造成空间反演对称性的破坏，同样能导致能带

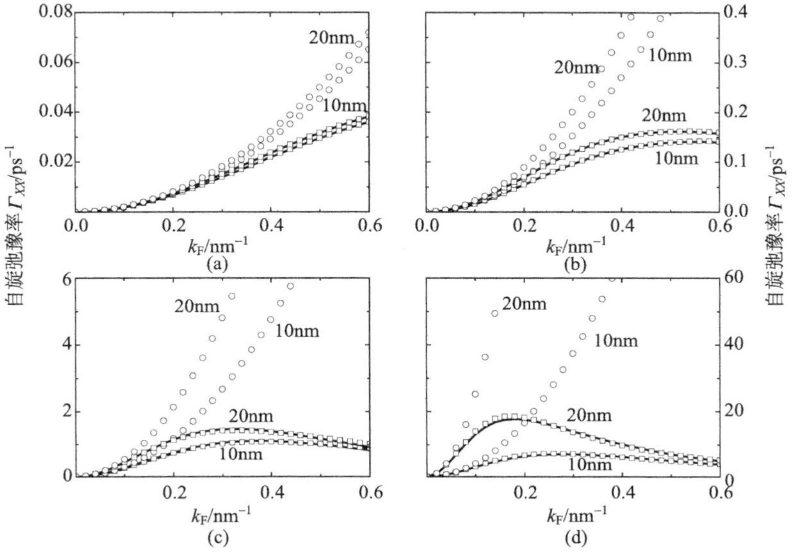

图 14.8　60kV/cm 的偏压电场下，20nm 和 10nm 宽的 $GaAs/Ga_{0.67}Al_{0.33}As$(a)，$Ga_{0.47}In_{0.53}As/Al_{0.48}In_{0.52}As$(b)，$InAs/In_{0.75}Al_{0.25}As$(c)，$Hg_{0.79}Cd_{0.21}Te/CdTe$(d)量子阱最低导带子带中的低温 D'yakonov-Perel' 自旋弛豫率。分别用数值求解 8 带包络函数模型(实线)，非线性模型拟合(方块)，及线性模型拟合 Rashba 劈裂(圆圈)得出。动量弛豫时间为 0.1ps

的自旋劈裂。有趣的是，此时的自旋轨道耦合哈密顿呈现出 Dresselhaus 自旋轨道耦合的形式，从而对自旋输运、平面光学各向异性造成重要的影响。

14.3　窄禁带半导体量子阱中的本征自旋霍尔效应

在传统半导体材料的微结构中实现自旋极化输运是制造自旋电子器件的关键之一[80]。长久以来的研究都集中在如何利用Ⅱ-Ⅵ族稀磁半导体、Ⅲ-Ⅴ族铁磁半导体、半金属等强自旋极化材料向非磁性材料中注入自旋极化载流子。这些方案都必须利用磁性离子掺杂甚至磁场，掺杂带来的低迁移率、较低的居里温度和半导体工艺的兼容性问题给自旋电子学器件的实用化造成了困难。自旋霍尔效应则为自旋注入提供了全电学的途径，不需要外磁场或磁性材料，而且与现有半导体工艺完全兼容。上述优点使得自旋霍尔效应极具应用前景，引起了人们的极大兴趣。

20 世纪 70 年代预言的非本征自旋霍尔效应[81-82]和最近发现的本征自旋霍尔效应[83,84]成为近年来的研究热点，实验上分别在 n 型外延层、二维电子和空穴气中观察到自旋霍尔效应[85-88]。一方面，理论研究表明价带空穴的自旋霍尔效应不受杂质散射影响，因而其存在性得到人们的一致认可；另一方面，二维电子气中的本征自旋霍尔效应从其提出以来就存在争议。人们争论的焦点问题是：杂质散射是否会将二维电子气中的本征自旋霍尔效应完全抵消。Sinova 等[84]得出本征自旋霍尔效应为普适常数这一结论时，没有考虑杂质的存在。Inoue 等[89]考虑短程杂质势散射对速度算符的顶角修正后，指出即使杂质散射极弱，本征自旋霍尔效应也会被完全抵消(其后 Rashba[90]指出这是对称性所致)，而且不会有自旋积累。同时，Inoue 等[89]认为当杂质散射与动量有关(即不是严格的短程势)时，本征自旋霍尔效应不会被完全抵消。Krotkov 等[91]持类似 Inoue 等的观点，他们认为 Rashba 模型、抛物型能带情况下计算得到本征自旋霍尔效应为零只是一种偶然现象，当能带非抛物时，本征自旋霍尔效应不为零。Raimondi 等[92]认为即使杂质散射与动量有关，本征自旋霍尔效应仍然为零。Dimitrova[93]经计算得到，对任何形式的 Rashba 劈裂以及任何形式的能带色散，短程杂质散射总是完全抵消本征自旋霍尔效应。Khaetskii[94]认为对线性 Rashba 劈裂及抛物型能带，Born 近似下的本征自旋霍尔效应总是为零。在能带的非抛物性及 Rashba 自旋轨道耦合的非线性对本征自旋霍尔的影响这个问题上，Krotkov 等和 Dimitrova 持截然相反的观点。我们发现在以前的工作中，人们都是将电子和空穴分别独立地处理。这种处理方法是近似的处理方法。为此，我们建立了同时包括电子和空穴的自旋霍尔效应的理论框架[95]，非微扰地计入 Rashba 效应和能带的非抛物性，并将理论应用于能带非抛物性及非线性 Rashba 效应都非常显著的窄带隙半导体量子阱，从而检验目前国际上各研究组的结论。

14.3.1 8 带模型计算本征自旋霍尔效应

我们利用 8 带模型，在梯图近似下计算杂质散射对关联函数的顶角修正，并利用 Kubo 线性响应公式得到二维直流自旋霍尔电导率，并将理论用于 n 型窄禁带 HgCdTe/CdTe 量子阱。

在 8 带模型中，以 2 个 Γ_6 导带、4 个 Γ_8 价带(重空穴带)、2 个 Γ_7 价带(轻空穴带)的带边 Bloch 态 $\{\phi_j\}$ $(j=1, 2, \cdots, 8)$ 为基函数，速度算符

$$\boldsymbol{v}=\frac{1}{\mathrm{i}\hbar}[\boldsymbol{r}, H]=\frac{\boldsymbol{p}+e\boldsymbol{A}}{m_0}+\frac{\hbar}{4m_0^2c^2}\boldsymbol{\sigma}\times\nabla V$$

对应的矩阵为

$$[\widetilde{\boldsymbol{v}}(\boldsymbol{k})]_{jj'}=\frac{1}{\mathrm{i}\hbar}[\boldsymbol{r}, H_{jj'}]$$

其中，$H_{jj'}$ 为 8 带模型的哈密顿量，自旋算符($\boldsymbol{s}=\boldsymbol{\sigma}/2$)对应的矩阵为

$$[\widetilde{\boldsymbol{\sigma}}(\boldsymbol{k})]_{\mu\mu'}=\frac{1}{\Omega}\int_{\Omega}\mathrm{d}\boldsymbol{r}\phi_{\mu}^{\dagger}\frac{\boldsymbol{\sigma}}{2}\phi_{\mu'}$$

其中，Ω 为原胞体积，自旋流算符 $J_{\alpha}^{\beta}=(1/4)\{v_{\alpha},\sigma_{\beta}\}$（$\{\quad\}$代表为反对易）对应的矩阵

$$\widetilde{J}_{\alpha}^{\beta}(\boldsymbol{k})=\frac{1}{4}\{\widetilde{v}_{\alpha}(\boldsymbol{k}),\ \widetilde{\sigma}_{\beta}(\boldsymbol{k})\}$$

由于自洽求解格林函数需要巨大的计算量，我们对 8 带模型采用轴向近似，即忽略能带的各向异性，取 Luttinger 参数 $\gamma_2=\gamma_3=\bar{\gamma}$。在此近似下，系统的对称性由 T_{d}群扩大为 SO(3)群，能带色散为各向同性。它相比已有理论的优点在于，严格考虑了价带与导带间的耦合，这对窄禁带半导体非常重要。

轴向近似下，8 带哈密顿量可以块状对角化为两个 4×4 矩阵的直和。分别将两个块状矩阵对角化，可以求得单电子能带及波函数，从而计算自旋霍尔电导。但是在半导体样品的制备过程或掺杂中，或多或少地出现杂质的问题，因此杂质散射的问题是不可避免的。

下面我们推导杂质散射对任意编时格林函数的顶角修正。算符 $A=\sum_{n=1}^{N_0}a(n)$ 和 $B=\sum_{n=1}^{N_0}b(n)$ [N_0 为电子总数，算符 $a(n)$、$b(n)$作用在第 n 个电子上]构成的编时格林函数

$$(-1)g_{AB}(\tau-\tau')\equiv\langle T_{\tau}\widetilde{A}_K(\tau)\widetilde{B}_K(\tau')\rangle=\langle T_{\tau}A_K(\tau)B_K(\tau')\rangle-\langle A\rangle\langle B\rangle$$

其中，T_{τ} 为编时算符，$O_K(\tau)\equiv\mathrm{e}^{K\tau/\hbar}O\mathrm{e}^{-K\tau/\hbar}$，$K=H-\mu N$，$\mu$ 为化学势，N 为电子数算符，$\langle A\rangle\equiv\mathrm{Tr}(\mathrm{e}^{-\beta K}A)/\mathrm{Tr}(\mathrm{e}^{-\beta K})$为算符 A 在有杂质的系统中的热平均值。设系统哈密顿量为 $H=H_0+U$，其中 U 为杂质势。将 U 视为微扰，利用 Wick 定理可以将 $g_{AB}(\tau-\tau')$作微扰展开

$$(-1)g_{AB}(\tau-\tau')=\sum_{n=0}^{\infty}\left(-\frac{1}{\hbar}\right)^n\int_0^{\hbar\beta}\mathrm{d}\tau_1\cdots\int_0^{\hbar\beta}\mathrm{d}\tau_n\langle T_{\tau}U(\tau_1)\cdots U(\tau_n)A(\tau)B(\tau')\rangle_{0,C,T}$$

其中，$\langle O\rangle_{0,C,T}\equiv\mathrm{Tr}(\mathrm{e}^{-\beta K_0}O)/\mathrm{Tr}(\mathrm{e}^{-\beta K_0})$代表算符 O 对无杂质体系的热平均值的费曼图展开中只保留完全连通的(即两个顶角 AB 连在一起，没有独立部分)、拓扑不等价的费曼图。上面的格林函数 g_{AB} 是对给定的杂质分布定义的，我们还需要将它对杂质的随机分布求平均。杂质势为 $U=\sum_i V(\boldsymbol{r}-\boldsymbol{R}_i)$，用 $|i\rangle$，$|j\rangle$，…代表无杂质系统 H_0 的单电子本征态，定义单杂质势的 Fourier 变换 $V_{\boldsymbol{q}}=(1/V)\int V(\boldsymbol{r})\mathrm{e}^{-\mathrm{i}\boldsymbol{q}\cdot\boldsymbol{r}}\mathrm{d}\boldsymbol{r}$ 以及单杂质势在两个 H_0 本征态间的矩阵元 $V_{ij}(\boldsymbol{R})=\langle i|V(\boldsymbol{r}-\boldsymbol{R})|j\rangle$，设杂质总数为 N_{I}，系统的归一化体积为 V，准确到杂质浓度 $n_{\mathrm{I}}=N_{\mathrm{I}}/V$ 的最低阶，杂质平均(用下标 imp 表示)为

$$(U_{ij})_{\mathrm{imp}}=N_{\mathrm{I}}\delta_{ij}V_{q=0}$$

$$(U_{ij}U_{kl})_{\mathrm{imp}}\approx n_{\mathrm{I}}\int\mathrm{d}\boldsymbol{R}V_{ij}(\boldsymbol{R})V_{kl}(\boldsymbol{R})$$

$$(U_{ij}U_{kl}U_{mn})_{\text{imp}} \approx n_{\text{I}}\int \mathrm{d}\boldsymbol{R}V_{ij}(\boldsymbol{R})V_{kl}(\boldsymbol{R})V_{mn}(\boldsymbol{R})$$

其中，$(U_{ij})_{\text{imp}}$可以并入电子的本征能量，因此不再考虑。

格林函数 g_{AB}杂质顶角修正如图 14.9 所示，从中可得(其中 Tr 代表求迹操作)

$$g_{AB}(\tau_1,\ \tau_2)=\mathrm{Tr}(ag(\tau_1,\ \tau_2)bg(\tau_2,\ \tau_1))+\mathrm{Tr}\Big(ag(\tau_1,\ \tau_3)\frac{V(\boldsymbol{R})}{\hbar}g(\tau_3,\ \tau_2)bg(\tau_2,\ \tau_4)\frac{V(\boldsymbol{R})}{\hbar}g(\tau_4,\ \tau_1)\Big)+\cdots$$

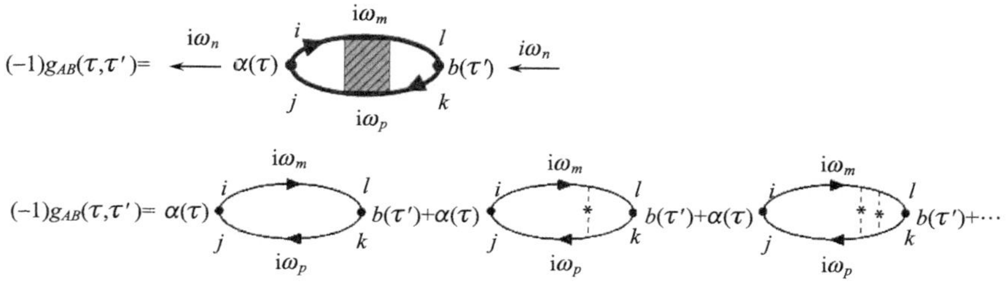

图 14.9　格林函数 g_{AB}的杂质顶角修正的费曼图，其中虚线代表杂质势，* 代表杂质的位置

我们采用对所有中间时间变量$\{\tau_j\}$作积分，对所有杂质格点$\{R_j\}$作杂质平均的惯例。作时间 Fourier 变换，得到

$$g_{AB}(\mathrm{i}\omega_n)=\frac{1}{\hbar\beta}\sum_p \mathrm{Tr}(ag(\mathrm{i}\omega_p)\Gamma(\mathrm{i}\omega_p,\ \mathrm{i}\omega_m)g(\mathrm{i}\omega_m))$$

其中，$\mathrm{i}\omega_p=\mathrm{i}\omega_m+\mathrm{i}\omega_n$，顶角 $\Gamma(z_1,\ z_2)$满足自洽方程

$$\Gamma(z_1,\ z_2)=b+\frac{N_I}{V}\int \mathrm{d}\boldsymbol{R}\ \frac{V(\boldsymbol{R})}{\hbar}g(z_1)\Gamma(z_1,\ z_2)g(z_2)\frac{V(\boldsymbol{R})}{\hbar}$$

算出顶角 Γ 之后，需要计算频率求和

$$g_{AB}(\mathrm{i}\omega_n)=\frac{1}{\hbar\beta}\sum_{p=\text{odd}}P(\mathrm{i}\omega_p,\ \mathrm{i}\omega_p-\mathrm{i}\omega_n)\equiv\frac{1}{\hbar\beta}\sum_{p=\text{odd}}F(\mathrm{i}\omega_p)$$

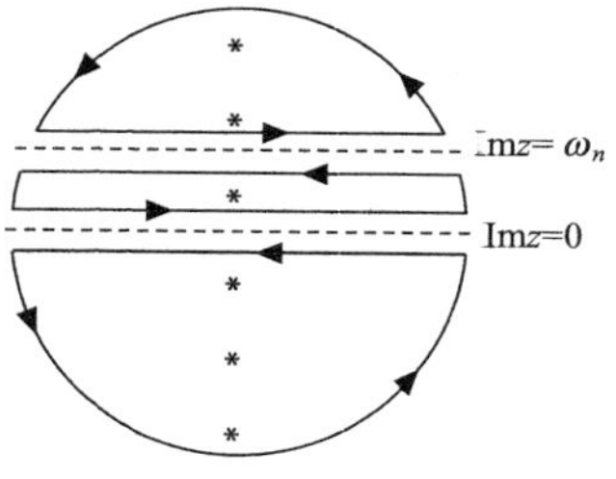

图 14.10　利用回路积分计算频率求和

其中，$P(z_1,\ z_2)=\mathrm{Tr}(ag(z_1)\Gamma(z_1,\ z_2)g(z_2))$。构造解析函数 $K(z)\equiv-(1+\mathrm{e}^{\hbar\beta z})^{-1}$，它在 $z_p=\mathrm{i}\omega_p(\omega_p=p\pi/(\hbar\beta)$，$p$ 为奇数)处有单极点，留数为 $\mathrm{Res}K(z_p)=1/(\hbar\beta)$，于是频率求和化成 $F(z)K(z)$在$\{z_p\}$处的留数之和。显然，$F(z)K(z)$满足条件 $F(z)K(z)\,|_{|z|\to 0}\to 0$，故我们选取如图 14.10 所示的积分围道(其中 * 代表极点)，得

$$g_{AB}(\mathrm{i}\omega_n) = -\int_{-\infty}^{\infty} \frac{\mathrm{d}\omega'}{2\pi\mathrm{i}} n(\omega') [P(\omega' + \mathrm{i}\eta, \omega' - \mathrm{i}\omega_n) - P(\omega' - \mathrm{i}\eta, \omega' - \mathrm{i}\omega_n)]$$

$$-\int_{-\infty}^{\infty} \frac{\mathrm{d}\omega'}{2\pi\mathrm{i}} n(\omega') [P(\omega' + \mathrm{i}\omega_n, \omega' + \mathrm{i}\eta) - P(\omega' + \mathrm{i}\omega_n, \omega' - \mathrm{i}\eta)]$$

其中，$n(\omega)=1/(\mathrm{e}^{\beta\hbar\omega}+1)$。作解析延拓 $\mathrm{i}\omega_n \to \omega + \mathrm{i}\eta$，得推迟格林函数

$$G_{AB}^{\mathrm{r}}(\omega) = g_{AB}(\omega + \mathrm{i}\eta)$$

最后由线性响应理论可得直流响应函数

$$\sigma_{AB} = \lim_{\omega \to 0} \frac{1}{\mathrm{i}\omega} [G_{AB}^{\mathrm{r}}(\omega) - G_{AB}^{\mathrm{r}}(0)]$$

二维电子气的二维直流自旋霍尔电导率 $\sigma_{\alpha\beta\gamma}^{2\mathrm{D}} = \langle J_\alpha^\beta \rangle / E_\gamma$，其中 E_γ 是沿 e_γ 方向的电场，$\langle J_\alpha^\beta \rangle$代表沿 e_α 方向流动，自旋极化沿 e_β 方向的二维自旋流密度。$\sigma_{\alpha\beta\gamma}^{2\mathrm{D}}$ 与三维直流自旋霍尔电导率之间的关系为 $\sigma_{\alpha\beta\gamma}^{2\mathrm{D}} = \sigma_{\alpha\beta\gamma}^{3\mathrm{D}} L$（$L$ 为二维电子气厚度），而 $\sigma_{\alpha\beta\gamma}^{3\mathrm{D}}$ 由下式给出

$$\sigma_{\alpha\beta\gamma}^{3\mathrm{D}} = \frac{1}{\hbar V} \lim_{\omega \to 0} \frac{e}{\mathrm{i}\omega} [G_{AB}^{\mathrm{r}}(\omega) - G_{AB}^{\mathrm{r}}(0)]$$

其中，$A = J_\alpha^\beta$，$B = v_\gamma$，分别取自旋流算符和速度算符；V 为归一化体积。为此，我们需要自洽计算格林函数和杂质对速度顶角的修正。

无杂质时，电子本征能量 $E_{n\boldsymbol{k}} \equiv \hbar\omega_{n\boldsymbol{k}}$，本征态 $\psi_{n\boldsymbol{k}}(\boldsymbol{r}) = \dfrac{1}{\sqrt{A}} \mathrm{e}^{\mathrm{i}\boldsymbol{k}\cdot\boldsymbol{r}} \sum_{j=1}^{8} F_j^{n\boldsymbol{k}}(z) \phi_j$ 。

电子的零级格林函数

$$g_{n\boldsymbol{k}, n'\boldsymbol{k}'}^0(\mathrm{i}\omega_n) = \delta_{\boldsymbol{k}\boldsymbol{k}'} \delta_{nn'} g_n^0(\boldsymbol{k}, \mathrm{i}\omega_n)$$

其中，$g_n^0(\boldsymbol{k}, \mathrm{i}\omega_n) = 1/(\mathrm{i}\omega_n - \omega_{n\boldsymbol{k}})$。自洽 Born 近似下的自能如图 14.11 所示，取短程杂质势

$$V(\boldsymbol{r}) = \frac{e^2}{4\pi\varepsilon r} \mathrm{e}^{-q_0 r} \approx V_0 \delta(\boldsymbol{r}) \quad \left(V_0 = \frac{e^2}{\varepsilon q_0^2}\right)$$

则格林函数自能

$$\Sigma_{n_1\boldsymbol{k}_1, n_2\boldsymbol{k}_2}(\mathrm{i}\omega_n) = \frac{1}{\hbar^2} \sum_{n_3\boldsymbol{k}_3, n_4\boldsymbol{k}_4} g_{n_3\boldsymbol{k}_3, n_4\boldsymbol{k}_4}(\mathrm{i}\omega_n) n_{\mathrm{I}} \int \mathrm{d}\boldsymbol{R} V_{n_1\boldsymbol{k}_1, n_3\boldsymbol{k}_3}(\boldsymbol{R}) V_{n_4\boldsymbol{k}_4, n_2\boldsymbol{k}_2}(\boldsymbol{R})$$

$$= \frac{n_I V_0^2}{\hbar^2 AL} \sum_{n_3\boldsymbol{k}_3, n_4\boldsymbol{k}_4} g_{n_3\boldsymbol{k}_3, n_4\boldsymbol{k}_4}(\mathrm{i}\omega_n) \delta_{\boldsymbol{k}_2+\boldsymbol{k}_3, \boldsymbol{k}_1+\boldsymbol{k}_4}$$

$$S_{n_1n_2n_3n_4}(\boldsymbol{k}_1, \boldsymbol{k}_2, \boldsymbol{k}_3, \boldsymbol{k}_4)$$

其中交叠积分

$$S_{n_1n_2n_3n_4}(\boldsymbol{k}_1, \boldsymbol{k}_2, \boldsymbol{k}_3, \boldsymbol{k}_4) = L \int \mathrm{d}z \langle\!\langle \Psi_{n_1\boldsymbol{k}_1}(z) | \Psi_{n_3\boldsymbol{k}_3}(z) \rangle\!\rangle \langle\!\langle \Psi_{n_4\boldsymbol{k}_4}(z) | \Psi_{n_2\boldsymbol{k}_2}(z) \rangle\!\rangle$$

$$\langle\!\langle \Psi_{n_1\boldsymbol{k}_1}(z) \mid \Psi_{n_2\boldsymbol{k}_2}(z) \rangle\!\rangle \equiv \sum_{jj'} [F_j^{n_1\boldsymbol{k}_1}(z)]^* F_{j'}^{n_2\boldsymbol{k}_2}(z) \langle \phi_{j'} \mid \phi_j \rangle$$
$$= \sum_j [F_j^{n_1\boldsymbol{k}_1}(z)]^* F_j^{n_2\boldsymbol{k}_2}(z)$$

显然，格林函数和自能对波矢 $\boldsymbol{k}$ 是对角的，满足自洽方程

$$\Sigma_{n_1n_2}(\boldsymbol{k}, \mathrm{i}\omega_n) = \frac{n_I V_0^2}{\hbar^2 L} \sum_{n_3n_4} \int \frac{\mathrm{d}^2\boldsymbol{k}'}{(2\pi)^2} g_{n_3n_4}(\boldsymbol{k}', \mathrm{i}\omega_n) S_{n_1n_2n_3n_4}(\boldsymbol{k}, \boldsymbol{k}')$$

$$g_{n1n2}(\boldsymbol{k}, \mathrm{i}\omega_n) = \delta_{n_1n_2} g_{n_1}^0(\boldsymbol{k}, \mathrm{i}\omega_n) + \sum_{n_4} g_{n_1}^0(\boldsymbol{k}, \mathrm{i}\omega_n) \Sigma_{n_1n_4}(\boldsymbol{k}, \mathrm{i}\omega_n) g_{n_4n_2}(\boldsymbol{k}, \mathrm{i}\omega_n)$$

其中，$S_{n_1n_2n_3n_4}(\boldsymbol{k}, \boldsymbol{k}') \equiv S_{n_1n_2n_3n_4}(\boldsymbol{k}, \boldsymbol{k}, \boldsymbol{k}', \boldsymbol{k}')$ 只依赖于波矢 $\boldsymbol{k}$ 和 $\boldsymbol{k}'$ 极角之差，由此可以证明 $g_{n_1n_2}(\boldsymbol{k}, \mathrm{i}\omega_n)$ 和 $\Sigma_{n_1n_2}(\boldsymbol{k}, \mathrm{i}\omega_n)$ 与波矢 $\boldsymbol{k}$ 的方向无关。

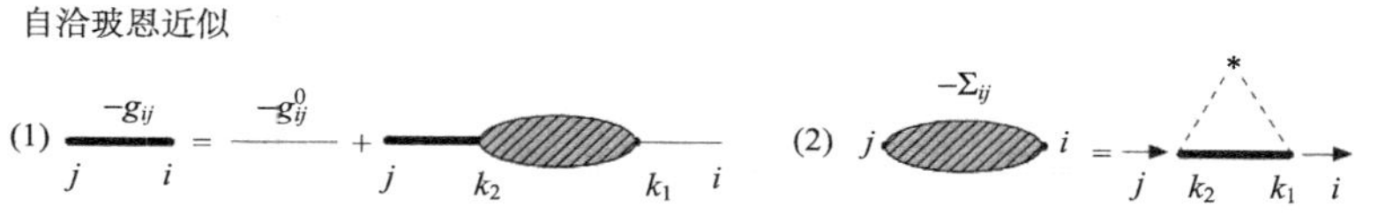

图 14.11 计算杂质平均格林函数(粗实线)的自洽 Born 近似，细实线为零级(无杂质)格林函数，虚线为杂质势，* 代表杂质

14.3.2 速度顶角修正——梯图近似

由顶角自洽方程可知，顶角对波矢 $\boldsymbol{k}$ 是对角的，因此自洽方程可写成

$$\Gamma_{nn'}(\boldsymbol{k}, z, z') = b_{nn'}(\boldsymbol{k}) + \frac{n_I V_0^2}{AL\hbar^2} \sum_{n_1n_2n_3n_4} \sum_{\boldsymbol{k}'} S_{nn'n_1n_4}(\boldsymbol{k}, \boldsymbol{k}') g_{n_1n_2}(\boldsymbol{k}', z) \Gamma_{n_2n_3}(\boldsymbol{k}', z, z') g_{n_3n_4}(\boldsymbol{k}', z')$$

引入波矢 $\boldsymbol{k}$ 方位角的 Fourier 变换

$$A^{(m)}(k) = \int \mathrm{e}^{-\mathrm{i}m\varphi} \frac{\mathrm{d}\varphi}{2\pi} A(k), \quad A(k) = \sum_{m=-\infty}^{\infty} A^{(m)}(k) \mathrm{e}^{\mathrm{i}m\varphi}$$

则顶角方程变成

$$\Gamma_{nn'}^{(m)}(k, z, z') = b_{nn'}^{(m)}(k) + \frac{n_I V_0^2}{\hbar^2 L} \int \frac{k'\mathrm{d}k'}{2\pi} \sum_{n_1n_2n_3n_4} g_{n_1n_2}(k', z) g_{n_3n_4}(k', z') \Gamma_{n_2n_3}^{(m)}(k', z, z') S_{nn'n_1n_4}^{(m)}(k, k')$$

其中，$S_{n_1n_2n_3n4}^{(m)}(k, k')$ 是 $S_{n_1n_2n_3n_4}(k, k') = S_{n_1n_2n_3n_4}(k, k', \varphi - \varphi')$ 的 Fourier 变换。可见在轴向近似下，不同 m 是退耦的。注意到，速度算符 $b = v_x$ 只包含 $\cos\varphi$ 和 $\sin\varphi$，它只有 $m = \pm 1$ 的 Fourier 分量不为零，从而顶角也只有 $\Gamma^{(\pm 1)}$ 这两个分量不为零。由此式做自洽迭代，可得到顶角 Γ。

14.3.3　HgCdTe/CdTe 量子阱中量子相变致本征自旋霍尔效应

现在我们用上述 8 带模型来计算 n 型 HgCdTe/CdTe 量子阱中的本征自旋霍尔电导率 $\sigma_{SH} \equiv \sigma_{xyz}^{2D}$。计算中采用的能带参数取自文献[65]、[96]、[97]，温度为 $T=0K$。如无特殊说明，我们取杂质的有效散射强度 $\xi(\equiv n_I V_0^2)=6.2eV^2 \cdot Å^3$，对应的电子(空穴)能级碰撞展宽的典型值为 0.1meV(1.0meV)，寿命 6ps(0.6ps)。

首先考虑 $Hg_{0.63}Cd_{0.37}Te$ 量子阱，HgCdTe 层体材料的带隙为 $E_g \approx 0.4eV$，对应弱 Γ_6-Γ_8 耦合的情况。从图 14.12 可见，没有顶角修正时，电子的本征自旋霍尔电导率随费米能的增加呈现台阶状上升，每次大约增加一个普适值 $\sigma_0=e/(8\pi)$。其中第一(二)个台阶对应最低导带 $E1$(次低导带 $E2$)的带边。计入杂质散射导致的顶角修正后，导带电子的本征自旋霍尔效应几乎完全消失，与价带空穴的本征自旋霍尔效应完全不同(后者与前者符号相反，并且基本不受顶角修正的影响)。因此，对弱 Γ_6-Γ_8 耦合系统，我们的结果与已有结论一致。

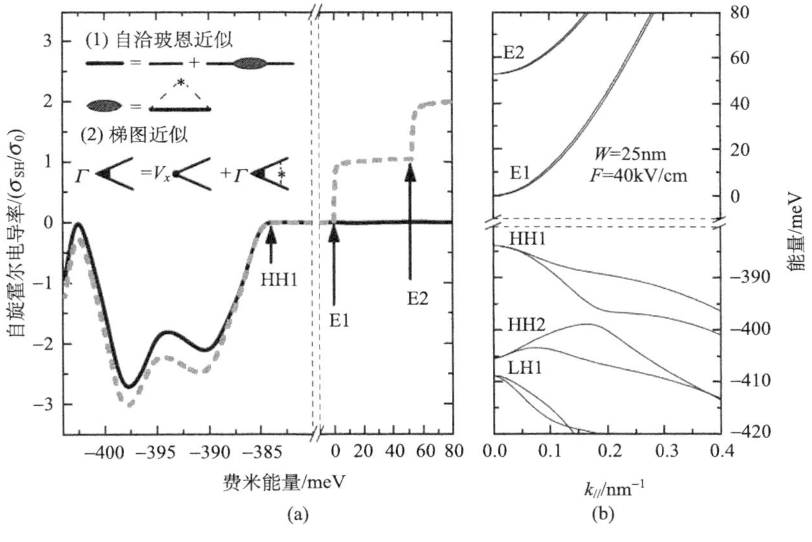

图 14.12　(a)垂直电场 $F=40kV/cm$ 下，阱宽 25nm 的 $Hg_{0.63}Cd_{0.37}Te$ 量子阱中的 σ_{SH} 随费米能级的变化。实(虚)线为考虑(不考虑)顶角修正的结果。插图(1)为自洽玻恩近似下的 Dyson 方程，插图(2)为梯图近似下的速度顶角方程。(b)量子阱的能谱

为研究强 Γ_6-Γ_8 耦合系统中的本征自旋霍尔效应，我们考虑 HgTe/CdTe 量子阱。由于 HgTe 层体材料中 Γ_6 导带和 Γ_7 轻空穴带的带边位置及带边有效质量的反常(导带边低于轻空穴带边，导带有效质量为负，轻空穴带有效质量为正)，可以通过改变阱宽或施加垂直电场来改变量子阱的直接带隙 E_g^Γ。如图 14.13(a)所示，在

阱宽 $W\approx7nm$，9nm，24nm 及 28.5nm 处，E_g^{Γ} 的导数呈现不连续性，对应一系列的能带反转。如图 14.13(b)所示，第一个临界阱宽 $W\approx7nm$ 处对应能带反转 E1-HH1→HH1-E1[98]，其中 E(HH)代表 Γ_6 电子(Γ_8 重空穴)态。它的物理意义是量子阱的最低导带(最高价带)由 E1(HH1)变成 HH1(E1)，即量子阱的带隙由正变负，由拓扑平凡的普通绝缘体变成拓扑非平凡的拓扑绝缘体(详情见 14.4 节)。上述量子相变表明，随着阱宽或垂直电场增大，电子态 E2，E3，…发生红移，重空穴态 HH1，HH2，…则发生蓝移。各能级随阱宽增大而发生移动反映了量子限制的减弱，垂直电场增强导致的移动则源于量子限制 Stark 效应。从图 14.13(c)中可见，在正带隙 E1-HH1 构型，最低导带 E1 贡献的本征自旋霍尔电导率 σ_{SH} 大部分被顶角修正抵消；在负带隙 HH1-E1 构型，最低导带(HH1)在波矢较小的地方具有重空穴的 Γ_8 对称性，它对 σ_{SH} 的贡献基本不受顶角修正的影响，这导致相变 E1-HH1→HH1-E1 发生时，量子阱中的本征自旋霍尔电导率 σ_{SH} 出现突变。文献[99]采用修正的 Rashba 模型，本质上仍然是分别处理电子和空穴，因而不能正确描述负带隙时导带的本征自旋霍尔效应。图 14.13(c)显示，当杂质散射强度 ξ 增大一个数量级时，电子寿命由 6ps 缩短到 0.6ps，迁移率由 $3\times10^5cm^2/(V\cdot s)$ 下降到 $3\times10^4cm^2/(V\cdot s)$ 时，σ_{SH} 基本不变，即量子相变导致的本征自旋霍尔效应基本不受杂质散射影响。图 14.13(b)表明，我们可以通过改变阱宽来驱动上述相变，从而对本征自旋霍尔效应实施开关操作。

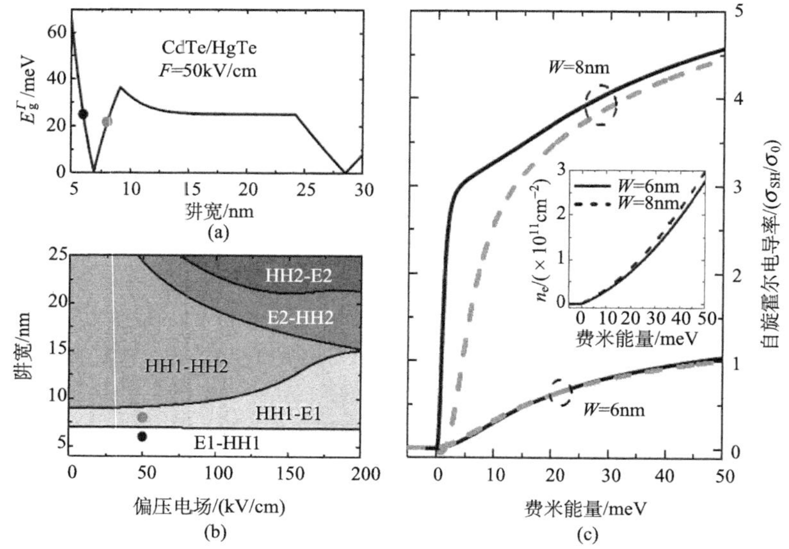

图 14.13　(a)$F=50kV/cm$ 时量子阱直接带隙 E_g^{Γ} 随阱宽的变化。(b)最低导带和最高价带的带边($k=0$)相图。(c)$F=50kV/cm$，$W=6nm$ 及 8nm 如[(a)、(b)中的圆点所示]的量子阱中的 σ_{SH}。实线(虚线)对应有效杂质散射强度 $\xi=6.2(62)eV^2\cdot Å^3$。插图：电子浓度随费米能的变化

前面的例子中，相变发生在小临界阱宽处，此时垂直电场对相变的影响不大。随着临界阱宽的增大，垂直电场产生的量子限制 Stark 效应将增强到可以驱动相变 E1-HH1→HH1-E1，从而控制本征自旋霍尔效应的开关。考虑$Hg_{0.84}Cd_{0.16}Te$/CdTe量子阱，势阱层体材料的带隙 $E_g^\Gamma \approx 0$。阱宽 $W=25$nm 的量子阱，零电场时直接带隙 $E_g^\Gamma \approx 60$meV；当电场增加到约 75kV/cm 时，带隙下降为零，如图 14.14(a)所示。在临界电场 E 约为 75kV/cm、125kV/cm 及 162kV/cm 处，带隙的导数显示出非连续性，如图 14.14(b)所示。当垂直电场强度跨越临界值时，图 14.14(c)中的本征自旋霍尔电导率 σ_{SH}突然增大，并且 σ_{SH} 只微弱地依赖于杂质散射的强度 ξ，表明本征自旋霍尔效应基本不受顶角修正影响。垂直电场引起的量子相变提供了对量子阱中的本征自旋霍尔效应进行动态开关的途径。

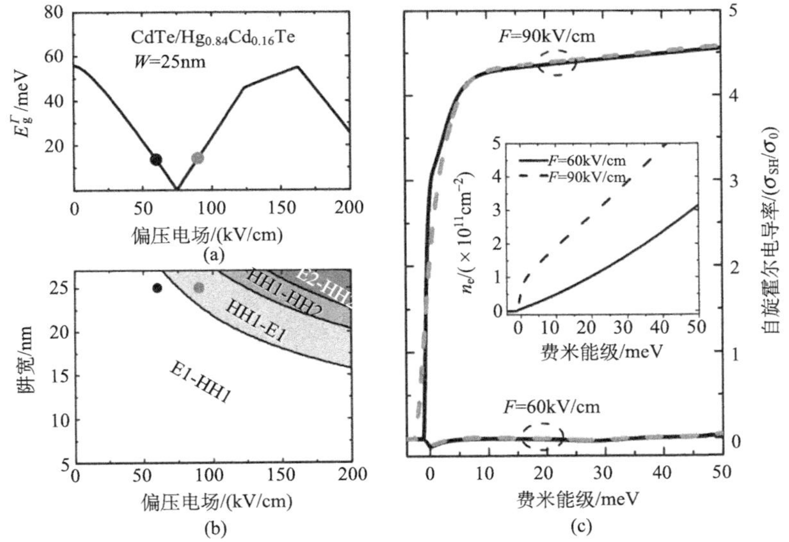

图 14.14　(a)$W=25$nm 量子阱的直接带隙 E_g^Γ 随垂直电场的变化。(b)最低导带和最高价带的带边($k_{//}=0$)相图。(c)$W=25$nm，$F=60$kV/cm 及 90kV/cm[如(a)、(b)中圆点所示]时的 σ_{SH}。实线(虚线)对应 $\xi=6.2(62)\mathrm{eV}^2\cdot Å^3$。插图：电子浓度随费米能的变化

最后，适当地调节阱宽或电场，可以通过与界面态的耦合[100]，让 Rashba 自旋劈裂在有限动量处消失，此时本征自旋霍尔效应出现一个共振峰。注意这种共振发生在 n 型材料中，与以往理论在 p 型 GaAs 材料中预言[101]能级交叉造成的共振峰相比，前者更易于实验观察[102]。

为观察到上述效应，可能对相变点附近的 HgTe/CdTe 量子阱在正带隙和负带隙分别进行非局域输运测量[103]，两者对应的自旋霍尔效应之差将给出自旋霍尔效应的本征部分。

14.4 拓扑绝缘体

14.3 节提到，随着二维 HgTe/CdTe 量子阱宽度减小，在临界阱宽 $d_c \approx$ 6.3nm 处，能带将发生反转，量子阱带隙由正变负。能带反转前，二维量子阱是普通的绝缘体；能带反转后，二维量子阱变成拓扑绝缘体[104-108]。二维 HgTe/CdTe 拓扑绝缘体的内部是有能隙的绝缘体，而表面(二维量子阱的表面是一维的边界)则是由无能隙的边缘态组成的能带，具有金属特性。

首个拓扑非平凡的物质量子态是 20 世纪 80 年代发现的量子霍尔态[109]：垂直于二维电子气施加均匀磁场，一方面导致二维电子气的内部形成不能传导电流的局域化朗道能级，从而成为绝缘体；另一方面导致二维电子气的边界上形成无能隙、能够传导电流的边缘态构成的能带。在两个相对的边缘上，电子运动的方向相反，因而杂质散射无法让电子的速度反向(除非杂质能把一个边缘上的电子散射到对面的边缘上)，从而边缘态电子的输运是完全弹道式的，横向电导(横向电阻)出现量子化极好的霍尔平台 $\sigma_{xy}=-ne^2/h[\rho_{xy}=h/(ne^2)]$，其中 n 是被占据的边缘能带的数目。从拓扑的观点来看，量子霍尔态与以往所有已知的物质量子态存在本质区别，霍尔电导 σ_{xy} 之所以完美地量子化为 e^2/h 的整数倍，原因在于 $\sigma_{xy}/(e^2/h)$ 正是量子霍尔态的拓扑不变量(序参量)，它只能取整数值[110,111]。

量子霍尔态需要垂直磁场，不具有时间反演对称性。拓扑绝缘体则是在零磁场下实现的，它通过强烈的自旋轨道耦合，让不同自旋的电子感受到方向相反的有效磁场(可以简单粗糙地理解为：自旋朝上、朝下的电子分别处在量子霍尔态，对应的磁场大小相等、方向相反)，从而在产生无能隙的边缘态(能量位于体材料的带隙内)的同时，保持体系的时间反演对称性。世界上首例二维拓扑绝缘体 HgTe/CdTe 量子阱于 2006 年理论预言[112]，2007 年被实验证实[113]。首例三维拓扑绝缘体 $Bi_{1-x}Sb_x$ 于 2007 年理论预言[114]，2008 年被实验证实[115]。近年来，拓扑绝缘体已经成为凝聚态物理的主要研究领域之一[116]。

以沿 z 轴生长的 HgTe/CdTe 量子阱为例，当阱宽小于临界值 $d_c \approx 6.3$nm 时，如果只计入最低的导带 HH1 对应的两个带边 Bloch 态 $|\mathrm{HH1},\uparrow\rangle$ 和 $|\mathrm{HH1},\downarrow\rangle$ 和最高的价带 E1 对应的两个带边 Bloch 态 $|\mathrm{E1},\uparrow\rangle$ 和 $|\mathrm{E1},\downarrow\rangle$，那么在基函数 $|\mathrm{E1},\uparrow\rangle$，$|\mathrm{HH1},\uparrow\rangle$，$|\mathrm{E1},\downarrow\rangle$，$|\mathrm{HH1},\downarrow\rangle$ 下，量子阱可以由 2 带哈密顿量 $\mathrm{H}=\mathrm{diag}\{h(k),h^*(-k)\}$ 描述[108]，其中 $k=(k_x,k_y)$

$$h(\boldsymbol{k})=\begin{bmatrix} M-(B+D)(k_x^2+k_y^2) & Ak_+ \\ Ak_- & -M+(B-D)(k_x^2+k_y^2) \end{bmatrix} \tag{14.4}$$

(A、B、D、M 为能带参数)描述自旋朝上的电子，而 $h^*(-\boldsymbol{k})$ 描述自旋朝下的电子。$h(\boldsymbol{k})$和$h^*(-\boldsymbol{k})$互为时间反演，因而总的哈密顿量 H 保持了时间反演对称性。式(14.4)中，M 为狄拉克质量，B 为牛顿质量，A 为描述边缘态色散的参数，D 是描述导带、价带不同色散的参数。考虑一个半无限($y<0$)的二维的量子阱平面，根据有效质量理论，$h(\boldsymbol{k})$中的 k_x 是好量子数，而 k_y 需要替换成$(-\mathrm{i}\partial/\partial y)$。如果 $D=0$，则量子阱有电子-空穴对称性，能谱关于 $E=0$ 对称，并且在 B、M 同号时，量子阱为拓扑绝缘体，具有一个由单向传播的边缘态组成的能带：

(1) 当 A、B、M 均同号时，边缘态的能量为 $E_\uparrow(k_x)=-Ak_x+O(k_x^2)$，沿 x 轴的群速度 $\partial E_\uparrow(k_x)/\partial k_x\approx -A$。

(2) 当 A 和 B、M 反号时，边缘态的能量为 $E_\uparrow(k_x)=Ak_x+O(k_x^2)$，沿 x 轴的群速度 $\partial E_\uparrow(k_x)/\partial k_x\approx A$。

由此可见，对于自旋朝上的电子，无论沿 x 方向的波矢 k_x 是正还是负，所有边缘态的传播方向都是相同的，由参数 A 决定。阱宽为 7nm 的 HgTe/CdTe 量子阱对应的参数为[104] $A=364.5\text{meV}\cdot\text{nm}$，$B=-686\text{meV}\cdot\text{nm}^2$，$D=-512\text{meV}\cdot\text{nm}^2$，$M=-10\text{meV}$，因而自旋朝上的边缘态具有能量 $E_\uparrow(k_x)=Ak_x$，并朝 x 轴正向传播。对于由 $h^*(-\boldsymbol{k})$描述的自旋朝下的电子，它的能谱和波函数正是自旋朝上电子的时间反演：其边缘态具有能量 $E_\downarrow(k_x)=-Ak_x$，并朝 x 轴负向传播，如图 14.15(a)和(b)所示。类似的，HgTe/CdTe 二维拓扑绝缘体条状结构中，上、下边缘存在一对互为时间反演的能带，它们分别由自旋相反、传播方向也相反的边缘态组成[图 14.15(c)、(d)]。无论是半无限结构还是条状结构，位于同一边缘的两组边缘态总是互为时间反演(自旋相反、传播方向相反)，因而时间反演对称的微扰 V(满足 $\theta V\theta^{-1}=V$，其中 θ 为时间反演算符)不能把这两组边缘态 $|\phi\rangle$和$\theta|\phi\rangle$耦合起来。这是因为对于自旋 1/2 的电子，有 $\theta^2=-1$，从而$\langle\theta\phi|V|\phi\rangle=0$。这一特性表明，非磁性杂质的弹性散射不会破坏拓扑绝缘体的边缘态，也不会破坏同一边缘的两组边缘态在 $k_x=0$ 处的简并：拓扑绝缘体的边缘态受时间反演对称性保护[108]。

时间反演对称性不仅保护了拓扑绝缘体的边缘(或表面)态的无能隙特征，而且将边缘态的自旋和速度锁定。例如，二维 HgTe/CdTe 拓扑绝缘体的条状结构的上边缘，自旋朝上的边缘态总是向右传播，而自旋朝下的边缘态总是向左传播。我们研究发现，上述特征可以从拓扑绝缘体内部电子波包的反常轨道运动来解释(14.4.1 节，参考文献[117])。此外，拓扑绝缘体边缘态的奇特行为，将产生一系列独特的物理现象，例如边缘态电子传导的磁性离子之间可控的 RKKY 相互作用(14.4.2 节，参考文献[118])和拓扑绝缘体量子点中的边缘态的自旋-传播方向锁定现象(14.4.3 节，参考文献[119])。最后，我们理论预言，在 GaN/InN/GaN 量子阱中存在由极化场引发的拓扑绝缘体量子相变(14.4.4 节，参考文献[120])。

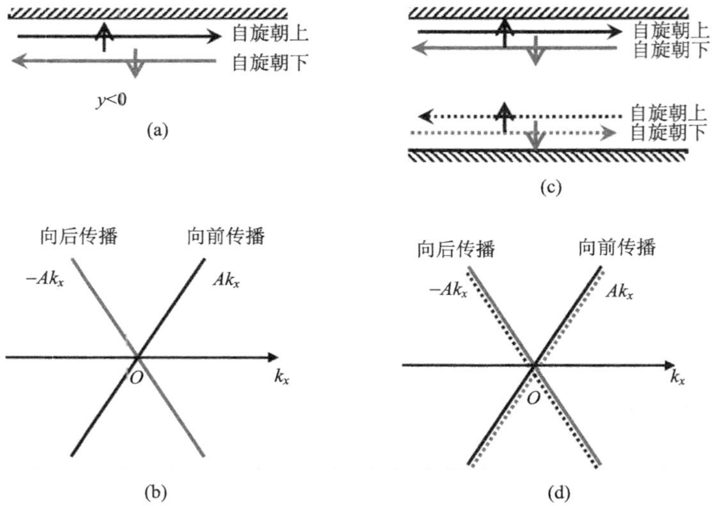

图 14.15(另见彩图)　(a)、(b)半无限($y<0$)的二维 HgTe/CdTe 拓扑绝缘体所在平面。自旋朝上(黑色)的边缘态向前传播，自旋朝下(灰色)的边缘态向后传播，相应能谱如(b)所示：自旋朝上、向前传播的边缘态能量为 Ak_x，自旋朝下、向后传播的边缘态能量为 $-Ak_x$，两者在 $k_x=0$ 点交叉。(c)、(d)：条状($0<y<W$)的二维 HgTe/CdTe 拓扑绝缘体平面，实线代表上边缘的边缘态，虚线代表下边缘的边缘态。自旋朝上的边缘态沿上(下)边缘向前(后)传播，如黑色箭头所示；而自旋朝下的边缘态沿上(下)边缘向后(前)传播，如灰色箭头所示。自旋朝上态和自旋朝下态互为时间反演。相应的边缘态能谱如(d)所示：向前传播的边缘态能量为 Ak_x，向后传播的边缘态能量为 $-Ak_x$，两者相交于 $k_x=0$ 点。向前、向后传播的边缘态均为 2 重自旋简并

14.4.1　拓扑绝缘体中的反常电子轨道

本节研究拓扑绝缘体内部电子波包的运动[117]，发现电子的轨道运动强烈依赖于电子的自旋取向：原本位于拓扑绝缘体内部的自旋朝上(下)的电子，会在电场的驱动下到达样品的上(下)边缘，自发形成边缘态，而通常的二维电子气中，电子波包运动并不自发形成边缘态。这种反常的运动轨迹可以帮助我们理解拓扑绝缘体，特别是边缘态的形成。此外，通过用一系列微波脉冲来控制电子自旋，可以通过自旋轨道耦合来间接控制电子的轨道运动。

我们考虑二能带有效质量模型 $H=\varepsilon(\boldsymbol{k})+\boldsymbol{d}(\boldsymbol{k})\cdot\boldsymbol{\sigma}$，它可以描述多种体系：

(1) 对于存在 Rashba 和 Dresselhaus 自旋轨道耦合的二维电子气，这两个能带由自旋朝上和自旋朝下组成，泡利矩阵 $\boldsymbol{\sigma}$ 描述真实的电子自旋，$d_x=-\alpha k_y-\beta k_x$，$d_y=\alpha k_x+\beta k_y$，$d_z=0$，其中 α 和 β 分别是 Rashba 和 Dresselhaus 自旋轨

道耦合的强度；

(2) 对于由 A、B 两套子格子组成的单层石墨烯，泡利矩阵 $\boldsymbol{\sigma}$ 描述 A、B 子格，$d_x=v_F k_x$，$d_y=v_F k_y$，$d_z=0$；

(3) 对于双层石墨烯，$d_x=-(k_x^2-k_y^2)/(2m)$，$d_y=-k_x k_y/m$，$d_z=0$；

(4) 对于二维 HgTe/CdTe 拓扑绝缘体，泡利矩阵 $\boldsymbol{\sigma}$ 描述 E1 子带和 HH1 子带，$d_x=Ak_x$，$d_y=Ak_y$，$d_z=M-B(k_x^2+k_y^2)$。

无驱动电场时，上述哈密顿量的能谱包含两个能带，能量分别为 $\varepsilon(\boldsymbol{k})\pm|\boldsymbol{d}(\boldsymbol{k})|$，能隙为 $2|\boldsymbol{d}(\boldsymbol{k})|$。反复利用泡利矩阵的基本对易关系，可以求得海森伯绘景中电子沿 y 轴的位置算符在 t 时刻的值为

$$y_H(t)=y(0)+\mathrm{i}t\left(\partial_{k_y}\varepsilon+T_1-\frac{T_3}{|\boldsymbol{d}|^2}\right)+\frac{T_2}{2|\boldsymbol{d}|^2}\times[\cos(2|\boldsymbol{d}|t)-1]+\frac{\mathrm{i}T_3}{2|\boldsymbol{d}|^3}\sin(2|\boldsymbol{d}|t) \tag{14.5}$$

其中，$T_n=[\boldsymbol{d}(\boldsymbol{k})\cdot\boldsymbol{\sigma},[\boldsymbol{d}(\boldsymbol{k})\cdot\boldsymbol{\sigma},\cdots[\boldsymbol{d}(\boldsymbol{k})\cdot\boldsymbol{\sigma},y]]]$是算符 $\boldsymbol{d}(\boldsymbol{k})\cdot\boldsymbol{\sigma}$ 与位置算符 y 的 n 重对易子。式(14.5)的第二项描述电子沿 y 轴的直线运动；最后两项描述电子以频率 $2|\boldsymbol{d}(\boldsymbol{k})|$（正好等于能隙）高速振颤，与狄拉克方程中电子以相对论频率 $2m_0c^2$ 振颤具有类似的物理起源，即波函数含有能量差别巨大的不同分量的相干叠加(狄拉克方程中是能量差别为 $2m_0c^2$ 的正能态和负能态分量的相干叠加，本书中是能量差别为 $2|\boldsymbol{d}(\boldsymbol{k})|$ 的两个能带分量的相干叠加)，两者都没有经典对应。由于真空中狄拉克电子的振颤具有极高的频率(约 10^{21} Hz)和极小的振幅(约 10^{-4} nm)，因而一直没有观察到。为了便于实验观察振颤现象，需要降低振颤频率、增大振颤幅度，这都可能通过减小带隙来实现。目前人们针对多种窄带隙系统中的振颤现象进行了理论预言，如存在自旋轨道耦合的二维电子气[121,122]、石墨烯[123]、超导体中的库珀对[124-126]，但成功的实验观察仅限于束缚离子[127-129]和冷原子体系[130]。对于不同的体系，我们的公式(14.4)与已有的结果一致，如二维电子气[121]、单层石墨烯[123]以及二维 HgTe/CdTe 拓扑绝缘体[112]。存在均匀驱动电场时，海森伯绘景中的电子位置算符的解析解很难求得。为此，我们考虑二维 HgTe/CdTe 拓扑绝缘体，假设电场方向沿 x 轴，并进行数值求解。电场 E 的驱动下，系统的哈密顿量 $H=\mathrm{diag}\{h(\boldsymbol{k})+V(x),h^*(-\boldsymbol{k})+V(x)\}$仍然具有时间反演不变性，其中 $h(\boldsymbol{k})$ 由式(14.4)给出，电场驱动项 $V(x)=-eEx\sigma_z$。假设电子初态为高斯波包 $\phi(\boldsymbol{r})\propto\int d^2\boldsymbol{k}\,\mathrm{e}^{-d^2(\boldsymbol{k}-\boldsymbol{k}_0)^2/2}\mathrm{e}^{-\mathrm{i}\boldsymbol{k}\cdot\boldsymbol{r}}|\uparrow\rangle$（波包中心动量为 $\boldsymbol{k}_0$，动量分布的宽度为 $1/d$），在沿 x 轴的均匀电场的驱动下，波包中心轨迹的数值结果如图 14.16(a)所示：自旋朝上的电子向上偏转，到达上边缘并形成向右传播的边缘态；自旋朝下的电子向下偏转，到达下边缘并形成

向右传播的边缘态，这与图 14.15(c)一致，并为我们提供了拓扑绝缘体边缘态形成的简单物理图像。从图 14.16(a)的插图中可以看到，电子到达边缘后，首先被边缘反弹，接着自旋轨道耦合再次将电子推向边缘，从而电子在不断的碰撞中沿边缘向右传播。这与量子霍尔效应非常相似：量子霍尔效应中，电子被样品边缘反弹，随后又被洛伦兹力推向样品边缘，从而形成沿边缘碰撞前进的电子轨道。两者的区别在于，拓扑绝缘体中不同自旋朝向的电子感受到不同方向的有效磁场(因而保持时间反演对称性)，从而被推向相反的边缘。

与二维 HgTe/CdTe 拓扑绝缘体形成鲜明对比，存在 Rashba 自旋轨道耦合的普通 GaAs 二维电子气中，电子虽然也因为自旋轨道耦合的作用发生自旋依赖的类似偏转，但电子到达边缘后被反弹，并不形成边缘态，如图 14.16(b)所示。

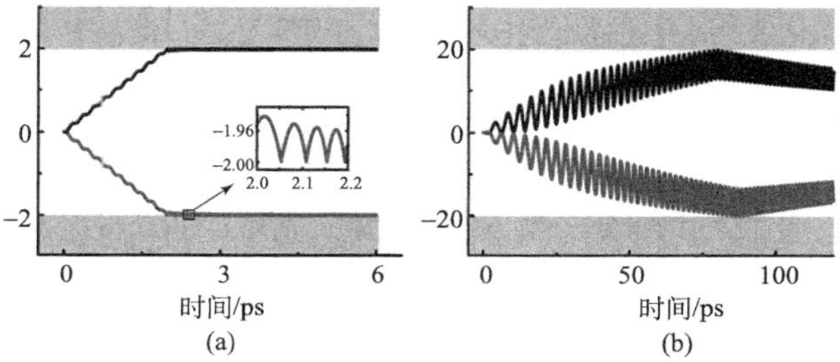

图 14.16　在沿 x 轴的均匀电场 $E=10\text{V/cm}$ 的驱动下，一个动量中心为 $k_0=(0,0)$的电子波包在不同二维系统中的演化轨迹。(a) HgTe/CdTe 拓扑绝缘体中，自旋朝上(黑色)的电子向上偏转，到达上边缘(阴影区)后形成向右传播的边缘态；自旋朝下(灰色)的电子向下偏转，到达下边缘(阴影区)后形成向右传播的边缘态。(b)存在 Rashba 自旋轨道耦合($\alpha=10\text{meV}\cdot\text{nm}$)的普通 GaAs 二维电子气中，自旋朝上(黑色)的电子向上偏转，到达上边缘后被反弹；自旋朝下(灰色)的电子向上偏转，达到下边缘后被反弹，并不形成边缘态

由于自旋轨道耦合，电子的轨道运动依赖于电子自旋的朝向。因此，利用微波翻转电子自旋，将能有效地控制电子的轨道运动。此外，我们还能从图 14.16(a)和(b)的轨迹中看到微小的振颤行为，这是由于拓扑绝缘体和普通二维电子气都包含两个子带，带间耦合使得体系的波函数同时包含两个子带的分量，从而产生频率为带隙的小幅振颤。

上面讨论的电子波包的运动可以用近场扫描光学显微镜来探测。这一技术利用消逝波，突破了远场极限，使得成像的分辨率只依赖于探测器的孔径，而不再依赖于探测光的波长，空间分辨率可达 20nm[131]。电子波包通过时，会吸收微波而被近场扫描光学显微镜探测到。

14.4.2　拓扑绝缘体表面电子引发的可控 RKKY 相互作用

单层石墨烯中，布里渊区 K 点附近线性色散的低能电子态，由哈密顿量 $H_0=v_F\boldsymbol{\sigma}\cdot\boldsymbol{k}$描述，其中 $\boldsymbol{k}$ 为电子动量，$\boldsymbol{\sigma}$ 为赝自旋(对应元胞内的 A、B 子格)。其电子能谱分成两个能带，对应的本征态分别满足 $\boldsymbol{\sigma}\cdot\boldsymbol{k}=\pm1$，即赝自旋始终与动量同向(对应 $\boldsymbol{\sigma}\cdot\boldsymbol{k}=+1$)或反向(对应 $\boldsymbol{\sigma}\cdot\boldsymbol{k}=-1$)，这称为赝自旋-动量锁定。与石墨烯的类似，三维拓扑绝缘体的低能表面态同样具有线性色散，由哈密顿量 $H_0(k)=v_F(k_x\sigma_y-k_y\sigma_x)$描述，但这里的 σ 是真实的电子自旋而非赝自旋，这与石墨烯完全不同。由此导致三维拓扑绝缘体表面的自旋相关的效应与石墨烯的有巨大差别，一个典型的例子就是由表面电子传递的掺杂磁性离子之间的 RKKY 有效相互作用[132-134,118]。在三维拓扑绝缘体表面掺杂磁性离子，这些磁性离子的自旋与拓扑绝缘体表面电子自旋之间存在 s-d 交换相互作用，例如，位于 R_i处的磁性离子自旋 S_i与电子自旋 σ 之间的相互作用为$V_i=-J(\sigma\cdot\boldsymbol{S}_i)\delta(\boldsymbol{r}-\boldsymbol{R}_i)$。这种 s-d 相互作用通过电子自旋将在不同的磁性离子之间产生有效的 RKKY 相互作用：位于 R_1的磁离子自旋首先将表面电子自旋极化，表面电子接着向前传播，并与位于 R_2的磁性离子 S_2发生 s-d 交换作用，进而改变磁离子 S_2的能量。这种 RKKY 相互作用可以在格林函数框架下由一阶微扰论给出

$$H_{1,2}^{\mathrm{RKKY}}=-\frac{2}{\pi}\mathrm{Im}\int_{-\infty}^{\varepsilon_F}\mathrm{Tr}_{\mathrm{spin}}[V_1G^R(\boldsymbol{R},\varepsilon)V_2G^R(-\boldsymbol{R},\varepsilon)]\mathrm{d}\varepsilon$$

其中，ε_F为拓扑绝缘体表面的费米能级；$\boldsymbol{R}=\boldsymbol{R}_1-\boldsymbol{R}_2$为两个磁性离子之间的相对位置；$G^R(\varepsilon)=[\varepsilon+\mathrm{i}0^+-H_0(k)]^{-1}$为表面电子态的推迟格林函数；$\mathrm{Tr}_{\mathrm{spin}}$代表对表面电子自旋求迹。我们经过研究得到 $H_{1,2}^{\mathrm{RKKY}}$的解析表达式[118]，发现它包括三种相互作用(以 $\boldsymbol{R}=\boldsymbol{R}_1-\boldsymbol{R}_2$ 的方向为 x 轴)：①海森伯型相互作用 $F_1(R,\varepsilon_F)\boldsymbol{S}_1\cdot\boldsymbol{S}_2$；②Dzyaloshinskii-Moriya(DM)型相互作用 $F_2(R,\varepsilon_F)(\boldsymbol{S}_1\times\boldsymbol{S}_2)_y$；③表面内的横向 Ising 相互作用 $F_3(R,\varepsilon_F)\boldsymbol{S}_1^y\boldsymbol{S}_2^y$。

(1) 当表面电子浓度很高，$k_FR\gg1$ 时(k_F为费米动量)，三种相互作用均呈现振荡并以 $1/R^2$的速度衰减[图 14.17(a)和(b)]：

$$H_{1,2}^{\mathrm{RKKY}}\approx\frac{J^2\varepsilon_F}{2\pi^2v_F^2R^2}\left[\sin\left(\frac{2R\varepsilon_F}{v_F}\right)(\boldsymbol{S}_1\cdot\boldsymbol{S}_2-S_1^yS_2^y)-\cos\left(\frac{2R\varepsilon_F}{v_F}\right)(\boldsymbol{S}_1\times\boldsymbol{S}_2)_y\right]$$

我们注意到普通的二维电子气传递的 RKKY 相互作用也呈 $1/R^2$衰减，而石墨烯中间隙磁性杂质之间的 RKKY 相互作用呈 $1/R^3$衰减。通过掺杂调节费米能 ε_F或者通过 STM 技术调节磁性离子间的距离 R，可以使 $F_1(R)=F_3(R)=0$，仅保留 DM 型相互作用 $F_2(R,\varepsilon_F)(\boldsymbol{S}_1\times\boldsymbol{S}_2)_y$。

(2) 对于本征拓扑绝缘体($\varepsilon_F=k_F=0$)，DM 项消失，RKKY 相互作用只含

海森伯项和 Ising 项[图 14.17(b)]，最终结果为

$$H_{1,2}^{\mathrm{RKKY}}=\frac{J^2}{16\pi v_{\mathrm{F}}R^3}(2S_1^xS_2^x+2S_1^zS_2^z-S_1^yS_2^y)$$

即类 XXZ 自旋模型。此时的 RKKY 相互作用与本征石墨烯一样，都按照 $1/R^3$ 单调衰减。

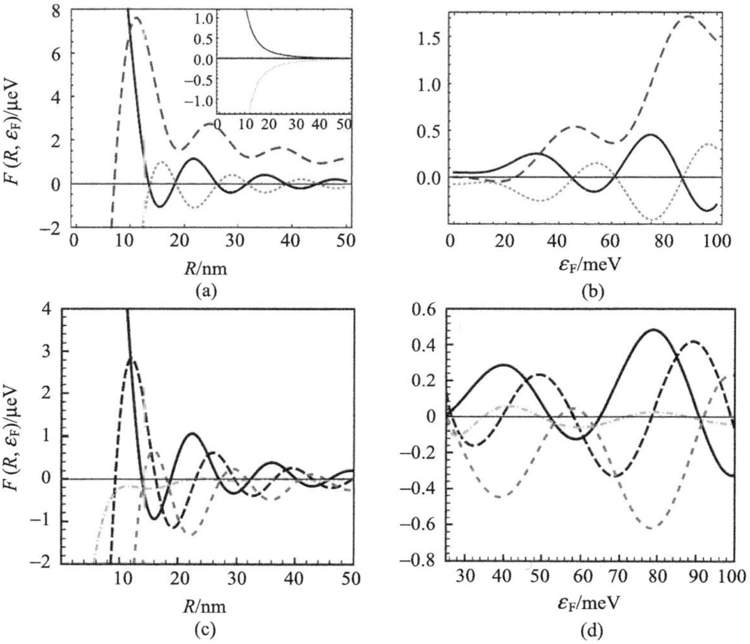

图 14.17(另见彩图)　三维拓扑绝缘体表面电子传导的磁性离子间的 RKKY 相互作用随磁离子间距 R[(a)、(c)]以及表面电子的费米能级 ε_{F}[(b)、(d)]的变化。(a)、(b)为无能隙表面电子态$\Delta=0$传递的三种 RKKY 相互作用 $F_1(R，\varepsilon_{\mathrm{F}})$(实线)、$F_2(R，\varepsilon_{\mathrm{F}})$(红色虚线)、$F_3(R，\varepsilon_{\mathrm{F}})$(点线)。(c)、(d)为有能隙$\Delta=25\mathrm{meV}$的表面电子态传递的 RKKY 相互作用 $F_1(R，\varepsilon_{\mathrm{F}})$(实线)、$F_2(R，\varepsilon_{\mathrm{F}})$(虚线)、$F_3(R，\varepsilon_{\mathrm{F}})$(点线)、$F_4(R，\varepsilon_{\mathrm{F}})$(点划线)

随着磁性杂质的增多，对时间反演对称性的破坏将导致拓扑绝缘体表面的无能隙电子态开始出现能隙(由$\Delta\sigma_z$描述)，从而哈密顿量变成 $H^{(\mathrm{gap})}(k)=H_0(k)+\Delta\sigma_z$。这不仅改变了 RKKY 相互作用 $F_1(R，\varepsilon_{\mathrm{F}})$，$F_2(R，\varepsilon_{\mathrm{F}})$，$F_3(R，\varepsilon_{\mathrm{F}})$的形状[图 14.17(c)和(d)]，而且新增加一项 $F_4(R，\varepsilon_{\mathrm{F}})S_1^zS_2^z$ 沿 z 方向的 Ising 相互作用[图 14.17(c)和(d)中的青色点划线]，因为能隙项$\Delta\sigma_z$相当于表面电子发生自旋劈裂，产生沿 z 方向的自旋极化。当 ε_{F}位于带隙内时，随磁离子间距 R 增大，所有四种 RKKY 相互作用均指数衰减，没有任何振荡行为：只有海森堡伯

$F_1(R, \varepsilon_F)$为正(反铁磁耦合)，而其他三项均为负，横向和纵向 Ising 项 $F_1(R, \varepsilon_F)$、$F_3(R, \varepsilon_F)$为负，将导致铁磁性耦合。调节磁离子间距 R 可以改变四种 RKKY 相互作用的大小，从而实现不同的模型，如 $R\approx19$nm 时，可以实现 XZ 自旋模型 $H_{1,2}^{\text{RKKY}}\propto(S_1^xS_2^x+S_1^zS_2^z)$。

上面我们考虑的表面电子态模型，对于自旋和轨道同时绕 z 轴做任意转动都具有不变性，两个磁性离子之间的 RKKY 相互作用中的每一项的大小只与这两个磁性离子间距的大小 $R=|\boldsymbol{R}|$ 有关，而与 $\boldsymbol{R}$ 的方向无关，这种高对称性模型适用于电子动量较低的情况。考虑到晶格的实际对称性，表面电子的能带发生弯曲(warping)，此时表面电子的哈密顿量需要新增一项$(\lambda/2)(k_+^3+k_-^3)\sigma_z$，导致 RKKY 相互作用中的每一项的大小依赖于 $\boldsymbol{R}$ 的方向，表现出更加复杂的行为，例如，再现新的 RKKY 相互作用项 $S_1^yS_2^y$，$(\boldsymbol{S}_1\times\boldsymbol{S}_2)_z$，$(S_1^xS_2^y+S_1^yS_2^x)$等[118]。

上述各种 RKKY 相互作用的竞争允许我们通过调节费米能 ε_F 或磁离子间距，在三维拓扑绝缘体表面实现各种二维自旋模型，相应的基态自旋构型可以用中子散射来探测(把大量三维拓扑绝缘体表面平行堆叠起来可增大信号强度)。例如，纯 DM 模型，对应的自旋基态是朝平面外有净磁矩的伞状自旋构型，当电子在这些自旋格点上跳跃时，会获得非零的 Berry 相位，从而产生反常霍尔效应；而当反铁磁性海森伯相互作用占主导时，基态自旋构型是共线或共面的，自旋没有手征性，从而不会产生反常霍尔效应。

14.4.3　拓扑绝缘体量子点

从图 14.15(c)和(d)可以看到，二维 HgTe/CdTe 拓扑绝缘体的条状结构(沿 x 轴无限，沿 y 轴有限)，每个边缘上都有两组互为时间反演(动量相反，传播方向即群速度也相反)的边缘态，而且同一自旋在上、下边缘的传播方向也相反。如果我们在此基础上进一步通过刻蚀的办法，限制电子在 x 方向的运动，就形成一个零维结构，即拓扑绝缘体量子点[119]。如图 14.18(a)所示的半径为 R 的圆形量子点，根据有效质量理论，它的哈密顿量在基函数 $|\text{E1},\uparrow\rangle$，$|\text{HH1},\uparrow\rangle$，$|\text{E1},\downarrow\rangle$，$|\text{HH1},\downarrow\rangle$下可以写成

$$H=\text{diag}\{h(k)+V(\rho),\ h^*(-k)-V(\rho)\} \tag{14.6}$$

其中，$V(\rho)$为硬壁限制势在极坐标(ρ, φ)下的表达式(当 $\rho<R$ 时，$V(\rho)=0$，否则 $V(\rho)=+\infty$)；$\boldsymbol{k}=(-\mathrm{i}\partial/\partial x, -\mathrm{i}\partial/\partial y)$为动量算符，$h(\boldsymbol{k})$由式(14.4)给出。有效质量理论中，电子总角动量 $J_z=L_z+S_z$，其中 L_z 为有效质量理论中包络函数的轨道角动量，S_z 为基函数的角动量。比如，四个基函数 $|\text{E1},\uparrow\rangle$，$|\text{HH1},\uparrow\rangle$，$|\text{E1},\downarrow\rangle$，$|\text{HH1},\downarrow\rangle$均是 S_z 的本征态，本征值分别为$+1/2$，$+3/2$，$-1/2$，$-3/2$。我们注意到哈密顿量 H 是块状对角的，由两个互为时间反演的部分(分别描述自旋朝上、自旋朝下的电子态)组成，从而保持时间反演不变性。

对自旋朝上的电子，由于总角动量守恒，总角动量 $j=m+1/2$ 的本征态可以写成

$$\Psi_{m,\uparrow}(\rho,\varphi)=e^{im\varphi}R_1(\rho)\mid E1,\uparrow\rangle+e^{i(m-1)\varphi}R_2(\rho)\mid HH1,\uparrow\rangle \quad (14.7)$$

其中，m 只能取整数(因为边缘态电子绕行一周时波函数必须保持单值性)。接着我们引入整数阶贝塞尔函数 $J_m(k_m^n\rho)$ 和 $J_{m-1}(k_{m-1}^n\rho)$，其中 $k_m^n(k_{m-1}^n)$ 是 m 阶[$(m-1)$阶]贝塞尔函数的第 n 个零点，从而 $J_m(k_m^n\rho)$ 和 $J_{m-1}(k_{m-1}^n\rho)$ 满足 $\rho=R$ 处的边界条件：$J_m(k_n^nR)=J_{m-1}(k_{m-1}^nR)=0$，于是我们可以分别用 $J_m(k_m^n\rho)$ 和 $J_{m-1}(k_{m-1}^n\rho)$ 来把径向波函数 $R_1(\rho)$ 和 $R_2(\rho)$ 展开，并数值对角化求得自旋朝上的能量本征值和本征态。由于时间反演不变性，系统的能谱全部自旋 2 重简并，并且自旋朝下的能量本征值态可以由相应的自旋朝上的本征态作时间反演得到。

在给出数值结果前，我们先取 $D=0$(从而系统能谱关于 $E=0$ 上下对称)，对较大的量子点中的边缘态能谱及波函数进行半定量分析。对比二维 HgTe/CdTe 拓扑绝缘体的条状结构[图 14.15(c)]和量子点结构[图 14.18(a)]，我们看到量子点结构等价于把条状结构中的上、下边缘(以及相应的边缘态)光滑地连接起来：

(1) 自旋朝上的边缘态。量子点中的角动量本征态 $e^{im\varphi}$ 在量子点的上边缘变成 $e^{-i(m/R)x}$(因为 $x=-R\varphi$)，对应条状结构上边缘波矢 $k_x=-m/R$、能量 $(-Am/R)$ 的边缘态；而 $e^{im\varphi}$ 在量子点下边缘变成 $e^{i(m/R)x}$，对应条状结构下边缘波矢 $k_x=m/R$、能量 $(-Am/R)$ 的边缘态。因此，量子点中自旋朝上的边缘态 $\Psi_{m,\uparrow}(\rho,\varphi)$[式(14.7)]近似能量为 $(-Am/R)$。

(2) 自旋朝下的边缘态。量子点中的角动量本征态 $e^{im\varphi}$ 在量子点上边缘变成 $e^{-i(m/R)x}$(因为 $x=-R\varphi$)，对应条状结构上边缘波矢 $k_x=-m/R$、能量 $(+Am/R)$ 的边缘态；而 $e^{im\varphi}$ 在量子点下边缘变成 $e^{i(m/R)x}$，对应条状结构下边缘波矢 $k_x=m/R$、能量 $(+Am/R)$ 的边缘态。因此，自旋朝下的边缘态 $\Psi_{m,\downarrow}(\rho,\varphi)=e^{im\varphi}R_1^*(\rho)\mid E1,\downarrow\rangle+e^{i(m+1)\varphi}R_2^*(\rho)\mid HH1,\downarrow\rangle$[由对应的自旋朝上的边缘态 $\Psi_{-m,\uparrow}(\rho,\varphi)$ 作时间反演得到]近似具有能量 $A\mathrm{m}/R$。

由此可见，自旋朝上的边缘态 $\Psi_{m,\uparrow}(\rho,\varphi)$ 的能量 $E_\uparrow(m)\approx-Am/R$ 随角动量量子数 m 的增大而线性下降(参数 $A>0$)，而自旋朝下的边缘态 $\Psi_{m,\downarrow}(\rho,\varphi)$ 的能量 $E_\downarrow(m)\approx Am/R$ 随 m 的增大而线性增大，如图 14.18(b)所示。与普通半导体量子点中的电子态相比，HgTe/CdTe 拓扑绝缘体量子点中的边缘态具有如下鲜明的特征(能带参数 D 不为零时同样成立)：

(1) 波函数局域在量子点边缘，而不是中心；

(2) 自旋-速度锁定：自旋朝上(下)的边缘态沿顺(逆)时针传播；

(3) 能量与量子点半径 R 成反比，而不是与 R^2 成反比。

(4) 图 14.18(b)中，蓝色(自旋朝上)和红色(自旋朝下)边缘态之间的电偶极跃迁是禁戒的：边缘态是暗态，可以用于存储量子信息。

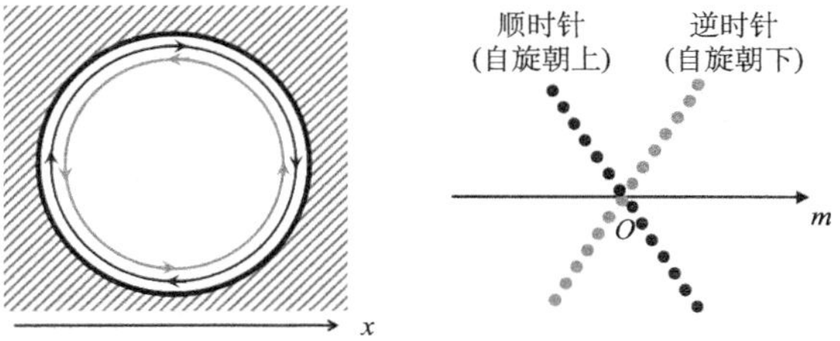

(a)　(b)

图 14.18(另见彩图)　(a)二维 HgTe/CdTe 拓扑绝缘体的零维结构，如虚线所示的硬壁势垒将电子的运动限制在圆形区域内。边缘态电子绕行一周时波函数必须保持单值性，这一要求使得边缘态电子的角动量发生量子化。自旋朝上的电子沿顺时针方向传播，自旋朝下的电子沿逆时针方向传播。(b)自旋朝上、沿顺时针传播的边缘态的能量，以及自旋朝下、沿逆时针方向传播的边缘态的能量随角动量量子数 m 的变化

当能带参数 D 不为零时，可以通过变分法近似地求得边缘态能谱的解析表达式。以自旋朝上的边缘态为例，取试探波函数为 $\Phi_m = e^{\lambda(\rho-R)}(e^{im\varphi}\mid \mathrm{E1},\uparrow\rangle + e^{i(m-1)\varphi}\mid \mathrm{HH1},\uparrow\rangle)$，其中 λ 为变分参数。在约束条件 $\langle\Phi_m\mid\Phi_m\rangle=1$ 下将期望值 $\langle\Phi_m\mid H\mid\Phi_m\rangle$ 极小化，可得边缘态能量 $E(k_x)=-DM/B\pm A\sqrt{1-(D/B)^2}\,m/R$。当 $D=0$ 时，该式退化为前面的结果 $E(k_x)=\pm Am/R$。

上述一般性结论的正确性也被数值结果证明。图 14.19 是数值计算给出的量子点的电子能谱及波函数概率密度分布，其中(a)为普通半导体量子点，(b)～(d)为拓扑绝缘体量子点。可以看到，普通半导体量子点的电子能谱存在能隙，并且由于量子限制效应，量子点的能隙大于体材料的带隙。而 HgTe/CdTe 拓扑绝缘体量子点的能谱不存在能隙，它包括边缘态(蓝色代表自旋朝上边缘态，红色代表自旋朝下边缘态)和体内态(如黑色所示)，其中体内态又分为导带态和价带态。边缘态的能量位于体材料的带隙内，源于拓扑绝缘体边缘态的量子化(图 14.18)，概率密度分布局域在量子点边缘[图 14.19(d)]；导带态(价带态)源于体材料的导带(价带)，能量位于体材料导带(价带)内，最低导带态的概率密度分布集中在量子点中心[图 14.19(c)]。

图 14.20 是 HgTe/CdTe 拓扑绝缘体量子点边缘态能量间距随 $1/R$ 的变化，以及体内态的能隙随 $1/R^2$ 的变化。可以看到，边缘态能隙几乎与 $1/R$ 成正比，而体内态的能隙几乎与 $1/R^2$ 成正比。最后，在垂直磁场 $B_0 e_z$ 下，HgTe/CdTe 拓扑绝缘体量子点的哈密顿量由没有磁场时的哈密顿量做替换 $\boldsymbol{k}\rightarrow\boldsymbol{k}+e\boldsymbol{A}$ 得到。当磁场较强时，将产生量子霍尔边缘态。如果 $B_0>0$，则磁场驱动的量子

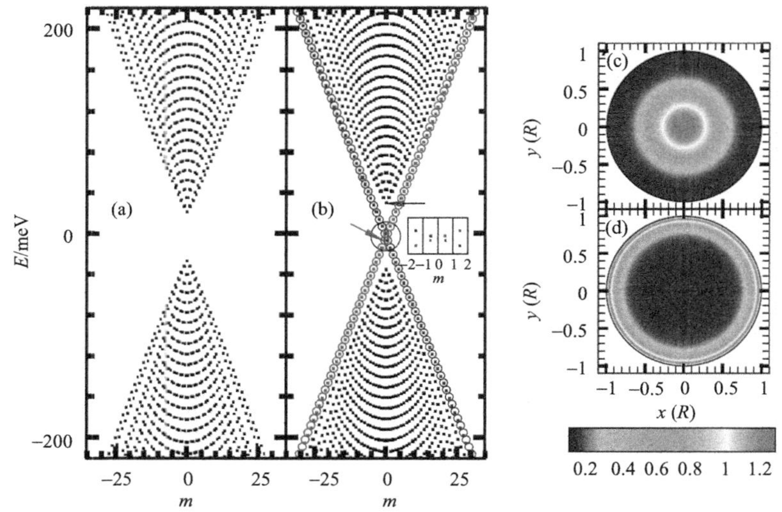

图 14.19(另见彩图)　当 HgTe/CdTe 量子阱的阱宽小于临界值 6.3nm 时，系统为普通绝缘体，对应的量子点中的电子能谱如图(a)所示。当 HgTe/CdTe 量子阱的阱宽超过 6.3nm 时，系统为拓扑绝缘体，对应的量子点中的电子能谱如图(b)所示，该能谱包含自旋朝上的边缘态(蓝色)、自旋朝下的边缘态(红色)，以及源于体材料的导带和价带的体内态(黑色)。图(c)和(d)分别是最低导带的体内态[如图(b)中的黑色箭头所示]和一个典型的边缘态的概率密度分布

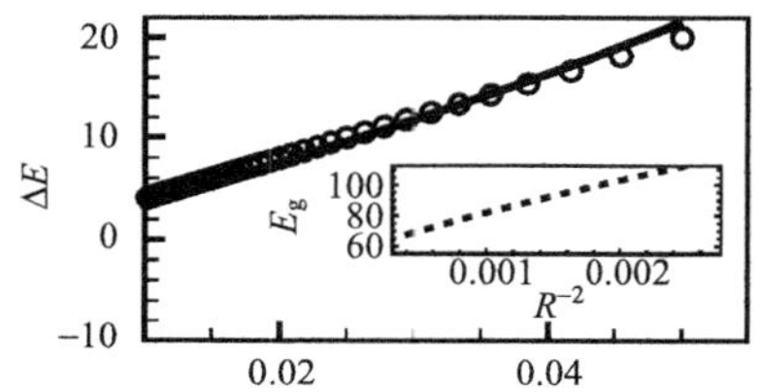

图 14.20　HgTe/CdTe 拓扑绝缘体的边缘态能量间距随 $1/R$ 的变化，以及量子点体内态的能隙(最低导带态和最高价带态的能量差)随 $1/R^2$ 的变化

霍尔边缘态沿顺时针方向传播。对于自旋朝上的电子，量子霍尔边缘态和拓扑绝缘体边缘态的传播方向相同，两者相互增强，导致自旋朝上的边缘态更加局域化。对自旋朝下的电子，量子霍尔边缘态和拓扑绝缘体边缘态的传播方向相反，因而两者互相竞争，当磁长度 $l_B=\sqrt{\hbar/(eB)}\ll R$ 时，量子霍尔效应使得自旋朝下的边缘态消失。此外，垂直磁场改变了量子点中电子的能谱，从而在量子点中产生持续电流，进而产生沿 z 轴的磁矩。由于边缘态沿量子点边缘传播，因而不仅对磁场特别敏感，而且很小的电流就能产生巨大的磁矩。例如，平均一个边缘态电子能够产生约 $50\mu_B$ 的磁矩，低温下可以直接被 SQUID 探测到。

14.4.4　极化场驱动的拓扑绝缘体量子相变

寻找拓扑绝缘体材料，一直是拓扑绝缘体研究的核心问题。早期的工作一直集中在Ⅱ-Ⅵ族化合物以及含重原子的硫族化合物，如 HgTe、Bi_2Se_3、Bi_2Te_3[115]，最近人们将研究扩展到三元 Heusler 合金[135-137]。此外，通过调节 HgTe/CdTe 量子阱的宽度、施加应变或电场[95,138]，可以驱动量子阱发生量子相变成为拓扑绝缘体。

尽管理论上已经有超过 50 种材料被预言为拓扑绝缘体，而且多种材料已经被实验证实，但这些研究绝大部分都集中在窄带隙、重原子系统，因为其中的自旋轨道耦合较强，易于实现能带反转。与之形成鲜明对比，常见的半导体材料带隙都不小，自旋轨道耦合也不强，一般认为很难发生拓扑绝缘体相变。如果能将常见半导体变成拓扑绝缘体，那么将可以较容易地把拓扑绝缘体集成到现代半导体器件中。

这里，我们预言沿[0001]方向生长的 GaN/InN/GaN 量子阱，随着阱宽增大，应变引发的巨大极化电场将驱动量子阱的能带发生反转，从普通的绝缘体相变为拓扑绝缘体[120]。

我们考虑在很厚的宽带隙半导体材料 GaN(带隙 3.4eV)衬底上生长 m 层 InN 单层(体材料带隙为 0.7eV)，然后再生长 GaN 覆盖层形成 GaN/$(InN)_m$/GaN 量子阱。如果没有应变，那么由于量子限制效应，量子阱的带隙将大于势阱材料的带隙 0.7eV。但事实上，GaN 与 InN 存在晶格失配，因而在 GaN 衬底上赝晶生长的 InN 薄层内存在应变，它通过压电效应产生极化电场。基于杂化泛函[139]的密度泛函理论(不包含 Rashba 自旋轨道耦合，这一效应我们随后通过 $\boldsymbol{k}\cdot\boldsymbol{p}$ 理论计入)计算表明，当 InN 层数 m 从 2 增加到 4 时，对应的量子阱带隙 $E_g(m)$从 $E_g(2)=0.82$eV[图 14.21(a)]下降到 $E_g(3)=0.06$eV，并最终产生能带反转 $E_g(4)=-0.1$eV[如图 14.21(b)所示，在 Γ 点，轻、重空穴带高于导带]，从而量子阱成为拓扑绝缘体。随着 InN 层数增加，量子阱带隙的变化源于三个因素的竞争：

(1) 量子限制效应。它趋向于增大量子阱的带隙。当 $m=2$ 时，量子限制效应占主导，使得量子阱的带隙 $E_g(2)=0.82$eV 大于 InN 体材料的带隙 0.7eV。随着 InN 层数 m 的增大，量子限制效应迅速减小，对量子阱带隙产生的修正小于 0.1eV。

(2) 应变引发的极化电场。由于应变引发的压电效应，在 GaN 衬底一侧积累正电荷，在 GaN 覆盖层一侧积累负电荷，在 InN 层内产生巨大的极化电场(场强可达 12.5MV/cm)和电势能差，从而分别把电子限制在量子阱靠近衬底的一侧，把空穴限制在量子阱靠近覆盖层的一侧，造成量子阱带隙减小。随着阱宽

m 的增大，极化电场在 InN 层内产生的电势能差越来越大，从而量子阱带隙的减小越来越显著。

(3) 应变效应。我们的密度泛函计算表明，当 GaN/InN/GaN 量子阱生长方向沿[0001]极化方向时，其带隙主要由因素(1)、(2)决定；当量子阱生长方向沿[$10\bar{1}0$]非极化方向时，极化电场效应很小，此时因素(1)、(3)起主导作用，随着阱宽增加，量子阱的带隙下降到 1eV 左右并达到饱和，不能发生能带反转。这表明极化电场[因素(2)]是产生能带反转的关键因素。

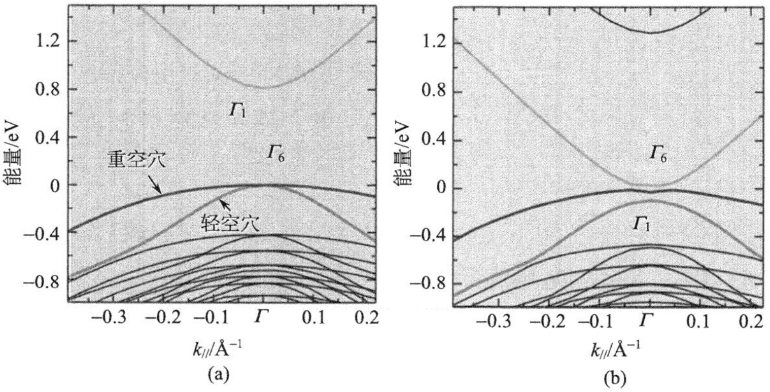

图 14.21　(a)、(b)分别是杂化密度泛函理论给出的 GaN/(InN)$_m$/GaN 量子阱在 InN 层数 $m=2$，4 时的能谱。(a)当 $m=2$ 时，Γ_1 导带的能量位于 Γ_6 轻空穴和重空穴能带的上方，量子阱带隙为 $E_g(2)=0.82$eV。(b)当 $m=4$ 时，导带和轻、重空穴带在 Γ 点附近发生反交叉，在 Γ 点，导带低于轻、重空穴带，量子阱带隙为 $E_g(4)=-0.1$eV

为了进一步验证能带反转产生的拓扑绝缘体相变，我们考虑在二维 GaN/InN/GaN 量子阱上进一步施加量子限制形成条状结构，并构造包含两个电子带 $|E,\uparrow\rangle$、$|E,\downarrow\rangle$，两个重空穴带 $|HH,\uparrow\rangle$、$|HH,\downarrow\rangle$，两个轻空穴带 $|LH,\uparrow\rangle$、$|LH,\downarrow\rangle$的 6 带 $\boldsymbol{k}\cdot\boldsymbol{p}$ 理论，计入极化电场及 Rashba 自旋轨道耦合来描述这一系统，计算得到的能谱和 Rashba 自旋劈裂分别如图 14.22 所示。从图 14.22(a)可以看到，体系的能谱由边缘态(红色)和体内态(黑色)组成，边缘态的概率密度分布分别集中在条状结构的上、下边缘，这正是拓扑绝缘体的本质特征之一，从而进一步证实了 GaN/InN/GaN 量子阱的拓扑量子相变。此外，如图 14.22(b)所示，巨大的极化电场在量子阱能谱中产生了约 1meV 的 Rashba 自旋劈裂，大小已经接近窄带隙材料 HgTe 和 InAs 量子阱中由外电场引起的 Rashba 自旋劈裂[95,138]。

相比其他材料，如石墨烯[140]、Bi_2Se_3、Bi_2Te_3[115]、Heusler 合金[135]等，上

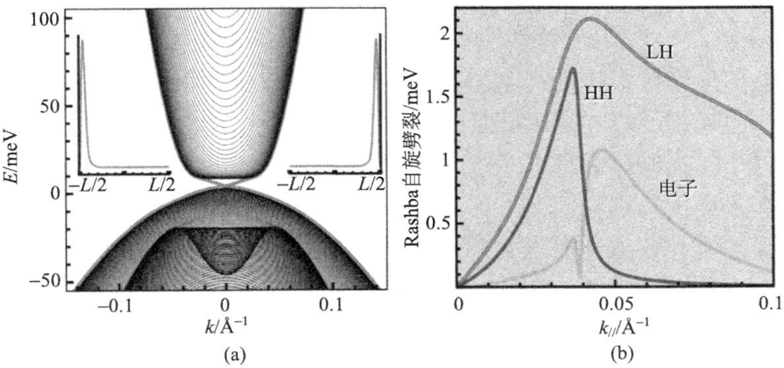

图 14.22(另见彩图)　阱宽 1.6nm 的 GaN/InN/GaN 量子阱条状结构的能谱(a)和电子带(绿色)、轻空穴带(红色)、重空穴带(蓝色)的 Rashba 自旋劈裂(b)。图(a)中的能谱包含边缘态(红色)和体内态(黑色)。左、右插图分别是宽度为 L 的条状结构的上、下边缘态的概率密度分布

述基于 InN 薄层的拓扑绝缘体量子阱具有明显的优势：首先，它很容易集成到已经被用于高频、高功率器件[141]的氮基晶体管；其次，控制量子阱中的载流子浓度可以屏蔽极化电场，因此拓扑绝缘体转变可以通过掺杂、施加外部偏压来控制。近年来，实验上已经实现在 GaN 衬底上生长 1～2 层高质量的 InN 单层，并观察到电子-空穴对复合产生的光致发光或电致发光[142-144]。我们预期随着技术的进步，InN 层数的增加，实验上将观察到 GaN/InN/GaN 量子阱的拓扑绝缘体相变。

14.5　结　束　语

基于 8 带模型的计算表明，窄带隙半导体中，自旋轨道耦合表现出非同寻常的特征。Rashba 自旋轨道耦合引发的自旋劈裂随电子动量的增大，呈现出强烈的非线性行为，甚至随着动量的增大而下降。这种非线性的行为对电子自旋弛豫有很大的影响，尤其是在窄带隙半导体中。对大电子浓度或热电子，我们的非线性模型预言的电子自旋寿命随电子浓度的变化趋势和 Rashba 模型给出的结论刚好相反。

基于 8 带模型，我们提出了统一的电子和空穴自旋霍尔效应的理论框架。我们发现接近零带隙的 n 型窄带隙 HgCdTe/CdTe 量子阱中，当带隙为正时，本征自旋霍尔效应被杂质散射抵消；当带隙为负时，则存在几乎不受杂质散射影响的本征自旋霍尔效应。改变 HgCdTe 层中 Cd 的组分、阱宽或垂直电场强度，可以驱动量子阱的带隙从正变负，从而对本征自旋霍尔效应实施开关操作，并驱动量

子阱从普通绝缘体变成拓扑绝缘体。

二维 HgCdTe/CdTe(或 HgTe/CdTe)拓扑绝缘体具有奇特的性质：它的内部是有能隙的绝缘体，表面则是由无能隙的边缘态组成的能带，具有金属特性。拓扑绝缘体边缘态的存在受时间反演对称性保护，并具有自旋-速度锁定的特征。研究发现，拓扑绝缘体内部电子波包在电场驱动下会自发形成边缘态，这为拓扑边缘态的起源提供了解释。此外，我们研究了拓扑绝缘体边缘态产生的奇特量子效应：边缘态传导的磁性离子之间可控的 RKKY 相互作用和拓扑绝缘体量子点中的奇特量子态，如边缘态的自旋-传播方向锁定。最后，我们预言在 GaN/InN/GaN 量子阱中，存在由极化场引发的拓扑绝缘体量子相变。

致　谢　本章得到国家自然科学基金和中国科学院知识创新工程的资助。

作者简介

杨　文　2002 年本科毕业于北京师范大学物理系，2007 年博士毕业于中国科学院半导体研究所，2008～2011 年先后在香港中文大学、美国加州大学圣地亚哥分校物理系从事博士后研究，自 2011 年起任北京计算科学研究中心特聘研究员，2012 年获教育部高等学校科学研究优秀成果奖(刘仁保、杨文、赵楠、王振宇)，2013 年获优秀青年科学基金。研究兴趣包括低维半导体材料中的自旋轨道耦合及自旋输运，以及量子信息处理中自旋退相干的微观机制、相干性保护及其应用。

常　凯　1996 年于北京师范大学获博士学位，1996～1998 年在中国科学院半导体研究所作博士后，1998～2000 年在比利时安特卫普大学作博士后，2001 年获中国科学院“百人计划”资助，任中国科学院半导体研究所研究员。2004 年获得国家自然科学奖二等奖(夏建白、李树深、常凯、朱邦芬)，2006 年获国家杰出青年科学基金资助，并获香港中文大学杨振宁访问学者奖励，2013 年获得黄昆固体物理和半导体物理科学研究奖。研究领域主要是半导体纳米结构的物理性质和半导体自旋电子学。近期的研究兴趣包括低维半导体结构中自旋轨道耦合和自旋霍尔效应，自旋态的弛豫和相干控制，磁性半导体，石墨烯中的基础物理问题以及拓扑绝缘体中的自旋和电荷输运。

参考文献

[1] Seitz F. Modern Theory of Solids. New York：McGraw-Hill，1940.

[2] Shockley W. Energy band structures in semiconductors. Phys Rev，1950，78(2)：173-174.

[3] Shockley W. Cyclotron resonances，magnetoresistance，and Brillouin zones in semiconductors. Phys Rev，1953，90(3)：491-491.

[4] Dresselhaus G，Kip A F，Kittel C. Observation of cyclotron resonance in germanium crystals. Phys Rev，1953，92(3)：827-827.

[5] Dresselhaus G，Kip A F，Kittel C. Cyclotron resonance of electrons and holes in silicon and germanium crystals. Phys Rev，1955，98(2)：368-384.

[6] Elliot R J. Theory of the effect of spin-orbit coupling on magnetic resonance in some semiconductors. Phys Rev，1954，96(2)：266-279.

[7] Luttinger J M，Kohn W. Motion of electrons and holes in perturbed periodic fields. Phys Rev，1955，97(4)：869-883.

[8] Luttinger J M. Quantum theory of cyclotron resonance in semiconductors：General theory. Phys Rev，1956，102(4)：1030-1041.

[9] Kane E O. Band structure of indium antimonide. J Phys Chem Solids，1957，1：249-261.

[10] Pidgeon C R，Brown R N. Interband magneto-absorption and Faraday rotation in InSb. Phys Rev，1966，146(2)：575-583.

[11] Dresselhaus G. Spin-orbit coupling effects in zinc blende structures. Phys Rev，1955，100(2)：580-586.

[12] Baldereschi A，Lipari N O. Spherical model of shallow acceptor states in semiconductors. Phys Rev B，1973，8(6)：2697-2709.

[13] Xia J B. Electronic structures of zero-dimensional quantum wells. Phys Rev B，1990，40(12)：8500-8507.

[14] Bir G L，Pikus G E. Symmetry and StrainInduced Effects in Semiconductors. New York：Wiley，1974.

[15] Rössler U. Nonparabolicity and warping in the conduction band of GaAs. Solid State Commun，1984，49(10)：943-947.

[16] Pfeffer P，Zawadzki W. Conduction electrons in GaAs：Five-level $\boldsymbol{k}\cdot\boldsymbol{p}$ theory and polaron effects. Phys Rev B，1990，41(3)：1561-1576.

[17] Dingle R，Wiegmann W，Henry C H. Quantum States of Confined Carriers in Very Thin $Al_xGa_{1-x}As$-GaAs-$Al_xGa_{1-x}As$ Heterostructures. Phys Rev Lett，1974，33(14)：827-830.

[18] Sai-Halasz G A，Tsu R，Esaki L. A new semiconductor superlattice. Appl Phys Lett，1977，30(12)：651-653.

[19] Zhu B F，Zhang Y C. Inversion asymmetry，hole mixing，and enhanced Pockels effect in quantum wells and superlattices. Phys Rev B，1994，50(16)：11932-11948.

[20] Burt M G. An exact formulation of the envelope function method for the determination of electronic states in semiconductor microstructures. Semicond Sci Technol，1987，2(7)：460-462.

[21] Burt M G. An exact formulation of the envelope function method for the determination of electronic states in semiconductor microstructures. Semicond Sci Technol，1988，3(8)：739-753.

[22] Burt M G. A new effective-mass equation for microstructures. Semicond Sci Technol，1988，3(12)：

1224-1226.

[23] Burt M G. Exact Envelope Function Equations for Microstructures and the Particle in a Box Model. New York: Plenum, 1989: 99.

[24] Burt M G. The justification for applying the effective-mass approximation to microstructures. J Phys: Condens Matter, 1992, 4(32): 6651-6690.

[25] Foreman B A. Effective-mass Hamiltonian and boundary conditions for the valence bands of semiconductor microstructures. Phys Rev B, 1993, 48(7): 4964-4967.

[26] Winkler R. Spin-Orbit Coupling Effects in Two-Dimensional Electron and Hole Systems. Berlin: Springer-Verlag, 2003: 12-12.

[27] Winkler R. Rashba spin splitting and Ehrenfest's theorem. Physica E (Amsterdam), 2004, 22(1-3): 450-454.

[28] Kane E O. Handbook of Semiconductors. Amsterdam: North-Holland, 1982.

[29] 褚君浩. 窄禁带半导体物理学. 北京：科学出版社，2005.

[30] Trzeciakowski W. Effective-mass approximation in semiconductor heterostructures: One-dimensional analysis. Phys Rev B, 1988, 38(17): 12493-12507.

[31] Meney A T, Gonul B, O'Reilly E P. Evaluation of various approximations used in the envelope-function method. Phys Rev B, 1994, 50(15): 10893-10904.

[32] Godfrey M J, Malik A M. Boundary conditions and spurious solutions in envelope-function theory. Phys Rev B, 1996, 53(24): 16504-16509.

[33] Wang L W. Real and spurious solutions of the 8×8 $\boldsymbol{k} \cdot \boldsymbol{p}$ model for nanostructures. Phys Rev B, 2000, 61(11): 7241-7244.

[34] White S R, Sham L J. Electronic properties of flat-band semiconductor heterostructures. Phys Rev Lett, 1981, 47(12): 879-882.

[35] Smith D L, Mailhiot C. $\boldsymbol{k} \cdot \boldsymbol{p}$ theory of semiconductor superlattice electronic structure. I. Formal results. Phys Rev B, 1986, 33(12): 8345-8359.

[36] Szmulowicz F. Numerically stable Hermitian secular equation for the envelope-function approximation for superlattices. Phys Rev B, 1996, 54(16): 11539-11547.

[37] Schuurmans M F H, Hooft G W. Simple calculations of confinement states in a quantum well. Phys Rev B, 1985, 31(12): 8041-8048.

[38] Eppenga R, Schuurmans M F H, Colak S. New $\boldsymbol{k} \cdot \boldsymbol{p}$ theory for GaAs/$Ga_{1-x}Al_xAs$-type quantum wells. Phys Rev B, 1987, 36(3): 1554-1564.

[39] Foreman B A. Elimination of spurious solutions from eight-band $\boldsymbol{k} \cdot \boldsymbol{p}$ theory. Phys Rev B, 1997, 56(20): R12748-R12751.

[40] Kolokolov K I, Li J, Ning C Z. $\boldsymbol{k} \cdot \boldsymbol{p}$ Hamiltonian without spurious-state solutions. Phys Rev B, 2003, 68(16): 161308(R).

[41] Yang W, Chang K. Origin and elimination of spurious solutions of the eight-band $\boldsymbol{k} \cdot \boldsymbol{p}$ theory. Phys Rev B, 2005, 72(23): 233309.

[42] Vurgaftman I, Meyer J R, Ram-Mohan L R. Band parameters for Ⅲ-Ⅴ compound semiconductors and their alloys. J Appl Phys, 2001, 89(11): 5815-5875.

[43] Kim K, Kent P R C, Zunger A, et al. Atomistic description of the electronic structure of $In_xGa_{1-x}As$ alloys and InAs/GaAs superlattices. Phys Rev B, 2002, 66(4): 045208.

[44] Winkler R, Rössler U. General approach to the envelope-function approximation based on a quadrature method. Phys Rev B, 1993, 48(12): 8918-8927.

[45] Xia J B, Fan W J. Electronic structures of superlattices under in-plane magnetic field. Phys Rev B, 1989, 40(12): 8508-8515.

[46] Wang L W, Franceschetti A, Zunger A. Million-Atom Pseudopotential Calculation of Γ-X Mixing in GaAs/AlAs Superlattices and Quantum Dots. Phys Rev Lett, 1997, 78(14): 2819-2822.

[47] Wang L W, Zunger A. Linear combination of bulk bands method for large-scale electronic structure calculations on strained nanostructures, Phys Rev B, 1999, 59(24): 15806-15818.

[48] Ohkawa F J, Uemura Y. Quantized surface states of a narrow-gap semiconductor, J Phys Soc Jpn, 1974, 37(5): 1325-1333.

[49] Darr A, Kotthaus J P, Ando T. Proc 13th Int Conf Phys Semicond (Rome). Amsterdam: North-Holland, 1976. 774-774.

[50] Vas'ko F T. Spin splitting in the spectrum of two-dimensional electrons due to the surface potential. JETP Lett, 1979, 30(9): 541-544.

[51] Lassnig R. $\boldsymbol{k} \cdot \boldsymbol{p}$ theory, effective-mass approach, and spin splitting for two-dimensional electrons in GaAs-GaAlAs heterostructures. Phys Rev B, 1985, 31(12): 8076-8086.

[52] Sobkowicz P. Theory of n-inversion layers in narrow gap semiconductors: The role of the boundary conditions. Semicond Sci Technol, 1990, 5(2): 183-190.

[53] Engels G, Lange J, Schäpers T H, et al. Experimental and theoretical approach to spin splitting in modulation-doped $In_xGa_{1-x}As$/InP quantum wells for $B \to 0$. Phys Rev B, 1997, 55(4): R1958-R1961.

[54] Shapers T H, Engels G, Lange J, et al. Effect of the heterointerface on the spin splitting in modulation doped $In_xGa_{1-x}As$/InP quantum wells for $B \to 0$. J Appl Phys, 1998, 83(8): 4324-4333.

[55] Wissinger L, Rossler U, Winkler R, et al. Spin splitting in the electron subband of asymmetric GaAs/$Al_xGa_{1-x}As$ quantum wells: The multiband envelope function approach. Phys Rev B, 1998, 58(23): 15375-15377.

[56] Winkler R. Rashba spin splitting in two-dimensional electron and hole systems. Phys Rev B, 2000, 62(7): 4245-4248.

[57] Pfeffer P, Zawadzki W. Spin splitting of conduction subbands in GaAs-$Ga_{0.7}Al_{0.3}As$ heterostructures. Phys Rev B, 1995, 52(20): R14332-R14335.

[58] Pfeffer P, Zawadzki W. Spin splitting of conduction subbands in Ⅲ-Ⅴ heterostructures due to inversion asymmetry. Phys Rev B, 1999, 59(8): R5312-R5315.

[59] Pfeffer P, Zawadzki W. Bychkov-Rashba spin splitting and its dependence on magnetic field in InSb/$In_{0.91}Al_{0.09}Sb$ asymmetric quantum wells. Phys Rev B, 2003, 68(3): 035315.

[60] Pfeffer P. Spin splitting of conduction energies in GaAs-$Ga_{0.7}Al_{0.3}As$ heterojunctions at $B=0$ and $B\neq 0$ due to inversion asymmetry. Phys Rev B, 1997, 55(12): R7359-R7362.

[61] Pfeffer P. Effect of inversion asymmetry on the conduction subbands in GaAs-$Ga_{1-x}Al_xAs$ heterostructures. Phys Rev B, 1999, 59(24): 15902-15909.

[62] Zawadzki W, Pfeffer P. Spin splitting of subband energies due to inversion asymmetry in semiconductor heterostructures. Semicond Sci Technol, 2004, 19(1): R1-R17.

[63] de Andradae Silva E A, La Rocca G C, Bassani F. Spin-split subbands and magneto-oscillations in Ⅲ-Ⅴ asymmetric heterostructures. Phys Rev B, 1994, 50(12): 8523-8533.

[64] de Andradae Silva E A, La Rocca G C, Bassani F. Spin-orbit splitting of electronic states in semiconductor asymmetric quantum wells. Phys Rev B, 1997, 55(24): 16293-16299.

[65] Zhang X C, Pfeuffer-Jeschke A, Ortner K, et al. Rashba splitting in n-type modulation-doped HgTe quantum wells with an inverted band structure. Phys Rev B, 2001, 63(24): 245305.

[66] Lamari S. Rashba effect in inversion layers on p-type InAs MOSFET's. Phys Rev B, 2001, 64(24): 245340.

[67] Mlinar V, Tadic M, Partoens B, et al. Nonsymmetrized Hamiltonian for semiconducting nanostructures in a magnetic field. Phys Rev B, 2005, 71(20): 205305.

[68] Darnhofer T, Rossler U. Effects of band structure and spin in quantum dots. Phys Rev B, 1993, 47(23): 16020-16023.

[69] Yang W, Chang K. Rashba spin splitting in biased semiconductor quantum wells. Phys Rev B, 2006, 73(11): 113303; Yang W, Chang K. Nonlinear Rashba model and spin relaxation in quantum wells. Phys Rev B, 2006, 74(19): 193314.

[70] Börnstein. Group Ⅲ, Ⅱ-Ⅵ and Ⅰ-Ⅶ Compounds; Semimagnetic Compounds. Berlin: Springer-Verlag, 1999.

[71] Averkiev N S, Golub L E. Giant spin relaxation anisotropy in zinc-blende heterostructures. Phys Rev B, 1999, 60(23): 15582-15584.

[72] Averkiev N S, Golub L E, Willander M. Spin relaxation anisotropy in two-dimensional semiconductor systems. J Phys: Condens Matter, 2002, 14(12): R271-283.

[73] Averkiev N S, Golub L E, Willander M. Spin relaxation in asymmetrical heterostructures. Semiconductors, 2002, 36(1): 91-97.

[74] Kainz J, Rossler U, Winkler R. Anisotropic spin-splitting and spin-relaxation in asymmetric zinc blende semiconductor quantum structures. Phys Rev B, 2003, 68(7): 075322.

[75] Kainz J, Rossler U, Winkler R. Temperature dependence of Dyakonov-Perel spin relaxation in zinc-blende semiconductor quantum structures. Phys Rev B, 2004, 70(19): 195322.

[76] Cartoixa C, Ting D Z Y, Chang Y C. Suppression of the D'yakonov-Perel' spin-relaxation mechanism for all spin components in [111] zincblende quantum wells. Phys Rev B, 2005, 71(4): 045313.

[77] Tahan C, Joynt R. Rashba spin-orbit coupling and spin relaxation in silicon quantum wells. Phys Rev B, 2005, 71(7): 075315.

[78] (a)Krebs O, Voisin P. Giant optical anisotropy of semiconductor heterostructures with no common atom and the quantum-confined Pockels effect. Phys Rev Lett, 1996, 77(9): 1829-1832; (b)Olesberg J T, Lau W H, Flatte M E, et. al. Interface contributions to spin relaxation in a short-period InAs/GaSb superlattice. Phys Rev B, 2001, 64(20): 201301(R); (c)Rossler U, Kainz J. Microscopic interface asymmetry and spin-splitting of electron subbands in semiconductor quantum structures. Solid State Commun, 2002, 121(6-7): 313-316.

[79] Li J, Chang K. Electric field driven quantum phase transition between band insulator and topological insulator. Appl Phys Lett, 2009, 95(22): 222110.

[80] Wolf S A, Awschalom D D, Buhrman R A, et al. Spintronics: A spin-based electronics vision for the future. Science, 2001, 294(5546): 1488-1495.

[81] D'yakonov M I, Perel' V I. Current-induced spin orientation of electrons in semiconductors. Phys Lett A, 1971, A35(6): 459.

[82] Hirsch J E. Spin Hall effect. Phys Rev Lett，1999，83(9)：1834-1837.

[83] Murakami S，Nagaosa N，Zhang S C. Dissipationless quantum spin current at room temperature. Science，2003，301(5638)：1348-1351.

[84] Sinova J，Culcer D，Niu Q，et al. Universal intrinsic spin Hall effect. Phys Rev Lett，2004，92(12)：126603.

[85] Kato Y K，Myers R C，Gossard A C，et al. Observation of the spin Hall effect in semiconductors. Science，2004，306(5703)：1910-1913.

[86] Sih V，Myers R C，Kato Y K，et al. Spatial imaging of the spin Hall effect and current-induced polarization in two-dimensional electron gases. Nature Phys，2005，1(1)：31-35.

[87] Sih V，Lau W H，Myers R C，et al. Generating spin currents in semiconductors with the spin Hall effect. Phys Rev Lett，2006，97(9)：096605.

[88] Stern N P，Ghosh S，Xiang G，et al. Current-induced polarization and the spin Hall effect at room temperature. Phys Rev Lett，2006，97(12)：126603.

[89] Inoue J，Bauer G E W，Molenkamp L W. Suppression of the persistent spin Hall current by defect scattering. Phys Rev B，2004，70(4)：041303(R).

[90] Rashba E I. Sum rules for spin Hall conductivity cancellation. Phys Rev B，2004，70(20)：201309(R).

[91] Krotkov P L，Das Sarma S. Intrinsic spin Hall conductivity in a generalized Rashba model. Phys Rev B，2006，73(19)：195307.

[92] Raimondi R，Schwab P. Spin-Hall effect in a disordered two-dimensional electron system. Phys Rev B，2005，71(3)：033311.

[93] Dimitrova O V. Spin-Hall conductivity in a two-dimensional Rashba electron gas. Phys Rev B，2005，71(24)：245327.

[94] Khaetskii A. Nonexistence of intrinsic spin currents. Phys Rev Lett，2006，96(5)：056602.

[95] Yang W，Chang K，Zhang S C. Intrinsic spin Hall effect induced by quantum phase transition in HgCdTe quantum wells. Phys Rev Lett，2006，100(5)：056602.

[96] Ortner K，Zhang X C，Pfeuffer-Jeschke A，et al. Valence band structure of HgTe/$Hg_{1-x}Cd_x$Te single quantum wells. Phys Rev B，2002，66(7)：075322.

[97] Rössler U. Ⅱ-Ⅵ and Ⅰ-Ⅶ Compounds; Semimagnetic Compounds// Rössler U. Landolt-Bornstein，Group Ⅲ. Berlin：Springer-Verlag，1999.

[98] Johnson N F，Hui P M，Ehrenreich H. Valence-band-offset controversy in HgTe/CdTe superlattices：A possible resolution. Phys Rev Lett，1988，61(17)：1993-1995.

[99] Nomura K，Sinova J，Sinitsyn N A，et al. Dependence of the intrinsic spin-Hall effect on spin-orbit interaction character. Phys Rev B，2005，72(16)：165316.

[100] Lin-Liu Y R，Sham L J. Interface states and subbands in HgTe-CdTe heterostructures. Phys Rev B，1985，32(8)：5561-5563.

[101] Dai X，Fang Z，Yao Y G，et al. Resonant intrinsic spin Hall effect in p-Type GaAs quantum well structure. Phys Rev Lett，2006，96(8)：086802.

[102] Meyer J R，Hoffman C A，Bartoli F J，et al. Ultrahigh electron and hole mobilities in zero-gap Hg-based superlattices. Phys Rev B，1988，38(3)：2204-2207.

[103] Hankiewicz E M，Molenkamp L W，Jungwirth T，et al. Manifestation of the spin Hall effect through charge-transport in the mesoscopic regime. Phys Rev B，2004，70(24)：241301(R).

[104] König M, Buhmann H, Molenkamp L W, et al. The quantum spin Hall effect: Theory and experiment. J Phys Soc Jpn, 2008, 77(3): 031007.

[105] Moore J E. The birth of topological insulators. Nature (London), 2010, 464: 194-198.

[106] Hasan M Z, Kane C L. Colloquium: Topological insulators. Rev Mod Phys, 2010, 82(4): 3045-3067.

[107] Qi X L, Zhang S C. The quantum spin Hall effect and topological insulators. Phys Today, 2010, 63(1): 33-38.

[108] Qi X L, Zhang S C. Topological insulators and superconductors. Rev Mod Phys, 2011, 83(4): 1057-1110.

[109] von Klitzing K, Dorda G, Pepper M. New method for high-accuracy determination of the fine-structure constant based on quantized Hall resistance. Phys Rev Lett, 1980, 45(6): 494-497.

[110] Laughlin R B, Quantized Hall conductivity in two dimensions. Phys Rev B, 1981, 23(10): 5632-5633.

[111] Thouless D J, Kohmoto M, Nightingale M P, et al. Quantized Hall conductance in a two-dimensional periodic potential. Phys Rev Lett, 1982, 49(6): 405-408.

[112] Bernevig B A, Hughes T L, Zhang S C. Quantum spin Hall effect and topological phase transition in HgTe quantum wells. Science, 2006, 314(5806): 1757-1761.

[113] König M, Wiedmann S, Brüne C, et al. Quantum spin Hall insulator state in HgTe quantum wells. Science, 2007, 318(5851): 766.

[114] Fu L, Kane C L. Topological insulators with inversion symmetry. Phys Rev B, 2007, 76(4): 045302.

[115] Hsieh D, Qian D, Wray L, et al. A topological Dirac insulator in a quantum spin Hall phase. Nature (London), 2008, 452: 970-974.

[116] Day C. Quantum spin Hall effect shows up in a quantum well insulator, just as predicted. Phys Today, 2008, 61(1): 19-19.

[117] Shi L K, Zhang S C, Chang K. Anomalous electron trajectory in topological insulators. Phys Rev B, 2013, 87(16): 161115(R).

[118] Zhu J J, Yao D X, Zhang S C, et al. Electrically controllable surface magnetism on the surface of topological insulators. Phys Rev Lett, 2011, 106(9): 097201.

[119] Chang K, Lou W K. Helical quantum states in HgTe quantum dots with inverted band structures. Phys Rev Lett, 2011, 106(20): 206802.

[120] Miao M S, Yan Q, Van de Walle C G, et al. Polarization-driven topological insulator transition in a GaN/InN/GaN quantum well. Phys Rev Lett, 2012, 109(18): 186803.

[121] Schliemann J, Loss D, Westervelt R M. Zitterbewegung of electronic wave packets in Ⅲ-Ⅴ zinc-blende semiconductor quantum wells. Phys Rev Lett, 2005, 94(20): 206801.

[122] Schliemann J. Ballistic side-jump motion of electrons and holes in semiconductor quantum wells. Phys Rev B, 2007, 75(4): 045304.

[123] Rusin T M, Zawadzki W. Transient Zitterbewegung of charge carriers in mono- and bilayer graphene, and carbon nanotubes. Phys Rev B, 2007, 76(19): 195439.

[124] Cannata F, Ferrari L, Russo G. Dirac-like behaviour of a non-relativistic tight binding Hamiltonian in one dimension. Solid State Commun, 1990, 74(4): 309.

[125] Ferrari L, Russo G. Nonrelativistic zitterbewegung in two-band systems. Phys Rev B, 1990, 42(12): 7454-7461.

[126] Cannata F, Ferrari L. Effects of the nonrelativistic Zitterbewegung on the electron-phonon interaction in two-band systems. Phys Rev B, 1991, 44(16): 8599-8604.

[127] Lamata L, Léon J, Schätz T, et al. Dirac equation and quantum relativistic effects in a single trapped ion. Phys Rev Lett, 2007, 98(25): 253005.

[128] Bermudez A, Martin-Delgado M A, Solano E. Exact mapping of the 2+1 Dirac oscillator onto the Jaynes-Cummings model: Ion-trap experimental proposal. Phys Rev A, 2007, 76(4): 041801(R).

[129] Gerritsma R, Kirchmair G, Zähringer F, et al. Quantum simulation of the Dirac equation. Nature (London), 2010, 463: 68-71.

[130] Vaishnav J Y, Clark C W. Observing zitterbewegung with ultracold atoms. Phys Rev Lett, 2008, 100(15): 153002.

[131] Oshikane Y, Kataoka T, Okuda M, et al. Observation of nanostructure by scanning near-field optical microscope with small sphere probe. Sci Technol Adv Mater, 2007, 8(3): 181.

[132] Liu Q, Liu C X, Xu C K, et al. Magnetic impurities on the surface of a topological Insulator. Phys Rev Lett, 2009, 102(15): 156603.

[133] Ye F, Ding G H, Zhai H, et al. Spin helix of magnetic impurities in two-dimensional helical metal. Europhys Lett, 2010, 90(4): 47001.

[134] Biswas R R, Balatsky A V. Impurity-induced states on the surface of three-dimensional topological insulators. Phys Rev B, 2010, 81(23): 233405.

[135] Chadov S, Qi X L, Kubler J, Fecher G H, et al. Tunable multifunctional topological insulators in ternary Heusler compounds. Nature Mater, 2010, 9: 541-545.

[136] Lin H, Wray L A, Xia Y Q, et al. Half-Heusler ternary compounds as new multifunctional experimental platforms for topological quantum phenomena. Nature Mater, 2010, 9: 546-549.

[137] Franz M. Topological insulators: Starting a new family. Nature Mater, 2010, 9: 536-537.

[138] Li J, Chang K. Electric field driven quantum phase transition between band insulator and topological insulator. Appl Phys Lett, 2009, 95(22): 222110.

[139] Heyd J, Scuseria G E, Ernzerhof M. Hybrid functionals based on a screened Coulomb potential. J Chem Phys, 2003, 118(18): 8207.

[140] Kane C L, Mele E J. Quantum spin Hall effect in graphene. Phys Rev Lett, 2005, 95(22): 226801.

[141] Mishra U K, Shen L, Kazior T E, et al. GaN-based RF power devices and amplifiers. Proc IEEE, 2008, 96(2): 287-305.

[142] Yoshikawa A, Che S B, Yamaguchi W, et al. Proposal and achievement of novel structure InN/GaN multiple quantum wells consisting of 1 ML and fractional monolayer InN wells inserted in GaN matrix. Appl Phys Lett, 2007, 90(7): 073101.

[143] Che S, Yuki A, Watanabe H, et al. Fabrication of asymmetric GaN/InN/InGaN/GaN quantum-well light emitting diodes for reducing the quantum-confined Stark effect in the blue-green region. Appl Phys Express, 2009, 2: 021001.

[144] Dimakis E, Nikiforov A Y, Thomidis C, et al. Growth and properties of near-UV light emitting diodes based on InN/GaN quantum wells. Phys Status Solidi A, 2008, 205(5): 1070-1073.

第 15 章　磁性阻挫系统

姚道新　骆　成

15.1　自旋系统中阻挫的引入

阻挫(frustration)这一概念的提出[1,2]，最早是为了描述存在于某些经典系统(如 Ising 模型、Potts 模型以及其他矢量自旋模型)中的自旋排列，它们无法找到一个确定的指向使得系统的能量最低。也就是说，对于最低能量的基态，体系中的自旋排列存在简并，此时我们说系统存在阻挫。阻挫的强弱主要由系统的几何结构和竞争相互作用所决定。

如图 15.1 所示，在一个三角形环上放置三个 Ising 自旋(即自旋只能取向上和向下两个方向)，且自旋与自旋之间是反铁磁耦合的。能量的最低化要求两个相邻自旋的排列方向是反平行的，图中问号格点处的自旋无论是向上还是向下都不能同时与其他两个自旋反平行，因为它们具有相同的能量，也就是系统存在阻挫。这个简单的例子很容易推广到大的格点系统，如二维三角格点的情况。

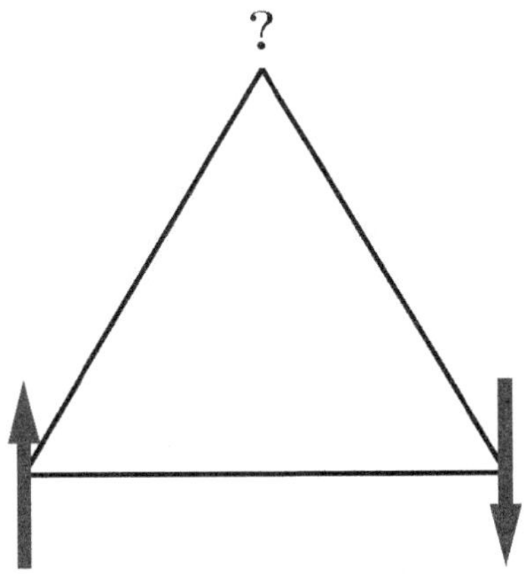

图 15.1　三角环上的反铁磁 Ising 自旋形成阻挫的示意图，图中问号处格点的自旋存在向上和向下的二重简并

一般来说，自旋系统中阻挫的出现可由以下两个因素引起：

(1) 晶格的几何拓扑(如三角格点上的 Ising模型)；

(2) 自旋与自旋之间的竞争相互作用(如正方格点上具有最近邻与次近邻相互作用的 Heisenberg 模型)。

总之，阻挫对于经典和量子自旋系统中出现的各种新奇的有序和无序现象起着非常重要的作用。

对磁性阻挫系统的研究是当前凝聚态物理的一个重要研究方向。在自旋体系中引入阻挫，可以产生许多新奇的物相，比如自旋玻璃相与自旋液体相，相关方面的研究已经取得了非常大的进展。表 15.1 是一个传统物相与磁物相的类比。

对于磁性阻挫系统中的存在兼并的磁物相，它们在绝对零度时仍可保持一种高度无序的状态，从而具有有限的零温熵。

表 15.1 传统物相与磁物相的类比

传统物相	磁物相	对称性
气体	顺磁体	无
固体	(反)铁磁体	各向异性
液体	自旋液体	各向同性

此外，磁性阻挫系统在应用方面也有相当广的前景[4]。例如，在绝热退磁过程中，利用磁性阻挫系统中的熵变潜热，可以获得极低的温度，例如毫开尔文。在自旋电子学方面，磁性阻挫系统具有新奇的物性和可调控性，从而具有很好的应用潜力。

15.2 经典自旋体系中的磁性阻挫

本节考虑一类经典自旋体系。所谓“经典”就是忽略自旋的量子本质(量子涨落的影响)，这一近似在一些大自旋体系中非常合适(自旋量子数 S 无穷大则回到经典的情况)，因为自旋量子数越大则量子涨落越小。最极端的一个例子就是限定自旋只能取相反的两个方向，即我们所熟知的离散自旋 Ising 模型。这个理想化的 Ising 模型是统计物理和凝聚态理论中研究有序-无序相变的一个非常重要的模型。

15.2.1 二维几何阻挫 Ising 模型

对于 Ising 模型中几何阻挫现象的研究，最早追溯到 1950 年 Wannier 在反铁磁三角格点上的工作[5]。这个最简单的几何阻挫模型，由在一个二维三角形晶格上每个格点放置一个 Ising 自旋构成。若只考虑最近邻的相互作用，我们知道自旋之间的反铁磁相互作用会使得相邻的两个自旋趋向于反平行排列，但是三角晶格的配位数却与这个相互作用不兼容(不能使每个自旋的平均能量最低)，这就使得总有一些最近邻自旋会出现平行的情况。Wannier 通过严格的推导给出的精确解表明[5]，即使是在绝对零度下，体系也不能出现一个长程序，相反自旋-自旋之间的关联函数呈现幂律衰减，这在统计物理中是一种临界相，表现准长程序的特征。当然，体系的宏观基态是存在无穷多的简并，它的零温熵并不为零。

自从正方格点上 Ising 模型的严格解由 Onsager 在 1944 年求出后[6]，人们陆续找到了一系列其他二维 Ising 模型的精确配分函数，其中包括许多自旋阻挫系统。除了我们刚才介绍的三角格点外，其他由于晶格的几何拓扑而造成的阻挫 Ising 自旋系统有：Kagomé 格点[7]，蜂巢(honeycomb)格点[8,9]以及三角-Kagomé 格点(TKL)[10]等。

利用一种△-Y 变换的办法[11,12]，许多新型的二维阻挫 Ising 自旋系统，如三角-Kagomé 格点[10,13,14]以及星型格点(star lattice)[15]等，它们的精确配分函数都可以变换到一些已经精确求解的格点系统，如蜂巢格点等。

如图 15.2 所示，是一种将三角-Kagomé 格点通过△-Y 变换和键约化投影到蜂巢格点的示意图。由于反铁磁蜂巢格点上的 Ising 模型的精确解已知，所以通过此办法可以精确地得到三角-Kagomé 格点上的 Ising 模型配分函数，进而得到所有的热力学量与相变信息。如图 15.3 所示，是三角-Kagomé 格点上的 Ising 模型的自由能、比热以及熵随温度变化的曲线。

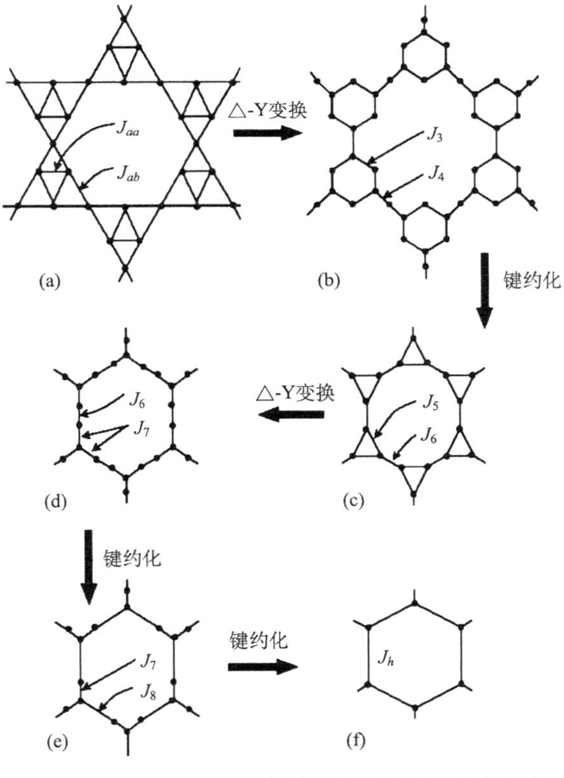

图 15.2　三角-Kagomé 格点通过△-Y 变换和键约化投影到蜂巢格点的示意图[10]

从图 15.3 中可以看到，在相变点处系统的比热会出现发散，这正是连续相变的特征。

表 15.2 同时列出了各种不同的阻挫 Ising 模型的单个自旋的零温熵以及自旋-自旋关联函数的形式。从表中可知，随着零温熵的增加，体系的阻挫也越来越强，表现在自旋与自旋之间的关联越来越弱。

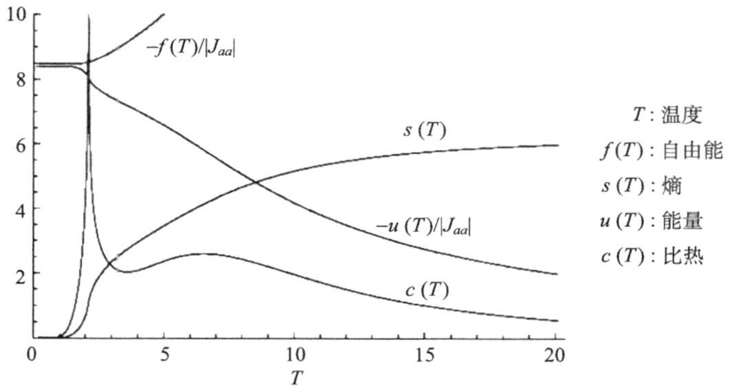

图 15.3　三角-Kagomé 格点上的 Ising 模型的自由能、比热以及熵的精确解[10]

表 15.2　各种阻挫 Ising 自旋模型的基态特性对比(数据取自文献[10])

格点类型	零温熵(每个自旋)(k_B)	自旋关联函数的形式
三角	0.3231	$\gamma^{-1/2}$
Kagomé	0.5018	$e^{-r/\xi}$
TKL	(ln72)/9	0

15.2.2　三维几何阻挫系统与自旋冰

一些空间三维格点系统也具有非常明显的几何阻挫，一类是如图 15.4 所示的烧绿石结构，它存在许多三维的正四面体结构，内部的自旋可形成很多的三角形结构，而格点间反铁磁的相互作用或者竞争相互作用对体系的基态形成与二维三角格点相类似的阻挫状态，这里我们不再赘述。下面将介绍一种新型的三维几何阻挫自旋系统。

过去人们一直以为阻挫的产生与反铁磁相互作用有关，由于系统中具有的独特的晶体结构(如二维三角形或三维正四面体结构)，在这一类体系中比较容易由反铁磁的相互作用诱导而形成很强的几何阻挫。最近的研究表明，对于铁磁相互作用，由于晶格的局域磁矩发生阻挫，也能出现一种被称为“自旋冰”的新磁性相。

1997 年，科学家们在一种具有三维烧绿石结构的 Ising 铁磁体($Ho_2Ti_2O_7$)中发现了自旋冰的存在[17]。在四面体顶点上的过渡金属 Ho^{3+} 带有的净自旋由于周围配体分子的晶体场作用而形成强烈的单离子各向异性。实验表明，每个格点上的磁矩表现出经典的 Ising 自旋行为，而自旋的指向确实平行于它们各自周围的四面体晶体场的轴向。虽然自旋之间由于偶极相互作用而表现出铁磁相互作用，但由于其在强烈的晶体场作用下，自旋并不总能平行排列，可以证明这个自

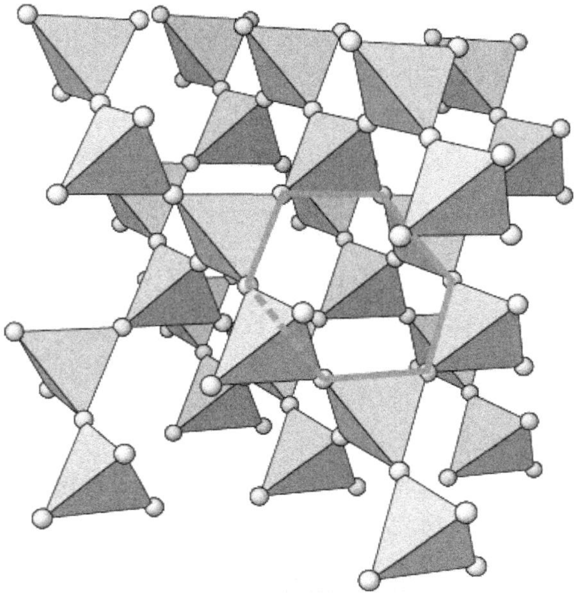

图 15.4　三维烧绿石结构[16]

旋体系的基态存在无穷多的简并。

图 15.5 是实验观察到的自旋冰的剩余熵与温度的变化曲线。从图中可以看到，随着温度降低，由于自旋之间的关联增强，体系的熵是逐渐减小的。对于没有阻挫的情况，如图中虚线所示，即在绝度零度时，体系的熵也降到零。但是对

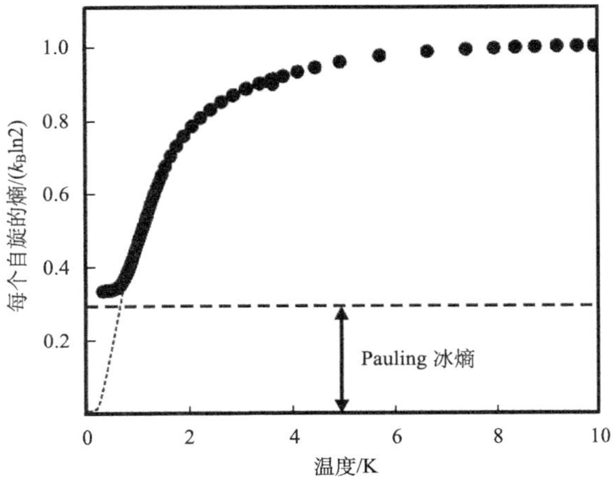

图 15.5　自旋冰的剩余熵与温度的变化曲线[16]

于自旋冰，由于几何阻挫的存在，体系的基态存在简并，并导致其剩余熵不为零。由于这种非零剩余熵的出现并不是由任何晶体结构上的无序所导致的，所以自旋冰确实代表了一种新的磁性物质态[18]。

从图 15.5 中可以看到，在温度趋于绝对零度时，体系的熵并不随着图中的虚线趋于零，这个有限的零温剩余熵也被称为 Pauling 冰熵。

15.2.3　连续自旋模型与计算模拟

除了离散自旋系统外，我们也可考虑自旋可以连续取值的情况，其中如果限定自旋只能在一个平面连续转动，称为 XY 模型，而在经典 Heisenberg 模型中自旋作为一个经典的矢量，可以在三维空间转动。连续自旋模型可能出现于离散自旋模型不同的磁性物质相，如闭路气体相[13]、二聚体相(dimer)等[14]。对于连续自旋模型的研究，计算机模拟的办法可以作为理论的一个很好的补充。

随着计算机技术的不断发展，数值模拟也逐渐成为一种研究物理问题的新方法，它的形成和发展为科学研究工作提供了新的视角：有时模拟可以为人们理解实验结果提供理论依据；而在另一些时候，模拟还可以为理论分析提供实验数据。数值模拟中有一类应用非常广泛的方法，就是蒙特卡罗方法[19]。建立在随机数基础上的蒙特卡罗模拟在统计物理和计算物理中发挥着巨大的作用。

图 15.6 是三角-Kagomé 格点上 Ising 模型的蒙特卡罗模拟结果[10]。从图中可以看出在比热(C)和磁化率(χ)发生突变的地方系统正发生二级相变。当格点数趋于热力学极限时，模拟结果与精确解符合得很好。

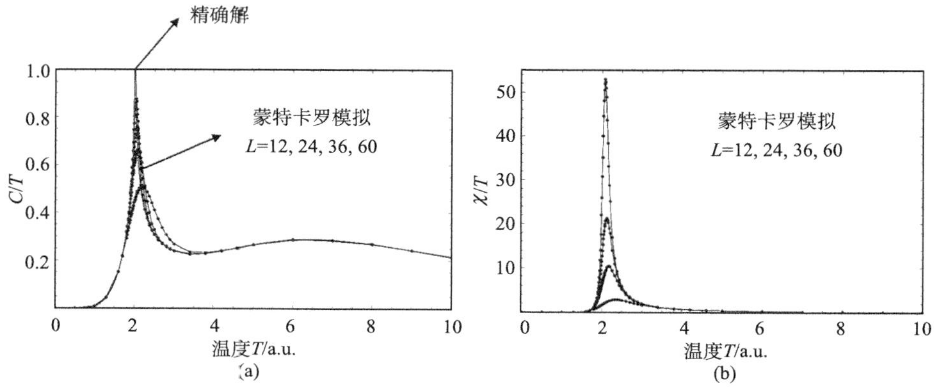

图 15.6　三角-Kagomé 格点上 Ising 模型的蒙特卡罗模拟结果[10]。(a)比热；(b)磁化率

从图中看出，随着所模拟的体系的尺寸 L 增大，数值给出的结果越来越逼近精确解。

15.3　量子自旋体系中的磁性阻挫

量子 Heisenberg 模型是研究量子磁性和量子相变的一个非常重要的模型。在量子 Heisenberg 模型中加入阻挫，体系将可能出现完全不同于一般的经典模型给出的结果。这些新奇的量子现象包括在绝对零度下由量子涨落驱动的量子相变，无序诱导的有序(order by disorder)以及分数激发的量子自旋液体等。

15.3.1　一维 Heisenberg 链与阻挫驱动的量子相变

一维 Heisenberg 链作为一个简单的量子自旋模型，是为数不多的可以通过精确求解的量子多体系统。只存在最近邻相互作用的一维反铁磁 Heisenberg 链的精确解由 Bethe 方案给出[20]。在此基础上可以考虑加上一个次近邻的阻挫相互作用，这个模型通常称为J_1-J_2链或 Majumdar-Ghosh 模型[21]。数值计算表明[19]，通过改变阻挫的强度值，系统可以在临界点 $g=g_c$处发生一个量子相变。对于 $g<g_c$，体系的基态与J_2等于零的情况类似，关联函数随指数衰减；对于 $g>g_c$，体系发生量子相变到另一个相，关联函数以指数衰减，激发有能隙。同时基态呈现长程的二聚体(dimer)序。

15.3.2　二维 J_1-J_2模型与无序诱导的有序

在二维情况，最早开始研究的是自旋 1/2 正方格子上的反铁磁J_1-J_2模型：J_1和J_2分别表示最近邻和次近邻。该模型可以研究一些有趣的现象，这些现象展现了非常多的二维量子磁学效应：经典的能级简并，无序诱导的有序，被量子涨落破坏的长程序，能隙的打开和自发对称性破缺。通过改变J_1与J_2的比值，可以观察到这一系列的现象，其中经典体系的能级简并与 15.1 节中所提到的类似，无序诱导的有序发生在$J_2\gg J_1/2$ 的情况下，若近邻自旋之间的相互作用都是反铁磁的，在经典情况下，体系形成两个 Néel 型的反铁磁子格，且两个子格子的夹角可以任意转动，系统的能量始终由J_2来决定(因为J_1被抵消了)。但是考虑体系的量子涨落后，系统自发退化到一个共线型的(collinear)反铁磁态，这时最近邻的自旋在一个方向(x)是反铁磁排列而在另一个方向(y)却是铁磁排列。我们把这种由量子涨落所驱动的经典能级简并的消除称为无序诱导的有序现象[1,22,23]。

尽管无序诱导的有序最早发现于一些经典系统[1]，但在这里量子涨落的影响替代了经典的热力学涨落。在一般的观念中，涨落给人们的印象总是带来无序，而上述情况，量子涨落却从众多经典的简并态中挑选了一个唯一的基态，因此得名无序诱导的有序。

我们已经知道二维 J_1-J_2模型在$J_2 \gg J_1/2$ 的情况下的基态是由无序诱导的有序决定的共线反铁磁态，但是在临界点的相变信息却很难由传统的朗道理论来描述。对于量子反铁磁J_1-J_2Heisenberg 模型在量子临界区域的研究一直方兴未艾，一些重要的研究方法包括有效场论[24]、改进的自旋波理论[25]、Ising 极限下的级数展开[26]、大尺度精确对角化[27]、密度矩阵重整化群[28]以及量子蒙特卡罗[29]等。对于$J_2=0$ 的情况，我们已经知道在零温时是存在长程的 Néel 序的，对应的反铁磁波矢为(π，π)；当在$J_2 \gg J_1$时，体系变到一个(π，0)或(0，π)的共线反铁磁态。从经典的能量分析，体系从 Néel 反铁磁态到共线型反铁磁态相变点应该是$J_1/J_2=0.5$，但是量子的情况则不能。最近的各种不同的数值结果都表明，体系在J_1/J_2的值处于 0.38～0.60，是一个没有长程磁有序的量子顺磁态。

15.3.3 阻挫自旋系统的低能磁激发

在其他一些特殊的格点上，即使不存在竞争的次近邻相互作用，阻挫也能由晶格的几何拓扑所产生，其中研究比较多的是三角格点和 Kagomé 格点上的量子反铁磁 Heisenberg 模型。下面我们将看到，对于极端的量子情况($S=1/2$)，两者的基态却可能具有完全不同的对称性。前者可能仍是我们熟知的一个具有磁长程序的反铁磁体；而后者的阻挫更大，意味着量子涨落可能使得体系在绝对零度下都没有任何长程序．但这样一种看似“无序”的状态却并非完全无序，它极有可能是理论学家预言已久的量子自旋液体态。

我们知道，在一个反铁磁体中低能的激发会产生自旋波，它的量子化的准粒子是磁波子(magnon)，由于在激发过程中翻转一个自旋，所以磁波子的自旋为 1。但是在自旋液体中，这个自旋为 1 的激发会分解为两个自旋为 1/2 的激发，这些自旋为 1/2 的准粒子称为自旋子(spinon)。对于这些新奇的低能磁激发的探测已经在最近非弹性中子散射实验中被证实[30]。我们已经知道，对于一维的 Heisenberg 链，理论和实验都表明它的低能元激发确实是 1/2 的自旋子。现在的问题是，在高维系统中分数激发是否仍然存在。

先来看三角格点．这是一个非常重要的几何阻挫模型。Anderson 在 1973 年最先提出[31]，自旋的三角格点的基态可能是一种自旋液体态，早期被称为共振价键(RVB)态，如图 15.7 所示。

在 $S \gg 1/2$ 的情况，三角格点上的反铁磁 Heisenberg 模型的经典基态是自旋呈 120°的排列三角格点上的反铁磁 Heisenberg 模型的经典基态是自旋呈 120°的排列，如图 15.8 所示。而如果考虑量子涨落效应，人们利用自旋波理论[33]、量子蒙特卡洛模拟[34]、Ising 极限下的级数展开[35]以及密度矩阵重整化群[36]等多种解析与数值的方法对系统的基态进行了研究。各种分析都表明，即使对于自旋较小的情况，量子涨落效应还不足以完全破坏这个 120°的自旋排列。

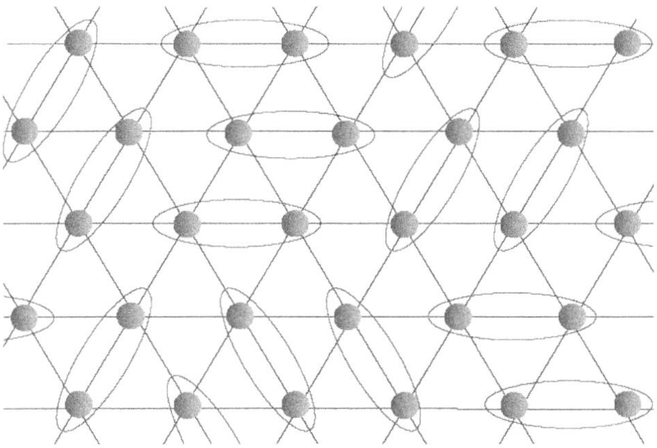

图 15.7 三角格点一种可能的共振价键(RVB)态示意图[32]。图中每个椭圆代表一对自旋相互纠缠形成的交换反对称的自旋单态(singlet)，而 RVB 态是所有可能的不同自旋对形成的单态的叠加

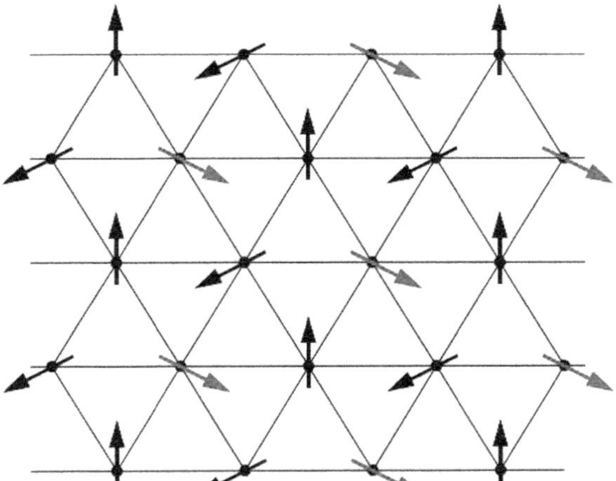

图 15.8 三角格点的非共线反铁磁基态[37]

根据最低阶的自旋波给出的结果，在量子情况下的子格子磁化强度相比于经典值大约降低了 50%，这一情况与二位正方格子的 Néel 序类似。说明即使在这种几何阻挫的三角格点上的 Heisenberg 模型，它的元激发仍然是 $S=1$ 的磁波子(magnon)而不是 $S=1/2$ 的自旋子(spinon)。

15.3.4　量子自旋液体与分数激发

对于 Kagomé 格点(图 15.9)等许多阻挫非常强的体系，在极端量子情况下($S=1/2$)，已有许多工作表明，它们的基态很有可能是自旋液体态。

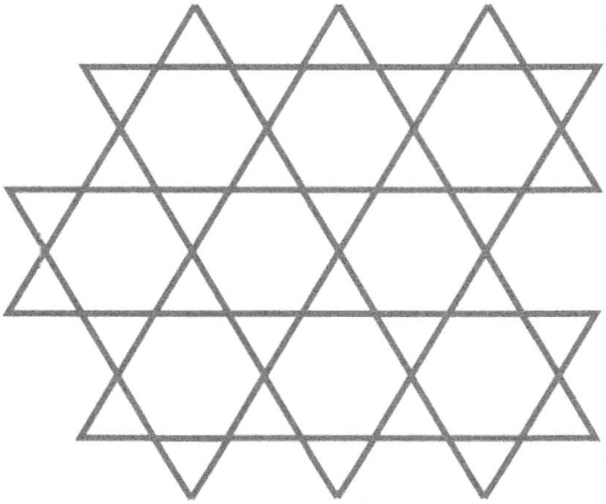

图 15.9　Kagomé 格点示意图[16]

现在我们先来给量子自旋液体态下一个比较完整的定义[2]：

(1) 在量子自旋液体态中，自旋与自旋之间的关联函数$\langle S_i^\alpha S_j^\beta \rangle$随距离$|r_i - r_j| \to 0$而衰减到零；

(2) 量子自旋液体态没有任何自发的对称性破缺；

(3) 低能激发所带自旋为分数(分数激发)。

如何理解分数激发？我们以 Heisenberg 自旋模型为例，对以包含有限数目的自旋升降算符(S_i^+和S_i^-)的操作，只能以整数倍的形式改变总的磁化强度S_{tot}^z，因此，要产生一个自旋为 1/2 的激发(可以理解为单个自旋翻转的一半操作)，只能是非局域的，并且是在一个无限大的体系中。

一个简单的例子是一维 XY 模型的自旋链，我们可以通过 Jordan-Wigner 变换得到一个自由的无能隙的费米子模型的严格解，而自旋－1/2 的 Heisenberg 链则等价于一个有相互作用的费米子模型，这里的相互作用导致了分数激发的自旋子，并且具有自旋-电荷分离的特征，我们把这个模型称为 Tomonaga-Luttinger 液体，以区别于常见的 Landau-Fermi 液体[20]。同时大量的研究表明，在一维系统中，分数激发确实是一个非常常见的现象。二维分数激发存在的一个显著的例子则是分数量子霍尔(Hall)流体，这里的元激发带有分数电荷。也就是说，在分数量子霍尔效应中，一个电子被分成了三个准粒子(每个带有电荷为 1/3e)，这些准粒子只需要耗费一点能量就可以相互远离。

同样，在自旋系统中的单个自旋翻转，我们考虑 J_1-J_2 链的 Majumdar-Ghosh 点($J_1=2J_2>0$)，这个自旋的翻转可以衰减为两个自旋子，每一个带有一半的磁矩。我们也可以想象自旋子之间也许存在短程的束缚态，但实际上，分数化的激发意味着只需要一个有限的能量就能够把这两个自旋为 1/2 的激发分开得非常远。这时，我们把自旋子称为是退禁闭的(deconfined)。

15.4　展　　望

磁性阻挫系统是研究新奇物相和物性调控的有效平台，能产生重要的基础和应用性质，比如自旋液体、自旋玻璃、自旋气体、新奇的磁电耦合、甚至超导电现象。

对量子自旋阻挫系统的研究是目前很有挑战性的研究课题，一方面它能产生经典系统不能产生的新奇物相，另一方面在研究方法上也存在很高的挑战性。由于多体量子问题的复杂性，除了解析手段外，人们往往借助于计算机手段，甚至于新发展的量子模拟技术。在计算方法上，人们借助精确对角化、量子蒙特卡罗方法、密度矩阵重整化群、张量网络等方法取得了比较大的研究成果。这些数值计算的方法各有优劣。例如，虽然精确对角化方法是最直接有效的，但受制于现有的计算资源以及 Hilbert 空间的维度的指数增长，使得该方法只能用来处理非常小的格点系统，利用它得到的结果再外推到热力学极限是否成立仍待商榷；在此方法的基础上发展的张量网络方法则有望在二维自旋系统取得成功，特别是系统存在阻挫的情况，目前该方法正处于蓬勃发展的阶段。

磁性阻挫系统在应用方面也具有良好的前景。利用系统中的熵变潜热，磁性阻挫系统可以在绝热退磁过程中获得极低的温度(例如，毫开尔文)，同时具有节能、环保等优点。在自旋电子学方面，磁性阻挫系统因为具有新奇的物性和可调控的特点，从而可以开发新型的自旋电子器件。

作 者 简 介

姚道新　中山大学教授、博士生导师。入选教育部“新世纪优秀人才支持计划”。1973 年出生。1994 年于浙江大学物理系获学士学位；1998 年于浙江大学物理系获理论物理硕士学位，期间到日本福井大学学习交流 1 年；2007 年于美国波士顿大学物理系获得凝聚态物理博士学位；2007 年 4 月至 2009 年 8 月于美国普度大学做博士后研究；2009 年 8 月至 12 月在美国田纳西大学和橡树岭国家实验室做博士后研究。

2009 年 12 月起任中山大学物理科学与工程技术学院教授，同时为光电材料与技术国家重点实验室研究人员。2012 年起担任物理学刊物 *Frontiers of Physics* 编委。主要研究领域为凝聚态理论，特别是关联电子体系、磁性、量子相变、计算物理等。

骆　成　1991 年出生。2012 年 7 月于中山大学物理学专业本科毕业；2012 年 9 月起在中山大学物理科学与工程技术学院读研究生，师从姚道新教授。研究方向为凝聚态物理，特别是关联电子材料中的磁性，对磁性阻挫材料中的磁激发有一定研究。

参考文献

[1] Deip H T. Frustrated Spin Systems. 2nd edition. Singapore：World Scientific，2013.

[2] Lacroix C，Mendels P，Mila F. Introduction to Frustrated Magnetism. Berlin：Springer，2011.

[3] Li Y S，Tong W，Yang Z R，et al. Unconventional spin glass mediated by kagome spin liquid in $(A_xZn_{1-x})Cu_3(OH)_6C_{12}$ (A= Co and Ni). unpublished.

[4] Zhitomirsky M E. Enhanced magnetocaloric effect in frustrated magnets. Phys Rev B，2003，67：104421.

[5] Wannier G H. Antiferromagnetism. The triangular Ising net. Phys Rev，1950，79：357-364.

[6] Onsager L. Crystal statistics. Ⅰ. A two-dimensional model with an order-disorder transition. Phys Rev，1944，65：117-149.

[7] Kano K，Naya S. Antiferromagnetism. The kagomé Ising net. Prog Theor Phys，1953，10：158-172.

[8] Kasteleyn P W. Dimer statistics and phase transitions. J Math Phys，1963，4：287.

[9] Fisher M E. On the dimer solution of planar Ising models. J Math Phys，1966，7：1776.

[10] Loh Y L，Yao D X，Carlson E W. Thermodynamics of Ising spins on the triangular kagome lattice：Exact analytical method and Monte Carlo simulations. Phys Rev B，2008，77：134402.

[11] Loh Y L，Carlson E W. Efficient algorithm for random-bond Ising models in 2D. Phys Rev Lett，2006，97：227205.

[12] Loh Y L，Carlson E W，Tan M Y J. Bond-propagation algorithm for thermodynamic functions in general two-dimensional Ising models. Phys Rev B，2007，76：014404.

[13] Yao D X，Loh Y L，Carlson E W，et al. *XXZ* and Ising spins on the triangular kagome lattice. Phys Rev B，2008，78：024428.

[14] Loh Y L，Yao D X，Carlson E W. Dimers on the triangular kagome lattice. Phys Rev B，2008，78：224410.

[15] Chen Z，Ma N，Yao D X. Thermodynamics of Ising spins on the star lattice. arXiv：1210. 1675.

[16] Moessner R，Ramirez A P. Geometrical frustration. Physics Today，2006，59：24.

[17] Harris M J，Bramwell S T，McMorrow D F，et al. Geometrical frustration in the ferromagnetic pyrochlore $Ho_2Ti_2O_7$. Phys Rev Lett，1997，79：2554-2557.

[18] Ramirez A P，Hayashi A，Cava R J，et al. Zero-point entropy in ‘spin ice’. Nature，1999，399：

333-335.

[19] Sandvik A W. Computational studies of quantum spin systems. AIP Conf Proc, 1969, 1297: 135.

[20] Giamarchi T. Quantum Physics in One Dimension. oxford: Oxford University Press, 2003.

[21] Majumdar C K, Ghosh D K. On next-nearest-neighbor interaction in linear chain. Ⅰ. J Math Phys, 1969, 10: 1388.

[22] Kawamura H. Spin-wave analysis of the antiferromagnetic plane rotator model on the triangular lattice-symmetry breaking in a magnetic field. Journal of the Physical Society of Japan, 1984, 53(8): 2452-2455.

[23] Henley C L. Ordering due to disorder in a frustrated vector antiferromagnet. Phys Rev Lett, 1989, 62: 2056-2059.

[24] Read N, Sachdev S. Large-N expansion for frustrated quantum antiferromagnets. Phys Rev Lett, 1991, 66: 1773-1776.

[25] Xu J H, Ting C S. Phase diagram of the frustrated square Heisenberg lattice based upon a modified spin-wave theory. Phys Rev B, 1990, 42: 6861.

[26] Oitmaa J, Weihong Z. Series expansion for the J_1-J_2 Heisenberg antiferromagnet on a square lattice. Phys Rev B, 1996, 54: 3022-3025.

[27] Einarsson T, Schulz H J. Direct calculation of the spin stiffness in the J_1-J_2 Heisenberg antiferromagnet. Phys Rev B, 1995, 51: 6151-6154.

[28] Jiang H C, Krüger F, Moore J E, et al. Phase diagram of the frustrated spatially anisotropic $S=1$ antiferromagnet on a square lattice. Phys Rev B, 2009, 79: 174409.

[29] Sandvik A W. Finite-size scaling of the ground-state parameters of the two dimensional Heisenberg model. Phys Rev B, 1997, 56: 11678-11690.

[30] Han T H, Helton J S, Chu S, et al. Fractionalized excitations in the spin-liquid state of a kagome-lattice antiferromagnet. Nature, 2012, 492: 406-410.

[31] Anderson P W. Resonating valence bonds: A new kind of insulator? Materials Research Bulletin, 1973, 8(2): 153-160.

[32] Sachdev S. The quantum phases of matter. arXiv: 1203. 4565.

[33] Jolicoeur T, Le Guillou J C. Spin-wave results for the triangular Heisenberg antiferromagnet. Phys Rev B, 1989, 40: 2727-2729.

[34] Capriotti L, Trumper A E, Sorella S. Long-range Néel order in the triangular Heisenberg model. Phys Rev Lett, 1999, 82: 3899-3902.

[35] Zheng W, Fjærestad J O, Singh R R P, et al. Excitation spectra of the spin-1/2 triangular-lattice Heisenberg antiferromagnet. Phys Rev B, 2006, 74: 224420.

[36] White S R, Chernyshev A L. Néel Order in square and triangular lattice Heisenberg models. Phys Rev Lett, 2007, 99: 127004.

[37] Chernyshev A L, Zhitomirsky M E. Spin waves in a triangular lattice antiferromagnet: Decays, spectrum renormalization, and singularities. Phys Rev B, 2009, 79: 144416.

索　引

其他

彩　　图

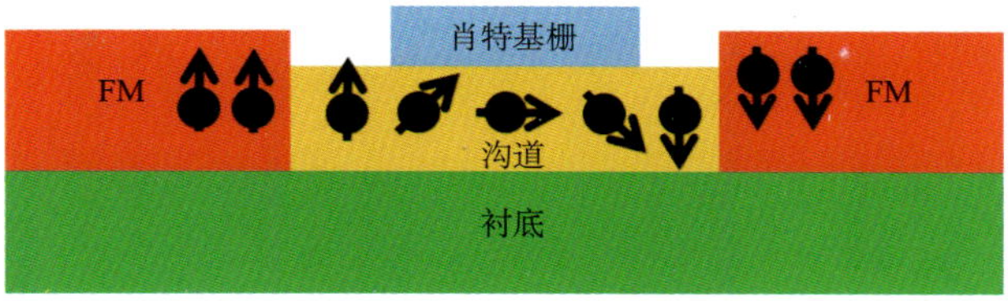

图1.11

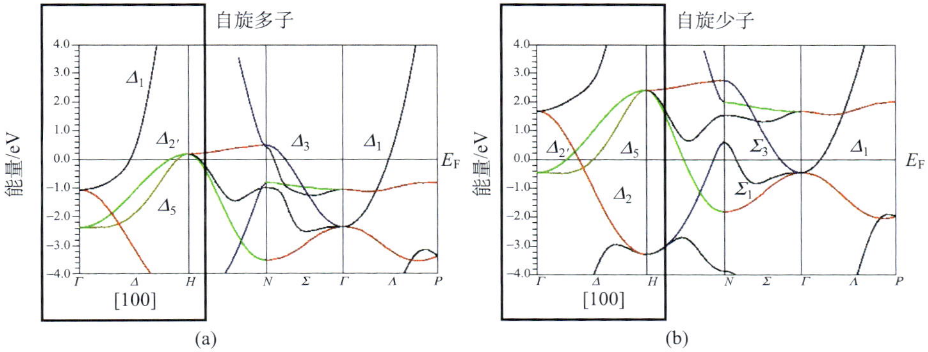

图3.19

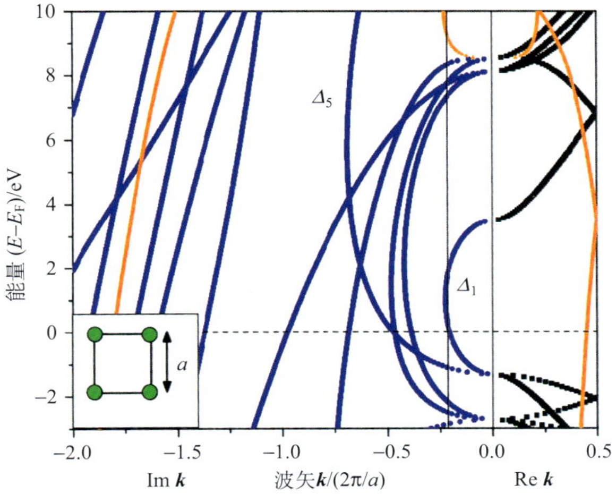

图3.20

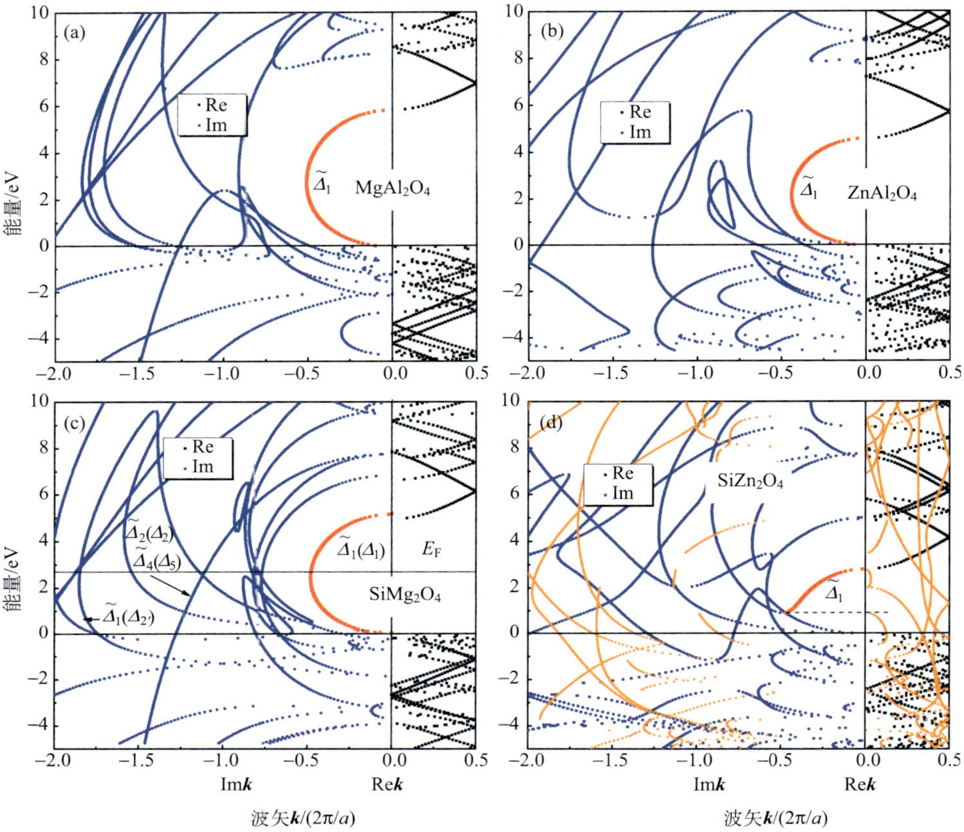
(a)
Re
Im
$\tilde{\Delta}_1$
$MgAl_2O_4$
(b)
$ZnAl_2O_4$
(c)
$\tilde{\Delta}_2(\Delta_2)$
$\tilde{\Delta}_4(\Delta_5)$
$\tilde{\Delta}_1(\Delta_{2'})$
$\tilde{\Delta}_1(\Delta_1)$
E_F
$SiMg_2O_4$
(d)
$SiZn_2O_4$
能量/eV
Im***k***
Re***k***
波矢***k***/(2π/*a*)

图3.23

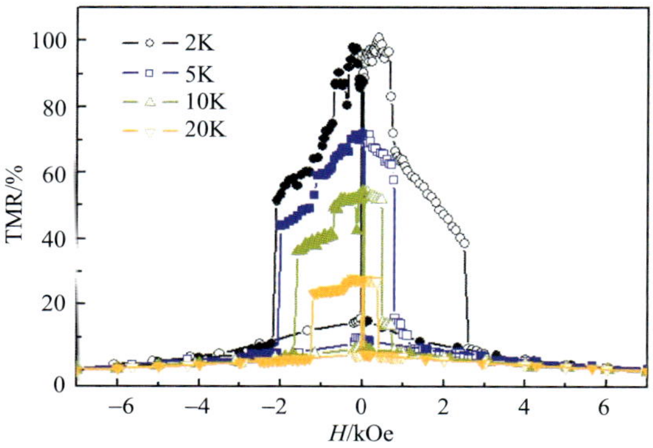
2K
5K
10K
20K
TMR/%
H/kOe

图3.43

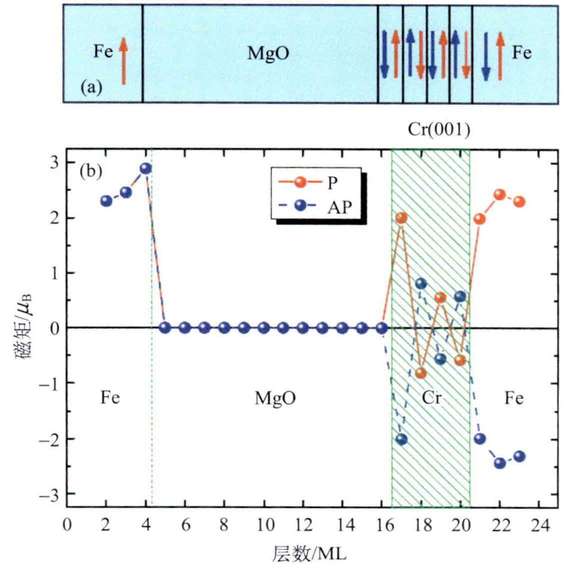

图3.61

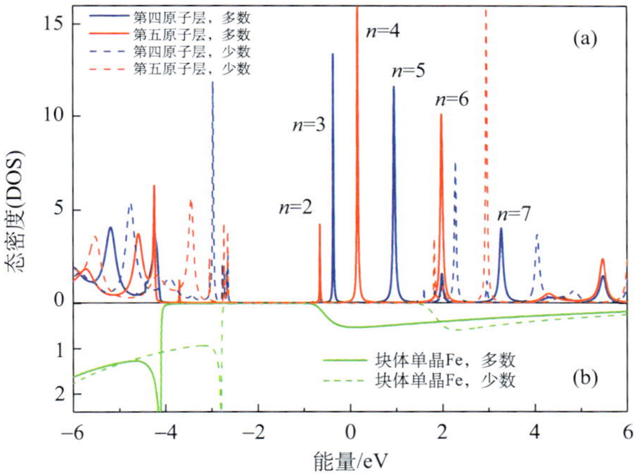

图3.62

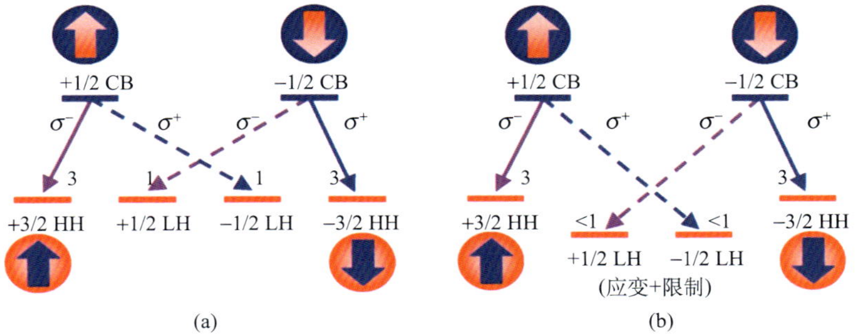

图3.69

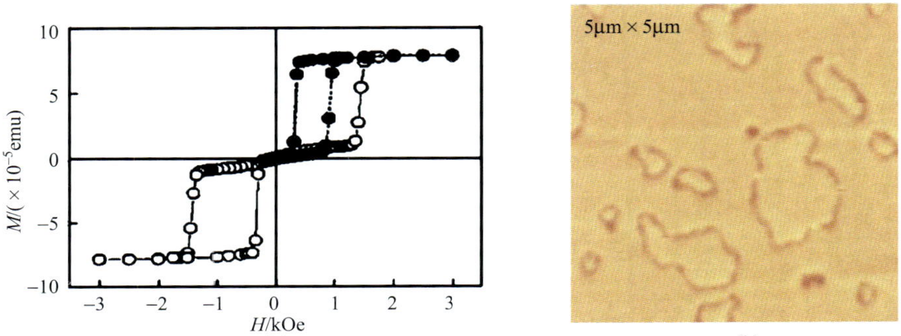

(a) (b)

图4.3

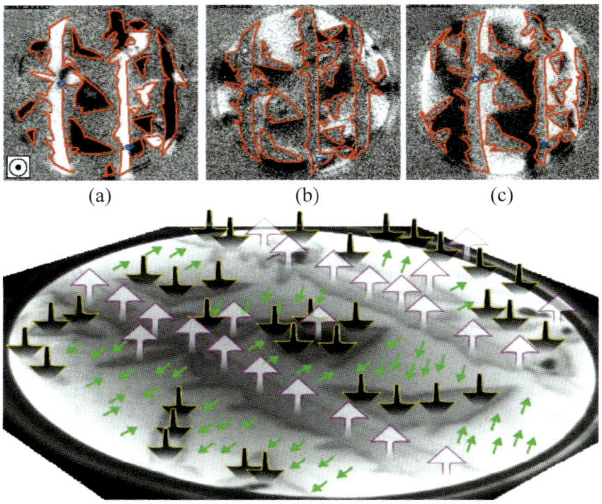

(a) (b) (c)

(d)

图5.10

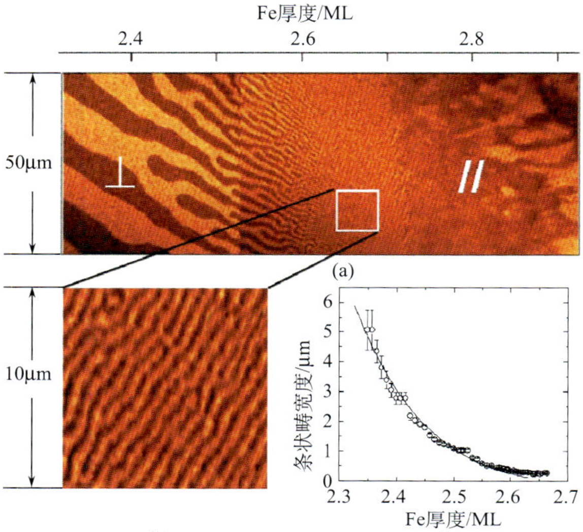

(a)

(b) (c)

图5.11

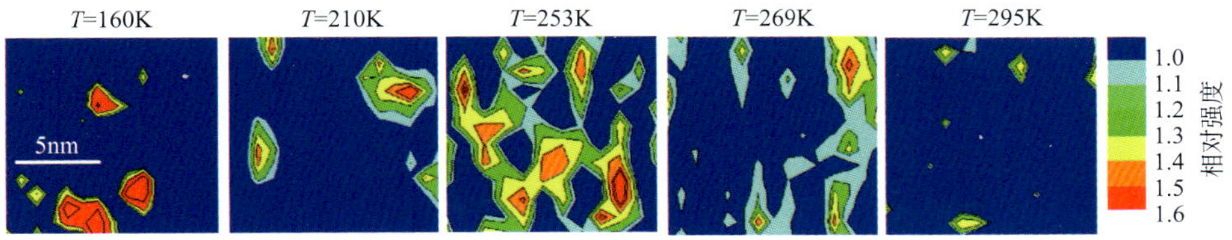

图6.43

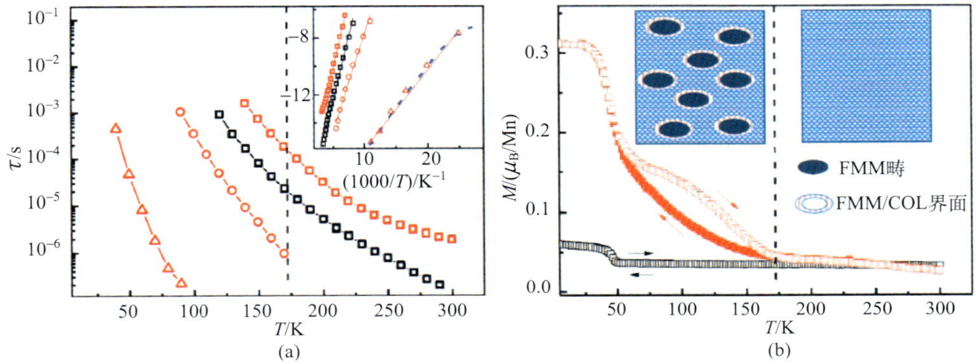

图6.47

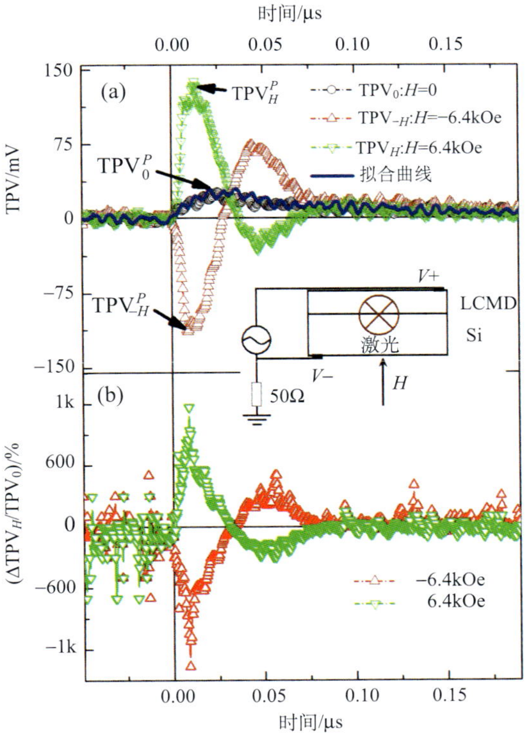

图6.60

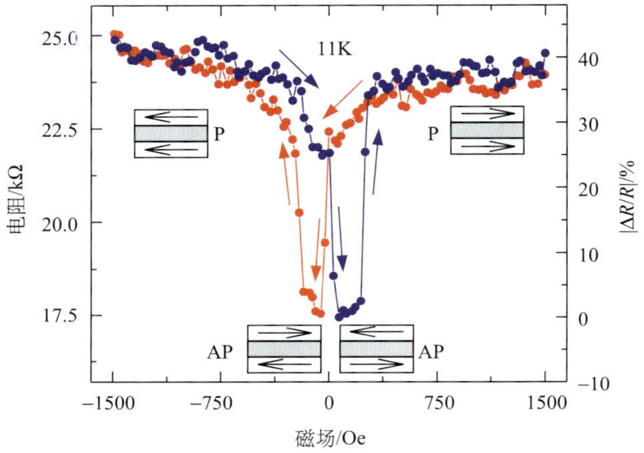
11K
P
P
AP
AP
电阻/kΩ
|ΔR/R|/%
磁场/Oe

图6.63

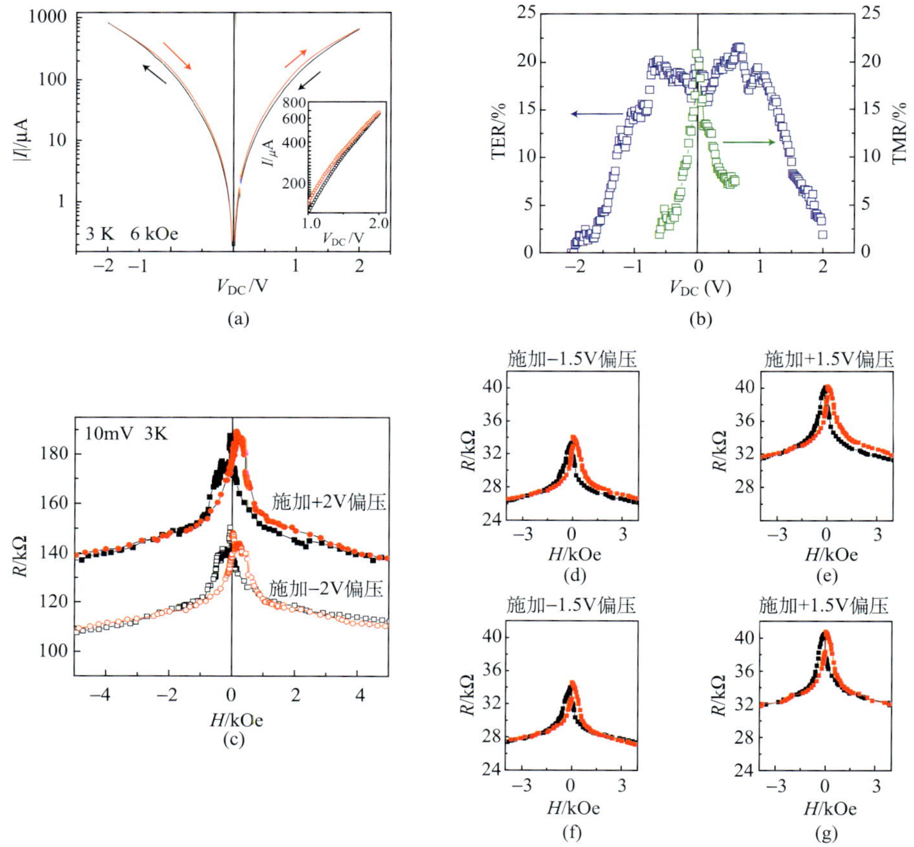
3 K 6 kOe
|I|/μA
I/μA
V_{DC}/V
(a)
TER/%
TMR/%
V_{DC} (V)
(b)
10mV 3K
施加+2V偏压
施加−2V偏压
R/kΩ
H/kOe
(c)
施加−1.5V偏压
施加+1.5V偏压
施加−1.5V偏压
施加+1.5V偏压
(d)
(e)
(f)
(g)

图6.64

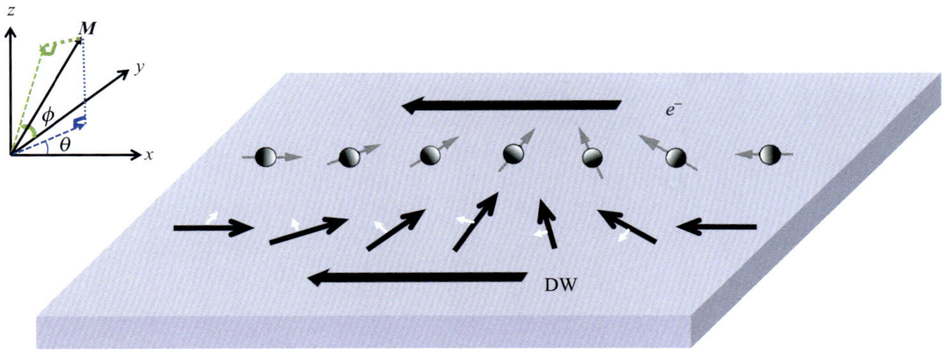

图7.9

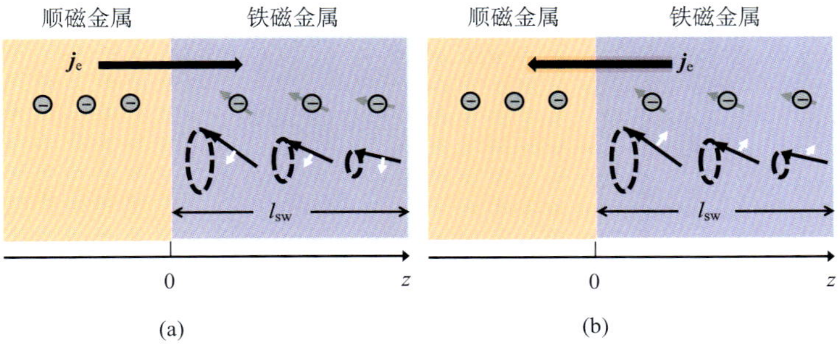

图7.10

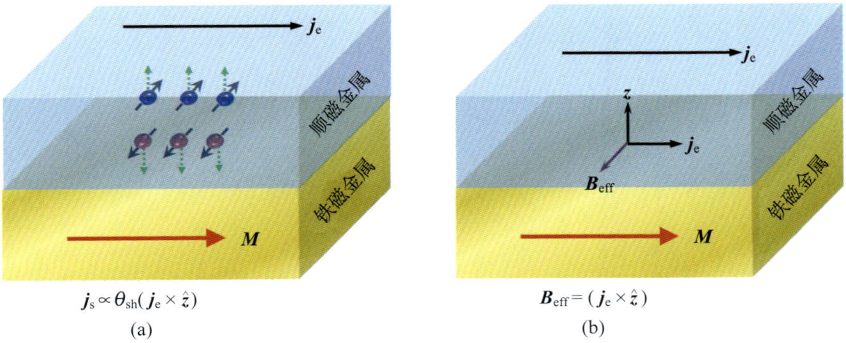

图7.11

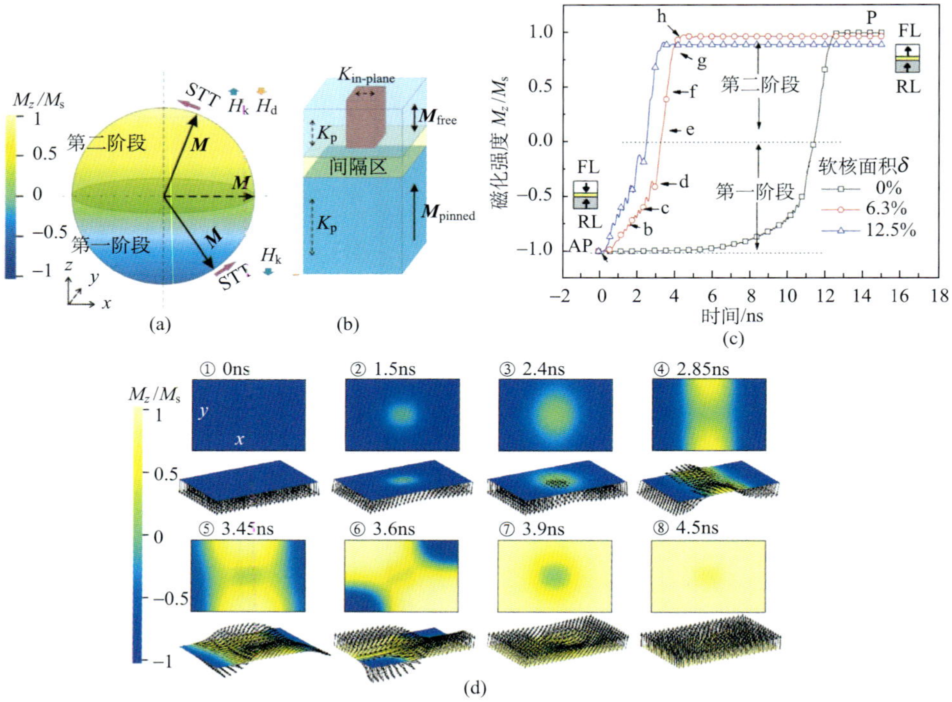
M_z/M_s
第二阶段
第一阶段
STT
H_k
H_d
M
(a)
$K_{in\text{-}plane}$
K_p
M_{free}
间隔区
M_{pinned}
(b)
磁化强度 M_z/M_s
时间/ns
FL
RL
AP
P
第二阶段
第一阶段
软核面积δ
0%
6.3%
12.5%
(c)
① 0ns
② 1.5ns
③ 2.4ns
④ 2.85ns
⑤ 3.45ns
⑥ 3.6ns
⑦ 3.9ns
⑧ 4.5ns
(d)

图8.6

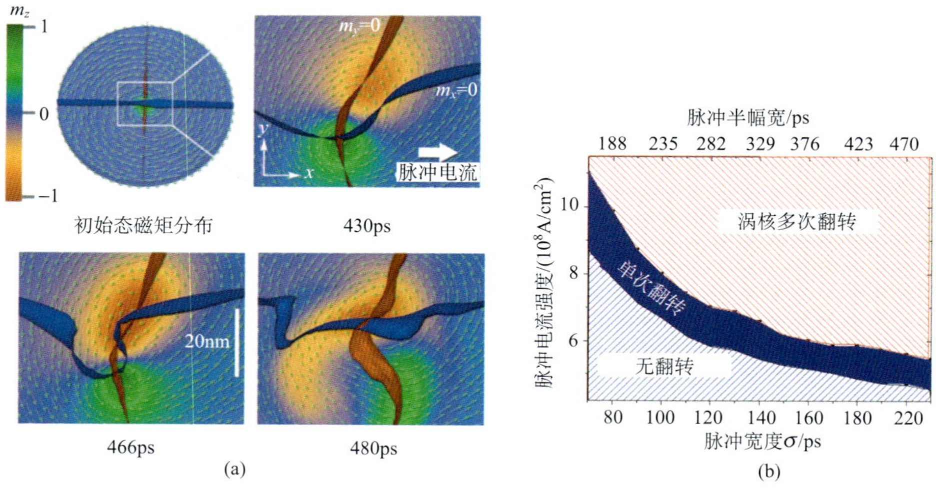
m_z
初始态磁矩分布
$m_y=0$
$m_x=0$
脉冲电流
430ps
20nm
466ps
480ps
(a)
脉冲半幅宽/ps
涡核多次翻转
单次翻转
无翻转
脉冲电流强度/(10^8A/cm^2)
脉冲宽度σ/ps
(b)

图8.10

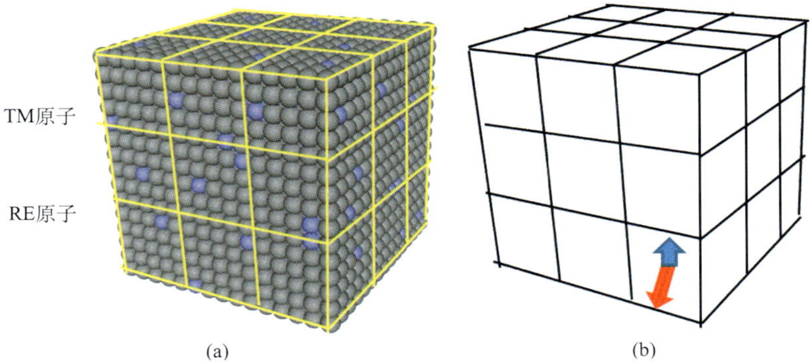
TM原子
RE原子
(a)
(b)

图8.15

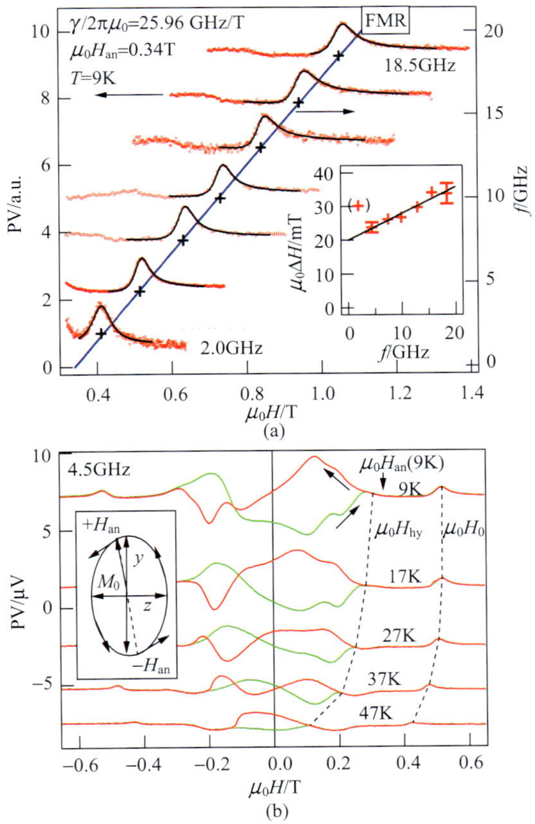
γ/2πμ0=25.96 GHz/T
μ0Han=0.34T
T=9K
FMR
18.5GHz
2.0GHz
PV/a.u.
f/GHz
μ0ΔH/mT
f/GHz
μ0H/T
(a)
4.5GHz
μ0Han(9K)
9K
μ0Hhy
μ0H0
17K
27K
37K
47K
+Han
−Han
M0
y
z
PV/μV
μ0H/T
(b)

图9.6

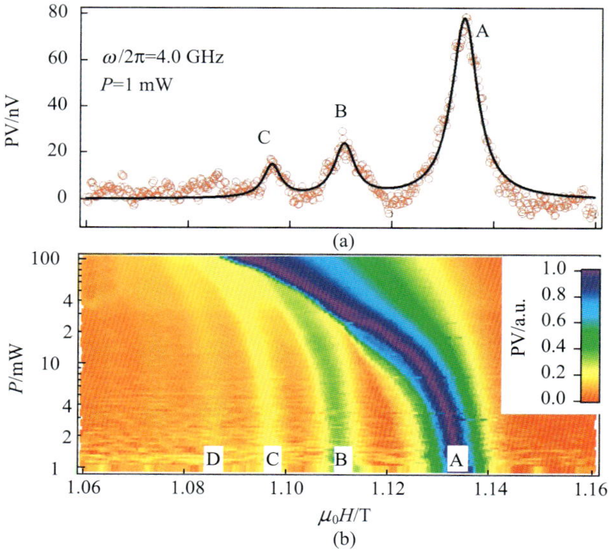

ω/2π=4.0 GHz
P=1 mW
PV/nV
A
B
C
(a)
P/mW
PV/a.u.
D
C
B
A
μ0H/T
(b)

图9.10

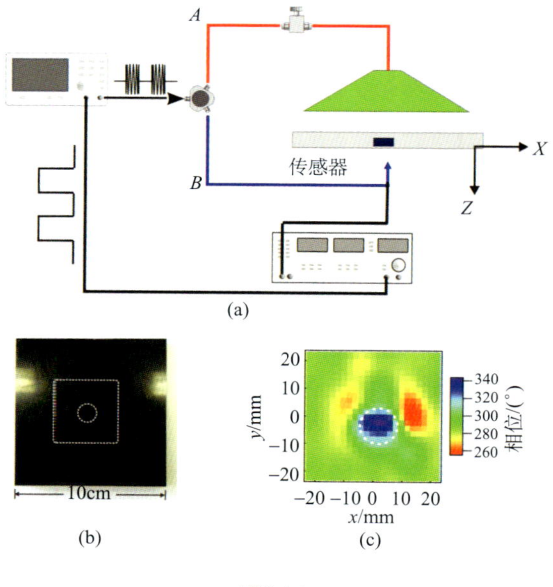

A
B
传感器
X
Z
(a)
10cm
(b)
y/mm
x/mm
相位/(°)
(c)

图9.14

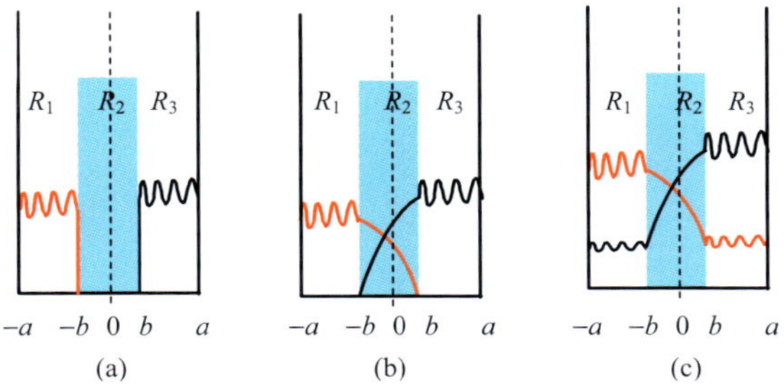

图10.1

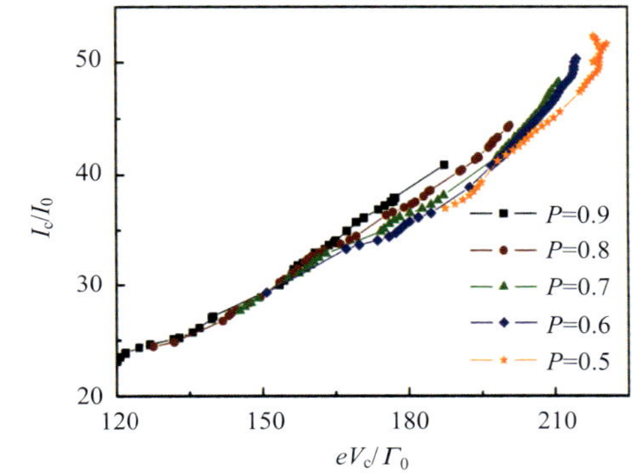

图10.7

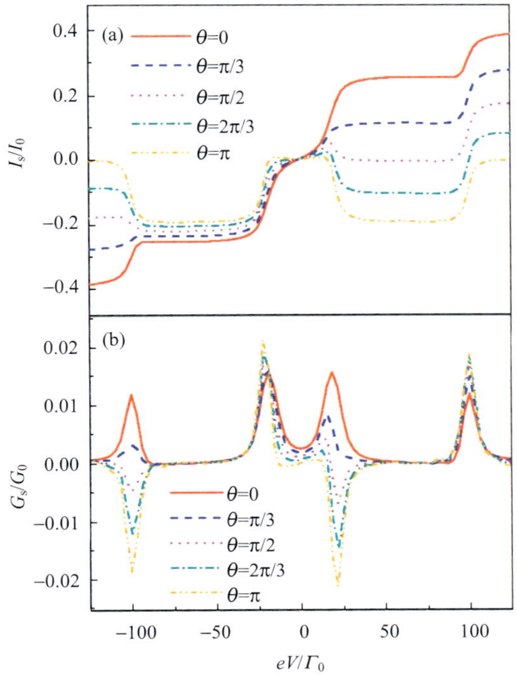

图10.12

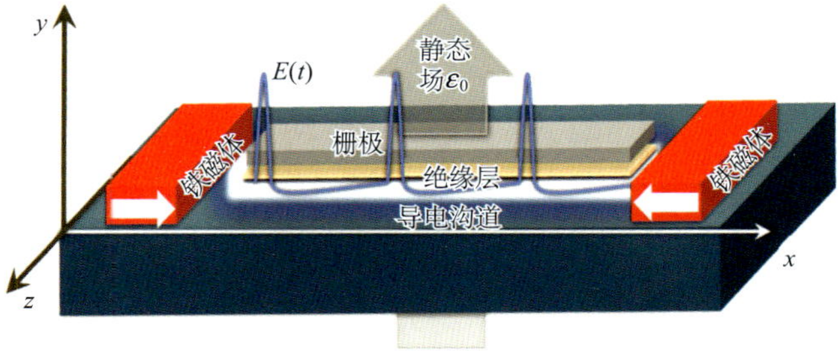

图10.21

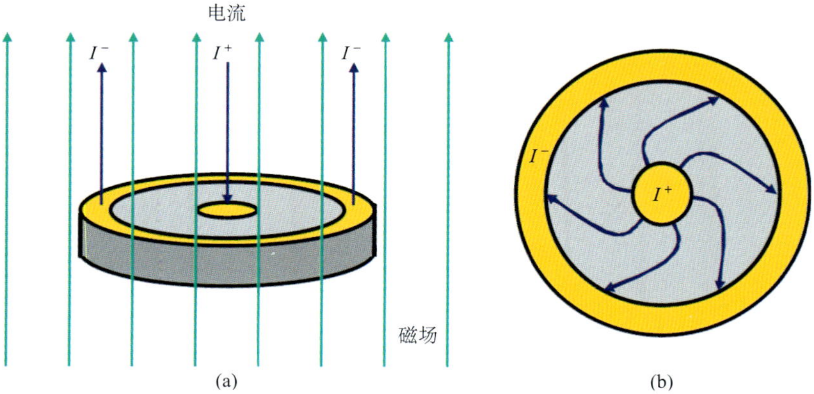

图11.3

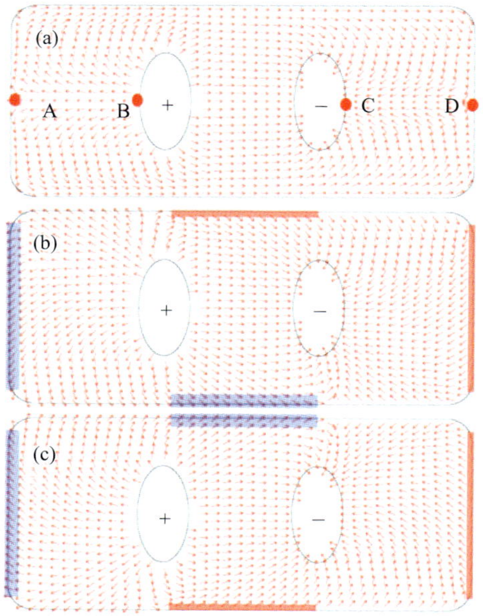

图11.5

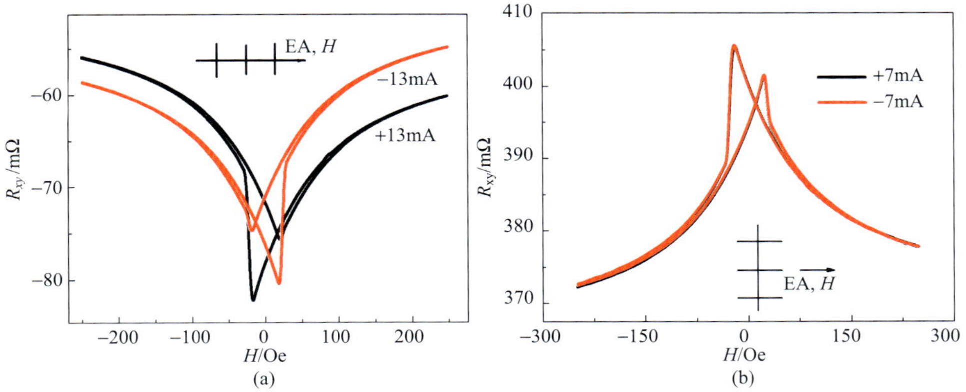
EA, H
−13mA
+13mA
R_{xy}/mΩ
H/Oe
(a)
+7mA
−7mA
EA, H
R_{xy}/mΩ
H/Oe
(b)

图11.12

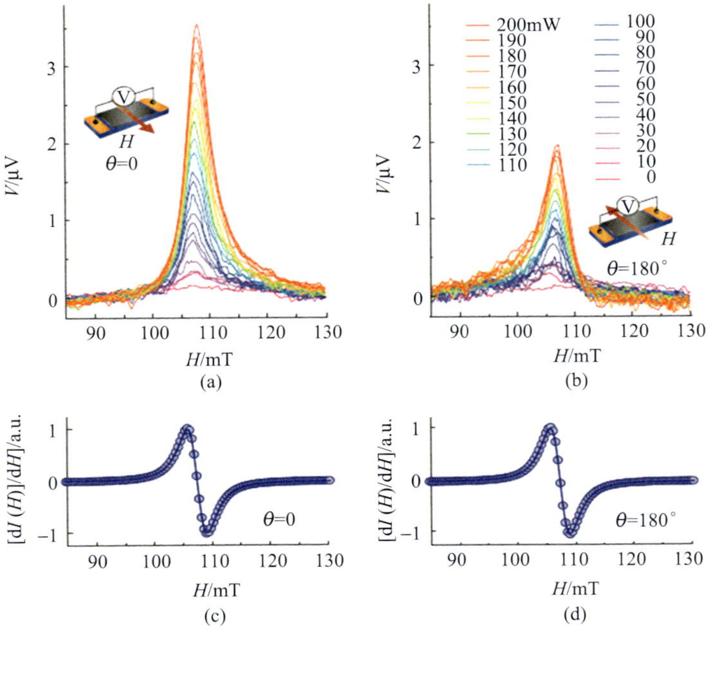
V
H
θ=0
V/μV
H/mT
(a)
200mW
190
180
170
160
150
140
130
120
110
100
90
80
70
60
50
40
30
20
10
0
θ=180°
V/μV
H/mT
(b)
[dI (H)]/dH]/a.u.
θ=0
H/mT
(c)
[dI (H)]/dH]/a.u.
θ=180°
H/mT
(d)

图11.20

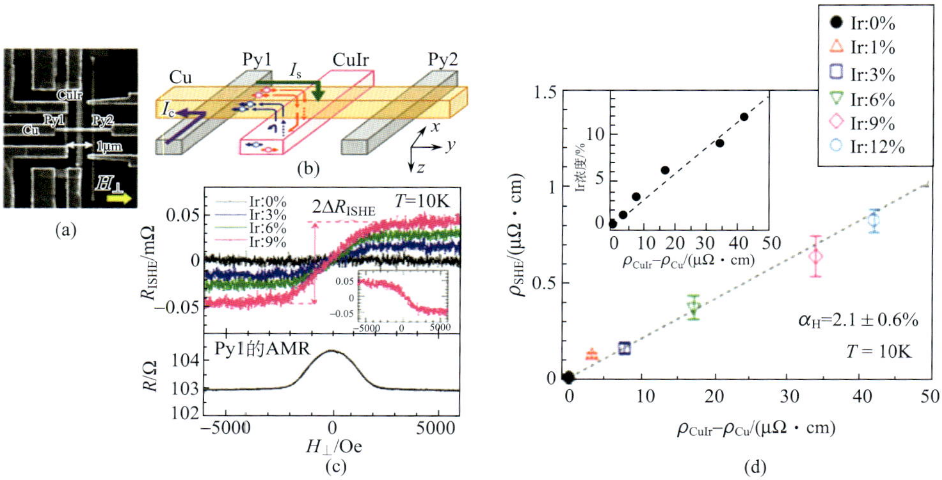

CuIr
Py1
Py2
Cu
1μm
$H_\perp$
(a)
Cu
Py1
I_s
CuIr
Py2
I_c
x
y
z
(b)
Ir:0%
Ir:3%
Ir:6%
Ir:9%
$2\Delta R_{ISHE}$
T=10K
R_{ISHE}/mΩ
0.05
0
−0.05
Py1的AMR
R/Ω
104
103
102
−5000
0
5000
$H_\perp$/Oe
(c)
Ir:0%
Ir:1%
Ir:3%
Ir:6%
Ir:9%
Ir:12%
1.5
1
0.5
0
ρ_{SHE}/(μΩ・cm)
Ir浓度/%
10
5
0
0 10 20 30 40 50
$\rho_{CuIr}-\rho_{Cu}$/(μΩ・cm)
α_H=2.1±0.6%
T = 10K
0 10 20 30 40 50
$\rho_{CuIr}-\rho_{Cu}$/(μΩ・cm)
(d)

图11.21

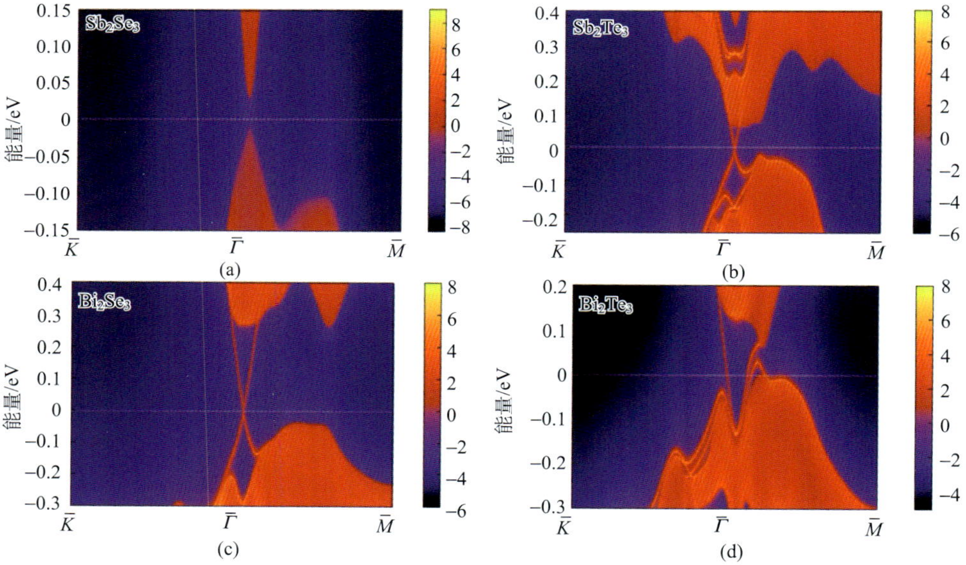

Sb_2Se_3
能量/eV
0.15
0.10
0.05
0
−0.05
−0.10
−0.15
$\bar{K}$
$\bar{\Gamma}$
$\bar{M}$
(a)
Sb_2Te_3
0.4
0.3
0.2
0.1
0
−0.1
−0.2
(b)
Bi_2Se_3
−0.3
(c)
Bi_2Te_3
(d)

图12.5

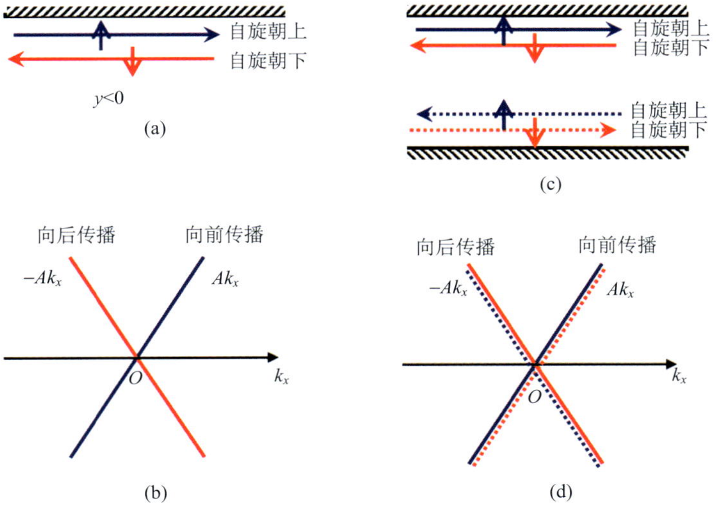

自旋朝上
自旋朝下
y<0
(a)
自旋朝上
自旋朝下
自旋朝上
自旋朝下
(c)
向后传播
向前传播
−Ak_x
Ak_x
O
k_x
(b)
向后传播
向前传播
−Ak_x
Ak_x
O
k_x
(d)

图14.15

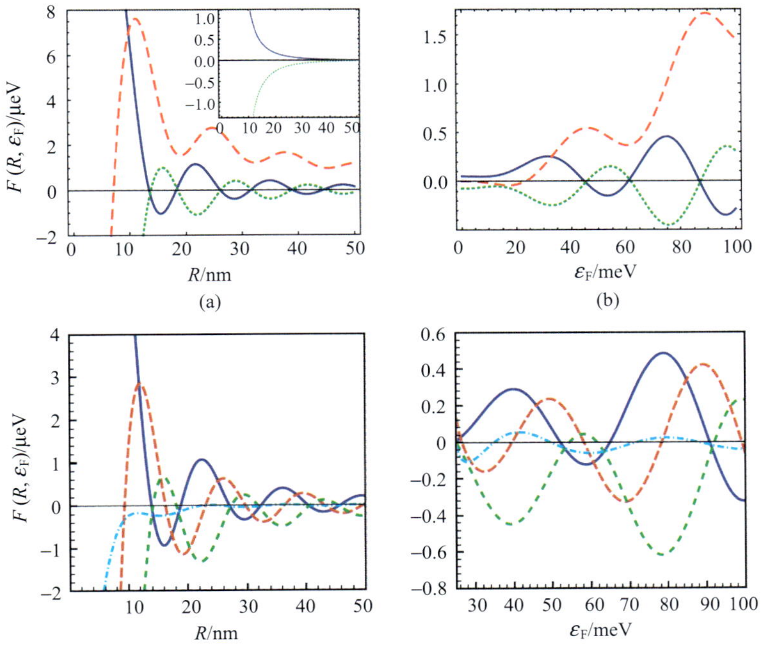

F (R, ε_F)/μeV
R/nm
(a)
ε_F/meV
(b)
F (R, ε_F)/μeV
R/nm
ε_F/meV

图14.17

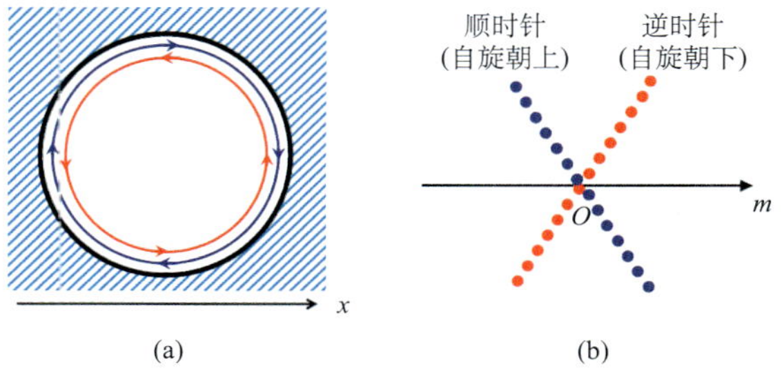

图14.18

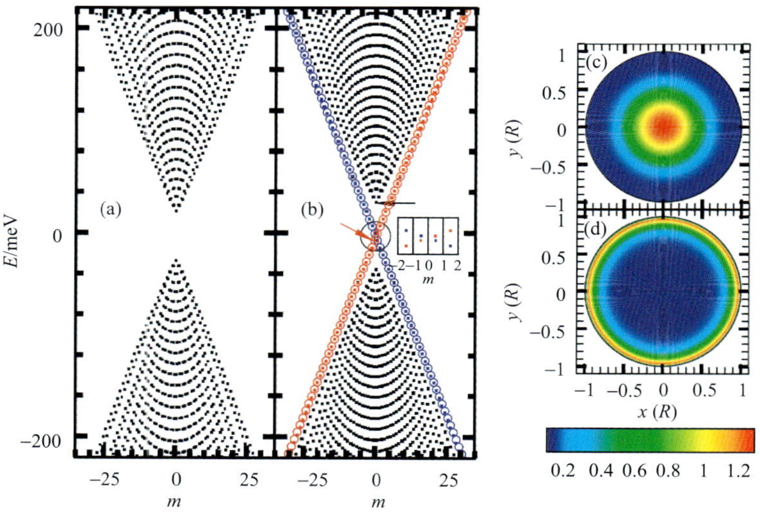

图14.19

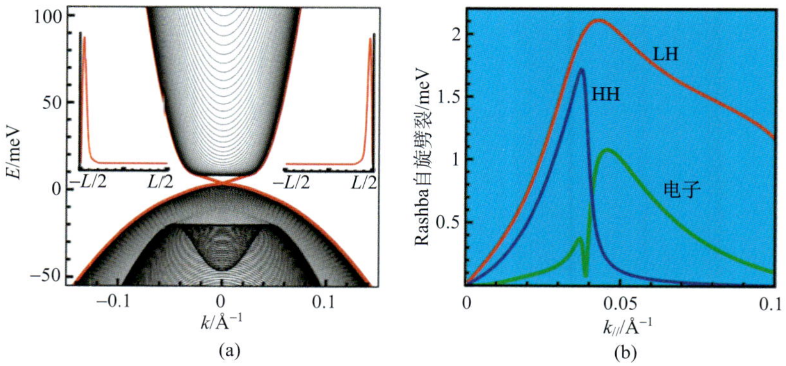

图14.22